RÉPUBLIQUE FRANÇAISE

MINISTÈRE DE L'AGRICULTURE

DIRECTION GÉNÉRALE DES EAUX ET FORÊTS

Congrès International de la Chasse

Tenu à Paris, du 15 au 18 Mai 1907

Sous le haut patronage de M. Joseph RUAU, Député, Ministre de l'Agriculture

ET SOUS LA PRÉSIDENCE

de M. L. DAUBRÉE, Conseiller d'État

Directeur Général des Eaux et Forêts

PARIS
Imprimerie de la "GAZETTE DU PALAIS"
20, RUE GEOFFROY-L'ASNIER, 20

RÉPUBLIQUE FRANÇAISE

MINISTÈRE DE L'AGRICULTURE

DIRECTION GÉNÉRALE DES EAUX ET FORÊTS

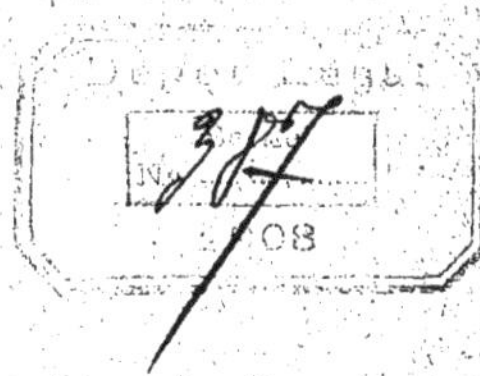

Congrès International de la Chasse

Tenu à Paris, du 15 au 18 Mai 1907

Sous le haut patronage de M. Joseph RUAU, Député, Ministre de l'Agriculture

ET SOUS LA PRÉSIDENCE

de M. L. DAUBRÉE, Conseiller d'Etat

Directeur Général des Eaux et Forêts

PARIS

Imprimerie de la "GAZETTE DU PALAIS"

20, RUE GEOFFROY-L'ASNIER, 20

1907

Congrès International de la Chasse

Tenu à Paris du 15 au 18 Mai 1907

COMITÉ D'ORGANISATION

Président :

M. Daubrée, conseiller d'Etat, directeur général des Eaux et Forêts.

Vice-Présidents :

MM.:
Beauquier, député.
G. Bejot, président de la Société Centrale des Chasseurs.
Bizot de Fonteny, sénateur.
G. Chapuis, député.
Comte Justinien Clary, président du Saint-Hubert-Club de France.
Cunisset-Carnot, premier président de la Cour d'appel de Dijon.
Jean Dupuy, sénateur, ancien ministre de l'Agriculture.
Forichon, sénateur, premier président de la Cour d'appel de Paris.
Huber, conseiller impérial d'Autriche.
A. Mézières, sénateur.
Mougeot, député, ancien ministre de l'Agriculture.
Du Périer de Larsan, député.
Poirrier, sénateur.

Commissaire général :

M. Edmond Christophe, président honoraire du Tribunal civil de Senlis, directeur de la *Revue du Tourisme et des Sports*.

Secrétaire général :

M. Henri de Noussanne, secrétaire général de l'*Echo de Paris*.

Membres :

Mme la duchesse d'Uzès, douairière ;
MM. Adam, ancien député ;
d'Alincourt (comte) ;
Arago, député ;
Astier, député ;
Beauvoir (marquis de), président de la Société des chasseurs de l'Oise ;
Béjot (E.), suppléant du président de la Société centrale des chasseurs ;
Bénardeau, administrateur, vérificateur général des eaux et forêts ;
Benoît-Lévy, président des Mandataires aux Halles ;
Bernon (Baron de) ;
Bonnat, membre de l'Institut ;
Bonnefoy, greffier du tribunal de simple police de la Seine ;

MM. Boutard, député ;
Bruneau, ingénieur des poudres ;
Brus (de), président de la Société les Chasseurs de France ;
Caillard, vice-président du S.H.C. ;
Calmann-Lévy (Revue de Paris) ;
Caze, sénateur, (vice-président de la Société nationale d'encouragement à l'agriculture) ;
Cazelles (Jean), membre de la Société nationale d'encouragement à l'agriculture ;
Cerfon, à Elbeuf ;
Chardon, maître des requêtes au Conseil d'Etat ;
Chenu, bâtonnier de l'Ordre des avocats ;
Collin, membre de la Société centrale des chasseurs ;

MM. Coutard, inspecteur des finances;
Créqui-Montfort (de);
Debreuil;
Deloncle (Charles), député;
Desnues, vice-président du S.H.C.;
Develle (ancien ministre de l'agriculture et des affaires étrangères);
Deyrolle, (Acclimatation);
Dupont, sénateur de l'Oise;
Eliez-Evrard, sénateur;
Fauré-Lepage, armurier;
Gastinne-Renette, armurier;
Geoffroy (Gabriel), conseiller à la Cour de Cassation;
Grosdidier, député;
Hébrard de Villeneuve, conseiller d'Etat;
Herson Macarel, avocat au Conseil d'Etat et à la Cour de Cassation;
Hubert, député;
Huguet, directeur du personnel au Ministère de la Justice;
Joret, président du syndicat des mandataires aux Halles;
Jouaillat, président des mandataires aux Halles;
Ladoucette (baron de), membre de la Société des agriculteurs de France;
Lafosse, conservateur des eaux et forêts;
Leddet, conservateur des eaux et forêts;
Lesieur (Georges), ancien président de la Chambre de Commerce de Paris;
Lesse (de), ingénieur agronome;
Letellier (Journal);

MM. Leydet, sénateur;
Madelin, inspecteur des eaux et forêts;
Massé, député;
Menier (Gaston), député;
Menier (Henri);
Mitivié (docteur), membre de la Société des agriculteurs de France;
Mézières, sénateur;
Mimard, directeur-gérant du Chasseur Français;
Mir, sénateur;
Monfeuillart, sénateur;
Montsaulnin (de);
Mougeot, député;
Nousanne (Henri de), (Echo de Paris);
Passerat;
Poly (de), membre de la Société des chasseurs de l'Oise;
Potocki (comte);
Prevet, sénateur (Petit Journal);
Roger de Barbarin;
Rothschild (baron Henri de);
Sabran-Pontevès (comte Jean de);
Sarlin;
Segonzac (baron de);
Simond (H.) (Echo de Paris);
Ternier (ancien rédacteur en chef de la Chasse Illustrée);
Trouessart, professeur au Muséum d'histoire naturelle;
Vannesson (Gazette des Tribunaux);
Velin (Charles);
Vilgrain, président de la Chambre de Commerce de Nancy.

Délégués étrangers

Allemagne. — S. A. S. le Prince ERNST STOLBERG WERNIGERODE; Prince VON WIED.

Bavière. — Comte d'ORTENBURG.

Angleterre. — LOUIS TERNIER, délégué du British Muséum.

Autriche. — M. le conseiller impérial HUBER.

Belgique. — MM. JOSEPH WARY, inspecteur des Eaux et Forêts; OCTAVE LESCHEVIN, avocat; Dr QUINET; MAURICE WEBER.

Hongrie. — Conseiller R. DE NAVAY.

Espagne. — Dom LUIS DE PÉRINAT.

Italie. — Baron ALIOTI.

Grand-Duché de Luxembourg. — M. MATHIAS GLAESENER, conseiller d'Etat.

Principauté de Monaco. — Comte JUSTINIEN CLARY.

M. J. RUAU

DÉPUTÉ, MINISTRE DE L'AGRICULTURE

Baron de Ségonzac, Desnues, Vice-Président du S. H. C. F., E. Christophe, Commissaire Général du Congrès, Directeur de la Revue du Tourisme et des Sports, Lafosse, Conservateur des Forêts, L. Daubrée, Conseiller d'État, Directeur Général des Eaux et Forêts au Ministère de l'Agriculture, Président du Congrès, Comte Clary, Président du S. H. C. F., F. Béjot, G. Béjot, Président de la Société Centrale pour la Répression du Braconnage, H. de Brus, Président de la Société du Chasseur de France

Membres du Congrès

Adam, Félix, 6, rue Victor-Hugo, Boulogne-sur-Mer.
Adam, Achille, 21, avenue d'Antin, Paris.
Agent (Cte d'), Château de Bouville près Cloys, Eure-et-Loir.
Aguiar (d'), 31, rue Pierre-Charron, Paris.
Aigle (Mis de l'), 12, rue d'Astorg, Paris.
Aigle (Cte de l'), 12, rue d'Astorg, Paris.
Aillières (d'), 16, rue Bayard, Paris.
Albertin, 34, rue de Lille, Paris.
Allain, Gustave, conservateur des hypothèques, Châteauroux.
Allain (Mme G.), Châteauroux.
Allaire, Octave, Saint-Léger en Yvelines, Seine-et-Oise.
Allaire (Mme), villa des Glycines, Saint-Léger en Yvelines, Seine-et-Oise.
Allard, Félix, 46, avenue Kléber, Paris.
Anisson du Perron, Château de Saint-Fargeau, Yonne.
Amodru, 66, avenue des Champs-Elysées, Paris.
Anchald (Vte d'), Beaumont-la-Ferrière, Nièvre.
Andigné (Cte d'), 15, rue de Berri, Paris.
Andigné (Cte Henri d'), 10, rue Clément-Marot, Paris.
André, Paul, Val d'Ajol, Vosges.
Applaincourt (Cte Aymar d'), Abbeville, Somme.
Applaincourt (Vte Pierre d'), Château de la Triquerie p. Abbeville, Somme.
Arbigny (Baron H. d'), Château de Corijernon p. les Loges, Haute-Marne.
Arlen, Georges, inspecteur des eaux et forêts, Saint-Jean de Maurienne, Savoie.
Armaillé (Marquis d'),Château de la Douve, bourg d'Iré, p. Sègré,Maine-et-Loire.
Armaillé (Vte d'), 3, boul. Latour-Maubourg, Paris.
Armaing, Edouard, 21, boulevard Carnot, Toulouse.
Arnould, Louis, inspecteur des eaux et forêts, Vitry-le-François, Marne.
Astier (d'), Villa Darcel, Chantilly, Oise.
Aubert, Henry, Ay, Marne.
Aubilly (Baron d'), 60, rue Caumartin, Paris.
Audon, Emile, 41 *bis*, rue de Chateaudun, Paris.
Autier, Alfred, Sainte-Menehould.
Avrain (Mme), square George Sand, La Châtre, Indre.
Avrain, square George Sand, La Châtre, Indre.
Ayrenx (Joseph d'), Montagnac par Nérac, Lot-et-Garonne.
Bailleau, Paul, Manoir de Bizy p. Charrin, Nièvre.
Baillergeau, 34, rue de la Fosse, Nantes.
Bain, Georges, Flers de l'Orne, Orne.
Balazet, Charmoy par Fayl Billot, Haute-Marne.

BALME (de la), 42, rue de Bourgogne, Paris.
BARBIER, Louis, Brunehamel, Aisne.
BARDAC, 1, avenue Montaigne, Paris.
BARDOT, Vélaines par Ligny en Barrois, Meuse.
BARON, 118, rue Consolat, Marseille.
BARTILLAT (Cte de), 7, rue Gœthé, Paris.
BARTON, Château de Mesnes, Saint-Aignan sur Cher, Loir-et-Cher.
BANCHEREAU, aux Aubiers, commune de Nançay, Cher.
BAYEN, Melette par Lépine, Marne.
BAZILE, garde-chef, Ferrières-en-Brie, Seine-et-Marne.
BEAUDIER, Vendeuil, comm. de Moy p. St-Quentin, Aisne.
BEAUMONT (Cte H. de), 27, rue Bassano, Paris.
BEAUREPAIRE (Cte E. de), 1, rue des Ecuyers, Saint-Germain-en-Laye.
BÉCHET, 6, rue Edmond-Valentin, Paris.
BÉGÉ, Cellettes, Loir-et-Cher.
BÉHARELLE, Lewarde près Douai, Nord.
BÉJOT (Henri-Jules), Nointel par Presles, Seine-et-Oise.
BELLESCIZE (Vte de), 51, rue Pierre-Charron, Paris.
BELVALLLETTE, 2, rue Duret, Paris.
BÉRARD, 20, rue Pigalle, Paris.
BÉRENGER, 9, rue de Sontay, Paris.
BERGEON, Château de Jaulnay, Saint-Didier-en-Rollad, Allier.
BERNARD, Emile, 6, boulevard des Capucines, Paris.
BERNARD (Commandant), aux bons soins de M. E. Gallois, Toul.
BERNN, Alex., Wassy, Haute-Marne.
BERTHAUT, Emmanuel, Saint-Jean de Losne, Côte-d'Or.
BERTIER, 25, rue de Thionville, Nancy.
BERTOULT (Mis de), Chât. de Hautelocque p. Saint-Pol-sur-Ternoise, Pas-de-Calais.
BERTRAND, inspecteur des eaux et forêts, Rambouillet, Seine-et-Oise.
BÉRULLE (Mis de), 8, rue Marignan, Paris.
BÉTHUNE (Prince de), 4, avenue Matignon, Paris.
BÉTHUNE-SULLY (Cte de), 21, rue de la Bienfaisance, Paris.
BÉTOLAUD, 21, avenue Marceau, Paris.
BEZANÇON, 30, rue Pergolèse, Paris.
BIGNON, Paul, 26, rue François-Ier, Paris.
BIONCOURT (de), Château de Melz-s.-Seine p. Provins, Seine-et-Marne.
BIRÉ (de), Louis, 22, avenue Friedland, Paris.
BISINGER, Ay, Marne.
BLAIZEL (du), 23, rue Saint-Jean, Boulogne-sur-Mer.
BLANCHARD, 33, rue Pierre-Charron, Paris.
BLANCHET, Pouancé, Maine-et-Loire.
BLASS, Ray-sur-Saône, Haute-Saône.
BLONDEL, 4, avenue Voltaire, Lunéville.
BOCHET, notaire, 25, rue de Seine, Choisy-le-Roi.
BOCQUET, Hirson, Aisne.
BOCQUET (Mme), Hirson, Aisne.
BOISGELIN (Comte B. de), 19, avenue de l'Alma, Paris.
BOIGELIN (Comte L. de), 50, avenue Marceau, Paris.
BOISPÉAN (Comte de), Rougé, Loire-Inférieure.

Boispéan (Vicomte de), château de Saint-Malo-de-Beignon, Morbihan.
Boisnard, Saint-Ciers-sur-Gironde, Gironde.
Bombart, Victor, Albert, Somme.
Bonichon, Eugène, Avallon, Yonne.
Bonnaud, Fernand, 6, avenue Hoche, Paris.
Bonnegarde (H. du Puy de), 4, rue Edmond-Valentin, Paris.
Bonneval (Comte de), 30, rue Las Cases, Paris.
Boppe (Dr Louis), 1, rue Porte-de-Metz, Toul.
Boppe, Jules, inspecteur adjoint des Eaux et Forêts, Baccarat, Meurthe-et-Moselle.
Bordeaux, Brestels, Rouessé-Fontaine, La Hutte, Sarthe.
Bordet, château d'Essarois, Côte-d'Or.
Bornot, Abbaye de Valmont, Seine-Inférieure.
Bos (du), Auguste, 47, avenue Henri-Martin, Paris.
Bosse, 31, avenue de la Dame-Blanche, Fontenay-sous-Bois.
Boudin, Alexandre, 5, rue Baillif, Paris.
Bouëxic de la Driennays (Vicomte du), château de la Driennays, Saint-Malo-de-Phily, Ille-et-Vilaine.
Bougron, 179, rue de Courcelles, Paris.
Boulant, Alfred, 13, rue Taitbout, Paris.
Boulant, Emile, 34, boulevard Saint-Michel, Paris.
Bourdier, père, 3, rue des Cordiers, Le Puy, Haute-Loire.
Bourdier (Mme), 3, rue des Cordiers, Le Puy, Haute-Loire.
Bourdier, fils, 3, rue des Cordiers, Le Puy, Haute-Loire.
Boury (Marquis de), Amfreville-la-Campagne, Eure.
Boutillier, garde général, Villeneuve-lès-Avignon, Gard.
Bouvet, 11, boulevard de Saumur, Angers.
Bouvier, Georges, Lamontjoie, Lot-et-Garonne.
Branchard, Edmond, Billon-sur-Huisne, par Rémalard, Orne.
Branère (Dr), Pontonx, Landes.
Brault, 99, rue du Château, Paris.
Braun, Roger, Saint-Maur-des-Fossés, Seine.
Brécheux, notaire, place d'Italie, Paris.
Brissieux (Cte de), château de Laurivoie, Nogent-sur-Vernisson, Loiret.
Brochier, Charles, 45, rue Consolat, Marseille.
Brosse (Béthery de la), 51, boulevard Béranger, Tours.
Brugnon, Paul, 16, rue du Pont-Neuf, Paris.
Brun, 1, cours Gambetta, Lyon.
Buçaille, notaire, Licques, Pas-de-Calais.
Bures, 7, rue Cuvilliers, Saintes, Charente-Inférieure.
Burlin, Louis, Saint-Dié, Vosges.
Bussière (Baron de), château de Remberge par Antrèche, Indre-et-Loire.
Cabanes, Cros de Montvert par Laroquebrou, Cantal.
Cadenel, 11, rue Saint-Ferréol, Marseille.
Cahon, Eugène, 25, rue Gay-Lussac, Paris.
Caillet, 45, avenue Marceau, Paris.
Caillé (Van), 144, rue du Progrès, Bruxelles.
Camet, 10, rue Saint-Pierre-le-Vieux, Lyon.
Canettemont (de), château de Sains-les-Hautelocque, p. Saint-Pol-s.-Ternoise, Pas-de-Calais.

Cardon, 90, rue Antoine-Lécuyer, Saint-Quentin, Aisne.
Cardot, Crépy-en-Laonnais, Aisne.
Carmentraud, Président du Tribunal de commerce, Langres, Haute-Marne.
Carré, Eugène, 21, rue de Paris, Tours.
Carrère (de), 6, rue Saint-André, Beauvais.
Cassin (Baron de), 4, rue Boissière, Paris.
Catelin, Villa Saint-Hubert, Saint-Pol-s.-Ternoise, Pas-de-Calais.
Cauderay, 72, avenue Victor-Hugo, Paris.
Cauvet, 25, quai Vauban, Perpignan.
Cazals, 25, quai Vauban, Perpignan.
Chabot (Vte de), château de Boissière p. Châtillon-s.-Sèvre, Deux-Sèvres.
Chaffault (Cte de), 3 *bis*, rue Dumont-d'Urville, Paris.
Chaise (Henry de la), 48, rue de Varenne, Paris.
Chalandon, 44, rue Fabert, Paris.
Chambray (Cte de), Boissy-le-Sec, Eure-et-Loir.
Chambray (Vte de), 6, rue Bizet, Paris.
Chambray (Baron de), 76, avenue Malakoff, Paris.
Champagnac, Eugène, 22, rue de la Reynie, Paris.
Champagnac, Henri, 22, rue de la Reynie, Paris.
Champchevrier (Baron de), 14, rue de Bièvre, Paris.
Champchevrier (Baron de), chât. de Marcilly, Marcilly-s.-Maulne, Indre et-Loire
Champgrand (Cte de), château de Soupize par Dun-s.-Auron, Cher.
Champs (Cte de), Châteauvert, Marseille-les-Aubigny, Cher.
Chapier, 29, rue Neuve, Neufchateau, Vosges.
Charnacé (de), 80, rue de l'Université, Paris.
Chateaubriand (Cte de), Saint-Germain-en-Laye, Seine-et-Oise.
Chatelain, 7, rue Lamennais, Paris.
Chaudenay (Pierre de), 110, rue La Boëtie, Paris.
Chaudenay (Jean de), 4, rue Lincoln, Paris.
Chaudenay (Charles de), chât. de Chaudenay p. Châtillon-s.-Indre, Indre.
Chaumié, Jacques, député, 9, rue de Poitiers, Paris.
Chauvelon-Fontelives, rue Linné, Nantes.
Chavagnac (Mis de), 43, rue de Miromesnil, Paris.
Chenevière, 50, rue Bassano, Paris.
Chevalet, Thouars, Deux-Sèvres.
Chevallereau, Bois-Sorin par Sainte-Hermine, Vendée.
Chevrelière (Aymé de la), chât. de St-Benoît, à St-Benoît, Vienne.
Chobert, Léon, 16, rue Lafayette, Paris.
Chouffour, 68, rue Lauriston, Paris.
Clamorgan, André, 49, rue de la Tour, Paris.
Clasens, Gustave, 26, avenue du Bois-de-Boulogne, Paris.
Clayeux, René, château des Gouttes p. Jaligny, Allier.
Clémenceau, Gabriel, 34, rue de l'Echiquier, Paris.
Clermont (Raoul de), 173, boulevard Saint-Germain, Paris.
Cluzeau, Paul, 66, rue du Commandant-Arnould, Bordeaux.
Coache, député, 40, rue du Lillier, Abbeville, Somme.
Cochard, Raymond, 19, boulevard Saint-Michel, Paris.
Collet, Léon, 1, boulevard de la Paix, Reims.
Colombel, Fernand, 9, avenue Marceau, Paris.

Coquard, René, Marly-s.-Issy p. Issy-l'Evêque, Saône-et-Loire.
Corberon (Cte de), 12, rue de Clichy, Paris.
Cordier, 25, rue des Francs-Bourgeois, Paris.
Cordier, Paul, Origny-en-Thiérache, Aisne.
Cormier, château de Terre-Neuve, Fontenay-le-Comte, Vendée.
Cormier (Mme), rue Rapin, Fontenay-le-Comte, Vendée.
Cornu-Langy, Chanteloire p. Soings, Loir-et-Cher.
Cosnier, député, 11 *bis*, rue Lagarde, Paris.
Costil, René, Corneville-s.-Risle, Eure.
Cotardière (Roger de la), Chaillon-Châtillon, Indre.
Cottin, Armand, 60, rue Royale, Paris.
Coulbois, Saint-Moré p. Arcy-s.-Aure, Yonne.
Coulombier, Gaston, 14, rue Duphot, Paris.
Coutant, Paul, 33, avenue Henri-Martin, Paris.
Couttolenc, inspecteur adjoint des Eaux et Forêts, Compiègne, Oise.
Couturier, Arthur, 50, rue Clovis, Reims.
Couvreux, Abel, 78, rue d'Anjou, Paris.
Couvreux, Charles, 33, rue Vineuse, Paris.
Crabette, Edouard, 92, rue Richelieu, Paris.
Cribier, Paul, 6, rue Abel, Paris.
Culhiat du Fresnes (Comte), château de Voyaux, p. Trélon, Nord.
Cussac (Joseph de), inspecteur des Eaux et Forêts, 45, rue Allix, Sens, Yonne.
Dacraigne, 48, rue de Londres, Paris.
Dagonet, Eugène, Verdun-s.-Meuse, Meuse.
Dalbin, 32, rue Saint-Georges, Nancy.
Damicourd, 44, rue de Fleurus, Paris.
Damonneville, 2, place Saint-Pierre, Abbeville, Somme.
Danjean, Peseux p. Longwy-s.-le-Doubs, Jura.
Dannin, père, 134, rue de Rennes, Paris.
Dannin, fils, 11, rue Littré, Paris.
Darnis, Vougué par Augé, Deux-Sèvres.
Daudens, Arthur, 14, rue Coquillière, Paris.
Decamp, 17, rue Biscornet, Paris.
Defaye, Robert, La Croix, Dompierre-s.-Besbre, Allier.
Defrénois, Léon, 9, rue Quentin-Varin, Beauvais.
Degos, Pontonx-s.-l'Adour, Landes.
Delagarde, 17, rue des Carrières, Cherbourg.
Delamarre, Louis, 10, avenue Percier, Paris.
Delapalme, Jacques, 63, rue de Ponthieu, Paris.
Delaygne, Frédéric, inspecteur des Eaux et Forêts, Blois.
Delcros, Lalinde, Dordogne.
Deloffre, Edmond, brasseur, Cambrai, Nord.
Delpont, François, 25, quai Vauban, Perpignan.
Delvincourt, 83, rue de l'Abbé-Groult, Paris.
Demorlaine, inspecteur adj. des eaux et forêts, 10, Gde-rue-N.-Dame, Abbeville.
Demachy, Crèvecœur-le-Grand, Oise.
Denis, Maurice, 69, rue de Bretagne, Paris.
Descours, 34, boulevard Carnot, Le Puy, Haute-Loire.
Desgrey, 4, rue des Chavannes, Langres.

DESNOËS, Chemiré-Morannes, Maine-et-Loire.
DESPREZ, 86, boulevard de Courcelles, Paris.
DEUTSCH, Emile, 54, avenue d'Iéna, Paris.
DEUTSCH, Henry, 4, place des Etats-Unis, Paris.
DEVILLARD, Ditière, commune de Buxières-les-Mines, Allier.
DIEUSY, Georges, 70, Rampe-Bouvreuil, Rouen.
DIEUSY, René, 24, rue Saint-Jacques, Rouen.
DIOT, Jules, 58, rue Demours, Paris.
DOISTEAU, Paul, 94, avenue de Paris, Pantin, Seine.
DONIÈS, Hector, château de Penthy p. Vilvorde, Belgique.
DOSNE, Albert, lieutenant de louveterie, Bar-sur-Seine, Aube.
DOURY, Félix, Savigny-s.-Aisne, Ardennes.
DREYFUS, J.-Ferdinand, 1, Rond-Point Bugeaud, Paris.
DROUELLE, Emile, 7, rue Drouot, Paris.
DRUARD, Léon, 5, rue Saint-Laurent, Châlon-s.-Saône, Saône-et-Loire.
DUBOIS, Emile, 13, boulevard du Nord, Le Raincy, Seine-et-Oise.
DUBOIS, Ernest, 4, rue Demours, Paris.
DUCHEMIN, Louis, 144, rue de Courcelles, Paris.
DUFLOS, Michel, château de Saint-Josse-s.-Mer, Pas-de-Calais.
DUFRAINE, Edouard, Noyelles-s.-l'Escaut, p. Morcoing, Nord.
DULAU, député, 14, rue de Moscou, Paris.
DULIGNIER, Henri, 20, boulevard Emile-Augier, Paris.
DUPÉRIER, Pontonx, Landes.
DUPRAT, L'Isle-Jourdain, Gers.
DUPRAT (Mme), L'Isle-Jourdain, Gers.
DUPUY, 9, rue Scribe, Paris.
DUPUY (Dr), Les Terciers, Sainte-Foy-la-Grande, Gironde.
DURAND, 28, Grande-Rue-de-la-Réal, Perpignan.
DURAND-VIEL, 14, rue Guy-de-Maupassant, Le Havre
DURUFLÉ, Georges, 3, rue La Boëtie, Paris.
DUSSAUSSOY, Paul, député, 17, avenue Bugeaud, Paris.
DUVAL, Albert, 17, rue d'Anjou, Paris.
ELVA (Cte d'), sénateur, 31, rue Boissière, Paris.
ESPRIT, François, Beynost, Ain.
ESQUIROL, Albert, 29, rue d'Artois, Paris.
ESTERNO (Comte d'), 122, rue de Grenelle, Paris.
ETIENNE (J.-B.), 2, rue Linnée, Nantes.
ETOILLE (Gaston de l'), 9, rue Boccador, Paris.
ETOILLE (Robert-Jourdain de l'), 9, rue Boccador, Paris.
EVAIN (Baron), 62, rue de Bellechasse, Paris.
EYLL (Van), La Laude Chevrier par Culan, Cher.
FAILLY (Vicomte de),
FAIVRE, Paul, 2, rue du Bouloi, Paris.
FAUCHER, Henri, rue de la Rochelle, Bar-le-Duc, Meuse.
FAUQUET, Ferdinand, Saint-Amand, Cher.
FAURE, Gaston, 92, avenue Victor-Hugo, Paris.
FAURE, Maurice, 45, rue Pergolèse, Paris.
FAYAL (Mquis de), 116, rue do Sol-da-Rato, Lisbonne.
FELCOURT (Comte de), 6, avenue Matignon, Paris.

Ferraud, 68, rue Ampère, Paris.
Ferronnays (Cte de la), 38, rue de Chaillot, Paris.
Ferté, Villa des Roses, 7, place Saint-Christophe, Soissons.
Fessart, Emile, 12, rue de Presbourg, Paris.
Firmin-Didot, Maurice, 272, boulevard Saint-Germain, Paris.
Fitz-James (Cte Etienne-Jacques de), chât. de Cannes-Ecluse p. Montereau, Seine-et-Marne.
Fitz-James (Cte Edouard de), 7, rue Royale, Paris.
Flers (Vte de), 7, rue de Tilsitt, Paris.
Fleurieu (Cte de), 9, boulevard Latour-Maubourg, Paris.
Fleury, René, château de la Basse-Motte, p. Bouguenais, Loire-Inférieure.
Folliot, Jules, Chablis, Yonne.
Fontaine, Gilbert, 5, rue Greffulhe, Paris.
Forel, Joseph, Breuchotte par Raddou, Haute-Saône.
Forestier de Coubert (Cte de), château de la Boisnière, à Villedomer par Chateaurenault (Indre-et-Loire).
Fouand, Jules, Saint-Josse-s.-Mer, Pas-de-Calais.
France (Hubert de), 101, avenue des Champs-Elysées, Paris.
France (Maurice de), 101, avenue des Champs-Elysées, Paris.
Fray, Paul, au Coudray p. Plessis-Chenet, Seine-et-Oise.
Froin, Maurice, domaine de l'Etang, Saint-Ciers-s.-Gironde, Gironde.
Fromageot, Robert, 29, rue Cambacérès, Paris.
Frotté, Emmanuel, Beauregard p. Vignory, Haute-Marne.
Froyer des Chesnes, 184, avenue Victor-Hugo, Paris.
Fumet, Louis, 148, boulevard Montparnasse, Paris.
Fuye (Victor de la), château des Chênes, p. Margerie-Haucourt, Marne.
Gabarrot, 40, rue Paryaminières, Toulouse.
Gable, Frédéric, 41, rue de Bléré, Amboise, Indre-et-Loire.
Gabet-Devouge, Coudry, Nord.
Gaidelin, 21, rue des Mèches, Créteil, Seine.
Gaignault, Alphonse, Issoudun, Indre.
Gaillard, Jean, 26, rue de Clichy, Paris.
Galand, René, 13, rue d'Hauteville, Paris.
Galbrun, Léopold, Quissac, Gard.
Gallois, Ernest, Toul, Meurthe-et-Moselle.
Gantès (Marquis de), Abbeville, Somme.
Gatimel, Louis, rue de l'Etrieu, Marseille.
Gatine, Albert, 1, rue de Beaune, Paris.
Gay, Louis, 65, rue de Rome, Marseille.
Gentien, 12, faubourg Saint-Vincent, Orléans.
Genty, Louis, Limon, commune de la Ferté-s.-Jouarre, Seine-et-Marne.
Gérard (Baron), 2, rue Rabelais, Paris.
Germain-Duforestel, Condé-sur-Noireau, Calvados.
Gibert, Pierre, 32 *bis*, boulevard Haussmann, Paris.
Gibert, Henry, Noüe p. Villers-Cotterets, Aisne.
Gibory, Paul, 16 quai Béatrix, Laval.
Gien, Etienne, 16, boulevard des Italiens, Paris.
Gilard, François, l'Hermitage-Mordellès, Rennes.
Gillard, Robert, Ligny-en-Barrois, Meuse.

GILLES-DEPERRIÈRE, Emile, La Grange p. La Poissonnière, Maine-et-Loire.
GILLOT, Edmond, Tannois p. Longueville, Meuse.
GINDRE, Laverdine, par Néroudes, Cher.
GINIEZ, Albert, 3, boulevard Henri-IV, Montpellier.
GIRARD, Charles, 21, place Saint-Jean, Dijon.
GLŒSENER (Mme Mathias), 4, rue Rheinsheim, Luxembourg.
GODET, Joseph-Emile, 17, rue Bleue, Paris.
GOGEARD, Clément, 60, rue Saint-Maur, Rouen.
GOMART, Louis, inspecteur adjoint des Eaux et Forêts, 12 *bis*, rue St-Honoré, Fontainebleau.
GOUBEAUX (Comte), 33, rue Cortambert, Paris.
GOUPILLIÈRE (de la), 11, rue d'Aguesseau, Paris.
GOYARD, Louis, 1, route de Chatou, Carrières-s.-Seine, Seine-et-Oise.
GRANDMAISON (de), député, 106, boulevard Haussmann, Paris.
GRANGER, André, inspecteur adj. des Eaux et Forêts, Rambouillet, Seine-et-Oise.
GRASSAL, Anselme, Mamers, Sarthe.
GRIMARD, André, 38, rue d'Orléans, Trouville.
GRIMARD (Mme A.), 38, rue d'Orléans, Trouville.
GRISIER, Gabriel, La Vierge par Orsay, Seine-et-Oise.
GROS, Camille, 10, quai Gambetta, Châlons-sur-Saône, Saône-et-Loire.
GROS (Mme C.), 10, quai Gambetta, Châlons-sur-Saône, Saône-et-Loire.
GUÉRIN, Léon, Chauny, Aisne.
GUÉRIN-BROCHARDIÈRE, à Montjeau, par Loiron, Mayenne.
GUERNE (Baron de), 6, rue de Tournon, Paris.
GUICHARD, Albert, Châlons-sur-Saône, Saône-et-Loire.
GUICHARD (Mme A.), Châlons-sur-Saône, Saône-et-Loire.
GUILLEMANT, Eugène, 65, rue d'Anjou, Paris.
GUINARD, 8, avenue de l'Opéra, Paris.
GUINON (Dr), Tréboul, Finistère.
GUIRAUD, 10, rue de l'Aigle-d'Or, Carcassonne.
GUYOT, Charles, directeur de l'Ecole Forestière, 12, rue Girardet, Nancy.
HABER, Paul, 107, avenue Victor-Hugo, Paris.
HARCOURT (Marquis d'), 11, rue de Constantine, Paris.
HARCOURT, Etienne, 11, rue de Constantine, Paris.
HARLAY, Maurice, Pont-Audmer, Eure.
HARPILLARD, 6, rue de la Réole, Paris.
HAUSEN (Henri d'), 99, rue de l'Université, Paris.
HÉCART, Alfred, Westrehem, par Fléclin, Pas-de-Calais.
HELBRONNER, Jacques, 15, avenue Victor-Hugo, Paris.
HELLOUIN, 10, rue Bouquet, Rouen.
HÉMON, Louis, député, 36, rue Gay-Lussac, Paris.
HENNESSY, Jean, 31, rue Bassano, Paris.
HERBELOT, Henri, 51, avenue Henri-Martin, Paris.
HÉRISSON-LAPARRE, Edouard, inspecteur des Eaux et Forêts, Foix, Ariège.
HÉROLD, Hermann, château de Bois-Luvette, par Salbris, Loir-et-Cher.
HERRGOTT, Paul, sous-préfet, Toul, Meurthe-et-Moselle.
HERVIEUX, Léon, Fromagerie de l'Etoile, La Chapelle-aux-Pots, Oise.
HEYL, (Dr Charles), 12, rue Roquepine, Paris.
HOCHE (Dr), 5, rue de Serre, Nancy.

Houette, Charles, inspecteur général des Finances, 78, avenue Marceau, Paris.
Houlé, 18, rue Olivier, Lisieux, Calvados.
Hugot, Eugène, 73, avenue de Soissons, Château-Thierry, Marne.
Hugues, Frédéric, Fayet, par Saint-Quentin, Aisne.
Huguet, Victor, Sornay, par Marnay, Haute-Saône.
Hunger, Victor, 7, rue d'Astorg, Paris.
Huré, Gaston, 119, rue Saint-Gilles, Abbeville.
Imbert, Albert, château de Clinzeau p. Château-Chinon, Nièvre.
Itasse, 25, avenue de l'Alma, Paris.
Jacquin, Henri, 6, rue de Paris, Saint-Brice-s.-Forêt, Seine-et-Oise.
Jallot (Dr), Renazé, Mayenne.
Jammes, 43, rue d'Antibes, Cannes.
Janez (Dr), 43, rue de la Charité, Lyon.
Janzé (Vte de), 57, rue de l'Université, Paris.
Jaquet, Paul, 13, rue des Petites-Ecuries, Paris.
Jaubert (Baron), 27, avenue Montaigne, Paris.
Jeannequin, Bernapré, par Sénarpont, Somme.
Jeannerat, inspecteur adjoint des Eaux et Forêts, Saint-Germain-en-Laye.
Jeudon, Le Breil-s.-Mérize, Sarthe.
Joba, avocat, Commercy, Meuse.
Johnston, Nathaniel, château du Sentier-Mosnes, Indre-et-Loire.
Joly, Antony, député, 9, avenue de la Bourdonnais, Paris.
Joly (Dr Charles), Clermont, Oise.
Jonage (de), 55, avenue Marceau, Paris.
Joncheray (Baron du), chât. des Grandes-Maisons, La Membrolle, Maine-et-Loire.
Jorré, Jules, 28, rue de Bourgogne, Paris.
Josse, Eugène, Sainte-Menehould, Marne.
Journu, Henri, 48, rue Saint-Ferdinand, Paris.
Juif, Emile, 69, rue de la Condamine, Paris.
Kastler, notaire, 116, faubourg Saint-Honoré, Paris.
Kérautem (Vte de), ch. d'Augrie p. Candé, Maine-et-Loire.
Kerouartz (Vte de), 19, boulevard Latour-Maubourg, Paris.
Kerstrat (de), inspecteur des Eaux et Forêts, Lorris, Loiret.
Kerveguen (Cte de), 29, boulevard Latour-Maubourg, Paris.
Krantz, Camille, 226, boulevard Saint-Germain, Paris.
Kuhlig, Jules, 17, rue Bois-le-Vent, Paris.
Labouriau, Charles, 30, avenue de l'Opéra, Paris.
Lacaisse, Charles, 17, rue de la Cité, Troyes.
Lacaisse (Mme C.), 17, rue de la Cité, Troyes.
Lagarde (Roger de), 9, rue La Boëtie, Paris.
Lamandé (Henri de), château du Doussay, près La Flèche, Sarthe.
Lambertye (Cte C. de), 51, avenue Montaigne, Paris.
Lambertye (Cte E. de), 51, avenue Montaigne, Paris.
Lapeyre (Dr Jean), 33, rue de Berlin, Paris.
Lasne, Coësmes, Ille-et-Vilaine.
Lasson, Alfred, 21, avenue Marceau, Paris.
Launay (Cte R. de), 205, faubourg Saint-Honoré, Paris.
Launay (Perreau de), Fougère, Vendée.
Laurent, Roger, château de la Ferté-Vidame, Eure-et-Loir.

LAURENT (Dr H.), 37, boulevard Latour-Maubourg, Paris.
LAURISTON (de), 5, rue Christophe-Colomb, Paris.
LAVALLÉE, Victor, 54, rue de Bourgogne, Paris.
LAVEISSIÈRE, Jean, 20, rue de l'Arcade, Paris.
LAVEISSIÈRE, Joseph-Louis, 20, rue de l'Arcade, Paris.
LAVERGNE, 19, quai de la Fontaine, Nîmes.
LAVERNE, 2, rue Pasquier, Paris.
LAVOINE, Saint-Jean-de-Losne, Côte-d'Or.
LAVOINE (Mme), Saint-Jean-de-Losne, Côte-d'Or.
LAVOYE, Emile, 82, rue des Quatre-Coins, Calais.
LAYRE (Baron de), 8, rue de la Baume, Paris.
LEBEL, Louis, 8, rue des Capucins, Abbeville.
LE BLAN, Paul, 24, rue Gauthier-de-Chatillon, Lille.
LECARON, Morice, 6, avenue de l'Opéra, Paris.
LECARON, Paul, 15, avenue Kléber, Paris.
LÉCHEROLLE (Paul de), château d'Ars, p. La Châtre, Indre.
LECLANCHÉ, 114, boulevard Malesherbes, Paris.
LECLER, Edouard, 9, rue du Trésor, Paris.
LECLERC, notaire, Charenton, Seine.
LE CREPS, Charles, Les Effes, p. Châtillon-sur-Indre, Indre.
LEDARD, René, 37, rue Godot-de-Mauroi, Paris.
LEDDET, François, garde général des Eaux et Forêts, Senonches, Eure-et-Loir.
LEDDET, Pierre, inspecteur des Eaux et Forêts, 3, square Latour-Maubourg, Paris.
LEFEBVRE, 22, rue d'Aumale, Paris.
LEFEBVRE, Louis, conservat. des Eaux et Forêts, 7, rue de Paris, Moulins, Allier.
LEFÈVRE (F.), rue Nationale, Lectoure, Gers.
LEGENDRE, Emile, 15, rue Valentin-Haüy, Paris.
LÉGER, Jules, 108, rue Jouffroy, Paris.
LÉGLISE, député, 38, rue du Général-Foy, Paris.
LE GRIS DE LA POMMERAYE, château d'Ardenne, par Seiches, Maine-et-Loire.
LEHMANN, Villa Espérance, à Royan, Charente-Inférieure.
LEMAIGNEN, André, château du Gué la Guette, p. Cour. Cheverny, Loir-et-Cher.
LEMAIRE, Adolphe, 14, rue du Grenier-à-Sel, Châlons-sur-Marne.
LÉNIAU, Léon, 8, rue Delambre, Paris.
LEPAGE, Henri, Crèvecœur-le-Grand, Oise.
LE ROUX, sénateur, 48, boulevard Malesherbes, Paris.
LE ROY, Joseph, château de Canaples, Somme.
LEROY, Jean, 12, rue de Moscou, Calais.
LEROY (Mme J.), 12, rue de Moscou, Calais.
LESAGE, Albert, Chaveignes, par Richelieu, Indre-et-Loire.
LESGUILLON, Louis, La Grande-Brosse, p. Gien, Loiret.
LESGUILLON, Maurice, 47, rue de Sèvres, Paris.
LESTANG (de), château de Lestang, par Orbigny, Indre-et-Loire.
LESTRANGES (Baron de), 92, avenue des Champs-Elysées, Paris.
LEVITRE, Joseph, garde, Dourdan, Seine-et-Oise.
LEVOIR, Ernest, Plouy-Domqueur, p. Ailly-le-Haut-Clocher, Somme.
LEVOIR (Mme), Plouy-Domqueur, p. Ailly-le-Haut-Clocher, Somme.
LEVOIR, Jean, Plouy-Domqueur, p. Ailly-le-Haut-Clocher, Somme.

Lieutier, Marcel, 9, rue Pavillon, Marseille.
Lippmann, 6, rue Ampère, Paris.
Longthuit (de), château de Dammarie, Dammarie-en-Puisaye, Loiret.
Longuerne (Baron de), 58, rue de Varenne, Paris.
Lorge (duc de), 119, rue Saint-Dominique, Paris.
Lourmel (Vte du Hourmelin de), chât. Le Hourmelin, p. Pléneuf, Côtes-d.-Nord.
Loury, Charles, 71, rue de Monceau, Paris.
Luart (Marquis du), 284, boulevard Saint-Germain, Paris.
Luart (Roland du), 185, rue de la Pompe, Paris.
Ludre (Comte de), député, 15, avenue Bosquet, Paris.
Lusigneul (A. Fouquet de), manoir de Bourth, Eure.
Lyons de Feuchin (Baron de), Villers, p. Abbeville, Somme.
Larcher, Lucien, (Association des Chasseurs au Bois de Meurthe-et-Moselle), 15, rue des Tiercelins, Nancy.
Madrid de Montaigle (Vte de), château de Léherie-la-Viéville, Aisne.
Magaud d'Aubusson, 6, rue Henri-Heine, Paris.
Magnauville (de), château de Lachenaud, p. Bussière-Baffy, Haute-Vienne.
Magne, Antoine, 11, place de la Banque, Perpignan.
Mahieu, 34, Grand'Place, Béthune.
Mahieu (Mme), 34, Grand'Place, Béthune.
Mahieu (Mlle), 34, Grand'Place, Béthune.
Maigret (Cte de), chât. de Saint-Romain, p. Perrecy-les-Forges, Saône-et-Loire.
Mailly (Cte de), 6, rue La Trémoïlle, Paris.
Maire, François, 5, avenue Victoria, Paris.
Mallet, Richard, garde général des eaux et forêts, Evian-les-Bains, Hte-Savoie.
Maloquin, 7, rue Mogador, Paris.
Manceau, 4, rue Travot, Cholet.
Manchon, Ernest, Mézidon, Calvados.
Mangot, 7, rue Saint-Pierre, Montdidier.
Manificat, Pontcharra-sur-Brida, Isère.
Marcassus, 7, rue du 4-Septembre, Tarbes, Htes-Pyrénées.
Marchand, Charles, 22, rue des Batignolles, Paris.
Marescot (Mis de), Château des Noës par le Mesle-s.-Sarthe, Orne.
Marescot, Fourques par Caumont, Lot-et-Garonne.
Margantin, 48, rue de Ponthieu, Paris.
Marguery, 34, boul. Bonne-Nouvelle, Paris.
Maringe, Paul, Champlemy, Nièvre.
Marot, Notre-Dame, Troyes, Aube.
Marotte, Charles, La Fère, Aisne.
Marquais, 11, rue d'Alger, Cognac.
Marronneaud, Jean, 8, rue Vital-Carles, Bordeaux.
Maronneaud (Mme), 8, rue Vital-Carles, Bordeaux.
Marsay (René de), 191, boul. Saint-Germain, Paris.
Martial, 27, rue de Paradis, Bourges.
Martin-Dreys, Cressanges, Allier.
Martin-Feuillée, Félix, 9, rue Vignon, Paris.
Mascaux, Douchy, Nord.
Masse, Fernand, Corbie, Somme.
Massé, Alfred, député, 61, avenue Kléber, Paris.

MASSON, Jacques, 17, rue Monge, Dijon.
MAUBAN, Georges, 5 *bis*, rue de Solférino, Paris.
MAUCOLLOT, au domicile de M. Gallois, Toul.
MAUGET, Alfred, Mirambeau, Charente-Inférieure.
MAUGET (Mme A.), Mirambeau, Charente-Inférieure.
MENGIN, Louis, Bellegarde, Gard.
MÉRÉ (Vte H. de BROSSIN de), 72, rue de Lille, Paris.
MÉRÉ (Cte de BROSSIN de), 164, faub. Saint-Honoré, Paris.
MÉRÉ (Vte Roland de), 164, faub. Saint-Honoré, Paris.
MERLE, Auguste, Sainte-Catherine-sur-Briançon, Htes-Alpes.
MERSEY, Lucien, cons. des eaux et forêts, 87, boul. Saint-Michel, Paris.
MESLAY, Amédée, Chât. de la Barillerie p. le Lion d'Angers, Maine-et-Loire.
METTON, 9, rue Ventefol, Saint-Chamond, Loire.
MEYER, Charles, Saint-Dié, Vosges.
MEYRONNET SAINT-MARC (Baron de), Chât. de Mortefontaine p. Plailly, Oise.
MIBIELLE, Paul, 3, rue de France, Grenoble.
MICHAUD, Paul, cons. des eaux et forêts, 2, place de l'Arsenal, Bourges.
MICHAUX, Edmond, Moulin-Neuf, Chaumont.
MICHEL, Hubert, 16, avenue du Trocadéro, Paris.
MICHON, Henri, 18, rue Docteur-Mazet, Grenoble.
MILANDRE, boul. Barbès, Petit-Ivry, Seine.
MOLLEVEAUX, Joseph, inspecteur adj. des eaux et forêts, Vierzon, Cher.
MOLMERET, Charles, Bajatière, Grenoble.
MONBRISON (Jacques de), 23, rue d'Anjou, Paris.
MONCHY (Raoul de), garde gén. des eaux et forêts, 16, rue Royale, Versailles.
MONTESQUIOU (Cte H. de), 107, rue de la Pompe, Paris.
MONTESQUIOU (Cte L. de), 6, rue Auguste-Vacquerie, Paris.
MONTESSUY, Georges, 1, avenue Montaigne, Paris.
MONTEYNARD (Mis de), 23, rue Auguste-Vacquerie, Paris.
MONTEYNARD (Cte de), 100, rue de l'Université, Paris.
MONTLIBERT (E. de), Bois Guinant par Lavaré, Sarthe.
MOREL D'ARLEUX, Albert, 5, rue du Renard, Paris.
MOREL D'ARLEUX, Georges, 15, rue des Saints-Pères, Paris.
MORNY (Duc de), 23, boul. Delessert, Paris.
MORTEMART (Duc de), 111, rue de l'Université, Paris.
MOTELAY, André, 8, cours du XXX juillet, Bordeaux.
MOTTE SAINT-PIERRE (André de la), Chât. de la Chapelle p. Céré, Indre-et-Loire.
MOTTE SAINT-PIERRE (Bernard de la), 110, rue de la Boëtie, Paris.
MOTTE SAINT-PIERRE (Jean de la), 33, rue Saint-Léger, Evreux.
MOUCHERON (Vte du), au dom. du Baron de Segonzac, 68, r. de Miromesnil, Paris.
MOUGIN, Stéphane, 21, rue des Capucines, Remiremont, Vosges.
MOUNIER, Paul, 6, rue Saint-Faron, Meaux.
MOUSTIERS-MÉRINVILLE (Cte Maurice des), 4, rue Bayard, Paris.
MOUSTIERS-MÉRINVILLE (Cte René des), 23, rue d'Artois, Paris.
MURAT (Prince), 28, rue de Monceau, Paris.
MURAT (Vte Robert de), 12, rue Léonce-Reynaud, Paris.
MURET, Paul, 68, boul. Rochechouart, Paris.
MUTEAU, Henri, 57, rue des Vignes, Paris.
MUTEL, Henri, 31, rue d'Anjou, Paris.

NADAUD-LALANDE, Alix, 64, rue de Montmoreau, Angoulême.
NADAUD-LALANDE (Mme A.), 64, rue de Montmoreau, Angoulême.
NAIGEON, Gustave, Beaune, Côte-d'Or.
NÉEL, Edmond, La Moquardière, Villedieu-les-Pocles, Manche.
NEUVILLE, Jules, Aire-sur-la-Lys, Pas-de-Calais.
NICOLAS, Eugène, 80, rue Saint-Georges, Nancy.
NOAILLES (Duc de), 26, rue de Pomereu, Paris.
NODLER (Cte), 66, boul. Maillot, Paris.
NODOT, Edmond, Sté des Chasseurs à l'Hôtel de Ville, Le Havre.
NOUVELLE, Arthur, 23, rue de la Lune, Paris.
NOUVELLET, 23, rue Sala, Lyon.
NOUVILLETTE (Henri de), 21, rue de la Tannerie, Abbeville.
OILLIAMSON (Mis d'), 82, rue de Varenne, Paris.
OLLIVIER, Achille, 5, rue Littré, Paris.
OLLIVIER (Mme), 5, rue Littré, Paris.
OYRON (Cte d'), Château de Verrières, près les 3 Moutiers, Vienne.
PAJOT, Félix, 51, rue de Turenne, Lille.
PAJOT (Mme), 51, rue de Turenne, Lille.
PALLUAT DE BESSET (Cte R.), 10, avenue de l'Alma, Paris.
PALLUAT DE BESSET (Vte A.), 122, aven. des Champs-Elysées, Paris.
PAPILLON, Georges, 76, Boul. Saint-Germain, Paris.
PAPILLON, Henri, 30, rue Saint-Georges, Paris.
PARC (Vte du), Brognon p. St-Julien, Côte-d'Or.
PARENT, 10, rue Edouard-Detaille, Paris.
PARMENTIER, Jules, 4, rue Saint-Jean, Soissons.
PARNY, Gustave, 1, rue du Nil, Auxerre.
PASSAGE (Vte du), Chât. de Frohen p. Bernaville, Somme.
PAULTRE DE LAMOTTE (Vte), Chât. de Belon p. Nauteuil-lès-Meaux, Seine-et-Marne
PAYEN (Dr), villa Marguerite, Martigny-les-Bains, Vosges.
PEIFFER, inspect. des eaux et forêts, Compiègne, Oise.
PÉLISSIÈRE (Ernest de), Vif, Isère.
PÉRIER DE LARSAN (Cte du), député, 54, rue de Bourgogne, Paris.
PÉRIGNON (Cte de), 58, rue de Varenne, Paris.
PÉRINNE DE LA CAMPAGNE, 24, rue Saint-Martin, Laon.
PERPIGNA (Cte de), 34, rue Marbeuf, Paris.
PERRIER, Pierre, 103, rue de Miromesnil, Paris.
PERRIN, Firmin, cons. des eaux et forêts, 12, rue Saint-Martin, Vesoul.
PERRIN, Léon, 61, rue Le Berthon, Bordeaux.
PERROT DU VERNAY (Commt.), Gournay-s.-Droude, Oise.
PERRUCHOT, Brouin comm. d'Aunay-en-Bazois, Nièvre.
PETET, François, 20 bis, rue Beaurepaire Colombes-s.-Seine.
PETIT aîné, 21, rue du Caire, Paris.
PETIT, Louis, 19, rue de l'Avenir, Asnières.
PHILBOIS, 2, rue de Mulhouse, Paris.
PHILIPPON, 59, boul. Malesherbes, Paris.
PILLET-WILL (Cte F.), 31, faub. Saint-Honoré, Paris.
PILLION, garde, Le Chêne Tort, Mervent, Vendée.
PINTO DE ARANJO, 61, boul. Malesherbes, Paris.
PIOLANT (Gl Cte de), La Barbinière, Saint-Laurent-s.-Sèvre, Vendée.

Piollet, Eugène, Saint-Leu par Cessón, Seine-et-Marne.
Pithois, Raymond, 17, rue Carnot, Châlons-sur-Marne.
Pleumartin (Mis de), 7, rue Bayard, Paris.
Plisson, Léon, 56, av. Victor-Hugo, Paris.
Plumet, Léon, 9, rue Werlé, Reims.
Poché (Dr), Jean, 6, rue Froidevaux, Paris.
Poidevin, Loué, Sarthe.
Poidevin (Mme), Loué, Sarthe.
Poizat, Louis, 61, av. de la Grande-Armée, Paris.
Pol-Roger, 48, rue du Commerce, Epernay.
Pol-Roger (Mme), 48, rue du Commerce, Epernay.
Pompon, Charles, 14, Cloître St-Aignan, Orléans.
Poncins (Vte Edmond de), Lailly, Loiret.
Pontavice (Vte du), Chât. de Feulavoit c. de Lintré p. Fougères, Ille-et-Vilaine.
Potel, Raoul, inspecteur des eaux et forêts, Neufchâteau, Vosges.
Pothelet, Chât. de la Tour Beaujeu Saint-Vallier, Haute-Saône.
Pouillet, aven. du Viaduc, Chaumont.
Poupinel (Dr Gaston), 50, av. Victor-Hugo, Paris.
Poussard, Léon, inspect. adj. des eaux et forêts, Gondrecourt, Meuse.
Pracomtal (Mis de), 28, av. Montaigne, Paris.
Prouharam, Abel, proc. de la Rép., Arcis-sur-Aube, Aube.
Quélin, huissier, Crémieu, Isère.
Quittard, Etienne, garde, Bois-St-Denis p. Vaujours, Seine-et-Oise.
Raban, cité Monthiers, Paris.
Rabeau, Gabriel, 30, rue d'Avesnières, Laval.
Racine, Louis, 3, square La Bruyère, Paris.
Raffignon, inspect. des eaux et forêts, Montluçon.
Raoul-Duval, 49, rue Félix-Faure, Le Havre.
Raufaste, Armand, rue de Bourg-St-Girons, Ariège.
Raulet, Eugène, place de la Liberté, Biarritz, Basses-Pyrénées.
Raulin, Emile, 1 *bis*, rue des Chanoines, Nancy.
Ravignan (Baron G. de), 64, rue de Courcelles, Paris.
Raynaud, Paul, 11, allées de Meilhan, Marseille.
Raynaud (Mme P.), 11, allées de Meilhan, Marseille.
Reboul (Cte de), villa aux Roses, Saint-Jean-d'Angély, Charente-Inférieure.
Renard, Georges, 50, boul. de Courcelles, Paris.
Renaud (Dr F.), 7, rue Mazagran, Nancy.
Renaud (Mme F.), 7, rue Mazagran, Nancy.
Renon, Georges, 11, rue Valentin Haüy, Paris.
Repellin, Joseph, 8, place Grenette, Grenoble.
Rérolle, Henry, 3, rue Copenhague, Paris.
Reynaud (Baron E.), Villa Magnoléa, Allées Marines, Bayonne, Basses-Pyrénées.
Rich, Albert, 30, avenue de Messine, Paris.
Richard, Georges, 212 *ter*, boul. Péreire-Nord, Paris.
Richard (Dr), 22, place Sainte-Anne, Rennes.
Rieu (Chalret du), 3, rue du Cirque, Paris.
Riotteau Emile, sénateur, 7, rue d'Astorg, Paris.
Robais (Cte G. van), 30, rue Millevoye, Abbeville.
Robineau (François de), château de la Burelière, p. Candé, Maine-et-Loire.

Roche (Cte H. de la), 31, rue Pierre-Charron, Paris.
Roche-Aymon (Cte Raoul de la), 41, rue Saint-Dominique, Paris.
Rochefoucauld (A. de la) 28, rue Saint-Dominique, Paris.
Rochequairie (de), château de la Motte-Glaise, p. Saint-Julien-de-Vouvantes Loire-Inférieure.
Roizel (Pierre du), à Offroy, par Ham, Somme.
Roizel (du), lieutenant 67e de ligne, rue Racine, Soissons.
Romain, Edmond, 13, rue Parrot, Paris.
Rontin, Maurice, 5, rue des Ecoles, Paris.
Rosemont (de), château de la Blinière, p. Beaufort, Maine-et-Loire.
Rosselet, Lucien, 14 *bis*, rue de Milan, Paris.
Rostaing (Dr), Vif, Isère.
Rothéa, Maurice, 27, rue La Boëtie, Paris.
Roucairol, Louis, porte de Saint-Cyr, à Chars, Seine-et-Oise.
Rouchon, Edmond, 15, rue de la Benatte, Bordeaux.
Roucy (Louis de), 6, rue des Huguenots, Epernay.
Rougemont (G. de), 18, rue des Princes, Marseille.
Rougemont (Mme F. de), 18, rue des Princes, Marseille.
Rouher, Henry, Creil, Oise.
Rouillier, Emile, juge d'instruction, 10, rue des Jardins, Verdun.
Rousset, Auguste, 13, rue Visconti, Paris.
Royer, Paul, 3, rue de la Salpétrière, Nancy.
Royer (Mme P.), 3, rue de la Salpétrière, Nancy.
Ruckert, 56 *bis*, rue des Plantes, Paris.
Rudault, Louis, garde général des Eaux et Forêts, Levier, Doubs.
Ruelle (René de la), 22, avenue Maurice, Gagny, Seine-et-Oise.
Sade (Comte de), 19, rue de Varennes, Paris.
Saint-Agnan (de), 11, rue Michelet, Paris.
Saint-Genys (Vte), 32, rue Saint-Guillaume, Paris.
Saint-Henraux, La Chûte, p. Chanceaux-s.-Choisille, Indre-et-Loire.
Saint-Hubert-Club Tunisien, 11, avenue de France, Tunis.
Saint-Léon (Vte de), château de Jeurre, p. Etrechy, Seine-et-Oise.
Sainte-Claire-Deville, Georges, 92, rue Lemerchiev, Amiens.
Saintot, Jean, Villegusien, Haute-Marne.
Salcette (Baron de la), 20, avenue Kléber, Paris.
Samat (J.-B.), 15, quai du Canal, Marseille.
Samuel, Etienne, lieutenant de louveterie, Troyes.
Sanglé-Ferrière, Louis, Clamecy, Nièvre.
Sangnier, Henri, 73, rue de Vaugirard, Paris.
Sanson, Armand, inspecteur des Eaux et Forêts, 49, rue Carnot, Lorient.
Sargnon (Dr A.), 7, rue Victor-Hugo, Lyon.
Sargnon, Louis, 8, rue Lufont, Lyon.
Saugé, Jules, banquier, Surgères, Charente-Inférieure.
Sauvineau (Dr), 42 *bis*, rue des Mathurins, Paris.
Scelle, Charles, Société Nationale d'Aviculture, 34, rue de Lille, Paris.
Sérrier, 29, rue Poissonnière, Paris.
Seligman, 57, avenue de Villiers, Paris.
Serre (J. fils), Le Veysset p. Coudat-en-Feriers, Cantal.
Servant, Charles, Surgères, Charente-Inférieure.

SERVANT (Mme C.), Surgères, Charente-Inférieure.
SERVOIS, Edgard, 9, rue Margueritte, Paris.
SESTIER, La Bajatière, Grenoble.
SICHER, 6, quai de Paludat, Bordeaux.
SIMON, Camille, Vivaise p. Besny-s.-Loizy, Aisne.
SIMON, Emile, Saint-Germain-Beaupré, Creuse.
SIRÈDE (Mlle Berthe), 17, boulevard de la Madeleine, Paris.
SOCIÉTÉ CANINE DU SUD-OUEST, 17, rue Rémusat, Toulouse.
SOCIÉTÉ DES CHASSEURS NUITONS, Nuits-Saint-Georges, Côte-d'Or.
SOCIÉTÉ « LE PETIT CHASSEUR DE L'EST DE LYON », Décines-Charpieu, Isère.
SOLAND (Maurice de), Chantdoiseau p. Thouarcé, Maine-et-Loire.
SONGEONS (Cte de), 1, place d'Austerlitz, Compiègne.
SURINEAU (Marquis de), La Gaudinière-Champ-St-Père, Vendée.
SYNDICAT DES CHASSEURS DE NARBONNE, Narbonne.
TACONET, Maurice, 40, rue du Havre, Sainte-Adresse, Seine-Inférieure.
TAIRE, Arthur, 49, boulevard Saint-Michel, Paris.
TALHOUËT-ROY (Marquis de), 2, avenue Bosquet, Paris.
TERRAS (Ferdinand de), aux Souches-à-Choux p. Mondoubleau, Loir-et-Cher.
TESSIER (Ed.), Vic-s.-Aisne, Aisne.
THÉO-DUCLOS, 36, avenue de l'Opéra, Paris.
THÉVENIN, 5, rue Montrosier, Neuilly-s.-Seine.
THIBIERGE (Dr Georges), 64, rue des Mathurins, Paris.
THIERRY (Dr Henri), 23, rue Madame, Paris.
THIOLLIER, 79, rue de Rennes, Paris.
THOMEGUEX, 224, rue de Rivoli, Paris.
THURET, Raymond, 52, rue François-Ier, Paris.
THURIN, Jules, 12, rue Gaillon, Paris.
THURNEYSSEN, Emile, 10, rue de Tilsitt.
TIPHAIGNE, Marcelin, 83, boul. de Courcelles, Paris.
TISSIER, Charles, 3, cité Rougemont, Paris.
TISSOT, François, 76, rue d'Assas, Paris.
TOUSSAINT, Pierre, cons. des eaux et forêts, Bar-le-Duc.
TRÉGOMAIN (Roger de), 24, place Malesherbes, Paris.
TRIPIER, Paul, 25, rue d'Astorg, Paris.
TRISTAN (Mis de), château de l'Emérillon p. Cléry, Loiret.
TRUCHOT, Alexandre, 56, route de la Colombière, Dijon.
TRUCHOT (Mme), 56, route de la Colombière, Dijon.
TRUTAT, Jacques, inspect. adj. des eaux et forêts, 11, rue Louis-Bouilhet, Rouen.
TURPAULT, Henri, 12, rue Bretonnaise, Cholet.
UZER (Louis d'), 9, place Saint-Sernin, Toulouse.
VALABRÈGUE (Cte de), 23, avenue Debasseux, Versailles.
VALANGLART (Mis de), La Garenne Nouiron en Ponthieu, Somme.
VALS (de), inspecteur des eaux et forêts, Argelès-Gazost, Htes-Pyrénées.
VASSAL, Emile, 54, rue de Clichy, Paris.
VASSAL, Philéas, 54, rue de Clichy, Paris.
VAUGELAS (de), 10, avenue de l'Alma, Paris.
VAUTRIN (Léon), Fresnes-en-Woëvre p. Etain, Meuse.
VAUTRIN (Mme), Fresnes-en-Woëvre p. Etain, Meuse.
VAUZANGES, Louis, 16, rue de Siam, Paris.

Vavasseur, Maurice, 6, rue de Castellane, Paris.
Veillon (Dr André), Availles-Limouzine, Vienne.
Velin, Charles, Saulxures-s.-Moselotte, Vosges.
Velin (Mme), Saulxure-s.-Moselotte, Vosges.
Vergé du Taillis (Cte), ch. t. de Bouvincourt p. Beauchamps, Somme.
Verneuil (Henri R. de), 12, rue d'Athènes, Paris.
Véronne (de la), 121 *bis*, rue de Grenelle, Paris.
Verpillière (Charles de la), Lagnieu, Ain.
Vervial, Virazeil (Dordogne).
Vervial (Mme), Virazeil (Dordogne).
Véxian (Raoul de), Réaumur p. Pousanges, Vendée.
Vibraye (Cte H. de), 73, rue de Lille, Paris.
Vibraye (Cte L. de), 42, avenue du Trocadéro, Paris.
Vibraye (Cte R. de), 47, rue de l'Université, Paris.
Vibraye (Cte de), 38, cours la Reine, Paris.
Viette, Théodore, 63, rue de Ponthieu, Paris.
Villaret, Paul, 13, rue de la Madeleine, Nîmes.
Villemin, Auguste, 17, rue Ribéra, Paris.
Villeroché (A. Jodon de), chât. de Maupas par Soissons.
Villotte Charles, 72, rue d'Hauteville, Paris.
Villoutrey (Vte F. de), 8, square Latour-Maubourg, Paris.
Vion, Bernâtre p. Auxé-le-Château, Pas-de-Calais.
Viton, Louis, Chât. de Lissé près Mézin, Lot-et-Garonne.
Viviand, Tenay, Ain.
Wainwright, Ellis, 5, rue Scribe, Paris.
Watteville (Bon de), 15, quai Saint-Clair, Lyon.
Waziers (Cte de), 11 ter, avenue de Ségur, Paris.
Weyd, inspecteur des Eaux et Forêts.
Wynckelle (Van de), 19, rue de Marignan, Paris.
Zurlinden, Alfred, conserv. des eaux et forêts, Rouen.
Zwaab, Louis, 48, rue Goucheret, Bruxelles.

COMMISSARIAT GÉNÉRAL

Le bureau du Commissariat général (21, rue de Clichy), était ainsi composé :

Commissaire général : Edmond Christophe, président honoraire du tribunal de Senlis ; *Secrétaire général du commissariat :* Gabriel de Saint-Agnan, Docteur en Droit, avocat à la Cour d'appel de Paris ; *Trésorier :* Edgard Maigrat, licencié en droit, commis principal à la Caisse des Dépôts et Consignations ; *Secrétaire général du Congrès :* Henri de Noussanne, secrétaire général de l'*Echo de Paris ; Secrétaire adjoint :* Savarit.

RÈGLEMENT

ET

Programme du Congrès

ARTICLE PREMIER.

Un Congrès international de la Chasse se tiendra en 1907, à Paris, du 15 au 20 mai, sous le haut patronage de M. RUAU, ministre de l'Agriculture.

ART. 2.

Le Congrès de la Chasse a pour but de réunir tous ceux qu'intéressent la chasse et les questions économiques qui s'y rattachent. En dehors de la question de sport, la chasse présente, avant tout, un intérêt national, et, partie intégrante de la richesse de la France, elle intéresse, à ce point de vue, de nombreuses branches du commerce, de l'industrie, du travail et de la mutualité.

Le but du Congrès est d'obtenir des Pouvoirs publics la réalisation de vœux qui seront formulés à la suite des rapports soumis au Congrès.

ART. 3.

Le Congrès se compose de membres français et étrangers.

Toute personne qui désire faire partie du Congrès doit en adresser la demande au commissaire général, 21, rue de Clichy, à Paris.

La demande doit être accompagnée d'un mandat-poste de 10 francs, montant de la cotisation ou de l'engagement de payer une pareille somme à l'ouverture du Congrès.

Les sociétés, syndicats, et généralement toute association, peuvent faire partie du Congrès et y envoyer des délégués. La cotisation est due pour chaque délégué.

ART. 4.

Les membres inscrits au Congrès reçoivent une carte personnelle. Ils ont droit :

1° A l'accès aux salles de conférences et de réunions;

2° A l'entrée permanente à l'Exposition canine, pendant la durée du Congrès;

3° A d'autres avantages qui seront ultérieurement indiqués. Ils recevront en outre, gratuitement, le compte-rendu et les autres publications émanant du Congrès

ART. 5.

A la séance d'ouverture du Congrès, le Bureau de la Commission d'organisation se constitue en bureau définitif.

ART. 6.

Le Congrès se partage en deux sections.

Programme du Congrès

1re SECTION. — *Commission cynégétique et économique.*

Armes, munitions, tirs.
Assurance.
Chevaux.
Gibier à plume; gibier à poil.
Gibier d'eau. Engins à autoriser. Date d'ouverture et de clôture.
Quels filets autoriser pour la capture des pluviers, vanneaux, et canards sauvages?
La chasse des oiseaux de passage doit-elle être permise au printemps pour la bécasse, la grive et l'alouette?
Repeuplement des chasses.

Élevage du gibier. Développement des Établissements d'élevage.
Animaux nuisibles.
Fanfares et sonneries de chasse.
Étude et importance du mouvement commercial né de la chasse. Recettes perçues directement par le Trésor (permis, taxe sur les chevaux, monopole des poudres). Recettes perçues directement par les communes (permis, taxe sur les chiens de chasse). Chiffre des affaires issues de la chasse (Transports par voies ferrées, voitures, bateaux). Hôteliers, restaurateurs, arquebusiers, quincailliers, tailleurs, bottiers, chapeliers. Commerce de chiens, de chevaux, de gibier vivant et mort. Mandataires aux halles. Rabatteurs. Porte-carniers. Gardes-chasse. Piqueurs. Valets de chiens. Introduction dans les programmes des Ecoles d'Agriculture et Forestières des questions techniques et économiques concernant la chasse, etc.

2e Section. — *Commission de Législation et de Réglementation.*

Législation étrangère. Règlements internationaux.
Lois françaises et police rurale.
Permis de chasse journalier. Permis hebdomadaires à prix réduits.
Communalisation obligatoire du droit de chasse par l'application du principe posé par la loi du 21 juin 1865, modifiée en 1888 et en 1902.
Transport et Vente.
Divagation des chiens.
Mesures douanières en faveur de l'importation du gibier vivant destiné au repeuplement.
Reprise des faisans à la mue.
Mise en vente et vente pendant la clôture, du gibier conservé dans des appareils frigorifiques.
Ouvertures et fermetures anticipées ou retardées.
Création et développement des sociétés de chasses locales, par application de la loi de 1901 (1er juillet).
Réserves de chasse.
Destruction des animaux nuisibles par les propriétaires, possesseurs ou fermiers.

Art. 7.

Les membres du Congrès sont priés d'indiquer sur le bulletin d'adhésion la section dont ils désirent faire partie.

Art. 8.

Les adhérents au Congrès qui désirent présenter un rapport ou une communication sont invités à en donner avis au commissaire général.

Art. 9.

Les rapports à présenter au Congrès doivent être adressés au commissariat général, 21, rue de Clichy, avant le 15 avril 1907.

Art. 10.

Le comité d'organisation a tout pouvoir pour accueillir toutes demandes et communications, même non prévues au programme, ou de les rejeter, sans être tenu de faire connaître le motif de son refus.

Art. 11.

Les travaux de chaque section sont préparés par un comité spécial désigné par la commission d'organisation.

Art. 12.

Les sections constitueront, dans leur première réunion, leurs bureaux respectifs, qui seront composés d'un président, de deux vice-présidents et de deux secrétaires.

Art. 13.

Les membres du Congrès, pour prendre part à une discussion, devront donner leur nom par écrit au Président de la section; ils ne pourront intervenir plus de deux fois sur le même sujet, et chacune de ces interventions ne devra pas excéder dix minutes. Les Congressistes pourront remettre par écrit le résumé de leur communication, sinon le procès-verbal de la séance en tiendra lieu.

ART. 14.

Immédiatement après la discussion de chaque rapport, les vœux présentés seront soumis dans chaque section au vote des Congressistes.

Les votes se feront à main levée.

ART. 15.

Des assemblées générales se tiendront notamment à l'ouverture et à la clôture du Congrès.

A la séance de clôture, lecture sera donnée par les secrétaires de chaque section de tous les vœux adoptés.

Aucune discussion ne pourra avoir lieu à cette séance.

ART. 16.

Un compte rendu des travaux du Congrès sera publié par les soins de Monsieur le commissaire général. La Commission d'organisationse réserve de fixer l'étendue des mémoires ou communications qui y figureront.

ART. 17.

Le Bureau du Congrès statue en dernier ressort sur tout incident non prévu au Règlement.

Le Bureau du commissariat général fut ainsi composé :

Commissaire général : Edmond Christophe, président honoraire du tribunal de Senlis; Secrétaire général du commissariat : Gabriel de Saint-Agnan, Docteur en Droit, avocat à la Conr d'appel de Paris; Trésorier : Edgard Maigrat, licencié en droit, commis principal à la Caisse des Dépôts et Consignation; Secrétaire général du Congrès : Henri de Noussanne, secrétaire général de l'Echo de Paris; Secrétaire adjoint : Savarit.

PROCÈS VERBAUX

DES

réunions de la Commission d'organisation

I.— La Section cynégétique et économique de la Commission d'organisation du Congrès de la Chasse se réunit le 16 mars 1907, à 10 heures du matin, au ministère de l'Agriculture, sous la présidence de M. Daubrée.

M. Daubrée proposa à la présidence de la section, M. le député Beauquier et à la vice-présidence MM. Bizot de Fonteny, sénateur et G. Béjot, président de la Société Centrale des Chasseurs. (Adopté à l'unanimité.)

M. Daubrée céda la présidence à M. Beauquier.

Après discussion, la section cynégétique et économique décida de se diviser en cinq sous-sections.

1re SOUS-SECTION

Armes. Munitions. Tirs. Hygiène du Chasseur. Accidents de chasse. Assurances. Caisse mutuelle de retraite pour les auxiliaires de la chasse.

2e SOUS-SECTION

Chiens de chasse. Chevaux de chasse. Vénerie et fauconnerie. Fanfares et sonneries de chasse.

3e SOUS-SECTION

Gibier à plume. Gibier à poil. Gibier d'eau. Engins à autoriser. Dates d'ouverture et de clôture. Quels filets à autoriser pour la capture des pluviers, vanneaux et canards sauvages ? La chasse des oiseaux de passage doit-elle être permise au printemps pour la bécasse, la grive et l'alouette ? Doit-on réduire le temps de chasse pour la caille ? Usage des appeaux et appelants.

4e SOUS-SECTION

Repeuplement des chasses. Elevage du gibier. Développement des établissements d'élevage. Maladies du gibier. Animaux nuisibles. Piégeage et instruments de braconnage.

5e SOUS-SECTION

Etude et importance du mouvement né de la chasse. Recettes perçues directement par le Trésor (permis, taxe sur les chevaux, monopole des poudres. Recettes perçues directement par les communes (permis, taxe sur les chiens de chasse). Chiffre des affaires issues de la chasse (transports, voies ferrées, voitures, bateaux, etc.). Hôteliers. Restaurateurs. Arquebusiers. Quincailliers. Tailleurs. Bottiers, Chapeliers, etc... Commerce de chiens, de chevaux, de gibier (vivant ou mort). Mandataires aux halles. Rabatteurs. Porte-carniers. Gardes-chasse. Piqueurs. Valets de chiens, etc.

Introduction dans le programme des écoles d'agriculture et forestières des questions techniques et économiques concernant la chasse.

II. — La Section de législation et du réglementation de la Commission d'organisation du Congrès de la Chasse se réunit le 16 mars 1907 à 2 heures de l'aprs-midi, au ministère de l'Agriculture, sous la présidence de M. Daubrée.

M. Daubrée après avoir fait part à la section de législation et de réglementation des résolutions prises par la section cynégétique et économique de se diviser en cinq sous-sections, proposa comme président et vice-présidents de la section de législation et de réglementation :

MM. Mézières, sénateur; Poirrier, sénateur; du Perrier de Larsan, député. (Adopté à l'unanimité.)

Sous la présidence de M. Mézières et après discussion, la section de législation et de réglementation décida de se diviser en quatre sous-sections.

1re SOUS-SECTION

Législation étrangère. Réglements internationaux. Mesures douanières en faveur de l'importation du gibier vivant destiné au repeuplement. Importation. Vente et colportage du gibier capturé au moyen d'engins prohibés en France.

2e SOUS-SECTION

Lois françaises. Police rurale. Permis de chasse journalier. Permis hebdomadaires à prix réduits. Transport et vente des œufs d'oiseaux gibier et de gibier vivant. Extension du nombre des agents verbalisateurs (douaniers, sergents de ville, gardiens de la paix). Préposés des eaux et forêts en dehors du bois, soumis au régime forestier. Reprise des faisans à la mue. Mise en vente et vente pendant la clôture, du gibier conservé dans des appareils frigorifiques. Ouverture et fermeture anticipées.

3e SOUS-SECTION

Communalisation obligatoire du droit de chasse par l'application du principe posé par la loi du 21 juin 1865, modifiée en 1888 et en 1902. Création et développement des sociétés de chasse locales par application de la loi du 1er juillet 1901. Réserves de chasse.

4e SOUS-SECTION

Tir sur les routes et en voiture. Divagation des chiens. (Loi du 3 mai 1844, art. 9. Loi du 21 juin 1898 (art. 1 et 16). Loi du 5 avril 1884, art. 97 et 99. Médaille d'identité pour les chiens. Destruction des animaux nuisibles par les propriétaires, possesseurs ou fermiers.

III. — Le vendredi 10 mai, les deux grandes sections de la commission d'organisation du Congrès se réunirent au ministère du Commerce, sous la présidence de M. Daubrée, dans le but d'approuver les travaux des sous-sections, et d'arrêter définitivement le programme du Congrès.

M. Edmond Christophe, commissaire général, déposa sur le bureau de la commission d'organisation et remit à chacun des membres, un rapport résumant les travaux des Commissions du Congrès. Ce travail, dont il sera parlé plus loin, fut approuvé à l'unanimité.

Ordre des Travaux du Congrès

MERCREDI 15 Mai

1re SECTION. — Commission Cynégétique et Economique

Soir, 2 heures, GRANDE SALLE DU REZ-DE-CHAUSSÉE

Ouverture solennelle du Congrès par M. RUAU
MINISTRE DE L'AGRICULTURE

Soir, 3 heures, SALLE **2**

Réunion de la 1re sous-Commission :

Armes — Tirs — Munitions — Hygiène du chasseur — Accidents de chasse — Assurances —Caisse mutuelle des auxiliaires de la chasse.

Soir, 3 heures, SALLE **10**

Réunion de la 2e sous-Commission :

Chiens de chasse — Chevaux de chasse. — Vénerie et fauconnerie — Fanfares et sonneries de chasse.

Soir, 3 heures, GRANDE SALLE DU REZ-DE-CHAUSSÉE

Réunion de la 3e sous-Commission :

Gibier à plume — Gibier à poil — Gibier d'eau — Engins à autoriser — Dates d'ouverture et de clôture — Quels filets à autoriser pour la capture des pluviers, vanneaux et canards sauvages? La chasse des oiseaux de passage doit-elle être permise au printemps pour la bécasse, la grive et l'alouette? Doit-on réduire le temps de la chasse pour la caille? Usage des appeaux et appelants.

JEUDI 16 Mai

1re SECTION. — Commission Cynégétique et Economique

Matin, 9 heures, SALLE **2**, SALLE **10**, GRANDE SALLE DU REZ-DE-CHAUSSÉE

Suite de la discussion des 1re, 2e et 3e sous-Commissions.

Matin, 10 heures, SALLE **2**

Réunion de la 4e sous-Commission :

Repeuplement des chasses — Elevage du gibier — Développement des établissements d'élevage — Maladies du gibier — Animaux nuisibles — Piégeage et instruments de braconnage — Introduction dans les programmes des écoles d'agriculture et forestières des questions techniques et économiques concernant la chasse.

Matin, 10 heures, Grande Salle du rez-de-chaussée

Réunion de la 5e sous-Commission :

Etude et importance du mouvement commercial né de la chasse — Recettes perçues directement par le Trésor (*permis, taxe sur les chevaux, monopole des poudres*) — Recettes perçues directement par les communes (*taxe sur les chiens de chasse*) — Chiffre des affaires issues de la chasse (*transports par voie ferrée, voitures, bateaux*) — Hôteliers, restaurateurs, arquebusiers, quincailliers, tailleurs, bottiers, chapeliers — Commerce de chiens, de chevaux, de gibier vivant ou mort — Mandataires aux halles — Rabatteurs — Porte carniers — Garde chasses — Piqueurs — Valets de chiens, etc.

2e SECTION. — Commission de Législation et de Réglementation

Matin, 10 heures, Salle **10**

Réunion de la 1re sous-Commission :

Législation étrangère — Règlements internationaux — Mesures douanières en faveur de l'importation du gibier vivant destiné au repeuplement — Importation — Transport — Vente et colportage de gibier capturé au moyen d'engins prohibés en France.

1re SECTION. — Commission Cynégétique et Economique

Soir, 2 heures, Salle **2**

Suite de la discussion de la 4e sous-Commission.

Soir, 2 heures, Salle **10**

Suite de la discussion de la 5e sous-Commission.

Soir, 7 h. 1/2, ***BANQUET A L'HOTEL CONTINENTAL***

Conférence sur l'Exposition de la Chasse de Vienne (Autriche)
par Monsieur le Conseiller Impérial Huber

VENDREDI 17 Mai

2e SECTION. — Commission de Législation et de Réglementation

Matin, 9 heures, Salle **2**

Suite de la discussion de la 1re sous-Commission.

Matin, 9 heures, Grande Salle du rez-de-chaussée

Réunion de la 2e sous-Commission :

Lois Françaises — Police rurale — Permis de chasse journalier — Permis hebdomadaires à prix réduits — Transport et vente des œufs d'oiseaux de gibier et de gibier vivant — Extension du nombre des agents verbalisateurs, douaniers, sergents de ville, gardiens de la paix, préposés des Eaux et Forêts en dehors des bois soumis au régime forestier — Reprise des faisans à la muc — Mise en vente et vente pendant la clôture, du gibier conservé dans des appareils frigorifiques — Ouverture et Fermeture anticipée ou retardée.

Matin, 9 heures à midi, SALLE **10**

A la disposition des sous-Commissions de la 1re Section (Commission Cynégétique et Economique) *qui n'auraient pas terminé leurs travaux.*

Soir, 2 heures. — **EXPOSITION CANINE**

Réunion de la 3e sous-Commission :

Communalisation obligatoire du droit de chasse par l'application du principe posé par la loi du 21 juin 1865, modifié en 1888 et en 1902 — Création et développement des Sociétés locales par l'application de la loi de 1901 (*1er juillet*) — Réserves de chasse.

SAMEDI 18 Mai

2e SECTION. — **Commission de Législation et de Réglementation**

Matin, 9 heures, GRANDE SALLE DU REZ-DE-CHAUSSÉE

Suite de la discussion de la 2e sous-Commission.

Matin, 9 heures, SALLE **2**

Réunion de la 4e sous-Commission :

Tir sur les routes et en voiture — Divagation de chiens (*Loi du 3 mai 1844, art. 9; Loi du 21 juin 1878, art. 1 et 16; Loi du 5 avril 1884, art. 97 et 99*) — Médaille d'identité pour les chiens — Destruction des animaux nuisibles par les propriétaires, possesseurs ou fermiers.

Soir, 2 heures

Assemblée générale de clôture, sous la Présidence de M. DAUBREE

CONSEILLER D'ÉTAT

DIRECTEUR GÉNÉRAL DES EAUX ET FORÊTS, PRÉSIDENT DU CONGRÈS

Rapport général sur les travaux soumis aux délibérations du Congrès international de la Chasse

Présenté par M. Edmond CHRISTOPHE, *Commissaire général.*

Section Cynégétique et Economique

1re SOUS-SECTION

Président : M. le baron de Ségonzac.

Vice-Président : Roger de Barbarin.

Secrétaire : Comte d'Alincourt.

Les questions soumises à l'examen de la 1re sous-section étaient les suivantes :

1° ARMES

Les différentes communications qui ont été examinés par la 1re sous-section, sont les suivantes :

1. M. du Pontavice demande s'il n'y aurait pas lieu de restreindre ou même de proscrire l'usage des fusils de chasse à 5 ou 6 coups tels que les Browing.

2. M. de Ségonzac signale un nouveau système de choke qui permet par exemple à 50 mètres de relever le coup depuis 0 m. 10 jusqu'à 1 mètre de plus haut que le point visé.

Il signale également comme perfectionnement dans l'armurerie.

1. L'emploi d'un seul canon à plusieurs coups automatiques avec magasin : la justesse du tir est de beaucoup supérieure et le déplacement de l'arme beaucoup plus facile.

2. M. de Segonzac préconise également les charges de plombs enveloppées : elles glissent dans le canon tout en bloc....

Le rapport sur les armes de chasse a été confié à M. Gastinne Renette.

Ce rapport fort complet se divise en trois parties : 1° *Armes pour la chasse du petit gibier ;* fusils à bascule avec chiens extérieurs (Lefaucheux) à broches ; fusils à percussion centrale à canons oscillants ou fixes ; fusils à chiens extérieurs, à chiens intérieurs (Hammerless) éjecteurs automatiques ; fusils à un coup ; fusils de guerre transformés ; fusils à répétition ; fusils automatiques pour le tir à plomb.

Choix du calibre du fusil : le calibre le plus répandu est le calibre 16 ou 17 m/m 5, le calibre 12, 18 m/m 4 tend néanmoins à se répandre de plus en plus.

Les dénominations du calibre par les numéros 20, 16, 12 indiquent le rapport du poids de la balle ronde à celui de la livre, mais aujourd'hui ces rapports n'étant plus exacts, il serait plus rationel de désigner les calibres par leurs mesures décimales.

Le rapporteur passe en revue le forage des canons. Le « Choke bore » forage à brusque étranglement vers l'extrémité du canon donne aujourd'hui des résultats tout à fait assurés.

2° *Armes pour la chasse des grands animaux.*

En France, on se sert peu d'armes spéciales pour le tir des grands animaux. On prend son fusil de chasse ordinaire chargé à balles ou chevrotines. Certaines dispositions dans les cartouches ont été imaginées pour donner aux balles un mouvement de rotation qui assure leur précision.

Le rapporteur conseille les canons dits « Paradox » qui, au lieu d'être choke bored lisses, sont rayés dans la partie rétrécie du devant.

Carabines express à deux coups et à répétition.

3. *Armes pour la chasse du gibier d'eau.*

Pour les petits étangs les fusils à un ou deux coups, calibre 8 et 10 semblent indiqués.

Pour les marais un peu plus étendus, le calibre 4 permettra de tirer une plus forte charge de poudre et de plomb.

Enfin si l'on veut obtenir de gros résultats sur des masses d'oiseaux, on passera aux canons canardiers.

Ces conseils donnés la sous-section a adopté le vœu suivant :

Vœux émis à la suite du rapport de M. GASTINNE RENETTE.

Calibres. — La sous-section exprime le vœu que des mesures soient indiquées comme normales pour les différents calibres. Elle proposerait, par exemple, pour le calibre 12, 18 m/m 4, pour le calibre 16, 17 m/m 2, et pour le calibre 20, 16 m/m 1. Cette régularité de mesures aurait de très grands avantages.

Les communications de MM. DU PONTAVICE, de M. LE BARON DE SÉGONZAC et de M. ARTHUR NOUELLE seront annexées à la suite du rapport de M. GASTINNE RENETTE, ainsi que celle de M. DE MONTBRISON, traitant de l'équilibre et du poids des fusils Hammerless à platines détachables.

2° MUNITIONS

Poudres. Les communications suivantes ont été faites, à la commission, sur les poudres.

1. M DE MONTBRISON émet les vœux suivants :

1° Qu'il soit demandé à l'administration des poudres de créer un type de poudre T destiné aux gros calibres 12 et 10 tirant de fortes charges.

2° De modifier les poudres S et M afin qu'elles soient moins hygrométriques : de rendre moins friables les grains de cette dernière poudre, qu'ils ne s'effritent pas.

3° De faire en sorte que les poudres J. et BN3F produisent moins de fumée.

4° De créer un type de poudre spécial pour les armes rayées de 9 à 14 m/m.

5° De placer sur les boîtes vendues au public des indications précises sur la pression de la poudre enfermée dans chaque boîte pour les charges de plomb ci-après :

Armes de chasse. Calibre 12, charge de plomb 28, 30, 32 grammes ; Calibre 16, charge de plomb 24, 26, 28 grammes ; Calibre 20, charge de plomb 20, 22, 24 grammes tirées avec une vitesse de 270 à 280 mètres environ à 15 mètres. Boîtes contenant les poudres T.S. et M. et pour le type de poudre T à créer les charges suivantes :

Gros calibre. Calibre 12, charge de plomb, 32, 34, 36 grammes ; Calibre 10, charges de plomb 38, 40, 42 grammes, tirées avec une vitesse de 285 à 290 mètres à 15 mètres environ.

Enfin les indications concernant la poudre BN3F et le type à créer pour le calibre 9 à 14 m/m des carabines de chasse devraient permettre aux armuriers de doser les charges de ces poudres en raison du calibre et du poids des projectiles.

6° Renoncer à la fabrication de la poudre R.

Que l'administration, si elle ne veut pas l'introduction des poudres étrangères fasse des essais comparatifs, devant une commission spéciale, dans laquelle figureront des chasseurs, avec les poudres françaises et de l'étranger. Et pour que ces essais puissent être concluants, qu'il soit créé à Paris, pendant un an un dépôt de poudres étrangères où les chasseurs pourraient, en acquittant les droits de douane, s'approvisionner de l'explosif de leur choix.

M. DE SEGONZAC demande que l'Etat accorde l'entrée en France des poudres étrangères moyennant le prélèvement d'un droit au moins équivalent au profit qu'il retire de la vente des poudres françaises.

M. DE PONTAVICE trouve les types de poudres françaises trop nombreux. On pourrait, à son avis, supprimer la poudre S et la poudre R peu employées, et supprimer également un ou deux numéros par chaque qualité de poudre noire.

La Société des Chasseurs de l'arrondissement du Havre demande la réduction du nombre de types de poudre pyroxylée — et la possibilité pour les chasseurs français de se procurer les poudres de chasse étrangères dans les entrepôts de l'Etat.

M. EDMOND ROMAIN à la suite d'un rapport fort étudié émet le vœu suivant :

L'introduction des poudres de chasse étrangères sera faite en France par les soins de l'administration compétente qui les achètera en vrac dans les pays d'origine pour les revendre dans les boîtes de la régie française ; dans le but d'entraver la fraude, ces poudres pourront, au besoin, être colorées artificiellement.

L'introduction en France des cartouches chargées reste prohibée.

Un droit de douane assez élevé, sans cependant être prohibitif, sera appliqué à ces poudres pour protéger les produits nationaux.

Les poudres qui paraissent devoir être importées pour commencer sont : Belge-Mullérite I et II ; Allemande-valsrode, pour fusil et surtout pour pistolet ; Anglaise EC 1, EC 3. Balistite.

Italienne : Lanite.

Poudres pour canardières noires et pyroxylées.

M. LOUIS TERNIER émet également le vœu suivant : l'introduction des poudres étrangères suivantes : Mallistite E. C. Mullérite pourra être autorisée sur autorisation individuelle délivrée par le ministre des Finances. Elle ne pourra dépasser.... kilogs, par personne et ne sera permise qu'en boîtes d'origine.

Un droit de douane identifiant le prix de ces poudres à celui des poudres françaises leur sera appliqué à l'entrée.

Après discussion, la sous-section a décidé de faire sien le vœu suivant, présenté par le comte Clary.

Vœu proposé par le comte Clary et adopté par la commission.

« Considérant que la tolérance accordée aux tireurs Etrangers d'introduire en France une certaine quantité de cartouches chargées avec des poudres étrangères, pour prendre part aux concours de tir au pigeons, met les tireurs Français sur un pied d'inégalité pour ne pas dire d'infériorité, au point de vue des poudres employées.

« Considérant que les tireurs aux pigeons les plus qualifiés et que de nombreux chasseurs dignes de foi ont pu constater et apprécier les qualités balistiques tout à fait remarquables de certaines poudres étrangères.

« Considérant qu'un très grand nombre de chasseurs estiment les poudres étrangères supérieures à plusieurs points de vue aux poudres françaises.

« Considérant, en tous cas, que l'absence de monopole dans les pays étrangers crée entre les divers fabricants de poudre une concurrence qui les force à perfectionner sans cesse leurs produits au plus grand bénéfice du consommateur.

« Considérant que dans ces conditions l'introduction en France des poudres étrangères aurait pour résultat de forcer le service des poudres à chercher à perfectionner les types existants ou à les remplacer par des types supérieurs aux produits étrangers.

« Considérant qu'au point de vue fiscal l'établissement de droits d'entrée raisonnables mais compensateurs empêcherait l'Etat de subir aucune perte de ce chef.

Le Congrès de la chasse émet le vœu que le Parlement autorise l'introduction en France des poudres étrangères, au moins à titre d'essai, pendant une année. A cet effet un bureau de commandes pourrait être créé à Paris par le service des douanes pour donner satisfaction à toutes les demandes des chasseurs.

Avant de terminer la question des poudres, il nous faut indiquer trois vœux présentés, par M. Edmond Romain, par le comte Clary et par M. Ternier, relatifs à la vulgarisation de la poudre pyroxylée.

VŒU DE M. EDMOND ROMAIN. — Remaniement des prix de détail des pou dre pyroxylées françaises, de manière à ce que le prix du coup de feu soit sensiblement le même avec tous les types de poudre.

En tout premier lieu, abaisser le prix de la poudre J, qui est vraiment la poudre pyroxylée populaire dont l'emploi n'a été jusqu'à présent restreint que par suite de sa cherté relative.

Vœu du comte Clary. — Considérant que l'emploi des poudres pyroxylées a plus que doublé en France depuis cinq ans, que la consommation des cartouches a augmenté de 40.986 kg. depuis 1895, pour atteindre, en 1905, le chiffre de 56.843 kilogrammes.

Considérant que l'emploi des poudres pyroxylées devrait être généralisé, et surtout démocratisé, le Congrès de la chasse émet le vœu que l'Etat veuille bien mettre à l'étude la fabrication d'un nouveau type populaire de poudre sans fumée, dont le prix soit accessible aux bourses des chasseurs les plus modestes, tout en offrant toutes les garanties de sécurité indispensables.

Vœu de M. Ternier. — Abaissement du prix de la poudre J. n° 1 à 21 francs le kilog, celui de la J n° 2 à 23 francs, de façon à rendre son emploi accessible aux petites bourses et de façon à égaliser le prix de revient par cartouche de la poudre J à celui des autres poudres pyroxylées.

La sous-section est d'avis d'adopter les vœux du comte Clary et de M. Ternier en les réunissant par les mots :

« Et qu'en attendant la création de cette poudre, le monopole des poudres consente à abaisser le prix de la poudre J. n° 1, etc.

Rapport de M. le comte d'Alincourt sur les principales caractéristiques des poudres modernes : pression, vitesse, groupement, effet physiologique. — Limites entre lesquelles oscillent pour les poudres pyroxylées françaises ou étrangères les pressions et les vitesses.

Nécessité d'avoir des poudres à grandes vitesses et basses pressions. Inconvénient des pressions élevées sur le réglage, sur le groupement. Insécurité du tireur. Connaissance incomplète de la vitesse d'une charge, les appareils en service ne donnant que la vitesse du premier grain de la charge. Effet physiologique du recul : Connaissance incomplète de la loi du développement de pression au début du mouvement : Désaccord entre les praticiens et les techniciens, au sujet des vitesses et du recul. *Dèsidèrata :* Etude plus complète des vitesses, du recul. Liberté d'introduction des poudres étrangères permettant tous essais.

Plomb de chasse. — Le plomb, dit M. du Pontavice, devrait être fabriqué et vendu uniformément au millimètre avec des numéros correspondants invariables pour toute la France, figurant sur les sacs.

La Société des Chasseurs du Havre demande le numérotage des plombs d'après le nombre de grains au gramme.

M. de Ségonzac demande que tous les fabricants soient obligés d'imprimer sur les sacs de plombs le nombre de grains au gramme.

M. Passerat, à la suite de son rapport, a émis le vœu suivant, que la sous-section a fait sien.

« Les fabricants de plombs de chasse sont invités à compléter, à l'avenir, leur numérotage de région par, au-dessous, entre parenthèse, le numérotage à tant au gramme.

Pour simplifier le commerce des plombs de chasse, et leur vente au détail, les fabricants sont priés de ne plus fabriquer, à l'avenir, que les plombs ci-après, pesant respectivement 2, 4, 6, 8, 10, 12, 15, 20 et 30 au gramme.

Et, en outre, les seuls numéros de chevrotines énoncés au tableau de la Chambre syndicale, suivant résolutions des 20 décembre 1904 et 19 juin 1906: »

NUMÉROS	DIAMÈTRE	POIDS d'un grain	CHEVROTINES	GRAMMES
1	8.55	3.7	9 Chevrotines pour calibre 12	33.30
1 B	7.90	2.85	9 » » » 16	25.65
2	7.65	2.7	12 » » » 12	32.40
2 B	7.05	2.	12 » » » 16	24.
3	6.80	1.90	20 » » » 12	38.
3 B	6.30	1.50	20 » » » 16	30.
4	6.20	1.40	24 » » » 12	32.60
4 B	5.75	1.10	24 » » » 16	26.40
5	6.20	1.40	28 » » » 12	39.20
5 B	5.65	1.10	28 » » » 16	30.80

Douilles. — M. DE SEGONZAC avait proposé à la sous-section un vœu tendant à demander aux fabricants : que toutes les douilles françaises sans distinction de qualité enflamment toutes les poudres françaises noires ou pyroxilées.

Les douilles employées pour la poudre pyroxylée sont actuellement beaucoup trop chères par rapport au coup de fusil.

Les vœux émis sur cette question, par la sous-section, sont les suivants :

1° Le Congrès de la chasse, dans un but purement patriotique et dans le désir de voir une industrie nationale prendre une importance de plus en plus grande, émet le vœu que les fabricants de munitions françaises établissent, pour leurs douilles, des prix de vente permettant aux douilles françaises de lutter avantageusement avec les douilles de fabrication et d'importation étrangères ;

2° Le Congrès de la chasse émet le vœu que les fabricants de munitions veuillent bien mettre à l'étude la fabrication d'une douille bon marché dont l'amorçage permettrait l'enflammation des poudres pyroxylées, avec des conditions de sécurité suffisantes.

M. BRUNEAU, ingénieur des poudres, propose au congrès d'émettre le vœu suivant :

« Que le service des poudres et salpêtres, après essais comparatifs, (vitesse, pression, dispersions, reculs à l'épaule), consente à chercher un nouveau type de poudre, spécialement destiné au calibre 12 et aux fusils de tir aux pigeons, type de poudre imitant et dépassant si possible, la Ballistite de Nobel qui donne depuis plus de deux ans les résultats les plus probants dans tous les concours. »

Enfin, lorsque la poudre type, étudiée par la commission qui serait nommée, sera mise à la disposition des consommateurs, le Congrès émet le vœu : « qu'une douille spéciale fût fabriquée pour cette poudre, avec un renfort métallique intérieur d'une hauteur proportionnée à la charge maxima pour arrêter le carton isolateur et empêcher toute compression. »

3e TIR

Rapport de M. Edmond Bejot. — M. Edmond Bejot a donné à la commission, communication d'une étude faite par lui sur les tirs de chasse et sur le tir aux pigeons ball trapp, conseils aux chasseurs, etc.

A la suite de cette étude fort intéressante, la sous-section émet le vœu suivant : Que des écoles de tir de chasse, comme il en existe dans les pays voisins, soient créées en France, écoles où les chasseurs puissent se perfectionner dans le tir de chasse, et où les commençants puissent principalement apprendre avec le maniement du fusil, les règles élémentaires de sécurité pour eux-mêmes et de prudence pour les autres.

4e HYGIÈNE DU CHASSEUR

M. le Dr Henri de Rothschild, dans un rapport fort complet, donne au chasseur les conseils les plus essentiels et les plus pratiques sur la chasse et l'hygiène.

Il traite de : L'influence de la chasse sur la santé, les inconvénients de la chasse pour certaines maladies. Le traitement de certaines autres maladies, telles que la neurasthénie, les maux de l'estomac, de l'intestin et du cœur, par la chasse : l'hygiène du chasseur, hygiène alimentaire, hygiène du vêtement, etc., etc.

5e ASSURANCES ET CAISSE MUTUELLE DE RETRAITES POUR LES AUXILIAIRES DE LA CHASSE

La Société des chasseurs du Havre émet le vœu que l'assurance des gardes contre les accidents de toute nature survenant dans l'exercice de leurs fonctions devienne obligatoire et soit faite, au besoin, par les soins de l'État, moyennant un léger supplément du prix des permis que les chasseurs ayant des gardes seraient tenus de payer.

M. du Pontavice s'exprime ainsi : Il est bien évident que tous les propriétaires ou détenteurs du droit de chasse qui demandent un service actif de jour et de nuit à leur personnel de gardes doivent exiger de ceux-ci qu'ils contractent une assurance contre les accidents de toute nature auxquels ils sont exposés journellement. Si leurs gages ne sont pas très élevés il est de leur devoir strict de satisfaire eux-mêmes à cette condition, en soldant chaque année une assurance contractée au nom de leurs gardes.

C'est le but que s'est proposé *le Saint-Hubert-Club de France*, en créant la caisse de retraites des auxiliaires de la chasse dont M. Diot nous entretient dans un rapport fort complet, à la suite duquel la sous-section a émis le vœu suivant :

« Considérant les services inappréciables que la mutualité peut rendre à tous les auxiliaires de la chasse et donnant toute son approbation à la Mutuelle du Saint-Hubert-Club : le Congrès de la chasse émet le vœu que la caisse mutuelle des retraites des auxiliaires de la chasse soit vulgarisée et encouragée par tous les chasseurs et par tous les moyens. »

M. le vicomte du Moucheron a également déposé un rapport sur les assurances. Il y traite d'une façon fort complète et indépendante 1° les assurances des gardes-chasse, les assurances concernant la responsabilité civile du chasseur pour les accidents corporels causés au tiers, avec les armes à feu. 3° Assurances des sociétés de chasse ou des propriétaires de chasse. 4° Assurances des chargeurs, etc.

Section Cynégétique et Economique

2e SOUS-SECTION

Président : Madame la duchesse D'UZÈS.

Vice-président : Paul CAILLARD.

Secrétaires : { Edmond CHRISTOPHE. Bernard de la MOTTE St-PIERRE.

Les questions soumises à l'examen de la seconde sous-section étaient :

1° *Les chiens de chasse.*

Différentes propositions relatives à la taxe, présentées par MM. DU PONTAVICE, le BARON DE SEGONZAC, ROMAIN et DEMANGET, ont été renvoyées à la section de législation et de règlementation.

Toutefois, la sous-section, après en avoir pris connaissance est d'avis d'émettre le vœu suivant :

Que la taxe des chiens soit perçue d'une façon uniforme dans toutes les communes de France, savoir : 8 francs pour les chiens de chasse et de luxe. 2 francs pour les chiens de garde ne quittant pas l'habitation ou la ferme, ainsi que pour les chiens d'aveugles et les chiens de bergers.

M. DE SEGONZAC avait soumis à la Commission un vœu tendant, à ce que, dans un but d'amélioration des races de chiens en France, il soit créé des épreuves uniquement pratiques pour chiens de toutes sortes (chiens d'arrêt, chiens courants).

Ce vœu, retiré par son auteur est renvoyé à la société canine.

Vœux déposés par M. CUNISSET-CARNOT, *Vice-Président du Congrès*

1° Que la taxe sur les chiens soit uniforme, quel que soit le genre auquel appartient l'animal, chien de berger, de garde ou d'agrément ; que ces chiens soient classés sous le contrôle des agents de l'Etat ;

2° Qu'il soit ordonné par une loi que tout propriétaire de chien soit tenu de faire arracher ou couper les crochets de l'animal aussitôt la seconde dentition terminée. Des exceptions pourront être admises sur autorisation spéciale des préfets pour les chiens destinés exclusivement à la chasse aux bêtes puantes ou malfaisantes, tels que loups, sangliers, renards, blaireaux, etc.

Transport des chiens.

M. CLUZEAU demande 1° le transport des chiens sur les tramways.

2° Leur assimilation aux bagages.

3° Une réduction sur le prix des transports.

M. DE SEGONZAC demande 1° que les chiens voyageant avec leurs maîtres, soit en caisse ou panier, soit en niche, soient considérés comme bagages et paient leur poids.

2° Que le prix du transport des chiens non accompagnés soit calculé soit à la tête, soit au poids *réel et non doublé.*

Après discussion, la sous-section propose le vœu suivant :

Le Congrès de la chasse adopte et fait sien le vœu émis en 1905 sur l'initiative du Saint-Hubert Club de France par 42 conseils généraux. Unification et réduction par toutes les Compagnies de chemins de fer, même départementales, du tarif de transport des chiens. Application du tarif des bagages aux chiens en paniers ou en caisses. (Cela se fait sur l'Etat.)

M. de Ségonzac demande que le délai de transport soit réduit de moitié en exigeant que les chiens voyagent dans les trains à grande vitesse.

Il demande également : la suppression des barres dans les wagons, de façon à ce que les chiens, les colis, etc., puissent être placés sous les banquettes, etc...

M. le Comte Clary demande au nom de plusieurs membres du St-H. C. F. qu'il soit proposé un vœu tendant à obtenir non seulement des grandes compagnies mais de toutes les petites compagnies départementales et autres, qu'elles veuillent bien prendre la peine d'avoir des compartiments de chiens mieux *aménagés*, *nettoyés*, et dans tous les trains, dans toutes les classes, des compartiments où l'on puisse monter avec les chiens.

1° *Chiens de chasse.*

M. Paul Caillard dans son rapport sur les chiens de chasse à tir, étudie 1° l'origine du chien *couchant*, les différentes races de chiens d'arrêt d'origine française, le vieux braque français, le braque courte queue du Bourbonnais. l'épagneul de Pont-Audemer, l'Epagneul français, l'Epagneul Barbet, le braque du Puy, le braque de l'Ariège. Une critique fort intéressante et très juste sur les expositions canines est faite par le rapporteur qui conclut en ces termes :

Pour résumer ce que nous venons d'exposer nous dirons que les expositions canines qui deviennent de plus en plus nombreuses en France devraient modérer le nombre des récompenses offertes aux exposants, et que pour la masse des chasseurs ou des éleveurs, *seuls devraient être considérés comme reproducteurs, les chiens qui après avoir fait preuve de formes harmonieuses et typiques auraient également fait preuve dans les concours spéciaux de leurs qualités de chasse.*

2° *Chevaux de chasse.*

M. le Baron de Segonzac propose à la sous-section les vœux suivants :

1° De demander que l'administration des Haras achète de préférence et le plus possible des étalons de pur sang de croisement au lieu des étalons de courses qui ne font que concurrencer l'étalonnage privé et coûtent beaucoup plus cher.

2° Qu'on supprime les classes des pur sang de courses au Concours général et qu'on les remplace par des étalons de pur sang uniquement de croisement et par des juments de pur sang suitées d'un poulain non de pur sang.

3° Qu'une exhibition individuelle ait lieu dans le hall de l'Exposition un jour déterminé, des étalons de pur sang de courses et de juments de pur sang de courses suitées d'un pur sang ou saillies par un étalon de pur sang.

La sous-section adopte ces vœux et décide : qu'il y a lieu de faire remarquer que tous les chevaux de chasse sont absolument entraînés sur des parcours longs, pénibles, à une allure très rapide, et la plupart du temps couverts d'obstacles. Ces chevaux, en cas de guerre, seraient donc d'une utilité capitale.

3° *Vénerie.*

Un rapport fort complet sur la vénerie a été déposé, au nom de la Société de vénerie. Ce rapport étudie l'importance du mouvement d'argent que produit la chasse à courre en France, au point de vue du commerce et de l'industrie.

Le rapporteur base son travail sur l'existence de 405 équipages de chasse à courre, qu'il divise en deux catégories : équipages de 30 chiens et au dessus ; équipages au dessous de 30 chiens.

Il évalue les dépenses des premiers à 18.931.920 francs, et celles des seconds à 12.915.430. Dans ces dépenses, ne sont pas comprises celles provenant des déplacements de chasse, locations de chevaux, voitures, hôtels, transports en chemins de fer, etc... Les bénéfices que tirent de la chasse à courre les centres de chasse sont très grands.

Les calculs faits, pour la ville de Compiègne, atteignent le chiffre de 272.000 francs.

Le second exemple choisi par la commission repose sur l'équipage de Mme la duchesse d'Uzès, équipage Bonnelle-Rambouillet. Il semble des renseignements fournis que l'entretien de l'équipage et le mouvement d'argent qu'il procure au pays atteindrait le chiffre de 1.298.341 francs.

Mme le duchesse d'Uzès, à la suite de ce rapport a émis les idées suivantes :

« La chasse à courre est populaire, elle constitue un sport qui ne s'exerce pas sur un territoire limité, mais dans toute une contrée ou chacun est admis à jouir des émotions de la poursuite. Il y a place pour tout le monde dans le « déduict » de vénerie où le modeste spectateur, sur un bidet quelconque, sur sa bicyclette, en carriole, voire même à pied peut trouver autant de plaisir, que l'élégant cavalier sur un pur sang de grand prix.

En terminant nous rappellerons que certains conseils généraux après avoir émis pendant plusieurs années des vœux hostiles à la chasse à courre ont reconnu cette année leur erreur et qu'ils les ont supprimés en considération des importants bénéfices que les équipages de chasse à courre apportent à la région où ils sont installés ».

Le rapporteur estime que la chasse à courre rapporte au pays un bénéfice de 73.000.000 francs en chiffres ronds.

Comme conclusion à ce rapport la sous-section est d'avis d'émettre le vœu suivant :

Le Congrès de la chasse : Considérant que l'exploitation de la chasse à courre contribue dans une grande mesure à la richesse du pays et à sa prospérité.

Considérant qu'elle encourage sur une grande échelle l'élevage du cheval.

Considérant qu'elle procure aux ouvriers du travail, au commerce et à l'industrie de sérieux et nombreux débouchés.

Emet d'une façon générale le vœu que les pouvoirs publics cherchent à favoriser et à encourager par tous les moyens l'exercice de la chasse à courre.

M. le Vicomte du Passage a adressé au Congrès un rapport sur la chasse à courre du lièvre. Ce rapport a surtout pour but de protester contre ceux qui demandent la clôture de la chasse à courre du lièvre à la même date que la clôture de la chasse à tir. M. du Passage demande au Congrès de la fixer au 31 mars. Cette question est renvoyée à la section de législation.

4. *Fauconnerie.*

M. de Saint-Marc a déposé un rapport très documenté sur la fauconnerie moderne, son utilité et la légalité de son exercice.

M. Alfred Belvalette, à la suite de sa communication sur la fauconnerie, conclut à ce qu'elle doit être encouragée, étant donnés les services qu'elle peut rendre en contribuant à la destruction des animaux nuisibles (corbeau, pie, milan, buse et lapin).

Aucune chasse n'est moins destructive -- un fauconnier sera très heureux s'il arrive dans sa journée *à lier* 3 ou 4 perdreaux.

A la suite de ces rapports très intéressants la sous-section émet le vœu suivant :

Que la fauconnerie soit encouragée en France : qu'elle jouisse du droit commun pendant toute la durée de la chasse à tir, et qu'elle puisse continuer à s'exercer après la fermeture de la chasse, pour la destruction des animaux nuisibles, après entente avec l'administration préfectorale

6. *Fanfares et sonneries de trompe.* -- M. le Comte de La Porte du Theil de Forges a déposé un rapport sur les fanfares et sonneries et leurs origines.

M. Nodot, secrétaire de la Société des Chasseurs du Havre adresse au Congrès une nouvelle sonnerie *Le Lapin* (musique et paroles).

Pour tirer quelques lapins,
aux sapins,
Place toi près du terrier
l'œil au guet.
Le chien en sort du fourré
Toi reste muet ! reste muet !
Car tu sais qu'ils sont malins
Les lapins, les lapins.

Section Cynégétique et Economique

3e SOUS-SECTION

Président : M. BEAUQUIER.

Vice-Président : M. DE POLY.

Secrétaires : MM. TROUESSART et DEBREUIL.

Les questions soumises à la 3e sous-section étaient les suivantes :

1° *Gibier à plume. — Gibier à poil.*

M. le VICOMTE C. DE FAILLY expose au Congrès la situation cynégétique dans le Mortainais.

Cette région est aujourd'hui presque totalement dépourvue de gibier par suite du braconnage et des chiens errants.

Après avoir passé en revue le gibier à poil et à plumes, comparé avec regrets le passé et le présent, M. le vicomte de Failly conclut en ces termes :

« Nous avons moins besoin de lois nouvelles que de l'*application* des lois présentes. Celle de 1844 est sans doute imparfaite, mais, telle qu'elle, nous donnerait *accroissement*, et non *diminution* annuelle du gibier français, pourvu que cette loi ne fût pas *lettre morte*.

Quelque bonne que puisse être une loi nouvelle qu'on nous donnera, si elle n'existe que sur le papier, ce sera comme si elle n'avait pas été votée.

Et la surveillance par les agents assermentés n'est valable qu'autant que leurs procès-verbaux sont suivis de condamnations. Autrement, d'ailleurs, ces agents se découragent, ne surveillent plus et se désintéressent de tous les faits de braconnage cités plus haut ; on ne saurait les en blâmer. Alors le braconnier a le champ libre, ainsi que ses recéleurs.

Quant aux chiens errants, ce n'est pas contre eux, innocents du rôle qu'on leur fait jouer, qu'il faudrait sévir, mais bien contre leur propriétaire, en le mettant sous le coup de poursuites, chaque fois qu'un agent assermenté aurait dressé procès-verbal, pour cause de quête du chien dans les bois ou les champs. Peut-être serait-il encore temps d'arrêter l'agonie de la chasse en France.

Ces différentes questions seront examinées à la section de législation et de réglementation.

Vœux soumis à la 3e section.

M. BEAUQUIER, député, a déposé un rapport fort intéressant sur les oiseaux migrateurs ; il conclut par les vœux suivants :

1. Que des négociations soient ouvertes entre les différents Etats afin d'arriver à une entente, relativement à la protection du gibier migrateur et pour empêcher sa migration en masse.

2. Qu'en France une législation uniforme appliquée à tous les départements interdise absolument pour la chasse des oiseaux, *à l'exception des espèces nuisibles*, toute espèce d'engins, *sauf le fusil*, conformément à la convention internationale de 1902.

3. Que la chasse à la bécasse au printemps soit interdite dans tous les départements.

4. Que la mise en vente, l'achat, le transport et le colportage des petits oiseaux soient prohibés sur tout le territoire.

5. Qu'il soit interdit, en tout temps d'introduire en France le gibier migrateur vivant ou mort ou sous forme de conserves même pendant que la chasse est ouverte.

La sous-section a cru devoir : *ajouter*, au premier vœu « qu'il est fait observer que la convention internationale de 1902 ne vise pas spécialement les oiseaux migrateurs, mais les oiseaux utiles à l'agriculture ».

Supprimer au second vœu les mots « à l'exception des espèces nuisibles » et « conformément à la convention internationale de 1902 ».

Ajouter au quatrième vœu « colportage des petits oiseaux de taille inférieure à l'alouette à l'exception de l'ortolan ».

Le cinquième vœu est réservé.

M. Georges Leygues, député a déposé sur le bureau du congrès le rapport et les vœux suivants concernant la protection des petits oiseaux.

RAPPORT de M. Gruelle, à propos de la destruction des petits oiseaux.

Les membres du Comice de Villeneuve-sur-Lot n'ignorent pas les démarches incessantes que nous avons faites auprès des pouvoirs publics pour la protection de petits oiseaux si utiles à l'agriculture. Encore au mois dernier, notre sympathique Député de Villeneuve a fait une démarche du Ministre actuel de l'agriculture, et lui a transmis nos doléances au sujet de la capture de l'alouette récemment autorisée. L'honorable M. Ruau, dans une lettre déposée à nos archives, a pris bonne note de notre demande et nous a assurés de tout son dévouement.

Mais nous comptons sans M. Lagasse, député de Nérac, excellent avocat, du reste, et qui a très bien défendu la cause des chasseurs de son arrondissement. (Voir l'*Officiel* du 30 Novembre dernier.)

M. Lagasse a commencé par dire que dans les bureaux du Ministère de l'Agriculture on ignorait absolument l'existence de l'ortolan. — En vérité, ces pauvres rédacteurs sont bien à plaindre et l'on pourrait demander qu'il leur fût fait des distributions régulières d'ortolans pour varier leur menu. J'ai comme une idée que cette proposition ne dormirait pas longtemps dans les cartons.

Que voulez-vous ? les ortolans sont dans l'arrondissement de Nérac (situé en pleine Gascogne), les pires fléaux de l'agriculture. Les divers pays ont les invasions qu'ils méritent. En Algérie, il y a les sauterelles.

Dans la Charente-Inférieure, il y a, depuis trois ans, des invasions de campagnols ; à Nérac, l'agriculture souffre d'avoir trop d'ortolans, et je vous prie de croire que nos voisins ne manquent pas de crier. Heureux pays ? pays trois fois heureux !

M. Lagasse, qui devrait être, par définition, renseigné sur les différents ennemis ailés de l'agriculture, a le tort de mettre dans le même sac l'ortolan, l'alouette et la palombe. « Pigeon ou cochon, tout çà c'est de la volaille », comme dit l'autre.

Il prétend même que ses mandants, ou ceux qui ont le plus crié de ses mandants ne « vivent presque exclusivement que de la chasse à l'alouette, à l'ortolan et à la palombe ».

Etonnez-vous après que les terres augmentent de prix dans l'arrondissement de Nérac ! — Et même cette chasse n'absorbe pas tous leurs instants ; « Je représente ici des ouvriers dont le seul plaisir, la seule distraction consiste à prendre au piège, le jour de leur repos hebdomadaire (la loi est déjà appliquée à Nérac !) quelques malencontreux oiseaux nuisibles à l'agriculture. »

Ne riez pas, savourez ceci : « J'ajoute que ces électeurs, qui sont sincèrement républicains, pourraient se désaffectionner de la République, si cette tolérance ne leur était pas maintenue. »

Vous pensez bien que je n'ai garde de les blâmer. Si le gouvernement nous nourrit avec des ortolans, nous votons tous pour ; s'il nous fait manger des pommes de terre, nous votons tous contre.

Je m'incline devant ce sentiment très humain et qui pourrait être appelé : la reconnaissance du ventre en politique.

Que répondre à M. Lagasse ?

A l'heureux temps où j'usais des fonds de culotte sur les bancs du lycée, on nous fit faire une dictée intitulée : « Les cerises de l'empereur Frédéric. »

Voltaire raconte que l'empereur Frédéric adorait les cerises. Mais les moineaux, très nombreux dans son jardin, mangeaient les premières cerises mûres à la grande colère de l'empereur, qui les fit exterminer, tout comme l'on extermine l'ortolan dans l'arrondissement de Nérac. Qu'arriva-t-il ? Au printemps suivant, les chenilles rongèrent les fleurs du cerisier et Frédéric se passa de cerises. Il consentit par la suite à vivre en bons voisins avec les moineaux et à partager avec eux les cerises de son verger.

Nous avons dans l'arrondissement de Villeneuve les pruniers, qui sont une source énorme de revenus. (On évalue à vingt millions la valeur de la prune récoltée en 1905). Si nous massacrons les petits oiseaux, comme l'empereur Frédéric, les chenilles mettront à mal la plus importante de nos récoltes. — Nous achèterons la Nicotine à l'Etat, nous passerons des semaines à sulfater nos pruniers, pendant que nos bons voisins de Nérac confondront dans une même affection la République et l'ortolan.

Laissons à M. Lagasse le soin de détruire la palombe avec des filets, l'ortolan avec des matoles, mais, de grâce, qu'il nous laisse l'alouette et les nombreux petits oiseaux que les chasseurs baptisent alouettes lorsqu'ils les ont pris au lacet.

C'est dans cette intention que le Bureau Central soumet aux délibérations des Comités cantonaux la proposition suivante :

« Le Comice prie le Gouvernement de respecter la convention internationale relative à la destruction des petits oiseaux.

« Il espère que les représentants de l'arrondissement de Villeneuve soutiendront cette proposition en temps utile.

« Il invite aussi les représentants au Conseil général à défendre cette proposition lorsque la rédaction de l'arrêté de la chasse sera soumise à l'Assemblée départementale. »

Tous les Comités ont approuvé le rapport de M. Gruelles en insistant sur la nécessité de protéger les oiseaux utiles à l'agriculture et en engageant le Bureau à renouveler et accentuer même les vœux précédemment émis.

En conséquence, le Comice Agricole de l'arrondissement de Villeneuve-sur-Lot,

Considérant que l'alouette n'est pas classée parmi les oiseaux nuisibles ; qu'au contraire vivant pendant tout l'hiver des graines des plantes parasites, elle est un auxiliaire précieux pour nos cultures ;

Considérant surtout que, la chasse de l'alouette au lacet, favorise et occasionne forcément la destruction d'une multitude d'autres petits oiseaux granivores et insectivores des plus utiles à l'agriculture ;

Considérant que la classe des oiseleurs, peu intéressante de ce fait, est peu nombreuse et peu disposée aux rudes travaux agricoles ;

Considérant qu'il est bizarre que la loi sur la chasse autorise la destruction en masse des petits oiseaux au moyen de lacets, filets, etc.; et qu'elle défende au propriétaire de les tirer au fusil ;

Considérant que la loi sur la chasse est souverainement injuste pour le petit propriétaire, le permis de chasse représentant parfois le double de ses impôts ;

Considérant que cette loi est contraire à la liberté, qu'elle attente aux droits de l'homme et au droit de propriété.

Emet le vœu :

1° Que la chasse de l'alouette et autres petits oiseaux au lacet, filet, etc., soit rigoureusement interdite ;

2° Que la loi sur la chasse soit promptement revisée et établie sur des bases donnant satisfaction à la petite et à la moyenne propriété, en reconnaissant au propriétaire le droit absolu de chasser au fusil sur ses terres.

A la suite d'une communioation de M. de Segonzac, la sous-section a émis les vœux suivants, relativement aux dates d'ouverture et de clôture de la chasse :

Pour la caille : ouverture ordinaire et fermeture 1er dimanche de novembre.

Pour le faisan : Ouverture 15 jours après l'ouverture ordinaire de chaque zone et fermeture le 3e dimanche de janvier.

Pour le perdreau : ouverture ordinaire de la zone et fermeture le 1er dimanche de janvier.

Pour le lièvre et le chevreuil : ouverture ordinaire de la zone et fermeture le 1er dimanche de janvier, sauf pour la chasse à courre qui fermera seulement le 1er avril.

L'association de chasseurs des Pyrénées-Orientales demande que la chasse de la grive soit permise en février et mars (à la condition de ne pouvoir chasser à plus de trente mètres des cours d'eau).

Cette question des ouvertures et clôtures est traitée à la section de législation.

Vœu de M. Gustave Allain relatif à l'ouverture de la chasse au faisan

Le faisan, bien que baptisé gibier, n'est en réalité qu'une volaille que l'on élève à grands frais et c'est bien à tort que la loi le considère comme « *res nullius* ».

Cet oiseau n'est pas adulte avant la fin de septembre, et n'oppose aucune défense à celui qui veut s'en emparer. Point n'est besoin de fusil : un chien et un bâton sont suffisants.

Au point de vue comestible, il n'a aucune valeur ; c'est donc un meurtre sans profit pour personne.

Pour ces raisons, j'estime que la chasse du faisan ne devrait pas être permise avant le 25 septembre, et même le 1er octobre.

M. le marquis de Chavagnac demande que la clôture de la chasse à la bécasse ait lieu en même temps que la clôture générale ou au plus tard le 15 février.

Chasse des oiseaux de passage au printemps : bécasse, grive et caille.

La sous-section adoptant les propositions de MM. les chasseurs du Havre, MASSE *et* SEGONZAC, émet le vœu : que la chasse de la bécasse, de la grive et de l'alouette au printemps, soit formellement interdite, même au fusil, que tous les filets, lacets de crin soient formellement interdits.

Interdiction du transit de la caille vivante ou morte pendant le temps de fermeture en France.

La sous-section demande également la suppression du privilège de la chasse aux crins et lacets, pour les inscrits maritimes par l'abrogation de la loi de 1896.

Au nom de la Société de répression de la Côte-d'Or, dont il est le secrétaire-trésorier, M. Masson estime que la nidification est un fait trop exceptionnel pour pouvoir être pris en considération. Par contre, il reconnaît que toute chasse qui se pratique à l'époque de l'accouplement est meurtrière. Mais, s'agissant de la chasse d'un oiseau de passage, la raison ne lui paraîtrait décisive en faveur de la suppression de la chasse de mars, que si la majorité des chasseurs français devait profiter de l'augmentation de l'espèce. Mais seuls les Bretons, après les étrangers, peuvent chasser la bécasse en automne et en hiver, tandis que les chasseurs de toutes les autres régions françaises ne peuvent la chasser ni en hiver parce qu'elle n'hiverne pas chez eux ni en automne parce que le bois n'est pas dépouillé de ses feuilles quand elle passe. A quel moment bénéficieront-ils de l'accroissement de l'espèce, si la chasse de mars est supprimée ?

Cette suppression ne peut d'ailleurs être justifiée, en tant qu'elle aurait pour objet d'assurer la sécurité du gibier indigène : elle est injuste, inutile et inapplicable.

Injuste parce que les abus de quelques-uns peuvent bien appeler une répression mais non légitimer la suppression.

Inutile et inapplicable parce que d'autres chasses, celle des animaux nuisibles notamment, sont autorisées au bois après la clôture générale et que les chasseurs peu scrupuleux n'ont pas besoin de deux prétextes pour tuer lièvres et perdrix en temps prohibé ; un seul suffit, qui subsistera après l'interdiction de la chasse printanière de la bécasse.

Quant à la réglementation de la chasse printanière, M. Masson estime que pour satisfaire tous les chasseurs dont les besoins ne sont pas les mêmes, il serait désirable que M. le Ministre de l'Agriculture fixât les dates de clôture par zones, en tenant compte, conformément à la loi, des avis des conseils généraux.

VŒU de M. Jeudon. La chasse des petits oiseaux d'une taille inférieure à celle de l'alouette, devrait être permise pendant l'ouverture pour ceux non protégés par les conventions internationales, à condition d'être pratiquée, exclusivement avec le fusil (sans appelants) par des chasseurs munis de permis. Tous pièges et filets sont interdits. La sous-section est d'avis de ne pas accepter ce vœu.

La sous-section adopte également les termes d'une lettre de M. le Président de la Société protectrice des animaux demandant la protection des nids et des oiseaux utiles.

RAPPORT de M. Ternier résumant les diverses communications concernant les dates d'ouverture et de clôture de la chasse au gibier d'eau, sur les marais, étangs, fleuves et rivières.

Cette Section, réunie sous la présidence de M. de Poly, a examiné diverses questions parmi lesquelles celle concernant *les dates d'ouverture et de clôture de la chasse au gibier d'eau sur les marais, étangs, fleuves et rivières.* M. Ternier, membre de cette Section, a été chargé de rédiger le rapport résumant la discussion des divers points se rattachant à cette partie du programme.

Rapport sur la discussion de la question relative aux dates d'ouverture et de fermeture de la chasse au gibier d'eau sur les marais, étangs, fleuves et rivières.

M. de Poly fit connaître qu'il a reçu de divers membres du Congrès, tant en leur nom personnel que comme faisant partie de Sociétés de chasse, un certain nombre de communications.

La première émane de M. du Pontavice.

M. du Pontavire demande que la chasse au gibier d'eau, dans tous les départements où il existe une superficie de marais, étangs, fleuves et rivières suffisante, soit ouverte au 1er ou au 15 juillet et refermée le 1er août, qu'elle soit prolongée ensuite après la clôture de la chasse au gibier sédentaire jusqu'au 20 ou 31 mars au plus tard. M. du Pontavire, pour étayer son système, prétend qu'en juillet et août la seule chasse intéressante est la chasse aux halbrans. Un des membres de la Commission fait remarquer que c'est, au contraire, le moment du passage de beaucoup d'échassiers et de plusieurs espèces de palmipèdes.

Il est ensuite donné lecture d'une communication de la Société pour la répression du braconnage de l'arrondissement de Commercy, laquelle, dans sa séance du 7 avril 1907, a émis le vœu que les dates actuellement en vigueur pour l'ouverture et la fermeture du gibier d'eau sur le département de la Meuse, soit : pour l'ouverture sur les étangs, la date du 14 juillet et celle du 15 août pour celle sur les marais, fleuves, rivières, etc., etc., et la date du 31 mars pour la fermeture générale, soient maintenues.

La Société demande également que la chasse au gibier d'eau soit permise en temps de neige et que les chasseurs soient autorisés à se servir, pour la chasse des oiseaux d'eau et de passage, de sifflets ou appeaux et d'appelants vivants et artificiels.

La section est également saisie d'une demande de la Société des chasseurs des Pyrénées-Orientales, tendant à la suppression de la chasse aux halbraus et d'une autre communication de la Société des chasseurs du Havre demandant que l'ouverture de la chasse au gibier d'eau sur les marais, étangs et rivières, soit fixée comme elle l'est actuellement, au 15 juillet, et que la fermeture ait lieu seulement du 15 au 20 avril.

M. de Poly donne ensuite lecture d'une longue communication de M. de Poncins dans laquelle ce dernier, après avoir examiné d'une façon très complète l'aire de dispersion de diverses espèces composant le gibier d'eau, conclut en demandant que la chasse au gibier de passage ne soit pas ouverte avant le moment du passage ni après le moment du passage ? Il estime que si on veut sauver le gibier d'eau et particulièrement le canard, il est de toute nécessité d'abolir le privilège des chasseurs de halbraus et d'obtenir des pouvoirs publics que la chasse à tout gibier d'eau ne soit, pour aucune raison, ouverte avant l'ouverture générale de la chasse et soit fermée au plus tard au 15 mars dans toute la France.

L'un des membres de la Section, M. Ternier, fait connaître qu'il a été chargé, en même temps que le comte Clary, par un groupe de chasseurs de la vallée de Somme et de divers départements voisins, d'appeler l'attention de la section sur l'intérêt de ces départements, la Somme en tête, à ce que la fermeture du gibier soit reportée au 30 avril, conformément au vœu exprimé par le Conseil général de la Somme depuis dix ans, ce département se trouvant dans une situation toute particulière à cause des marais communaux et aussi parce que le gibier d'eau ne niche pas dans ces marais.

M. Ternier, tout en déclarant que la date indiquée pour la fermeture sur les départements en question ne saurait être acceptée pour toute l'étendue du territoire, et pose longuement les raisons qui militent en faveur des chasseurs de la Somme et départements limitrophes. Le second passage des oiseaux d'eau n'a lieu qu'à partir de la dernière quinzaine de mars et se continue quelquefois jusqu'en mai. Les oiseaux d'eau ne nichent pas sur les marais de ces contrées et, fermer la chasse trop prématurément, ce serait priver le pays d'un passage de gibier dont profiteraient seuls les nations voisines. Le second passage de fin mars et avril est surtout alimenté par les bécassines, les espèces de canards autres que le col-vert, qui ne nichent pas en France. Les canards sauvages sédentaires n'ont aucunement à souffrir de cette chasse d'avril.

M. Ternier indique ensuite que deux communications sur cette question ont dû être envoyées par MM. Rosselet et Masse. M. le commissaire général déclare ne les avoir pas encore reçues.

Sous la réserve de leur lecture ultérieure et sous le mérite des observations présentées, on discute tout d'abord la question de fermeture.

Plusieurs membres, dont MM. de Sabran, de Segonzac, estiment que toute chasse de printemps doit être interdite. M. Ternier fait remarquer que, s'il est juste d'interdire la chasse d'oiseaux nichant régulièrement en France et revenant aux mêmes stations comme la bécasse, il ne saurait en être de même avec certaines espèces d'oiseaux d'eau ne nichant pas en France. Il fait une exception pour le canard sauvage ou col-vert, en observant toutefois que ceux qui nichent en France en grand nombre ne nichent guère sur les étangs ou marais proprement dits, qu'en tout cas, ceux-là ne se font pas tirer à la hutte au printemps et que ceux qui peuvent se rencontrer en voliers sont des canards qui vont nicher en pays étranger. Il voudrait, toutefois, voir la demande des chasseurs de la Somme prise en considération, pour cette partie du territoire seulement, reconnaissant que, pour le reste de la France et notamment les marais et étangs de Normandie, où il chasse, la date la plus convenable lui paraît être celle du 31 mars.

MM. de Sabran et de Poly proposent alors une date intermédiaire et, conformément à la demande de M. Passerat, la Section décide tout d'abord de demander que l'ouverture et la fermeture de la chasse au gibier d'eau aient lieu un dimanche. L'époque de la fermeture est ensuite mise aux voix et la date en est fixée a dernier dimanche de mars.

Le premier vœu formulé par la Section est pour le suivant :

« La Section émet le vœu que la date de la fermeture de la chasse du gibier « d'eau sur les marais, étangs, fleuves et rivières soit fixée d'une façon générale « pour toute la France au dernier dimanche de mars. »

On discute ensuite la question d'ouverture.

Plusieurs membres, dont MM. Béjot, de Sabran, de Segonzac, font remarquer que la chasse aux halbrans non volants n'est pas une chasse, mais un massacre et ils demandent, conformément au vœu de M. de Poncins, que l'ouverture de la chasse au gibier d'eau ait lieu le plus tard possible.

M. Ternier fait remarquer qu'en ce qui concerne les cols-verts, sédentaires dans le pays, beaucoup couvent dès la fin de février, il a maintes fois trouvé des canetons dans la seconde quinzaine de mars. En juillet, sur beaucoup d'étangs, les halbrans sont volants. Il serait donc injuste, pour sauver quelques halbrans non volants, produits de couvées tardives, de priver les propriétaires d'étangs de la chasse des halbrans devenus canards faits et bien volants. Il sait bien que les propriétaires d'étangs dits étangs blancs, qui n'ont pas de halbrans, ne voient les canards arriver chez eux que quand ils ont quitté les étangs de moindre étendue où ils ont été poursuivis et chassés, que ces propriétaires ont intérêt à ce que les halbrans ne soient pas tués ailleurs, mais un intérêt particulier ne saurait prévaloir contre l'intérêt général. Les chasseurs dignes de ce nom ne tirent sur leurs étangs que les halbrans volants et jamais les halbrans non volants. En juillet, à côté des canards nés sur nos étangs, on voit déjà des canards venus d'ailleurs et de diverses espèces. Puis, les oiseaux d'eau ne comprennent pas que les canards. Supprimer, comme le demande M. de Poncins, la chasse au gibier d'eau en juillet et août, ce serait renoncer à profiter du passage le plus important d'échassiers, bécassines, chevaliers, etc., qui, à ce moment, surtout dans les marais voisins de la mer, bat son plein. Il estime toutefois que la date du 15 juillet, déjà adoptée, peut être maintenue. M. de Sabran propose alors un moyen terme : il ne voudrait pas que la chasse au gibier d'eau ouvrît avant le premier dimanche d'août.

La Section se rallie à cette proposition et émet le vœu suivant :

« La Section est d'avis que la date de l'ouverture de la chasse au gibier « d'eau sur les marais, étangs, fleuves et rivières soit fixée d'une façon générale « pour toute la France au premier dimanche d'août. »

Diverses autres communications seront examinées au congrès.

1. Un groupe de chasseurs d'Agde (Hérault) demande l'ouverture de la chasse au gibier d'eau au 15 août et la fermeture au 15 avril.

Qu'il soit permis de chasser le gibier de mer du 15 août au 15 mai au bord de la mer et au bord des étangs, marais et lacs salés du littoral méditerranéen, avec appeaux, appelants vivants ou artificiels.

2. La Société des chasseurs de l'arrondissement de Louhans demande — que la chasse au gibier d'eau soit permise depuis la date de l'ouverture générale jusqu'au 15 avril, avec la restriction qu'après la fermeture générale, ou en temps de neige, cette chasse n'aura plus lieu qu'à 30 mètres du bord des fleuves, marais, rivières, lacs, canaux, étangs, mares, prairies mouillantes. Que la chasse au gibier d'eau soit autorisée au crépuscule.

3. La Société Cettoise des chasseurs demande que : la chasse au gibier d'eau dans les marais au fusil et au chien soit clôturée vers le 30 avril.

Que, conformément à un usage reconnu rationel la chasse des oiseaux de mer et de rivage, au fusil, soit autorisée au poste à l'aide d'appeaux vivants ou de mannequins, sur le bord des étangs et lagunes salés du littoral méditerranéen, du 14 juillet au 15 mai.

L'arrêté devra porter la désignation du gibier de rivage, chose facile, le rivage comprenant en dehors des oiseaux de mer proprement dits : les genres pluviers, vanneaux, courlis, barges, chevaliers et bécasseaux.

RAPPORT de M. Ternier sur la réglementation de la chasse à la sauvagine avec les canots automobiles et leur armement.

A la suite de ce rapport fort intéressant, M. TERNIER émet le vœu suivant adopté par la sous-section :

Le congrès est d'avis que le ministre de l'Agriculture et le ministre de la Marine prennent les dispositions necessaires pour assurer une réglementation raisonnée de la chasse en canots automobiles en mer, de leur armement basé sur les données suivantes :

1. Qu'il soit interdit aux canots automobiles de chasser à moins trois milles des côtes françaises.

2. Que dans les eaux françaises, il soit interdit pour la chasse en mer de se servir de canardières, — canons et de canardières supérieures au calibre 4 nominal.

3. Que comme sanction principale de la violation de cette interdiction la confiscation des canardières — canons considérés comme engins prohibés — soit ordonnée par les magistrats chargés de statuer sur le délit.

Enfin pour terminer l'examen de la chasse en mer, le Saint-Hubert-Club de France a émis le vœu suivant :

Considérant qu'un très grand nombre de chasseurs par suite d'une opinion erronnée, accréditée depuis de longues années déjà, se livrent à l'exercice de la chasse sur les grèves, sans permis.

Considérant qu'aucun texte de loi n'autorise cet abus ; considérant que l'obligation du permis est la seule protection pour empêcher, dans une certaine mesure, la destruction complète des oiseaux de mer qui pour la plupart ne sont pas comestibles ; le congrès de la chasse, dans l'intérêt des chasseurs, comme aussi dans l'intérêt des budgets intéressés, émet le vœu que dans tous les départements côtiers il soit rappelé dans les arrêtés préfectoraux que le permis de chasse est toujours obligatoire et que la chasse sur les grèves, sans permis, constitue un délit passible des peines prévues par l'art. 11 de la loi de 1844.

Usage des appeaux et appelants.

La Fédération des chasseurs des Bouches-du-Rhône émet un vœu pour autoriser la chasse des grives et oiseaux autorisés (convention de 1902) à l'aide d'appelants.

Sur la proposition de M. le baron de Segonzac, la sous-section émet le vœu suivant :

Les appeaux et appelants doivent être entièrement interdits, sauf dans les marais et pour la chasse spéciale à la hutte, aux hutteaux et en plaine, seulement pour la chasse de l'alouette au miroir.

La chasse à la chouette vivante ou empaillée est autorisée pour la chasse aux alouettes, pendant la période où la chasse est ouverte.

Section Cynégétique et Economique

4e SOUS-SECTION

Président : G. BEJOT.

Vice-Président : Comte NICOLAS POTOCKI.

Rapporteur : A. DE LESSE.

Les questions soumises à l'examen de la 4e sous-section étaient les suivantes :

1. *Repeuplement des chasses.*

M. A. DE LESSE a bien voulu se charger du rapport sur le repeuplement des chasses.

Tout repeuplement, dit-il, est subsidiaire d'une destruction préalable suffisante des animaux nuisibles ; cette question domine celle du repeuplement et de l'élevage.

Le repeuplement naturel proprement dit comprend surtout l'ensemble des mesures de protection générale susceptibles de favoriser l'accroissement du gibier :

1° En réduisant la cause de sa disparition.

2° Par le ménagement raisonné du cours des saisons de chasse.

3° Par l'apport de reproducteurs.

Il est urgent de maintenir non seulement le niveau de nos espèces les plus communes, mais encore l'existence appréciable de nos belles espèces d'élite.

M. MAGAUD D'AUBUSSON a déposé au nom de la Société d'acclimatation un rapport demandant à ce que l'Etat s'intéresse à la chasse du coq de bruyère et concluant par le vœu suivant :

Que la chasse soit sévèrement interdite, sur toute la surface du territoire, pour le grand et le petit tetras, pendant une période de 3 ans, à l'expiration de laquelle on étudiera s'il y a lieu de partager le territoire en zones de permis ou d'interdits.

M. RENÉ D'ASTORG a, de son côté, déposé un rapport sur la protection de l'isard. Il conclut par ces vœux :

1° Que les autorités départementales tiennent la main à ce que douaniers, gendarmes, gardes forestiers, agents de police répriment tout délit de chasse commis dans la montagne et surveillent le transport du gibier tué en temps prohibé ainsi que la vente dans les hôtels.

2° Que lesdites autorités frappent d'une amende la destruction des isards-femelles tuées même après l'ouverture.

3° Interdiction pour 10 années au moins de la chasse au trac, et interdiction pour le même temps, comme engins prohibés, de la carabine avec hausse, la chasse à la surprise et au fusil de chasse ordinaire restant seule autorisée.

4° Que le St-H. C. F. accorde une prime à tout agent assermenté ayant dressé procès-verbal, pour destruction ou vente d'un isard en temps prohibé.

5° Que dans le département des Basses et Hautes-Pyrénées, Haute-Garonne, Ariège et Pyrénées-Orientales, et sur une profondeur plus ou moins grande selon la région, à partir de la frontière, les montagnes soient divisées en bans successifs, ou la chasse aux isards serait interdite toute l'année pour une durée consécutive de 5 ans au moins, l'administration forestière étant chargée de tracer les limites et de déterminer le roulement des montagnes mises en interdit.

6° Que les gouvernements français et espagnol se mettent d'accord pour ouvrir la chasse à l'isard au plus tôt le 15 août, de préférence le 1er septembre et que les douaniers, gardes forestiers, carabiniers, gardes basques etc., soient autorisés et encouragés à se rencontrer près de la frontière et à se concerter pour une répression commune du braconnage.

Après lecture de ces deux rapports, la sous-section adopte le vœu suivant :

Que la chasse de l'isard, du grand et du petit tétras, soit sévèrement interdite sur toute la surface du territoire pendant une période de 3 ans, à l'expiration de laquelle on étudiera s'il y a lieu de partager lesdistricts en zône de permission et d'interdiction.

Sur la proposition de M. LE MARQUIS DE BEAUVOIR, à propos de la destruction du gibier par les fils télégraphiques, destruction qui est grande dans certaines régions d'élevage, la section a cru devoir émettre le vœu suivant :

« Que l'administration des télégraphes fasse progresser l'application des modifications à apporter à l'établissement actuel du réseau, lequel représente trop souvent un véritable panneau, et qui détruit dans ces conditions, d'après les statistiques, plus d'un oiseau par kilomètre et par an — qu'à l'exemple de certains pays étrangers, le dispositif dit « en herse » soit généralisé ».

Vœu de M. Paul Huber, avocat à Paris, tendant à autoriser l'écoquetage du perdreau

Considérant que lors de la clôture de la chasse il existe généralement sur un territoire une grande majorité de perdreaux mâles, que leur trop grand nombre est nuisible à la bonne reproduction du gibier.

Considérant que les perdreaux mâles conservés en volière, à leur remise en liberté adoptent volontiers un certain nombre de jeunes perdreaux d'élevage et servent ainsi de guides prudents à ces compagnies improvisées ;

Considérant que dans ces conditions il y a un double intérêt, d'une part pour le repleuplement de supprimer l'excès du nombre des perdreaux mâles ; d'autre part pour l'élevage, à ce que les éleveurs puissent se procurer facilement des mâles destinés à être remis en liberté avec de jeunes élèves ;

Considérant qu'à dater du 1er février, ne viennent plus à la chanterelle que les mâles non accouplés et que l'écoquetage pratiqué à cette époque ne peut être nuisible.

Le Congrès de la chasse émet le vœu :

Que la reprise à la mue et chanterelle, communément appelé écoquetage du perdreau, soit autorisée à dater du 1er février sous des conditions de garantie à déterminer :

Ne pourraient notamment être autorisés à pratiquer cette reprise que les propriétaires de chasse prouvant qu'ils font de l'élevage artificiel de perdreau.

Le colportage ou la vente de ces perdreaux serait interdit.

2. *Elevage du gibier.*

RAPPORT de M. de Lesse. Le caractère de l'élevage est bien plus artificiel. Celui du faisan se modernise en se rapprochant à l'exemple des méthodes anglaises, des conditions de la nature. Celui du perdreau est assuré dans les domaines les mieux aménagés par l'usage simultané de la reproduction naturelle en parquets, du système classique et de celui de l'adoption par les mâles.

3. *Développement des établissements d'élevage.*

RAPPORT de M. de Lesse. Nous manquons absolument d'établissements d'élevage, susceptibles de fournir des produits sûrs, non seulement au point de vue de la qualité, mais au point de vue de l'origine. L'intérêt d'une amélioration dans ce sens est tel que le Congrès doit lui donner auprès des pouvoirs publics tout le poids qu'il mérite.

Considérant que l'Etat plein de sollicitude pour le repeuplement des cours d'eau, pour la pêche qu'il subventionne et protège, laisse par contre péricliter le repeuplement de notre territoire de chasse, richesse nationale.

Considérant qu'il est indispensable d'arriver à obtenir en France, à l'exemple de ce qui se passe en Angleterre, une industrie privée fournissant des oiseaux-gibier d'une origine non suspecte, le Congrès de la chasse émet le vœu :

« 1° Que le repeuplement des chasses domaniales, et même des territoires particuliers de Société et de syndicats de chasse locaux, soit encouragé par l'Etat, comme il le fait pour la pêche, au moyen de subventions soit en argent soit en nature.

2° Que les établissements d'élevage et les fermes à gibier dus à l'industrie privée soient encouragés par l'Etat également à l'aide de subventions et qu'ils soient surveillés et contrôlés par le personnel des administrations agricoles et forestières. »

4. *Animaux nuisibles. Piégeage.*

RAPPORT de M. Leddet. La nomenclature des animaux nuisibles n'est pas suffisamment définie ni assez officiellement fixée. Il y a lieu de la reviser et d'en adopter une bien précise pour tout le pays.

Une autre cause de faiblesse dans notre lutte contre les bêtes nuisibles c'est l'ignorance trop grande qu'on a généralement des procédés de destruction, et aussi dans les entraves que la loi apporte à leur mise en œuvre. La sous-section émet donc à ce sujet les vœux suivants :

« 1° Que tout garde assermenté soit autorisé à détruire et à piéger toutes les bêtes puantes et les oiseaux de rapine, sans avoir à demander l'autorisation préfectorale.

2° Qu'il soit mis au concours par la Société Centrale des chasseurs et le Saint-Hubert Club et la Société des Chasseurs de France un manuel pratique de piégeage et de surveillance de la chasse.

3° Que la destruction des oiseaux de proie et de rapine à l'aide du grand-duc naturalisé ou vivant soit autorisée à la hutte et au fusil en tout temps par les propriétaires et par leurs ayants droit,

M. Jeudon, dans une note très courte, demande à ce que le lapin soit considéré comme gibier et non comme animal nuisible.

La Société des Chasseurs du Havre réclame l'autorisation de détruire les animaux nuisibles en tous lieux — qu'il soit accordé des primes — et crée des postes de tierceliers.

M. Paul Collin demande qu'il soit établi une distinction entre les animaux nuisibles ayant le caractère de gibier et les autres.

Enfin, M. Passerat dépose un rapport sur la destruction des animaux nuisibles à l'aide du grand duc, rapport à la suite duquel la Commission émet le vœu suivant :

« La destruction des animaux de proie et de rapine à l'aide du grand-duc naturalisé ou vivant est autorisée à la hutte au fusil en tout temps, pour les propriétaires et pour les ayants-droit.

Maladies du gibier. Instruments de braconnage.

Aucun rapport n'a été déposé sur les *maladies du gibier* et les *instruments de braconnage.*

5. *Introduction dans les programmes des Ecoles d'Agriculture et Forestières des questions techniques et économiques concernant la chasse.*

RAPPORT de M. de Lesse. Le Congrès a surtout pour objet de prouver formellement l'importance économique de la chasse française, son caractère de richesse nationale. Il faut faire pénétrer dans l'esprit de tous les citoyens l'importance de ce caractère, « que le gibier comme la récolte blé ou fourrage est un vrai produit rémunérateur de la terre ».

La crise agricole menace d'atteindre de si fâcheuses proportions qu'il devient nécessaire pour l'agriculture de faire flèche de tout bois, d'utiliser d'une façon intensive, mais rationnelle tous les fruits du sol. L'exemple des Allemands doit nous être une leçon : dans tous les domaines de quelque importance existe une comptabilité cynégétique rigoureuse. La chasse y est considérée surtout pour le petit gibier, comme une branche rémunératrice de l'exploitation agricole et forestière. Dans tels domaines moyens de Hesse, d'Alsace et de Bohême, en 10 ans la vente du gibier utile seul dépasse 25 à 30.000 francs sur nul élevage. Le rapport intime de l'économie cynégétique avec l'économie rurale n'est pas niable. Pourtant il reste chez nous dédaigné, ignoré sans motif plausible, alors que son enseignement devrait être en belle place dans nos Ecoles d'Agriculture.

Leurs élèves doivent pouvoir nous rendre à ce point de vue des services continuels : futurs propriétaires faisant valoir, futurs professeurs chargés de modifier la mentalité actuelle du chasseur peu modéré, de prêcher le remembrement parcellaire utile à la culture comme à l'organisation de la chasse sous la forme syndicale ; inspecteurs d'agriculture doués de sérieux pouvoirs d'encouragement et de contrôle sur les établissements d'élevage.

La législation, l'élevage des oiseaux-gibier, la destruction des animaux nuisibles ne trouvent place dans aucun programme, alors que la pisciculture y est en honneur.

Considérant les rapports intimes de l'Agriculture et de la Chasse, richesse nationale, le Congrès émet le vœu :

1° Que l'enseignement technique et économique des questions de chasse, d'élevage, de piégeage et de législation de la chasse soit introduit, du moins sous la forme de conférences pratiques, à l'Institut National Agronomique (au même titre que la pisciculture) à l'Ecole Forestière de Nancy et dans les autres écoles d'Agriculture.

2° Qu'il soit créé dans le voisinage des chasses présidentielles une véritable école professionnelle où de jeunes futurs gardes-chasse pourraient apprendre pratiquement sur un terrain favorable à toutes les espèces de gibier l'aménagement raisonné des chasses de plaine et des chasses de bois, les cultures à gibier, l'élevage du gibier de repeuplement, le piégeage et la répression du braconnage.

Section Cynégétique et Économique

5e SOUS-SECTION

Président : M. BÉNARDEAU.

Vice-président : M. COUTARD.

Secrétaire : A. DE LESSE.

La 5e sous-section avait à examiner les questions suivantes.

1° Etude et importance du mouvement commercial de la chasse. Chiffre des affaires issues de la chasse (transports par voies ferrées, voitures, bateaux). Hôteliers-restaurateurs, arquebusiers, quincailliers, tailleurs, bottiers, chapeliers, commerce de chiens, de chevaux, de gibier vivant et mort. Rabatteurs, porte-carniers, gardes-chasse, piqueurs, valets de chiens, etc.

Ce rapport a été confié à M. A. DE LESSE bien qualifié pour traiter cette importante question. Le rapporteur conclut en ces termes :

On peut donc voir en récapitulant les chiffres énumérés même en ne prenant que ceux qui donnent des certitudes suffisantes et en y ajoutant ceux des recettes perçues par le Trésor, que « l'Economiste Français, lorsqu'il a évalué la dépense totale du chasseur à 200 francs au bas mot, non seulement, n'a pas émis une opinion exagérée mais, est même resté au dessous de la vérité, et c'est certainement par plusieurs centaines de millions qu'il faut chiffrer le mouvement d'argent qu'accuse l'importance économique de la chasse.

Bien qu'il nous ait été impossible d'évaluer d'une façon mathématique le mouvement d'argent réparti annuellement par la chasse dans les diverses branches du commerce, de l'industrie et du travail, il nous est cependant permis, étant donné que la chasse fait rentrer tous les ans une cinquantaine de millions dans le budget de l'Etat et des communes et que cette somme représente une dime volontaire, d'en conclure que le chiffre total pourrait être estimé avec une certaine approximation à près d'un demi-milliard.

C'est sur cette importance considérable que nous tenons à attirer, à l'occasion de ce congrès international l'attention des pouvoirs publics. Il ne faut pas que la chasse reste dans l'ombre : au contraire, tous les citoyens ont intérêt à savoir qu'il doivent bien plus qu'ils ne l'imaginent à son existence une partie de leur bien-être ; qu'elle joue un rôle imposant dans le fonctionnement économique, agricole, industriel et commercial du pays et que sa prospérité à venir est une cause d'ordre absolument national. Il est donc à souhaiter que l'étude des questions économiques qui concernent la chasse, ne soit plus ignorée ou dédaignée, mais cultivée et perfectionnée tout au moins dans des écoles où l'économie rurale, commerciale et industrielle soit en honneur.

2. *Mandataires aux halles.*

M. JORET a déposé un rapport fort complet sur la question. Il étudie les halles centrales et leur historique, les mandataires aux halles centrales (admission, devoirs, contrôle, etc.), la vente en gros du gibier aux halles, les chiffres des ventes de gibier de 1898 à 1906. Droits d'octroi, de douane. Frais de transports, etc.

3. Recettes perçues par le Trésor et par les communes.

Le rapport de M. COUTARD, inspecteur des finances, concernant l'importance de la chasse au point de vue des ressources qu'elle procure à divers budgets est des plus remarquables.

Ce très intéressant travail appuyé de dix annexes comprenant neuf tableaux et un graphique met en lumière les diverses ressources financières dues au sport cynégétique. Je crois pouvoir dire sans être taxé d'exagération que la plupart des résultats présentés dans ce rapport feront l'étonnement de nombreux chasseurs et leur procureront même le légitime orgueil que comporte l'importance économique de la question.

Après une spirituelle allusion à la mentalité particulière du chasseur qui se fait remarquer pas son empressement en tant que contribuable, M. Coutard énumère d'abord les produits certains résultant de la chasse pour les budgets de l'Etat et des communes.

La délivrance des permis a rapporté en 1906, à l'Etat la somme

de	9.636.876 fr.
et aux communes celle de	5.353.820 fr.
soit ensemble	14.990.696 fr.

Le relevé par département fait connaître que la Gironde vient en première ligne, puis Seine-et-Oise, Bouches-du-Rhône, Eure et Charente-Inférieure, Paris ne vient qu'en sixième rang, un grand nombre de chasseurs parisiens prenant leurs permis en province.

Le nombre des permis délivrés en 1906 était de 536.253, en augmentation, bien entendu, sur les années précédentes et le rapporteur constate « qu'il peut être intéressant pour les pouvoirs publics de connaître l'importance relative de l'armée des chasseurs, comme il est légitime pour ces derniers d'invoquer la puissance d'un effectif que grossiraient rapidement de nouvelles recrues, si des mesures favorables à la chasse et au repeuplement permettaient d'en faire un sport réellement démocratique ».

La comparaison du chiffre des porteurs de permis au nombre des électeurs, donne pour l'ensemble du pays, 49 0/00, mais ce résultat est très variable suivant les départements et se trouve réparti entre les chiffres extrêmes de 122 0/00 dans l'Eure et 6 0/00 dans la Corse. En se basant sur les départements où la proportion est plus forte on ne compterait pas moins de 1.240.000 chasseurs en France.

Ensuite le rapporteur nous fait connaître les produits des ventes de poudre de chasse dont le montant total atteint, pour 1906, 7.874.989 francs qui doit être ramené à celui approximatif de 6.890.000 en tenant compte de différents cas d'utilisation étrangers à la chasse.

Les produits des locations de chasse dans le domaine forestier de l'Etat et dans ceux des communes forment le troisième paragraphe du rapport, ils s'élèvent pour 1906 à 1.639.200 francs.

Le domaine forestier de l'Etat ne comprend pas moins de 1.163.527 hectares.

Ensuite, le rapporteur passe en revue divers produits que l'Etat tire également de la chasse, mais pour lequels les données ne sont plus certaines et qui par conséquent ne peuvent permettre que des estimations hypothétiques. Ce sont :

1. Le timbre de dimension dont le chiffre connu (demandes de permis) étant de 318.571 francs peut être complété au demi million en comprenant le timbre des bons de chasse, cahiers de charge, procès verbaux et procédures.

B. L'enregistrement des baux de chasse dont la faible partie connue donne déjà une valeur annuelle imposable de 3.000.000.

C. Domaines. Location des chasses.

D. Contribution des chevaux et voitures.

E. Impôt foncier. Patente.

F. Contributions indirectes et douanes.

G. Industries des transports et chemins de fer.

Puis le rapporteur consacre un paragraphe spécial aux produits budgétaires résultant de la chasse au profit exclusif des communes :

A. Taxe municipale des chiens donnant un produit de 8.524.580.

B. Octrois municipaux, droits d'entrée sur le gibier, pour l'évaluation exacte desquels les documents font défaut.

Dans son état-annexe n° 10 auquel se réfère la conclusion du rapport, le chiffre de l'évaluation globale des produits de la chasse pour les divers budgets s'élève à la somme importante de 45.613.496 francs.

Il ne nous reste plus donc qu'à constater, avec M. Coutard, que notre sport favori « procure au Trésor comme aux budgets départementaux et communaux des ressources considérables et un tribut volontaire dont l'importance s'accroîtra fatalement avec le nombre des chasseurs, si le recrutement de ceux-ci n'est pas arrêté par la destruction même du gibier.

La chasse mérite toute l'attention des pouvoirs publics intéressés à son développement au point de vue fiscal comme au point de vue économique ».

Section de Législation et Réglementation

1re SOUS-SECTION

Président : M. BEAUQUIER, député.

Vice-président : M. CHARDON.

Secrétaire : M. BONNEFOY.

Cette sous-section avait à examiner les questions suivantes :

Législation étrangère.

RAPPORT de M. Chardon sur la législation allemande.

M. BONNEFOY dans deux rapports fort complets a étudié *in extenso* les législations Suisse et Italienne.

En Suisse, chaque législation cantonale détermine le système d'après lequel la chasse s'exerce dans chaque canton : la loi fédérale sur la chasse et la protection des oiseaux du 17 septembre 1875 se borne à poser un certain nombre de principes et de règles générales et s'en remet aux cantons du soin d'en faire l'application.

On distingue deux sortes de chasse — ayant chacune ses règles spécia les — la chasse au gibier de plaine, la chasse au gibier de montagne.

M. BONNEFOY mérite certainement les éloges de la commission du congrès pour la façon très consciencieuse avec laquelle il s'est donné la peine d'étudier la législation de chaque canton suisse.

Il se termine par l'étude de la convention du 31 octobre 1884, entre la France et la Suisse, pour la répression des délits de chasse dans les forêts limitrophes. Loi du 6 août 1885.

En Italie, la législation de la chasse diffère d'une province à l'autre, sauf sur quelques points peu nombreux, réglés à tout le royaume.

Aux termes des articles 710 et 711 du Code civil italien, le gibier est « res nullius ».

RAPPORT de M. A. de Navay de Foldéak, conseiller royal de Ministère, délégué du gouvernement de Hongrie, sur la chasse en Hongrie (Historique et Législation).

M. OCTAVE LESCHEVIN, avocat à Tournai, Délégué belge, a présenté un rapport sur la législation belge.

Ce rapport comprend les subdivisions suivantes :

I. — Droits de l'Etat. — Permis de chasse qui ne s'applique qu'aux modes de chasse ou interviennent les armes à feu, à l'exception de celle au levrier peu usitée dans la pratique. (Prix du permis 35 francs plus 10 francs de taxe provinciale). Détail des conditions de délivrance du permis tant aux nationaux qu'aux étrangers. Domaine réservé à la Couronne ou mis en adjudication publique.

II. — Droits du propriétaire. — Conséquences abusives des permissions de chasse données par les propriétaires. Principes en matière de « faits de chasse ».

III. — Droits du cultivateur. — Protection des récoltes, en ce qui concerne les fauves, le passage sur les récoltes et les dégâts causés par le gibier. Procédure exceptionnelle pour ceux causés occasionnés par les lapins.

IV. — Protection du gibier par les prescriptions relatives au temps (époque, heure, neige) et aux engins, ainsi qu'au trafic et transport du gibier.

V. — Surveillance de la chasse. Gardes-chasse, forestiers, gardes-champêtres, fonctionnaires appelés à dresser des procès-verbaux.

Enfin le rapporteur termine.

VII. — Par l'examen des mesures de répression des infractions à la loi et la chasse. Compétence des tribunaux correctionnels sauf en ce qui concerne les infractions à l'arrêté royal de la destruction des insectivores et le vagabondage des chiens, infractions qui ne sont punies que de peines de police (juges de paix).

RAPPORT de M. Thévenin sur le régime douanier de la chasse en France.

1° Action de la douane en temps prohibé.

2° Action de la douane durant la période d'ouverture.

3° Concours de la douane à la répression du braconage.

4° Prohibition à l'entrée en France, en tout temps, du gibier capturé à l'Etranger au moyen d'engins prohibés sur notre territoire.

5° Facilités douanières pour l'importation du gibier vivant destiné au repeuplement.

6° Importation des armes de chasse.

VOEU de M. le Comte Clary. Dans le but de favoriser le repeuplement des chasses, le Congrès de la chasse émet le vœu que les tarifs douaniers actuellement très élevés soient réduits au minimum pour le gibier vivant et les œufs de gibier d'importation.

Il espère que M. le Ministre de l'Agriculture prenant ce vœu en considération voudra bien faire une démarche auprès de son collègue des finances dans le but de faire apporter cette légère modification à la loi des finances.

COMMUNICATION de la Société de Chasse de Commercy demandant le maintien de la Convention Internationale Ornithologique de 1902 et son application d'une façon ferme, pour arriver progressivement à empêcher la destruction aveugle des petits oiseaux.

VOEU de la Fédération des chasseurs des Bouches-du-Rhône, concernant la prohibition des ventes et importations des oiseaux non tués au fusil. Ce vœu est ainsi formulé :

« L'importation, l'exportation, le transport, le colportage, la vente, la mise en vente et l'achat des espèces d'oiseaux dont la chasse est autorisée, sont interdits si ces oiseaux ont été chassés, tués par tout autre moyen que les armes à feu et de quelque provenance qu'elles soient, française ou étrangère ».

Vœu relatif aux établissements de canardières.

M. O. LESCHEVIN, Délégué belge, émet le vœu de voir les diverses puissances interdire la vente et le transport, chacune dans leur pays respectif, des gibiers étrangers à l'époque où la chasse en est interdite au pays d'origine.

Etant donnée la destruction en masse des palmipèdes dans certains pays, grâce aux établissements spéciaux nommés canardières ou canarderies ;

Etant donné, d'autre part, que, dans l'intérêt actuel de la législation étrangère, il n'y a pas lieu d'envisager la suppression d'office de ces établissements :

1° Le Congrès émet le vœu qu'une proposition soit soumise aux puissances intéressées, tendant à ce que la création d'aucun nouvel établissement de canardière ne soit autorisée et à ce que pour la suppression des établissements existants il soit procédé par voie d'extinction, étant entendu que ces établissements ne seraient pas autorisés à reporter leur exploitation sur un autre terrain à la suite d'assèchements, d'expropriation ou de toute autre cause.

2° Le Congrès prie M. Ternier, délégué officiellement par le Comité Ornithologique International, de bien vouloir transmettre ce vœu à ce Comité en lui demandant de l'appuyer.

Section de Législation et Réglementation

2e SOUS-SECTION

Président : M. Poirier, sénateur.
Vice-Président : Comte Clary.
Secrétaire : M. Vannesson.

Les questions soumises à la seconde sous-section étaient les suivantes :

1° *Lois Françaises.*

La sous-section a tout d'abord examiné le rapport de M. Paul Collin, avocat, *sur la répression du braconnage professionnel.*

Dans son rapport très documenté sur le braconnage professionnel, Me Collin, avocat à Chalons-sur-Marne, étudie la législation actuelle sur la chasse, il signale la longueur et la lenteur des procédures.

« Le braconnier, dit-il, cité à comparaître devant le Tribunal correctionnel ne se dérange pas, il se laisse condamner par défaut. Le jugement lui est signifié, le plus souvent au Parquet. Les délais expirés, la gendarmerie amène le délinquant au Parquet. Celui-ci fait opposition au jugement par défaut, il est aussitôt mis en liberté. A l'appel de l'affaire, sur opposition, il ne se présente pas, et le jugement devient définitif. Appréhendé à nouveau, il fait appel, on le remet immédiatement en liberté ; en appel, il fait défaut, on rend contre lui un arrêt par défaut — opposition est faite à cet arrêt — le délinquant fait à nouveau défaut. C'est seulement alors que la condamnation devient définitive... »

Les conséquences des lacunes de la loi de 1844 sont nécessairement : la dévastation des chasses, un exemple fâcheux, un régime coûteux pour l'Etat, et le cumul des peines rendu impossible.

Des réformes s'imposent.

Certains demandent que les délits de chasse soient assimilés au vol. C'est peut-être faire fausse route.

D'autres demandent que le cumul des peines au lieu d'être facultatif soit obligatoire. C'est déjà mieux ! Mais c'est insuffisant.. Pour obtenir un résultat satisfaisant, le rapporeur propose au congrès d'adopter les vœux suivants :

1° Vu les articles 11 et 26 de la loi de 1844 ; vu la progression formidable de ce genre de délit :

Que le délit simple de chasse sur le terrain d'autrui soit, conformément à la loi, poursuivi d'office par le Ministère public toutes les fois qu'il y a eu une plainte de la partie intéressée, et que : des instructions en ce sens soient envoyées aux Parquets par le garde des Sceaux.

2° Que l'art. 11 de la loi du 3 mai 1844 soit complété en donnant aux tribunaux la faculté, en dehors de l'amende qu'il prévoit, de prononcer un emprisonnement de six jours à un mois contre le délinquant qui a chassé sans permis.

3° (Le braconnage professionnel doit être frappé dans le commerce auquel il se livre du gibier braconné).

Que l'article 12 de la loi de 1844 soit complété ainsi qu'il suit : « Il est interdit en toute saison, de mettre en vente, vendre, colporter ou exporter du gibié tué ou pris, à l'aide d'engins, drogues ou instruments prohibés. »

4° Que l'art. 17 de la loi de 1844 soit complété ainsi qu'il suit : « Dans le cas où l'un des délits successifs serait susceptible d'entraîner une peine d'emprisonnement, le délinquant pourra soit qu'il ait ou non un domicile certain, être arrêté préventivement et jugé en état de détention. Les procureurs de la République et les juges d'instruction sont, à cet effet, investis des pouvoirs généraux qui leur sont conférés par le code d'instruction criminelle et les lois connexes.

5° Que toute loi d'amnistie déclare formellement exclu du bénéfice de ses dispositions tout délinquant de chasse qui a encouru une peine d'emprisonnement soit contradictoirement, soit même par défaut, depuis la dernière amnistie.

— *Recéleurs.*

6° *Vœu.* — Que l'art. 12 de la loi de 1844 soit complété ainsi qu'il suit : (art. 17 du projet de la commission de la Chambre de 1893).

« Le jugement qui aura condamné les hôteliers, restaurateurs, fabricants de conserves et autres marchands de comestibles, pour avoir mis en vente, vendu, acheté, transporté ou colporté du gibier pourra ordonner la fermeture de leurs établissements pour 3 jours au moins et 2 mois au plus.

« Dans tous les cas, le jugement portant condamnation sera publié aux frais du délinquant et affiché sur la porte *principale* de son établissement. »

Tous ces vœux ont été adoptés par la sous-section.

M. GEORGES DROUIN demande que tous les engins saisis par les tribunaux soient lacérés, brûlés ou détruits, afin d'être bien mis hors d'état de servir.

M. JEUDON demande à ce que le gibier soit déclaré partie intégrante de la propriété du sol, et que celui qui s'en empare, sans le consentement du propriétaire soit poursuivi pour *vol.*

Que le gibier n'appartienne jamais, sans bail, au fermier de culture, que ce dernier soit sans recours contre l'ayant droit à la chasse, pour dégâts causés aux récoltes par d'autre gibier que les lapins, cerfs et sangliers.

Il demande également l'augmentation des peines pour les délits de chasse (chasse la nuit avec engins prohibés, menaces aux agents de l'autorité). Les peines doivent être doublées à la seconde condamnation, triplées à la troisième et les délinquants doivent être relégués à la quatrième.

M. FRANÇOIS DEVILLARD propose certaines modifications à la loi de 1844.

Il considère comme aussi juste que profitable au budget national, toute loi qui, sans séparer le droit de chasse du droit de propriété lui-même, en restreindrait l'exercice aux propriétaires, fermiers ou détenteurs à tout titre régulier.

La loi de 1844, respectée pour le surplus, pourrait être utilement modifiée dans ce sens :

I. Nul ne pourra exercer chez lui le droit de chasse, s'il ne justifie avoir acquitté l'impôt foncier (immeubles non bâtis).

II. Hors ce cas, l'exercice de ce droit ne pourra être accordé qu'à tout fermier ou détenteur par bail régulier enregistré, du droit de chasse, ainsi qu'à toute personne justifiant d'une procuration régulière également enregistrée et donnée, pour l'exercice de ce droit dans les limites des biens occupés, par les propriétaires, fermiers ou détenteurs ci-dessus dénommés.

III. Toute demande de permis de chasse sera adressée au préfet du département des biens, accompagnée de l'avis des contributions directes sur la contribution foncière non bâtie, ou de l'original ou encore de l'expédition du bail, soit enfin de la procuration prescrite art. 2.

IV. L'impôt sur la chasse sera (du 10e par exemple) du principal de la contribution foncière non bâtie — pour les biens non assujettis a cette contribution, il sera (du dixième) du prix du bail.

V. L'impôt sera dû par le propriétaire, sauf conventions contraires et perçu une fois pour l'année entière lors de la première demande faite conformément au mode ci-dessus.

M... dans un rapport émet les vœux suivants :

1° Les parquets devront poursuivre directement les délits de chasse sur propriétés particulières, lorsque ces délits seront constatés par des procès-verbaux réguliers.

2° Les permis de chasse ne devront être délivrés aux condamnés pour délits de chasse qu'après justification par eux faite de l'exécution totale des condamnations prononcées contre eux, notamment du paiement intégral de ces condamnations, en principal, frais et accessoires.

Et attendu que les permis de chasse peuvent être demandés à toutes mairies, sous-préfectures et préfectures. Il importe :

1° Que toute condamnation pour délit de chasse soit inscrite au casier judiciaire du condamné.

2° Qu'à toute demande de permis de chasse soit joint l'extrait du casier judiciaire du demandeur, délivré un mois au plus avant le jour de la demande du permis.

3° Que tous les jugements correctionnels de condamnation pour délits de chasse visent spécialement l'article 3 § 2 de la loi du 3 mai 1844, prescrivant le paiement total préalable du montant des condamnations, avant la délivrance du permis.

4° Que les délits de chasse commis sur propriétés particulières, sans autorisation, soient assimilés aux vols dans les champs, délit prévu et puni par l'art. 388 du Code pénal (la bonne foi et l'erreur pouvant toujours être invoqués par les délinquants).

5° Que les armes et chiens de chasse (pièces à conviction) soient immédiatement confisqués, et les chiens vendus aussitôt après le prononcé du jugement de condamnation.

6° Que les receleurs du gibier de braconnage (marchands, hôteliers, restaurateurs, pâtissiers, et toute personne acheteur de gibier) soient considérés comme complices et tombent également sous le coup de l'art. 388 du Code pénal.

Les pouvoirs publics ayant à édicter un règlement permettant de rechercher l'origine du gibier aux mains des receleurs.

7° Que dans tous jugements de condamnation à peines afflictives et infamantes, les tribunaux correctionnels appliquent aux condamnés l'art. 42 du Code pénal, interdisant à ces condamnés le port des armes, notamment des armes de chasse.

La Société pour la répression du braconnage de l'arrondissement de Louhans émet ce vœu : Faculté d'affirmer les procès verbaux de chasse dans les 24 heures de la clôture, et non dans les 24 heures du délit.

Vœux relatifs à la loi sur la chasse

1) Maintien de la loi de 1844, dans ses grandes lignes.
2) Vœu hostile au permis journalier ou hebdomadaire.

Vœux relatifs aux agents verbalisateurs et aux gratifications.

1) Extension du nombre des agents verbalisateurs en faveur des gardes des Sociétés locales de répression et de repeuplement, Sociétés qui pourraient faire nommer par le Préfet et entretenir à leur charge, un garde ayant le droit de verbaliser sur tout le territoire de l'arrondissement considéré, pour la répression des délits de braconnage proprement dits. (Ce garde ne s'occuperait en rien de la question de location ou de garderie).

2) Autorisation donnée par l'Administration des Eaux et Forêts auxdites Sociétés de faire venir, à leurs frais, si le service le permet, des préposés forestiers pour surveillance des délits de braconnage ou pour piégeage.

3) Remplacement de la prime uniforme de 10 francs par des primes graduées selon l'importance du délit, comme les gratifications en matière de pêche.

M. le Baron HENRI CHADENET, maître des requêtes au Conseil d'Etat, Sous-Directeur au Ministère de l'Intérieur, en retraite, demande au Congrès d'émettre le vœu : Que le décret de 1811 ne soit plus applicable aux condamnations pour faits de braconnage. (Partie civile).

Vœu de la S. C. F. en faveur d'une loi ordonnant la relégation aux colonies sous régime spécial et avec dotation de concession, des braconniers récidivistes.

Considérant que le braconnier récidiviste, presque toujours autant maraudeur et voleur que braconnier, est un être essentiellement démoralisateur des populations des campagnes, voire même des agents de l'autorité ; que ce serait rendre un immense service à la moralité publique, aux propriétaires, et aux chasseurs en particulier, que de le mettre hors d'état de nuire ; que la société a le devoir de se défendre contre tous les fauteurs de maux et de désordres ; que dans le cas qui nous occupe, elle peut faire à la fois le bien des malfaiteurs spéciaux que sont les braconniers tout en travaillant pour son bien propre et sa sécurité ; que le mauvais Français qu'est en France le récidiviste braconnier peut devenir aux colonies et en tant que propriétaire, un excellent soldat d'avant-garde ; que la situation nouvelle qui lui serait faite est telle, au point de vue de ses avantages matériels, qu'elle fait écarter par les esprits les plus prévenus toutes considérations contraires de sentimentalité fausse devant considérer cette relégation comme un attentat à la liberté individuelle ; que des exemples nombreux d'amendement d'hommes plus ou moins tarés, par dotation de propriété, nous sont fournis par l'étranger, notamment en Australie.

Le Congrès de la chasse émet le vœu qu'une loi soit votée ordonnant que :

1° Les braconniers récidivistes ayant subi un nombre de condamnations de fois ...... en .... d'années, ou de .... mois de prison en .... d'années, soient considérés comme relégables aux colonies.

2° Que la relégation des braconniers récidivistes, pour un nombre d'années qui sera fixé par les tribunaux, comporte un régime spécial analogue au régime du colon auquel est fourni des terres à cultiver, des semences et des outils aratoires.

POLICE RURALE

Rapport de M. le Comte Jean de Sabran-Pontevès.

Dans un rapport approuvé en tous points par la commission, M. le comte Jean de Sabran-Pontevès émet les vœux suivants :

1er *vœu.* — Que le souhait formulé par M. G. Clémenceau, ministre de l'Intérieur, président du Conseil, dans la séance du 28 février 1907 : « Je désire-« rais que vint en discussion le plus tôt possible, *le projet d'organisation de la* « *gendarmerie rurale* » se réalise très promptement.

2e *vœu.* — Que les maires, les adjoints, les commissaires de police, les sergents de ville, les officiers de gendarmerie, les sous-officiers, brigadiers et gendarmes, les gardes-champêtres, les cantonniers de la grande et de la petite voirie, les gardes-pêche, les gardes maritimes, et les gardes assermentés (gardes particuliers) puissent verbaliser contre tous délits ruraux, à commencer par les délits de chasse et de pêche.

3e *vœu.* — Que la gratification, due pour chaque condamnation prononcée, qui est de 10 francs (lois du 16 décembre 1890 et du 13 avril 1898) soit portée à 15 francs, et étendue à tous agents verbalisateurs sus-énoncés, sans oublier les gardes forestiers, les employés des *contributions indirectes* et des *octrois*, aussi les préposés de l'administration des *Douanes*, qui sont déjà compétents pour verbaliser, en certains cas, en matière de chasse.

Observation. — A l'appui de ce vœu, je crois devoir mentionner le vœu suivant proposé par la société centrale des Chasseurs en 1904, 1905, 1906 et appuyé, en 1906, par le Saint-Hubert Club Français :

« Extension des gratifications légales prévues par l'article 10 de la loi « de 1844, aux employés d'octroi et aux agents des polices municipales, et plus « généralement à tous agents ayant qualité et compétence pour verbaliser en « matière de chasse. »

4e *vœu.* — Que les autorités compétentes distribuent plus largement des distinctions honorifiques et des récompenses civiques aux agents verbalisateurs.

5e *vœu.* — Que *l'affirmation* des procès-verbaux, qui est une mesure surannée, (tous les gardes sachant présentement lire et écrire), soit supprimée, ou tout au moins, que le délai d'affirmation soit porté à 3 jours.

6e *vœu.* — Que les gendarmes soient autorisés à recevoir des primes et des récompenses honorifiques des *sociétés officiellement reconnues.*

De ce rapport fort intéressant, il faut rapprocher celui de M. Octave Leschevin, avocat à Tournai (Belgique), sur la police rurale belge. Ce rapport est tout à fait remarquable. Le secrétaire du Congrès international de la chasse à Anvers nous fait connaître, qu'à la suite des plaintes formulées à la tribune parlementaire et dans la presse, les ministres belges de l'Agriculture, de la Justice, de l'Intérieur et de la Guerre réunirent une commission spéciale chargée d'élaborer un projet de loi sur la réorganisation de la police rurale.

La Fédération des sociétés provinciales de chasse de Belgique collabora également à la rédaction de ce projet de loi.

Examinant la situation actuelle de la police rurale belge, M. O. Leschevin passe en revue les divers fonctionnaires constituant la hiérarchie de la police dans les campagnes. *Le Bourgmestre* vient en tête ; après lui, le garde-champêtre nommé par le gouverneur parmi les deux candidats qui lui sont présentés par le Conseil communal. Parmi ses nombreuses fonctions, le garde-champêtre belge a la surveillance de la chasse et de la pêche.

Le projet de réorganisation permet à deux communes voisines de s'entendre pour avoir un seul et même garde. Si, au contraire, les besoins de la police réclament plusieurs gardes-champêtres dans une commune, la chose sera possible. Il est question également de l'embrigadement des gardes-champêtres.

Une disposition du projet nouveau consiste dans la suppression de l'obligation d'affirmer les procès-verbaux des gardes-champêtres forestiers particuliers, et autres agents assermentés.

M. LESCHEVIN étudie également l'organisation et les fonctions des commissaires de police, gardes forestiers, gardes-chasses et de gendarmerie, etc. En ce qui concerne la gendarmerie, ses fonctions sont beaucoup trop multiples (recherches de militaires, remise d'avis, enquêtes, service des audiences, garde des prisonniers, garde aux champs de courses, etc.). En un mot, excès d'écritures.

Le rapport conclut en ces termes : Au point de vue rural, nous avons une police communale et une police militaire... il nous manque une police judiciaire. Il serait nécessaire de détacher le corps de la gendarmerie du ministère de la guerre pour l'attribuer au ministère de la justice.

Une note signée E. C., indique les moyens à employer pour réprimer tous les genres de braconnage et les fraudes qui se commettent au préjudice du Trésor, tout en donnant aux anciens sous-officiers et soldats un emploi convenable.

M. EDMOND BEJOT a également déposé un rapport sur l'extension de la gendarmerie. Police rurale de la chasse qui se termine par le vœu suivant :

Vœu. — Considérant que la police des campagnes semble une question urgente et digne d'étude approfondie.

Considérant que la création d'un agent adjoint dans une commune ou pour deux communes n'entraînerait pas de très grandes dépenses qui d'ailleurs pourraient être compensées.

Considérant les résultats importants et heureux que cette mesure pourrait créer à tous points de vue.

Le Congrès de la chasse émet le vœu : que l'attention des communes soit attirée sur cette initiative.

Que l'attention des assemblées départementales soit attirée sur cette question et encourage cette initiative par une subvention qui, même légère, aurait un effet moral favorable.

Que celles qui en feront la demande, soit pour une seule, soit pour deux soient ainsi encouragées à adjoindre aux gardes champêtres un gendarme retraité qui pourra exercer sur le ou les territoires desdites communes la surveillance de la police, tant au point de vue de la chasse qu'à celui de la sécurité générale du pays.

Vœu de M. Gustave Allain relatif à l'embrigadement des gardes champêtres.

Personne n'ignore que dans les communes rurales, le garde champêtre n'est ni libre ni indépendant et ne peut pas exercer une surveillance efficace,

Il est beaucoup trop sous l'autorité du Maire qu'il doit consulter avant de constater la moindre contravention s'il veut conserver sa situation.

Le nombre des vagabonds et repris de justice va sans cesse en augmentant et l'insécurité dans les campagnes est devenue intolérable.

Quand au braconnage, il a carte blanche.

Un des meilleurs moyens de parer aux inconvénients que je viens de signaler est l'embrigadement des gardes champêtres.

A signaler également une note de M. l'inspecteur des Finances COUTARD, relative au concours des agents des contributions indirectes et des octrois à la répression du braconnage, ainsi que celles de M. THÉVENIN (Rapport sur le régime douanier de la chasse) relative au concours des douaniers à la répression du braconnage et de M. DU PONTAVICE sur l'insuffisance actuelle de la police rurale.

M. G. LE DUC propose au Congrès de prendre en considération un projet de création d'une « Légion de gardes-chasses ».

Projet de création d'une « Légion de gardes-chasses »

ARTICLE 1er. — Il est formé dans chaque département un corps spécial dit : Légion de gardes-chasses » assermentés et armés, sous le patronage effectif des Ministres de la Guerre, de l'Intérieur et de l'Agriculture.

ART. 2. — La composition de l'effectif de ce corps spécial, recruté parmi les anciens sous-officiers et gradés de l'armée est subordonnée à l'étendue de chaque département et à l'importance des classes qui s'y trouvent.

ART. 3. — Il est composé de gardes à pied et à cheval.

ART. 4. — La création de ce corps spécial et l'entretien des gardes sont assurés par une cotisation *imposée* à chaque chasseur, s'élevant à 10 fr. par nombre de permis de chasse délivrés.

ART. 5. — Il sera établi dans cette troupe une hiérarchie qui sera déterminée par un règlement spécial établi par la Société du Club de Saint-Hubert, qui déterminera, en même temps après entente avec le gouvernement, les appointements à attribuer aux gardes, suivant le rang qu'ils occupent.

ART. 6. — Les gardes seront tenus de se rendre, successivement, dans toutes les chasses du département, soit d'une manière inopinée, soit, en cas d'événements graves, sur l'appel des propriétaires des chasses.

ART. 7. — Ils recevront l'hospitalité la plus complète pendant leur séjour, soit par les soins des propriétaires de la chasse, s'ils sont là, soit, à leur défaut, par les soins des gardes particuliers.

ART. 8. — Un avancement et des récompenses particulières seront accordées aux gardes qui se seront particulièrement distingués dans leur service.

La Société pour la répression du braconnage de l'arrondissement de Commercy demande de rendre à l'administration des Eaux et forêts la surveillance générale de la chasse.

De centraliser entre les mains des chefs de service des Eaux et forêts tous les procès-verbaux de chasse avec faculté de transaction.

De décider que tous les procès-verbaux, non poursuivis directement par l'administration des Eaux et forêts, ne seront transmis au Parquet qu'après avis de l'inspecteur ; et qu'après cet envoi, sans qu'il soit besoin d'une plainte de la partie lésée, le Procureur de la République poursuive d'office les infractions constatées.

L'augmentation du nombre des agents verbalisateurs, droit de constater les infractions reconnu aux douaniers, sergents de ville, gardiens de la paix, préposés des Eaux et forêts agissant en dehors du bois soumis au régime forestier...

Que la gratification accordée aux agents verbalisateurs soit graduée selon l'importance de l'infraction et s'élève à 25 fr. au minimum.

A indiquer un article de journal « Le fusil girondin » sur la gendarmerie mobile, sous la signature de M. PAUL CLUZEAU. La gendarmerie mobile sera la police rurale.

La Société pour la répression de braconnage de l'arrondissement de Louhans demande : L'extension du nombre des agents verbalisateurs en faveur des sociétés locales de répression et de repeuplement, sociétés qui pourraient faire nommer par le préfet et entretenir à leur charge un garde ayant le droit de verbaliser sur tout le territoire de l'arrondissement pour la répression des délits de braconnage proprement dits.

L'autorisation donnée par l'administration des Eaux et forêts auxdites sociétés de faire venir, à leurs frais, si le service le permet, des préposés forestiers pour surveillance des délits de braconnage ou pour piégeage.

Le remplacement de la prime uniforme de 10 francs par des primes graduées, selon l'importance du délit.

Dans le même ordre d'idées, M. le COMTE CLARY, au nom du Saint Hubert Club de France a déposé le vœu suivant :

« Considérant que la question de la chasse est avant tout une question *de police*, au quintuple point de vue : liquidation, réglementation, surveillance protection et répression, le Congrès de la chasse émet le vœu que tout ce qui concerne la police de la chasse soit centralisé le plus possible entre les mains de la Direction générale des eaux et forêts et que la Direction générale soit qualifiée des Eaux et forêts et de la chasse. »

M. PAUL COLLIN demande : que les associations de chasse déclarées d'utilité publique telles que la Société centrale des chasseurs et le Saint-Hubert Club de France reçoivent de la loi le droit de poursuivre d'office, dans les affaires qui ressortissent à leur objet du moment qu'il s'agit de délits de chasse qualifiés. »

M le VICOMTE DE CHAULMES demande pour les gardes particuliers l'autorisation de vérifier l'identité des individus suspects rencontrés sur les chasses et la possibilité de vérifier le contenu des sacs, etc..., dont ils seraient porteurs.

Il voudrait que chaque colporteur de gibier justifiât de sa provenance par un certificat d'origine.

3. PERMIS DE CHASSE

Communication de M. du Périer de Larsan

Etat de la question des permis de chasse devant la Chambre des députés.
A chaque nouvelle législature, nous devons nous attendre à voir pulluler

les propositions tendant soit à l'extension des permis de chasse par l'abaissement de son prix, soit à sa suppression complète. Les commission de la chasse des législatures de 1889, de 1893, de 1898 et de 1902, avaient eu soin de les écarter de les enterrer, en un mot, de s'arraurger pour qu'elles ne vinssent pas en délibération. Car il ne faut paos se dissimuler une chose : quelle que soit la conviction de la plupart de mes collègues sur les dangers de ces propositions, il se trouvera toujours une majorité pour les voter, si elles viennent en discussion. Si la crainte du Seigneur est le commencement de la sagesse, la crainte de l'électeur est le commencement de la folie.

Naturellement, le début de la législature de 1906 ne pouvait pas être exempt de cette avalanche de propositions contre le permis de chasse. MM. Chastenet et Gérald demandent la création d'un permis spécial, dont le prix serait de 1 franc, valable pour un seul jour qui ne pourrait être qu'un dimanche. M. Lagasse veut que le permis d'un jour ne coûte que 25 centimes et soit valable pour n'importe quel jour de la semaine. M. Lagasse demande en outre que le propriétaire puisse en tout temps, aussi bien pendant le temps de la ponte et de la reproduction que pendant le reste de l'année, chasser et faire chasser sur les terres qu'il possède, sans aucune espèce de permis.

De cette proposition à celle qui donnerait à n'importe qui le droit de chasser en tout temps, en tous lieux et sans permis, il n'y avait qu'un pas. Ce pas a été franchi par MM. Vaillant, Poulain, Aldy, en un mot par tout le groupe des socialistes unifiés, qui demande l'absolue liberté non seulement de la chasse, mais aussi de la pêche.

L'ancienne commission de la chasse, qui a fonctionné pendant les quatre législatures précédentes, n'a pas été reconstituée et toutes ces propositions ont été renvoyées à la commission de l'agriculture.

Rapport de M. A. Arnould, *inspecteur des Eaux et forêts.*

M. Arnould dans son rapport très documenté et fort complet fait tout d'abord l'historique du permis de chasse : il étudie depuis 1849 jusqu'à nos jours les différentes propositions de loi tendant à abaisser le prix du permis (1849, proposition Chavoix, 25 mai 1878-20 mai 1879) suppression du permis (1881), réduction de son prix (1882), permis mensuel (1882), permis de 24 heures valable les dimanches et jour fériés (1889) tickets de chasse délivrés dans les bureaux de tabac (1893) permis hebdomadaires, dominicaux, journaliers, suppression des permis (1898, 1902) etc., etc. Tous ces projets dans le but de démocratiser la chasse. M. Arnould conclut avec beaucoup de bon sens que le permis de chasse n'est pas une atteinte au droit de propriété, une confiscation d'un droit de propriété au profit de l'Etat : ce n'est pas un privilège, un impôt antidémocratique ; le ticket à 0,25 serait une cause de déficit pour le budget.

Le permis de chasse est avant tout une mesure de police édictée dans l'intérêt de la sécurité publique. Il y aurait danger à le supprimer.

M. Arnould en donne des exemples frappants.

En Bohême, où le permis a été supprimé, voici le tableau des chasses effectuées le dimanche pendant l'année 1893 : 50 personnes tuées, 3.014 blessés, 24.469 animaux domestiques abattus, et 1.814 pièces de gibier tuées, y compris les moineaux. Ces exploits ont coûté 413.000 florins d'indemnité, 633.000 florins pour secours aux blessés, 172.000 florins pour honoraires de médecins et frais de justice, et 74.088 heures de prison.

La création de tickets de chasse nuirait aux petits chasseurs.

M. Arnould étudie rapidement les législations étrangères au point de vue du permis de chasse : Alsace-Lorraine, Grand-Duché de Bade, Prusse, Luxembourg, Suisse, etc.

Dans tous ces états, les permis temporaires sont généralement institués en faveur des étrangers et non des citoyens.

Comme conclusion à son rapport, M. Arnould propose au congrès le vœu suivant qui est adopté par la sous-section.

« Le congrès considérant que la délivrance de permis de chasse journaliers ou hebdomadaires serait contraire à la sécurité publique ; favoriserait le braconnage ; aurait pour conséquence la destruction du gibier, la ruine des petites chasses et la disparition des petits chasseurs, et, causerait un déficit notable dans le budget de l'Etat et dans les budgets communaux.

Considérant que ces permis, dans la forme où on propose de les créer en France, n'existent d'ailleurs dans aucun autre Etat,

Emet le vœu que le permis de chasse tel que l'a établi la loi du 3 mai 1844, soit maintenu et que le parlement rejette toute proposition de loi tendant à la modifier.

D'autres propositions sont également faites :

M. LOUIS KLAINE, au nom de la Société Saint-Hubert briançonnaise demande le rejet du permis journalier ; la faculté pour tout chasseur de prendre son permis dans une commune autre que celle où il demeure.

M. DEVILLARD demeurant à Aitière (Allier), demande que le droit de chasse et le permis ne soit accordé qu'au propriétaire fermier ou détenteur du droit de chasse. La demande de permis serait adressée au préfet, accompagnée d'un avis de contributions directes sur la contribution foncière non bâtie, ou de l'original ou de l'expédition du bail. M. Devillard demande également la création d'un impôt sur la chasse (le 10e du prix du bail).

M. de SÉGONZAC demande à ce que le permis de chasse ne soit accordé que sur justification du paiement d'un certain nombre de contributions foncières ou mobilières, à déterminer.

Il demande la création d'un permis spécial de 100 fr. pour les étrangers, et le rejet du permis journalier et hebdomadaire.

M. JEUDON, le rejet du permis journalier ou de courte durée et le refus du permis à ceux qui ne sont pas propriétaires ou locataires du droit de chasse sur 25 hectares au moins.

M. EDMOND ROMAIN, le rejet du permis journalier ou hebdomadaire, le relèvement du prix du permis qui seraient porté à 40 francs. En rendant moins facile l'accès de la chasse, on rendrait souvent service à bien des gens que son exercice conduit à leur perte.

LA SOCIÉTÉ DE CHASSE DE COMMERCY, demande le rejet du permis journalier ou hebdomadaire et le relèvement du prix du permis qui serait porté à 35 ou 40 fr., dans le but de créer des préposés forestiers uniquement chargés de la surveillance de la chasse.

A signaler le vœu de M. Léon Guérin, membre de la Société centrale des chasseurs, demandant à ce que la photographie du titulaire soit apposée sur le permis de chasse, les signalements portés sur les permis étant à peu de chose près les mêmes pour toutes les personnes.

Celui de la société des chasseurs de France. Ce vœu tend à fixer le permis de chasse à 30 fr. pour les chasseurs ne chassant que de l'ouverture aux clôtures de janvier, et à 40 fr. pour ceux chassant pendant la durée annuelle du permis.

Les différences entre les prix du permis actuel, et ceux des nouveaux permis seront acquises aux communes dans lesquelles les permis auront été pris, ou aux communes bénéficiaires désignées par les chasseurs citadins. Elles constitueront une caisse communale de primes aux destructeurs d'animaux de rapine.

M. MARTIN DREYS demande à ce que le prix du permis soit porté de 28 à 30 fr. Une somme de 5 francs sera prélevée sur chaque permis pour constituer le budget de la chasse (création, entretien de parcs d'élevage, organisation des brigades de garde-chasse).

Une commission nommée par le Congrès et placée sous le patronage du ministre de l'Agriculture sera chargée de la défense des intérêts de la chasse et de l'administration du budget de la chasse.

Vœu de la Société des chasseurs de France

Projet de loi de modification du prix du permis de chasse dans le but de fournir à toutes les communes de France des ressources pour effectuer la destruction des animaux nuisibles. — Considérant que quadrupèdes et oiseaux de rapine causent plus de préjudices aux intérêts de la chasse que les braconniers eux-mêmes : que ces animaux nuisibles aux agriculteurs comme aux chasseurs, ne sont point effectivement pourchassés, piégés, détruits, sur les *neuf dixièmes de la superficie totale du pays ;* que, sans leur destruction préalable ou parallèle à la répression du braconnage sous toutes ses formes, on ne saurait attendre de résultats sérieux des repeuplements en gibier et des élevages : qu'il est donc indispensable de travailler à décimer ou détruire dans toute la France les bêtes nuisibles, et que l'on est en droit d'espérer d'importants résultats en mettant à prix la tête de chaque animal malfaisant : que si l'Etat n'inscrit à cet effet aucune dépense au budget, les chasseurs ont intérêt à fournir eux-mêmes les primes nécessaires, et peuvent faire cet effort en payant plus cher leur permis de chasse, *pendant un an seulement ;* qu'un léger surélèvement du prix des permis produirait plus de *deux millions de francs* à employer pour primes de destruction.

ARTICLE 1er. — Par exception, du 1er janvier 1908 au 1er janvier 1909 le prix du permis de chasse est fixé à 30 francs, au lieu de 28 francs, jusqu'aux fermetures relatives aux espèces indigènes, en janvier : à 40 francs, pour droit à toutes les chasses autorisées annuellement, y compris les chasses à courre, les chasses au gibier d'eau et de passage, les chasses de destruction de sangliers et de lapins.

ART. 2. — Les différences entre les prix du permis de 28 francs et ceux de 30 et de 40 francs, soit 2 francs et 12 francs, seront acquises aux communes dans lesquelles ont été pris ces permis, et aux communes désignées comme *bénéficiaires*, par les chasseurs citadins qui y chassent. Elles constitueront une

Caisse communale de primes aux destructeurs d'animaux de rapine (blaireaux, renards, loutres, fouines, putois, chats sauvages, hermines, belettes, etc..., buses, éperviers, corbeaux, pies, etc...)

Art. 3. — Dans chaque commune, une commission sera nommée, agréée par M. le Sous-Préfet de l'arrondissement, et composée invariablement du maire, de l'adjoint et de trois chasseurs de la commune choisis, au privilège de l'âge, à l'effet de fixer le taux des primes à distribuer, de contrôler les droits des demandeurs, et de fixer la durée des périodes pendant lesquelles le système de primes adopté sera en vigueur.

Art. 4. — Les primes ne devront être payées qu'aux habitants de la commune, sur le vu du corps entier, sous poil ou sous plume, de l'animal détruit, dont la dépouille appartiendra au bénéficiaire de la prime, mais dont le cadavre devra être enfoui par les soins du garde-champêtre.

Art. 5. — Rien n'est changé dans la législation, les pouvoirs préfectoraux et les coutumes, aux droits et devoirs des chasseurs, gardes et propriétaires, aux droits de détruire les animaux nuisibles sur leurs terres par les armes à feu, les pièges, les poisons ou autres moyens autorisés temporairement.

M. Martial au nom des chasseurs de Bourges, demande à ce que le permis de chasse, soit obligatoire pour toute personne se livrant au transport, au colportage, à la vente, sur les marchés des villes et des communes, en dehors des commerçants patentés et y résidant à demeure. Ce permis devra être présenté à toute réquisition des agents de l'autorité, et en particulier à l'entrée des villes, à l'octroi.

Après discussion, la sous-section après avoir adopté le vœu de M. Arnould accepte également ceux de MM. le comte Clary et Christophe :

1. En cas de perte du permis de chasse (le permis comme toutes les pièces de nature à servir, si elles tombent entre les mains de tiers, à frauder le Trésor, ne pouvant en principe faire l'objet de la délivrance d'un duplicata) le titulaire pourra continuer à chasser, à charge par lui d'établir qu'il était bien titulaire d'un permis perdu.

Cette preuve sera faite par un certificat émanant du préfet ou du sous-préfet signataires du permis perdu. Ce certificat sera donné sur le vu du duplicata de la quittance des frais de permis, délivré par le percepteur, après vérification sur la liste des permis existant à la préfecture ou à la sous-préfecture.

Cette indication figurera au dos des permis de chasse

2° Sans en augmenter le prix, l'Etat pourrait augmenter sa recette permis de chasse en décidant que le permis de chasse ne sera valable que du 1er janvier au 31 décembre de chaque année. Il bénéficierait ainsi de tous les permis qui sont pris tardivement, ou seulement au moment de l'ouverture, et éviterait aussi la fraude si fréquente de l'intervalle plus ou moins prolongée par le chasseur entre la péremption de son ancien permis et l'obtention du nouveau. Il suffirait aussi de teinter, chaque année, le papier du permis d'une nuance différente, ce qui simplifierait en même temps le contrôle pour les agents de l'autorité.

Vœu de M. E. Morisset, secrétaire du Syndicat agricole du Prin-Despançon (Deux-Sèvres)

Les chasseurs qui parcourent la campagne peuvent être divisés en quatre catégories.

1° Le riche rentier qui peut disposer de tout son temps et chasser quand il lui plaît.

2° Le professionnel, qui n'a souvent aucun autre moyen d'existence, et qui veut vivre du produit de sa chasse.

3° La masse des citadins, commerçants, ouvriers et employés qui ne peuvent chasser que dans les courts moments de loisir que leur laisse leur labeur.

4° Le cultivateur (propriétaire, fermier ou ouvrier agricole), qui ne peut disposer que du dimanche pour chasser en visitant ses récoltes.

Pour ces différentes catégories, l'Etat prélève un impôt égal, un permis de 28 francs ; ceci est une injustice et c'est ce que je veux m'efforcer de démontrer.

Les chasseurs des catégories 1 et 2 sont les seuls à profiter de la législation actuelle.

Les professionnels surtout, au nombre de 2 ou 3 par commune, accaparent la presque totalité de la chasse publique ; notez que ce sont les pires des braconniers. Sous le couvert d'un permis tous les moyens leur sont bons ; jaloux de tout le monde, ils iront bien vite dénoncer à la gendarmerie un pauvre diable qui se sera armé d'un fusil pour épouvanter une bande de corbeaux à même d'anéantir son champ de blé naissant, alors qu'ils viendront de prendre une compagnie de perdreaux avec des appeaux défendus.

A cela quel est le remède ?

Le permis journalier et la liberté de la chasse demandés par certaines gens, ne feraient qu'augmenter l'injustice au profit des désœuvrés et amèneraient très rapidement la destruction complète du gibier.

Voici, il me semble, quelle serait la meilleure solution à adopter pour concilier les intérêts et sauvegarder le gibier.

Etablir un permis de chasse à 15 francs environ valable seulement les dimanches et jours fériés. Ce serait le permis démocratique, le permis qui permettrait au cultivateur de faire tous les dimanches une partie de chasse en visitant ses récoltes ; le permis qui permettrait à l'ouvrier, au citadin laborieux, d'aller tous les dimanches faire une promenade au grand air en satisfaisant un sport favori.

Comme conséquence, élever le prix du permis de chasse permanent jusqu'à 150, 200 francs ou plus.

Ceci amènerait la disparition des professonnels de la chasse et du braconnage ; de plus, le riche, qui ne compte pas, paierait le déficit fait au Trésor par la diminution du prix du permis en prenant un permis permanent.

Cette législation aurait également le grand avantage d'intéresser le cultivateur à la chasse ; j'ai vu maintes fois des ouvriers agricoles détruire exprès des nichées de perdreaux sous prétexte qu'ils ne seraient pas pour eux.

Elle aurait également l'avantage de fournir à un prix raisonnable un sport éminemment hygiénique et moral à quantité de travailleurs qui vont le dimanche au cabaret pour occuper leurs loisirs.

RAPPORT de M. le comte CLARY sur l'enlèvement, le transport et la vente des œufs d'oiseaux-gibier et de gibier vivant.

Ce rapport approuvé par la Commission a pour conclusion le vœu suivant, adopté : pendant le temps où la chasse est fermée, il est interdit d'enlever les nids, de prendre ou de détruire, de colporter ou mettre en vente, de vendre ou acheter, de transporter, exporter ou importer les œufs ou les couvées de perdrix, faisans, cailles et de tous oiseaux, ainsi que les portées ou petits de tous animaux, qui n'auront pas été déclarés nuisibles par les arrêtés préfectoraux.

Les détenteurs du droit de chasse et leurs préposés auront le droit de recueillir, *pour les faire couver*, les œufs mis à découvert par la fauchaison ou l'enlèvement des récoltes.

Le transport des œufs et du gibier vivant peut être autorisé pour le repeuplement par des permis individuels délivrés par le ministre de l'Agriculture pour les œufs et le gibier vivant ou provenant de l'étranger sous plombs de douane, ou provenant en France d'établissements dûment autorisés et sous le contrôle d'une réglementation rigoureuse à établir. »

NOTE de M. de Segonzac relative à la vente des œufs. — Cette note préconise la nécessité d'une réglementation très sévère concernant l'interdiction, d'une façon absolue, de la vente et du colportage des œufs de gibier en dehors de la localité sur laquelle se trouve la chasse, sauf, pendant quelques années, pour les œufs venant de l'étranger avec un certificat de provenance établi officiellement.

Mêmes interdiction et exception pour le gibier vivant.

NOTE de M. du Pontavice. — « Ni le transport, ni la vente des œufs d'oiseaux-gibier, ni de gibier vivant, même en un temps de chasse ouverte, ne devrait être autorisé sans un certificat de provenance. »

Société des Chasseurs de France.

Projet de loi réglementant les droits de propriété et de colportage des œufs d'oiseaux-gibier :

« Article unique. — Sont autorisés, dans les trois cas suivants, la vente et le colportage des œufs d'oiseaux-gibier :

1° Des œufs provenant des faisanderies ou établissements d'élevage patentés et placés sous le contrôle des agents des Contributions indirectes et de l'Administration des Eaux et Forêts ;

2° Des œufs provenant de l'étranger (dans ces deux cas, la validité des certificats de provenance n'est point limitée) ;

3° Des œufs sortant d'un nid mis à découvert par la faulx.

En ce dernier cas, les œufs voyageront, accompagnés d'un certificat de provenance, extrait d'un registre à souche, dont la validité ne dépassera pas deux jours pleins, non compté le jour de la déclaration. Ce certificat devra porter le cachet de la mairie et la signature du garde-champêtre ou d'un assermenté et d'un témoin affirmant *de visu* la mise à découvert du nid par la faulx.

Société pour la répression du braconnage dans l'arrondissement de Commercy

VŒU de la Société tendant à ce que la loi interdise en tout temps :

L'enlèvement des nids, la capture ou la destruction, le colportage, la mise en vente, la vente ou l'achat des œufs ou couvées d'oiseaux non déclarés nuisibles ;

La capture ou la destruction, le transport, le colportage, la mise en vente, la vente ou l'achat d'œufs de perdrix, de faisans et de cailles ou de gibier vivant, exception faite en faveur des propriétaires ou locataires de chasse pour les œufs mis à découvert par l'enlèvement des récoltes ou pour les œufs et le gibier vivant, provenant soit de l'étranger, soit d'établissements d'élevage, existant en France, en vertu d'une autorisation ministérielle et conséquemment soumis à un contrôle sérieux.

NOTE de M. Jeudon. — La mise en vente, la vente et l'achat, la possession en captivité la détention, le transport et le colportage du gibier vivant et des œufs de gibier sont interdits en France en toute saison (sauf faisans et lapins élevés en cages ou en parcs mais vendus en vertu d'autorisation préfectorale).

Interdiction absolue du transit et de l'exportation du gibier vivant de toute espèce. De même, recherche, prise et destruction des œufs du gibier et des oiseaux utiles.

NOTE de M. Collin. — Interdiction d'enlever les nids, de prendre ou de détruire les œufs ou couvées de perdrix, faisans ou cailles ainsi que de les transporter, colporter, mettre en vente, vendre ou acheter.

Interdiction de colporter les perdreaux vivants.

Réglementation à établir pour les œufs et le gibier vivant en provenance de l'étranger.

Extrait du rapport de M. Martial.

8e *Résolution.* — Interdiction de recueillir en dehors de sa propriété les œufs d'autrui pour les faire couver.

Articles de journaux communiqués par M. Paul Cluzeau : « Sur la vente, le transport et l'importation en France du gibier vivant. — « Le Fusil girondin » du . — « Sur le transport des cailles vivantes ».

Reprise des faisans à la mue.

En ce qui concerne la reprise du faisan à la mue, M. de Ségonzac a fait la communication suivante :

Du moment que l'on autorise la reprise des faisans à la mue, mais sans vente ni colportage d'aucun genre en dehors du territoire de chasse, il n'y a aucun inconvénient à l'autoriser également pour la perdrix dans les mêmes conditions, c'est-à-dire sans colportage ni circulation, quoique le contrôle soit plus difficile. Il y aurait lieu toutefois d'exiger des propriétaires la preuve qu'ils ont une étendue de chasse suffisante d'un seul tenant par exemple, 50 hectares pour les bois et 100 hectares pour la plaine et la constatation par la gendarmerie que ce gibier est uniquement destiné à la reproduction sur place.

Communication est faite par M. O. LESCHEVIN, délégué belge de la situation existant en sa législation.

L'emploi de la mue pour la reprise du faisan, dans les bois, par les propriétaires ou ayants droit, peut être autorisée par le Ministre : l'arrêté ne l'accorde que pour un temps limité et si l'importance de la chasse le justifie.

VŒU de M. le Baron G. de Ravignan, pour l'autorisation légale de la reprise des coqs destinés à l'adaptation (perdreaux gris).

Le congrès émet le vœu qu'il soit apporté à la loi de 1844 un amendement pour autoriser dans des conditions légales l'emploi de la chanterelle et des mues pour la reprise du 15 février au 15 avril des coqs perdreaux gris destinés à l'adaptation. Cette autorisation ne serait donnée qu'aux propriétaires pouvant justifier qu'ils font de l'élevage et sous la condition expresse qu'ils emploieront eux-mêmes les oiseaux repris.

M. OCTAVE ALLAIRE présente un certain nombre de vœux.

1° Vœux demandant deux modifications aux cahiers des charges relatifs aux locations pour la chasse à tir des forêts domainiales. Le vœu de M. Allaire vise spécialement la forêt de Rambouillet. L'emploi des mues est formellement interdit dans le 30 et 31e lot de cette forêt. M. Allaire demande la suppression de cette clause ou sa généralisation pour tous les lots de forêts de l'Etat mis en adjudication, ce qui serait préférable.

Vœu. — 1° Surveillance rigoureuse, étroite et journalière de l'emploi de la mue, par les gardes-forestiers.

2° Que les mues ne puissent pas être tendues à moins de 250 mètres de la plaine.

3° Que la totalité des oiseaux captivés soit relâchés en présence et sous le contrôle des gardes-forestiers, aussitôt après la fermeture de la chasse.

4° Que l'on ne puisse distraire, pour quelque usage que ce soit, les faisans capturés sous la mue.

M. DU PONTAVICE demande à ce que la reprise des faisans à la mue soit non seulement *tolérée* mais autorisée.

Que cette autorisation soit dans certains cas, tout à fait exceptionnels, accordée pour les perdrix, dans le but de favoriser l'élevage naturel de ce gibier en parquets.

Après examen de ces différents vœux, la sous-section est d'avis d'adopter la résolution suivante :

Le Congrès émet le vœu que la pose des mues ne continue à être tolérée que pour la reprise du faisan et seulement pendant la période d'ouverture de la chasse au faisan, que les mues soient toujours posées, au moins à 300 mètres de la limite du voisin. Que la pose des mues ne soit tolérée qu'en faveur du détenteur du droit de chasse justifiant d'un élevage.

Vente et mise en vente pendant la clôture du gibier conservé dans des appareils frigorifiques.

La fédération des chasseurs des Bouches-du-Rhône émet un vœu demandant l'interdiction absolue de la vente du gibier provenant des appareils frigorifiques.

Ce vœu répond à un double but :

1° Protection des oiseaux utiles à l'agriculture.

2° Protection de la santé publique.

Les experts du conseil d'hygiène chargés de faire un rapport sur l'examen fait par eux des oiseaux sortant des appareils frigorifiques ont conclu — à la nocivité de ce gibier, lequel était couvert de ptomaïnes — son absorption peut aller jusqu'à l'empoisonnement. (*Rapport déposé à la préfecture des Bouches-du Rhône*).

M. DU PONTAVICE demande l'interdiction de la mise en vente et de la vente du gibier provenant des appareils frigorifiques en temps de chasse prohibé.

M. E. BÉJOT, à la suite d'un rapport sur la conservation du gibier et le colportage en temps prohibé, conclut :

Le Congrès de la chasse ne pouvant laisser de côté la question du frigorifique dont les conséquences si importantes n'échappent à personne.

Et,

Considérant que l'autorisation d'user de ces glacières *en temps prohibé* pour la conservation du gibier serait néfaste au point de vue de la chasse en général.

Considérant que la loi empêche tout colportage de gibier en temps prohibé quelque courte que soit la distance à parcourir.

Considérant que la sous-section *est entièrement d'accord* avec la *Chambre syndicale* des marchands de volaille et gibier de la Seine et Seine-et-Oise et le *Syndicat des mandataires* aux Halles Centrales de Paris.

La sous-section émet le vœu :

Que dès la fermeture de la chasse toute sortie de gibier du frigorifique soit rigoureusement interdite (sauf le délai réglementaire).

VŒU du syndical général de l'industrie frigorifique.

Considérant que l'entreposage frigorifique réglementé et surveillé est à même de faciliter la répression du braconnage en supprimant l'écoulement des produits de cette coupable industrie.

Emet le vœu que la conservation du gibier dans les entrepôts frigorifiques soit réglementée comme en Allemagne avec plombage des pièces de façon à assurer leur origine légale.

Conserves de gibiers.

M. JORET président du syndicat des mandataires à la volaille et au gibier émet le vœu que les conserves de gibier soient plombées avec la date de leur production, afin d'entraver la vente illicite du gibier capturé après la fermeture de la chasse.

Ouvertures et clôtures anticipées ou retardées.

Sur cette question, aucun rapport n'a été présenté ; de simples demandes sont formulées.

M. JEUDON demande l'ouverture uniforme dans toute la France, le dernier dimanche d'août, et la clôture uniforme le 15 janvier.

La clôture de la chasse à courre au lièvre le 15 janvier.

L'ouverture de la chasse au gibier d'eau le 1er août, sa clôture le 28 février.

La clôture de la chasse à courre (chevreuil, cerf, sanglier) le 28 février.

La Société des Chasseurs de Commercy demande la clôture de la caille en octobre.

De la perdrix à l'approche de la saison hivernale.

M. DU PONTAVICE l'ouverture selon les zônes et les départements, pour tout gibier, fin ou commencement septembre, selon l'état de la culture et du gibier ; clôture le dernier dimanche de janvier.

M. DE SEGONZAC demande :

Pour la caille : Ouverture ordinaire et fermeture 1er dimanche de novembre, car il n'en reste presque plus en France.

Pour le faisan : ouverture 15 jours après l'ouverture ordinaire du département et fermeture le troisième dimanche de janvier.

Pour le perdreau : ouverture ordinaire du département et fermeture le 1er dimanche de janvier.

Pour le lièvre et le chevreuil : ouverture ordinaire du département et fermeture le 1er dimanche de janvier, sauf pour la chasse à courre qui fermera seulement le 1er avril ou 1er mars.

La question des ouvertures et clôtures a été examinée par la section cynégétique et économique (3e sous-section).

Considérant que les dates d'ouvertures et de fermetures donnent lieu chaque année à des réclamations continuelles des chasseurs dans chaque département.

Qu'il est impossible de faire des ouvertures et des fermetures pour toutes les espèces de gibier à la fois.

Que tous les pays étrangers ont adopté cette méthode par classification de gibier.

La commission demande que tous les départements environnant Paris ouvrent en même temps et sans exception, en une seule zone, et que l'ouverture en France soit divisée en moins de zones possibles.

Questions diverses soumises à la Commission.

M. Edmond BEJOT demande, à la suite d'un rapport, certaines modifications en faveur du commerce du gibier, relativement à la perception de la taxe de l'octroi :

Considérant que la perception de la taxe du gibier à la tête au lieu d'être au poids serait une facilité pour les chasseurs en général.

Considérant que l'abaissement de certaines taxes comme celles du faisan et du perdreau, compensées par un appoint complémentaire pour le lièvre et le lapin, serait un avantage à tous points de vue.

Considérant que la facilité de reconnaissance à la sortie favoriserait le développement du commerce licite du gibier dans les petites villes aux dépens du braconnage local.

Le Congrès émet le vœu :

Que la perception de la taxe d'octroi pour les lapins, lièvres, faisans et perdreaux soit faite à la tête au lieu d'être faite au poids.

Et que l'entreposition dite « Reconnaissance à la sortie » soit autorisée aux Halles de Paris et dans les villes de France qui sont pourvues d'octroi.

M. JORET président du syndicat des mandataires de la volaille et du gibier, émet le vœu suivant, relatif au tarif de transport du gibier, qui est adopté.

1° Que le gibier soit assimilé à la volaille par application d'un tarif à base décroissante dès l'origine et commun à toutes les compagnies ;

2° Que les délais de transport et les délais de remise en gare soient revisés et réduits ;

3° Que le passe debout soit, dans le plus bref délai généralisé aux Halles centrales de Paris.

Vœu de la S. C. F.

Utilisation en temps de guerre des chasseurs restés à leur foyer dans le but d'une aide à la défense nationale, aux blessés et pour lutter contre les animaux nuisibles ou le gibier dévastateur. — Considérant qu'un très grand nombre de chasseurs seront, en temps de guerre, retenus à leurs foyers par l'âge, les infirmités spéciales ou maladies, leurs situations familiables ou diverses autres raisons qui ne font point que ces hommes sont impotents et impropres à rendre des services à la patrie : que les chasseurs sont, en très grande majorité, de bons tireurs, de bons marcheurs, qu'ils connaissent bien le pays, qu'ils sont tout indiqués par leur vie rustique pour rendre des services alors que les intempéries des saisons arrêtent l'action d'hommes moins entraînés.

Ce congrès émet le vœu d'une action commune des Sociétés de chasseurs à l'effet de :

1° Réunir, dans les départements frontières principalement, les chasseurs qui doivent rester au foyer en temps de guerre en des sections dont les membres seraient, alors suivant les besoins, destructeurs d'animaux nuisibles, et de gibier dévastateur, secouristes, guides, et qui feraient à cette époque, d'une manière générale, la police de la chasse, avec l'autorisation des pouvoirs publics.

Interdiction de la chasse au rabat et en battues.

VOEU de M. Allaire, concernant la forêt de Rambouillet. — Il y aurait lieu de modifier l'art. 16, comme suit :

ARTICLE 16 MODIFIÉ.

« La chasse en traques ou en battues est en principe interdite, elle ne « sera autorisé pendant toute la durée du bail qu'exceptionnellement, sur l'auto- « risation du Conservateur, pour chaque battue, après avis favorable du Garde « général.

M. MARTIAL au nom des chasseurs de Bourges : La chasse au rabat et en battues est une des causes principales du dépeuplement des chasses. Les arrêtés préfectoraux devraient interdire ce mode de chasse.

Vœu de M. Allaire concernant les gardes faisans.

Le vœu de M. Allaire vise spécialement la forêt de Rambouillet :

VOEU. — « Il est interdit à tout locataire de chasse des Forêts de l'Etat, « de faire en bordure de forêt, d'une façon permanente, aucun bruit susceptible « de nuire aux voisins, d'effrayer et de faire fuir le gibier pouvant se trouver sur « des terres appartenant à des tiers, et de rendre, par suite, inhabitable pour le « gibier, une portion quelconque des propriétés particulières touchant à la Forêt ».

Indemnités de chasse pour manœuvres militaires.

M. DE SÉGONZAC demande d'accorder une indemnité aux propriétaires du droit de chasse pour trouble et dégâts de jouissance de leur chasse pendant les manœuvres militaires qui se font généralement avant et pendant l'ouverture de la chasse.

Il demande que les commissions militaires soient non seulement autorisées mais invitées à indemniser ce préjudice de chasse comme gibier au même titre que les dommages aux récoltes. Car actuellement, la chasse est souvent d'un revenu supérieur à la valeur des récoltes. C'est ce que le législateur a totalement oublié.

VOEU de M. Jeudon sur la réglementation de la fabrication, mise en vente, vente, achat, possession, détention et transport des engins prohibés.

Il faut défendre la fabrication, la mise en vente, la vente, l'achat, la possession, la détention et le transport de tous engins prohibés, collets compris, quand ils sont confectionnés.

Prescrire la saisie et la destruction immédiate volontaire ou forcée de tous ceux existant actuellement en France en remboursant aux seuls fabricants et marchands patentés le prix de revient de ces objets.

Amnistie.

M. LE BARON JAUBERT désirerait que les amnisties ne comprissent pas les récidivistes.

Nouvelles taxes demandées.

M. JEUDON demande : la réglementation des furets ; une taxe de 10 francs par furet.

M. EDMOND ROMAIN demande : la réglementation des furets ; la taxe des furets est fixée à 20 francs, 10 fr. pour l'Etat, 10 fr. pour les communes.

Article premier. — Nul ne peut posséder de furets s'il n'est muni d'un permis de chasse. Les marchands se livrant à l'élevage des furets pourront néanmoins en posséder avec l'autorisation de l'autorité compétente mais ils devront acquitter l'impôt des animaux *adultes* qu'ils possèdent chez eux tel que cela a lieu pour les chiens.

Ne seront considérés comme marchands que ceux dont la profession unique est l'élevage des animaux de chasse et non de simples particuliers occasionnels.

Art. 2. — La taxe sur les furets est de vingt francs par animal à savoir dix francs pour l'Etat et dix francs pour la Commune.

M. Jeudon, demande un impôt de 2 francs par tête de chat, ces animaux détruisent beaucoup de gibier.

M. de Ségonzac présente une note relative à l'entraînement et au dressage du chien d'arrêt.

Il demande qu'il soit permis aux dresseurs, ayant reçu licence de la Société canine, aux gardes ou aux propriétaires de chasse, de faire quêter leurs chiens en plaine, pendant toute l'année, moyennant certaines conditions : Déclaration à la gendarmerie, jouissance du droit de chasse sur une étendue de terrain suffisante, autorisation des cultivateurs, certificat de probité et d'honorabilité.

Enfin, la Commission adopte le vœu du Saint-Hubert Club concernant les arrêtés préfectoraux. (Divergences de réglementation).

Considérant que les divergences de réglementation, sur le même objet, dans les arrêtés préfectoraux créent un véritable malaise dans le monde des chasseurs, en provoquant de véritables inégalités de traitement entre chasseurs de départements limitrophes et en établissant en quelque sorte deux poids et deux mesures pour l'exercice des mêmes droits ou la répression des mêmes délits.

Le Congrès de la chasse émet le vœu que les arrêtés préfectoraux, permanents ou annuels, soient unifiés, dans la plus large mesure possible par les soins de la Direction générale des Forêts, notamment en ce qui concerne la réglementation de la destruction des animaux et des oiseaux nuisibles — de la divagation des chiens — et du tir sur les routes — qu'en un mot une réglementation unique et uniforme soit, autant que possible adoptée et appliquée par les Préfets, dans toute la France.

VOEU de M. Gomard, pour la réglementation des battues municipales aux animaux nuisibles.

Considérant les abus auxquels donnent lieu les battues municipales, faute de compétence suffisante et de surveillance efficace, tandis que les battues administratives ordonnées par les Préfets font intervenir les lieutenants de louveterie pour les exécuter et les agents forestiers pour les surveiller ; j'émets le vœu que la législation et la réglementation des battues soit uniformisée et, en particulier, que les battues ordonnées par les maires en vertu de la loi de 1884 (art. 9059) soient surveillées par l'administration forestière.

Considérant que le permis de chasse est la seule garantie des chasseurs contre certains abus et certaines tolérances, le Congrès émet le vœu que conformément à la loi le permis de chasse soit obligatoire pour tous les modes de chasse sans exception.

M. Maurice Rouher demande à ce que la pose de banderoles le long d'une propriété riveraine ne soit autorisée comme procédé de chasse, qu'après le lever du soleil.

M. Edmond Bejot demande l'unification des mesures administratives concernant les lapins, dans ces conditions :

Considérant que la destruction des lapins a besoin pour éviter tout abus d'une autorisation préfectorale.

Considérant que la délivrance de ces autorisations a besoin d'être octroyée dans un délai relativement court afin d'éviter toute interruption dans l'exploitation de la chasse.

Considérant qu'un certificat d'origine doit être octroyé afin d'entraver tout colportage illicite. Le Congrès de la chasse émet le vœu :

1° Que, après la clôture, les arrêtés préfectoraux soient autant que possible unifiés suivant les régions.

2° Qu'un certificat d'origine soit exigé pour la vente, le transport et le colportage du lapin en temps de fermeture, afin d'éviter l'écoulement facile du gibier braconné et que cette disposition soit insérée dans tous les arrêtés préfectoraux.

M. PAUL COLLIN demande, afin que nul chasseur n'ignore les arrêtés préfectoraux, que les Préfets soient invités par le Ministre compétent à tenir (moyennant une rétribution à fixer) des exemplaires des arrêtés réglementaires permanents et arrêtés connexes sur la chasse, à la disposition des personnes qui désirent se les procurer.

Vœu de Albertin de Louveciennes.

Afin que le Ministère de l'Agriculture qui est chargé de la délivrance des permis de transport de gibiers vivants soit entouré de toutes les garanties de provenance de ce gibier, le congrès émet le vœu que :

1° Pour l'obtention de ce permis, l'enquête préalable soit confiée à la gendarmerie et non au maire.

2° *En ce qui concerne la garantie du transport* : que les autorisations portent un cadre spécial où il sera mentionné que le timbre à date de la gare de départ devra y être apposé pour éviter que le permis délivré non oblitéré ne puisse être utilisé à un nouveau transport.

M. DE ROZIERES (Mirecourt), demande que les forêts communales soumises au régime forestier, soient, comme les forêts domaniales, mises en adjudication.

VŒU de la Société de répression du braconnage de l'arrondissement de Saint-Dié (Vosges).

« Elle émet le vœu que le Congrès intervienne auprès des autorités compétentes pour leur demander que les communes soient toujours tenues de mettre en adjudication le droit de chasse sur les biens communaux, plaine et bois leur appartenant, ou qu'en tout cas, si elles ne veulent pas procéder à une adjudication publique, elles ne soient autorisées à délivrer des cartes, qu'à la condition que le nombre de ces cartes soit limité et que leur validité soit nécessairement de 6 ou 9 ans, durée habituelle des baux de chasse, et non pas annuelle comme cela se pratique couramment. »

VOEU de M. Béjot, relativement à l'installation officielle d'un bureau spécial de la chasse au Ministère de l'Agriculture.

Autrefois et jusqu'en 1898 le bureau dit de la chasse était installé au Ministère de l'Intérieur M. Hennequin en était le directeur éclairé.

A cette époque déjà presque lointaine ce bureau fut transféré au ministère de l'Agriculture et placé sous la haute égide du directeur général du service des eaux et forêts.

De très dévoués fonctionnaires consacrent à la chasse une partie de leur temps et de leur activité, mais il y n'a pas à proprement parler de bureau de la chasse, ce service est englobé pour ainsi dire dans le service du contentieux et autres.

Les questions de chasse offrant un intérêt de plus en plus grand ne serait-il pas à désirer qu'il y ait pour la chasse un bureau spécial comme pour la pêche ?

Il a semblé à la section que le Congrès de la chasse pourrait émettre le vœu suivant :

Considérant l'importance de la chasse que le service de la chasse nécessite un véritable travail et une longue pratique.

Considérant que la pêche possède d'ores et déjà un bureau et son service à part.

Le Congrès émet le vœu :

Qu'il soit organisé dans le Ministère de l'Agriculture et sous la haute autorité de M. le Directeur général des forêts, conseiller d'Etat un bureau spécial de la chasse comme il en est pour la pêche.

VOEU de M. Esprit au nom d'un groupe de chasseurs.

Parmi toutes les réformes qui seront demandées à la loi de 1884, nous désirerions *que dans chaque département*, il soit formé un Conseil de chasse (et de pêche, si on le veut). Copié sur les Conseils généraux, ce Conseil serait formé par un délégué par canton, et ce délégué serait nommé par les porteurs de permis de chaque canton. Réuni à la veille de l'ouverture des Conseils généraux, ce serait avec ce Conseil de chasse que le Préfet discuterait toute mesure à prendre pour ses arrêtés de chasse. Il n'est pas douteux, ne voulant enlever aucune des prérogatives de Messieurs les Conseillers généraux, que le rapport chasse que soumettrait le Préfet au conseil général ne soit approuvé par la majorité des conseillers.

Section de Législation et Réglementation

3e SOUS-SECTION

Président : M. HÉBRARD DE VILLENEUVE.
Vice-président : Comte CLARY.
Rapporteur : M. MADELIN.

Les questions soumises à l'examen de la 3e sous-section étaient les suivantes :

1° *Communalisation obligatoire du droit de chasse, par l'application du principe posé par la loi du* 21 *juin* 1865 *modifié en* 1888 *et en* 1902 (1).

M. Madelin a, dans un rapport fort complet résumé d'une façon très consciencieuse et parfaite les travaux de la sous-section. Après avoir passé rapidement en revue la législation allemande sur la communalisation de la chasse, rappelé l'organisation de la communalisation en Alsace-Lorraine, indiqué les heureux résultats qui ont immédiatement suivi cette mesure, résultats tels, qu'il fut nécessaire d'augmenter le prix du permis dans le but de créer une caisse destinée à payer les dégâts causés par la surabondance du gibier — étudié la législation du Grand duché de Bade, de Hongrie, du Grand duché du Luxembourg, etc., le rapporteur examine la question en France, dès son origine. En 1893, lorsqu'il fut question du projet Labitte devant la Chambre, le rapporteur M. Morillot, demanda l'abandon du droit de chasse, au profit des communes.

En 1894 dans son projet M. G. Graux proposait la communalisation obligatoire du droit de chasse. En 1894 reprise du projet Morillot par son auteur. Enfin en 1903 et 1904 apparurent les circulaires de M. Mougeot, ministre de l'agriculture (15 janvier 1903, 15 février 1904).

Différents projets ont été soumis au congrès et examinés par la sous-section.

1. M. G. BEJOT, président de la Société centrale des Chasseurs, dans son rapport, émet les idées suivantes qui sont fort justes :

La chasse doit être considérée comme un produit du sol, il est du devoir de l'Etat d'en faciliter l'exploitation. Or, la suppression de l'enclave est le principe absolu et nécessaire de l'exploitation d'une chasse. Ce qu'il faut observer : c'est la mise en valeur du sol par la réunion des parcelles qui, séparément, n'ont aucune valeur ,c'est la suppression de la chasse banale.

Le lotissement du territoire français, d'une façon uniforme, aura pour résultat, l'augmentation des chasseurs, ceux-ci, au contraire, disparaîtront avec le gibier s'il en est autrement.

La Société pour la répression du braconnage de l'arrondissement de Commercy estime que la communalisation pourrait être facilement pratiquée, en laissant de côté les propriétés qui par leur étendue ou leur nature spéciale exigent un respect absolu.

Soit que les syndiqués louent la chasse au profit des ayants droit, au prorata des contenances possédées, soit qu'ils en appliquent le produit au paiement de leurs impôts ou à la dépense d'une amélioration agricole, soit qu'ils fassent l'abandon de leurs droits à la commune elle-même.

La Société émet le vœu que ce dernier mode soit de préférence adopté.

Projet de M. A. Fontaine. Demande la communalisation obligatoire de tout terrain d'une étendue de moins de 20 hectares.

M. Rauline, au nom de la Société canine de l'Est soumet au congrès un projet de constitution d'Association de propriétaires fonciers dans le but de mettre en commun le droit de chasse sur toutes leurs propriétés.

M. Chauvelon-Fontelives, au nom *d'un groupe de chasseurs de l'Ouest* (Nantes), a adressé au Congrès un projet de communalisation des chasses en France.

M. Ch. Pompon dans un très long rapport combat la communalisation.

M. de Segonzac n'est pas partisan de la communalisation dont l'institution lui paraît presque impossible. Il engage les propriétaires et les chasseurs à se constituer en syndicat de chasse. Il soumet au congrès certains amendements à la loi de 1844.

M. Edmond Romain à la suite d'une communication conclut en demandant le maintien du statu quo. Pas de communalisation, ni de syndicat d'aucune sorte.

M. de Pontavice considère également la communalisation comme inapplicable, tout au moins dans son département (Ille-et-Vilaine).

Rapport, sur la communalisation obligatoire du droit de chasse par l'application du principe posé par la loi du 21 juin 1865, modifiée en 1888 et en 1902, déposé par M. Ch. Guyot, Directeur de l'Ecole Nationale des Eaux et Forêts, Professeur de Droit à ladite école.

Tout le monde est d'accord, dit son auteur, pour reconnaître que le mor cellement de la propriété agricole constitue le grand obstacle à toute amélioration au droit de chasse. La conséquence des chasses banales est le dépeuplement de ces chasses.

Le remède consisterait à intéresser les propriétaires de terres morcelées en leur montrant qu'ils peuvent tirer profit de la chasse sur ces terres, en groupant les parcelles et en formant un ensemble susceptible d'être loué. Chaque propriétaire recevrait une partie du loyer, au prorata de l'étendue de ses biens.

Mais il faut vaincre bien des résistances. Lorsqu'il s'agit de travaux collectifs et d'amélioration, on a la loi de 1865 et celle du 22 décembre 1888, permettant à une majorité de rendre ces travaux collectifs obligatoires, mais pour l'exploitation du droit de chasse on ne saurait assimiler les mesures dont il s'agit à aucune des catégories limitativement énumérées dans l'art. 1er de la loi de 1888. Une intervention législative serait par conséquent nécessaire pour étendre les associations syndicales à l'exploitation de la chasse sur les terrains morcelés. Tel est le but de la proposition de loi rédigée par M. A. Guyot.

La communalisation obligatoire aurait le grand tort de faire respecter trop peu le droit de propriété, et de faire trop bon marché de la volonté des propriétaires. Il ne faut pas toucher au droit de propriété.

L'Etat ne doit pas intervenir par des mesures coercitives dans des questions qui ne se rapportent que très indirectement à l'intérêt public.

Nous croyons, dit le rapporteur, en terminant, qu'il est bon d'encourager le plus possible l'initiative individuelle : qu'il est préférable d'accorder aux propriétaires syndiqués la facuté d'exploiter la chasse suivant le mode qui leur conviendra.

Voir le texte de la proposition de loi.

« Article premier. — Peuvent faire l'objet d'associations syndicales libres ou autorisées, conformément aux lois du 21 juin 1865 et du 22 décembre 1888. 1° L'exploitation de la chasse, entre propriétaires d'une ou de plusieurs communes sur leurs immeubles qui ne sont pas en état de clôture. Pourront être exceptés de l'association, si les propriétaires le requièrent, les terrains boisés ou non ayant une contenance d'au moins 25 hectares. Le second alinéa de cet article premier vise la pêche.

Art. 2. — Qu'il s'agisse de chasse (ou de pêche), les propriétaires intéressés pourront être réunis, par un arrêté préfectoral, en associations syndicales autorisées, soit sur la demande d'un ou de plusieurs d'entre eux, soit sur l'initiative du Maire ou du Préfet.

Dans l'un et l'autre cas, le préfet ne pourra autoriser l'association que s'il est justifié de l'adhésion des 3/4 des propriétaires, représentant plus des 2/3 de la superficie des terrains, en ce qui concerne la chasse. Un extrait de l'acte d'association et de l'arrêté du préfet seront affichés dans les communes de la situation des lieux et insérés dans le recueil des actes de la préfecture.

Art. 3. — L'association, libre ou autorisée, pourra toujours opter entre l'exploitation directe, la location et la communalisation du droit de chasse, c'est-à-dire l'exploitation par les soins de la commune, aux conditions qui seront convenues entre l'assemblée générale d'une part, et le conseil général d'autre part.

M. WEYD, inspecteur des eaux et forêts, a également adressé au congrès un rapport sur la communalisation des chasses au point de vue juridique.

Après avoir examiné tous ces différents projets, la sous-section a émis les vœux suivants.

Après avoir entendu l'exposé des mesures prises à l'Etranger, pour améliorer la situation des propriétaires ruraux par l'exploitation plus rationnelle de la chasse, et reconnaissant que notre agriculture tirerait profit de cet exemple, la section a mis à l'étude les procédés susceptibles de produire en France les heureux résultats obtenus ailleurs.

Elle a en conséquence admis, les vœux suivants :

1° *Vœu.* Qu'il soit porté à la connaissance de toutes les communes par voie de circulaires ministérielles et même d'affiches administratives que, d'une part, les propriétaires conformément aux art. 1832 et suivants du Code civil ont le droit de se former librement en société soit pour exploiter en commun le droit de chasse, soit pour exercer eux-mêmes ce droit, soit pour repeupler leur territoire, soit pour louer le droit de chasse ; que, d'autre part, les chasseurs ont le droit de s'associer par application de la loi du 1er juillet 1901, et de faire agréer des gardes à titre anonyme, c'est-à-dire au nom de l'association.

Que ces associations de chasseurs soient assimilés, dans la plus large mesure aux associations de pêcheurs et que leur création et leur fonctionnement soient favorisés le plus possible par l'administration.

2° *Vœu*. Le congrès repousse comme inapplicable au territoire français le principe de la communalisation obligatoire, c'est-à-dire l'obligation telle qu'elle est imposée en Allemagne aux propriétaires fonciers, de la mise en commun du droit de chasse avec versement du produit de la location à la commune.

3e *Vœu*. Le congrès de la chasse émet le vœu :

Que soient assimilées aux associations syndicales organisées par les lois des 21 juin 1865 et 22 décembre 1868, les associations formées par les propriétaires fonciers mettant en commun le droit de chasse sur le territoire d'une commune.

Qu'en conséquence des associations syndicales autorisées puissent être formées par eux, sous la condition de réunir la majorité exigée par la loi du 22 décembre 1888, pour les travaux d'amélioration agricole d'intérêt collectif ;

Que toutefois soient dispensés de faire obligatoirement partie desdites associations syndicales :

1° Les propriétaires de terrains entièrement clos ;

2° Les propriétaires de terrains réservés à des cultures spéciales telles que cultures maraîchères, certaines vignes, plantations de tabac, prés servant au séjour permanent du bétail, plantations d'arbres forestiers et fruitiers de moins de 10 ans, etc., etc.

3° Les propriétaires d'étangs.

4° Les propriétaires de prairies inondées renfermant une hutte pour la chasse au gibier d'eau.

5° Les propriétaires de terres d'un seul tenant d'une contenance minima à déterminer et qui, à titre d'indication a été fixée par la commission à 20 hectares, chiffre qui pourrait même être encore abaissé pour les bois ;

2. *Création et développement des Sociétés locales par l'application de la loi de 1901 (1er juillet)*

La Société pour la répression du braconnage de l'arrondissement de Commercy, à la suite d'une note très intéressante, émet le vœu « que toutes facilités soient données aux sociétés de chasse et notamment aux Sociétés de répression ,pour obtenir la reconnaissance d'utilité publique ».

M. Louis Sargnon, vice-président du Saint-Hubert-Club de France comme conclusion à son rapport, fort étudié, sur l'application de la loi de 1901 aux associations et fédérations de chasseurs s'exprime ainsi :

« Je ne saurais trop insister sur les avantages que présente la constitution de nombreuses associations de ce genre, et je formule le vœu que la loi de 1901 soit de plus en plus utilisée aussi bien pour la constitution des groupements primaires de chasse que pour la création de fédérations de chasse ». Un des grands avantages de ces sociétés et fédérations est de pouvoir faire assermenter les gardes au nom des sociétés et fédérations, et de permettre à chaque garde de verbaliser sur tous les terrains des chasses associées.

C'est également l'avis de la commission.

3. *Réserves de chasses.*

M. de Segonzac est d'avis que du moment que tout le territoire de la France sera bien organisé, il n'y a besoin d'aucune réserve de chasse, ni même d'aucun établissement de repeuplement ; le territoire se suffira très facilement, à lui-même, comme conservation de gibier. Car ces réserves constitueraient une gêne considérable, seraient le point de mire de tous les braconniers du pays qui les mettraient en coupe réglée.

Les réserves de chasse, dit M. DU PONTAVICE, pour la conservation et la propagation du gibier dans une contrée ont leur utilité absolue pour tout domaine de chasse soigneusement gardé. Ce serait parfait également en terre banale ou quasi banale, mais d'une application difficile sinon impossible dans la plupart des cas, étant donné qu'il n'y a plus là ni surveillance ni répression efficaces.

La Société des chasseurs de Commercy est d'un avis contraire.

La constitution des réserves faciliteraient le repeuplement des forêts et plaines et rendrait en même temps plus efficace la répression du braconnage.

La commission émet l'avis que la question des réserves de chasse ne paraît pas actuellement susceptible de recevoir une solution.

Section de Législation et Réglementation

4e SOUS-SECTION

Président : M. Bénardeau.

Vice-Président : M. Desnues.

Rapporteur : M. Madelin.

Les questions soumises à l'examen de la 4e sous-section étaient les suivantes :

1° *Divagation des chiens.*

Une des causes de la divagation des chiens est, sans contredit leur accroissement — en 1905 d'après le rapport de M. Coutard sur la statistique nous en comptons 829.000 déclarés. C'est un danger pour la sécurité publique et pour la reproduction du gibier.

Quelles sont les mesures à prendre pour combattre la divagation des chiens ?

M. Bonnefoy, Greffier au tribunal de simple police, indique dans son rapport fort étudié que les Préfets peuvent la combattre par des arrêtés préfectoraux pris — *au point de vue de la sécurité publique* (art. 91 et 99 de la loi municipale du 5 avril 1884. Art. 16 de la loi du 21 juin 1890, etc., etc.) *au point de vue exclusif de la protection des oiseaux* (loi du 3 mai 1844, art. 9) (loi du 22 janvier 1874).

M. Joba, *secrétaire de la Société des Chasseurs de Commercy*, signale les inconvénients occasionnés par les variations subies par les arrêtés préfectoraux dans son département (Meuse), les arrêtés sont tantôt pris en vertu de la loi de 1844, tantôt en vertu de la loi de 1884.

« La loi de 1844, dit-il, est la seule qui puisse actuellement donner à l'autorité préfectorale le moyen de s'opposer efficacement, dans l'intérêt de la chasse, au grave danger de la divagation des chiens, et ce moyen consiste dans le visa de l'art. 9.

Il conviendrait, au surplus, de donner à l'administration des eaux et forêts le droit de transaction dans toutes les affaires de divagation de chiens, afin d'atténuer ce que peut avoir d'excessif la répression exercée en vertu de la loi du 3 mai 1844.

M. du Pontavice se plaint de ce que dans son département (Ille-etVilaine) les Parquets ne poursuivent pas les infractions aux arrêtés préfectoraux, sur la matière.

M. le Baron de Ségonzac, propose que des peines sévères soient édictées contre les propriétaires de chiens chassant sans maître pendant l'ouverture de la chasse et qu'elles soient renforcées encore pour les chiens chassant avec ou sans maître pendant la clôture ; qu'enfin les chiens soient abattus lors d'une troisième condamnation.

La sous-section après avoir examiné ces diverses propositions a émis le vœu suivant qui lui a été soumis par M. Bonnefoy à la suite de son rapport :

« Que les Préfets prennent des arrêtés pour réprimer la divagation des chiens, mais uniquement en vertu de l'art. 9 de la loi du 3 mai 1844. »

D'autres communications ont été faite à la sous-section leurs auteurs prétendent arriver à combattre la divagation des chiens par l'augmentaion de la taxe.

M. DEMANGET propose que la taxe soit de 8 francs pour chaque chien mâle et de 20 francs pour chaque chienne, les 3/4 du montant de la perception revenant à la commune et 1/4 à l'Etat.

On arrivera ainsi à réduire le nombre des chiennes et à améliorer la race.

M. PAUL COLLIN propose que la taxe soit de 5 francs par mâle et de 15 à 20 francs par lice.

M. LE BARON DE SÉGONZAC demande, au contraire, le relèvement de la taxe pour les chiens mâles (10 francs) la taxe de 6 francs pour les chiennes. Il espère qu'ainsi une sélection plus parfaite se produirait.

La sous-section à la suite de ces communications a émis le vœu suivant :

Que la taxe sur les chiens soit augmentée, sans distinction de sexe.

MM. BONNEFOY et ALBERT BORDEAUX indiquent comme un moyen de nature à empêcher la trop facile divagation des chiens : « d'adapter au cou des chiens un bâton de 0.60 à 0.70 de longueur, retenu au milieu par une attache fixée au collier ».

M. DE SABRAN PONTEVÈS a proposé à la sous-section qui l'a fait sien, le vœu suivant :

« Tout chien de deuxième catégorie qui aura été l'objet d'une plainte pour divagation ou action de chasse adressée régulièrement au maire de la commune, soit par le garde, soit par un agent de l'autorité, soit par le propriétaire lésé appuyé de deux témoins, sera inscrit d'office, en cas de récidive constatée par une deuxième plainte, sur le rôle n° 1 et le complément de la taxe sera exigible de plein droit, sans préjudice de l'amende, s'il y a eu parallèlement procès-verbal.

2° *Médaille pour les chiens.*

MM. JOBA et DU PONTAVICE considèrent cette réforme comme inutile, au point de vue de la chasse.

La sous-section a cependant émis le vœu suivant :

« Que l'obligation soit imposée à tous les propriétaires de chiens, sans aucune exception, de munir ces animaux d'une médaille ou d'une marque d'identité, délivrée par l'Administration lors du paiement de la taxe. »

3° *Tir sur les routes et en voiture.*

M. MADELIN dans son rapport fort complet et fort documenté, étudie la question du tir et de la chasse sur les routes, au point de vue légal. Il établit une distinction entre les chemins privés et les chemins publics, et, produisant à l'appui de sa thèse fort juridique, l'opinion de Fuzier Herman (Répertoire général du droit français) il conclut que la chasse est permise à toute personne, sur les biens composant le domaine public. L'autorité administrative peut interdire *le tir* et non *la chasse* sur les routes et chemins du domaine public *dans un but de sécurité publique*.

M. de Segonzac demandait que les riverains de chemins publics puissent jouir du droit de chasse jusqu'au milieu desdits chemins, s'ils les bordaient d'un seul côté et sur toute la largeur s'ils étaient détenteurs du droit de chasse des deux côtés.

MM. Sargnon, du Pontavice et Joba ont également adressé des communications sur cette question.

La sous-section après leur examen a décidé de soumettre au congrès le vœu suivant :

« Que le tir soit interdit sur les routes et chemins publics de tous les départements ».

4° Destruction des animaux nuisibles ou malfaisants par les propriétaires possesseurs ou fermiers.

M. Desnues, vice-président du Saint-Hubert-Club a déposé sur cette question un rapport fort intéressant. Il indique les moyens dont disposent les intéressés pour assurer la destruction des animaux nuisibles.

Moyens tirés du droit de légitime défense. Moyens tirés du droit de destruction conférés aux propriétaires... par les arrêtés des préfets pris en vertu de l'art. 9 de la loi de 1844. Moyens tirés du droit conféré au Préfet d'ordonner des battues administratives. Moyens tirés du droit conféré aux maires par l'article 90 de la loi du 9 avril 1884 d'ordonner les destructions sous certaines conditions.

La législation actuelle est amplement suffisante.

M. Racine a déposé sur cette question un rapport très consciencieux. Il étudie également tous les procédés de destruction par le poison.

M. Racine exprime le vœu que la liste des animaux malfaisants et nuisibles d'une part, celle des bêtes fauves d'autre part, soient dressées uniformément pour tout le territoire, par le ministre de l'Agriculture qui imposerait cette nomenclature aux préfets. M. Racine demande également que l'Etat, les départements et les communes attribuent des primes en argent pour la destruction des animaux malfaisants ou nuisibles.

La sous-section est d'avis d'accepter ce second vœu.

M. du Pontavice considère comme utile, une étude approfondie des arrêtés préfectoraux, en vue d'unifier leurs dispositions et de les rendre pratiques. L'emploi du fusil pour les destructions lui paraît présenter de graves inconvénients, à raison desquels il serait bon de restreindre le plus possible les autorisations de destruction avec les armes à feu.

M. le baron de Segonzac préconise.

1. La destruction obligatoire avec pièges et appâts, par les gardes.

2. L'encouragement à ces destructions par les particuliers, au moyen de primes.

Destruction des animaux nuisibles.

M. DUFOUR de Figuières (Somme), demande à ce que *toutes* les municipalités votent chaque année les fonds auxquels je faisais allusion tout à l'heure. Cette mesure généralisée serait assurément féconde en heureux résultats.

Note de M. Paul Collin sur les animaux nuisibles.

Ne serait-il pas utile de faire une distinction bien claire entre :

1° Les animaux nuisibles qui ont en même temps le caractère de gibier (lapins, sangliers, cerfs et biches) et 2° les autres dont la destruction intégrale est à désirer.

Les premiers ne deviennent nuisibles qu'autant qu'ils sont trop nombreux, ce qui n'est que *local et souvent temporaire*. Ils fournissent, comme gibier, un appoint notable au commerce de l'alimentation. A ce titre n'ont-ils pas droit dans une certaine mesure à quelque protection ? Comment réglementer ce point ?

Il est certain en effet que jamais les législateurs de 1844 n'avaient envisagé qu'on pût mettre sur le même pied les lapins, cerfs, etc., et les renards, blaireaux, etc. (Voir en ce sens Villequez, Du droit de destruction des animaux nuisibles ou malfaisants, 2e édition 1884, page 101).

A mon sentiment ce qu'il serait bien utile *d'interdire* « c'est l'affût de nuit « sous quelque prétexte que ce soit et cela sous les peines prévues par l'article 12 « de la loi de 1884 ».

Pas n'est besoin, je crois, sur ce point de longues théories. Voici un fait qui n'est certainement pas isolé.

Un juge de paix de ma connaissance qui habite dans une contrée où il existe de grands domaines forestiers appartenant les uns à l'Etat, les autres à des particuliers, me disait ceci :

« Dans mon canton, en temps de clôture, à partir du moment où les nuits « deviennent relativement douces, on peut se procurer avec facilité et à bon « compte du chevreuil et du lièvre voire même du faisan. Le tout est tué à l'affût « de nuit qui est dirigé légalement contre les sangliers et cerfs, mais de ceux-ci « on ne trouve aucune trace. C'est le gibier « protégé » qui fait les frais de ces « distractions nocturnes où le tireur, autorisé seulement pour sa propriété s'em- « busque n'importe où, et où il arrive que les gens s'entre-tuent ainsi que cela « s'est produit deux fois dans la Marne en peu d'années.

M. le marquis de CHAVAGNAC fait au congrès une communication sur les oiseaux de proie et la nécessité de les détruire, et conclut comme suit :

1° Faire une guerre sans merci et soutenue aux bêtes nuisibles (poil et plume).

2° Supprimer le vagabondage des chiens et des chats.

3° Montrer une plus grande sévérité dans la répression du braconnage.

Mais pour arriver à ce résultat il faudrait nécessairement l'intervention du Parlement qui pourrait mettre les propriétaires, possesseurs ou fermiers dans l'obligation de détruire chez eux les bêtes reconnues nuisibles, comme ils sont tenus de détruire certains parasites tels que le gui et le chardon.

Il a bien été question d'instituer des tierceliers pour la destruction des oiseaux de proie, je ne vois pas très bien pourquoi cette appellation, car le tiercelet n'est pas un oiseau de proie, mais simplement le mâle de l'oiseau de proie.

Le nom de fauconnier n'eût-il pas été mieux approprié à cet exécution d'un nouveau genre.

Le fauconnier aurait pour mission de détruire les oiseaux de proie et le louvetier les loups et autres fauves.

Mais serait-ce bien pratique

Je ne le crois pas.

Chacun veut être maître chez soi et je pense que le cas échéant, l'obligation, la contrainte et l'amende seraient peut-être préférables.

Ne pourrait-on pas demander au parlement de mettre un impôt sur les chats ?

Ne pourrait-on pas également demander des peines plus sévères pour MM. les braconniers ?

Ne pourrait-on pas mettre les adjudicataires des chasses des forêts de l'État dans l'obligation de détruire les bêtes nuisibles et accorder audits adjudicataires l'autorisation de les détruire en tout temps. Dans le cas où l'adjudicataire n'aurait pas le temps de s'occuper de ce détail, il serait autorisé à désigner, parmi les sociétaires, une personne de confiance pour le remplacer.
une personne de confiance pour les remplacer.

Il suffirait, il me semble d'insérer cette clause dans le cahier des charges.

La sous-section après avoir discuté tous ces vœux propose au congrès la résolution suivante :

VOEU. — Que les arrêtés permanents des préfets relatifs à la destruction des animaux malfaisants ou nuisibles soient, autant que possible, uniformes et que, tout en tenant compte des mesures propres à assurer la sécurité publique, ils facilitent par le piégeage la destruction raisonnée et méthodique desdits animaux, en restreignant le plus possible l'emploi des armes à feu.

Que la destruction des animaux nuisibles ne soit pas rendu obligatoire, mais que l'invitation soit renouvelée aux particuliers, par toutes les voies de publicité possibles, de détruire les nids de corbeaux.

Que d'ailleurs soit poursuivie l'étude des procédés scientifiques de nature à détruire le corbeau sans nuire aux personnes, aux animaux domestiques ni au gibier.

Vœux et communciations diverses intéressant les deux sections du Congrès.

Vœux de la Société la Saint-Hubert du Drac.

1° Proposition de fermer la chasse dans tous les départements pour tous les gibiers au 31 janvier ;

2° Interdiction pour toute la France de la chasse au marais et aux gibiers de passage après le 31 janvier ;

3° Autorisation de chasser les becfigues, motteux, dernes et étourneaux ;

4° L'emploi des appeaux sera autorisée ou défendu pour toute la France ;

5° Suppression de toutes battues pour la destruction des animaux nuisibles après l'arrêté de la clôture de la chasse ;

6° Ouverture de la chasse dans l'Isère le dimanche qui suit le 15 août ;

7° Comprendre le département de l'Isère dans la même zône que celui de la Drôme pour la date de l'ouverture de la chasse ;

8° Que la répression du braconnage soit poursuivie avec plus de zèle par tous les agents chargés de la surveillance de la police de la chasse ;

8 *bis*. Que les agents forestiers puissent dresser des procès-verbaux de chasse en dehors des bois soumis au régime forestier et que ces procès-verbaux soient transmis directement par le service des Forêts aux Parquets, pour éviter l'enquête par la Gendarmerie, qui se traduit toujours par une rivalité entre les deux services ;

9° Que l'Etat disposant des grandes forêts fasse l'élevage du gibier avec le concours de l'administration forestière et cède le gibier aux Sociétés de chasse ;

10° Admission des Sociétés de chasse à participer à l'adjudication de la chasse dans les forêts domaniales sans limitation de nombre ;

11° Adjudication de la chasse et de la pêche en deux lots séparés et admission des Sociétés de chasse sans limitation du nombre ;

12° Franchise de la douane pour le transport en France des gibiers vivants de provenance étrangère et destinés au repeuplement.

13° Défense de chasser dans les propriétés closes en temps prohibé.

Vœux de M. le Colonel de Jacquelin Dulphé.

1° La chasse ne devrait jamais ouvrir le 25 *août*, nulle part, quoique les récoltes le permettent. Avant, on ne tue que des *petits* ou presque, et la destruction du gibier est certaine.

2° Les *ouvertures* et *fermetures* de tous les gibiers, à part la bécasse et les gibiers d'eau, doivent se faire toujours en même temps. Si on échelonne les ouvertures et fermetures suivant les gibiers, le manque de respect des lois par les populations est une cause de la destruction du gibier.

3° Permettre de chasser le *lapin* en tous temps aux propriétaires, et par suite, autoriser la vente du lapin, est un sérieux engagement au braconnage, qu'il faudrait supprimer.

4° Permettre de tuer la grive au fusil jusqu'au 31 mars, et de prendre l'alouette au filet jusqu'à cette date a fait que, les campagnes ont été *inondées* de chasseurs cette année jusqu'au 31 mars et ils ont tout tiré, l'alouette comme la grive, la perdrix, le lièvre, le lapin, etc., ce qui a contribué *dans une mesure énorme* à la destruction certaine du gibier.

5° La chasse à la bécasse peut, peut-être, être prolongée jusqu'au 31 mars mais c'est tout, et seulement, parce que cette chasse ne se fait que sous bois.

6° La chasse au gibier d'eau doit ouvrir le 1er juillet et fermer le 1er avril, il n'y a pas d'inconvénients à cela.

7° Il y aurait lieu de réviser le classement des animaux nuisibles, et d'autoriser le propriétaire à se *défendre*, sans pour cela *permettre* la chasse, chasse dans lesquelles, les populations tuent tout.

8° La police de la chasse dans les campagnes n'existe plus, il serait utile d'en rétablir une quelconque, retenant un peu les populations dans leur élan à détruire tout gibier.

9° Les chefs de gare seraient assermentés, qu'ils rendraient des services, en interceptant l'envoi ou la réception du gibier en temps prohibé, ce qui se fait assez couramment.

VOEU de M. le docteur Boppe (Toul).

1° Restreindre l'étendue des zones actuelles, les limiter à quelques départements voisins qui ont le même climat, le même sol, la même culture, les mêmes espèces de gibier, les mêmes modes de chasser, de façon à adapter d'une manière plus rationnelle les dates d'ouverture ou de clôture aux intérêts cynégétiques de la région.

2° Clôture précoce de la chasse en plaine (dans notre région bien entendu); reculer au contraire jusqu'au 1er et même 15 février la fermeture de la chasse au bois et aux chiens courants sous peine de voir disparaître à bref délai les quelques meutes qu'on entretient encore, et diminuer notablement le prix de location des chasses dans nos forêts communales ou domaniales.

3° Ouverture de la chasse au gibier d'eau *sur les étangs* du 1er au 15 juillet (au plus tard), clôture du 1er au 15 avril.

Ouverture de chasse au gibier d'eau *sur tous les cours d'eau* à la même date que celle de l'ouverture générale de la chasse ; mais il serait du plus haut intérêt de fermer la chasse au gibier d'eau sur les *ruisseaux et rivières non classés* en même temps que la chasse en plaine.

4° Interdiction dans toute la France de chasser l'Alouette et la sauvagine autrement *qu'au* fusil.

5° Conférer aux Préfets des droits plus étendus pour fixer les dates d'ouverture ou de clôture partielles après avis préalable des Conseils généraux et consultation des représentants des sociétés créées pour sauvegarder les intérêts de la chasse et reconnues d'utilité publique.

VOEU de M. E. Martial au nom du Syndicat des petits chasseurs de Bourges.

1° Ouverture et clôture uniformes de la chasse en plaine et au bois, la chasse au gibier d'eau comprise ; la chasse à la bécasse, à la grive, au pigeon ramier, au bord de l'eau, restera ouverte comme la chasse au gibier d'eau, mais au bord de l'eau seulement jusqu'au 31 mars.

Interdiction de la chasse en battue et au rabat.

4° Déclaration pour l'élevage des perdreaux, interdiction de posséder des perdrix sans déclaration.

5° Exiger les permis de chasse pour le transport et le colportage du gibier ; tout gibier reconnu comme capturé par des engins prohibés sera confisqué.

6° Maintien du permis permanent à 28 francs.

6° *bis*. Revision de certains articles de la loi de 1844 qui assimilent un contrevenant à un malfaiteur ; Chasse sur route tolérée.

7° Faire respecter les arrêtés préfectoraux sur la divagation des chiens.

8° Interdiction de recueillir en dehors de sa propriété les œufs d'autrui pour les faire couver.

9° Les chasses communales seront ou gratuitement ou moyennant subvention réservées aux Sociétés de chasse.

VŒU de M. Castel, président du « Rallye Carcassonne ».

1° Que le droit de suite soit autorisé pour les animaux nuisibles dans les forêts communales et domaniales, et que ce droit soit inscrit dans les nouveaux baux d'engagement de l'Etat envers les particuliers ou les Sociétés de chasse.

2° Que la police de la chasse et la surveillance des gardes communaux soient confiées aux brigadiers de gendarmerie des cantons ;

3° Qu'une prime soit accordée par les Communes et les Conseils généraux pour la destruction des sangliers.

4° Que les droits d'entrée sur la viande des sangliers soit supprimée.

5° Que l'Etat veuille bien prendre en considération les demandes qui lui sont adressées par les Sociétés de chasse ou par les communes, de céder ou de vendre soit chevreuils, soit lièvres, etc., pour le repeuplement du gibier.

Le « Rallye de Carcassonne » espère que le Congrès des Chasseurs voudra bien tenir compte des vœux qui précèdent, et prie le Congrès de vouloir bien les soumettre aux pouvoirs publics, en vue d'une prompte réalisation.

VŒU du St H. C. de la Haute-Loire.

1° Création des gardes spéciaux pour la chasse.

2° Fermeture intégrale de la chasse au dernier dimanche de janvier.

3° Pénalités pour délits de chasse, application de la contrainte par corps en cas de non-payement des amendes, période de détention.

Que les frais d'arrestation et de détention des braconniers condamnés pour délit de chasse à des dommages-intérêts soient supportés par l'Etat.

4° Pour enrayer la disparition de la caille. Interdidiction radicale de *sa capture sur le* LITTORAL.

VŒUX émis par M. Paul Bailleau.

a) Interdiction des filets pour la capture des oiseaux.

b) Interdiction de la chasse à la bécasse au printemps.

c) Interdiction au 1er mars de la chasse du canard, pas d'autorisation pour le halbran.

Pas de permis journalier.

Peines *augmentant* pour les braconniers avec engins prohibés *en raison directe des condamnations subies* .

Obligations pour les dits braconniers de faire leur peine pendant la période d'ouverture.

Enrôlement des gardes particuliers et mêmes droits de poursuite pour eux que pour les gendarmes, droit de verbaliser en temps de fermeture sur tout le département où ils sont assermentés.

Lois sévères sur les divagations des chiens

Autorisation pour les propriétaires, locataires de chasse et leurs gardes de détruire même au fusil sans déclaration, les animaux nuisibles, à l'époque de la reproduction pies, corbeaux, buses, etc.

OUVERTURE DU CONGRÈS

Le mercredi 15 mai à 2 heures de l'après-midi eut lieu l'ouverture solennelle du 1er Congrès sous la présidence de M. J. RUAU, ministre de l'agriculture. (*Grande salle des Agriculteurs de France*, 8, rue d'Athènes).

Assistaient à la séance :

MM. les délégués étrangers.

Allemagne. — S. A. S. le Prince ERNST STOLBERG WERNIGERODE ; Prince VON WIED.

Bavière. — Comte d'ORTENBURG.

Autriche. — M. le conseiller impérial HUBER.

Belgique. — MM. JOSEPH WARY, inspecteur des eaux et forêts ; OCTAVE LESCHEVIN, avocat ; Dr QUINET ; MAURICE WEBER.

Hongrie. — Conseiller R. DE NAVAIJ.

Espagne. — Dom LUIS DE PÉRINAT.

Italie. — Baron ALIOTI.

Grand Duché de Luxembourg. — M. MATHIAS GLAESENER, conseiller d'Etat.

Principauté de Monaco. — Comte JUSTINIEN CLARY.

M. DAUBRÉE, conseiller d'Etat, directeur général des eaux et forêts, président du Congrès.

M. EDMOND CHRISTOPHE, commissaire général du Congrès.

MM. les vice-présidents et membres de la Commission.

MM. les Membres de la Commission d'organisation du Congrès et un très grand nombre de congressistes.

M. J. RUAU député, Ministre de l'Agriculture, après avoir déclaré la séance ouverte prononça le discours suivant :

MESDAMES,
MESSIEURS,

Je viens dans cette enceinte, au nom du Gouvernement de la République, ouvrir le premier Congrès International de la Chasse.

Un homme qui a beaucoup écrit sur la matière, M. Blaze, a dit qu'avant d'être un plaisir, la chasse avait été une nécessité pour l'homme.

Je crois que sa formule n'est pas exacte. Vous me permettrez de la corriger en affirmant que la chasse dans ce pays est à la fois un plaisir et une nécessité nationale.

Depuis fort longtemps, toutes les personnes intéressées à ce sport ainsi qu'aux multiples questions économiques qui s'y rattachent, avaient réclamé la tenue d'un congrès.

Aujourd'hui, les principales associations, les journaux spéciaux, la grande presse elle-même ont obtenu satisfaction, et, élargissant, comme la chose était indispensable, le cercle national du Congrès de la Chasse, les membres du Comité d'organisation qui ont siégé au ministère de l'Agriculture ces temps derniers, sous la présidence de mon collaborateur et ami, M. Daubrée, directeur général des Forêts, ont considéré que cette réunion serait plus efficace si nous conviions les pays voisins à venir y prendre part.

En effet ,la question de la Chasse peut être examinée utilement sous son aspect international. D'ailleurs, n'est-ce pas une nécessité des temps modernes de rapprocher les hommes pour la discussion de leurs intérêts communs, de les faire se connaître, de façon à détruire certaines préventions ridicules, d'un autre âge, et, aussi bien pour la réglementation de la Chasse, que pour la luttre contre la Tuberculose, à entrer dans cette voie des assemblées pacifiques qui servent si heureusement la cause de la paix générale ? (*Applaudissements.*)

Les pays voisins ont entendu l'appel du Comité d'organisation et c'est avec un très grand plaisir que le représentant du Gouvernement salue ici MM. les Délégués de l'Allemagne, de l'Autriche, de l'Angleterre, de la Hongrie, de la Belgique, du Grand-Duché de Luxembourg, de la Bavière, de l'Italie et de la principauté de Monaco qui ont bien voulu assister à nos délibérations et s'entretenir avec les congressistes français des sujets qui importent au monde entier des chasseurs.

C'est ainsi que, tout naturellement, ils seront appelés à discuter de la protection des oiseaux utiles à l'Agriculture, qu'ils auront également à prendre des décisions pour la conservation des gibiers migrateurs, et qu'ils pourront délibérer utilement sur l'ensemble des questions qui, sans soulever le moindre conflit irritant, peuvent faire l'objet d'une législation uniforme.

Messieurs, quel a été le but du Congrès ?

Il est défini de la façon la plus précise dans la petite brochure programme qui vous a été distribuée. On y lit, en effet, que le but du Congrès est de réunir tous ceux qui s'intéressent à la Chasse ainsi qu'à toutes les questions économiques conjointes.

La Chasse a ceci de particulier qu'elle n'est pas seulement un exercice qui développe les diverses facultés de l'individu et s'adapte admirablement à notre tempérament français, fait de bonne humeur, d'ardeur, de confiance, de camaraderie ; mais aussi qu'elle met en usage à la fois toutes les qualités de décision de l'esprit et tous les muscles du corps, qu'elle est une préparation naturelle à l'école du soldat et, peut-être, un dérivatif à certaines passions innées au cœur de l'homme. Elle est née sur le sol français à une époque si lointaine que César pouvait la signaler parmi les passions qui agitaient le plus les Gaulois ; pendant longtemps l'apanage des classes supérieures de la société, grâce au souffle de la Révolution elle est passée dans les mœurs et elle restée aussi bien un sport favori des riches, qu'elle s'est de plus en plus démocratisée.

La vénerie actuelle, évidemment n'a que de lointains rapports avec la grande vénerie d'autrefois. Très aristocratique en apparence elle est, aujourd'hui, suivie de la façon la plus curieuse, la plus attentive par la classe des petits ruraux qui, dans son organisation, trouvent de multiples profits. (*Très bien !*)

De même, le tir de chasse n'est plus seulement l'apanage de quelques riches sportsmen, mais il est la distraction de tous ceux qui peuvent se procurer un permis, une arme et un chien.

De telle sorte que la chasse a perdu son caractère exclusif d'autrefois par la rigueur des pénalités qu'elle pouvait entraîner, pour devenir un sport à la portée de tous, un sport éminemment démocratique ! (*Applaudissements*).

Organiser un Congrès de la Chasse n'était pas chose facile. Il fallait, pour tracer le programme de ce Congrès, pour lui permettre d'examiner sous tous ses aspects un sujet aussi complexe, avoir toutes sortes de compétences. Elles se sont trouvées réunies en la personne de M. Daubrée, directeur des Forêts qui est, comme moi-même — je puis l'avouer sans fausse honte — un passionné de la Chasse. (*Applaudissements*). Permettez-moi d'ajouter, avant de fermer la parenthèse, que le Ministre n'est pas seulement parmi vous en ce moment au titre de représentant du Gouvernement, mais qu'il a surtout le désir d'être considéré comme un camarade ! (*Salve d'applaudissements*).

Ce comité d'organisation devait être composé normalement de tous ceux qui connaissent véritablement la chasse, de tous ceux ceux qui en parlent d'une façon experte, basée sur la pratique.

Nous y avons appelé, sans distinction aucune, sans préoccupation d'aucune sorte, tous ceux que nous croyons attachés au développement de la chasse en France, tous ceux qui considèrent qu'elle n'est pas seulement une manifestation extérieure d'élégance; mais qu'elle se rattache étroitement aux grands intérêts de ce pays et que l'industrie, le commerce, le travail et la Mutualité sont liés à sa prospérité. (*Applaudissements.*)

Je suis heureux de reconnaître tous les efforts faits autour de M. le Directeur des Forêts pour organiser la commission préparatoire. Je dois dire même que, parmi les personnes très compétentes qui s'étaient assemblées pour rédiger les rapports soumis à vos délibérations, il s'est affirmé de véritables talents, des talents de premier ordre.

J'ai eu la curiosité — toute naturelle, venant parmi vous, voulant en parler comme un homme qui connaît un peu les choses, — de parcourir non seulement le très remarquable travail fait par M. Christophe, le rapporteur général de la commission d'organisation, mais encore j'ai tenu à parcourir en épreuves la plupart des rapports qui vont être soumis à vos discussions. Permettez-moi de dire que cette lecture a été pour moi une véritable révélation et que ce sera, je l'espère, pour le Parlement une très agréable surprise. (*Applaudissements*).

Pour travailler utilement, il faut de la méthode. La Commission d'organisation avait très peu de temps devant elle. Il était nécessaire que les cloisons de travail fussent très nettement établies. Tout naturellement on a divisé les membres de la Commission préparatoire en deux grandes sections, une section visant plus particulièrement la cynégétique et les questions économiques, et une section relative à la législation et à la réglementation. Les deux grandes commissions se sont subdivisées à leur tour, en 9 sous-commissions. Et les 900 adhérents du Congrès de la Chasse, — c'est un chiffre que je cite avec un peu d'orgueil, puisque vous avez bien voulu me demander mon patronage, — ont produit ici 129 communications ayant fait l'objet de 52 rapports et de 49 vœux qui seront transmis aux Pouvoirs public.

Il y a donc là la marque d'un effort considérable, d'un effort qui suppose des connaissances extrêmement étendues et précises, en même temps qu'une faculté de condensation tout à fait remarquable.

Je n'aurais que l'embarras du choix si je voulais déflorer devant vous tout ce qui a été traité avec une autre compétence que la mienne ; mais je ne puis me défendre de souligner les progrès qui ont été faits par l'art cynégétique dans ces dernières années.

Autrefois, on achetait un fusil chez un armurier, après s'être équipé de neuf, ce qui faisait un peu craindre aux voisins la témérité du fusil... (*Rires.*) On achetait un fusil, vaille que vaille. On se disait même quelquefois que les marques étrangères étaient toujours les meilleures — je crois qu'il ne faut pas avoir de ces préférences un peu à l'aveuglette — on prenait un fusil, sans savoir s'il pouvait s'adapter à votre couche, et puis... on allait à la chasse !

On manquait presque toujours le gibier, mais rarement les chiens et le voisin. (*Rires.*)

Aujourd'hui, il n'en est plus de même. L'homme qui demande un fusil à un armurier veut non pas un outil empirique, mais un instrument moderne, adapté aux exigences de tous les tirs. Aujourd'hui, on se renseigne sur la valeur des poudres, on sait balancer avec justesse les proportions respectives de la poudre et du plomb. On demande, en effet, à l'armurier, une véritable science d'ingénieur avant qu'il vous livre un fusil.

Tout cela a fait qu'on est devenu d'une façon générale, plus adroit en France et, subsidiairement, on s'est intéressé davantage au sport de la Chasse. C'est ce qui explique la proportion croissante des permis délivrés dans ce pays.

En effet, il y a beaucoup de porteurs de permis, et malheureusement beaucoup d'autres chasseurs ! Je ne peux pas vous citer les chiffres officiels de braconniers qui existent sur le territoire français. En faire le dénombrement serait pouvoir les poursuivre et malheureusement ils sont si variés dans leur forme et dans leurs manière d'agir qu'il n'est pas toujours facile de leur mettre la main au collet.

Mais, en tout cas, il est un point sur lequel je reviens, parce qu'il me sert de transition ; savez-vous qu'il y a aujourd'hui 536.000 permis de chasse, qu'il y en avait, en 1900, 436.000 ; que, depuis trois ans on en a établi de plus en plus, par par bonds de 25.000 à 25.000.

Cela s'explique-t-il uniquement par un accroissement prodigieux du gibier ? Malheureusement je n'en crois rien, et vous pas davantage. Cela vient tout simplement du développement de la chasse en France. Et ne pensez-vous pas à ce que ce serait, si on était en présence d'une chasse basée sur une organisation mutuelle, sérieuse, si on faisait de la communalisation et du repeuplement ? Il y a 536.000 permis en France, rapportant savez-vous combien ? On a dit que pour toucher une pendule ou une montre, il faut autant que possible s'adresser à l'horloger. La chose est prudente, en tout cas. Les congressistes de la commission préparatoire ont pris M. Coutard que je ne vois pas ici et dont je peux ainsi parler plus librement... (*Plusieurs voix : si, il est là ! qui se cache modestement derrière ses collègues !*) Il a, en quelque sorte, fouillé tout le mécanisme de la chasse, en se plaçant, bien entendu, à son point de vue spécial de la fiscalité ; il a parcouru impôt par impôt, cédule par cédule, et il s'est aperçu que, d'une façon globale, la chasse rapportait à la France, à l'Etat, plus de 50 millions par an. Il a poussé la statistique plus loin et il démontré que, soit au point de vue du commerce, soit au point de vue de la passation des baux, la chasse représentait environ 500 millions d'affaires par an, qu'elle occupait dans ce pays 200.000 ouvriers et travailleurs, que ce n'était pas du tout, comme on l'avait dit, un sport réservé à quelques-uns, mais, en réalité, un sport qui profitait à la collectivité ! (*Applaudissements.*)

On a été amené à étudier d'autres questions plus étendues comme je le disais tout à l'heure ; je ne me propose pas d'insister sur toutes, ni même de les passer en revue : cet examen serait sec, aride, infidèle ; mais je voudrais cependant devant vous causer de l'association des chasseurs, parce qu'elle est à l'ordre du jour et en quelque sorte similaire d'une autre association, celle des pêcheurs à la ligne. Il serait bon d'engager les pouvoirs publics, mais de préparer surtout l'opinion, par l'agitation légale que vous allez faire autour de cette question, à étudier la meilleure forme d'association pour les chasseurs de ce pays.

Nous avons des exemples dans les pays voisins, notamment l'Alsace et la Lorraine. On y a institué certaines associations, mais on les a basées sur le principe de l'obligation. Je ne sais pas si, avec nos mœurs, nos tendances d'esprit, on supporterait facilement l'idée de la communalisation obligatoire.

Mais ce que je crois, c'est ce que l'on pourrait étudier soit un système de communalisation plus pratique, entièrement libre à sa base, soit une communalisation basée sur les lois de 1865 et 1888 sur les associations syndicales.

Quel est l'avantage de la communalisation ? Il est éclatant. En France, on se trouve en présence de toutes petites parcelles. Sur cette poussière de terre, sur ces lopins qui font que l'on sort de l'un pour pénétrer chez l'autre, exactement comme sur les lames d'un parquet, le gibier ne constitue plus une richesse, un produit naturel du sol comme, par exemple, le blé et la vigne.

Pour que la mise en valeur soit complète, il faut l'association, il faut de grandes étendues. Si, au lieu d'avoir des parcelles d'un hectare, de quelques ares, au maximum de 5 ou 6 hectares, sur lesquelles le gibier ne peut pas être retenu parce qu'il fait des vols, des courses, parce qu'il sort du territoire du propriétaire, parce qu'il est facilement détruit par les pièges des petits braconniers, propriétaires ; si au contraire, ces parcelles sont réunies, si on fait un vaste territoire de chasse, si le maire de la commune, d'accord avec son Conseil municipal et avec les habitants, établit une chasse et, par exemple, en réserve les deux tiers pour la location, l'autre tiers restant chasse banale, mais chasse utile pour le reste de la population, quels sont les avantages ?

Ils sont nombreux. Vous avez d'abord le droit de location qui peut très bien être touché partie pour le propriétaire, partie pour la commune, d'où avantage pour le premier qui retire de son terrain un bénéfice jusqu'alors perdu et profit pour la seconde qui trouve le moyen de faire, avec ce revenu, des travaux communaux.

Pour la partie réservée aux habitants de la commune, c'est la chasse banale sans doute, sur laquelle on pourra chasser tous les jours ou aux jours convenus, mais chasse où on trouvera du gibier, parce qu'une clause du bail d'association entre les propriétaires devra inévitablement avoir comme premier article la clause du repeuplement, repeuplement qui ne peut pas faire tel ou tel sur sa parcelle, mais qui sera facile le jour où l'association sera instaurée sur tout un territoire. (*Applaudissements.*)

Cela est si simple que je suis surpris que l'idée n'ait pas été suivie davantage. Nous avons eu heureusement de réconfortants exemples dans le Nord et dans l'Est.

M. Mougeot, qui s'était particulièrement attaché à cette question avait prié les professeurs d'agriculture de la propager dans le pays. J'ai fait aussi mon petit effort et j'attends beaucoup du réveil d'opinion que le Congrès de la Chasse va provoquer pour espérer qu'à brève échéance nous aurons de nombreux exemples de communalisation de chasse sur le territoire français. (*Applaudissements.*)

Donnera-t-on à ces associations la forme prévue par l'art. 1832 et les suivants du code civil, ou, au contraire, la forme plus moderne, plus souple, plus étendue de la loi de 1901 ? Recourra-t-on au contraire, aux textes de 1865 et de 1888 ? C'est à vous de le rechercher en toute liberté.

En tout cas, vous avez avantage, et c'est là un conseil que je me permets de vous donner, à créer de plus en plus des groupements de chasseurs ; ainsi vous développerez une des branches les plus intéressantes de notre activité nationale. En vous fédérant, vous vous rendrez plus forts. L'exemple vaut d'tre imité de la société, plus modeste, moins élégante, sans doute, mais aussi très utile des Pêcheurs à la ligne, qui, malgré des causes de dépeuplement extrêmement importantes, tenant à la pollution des cours d'eau, à une réglementation insuffisante des fleuves, est arrivée à maintenir, sinon à développer d'une façon effective, nos ressources en poissons de rivière.

Lorsque seront terminées vos délibérations, les esprits pessimistes diront peut-être que ce Congrès de la Chasse n'a pas eu de grands résultats. Il se trouve toujours des cerveaux chagrins, moroses, pour condamner les efforts auxquels ils ne participent pas. Il y a aussi dans ce pays quelques préjugés et qui représentent la chasse comme un vestige de la barbarie d'autrefois, il y a des critiquesqui, comme Grimm, prétendent que c'est un sport dédaigné de tous les hommes d'esprit !

Combien ils connaissent peu l'âme humaine ! Le Congrès de la Chasse aura ce résultat que, comme le rappelait récemment le Président du Saint-Hubert-Club, M. Clary, vous allez révéler à la France ses richesses cynégétiques. Et si vous n'arrivez pas directement à des miracles éclatants au premier abord, vous aurez cependant établi aux yeux du pays qui l'ignore que la Chasse est extrêmement productive et que ses intérêts doivent être légitimement sauvegardés ! (*Double salve d'applaudissements.*)

Mais en dehors de cela, en dehors des avantages généraux dont la portée ne semble pas vous échapper, il y a encore autre chose.

N'existe-t-il pas mille petites questions qui peuvent être réglées avec l'appuis ministériel, non pas sur une plainte individuelle, non pas sur la ténuité d'une opinion isolée, mais bien sur une solution ou sur un vœu mûrement étudié par toutes les personnes compétentes, et qu'un jour ou l'autre vous nous imposerez, à nous qui serions peut-être déjà disposés à le faire, si nous ne rencontrions pas quelquefois certaines difficultés parlementaires, même de la part de nos meilleurs amis. Il n'y a pas de maison plus paisible que celle de la rue de Varenne, et cependant, au cours de la discussion du budget de l'agriculture, trois fois déjà, quels rudes assauts n'ai-je pas subis, de ceux pour lesquels j'ai un faible particulier ! (*Double salve d'applaudissements.*)

La séance qui d'ordinaire est bien paisible, parce qu'on y traite des sujets économiques, s'anime ; on voit les personnes les plus disposées à la paix s'enflammer... et tous les coups retombent un peu à la fois sur le dos du Ministre de l'Agriculture ! (*Rires.*)

Je dis que l'on peut très bien rechercher ; en toute bonne foi, des solutions qui, sans contenter tout le monde, — celles-là ne sont pas de ce monde, — peuvent satisfaire la majorité des esprits sensés.

J'aperçois ici beaucoup de parlementaires, mes amis personnels. Il faut que vous me secondiez, que vous preniez l'engagement, puisque vous êtes des chasseurs convaincus et éclairés, de faire quelque chose avec moi à la Chambre. Je ne vous cache pas que j'ai quelque peu souffert de ne pas pouvoir rendre à la chasse les services que j'aurais voulu, mais il suffit de lire l'*Officiel*, pour voir combien quelquefois je me suis retiré meurtri de la séance, lorsqu'il s'agissait de la chasse de la bécasse, ou de tel autre gibier de passage, à certaines époques ! (*Applaudissements.*)

De vos délibérations sortira certainement cette résolution très nette qu'il ne faut pas supprimer le permis de chasse ni en abaisser le prix ! (*Applaudissements prolongés*), parce que le permis de chasse n'est pas destiné seulement à préserver notre réserve de gibier, mais il est institué surtout dans un but de sécurité publique... (*Applaudissements*). Faire du permis de chasse, un permis de 0 fr. 50 ou de 1 franc, un permis de circonstance, qui armerait du jour au lendemain les femmes, les enfants, toutes personnes qui n'ont pas l'habitude de manier des armes, sur un territoire dévasté, ce serait véritablement un résultat honteux ! (*Applaudissements.*)

Jamais l'Etat n'a assez d'argent ; c'est un principe que personne ne contestera. Supprimer des ressources du budget tout ce qui y entre par le fait des permis de chasse, ce serait aussi faire disparaître l'impôt sur les chiens pour les communes, et la part qui leur est afférente dans le prix du permis. Et puis, en vérité, pour l'Etat, quel rôle indigne de lui, que de vendre le droit de chasse sur un territoire, alors que ce territoire serait dévasté et qu'il n'y aurait plus de gibier. (*Applaudissements.*)

Vous m'aiderez à le défendre. La cause est juste, la cause est sage. Nous avons résisté à certains assauts livrés sans doute de bonne foi, mais peut-être à la légère, vous vous unirez à moi pour vous opposer à la diminution du prix du permis de chasse. (*Applaudissements.*)

Michelet disait que dans une démocratie le premier rôle était celui d'éducateur. Que le Congrès de la chasse soit un Congrès d'éducation populaire ! Faites comprendre que la chasse profite à la masse, puis qu'elle alimente beaucoup d'industries ; qu'il y a en France, quoi qu'on ait pu dire, à certains moments, soit à Paris, soit à Saint-Etienne, des fusils qui valent bien, ma foi, les fusils d'ailleurs ; que nous avons d'excellentes poudres, susceptibles cependant de motiver d'autres recherches, des essais et des comparaisons. (*Très bien.*) Mais ce sont là, en réalité, des questions secondaires.

Ce Congrès, est un début qui prouve par le nombre considérable de compétences aujourd'hui réunies, qu'il y avait quelque chose à faire. Il ne faut pas en rester là. Des congrès sans lendemain n'ont pas d'action efficace sur l'opinion publique. Il faut, que ce que nous faisons aujourd'hui soit une initiation et que demain on puisse le recommencer ; qu'il n'y ait pas seulement en présence des pouvoirs publics et de l'opinion française des délibérations qui, une fois prises, sont abandonnées par ceux qui les ont étudiées. Il faut une commission permanente, des réunions fréquentes, des sociétés de chasse. La plupart des sociétés d'agriculture sont avec vous. Vous avez, dans un pays où la raison et le bon sens dirigent toujours les pensées, la raison et le bon sens avec vous.

Les matériaux sont à pied d'œuvre. Vous avez de remarquables rapports à étudier, de fortes conclusions à voter. Faites-le ! Travaillez et une fois de plus, vous aurez rendu service à votre pays parce qu'il s'agit d'un sport éminemment national, aussi utile au développement des facultés de l'esprit qu'à celles du corps. (*Trois salves d'applaudissements.*)

Discours de M. Daubrée.

Monsieur le Ministre,

Mesdames, Messieurs,

Ma première parole, M. le Ministre, sera pour vous adresser l'expression de notre vive et respectueuse gratitude pour l'honneur que vous avez bien voulu nous faire en consentant à venir présider l'ouverture du Congrès International de la chasse, donnant ainsi à tous les chasseurs une preuve de la sollicitude que vous ne cessez de porter aux choses cynégétiques (*Applaudissements*).

Je tiens aussi à exprimer mes vifs remerciements aux éminents étrangers qui ont répondu à notre appel. Je veux m'excuser envers eux du retard qui a été apporté dans les invitations de participer à ce Congrès. Comme l'a dit si bien tout à l'heure M. le Ministre, il n'avait été d'abord question que d'un Congrès National ; ce n'est que le jour même de l'envoi des invitations qu'on a décidé de donner au Congrès de la chasse un caractère international.

Notre séance d'aujourd'hui sera extrêmement courte ; il importe en effet de se mettre immédiatement au travail puisque le congrès ne doit durer que quelques jours. Je vous demanderai donc de vous réunir en sections et de vous mettre immédiatement à l'œuvre. On vous a distribué le programme du Congrès tel que nous l'avons arrêté ; les membres des différentes sections y trouveront les indications relatives aux salles dans lesquelles les réunions doivent se faire. Je les prie de commencer de suite leurs travaux.

Je crois devoir vous rappeler que, d'après les règlements, les bureaux des sections restent constitués comme ils l'étaient dans la commission d'organisation. Mais, je connais trop bien vos sentiments de haute courtoisie pour n'être pas certain que vous vous empresserez de comprendre dans les bureaux de sections les éminents représentants étrangers qui ont bien voulu venir parmi nous. (*Applaudissements.*)

Avant de lever la séance, je veux remercier bien vivement tous les membres de la commission d'organisation du concours dévoué qu'ils nous ont prêté, des utiles travaux qu'ils nous ont apportés et dont M. le Ministre vient de vous faire l'éloge. Je considère surtout comme un devoir d'adresser des remerciements tout particulièrement reconnaissants à MM. les membres du Parlement qui ont bien voulu répondre à notre appel en acceptant de faire partie de la Commission d'organisation de notre congrès (*Applaudissements répétés.*)

CONGRÈS INTERNATIONAL DE LA CHASSE

Section Cynégétique et Economique

PREMIERE SOUS-SECTION

La séance est ouverte le mercredi 15 mai à 3 heures, sous la présidence de M. le baron de SEGONZAC.

MM. d'ALINCOURT, PASSERAT et LESCHEVIN, représentant le Gouvernement Belge, prennent place au bureau.

La parole est donnée à M. GASTINNE-RENETTE pour lire son rapport.

Les armes de chasse en usage en 1907.

par M. GASTINE RENETTE.

La chasse se pratiquant surtout avec des armes à feu, il peut être intéressant, à l'occasion du Congrès de la chasse, de dresser une sorte de rapide inventaire de celles que nous trouvons en service au commencement du vingtième siècle.

On peut en établir la classification, suivant la nature du gibier à atteindre, en trois catégories distinctes :

1° Armes tirant surtout à plombs pour la chasse du petit gibier de plaine et de bois, par exemple de l'alouette au chevreuil ;

2° Armes pour la chasse des grands animaux et des grands fauves ;

3° Armes pour le tir du gibier d'eau à grande distance sur les cours d'eau et les marais de l'intérieur des terres ou du littoral.

I. *Armes pour la chasse du petit gibier.* — Nous signalerons tout d'abord la disparition à peu près complète, même d'entre les mains des chasseurs les moins fortunés de l'antique fusil à pistons, se chargeant à la baguette par la bouche, qui est remplacé partout maintenant par le fusil se chargeant par la culasse.

Le fusil à bascule, créé par Lefaucheux, vers 1836, avec une bascule tout en fer, et une clef en avant, et qui recevait une cartouche à broche, resta presque seul en usage pendant vingt-cinq ans, puis il céda peu à peu la place aux fusils à percussion centrale, de modèles divers comme ouverture et fermeture, à canons oscillants ou à canons fixes.

Construits d'abord avec des chiens extérieurs, les fusils à percussion centrale se sont transformés récemment en fusils à chiens intérieurs, dits hammerless ou sans chiens, s'armant automatiquement par l'ouverture de l'arme, et offrant entre autres avantages celui de supprimer les causes de danger ou d'accident résultant de la saillie des chiens. A leur apparition, par suite de leur prix relativement élevé, les fusils hammerless ne furent adoptés que par les chasseurs indifférents à la question de dépense ; ces fusils sont aujourd'hui passés dans la fabrication courante ; ils sont produits plus économiquement et trouvent maintenant un nombre considérable d'amateurs.

L'éjection automatique de la cartouche, après le coup tiré, qui est un perfectionnement très appréciable, est encore venu augmenter la vogue des fusils sans chiens.

A côté des fusils à deux coups, on trouve depuis quelques années d'anciennes armes de guerre transformées, dont les mécanismes sont excellents et qui font, dirons-nous, de « trop » bons fusils de chasse à un coup, calibres 24, 20, 16 et même 12, vendus à très bas prix et qui deviennent redoutables entre les mains des braconniers et des maraudeurs.

Pour terminer, constatons l'apparition des fusils à répétition et des fusils automatiques pour le tir à plombs comme il s'en faisait déjà pour le tir à balle. Cette apparition suggère quelques réflexions.

A une époque qui n'est pas encore très lointaine, c'était chez les armuriers civils qu'il fallait chercher les principaux perfectionnements des armes à feu ; c'est à eux par exemple qu'on a dû, au commencement du XIXe siècle, l'introduction du nouveau système d'amorçage par le fulminate de mercure et la création de la capsule de cuivre, puis, un peu plus tard, la généralisation du chargement par la culasse. A une date relativement récente, la réunion même de l'amorce à la cartouche, pour le service du guerre, était considéré comme inacceptable par les autorités militaires.

Il a fallu les enseignements des guerres américaine, et franco-allemande pour faire décider l'adoption des cartouches métalliques, malgré les énormes dépenses qui en résultent.

Les temps sont donc changés, et on pourrait dire plus justement aujourd'hui que les civils sont désormais à la remorque des militaires, aussi bien pour les inventions de mécanismes que pour les perfectionnements des explosifs et des munitions. C'est ainsi que par analogie à ce qui se passe pour la guerre, l'avenir semble être, dans un temps plus ou moins prochain, aux fusils de chasse automatiques. Cette modification dans l'armement, par l'adoption de pareils « engins », ne soulève pas notre enthousiasme ; elle sera plutôt regrettable, à nos yeux, pour la conservation des chasses et du gibier, et l'agrément de sa poursuite.

Abordons maintenant quelques questions qui peuvent concerner toutes les espèces d'armes.

Une des plus intéressantes pour les chasseurs est le choix du calibre.

Alors que le gibier n'avait pas à craindre la rapidité du tir et, comme aujourd'hui, le nombre toujours croissant des chasseurs, du temps de nos arrière grands-pères, par exemple, les calibres usuels dépassaient rarement le 24 (15 m/m. ½ environ) ; peu à peu, on fut conduit à augmenter le diamètre des canons et à en arriver presque universellement en France au calibre 16, ou 17 m/m. 5, c'est celui qui reste encore le plus courant.

Le calibre 12 (18 m/m. 4) tend néanmoins à se répandre de plus en plus, d'abord parce qu'il représente l'unité de calibre pour les concours de tir aux pigeons vivants ou artificiels, et aussi parce que l'emploi des poudres pyroxylées, qui diminue très sensiblement les inconvénients du recul, en rend l'usage plus agréable qu'il ne l'était avec la poudre noire.

Les dénominations des calibres par les numéros 20, 16, 12, pour citer les principaux, sont censées indiquer le rapport du poids de la balle ronde à celui de la livre.

Les balles qui entraient autrefois par le haut des canons et celles qui peuvent être placées dans les cartouches, bien que portant un même numéro de convention, ne sont aucunement semblables et elles seraient loin de faire 20, 16 ou 12 balles à la livre actuelle de 500 grammes.

Ces rapports n'étant plus exacts, il serait donc plus rationnel de désigner les calibres par leurs mesures décimales. Nous ne jugeons pas toutefois la chose d'une importance suffisante pour faire modifier de très anciennes habitudes et changer des désignations qui ont pour ainsi dire cours international.

La Commission exprime seulement le vœu que des mesures soient indiquées comme normales pour les différents calibres. Elle proposerait par exemple pour le calibre 12,18 m/m. 4, pour le calibre 16.17 m/m. 2 et pour le calibre 20,16 m/m. 1. Cette régularité de mesures aurait de très grands avantages.

Concurremment à l'accroissement des calibres, de sérieux progrès ont été apportés, surtout depuis une quarantaine d'années, au forage intérieur des canons.

On mettait autrefois les tubes théoriquement cylindriques, en les évasant seulement très légèrement à l'arrière.

Il était admis que les canons plus « étroits du devant » donnaient un meilleur groupement de plombs que les canons de diamètre constant, mais les proportions de cette altération de la forme cylindrique étaient arbitraires et le succès assez incertain.

Le forage à brusque étranglement vers l'extrémité du canon, le « choke bore » qui se fait aujourd'hui sur des mesures et des longueurs déterminées, donne désormais des résultats tout à fait assurés ; les canons choke bored convenablement réglés permettent par exemple de placer, à 35 mètres, dans un cercle de 80 centimètres, 50 % de grains de plomb de plus que la moyenne autrefois obtenue (soit 180 grains de plomb n° 6 au lieu de 120).

L'avantage est incontestable et la portée des armes en a été sensiblement accrue.

Il reste évidemment à déterminer, suivant la nature du gibier, la disposition du sol ou aussi la saison, si un tel resserrement des plombs est toujours avantageux.

Dans la pratique, les armuriers n'appliquent en général qu'à un seul des deux canons du fusil ce forage en choke bore, excepté pour les armes destinées spécialement au tir des pigeons ou des oiseaux très farouches, pour lequel le double choke est absolument indiqué.

Pour obtenir des résultats avantageux, les canons doivent être munis de bandes assez hautes de l'arrière et assez basses du devant pour donner une hausse de visée suffisante pour que le centre du coup frappe à hauteur du but, à 40 mètres.

Certaines tentatives ont été faites récemment pour augmenter encore ce relèvement de tir par une altération du niveau des canons, ou l'excentrement des chokes. Ces procédés peuvent être favorables pour certains genres de tir, mais ce qui vaut mieux encore, c'est de se rendre compte par qulques cartouches dépence qui vaut mieux encore, c'est de se rendre compte par quelques cartouches dépensées à la plaque ou sur des pigeons artificiels du tir de son fusil et d'apprendre à faire sur des buts mobiles les corrections nécessaires.

II. *Armes pour la chasse des grands animaux.* — L'emploi d'armes spéciales pour le tir des grands animaux est beaucoup moins usité en France qu'en Angleterre, en Allemagne et en Autriche, où les chasses sont mieux aménagées et plus sérieusement surveillées et où il serait presque incorrect de tirer le cerf et parfois même le chevreuil autrement qu'à balle.

Les cerfs sont surtout chez nous des animaux de chasse à courre, et lorsqu'on ne peut les servir au couteau, on les achève, sur leurs fins, avec des carabines à peu près quelconques, dont la portée et la force de pénétration sont même souvent intentionnellement limitées.

Les sangliers, qui sont parfois abondants dans certaines régions, sont plus souvent chassés à tir, mais généralement avec le fusil de chasse ordinaire chargé à balle ou à chevrotines.

Les fusils à canons lisses, particulièrement lorsqu'ils sont choke-bored, sont d'assez médiocres instruments pour le tir à balle franche ; le tir à chevrotines donne en général des résultats plus avantageux.

Il faut, dans tous les cas, ne tirer que d'assez près soit à cause du défaut de justesse des balles rondes, soit à cause de la dispersion souvent effrayante des chevrotines, lorsqu'elles dépassent une certaine grosseur.

Les effets désordonnés de cette dispersion seront évités en partie par certaines précautions dans la préparation des munitions ; la principale consiste à choisir les chevrotines de diamètres tels, qu'elles se rangent sans ballottement, et par lits réguliers, dans la cartouche. Les vides peuvent être remplis de sciure de bois ou de fécule et même, si on tient à un resserrement plus grand encore, par du suif coulé, légèrement mêlé de cire, dans la charge.

Certaines dispositions dans les cartouches ont été imaginées, pour donner aux balles un mouvement de rotation qui assure leur précision, l'effet en est souvent avantageux.

Mais la meilleure solution consiste à faire des canons dits « Paradox » qui, au lieu d'être choke-bored lisses, sont rayés dans la partie rétrécie du devant. L'inclinaison de la rayure sur une aussi faible longueur ne dérange pas sensiblement la régularité de la sortie des plombs, tandis qu'elle suffit à donner à la balle le mouvement de rotation nécessaire.

Le canon paradox est donc tout indiqué pour le chasseur au bois qui veut pouvoir au besoin très bien tirer à balle et aussi, convenablement à plombs.

Les fusils paradox n'ont d'autre défaut que d'être un peu coûteux, à cause des soins qu'exige leur réglage.

Pour les tireurs expérimentés, les carabines express sont les véritables armes pour la chasse des grands animaux.

Elles se font, soit à deux coups, soit à répétition.

Elles ne peuvent être mises qu'entre les mains de gens bien sûrs d'eux-mêmes, à cause des distances énormes où peuvent porter les projectiles, s'ils ne rencontrent rien sur leur parcours.

Les projectiles sont faits de préférence avec une partie évidée au devant ou une partie de plomb mou qui amène au moindre choc une déformation considérable de la partie antérieure de la balle. Cette déformation fait que la balle s'arrête assez promptement dans les branches ou qu'elle cause à l'animal des blessures telles qu'il est très promptement arrêté s'il ne tombe pas sur le coup.

III. Armes pour la chasse du gibier d'eau. — Les armes servant au tir du gigier d'eau doivent être construites d'après la contrée où elles sont destinées à servir, c'est-à-dire d'après l'étendue d'eau découverte sur laquelle le gibier peut venir se poser.

Pratiquement, la portée à laquelle ces armes peuvent atteindre est limitée par la grosseur des grains de plomb employés.

En dehors de cette limite de distance, il y a lieu d'étudier s'il convient mieux, suivant la nature du gibier à tuer, d'obtenir un grand resserrement des plombs ou une grande dispersion.

Pour les petits étangs, les fusils à un ou deux coups, calibre 8 et 10 semblent les mieux indiqués, et peuvent être faits de poids assez léger pour qu'on tire au besoin au vol.

Pour les marais un peu plus étendus, le calibre 4 permettra de tirer une plus forte charge de poudre et de plombs, sera encore assez facilement transportable et ne nécessitera pas de disposition spéciale d'affût ; une fourche de bois ou un sac suffisant pour soutenir le canon.

Enfin si on veut obtenir de gros résultats sur des masses d'oiseaux réunis, on passera aux canons canardiers, qui sont de petites pièces d'artillerie pour lesquelles on peut employer les étuis des canons de marine 27 et même 43 millimètres.

Ces pièces d'affut exigent une poudre spéciale qu'il n'est malheureusement pas très facile de se procurer.

Gastinne Renette.

Après la lecture du rapport, la discussion générale est ouverte.

M. le Président. — Avez-vous des remarques à faire sur ce travail ?... Non ?... Je vais alors vous donner lecture du vœu qui a trait aux calibres.

« La sous-section exprime le vœu que des mesures soient indiquées comme « normales pour les différents calibres. Elle proposerait, par exemple, pour le « calibre 12, 18 m/m. 4, pour le calibre 16, 17 m/m. 2, et pour le calibre 20, « 16 m/m. 1. Cette régularité de mesures aurait de très grands avantages ».

Néanmoins, il reste une certaine latitude de 2 à 3 dixièmes de millimètre en plus et en moins.

M. Romain. — Cet aléa de 2 ou 3 dixièmes est ce qui existe déjà.

M. le Président. — Cette base est beaucoup plus large que vous ne le pensez ; nous avons des calibres qui ont jusqu'à 19 et d'autres 18 $^{m}/_{m}$, dans les

Browning, par exemple. C'est ce, que nous trouvons exagéré, nous demandons donc qu'une base soit établie, l'armurier n'est pas capable d'arriver à une justesse vraiment parfaite, il lui faut une latitude, il peut très bien arriver qu'on soit obligé d'alaiser le canon d'un fusil.

UN MEMBRE DE LA SOUS-SECTION. — Pour le Banc d'Epreuve de Saint-Etienne, la tolérance est de 8/10, 4 au-dessus, 4 au-dessous.

M. LE PRÉSIDENT. — Nous disons environ 2 ou 3 dixièmes, en un mot on devrait non pas exiger, mais demander, une base exacte de calibre.

UN AUTRE MEMBRE DE LA SOUS-SECTION. — Permettez-moi de vous demander comment on a été amené à prendre les mesures types que vous citez.

M. LE PRÉSIDENT. — 18 m/m 4, est une base excellente, elle donne un serrement suffisant de la charge. Si vous diminuez le calibre d'une arme, vous arrivez à un serrement d'écrasement des plombs et au recul formidable de l'arme.

M. GASTINNE-RENETTE. — Le rapport donne l'explication que Monsieur désirait, les balles qui entraient autrefois par le haut du canon et celles qui peuvent se placer dans la cartouche ne sont aucunement semblables.

LE MÊME MEMBRE. — Le but de ma question est de savoir comment on a été amené à adopter ce calibre de 18,4, est-ce par suite d'une considération théorique ?

M. GASTINNE-RENETTE. — A la vérité, c'est le calibre de 16 balles à la livre ancienne qui a déterminé le calibre 16.

LE MÊME MEMBRE. — Alors le calibre de 18,4 est une affaire de moyenne.

M. GASTINNE-RENETTE. — C'est un calibre représentant bien la différence qui permet à la balle qui entre sans serrage exagéré, d'avoir un serrage suffisant dans le canon.

UN AUTRE MEMBRE. — Mais quand on prend une douille métallique ?...

M. GASTINNE-RENETTE. — La douille métallique n'est pas appliquée comme mesure.

M. D'ALINCOURT. — Je crois personnellement qu'il n'y a aucune raison de prendre 18, 4 au lieu de 18,5, au point de vue théorique, il n'y a aucune différence, on a fait des expériences de rendement entre ces deux calibres, c'est à peu près la même chose. Si les armuriers voulaient tous s'entendre pour prendre pour base le calibre de 18,5 cela serait parfait.

UN MEMBRE DE LA SOUS-SECTION. — Et au point de vue de l'obturation de la balle ?...

M. D'ALINCOURT. — Ce serait la même chose. J'ai deux fusils du calibre 12, l'un de 19 m/m, l'autre de 18,4, tous les deux tirent la même cartouche.

UN AUTRE MEMBRE. — Avec la même cartouche vous devez avoir des diminutions de vitesse considérables ?

M. D'ALINCOURT. — Il n'y a pas 6 mètres de différence, ces 6 mètres de vitesse initiale, à 30 mètres représentent, dans l'effet meurtrier une différence d'à peine un mètre, la vitesse de 149 mètres tombe à 143, c'est à peu près la même chose. Le calibre 12 devrait être 18 m/m 5.

M. LE PRÉSIDENT. — M. d'Alincourt propose donc 18 m/m 5.

M. D'ALINCOURT. — Sans aucune raison technique.

M. LE PRÉSIDENT. — Que préférez-vous ?... Préférez-vous renoncer au nombre ?...

M. GASTINNE-RENETTE. — Il vaut mieux ne pas l'énoncer.

Un Membre de la sous-section. — Cependant si le Banc d'Epreuve a une tolérance ?

M. Gastinne-Renette. — Le Banc d'Epreuve n'a pas de mesure, il présente un cylindre pour déterminer la charge qui correspond au diamètre et on manque alors au poinçon. Il est d'usage d'admettre que le canon peut, par suite de réparations, être plus grand de 2 dixièmes. Remarquez que ce n'est qu'une tolérance d'applications de mesures du Banc d'Epreuve. Il approuve tous les canons au diamètre qu'on lui présente. Le vœu de la sous-commission peut être maintenu, à savoir qu'une mesure normale soit adoptée.

M. le Président. — Alors vous êtes d'accord pour admettre le vœu tel qu'il est ?...

Un Membre de la sous-section. — Il faut une limite en plus ou en moins.

M. le Président. — N'en parlons pas, c'est une moyenne.

Un autre Membre. — Laissez donc les armuriers le faire eux-mêmes.

M. le Président. — Alors c'est entendu. Les communications de MM. du Pontavice, de Segonzac et Nouvelle seront annexées au rapport de M. Gastinne-Renette.La parole est à M. de Monbrison pour lire son rapport « sur l'équilibre et le poids des fusils hammerless à platines détachables ».

De l'équilibre et du poids des fusils hammerless à platines détachables.

par M. DE MONBRISON.

Depuis plus de vingt ans en Angleterre et depuis peu d'années en France les meilleurs armuriers emploient pour les fusils hammerless des batteries construites selon les principes qui ont servi à établir celles des fusils à chiens. Ils emploient la chaînette en général et adoptent un bloc interrupteur actionné par la gachette. Bref, ils ont ainsi résolu le problème de munir les hammerless de batteries, présentant les avantages suivants : 1° Donner au cran de départ, la sûreté, la douceur et la souplesse que possédaient nos meilleurs fusils à chiens ; 2° Faciliter le nettoyage et la vérification du mécanisme ; 3° Permettre l'emploi de percuteurs faisant l'office de tampons empêchant les gaz de la poudre de s'introduire dans l'intérieur du mécanisme ; 4° Rendre possible l'adjonction de blocs interrupteurs s'opposant à tous les départs accidentels ou simultanés des coups.

Mais si les fusils hammerless ainsi construits présentent de grands avantages sur leurs devanciers de système Anson et Deeley ou Greener, ils ont l'inconvénient d'exiger de lourdes bascules qui déplacent l'équilibre de l'arme et de coûter un prix élevé. Si la vue du tireur exige de longs canons, et si l'arme porte dans le devant de bois des éjecteurs, il devient difficile sans atteindre des poids auxquels les chasseurs ne sont plus habitués de construire des fusils bien équilibrés cal. 12 ou 10. La bascule telle qu'elle est construite habituellement pour les fusils hammerless à batteries détachables est fort entaillée : elle doit contenir les armeurs qui travaillent de champ, et les ressorts qui eux, sont placés à plat ; il lui faut donc une largeur et une épaisseur considérables pour résister aux efforts de la poudre. Certains armuriers, pour moins entailler la bascule, ont placé les ressorts en arrière, et les platines ainsi construites ont les mêmes propriétés que celles ayant les ressorts en avant, mais il faut encore dans ce cas faire garder à la bascule la forme rectangulaire pour le logement des armeurs. Il paraîtrait facile de construire des armes à bascule ronde percée seulement par deux canaux de quelques millimètres de diamètre pour les pistons armeurs ce qui permettrait d'alléger considérablement cette pièce tout en lui laissant un grande force. Il faudrait alors adopter la platine dite en arrière dans le genre de celle de nos vieilles armes système Lefaucheux. Ces batteries avaient, du reste, des avantages sur les platines en avant, entre autres ceux de posséder de plus forts ressorts et de ne demander pour leur mise en place qu'un travail dans le bois plus facile et moins coûteux que le travail dans le fer.

Il est certes indiscutable qu'on peut construire avec un équilibre parfait des fusils cal. 16 et 20 même ayant des canons de 76 c. et en employant les batteries à ressorts en avant, mais il n'en est pas de même pour les cal. 10 et 12 si on tient aux longs canons et aux éjecteurs ; aussi proposons-nous aux armuriers d'étudier les dispositions que nous venons de décrire, qui leur permettraient : 1° de fabriquer des fusils cal. 10 et 12 à éjecteurs et à longs canons plus légers et mieux équilibrés ; 2° de les construire à des prix moins élevés. Cette considération n'est pas à dédaigner lorsqu'il s'agit de bourses françaises et s'étend bien entendu à tous les calibres.

Nos chasseurs auront ainsi des armes d'un prix plus abordable mais possédant, sauf peut-être l'esthétique,toutes les qualités des fusils hammerless à batteries détachables dont la première est la sécurité.

Ajoutons avant de terminer que certains armuriers anglais ont établi quelques spécimens de fusils hammerless à batteries en arrière et que ces armes qui donnent toute satisfaction aux tireurs sont beaucoup moins chères que celles à platines en avant.

DE MONBRISON.

M. LE PRÉSIDENT. — La parole est à M. Octave Leschevin pour lire son rapport sur « l'assemblage des canons ».

De l'Assemblage des canons.

par M. OCTAVE LESCHEVIN

Les tubes terminés, fussent-ils acier ou damas, sont joints et fixés *provisoirement* avec leurs bandes, supérieure et inférieure, réunis par une ligature de fil de laiton, et passent ainsi, quand la rectitude de leurs axes respectifs a été vérifiée, pour être brasés ou soudés.

Soudure à l'étain, brasure (certains auteurs disent brasage) au cuivre, tels sont les deux modes et, il faut le dire, les deux écoles qui donnent lieu à discussion.

Paulin Desormaux, dans son Manuel de l'arquebusier (1832), nous dit qu'au commencement du XVII° siècle les canons doubles étaient ajustés et maintenus par les queues des culasses ; plus tard ils furent assujettis le long de la monture par des goupilles, et ce fut Jean Leclercq qui, le premier, en 1838, à Paris, souda des canons doubles.

En 1850, dit Mangeot, on soudait l'assemblage à Saint-Etienne, au cuivre rouge, mais alors déjà on émettait l'idée d'une supériorité de la soudure à l'étain.

Généralement nous préférons la *soudure à l'étain*, et ce parce que le métal d'union entre plus vite en fusion et, par conséquent, ne nécessite pas le passage « au rouge » des canons qui, déjà, ont subi un nombre de chaudes considérables (ceci dit principalement pour les tubes de damas).

C'est une faute de rougir les canons finis pour les braser au cuivre, on les détrempe, et si, d'autre part, on procède par chaudes successives, les plaçant sur un feu de coke, on les chauffe inégalement, et le métal brûlé se désagrège.

Certains préconisent donc le bain d'étain et de plomb, puis l'enlèvement au grattoir de la soudure qui a bavé, pour le finissage.

Les partisans de la *brasure au cuivre* nous disent, par contre, que l'étamage préalable (pour la soudure à l'étain) exige l'emploi d'acide qui laisse des traces et détériore l'entre-deux des canons. L'assemblage à l'étain est moins résistant, cela ne se discute pas, et la preuve en est que la brasure au cuivre s'impose, même en cas de soudure des bandes à l'étain, pour la fixation des « crochets ».

J'expose donc les éléments de discussion sans prendre position dans le débat, mais il est de mon devoir de signaler un grave danger de la brasure pour la fixation des bandes, c'est la *saignée des canons.*

Les bandes ont été, avec les tubes, soumises à l'action d'une chauffe supplémentaire et parfois même d'une inégale intensité ; ces minces lames que sont les bandes (car elles sont creuses) ont vu, par ce fait, s'émousser un peu leurs parties saillantes. Pour aviver les arêtes, un dernier coup leur est donné pour le beau fini du travail et la netteté des faces extérieures : l'outil passe pour ce rabotage longitudinal, et repasse d'extrémité à autre... et l'outil touche le canon pour former un creux net, une solution définie entre la base de la bande et la partie du canon qui incline vers l'entre-deux.

C'est dans ce sillon, et en l'approfondissant, que souvent l'instrument mord le tube lui-même, diminuant ainsi l'épaisseur, soit suivant une ligne régulière de bout à autre, soit inégalement.

La résistance y est diminuée sans qu'on puisse s'en apercevoir, puisqu'il n'y a plus alors de « compassage » : le canon est *saigné.*

Dans la soudure à l'étain, au contraire, la bande placée ne subit plus de chaude et les bavures peuvent être simplement enlevées au grattoir. Plus de nécessité d'aviver les arêtes de bandes, elles n'ont subi aucune détérioration.

Le *monobloc*, tiré d'une unique pièce d'acier, supprime évidemment les difficultés d'assemblage, les inconvénients de brasure et de soudure, mais on objecte la difficulté d'obtenir un aplomb régulier des tubes et on fait également observer que le métal-acier doit être doux à raison de la multiplicité des laminages et, s'il est doux, sa dureté et sa rigidité ne deviennent-elles pas insuffisantes pour les « crochets » tirés de la même pièce ?

Divers canonniers ont appliqué un mode de réunion des tubes par une *cale unique*, la bande s'infléchit, se réduit à un minimum de poids ; de ces cales, il en est aussi qui ne constituent que deux points d'attache, en forme de traits d'union, au début et à l'extrémité des canons.

Les partisans de la cale unique reprochent aux bandes de faire fonction de « butées », arrêtant les vibrations du métal ; ils reprochent aux canons monobloc les différences d'épaisseur des parois, qui ne peuvent être égales à cause des pleins fers existant dans l'entre-deux des tubes. Il en est, ajoutons-le, qui, pour obvier à cet inconvénient, ont imaginé de laisser autant de métal sur les côtés du canon (faces externes) que dans les assemblages. Mais que devient alors le principe d'allégeance de l'arme ?

J'ai cru devoir donner les principes et la raison d'être des discussions entre les écoles, je les signale, avec leurs avantages et leurs inconvénients.

M. LE PRÉSIDENT. — Les rapports de M. de Monbrison, de M. O. Leschevin seront annexés à celui de M. Gastinne-Renette.

Nous abordons maintenant *la question des munitions*. Il va être donné lecture des différents rapports et communications consacrés à cette étude.

Poudres. Qualités balistiques des Poudres.

par M. LE COMTE D'ALINCOURT.

Dans les quelques lignes qui suivent nous ne passerons pas en revue les multiples considérations d'ordre physique ou chimique qui entrent dans l'étude des poudres ; mais nous essayerons de rappeler succinctement les principales caractéristiques qui permettent de comparer entre elles les poudres modernes.

Au point de vue balistique, chaque poudre est déterminée par les pressions développées dans l'arme, par les vitesses correspondantes de ces pressions, par les groupements fonction dans une certaine mesure de ces pressions et de ces vitesses et enfin par l'effet physiologique sur le tireur. — Nous passerons sous silence l'absence de fumée, l'aptitude à la conservation qui semblent désormais acquises par nos poudres actuelles.

Pression. — Les pressions sont étudiées à l'aide de l'appareil Crusher. On interpose dans l'épaisseur du canon à la culasse un cylindre de cuivre entre la chambre où éclate la poudre et une surface fixe, ce qui permet, après le coup par l'écrasement du cuivre, de mesurer avec une certaine approximation l'effort par centimètre carré. Le service des poudres eût l'idée, l'année dernière, de perfectionner ce système en utilisant une douille métallique préparée d'avance pour recevoir le cylindre de cuivre, ce qui permet la mesure d'une charge dans un fusil quelconque, sans nécessiter l'emploi d'un fusil spécial disposé pour recevoir le crusher.

Les résultats obtenus avec cette douille métallique furent identiques aux résultats obtenus avec le fusil spécial.

L'étude des pressions tout le long du canon a permis de constater que les pressions montent très rapidement pendant les 2 ou 3 centimètres qui suivent le centre de la chambre d'éclatement, atteignent très vite un maximum de pression qui oscille entre 300 et 550 kilos, suivant les poudres employées, françaises ou étrangères, pour redescendre à la bouche du canon aux environs de 40 kilos.

A la suite de nombreuses expériences, on a constaté qu'il y avait grand avantage, à égalité de vitesse, à rechercher les basses pressions : une augmentation de pression, même peu sensible, nuit au réglage de l'arme, en accentuant les vibrations ; en effet, un accroissement de 200 k., correspondant à une augmentation de charge de 4 décigrammes de poudre T dans le cal. 12, abaisse, dans un tir de réglage, le point moyen de 20 à 25 centimètres avec la plupart des fusils.

De plus, au delà de 550 k., le groupement devient défectueux et le pourcentage normalement obtenu dans les conditions ordinaires de tir peut diminuer d'un tiers. Le nombre des coups anormaux, c'est-à-dire donnant avec un full choke moins de 50 % des plombs à 35 m. dans une cible de 35 cm. de rayon augmente très sensiblement.

Enfin, aux environs de 800 k. les pressions s'approchent des pressions d'épreuve, peuvent donner naissance à des pressions ondulatoires et devenir très dangereuses pour le tireur.

Pratiquement, les pressions augmentent avec trop de plomb, trop de poudre, mais surtout par la compression de la poudre. En effet, dans le calibre 12 un gramme de plomb augmente les pressions de 10 kilos et un décigramme de poudre T de 15 kilos. Or, étant donné la capacité des douilles, une grosse erreur de plomb ou de poudre n'est guère possible, même avec le chargement au volume, et, par conséquent, les vices de pressions dues à une erreur de chargement sont peu à craindre — il n'en est pas de même de la compression de la poudre, très difficile à éviter. En effet, quelque soit le soin apporté au placement de la bourre sur le plomb, le sertissage qui demande un effort énergique appuie le carton replié de la douille sur le plomb ; cette pression est transmise jusqu'à la bourre placée sur la poudre à tel point que, dans certaines cartouches, les plombs tracent leur empreinte sur cette bourre ; quelquefois même y sont encastrés. La poudre se trouve donc très comprimée. De semblables cartouches peuvent dépasser 1.000 kilos de pression. Il est donc indispensable que cette compression de la bourre par le plomb ne se transmette pas à la poudre et, pour cela, il faut que cette bourre prenne appui sur le renfort intérieur de la douille, — et que ce renfort corresponde à un volume au moins égal à celui de la poudre employée sans tassage — 14 m/m. de renfort sont nécessaires (cal. 12) pour 2 gr. 40 de poudre T (un millimètre par décigramme).

Vitesse. — Les vitesses sont étudiées à l'aide du chronographe le Boulange. Cet appareil donne la vitesse à 15 m. du premier plomb de la charge. Mais les plombs, après le choc de la poudre dans le canon, n'ont plus même forme et, par conséquent, offrent à l'air des résistances variables. Ils s'échelonnent dès la sortie du canon, et on peut noter les écarts de 30 m. de vitesse entre les plombs de l'avant et de l'arrière de la charge. Seul, l'appareil de MM. Billardon et Don permet de mesurer la vitesse individuelle de chaque plomb, mais cet appareil est peu employé car il exige plusieurs heures pour la mesure des vitesses d'une charge — on peut arriver à photographier l'ensemble de la charge dans son mouvement dans l'air. Peut-être pourrait-on généraliser l'emploi de la photographie dans l'étude des vitesses. Quoi qu'il en soit, cette étude des vitesses est assez incomplète, mais, hâtons-nous de dire, pour rassurer les amateurs du tir, que les étrangers ne sont pas plus avancés que nous, et qu'ils disposent pour les pressions et vitesses des mêmes appareils. Leur tables de tarage sont cependant différentes et les résultats obtenus à l'étranger et publiés dans les journaux spéciaux ne peuvent pas facilement être comparés aux nôtres. Généralement, il y a lieu d'augmenter le chiffre des pressions de 20 %.

L'étude des vitesses a une très grande importance, car l'effet meurtrier dépend des vitesses restantes et, par conséquent, des vitesses contractées à 15 mètres. Une poudre sera d'autant meilleure qu'elle donnera plus de vitesse, et moins de pression. Certaine poudre donne peu de vitesse pour de très fortes pressions. Les vitesses, en effet, ne sont pas fonction des pressions.

Une augmentation de 1 décigramme de T calibre 12 correspond environ à une augmentation de 10 mètres de vitesse, et une augmentation de 50 mètres de vitesse correspond à une augmentation de puissance meurtrière de 20 mètres, abstraction faite de la diminution de puissance due à l'écartement des plombs.

On entend assez souvent dire par les grands tireurs,telle poudre est plus vite que telle autre. Or, la vitesse à 15 mètres pour les poudres modernes françaises ou étrangères oscille entre 260 et 290 mètres à la seconde, c'est-à-dire entre 26 et 29 mètres dans le dixième de seconde, temps nécessaire pour atteindre l'oiseau à 30 mètres avec du plomb de 2 m/m 5 de diamètre. Donc, le bénéfice de la poudre la plus vite sur la plus lente n'est que de 1/10 du temps total nécessaire, soit 1/100 de seconde. Or, pendant 1/100, l'oiseau ne s'est guère déplacé que de 12 à 15 cm. (on admet que le pigeon lancé peut atteindre 17 m. à la seconde). Le temps d'inflammation ne peut intervenir, il se chiffre par des millionièmes de seconde. Toutes les poudres sembleraient donc devoir attendre le but pratiquement dans le même temps et comme, d'autre part, la compétence des tireurs de grande classe est incontestable, il est probable que la connaissance des vitesses du premier plomb de la charge est insuffisante.

Groupement. — Dans un cal. 12 full Choke, étranglé de 11/10 de millimètres, une cartouche chargée avec une poudre donnant une pression normale donne environ 70 % des plombs dans une cible de 35 cm. de rayon à 35 m. Si la pression dépasse 550 k., ce pourcentage peut baisser d'un tiers. Cette cartouche doit donner à peu près les mêmes résultats à 20 m. avec un canon cylindrique.

Pour étudier un groupement, le mieux est de déterminer d'abord le centre de ce groupement : pour cela, tracer une ligne horizontale qui laisse autant de plombs à droite qu'à gauche. Du point de rencontre de ces deux lignes, comme centre, tracer une circonférence de 35 cm. de rayon, tirer à 35 m. si le fusil est choke, à 20 m. s'il est cylindrique, compter les plombs et faire le pourcentage du nombre de plombs mis en cible par rapport au nombre total de grains.

Effets physiologiques. — Le colonel Journé, après de nombreuses études, estime que « le recul est en rapport avec le poids du fusil, du plomb, de la pou-« dre et de la vitesse initiale, et qu'il est indépendant de la forme du fusil, de « son calibre, ainsi que de la poudre employée à poids égal de poudre. Une pou-« dre vive donne une impression moins pénible qu'une poudre lente. Le recul des « poudres pyroxylées est d'environ 3/4 du recul des poudres noires. Cette « diminution serait uniquement due à la diminution du poids de la poudre. » Cette théorie a trouvé beaucoup de contradicteurs, surtout parmi les tireurs aux pigeons qui prétendent qu'à égalité de pénétration dans des fusils de même poids, certaines poudres étrangères donnent moins de recul que nos poudres françaises.

En réalité, il faudrait connaître la loi du développement des pressions dans sa courbe ascendante, c'est-à dire lorsque la pression passe de 0 à 300 ou 500 kilos, suivant les poudres; mais cette étude est fort difficile car cette variation de pression se fait dans un temps extrêmement court et correspond dans le canon à un déplacement du projectile de 2 ou 3 cm. Il n'est pas douteux que cette préparation du mouvement doit être différente pour certaines poudres et influer sur la sensation à l'épaule.

L'épaule prend toujours la vitesse du recul et reste soumise aux lois de la force vive mais elle peut être plus ou moins préparée à prendre ce mouvement, par le mode antérieur même de ce mouvement.

De tout ce qui précède il résulte que le calcul n'est pas toujours d'accord avec la pratique, que de nombreuses expériences restent encore à faire simultanément par des techniciens et des praticiens. Pour faciliter ces expériences, nous croyons nécessaire l'introduction des poudres étrangères en France. Car il reste certain que 70 % des prix de pigeons sont gagnés par la Ballistite, 30 % par la Mullérite et EC n° 3. Quant à notre poudre T, elle n'est pas employée dans les grands concours et, cependant, le tableau qui a été très gracieusement mis à notre disposition par le service des poudres, prouve que cette poudre, au point de vue des vitesses et des pressions, tient une place très honorable parmi les poudres étrangères ; de plus, cette poudre n'emploie pas la nitro-glycérine et n'abîme pas les armes. En France, l'État rejette, pour ses poudres de guerre, les poudres à base de nitro-glycérine, qui brûlent à 3500°, fusionnent le métal, provoquent des érosions, et mettent très rapidement les rayures hors de service. L'État monopole est donc outillé par la fabrication des poudres à base de coton pur, qui brûlent à 2700°, non pour les poudres à base de nitro-glycérine qui ne sont fabriquées qu'à l'étranger, par des industries particulières.

COMTE D'ALAINCOURT.

Poudres.

par M. BRUNEAU.

Avant l'apparition de la première poudre au bois pyroxylée, 5 douilles différentes seulement étaient fabriquées et elles répondaient alors à tous les besoins.

Au fur et à mesure que les poudres nouvelles ont été mises à la disposition des consommateurs, des douilles spéciales furent établies par les fabricants, de manière à réaliser avec les nouvelles poudres présentées, les meilleurs résultats.

Le mode de combustion des poudres pyroxylées étant sensiblement différent de celui des poudres noires anciennes, les douilles furent fabriquées de manière à tenir compte des propriétés propres à ces explosifs. On fut ainsi conduit à renforcer le fond de certaines douilles à l'aide d'un culot-fer et à les munir d'un renfort métallique dont la hauteur fixait le volume minimum de la chambre à poudre.

L'aspect extérieur ne fut pas négligé : à côté des douilles à culot métallique relativement bas, qui n'avaient plus les préférences du chasseur, on offrit aux consommateurs des douilles plus élégantes, entièrement cuirassées ou à demi-cuirassées.

Mais le point le plus particulièrement important fut l'amorçage.

L'amorce utilisée pour les poudres noires était insuffisante pour enflammer les poudres pyroxylées.

Les premières poudres offertes par le Gouvernement renfermaient des sels ; le grain de la poudre était assez facilement inflammable ; au contraire, les derniers types livrés par les Contributions indirectes, en particulier la poudre T, nécessitent, pour éviter les retards d'inflammation, une charge plus forte de composition fulminante donnant une flamme plus chaude.

Les poudres étrangères fabriquées par des établissements privés sont très variables. Celles qui paraissent les plus appréciées sont des poudres contenant une certaine quantité de nitro-glycérine. Pour chacune de ces poudres, il est nécessaire de choisir des amorces appropriées.

Mais si, réellement, les résultats fournis par ces poudres sont supérieurs à ceux qu'on peut obtenir avec les poudres du monopole, il y aurait intérêt à ce que le Service des Contributions indirectes fut prié d'étudier et de mettre à la disposition des consommateurs, une poudre donnant des résultats aussi satisfaisants que les poudres étrangères. Mais, comme on ne peut conclure définitivement qu'après une étude comparative, nous proposons que le congrès émette le vœu suivant :

« Que le Service des Poudres et Salpêtres, après essais comparatifs (vi-
« tesse, pression, dispersions, reculs à l'épaule), consente à chercher un nou-
« veau type de poudre imitant et dépassant si possible la Ballistite de Nobel qui
« donne, depuis plus de deux ans, les résultats les plus probants dans tous les
« concours. »

La poudre T elle-même qui donne satisfaction dans la généralité des cas, présente néanmoins deux petites défectuosités, l'une relative à sa granulation qui se prête mal au chargement, l'autre à l'impression physiologique du recul.

Il serait désirable que ces deux points fussent étudiés par le Service compétent pour les améliorer dans la mesure du possible.

Enfin, lorsque la poudre-type, étudiée par la Commission qui serait nommée, sera mise à la disposition des consommateurs, le Congrès émet le vœu qu'une douille spéciale soit fabriquée pour cette poudre avec un renfort métallique intérieur d'une hauteur proportionnée à la charge maxima pour arrêter le carton isolateur et empêcher toute compression.

BRUNEAU, *ingénieur*.

De l'amélioration des poudres de chasse.

par M. DE MONBRISON

Lu par M. Ed. BÉJOT.

Beaucoup de chasseurs ne sont pas satisfaits de nos poudres de chasse. Ont-ils raison ? Oui, mais seulement dans une certaine mesure. Car bien peu savent faire charger leurs cartouches d'une façon rationnelle. Il est facile de se rendre compte de ce que nous venons d'avancer en défaisant quelques cartouches. Trop rarement, exceptionnellement dirons-nous, les charges sont bien proportionnées. Combien de chasseurs se sont préoccupés de la vitesse nécessaire pour atteindre, d'abord, pour tuer proprement, ensuite, le gibier qu'ils poursuivent ? Un sur vingt peut-être ? Et les dix-neuf autres se plaignent amèrement, et rejettent par ignorance sur les munitions, les fautes grossières dont ils sont seuls coupables. Et nous ne comptons pas ici les chasseurs mal armés, c'est-à-dire ayant des fusils n'étant pas à leur couche. Ceux-ci blessent souvent parce qu'ils tirent à côte et mettent sur le compte des cartouches les défauts de leur arme. Mais à quoi tient, dira-t-on, l'ignorance des chasseurs en général : 1° à leur négligence ; 2° aux notions peu précises qui leur sont données dans les tableaux que portent les boîtes de poudre fournies par l'Administration.

Tout d'abord, ces notions doivent être sérieusement révisées et corrigées. Quant à leur négligence, elle porte surtout sur l'impression qu'ils ressentent en tirant un coup de fusil. La plupart désirent sentir leur fusil à l'épaule ; ils veulent un certain recul, sans se préoccuper du poids de leur arme et de la vitesse de la charge de plomb. Combien de ces charges lourdes manquent de pénétration ! Tirer beaucoup de plombs semble être leur idéal !

Ceci dit, examinons un à un les divers types de poudre livrés par l'Administration.

Poudres noires. — Les poudres noires fabriquées à Sevran-Livry donnent, en général, satisfaction aux chasseurs qui savent les employer. Il n'en est pas de même des poudres de certaines poudreries de province. Celles-ci devraient pouvoir livrer au public des produits identiques à ceux de Sevran-Livry. Il en est de si mauvais que les chasseurs de toute une région n'hésitent pas à aller s'approvisionner de poudre noire dans les départements où la régie vend d'autres poudres que celles fabriquées chez eux !

Poudres sans fumée. — Toutes ces poudres sont faites à Sevran-Livry et, par conséquent, devraient être absolument identiques à elles-mêmes. Le sont-elles toujours ? En principe, oui ; mais il est arrivé comme pour les poudres T et J que la granulation a été changée sans qu'on prévienne le public. Ceci a été une faute, la poudre n'ayant plus les mêmes propriétés.

Puisque nous avons parlé de la poudre T, commençons par elle dans ce rapide examen. Elle a été d'abord fabriquée en lamelles assez longues, et était alors un peu difficile à enflammer, mais, par contre, elle donnait des résultats plus réguliers. Elle convenait alors particulièrement au calibre 12 tirant de fortes charges. Depuis, on a modifié sa structure en faisant de plus petites lamelles, l'inflammation est devenue plus facile et pour les armes de chasse ordinaires, la poudre T deuxième manière a donné de bons résultats. (Cal. 12, tirant 32 grammes de plomb au maximum, cal. 16 et 20.) Mais, par contre, le tir de grosses charges avec le cal. 12 a été moins régulier. Il faudrait donc pour donner satisfaction aux tireurs de pigeons, faire établir un type spécial de poudre T analogue à celui primitivement créé.

Quant à la difficulté de charger la poudre T, il existe maintenant des appareils donnant, avec une approximation satisfaisante, des charges presque identiques. Il ne s'agit que de les employer.

Poudre M. — On reproche à cette poudre d'être trop hygrométrique et de ne pas être assez stable quant à la conservation de ses grains. Ceux-ci s'effritent trop facilement dans les transports. Par cela même, les résultats ne sont pas toujours identiques à eux-mêmes et les pressions s'élèvent plus haut qu'il n'est prudent. Il faudrait donc remédier à ces deux défauts par une fabrication plus soignée et par un remplissage des boîtes mieux entendu afin d'éviter le ballotement, partant la détérioration des grains. Ce dernier reproche est surtout fait par les chasseurs éloignés de Paris et provient sans nul doute du transport. Toute poussière de poudre devra être rigoureusement écartée des boîtes pendant le remplissage.

Poudre S. — Si les grains de la poudre M sont trop friables, ceux de la poudre S sont, de l'avis des chasseurs, trop durs et amènent souvent, lorsqu'ils s'introduisent dans le mécanisme de l'arme, des difficultés de fermeture. Peut-on remédier à ce défaut sans faire perdre à cette poudre les qualités adhérentes à la dureté du grain ? Nous ne le pensons pas. Lorsqu'on veut se servir du fusil à éjecteur, il vaut mieux renoncer à son emploi, ou avoir soin de manier l'arme de façon à ce qu'aucun grain ne puisse tomber dans le mécanisme. Ceci n'est pas toujours facile ! La poudre S, quoique moins hygrométrique que la poudre M, l'est cependant encore trop. Il faut prendre avec ces deux poudres (M et S) des précautions pour garder les munitions chargées, assez méticuleuses ; et ces précautions, combien de chasseurs les négligent ! Il y aurait donc lieu de voir si leur fabrication ne pourrait être modifiée afin de les rendre plus stables.

Poudre J. — La poudre J possède toutes les qualités de la poudre noire sans en avoir les défauts : elle produit peu de fumée et elle encrasse moins les armes. De plus, elle donne de plus belles vitesses. On doit donc conserver la poudre J qui peut rendre tant de services : 1° pour les armes de chasse ; 2° pour celles de tir, les pistolets, révolvers ; 3° pour le tir réduit. Nulle part à l'étranger on ne trouverait une poudre semblable ; gardons cette poudre en tâchant toutefois de lui faire produire moins de fumée.

Poudre B N3 F. — Cette poudre est excellente pour les carabines de 6 1/2 à 8 mm. quoiqu'elle donne, elle aussi, un peu de fumée. Mais elle ne saurait être employée sans inconvénients dans les armes rayées de 9 à 14 mm. Il faudrait donc demander à l'Etat de fabriquer un type de poudre pour ces carabines de gros calibres et donnant les mêmes vitesses que les similaires de l'Etranger.

Conclusion. — Demander à l'Administration des Poudres : 1° de créer un type de poudre T destiné aux gros calibres 12 et 10 tirant de fortes charges ;

2° De modifier les poudres S et M afin qu'elles soient moins hygrométriques ; de rendre moins friables les grains de cette dernière pour qu'ils ne s'effritent pas ;

3° De faire en sorte que les poudres J et B N3 F produisent moins de fumée ;

4° De créer un type de poudre spécial pour les armes rayées de 9 à 14 mm. ;

5° De placer sur les boîtes vendues au public des indications précises sur la pression de la poudre enfermée dans chaque boîte pour les charges de plomb ci-après :

Armes de chasse, Cal. 12, charges de plomb 28, 30, 32 grammes.
— Cal. 16, charges de plomb 24, 26, 28 grammes.
— Cal. 20, charges de plomb 20, 22, 24 grammes.

tirées avec une vitesse de 270 à 280 mètres environ à 15 mètres. Boîtes contenant les poudres T, S et M.

Et pour le type de poudre T à créer, les pressions des charges suivantes :

Gros calibres, Cal. 12, charges de plomb 32, 34 et 36 grammes.
— Cal. 10, charges de plomb 38, 40 et 42 grammes.

tirées avec une vitesse de 285 à 290 mètres à 15 m. environ.

Enfin les indications concernant la poudre B N 3 F et le type à créer pour les calibres 9 à 14 mm. des carabines de chasse devraient permettre aux armuriers de doser les charges de ces poudres en raison du calibre et du poids des projectiles.

6° De renoncer à la fabrication de la poudre R.

Avant de terminer nous demandons que l'Administration, si elle ne veut pas l'introduction des poudres étrangères, fasse des essais comparatifs devant une commission spéciale dans laquelle figureront des chasseurs, avec les poudres françaises et de l'Etranger. Et pour que ces essais puissent être concluants, qu'il soit créé à Paris, pendant un an, un dépôt de poudres étrangères où les chasseurs pourraient, en acquittant les droits de douane, s'approvisionner de l'explosif de leur choix.

de MONBRISON.

De l'importation en France des poudres étrangères.

par M. Edmond ROMAIN.

La loi du 15 fructidor an V qui interdit l'introduction en France des poudres étrangères n'avait pas seulement pour but de conserver à l'Etat le monopole exclusif de la fabrication et de la vente des poudres à tirer mais elle avait aussi pour résultat d'empêcher que des particuliers puissent s'approvisionner d'un stock considérable d'explosifs dans le but de les faire servir à des attentats criminels ou à la guerre civile ; à cette époque où l'on ne connaissait que les fusils à silex point n'était besoin de cartouches spéciales pour les armes ; de la poudre, tout simplement, convenait à tous les modèles. Aujourd'hui, les progrès de la chimie permettent de préparer facilement et rapidement sans matériel spécial des explosifs excessivement puissants et dangereux avec des matières premières que l'on peut se procurer partout sans difficultés ; les attentats commis depuis une dizaine d'années sont concluants à ce sujet ; on ne peut donc invoquer une mesure de sécurité publique et de police contre l'introduction en France des poudres étrangères.

A un autre point de vue, il n'y a pas de raison probante pour que la loi de l'an V ne fut modifiée comme le sont et le seront encore toutes les lois par adaptation aux besoins du moment et en ce qui concerne l'introduction des poudres étrangères en France, il y a déjà eu un précédent.

Par décret du Ministère de la Guerre en date du 30 juin 1882, suivi d'une circulaire des Contributions indirectes du 4 août de la même année, la poudrerie de Sevran-Livry fut chargée de vendre des poudres pyroxylées que le « *Gouvernement a fait importer de la Grande-Bretagne* ».

Le 22 janvier 1883, une circulaire des Contributions indirectes annonce la mise en vente de poudre dite poudre au bois pyroxylée qui ne donna que de mauvais résultats ainsi que le constate une note de la poudrerie du Pont de Buis du 3 juin 1890. La nouvelle poudre n'était guère meilleure que l'autre et des types relativement satisfaisants ne vinrent qu'en 1891 avec les poudres S et J ; un troisième type dit poudre P fabriqué à la poudrerie de Vonges dut être abandonné.

Pendant cette dizaine d'années de tâtonnements les Anglais avaient fait de rapides progrès et déjà créé la poudre EC qui est en usage encore aujourd'hui et qui donne toute satisfaction ; son emploi a été tellement apprécié qu'il a fallu construire aux Etats-Unis une usine pour la fabrication de cet explosif qui s'y consomme en grande quantité ; la première poudre pyroxylée anglaise dite poudre Schultz s'emploie également encore aujourd'hui avec succès.

En France, non seulement on ne peut se procurer de poudre étrangère, mais il est défendu à tout particulier, chimiste ou ingénieur, de se livrer à la recherche de perfectionnements possibles dans la préparation des poudres ou à l'essai de formules nouvelles ; une circulaire de la Sûreté Générale en date du 31 octobre 1896 dit en substance que « Tout particulier désirant se livrer à la recherche des poudres et explosifs devra préalablement se pourvoir d'une autorisation... L'intéressé doit adresser sa demande à l'autorité préfectorale. Il fait connaître l'emplacement et les détails d'installation de son laboratoire, la quantité maximum d'explosif qu'il désire fabriquer à titre d'essai ou d'expérience, *la nature et la composition de ces explosifs.* »

Que l'Etat prenne des précautions pour que des particuliers ne puissent faire des explosifs en chambre et protège ainsi la sécurité publique, il n'y a rien de mieux, mais exiger de l'inventeur le secret de ses procédés pour l'en dépouiller au profit de l'Etat est aussi injuste qu'arbitraire.

Quelle que fut l'érudition et la compétence indiscutables des ingénieurs des Poudres et Salpêtres, il est exagéré qu'en plus du monopole de la fabrication des poudres, ils aient aussi celui de la pensée, du travail intellectuel et de la science.

Avec une bonne volonté évidente, le Corps des Poudres et Salpêtres a produit ces dernières années une assez grande variété de poudres de chasses pyroxylées plus ou moins réussies sans être cependant arrivé à fournir à tous les besoins de l'arquebuserie moderne ; et, créant des types plus ou moins similaires aux produits étrangers n'a pas encore recherché la fabrication des échantillons les plus recommandables.

Il s'en suit que malgré des travaux continus, nous sommes en France toujours en retard sur les voisins ; d'ailleurs chaque jour de nouveaux perfectionnements peuvent se produire dans la fabrication des poudres de chasse et les manufactures de l'Etat français ne peuvent indéfiniment se livrer à cette course au clocher sans nuire aux finances de leur département, il serait beaucoup plus simple de laisser introduire les poudres étrangères moyennant une forte douane que de chercher à les imiter, la plupart d'entre elles sont d'ailleurs protégées par des brevets efficaces.

Dans la séance de la Chambre du 12 février 1897, M. Linard, député, proposa un amendement à l'article 18 de la loi des finances, à l'effet d'obtenir l'introduction en France sous paiement de droits de douane des poudres pyroxylées étrangères.

Cette mesure fut combattue par le rapporteur général et le Ministre des finances par d'assez pauvres arguments dont les principaux étaient ceux-ci :

« C'est une erreur, mes chers collègues, on les fabrique (les poudres) dans des conditions qui sont, non pas égales à celles des poudres anglaises, mais notablement supérieures. »

A ceci l'on répondra que si les poudres anglaises étaient si inférieures aux poudres françaises elles ne gagneraient pas les principaux prix aux tirs aux pigeons et ne seraient pas aussi répandues dans le monde entier ; en 1897, M. Linard, dans sa demande d'introduction, constatait que l'Angleterre : « Produit annuellement 300.000 kilogs de poudres pyroxylées contre nous 15.000. Elle consomme chez elle 75.000 kilogs de poudre pyroxylée alors que notre consommation est de 15.000 kilogs, car notre exportation étant presque nulle, la consommation est presque égale à la production. L'Angleterre exporte 225.000 kilogs de poudre pyroxylée... »

« Si nous faisons le compte de la quantité de poudres pyroxylées qui, chaque année, est introduite en fraude en France, nous constatons que cette quantité s'élève à 800 kilogs au minimum... »

M. le Rapporteur général dit de son côté :

« Je sais que l'adoption de cet amendement est désiré par un très grand nombre de chasseurs et de tireurs aux pigeons. Ce que je sais bien, c'est que la mise en vente même à un prix élevé de la poudre pyroxylée étrangère favoriserait considérablement la fraude. »

Il semble, au contraire, que les amateurs de poudres étrangères préféreraient se les procurer sans risque, en payant des droits, plutôt que de s'exposer aux fortes amendes qu'entraîne l'introduction frauduleuse ; ce qui existe pour les cigares existerait pour la poudre ; d'autre part, l'Etat achetant directement la poudre au dehors pourrait se la procurer en vrac et la vendre aux consommateurs dans ses boîtes à lui, de manière à ce que tout emballage d'origine trouvé entre les mains des chasseurs dénonce l'entrée illicite ; il serait aussi facile de donner aux poudres importées une coloration artificielle qui les distinguerait de celles débitées dans les pays d'origine.

Plus loin, M. le Rapporteur ajoute : « Dans tous les cas la question n'intéresse pas seulement les chasseurs et le Trésor, elle intéresse également une branche très importante de l'industrie française, je veux parler de notre armurerie...

« Je crois, avec les représentants les plus autorisés de l'armurerie française, que cette industrie est intéressée au maintien de la prohibition. »

D'autre part, Monsieur le Ministre des Finances prend la parole en ces termes :

« Aussi, Messieurs, quand la proposition qui se traduit par l'amendement actuel a été présentée, nous avons vu aussitôt *toute l'industrie de la fabrique des armes de chasse protester avec énergie.* Le Comité consultatif des Arts et Manufactures, dont la compétence est incontestable, a été consulté ; et il s'est prononcé à l'unanimité moins une voix, je crois, contre l'introduction des poudres pyroxylées anglaises... En France, notre industrie des armes est très importante ; nous avons des marques de premier ordre, nos *exportations à l'Etranger sont considérables.* »

De ce qui précède, il semble résulter que M. le Ministre des Finances et M. le Rapporteur général n'ont pas été suffisamment éclairés et documentés sur la question et que leur bonne foi a été surprise. L'industrie des armes de chasse en France n'est pas aussi importante qu'ils ont bien voulu le croire, toute cette industrie est limitée à la production de Saint-Etienne, production qui, à la vérité, s'accroît et se perfectionne d'année en année, grâce aux efforts constants des fabricants de cette ville à qui il faut rendre hommage pour leur persévérance dans la lutte contre l'envahissement des produits étrangers ; malgré tout, leur production est encore relativement restreinte par rapport à la consommation française continentale et le chiffre des exportations, limité en partie à la seule fourniture de nos colonies, est peu important. En 1906, le banc des épreuves de Saint-Etienne a éprouvé 75.148 canons de fusils avec une augmentation de 11.219 canons sur l'année précédente, l'épreuve de l'arme finie a produit 57.554 fusils poinçonnés ; c'est parfait, et l'on ne saurait trop encourager cet effort, mais ces chiffres ne sont pas encore suffisants pour les besoins de la consommation intérieure, espérons qu'ils y parviendont bientôt.

Pendant ce temps, le banc des épreuves de Liége éprouvait dès 1904, 656.327 fusils à deux coups, je passe sous silence les autres armes car la totalité des épreuves en tous genres atteint cette année-là 2.479.936 ! En ce qui concerne la fabrication parisienne, elle n'existe pas ; on fabrique bien de çi de là à Paris quelques rares fusils par unité, encore la plupart usinés à Liége ou à Saint-Etienne, sont-ils seulement finis dans la capitale, mais cela ne constitue pas une industrie ; sauf pour les fabriques stéphanoises qui ont une maison de vente à Paris, il n'y a pas, à proprement parler, d'armuriers dans cette ville, mais des marchands d'armes se fournissant surtout à Liége et en Angleterre, et un peu à Saint-Etienne.

De quelque façon qu'on envisage la question, il est impossible de voir en quoi l'introduction des poudres étrangères puisse nuire au commerce des armes et encore moins à leur fabrication ; la poudre étrangère étant achetée par l'Etat et vendue par l'Etat comme celle de sa fabrication, il n'y aurait qu'avantage pour eux à fournir à leurs clients ce qui leur plaît et l'on ne s'explique pas l'étrange démarche que firent avec succès en 1897 auprès des Pouvoirs publics, les armuriers, pour empêcher le vote de l'amendement Linard.

Au mois de février de cette présente année, la Chambre syndicale des armes et munitions de Paris, prévoyant qu'au Congrès de la chasse, l'introduction en France des poudres étrangères serait remise en question, a adressé par la voix de son président, une nouvelle requête auprès du Ministre des Finances pour protester d'avance contre cette mesure et les arguments de cette lettre sont les mêmes que ceux énoncés dans la discussion de la Chambre en 1897 ; on a vu plus haut combien ils avaient peu de valeur. Le fond de l'affaire dans tout ceci, c'est que les armuriers regrettent de ne pouvoir actuellement, par suite de la concurrence, vendre leurs cartouches aussi cher qu'autrefois : les gros prix de 30 et 35 francs sont passés et à présent la moyenne est de 23 à 25 francs pour le calibre 12.

N'ayant pas d'autre raison pour se défendre, le président de la Chambre syndicale dans sa lettre au Ministre ne trouve rien de mieux que d'accuser ses confrères qui vendent les cartouches à un prix moins élevé que les autres de faire de la contrebande, je citerai *in-extenso* le passage :

« Nous avons à plusieurs reprises signalé la fraude qui se fait en réintroduisant en France des poudres vendues à titre d'exportation, ce qui cause un grand préjudice à ceux de notre corporation qui ne veulent user de ce moyen. »

Quand bien même il se ferait de la fraude, ce n'est pas l'introduction des poudres étrangères qui en ferait accroître l'importance et si la contrebande des poudres était aussi facile, les chasseurs ne demanderaient pas à payer un gros prix d'entrée pour se les procurer.

Les armuriers craignent aussi que si l'on accepte les poudres étrangères en France ils fassent moins de cartouches, la chose est simple à régler, il s'agit simplement pour l'Etat de ne vendre que de la poudre en vrac et de maintenir la prohibition complète pour les cartouches chargées, j'ai dit plus haut que les fraudes pourraient être reconnues par suite de la coloration des explosifs et de leur empaquetage dans les boîtes de l'Etat français.

Les adversaires de l'introduction des poudres étrangères ont souvent objecté que nous avions dans les poudres pyroxylées et autres françaises des produits assez variés pour répondre à tous les besoins, c'est une grande erreur, comme on le verra ci-après ; il y a un certain nombre de poudres pyroxylées étrangères qui n'ont pas leurs similaires en France et dont la supériorité est incontestable.

En France, la poudre T, malgré certaines qualités, n'est pas propice au chargement régulier des cartouches de chasse par suite de sa forme lamellaire qui donne dans les cartouches un arrimage irrégulier et tend à former des paquets peu pénétrables à la flamme de l'amorce ; si le clivage des lamelles est vertical, l'inflammation est plus rapide, elle est au contraire retardée si les plaquettes se trouvent en travers horizontalement, chacune d'entre elles faisant écran pour la flamme de l'amorce, devant celles placées au-dessus ; on peut se rendre compte de ces diversités d'agencement des grains avec une corbeille remplie de jeux de cartes. Le graphitage de la poudre T qui tend à retarder l'inflammation n'est qu'un expédient à rejeter ; le plus souvent irrégulier, il se modifie et disparaît plus ou moins par suite de la manipulation et du transport dans les boîtes. Pour obvier à ces inconvénients, la Poudrerie Belge Muller et Cie, à Clermont, a produit sous le nom de Mullérite, une poudre pyroxylée de chasse en lamelles non graphitées puis perfectionnant sa fabrication, la même poudre, mais cette fois sous forme de grains ; ces explosifs ont donné, au point de vue balistique, d'excellents résultats.

En Angleterre on a produit, sous le nom de Ballistite, une poudre à gélatinisation complète et addition de nitro-glycérine par les procédés Nobel. Cet explosif en grains cubiques uniformes est très propre au chargement régulier des cartouches et ses qualités balistiques sont excellentes, mais sa principale caractéristique est d'être une poudre très condensée, c'est-à-dire dont la charge occupe un très petit volume.

Les Anglais ont profité de cette propriété pour l'employer dans des cartouches dites *Parvo cartridge*, *Pymée cartridge*, qui n'ont que cinquante-cinq millimètres de longueur ; lesdites cartouches sont avantageuses en ce que les fusils faits pour leur emploi ont les chambres raccourcies d'autant, ce qui permet d'étoffer le bas du canon sur une moindre longueur et, partant, de le faire plus léger sans nuire à sa sécurité. La Ballistite ne laisse après le tir aucune trace d'oxydation, par suite du faible poids de la charge, le recul de l'arme est insignifiant, enfin elle est parfaite au point de vue du groupement, de la pénétration, de la pression et de l'hygrométricité ; ce serait une des premières à introduire en France.

La Compagnie Nobel exploite, d'autre part, en Italie, son procédé pour une poudre de composition analogue à la Ballistite, mais sous une autre forme et connue sous le nom de Lanite.

Dans la fabrication de la Lanite, la matière de la poudre étant encore à l'état de pâte est comprimée dans une machine *ad hoc* qui la transforme en petits fils semblables à du vermicelle très fin ; ces fibres encore molles, sont pesées par charges puis comprimées en un cylindre qui affecte la forme d'une bourre du calibre correspondant à la charge ; pour faire les cartouches, on enfonce au fond de la douille cette sorte de bourre explosive qu'on surmonte d'une bourre en feutre et du plomb ; ce procédé a le grand avantage d'être très rapide et surtout de produire des cartoouches très régulières et sans aléas de dosage ou de compression dangereuse de la poudre, puisque celle-ci est toute pesée et qu'on ne saurait la comprimer puisqu'elle l'est préalablement. Les charges dragées de Lanite se font en calibre 20, 16 et 12 et pour chaque calibre il y a trois sortes de charges de poids échelonnés pour servir à tous les besoins. La Lanite, poudre concentrée a les mêmes qualités que la Ballistite, cette dernière est cependant plutôt préférable quand on veut atteindre de grosses charges par suite de ses qualités plus progressives, néanmoins elle serait appelée à un grand succès si on pouvait se la procurer en France.

Une autre poudre concentrée à gélatinisation complète est la poudre allemande Valsrode, elle est très répandue en Allemagne, en Belgique et aux Etats-Unis, bien que ce dernier pays ait des poudres indigènes excellentes. La Valsrode se présente sous forme de grains fins, on peut avec elle faire des cartouches raccourcies. Une certaine variété est ce qu'on peut trouver de mieux pour l'usage des armes qui emploient des petites charges très puissantes : revolvers, pistolets à répétition, pistolets de tir, etc... En France, pour ce dernier usage, on se sert de la poudre J 3 qui a, sur la Valsrode, le désavantage de laisser des résidus ; le monopole des poudres a bien essayé ces dernières années de mettre en circulation, sous le nom de T bis, une sorte de Valsrode pour petites armes, mais les résultats en furent mauvais et la plupart des tireurs revinrent à la J. 3.

La Valsrode est surtout intéressante pour remplacer en France la J 3 ; son emploi pour les fusils de chasse demande un grand soin dans le dosage et la confection des cartouches, c'est un produit avec lequel il ne faut pas jouer.

Je citerai encore, comme poudre utile à introduire, la poudre E C anglaise dont l'usage est universel dans le monde entier ; bien qu'à mon avis je préfère les précédentes, il n'en est pas moins vrai que cette poudre donne toute satisfaction et que ses copies en France, sous forme de poudre M et R lui sont inférieures ; les tireurs aux Pigeons français l'apprennent à leurs dépens.

Il reste encore à introduire en France des poudres spéciales pour les canardières de gros calibre ; il n'existe en fait pour l'usage de ces armes de la poudre ordinaire noire N°O ; or, cette poudre qui se comporte bien jusque y compris le calibre 8, devient trop brisante pour le calibre 4, le 32 millimètres et les canons de punt ; les maisons anglaises Curtis et Harvey et Pigou Lawrance et C°, fabriquent des poudres noires de toutes grosseurs spéciales pour ces armes, il doit y avoir aussi des poudres pyroxylées destinées à cet usage, en tout cas, il serait facile d'en créer.

Les chasseurs français, dont le nombre dépasse 500.000, sont partisans de l'introduction en France des poudres étrangères ; il faut espérer que les démarches injustifiées d'un petit groupe d'armuriers (les fournisseurs chez qui ils portent leur agent), ne prévaudra pas auprès des Pouvoirs publics pour les priver de l'objet de leurs désirs.

VOEU

L'introduction des poudres de chasse étrangères sera faite en France par les soins de l'administration compétente qui les achètera en vrac dans les pays d'origine pour les revendre dans les boîtes de la Régie française, dans le but d'entraver la fraude ; ces poudres pourront, au besoin, être colorées artificiellement.

L'introduction en France des cartouches chargées reste prohibée.

Un droit de douane assez élevé, sans cependant être prohibitif, sera appliqué à ces poudres pour protéger les produits nationaux.

Les poudres qui paraissent devoir être importées, pour commencer, sont :

Belge-Mullérite I et II.

Allemande-Valsrode pour fusil et surtout pour pistolet.

Anglaise-E C I, E C 3, Ballistite.

Italienne-Lanite.

Poudres pour canardières noires et pyroxylées.

E. ROMAIN.

Du prix des poudres pyroxylées en France,

par M. E. ROMAIN.

En établissant les prix de vente au détail en France des poudres pyroxylées françaises il semble que la Commission des Finances se soit inspirée de deux systèmes : d'une part un bénéfice de tant pour cent à prendre sur le prix de revient de la fabrication qui paraît avoir surtout été appliqué aux prix de vente d'exportation ; d'autre part, en ce qui concerne la vente au public en France, un prix établi pour égaliser le coût du coup de feu, l'État percevant alors un tantième par cartouche au lieu du kilog de poudre consommée.

Ce dernier procédé très juste d'ailleurs, puisque les différents types de poudre pyroxylées varient très peu dans leurs prix de revient, a été mal calculé dans nos applications et c'est ainsi que si le prix fort de 32 francs a été donné à la poudre T par suite du faible poids de la charge, par contre la poudre J à 28 francs est beaucoup trop chère vu que le dosage des cartouches y est considérable et en cette occasion le prix de revient de la munition complète élevé hors de proportion avec celui des cartouches chargées avec les autres poudres similaires.

Le tableau qui va suivre donne les prix des charges pour cent cartouches avec les différentes poudres de la Régie française.

Le poids théorique des charges a été pris dans les tables du colonel Journée.

CALIBRE 12

Charges de poudre donnant la vitesse initiale

Vo=360 *mètres avec la charge uniforme de 37 grammes de plomb*

Poudre noire	Poids de la poudre gr.	Prix du kilog. fr.	Prix pour 100 cartouches fr.	Prix à établir au kilog kil.	Prix pour 100 cartouches fr.
—	—	—	—	—	—
forte N° 2	5 80	15	8 70	»	»
J N° 1	4 20	28	11 76	21	8 82
J N° 2	3 90	28	10 92	23	8 97
S N° 1	3 30	28	9 24	27	8 98
S n° 2	2 90	26	8 12	31	8 99
M	2 90	30	8 70	31	8 99
R	3 10	29	8 99	29	8 99
T	2 60	32	8 32	34	8 84

On remarquera dans ce tableau, au sujet des nouveaux prix proposés, que si l'Etat perdait sur le tant pour cent au prix du kilog pour les poudres J et S N° 1 il trouverait à se récupérer par l'augmentation des poudres S N° 2, M et T.

Le prix de revient des charges dans cette nouvelle combinaison devient sensiblement le même quelle que soit la poudre employée.

La poudre J est une des meilleures que nous possédions en France ; avec elle, la confection des cartouches ne demande pas de soins aussi minutieux qu'avec les autres poudres pyroxylées, elle s'enflamme convenablement, surtout la J n° 2 dans les douilles ordinaires sans nécessiter des munitions de luxe et partant chères, et l'on peut sans inconvénient en faire usage dans les armes éprouvées seulement à la poudre noire.

En un mot la poudre J semble devoir être par excellence la poudre du chasseur peu fortuné qui n'ayant pas d'arme de premier ordre et regardant au coût des douilles de premier choix, veut cependant profiter des avantages des poudres pyroxylées. Ce n'est donc pas à cette classe intéressante de chasseurs qu'il faut faire payer la poudre plus cher qu'aux autres.

Je ne parlerai ici que pour mémoire de la poudre J N° 0 que l'on emploie dans les carabines mais qui est, en outre, la seule poudre pyroxylée dont on puisse convenablement se servir dans les gros calibres : 8,4,32 millimètres, en remplacement de la poudre noire ordinaire N° 0.

Pour le calcul des charges, on obtient environ la même vitesse initiale en prenant en poudre J N° 0 soixante-cinq pour cent de la charge en poudre noire ordinaire N° 0 ; il s'en suit que par exemple pour un calibre 8 avec 56 grammes de plomb pour obtenir Vo=260 mètres on aura :

Poudre ordinaire N° 0, 9 gr. 50 à 12 fr.=cent de cartouches 11 fr. 40.

Poudre J N° 0, 6 gr. 17 à 28 fr.=cent de cartouches 17 fr. 70.

Ici encore il y a à remédier au prix de vente.

Par décret inséré à l'*Officiel* du 29 janvier 1899, les prix d'exportation des poudres pyroxylées S, J, M et R sont uniformément de 9 fr. 50 le kilog.

Le nouveau tarif inséré à l'*Officiel* du 10 janvier 1907 comporte les modifications suivantes en regard desquelles je place le prix de vente au détail en France.

Poudre	Prix d'exportation fr.	Prix détail France fr.
—	—	—
S	7 50	28
M	8 70	30
R	9 70	29
J	8 50	28
T	8 30	32
B N 3 F	8	32

Dans ce tableau les prix d'exportation ont bien l'air basés sur un bénéfice régulier à tant pour cent sur le prix de revient du kilog.

D'autre part, les prix de détail semblent avoir été établis avec bénéfice en proportion du poids des charges employées. Or les derniers prix sont faux comme il a été démontré par le tableau plus haut.

VOEU

Remaniement des prix de détail des poudres pyroxylées françaises, de manière à ce que le prix du coup de feu soit sensiblement le même avec tous les types de poudres.

En tout premier lieu abaisser le prix de la poudre J qui est vraiment la poudre pyroxylée populaire dont l'emploi n'a été jusqu'à présent restreint que par suite de sa cherté relative.

E. Romain.

De l'introduction en France des poudres étrangères.

par Louis TERNIER.

Il est de notoriété parmi les tireurs aux pigeons et parmi ceux qui ont chassé à l'Etranger que si les poudres noires françaises sont excellentes, les poudres pyroxylées françaises sont notablement inférieures à certaines poudres étrangères, à la Ballistite, la Mullerite et la EC, notamment. La poudre S est impossible à employer à cause de ses résidus. Elle donne pour des augmentations de charge minimes des pressions excessives.

La poudre M est compressible, très hygrométrique et fume beaucoup. Un grand nombre d'éclatements de fusils de calibre moyen sont dus à l'emploi de cette poudre plus dangereuse qu'on ne le croit généralement dans les fusils du calibre 16.

La R est à peu près abandonnée.

La J, si elle fumait moins, serait la plus commode à employer, mais elle coûte beaucoup trop cher.

La T est brutale, difficile à faire détoner, très irrégulière suivant les amorces et les douilles. Elle pique si fortement les fusils qu'au bord de la mer elle ne peut être utilisée.

Toutes ces poudres donnent, avec l'emploi des charges normales, des vitesses inférieures à celles des poudres étrangères mentionnées plus haut.

Leur emploi est infiniment moins pratique et beaucoup plus fatigant pour le tireur que celui de ces poudres.

Les ingénieurs ont si bien reconnu la justesse de ces reproches qu'ils ont promis d'étudier un nouveau type de poudre pyroxylée. Ils en ont déjà trouvé un qui, paraît-il, aux essais n'a pas répondu à leur attente. Il est probable que le nouveau type aura, du reste, des inconvénients. Aussi serait-il plus simple que l'Etat autorisât l'introduction en France des types de poudres les plus prisés à l'Etranger, la Ballistite, la Mullérite, la EC., en identifiant leur prix, au moyen d'une taxe douanière, à ceux des poudres françaises courantes. L'Etat pourrait importer lui-même et revendre les produits étrangers.

Le Trésor n'y perdrait rien. Au contraire. Les armuriers — ou pour être plus exact, la Chambre syndicale des armuriers — a protesté contre la demande faite par divers tireurs qui demandaient l'introduction des poudres étrangères. La Chambre syndicale a envoyé au ministre des Finances une lettre contre laquelle s'insurgent tous les chasseurs de France. Les armuriers, ne considérant que leur intérêt personnel, oublient qu'ils ne sont ni ingénieurs, ni chasseurs, ni tireurs, qu'ils ne sont que des négociants et que l'intérêt de ceux qui leur achètent doit seul être considéré. Ils n'ont ni la pratique, ni les connaissances scientifiques nécessaires pour apprécier les arguments des chasseurs et tireurs, ceux des hommes de sport, ceux des ingénieurs eux-mêmes. Leur seul argument consiste à représenter le préjudice que pourrait leur causer la mesure sollicitée. Le Congrès décidera si l'intérêt de quelques commerçants peut prévaloir contre celui des tireurs aux pigeons français, contre celui des sociétés de tir aux pigeons français, contre l'intérêt de la majorité des chasseurs de France. Le Bulletin mensuel de l'armurerie a été plus loin que la Chambre syndicale en ses revendications. Il fait prévoir une grève des ouvriers des poudres. Il est fort probable que le personnel ouvrier ne songeait nullement à se remuer et il est regrettable de penser que dans un intérêt particulier, les meneurs de la campagne contre l'importation des poudres étrangères n'aient pas hésité à fomenter le désordre parmi ce personnel.

On pourrait, du reste, limiter la quantité de poudre étrangère pouvant être introduite et n'accorder cette introduction, comme on le fait pour les tabacs, que sur autorisation personnelle.

J'ai donc l'honneur de soumettre au Congrès le vœu suivant :

L'introduction des poudres étrangères suivantes :

Ballistie, EC, Mullerite pourra être autorisée sur autorisation individuelle délivrée par le ministère des Finances. Elle ne pourra dépasser..... kilog. par personne et ne sera permise qu'en boîtes d'origine.

Un droit de douane identifiant le prix de ces poudres à celui des poudres françaises leur sera appliqué à l'entrée.

LOUIS TERNIER.

M. LE PRÉSIDENT. — Quant à la question des munitions, voici les vœux qui ont été adoptés par la sous-section.

Vœux proposés par M. le Comte Clary

« 1° Considérant que la tolérance accordée aux tireurs étrangers d'introduire en France une certaine quantité de cartouches chargées avec des poudres étrangères pour prendre part aux concours de tir aux pigeons met les tireurs français sur un pied d'inégalité pour ne pas dire d'infériorité au point de vue des poudres employées ;

« Considérant que les tireurs aux pigeons les plus qualifiés et que de nombreux chasseurs dignes de foi ont pu constater et apprécier les qualités balistiques tout à fait remarquables de certaines poudres étrangères ;

« Considérant qu'un très grand nombre de chasseurs estiment les poudres étrangères supérieures, à plusieurs points de vue, aux poudres françaises ;

« Considérant, en tous cas, que l'absence de monopole dans les pays étrangers crée entre les divers fabricants de poudre une concurrence qui les porte à perfectionner sans cesse leurs produits, au plus grand bénéfice du consommateur ;

« Considérant que, dans ces conditions, l'introduction en France des poudres étrangères aurait pour résultat de forcer le service des poudres à chercher à perfectionner les types existants ou à les remplacer par des types supérieurs aux produits étrangers ;

« Considérant qu'au point de vue fiscal, l'établissement de droits d'entrée raisonnables mais compensateurs, empêcherait l'Etat de subir aucune perte de ce chef ;

« Le Congrès de la chasse émet le vœu que le Parlement autorise l'introduction en France des poudres étrangères, au moins à titre d'essai, pendant une année.

« A cet effet, un bureau de commandes pourrait être créé à Paris par le service des Douanes pour donner satisfaction à toutes les demandes des chasseurs ;

« 2° Considérant que l'emploi des poudres pyroxylées a plus que doublé en France depuis dix ans, que la consommation des poudres a augmenté de 40.986 kilog. depuis 1895, pour atteindre, en 1905, le chiffre de 56.843 kilog.;

« Considérant que l'emploi des poudres pyroxylées devrait être généralisé, et surtout démocratisé ;

« Le Congrès de la chasse émet le vœu que l'Etat veuille bien mettre à l'étude la fabrication d'un nouveau type populaire de poudre sans fumée, dont le prix soit accessible aux bourses des chasseurs les plus modestes, tout en offrant toutes les garanties de sécurité indispensables ;

« Et qu'en attendant la création de cette poudre, le monopole des poudres consente à abaisser le prix de la poudre J n° 1 à 21 fr. le kilog., celui de la poudre J n° 2 à 23 fr., de façon à égaliser son prix de revient à celui des autres poudres pyroxylées et de façon à rendre son emploi accessible aux petites bourses. »

Voté.

M. Bruneau. — Je trouve le premier de ces vœux trop long ; la Chambre ne s'occupera pas des considérants. Il n'y a pas trente-six choses à demander, mais tout simplement l'introduction des poudres étrangères ; on nous l'accordera ou on ne nous l'accordera pas, les considérants n'appuieront pas notre demande.

Un Membre de la sous-section. — Au sujet du bureau de commandes qui pourrait être créé, je demande que l'on revienne à un état de choses tout à fait rationnel, et que l'on prenne les débitants de poudres. Voici à ce sujet, l'amendement que je propose au vœu :

« Considérant les vœux émis en faveur de l'introduction en France des poudres étrangères, étend ce vœu à toutes les poudres sans limitation aucune ;

« Considérant que l'administration des poudres a, comme agents naturels, les débitants de poudre, émet le vœu que la vente en France des poudres étrangères devra se faire par les débitants de poudre. »

De 1880 à 1882, l'administration a procédé ainsi de préférence à toute modification proposée qui réclamerait une législation spéciale.

M. GASTINNE-RENETTE. — Notre Chambre syndicale a protesté contre ce désir de voir rentrer en France des poudres étrangères, à cause de la fraude. Nous avons fait une demande pour des essais comparatifs entre la poudre française et la poudre étrangère, car des expériences sont nécessaires ; nous ne voyons pas d'inconvénient à ce que vous fassiez vous-mêmes des expériences et essayez de faire entrer un peu de poudre, mais nous protestons contre l'introduction de poudres étrangères ; les poudres françaises se vendent 32 fr. le kilog. et la fraude en profite ; des maisons de Belgique sont venues offrir à des armuriers de leur fournir, toutes les semaines, 50 kilog. de poudre passée en contrebande.

UN MEMBRE DE LA SOUS-SECTION. — Mais nous ne sommes pas des douaniers.

M. GASTINNE-RENETTE. — Nous devons protéger l'industrie française.

UN AUTRE MEMBRE. — Cela ne changera rien.

UN AUTRE. — Après tout c'est l'Etat.

UN AUTRE. — Il y a cependant une considération à envisager, c'est que si nous, Français, émettons des vœux destinés à donner du mécontentement aux milieux gouvernementaux, cela ne fera pas nos affaires.

UN MEMBRE DE LA SOUS-SECTION. — Mais si l'on fait entrer régulièrement de la poudre étrangère, cela diminuera la fraude.

M. GASTINNE-RENETTE. — Je vous demande pardon, on parle de faire payer 20 à 30 francs de droits par kilog., cela facilite la fraude au contraire. Plus les droits sur une matière sont élevés, plus on cherche à faire de la contrebande.

M. COUTARD. — Je partage l'opinion de M. Gastinne-Renette ; nous ne devons exprimer que des vœux pratiques ; ce serait compromettre singulièrement notre œuvre que d'émettre des propositions qui seront repoussées a priori. Or, s'il en est une, c'est bien celle de l'importation en France des poudres étrangères. Nous avons un tarif douanier, ouvrez-le, et à côté du mot poudre, vous voyez : Prohibé. Et je vous garantis que vous n'avez aucune chance devant le Parlement.

Mais il y a des accommodements avec le gouvernement et avec l'administration ; la régie des contributions indirectes, par l'intermédiaire des manufactures de l'Etat achète des cigares étrangers et vous les vend ; elle achète aussi les allumettes suédoises qu'elle vend quotidiennement. A un moment, les allumettes suédoises ont passé pour être les plus recherchées, mais elles ne valent plus rien depuis que l'Etat les fabrique ; on pourrait procéder de même pour les poudres.

On pourrait demander à l'administration des poudres de s'approvisionner de poudres étrangères qu'elle tiendrait à la disposition du public français, par l'intermédiaire des débitants ordinaires, exactement comme nous avons aujourd'hui, dans les bureaux de tabac, des cigares de la Havane, marqués et revêtus d'une bande de contrôle et de garantie, et avec les assurances les plus complètes que ces poudres ne seront pas introduites par des fraudeurs, et alors point ne sera besoin, pour le chasseur revenant de l'Etranger, de dissimuler une petite quantité de poudre qu'il ne peut trouver en France sans une autorisation et qui est amené lui-même à faire de la fraude, car l'autorisation n'étant pas retirée, elle peut très bien resservir.

L'Etat nous débitera ces poudres après avoir prélevé son bénéfice, naturellement.

Un membre de la sous-section. — Ce qui est vrai pour les cigares ne l'est plus pour la poudre ;l'Etat peut très bien acheter des cigares de la Havane qu'il ne peut fabriquer, mais il ne peut pas acheter à l'Etranger de la poudre française.

Un autre membre. — L'Etat a déjà introduit des poudres étrangères.

Un autre. — Il faudrait alors que la législation qui régit les dépôts de poudre soit changée ; ainsi, actuellement, nous sommes tenus, par la loi et par la régie, au dépôt de 52 kilog. de poudres.

M. Gastinne-Renette. — Non, 25.

Le même membre. — Non, 52 par la régie, alors que la Préfecture n'en autorise que 25, en sorte que nous sommes en continuelle contravention avec la régie et la Préfecture. Si, en même temps que nos 52 kilog. de poudres françaises, il nous faut avoir 52 kilog. de poudres étrangères, il faudra faire changer la législation.

M. le président. — Je résume la question. M. Coutard fait le même vœu que celui qui a été rédigé.

M. Guinard. — Et quand vous demanderez un kilog. de poudre, on ne vous le donnera pas ; il est du reste dangereux de se servir des poudres étrangères pour faire ses cartouches soi-même.

M. le président. — M. Guilard ne paraît pas avoir très bien compris le vœu ; je le répète, afin que cela soit bien clair.

Vous supposez que les armuriers n'auront pas de poudres étrangères ou que la régie ne leur en délivrera pas. C'est bien simple, cependant ; le jour où vous commanderez à votre armurier des cartouches chargées avec de la poudre étrangère, il ira en acheter.

Quant à M. Coutard, qui nous dit qu'il faudra une législation spéciale, je ne le crois pas ; les manufactures de l'Etat introduisent elles-mêmes en France les matières premières qui leur sont nécessaires sans législation spéciale ; l'administration est absolument maîtresse de se fournir où elle veut, et je ne crois pas qu'elle se serve exclusivement, pour ses poudres, de salpêtre français ; je crois plutôt qu'elle doit acheter des salpêtres étrangers et bien d'autres matières encore ; elle peut, vraisemblablement, faire l'importation en vrac ou dans un emballage plus considérable et faire ensuite la division en des boîtes de son modèle et de son choix ; cela devient alors une sorte de travail de l'administration qui ne demande plus aucune intervention parlementaire. Voilà ce que l'on peut faire, mais nous avons réfléchi à cette question, et nous sommes tout à fait d'accord que, quand il s'agit de poudres étrangères, nous voulons les avoir fabriquées directement par l'Etranger, car si elles sont manipulées par l'Etat, nous ne pouvons savoir si elles seront faites convenablement.

Un membre de la sous-section. — C'est de la méfiance.

M. le président. — Evidemment, si les poudres étrangères viennent directement, nous sommes sûrs de notre affaire ; autrement, nous ne le sommes pas.

UN AUTRE MEMBRE DE LA SOUS-SECTION. — Je demande que ce soit plutôt l'administration des poudres qui nous fournisse, plutôt que chaque particulier pour son propre compte.

M. LE PRÉSIDENT. — Vous voilà donc, Messieurs, en face de deux solutions ; c'est à vous de choisir.

UN MEMBRE DE LA SOUS-SECTION. — Je voudrais éclairer ces Messieurs sur cette question que j'ai longuement étudiée. Nous nous sommes demandés si l'on ne pourrait pas profiter du règlement actuel pour faire entrer en France quelques kilog. de poudre pour notre consommation personnelle et non commerciale. On m'a dit, en effet, qu'il suffisait de faire une demande sur papier timbré adressée au ministre de la Guerre ; cette demande serait examinée et renvoyée au ministère des Finances qui, très probablement, statuerait favorablement.

J'ai personnellement fait cette demande. Je ne suis pas le seul, et je ne suis pas le premier. Le ministère de la Guerre a favorablement accueilli cette demande, mais le ministère des Finances, saisi après, l'a repoussée totalement. Voici la réponse qui m'a été faite par lettre.

« A la date du 2 courant, vous avez bien voulu m'adresser une demande en vue de l'introduction en France de deux kilog. de poudre dite Ballistite.

« En vue d'examiner la suite à donner à cette demande, je vous prie de me faire connaître quel genre de Ballistite vous désirez introduire en France. »

J'avais dit dans ma demande que c'était pour faire des expériences de tir. Je ne comprends donc pas pourquoi on m'a fait cette question.

Je ne sais pas alors comment il faut s'y prendre pour faire entrer de la poudre à titre d'expériences, puisqu'il est administrativement permis de le faire, et qu'il m'a été assuré qu'il suffisait de faire cette demande au ministère de la guerre pour en avoir. Je constate simplement que le conseil que l'on m'a donné a été ou mal suivi par moi, ou alors qu'il était erroné. Cependant, il émane de gens compétents, puisque c'est M. Gastinne-Renette lui-même qui me l'a donné.

M. GASTINNE-RENETTE. — Je vous avais bien recommandé de faire signer votre pétition par le président d'une société de tir au fusil de chasse qui pouvait arguer de son titre de président de société pour obtenir des cartouches venant de l'Etranger, sous le même prétexte qui permet de faire entrer des cartouches étrangères pour les sociétés de tir. Si vous n'avez pas eu recours à ce moyen-là c'est une chance de moins pour vous.

LE MÊME MEMBRE. — J'ai fait faire la demande par le président de la Société du Fusil de Chasse ; elle est en ce moment au ministère et je n'en connais pas le résultat.

M. GASTINNE-RENETTE. — Nous avons déjà parlé de la question de la fraude qui ne paraît pas préoccuper beaucoup l'assistance autant que nous-mêmes et nous avons déjà, depuis longtemps, appelé l'attention de l'administration des contributions indirectes sur la fraude considérable qui se fait par la réintégration en France de poudres fabriquées par la régie française.

Nous avons demandé qu'on trouve un moyen de connaître ces poudres, par exemple, de les colorer, de façon que lorsqu'on trouvera une cartouche dans la circulation, on puisse facilement voir si c'est de la poudre française réintroduite de l'Etranger. Il paraît que nous aurons satisfaction. C'est la même question que pour les poudres étrangères. Nous ne trouvons pas une garantie suffisante pour nous protéger, et lorsque vous demanderez des poudres étrangères, il n'est pas sûr que nous ne nous servions pas des produits fabriqués par la régie qui nous vendra des poudres 30 et 35 francs le kilog., alors qu'elle les paiera 6 ou 7 francs.

La prime à la fraude sera la même, et c'est contre cette fraude que nous nous élevons. Quant aux autres considérations, nous n'y sommes pas moins sensibles que vous.

M. Mallet. — Je voudrais dire un mot sur la question de la Ballistite. Je suis allé en Angleterre et j'ai voulu avoir de cette poudre. On ne vend pas de poudre Ballistite en boîtes, cette poudre est excessivement dangereuse, il en faut des quantités exactement pesées. Je voulais faire des expériences moi-même ; on m'a répondu qu'on me vendrait des cartouches avec la quantité voulue, mais qu'on ne me vendrait pas de poudre en boîtes.

Un membre du bureau. — Cependant, on en vend en boîtes.

Le même membre de la sous-section. — On en vend peut-être aux armuriers, mais pas aux particuliers. Je parle de la Ballistite seulement et non des autres poudres.

Un autre membre. — La question est de savoir si les poudres étrangères sont meilleures que les poudres françaises.

Un autre. — C'est pour cela que nous avons demandé des essais comparatifs.

M. le président. — La question est de savoir si vous voulez accepter le vœu tel qu'il est ou si vous voulez l'amender.

M. Bejot. — Je mettrais le mot « Administration » au lieu du mot « Parlement », c'est le seul amendement possible. Dans ce cas, nous accepterions le vœu.

M. le président. — Vous mettriez que « l'Administration autorise l'introduction en France » ; je ne crois pas qu'elle puisse le faire.

M. Bejot. — Elle l'a déjà fait, elle ne demandera pas mieux que de continuer.

Un membre du bureau. — Au lieu de mettre « l'Administration autorise », on pourrait mettre « l'Administration introduise ».

M. de Monbrison. — Je demande qu'on adopte ce vœu en remplaçant le mot « dépôt de poudres étrangères ou les chasseurs pourront... » par les mots « Il sera créé à Paris un bureau de commandes. »

Un membre de la sous-section. — C'est créer un organisme nouveau à Paris.

Un autre membre. — Pourquoi à Paris, et les autres villes ?

Le membre précédent. — Parce que Paris est le dépôt central.

M. Mimard. — Mais pourquoi ne laisseriez-vous pas l'Administration libre de prendre le moyen qui lui conviendra, pour mettre à la disposition des chasseurs, par l'intermédiaire des marchands de poudres ordinaires, des poudres étrangères, pourvu que ces poudres soient livrées dans des boîtes d'origine. C'est tout ce que vous demandiez tout à l'heure.

M. le président. — Alors il faudrait rédiger le vœu :

« Le Congrès de la Chasse émet le vœu que l'Administration introduise en France des poudres étrangères, au moins à titre d'essai, pendant une année, pourvu qu'elles soient vendues dans des boîtes d'origine. A cet effet, un bureau de commandes... »

PLUSIEURS MEMBRES DE LA SOUS-SECTION. — Non, non, pas de bureau de commandes.

M. LE PRÉSIDENT. — Il est très difficile de rédiger un vœu dans lequel vous contestez chaque mot.

(Le vœu, après une nouvelle rédaction, est adopté).

M. LE PRÉSIDENT. — Nous passons au second vœu de M. le comte Clary :

« Considérant que l'emploi des poudres pyroxylées devrait être généralisé et démocratisé, etc... »

Le jour où le prix de la poudre J sera abaissé, on ne fera plus de poudre D. Trouvez-vous que ce vœu soit utile ?... Je vais vous relire le premier paragraphe.

UN MEMBRE DE LA SOUS-SECTION. — Pourquoi ne parle-t-on pas de la poudre J 3 ?...

M. LE PRÉSIDENT. — C'est de la poudre à pistolet.

UN MEMBRE DE LA SOUS-SECTION. — On parle de la poudre J en général.

M. FAURE-LEPAGE. — Je crois devoir vous faire remarquer que ce vœu a déjà été émis par la Chambre syndicale, on y a répondu en élevant le prix de la poudre M, et je crains, aujourd'hui, que vous n'y gagniez seulement l'augmentation du prix des autres poudres.

M. PASSERAT. — C'était une demande d'armuriers, alors que nous, nous représentons 135.000 chasseurs.

M. FAURE-LEPAGE. — Je vous préviens de l'inconvénient qu'il peut y avoir. On m'a répondu à ce moment, et les temps n'ont pas changé, qu'on cherchait tout ce qui pouvait rapporter au Budget, et l'on m'a dit entre autres : Offrez-nous des augmentations, nous les accepterons avec plaisir, mais ne nous demandez pas de diminutions.

Vous n'obtiendrez donc rien du tout.

UN MEMBRE DE LA SOUS-SECTION. — On peut cependant essayer.

M. FAURE-LEPAGE. — Je crois qu'on vous augmentera plutôt.

M. LE PRÉSIDENT. — Quel est votre avis ?... Je mets aux voix la première partie du vœu :

« Considérant que l'emploi de la poudre pyroxylée, etc...

PLUSIEURS MEMBRES DE LA SOUS-SECTION. — Non, non.

M. LE PRÉSIDENT. — Alors nous enlevons cette partie. Voici la seconde partie qui a trait à la demande d'abaissement du prix.

(Le vœu mis aux voix est adopté à l'unanimité moins deux voix.)

M. FAURE-LEPAGE. — Vous vous rappelerez que je vous ai crié casse-cou.

M. LE PRÉSIDENT. — Nous passons maintenant à la troisième question qui est assez grosse puisqu'il y a trois ou quatre ans qu'on en parle.

M. MIMARD. — Je crois qu'à la suite des demandes que nous tentons pour l'introduction de poudres étrangères en France et pour la démocratisation de la poudre J, il y aurait encore quelque chose à obtenir, ce serait que l'administration permette le transport, en colis postal, d'une petite quantité de poudre.

Actuellement la poudre pyroxylée se trouve facilement dans les grandes villes ainsi qu'à Paris, mais dans les petites localités, il n'y en a pas, de sorte que si vous vous plaignez de ne pas pouvoir trouver certaines poudres étrangères, la plupart des chasseurs ne peuvent même pas avoir de la poudre pyroxylée.

Cela tient à ce qu'on ne peut pas transporter de la poudre. Les règlements ont dû être étudiés par des capitaines d'artillerie qui, certainement n'ont eu en vue que le transport des explosifs pour la guerre et les approvisionnements des poudrières. Aux termes du règlement, il faut que le wagon soit complet, qu'il ne contienne pas plus de 20 caisses, qu'il y ait un wagon vide devant et un wagon vide derrière, enfin, il est question d'une foule de précautions qui ont été édictées pour le transport d'explosifs en grande quantité, mais on n'y relève aucune allusion au simple chasseur qui, ne trouvant pas de poudre chez lui, est obligé d'écrire à la ville la plus voisine pour se la procurer.

D'autre part, il n'est pas dit que les poudres ne doivent pas voyager en petite vitesse, on peut donc en envoyer en petite vitesse, mais il est dit que la poudre et les explosifs ne doivent pas voyager dans des trains comportant des voyageurs. Nous faisons couramment aussi des expéditions en grande vitesse, quelques lignes sont en effet desservies par des trains circulant en grande vitesse sans voyageurs.

Or, on peut très bien demander à l'Administration de faire le nécessaire pour qu'on puisse transporter de la poudre de chasse jusqu'à concurrence de 200 grammes, ce qui n'offre aucun danger. Le chasseur pourrait ainsi s'approvisionner, car il est bien certain que si le Gouvernement accepte votre vœu et autorise l'entrée de poudres étrangères, il est bien évident que ces poudres ne seront pas mises à la disposition de tous les marchands de poudres. On créera, vraisemblablement, à Paris, un bureau central, il faudra bien que les chasseurs de province aient le moyen de faire venir cette poudre.

Je crois que nous pouvons émettre ce vœu. Il faut que l'Administration fasse les démarches nécessaires pour que l'on puisse transporter toutes les poudres quelles qu'elles soient en quantités telles qu'il n'y ait aucun danger, étant donné que nous avons déjà des améliorations dans le règlement, puisqu'on autorise le transport en colis postal de toutes les munitions.

Cela date de six mois, de sorte que vous pouvez expédier des cartouches en assez grande quantité, non seulement les explosifs, mais encore les amorces. Ce serait une amélioration pour les chasseurs et je crois que l'Administration et l'État y trouveraient leur compte, puisque, si l'on cherche toujours des augmentations de recettes, ce serait le moyen d'en avoir une, car la consommation de poudre pyroxylée augmenterait ce n'est pas douteux.

Je crois donc qu'on peut faire suivre le vœu précédent de celui-là.

Un Membre de la sous-section. — Mais qui expédiera ?...

M. Mimard. — Les bureaux de poudre, il y aura aussi des intermédiaires.

Un autre Membre. — On ne peut déjà pas avoir de poudre pyroxylée en la prenant sur place.

M. Mimard. — En tous cas, les armuriers seront tout qualifiés pour être les intermédiaires entre les chasseurs et l'Administration.

Un Membre de la sous-section. — En province, il est très difficile de se procurer de la poudre. Cette année je suis allé à Reims, j'ai voulu me procurer de la poudre J et je me suis naturellement adressé à un armurier, or, quand je lui ai demandé cette poudre il m'a répondu qu'elle n'existait pas et il m'a montré la feuille de l'administration des poudres que vous connaissez et sur laquelle étaient indiquées trois ou quatre poudres, mais pas la poudre J. Si donc, dans une ville comme Reims il est impossible de se procurer de la poudre pyroxylée, qu'est-ce que cela doit être dans les petites villes ?

M. FAURE-LEPAGE. — Nous avons adressé une demande à M. Martin, directeur des Contributions indirectes pour que les marchands de poudres de province soient mieux approvisionnés que maintenant. De même, nous avons protesté au sujet du bénéfice qui est laissé à l'armurier, il est de 6 francs environ, et on lui fait dépenser 10 francs pour aller chercher sa poudre. Il y a six mois qu'on m'a promis une réponse, je l'attends encore.

M. LE PRÉSIDENT. — Je voudrais savoir comment vous voulez rédiger votre amendement.

M. MIMARD. — Je crois qu'il faudrait que ce vœu soit précédé d'une petite explication qui fasse comprendre au Gouvernement qu'il y a là une ressource pour lui.

M. LE PRÉSIDENT. — Alors c'est une addition au vœu précédent.

M. MIMARD. — Il faudrait limiter le texte.

M. LE PRÉSIDENT. — Vous êtes d'avis d'accepter le principe ?...

M. DE MONBRISON. — Je vous demande la permission de parler de mon vœu, parce que dans ce vœu il n'y a pas que la question des poudres étrangères, il y est aussi question de la création d'une poudre pour les grosses carabines et enfin d'une poudre spéciale pour le tir aux pigeons et pour le tir de grosses charges dans les canardières, dans les fusils de 10 et de 12. L'assemblée est-elle d'accord avec moi pour demander à l'administration la création de ces poudres ?

M. LE PRÉSIDENT. — Si vous voulez bien donner lecture de votre vœu.

M. DE MONBRISON donne lecture de son vœu relatif à la création de nouvelles poudres.

M. LE PRÉSIDENT. — Cette question ne comporte pas de vœu, mais nous avons cependant estimé qu'il fallait quand même la soumettre à l'administration des poudres.

UN MEMBRE DE LA SOUS-SECTION. — Cependant c'est une question importante, nous ne pouvons rien faire parce que les types de poudres sont mauvais. Le vœu de M. de Monbrison répond bien à nos désirs et à nos plaintes.

M. DE MONBRISON. — Un de mes cousins au moment de partir aux colonies, s'est armé à Paris et a acheté une Winchester. Se trouvant devant un rhinocéros il blessa l'animal, mais l'arme fut enrayée à cause de la mauvaise qualité de la poudre ; la poudre J fait ce qu'elle peut, mais elle détériore la cartouche de telle façon que les armes sont bloquées.

Je crois qu'il est très important de demander à l'administration des poudres qui, la première est décidée à le faire, de créer un autre type de poudre B N 3 F pour les armes de 9 et de 14.

UN AUTRE MEMBRE DE LA SOUS-SECTION. — Une de vos autres observations est également très juste, il faut que l'administration des poudres inscrive sur les étiquettes la vitesse et les indication nécessaires.

UN AUTRE MEMBRE. — On a déjà fait cette demande, et l'administration a répondu qu'il lui fallait épuiser son stock.

UN AUTRE. — Je désire compléter le vœu de M. de Monbrison par ces mots :

« L'administration des poudres indiquera à l'avenir sur chaque boîte le numéro du lot de poudre, la date de fabrication, la vitesse initiale, la pression à une charge type pour chaque numéro de poudre, etc... », de façon à éviter toute difficulté ou accident. C'est ce qui se fait pour la poudre de guerre, on pourrait bien le faire aussi pour la poudre de chasse.

M. le Président. — Quelqu'un demande-t-il encore la parole ?...

M. de Monbrison. — Dans mon exposé je demandais trois charges de plomb, je crois qu'avec une, en prenant la plus forte, on abrégerait les calculs et l'étiquette. Quant à la date de fabrication, l'administration des poudres verra si elle doit la porter aussi sur l'étiquette.

Un autre Membre. — Dans l'armée, on l'inscrit sur chaque cartouche.

Un autre. — Sur chaque lot de cartouches.

Le même Membre. — Non, sur chaque culot de cartouche.

Un autre. — Je crois qu'on indique comme charge normale 32 grammes ce qui me semble faible.

M. le président. — Non, ce n'est pas une erreur.

Le même Membre. — Pour le tir aux pigeons, c'est peut-être juste, mais pour le fusil de chasse.

M. le Président. — M. de Monbrison est d'accord avec moi, on doit mettre 32 grammes, une charge plus forte sortirait du bon sens.

Le même Membre. — Je tire la poudre T avec 36 grammes.

M. le Président. — Avec un fusil de 2 k. 800 cela n'a pas de bon sens. Ce que vient de dire M. de Montbrison est juste, 32 grammes constituent un maximum ; une charge de 26 grammes est énorme avec de la poudre pyroxylée.

M. Gastinne-Renette. — Ainsi l'administration des poudres devrait donner des indications exactes sur les boîtes, voilà tout.

M. Mimard. — Nous ne pouvons pas émettre des vœux sur des questions à propos desquelles nous ne sommes pas nous-mêmes d'accord, je suis de l'avis de M. Gastinne-Renette, qu'on donne des indications nettes et précises.

M. de Monbrison. — Voici le vœu : « Enfin les indications concernant la poudre B N 3 F et le type à créer, etc...

Je ne demande pas mieux que de le restreindre, mais il faut arriver à avoir une poudre pour les carabines et il est bon que nous ayons un type de poudre pour le tir aux pigeons.

J'ai fait remarquer, en outre, que le transport abime énormément la poudre M, la poudre est trop brisée, les boîtes ne sont pas pleines, l'administration admet cela.

Un Membre de la sous-section. — Ce serait à nous et aux armuriers de chercher la charge de plomb qui convient et à indiquer la vitesse initiale de chaque poudre.

Un autre Membre. — Avec une charge type toujours égale pour toutes les poudres.

M. de Monbrison. — Je vous apporterai mes vœux modifiés demain à 9 heures.

M. le Président. — Alors c'est entendu comme cela, puisque tout le monde est maintenant d'accord sur les principes et que ce n'est plus qu'une affaire de rédaction.

Passons à la *question du numérotage des plombs*. La parole est à M. Passerat pour lire son rapport.

Numérotage du plomb de chasse au gramme.

Le numérotage actuel du plomb de chasse est absolument défectueux. L'unanimité des chasseurs déplore depuis trop longtemps l'absence de son unification pour toute la France et les principes adoptés par les divers fabricants pour son numérotage.

La Chambre syndicale de l'Industrie et du Commerce des armes et munitions a préconisé par ses décisions des 20 décembre 1904 et 19 juin 1906, une échelle spéciale basée sur le numérotage au diamètre.

Ce vieux numérotage allemand convient peut-être à l'esprit de nos voisins qui pourtant ne l'emploient que peu actuellement, mais il est hors de doute qu'il entrerait difficilement dans la rapide compréhension de la majorité des 500.000 chasseurs Français, pour les numéros de plombs courants.

Et il ne faut pas oublier que dans cette question on ne doit pas envisager une infime minorité de consommateurs mais au contraire la majorité qui a le droit d'exiger de ses fournisseurs une marchandise cataloguée très clairement de façon que l'on puisse immédiatement énoncer son choix sans être obligé de se livrer à des calculs plus ou moins difficultueux ou arides.

Or dans le moindre village de France, à défaut de pharmacien ou de bureau de tabac, il y a toujours un épicier pour rendre à son client le service de lui dire combien tant de plombs qu'il lui présente pèsent aux dix grammes, s'il n'a pas une balance assez précise pour en peser tant à un gramme.

Il y a en outre dans le commerce trop de grosseurs de plombs pour les besoins de la chasse. Les numéros pairs (plus faciles à énoncer verbalement que les numéros impairs) suffiraient amplement.— 2, 4, 6, 8, 10 et 12 grammes correspondent à peu près aux 0, 4, 5, 6, et 7 du tableau de la Chambre syndicale ; sauf cependant le n° 8 qui n'a pas son équivalent dans ce tableau ou l'on passe brusquement du 6 au gramme au 10,6 au gramme (presque au 11), ce qui est inexplicable et ne milite guère en faveur du numérotage au diamètre.

Au-dessus de ces numéros il y aurait les chevrotines de différentes grosseurs appropriées aux calibres, et au-dessous la cendrée (correspondant au 15, 20 et 30 au gramme c'est-à-dire aux numéros 8, 9 et 10 du tableau de la Chambre syndicale).

Les numéros 11 et 12 du même tableau nous paraissant n'avoir aucune utilité pour la chasse dans un pays où il est interdit de tirer les oiseaux de la taille inférieure à l'alouette, il est inutile d'en parler.

Provisoirement, les fabricants, à titre de mesure transitoire pour arriver au numérotage au gramme par la suite sans trop de brusquerie, pourraient conserver leur numérotage de région sur leurs sacs, mais en y imprimant au-dessous entre parenthèses « tel n° au gramme » et peu à peu la substitution s'en opérerait dans l'esprit du public, au point que dans quelques années le numérotage de région pourrait, sans inconvénients être supprimé et laisser la place uniquement au numérotage au gramme.

En conséquence de ce qui précède la première sous-section ne pourrait-elle pas proposer au Congrès d'émettre le vœu suivant :

VŒU

Les fabricants de plombs de chasse sont invités à compléter à l'avenir leur numérotage de région par, au-dessous entre parenthèse le numérotage à tant **au gramme.**

Pour simplifier le commerce des plombs de chasse et leur vente au détail les fabricants sont priés de ne plus fabriquer à l'avenir que les plombs courants ci-après, pesant respectivement 2, 4, 6, 8, 10, 12, 15, 20 et 30 au gramme.

Et en outre les seuls numéros de chevrotines énoncées au tableau de la Chambre syndicale suivant les résolutions des 20 décembre 1904 et 19 juin 1906.

Passerat.

M. le Président. — Nous sommes en présence de deux théories dont les partisans sont aussi absolus d'un côté que de l'autre, les uns demandent le numérotage au gramme, les autres au millimètre.

Tout étant désigné au poids, nous avons trouvé qu'il était plus logique pour les chasseurs d'avoir des indications au poids et nous demandons aux armuriers de mettre au-dessous de leur numéro de région, 12 grains 1/2 ou 14 grains au gramme. Il y aura peut-être une petite difficulté pour le fabricant, mais enfin, la section a admis c vœu. Voulc-vous encore le discuter ?

Un Membre. — Il y une façon de numéroter, dont vous parlez peu dans votre rapport, c'est du numérotage au diamètre, bien plus simple et plus rationnel à mon avis que le numérotage au gramme ; vous nous demandez de mettre tant au gramme mais il nous faut un étalon et rien ne nous prouve que le 6 soit le bon.

M. Faure-Lepage. — Je crois que tout le monde est d'avis qu'il faut un plomb unique.

M. Mimard. — Je ne suis pas de votre avis quand vous voulez un numérotage au poids, attendu que la densité du plomb varie considérablement, et même pour les plombs durcis, selon les fabricants, je crois fermement que la seule méthode est celle du plomb métrique.

En examinant même actuellement les plombs existants, vous constaterez qu'ils ne sont pas loin d'être métriques.

Il vaudrait beaucoup mieux adopter un numérotage métrique qui, à peu de chose près, donnerait le plomb que nous employons actuellement et permettrait de conserver les mêmes numéros. Nous donnons toute satisfaction à nos clients en nous contentant de mettre au-dessous du numéro la dimension. Ce que nous demandons surtout c'est l'unification du plomb.

En outre, il est facile de le vérifier. Il suffira de prendre 20 grains de plomb et un pied à coulisse, on aura au moins une base précise, le poids est illusoire. Mais il serait bon de conserver les numéros actuels.

M. Mallet. — Je crois que le plomb métrique est inacceptable parce qu'il n'est pas rond. Vous pouvez mettre vos 20 grains de plomb dans une carte et les mesurer, changez les de côté et ils auront une dimension différente.

M. d'Alincourt. — Ce qui est vrai pour un ne l'est pas pour dix car il y a une compensation.

M. Mallet. — Je crois que dans les deux hypothèses la mesure au poid serait préférable, mais il y a une autre solution.

Nous avons un numéro de plomb qui est le numéro anglais de Newcastle. Ce numérotage est merveilleux parce qu'il correspond à tous les besoins. Les numéros anglais ont été créés pour le gibier et non pas le gibier pour le plomb, les Anglais ont vu que pour tel gibier il fallait tel numéro de plomb et ils l'ont créé. Ainsi le 7 est merveilleusement juste pour le perdreau comme le 6 à l'étoile.

Il y a, en somme, dans le numérotage anglais une échelle de grosseur qui est de beaucoup préférable à tout ce qu'on peut obtenir par la dimension métrique ou par le poids. L'échelle anglaise est le résultat d'une longue expérience, et la preuve, c'est qu'on a créé le 6 étoilé qui est le milieu entre le 6 et le 7.

Pour moi, je suis partisan de profiter du travail qui a donné de si bons résultats, surtout au point de vue de la régularité. Ainsi le 6 anglais a 100 grains, le Bruxelles 106, l'Angers 54, le Lyon 40, le Marseille 43, le Paris 78. J'ai fait moi-même des travaux de mesure avec des plombs, j'ai voulu corroborer ces chiffres et je crois que vous donneriez satisfaction à tout le monde, en ne prenant ni la mesure au diamètre puisqu'il est impossible de l'obtenir, bien qu'il y ait une compensation, ni la mesure au poids qui donne des différences de volume car certaines fabriques, comme celle d'Angers, vendent du plomb où il y a du zinc et de tout, le poids est alors aussi difficile à déterminer que la mesure.

Pourquoi ne pas nous ranger aux expériences faites par les Anglais. Prenons les bonnes choses où elles se trouvent dans le monde. Je crois qu'il n'est pas possible de trouver mieux.

M. D'ALINCOURT. — La question n'est pas de savoir si le 6 anglais est pour tel ou tel gibier, la question est de trouver un moyen de comparaison. Nous voulons savoir ce que c'est que le 6 anglais étoilé, par rapport à notre 6 français. Pour le savoir, nous avons besoin d'un étalon métrique. Cet étalon, il n'y a que deux façons de le prendre : au poids ou au diamètre.

Les plombs n'ont pas exactement la même grosseur parce que leur densité change. Cependant nous prenons les canons au diamètre, nous prenons les fusils de guerre au diamètre, nous prenons tout ce qui a trait à la chasse au diamètre, pourquoi ne voulez-vous pas faire la même chose pour les plombs ?... Les Allemands le font bien.

UN MEMBRE DE LA SOUS-SECTION. — Les plombs ne sont pas cylindriques.

M. D'ALAINCOURT. — Parce que vous n'en prenez qu'un, mais prenez en dix et vous verrez qu'il y a une compensation, autrefois je faisais cette expérience avec 20 grains, j'ai trouvé que cela n'était pas nécessaire et aujourd'hui je la fais avec 10. C'est enfantin.

M. PASSERAT. — Je crois qu'il ne faudrait pas prendre le numéro anglais parce que les Anglais n'ont pas les mêmes mesures que nous. Il serait peu conséquent de voir adopter en France une mesure qui ne serait pas décimale.

Le choix reste donc entre le système décimal au gramme ou au diamètre. Je crois que le système au gramme est le meilleur. Sur 135.000 chasseurs en France, combien auront un millimètre pour mesurer ?

Vous le savez comme moi, un gros plomb fait une blessure plus forte qu'un petit plomb. Pourvu qu'on ne dépasse pas une mesure de 32 à 36 grammes si nous pouvions envoyer du plomb plus gros qui ne raye pas les armes, nous ferions plus de blessures au gibier.

M. LE PRÉSIDENT. — Pour résumer la question qui me paraît bien confuse, nous sommes en présence de deux opinions différentes ; il y a les partisans de la mesure au poids et ceux de la mesure au diamètre, mais je dois dire — et c'est mon avis personnel — que les chasseurs, sont unanimes à demander la mesure au poids, nous trouvons que tout correspond au poids, nous avons sur les boîtes de poudre la mesure au poids, pourquoi vouloir changer ?...

Qui vous dit, Messieurs, que d'ici quelque temps on ne mettra pas une quantité d'antimoine supérieure qui rendra les plombs plus légers ? Si nous sommes au diamètre, nous ne saurons rien, au poids nous serons toujours fixés.

M. Mimard. — Je crois qu'il se produit une confusion dans la discussion. M. le Président nous déclare qu'il est nécessaire qu'on se conforme pour la charge du plomb, au poids. Or, le but de notre discussion c'est d'avoir une base pour reconnaître les numéros du plomb. Si nous demandons du plomb métrique, c'est pour que chacun puisse vérifier le plomb qu'il achète. Il n'est pas douteux, un seul instant, qu'il soit beaucoup plus facile, pour tout le monde, de vérifier le diamètre du plomb que de le peser car si ceux qui pratiquent la chasse avec méthode ont des balances, je puis vous certifier qu'il n'en est pas de même partout.

Quand vous aurez du plomb métrique, vous pourrez faire toute ce que vous voudrez ; vous serez libres de mettre dans votre fusil les charges que vous voudrez, les différences ne sont pas tellement énormes.

Quand on parle calibre, cartouche, diamètre, on parle en millimètres, il peut très bien en être de même pour le plomb.

M. le Président. — On nous dit que nous nous trompons en nous servant du poids, parce qu'il y a du zinc dans le plomb, mais lorsque j'aurai du plomb au diamètre, je pourrai être trompé sur le poids de ma charge, si je suis actuellement trompé d'un côté, je puis aussi bien l'être de l'autre. Vous voyez que votre argument, c'est le moment de le dire, n'a pas de poids.

Cependant, il faudrait arriver à une solution.

M. de Monbrison. — On pourrait concilier tout le monde, en faisants inscrire sur les sacs, le diamètre et le poids.

M. le Président. — Vous dites une chose qui me semble parfaite. Que l'on mette le numéro de région ou un autre, cela nous est égal, pourvu que l'on mette la quantité en grammes.

M. Mimard. — Que faites-vous alors de la densité ?...

M. Passerat. — Croyez-vous qu'en France sur 535.000 chasseurs il y en ait beaucoup qui sachent ce que c'est qu'un millimètre ?

M. de Monbrison. — Mettez-le à côté pour les chasseurs savants et alors tout le monde sera content.

Un Membre de la sous-section. — Si on ne concilie pas les deux éléments du diamètre et de la densité du plomb, on n'arrivera jamais à rien.

Un autre Membre. — Mais la densité est variable.

Un autre. — Si vous ne mettez pas sur le sac de plomb les deux éléments, vous n'indiquez pas ce que vous vendez.

M. le Président. — Eh bien, changez les numéros.

Un autre Membre. — Il y a un côté de la question qui est capital, si vous changez le poids de la charge vous changerez également la pression et la vitesse. Donc la mesure du plomb au poids me paraît indispensable.

M. le Président. — Je crois que la question peut se résumer. Messieurs les armuriers, M. Fauré-Lepage et M. Gastinne-Renette avaient beaucoup appuyé sur la solution métrique.

M. Gastinne-Renette. — Qu'on conserve les numéros anciens, mais que les numéros conventionnels soient accompagnés du nombre de grains au gramme.

M. le Président. — Mais vous voyez que M. Mimard y est complètement opposé.

M. Mimard. — Parfaitement.

M. LE PRÉSIDENT. — Si vous mettez le poids au gramme et au diamètre, supprimez alors les numéros.

M. GASTINNE-RENETTE. — L'indication de 6, 7 et 8 est conventionnelle, l'indication du nombre de grains au gramme ne serait pas un élément suffisant parce que tel fabricant fait des plombs plus lourds avec tant de grains au gramme c'est le poids qui doit être pris en considération. Vous chasserez avec le plomb qui vous conviendra, voilà tout.

M. MIMARD. — Vous n'aurez alors pas d'unité.

M. LE RAPPORTEUR. — Je demande qu'on mette la première partie de mon rapport aux voix.

M. GASTINNE-RENETTE. — Il n'y aura qu'à mettre le numéro conventionnel au milieu.

M. D'ALINCOURT. — La densité simplement.

M. LESCHEVIN (Belgique). — Je me demande si ces discussions ne proviennent pas de ce que vous avez, en France, différents types de numéros. En Belgique, nous avons un type unique et jamais aucune objection n'a été faite, jamais personne n'a demandé à mesurer ou à peser. Nous avons toujours notre 6 qui est le même sensiblement que le 6 anglais.

UN MEMBRE DE LA SOUS-SECTION. — Il me semble que ce que nous cherchons tous c'est d'arriver à la conciliation des deux éléments : le volume ou si on aime mieux, le diamètre du grain et d'autre part sa densité. Si nous ne mettons qu'une seule indication, nous n'arriverons jamais à rien.

M. LE PRÉSIDENT. — Nous avons en effet demandé dans ce vœu une base fixe.

M. MALLET. — Si vous admettez que chaque fabricant fasse un numéro différent, cela ne sera pas sur les cartouches. Un chasseur ira à Angers, il achètera du 6 et ce sera du 6 d'Angers mais pas du 6 de tout le monde. Il est indispensable d'avoir une unification. A Paris, le 7 actuel n'a plus le même nombre de grains qu'il y a 10 ans. Cela tient à ce que la passoire étant toujours la même, le trou grandit et le plomb aussi.

Il faut exiger une unification du plomb en France, si vous laissez les fabricants faire à leur guise, cela ne changera rien, il faut trancher la question pour toute la France.

M. Leschevin disait tout à l'heure qu'en Belgique il n'y a pas de difficultés, parce que le plomb est unifié, c'est ce que nous cherchons et c'est pour cela que je vous disais tout à l'heure : adoptez donc la grosseur du plomb anglais ou belge. Les plombs anglais ont une échelle de grosseur bien proportionnée ce que nous n'avons pas en France.

M. PASSERAT. — J'ai demandé dans mon rapport que les plombs soient numérotés de deux en deux et je crois suivre ainsi la méthode anglaise.

Au point de vue de l'unification nous ne pouvons la demander immédiatement aux fabricants. Nous avons demandé une mesure transitoire de deux ou trois ans, et nous pensons qu'après ce délai, les fabricants eux-mêmes feront l'unification.

M. D'ALINCOURT. — Nous demandons un moyen métrique de nous y reconnaître.

UN MEMBRE DE LA SOUS-SECTION. — Pour vous et pour nous, c'est bien, mais sur 100 chasseurs, vous en avez 95 qui ne savent pas ce qu'il y a dans leur fusil quand ils demandent du 6.

M. d'Alincourt. — C'est justement ce que je prétends ; c'est pour cela que si vous mettez sur une cartouche 2 m/m 5, vous serez fixé.

Un Membre de la sous-section. — Cela complique bien les choses.

M. d'Alincourt. — En Allemagne ils se servent tous de ce système.

M. Passerat. — Je croyais qu'il avait été abandonné.

M. d'Alaincourt. — Il n'y a pas deux mois que j'y ai acheté des cartouches.

M. le Président. — M. Passerat demande la mise aux voix de son rapport, il est en deux parties, la première partie conclut au numérotage au gramme.

M. Mimard. — Je crois que nous allons peut-être un peu vite, il ne suffit pas que nous prenions des décisions, il s'agit de savoir ce qu'il en adviendra. Or, pour le plomb, vous prenez des décisions prématurées, vous avez des idées que je considère comme absolument fausses, et vous ne serez pas suivis. Il est intéressant d'étudier la question, mais il ne faut pas vous prononcer d'une façon aussi catégorique que vous le faites. Vous ne serez pas suivis par la plupart des armuriers et par les fabricants de plombs. Je tenais simplement à vous signaler ce point du problème.

Je proteste contre cette décision capitale.

M. le Président. — Voilà cinq ans que nous trouvons que le numérotage tel qu'il est ne correspond à rien. A la section, nous avons été 18 contre 2, vous voyez qu'il y avait une majorité.

M. Mimard. — Je tenais simplement à faire les réserves nécessaires.

M. le Président. — A la séance du Congrès vous aurez la liberté de soutenir votre théorie.

M. Mimard. — Je continue à faire des réserves à ce sujet.

Un Membre de la sous-section. — Je demande que l'on ajoute au vœu un considérant afin d'arriver le plus tôt possible à l'unification.

M. le Président. — C'est ce que nous pensions.

Un autre Membre. — Et l'indication du diamètre sur les sacs

M. Gastinne-Renette. — Il faut émettre ce vœu.

M. le président. — Alors vous désirez trois indications ?... Une indication purement conventionnelle et deux indications correspondant à quelque chose de réel.

La sous-section adopte le vœu.

M. le Président. — Nous en arrivons à la *question des douilles*.

Un Membre de la sous-section. — Le vœu n'a pas été admis par la section.

M. le Président. — Si, si, vous n'étiez peut-être pas à cette séance.

Voici le vœu :

« Le Congrès de la Chasse, dans un but purement patriotique et dans le désir de voir une industrie nationale prendre une importance de plus en plus grande, émet le vœu que les fabricants de munitions françaises établissent, pour leurs douilles, des prix de vente permettant aux douilles françaises de lutter avantageusement avec les douilles de fabrication et d'importation étrangères. »

Un Membre de la sous-section. — Il est impossible de vous donner satisfaction et ce vœu est purement platonique.

Un autre Membre. — Je suis d'avis que l'on fabrique des douilles bon marché. Pour les alouettes, par exemple, il faut des douilles bon marché.

Un autre Membre. — La question peut très bien se résoudre si on arrive à nous donner la poudre J bon marché, nous pourrons l'employer dans n'importe quelles douilles.

M. BRUNEAU. — Non, vous ne pourrez pas vous servir des douilles de basse qualité pour de la poudre J.

M. PASSERAT. — Cependant j'ai usé de la poudre J dans des douilles de basse qualité, je parle des douilles brunes à 3 francs le cent.

M. BRUNEAU. — Nous ne les recommandons pas, ce qui n'empêche pas M. Romain d'avoir eu de très bons résultats.

UN MEMBRE DE LA SOUS-SECTION. — Il y a aussi la question des bourrelets. Le bourrelet français est tout à fait différent du bourrelet étranger. Ainsi vous achetez des douilles françaises qui ne vont pas dans des fusils anglais.

UN AUTRE MEMBRE DE LA SOUS-SECTION. — Nous voudrions arriver à l'unification en France.

UN AUTRE MEMBRE. — Je crois que le premier vœu à faire serait de prier MM. les fabricants de se mettre d'accord.

M. MIMARD. — Il est donc de l'intérêt des fabricants français de s'unifier.

Nous avons rencontré de grandes difficultés au sujet des bourrelets de cartouches. Nous vendons à la manufacture de Saint-Etienne un assez grand nombre de cartouches par an, et, depuis 10 ans que nous avons adopté un bourrelet intermédiaire, nous ne recevons jamais de retour de cartouches, parce que les fusils anglais eux-mêmes, sont relativement irréguliers. Sur plusieurs millions de cartouches vendues, il ne nous revient pas 100 douilles par an.

Nous faisons des cartouches à un seul bourrelet moyen, et notre clientèle est satisfaite. C'est une question de pratique, je ne vous impose en aucune façon ma manière de faire.

M. BRUNEAU. — On ne doit jamais fabriquer un fusil sur une munition, c'est une grave erreur, on doit fabriquer un fusil sur un calibre en acier et la munition de ces bases.

UN MEMBRE DE LA SOUS-SECTION. — M. Mimard a donné le calibre universel, je voudrais savoir d'où il vient car je ne le connais pas.

M. LE PRÉSIDENT. — N'éternisons pas la question. M. Minard prétend que le bourrelet moyen donne satisfaction à tous les désidérata.

UN MEMBRE DE LA SOUS-SECTION. — Oui, mais il produit des ratés.

UN AUTRE MEMBRE. — Et souvent aussi l'extracteur passe par-dessus.

M. LE PRÉSIDENT. — Le petit bourrelet sera toujours, pour moi, bien supérieur.

UN MEMBRE DE LA SOUS-SECTION. — Est-ce que tous les fabricants d'armes sont d'accord pour adopter un seul et même bourrelet ?...

M. LE PRÉSIDENT. — A Paris, c'est le petit bourrelet.

M. MIMARD. — Je crois, Messieurs, qu'évidemment, il y a quelque chose à faire pour unifier le bourrelet et le calibre des chambres, mais il n'est pas douteux que si nous n'avons pas d'ennuis en livrant des quantités de cartouches avec le bourrelet moyen, c'est que les fusils sont, en général des plus exacts au point de vue du diamètre.

Si un jour la sous-section veut se faire une opinion à ce sujet, je l'engage à se rendre chez les armuriers et à examiner quelques fusils, elle pourra constater que les défauts viennent des fabricants d'armes et non des fabricants de cartouches.

M. le Président. — Je vous relis les deux vœux que nous avons adoptés.

(M. le Président donne lecture de ces vœux).

M. Bruneau. — Je vous le répète, ce sont des vœux absolument platoniques.

M. Mimard. — Ces vœux ne peuvent pas se poser, c'est une question commerciale.

M. Bruneau. — Si vous voulez prendre vous-mêmes la responsabilité des accidents qui se produiront avec les douilles bon marché, je suis d'avis de voter ce vœu. On a voulu faire remonter cette responsabilité à la cartouche, mais on arrive à faire sauter des fusils en mettant de trop grosses charges de poudre et de plomb.

M. Passerat. — Alors les chasseurs pauvres seront réduits à se servir *ad vitam æternam* de la poudre noire ?

Un autre membre de la sous-section. — Non, lorsque vous aurez la poudre J bon marché.

M. le Président. — Alors vous ne faites rien pour les douilles ?...

M. le Président donne lecture du vœu de M. Bruneau relatif à la recherche d'une poudre spéciale au calibre 12 et aux fusils de tir aux pigeons et aussi à la création d'une commission chargée d'effectuer ces recherches.

M. le Président. — Nous demandons que six chasseurs figurent dans cette Commission.

La sous-section adopte le vœu.

M. de Monbrison. — Je demande à M. Bruneau que nous rédigions nos vœux ensemble afin d'éviter tout double emploi.

M. le Président. — Nous en arrivons à la question de la *création d'écoles de tir de chasse* et au rapport de M. Béjot sur cette question.

La parole est à M. Béjot pour lire son rapport.

Les tirs aux pigeons et la chasse.

par M. E. Bejot.

La chasse et le tir constituent un de ces rares plaisirs humains où il semble qu'il n'y ait point de revers à la médaille. Une de ces parcelles de Paradis restées encore sur la terre où le cycle agréable paraît entier ne laissant aux inconvénients que juste assez de place pour montrer qu'en ce monde la perfection n'existe pas !

En effet, quoi de plus complet qu'une partie de chasse !

Le départ, l'espoir au cœur, la gaieté, entre amis, une bonne journée au grand air... des coups de fusils admirables, surprenants dont reste le souvenir et dont la saveur comme le bon vin, se développe en vieillissant... le retour animé; le soir, une bonne fatigue qui calme les nerfs et fait sourire la santé...

La chasse ! Vive la chasse !...

Vive aussi le tir son complément naturel pour ne pas dire nécessaire !...

Tout le monde sait les formes séduisantes et si diverses que peut revêtir cette distraction.

Rien qu'à la chasse il y a mille et une espèces de tir.

Soit que vous alliez au chien d'arrêt rechercher un lapin où un faisan — ou que vous suiviez un lièvre ou un chevreuil, aux chiens courants, soit encore que vous parcouriez la plaine poursuivant à l'ouverture une caille ou un perdreau ; ou bien enfin si vous chassez en battue, il y a partout à étudier, à apprendre, une découverte à faire, une observation à noter. Les plus vieux chasseurs en conviennent eux-mêmes souvent.

Autant de chasses autant de tirs différents.

Mais à tout prendre il y a surtout deux espèces de tirs.

Le tir à terre et le tir au vol (subsidiairement le tir en battue).

Pour chasser il faut savoir tirer.

Or, que serait-ce qu'un chasseur dédaignant le tir ?

Un amateur de field trials ?

Un veneur ?

Ces derniers en général méprisent « les fusillots ».

Nous occuper d'eux serait sortir du sujet.

Le but du chasseur est donc de bien tirer.

Avec un peu de pratique vous arrivez à une force moyenne sur le lièvre ou le lapin.

Au chien d'arrêt, en plaine cela devient plus difficile ; il faut du sang-froid, du jugement.

En battue de faisans et surtout de perdreaux cela devient infiniment plus délicat.

C'est là qu'il faut apprécier le vent, la distance, la direction, savoir choisir son oiseau dans une compagnie, etc., etc...

C'est alors que le tir devient une science, presque un art...

Il y a bien l'empirique proverbe qui dit que c'est en forgeant... en tirant que l'on apprend... mais que de temps, que de journées pour acquérir une certaine force en n'allant qu'à la chasse !

Sans compter que ceux qui peuvent chasser presque tous les jours, sont de rarissimes exceptions.

De là à l'idée d'une Ecole de tir il n'y a qu'un pas !

Avec le développement des goûts de sport et la vulgarisation de la chasse on chercha un moyen d'acquérir de l'adresse à bon compte.

On trouva le tir aux pigeons qui né en Angleterre fût importé en France il y a une quarantaine d'années.

Déjà quelques tireurs se réunissaient chez Gastinne-Renette, l'armurier connu, dans un clos près de la Porte-Dauphine à Paris.

Quand en 1866 le Cercle des Patineurs du Bois de Boulogne (fondé en décembre 1864) offrit à quelques sportsmen d'installer près du lac connu un véritable tir aux pigeons.

L'idée prospèra.

S. A. le Prince J. Murat déjà président du cercle des Patineurs s'entoura des sportsmen les plus distingués de l'époque : MM. le prince d'Hénin, prince de Sagan, H. Cartier, A. Blount, comte de Saint-Priest, baron de Soubeyran comte O. Aguado, marquis de Catilbajac, marquis du Lau, prince d'Aremberg, Doublet, Fondateurs, etc., etc.

Le tir aux pigeons était né.

Plus tard, il y a quinze ans à peine, on inventa le ball-trapp.

Nous le définirons, une sorte de soucoupe en résine et bitume, et cuites, un « pigeon » lancé mécaniquement. Tout en offrant des qualités à peu près analogues et des difficultés semblables à celles du pigeon vivant ce tir constitue quand il est bien compris et organisé, un sport charmant bien plus à la portée d'un grand nombre — que le chic blue rock.

Entre les deux, la différence est plus apparente que réelle, et quoique la discussion dure toujours, les difficultés dans chaque tir peuvent parfaitement s'égaliser.

On peut arriver au « ball trapp » à plus facile comme à plus difficile que le pigeon vivant.

En effet au pigeon vivant vous ne pouvez que laisser l'oiseau à son instinct : à ce hasard qui a son si grand charme.

En choisissant de vieux pigeons (d'un an accompli) vous avez des oiseaux rapides résistants, rusés presque.

Au « ball trapp » vous n'avez pas les ruses ; la direction donnée ne change plus, mais vous pouvez la varier à l'infini : « ball trapp » montant, rasant oblique etc., et pour peu que vous ayez deux ou trois mécanismes cachés derrière une toile ou un paravent vous pouvez surprendre le tireur et rendre le tir plus difficile que le plus rapide blue rock. On pourrait citer aussi l'exemple de la tour qui organisée au Fusil de chasse de Paris, permet de lancer des pigeons d'argile venant sur le tireur dans des directions variées ce qui est l'image de la battue et constitue un exercice excellent.

Dans les deux tirs il faut juger vite, envoyer sûrement le coup en calculant « l'angle ».

Dans les deux cas vous nous rapprochez de la chasse pratique.

A la chasse tout le monde connaît les grands principes.

Personne n'ignore que si vous chassez le poil au chien d'arrêt il faut savoir tirer vite — en avant pas devant la rachée derrière laquelle fuit le rusé lapin... ou bien encore le ventre au bois, dans les lignes, il faut savoir envoyer son coup à la rentrée, au saut du routin.

Si vous chassez le faisan, il faut se rappeler de tirer avec calme presque lentement, éviter les grosses branches ou les arbres, bref envoyer son coup dans la clairière...

Si encore vous êtes en plaine, tirez vite le perdreau qui part loin et rectifiez votre angle s'il va de côté.

Enfin en battue, le difficile est de bien juger l'oiseau, sa vitesse très grande avec le vent, faible contre l'aquilon, se rendre compte de la distance, de la hauteur, ensemble de calculs à effarer un mathématicien qu'il faut résoudre en une seconde...

Or la meilleure manière d'acquérir de l'expérience, du sang-froid, du jugement est de tirer souvent dans des conditions surtout où vous pouvez rectifier votre tir.

En effet il est très difficile à la chasse, de se rectifier.

Bien rarement vous tirez dans les mêmes conditions et l'horizon varie toujours tandis qu'au pigeon et surtout au « ball trapp » vous pouvez étudier une direction en tirant 15, 20 fois le même.

La vitesse, la direction, l'horizon sont acquis laissant toute votre attention se concentrer sur une seule difficulté au lieu de plusieurs.

Au pigeon vivant il suffit de tirer la même boîte pour avoir souvent des pigeons analogues se comportant à peu près de même, à quelques exceptions près bien entendu.

A vrai dire pour faire de vraies « gammes » le « ball trapp » est plus simple, plus juste, et plus indiqué.

Ce que vous ne pouvez presque jamais faire à la chasse vous le faites facilement au tir aux pigeons ou au « ball trapp ».

Là est la véritable école de tir.

Là vous trouvez l'occasion de suivre la bonne règle, et d'acquérir ainsi vite une expérience ultra profitable ensuite à la chasse.

Les Anglais ont si bien compris qu'une école de tir a sa valeur que, outre les tirs aux pigeons et « ball trapp », ils ont installé à Colnbrook un vaste emplacement, une sorte de parc où des « ball trapp » dissimulés dans des buissons, donnent l'illusion d'un faisan ou d'une bécasse partant à l'improviste. Ainsi le tireur se promène, semblant chasser et peut ainsi s'exercer à tous les tirs de surprise.

Pour ne citer entre mille qu'un cas de l'application du tir aux pigeons à la chasse : le « ball trapp » ou le pigeon va droit... n'est-ce pas l'image du perdreau qui s'envole au bout d'une luzerne ?...

Si vous avez souvent tiré le pigeon ou à « ball trapp » le perdreau ne vous échappera guère... vous connaissez le coup !

Vous savez qu'il faut tirer vite et au-dessus... de même pour le faisan où le perdreau de côté...

Vous savez qu'en tirant un peu devant....

Ceci, pour l'application discutée et pourtant indiscutable de l'expérience du tir aux pigeons même à une battue.

En effet, au rabat vous ne tirez pas toujours devant, au tir passé, vous retombez dans la pratique du pigeon.

Devant, même, l'oiseau passe quelquefois de côté... encore une application du pigeon.

Ces exemples pourraient se multiplier à l'infini...

L'application du tir au pigeon à la chasse est permanente et combien longue la liste des tireurs qui d'une année sur l'autre ont amélioré leur tir de plus de moitié !

Ils ont mis à profit la belle saison pour brûler quelques cartouches sur des pigeons ou des « ball trapp ».

Il y a quelquefois de bons chasseurs qui tirent mal le pigeon à cause de la prestesse nécessaire, mais l'inverse ne se rencontre guère.

Il ne faut pas se figurer en effet ce que pensent beaucoup que le tir aux pigeons soit une sorte d'académie où se réunissent des professionnels.

C'est vrai pour certains cas, pour certains clubs.

Mais il y a tirs et tirs comme il y a pigeons et pigeons.

Quelques amis vaguement de même force peuvent, à la campagne, choisir un jour de luttes soit au pigeon soit au « ball trapp » et se procurer ainsi durant la morte-saison une attrayante journée.

En observant les règles ordinaires et consacrées des grands clubs ils peuvent s'exercer, apprendre et s'amuser !

Ne fut-ce que pendant quelques mois ils verront bientôt leur tir s'améliorer dès l'ouverture suivante.

Peut-être le profit sera-t-il même plus grand pour un débutant que pour tout autre...

En effet dans ce cas, point de vieilles habitudes à combattre ; tout de suite les précautions, les bonnes règles de prudence, l'arme vite à l'épaule, les deux yeux ouverts, le coup d'œil rapide, le doublé facile , bref, tout de suite la bonne forme et très vite le succès...

Plus loin sont les règles à grands traits exposées, prises aux meilleures sources et à l'expérience : elles peuvent servir de base à nombre de réunions.

Favoriser le tir, n'est-ce pas travailler pour le plaisir, n'est-ce pas aussi une idée toute de sport en apparence qui peut au fond être patriotique !

Bon tireur et bon soldat ne sont-ils pas souvent synonymes !

Je le répète le pigeon comme le « ball trapp » est une véritable école — de tous les tirs.

Il donne la rapidité pour la chasse au bois.

Il développe l'appréciation de la distance pour le tir devant soi.

Il façonne le jugement, ce qu'il y a de plus utile dans le tir en battue.

Le tir aux pigeons peut avoir des aspects très divers :

Il peut y en avoir de toutes espèces, c'est une question de force, d'âge, de milieu — en un mot de « handicap ».

C'est-à-dire placer loin le bon tireur, rapprocher le débutant.

Les règles fondamentales demeurent les mêmes.

Le premier principe consiste à avoir pour débuter un bon fusil en ce sens qu'il faut qu'il soit avant tout bien à la couche du tireur.

On atteint ce but par la *pente* et *l'avantage*.

Quelle que soit la manière qu'a chacun d'épauler, il faut toujours un fusil un peu droit, c'est-à-dire avec une crosse peu courbée.

L'avantage résidera dans l'obliquité de la crosse par rapport à la ligne de mire, suivant que le tireur aura la poitrine plus ou moins développée.

Une fois ceci étudié, prendre un mouchoir, le lier au bout du canon et tirer avec des douilles neuves (vides) sur deux bougies allumées, distantes de 0 m. 50 à 0 m. 60 et placées à deux mètres environ du bout du canon, chercher ainsi à éteindre les deux lumières successivement, en faisant coup double.

Dans cette expérience tirer sans viser et un peu vite.

Si l'on peut avoir chez l'armurier un fusil articulé rectifiable, le résultat est obtenu en peu de temps une fois la couche trouvée, le fusil n'a plus qu'à être exécuté ou rectifié.

Bref, il faut avoir je le répète un fusil *à sa couche* qui « tue tout seul » quand vous tirez vite : ce qui donne un état moral précieux : la « confiance dans son arme ».

De la sorte, dans la pratique, quand vous manquerez, il faut que ce ne soit pas la « faute de votre fusil ».

A vous ensuite de juger la pièce !

Pour le tir aux pigeons il faut savoir que généralement le terrain est une enceinte en demi-cercle de 50 mètres de rayon, avec 5 boîtes placées en éventail d'où peut sortir le pigeon.

Le tireur est posté à 20 ou 32 mètres du centre de cet hémicycle, sur une planche graduée de $\frac{1}{2}$ mètre en $\frac{1}{2}$ mètre.

Au delà des boîtes est une barrière avant laquelle il faut que le pigeon tombe.

Généralement, la distance dévolue au nouvel arrivant au tir est 27 mètres (des boîtes).

Il avance ou recule ensuite sur la planche graduée suivant ses succès où ses défaites.

Sa place fait son « handicap ».

Les règles sont pour le calibre 12 ; on rend un mètre au 16 et 2 mètres au 20 : le calibre 10 perd un mètre.

Au commandement prêt ? le « puller » répond oui, puis le tireur dit « pull ». L'une des boîtes désignées par le *sort* s'ouvre, le pigeon part.

Là il faut le juger, mettre au-dessus, ou devant, suivant la direction, la qualité du pigeon, le vent, l'obliquité de son vol, etc.

Quelquefois, on croit bien faire en tirant « sur la boîte », c'est un nid à déceptions ; des expérimentés conseillent le premier coup vite, presque mécanique, le second un peu plus réfléchi.

Une variante à cet exercice consiste dans le « tir au trou » au lieu de partir de son plein gré le pigeon est lancé à la main par un homme caché dans un trou.

Généralement, ces pigeons sont plus rapides et surprennent pour ainsi dire davantage...

A ce vu l'expérience du chasseur est un utile coefficient.

Cependant, il ne faut pas oublier que d'accord avec M. de la Palice, il vaut mieux un coup peu brillant et bon qu'un admirable coup de longueur avec pigeon hors de la barrière.

Souvent, une ligne de drapeaux coupe la base du demi-cercle pour fixer l'angle sous lequel le tireur peut tirer de côté et ce pour cause de prudence.

Les règles de tir sont applicables aussi bien au pigeon vivant qu'au « ball trapp ».

Ici, la distance habituelle est de 17 à 20 mètres du mécanisme.

Plusieurs « ball trapps » sont installés avec directions différentes : un paravent règne devant les engins afin de les dissimuler et compléter ainsi la surprise.

Comme pour le pigeon vivant, tirer au-dessus ou en avant suivant les cas.

Ne pas attendre le point mort presque toujours trop éloigné.

La différence entre le pigeon d'argile et le pigeon vivant réside en ce que pour le premier la direction une fois connue ne change plus guère, donc, tirer le second coup plus vite.

L'avantage est indiscutablement au « *tiré vite* ».

Remarque. — Un pigeon (d'argile) tiré en avant est pulvérisé ; quand vous l'effleurez c'est presque toujours quand vous tirez derrière et presque toujours aussi dans ce cas, le pigeon entamé seulement accélère sa vitesse.

C'est un enseignement pour se rectifier dans une série.

Sur le pas de tir il faut épauler et faire le simulacre afin de détendre ses muscles puis jouer l'épaulement en faisant glisser plusieurs fois la crosse le long de l'épaule.

Mais bien que ce ne soit pas défendu par les règlements, ne pas tirer épaulé (c'est-à-dire ne pas épaulé avant de commander *pull*).

Si l'on n'a pas encore d'habitudes il est bon d'avoir la tête un peu haute, dominer son arme, les muscles et les nerfs bien tendus, l'attention concentrée toute entière, les deux yeux ouverts et viser le moins possible.

Envoyer son coup « là où passera l'oiseau »...

C'est avec son cerveau que l'on tire !

Le fusil n'est qu'un instrument !

Les vêtements seront à emmanchures larges et aisés du dos, afin de laisser les épaules bien libres.

S'entraîner en étudiant les directions afin de « trouver l'angle », c'est-à-dire de combien mettre en avant ou au-dessus.

Quand dans une poule vous avez manqué c'est un zéro.

Si le pigeon d'argile part ébreché, ne pas tirer.

Si vous tirez c'est un « Nobird » il y a à recommencer.

Au pigeon vivant, si le pigeon n'est pas parti c'est aussi un « Nobird » (ce qui littéralement signifie « pas oiseau » puisqu'il n'a pas volé) .

Si l'oiseau touché se renvole c'est un zéro.

Si l'oiseau se pose sur la barrière, on attend qu'il tombe : en dedans, il est bon ; en dehors, il est mauvais.

Enfin le tireur « écorche » ou est « en forme ».

La « classe » détermine le tir habituel.

Un tireur est de grande ou de moyenne classe.

La forme est souvent un état exceptionnel, temporaire.

Un tireur a ou n'a pas de classe ; sa forme varie, et combien !

L'oiseau effleuré, blessé, est « au bord du coup ».

S'il est mal tombé au premier coup, « assurez-le » d'un second coup !

Il sera ainsi « broyé » et la victoire vous sourira !

E. Béjot.

Membre du comité de la Société « le fusil de chasse ».

Un Membre de la sous-section. — Mais qui sera chargé de l'organisation de cette école ?...

M. Leschevin (Belgique). — L'organisation d'écoles semblables, qui existent en Belgique, dépend du gouvernement. Il y a un champ de tir très étendu qui comporte d'abord des plaques, des kleiberts, un sanglier roulant, un cerf roulant et un lièvre roulant, lorsque la silhouette est touchée elle bascule.

Tout le monde est admis à pénétrer dans ce tir moyennant une modeste redevance. C'est une annexe du tir national et c'est le gouvernement qui l'a organisé.

M. Mimard. — C'est un vœu platonique qui ne compromet personne, nous pouvons donc le voter.

La sous-section adopte.

M. le Président. — Vous avez tous pris connaissance, Messieurs, du rapport complet et si intéressant de M. le docteur de Rothschild sur *l'hygiène du chasseur*, nous ne vous le lirons donc pas.

La Chasse et l'Hygiène.

Influence de la Chasse sur la santé. — Inconvénients de la Chasse pour certains malades. — Traitement des maladies par la Chasse. — Hygiène du chasseur.

par le Dr HENRI DE ROTHSCHILD.

I

On peut s'adonner à la chasse de façons très diverses. Certaines constituent un véritable sport ; d'autres, un agréable passe-temps. On ne saurait, en effet, comparer la chasse au faisan, en battues, telle qu'on la pratique dans les environs de Paris, à la chasse au perdreau, dans les plaines de la Beauce ou de la Sologne, et enfin, la chasse à l'affût, dans certaines régions où le chasseur reste des heures entières immobile, à attendre le passage de l'animal qu'il cherche à abattre.

L'automobilisme qui, dans ces dernières années, a si profondément modifié les moyens de transport, et le sybaritisme que recherchent quelques amateurs du fusil, ont transformé profondément les principes mêmes de la chasse, qui n'est autre chose, à la vérité, que l'activité que l'être humain doit employer pour aller à la poursuite du gibier. La chasse en battue, où le tireur est amené au pied de son affût par un véhicule à traction mécanique ; où il attend, assis sur un pliant confortable, ou sur une chaise spéciale, le passage des oiseaux qu'il doit abattre, est une distraction agréable, qui ne nécessite de la part de celui qui s'y adonne, ni une santé particulièrement robuste, ni un entraînement progressif, ni même un accoutrement spécial. Ces déplacements cynégétiques qui, le plus souvent, ont lieu par beau temps, diffèrent bien peu d'une promenade dans un parc, ou dans un jardin bien entretenu. Le sport n'intervient guère que l'orsqu'il s'agit du tir, de sa promptitude, de sa justesse, du nombre de cartouches brûlées, qui, comparé au nombre de pièces abattues, doit donner un pourcentage aussi rapproché que possible de la perfection.

Une telle conception de la chasse est toute spéciale. Elle procure d'agréables délassements, des réunions fort joyeuses, en un mot, un passe-temps des plus séduisants, puisqu'il n'entraîne que peu de fatigue, et même le minimum d'efforts. Ce sont des choses auxquelles on peut agréablement convier les dames, qui apprécient l'excellence des fusils, la difficulté du tir et l'abondance du gibier. L'effort physique qu'elles réclament étant souvent très limité, des personnes impotentes ou âgées, peuvent s'y adonner sans éprouver trop de fatigue. Pour un grand nombre de disciples de Saint-Hubert, la chasse moderne en battues, telle qu'elle se pratique dans les chasses des environs de Paris, est peut-être l'idéal du sport cynégétique.

La chasse devant soi, au chien d'arrêt, est, pour le véritable chasseur, la seule qui doive compter. Sans parler des chiens, du fusil et des munitions, qui doivent être de tout premier ordre, il faut pour s'y adonner des qualités toutes spéciales. Il faut connaître d'abord l'art de la chasse : dépister le gibier, être familiarisé avec ses habitudes et ses mœurs ; il faut surtout jouir d'une bonne santé et s'être méthodiquement entraîné physiquement. Au point de vue de l'hygiène, une journée de chasse devant soit peut être considérée comme le meilleur des exercices, à la condition, toutefois, de ne pas occasionner une fatigue excessive

L'entraînement est alors indispensable, et l'on ne saurait admettre qu'un individu puisse, du jour au lendemain, sans y être préparé par un entraînement progressif, se lever trois ou quatre heures plus tôt que de coutume, parcourir de 10 à 25 kilomètres sur un terrain accidenté, recevoir pendant des heures la lumière brûlante du soleil, ou des raffales de vent et de pluie, se nourrir à des heures irrégulières, avec une alimentation nouvelle, etc., etc..., sans compter que des excès se commettent aisément. Le chasseur à la poursuite du gibier oublie l'heure, la température de l'atmosphère et se rend compte, trop tard, souvent, de l'insuffisance de sa force musculaire qui le trahit à son insu. Aussi peut-on, en pratiquant ce sport, admirable entre tous, qu'est la chasse devant soi, s'exposer à de graves inconvénients, et ne pas réaliser le but que l'on s'était imposé. Comme en toute chose, il ne faut point chasser sans méthode, et affronter, en compagnie d'un chien, et un fusil sur l'épaule, les intempéries et les hasards des champs et des bois. On peut répéter à ceux qui veulent devenir de bons chasseurs les vers de La Fontaine : « Qui veut voyager loin, ménage sa monture ». En l'occasion, la monture est le chasseur lui-même : Pour bien chasser, il faut savoir se ménager.

II

Influence de la chasse sur la santé (1).

La chasse doit être un délassement et non une fatigue. Ceux qui la pratiquent doivent se souvenir de ces deux préceptes : 1° Elle ne doit pas diminuer l'appétit ; 2° elle ne doit pas troubler le sommeil.

L'alimentation et le sommeil étant les deux grands régénérateurs de l'économie, si leurs fonctions se trouvent ralenties ou diminuées, il ne saurait en résulter qu'un trouble profond, et souvent durable, de la santé.

Certains sportsmen chassent tous les jours pendant la saison ; d'autres, trop occupés par leurs affaires, ne peuvent s'y adonner qu'exceptionnellement, une fois dans la semaine, le dimanche. Les premiers s'accomodent assez rapidement de la fatigue et des intempéries, car il arrive le plus souvent qu'un autre sport de plein air, pratiqué avant l'ouverture, les ait familiarisés avec les épreuves pénibles de la chasse. En tous les cas, une courbature momentanée est rapidement oubliée. Pour les autres, il n'en est pas toujours de même. Il est rare qu'un chasseur du dimanche soit bien préparé physiquement avant l'ouverture de la chasse. La fatigue qu'il éprouve peut lui être funeste. L'appétit et le sommeil peuvent être compromis ; de là, une perturbation dans la vie journalière de l'individu qui, bientôt, hésitera à reprendre le chemin de la chasse et qui préférera renoncer à son sport favori, de peur de porter un préjudice à ses occupations habituelles. Aussi, le chasseur d'occasion qui peut, le cas échéant, ne rien céder au point de vue de la connaissance de l'art cynégétique et à l'endurance, devra-t-il, plus que tout autre, savoir se ménager à ses premières sorties et ne pas exiger de son organisme le maximum de son rendement. Un entraînement préalable est indispensable. Beaucoup de chasseurs le savent d'ailleurs, et, pendant les mois qui précèdent le premier coup de fusil, on les voit s'entraîner à pied sur les grandes routes, accompagnés de leurs chiens, portant des cannes spéciales à pomme plombée, auxquelles on donne précisément le nom de « cannes d'entraî-

(1) Nous n'envisageons ici que la chasse devant soi, au chien d'arrêt.

nement » et qui remplacent utilement par leur poids, le fusil qu'ils sentiront bientôt sous le bras, ou sous l'épaule.

Parcourir une dizaine de kilomètres à pied, en pleine chaleur, vers la fin d'août, est un exercice excellent et recommandable. Les muscles des jambes, de l'abdomen et des bras s'exerceront, et pour employer un terme expressif et fort juste, se dérouilleront. La sudation s'établira normalement et la peau s'habituera à éliminer par tous ses pores, permettant ainsi à l'organisme de se débarrasser de toutes les toxines que produit dans l'économie le fonctionnement de tous les appareils musculaires. L'exercice physique, du fait même de la mise en activité de tout l'organisme, amènera forcément le chasseur à absorber une quantité de liquide plus grande ; la sudation progressive en permettra l'élimination normale, et l'appareil digestif et le système rénal ne s'en trouveront pas incommodés. Il est incontestable que l'effort physique progressif détermine une accélération de la combustion et de la nutrition. L'appareil pulmonaire et le tube digestif augmenteront d'activité : ils réclameront un surcroît de combustible. L'air pur de la campagne suffira au premier ; une alimentation substantielle devra être accordée au second. Il n'est pas rare de constater des transformations profondes et heureuses chez des individus qui reprennent de l'activité au moment de l'ouverture de la chasse. En général, les échanges nutritifs se font dans des conditions meilleures, pour ne pas dire normales. Le fonctionnement de la peau, des appareils digestifs et rénaux devient régulier, les éliminations se font normalement ; les auto-intoxications sont alors moins à craindre. Les troubles digestifs : inappétence, constipation, gastrites flatulentes ou nerveuses disparaîtront et un bien-être envahira tout l'individu.

Les variations atmosphériques, le chaud et le froid, le soleil et la pluie, auront infiniment moins de prise sur lui. Les rhumes, bronchites, maux de gorge, douleurs rhumatismales, musculaires, articulaires, disparaîtront même, ou deviendront moins fréquentes, par le seul fait de l'accoutumance et de l'entraînement de l'organisme.

Ainsi donc, la chasse, pratiquée dans des conditions normales, sans excès et après un entraînement rationnel, est un des meilleurs moyens pour entretenir et pour conserver la santé. Il peut être d'autant plus recommandé qu'il constitue un véritable délassement. L'espoir du succès, l'imprévu du gibier à abattre, les difficultés vaincues, sans compter le retour au foyer avec une gibecière bien garnie font que l'on oublie l'effort, et les souffrances parfois endurées. Et combien de personnes pratiquent ce sport avec enthousiasme, sans jamais en éprouver de satiété, alors qu'elles se refuseraient catégoriquement à une simple promenade d'une heure au Bois de Boulogne, ou à une séance d'une demi-heure dans une salle d'armes ou dans un gymnase.

Traitement de certaines maladies par la chasse.

Les efforts physiques auxquels le chasseur doit s'astreindre pour atteindre le gibier, font que, seuls, les individus bien portants et particulièrement robustes, peuvent s'y adonner, et l'on s'imagine difficilement que des malades ou des personnes affaiblies puissent en retirer un profit véritable au point de vue de l'hygiène. La chasse a guéri plus d'un neurasthénique, sans compter les individus qui souffrent de l'estomac, de l'intestin, et même du cœur. La chasse, en effet, est presque devenu un agent thérapeutique, et même un des meilleurs. Un grand nombre de neurasthéniques sont souvent des désœuvrés qui, de ce fait, consacrent tout leur temps à penser à leur santé, aux sensations physiques qu'ils éprouvent, aux douleurs qu'ils s'imaginent ressentir ; ils restent des journées entières chez eux, à s'étudier et à s'examiner avec terreur. Qu'on les sorte de chez eux, qu'on les amène dans les champs, qu'on leur donne un chien et un fusil, et ils oublieront rapidement qu'ils souffrent ; ils ne penseront plus qu'au gibier qui va se lever devant eux. Leur organisme, débilité par une longue inactivité, par une alimentation insuffisante, par un usage inconsidéré de médicaments, se transformera rapidement, et l'homme, que hantaient naguère les plus sombres idées, ne pensera plus qu'à la journée de chasse du lendemain, avec ses imprévus, ses émotions et ses efforts couronnés de succès. Que de suicides ont été évités ainsi !... Les professions sédentaires, qui retiennent ceux qui les exercent dans des bureaux mal aérés, et qui sont le plus souvent un obstacle à l'entraînement physique, régulier et progressif, favorisent l'éclosion de troubles gastro-intestinaux et prédisposent à l'obésité, qui n'est que le résultat d'une nutrition défectueuse ou irrégulière. Une journée de grand air et une marche soutenue pendant quelques heures, le dimanche, doit être conseillée à tous ceux que leurs occupations tiennent enfermés pendant la semaine. Cette journée de liberté paraîtra fastidieuse, monotone, si elle n'a pas un but déterminé ; elle sera d'autant plus agréable et reposante si elle est consacrée à la chasse. Ces quelques heures de grand air suffisent souvent à régénérer les phénomènes de la respiration et à modifier le fonctionnement de l'appareil digestif. L'appétit augmentera et, après une fatigue modérée, un sommeil réparateur remplacera très probablement les nuits d'insomnie. L'organisme tout entier conservera de cette journée de repos intellectuel, pendant toute une semaine, un bien-être des plus appréciables, à tel point que l'on s'étonnera de voir tonifiés, améliorés et pour ainsi dire régénérés des individus qui, les mois précédents, paraissaient débilités, souffreteux et même malades. L'appareil digestif, qui est si souvent déréglé chez les sédentaires des grandes villes, reprendra repidement ses fonctions normales, et bien des gens, malheureusement habitués aux laxatifs, voire même aux purgatifs quotidiens, pourront rapidement y renoncer.

Rien de plus efficace aussi que la chasse pour les obèses ou pour les prédisposés à l'arthritisme. En s'entraînant progressivement à la marche, à la sudation naturelle, on verra rapidement les vêtements devenir trop larges, et même flottants, et l'on constatera, avec surprise, une diminution de volume (abdomen) sans perte notable de poids, les muscles se développant et devenant plus denses au détriment du tissu adipeux, qui tend progressivement à disparaître. Et ces résultats, que l'on recherche souvent par des méthodes empiriques et dangereuses, par des cures thermales, des massages intempestifs ou des régimes débilitants, s'observeront spontanément après quelques mois de chasse, sans provoquer aucun excès de fatigue ou une déminéralisation de l'organisme. L'activité que procure la chasse est infiniment supérieure aux exercices passifs que procurent le massage et l'électricité, et aucun praticien ne saurait en méconnaître les avantages.

III

Inconvénients de la chasse pour certaines maladies.

Si l'on peut recommander la pratique de la chasse à certaines personnes qui ne jouissent pas d'une santé parfaite, dans l'espoir que ce sport amènera chez elles une activité nouvelle de l'organisme, il convient cependant d'être prudent, car, dans certain nombre de cas, la pratique de la chasse peut déterminer des accidents graves. Les cardiaques, plus particulièrement, sont dans ce cas, et on ne saurait engager un individu porteur d'une lésion du cœur à pratiquer un exercice violent et excessif. On a observé, en effet, au cours de parties de chasse des syncopes, des vertiges, des ruptures d'anévrisme et même des morts subites Certaines affections pulmonaires chroniques : début de tuberculose, bronchite chronique, emphysème, etc., etc., ne peuvent s'accommoder avec les changements brusques de température, le froid excessif, l'humidité et la pluie. Sans être obligés de renoncer au sport cynégétique, les individus atteints de ces affections devront être particulièrement prudents, se vêtir et se chausser de façon à se garantir contre les variations atmosphériques et les intempéries.

D'autre part, si l'on veut envisager tous les effets que la santé peut avoir sur la chasse, ou inversement, il convient de signaler aussi certaines infirmités ou maladies qui peuvent s'observer chez les chasseurs. Les troubles de l'audition, de la vue, certaines névroses, peuvent être la cause d'accidents. Un chasseur, dont l'appareil auditif n'est pas tout à fait parfait, peut se méprendre sur des sons ou des bruits qu'il croit entendre. Il peut tirer dans une direction d'où peut venir une voix humaine ou le bruit d'un véhicule invisible. Bien des accidents de chasse en ont été le résultat. Certains troubles de la vision (myopie ou dyplopsie) peuvent faire d'un excellent chasseur un tireur dangereux ou imprudent. Il peut ne pas voir à une distance suffisante, et tirer une pièce de gibier placée entre lui et un tiers ; il peut confondre le gibier avec un animal domestique, ou même avec un être humain. Un enfant, blotti derrière une haie, a souvent été pris pour un lièvre ; un bûcheron, assis au pied d'un arbre, pour un sanglier ou un chevreuil. Certains accidents d'ordre nerveux (tremblement sénile, tremblement alcoolique, certaines névrites ou paralysies en voie de guérison) peuvent être la cause d'accidents graves. On observe ainsi parfois des maladresses involontaires et pathologiques qui font partir un coup de fusil inconsidérément ; personnellement, nous avons observé des faits de ce genre. Le chasseur doit donc, dans son propre intérêt et dans celui des tiers, écouter les conseils du médecin, de même que certains malades, les épileptiques, par exemple, ne doivent, à aucun prix, se mettre au volant d'une voiture automobile ; d'autres (tels que les myopes, les sourds et certains névropathes) ne doivent pas se livrer aux plaisirs de la chasse.

IV

Hygiène du chasseur.

Nous avons vu plus haut que pour supporter les intempéries et les fatigues, le chasseur doit s'entraîner préalablement de façon à ne pas commettre d'imprudences. Cette recommandation essentielle n'est pas cependant la seule qui doit être faite aux fervents de Saint-Hubert. Un certain nombre de précautions hygiéniques sont indispensables pour supporter la fatigue d'une marche prolongée et pénible et l'influence des intempéries. Bien des imprudences ont abouti à des maladies graves, à des bronchites, à des fluxions de poitrine. Examiner en détail toutes ces nombreuses recommandations serait fastidieux et ressemblerait trop à une leçon qui serait faite à des enfants au moment d'une partie de promenade. Malheureusement, on les néglige trop souvent et on ne se rend compte de son imprudence que lorsque les résultats fâcheux se sont produits.

Nous examinerons donc sommairement l'hygiène alimentaire, l'hygiène du vêtement et l'hygiène du chasseur.

Hygiène alimentaire. — Un des préceptes les plus essentiels pour bien supporter la saison de chasse est de s'alimenter d'une façon substantielle, et à des heures aussi régulières que possible. Etant donné que l'effort physique doit reprendre pour ainsi dire aussitôt après le repas terminé, celui-ci doit être frugal, de façon à amener une digestion facile et complète.

Quand le chasseur part de bonne heure, il ne doit pas se mettre en route l'estomac vide. Un léger déjeuner composé d'œufs, de viande grillée, de café au lait ou de lait chaud, doit constituer ce premier repas de la journée. Le second repas, plus substantiel, doit avoir lieu entre onze heures et midi, c'est-à-dire au moment où la digestion du premier repas peut être considérée comme terminée, et à un moment de la journée qui coïncide avec le maximum de l'élévation de la température. On sacrifiera ainsi à un repas bien mérité un couple d'heures indispensables au repos physique.

Le repas du soir doit être très simple, de façon à ne pas troubler le sommeil. Entre les deux repas de midi et du soir, une légère collation peut être prise entre 4 et 5 heures de l'après-midi.

Les chasseurs ont l'habitude de porter en bandoulière une gourde contenant un liquide frais, devant servir à étancher leur soif en cours de route. On ne saurait trop déconseiller l'ingestion de liquide en dehors des repas, particulièrement de liquides frais qui déterminent spontanément une exagération momentanée de la sudation et qui, au lieu de calmer la soif, ne font que l'augmenter. Cependant, les boissons les plus recommandables sont du thé léger, ou du café également très léger, chauds ou tièdes, et que l'on peut conserver à température grâce à un appareil appelé « thermophore ». Quelques gorgées d'un liquide chaud évitent une sudation anormale et désaltèrent infiniment mieux qu'une boisson froide, qui est susceptible de déterminer des troubles digestifs. On devra également s'abstenir de puiser de l'eau à une source ou à une fontaine, car cette eau peut être contaminée et provoquer des troubles gastro-intestinaux, quelquefois difficile à juguler, et même la fièvre typhoïde. On s'abstiendra également, sous peine de provoquer des troubles digestifs, déjà indiqués, et qui peuvent se compliquer de congestion grave, de se faire servir des boissons glacées, lait ou cidre.

Ces principes, quelques simples qu'ils puissent paraître, ne sont pas cependant à négliger, car l'esprit du chasseur uniquement occupé par le désir de poursuivre le gibier, s'extériorise trop rapidement et trop complètement pour penser à son bien être personnel.

Hygiène du vêtement. — Pour bien chasser, il faut savoir se vêtir et ne pas hésiter à modifier son habillement suivant les saisons et suivant la température. La condition essentielle pour éviter les refroidissements, dont les conséquences ont été indiquées plus haut, est le port de la chemise de flanelle ou en tissu cellulaire, qui absorbe la sueur et qui sèche assez rapidement pour ne pas maintenir à la surface du corps une évaporation réfrigérante. Les vêtements doivent être larges, de façon à laisser la liberté des mouvements, ce qui est une condition essentielle pour éviter la fatigue musculaire.

Les chaussures doivent être suffisamment larges et fortes pour que le pied se trouve bien maintenu et ne se blesse pas par les frottements qui se produisent au cours de la marche. La cheville doit être également maintenue pour éviter les faux mouvements que l'on peut faire dans les terrains accidentés et qui entraînent souvent des entorses ou des luxations. On recommande aussi les molletières, assez hautes et assez épaisses, pour maintenir la jambe et éviter les piqûres d'insectes ou de reptiles, ainsi que les piqûres de ronces, souvent bénignes d'apparences, mais qui peuvent être le point de départ d'inflammation locale assez intense pour amener des collections purulentes (abcès, phlegmons).

En cas de marche dans des terrains mouillés, on recommandera des chaussures imperméables ; mais ces dernières devront être rigoureusement écartées par les temps secs, car elles empêchent l'évaporation de la peau et déterminent une enveloppe humide qui ramollit l'épiderme et produit des excoriations.

On ne saurait trop recommander aux chasseurs de se munir d'un caoutchouc de bonne qualité et très ample. Ce caoutchouc doit être fait de préférence en tissu souple imperméabilisé. Il peut être facilement plié et porté dans une gibecière.

Dans les taillis ou les couverts un peu élevés, il est bon de porter ce qu'on appelle une « salopette », qui protégera les genoux et les cuisses contre la rosée.

Lunettes. — On a souvent proposé, pour éviter des accidents de chasse, le port de lunettes spéciales, mais jusqu'à présent, aucun appareil de ce genre n'a pu être considéré comme efficace. Au contraire, le bris du verre employé peut déterminer des accidents peut-être plus graves encore que le plomb reçu directement. Cependant, des lunettes doivent être recommandées d'une façon particulière aux gens dont la vision est imparfaite. On a recommandé récemment le port de certaines lunettes teintées en jaune, en bleu, et même en rouge, pour atténuer la lumière du soleil. Ces lunettes pourront être choisies au gré du chasseur.

Enfin, rentré chez lui, le chasseur ne devra pas tarder à se dévêtir et à mettre du linge sec. Une bonne friction au gant de crin et à l'alcool amènera un bien-être complet. Si cette friction peut être précédée d'un bain à température modérée, prolongé pendant quelques minutes, on pourra éviter une fatigue et une courbature pénibles.

Toutes ces précautions, qui peuvent paraître quelque peu prudhommesques, ne sont pas à négliger. L'entraînement à la chasse en dépend et une grande partie du plaisir pourra être entièrement gâtée par le port de souliers trop étroits ou d'un vêtement insuffisamment large, ou encore par l'oubli d'un caoutchouc au moment d'une averse torrentielle, comme nous sommes habitués à en recevoir dans les premiers jours d'octobre.

Toutes ces indications que nous venons de donner, qu'il s'agisse de l'influence de la santé sur la chasse ou de la chasse sur la santé, sont évidemment des lieux communs qui ont été dits cent fois et que chacun de nous connaît de longue date. Si nous les avons résumés ici, c'est qu'il est indispensable, non pas de les connaître, mais de s'en souvenir, et beaucoup de nos amis et confrères en sport cynégétique nous sauront gré de leur avoir rappelé brièvement les conseils les plus essentiels et les plus pratiques.

Dr HENRI DE ROTHSCHILD.

M. le Président. — Il ne nous reste plus à étudier que les rapports relatifs aux *assurances et à la caisse mutuelle de retraites pour les auxiliaires de la chasse.*

Caisse de retraite des auxiliaires de la Chasse.

par M. DIOT.

Depuis plusieurs années les gardes, préoccupés de leurs vieux jours, les propriétaires, soucieux du bien-être de leurs serviteurs, réclamaient à tous les échos la création d'une œuvre de prévoyance destinée à dissiper leurs craintes.

Des lettres adressées à ceux qui se trouvent à la tête des groupements de chasseurs, des désirs manifestés lors des réunions, des banquets, laissaient percer l'angoisse d'une vieillesse miséreuse pour ceux dont la vie active se passe au service des chasseurs.

A une époque déjà lointaine, quelques essais furent tentés. Mais les pionniers de la première heure n'avaient que de la bonne volonté : il leur manquait pour fonder une Société utile l'entente absolue, indispensable avec ceux qui devaient en devenir les membres et les bénéficiaires.

Après plusieurs essais, le S. H. C. F. se mit à l'ouvrage et après de longs débats, après aussi des études souvent remaniées et modifiées, fût créée et votée la « Mutuelle des Auxiliaires de la Chasse ».

Création. — C'est en février 1906 que fut votée en assemblée générale la formation d'une Caisse mutuelle de retraites pour les auxiliaires de la chasse. M. Emile Loubet en accepta la présidence d'honneur ; à ses côtés s'inscrivent : M. le Ministre de l'Agriculture, M. le Ministre de l'Intérieur, la duchesse d'Uzès, le prince de Monaco, le comte Greffulhe, M. Mabilleau, M. Deyrolle, le comte Potocki, etc., etc.

Le baron H. de Rothschild et le comte Clary acceptèrent la présidence du Conseil d'administration.

Elle fut approuvée par arrêté ministériel du 26 février 1906.

But. — Le but de la Caisse mutuelle est de servir aux membres participants une retraite annuelle de 100, 200, 300 ou 360 francs et de leur accorder, dans certains cas, des allocations annuelles renouvelables. Elle accepte comme membres tous ceux qui touchent par leur occupations à l'exercice de la chasse, tels que gardes, piqueurs, faisandiers, valets de chiens, gardes-champêtres, leurs femmes et leurs enfants, les femmes et enfants des gendarmes et des gardes forestiers

La Caisse mutuelle voulut s'adresser à tous et faire bénéficier les plus humbles des avantages qu'elle avait créés.

L'exposé des statuts à l'assemblée générale fut accueilli chaleureusement, chacun s'offrit à répandre la bonne nouvelle et personne ne douta que les désirs de chacun avaient trouvé leur solution définitive et complète.

Rentes, Organisation pécuniaire. — Les promesses contenues dans les statuts ne sont-elles pas, en effet, particulièrement séduisantes ?

Un jeune homme de 20 ans veut-il s'assurer une rente de 300 francs à 55 ans, il aura à verser 33 fr. 60 par an. Veut-il seulement en jouir à 60 ans, il n'aura plus à payer annuellement que 20 fr. 20.

Un homme de 35 ans veut-il recevoir une pension de 300 fr. à 60 ans, il aura à verser, par an, 54 francs.

Le premier (20 ans) aura versé, dans le cas de la pension à 60 ans, 30 fr. 20 × 40 = 808 francs. Cette somme de 808 francs aura été économisée en quelque sorte en 40 années ; elle donnera droit à une rente de 300 francs qui représente un intérêt de 37 % du capital constitutif.

Le deuxième exemple (35 ans) aura versé 54 fr. × 25 = 1.350 fr. et recevra également une somme de 300 francs à titre de pension représentant 24 0/0 du capital constitutif.

Ces exemples pourraient être répétés à l'infini, nous ne nous étendrons pas sur ce point. L'examen des barèmes de la Société suffira pour convaincre qu'à tout âge l'entrée dans la Mutuelle est extrêmement avantageuse.

Il est fait un reproche à la plupart des Sociétés poursuivant un but identique au nôtre. Les vieux, dit-on, ceux qui ont le plus besoin d'une retraite prochaine, vont être les plus atteints puisque la constitution de la Société s'opère alors qu'ils ont déjà un âge avancé.

Ce reproche a été adressé à la Mutuelle et il est fatalement un peu vrai. Une Société se crée pour l'avenir, elle ne peut avoir le don magique de refaire le passé. Cependant, loin d'écarter à priori les critiques ainsi formulées par quelques gardes grisonnants, le Conseil d'administration de la Mutuelle s'est, au contraire, préoccupé de chercher une combinaison pouvant remédier, dans la mesure du possible, à la situation intéressante des aînés. C'est pourquoi il a été décidé qu'il n'y aurait pas de limite d'âge pour l'entrée dans la Mutuelle et que toute retraite pourrait être liquidée après 15 années de Sociétariat.

En se reportant aux barèmes, on verra que le tableau régulateur C est fait pour des membres âgés de 41 à 50 ans, ou même au-dessus.

La prime annuelle ne devient plus forte qu'à 50 ans pour diminuer ensuite progressivement.

Une personne âgée de 50 ans ne paiera pas plus que celle âgée de 42 ans.

Ceux qui trouveront que l'âge de la retraite est trop lointain n'auront-ils pas encore la faculté de faire pour leur femme, pour leurs enfants, ce que leur âge les empêche de faire pour eux-mêmes ?

Cotisations impayées. — Beaucoup aussi ont exprimé la crainte de ne pou voir continuer régulièrement leurs versements. Et la Mutuelle a répondu encore à cette interrogation. Chaque contrat conservera, en cas de non-continuation des paiements, une valeur proportionnelle au montant des encaissements. Chacun des membres participants recevra une rente exactement proportionnée au total des sommes portées à son livret.

D'ailleurs, les sociétaires ne sont-ils pas assurés de la grande bienveillance de ce qui est leur propre caisse ?

Des délais ne seront-ils pas accordés dans la plus large mesure aux retardataires et même, dans certains cas de maladie, d'accident par exemple, l'allocation annuelle ne viendra-t-elle pas acquitter les trimestres impayés et aider ainsi d'une façon particulièrement délicate à la conservation de la retraite pour le garde ?

Membres donateurs, honoraires. — Il est un appoint qu'il faut mentionner et qui fait de la Caisse des retraites des auxiliaires de la Chasse une Société privilégiée entre toutes.

Nous voulons parler des propriétaires favorisés de la fortune et particulièrement généreux qui s'inscrivent d'une façon toute désintéressée au nombre des membres donateurs de la Société. Le geste de ceux-là est noble qui donnent sans pouvoir bénéficier des avantages de la Mutuelle : c'est une prime à la prévoyance, un encouragement à l'économie, bien entendu en même temps qu'une utile générosité.

Dans la Société, nous relevons les dons de : MM. Henri de Rothschild, comte Potocki, Gordon Bennett, Mme Edouard André, MM. Philbois, comte d'Andigné, Cordier, de Bernon, Juif, comte Clary, Desnues, Maison Spratt'Patent, M. Bejot, Société Centrale des Chasseurs de France, M. le comte de Sabran-Pontevès.

Dans une Société dont les frais généraux sont infimes, où toutes les fonctions principales sont gratuites et qui ne paie aucune redevance, à quoi vont être employés ces fonds si ce n'est à arrondir le chiffre des pensions, à grossir les revenus ?

Et c'est ainsi, nous le souhaitons, que ceux-là qui se sont inscrits pour une rente de 200 francs, recevront peut-être 250 francs, à leur grande surprise, à leur évidente satisfaction.

Situation de la Société. — Aujourd'hui la Société compte 87 membres appartenant principalement aux départements de Seine-et-Oise, Seine-et-Marne, Tarn, etc.

La Mutuelle des gardes n'a qu'une année, c'est encore une enfant. Les membres adhérents de la première heure se feront des éducateurs pour leurs parents, leurs voisins, leurs amis, et ainsi le nombre ira grossissant.

Mais s'il appartient aux Sociétaires d'amener à la Caisse des retraites de nouvelles adhésions, n'appartient-il pas aux maîtres, aux propriétaires de chasse, aux chasseurs eux-mêmes, d'aider à son développement. La Société n'est-elle pas en droit d'attendre qu'un effort se produise de ce côté ?

Nous devons, à notre grand regret, constater que notre attente se prolonge. Nous voyons trop peu de maîtres prendre une part de la cotisation du garde, à leur charge, et ainsi encourager à la prévoyance.

A la veille du jour où la loi sur les retraites ouvrières obligera chacun à assurer à son employé une pension de retraite, n'est-il pas du devoir de beaucoup de prendre les devants ? Faut-il que l'obligation seule ait raison de la nonchalance avec laquelle est écoutée — trop souvent et à tort — l'exhortation à la participation effective que tout maître devrait prendre dans notre Caisse de retraites ?

Modifications projetées. — Si certains gardes se sont montrés satisfaits de notre Société, telle qu'elle existe, il en est d'autres qui ont formulé des réserves !

« Je vais payer pendant longtemps, ont dit quelques-uns, et cela pour une retraite que je ne toucherai peut-être jamais si la mort me surprend avant l'âge ou je dois en profiter. Et cet argent versé sera perdu, ma femme et mes enfants ne recevront rien. »

Nous avons tout d'abord répondu que le garde soucieux du bien être des siens, pourrait aussi les inscrire à la Mutuelle et nous avons ajouté que néanmoins, cette remarque avait sa raison d'être et que, nous en étant préoccupés, nous comblerions cette lacune si, encouragés par les adhésions, nous trouvions dans l'affluence des adhésions une contre-partie à nos efforts.

Le Conseil d'administration, à sa dernière réunion, a décidé de créer une Caisse d'assurance en cas de décès qui, moyennant une somme de quelques francs, garantirait au membre participant le versement à sa veuve ou à ses enfants, d'une ou de plusieurs parts de 250 francs.

Mais pour établir cette sorte d'annexe à la Caisse des retraites, il faut un certain nombre d'adhésions (200 au minimum). Il est adressé en ce moment aux gardes un referendum les exhortant à s'inscrire à cette Caisse d'assurance en cas de décès.

Aussitôt que le nombre nécessaire à sa formation sera atteint, ce service entrera en vigueur et là encore il faut adresser un appel pressant aux gardes comme aussi aux propriétaires de chasses.

Le Conseil d'administration, dans la même séance, a également décidé sous les mêmes conditions la formation d'un *fonds de secours* destiné à aider le garde, malade ou accidenté. Une cotisation spéciale alimenterait ce fonds et donnerait droit à une allocation quotidienne à partir du dixième jusqu'au quarantième jour de maladie. Une somme fixée par le Conseil pourrait en outre être versée à l'infirme ou à l'incurable, la situation financière de la Société étant prise en considération.

Aujourd'hui, l'œuvre entreprise est aussi parfaite qu'il est possible, les efforts généreux sont acquis, les premiers adhérents sont venus faire confiance à la Société. Il faut maintenant solliciter les appuis, encourager de toutes manières les adhésions. Il faut que chacun, en adhérant à la Société, prêche dans son entourage pour une maison qui est la sienne.

La Caisse de retraites des auxiliaires de la Chasse n'a qu'un but : être utile à ses membres qui se peuvent recruter partout. La seule étiquette est prévoyance, appui, soutien et quelquefois... charité.

Avec une telle enseigne, qui donc pourrait-elle laisser indifférent ?

DIOT.

VOEU

Considérant les services inappréciables que la Mutualité peut rendre à tous les auxiliaires de chasse et donnant toute son approbation à la Mutuelle du S. H. C. F.

Le Congrès de la chasse émet le vœu que la Caisse Mutuelle des Retraites des Auxiliaires de la Chasse soit vulgarisée et encouragée par tous les chasseurs et par tous les moyens.

Vous connaissez cette dernière institution si digne d'intérêt. M. Diot a émis le vœu qu'elle soit étendue et vulgarisée ; je ne crois pas que vous puissiez y voir d'inconvénient.

La sous-section adopte.

M. LE PRÉSIDENT. — Enfin, vous avez pu lire le rapport de M. le vicomte de Moucheron, traitant de la question des *assurances pour les chasseurs.*

Assurances.

Par M. le Vte de MOUCHERON.

Messieurs,

Etant pris au dépourvu, je compte sur votre bienveillance pour excuser la brièveté de cette conférence relative à l'utilité que je crois apercevoir dans la question « d'Assurance-chasse ».

Tout le monde actuellement envisage l'assurance comme une nécessité absolue, nécessité qui ne fait que s'accroître avec les charges toujours plus grandes qu'ont à supporter les classes riches ou considérées comme telles.

C'est dans ce but que les Compagnies d'assurances s'exercent à donner au mal grandissant un remède efficace. C'est pourquoi, à la loi de 1898, on a opposé l'assurance ouvrière, loi qui, d'ailleurs, fut modifiée et aggravée par les adjonctions de 1902, 1905 et 1906.

Egalement les Sociétés d'assurances ont émis des contrats garantissant les patrons contre les exigences de leurs domestiques.

En un mot, tous les cas ont été prévus. Le nombre croissant des chasseurs et aussi les accidents qu'ils occasionnent, soit par inadvertance, soit par maladresse, soit aussi, il faut le dire, par imprudence, soit par quelqu'autre motif que ce soit, ont donné l'idée aux Compagnies d'assurances de remédier à ce risque en instituant des contrats spéciaux, dénommés « Assurances-chasse ».

Ce simple aperçu ne me permet pas de donner ici un compte-rendu des condamnations encourues par les propriétaires de chasses ou par leurs subordonnés, mais il suffit de s'en rendre compte par soi-même en lisant le recueil de jurisprudence relatif à cette question ou même le « Dalloz » pour se persuader qu'il est de toute utilité non seulement d'user de grandes précautions pour éviter les accidents, mais encore, qu'il est, je dirai indispensable, de prévenir les conséquences des accidents inévitables, en contractant une assurance-chasse.

Ces considérations générales étant posées, permettez-moi, Messieurs, d'aborder le cœur de mon sujet.....

Avant tout, il est nécessaire de choisir une Compagnie sérieuse et solvable, à prime fixe autant que possible, et connaissant bien cette question un peu particulière des « Assurances-chasse ». Il ne m'appartient pas de spécifier une Société plutôt qu'une autre, mais, règle générale, lorsqu'un agent propose une Compagnie de préférence à une autre, et avant de s'engager vis-à-vis d'elle, il est plus sage d'aller demander dans une Société de Crédit, le Crédit Lyonnais par exemple, des renseignements précis sur la situation financière de ladite Compagnie, renseignements que l'agent, la plupart du temps, n'est pas à même de vous donner.

Je vais donc m'efforcer de vous expliquer le plus brièvement possible les différentes formes que revêt la police « chasse ».

Assurance des gardes-chasse. — Police mixte.

Responsabilité civile jusqu'à concurrence de 25.000 francs.

Prime par garde-chasse : 45 francs.

La garantie s'étend pendant le service, à l'occasion du service et des chasses, ainsi que pendant toutes autres fonctions au service de l'assuré.

Accidents causés aux tiers par les gardes-chasse et engageant la responsabilité civile du patron, 10.000/30.000 : 10 francs.

Assurance des chargeurs. — Police mixte.

Responsabilité civile jusqu'à concurrence de 25.000 francs.

Prime : 25 francs.

Accidents causés aux tiers par le chargeur 10.000/30.000 : 10 francs.

Responsabilité civile du chasseur pour les accidents corporels causés aux tiers avec des armes à feu.

Responsabilité civile couverte jusqu'à 10.000 : 15 francs; 15.000 : 20 francs; 20.000 : 25 francs ; 25.000 : 30 francs.

Assurance des Sociétés de chasse ou des Propriétaires de chasse.

Cette combinaison couvre la responsabilité civile des propriétaires, co-propriétaires, co-actionnaires, invités de la chasse, hommes ou femmes, à raison des accidents corporels causés avec les armes à feu pendant la chasse, soit à l'un d'entre eux soit aux gardes, rabatteurs ou porte-carniers ou à des tiers quelconques, à la condition que les bénéficiaires de cette garantie soient porteurs d'un permis de chasse.

Responsabilité civile de 15.000 francs, par accident pour 10 fusils.

Prime : 100 francs.

Responsabilité civile de 20.000 francs, par accident pour 10 fusils.

Prime : 150 francs.

Cette police accorde à son souscripteur la même garantie, dans toutes les chasses où il pourra se rendre en territoire français.

Assurance individuelle des chasseurs.

La garantie de la présente police produit ses effets pendant la durée de la chasse à tir tant sur terre que sur eau et en France seulement.

La présente garantie produira son effet à partir du moment où l'assuré est monté dans le train ou dans la voiture qui doit l'emmener à destination pour césser, au retour, au moment où il en sera descendu.

Prime 0 fr. 45 par 1.000 francs, en cas de mort avec bénéficiaire dénommé.

Prime 0 fr. 45 par 1.000 francs, en cas d'invalidité.

Minimum de prime : 10 francs.

Exemple : Pour laisser un capital de 20.000 francs à une personne désignee et s'assurer à soi-même ce même capital de 20.000 francs pour le cas d'invalidité, il suffira de payer une prime annuelle de 18 francs.

1° Assurance des « Gardes-Chasse ».

Cette assurance a deux buts tout à fait distincts.

D'abord de garantir l'assuré contre la responsabilité civile qui peut être encourue par lui, dans le cas où le garde-chasse aurait été victime d'un accident *quelconque* dans ses attributions de garde-chasse ou de garde de propriété ; par exemple : coup de fusil reçu d'un braconnier, chute d'un arbre dans les bois, etc., etc.

De plus, cette même police garantit pendant le service ou à l'*occasion* du service et des chasses ainsi que pendant toutes les autres fonctions au service de l'Assuré, les accidents causés aux tiers par les gardes-chasse et, de ce fait, engageant la responsabilité civile du patron (articles 1382 et suivants du Code civil).

Donc, il résulte que le garde-chasse est garanti par cette police, non seulement en temps de chasse, mais encore durant toute l'année, et en toutes circonstances, mais *seulement dans l'exercice de ses fonctions.*

En général, ces contrats garantissent la responsabilité de l'assuré jusqu'à concurrence de *vingt-cinq mille francs* pour les gardes-chasse et jusqu'à *dix mille francs* par accident et *trente mille francs* par catastrophe pour les accidents causés aux tiers par le garde-chasse lui-même.

Ces sommes peuvent varier selon la prime que l'on applique, mais elles me semblent suffisantes en général. Les primes afférentes à ces deux risques sont variables selon les Compagnies, mais, en principe, on peut les évaluer à environ 55 francs par an.

2° *Assurances-Responsabilité civile du chasseur pour les accidents corporels causés aux tiers avec les armes à feu.*

La dénomination de ce contrat indique suffisamment le but qu'il se propose d'atteindre. Néanmoins, certains renseignements complémentaires me paraissent nécessaires.

Cette assurance couvre la responsabilité civile de l'assuré à raison des accidents *corporels causés avec des armes à feu* pendant la chasse soit aux gardes, porte-carniers, ou à des tiers quelconques à la condition toutefois que le bénéficiaire de cette garantie soit porteur d'un permis de chasse.

Cette garantie est assurée au contractant dans tous ses déplacements de chasse sur le territoire français.

Là encore, les sommes assurées varient selon la prime, et les bases sont en général les suivantes :

10.000	francs,	prime..........	15 francs
15.000	—	—	20 —
20.000	—	—	25 —
25.000	—	—	30 —

Il est à noter que certaines Compagnies considèrent les invités comme des tiers, tandis que certaines autres les excluent. Ce n'est qu'une question de détail que les intéressés discutent au moment de l'établissement des contrats.

3° *Assurance des Sociétés de chasse ou des Propriétaires de chasse.*

Cette combinaison est à peu de chose près semblable à la précédente ; elle ne diffère que pour les tarifs moins élevés mais ne peut être appliquée qu'à un groupe de chasseurs faisant partie d'une Société de chasse. La police est souscrite par le propriétaire et s'étend à tous les invités et actionnaires sans distinction.

Cette combinaison, dis-je, couvre la responsabilité civile des propriétaires, co-propriétaires, co-actionnaires, invités de la chasse, hommes ou femmes, à raison des accidents corporels causés avec des armes à feu pendant la chasse, soit à l'un d'entre eux, soit aux gardes, rabatteurs ou porte-carniers ou encore, à des tiers quelconques, à la condition que les bénéficiaires de cette garantie soient porteurs d'un permis de chasse.

Cette police accorde à son souscripteur la même garantie dans toutes les chasses où il pourra se rendre en territoire français.

Cette combinaison n'est applicable qu'à un groupe d'au moins dix fusils. Or, dans une Société de chasse, il est d'usage, en général, que chaque actionnaire ait l'autorisation d'amener un certain nombre d'invités et, dans ces conditions, le chiffre de dix fusils est vite atteint.

La responsabilité civile du contractant est garantie soit jusqu'à concurrence de 15.000 francs moyennant une prime d'environ *cent francs*, soit jusqu'à 20.000 francs, pour une prime forfaitaire de *cent cinquante francs* par an.

4° *Assurance des chargeurs.*

Cette garantie n'est pas inutile, car fréquemment les personnes employées à ce travail ne sont pas des professionnels de la chasse et peuvent par ignorance des armes à feu se blesser elles-mêmes ou blesser leurs voisins ou tout autre personne. De là, deux sortes d'assurances. 1° Garantir la responsabilité du contractant contre les accidents pouvant survenir à son chargeur et ce jusqu'à concurrence de 25.000 francs, moyennant une prime d'environ 25 francs par an.

2° Responsabilité civile du contractant garantie jusqu'à 10.000 francs par accident et 30.000 francs par catastrophe, moyennant une somme de 10 francs.

Cette même police garantit les deux risques et coûte environ 25 francs par an.

Il ne me reste plus qu'à étudier une combinaison d'assurance qui n'est pas de moindre importance que les précédentes, je veux parler de l'*assurance individuelle des chasseurs.*

5° *Assurance individuelle des chasseurs.*

Cette police consiste à assurer au contractant une somme variable et désignée d'avance dans le cas où il viendrait à se blesser lui-même avec des armes à feu et en temps de chasse ou encore à assurer à un tiers désigné une somme spécifiée, dans le cas où ledit assuré viendrait à mourir de sa blessure.

La garantie de la présente police produit ses effets pendant la durée de la chasse à tir tant sur terre que sur eau, mais en France seulement.

Le contrat prend son effet à partir du moment où l'assuré est monté dans le train ou dans la voiture qui doit l'emmener à destination pour cesser au retour, au moment où il sera descendu.

Les primes sont d'ordinaires calculées à raison de 0 fr. 45 pour 1.000 fr. en cas de mort, avec bénéficiaire dénommé et 0 fr. 45 pour 1.000 francs en cas d'invalidité. Toutefois, la prime annuelle ne peut être inférieure à 10 francs.

Par exemple : pour laisser un capital de vingt mille francs à une personne désignée et s'assurer à soi-même ce même capital de 20.000 francs pour le cas d'invalidité, il suffira de payer une prime annuelle de 18 francs.

Telles sont, Messieurs, les différentes façons de garantir les risques de chasse, de garde-chasse ou garde de propriétés.

Il n'est pas indispensable, bien entendu, de contracter toutes ces assurances, mais je crois qu'il est indispensable cependant de garantir sa responsabilité civile vis-à-vis des tiers, ainsi que les gardes-chasse qui, dans certaines régions, sont extrêmement exposés aux accidents de leur profession et en général ces accidents sont fort graves et entraînent soit la mort, soit une infirmité permanente.

Toutes ces questions d'assurances sont fort complexes et subtiles ; aussi faut-il choisir sa Compagnie avec soin et demander toutes les explications nécessaires au moment de contracter une assurance de ce genre, et surtout lire attentivement et d'un bout à l'autre les articles qui y sont inscrits.

Ainsi que j'ai eu l'honneur de vous le dire au début de cette étude, il ne m'appartient pas de discuter ici tous les détails de chacune de ces diverses assurances, mais la Compagnie assureur se chargera, le cas échéant, de vous donner à ce sujet entière satisfaction.

Un mot enfin pour terminer.

Je tiens, Messieurs, à vous faire remarquer que les primes afférentes à ces polices varient en proportion du nombre d'adhésions et que, par conséquent, il y a de votre propre intérêt de vous assurer tous à la même Compagnie pourvu que cette Compagnie donne toute satisfaction au point de vue solvabilité et compétence.

C'est à vous, Messieurs, qu'appartient cette besogne. Je crois de mon devoir d'ajouter que les divers renseignements que je viens de vous fournir ont été puisés principalement dans les bureaux de la Société assureur du « Saint-Hubert Club ».

Si une suite est donnée à ce projet d'assurances, je me permets de vous recommander, Messieurs, de spécifier en tête de votre correspondance que vous avez fait partie du congrès de la chasse en 1907. La simple formule ci-dessous sera suffisante : « *Congrès de la chasse* 1907 ».

Il ne me reste plus, Messieurs, qu'à vous remercier de la bienveillante attention que vous avez eu l'obligeance de m'accorder et je me considérerai moi-même comme largement récompensé si j'ai eu l'avantage de vous intéresser pendant ces quelques instants.

Vte R. DE MOUCHERON.

M. LE PRÉSIDENT. — Je me hâte d'ajouter que M. de Moucheron n'est inféodé à aucune compagnie d'assurances, néanmoins il se tient à votre disposition pour vous donner toutes les indications que vous auriez à lui demander.

L'ordre du jour est épuisé, la séance est levée.

Section Cynégétique et Economique

DEUXIEME SOUS-SECTION

La séance est ouverte le mercredi 15 mai à 3 heures 1/4, sous la présidence de Mme la duchesse d'Uzès.

M. Bernard de la Motte Saint-Pierre donne lecture du rapport de la Société de Vénerie sur le mouvement d'argent que produit la chasse à courre en France au point de vue surtout du commerce et de l'industrie.

Il fait remarquer que dans ce rapport, il n'a pas été tenu compte de quelques questions : commerce des chiens par les étrangers, frais de déplacement pour les chevaux de remonte (cent francs l'un à peu près), frais de déplacement pour les chiens de remonte, tous les pourboires donnés soit aux hommes, soit aux campagnards, nombreux gardes particuliers des bois privés et des forêts domaniales.

Rapport sur le mouvement d'argent que produit la Chasse à Courre en France au point de vue surtout du commerce et de l'industrie (1907).

Au moment où le premier Congrès de la Chasse se réunit, il a semblé intéressant à la Société de Vénerie de se livrer à un travail d'ensemble sur l'utilité de la chasse à courre en France, au point de vue surtout des intérêts du commerce, de l'industrie et de l'Etat.

Déjà on a fait ressortir, dans des études précédentes, le bénéfice que l'Etat tirait de ce genre d'exercice, véritable école où se prennent, en dehors de la profession spéciale des armes, les qualités indispensables à la défense de la Patrie et qui met à contribution l'intelligence, rend familier le maniement des chevaux, endurcit contre les intempéries et la fatigue, exerce la vue et l'ouïe, habitue à la décision et au mépris du danger, permet enfin, au premier appel, de fournir au pays des contingents de cavaliers bien montés et habiles à éclairer nos corps d'armée.

De même, il a été reconnu que le bon cheval de chasse était le bon cheval de guerre, et il est superflu de répéter ici que, par la remonte de ses écuries, la chasse à courre encourage puissamment chez nos éleveurs la production de ce type que la tactique moderne a rendue si nécessaire pour notre armée. Il n'y a donc pas lieu de revenir sur un sujet déjà traité et élucidé. Mais, en dehors de ces hautes considérations devenues banales et qu'il suffit d'énoncer, il en existe d'un autre ordre qui ont une réelle valeur.

C'est le rôle important que joue la chasse à courre dans notre pays, au point de vue économique et démocratique, rôle que l'on connaît peu ou mal et qui, cependant, aujourd'hui surtout où l'activité humaine se tourne chaque jour davantage vers l'Industrie et le Commerce, mérite une étude approfondie.

Certes, et personne n'a la prétention de le nier, la chasse à courre constitue un plaisir ; mais, quand on prend la peine de disséquer, pour ainsi dire, les rouages nécessaires à son fonctionnement, on reste stupéfait devant le nombre prodigieux de branches commerciales et ouvrières auxquelles elle se rattache.

Tant il est vrai que pour exercer ce genre de sport, tout concourt à faire vivre des industries diverses ; d'où il résulte pour notre pays un mouvement d'argent des plus considérables et des plus utiles à sa prospérité.

Afin d'en donner une idée, il suffit de parler des achats et des ventes de chevaux et de chiens, des grainetiers, maréchaux, boulangers, équarisseurs, selliers, bottiers, tailleurs, carrossiers, hôteliers, loueurs de chevaux, etc...tous vivant de l'entretien et du mouvement des équipages de chasse et des employés parmi lesquels il faut compter les piqueurs, valets de chiens, cochers, palefreniers, gardes-chasse,etc., etc., etc.

Quoique toutes difficiles que pouvaient être pour la Société de Vénerie, la recherche et la concentration des documents permettant de mettre sur pied un travail d'ensemble consciencieux et aussi exact que possible se rattachant à cette question, la Société de Vénerie a estimé que le moment était venu de l'élaborer de son mieux, parce qu'elle seule pouvait le mener à bonne fin, grâce à ses connaissances techniques et aux rapports suivis qu'elle entretient avec tous les maîtres d'équipage de France.

C'est le résultat de ses recherches qu'elle a l'honneur de présenter aujourd'hui au Congrès de la Chasse, dont les membres pourront, à l'aide des chiffres suivants qu'elle a scrupuleusement vérifiés, faire ressortir aux yeux des pouvoirs publics, l'immense intérêt qui existe pour notre pays, au point de vue ouvrier, industriel et commercial, à encourager et à développer la chasse à courre en France.

En 1906, il existait en France, environ 405 équipages de chasse à courre, plus ou moins importants qu'il convient de diviser en deux classes : ceux qui possèdent plus de 30 chiens jusqu'à 100 chiens et ceux ne comprenant que 30 chiens et au-dessous (1).

Afin d'éviter des subdivisions à l'infini qui entraîneraient des confusions extrêmes au cours de ce travail, nous établirons nos données sur des moyennes prises d'après les évaluations *les plus basses, ne voulant exagérer en rien la somme d'argent vraiment considérable mise en mouvement par l'exercice* de la chasse à courre.

Equipages de 30 chiens et au-dessus.

On comptait en 1906 en France environ 135 équipages de cette catégorie :

4 hommes par équipage à titre de piqueur et valets de chiens (135 × 4) = 540 hommes.

8 chevaux pour les 4 hommes (135 × 8) = 1.080 chevaux.

3 chevaux pour chaque maître (135 × 3) = 405 chevaux.

Sociétaires, actionnaires, invités suivant les chasses :

20 par équipage (10 ayant un cheval et 10 en ayant 2) (135 × 30) = 4.050 chevaux.

Remonte annuelle pour ces 5.535 chevaux : 1.500 chevaux.

(1) Il y avait encore en France, en 1902, 553 équipages à Boutons. Ce chiffre de 405 est donc un minimum. Il y a une quantité de petits équipages dont il a été impossible d'avoir la statistique exacte.

6 palefreniers employés au service des chevaux des maîtres et hommes de chaque équipage (135 × 6) = 810 hommes.

20 hommes employés au service des chevaux des sociétaires, actionnaires, invités suivant les chasses (135 × 30) = 2.700 hommes.

(30 chevaux par équipage).

50 chiens composant chaque équipage (135 × 50) = 6.750 chiens.

Pour la remonte du chenil : 10 chiens par équipage (135 × 10) = 1.350 chiens.

Au total : 4.050 hommes ; 7.035 chevaux ; 8.100 chiens.

Evaluation des dépenses résultant des chiffres ci-dessus.

Nourriture de 7.035 chevaux à 900 fr. l'un (7.035 × 900)....Fr	6.331.500
540 piqueurs et valets de chiens à 1.200 fr. l'un (540 × 1.200)..	648.000
Achat de 1.500 chevaux de remonte à 1.200 fr. l'un (1.500 × 1.200)	1.800.000
Tailleurs et culottiers : 200 francs par homme (pour quatre hommes (200 × 4) = 800 × 135	108.000
Cordonniers et bottiers : 280 francs pour quatre hommes (280 × 135)	37.800
Maréchalerie : 1.000 francs par an pour onze chevaux, maîtres et valets de chiens (1.000 × 135)........	135.000
Sellerie (1.000 × 135)	135.000
Vétérinaires, pharmaciens, chapeliers, couples de chiens, trompes, etc., 2.000 francs par équipage (2.000 × 135)........	270.000
Entretien de 8.100 chiens d'équipage et de remonte : paille bois du four, farine, lait, équarrisseur, etc., 150 francs l'un (8.100 × 150)	1.215.000
Impôt sur 8.100 chiens à 8 francs l'un (8.100 × 8)	64.800
Impôts divers sur 7.035 chevaux à 12 francs l'un (7.035 × 12) (1)	84.420
Permis de chasse à 28 fr. 60 l'un pour un certain nombre de maîtres et les 135 piqueurs (1.500 personnes) 150 × 28.60	42.900
135 maîtres d'équipage pour frais personnels : tailleurs, bottiers, chapeliers, etc. (500 × 135)........	67.500
Sociétaires, actionnaires, invités suivant les chasses pour frais personnels (tailleurs, bottiers, chapeliers, etc.), calculés à vingt personnes par équipage et à 500 francs l'une (135 × 20) = 2.700 personnes qui, multipliées par 500........	1.350.000
Six hommes employés dans chaque équipage pour les onze chevaux de maîtres, de piqueurs et valets de chiens (135 × 6) = 810 hommes à 1.200 francs l'un	972.000
Vingt hommes employés dans chaque équipage pour les trente chevaux des sociétaires, actionnaires, invités suivant les chasses soit : 135 × 20 = 2.700 hommes à 1.200 francs l'un........	3.240.000
Entretien, maréchalerie, etc., des 30 chevaux des sociétaires, invités suivant les chasses 600 × 30)	18.000
Et pour 135 équipages (18.000 × 135)	2.430.000
Total ....Fr.	18.931.920

(1) Dans l'impôt sur les chevaux, il y a la part de la commune, celle de l'Etat et les prestations.

Equipages de trente chiens et au-dessous.

On en comptait en 1906 environ 270. Pour être le plus juste possible, il est nécessaire de diviser cette classe d'équipages en deux catégories : la première, comprenant ce qu'on pourrait appeler les équipages moyens, c'est-à-dire ceux qui possèdent de 20 à 30 chiens, ayant par conséquent un train de vénerie encore important. La seconde, comprenant les équipages de petite vénerie, c'est-à-dire ceux qui possèdent moins de 20 chiens, par suite, ayant un train beaucoup plus modeste. La première catégorie comprend environ 150 équipages ; la seconde en comprend environ 120.

1re *catégorie : Equipages de 20 à 30 chiens* (150).

2 hommes par équipage à titre de valets de chiens (150 × 2) = 300 hommes.
4 chevaux pour les 2 hommes (150 × 4) = 600 chevaux.

Equipages de 30 chiens et au-dessous.

On en comptait en 1906, en France, environ 150.
2 hommes par équipage à titre de valets de chiens (150 × 2) = 300 hommes.
4 chevaux pour les 2 hommes (150 × 4) = 600 chevaux.
2 chevaux pour chaquemaître (150 × 2) = 300 chevaux.
Sociétaires, actionnaires, invités suivant les chasses, 10 par équipage (5 ayant 1 cheval, et 5 en ayant 2) (150 × 15) = 2.250 chevaux.
Remonte annuelle pour 3.150 chevaux = 500 chevaux.
3 palefreniers employés au service des chevaux des maîtres et hommes de chaque équipage (150 × 3) = 450 hommes.
7 hommes employés au service des chevaux des sociétaires, actionnaires, invités suivant les chasses (150 × 7) = 1.050 hommes.
20 chiens composant chaque équipage (150 × 20) = 3.000 chiens.
Pour la remonte du chenil, 5 chiens par équipage (150 × 5) = 750 chiens.
Au total : 1.800 hommes ; 3.650 chevaux ; 3.750 chiens.

Evaluation des dépenses résultant des chiffres ci-dessus.

Nourriture de 3.650 chevaux à 900 francs l'un (3.650 × 900) Fr.	3.285.000
300 valets de chiens à 1.200 francs l'un (300 × 1.200)	360.000
Achats de 500 chevaux de remonte à 800 francs l'un (800 × 500)	400.000
Tailleurs et culottiers 200 francs par homme pour 2 hommes 200 × 2 = 400 (400 × 150)	60.000
Cordonniers et bottiers 140 francs pour 2 hommes (140 × 150)..	21.000
Maréchalerie 450 francs pour 6 chevaux (maîtres et valets de chiens) 450 × 150	67.500
Sellerie 500 francs pour 6 chevaux (maîtres et valets de chiens) (500 × 150)	75.000
Vétérinaires, pharmaciens, chapeliers, couples de chiens, etc., 1.000 francs par équipage	150.000
Entretien de 3.750 chiens d'équipage et de remonte : paille, farine, bois, équarrisseur, à 150 francs l'un (3.750 × 150)............	562.500
A Reporter	5.918.520

Report	5.918.520
Impôts sur 3.750 chiens à 8 francs l'un (3.750 × 8)	30.000
Permis de chasse à 28 fr. 60 l'un pour un certain nombre de maîtres et les 300 valets de chiens (700 × 28.60)	20.020
Maîtres d'équipage pour frais personnels (tailleurs, bottiers, chapeliers, trompes, etc. (500 × 150)	75.000
Sociétaires, invités suivant les chasses, pour frais personnels (tailleurs, bottiers, chapeliers, etc.), calculés à 10 par équipage et à 500 francs l'un (150 × 10 = 1.500 personnes)	750.000
3 hommes employés dans chaque équipage pour les 6 chevaux de maîtres et valets de chiens (150 × 3 = 450 personnes à 1.000 francs l'une	450.000
7 hommes employés dans chaque équipage pour les 15 chevaux des sociétaires, invités suivant les chasses (150 × 7 = 1.050 hommes), à 1.000 francs l'un	1.050.000
Entretien, sellerie, maréchalerie, etc., des 15 chevaux des sociétaires, invités suivant les chasses (600 × 15 = 9.000) pour 150 équipages (9.000 × 150)	1.350.000
Total	8.749.820

2e CATÉGORIE

Equipages ayant moins de 20 chiens.

1 homme par équipage à titre de valet de chiens (120 × 1) = 120 hommes.

2 chevaux pour l'homme (120 × 2) = 240 chevaux.

2 chevaux pour chaque maître (120 × 2) = 240 chevaux.

Sociétaires, actionnaires, invités suivant les chasses, 6 par équipage (ayant 1 cheval chacun) (120 × 6) = 720 chevaux

Remonte annuelle pour 1.200 chevaux = 300 chevaux.

2 palefreniers employés au service des chevaux des maîtres, et hommes de chaque équipage (120 × 2) = 240 hommes.

6 hommes employés au service des chevaux des sociétaires, actionnaires, invités suivant les chasses (120 × 6) = 720 hommes.

15 chiens composant chaque équipage (120 × 15) = 1.800 chiens.

Pour la remonte du chenil, 3 chiens par équipage = 360 chiens.

Au total : hommes 1.080 ; chevaux 1.500 ; chiens 2.160.

Evaluation des dépenses résultant des chiffres ci-dessus.

Nourriture de 1.500 chevaux à 900 francs l'un (1.500 × 900) Fr.	1.350.000
120 valets de chiens à 1.200 francs l'un (120 × 1.200).........	144.000
Achats de 400 chevaux de remonte à 800 francs l'un (300 × 800)	320.000
Tailleurs et culottiers, 200 francs par homme (120 × 200)......	24.000
Cordonniers et botiers, 70 francs pour l'homme (120 × 70)......	8.400
Maréchalerie, 300 francs pour 4 chevaux (hommes et maîtres)	36.000
Sellerie, 350 francs pour 4 chevaux (hommes et maîtres 350 × 120)	42.000
A Reporter	2.353.690

Report	2.353.690
Vétérinaires, pharmaciens, chapeliers, couples de chiens, etc., 500 francs par équipage (500 × 120)	60.000
Entretien de 2.160 chiens d'équipage et de remonte : paille, farine, bois, équarrisseur, à 150 francs l'un (2.160 × 150)..............	324.000
Impôts sur 2.160 chiens à 8 francs l'un (2.160 × 8)	17.280
Impôts divers sur 1.500 chevaux à 12 francs l'un (1.500 × 12)..	18.000
Permis de chasse à 28 fr. 60 l'un pour un certain nombre de maîtres et les 120 valets de chiens (350 personnes × 28.60)..........	10.010
Maîtres d'équipage pour frais personnels (tailleurs, bottiers, chapeliers, trompes ,etc. (500 × 120)	60.000
Sociétaires, invités, suivant les chasses pour frais personnels, calculés à 6 par équipage à 500 francs l'un (720 personnes).........	360.000
2 hommes employés dans chaque équipage pour les 4 chevaux de maîtres et valets de chiens (120 × 2 = 240 personnes), à 1.000 francs l'une	240.000
6 hommes employés dans chaque équipage pour les 6 chevaux des sociétaires, invités suivant les chasses (120 × 6 = 720 hommes à 1.000 francs	720.000
Entretien, sellerie, maréchalerie, etc., des 6 chevaux des sociétaires, invités suivant les chasses (600 × 6 = 3.600), pour 120 équipages (3.600 × 120)	432.000
Total	4.165.610

Ainsi, d'après les évaluations ci-dessus, le mouvement d'argent produit en France par les équipages de chasse à courre qui possèdent plus de 30 chiens se monte à 18.931.920

Pour ceux qui possèdent de 20 à 30 chiens, à............... 8.749.820

Et pour ceux qui possèdent moins de 20 chiens, à............ 4.165.610

Total 31.847.350

Mais ce n'est pas tout ; à ce chiffre il convient d'ajouter les dépenses provenant des déplacements de chasse, des locations de chevaux et des voitures de place, des hôtels, des transports en chemin de fer, etc. ; les recettes des octrois qu'alimente la présence des équipages dans une région et dont l'évaluation est difficile à préciser.

Comment, en effet, calculer le produit des bénéfices que tirent de la chasse, des villes telles que Compiègne, Chantilly, Fontainebleau, Villers-Cotterets, Rambouillet, Pau, Biarritz, etc.

Cependant, la Société de Vénerie, soucieuse d'approcher le plus possible de la vérité dans l'élaboration de son travail, s'est livrée à cet égard à une étude approfondie dans la France entière. On comprendra qu'il est impossible de transcrire ici les nombreux rapports qui forment le dossier de cette consultation, et qu'il faut se borner à quelques exemples frappants.

Nous en citerons deux seulement, choisis dans deux régions différentes et qui nous ont semblé typiques.

La question posée était celle-ci :

Pouvez-vous évaluer approximativement le mouvement d'argent que peut occasionner la présence de votre équipage de chasse à courre dans la région que vous habitez ? (Loueurs, hôteliers, bouchers, boulangers, vétérinaires, grainetiers, selliers, équarisseurs, etc.).

Premier exemple. — Voici la réponse qui nous a été faite pour la ville de Compiègne, l'un des plus grands centres de chasse à courre, puisque trois meutes grâce aux 22.000 hectares de bois qui couvrent le sol, de cette ville à Noyon, y trouvent le nombre d'animaux suffisant pour alimenter leur équipage.

Le travail a été fait par les employés de la ville de Compiègne et contrôlé ensuite par les personnes les plus compétentes en ces matières. C'est dire assez tout le soin que l'on a mis à en vérifier l'exactitude.

1) *Loueurs de voitures.* — Les loueurs de voitures vivent à Compiègne, durant l'hiver, de la location des voitures de chasse, tant pour les voitures de location affectées spécialement au service des équipages que pour celles servant aux invités et aux amateurs de chasse à courre. Au minimum, 15 voitures à 2 chevaux suivent régulièrement les chasses.

Le tarif des voitures étant de 40 francs l'une, c'est la somme de 600 francs par journée de chasse que les loueurs encaissent.

Il y a environ 120 chasses par an, cela donne un produit pour les loueurs de 600 × 120 .... Fr. 72.000

Nous ne comprenons pas, dans ce chiffre, les chevaux de selle. Il s'en loue une dizaine par chasse soit 1.200 pour la saison, à 30 francs par cheval 36.000

Une moyenne de 10 voitures sont employées pour conduire les chasseurs au rendez-vous et ramener les palefreniers qui y ont conduit les chevaux.

Pour les 120 chasses, il faut donc compter 120 voitures à raison de 10 francs l'une, soit 12.000

Au total pour les loueurs .... Fr. 120.000

2) *Le commerce local chevaux de maîtres et de location.* — Pour assurer leur service de location, les loueurs sont obligés d'entretenir en service une centaine de chevaux.

De leur côté, les invités des équipages, propriétaires d'écuries, entretiennent à cause des chasses, une centaine de chevaux également.

D'où des dépenses de grains, fourrages, sellerie, carrosserie, vétérinaires, maréchaux ferrants.

Il semble qu'il ne soit pas exagéré de fixer la dépense moyenne d'entretien d'un cheval à 5 francs par jour, soit pour les 200 chevaux 1.000 francs par jour et pour 365 jours une entrée totale dans le commerce local de 365.000 francs.

3) *Le commerce local, mouvement de population provoqué par les chasses à courre.* — Une conséquence importante des chasses à courre, c'est la venue à Compiègne pendant 7 mois de l'année (fin septembre à fin avril) d'un certain nombre d'amateurs de chasses qui ont dans cette ville soit un pied à terre, soit une résidence fixe et qui, dans les deux cas, sont accompagnés de leur personnel, en totalité ou en partie.

«Soit un ensemble approximatif de 300 personnes (ce chiffre n'étant qu'un minimum), qui s'alimentent au commerce local.

Voici les commerçants qui sont spécialement intéressés à la venue de ces étrangers, étant bien entendu qu'il n'est question ici que des personnes séjournant à Compiègne avec leur personnel.

Boulangers, bouchers, charcutiers, pâtissiers, comestibles, épiciers, en ce qui concerne l'alimentation.

Grainetiers, vétérinaires, carrossiers, selliers, maréchaux, en ce qui regarde les écuries.

Tailleurs, bottiers, en ce qui concerne l'entretien des personnes.

Tapissiers faisant la décoration des immeubles.

Enfin, à titre d'indication supplémentaire, nous mentionnerons les agents d'assurance et les agents de location.

Dans ces conditions, il devient plus facile d'évaluer dans quelles mesures le commerce local peut être intéressé à ce mouvement de population, et, restant toujours dans des suppositions minima, nous fixerons à 7 francs par jour la dépense moyenne de chaque personne.

Soit pendant 210 jours pour 300 personnes 300 × 210 × 7 = 441.000 francs.

4) *Commerce local, hôteliers.* — Par chasse, une vingtaine de personnes viennent à Compiègne et descendent à l'hôtel.

Ces vingt personnes dépensent au minimum 5 francs chacune par chasse, soit 100 francs et pour 120 chasses 12.000 francs.

REMARQUE D'ORDRE PLUS GÉNÉRAL

Octroi. — Les octrois de la ville de Compiègne sont intéressés au fonctionnement des chasses à courre. Tous les produits nécessaires à l'alimentation des chevaux (paille, foin, son, avoine), sont taxés de droits d'entrée et procurent à la ville une recette approximative de 8 à 10.000 francs par an.

Environs de Compiègne. — Les chasses à courre apportent un élément de prospérité appréciable aux villages forestiers des environs de Compiègne, en créant une attraction goûtée même par un certain nombre d'habitants sédentaires de la ville.

A Noyon, par exemple, les loueurs de voitures et de chevaux retirent de beaux bénéfices des chasses faites en forêt et suivies par la population de cette ville ou de ses environs.

En somme, les conclusions suivantes s'imposent :

1) Les chasses à courre provoquent, pour Compiègne seulement, un apport de fonds de près de 900.000 francs par an, circulant dans le commerce local.

2) Il en résulte qu'une grande partie du commerce de Compiègne (où il n'existe pas d'industrie), trouve dans les chasses à courre un élément unique de prospérité.

Dans ce chiffre de 900.000 francs par an, concernant la ville de Compiègne seule se trouvent comprises certaines dépenses évaluées plus haut en détail.

Il serait donc téméraire de le multiplier par les 405 équipages de France, et d'y joindre le produit aux 32.000.000 de francs dont nous avons parlé ci-dessus, pour établir des bases sérieuses sur le mouvement d'argent que tirent de la chasse à courre les ouvriers et le commerce de notre pays. D'autant plus, que nous ne prétendons nullement assimiler toutes les régions de France à un centre de chasses aussi réputé que celui de Compiègne.

Cependant, dans la nomenclature du commerce local, il convient de retenir :

1) Les dépenses des loueurs de voitures, par an..............Fr. 120.000
2) Les dépenses des chevaux de louage, par an.............. 132.000
(retranchant les 133.000 francs concernant les chevaux des invités déjà comptés ailleurs).
3) Les hôteliers, par an.................................... 12.000
4) L'octroi, par an 8.000
Au total ....Fr. 272.000

Si l'on multiplie ces 272.000 francs par 405 équipages, on obtiendra le chiffre de 110.160.000 francs. Mais ainsi que nous l'avons dit, il faudrait assimiler alors tous les centres de chasses à celui de Compiègne et rien ne serait plus faux. Sans être taxés d'exagération, il nous sera permis de prendre comme moyenne le chiffre de 100.000 francs, soit : 40.500.000 francs qui, joints aux 32.283.850 précédemment énoncés donnent un total approximatif de 72.783.850 ou en chiffres ronds 72.500.000 francs qui représentent le mouvement d'argent créé en France pour l'exercice de la chasse à courre. En outre, il est utile de remarquer que l'élevage et le commerce de chiens créent une source de revenus très importants dans un certain nombre de départements où se tiennent des foires spéciales très courues, même par les étrangers. L'évaluation en est très difficile. Nous n'avons pas tenu compte non plus du nombre de chevaux que possèdent les loueurs pour le service de la chasse à courre.

Deuxième exemple. — Mouvement d'argent résultant des chasses de l'équipage de Mme la duchesse d'Uzès :
Mme la duchesse d'Uzès, fils, filles, gendres : 7 personnes.
Personnes portant le bouton : 70 personnes.
Invités : 100 personnes.
Hommes de vénerie : 6 hommes.
Hommes d'écurie : 177 hommes.
Soit 360 personnes, dont : 177 boutons et 183 hommes.

Tailleurs :
177 maîtres à 200 francs = 35.400 francs.
6 hommes de vénerie à 150 francs = 900 francs.
177 hommes d'écurie à 100 francs = 17.700 francs.
Total : 54.000 francs.

Bottiers :
177 maîtres à 150 francs = 26.600 francs.
6 hommes de vénerie à 110 francs = 660 francs.
177 hommes d'écurie à 90 francs = 15.930 francs.
Total : 43.240 francs.

Chemisiers (bas de vénerie, cravates, etc.) :
177 maîtres à 60 francs = 10.620 francs.
6 hommes de vénerie à 25 francs = 150 francs.

Chapeliers :
177 maîtres à 50 francs = 8.850 francs.
6 hommes de vénerie à 40 francs = 240 francs.
177 hommes d'écurie à 20 francs = 3.540 francs.

Marchand de caoutchoucs et manteaux :

177 maîtres à 100 francs = 17.700 francs.
6 hommes de vénerie à 80 francs = 480 francs.
177 hommes d'écurie à 60 francs = 10.620 francs.
Total : 28.800 francs.

Selliers (fouets de chasse, éperons, divers) :

177 maîtres à 25 francs = 4.425 francs.
6 hommes de vénerie a 20 francs = 120 francs.

Instruments de musique :

6 trompes à 60 francs (ou réparations) = 360 francs.

Gages de 6 hommes de vénerie à 1.800 francs	10.800
Gages de 177 hommes d'écurie à 1.000 francs en moyenne	177.000
Hommes de journée pour aider les jours de chasse : 2 hommes à 3 francs = 6 × 52 jours de chasse	312
Nourriture les jours de chasse : 7 maîtres d'équipage, 20 boutons, 40 invités, 6 hommes de vénerie, 6 hommes d'écurie de l'équipage, 60 hommes d'écurie des boutons et invités, soit : 138 personnes à 5 fr. en moyenne pour 52 journées de chasse (2.950 × 52) (à répartir entre bouchers, boulangers, épiciers, etc.)	140.140
Naturalistes, pieds de cerfs, têtes de cerf, environ	1.000
Location de maisons pour la saison de chasse	néant

Industries de transport.

20 voitures de louage à 10 fr. pour conduire au rendez-vous (200 × 52)	10.400
transport des chevaux n'est pas compté	12.000
20 voitures de louage à 10 fr. pour conduire au rendez-vous (200 × 5 2)	10.400
Loueurs :	
10 voitures à 30 fr. = 300 × 52	15.600
4 chevaux de selle à 40 fr. = 160 × 52	8.320

CHEVAUX

Equipage : 22.

Boutons à 3 chevaux chacun : 70 × 3 = 210 = 432 chevaux.
Invités à 2 chevaux : 100 × 2 = 200

Remonte annuelle de 1/4 pour 432 chevaux à 1.500 fr.	162.000
Nourriture de 432 chevaux à 900 fr. l'un par an	388.800
Maréchalerie pour 432 chevaux à 50 fr. par cheval	21.600
Sellerie pour 432 chevaux à 100 fr. par cheval	43.200
Chevaux.	615.600
Hommes.	529.917
Vétérinaires, pharmaciens, à 10 fr. par cheval 432 × 10	4.320
Impôts divers sur 432 chevaux à 12 fr. l'un	5.184

Chiens

Remonte annuelle : 20 chiens à 150 fr.	3.000
Impôts sur 80 chiens à 8 fr. l'un	640
Nourriture des chiens (équarrisseurs à 25 cent. par jour et par chien Boulanger 15 centimes par jour)	11.680
Vétérinaires, pharmaciens, couples, hardes, etc	1.000
Bois pour faire la soupe des chiens	2.000
Locations de forêts et charges diverses de l'adjudicataire	25.000
Total	1.298.341

Il n'a pas été tenu compte dans ce travail des nombreux officiers et curieux qui viennent suivre les chasses.

Il n'a pas été tenu compte non plus des nombreux automobiles qui viennent de Paris et des environs et qui font vivre les hôtels et les auberges du pays.

Aux chasses du lundi de Pâques et de la Saint-Hubert, le nombre des étrangers est tel que les boulangers sont obligés de faire trois fournées de pain, et il en a manqué.

3ᵉ *Exemple.* — Le troisième exemple choisi parmi ceux qui nous ont semblé répondre le mieux au but que nous nous proposons, celui de connaître le profit dont bénéficient en France les ouvriers, le commerce et l'industrie par l'exercice de la chasse à courre, sera pris dans une région autre que celle que nous venons de citer.

Certes, Fontainebleau, Villers-Cotterets, Chantilly, auraient mis encore plus en lumière ce côté si intéressant de notre étude, mais nous avons pensé que, ne pouvant donner dans un rapport relativement succint tous nos documents, il était préférable de nous éloigner un peu des environs de Paris pour prouver que partout où il existait la chasse à courre, il se produisait dans le pays un mouvement considérable d'argent. Et c'est si vrai que certaines villes de France qui ont compris le puissant intérêt que présentait pour leurs ouvriers et leur commerce local, la présence, chez elles, d'un équipage de chasse à courre votent des allocations importantes, afin de les conserver. Ainsi, pour n'en citer que deux, Pau et Biarritz inscrivent, chaque année dans leur budget, la somme de 20.000 francs chacune à titre de subvention.

De plus, nous avons été amenés à choisir ce troisième exemple en raison des détails qu'il renferme, nécessaires à nos yeux, tout arides qu'ils puissent sembler si l'on veut sortir des généralités pour se livrer à une étude approfondie de la question.

Dans cette région, chassent 8 équipages comprenant 575 chiens et 440 chevaux.

Mouvement d'argent résultant de la chasse à courre dans le département d'Eure-et-Loire et les portions limitrophes des départements de l'Eure et de l'Orne.

DÉPENSES DES ÉQUIPAGES DE LA RÉGION

	Chasseurs et invités	Hommes de vénerie	Hommes d'écurie	Gardes	Totaux
Vêtements de chasse : tailleurs.	37.600	5.700	18.800	1.200	63.300
Bottes et chaussures : bottiers.	28.200	4.180	16.020	1.600	50.900
Capes et chapeaux : chapeliers.	9.400	1.900	7.520	200	19.020
Caoutchoucs et manteaux : md de caoutchoucs	18.800	3.040	11.280	1.000	34.120
Bas, Cravates de vén. chemisiers	11.280	950			12.230
Trompes et cornets : mds d'instruments	13.160	2.660			15.820
Eperons, fouets : marchands d'articles	4.700	760			5.460
Gages de 38 hommes de vénerie : 1.200 fr. en moyenne..............					45.600
Gages de 188 hommes d'écurie : 1.000 fr. en moyenne................					188.000
Gages de 20 gardes : 1.000 fr. en moyenne........................					20.000
Locations de maisons pour la saison des chasses : propriétaires....					6.000
Dépenses dans les auberges (équipages et invités) : *aubergistes*......					39.900
Chevaux de selle et voitures de louage pour suivre les chasses......					18.000
Empailleurs à 15 fr. par pied d'animal pris : naturalistes............					4.575
Paille, avoine, foin etc., pour la nourriture de 440 chevaux à 900 fr.					396.000
Ferrure de 440 chevaux à 100 fr. par cheval et par an : maréchaux..					44.000
Fabrication et entretien des voitures pour suivre les chasses........					6.000
					968.925

DÉPENSES RELATIVES AUX CHIENS

Viandes et graines pour la soupe des chiens : équarrisseurs et fabricants de creton	52.668
Riz ou pain d'orge : boulangers..................................	31.471
Couples, hardes, traits de limiers, couteaux, ciseaux etc............	3.850
Bois pour faire cuire la soupe des chiens : selliers..................	1.100
Honoraires et frais de déplacements des vétérinaires pour 575 chiens =880 fr., pour 440 chevaux=4.400 fr.........................	5.280
Médicaments : pharmaciens : pour 575 chiens=880 fr. pour 440 chevaux=4.400 fr..	5.280
Remonte annuelle	14.400

INDUSTRIE DES TRANSPORTS

Chemins de fer : maîtres et invités 250 fr. par an....................	47.000
— Hommes, 20 par an..............................	7.520
	54.520

Loueurs de voitures : maîtres et invités, 100 fr. par an		18.800
— Hommes, 20 fr. par an		3.760
		22.560

DIVERS

Sellerie, harnachement, couvertures pour 440 chevaux, à 200 fr. l'un	88.000
Remonte annuelle de chevaux, 100 chevaux à 1.500 fr. l'un	150.000
	1.411.246

ALIMENTATION EN DÉPLACEMENT

Dépenses supplémentaires pour les jours de chasse

525 maîtres et hommes à 5 fr. par jour = 2.625 fr. par jour et qui multipliés par 400 journées de chasse, pour les 8 équipages (1) ainsi décomposés :

Vin	1 »
Pain	0 50
Viande	2 50
Epicerie	1 »

Par jour : 5 fr. × 525 = 2.625

Marchands de vin : par jour 1 fr. × 525 personnes = 525 × 400 jours.	211.000
Boulangers : par jour 0 fr. 50 × 525 personnes = 262 50 × 400	105.000
Bouchers et charcutiers : par jour 2 fr. 50 × 525 pers. = 1.312 50 × 400	525.000
Epiciers : par jour 1 fr. × 525 personnes = 525 × 400	210.000
Total	1.050.000

MOUVEMENT D'ARGENT DES ÉQUIPAGES ÉTRANGERS ET DÉPLACEMENT DANS LA RÉGION

Aubergistes : logement des hommes, chiens et chevaux		7.000
Equarrisseurs : nourriture des chiens	1.350	
Boulangers : marchands de riz	1.000	2.350
Grainetiers : nourriture des chevaux		9.750
Loueurs : chevaux de selle et voitures pour suivre les chasseurs		6.000
Hommes de journée pour aider les jours de chasse		672

ALIMENTATION

Marchands de vin	3.600
Boulangers	1.800
Bouchers, charcutiers	9.000
Epiciers	3.600

IMPOTS

Permis de chasse	5.000
Taxe des chiens 575 × 8	4.600
Taxe sur les chevaux 440 × 12	5.280
Total	2.519.898

(1) Chaque équipage chasse de 48 à 53 fois par an.

Plus de 2.500.000 francs pour le département d'Eure-et-Loir et pour son voisinage. Tel est le profit que tire cette région de la chasse à courre.

Et nous n'avons pas parlé des locations des bois et forêts, des assurances de toutes sortes, des actes notariés pour les baux de chasse, etc., etc.

Il faut tenir compte également du mouvement d'argent résultant de l'achat de nos chiens courants par les pays étrangers qui apprécient au plus haut point les races françaises. Nous devons signaler aussi :

Les frais de déplacement pour les chiens de remonte estimés à 100 fr. l'un.

Les frais de déplacement pour les chiens de remonte estimés à 25 fr. l'un.

Les pièces et pourboires nombreux donnés soit aux valets de chiens, palefreniers, etc., soit aux habitants de la campagne. Enfin les sommes importantes déboursées (il n'en a été tenu compte que dans le 3e exemple), pour les gages des gardes et leur établissement soit dans les bois particuliers, soit dans les forêts domaniales, soit dans les forêts des hospices. Tous ces gardes étant uniquement établis pour le service de la chasse à courre.

Le mouvement d'argent créé par ce surcroît de dépenses, et dont il est difficile d'établir le compte exact, doit être ajouté au total général, total qui est donc très au-dessous de la réalité.

Si l'on veut s'approcher encore plus près de la vérité, il convient de ne pas négliger pour toute la France, les locations des bois et forêts, aussi bien celles relevant des particuliers que celles dépendant de l'Etat.

De ce chef, on peut estimer sans être taxé d'exagération, que les locations de l'Etat, y compris les charges imposées par lui aux adjudicataires de la chasse à courre et les locations particulières, peuvent se montrer annuellement pour notre pays à la somme de 1.000.000
qui, avec celle ci-dessus annoncée 72.500.000

donne un total de 73.500.000

Ainsi, sans prétendre affirmer que le chiffre de 73.000.000 représente exactement le mouvement d'argent produit en France par la chasse à courre, nous pouvons assurer que, d'après les évaluations scrupuleusement vérifiées au cours de ce travail, le total ci-dessus énoncé reste bien au-dessous de la réalité.

Un dernier mot avant de terminer.

Mais, dira-t-on, si la chasse à courre favorise un grand nombre d'ouvriers, certaines branches du commerce et de l'industrie, par contre, elle est nuisible à d'autres, et vous devrez en tenir compte au cours de votre travail. Les cerfs et le chevreuils, par exemple, que vous chassez à courre, ne causent-ils pas de sérieux dégâts à l'agriculture ?

Nul ne songe à le nier, mais le principe sur lequel est fondé la responsabilité du propriétaire d'un bois ou du locataire de la chasse, à raison du dommage causé par le gibier aux propriétés voisines est le principe général des articles 1382 et 1383 du Code civil, aux termes desquels tout fait quelconque de l'homme qui cause à autrui un dommage, oblige celui par la faute duquel il est arrivé à le réparer, et qui déclare toute personne responsable du dommage qu'elle a causé, non seulement par son fait, mais aussi par sa négligence et son imprudence.

Or, les animaux sédentaires vivant à l'état libre dans les bois, sont amenés par leur instinct naturel, à chercher leur nourriture, dans les champs qui les avoisinent ; ils peuvent causer de graves dommages aux récoltes. Aussi en vertu des articles 1382 et 1383, les propriétaires de forêts ou les locataires de chasse à courre, paient-ils de larges indemnités aux cultivateurs qui ont eu à souffrir de l'incursion de ces animaux sur leurs terres.

D'autre part, le cahier des charges des forêts de l'État réserve à l'administration des droits étendus en ce qui touche la destruction du gibier dont la surabondance pourrait nuire aux peuplements forestiers ou aux propriétés riveraines.

Lorsque ce cas se produit, le Conservateur des forêts met en demeure, par une sommation régulière, le fermier de la chasse de détruire, dans un délai déterminé, les animaux dont le nombre et l'espèce lui seront indiqués.

Si le fermier ne satisfait pas à cette mise en demeure, il est procédé d'office à la destruction par les soins du service forestier, et le gibier ainsi abattu appartient à celui qui l'a tué.

On voit donc que l'intérêt de la culture est surabondamment protégé par ces deux mesures, et que le commerce qui en découle trouve toujours une juste compensation à ces mécomptes dans les indemnités qui sont largement payées par les détenteurs du droit de chasse.

Voilà pourquoi nous n'avons pas voulu faire figurer dans ce travail la somme globale considérable qui est payée chaque année, à titre d'indemnités, aux cultivateurs riverains des bois ou forêts, puisqu'elle ne fait que représenter largement la valeur des dommages causés aux récoltes par le gibier.

Enfin, pour que la chasse à courre ait pu se pratiquer encore de nos jours, il faut bien admettre qu'elle est populaire. On ne peut en être étonné en y réfléchissant un instant. D'abord, ce sport ne s'exerce pas sur un territoire limité, mais dans toute une contrée où chacun est admis à jouir des émotions de la poursuite. Il y a place pour tout le monde dans le « Déduict » de Vénerie, où le modeste spectateur, sur un bidet quelconque, sur sa bicyclette, en carriole, voire même à pied, peut trouver autant de plaisir que l'élégant cavalier sur un pur sang de grand prix. Quant au point de vue hippique, il est incontestable que la chasse à courre est un débouché très sûr et des plus importants pour nos éleveurs. Enfin, la chasse à courre retient de plus en plus dans les campagnes et pour leur plus grand bienfait de très nombreuses familles.

En terminant, nous rappellerons que certains conseils généraux, après avoir émis pendant plusieurs années des vœux hostiles à la chasse à courre, ont reconnu cette année leur erreur, et qu'ils les ont supprimés en considération des importants bénéfices que les équipages de chasse à courre apportent à la région où ils sont installés.

VŒU

Le Congrès de la chasse considérant que l'exploitation de la chasse à courre contribue dans une large mesure à la richesse du pays et à sa prospérité, le mouvement global d'argent atteignant très facilement le chiffre de 73.000.000 dont le détail a été examiné par la sous-section compétente et accepté à l'unanimité ;

Considérant qu'elle encourage sur une grande échelle l'élevage du cheval et qu'elle forme une classe de chevaux particulièrement apte à la mobilisation :

Considérant qu'elle encourage sur une grande échelle l'élevage du cheval ;

Considérant qu'elle procure aux ouvriers du travail, au commerce et à l'industrie de sérieux et nombreux débouchés.

Émet d'une façon générale le vœu que les Pouvoirs publics cherche à favoriser et à encourager par tous les moyens l'exercice de la chasse à courre en France.

Le vœu, mis aux voix, est adopté à l'unanimité.

Mme la duchesse d'Uzès donne ensuite lecture d'une lettre de M. de Châteaubriand demandant que le Congrès émette le vœu que la date de la fermeture de la chasse à courre soit fixée d'une façon uniforme.

Cette question n'étant pas inscrite au programme de la 2e sous-section est renvoyée à la sous-section compétente.

M. LE COMTE CLARY. — Je tiens à dire que la section de législation et de réglementation a émis un vœu au point de vue de la fermeture de la chasse à courre — vœu qui a été pris à l'unanimité — pour demander que la fermeture de toutes les chasses à courre, c'est-à-dire de tous les animaux courrables, soit reportée au 31 mars. Je crois même que la date choisie a été le 1er avril, mais rien n'empêche la sous-section de vénerie d'émettre le même vœu.

Régulièrement, dans toute la France, la fermeture de la chasse à courre est fixée au 31 mars, mais un certain nombre de départements privilégiés, dont le vôtre, Madame la duchesse, peuvent voir la chasse à courre prolongée jusqu'à fin avril.

UN CONGRESSISTE. — C'est sur ce mot « privilégié » que je vous arrête. Il n'y a pas de privilège. Il faut distinguer entre les chevreuils et les lièvres, animaux que l'on chasse, des fauves. Or, les animaux privilégiés, comme vous les appelez, sont les fauves. Vous savez ce qu'on entend par fauves : un animal qu'il faut détruire par tous les moyens, et il est donc très naturel que dans les départements où il y a des fauves, on laisse aux chasseurs le droit de les chasser. Il y a là une distinction très nette à établir.

M. LE COMTE CLARY. — Ne serait-il pas bon de faire donner au vœu émis par la section de législation et de réglementation la sanction de la réunion que nous tenons aujourd'hui ? Ce vœu est explicite. Il dit que « la chasse à courre du lièvre et du chevreuil restera ouverte jusqu'au 1er avril. » Ou vaut-il mieux émettre un nouveau vœu ici ?

(Cette deuxième proposition est adoptée et M. le comte Clary rédige le vœu suivant, dont il donne lecture) :

« La sous-section, considérant l'importance de la chasse à courre, grande et petite vénerie, émet le vœu que la fermeture de la chasse à courre pour tous les animaux courrables, soit fixée uniformément pour toute la France au 1er avril. »

VOIX DANS LA SALLE. — Au 31 mars.

M. LE COMTE CLARY. — Je mets le 1er avril, parce que la section de législation et de réglementation a mis le 1er avril.

Le vœu mis aux voix est adopté à l'unanimité.

UN CONGRESSISTE. — Je voudrais qu'on ajoutât : « sauf pour les fauves. » Il arrivera en effet ceci : c'est que les cultivateurs qui, de par la loi, ont le droit de tuer les animaux, cerfs ou autres, comme ils le veulent, la nuit et le jour, continueront, tandis que les chasseurs à courre qui paieront des indemnités ne le pourront pas.

On devrait donc mettre : sauf pour les fauves.

UN AUTRE CONGRESSISTE. — La question n'est pas nouvelle. Nous nous en sommes déjà occupés il y a trois ou quatre ans. J'avais même été chargé par la Société Centrale et par la Société de Vénerie de tâcher d'arriver à former à la Chambre des députés un groupe parlementaire de veneurs. Ce groupe avait étudié la question avec le plus grand soin et était arrivé à un excellent résultat ; il avait réussi à obtenir de M. Mougeot, alors ministre de l'Agriculture, la fermeture de la chasse à courre au 31 mars pour toute la France. Et, en effet, cette année-là, je ne me souviens plus exactement de sa date, la chasse à courre fut fermée le 31 mars dans toute la France, excepté dans deux ou trois départements, dans lesquels les conseils généraux avaient émis un avis défavorable. Cela n'a pas empêché de chasser les fauves jusqu'à la fin du mois d'avril.

LE PRÉCÉDENT CONGRESSISTE. — Avec une autorisation spéciale.

PREMIER CONGRESSISTE. — Je me demande, connaissant le Parlement comme je le connais, s'il est bien prudent de porter cette question devant le Parlement. Je crois qu'en s'en tenant au vœu émis tout à l'heure par un certain nombre de nos collègues et qui a été rédigé par M. Clary, demandant la fermeture de la chasse à courre au 31 mars, quitte à obtenir des prolongations pour les fauves et les animaux nuisibles, jusqu'à fin avril, ce serait plus prudent.

UN CONGRESSISTE. — Est-ce que les préfets ne se prévaudront pas de cet article pour ne pas donner l'autorisation demandée ?

Dans les départements où les biches et cerfs abondent, et sont considérés comme animaux nuisibles, l'habitant a le droit de les tuer en tous temps. Pourquoi ne pas laisser au chasseur à courre le même droit ?

M. LE COMTE CLARY. — Il y a une différence. C'est que l'habitant qui défend son champ et qui tue un fauve n'abîme pas la récolte. Il n'en serait pas de même pour les chasseurs à courre, et des dégâts seraient commis surtout lorsque la récolte est un peu avancée. Vous ne pouvez pas chasser continuellement à courre, et le 30 avril, à mon avis, est une date extrême.

LE PRÉCÉDENT CONGRESSISTE. — Lorsque nous causons des dégâts aux récoltes, nous les payons ; par conséquent, c'est un préjudice partiel seulement et qui ne porte pas tort à l'habitant. Le même droit doit être laissé aux chasseurs à courre qu'aux habitants, du moment qu'ils paient les indemnités.

M. LE COMTE CLARY donne lecture du vœu précédent, avec une légère modification :

« La sous-section du Congrès, considérant l'importance de la chasse à courre, grande et petite vénerie, émet le vœu que la fermeture de la chasse à courre, pour tous les animaux courrables, soit fixée uniformément, pour toute la France, au 31 mars.

« La chasse à courre des fauves, sangliers et cerfs pouvant toujours être prolongée après cette date. »

Ce vœu, mis aux voix, est adopté à l'unanimité.

M. DE LA MOTTE SAINT-PIERRE donne ensuite lecture des rapports de MM. le vicomte du Passage sur « la chasse à courre du lièvre », comte de La Porte sur « les fanfares et sonneries de trompe » ; Paul Caillard « sur les chiens de chasse à tir. »

La chasse à courre du lièvre.

Par M. LE VICOMTE DU PASSAGE.

Vous avez eu l'amabilité de me demander quelques notes sur la chasse à courre du lièvre et sur les vœux que formule la généralité des personnes qui s'intéressent à ce sport.

Est-il utile de rappeler que ce sport remonte à la plus haute antiquité. La preuve est simple à fournir, Xénophon ayant écrit sur la chasse à courre du lièvre un traité auquel il n'y a pas un mot à ajouter ou à retrancher à l'heure actuelle.

Ce sport vieux de vingt siècles a toujours subsisté parce qu'il offre tous les attraits de la grande vénerie sans en exiger les frais énormes.

On peut chasser un lièvre avec cinq chiens comme avec vingt. Les difficultés multiples du courre de cet animal ont été toujours autant d'attraits, pour tenter ce sport, mais les quelques difficultés que je vais vous soumettre vont vous montrer combien la réussite est l'exception.

Voici ces difficulés.

En septembre, la récolte une fois enlevée les petites graminées qui restent sur le sol dégagent encore une telle senteur que la voie est presque toujours mauvaise.

En octobre, vers le 15 après les premiers labours d'hiver terminés, la voie devient bonne surtout si quelques gelées blanches ont hâté la mort des herbes des champs.

En novembre, les feuilles tombant des arbres, la feuille roulant au vent sont autant d'empêchements.

Décembre et janvier sont bons si l'hiver n'est pas rigoureux et s'il ne gèle pas, car sur la terre gelée, ils n'est de courre du lièvre possible.

En février, la terre rassie par les neiges et les gelées d'hiver est d'ordinaire bonne et c'est vers cette époque et la première moitié de mars que se font les plus jolies chasses.

Ajoutons à ces premières difficultés les influences barométriques qui sont un gros cœfficient du succès ou d'insuccès.

Sur toute la partie Nord de la France quand le vent est d'Ouest, Sud-Ouest, Nord-Ouest et parfois Nord, la chasse est possible. Quand le vent est d'Est, Nord-Est, Sud-Est presque toujours il n'y a pas de voie. Quand malgré un très beau temps le baromètre subit une dépression dont la répercussion ne se fera sentir que le lendemain, souvent l'odorat des chiens, le subit et en cela, il semble se rapprocher de l'instinct des oiseaux migrateurs dont les migrations commencent d'ordinaire la veille de la saute du vent.

Ces quelques remarques vous montrent combien la chasse du lièvre est sujette pour réussir à de nombreux aléas, aléas que n'ont pas sur une échelle aussi sensible tous les veneurs à courre, de grands animaux. Ceux-ci sont chassés la plupart du temps dans de grandes masses boisées ou les arbres font écran aux variations atmosphériques. Dans toutes les forêts, les grands animaux portent aux branches et l'odorat des chiens a plus de facilité à les ressentir d'autant que même pour le pied, le lièvre laisse un sentiment très fugace à ce point que les jours de dégel, la poursuite devient presque impossible, le lièvre bottant, c'est-à-dire que la terre s'aglutine autour du poil des pattes et forme ainsi une couche terreuse interceptant tout sentiment.

Étant donné ces multiples difficultés, quel est le résultat qu'on peut espérer obtenir ? Un bon équipage de lièvre comptant une douzaine de chiens peut désirer prendre vingt lièvres. C'est une belle réussite. Certes certains équipages dépassent trente et prennent parfois jusqu'à quarante lièvres mais c'est le petit nombre. Cinq ou six équipages collectifs et ils sont nombreux dans l'Artois, l'Ouest et le Midi, quand le chiffre de leurs prises atteint dix par saison de chasse, sont fort satisfaits.

Mais combien de lièvres poursuivis par les chiens courants et non pris meurent des suites de leur course, combien d'autres émigrent ? Je crois ces deux assertions aussi erronées l'une que l'autre. Tout chasseur de lièvre a attaqué parfois, quatre, cinq et six fois de suite le même lièvre, il le lance toujours au même endroit ou dans les mêmes parages ce qui implique qu'il n'a pas émigré et encore moins qu'il est mort puisqu'il court encore et qu'il a dans son sac les mêmes ruses qu'il sera intéressant de déjouer pour arriver à sa capture finale.

Déclarer dans ces conditions que la chasse à courre du lièvre est un mode de destruction, c'est raisonner en chasseur à son coin de feu parisien, tranchant de questions cynégétiques au fond d'un bon appartement à l'entresol.

Réclamer la fermeture de la chasse à courre du lièvre en même temps que la chasse à tir c'est supprimer cette chase et quelles en seront les conséquences ?

Les chasseurs à tir en paieront les premiers les pots cassés.

Ce sont les chiens de lièvre qui fournissent tous les chiens courants employés pour la chasse à tir et les colonnes des journaux sportifs sont pleines d'échanges de chiens ayant baissé un peu de pied, n'étant pas assez créancés, ou trop jaloux de chasse pour pouvoir être utilisés à la poursuite à courre uniquement.

D'autre part le budget.

Que les chiens de lièvre soient plus petits que les grands bâtards employés aux chasses de cerf ou de sanglier, ils n'en paient pas moins huit francs d'imposition et comme ils sont plus aisés à nourrir et à garder chez soi, il s'en suit qu'il y en a bien davantage. Il y a bien peu de villages où l'on ne trouvera un cultivateur aisé ou un rentier qui n'ait un couple de chiens courants. Il n'y a pas cent personnes en France possédant deux ou trois grands chiens pour leur besoin personnel. Tout le mouvement économique et budgétaire est semblable pour la grande et la petite vénerie. La petite vénerie a ce seul avantage d'être plus nombreuse, plus démocratique dans nombre de contrées et d'être en fait un sport qui, par ses difficultés mêmes, ne peut jamais être un moyen de destruction du gibier. Il est donc à souhaiter que le Congrès de la Chasse émette le vœu que la chasse du lièvre à courre reste ouverte jusqu'au 31 mars dans tous les départements, mais sans fusil d'aucune espèce à partir de la fermeture de la chasse à tir.

Vicomte du Passage.

Fanfares et Sonneries.

par M. le Comte de LA PORTE DU THEIL DE FORGES.

Je n'irai pas jusqu'à dire avec Blaze que c'est à la chasse que la musique doit son origine ; cependant, il pourrait y avoir du vrai. Il nous dit que les chasseurs lancés dans les profondeurs des forêts et parfois dévorés par les bêtes féroces, avaient besoin de s'entendre entre eux pour se porter secours, en un mot d'avoir un signe de ralliement.

Ils se servirent au début de coquilles trouvées sur les rivages, soufflèrent dedans afin de suppléer à l'insuffisance de leurs poumons. C'est alors qu'ils convinrent d'un certain nombre de sons pour dire telles ou telles choses.

S'éloignant des bords de la mer, ils remplacèrent les coquillages par des cornes du buffle, du bœuf et du bélier.

Les Hébreux se servaient de cornes de bélier pour annoncer leurs jubilés, de cinquante en cinquante ans, ce qu'ils faisaient en mémoire du bélier qui s'offrit à Abraham pour être immolé en échange d'Isaac.

Plus tard, on fit des cors à un seul tour.

Roland, blessé sur le champ de bataille de Roncevaux, mit à la bouche son cor d'ivoire et commença à corner de toute sa force,afin que si aucuns des chrétiens s'étaient cachés aux bois par peur des Sarrasins, ils vinssent à lui, ou que ceux qui déjà avaient passé les ports retournâssent et fussent à son trépassement, et prissent son épée et son cheval.

Lors, il sonna l'Olifant par si grande vertu qu'il se fendit par le milieu et se rompit les veines et les nerfs du cou. Le son et la voix du cor allèrent jusqu'aux oreilles de Charlemagne, qui déjà s'était logé en une vallée, qu'aujourd'hui on appelle Val Karlemagne, ainsi il était loin de Roland environ huit milles de Gascogne. (1)

Alfred de Vigny, qui « aimait le cor, le soir, au fond des bois », nous dit à propos de Roland à Roncevaux :

Deux éclairs ont relui, puis deux autres encor,
Ici l'on entendit le son lointain du cor.

Au XIIIe siècle, on s'entendait à la chasse au moyen de notes isolées plus ou moins longues plus ou moins brèves ou multipliées, qu'on obtenait en soufflant dans une longue corne appelée huchet.

Les veneurs de Saint-Louis (1226) avaient six tons de chasse : le bien aller, le requêté, la vue, l'appel forcé et la prise.

Gaston III, comte de Foix (Gaston Phœbus), ajouta huit tons à ceux de Saint-Louis.

Louis XI, qui voulut être inhumé dans un tombeau en cuivre, vêtu de son costume de chasseur, le cornet au côté, est l'auteur d'une fanfare pour la 4e tête. « Ce n'est pas celle assurément qu'on sonne de nos jours, car cette dernière fut composée à Fontainebleau par le roy Louis XV et est aussi nommée fanfare du Roy. » Mais c'est un fait historique qui prouve qu'au XIVe siècle on se servait déjà d'airs de chasse.

Sous François Ier, les chasseurs portaient un petit cornet suspendu à une large et longue bandoulière. Ce cornet, au lieu d'être rond, avait plusieurs angles.

Sous Charles IX, ces angles sont arrondis ; dans « La Chasse Royale », écrite par le roy, on voit la description de ce cornet tournant sur lui-même, qu'on appelait trompe. Celui courbé et ne tournant pas était appelé huchet.

Jacques du Fouelloux, qui nous a transmis tous les airs de son temps, désigne chaque note par le mot *Tran*, ce qui a rapport au trille que nous employons.

(1) Chronique de Saint-Denis sur les gestes de Charlemagne, liv. 5, chap. II. (*Apud scriptores rerum Franciscorum*, T. V, page 303.

Ce tran, suivant qu'il était haut ou bas, s'adressait au cerf ou au sanglier. « Toutefois, dit-il, que les hautains et plaisants cris sont dédiez pour la chasse du cerf, et les rudes et furieux pour la chasse du sanglier ; Hou voy-le-cy-aller Houlet Houlet, et austres rudes langages ; mais pour la chasse du cerf, ils sont défendus sous peine de déroger à l'estat de venerie. »

Sous Louis XIII, la trompe fit des progrès ; quelques tons de chasse se régularisèrent. Salnove nous dit que le roy inventa une méthode particulière de sonner pour renard.

Personne n'ignore que M. de Saint-Simon dut l'origine de sa fortune à la façon propre dont il sonnait la trompe, ce qui lui permettait de l'offrir au roy, sans en essuyer l'embouchure.

La trompe, trop petite sous Charles IX, devint trop grande sous Louis XIV ; on passa d'un excès à un autre.

Ce fut sous le règne de Louis XV qu'on mit de l'ordre dans les tons et fanfares de chasse, grâce au roy et à son fidèle compagnon le marquis de Dampierre, qui en composa la plupart. Ces fanfares sont celles qu'on sonne encore à la chasse de nos jours ; elles sont d'ordonnance, comme les sonneries de clairons et de trompettes dans nos régiments.

Les fanfares du marquis de Dampierre ont un caractère particulier et sont de la pure harmonie imitative au point de vue de la chasse, qu'elles soient appliquées aux différentes circonstances, aux animaux ou aux têtes du cerf. Elles ont peu de rapports avec celles des auteurs modernes, qui sont généralement contorsionnées, c'est-à-dire les chutes de notes hautes aux notes médium ne se suivant pas régulièrement ; je ferai cependant exception pour celles de MM. Auguste Leriget de Claurose, Henri de Fontaine, Lavigne père et quelques autres dont je tais les noms.

J'ai vu le portrait en pied du marquis de Dampierre, chez un de ses descendants, le comte Léonard de Dampierre, tel qu'il est reproduit dans mon manuel du sonneur de trompe, édité par la maison Pairault. Une reproduction de ce portrait, qui se trouve dans un manuel du célèbre marquis et qui est la propriété de M. Henri Gallice, veneur et collectionneur bien connu, avait été gracieusement mise par celui-ci à la disposition de mes éditeurs pour en prendre copie.

On lit au bas :

Imitez ce parfait chasseur
D'un grand roy serviteur fidèle,
En tous temps lui prouvant son zèle ;
La Parque a terminé ses jours :
Que n'a-t-il pu vivre toujours ! !

Il n'y a qu'en France et en Belgique qu'on fasse usage de la trompe à la chasse. Les Anglais ont le cornet, les Allemands le huchet ; mais avec ces instruments, ils ne font que du bruit, bien qu'ils aient des tons de convention ; tandis qu'avec la trompe, dont les notes vibrantes et sonores se marient si bien avec la voix des chiens et la majesté des forêts, et se font entendre très loin, tout en faisant de la musique, nous avons un véritable langage qui nous permet de nous parler, ou, si vous préférez, de nous comprendre à de grandes distances, étant près ou loin de la chasse (à condition d'être sous le vent) ; les fanfares nous indiquent ce qui se passe, elles encouragent nos chiens, nous indiquent ce qu'ils font, si l'animal poursuivi cherche à les mettre en défaut en doublant ses voies ou en donnant dans le change.

Quel est le veneur qui, s'attendant à une retraite manquée, après de grandes difficultés, ne tressaille pas d'aise en entendant un bien-aller ? L'espoir alors succède au découragement.

La trompe donne de l'attrait à nos chasses, rend de grands services, mais il faut s'en servir à bon escient et ne pas en abuesr, surtout pour le Vol-ce-l'Est et la Vue, car ces fanfares, sonnées mal à propos, peuvent être cause d'un insuccès, surtout si le pays est mal percé, accidenté, et les enceintes fourrées.

Les Allemands prétendent être les inventeurs du cor ou trompe de chasse, et on doit le reconnaître. La première trompe forme Dampierre fut fabriquée à Nancy, par l'ancêtre de tous les Raoux, qui exerçait la profession de chaudronnier ; mais en nous en rapportant aux dates. Nancy appartenait encore à l'Allemagne au moment où elle fut inventée ou fabriquée.

Chacun sait qu'après la guerre de succession de Pologne, en 1738, les duchés de Bade et de Lorraine furent donnés en échange à Stanislas Ier Leczinski, beau-père du roi Louis XV ; ces deux duchés devinrent l'apanage de la couronne de France à la mort de Stanislas Leczinski en 1766. Le traité de Vienne a été signé au nom de Sa Majesté le roy Louis XV, par Jean Gabriel de la Porte du Theil, un de mes ancêtres, ministre plénipotentiaire du roy, né à Paris en 1683.

Cette première trompe, faite en cuivre rouge, était si épaisse qu'on ne pouvait en tirer que des sons défectueux, au prix des plus grands efforts ; alors on substitua le laiton au cuivre pur.

Les facteurs les plus renommés furent, dans l'ordre chronologique : Raoux, Carlin, Raoux, Lebrun, Raoux et François Perinet.

J'ai sonné dans une trompe de Carlin appartenant à M. Henri Gallice, qui porte sur sa guirlande « Faite à l'hôtel de Soissons pour Monseigneur de Balneau, grand veneur du Dauphin » ; entre chaque fleur de lys se trouve un dauphin.

J'en ai vu une autre de Lebrun, fort curieuse, dont la forme du col du pavillon a une certaine analogie avec celles fabriquées de nos jours ; elle porte la date de 1727 « faite à Paris par Lebrun, ordinaire du roy ». La guirlande, au lieu d'être fleurdelisée, est ornée des armes de France. D'aucuns prétendent qu'elle aurait appartenu au marquis de Dampierre ; ce qui donnerait créance à cette supposition, c'est qu'elle a été trouvée en Saintonge, pays où le célèbre veneur avait et a encore des descendants.

La maison Raoux eut une longue existence ; son siège fut successivement à Versailles et au Louvre, où habitaient alors les fournisseurs de la Cour. Son descendant avait en dernier lieu ses ateliers rue Serpente. C'est là que ceux qui après lui ont encore perfectionné la trompe ont appris leur métier (François Perinet et Pettex-Muffat), deux enfants de la Savoie.

La maison François Perinet fut fondée en 1829 ; elle fabriquait alors tous les instruments de cuivre. En 1855, elle fut reprise par Joseph Pettex-Muffat et Joly Pottux, en 1867 par J. Pettex-Muffat, qui se mit spécialement à fabriquer la trompe de chasse, rue Bourbon-Villeneuve, rue des Bassins ; en 1868, la maison continue sous le nom de Henri Pettex-Muffat, successeur de son père, 31, rue Copernic, près de l'arc de l'Etoile, et actuellement sous le nom de son gendre, Emile Dhabit, 40 *bis*, rue Fabert.

Toutes les trompes de cette maison sont bonnes, faciles à sonner, entre les mains de tous les veneurs et universellement connues, grâce à une fabrication irréprochable.

Pour moi, il n'y a qu'une façon de bien sonner, c'est de sonner en ton de vénerie, vulgairement appelé ton de chasse, la trompe étant un instrument du dehors. Il y a trois genres de tons de chasse, suivant les différents pays : le ton du Midi ou de Gascogne, vif et brillant, mais avec un peu d'excès de roulé, le ton Normand, qui est guttural et lourd, et le ton du Poitou, qui est léger et s'entend de loin. Ce dernier est le plus ancien, employé par le marquis de Dampierre.

Je ne suis pas ennemi du roulé, mais il ne faut pas en abuser.

La trompe n'est pas un instrument aussi dur que beaucoup se le figurent ; aussi je ne saurais trop engager nos maîtres d'équipage à s'en servir, car c'est le complément direct et indispensable de nos chasses françaises, auxquelles elle donne la gaieté, anime nos chiens, excite nos chevaux et fait tressaillir d'aise le cœur de nos gentes chasseresses et de nos vrais veneurs.

Comte DE LA PORTE DU THEIL DE FORGES.

Les chiens de chasse à tir.

Par M. PAUL CAILLARD.

Il semble que la plus juste appréciation des espèces de chiens employées par les chasseurs à tir à notre époque serait de le baser sur les espèces qui furent présentées à Paris en 1906 lors de la grande Exposition annuelle organisée par la Société centrale pour l'amélioration des races de chiens en France à laquelle sont affiliées la plupart des Sociétés de province formées dans le même but.

Or, de cet examen il ressort que 166 chiens de races françaises comprenant les braques dits de Saint-Germain (très notablement racisés avec les pointers de race anglaise), ont été exposés et que 275 chiens de races anglaises comprenant les Pointers-Setters, et Spanil le furent en même temps.

L'usage des chiens de race anglaise et surtout celle du Setter qui à elle seule comprenait 120 sujets et celle des petits épagneuls 75 a donc pris en France une amplitude qui ne fait que s'accroître chaque année, malgré les efforts faits par les éleveurs pour l'amélioration des races françaises qui ont eu à lutter contre toutes les difficultés qu'avaient créé l'inertie et le défaut de suite dans la recherche du perfectionnement de nos espèces. Chaque année pourtant, grâce à ces judicieux croisements auquel le sang des chiens anglais n'est pas étranger, nos anciennes races affirment une amélioration notable.

On ne saurait nier que les chiens de races anglaises destinés à la chasse avec le fusil se sont placés très au-dessus des espèces continentales et s'y maintiennent avec une supériorité incontestable.

Il serait donc superflu d'essayer une comparaison impossible entre les races du continent et les chiens de chasse à tir des Iles britanniques qui dans toutes les épreuves dans les champs sur le gibier (field trial) ont prouvé une endurance et les plus grandes qualités de vitesse et de nez.

Nous devons toutefois faire remarquer que plusieurs, parmi les races anglaises en grande faveur aujourd'hui remontent à des races françaises qui ont été soigneusement entretenues et améliorées en Angleterre et citer comme exemple la race des épagneuls clumbers dont la race fut offerte sous le règne du roi Louis XIV, par le duc de Noailles au duc de Newcastle. La race fut entretenue au château de Clumber dont elle prit le nom. Elle tient la tête des races des petits épagneuls en Angleterre.

En France toutefois, les origines de nos races de chiens de chasse sont fort obscures. Les géologues qui ont examiné les restes fossiles des chiens par des débris souvent fort incomplets les ont jugés surtout par les crânes et les dents.

Ils sont d'accord pour admettre que le chien est distinct du loup et du renard qui forment des divisions comprenant un assez grand nombre d'espèces.

D'après les citations de Pline nous voyons que les Gaulois avaient des meutes.

Le chien d'arrêt n'est apparu qu'avec la fauconnerie et on ne sait à quelle époque ce genre de chasse a été introduit en France.

L'épagneul toutefois existait au VIIe siècle. Les capitulaires du roi Dagobert en font foi.

On peut dire que le chien d'arrêt date du moyen âge. Le fauconnier a trouvé avantage à se servir du chien pour rechercher le gibier. Le faucon ne peut prendre des oiseaux d'un vol aussi rapide que celui de la perdrix qu'à la condition qu'elle parte très près de lui et autrefois les terres en culture étaient rares, elles étaient très difficiles à trouver. Il n'y a donc rien d'étonnant que l'on ait songé à utiliser la finesse du nez du chien, à l'augmenter par la sélection de cette qualité pour aider le faucon.

François de Guise écrivait au connétable de Montmorency : « Afin que votre faucon trouve les perdrix, je vous envoie un jeune braque pour l'y aider ».

Comment l'arrêt a-t-il été formé chez le chien qui n'arrêtait pas naturellement : un très ancien traité de dressage public il y a plus de 160 ans dit que « L'é-
« ducation du chien couchant consiste à bien quêter, et, à arrêter ferme. On
« commence à lui faire prendre connaissance du gibier. Quand il le connaît
« on le lui fait chercher. Quand il sait le trouver on l'empêche de le poursuivre.
« Quand il a cette docilité on lui forme tel arrêt que l'on veut. Quand il est cela
« il est éduqué, car il a appris la méthode de la chasse en faisant ces exercices... »

En quelques lignes, voilà un traité de dressage complet et nous voyons que, puisqu'il s'agit du chien d'*arrêt*, que pour empêcher le chien de poursuivre l'oiseau, le dresseur faisait coucher le chien et c'est pourquoi il a appris à arrêter en se couchant d'où son nom de chien d'arrêt ou de chien couchant. Les différentes races de chiens d'arrêt d'origine française sont : le vieux braque français, le braque courte queue du Bourbonnais, l'épagneul de Pont-Audemer, l'épagneul français, l'épagneul Barbet, le braque du Puy, le braque de l'Ariège.

Le vieux braque français est généralement blanc avec de grandes taches marron. Il doit être un chien fortement charpenté, lourd, le cou court, le museau épais et carré à babines tombantes, les oreilles longues et grosses, le genou très prononcé, l'épaule droite, le rein court, les pattes plutôt courtes, les doigts épais et écartés.

Il a beaucoup d'analogie avec le braque italien et le braque allemand qui semblent en dériver.

Les différentes races de braques ont la même méthode de chasse. Ils sont lents, ont une quête très restreinte et leur nez est très au-dessous de celui du braque anglais le pointer. Ils paraissent lourds mais sont généralement actifs et la plupart chassent le nez haut comme le pointer qui du reste est issu du braque et qui doit sa méthode de quête et de vitesse à différents croisements. Le braque bleu d'Auvergne a été importé, dit-on, par un duc de Beaufort qui avait amené en ce pays des pointers bleus du pays de Galles qui se sont croisés avec le braque du pays.

Le braque du Bourbonnais est une variété bien définie et parfaitement caractérisée par sa queue naturellement courte, par la forme de sa tête et par sa couleur très typique. Il est beaucoup plus vif dans ses allures que le vieux braque français et a des qualités de chasse supérieures. Sa couleur est mouchetée, blanche et noire ou blanche et marron ou bien blanche et orange.

L'épagneul de Pont-Audemer est un chien plein d'originalité. Par la forme de son corps et sa couleur il diffère complètement de l'épagneul français. Sa tête ne ressemble en rien à celle du chien français. Elle est caractérisée par une très grande longueur, un museau pointu, un poil très ras sur le front, un crâne surmonté d'une forte huppe retombant en pointe sur les yeux et semblent se confondre avec les oreilles qui sont elles-mêmes longues et recouvertes d'un poil long et frisé, si bien que les chiens paraissent coiffés d'une perruque. Nul doute que les Anglais ne l'ont pris comme souche de leur superbe race d'Irish-Water-Spaniels, perfectionné par M. Mac Carthey, qui elle-même par le croisement avec le Spaniel Springer a formé l'épagneul d'eau anglais, qui est le meilleur chien du monde pour la chasse au marais.

L'épagneul français est un grand et superbe chien et peut-être un des meilleurs que nous ayons en France et surtout le plus apte à toutes les chasses. La race des épagneuls comme celle des vieux braques est très ancienne. C'est peut-être la plus vieille d'Europe et sans contredit le Setter anglais en est issu.

Les setters anglais avaient autrefois une ressemblance absolue avec l'épagneul français, mais avec leur extrême habileté les Anglais ont modifié, amélioré ses formes, ses allures, ses qualités de chasse et en ont fait cet admirable chien qu'est le Setter, comme du braque, ils ont fait le magnifique pointer.

Il est toutefois une espèce qui a conquis la plus haute faveur parmi les chasseurs de France et du Continent. Elle est originaire d'Angleterre et se divise en plusieurs familles. Il y a quarante ans, nous les décrivions ainsi dans un livre qui traitait des races anglaises de chasse à tir et de leur dressage (1). « Ce sont les petits épagneuls : races de chiens dont les mérites sont indiscutables et qui sont de celles dont l'acclimatation et l'introduction en France peuvent être considérées comme utiles à tous les genres de chasse. Que de bons souvenirs ont laissé dans notre mémoire de chasseur ces excellents petits animaux d'un courage et d'une ténacité à toute épreuve, bravant les ronciers les plus inextricables, les eaux glacées, pour suivre la piste du gibier.

Et quelle ardeur ! quelle furie contre les remparts épineux qu'ils escaladent s'ils ne peuvent les pénétrer, qu'ils enfoncent parfois et s'y précipitent avec colère ! Quelle énergie dans ces petits corps couverts de longues soies ! Que d'intelligence dans le regard qui recherche l'ordre et souvent le prévient avec une impétuosité charmante ! Que de science dans leur manœuvre pour pousser le gibier sur le tireur ! Quelle patience d'autant plus remarquable qu'elle n'est obtenue que par la force de la volonté pour suivre la piste du faisan ou de la bécasse dans ses méandres les plus capricieux.

Peindre les petits épagneuls c'est vouloir décrire une chose fugitive comme

Des Chiens anglais de chasse à tir et de leur dressage à la portée de tous (Firmin Didot, éditeurs, Paris).

la pensée et notre plume de chasseur ne se prête guère aux finesses de ces descriptions, car les aptitudes du petit épagneul sont multiples. C'est toujours, lorsqu'il est de bonne espèce, l'aimable compagnon aux allures gaies et rapides, l'ami de la maison, le paresseux du foyer, le partenaire des enfants pour les parties de balle qu'il va chercher au loin et rapporte avec des façons de clown, etc. »

En prédisant il y a quarante ans le succès qu'auraient les petits épagneuls dans le monde chasseur, nous ne pouvions prévoir que ce succès serait aussi prodigieux. Leur nombre est supérieur à celui de toutes les classes exposées, destinées à la chasse à tir, dans les expositions continentales.

Le petit épagneul est le chien le plus recherché aujourd'hui parce qu'il s'adapte à tous les genres de chasse, est d'un maniement et d'un dressage faciles et à la portée de tous comme valeur, et facilité d'entretien.

Les expositions ont-elles amené dans les races de chiens de chasse l'amélioration qui est le but poursuivi depuis près d'un demi-siècle par toute l'Europe ? Car de Londres à Saint-Pétersbourg, en France, en Italie, en Espagne, en Allemagne, l'exhibition des races canines et surtout celle des chiens de chasse a excité l'intérêt de tous les peuples sans amener l'amélioration espérée.

Il faut excepter celles des chiens de chasse à courre qui par leur beauté, l'harmonie de leurs formes, leurs qualités de chasse, ont presque atteint la perfection, parce qu'elles sont restées éloignées des menées commerciales des éleveurs et entre les mains d'une classe dont l'objectif est uniquement l'affinement des formes, des qualités de chasse, et qui possède les plus amples resources pécuniaires pour les obtenir.

On pouvaït espérer les mêmes résultats pour les chiens de chasse à tir répandus dans toutes les classes de l'échelle sociale, mais il eût fallu écarter l'esprit de mercantilisme et avoir des bases solides avant d'entrer dans la voie de production. Il eut fallu prendre chaque race telle qu'elle existait et se borner par une sélection bien entendue à l'améliorer dans ses formes et dans ses instincts naturels.

Les expositions sont devenues, dès le début aussi bien en France qu'en Angleterre, en Allemagne et en Belgique, un marché aux chiens où certains éleveurs n'ont pas hésité à amener des animaux produits par des croisements spéciaux qui par leur couleur seulement se rapprochaient de la race primitive et n'avaient aucun atome de la race originaire.

Les Anglais se sont bien gardés toutefois de conserver pour leur usage personnel ce qu'ils nomment « chien d'exportation ». Si la pluralité des juges dont l'incompétence et l'irresponsabilité personnelles était la cause primordiale de la dégénérescence des races, une cause adjacente plus importante encore existait : celle de la pluralité des récompenses offertes avec une libéralité telle que dans certaines catégories, le nombre des prix et médailles à distribuer dépassait le nombre des chiens exposés.

Et ce fut certainement la cause de cette dégénérescence. Nous sommes sur ce point en accord parfait avec de hautes personnalités sportives d'Angleterre qui estiment que ces expositions ont amené l'exagération des types primitifs et faussé le résultat désirable.

Qu'est-il arrivé ? Les chiens primés se sont répandus partout. Ils furent recherchés par les chasseurs de province comme reproducteurs, alors que le plus souvent la médiocrité de leurs qualités de formes en dehors de leurs qualités de chasse restées inconnues et que le jury ne pouvait apprécier, les rendait impropres à la reproduction de leur espèce.

Le remède est facile. Il se trouve dans la multiplication des essais de chiens dans les champs sur le gibier, et pas un des lauréats d'exposition ne devrait être consacré à la reproduction avant d'avoir donné la preuve de ses qualités de chasse dans les champs.

Cette dégénérescence des races de chiens de chasse à tir n'a pas échappé depuis plusieurs années à la vigilance des membre de la Société Centrale pour l'amélioration des races de chiens en France. Elle a adopté le juge unique. Des diplômes d'étalons ont été créés, mais ils ont été malheureusement distribués parfois à des chiens qui n'avaient pas fait preuve de leurs qualités de chasse.

Il serait aussi désirable que les juges appelés à distribuer les récompenses dans les expositions de province fussent doués de connaissances acquises par une longue expérience et que leurs jugements fussent acceptés sans des critiques aussi permanentes que passionnées qui jettent le désarroi, l'indécision dans l'esprit des éleveurs et des chasseurs qui ne savent plus où est le vrai, le bien, en présence de multiples opinions contradictoires.

L'élevage des chiens est le plus intéressant entre tous, parce qu'en dehors de l'amélioration des formes, de la constitution de leur harmonie il faut se préoccuper à un degré supérieur, sinon égal de l'amélioration de ses qualités morales.

Le chien est l'animal supérieur entre tous, car son intelligence est susceptible de culture et il est doué d'instincts indéfinissables dont est privée la nature humaine.

Ne serait-il pas désirable que la presse cynégétique combatte les erreurs de la masse des chasseurs qui s'attache surtout à la couleur plutôt qu'aux formes et aux qualités de chasse ancestrales, qu'une étroite entente s'établisse entre les chasseurs, les exposants et les juges, qu'ensemble ils entrent dans une voie facile à suivre, dans un effort commun, vers un but identique et que ceux qui ne sont ni éleveurs ni juges, n'accordent pour leur choix, aucune influence aux verbiages souvent intéressés, aux critiques parfois frauduleuses, aux ignorances multiples beaucoup plus fréquentes que les saines appréciations qui ne sont pas malheureusement pour la foule distinctives des autres.

Et pour résumer ce que nous venons d'exposer, nous dirons que les expositions canines qui deviennent de plus en plus nombreuses en France, devraient modérer le nombre de récompenses offertes aux exposants, et que pour la masse des chasseurs ou des éleveurs *seuls devraient être considérés comme reproducteurs les chiens qui après avoir fait preuve de formes harmoniques et typiques auraient fait preuve dans les concours spéciaux de leurs qualités de chasse.*

L'amélioration désirée ne saurait être obtenue sans l'observation stricte de ces conditions.

Paul Caillard.

Le vœu suivant est présenté :

« La taxe des chiens sera perçue d'une façon uniforme dans toutes les communes de France, savoir : 8 francs pour les chiens de chasse et de luxe, 2 francs pour les chiens de garde ne quittant pas l'habitation ou la ferme, ainsi que pour les chiens d'aveugles et chiens de berger. »

UN CONGRESSISTE. — Je demande qu'on n'augmente pas la taxe, qui est de 6 francs, chez nous. Je crois que cela gênerait énormément les petits équipages qui existent dans tout l'Ouest. Je me fais ici leur interprète pour demander qu'on n'augmente pas la taxe de 6 francs.

Vous n'avez pas dans votre pays le même genre de vénerie. Nous avons, dans nos provinces, énormément de petits équipages de 8 ou 10 chiens, qui sont extrêmement intéressants.

Ne pourrait-on pas demander l'unification de la taxe sans en fixer le montant ?

Cette question est renvoyée à une autre sous-section.

Le rapport de M. Caillard est adopté à l'unanimité.

UN CONGRESSISTE. — Nous sommes tous ici d'accord sur le vœu qui a été émis tout à l'heure concernant la vénerie, mais nous aurons peut-être des opposants dans les autres sous-sections. Ne serait-il pas utile que demain, la sous-section se réunissant, sache ce que les autres sous-sections auront voté ?

UN AUTRE CONGRESSISTE. — On n'a pas le droit de traiter cette question dans les autres sous-sections.

PREMIER CONGRESSISTE. — Mais si demain nous avions une opposition ?

DEUXIÈME CONGRESSISTE. — Elle ne peut pas venir.

M. D'ELVA. — Si je saisis bien la pensée de mon collègue, la question est de savoir s'il y a de l'opposition en séance publique, qui prendra les intérêts de la Société de vénerie.

Nous sommes réunis ici en sous-section ; nous venons d'adopter des vœux, mais ces vœux ne sont pas adoptés par le Congrès ; ils vont venir en discussion en séance publique. Si ces vœux sont attaqués, que ferez-vous ? Je crois qu'il serait bon de désigner dès maintenant des orateurs qui pourraient prendre la défense des vœux que nous venons d'adopter, parce que si la question vient en séance publique et que les vœux que nous venons d'émettre soient attaqués, il faut que nous les défendions.

UN CONGRESSISTE. — Vous êtes tout désigné.

M. D'ELVA. — Croyez que je suis très flatté de l'honneur que vous me faites, mais je ne suis pas absolument sûr de pouvoir me rendre aux réunions publiques, et, d'un autre côté, je crois également qu'il serait bon de désigner des orateurs autres que des hommes politiques ; il ne faudrait pas que la politique puisse jouer le moindre rôle dans le débat.

Si je croyais pouvoir vous être utile, ce serait avec le plus grand plaisir que je prendrais la défense de nos intérêts, mais, je le répète, je ne crois pas qu'il faille désigner un homme actuellement mêlé à la politique. M. Clary me semble tout indiqué.

UN CONGRESSISTE. — Pourquoi ne pas nommer une petite commission composée de trois membres, dont M. Clary ?

M. DE LA MOTTE SAINT-PIERRE. — M. Clary a à défendre 9 sous-sections ; il pourra bien faire quelque chose pour nous, mais il ne pourra pas nous donner tout son concours.

UN CONGRESSISTE. — Je crois qu'il est très important que M. Clary prenne la parole, car M. Clary, c'est tout le Saint-Hubert Club. Ce que présentera M. Clary ne peut pas être contrecarré par le Saint-Hubert Club. Nous avons un intérêt considérable en muselant (permettez-moi l'expression) des gens qui, à un certain moment, pourraient aboyer.

M. LAURENT et CLARY sont finalement désignés.

M. DE LA MOTTE SAINT-PIERRE donne ensuite lecture de différents vœux sur l'impôt des taxes de transport des chiens.

UN CONGRESSISTE. — On a dit tout à l'heure que si on demandait la fermeture de la chasse à courre le 31 mars, pour le chevreuil et le lièvre, les chasseurs à tir seraient jaloux et qu'eux aussi demanderaient la permission de tirer jusqu'au 31 mars. Mais, il faut bien se rappeler que les chasseurs à tir peuvent chasser les oiseaux de passage jusqu'à fin avril, tandis que les chasseurs à courre ne peuvent commencer à chasser le chevreuil que le 1er novembre, et que pendant deux mois, ils ne peuvent pas chasser. Ce n'est donc pas la même chose.

UN AUTRE CONGRESSISTE. — A propos de la chasse à courre, dans le département que j'habite, nous ne commençons à chasser à courre que vers le 3 ou 4 novembre parce que les vendanges ne se terminent jamais avant la Toussaint. Nous n'avons jamais, depuis plus de 58 ans, commencé avant le 3 ou 4 novembre. Ce n'est donc pas un privilège ; nous avons 3 mois de retard sur la chasse à tir.

M. D'ELVA. — Je vous demande la permission d'abuser encore un instant de votre bienveillante attention.

Il y a un argument qui avait parfaitement réussi devant la Chambre des députés et qui nous avait justement permis d'arriver à obtenir la fermeture de la chasse à courre au 31 mars dans toute la France : c'est de bien faire ressortir que la chasse à courre n'est pas un plaisir uniquement aristocratique,, mais que c'est également un plaisir démocratique. Vous pouvez affirmer nettement que dans tout l'Ouest de la France, après la fermeture de la chasse à tir, de petits chasseurs se réunissent pour chasser à courre, le lièvre, par exemple. Il y a dans nos communes le boucher qui possède un chien courant, le boulanger qui en possède deux, le cafetier qui en possède trois. Après la fermeture de la chasse à tir, ces gens se réunissent et réunissent leurs chiens, vont faire un déjeuner à la campagne, dans une auberge, dans un café quelconque, et ensuite, se mettent à chasser le lièvre. Cela les intéresse énormément ; cela les amuse ; c'est un passe-temps pour le dimanche. Ils aiment beaucoup ce genre de sport qui est excellent et qui constitue, en même temps, un appoint pour le commerce local.

On m'a dit que c'était la même chose dans les Landes, dans le Midi, et en Bretagne.

Je crois que c'est un argument très sérieux qui touchera et qui portera.

M. D'AUBIGNY. — Tout à l'heure, on disait que nous sommes exposés à voir les chasseurs demander de retarder la clôture de la chasse à tir, comme pour la chasse à courre. Nous ne pouvons pas comparer la chasse à courre avec la chasse à tir. Nous, chasseurs à courre, nous détruisons deux animaux par semaine au maximum. Quel est le chasseur à tir qui consentira, ayant la permission de prendre son fusil, à ne tuer que 2 chevreuils ou 2 lièvres dans la semaine ?

Mme LA DUCHESSE D'UZÈS. — Et à ne pas en blesser d'autres.

M. D'ELVA. — Il y a encore un argument qu'il faudrait faire valoir. On dit ceci : souvent les chasseurs à courre tuent des mères qui sont pleines.

Bien au contraire, la chasse à courre protège les mères, et c'est dans les pays où l'on chasse le lièvre à courre qu'il y en a le plus, parce que, lorsque vous avez des chiens courants sur un terrain, il est impossible de mettre des collets ; vous avez les chiens courants qui sont lâchés dans la campagne qui se prennent dans les collets. Eh bien ! dans les pays où l'on chasse à courre, vous n'aurez pas de collets. Par conséquent, la chasse à courre est protectrice du gibier.

M. DE LA MOTTE SAINT-PIERRE. — Le même raisonnement est vrai pour le chevreuil. D'ailleurs, quand il n'y en a plus, on en remet.

UN CONGRESSISTE. — On ne chasse le lièvre à courre que dans les pays où il y a peu de lièvres, et c'est justement pour cela que vous pouvez les chasser à courre.

Je suis beaucoup plus chasseur à courre que chasseur à tir. Mais, on vous répondra immédiatement : dans les pays où il y a énormément de lièvres, pourquoi ne chassez-vous pas à courre ? Parce qu'il y en a trop. Vous ne pouvez chasser le lièvre à courre que quand il y en a peu.

M. D'ELVA. — C'est une erreur. Vous avez en Bretagne des pays où il y a peu de lièvres et où l'on ne chasse pas à courre, tandis que dans nos communes, il y a pas mal de lièvres ; je ne dis pas que vous en levez 25 à la fois, mais vous avez souvent 7 ou 8 lièvres devant les chiens.

Mme LA DUCHESSE D'UZÈS donne ensuite lecture d'une proposition de M. de Segonzac :

Les membres du Saint-Hubert Club voudraient obtenir non seulement des grandes compagnies de chemins de fer, mais aussi de nombreuses petites compagnies, qu'elles veuillent bien mettre à la disposition des chasseurs des compartiments de chiens mieux aménagés et mieux nettoyés, et dans toutes les classes, des compartiments où l'on puisse monter avec des chiens.

Le nettoyage est une des choses les plus difficiles à obtenir. Les compagnies touchent en effet pour le nettoyage, après le transport des bestiaux, une rémunération, mais ne nettoient pas.

La sous-section adopte et fait sien le vœu émis en 1905 par 42 conseils généraux :

Suppression et remplacement des tarifs actuels par l'unification ; réduction par les compagnies de chemins de fer du tarif de transport des chiens et application du tarif des bagages aux chiens en paniers ou en caisses.

Au cas où une réduction serait impossible, le Congrès insistera auprès des compagnies pour leur demander de bien vouloir, tout au moins, appliquer le tarif des bagages aux chiens en paniers ou en caisses comme cela se fait sur le réseau de l'Etat.

Les compagnies acceptent au tarif des bagages, les lièvres, lapins, etc., transportés en paniers ou en caisses. Seul des animaux, le chien bénéficie d'un tarif spécial de défaveur.

UN CONGRESSISTE. — Est-il sûr qu'il y a une différence ?

UN AUTRE CONGRESSISTE. — Absolument ; elle est du double pour les chiens.

UN AUTRE CONGRESSISTE. — Aux chiens seuls, mais pas aux chiens voyageant en meute.

Le vœu mis aux voix est adopté à l'unanimité.

UN CONGRESSISTE. — A propos des chevaux de chasse, il y aurait peut-être lieu d'émettre un vœu intéressant.

Pour le transport des chevaux de chasse, d'après les tarifs actuels, les équipages voyagent à demi-tarif pour les chiens soit au 1/3 seulement pour les chevaux. Ne serait-il pas bon de demander que les chevaux de chasse voyageant avec les chiens soient au tarif de course, c'est-à-dire au demi-tarif ?

M. DE LA MOTTE SAINT-PIERRE. — Cela existe ; il y a un tarif spécial.

Mme LA DUCHESSE D'UZÈS. — Ceci ne rentre-t-il pas dans les questions d'administration ? Nous ne pouvons entrer dans ces détails.

Cette question est renvoyée à l'administration.

M. DE LA MOTTE SAINT-PIERRE donne ensuite lecture des rapports de MM. de Saint-Marc et Belvalette sur la fauconnerie.

La fauconnerie moderne, son utilité et la légalité de son exercice.

Par M. G. DE SAINT-MARC.

S'il est un sport charmant, digne de passionner toute personne ayant du goût pour les plaisirs champêtres, c'est, à coup sûr, la fauconnerie. Trop délaissée en France, elle est cependant peu dispendieuse, et se prête à toutes les élégances.

Pourquoi, la chasse au vol, qui a fait si longtemps les délices de nos ancêtres, ne deviendrait-elle pas à la mode comme les courses et les autres sports si recherchés et répandus dans tous les mondes, à notre époque. Les Anglais, que nous copions en tant de choses, ont leurs clubs de fauconnerie ; les Allemands, les Hollandais, les Russes chassent à l'oiseau ; comment, en France, resterions-nous indifférents à un art, dit M. Pierre-Amédée Pichot, « qui a eu ses « maîtres parmi les princes, ses adeptes parmi les rois » ?

Pourquoi ne tenterait-on pas de faire revivre ce moyen de distraction, qu'il est plus simple et facile qu'on ne pense de se procurer ? L'art du fauconnier ne demandant que de l'intelligence et de la persévérance, il n'y a donc qu'à vouloir, pour réussir, et remettre à la mode un passe-temps si plein d'attraits.

Le dressage des oiseaux de proie est, par lui-même, très simple, et il ne faut pas s'en exagérer les difficultés. Beaucoup de patience et de douceur, des soins bien entendus et un certain tact de la part du fauconnier suffisent toujours à dompter le naturel sauvage et rebelle des oiseaux de chasse. Si, comme le dit Buffon, le cheval est la plus belle conquête de l'homme, assurément il n'en est pas de plus charmante que celle du faucon.

La fauconnerie, si négligée en France, n'est cependant point morte, quoique tombée en désuétude, et c'est à tort qu'on la croit impraticable de nos jours. Imitons donc nos voisins d'Outre-Manche, en la tirant de l'oubli momentané où elle semble être tombée chez nous.

Depuis une cinquantaine d'années, d'ailleurs, elle a eu en France, de fervents et enthousiastes adeptes, qui ont suivi les traditions des d'Arcussia, des de Francère, des Boissoudan et autres illustres fauconniers de jadis. Ces traditions, soigneusement conservées pendant le siècle qui vient de s'écouler, ont contribué à former des praticiens aussi habiles que ceux des plus beaux temps de l'Art de la Volerie, qui ne possédaient point des oiseaux mieux dressés que ceux que l'on rencontre aujourd'hui.

Détrônée comme moyen de chasse et d'approvisionnement par les engins meurtriers des temps modernes, la fauconnerie n'en conserve pas moins son caractère noble et artistique, digne de séduire et arrêter le goût éclairé des âmes délicates. Il ne s'agit plus pour elle, de pourvoir aux nécessités matérielles de la vie, mais de vaincre des difficultés, — qui semblent à tort, insurmontables au premier abord, — par la volonté, la patience, la douceur, l'habileté, qualités qu'elle est éminemment propre à développer chez des adeptes, et qui trouvent leur application ailleurs que dans les simples plaisirs des champs.

Depuis bien des années déjà, fréquentes et pitoyables sont les doléances des chasseurs au fusil, et, de jour en jour, leurs plaintes haussent de ton : plus de gibiers, trop de chasseurs ! Les plus fortunés se consolent par la chasse à courre ; les habiles se sont mis (en nombre restreint il est vrai), à chercher des compensations dans la *chasse au vol.*

Ces derniers estiment avec raison, qu'en conservant et encourageant ce vieux mode de chasse, ils concourent à augmenter l'attrait de la vie rurale. Aussi, ils s'efforcent de faire partager à leurs contemporains, un enthousiasme qui n'a cependant pour objet ordinaire, ni l'appât du luxe, ni la satisfaction des passions blâmables.

Au reste, si l'on forme en France d'excellents oiseaux, il existe aussi des fauconniers émérites dans les contrées voisines. En Angleterre, notamment, les membres d'une Société intitulée, depuis 1863, *le Old Hawking-Club*, recrutent principalement chez nous, les faucons, hobereaux, émerillons, autours, etc., destinés à l'entretien de leurs équipages. La fauconnerie est très en faveur aussi en Allemagne, en Pologne, en Russie; de même en Algérie, en Perse, dans l'Inde, au Japon ; autant dire dans l'Orient (1).

Il est donc acquis de nos jours que le faucon n'est plus un mythe antédiluvien, et qu'il peut reprendre près des vrais chasseurs, le rôle prépondérant qui lui était reconnu et assigné autrefois dans les plaisirs préférés de nos ancêtres.

Que les amateurs des chasses pittoresques prennent en main cette belle cause, et les jouissances que ce noble sport peut leur procurer, les récompenseront largement de leurs peines. Il faudra pour cela, se donner un peu de mal ; mais la ténacité et l'ardeur sont des vertus bien françaises, qui ne feront pas défaut à nos modernes fauconniers. Les plaisirs faciles n'étant pas recherchés à l'exclusion de tous autres dans notre beau pays, nous ne saurions douter du succès.

« Seigneur qui voulez oyr des déduis des oyseaulx, il faut que celuy qui « en veult oyr ait en soy trois choses : la première est de les aimer parfaitement, « la seconde est de leur estre aimables, la tierce qu'on en soit envieux... » Toute la science du fauconnier, dit M. E. Jullien, se trouvait résumée dans cette phrase du roi Modus et dans la suivante de Tardif : « Pour bien faire voler l'oiseau au « gibier, trois choses sont nécessaires : « Bon maistre, bonne compagnie d'oy- « seaulx bien volans, et bon pays de gibier. »

En vingt ou trente jours, souvent moins, faucons, sacres, gerfauts, laniers, autours, émerillons et éperviers se laissent mettre et ôter le chaperon, prennent le *pât* sur le poing, reviennent au *leurre* et apprennent à connaître le *vif*, c'est-à-dire l'animal qu'ils doivent chasser. Pendant les phases successives de cette éducation, la privation de sommeil, des bains répétés, des *cures* et purgations excitant constamment l'appétit, une nourriture sagement réglée, tantôt fortifiante et tantôt débilitante, assouplissent le caractère des oiseaux de vol.

(1) *Un grand Seigneur en Kiadistan.* — *Journal des Voyages.* D. 9 juin 1907.

L'emploi de tels moyens, assez simples, du reste, varient suivant le naturel des élèves et le degré d'intelligence des fauconniers. Le plus difficile consiste à savoir conserver les sujets, une fois mis en condition.

Les fauconniers modernes ayant compris que la pratique de leur science ne pouvait être maintenue, répandue et conservée que par l'association, songèrent, dès la fin du XVIIIe siècle, à mettre en pratique ce grand moyen d'action de notre époque, moyen dont l'application est si souvent féconde en heureux résultats.

En 1814, se forma en Angleterre, le *Hawking-Club de Didlington* ; avant ce dernier, vers 1800, le colonel T. Thornton, célèbre fauconnier anglais, fondait le *Falconer's club de Alconbury Hill*, avec le comte d'Orford, le comte d'Eglington, MM. Colqhoun, Ed. Parson, le duc de Rutland et M. P. Stanley.

En 1841, une société fut fondée sous le patronage du roi des Pays-Bas et sous la direction du baron de Tindal, pour voler le héron dans les campagnes voisines du château de Loo. A partir de cette époque, la fauconnerie devint, en Hollande, aussi florissante qu'aux XVIe et XVIIe siècles. La Société de Loo réussit à prendre, en douze ans, de 1841 à 1852, plus de 1.500 pièces de gibier ; mais elle fut dissoute en 1853. A l'heure actuelle, le noble art est délaissé là où il brilla pendant plusieurs années d'un trop vif éclat, et c'est à peine si l'on trouve encore quelques hommes experts à dresser les oiseaux, dans le village de Walkenswaard, qui fournissait jadis des fauconniers à toutes les cours de l'Europe.

En 1866, la *Société de fauconnerie de Champagne*, fut fondée sous la présidence de M. Alfred Werlé. Outre ce dernier, on comptait parmi les principaux sociétaires de l'équipage : MM. P. A. Pichot de la *Revue Britannique*, le vicomte de Champeaux-Verneuil, le baron d'Aubilly, le vicomte G. de Grandmaison, le comte Fernand de Montebello et M. Julio Alfonso de Aldama.

Cette tentative, pour le rétablissement de la chasse au vol dans notre pays, avait été couronnée de succès, mais, en 1868, des circonstances particulières provoquèrent la dissolution de la Société de fauconnerie de Champagne, et forcèrent son excellent chef de vol, John Barr, à retourner en Angleterre. Depuis lors la fauconnerie fut de nouveau délaissée en France, et sa pratique abandonnée à l'initiative privée de quelques fervents amateurs, qui en conservèrent néanmoins la pure tradition.

C'est toujours en Angleterre qu'il faut aller, de nos jours, pour trouver des équipages de fauconnerie vraiment dignes de ce nom. Le *Old Hawking Club*, qui existe depuis 1863, continue, comme par le passé, à pratiquer avec grande maîtrise, les beaux vols qui lui ont valu sa haute réputation (1).

Comprenant tout le parti que l'on pouvait tirer de la vénerie et de la fauconnerie, inséparables autrefois, M. Constantin P. de Haller fonda, en 1884, sous le patronage de S. A. le prince Alexandre d'Oldembourg, la *Société des chasseurs fauconniers de Saint-Pétersbourg*, ayant pour but spécial la propagande et le soutien de la chasse au vol, et aussi, le rapprochement et l'alliance des chasseurs et amateurs d'oiseaux en général, en vue de la diffusion des connaissances utiles et scientifiques, relatives à tout ce qui concerne l'art de la fauconnerie.

Le 5 juillet 1887, *le Nemrod* publiait une lettre de M. de Haller, annon-

(1) V. *Old Hawking Club : Un Club de fauconnerie en Angleterre.* — Article de M. P.-A. Pichot, avec illustrations. — *Les Sports modernes*, décembre 1905, n° 8.

çant pour la mi-septembre, un grand concours avec épreuves, pour faucons, gerfauts, autours, aigles, éperviers, chiens de toutes espèces, chevaux, équipages, fusils, armurerie et objets de chasse divers. Des prix d'importante valeur furent attribués aux amateurs fauconniers et chasseurs, victorieux dans ces joutes cynégétiques.

En 1888, ayant exprimé à M. de Haller le désir d'organiser en France, avec l'aide de quelques amis, une société de fauconnerie dans le genre de celle de Russie, ou du *Old Hawking-club* d'Angleterre, mon correspondant nous engagea, pour assurer la réussite de ce projet, de tenter la formation d'une *Association de fauconnerie internationale*. Étant donné le nombre encore restreint des fauconniers dans chacun des pays de l'Europe, où la chasse au vol se pratique, c'était pour M. de Haller un sûr moyen, en augmentant ainsi le nombre des adhérents à la société en projet, de lui donner une importance suffisante pour lui permettre d'arriver à un bon résultat. Il ajoutait enfin, qu'en cas de réalisation de ce programme, il serait bon d'organiser des clubs spéciaux pour chaque pays, des chasses et expositions périodiques, afin de faire le nécessaire pour faciliter l'achat des oiseaux de vol et l'engagement des professionnels et gens de service utiles.

Ce projet, qui fut momentanément abandonné par suite de la mort du président des chasseurs fauconniers de Russie, n'exige, pour être repris et mis à exécution, que le concours de bonnes volontés et l'aide effective des amateurs éclairés du sport élégant dont nous déplorons l'abandon. *Le Saint-Hubert-Club de France* nous semble tout désigné pour devenir l'agent actif d'une propagande effective de notre vœu.

Pour atteindre ce but, c'est aussi à ceux qui considèrent comme un devoir de conserver les traces et garder le souvenir des arts du passé, que nous adressons la pressante requête de tenter, par une association sérieuse, soit française, comme celle de Champagne en 1866, soit internationale, le relèvement prochain de la fauconnerie. A nos grandes dames françaises, chasseresses intrépides et généreuses, à tous les veneurs dignes de ce nom par leur science et leur ardeur, aux amis et praticiens de la chasse au vol, nous demandons le secours de leur influence et l'aide de leurs conseils.

Par leur adhésion à notre projet et leur bonne volonté, notre rêve d'union passerait bientôt de la théorie dans la pratique, et le programme de M. de Haller pourrait promptement se réaliser.

Il serait alors possible d'organiser des équipages de vol susceptibles de déplacements rapides en diverses contrées, et des concours de toutes sortes, favorables à la renaissance d'un sport qui ne demande, pour se répandre, qu'à être mieux connu.

La science du fauconnier et celle de ses élèves pourraient être justement appréciées, et servir d'émulation pour recruter de nouveaux adeptes à l'art du vol. Dans de tels tournois d'adresse, l'attrait du plaisir serait considérablement accru par la difficulté vaincue et l'entraînement que comporte un spectacle aussi émouvant que peu banal.

Pourquoi donc, ceux que la fortune a comblé de ses dons, de même qu'ils entretiennent des équipages de chevaux et de chiens, ne donneraient-ils pas l'exemple à suivre, en entretenant des équipages de vol, ou, tout au moins, en apportant leur concours à la réussite d'une association, destinée à faciliter leur formation ?

Un certain nombre d'ouvrages modernes émanant d'auteurs et de praticiens compétents donnent la théorie exacte des préceptes et des règles de l'ancienne chasse au vol, et prouvent que, sans frais considérables, on peut encore de nos jours, monter des équipages de haute et basse volerie, ou tout au moins se donner le plaisir de ces sports, à très bon marché.

Néanmoins, devant ce mode de chasse aujourd'hui peu répandu, — (la mode n'a pas soufflé de ce côté) — la plupart des disciples de Saint-Hubert hésitent, car pour eux, la loi est un épouvantail qui les arrête ; la crainte du gendarme et du garde-champêtre aussi, paralyse les timides tentatives et retarde d'autant la restauration effective de la fauconnerie.

Que leurs appréhensions et leurs consciences se calment, car, en chassant avec le faucon, l'autour, l'épervier et l'émérillon, ils n'ont rien à redouter de l'autorité et de ses représentants (1).

Dans une brochure intitulée : *Légalité de la chasse au vol*, publiée à Niort chez M. Mercier, et reproduite dans la *Revue Britannique* (sept. 1899), j'ai établi que la chasse au vol n'était qu'une forme de la chasse à courre, et que, de ce fait, depuis plus de 50 ans qu'on a entrepris, en France, de remettre la fauconnerie en honneur, aucun empêchement légal n'avait été apporté à la pratique de ce sport. L'exercice de la fauconnerie est, en effet, dans l'esprit de la loi de 1844, si cela n'est dans son texte, comme le sont d'ailleurs également, tant d'autres modes de chasse de détail.

La vènerie et la fauconnerie, quoique étant deux arts distincts par leurs moyens d'action, tendent au même but. Dans la vénerie, on force le loup, le sanglier, le cerf, le chevreuil, le renard, le lièvre, à l'aide de chevaux et de chiens ; en fauconnerie, on force le milan, la buse, le héron, l'oie sauvage, la pie, le corbeau et autres volatiles, — le loup, le lièvre, le lapin et autre quadrupèdes, — à l'aide d'oiseaux et de chiens. Les prescriptions légales à l'époque où la fauconnerie était encore en honneur, ne distinguaient pas la fauconnerie de la vènerie ; l'une et l'autre étaient régies par les mêmes dispositions légales. La chasse au vol n'étant autre chose qu'une chasse à courre , à cor et à cris, les fauconniers modernes doivent naturellement bénéficier de tous les avantages qui résultent des termes de la loi à l'égard de ce sport, ainsi que des arrêtés d'ouverture et de fermeture de la chasse.

D'après le plus grand nombre des arrêtés préfectoraux actuellement en vigueur, les animaux nuisibles ou malfaisants que le propriétaire, possesseur ou fermier, peut détruire en tout temps, sur ses terres, par lui-même ou par des agents autorisés, sont : 1° Les loups, renards, sangliers, biches, cerfs, chats sauvages, putois, fouines, les loutres et les *lapins ;* 2° le hobereau, le faucon, l'émérillon, la crécerelle, l'épervier, la buse commune, le buzard des marais, la pie grièche, le corbeau noir, la corneille noire et la corneille mantelée, la pie, le pigeon ramier et le plongeon. Les animaux ci-dessus (dit notamment l'arrêté du préfet des Deux-Sèvres, du 4 juin 1885), pourront être détruits à toute époque de l'année, à l'aide de pièges, et *par tous autres moyens*, à l'exception du lacet et du fusil, sans préjudice du droit du propriétaire ou fermier de détruire, même avec des armes à feu et sans permis, les bêtes fauves qui porteraient dommage à ses récoltes.

(1) Vicomte de Blosseville, *La chasse au vol et les sociétés de fauconnerie modernes*. Paris, bureaux de la *Gazette anecdotique*, 27, rue des Plantes, XIVe, 1904.

De ce document, il résulte, sans aucun doute et nécessairement, que la *volerie*, par l'emploi des faucons, vautours, éperviers, etc., est autorisée et licite, pour la destruction des animaux nuisibles ci-dessus désignés.

Par arrêté du 27 janvier 1877, l'alouette, dans les Deux-Sèvres, a été déclarée animal nuisible. L'arrêté du 28 décembre 1898, maintenant les dispositions de celui de 1877, relatives à la chasse de l'*alouette lulu*, autorise sa destruction sans permisde chasse, en tout temps, même en temps de neige, à l'aide de la nappe et du lacet à un seul crin, à l'exception du fusil.

Par voie de conséquence, l'alouette, animal nuisible, peut-être, ainsi que nous l'avons déjà dit, comme les autres animaux de cette catégorie, chassée par le détenteur d'un permis, au moyen d'un fusil, et *par tous autres procédés*, y compris l'emploi du faucon, au moins pendant que la chasse est ouverte (1).

Il résulte de ce qui précède que la chasse des *animaux nuisibles*, avec ou sans permis, en temps de chasse ou en temps prohibé, est licite, *par tous moyens*, y compris l'usage des faucons et autours, selon les conditions établies par les arrêtés en vigueur.

En principe, et avec le permis, l'exercice de la chasse au faucon pour tout gibier est licite ; mais, ne pourrait-on user de l'oiseau de vol que pour la poursuite des *animaux désignés comme nuisibles*, que la marge, pour le plaisir du fauconnier et de l'autoursier, serait déjà fort belle.

Sans parler, en effet, de la chasse au pigeon-ramier et au plongeon, celle du corbeau et de la pie est fort intéressante et très curieuse, car il y a toujours combat très vif, ou plutôt assaut de ruses entre les adversaires ; la pie même échappe quelquefois à son persécuteur, qu'il s'agisse du faucon, de l'autour ou de l'épervier. L'alouette se capturera facilement avec le hobereau, l'émérillon ou l'épervier. Quant à la chasse au lapin avec l'autour, accompagné ou non du furet, c'est le plus délirant des sports, que nous ne saurions trop recommander aux amateurs des chasses pittoresques (2).

L'exercice de la chasse au vol pour la poursuite et la destruction des pies, corbeaux et autres oiseaux nuisibles à l'agriculture et destructeurs du gibier, est digne d'attirer l'attention des vrais chasseurs, et nous espérons que l'administration, adoptant les vœux que nous adressons aux *Commissions du Congrès de la Chasse*, favoriseront dans la plus large mesure, la culture et l'application de la science du fauconnier.

Puisque, de nos jours, la fauconnerie semble renaître de ses cendres, et compte, en France, de nombreux adeptes, prouvons que le proverbe anglais : « *Habile comme un fauconnier français* », peut encore avoir chez nous son application utile et immédiate.

Si l'art du fauconnier ne possède plus, à notre époque, les avantages d'une grande popularité, il n'a cependant rien perdu de sa perfection. Il a même ga-

(1) Ceci dit, pour calmer les scrupules ou les craintes de nos concitoyens, nous renvoyons, pour de plus amples détails et pour une discussion sérieuse et approfondie du point de droit sous toutes ses faces, à la brochure de M. de St-Marc, qui, dans l'avant-propos de son travail, donne l'historique de la fauconnerie. (V. art. sur *la Fauconnerie* dans la *Chasse moderne*. Librairie Larousse).

(2) MM. P. A. Pichot, Ed. Barrachin, Alfred Belvallette, le Dr Arbel, Corfou, Gervais, qui excelent pour ce mode de chasse, sont, avec M. G. Sourbets, les représentants les plus autorisés de la auconnerie française. — MM. Pichot et Jones, du *Old Hawking Club*, chassent fréquemment en Angleterre, avec leurs collègues.

gné en ce sens qu'on ne le considère plus comme un noble et important privilège, et qu'on ne se plaît point, comme jadis, à l'entourer de difficultés et de mystères, pour le rendre inaccessible à tous.

Nous espérons que notre appel sera enfin entendu, et que, pour la réalisation de notre vœu, les membres du *Congrès international de la Chasse*, s'associeront au projet dont nous venons d'exposer les bases, afin d'en assurer l'accomplissement, par leur utile concours.

G. De SAINT-MARC.

La Fauconnerie.

Par M. Alfred BELVALETTE

En ce qui concerne la Fauconnerie, cette sœur jumelle de la Vénerie, il nous paraît indispensable qu'elle soit encouragée, étant donnés les services qu'elle peut rendre en contribuant dans une large mesure à la destruction des animaux nuisibles qui dévastent nos campagnes !

Une des particularités de la Fauconnerie, tout à fait digne de remarque, est que les vols les plus recherchés par ses adeptes sont justement ceux qui ont pour objectif les animaux nuisibles tels que le corbeau, la pie, le milan, la buse et le lapin.

Or, si la destruction des corbeaux dont les méfaits sont innombrables au point d'avoir ligué contre eux tous nos cultivateurs qui ne rêvent aujourd'hui que leur extermination, si la destruction des corbeaux, disons nous, peut, dans certains cas, être obtenue plus efficacement par le fusil que par le faucon, il n'en est pas moins vrai qu'aucun moyen n'est préférable à un vol de pèlerin pour éloigner et faire rentrer au bois les milliers de corbeaux qui au moment des semailles ravagent les champs de nos agriculteurs !

Qui de nous n'a vu à cette époque de l'année des enfants ou des femmes occupés pendant des journées entières à chasser les corneilles des champs ensemencés ? Vains efforts, car s'envolant d'un champ elles vont immédiatement s'abattre dans un autre, pour y continuer leur œuvre de rapine et de dévastation.

Il en va tout autrement lorsqu'un fauconnier jette son oiseau sur ces bandes de pillards qui, subitement pris d'épouvante, se réfugient à tire d'ailes et pour le reste de la journée dans les bois voisins, laissent un des leurs entre les serres du faucon

Il est indéniable que, dans ces conditions, la fauconnerie peut rendre à l'agriculture de très réels services : cette considération a bien son importance au moment même où la formation des tierceliers chargés de la protection des champs est à l'ordre du jour.

Que dire de la pie, cette maraudeuse qui dévore non seulement les œufs de nos perdrix, mais aussi ceux de tous les passereaux reconnus utiles à l'agriculture ?

Difficile à approcher pour un chasseur armé d'un fusil, elle a bien peu de chance d'échapper au faucon qu'on lui jette !

La prise du lapin, cet autre ravageur des champs, qu'on capture facilement avec l'autour, est également un des vols les plus pratiqués en fauconnerie, car il est à la portée d'une foule de chasseurs qui n'ont pas le moyen d'entretenir un autre équipage.

Voilà pour les animaux nuisibles : il est hors de doute que les faucons sont tout indiqués pour leur destruction !

En ce qui touche le gibier, si nous en exceptons le lapin dont il vient d'être parlé plus haut, il ne reste guère comme vol que celui du perdreau.

Or, aucune chasse n'est moins destructive, et nous estimons qu'un tireur qui ne se tiendrait pas pour satisfait s'il n'abattait une vingtaine de pièces dans sa journée s'estimera fort heureux, si, comme fauconnier, il a pu lier 3 ou 4 perdreaux avec l'oiseau qu'il a dressé !

Ce n'est pas en effet à l'importance du tableau que le fauconnier mesure son plaisir ; ce qui l'intéresse et le passionne, c'est la difficulté vaincue, le travail de ses élèves, leurs évolutions savantes, leur obéissance au leurre et il se trouvera toujours suffisamment payé de la peine que lui a coûté un dressage long et difficile, si son oiseau a pu lier, dans un bon style, les quelques pièces de gibier qu'il lui aura fait voler dans son après-midi.

Un préjugé, dont il est bon de faire ici justice, est que le vol du faucon est de nature à effaroucher le gibier.

Rien n'est plus inexact ! ne tombe-t-il pas sous le sens en effet que, s'il en était ainsi, nos champs seraient depuis longtemps désertés par le gibier qui voit journellement son terroir parcouru par les éperviers, les émerillons, les hobereaux et les crécerelles ?

Il faut être tout à fait ignorant du sport de la fauconnerie pour prétendre que le gibier quitte aussi facilement les lieux qu'il habite depuis sa naissance, et que rien, au contraire, ne peut lui faire abandonner.

Il nous est arrivé souvent d'attaquer pendant plusieurs jours les mêmes compagnies que nous retrouvions aux mêmes heures et aux mêmes endroits !

Du reste des observations ont été faites à ce sujet en Angleterre par un fauconnier émérite, l'honorable Gérard Lascelles, qui les a relatées dans un remarquable traité de fauconnerie faisant partie de la « Badminton Library ». Ces observations portent sur cinq saisons de chasse, et confirment en tous points ce que nous avançons plus haut !

Il découle de ces considérations diverses que la fauconnerie doit être encouragée d'abord parce qu'elle peut rendre au point de vue de la destruction des animaux nuisibles, de réels services, ensuite, parce qu'elle constitue un sport à la portée d'une foule de propriétaires dont les ressources ne permettent pas l'entretien d'un équipage à courre, et enfin parce qu'elle est une école de méthode, de patience et d'adresse susceptible de faire aimer davantage la vie rurale si délaissée aujourd'hui pour les plaisirs des villes.

En résumé, la sous-section émet le vœu que la fauconnerie soit encouragée en France : qu'elle jouisse du droit commun pendant toute la durée de la chasse à tir, et qu'elle puisse continuer à s'exercer après la fermeture de la chasse pour la destruction des animaux nuisibles, après entente avec l'administration préfectorale.

ALFRED BELVALLETTE.

Ces rapports sont adoptés à l'unanimité.

L'ordre du jour étant épuisé, la séance est levée à 5 heures.

Section Cynégétique et Economique

TROISIEME SOUS-SECTION

La séance est ouverte le 15 mai à 3 h. 15, sous la présidence de M. BEAUQUIER. Au bureau sont présents : MM. Mathias Glœsener, délégué du Grand-Duché de Luxembourg, Bizot de Fonteny, Leydet, de Sabran-Pontevès, E. Béjot, Ternier et Debreuil, secrétaire.

M. LE PRÉSIDENT. — Messieurs, la première des questions soumises à la troisième sous-section se rapporte au gibier à plume.

J'ai été chargé de faire sur cette question un rapport concernant le gibier migrateur. Il s'agissait de rechercher quelles étaient les conditions les plus favorables pour maintenir le gibier migrateur et pour empêcher sa disparition. Je vais vous lire mon rapport.

Le gibier migrateur.

par M. CHARLES BEAUQUIER.

Le gibier migrateur qu'on pourrait aussi exactement appeler le gibier international, se compose généralement des espèces suivantes : *Cailles*, *Bécasses*, *Bécassines*, *Canards*. Il convient d'ajouter à cette nomenclature bien qu'on ne les qualifie pas ordinairement de gibier, les *grives* et les *alouettes* et la plupart des *petits oiseaux*.

De jour en jour le gibier migrateur se fait plus rare. Sa disparition, en dehors des causes générales qui en favorisent la destruction et qui s'appliquent également aux espèces sédentaires, doit être tout particulièrement attribuée à la quantité prodigieuse de ces oiseaux que l'on capture vivants ou que l'on tue à l'Etranger, principalement en Egypte, en Syrie, en Tripolitaine, en Tunisie, au Maroc, en Italie, et généralement sur tout le littoral Africain et dans le midi de l'Europe.

Cailles. — Ainsi pour ce qui concerne les cailles, jusqu'à ces derniers temps, il en arrivait, rien que dans le port de Marseille, sept à huit cent mille chaque année et parfois jusqu'à un million et demi. Elles passaient à travers la France en transit,soi-disant sous les plombs de la douane et se répandaient tout le long du chemin dans les auberges et les restaurants où le client pouvait s'en faire servir à volonté et en tout temps. Dans nombre de villes on les vendait même par les rues.

Grâce à cette désastreuse tolérance, les chasseurs ne rencontrent presque plus de cailles dans nos champs : on estime au moins aux deux tiers la diminution de cet agréable gibier.

Depuis longtemps les chasseurs français menacés de voir disparaître totalement les cailles se plaignaient qu'on en autorisât illégalement le transit en temps prohibé.

Mais cette violation de la loi était consacrée par un si long usage, qu'il a fallu plusieurs années de persévérantes démarches faites par des associations de chasseurs et par des parlementaires pour arriver simplement à ce que la législation fut respectée.

Après M. Loubet qui étant ministre de l'Intérieur fut le premier qui empêcha ce désastreux transit, M. Leygues, son successeur supprima totalement en 1895 toutes les tolérances antérieures. En dépit des représentants de Marseille qui, sous prétexte de défendre les intérêts des armateurs, transporteurs de gibier, réclamaient énergiquement contre cette mesure, elle fut maintenue. Le ministre répondait avec raison qu'il n'avait pas le droit de permettre ce qui est défendu par la loi. Il est inutile de rappeler qu'en effet la loi organique de 1884 sur la chasse, interdit la vente, le colportage et le transit du gibier, *sans distinction de provenance*, quand la chasse n'est pas ouverte.

A la suite des mesures prises par les ministres protecteurs du gibier, les cailles avaient, en 1899 reparu dans bon nombre de départements où depuis longtemps on n'en rencontrait plus.

Mais l'année suivante, tout en reconnaissant qu'il agissait en violation de la loi sur la chasse, le successeur de M. Leygues, M. Bourgeois, autorisa de nouveau la circulation à travers la France des cailles en transit pour l'Angleterre et autres pays du Nord.

Pour la France, le profit commercial provenant de l'importation des cailles n'est même pas appréciable ; les bénéfices, en effet, que produit le transit sont insignifiants : les transporteurs eux-mêmes en convenaient.

Le *Sémaphore*, de Marseille, qui s'était fait l'organe des quatre ou cinq entrépositaires, ayant le monopole de ce transit, avouait que ce bénéfice atteignait à peine 60.000 francs pour les compagnies de navigation, les entrepositaires et le port de Marseille. Le fret, pour les cailles vivantes provenant d'Egypte est de 4 francs par cases de 100. Pour celles qui viennent de Malte, il est déjà moindre, pour celles qui arrivent de Sicile ou d'Italie il est tout à fait minime. Dès lors il est facile de se rendre compte que les huit ou neuf cent mille cailles qui transitaient chez nous pendant les périodes de clôture, ne rapportaient pas 30.000 francs aux compagnies de navigation.

Si l'on prend néanmoins comme exact ce chiffre de 60.000 francs, très exagéré selon nous, et qu'on le double même pour faire la part des compagnies de chemins de fer, on arrivera à 120.000 francs tout au plus.

Voilà donc la somme « importante » que quatre ou cinq grandes compagnies avaient à se partager !

Après le ministère Bourgeois, de nouveaux efforts furent tentés pour empêcher que les cailles vivantes fussent débarquées à Marseille à destination de l'Angleterre. Il fallait à toute force dégoûter les importateurs en augmentant par la longueur du trajet les chances de périssement de ce délicat gibier. Ne pouvant plus traverser la France, les cailles passaient par l'Allemagne. C'était donc de l'Allemagne qu'il fallait obtenir la prohibition du transit.

L'occasion du Congrès ornithologique qui se tint à Paris en 1903 parut excellente pour arriver à ce résultat.

Dans la convention internationale qui fut, à la suite de ce Congrès signée par les représentants des différentes nations et qui avait pour but la protection des oiseaux utiles à l'Agriculture, on introduisit la caille au nombre de ces oiseaux, bien que, classée comme granivore. Mais on fit observer que tous les oiseaux sans exception se nourrissent de vers et de chnilles quand ils en trouvent, et les préfèrent aux graines : on pourrait même soutenir qu'ils ne sont granivores que par nécessité.

A la suite de cette convention qu'ont signée aujourd'hui l'Allemagne, l'Autriche, la Hongrie, l'Espagne, la Grèce, la Suisse, le Luxembourg, le Portugal, Monaco et la Suède, le gouvernement de Berlin s'entendit avec le gouvernement français pour interdire également sur son territoire le transit des cailles vivantes. Ce gibier, obligé pour arriver en Angleterre de faire un long détour par Gibraltar, n'arrivait à destination qu'en nombre diminué au moins de moitié.

Malheureusement, comme les ministres français à l'Intérieur ne furent pas tous portés à favoriser les chasseurs et que l'interdiction du transit fut plus d'une fois rapportée, il en résulta que nos voisins d'au delà du Rhin jugèrent inutile de la maintenir.

Et tout fut à recommencer.

Il est absolument nécessaire qu'on revienne aux mesures préservatrices auxquelles la majorité des états Européens avait acquiescé et qu'on s'efforce d'obtenir l'adhésion des pays comme l'Italie, la Tunisie, l'Egypte où s'effectuent dans d'énormes proportions les massacres ou les captures en masse des cailles, que de pareilles pratiques ne tarderaient pas à faire complètement disparaître.

La bécasse. — Mais ce n'est pas seulement la caille qu'il faudrait protéger et dont il conviendrait, au moyen d'une Convention internationale, d'empêcher la destruction, c'est aussi la bécasse qui devient en France de plus en plus rare, au point qu'actuellement elle est presque introuvable. Et comment pourrait-il en être autrement, alors que cet oiseau est capturé en masse dans les pays méridionaux ? Comme pour la caille ce sont les côtes de l'Asie-Mineure et de l'Egypte qui sont les plus fatales à ce délicieux gibier. On nous affirme qu'à une date récente, à Scutari, 20.000 bécasses ont été tuées en quelques jours. En Italie et en Espagne, on en fait également une terrible destruction.

Pour ce qui concerne plus particulièrement la France, il est incontestable que la prolongation de la chasse de ce gibier, parfois jusqu'au milieu d'avril, est une cause de destruction déraisonnable, la bécasse nichant souvent dans nos contrées ; sans compter qu'au point de vue comestible, elle est à cette saison de qualité tout à fait médiocre, bien inférieure à la bécasse d'automne.

Est-il besoin, en outre, de faire remarquer qu'en donnant l'autorisation à des chasseurs de se promener au bois le fusil à la main, accompagnés de chiens d'arrêt, c'est favoriser de la façon la plus imprudente la destruction du gibier sédentaire, des lièvres et des perdrix accouplées en pariades au printemps.

La bécassine. — Nous ne dirons qu'un mot de la bécassine et des autres oiseaux d'eau, les observations que nous avons présentées sur la destruction sauvage des cailles et des bécasses s'applique également à ce gibier qui chaque année devient plus rare aussi.

Alouettes. — Les chasseurs d'alouettes, devenus d'autant plus nombreux que les perdrix sont rares et que les cailles ont à peu près disparu de nos plaines où la chasse est banale, se plaignent amèrement de voir diminuer de jour en jour ce petit gibier qui leur fournissait l'occasion de tirer au moins quelques coups de fusil.

Naguère, les alouettes traversaient la France du nord au midi en bandes serrées, aujourd'hui ces bandes se composent à peine de deux ou trois douzaines de ces migrateurs.

La cause indiscutable de la diminution de cette sorte de gibier est dans la faculté laissée, en dépit de la loi, à certains départements de prendre les alouettes au filet et au lacet, de les empoisonner avec des graines trempées dans la noix voinique, et cela à toute saison, même en temps de neige, que la chasse soit ouverte ou fermée.

Outre que ce privilège est un fait absolument injustifiable, il fait le plus grand tort aux modestes chasseurs qui ne prennent souvent un permis de 28 francs que pour avoir le droit de chasser pendant quelques jours l'alouette au miroir ou au cul-levé.

Grâce à la tolérance coupable que nous dénonçons, ce petit gibier qui a déjà considérablement diminué de nombre est condamné à disparaître bientôt et complètement. Il existe des départements où il est permis de tendre dix mille lacets par hectare, soit un lacet par mètre carré et où la capture des alouettes se chiffre par centaines de mille.

Pour obtenir le maintien de ces abus scandaleux, les représentants à la Chambre des Députés de ces départements privilégiés font valoir les habitudes, les traditions, comme si la violation de la loi pouvait se légitimer par l'usage. Ils essaient aussi d'apitoyer leurs contradicteurs en leur montrant de pauvres cultivateurs ou des ouvriers d'usines que l'interdiction de cette chasse priverait d'un supplément ajouté à leur maigre gain. Mais à ce compte un pareil abus devrait être toléré dans tous les départements !

A bout d'arguments les défenseurs de cet exorbitant privilège lorsqu'on leur objecte la Convention internationale de 1902, soutiennent que l'alouette ne figure pas dans la liste des passereaux protégés par ladite convention.

C'est là une erreur manifeste : l'alouette est forcément comprise dans cette liste puisque la Convention défend la destruction des insectivores. Or, l'alouette est incontestablement un bec fin, d'où un insectivore utile à l'agriculture. Au surplus, comme nous l'avons déjà fait remarquer on peut dire de tous les petits oiseaux qu'ils sont insectivores ; les granivores eux-mêmes préfèrent toujours les vers ou les chenilles à n'importe quels grains. L'alouette, du reste, est si bien un oiseau utile à l'agriculture, qu'en Alsace-Lorraine, il n'est permis de la chasser qu'au fusil et seulement du 15 septembre au 1er décembre. Dans les autres contrées allemandes, il est interdit de la tirer, même au fusil et en temps de chasse ouverte, sous peine d'une amende de 20 marks.

Indépendamment de toutes ces considérations, la chasse de l'alouette au filet et au lacet ne devrait être permise sous aucun prétexte, puisque les engins aveugles prennent sans distinction toutes les espèces de petits oiseaux.

Grives. — Ce que nous venons de dire de l'alouette s'applique à la grive également oiseau migrateur. Dans nombre de départements, sous prétexte qu'elle fait du tort aux vignes on en autorise la capture au moyen de toutes sortes d'engins et particulièrement au lacet. C'est par dix ou vingt mille que dans certaines localités ces lacets sont tendus dans les bois et les buissons. Tous les petits oiseaux naturellement, sans distinction de granivores ou d'insectivores s'y prennent; il est vrai que parfois dans le nombre se rencontrent des grives ou des merles.

En résumé, d'après les considérations que nous venons de développer nous conclurons d'abord à la nécessité de conventions internationales pour assurer à chaque pays sa part légitime de ce gibier indivis qui s'appelle le gibier migrateur. Il est contraire à la justice la plus élémentaire, qu'en certaines contrées on détruise en masse par exemple les cailles et les bécasses et qu'on prive ainsi les autres pays de ce gibier. C'est, il est permis de le dire, un vol commis au préjudice des nations, qui reçoivent chaque année la visite des oiseaux de passage et qui ont le droit d'en profiter.

Et puis, ces destructions qui auront bientôt pour résultat la disparition complète de certaines espèces n'attestent-elles pas chez ceux qui s'y livrent une mentalité analogue à celle de ces sauvages qui coupent l'arbre pour en avoir les fruits Ces réserves de la nature ne peuvent passer pour inépuisables, qu'aux yeux des ignorants. Déjà on se préoccupe de repeupler les mers épuisées par des pêches abusives — ne convient-il pas d'empêcher la destruction du gibier au delà des besoins de l'alimentation ?

Nous proposons au Congrès en vue de faire supprimer les abus que nous avons exposés dans ce mémoire, de s'associer aux vœux suivants :

1° Que des négociations soient ouvertes entre les différents États afin d'arriver à une entente, relativement à la protection du gibier migrateur et pour empêcher sa destruction en masse.

2° Qu'en France, une législation uniforme appliquée à tous les départements interdise absolument pour la chasse des oiseaux, *à l'exception des espèces nuisibles*, toute espèce d'engins, *sauf le fusil, conformément à la Convention internationale de* 1902.

3° Que la chasse à la bécasse au printemps soit interdite dans tous les départements.

4° Que la mise en vente, l'achat, le transport et le colportage des petits oiseaux soient prohibés sur tout le territoire.

5° Qu'il soit interdit, en tout temps, d'introduire en France le gibier migrateur vivant ou mort ou sous forme de conserves même pendant que la chasse est ouverte.

Charles Beauquier.

La sous-section a cru devoir ajouter au premier vœu : « il est fait observer que la Convention internationale de 1902 ne vise pas spécialement les oiseaux migrateurs, mais les oiseaux utiles à l'agriculture. »

Supprimer au second vœu les mots : « à l'exception des espèces nuisibles » et « conformément à la Convention internationale de 1902. »

Ajouter au quatrième vœu « colportage des petits oiseaux de taille inférieure à l'alouette à l'exception de l'ortolan. »

M. Lagasse. — Tiens, pourquoi l'ortolan ?

Le cinquième vœu est réservé.

Un assistant. — M. le Président, je suis décidé à voter votre ordre du jour, mais je crois qu'on va chercher bien loin le remède. Il me semble, pour le gibier de passage, que l'on détruit dans les pays limitrophes de la France, comme l'Italie, que le moyen le plus simple pour en empêcher la destruction serait d'en interdire l'entrée en France.

Or, nos lois françaises nous défendent de tuer le gibier avec des engins prohibés ou, tout au moins, nous permet de défendre la chasse avec les engins prohibés.

Il serait naturel que si nous, Français, nous ne pouvons tuer le gibier avec des engins prohibés, le colportage du gibier tué à l'Étranger soit interdit sur le territoire français, et il serait, par conséquent, beaucoup plus simple, au lieu de demander une entente internationale qui sera renvoyée d'année en année, de prier le ministre de l'Agriculture de ne pas changer la loi de 1844, de la garder telle quelle est, mais d'y faire une adjonction et de demander aux Chambres de réglementer le colportage du gibier venant de l'Etranger, tué par des moyens non permis en France.

Il est facile de reconnaître à l'arrivée, lorsque nous recevons à Marseille 50 ou 60.000 grives capturées au filet, qu'elles n'ont pas été tuées par des moyens permis en France. Si l'entrée de ce gibier était interdite en France, il est certain qu'on trouverait là le remède à sa destruction en masse.

M. LE PRÉSIDENT. — Je crois que le paragraphe 1er demande une entente internationale.

LE MÊME ASSISTANT. — Cette entente internationale ne me paraît pas nécessaire.

M. LE PRÉSIDENT. — L'entente internationale a ceci de bon c'est qu'elle empêche la destruction du gibier. Vous aurez beau empêcher le gibier d'entrer en France, s'il est détruit il ne reviendra pas.

LE MÊME ASSISTANT. — Oui, mais alors on ne le détruira pas. De même que s'il n'y avait pas de recéleurs, il n'y aurait pas de voleurs, de même s'il n'y avait pas de consommateurs en Angleterre et en France, on ne détruirait pas le gibier. On ne peut pas le porter en Italie, ce n'est pas possible.

M. LE PRÉSIDENT. — Si le gibier est tué à l'Etranger, supposons en Egypte, vous aurez beau interdire son entrée en France, il n'en sera pas moins détruit. Il ne viendra plus en France.

UNE VOIX. — Il en vient des quantités à Marseille !

M. LE PRÉSIDENT. — Qui a demandé la parole ?

M. GAY. — Moi.

M. Gay, au nom de la Fédération des Chasseurs des Bouches-du-Rhône, lit « un rapport sur l'importation, le transport, la vente et le colportage des petits oiseaux. »

De l'importation, du transport, de la vente et du colportage des petits oiseaux.

MESSIEURS,

J'appartiens à cette catégorie de petits cultivateurs et de modestes chasseurs qu'a défendu avec tant de talent et d'énergie M. le ministre de l'Agriculture, alors que dans la séance de la Chambre des députés du 5 février 1906, il répondait comme suit aux demandes intempestives d'un député d'un département voisin du mien :

« Le temps n'est pas éloigné, vous le verrez, où vous vous repentirez ; où des légions de petits chasseurs se soulèveront contre vous, pour avoir demandé des mesures comme celles que vous réclamez aujourd'hui. »

Cette prédiction, Messieurs, se réalise, car c'est un agriculteur doublé d'un modeste chasseur qui vient aujourd'hui dans cette enceinte prendre la défense des petits oiseaux ceux que l'on a dénommés avec juste raison les vaillants petits soldats de l'agriculture, car, nul mieux qu'eux, ne sait rechercher, trouver et mettre à mort ces myriades de vers et d'insectes qui envahissent chaque jour davantage nos guérets et nos jardins.

Jamais l'instrument le plus perfectionné, la poudre la plus impalpable et le sel le plus violent, ne pourront, comme le petit oiseau, découvrir et détruire l'insecte destructeur qui se cache sous l'écorce et la racine de nos arbres.

Lorsque le législateur de 44 réglementa l'exercice de la chasse, il ne pouvait prévoir qu'un jour viendrait où les progrès des chemins de fer et des bateaux à vapeur transformeraient la chasse qui, dans son esprit, devait rester un exercice permis à tous les Français dans le but de développer leurs forces physiques d'abord et de se nourrir ensuite d'un mets délicat, en une vulgaire profession dont le but serait de s'enrichir et le résultat la destruction complète des petits oiseaux.

Il faut, Messieurs, avoir lu, comme je l'ai fait, avec la plus grande attention, les longs débats auxquels donnèrent lieu à cette époque la loi sur la chasse, pour bien comprendre la bonne foi, et permettez-moi d'ajouter, la candeur des orateurs qui l'ont défendue.

A ce moment, en effet, c'était au marché voisin que le paysan portait le produit de sa chasse. On y voyait sa femme exposer, au milieu de ses légumes, un petit panier plat sur lequel reposait le produit hebdomadaire de la chasse du mari, du frère et des enfants. On y voyait des grives, des merles, des cailles et toute la série des petits pieds et des becs fins, la plupart, je l'avoue, pris au lacet, à la glu, ou au piège. On ne connaissait pas encore, à ce moment, les pantes et les filets de nos jours.

La clientèle se composait de quelques rares restaurateurs ou aubergistes haut cotés ou de quelques riches gourmets, car le prix de ces oiseaux, toujours vendus à la pièce, était très élevé.

Les diligences accélérées d'abord, les chemins de fer ensuite, firent s'établir dans les grands centres une industrie nouvelle, celle des marchands de gibier, que je considère au point de vue du gibier oiseau comme les plus implacables adversaires de l'agriculture et de l'honnête chasseur, car c'est de lui seul que vient tout le mal dont souffre notre agriculture et la pénurie d'oiseaux dont se plaignent si vivement et avec beaucoup de raison tous les honnêtes chasseurs des villes, dont l'âge et les occupations ne leur permettent plus de courir la plaine ou escalader la montagne.

Tout d'abord, ces marchands se contentèrent d'accaparer le gibier sans distinction de celui pris au piège d'avec celui tué au fusil. Mais comme ils ne tardèrent pas à reconnaître que le gibier pris au piège était plus facilement transportable et d'une conservation plus grande que celui tué au fusil, dont le poil ou la plume sont toujours agglutinés par le sérum qui s'échappe de leurs blessures, ils ne tardèrent pas à aviser leurs pourvoyeurs de la préférence qu'ils donnaient au gibier non tué au fusil.

Cette préférence, Messieurs, fut l'arrêt de mort des petits oiseaux ; le fusil fut laissé de côté et nous vîmes alors nos côteaux et nos plaines se couvrir de trébuchets, de lèques, de pièges de toute sorte et comme ces instruments de mort ne suffisaient plus à la demande, on adopta le filet, transformant ainsi la chasse en une véritable pêche.

Le mot de pêche, Messieurs, a été dit à la tribune de la Chambre, dans un moment où certains députés plus soucieux de leur réélection que de l'avenir de notre agriculture sollicitaient M. le ministre de permettre ces pêches à certains de leurs électeurs qui, avouaient-ils, avaient pour seul moyen d'existence ce nouveau mode de travail.

C'est en allant de ce train que le prix du gibier oiseaux ne tarda pas à baisser et, comme conséquence fatale, la consommation augmenta à un tel point que les marchands de gibier ne durent pas se borner à faire leurs achats en France, mais qu'ils se virent dans l'obligation de s'adresser à l'Etranger et plus particulièrement à l'Italie pour le gibier oiseau.

C'est à partir de ce moment que furent constatés en France la rareté des petits oiseaux et les dommages à l'agiculture qui s'en suivirent.

Pour tous ceux qui ont éudié les mœurs et les habitudes des petits oiseaux, chacun sait qu'à l'exception du moineau franc, tous sont migrateurs.

Que partis de l'Orient, ils arrivent en France en août, septembre et octobre pour, de là, gagner l'Espagne et que leur itinéraire préféré sont les côtes de la Méditerranée.

L'Italie, Messieurs, vous le savez, se trouvant par la conformation de son territoire à même de barrer la mer, c'est dans ce pays qu'ils sont obligés de traverser que les oiseaux font la plus longue halte et où dès leur arrivée, ils se voient décimés à l'aide de kilomètres de filets tendus sur les bords de l'Adriatique.

Ceux qui ont échappé à ce massacre gagnent les uns la haute Italie et peuvent arriver encore sans encombre dans le nord de la France ; c'est ce qui fait qu'il y a encore des oiseaux dans cette contrée ; mais les autres, ceux qui préfèrent suivre le Midi, trouvent dans les plaines de Bologne une deuxième ligne de filets qui les anéantit en grande partie, c'est ce qui fait qu'en Provence nous n'avons plus ou presque plus d'oiseaux.

Que font de ces oiseaux nos voisins italiens ?

Marseille se trouvant à quelques heures seulement de la frontière et son port la plaçant à la tête des chemins de fer, c'est dans cette ville qu'a été créé le grand marché où viennent aboutir ces formidables hécatombes d'oiseaux.

Là un tri est opéré, le gibier faisandé est le jour même vendu par liasses dans les criées et les halles et le gibier encore frais expédié dans l'intérieur.

Voilà, Messieurs, la principale cause pour ne pas dire l'unique, de la disparition dans nos campagnes des petits oiseaux.

Quel remède apporter à ce désastreux état de choses ?

A mon avis, et à celui de tous mes collègues de la Fédération des Chasseurs des Bouches-du-Rhône, il y en a deux.

Le premier, et c'est le principal, serait de fermer nos frontières douanières à tous les pays qui nous expédient du gibier oiseau non tué au fusil et non recouvert de ses plumes.

Que M. le ministre ne craigne pas la fraude, car tous les chasseurs présents à ce congrès affirmeront ici, avec moi, que rien n'est plus facile que de distinguer dans un tas d'oiseaux ceux tués vivants d'autres tués morts.

Les marchands de gibier de Marseille ont voulu, à un certain moment, cribler de plomb des liasses d'oiseaux délictueux, mais ils ont dû bientôt y renoncer, la fraude étant trop facile à reconnaître.

Fermer notre frontière au gibier oiseau non tüé au fusil serait-elle une mesure juste dans un pays où la chasse à tir est seule autorisée ?

Affirmer le contraire dans un pays où l'égalité des citoyens devant la loi est un principe intangible de notre droit constitutionnel serait une hérésie.

Défendre aux chasseurs français de prendre un oiseau à l'aide d'un engin prohibé et permettre à des marchands souvent naturalisés, de vendre et colporter sous les yeux des premiers ces mêmes oiseaux, est un procédé qui ne peut durer et que tous ici, j'en suis certain, vous condamnerez avec moi.

Je vous donne l'assurance formelle que si pareille mesure était prise par les pouvoirs publics, les hécatombes d'oiseaux de passage dans la péninsule cesseraient immédiatement, car l'expédition des seuls oiseaux tués au fusil deviendrait, du fait de leur prix de revient et de leur conservation, réellement impossible.

Le second remède consisterait à insérer d'une façon uniforme dans tous les arrêtés de chasse l'article suivant :

« La détention, la mise en vente, la vente, l'achat, le transport et le colportage des oiseaux morts autrement que par une arme à feu, sont interdits dans le département, quelle que soit leur provenance.

« Quant aux oiseaux vivants destinés à être mis en cage, ils ne pourront être pris que par des personnes spécialement autorisées à cet effet et qu'à l'aide de l'engin et pendant les époques spécialement désignées par l'arrêté permanent.

« Ces oiseaux ne pourront être vendus que dans l'endroit désigné dans l'autorisation. »

Ces prescriptions, Messieurs, ont le mérite d'être toutes légales, puisqu'elles peuvent être prises en vertu de l'article 9 de la loi de 44 qui autorise formellement les préfets à prendre toutes les mesures qu'ils croiraient nécessaires pour prévenir la destruction des petits oiseaux.

Elles ne gênent en aucune façon l'honnête chasseur et elles auront en outre pour conséquence fatale d'arrêter la destruction complète de ces vaillants auxiliaires de l'agriculture, persuadés que nous sommes que les chasseurs avec ou sans permis, armés de fusils, fussent-ils à répétition, n'arriveront jamais à faire la millième partie du mal occasionné par les engins prohibés.

Mais, messieurs, ces prescriptions dont la légalité est incontestable, ne sont pas considérées telles par nos adversaires les marchands de gibier qui tiennent à notre encontre le raisonnement suivant que j'ai l'honneur de soumettre à l'examen attentif du congrès.

« Le législateur de 44, s'étant borné à assurer l'interdiction de la vente du gibier pris à l'aide d'engins prohibés, que pendant *la période où la chasse est fermée* les parquets se sont vus dans l'obligation de nous poursuivre *en temps de chasse ouverte* non plus en vertu de cette loi mais bien en vertu des articles 59 et suivants du Code pénal qui déclare expressément punissables comme complices ceux qui ont sciemment *recélé* des choses obtenues à l'aide d'un délit.

Pour les oiseaux pris en France, nous ne pouvons contester qu'ils sont délictueux puisque leur prise a été opérée délictueusement ; mais il n'en est pas de même de ceux que nous faisons venir de l'Etranger.

Pourra-t-on dire de ces derniers qu'ils ont été pris en délit dans un pays où ce délit n'existe pas, et là où il existerait, peut-on punir en France les complices d'un délit commis à l'Etranger ?

Vous voyez donc que nous avons pu et que nous pourrons toujours à l'avenir vendre du gibier pris au piège, alors qu'il vous sera défendu de tuer ce même gibier autrement qu'au fusil. »

Si une pareille opinion, Messieurs, venait à triompher, il est certain que les hécatombes continueraient de plus belle à l'Etranger et qu'avant longtemps l'Etranger et nous, n'aurions plus d'oiseaux.

Aussi est-ce avec le plus grand soin que mes amis de la Fédération des chasseurs des Bouches-du-Rhône m'a prié de soumettre au Congrès l'argument de MM. les marchands de gibier, convaincus que de sa solution dépendra l'avenir de la chasse et celui de l'agriculture dans notre beau pays de France.

En conséquence, j'ai l'honneur de soumettre au Congrès la résolution suivante :

Le Congrès émet le vœu :

1° Que l'entrée en France du gibier oiseau non tué au fusil et non revêtu de ses plumes soit interdite.

2° Que tous les arrêtés de chasse en France contiennent uniformément la phrase suivante :

« En tout temps,

« La détention, la mise en vente, la vente, l'achat, le transport et le colportage des oiseaux tués autrement que par une arme à feu sont interdits dans le département, quelle que soit leur provenance.

« Quant aux oiseaux vivants destinés à être mis en cage, ils ne pourront être pris qu'en vertu d'un permis spécial, pendant les époques et à l'aide d'engins désignés dans l'arrêté permanent.

« Ces oiseaux ne pourront être vendus que dans l'endroit désigné dans le permis. »

GAY

Conseiller général.

M. LAGASSE. — Vive la liberté !

M. LE PRÉSIDENT. — Nous l'aimons plus que vous, la liberté ; c'est au nom de la liberté que nous demandons cela.

UN ASSISTANT. — Je demande la parole.

Il me semble que nous nous trouvons en présence de deux questions : l'une visant la Convention internationale et l'autre intéressant plus particulièrement la France. Il faut les scinder, sans cela nous n'en sortirons pas.

M. LE PRÉSIDENT. — Pour cette question de Convention internationale, il faut tâcher d'entrer en relations ou d'agir auprès du ministre des Affaires étrangères pour qu'il entre en relations avec les représentants des puissances étrangères qui n'ont pas adhéré à la Convention.

UN AUDITEUR. — Je vous demande pardon, Messieurs, mais nous sommes ici des chasseurs, nous savons tous ce qui s'est passé en matière de chasse durant ces dernières années. Vous avez obtenu satisfaction, M. le Président. Une conférence internationale a eu lieu en 1902 ; il en est sorti une convention pour la protection des oiseaux utiles à l'agriculture.

M. LE PRÉSIDENT. — Cette convention n'a pas été adoptée par toutes les puissances.

LE MÊME AUDITEUR. — Nous ne pouvons pas nous autres, Français, imposer nos volontés à l'Italie et aux autres puissances qui n'ont pas voulu adhérer à la Convention.

Voix diverses : Si ! si ! Non ! non !

LE MÊME AUDITEUR. — Nous n'avons pas à chaque instant à revenir à la charge pour demander la réunion de conférences nouvelles. Cette conférence vient de se tenir et elle a abouti à une convention. C'est sur l'application de cette convention que s'est élevé à la Chambre ce débat si grave auquel le ministre faisait allusion il y a quelques instants.

Nous ne pouvons pas tout le temps demander à l'Europe de conférer avec nous sur la question des oiseaux.

M. LE PRÉSIDENT. — Nous ne demandons pas à entrer en relations avec les puissances qui ont signé la Convention, mais seulement avec les autres qui n'ont pas encore adhéré à cette Convention. Je ne demande pas de nouvelles réunions, je suggère simplement que le Ministre agisse auprès des diplomaties étrangères pour amener les puissances réfractaires à signer cette Convention et à interdire la capture en masse du gibier migrateur.

Voilà toute la question.

LE MÊME AUDITEUR. — Il y a dans la Convention un article qui dit « la présente Convention ne se limite pas exclusivement à toutes les puissances signataires, mais toutes les puissances qui voudront en faire partie pourront y adhérer ultérieurement. »

Nous avons fait une Convention ; tous peuvent y entrer. Pourquoi faire de nouvelles démarches ?

M. LE PRÉSIDENT. — Il serait donc bon d'intervenir auprès des puissances récalcitrantes pour les engager à venir à nous, par le moyen de négociations amiables.

UN CONGRESSISTE. — Les négociations amiables ont été faites.

PLUSIEURS VOIX. — Aux voix ! aux voix !

UN CONGRESSISTE. — Ce n'est pas auprès du ministre qu'il faut intervenir, c'est auprès du Parlement.

M. LE PRÉSIDENT. — Je mets aux voix la question :

Le Congrès émet le vœu :

« Que le ministre des Affaires étrangères françaises entre en pourparlers « avec les ministres des autres nations qui n'ont pas signé la Convention et qui « sont les grandes destructrices du gibier, pour tâcher d'obtenir d'elles qu'elles « empêchent sur leur territoire cette destruction. »

Ce vœu est adopté à l'unanimité.

M. LE PRÉSIDENT. — Passons à la seconde question.

UN CONGRESSISTE. — Il y a la question du colportage à trancher.

M. LE PRÉSIDENT. — Nous allons y arriver.

Messieurs, je vous annonce que le Portugal a adhéré à la Convention internationale ainsi que l'avis en a été inséré au journal officiel du 24 janvier dernier ; c'est un progrès !

Voici le second vœu :

« Qu'en France une législation uniforme appliquée à tous les départements « interdise absolument pour la chasse des oiseaux, à l'exception des espèces nui- « sibles, toute espèce d'engins sauf le fusil, conformément à la Convention inter- « nationale de 1902. »

M. LAGASSE. — Je demande la parole.

M. LE PRÉSIDENT. — La parole est à M. Collin.

M. COLLIN. — En ce qui concerne cette seconde question qui est strictement liée à la première, je crois que la 2e sous-section de la 2e section y a déjà répondu par avance. Il s'agit de savoir si l'on pourra continuer à colporter, à vendre et à consommer en France du gibier provenant de l'étranger et qui aura été pris à l'aide d'engins prohibés ; c'est bien là la question.

Nous avons proposé à la section de législation et de réglementation qu'on revienne au texte qui avait été proposé par M. le ministre en 1893 et qui est ainsi conçu (voyez la page 175 du programme).

« Nous avons émis le vœu que l'article 12 de la loi de 1844 soit complété ainsi qu'il suit : « Il est interdit en toute saison de mettre en vente, vendre, col-« porter ou exporter du gibier tué ou pris à l'aide d'engins, drogues ou instru-« ments prohibés. »

Si cet article-là était voté par le Parlement, on aurait absolument le droit, sans mesure spéciale, d'interdire le colportage, la vente et le recel en France de tous ces petits oiseaux qui sont pris à l'Etranger à l'aide d'instruments que nous considérons en France comme prohibés. (*Applaudissements.*)

M. LE PRÉSIDENT. — La parole est à M. Dulau.

M. DULAU. — Messieurs, le Congrès sur la chasse a été organisé, me semble-t il, pour défendre les intérêts de tous les chasseurs sans exception.

Je ne sais pas si les personnes devant lesquelles je parle se rendent un compte exact des termes du vœu formulé par notre honorable président, M. Beauquier, sous le numéro 2 ; c'est en propres termes la suppression de la chasse pour plus de la moitié des chasseurs de ce pays. (*Protestations.*)

Chasseur comme vous pouvez l'être vous-mêmes, Messieurs, je pourrais invoquer ici le témoignage d'un voisin qui m'est particulièrement cher, l'honorable ancien bâtonnier de la Cour d'appel de Paris, M. Bétolaud, avec lequel j'ai l'honneur de chasser tous les dimanches ; c'est vous dire que si vous êtes chasseurs au fusil, je suis également moi, chasseur au fusil et que j'apprécie autant que vous pouvez le faire vous-mêmes cette chasse qui n'a qu'un seul défaut, c'est de n'être pas à la portée de tout le monde. (*Bruit.*)

Messieurs, je ne sais pas à quelle contrée, à quelle région particulière de la France vous appartenez...

PLUSIEURS VOIX. — A toutes.

M. DULAU. — Puisque vous appartenez à toutes les régions de la France, vous me permettrez de vous en citer quelques-unes où la chasse est pratiquée d'une façon très normale, très honnête et très loyale, par de très braves gens qui n'ont pas peut-être de quoi se procurer un fusil et des munitions onéreuses. (*Protestations*) mais dont les droits sont aussi respectables que les vôtres et les miens. (*Applaudissements et protestations*).

Messieurs, puisque vous appartenez à toutes les régions de la France, je suppose que je trouverai bien parmi vous quelqu'un qui appartienne à un pays où l'on chasse un petit oiseau qui est un mets exquis, l'ortolan. Y en aurait-il parmi vous, Messieurs, un seul qui se levât pour venir me dire qu'il ne permettra désormais la chasse à l'ortolan qu'au fusil ?

PLUSIEURS VOIX. — Tous, tous.

M. DULAU. — Vous n'y connaissez rien du tout.

PLUSIEURS VOIX. — Aux voix !

M. DULAU. — Mais permettez, nous ne sommes pas ici à la Chambre.

M. LAGASSE. — Nous n'avons rien à faire ici, allons-nous-en.

M. LE PRÉSIDENT. — Messieurs, je vous en prie, M. Dulau a la parole : il n'a que 10 minutes.

M. Dulau. — Mais permettez, M. le Président, si l'on m'interrompt pendant un quart d'heure, il me serait difficile de parler pendant 10 minutes.

Messieurs, l'ortolan est un animal qui se prend vivant parce qu'il est très maigre et qu'il a besoin d'être engraissé pour être comestible.

Lorsque vous dites que vous voulez chasser l'ortolan au fusil, vous dites une absurdité.

Messieurs, lorsque je parle de l'ortolan, c'est sans doute que je parle d'une chose que je connais ; l'ortolan est un gibier qui se prend dans ma région ; je chasse même l'ortolan ; il se prend à l'aide d'un piège ; chaque paysan peut tendre ce piège dans son champ, et lorsqu'il va vendre sa douzaine d'ortolans maigres au marché cinq ou six francs, c'est autant qui rentre dans sa poche.

Eh bien ! Je soutiens que cet homme qui a pris pour cinq ou six francs d'ortolans dans sa semaine, a commis un acte aussi à l'abri de toute critique que vous tous lorsque vous allez chasser avec votre fusil.

Mais, Messieurs, je me permets de vous faire observer une chose, c'est que cette protection à outrance que vous voulez pour tous les oiseaux...

Plusieurs voix. — Parfaitement.

M. Dulau. — ...Sachez donc, Messieurs, que tous les oiseaux pour lesquels nous vous demandons une certaine tolérance, tous ces oiseaux sont marqués dans la Convention internationale comme des oiseaux qui ne sont pas utiles à l'agriculture ; l'ortolan n'est pas un oiseau utile à l'agriculture. (*Protestations, bruits divers, si ! non !*)

Permettez, Messieurs, vous êtes au bureau et je compte bien que vous donnerez l'exemple du calme et que vous m'écouterez.

Messieurs, je ne viens ici pour provoquer personne, je viens en toute liberté et entre camarades fournir des observations que je crois justes, qu'il vous est permis de contester, mais je pense qu'aucun de vous ne pourra atteindre au droit de parole que j'ai.

A un interrupteur :

Vous n'avez pas besoin de rire, Monsieur, ce n'est pas une absurdité que je dis là, mais permettez, je ne sais pas pourquoi vous m'interrompez comme vous le faites.

Je disais, M. le Président, que vous allez à l'encontre du texte formel de la loi de 1844 qui dit qu'en matière de réglementation de chasse, ce sont les Conseils généraux qui doivent être consultés. Ce sont les Conseils généraux qui doivent être appelés à formuler leur avis pour précisément régler toutes ces questions que vous voulez régler d'une façon uniforme pour toute la France, pour la région de Paris, comme pour la région du Nord, pour celle du centre ou du sud-ouest. Eh bien, Monsieur le Président, permettez-moi de vous le dire, vous accomplissez là une œuvre essentiellement mauvaise : vous allez à l'encontre du progrès.

Le progrès, c'est de laisser à chaque région le droit de régler la question de la chasse comme elle a été réglée de temps immémorial, car vous aurez beau dire et beau faire, votre Congrès sur la chasse donne cette impression que vous êtes une réunion de chasseurs réunis uniquement pour venir molester une autre partie de chasseurs qui ont des droits très respectables, vous n'aurez plus aucune autorité dans ce que vous arrêterez.

Demain l'on vous dira : « Vous avez voulu de la chasse, mais pour vous, quant au voisin qui se trouvait en minorité à ce Congrès de la chasse, vous l'avez sacrifié purement et simplement sans phrase ».

Messieurs, si c'est à un avortement complet que vous voulez aboutir, vous voterez le second vœu qui vous est présenté. Si vous voulez, au contraire, faire œuvre utile, vous respecterez les droits de tous les chasseurs de ce pays qui sont respectables comme les vôtres peuvent l'être aussi. (*Applaudissements et protestations.*)

M. LE PRÉSIDENT. — Permettez-moi de répondre d'un mot. Mon collègue, M. Dulau me reproche d'aller à l'encontre de la décentralisation en demandant un règlement général pour toute la France. Mais, c'est la justice même, puisque certains départements abusivement détruisent des quantités innombrables d'oiseaux au détriment des autres parties de la France. C'est eux qui jouissent d'un privilège exorbitant, et c'est parce que ces abus, ces privilèges exorbitants vous permettent de détruire notre gibier à nous que nous nous y opposons. (*Applaudissements.*)

La parole est à M. Lagasse.

M. LAGASSE. — Messieurs, je viens en délégué des chasseurs du Lot-et-Garonne où j'ai l'honneur de représenter certains intérêts, non pas seulement à la Chambre, mais ici, à ce Congrès.

Je vous demande pardon, je crois qu'il faut tenir compte autrement que vous le faites de l'autorité parlementaire. En effet, vos vœux, quels qu'ils soient, se heurteront peut-être à une volonté supérieure à la vôtre, celle du Parlement.

Plusieurs voix. — C'est du chantage ! Nous le verrons !

M. LAGASSE. — Messieurs, je ne sais pas si mon opinion est déraisonnable, comme on le dit à côté, mais je suis certain que dans un Congrès comme le vôtre, toutes les opinions ne fussent-elles pas raisonnables, doivent être développées, doivent être écoutées et jugées.

Je viens donc vous dire ceci : Prenez garde, vous ne pouvez émettre que des vœux, et la Chambre a au moins sur vous cette supériorité ; elle a émis un vote que vous savez et que je ne rappellerai pas et à une grosse majorité a détruit par avance l'effet de tous les vœux que vous pouvez voter aujourd'hui.

Mais, Messieurs, ce n'est pas dans l'intention de vous mettre en conflit avec l'une des Chambres du Parlement que je suis venu demander et obtenir la parole pendant les 10 minutes permises à chaque orateur ; je viens vous mettre au courant, à propos du paragraphe 2 des travaux présentés et rédigés par M. le Président, notre ami M. Beauquier, je viens vous mettre au courant de l'état de la question au point de vue parlementaire.

Un congressiste. — Nous ne sommes pas à la Chambre !

M. LAGASSE. — Voulez-vous me permettre, Messieurs, écoutez-moi une minute !

Messieurs, vous avez raison, nous ne sommes pas à la Chambre, et cependant à la manière dont on est interrompu, M. Beauquier vous dira qu'on croirait s'y trouver.

Je viens simplement vous dire ceci : Je crois que vous pourriez répondre à la majorité d'entre vous en acceptant sous forme de vœu ce qui a déjà été fait sous forme de projet de loi, ou d'un article de projet de loi dont je suis l'auteur.

J'estime, quant à moi, qu'il y a des élus qui sont beaucoup mieux placés que n'importe quel ministre, n'importe quel commis administratif du ministère de l'agriculture pour connaître les besoins, pour connaître les intérêts de cette même agriculture dans chaque département.

Je ne veux pas, et en cela je suis d'accord avec l'honorable M. Beauquier, je ne veux pas que ce soit l'arbitraire, la tolérance, le privilège qui règnent sur les différentes parties de la France au point de vue de la rédaction de l'arrêté de chasse, je demande que l'arrêté de chasse soit délibéré par chaque Conseil général.

Plusieurs voix. — Non, non.

M. Lagasse. — Je le demande.

M. Dulau. — C'est la loi, vous n'y ferez rien.

M. Lagasse. — Messieurs, je n'ai pas la prétention, et vous devez le comprendre d'amener à mon opinion ou à l'opinion de M. Dulau la majorité de cette assemblée. Je sème une idée, ne soyez pas le mauvais oiseau qui vient dévorer la graine que je sème au milieu de vous.

Les conditions dans lesquelles les oiseaux traversent la France varient suivant les régions, varient suivant les pays et les conditions de la chasse ne sont pas les mêmes comme on vous le disait tout à l'heure dans le département de la Seine, dans les départements voisins de Seine-et-Oise et de Seine-et-Marne et dans notre département du Lot-et-Garonne (je ne peux parler que de lui) où nous ne possédons pas comme vous, où nous n'avons pas de chasses gardées et je ne reprocherai pas à Marseille ses chasseurs de casquettes.

Un congressiste. — Ses chasseurs de casquettes... (*Bruit.*)

M. Lagasse. — Et alors, Messieurs, j'estime, quant à moi, qu'il est impossible — vous me direz probablement que j'ai tort, mais j'exprime l'opinion de quelques-uns de mes amis de la minorité ; si vous voulez écouter la minorité, elle ne vous froisse pas par ses paroles si elle vous heurte par ses arguments...

M. le Président. — Concluez, vous n'avez plus qu'une minute.

M. Lagasse. — On me mesure les instants, on me force de conclure, je conclus. Ma conclusion, la voici ; j'estime que justement puisque la France ne peut pas être commandée par un arrêté unique, il faut laisser la responsabilité aux hommes les mieux placés pour traiter...

Plusieurs congressistes. — Lesquels

M. Lagasse. — Les Conseils généraux. (*Protestations.*)

M. Lagasse. — Comment, les Conseils généraux ne sont pas les mieux placés ?

Plusieurs voix. — Non, non.

M. Lagasse. — Je veux vous répondre, moi aussi, et je conclus : Dans le département que j'ai l'honneur de représenter, il y a comme dans tous les autres un Conseil général. Qu'est-ce qu'un Conseil général ? C'est ordinairement un des grands propriétaires de la terre... (*Interruption.*)

Je vous demande pardon, lorsqu'il y a des intérêts agricoles dans un département, généralement le Conseil général est un des propriétaires les plus intéressés.

Vous dites le contraire ? Qu'est-ce qui connaît mieux la région d'un département au point de vue de la défense de l'agriculture ?

Voilà pourquoi je propose au Congrès, sachant d'avance que toutes les fois que nous défendrons le petit chasseur ici nous serons condamnés... (*Protestations.*)

Je propose de ne pas voter l'article 2 ou le vœu numéro 2. Je sais que je serai battu...

Un congressiste. — Et content.

M. LAGASSE. .. Non, pas content, mais battu, et quand je rendrai compte de mon mandat à ceux qui m'ont délégué...

Plusieurs voix. .. Ah ! ah !

M. LAGASSE. -- ... Je leur dirai...

M. LE PRÉSIDENT. — Vous avez parlé pendant 20 minutes, la parole est à M. Cluzeau.

M. LAGASSE. — Je regrette d'avoir parlé pendant 20 minutes, je m'en excuse devant l'assemblée.

M. CLUZEAU. — Messieurs, je suis un petit chasseur, et président d'une Société de petits chasseurs. Aucun d'eux ne possède de chasse gardée, et chacun paie comme cotisation cinquante centimes par an. C'est en leur nom que je viens répondre à M. Dulau d'abord, à M. Lagasse ensuite. Je suis de leur pays, j'ai même chassé souvent chez eux ; je suis revenu toujours bredouille.

M. LAGASSE. — C'est ce que je voulais vous dire.

M. CLUZEAU. -- Il n'y a rien dans votre pays comme gibier sédentaire parce que vous avez tout détruit. (*Applaudissements.*)

Vous n'avez que du gibier de passage et vous voulez le détruire en le chassant au lacet ;

M. DULAU. — L'ortolan ne se chasse pas au lacet.

M. CLUZEAU. -- Donc, dans le Midi, dans le Lot-et-Garonne spécialement, il y a les oiseaux utiles à l'agriculture et les oiseaux qui ne sont pas utiles à l'agriculture. Les oiseaux utiles à l'agriculture, je les respecte d'une façon absolue quant aux autres, à ceux qui sont nuisibles à l'acriculture, j'en demande la destruction ! C'est bien cela, M. Dulau ?

M. DULAU. — Mais, non, ne me faites pas dire de bêtises.

M. CLUZEAU. — Alors, qu'est-ce que vous nous demandez ? La pêche ? Vous demandez la chasse des oiseaux nuisibles au lacet, car il n'y a pas de milieu et, si vous demandiez à les chasser au fusil, nous serions d'accord. Dans le département du Lot-et-Garonne et dans la circonscription de M. Lagasse, c'est le seul gibier que l'on puisse chasser : l'alouette et le gibier de passage.

Eh bien ! Est-il possible de tolérer en France la chasse au lacet ? En admettant que certains oiseaux soient nuisibles à l'agriculture, vous pouvez les prendre autrement qu'au lacet, et vous en prendrez de toutes sortes.

Que voulez-vous de plus, M. Lagasse, vous voulez que les Conseils généraux soient appelés à décider sur cette question ? Eh bien ! Permettez-moi de vous dire que ce sera la mort complète de toute chasse.

Qu'est-ce que vous avez fait, M. Lagasse, je ne vous en blâme pas, M. Dulau a fait comme vous : la chasse au lacet était défendue dans le département du Lot-et-Garonne, M. Lagasse et M. Dulau ont été voir le ministre et sous le nom de tolérance, la chasse au lacet a été permise.

M. DULAU. — Et nous continuerons, et ce n'est pas vous qui viendrez nous faire cesser.

M. LAGASSE. — C'est le Parlement qui fait les lois.

M. CLUZEAU. -- M. Lagasse indique que personne ne sera inquiété dans sa circonscription, et en effet, nous avons vu vendre à Bordeaux des quintaux et des quintaux d'alouettes ; personne n'a été inquiété. Mais un malheureux chasseur au fusil qui en avait un jour tiré une dans un champ s'est vu dresser procès-verbal.

Une voix. — Parce qu'il n'avait pas de permis.

M. Cluzeau. — J'en sais quelque chose, j'ai plaidé pour lui. La décision est du Tribunal de Bordeaux en date du 29 mars 1907, affaire Laroubet.

M. Lagasse. — Avait-il un permis ?

M. Cluzeau. — Parfaitement.

M. Lagasse. — Alors, pourquoi a-t-il été frappé ?

M. Cluzeau. — Parce qu'il a été chasser dans un endroit non considéré comme marécage ; parce qu'il n'était pas dans votre circonscription.

De plus, savez-vous où l'on en arrive avec ce système, Messieurs, je vais vous le dire.

Dans l'Aveyron, la chasse a été fermée d'une façon absolue le 31 mars. Sur l'initiative de M. David, conseiller général, la chasse à l'alouette a été autorisée jusqu'au 15 avril.

Eh bien ! La chasse au fusil défendue depuis le 31 mars, la chasse à l'alouette défendue par la loi, par l'arrêté préfectoral tolérée jusqu'au 15 avril. Voilà ce que font les conseils généraux !

Et vous voulez que ce soit entre les mains de gens de cette nature que soient laissés les intérêts légaux des chasseurs ?

Quand on est député et quand on fait une loi, on ne va pas demander une tolérance, parce que les tolérances sont illégales.

Les tolérances sont illégales, et si vous demandez que la chasse au lacet soit tolérée dans votre département, je vais demander qu'elle soit tolérée dans toute la France.

Soyez persuadés que le jour où l'on détruira l'alouette dans les endroits où elle se reproduit, vous n'en prendrez plus beaucoup dans le Lot-et-Garonne.

Vous profitez de la protection des autres. Moi-même j'en souffre ; je suis de la Dordogne, je chasse en Dordogne, en Charente, je ne peux pas mettre de lacets, et qui est-ce qui en profite, c'est vous.

Un Congressiste. — Nous admettons qu'elle soit permise pour tout le monde. Votez avec nous.

Plusieurs voix. — Aux voix.

Un Congressiste. — Je demande que la chasse aux lacets soit interdite et que, sous aucun prétexte, aucune tolérance ne soit accordée qui puisse permettre de tourner la loi.

M. le Président. — Je crois qu'une certain nombre de personnes estiment que la discussion a été assez complète.

Une Voix. — Voulez-vous mettre aux voix ?

Une Autre. — Vous voulez étrangler la discussion, nous avons demandé la parole, nous avons droit à dix minutes, c'est le règlement.

M. le Président. — L'assemblée est maîtresse ; l'assemblée dira si elle veut que la discussion continue ou non. Je m'en vais mettre aux voix la continuation de la discussion, ensuite vous aurez la parole si la clôture n'est pas prononcée.

La clôture de la discussion mise aux voix est prononcée.

M. le Président. — Je mets aux voix l'article 2 qui vous a été soumis :

« Qu'en France une législation uniforme, appliquée à tous les départements, « interdise absolument pour la chasse des oiseaux, à l'exception des espèces nui-

« sibles, toute espèce d'engins, sauf le fusil, conformément à la Convention inter-
« nationale de 1902. »

Ce vœu mis aux voix, est adopté à la presque unanimité.

M. DULAU. — Non, non, il n'y a pas d'appréciation, nous sommes une infime minorité, c'est possible, mais nous avons droit, néanmoins, de manifester notre opinion et que cette opinion figure au procès-verbal. Je demande que mon observation figure au procès-verbal.

M. le PRÉSIDENT. — Que ceux qui ne sont pas d'avis d'accepter ce vœu veuillent bien lever la main.

Il y a dix voix contre.

UNE VOIX. — Et il y en a qui représente 20.000 chasseurs !

M. le PRÉSIDENT. — Article 3.

« Que la chasse à la bécasse au printemps soit interdite dans tous les dé-
« partements. »

Qui demande la parole ?

La parole est à M. Descours.

M. DESCOURS. — Messieurs, dans la Haute-Loire que j'ai l'honneur de représenter, il y a certaines régions où la bécasse niche au 25 mars, et j'ai eu moi-même l'occasion de trouver vers cette époque des œufs de bécasse.

Je demanderai donc que, à l'encontre de ce qui se passe dans certains départements, et principalement dans la région du Massif Central, la chasse à la bécasse soit interdite à partir du premier dimanche de janvier.

Je représente 25.000 chasseurs, puisque le Midi en représentait 20.000 tout à l'heure.

M. le PRÉSIDENT. — L'article en question demande que la chasse à la bécasse soit interdite à partir du printemps.

La parole est à M. de Felcourt.

M. DE FELCOURT. — Je suis tout à fait de l'avis de l'honorable préopinant. Je demande seulement que l'on précise ce qu'on appelle le printemps. Ce terme est trop vague.

UN CONGRESSISTE. — Je demande qu'avant de discuter l'époque de la chasse de cet oiseau l'on vote sur la question de principe.

M. DE FELCOURT. — Je demande qu'on interdise la chasse de la bécasse au 2 janvier, en même temps que les autres gibiers.

M. DULAU. — Je demande l'interdiction de la chasse, de toute la chasse toute l'année.

M. LE PRÉSIDENT. — Ne soyez pas anarchiste, mon cher confrère !

UN CONGRESSISTE, du bureau. — Je tiens à dire à M. le Président et à tous les congressistes que tout ce qui a été dit aujourd'hui par M. le Président a été fort bien dit, et que je me rallie absolument au vœu qui a été tout à l'heure exprimé, mais je demanderai une chose qui, peut-être, ne se rattache pas directement à la question discutée en ce moment, c'est que les recéleurs et les vendeurs soient impitoyablement punis.

M. DULAU. — Et qu'on leur applique l'article 12 du Code pénal.

M. LAGASSE. — Nous demandons à ce qu'on leur fasse application de l'article 12.

M. Masson. — Sommes-nous venus ici pour discuter ou pour nous disputer. Si nous sommes venus pour discuter, je vous prie de m'entendre, encore que mon avis ne soit pas celui de la majorité. Si nous sommes venus pour nous disputer, je demande que l'on remette le Congrès à un an.

Messieurs, je suis délégué au Congrès par la Société de répression du braconnage de la Côte-d'Or, dont je suis le secrétaire-trésorier, pour défendre la chasse printanière de la bécasse.

En 1903, M. Mougeot, très bien intentionné, j'en suis convaincu, mais très mal avisé à notre point de vue, qui n'est pas le vôtre, c'est entendu, a, d'un trait de plume, supprimé sur tout le territoire français, la chasse printanière de la bécasse.

Pendant trois années, les chasseurs d'ici, par des efforts continus, ont tenté d'obtenir le retrait de cette mesure ; ils n'y sont pas arrivés.

C'est alors que la Société pour la répression du braconnage de la Côte-d'Or a organisé, dans 25 départements, une vaste pétition générale. Nous avons recueilli 35.000 signatures, nous les avons remises à nos députés, mais le Ministre fut inflexible et il faut lui rendre hommage de sa fermeté.

Et cependant, Messieurs, nous n'avons pas désarmé. Nous avons fait déposer à la Chambre, par l'intermédiaire de deux de nos amis, MM. Lefas et Couyba, à qui j'envoie d'ici nos plus vifs remerciements, un projet de résolution invitant le ministre de l'Agriculture à revenir aux anciens usages, c'est-à-dire à permettre la chasse printanière de la bécasse.

Ce projet a été voté par la Chambre par 238 voix de majorité, malgré l'opposition acharnée du ministre de l'Agriculture. (*Très bien.*)

Voilà, Messieurs, comment la chasse à la bécasse nous a été rendue.

Nous avons senti poindre dans le programme du Congrès une menace ; il nous est permis, n'est-il pas vrai, je l'espère du moins, de venir défendre notre œuvre d'abord, ensuite la situation acquise, enfin, nos intérêts.

Vous avez fait, Messieurs, à la chasse à la bécasse, deux griefs, il faut les examiner. Il faut, pour supprimer cette chasse sur tout le territoire français, il faut des raisons qui ne soient pas bonnes seulement pour les autres, mais qui soient bonnes aussi pour nous-mêmes et qui puissent nous convaincre, et nous ne renoncerons à cette chasse passionnante que si on nous démontre plutôt deux fois qu'une que nous avons plus de plaisir et plus de profit à tirer de sa suppression que de son maintien. (*Applaudissements.*)

Vous reprochez à la chasse printanière d'être néfaste pour la prospérité de l'espèce parce qu'elle intervient au moment des amours. Il est évident que lorsque l'on a résolu la mort de quelqu'un ou de quelque chose, il faut trouver des justifications à ses desseins.

Si la nidification existe, elle est si rare que des chasseurs ont été pendant vingt et quarante ans sans voir un nid de bécasses. Je ne dis pas que la bécasse ne niche pas en France ; il est possible que, dans certaines régions, certaines contrées, on rencontre des nids de bécasse, mais je dis que dans mon pays, la Bourgogne, il n'y a pas de nids de bécasses, qu'il n'y en a pas un dans 2.000 ou 3.000 hectares de bois. Ne parlons donc pas de nidification.

Le défaut de cette chasse, c'est qu'elle a lieu à l'époque des amours ; c'est très fâcheux, c'est très dommage, car il faut évidemment reconnaître que la chasse pratiquée à ce moment doit être extrêmement meurtrière pour l'espèce. Quand un coup de fusil bien tiré se trouve atteindre une bécasse fécondée, il prive l'espèce de deux ou trois ou quatre individus, mais est-ce une raison pour la supprimer ?

— Oui ! Oui !

— La question est assez grave pour qu'on me laisse la discuter pendant les dix minutes qui me sont départies. D'après le programme du Congrès, j'ai droit, à deux reprises différentes, de prendre la parole pendant dix minutes ; je parlerai un quart d'heure en tout, mais qu'on m'entende.

M. le PRÉSIDENT. — Soyez concis.

M. MASSON. — La question est de savoir si c'est nous qui profiterons de notre épargne et de notre esprit de prévoyance.

Pour le gibier indigène, la question ne se pose pas ; il est évident que s'il s'agissait de perdrix ou de faisans, il ne pourrait être question d'autoriser la chasse à l'époque de l'accouplement, l'idée n'en est jamais venue à personne. En est-il de même pour la bécasse ?

Vous admettrez bien, Messieurs, qu'en supposant que d'épargner quelques bécasses au mois de mars puisse influer sur l'espèce, ce que, pour ma part, je ne crois pas, vous admettrez bien que les chasseurs étrangers sont mieux placés que nous pour profiter de notre épargne. Ils tireront la bécasse au mois de mars quand elle nous quitte et au mois de novembre avant qu'elle ne nous revienne, et combien de ces rescapés du mois de mars reverront nos forêts. Et si elles nous reviennent, qui donc parmi les chasseurs français profitera de l'augmentation ?

Voilà encore une question.

Eh bien ! Je dis que, seuls, les Bretons et les habitants des côtes de l'Océan, peuvent profiter de l'augmentation ; les autres, non.

Pourquoi ? Parce qu'en Bourgogne, d'abord, les bécasses n'arrivent qu'au commencement de novembre ou à la fin d'octobre ; parce que, si la chasse n'en est guère facile chez nous, elle est possible, néanmoins, dans les ajoncs où les feuilles ne gênent pas le tir des chasseurs.

Au surplus, les Bretons peuvent chasser la bécasse en décembre et janvier.

Il se trouve donc que les Bretons vont profiter injustement de l'augmentation ; mais ils ne sont pas la majorité des chasseurs français.

Est-ce que ceux-là pourront en profiter ?

Est-ce que la chasse à la bécasse est possible en novembre — je m'adresse aux Bourguignons — alors que le bois reste pourvu de sa feuille jusqu'au 25 novembre, et qu'on ne peut pas tirer la bécasse tant que la feuille n'est pas tombée ?

Alors, ce n'est donc qu'au mois de mars que nous pourrons chasser la bécasse.

Quand est-ce que nous profiterons de cette mesure ? (*Applaudissements.*)

Nous ne pouvons pas nous amputer nous-mêmes d'une chasse qui nous fait tant de plaisir, et il ne nous est pas possible de tirer pour les autres les marrons du feu.

On fait un autre grief, à la chasse de la bécasse au printemps ; c'est qu'elle sert de prétexte au tir d'autre gibier, du gibier de pays.

C'est certain, il y a des abus, je le reconnais, mais depuis quand, parce qu'il y a des abus, défend-on la chasse aux chasseurs qui n'abusent pas ?

Et je vous le dis au surplus, vous n'aboutirez à rien, parce qu'il y a la chasse des animaux nuisibles qui est permise jusqu'au 31 mars dans beaucoup de départements.

Je dis que tant qu'il y aura une chasse qui justifie la présence au bois du chasseur avec chiens et fusil, après la fermeture, je dis que votre mesure est inutile parce que le chasseur, peu scrupuleux, tirera aussi bien le lièvre et la perdrix sous prétexte de tirer le renard ou la bécasse.

Cette mesure est et sera inapplicable tant qu'il y aura une chasse des animaux nuisibles tolérée jusqu'au 31 mars, parce que, nous en avons fait, Messieurs, l'expérience, pendant les trois années que la chasse à la bécasse a été interdite, le chasseur les tirait comme devant. C'est regrettabe, c'est déplorable, mais c'est ainsi.

Votre mesure est donc une mesure inutile qui ne peut profiter à personne.

J'ai fini, Messieurs, je m'en remets à votre bienveillance du soin de prendre une décision ; ne pensez-vous pas qu'en matière de chasse il faut quelquefois penser au voisin ? (*Applaudissements.*)

UN CONGRESSISTE. — A quelle date fixerez-vous la clôture ?

UN AUTRE CONGRESSISTE. — Pour la date de clôture, il n'est pas facile d'accorder tout le monde et son père, il faut que le ministre fixe la date de clôture par région. (*Très bien !*)

UN AUTRE. — Il est difficile à un nouvel arrivant de répondre à un discours très éloquent, mais parfaitement préparé ; pardonnez-moi, par conséquent, Messieurs, si je vous parle comme un simple chasseur.

La question de région, mais c'est, Messieurs, la suppression de toute espèce de surveillance. (*Applaudissements.*)

Les bécasses de la Franche-Comté seront vendues en Champagne, comme celles de Champagne seront vendues à Paris, et nous n'y verrons absolument rien, et nous autres, imbéciles de chasseurs qui auront voté cela, nous verrons que les braconniers tuent nos bécasses et nous n'y pourrons rien.

Permettez-moi de vous dire une chose ; il me semble que nous croyons un Parlement au petit pied ; tout à l'heure on nous parlait des Conseils généraux et des députés ? Nous avons à nous occuper de ce que nous croyons bien, et nous devons dire notre opinion en toute conscience et en toute sincérité. (*Applaudissements.*)

M. LEYDET. — Je ne conteste pas aux membres du Parlement qu'ils pourront arriver à faire, avec le suffrage universel, bien plus que pour nous ; je ne leur conteste pas le droit d'aller, à la veille des élections, tourmenter un ministre dont vous avez reconnu toute la bienveillance, pour ne pas dire quelquefois la faiblesse, mais permettez-moi, comme simple congressiste, d'ajouter un vœu pour les petits oiseaux et pour la grive, au vœu présenté par notre estimable Président.

Chez nous, après la clôture de la chasse, qui a lieu généralement le 31 janvier, un arrêté préfectoral rendu, je ne dirai pas sur la demande du Conseil général — car je sais que les conseillers généraux dont j'ai fait moi-même partie sont de très braves gens, — mais sur la demande indirecte des marchands de gibier, vient nous dire que la clôture de la chasse est reportée au 31 mars pour les grives seulement. Mais vous pensez bien, comme on vous l'a dit tantôt, quand un chasseur est à l'affût, qu'il passe une grive ou tout autre oiseau, il est incapable de ne pas tirer.

Et alors, les marchands de gibier peuvent ouvertement vendre tous les petits oiseaux qui viennent de l'Italie, de l'Etranger et même de Corse, car c'est presque un département étranger.

De plus, tous ces oiseaux peuvent être vendus impunément sur le marché de Marseille jusqu'au 31 mars.

Eh bien ! après 5 ou 10 ans de ce régime, il ne restera plus d'oiseaux que dans les musées ornithologiques.

Il y a dix ans que je chasse pendant 15 jours seulement ; la première année, j'avais tué 5 ou 600 petits oiseaux ; eh bien ! chaque année, une diminution de 50 ou 100 pièces se constate sur mes carnets. Et ce n'est pas seulement sur mes carnets, mais sur ceux des autres chasseurs que cela peut être constaté.

Vous aurez tué la poule aux œufs d'or, Messieurs, si vous ne prenez pas des précautions. Dans dix ans, il n'y aura plus de chasseurs, plus de permis de chasse ; or, vous savez ce qu'ils rapportent à toutes les communes. Vous aurez détruit un amusement très moral, très sain, un sport désiré par tous les citoyens, comme le disait le ministre. (*Applaudissements.*)

M. LE COMTE CLARY. — Messieurs, après les paroles tout à fait éloquentes que nous venons d'entendre, je vous demande la permission de n'ajouter qu'un mot, non pas comme vice-président de la Société d'ornithologie, mais comme président d'une société de chasse qui représente 30.000 porteurs de permis et des sociétés affiliées qui existent dans tous les coins de la France.

Lorque j'ai entendu tout à l'heure MM. Dulau et Lagasse défendre la cause de l'ortolan, je crois bien que ces messieurs ont défendu, plutôt que des intérêts de chasseurs, des intérêts d'oiseleurs et de marchands de gibier.

M. DULAU. — C'est une erreur.

M. le comte CLARY. — Permettez-moi de dire que, lorsqu'un petit chasseur paie son permis 28 fr. 60, il me semble que l'Etat devrait faire ses efforts pour que ce chasseur puisse tuer encore quelques pièces de gibier. Or, la destruction par le lacet est la destruction aveugle, pour me servir d'une expression employée au Parlement.

J'ajouterai que si la loi de 1844, invoquée tout à l'heure, donne des droits très certains aux Conseils généraux,ces droits ne sont pas illimités,et que le lacet, malgré tout, en admettant qu'il soit une tolérance dans certaines régions, reste avant tout un engin prohibé.

On vous parlait, il y a un instant, de la question de police. Remarquez que l'on pourrait dire que toutes les questions de chasse devraient se résumer dans une simple question de police. Si la loi était respectée d'une part et appliquée de l'autre, vous n'auriez peut-être même pas besoin de Congrès de la chasse.

Mais le Congrès, tout en étant international est national aussi et je comprends très bien que ces messieurs, mandataires de certaines régions, soient obligés de venir défendre leurs intérêts.

M. DULAU. — Légitimes.

M. le comte CLARY. — Permettez-moi de vous dire, Messieurs, qu'il y a des cas où l'intérêt général doit primer un peu les intérêts particuliers. (*Bravo*).

J'ajouterai ceci, c'est que le vœu de notre honorable président, M. Beauquier, n'est pas un vœu absolu. En voici la meilleure preuve, la Convention de 1902 avait réservé plusieurs exceptions, et je crois que ces messieurs du Lot-et-Garonne, des Landes et des départements méridionaux ont déjà obtenu satisfaction puisque certaines tolérances sont respectées par la Convention.

Il serait, à coup sûr, ridicule de soutenir que l'ortolan doive être tué au fusil, je suis le premier à le reconnaître, mais justement dans la Convention, on avait réservé la question de la matole.

Je crois, Messieurs, que, dans ces conditions, vous devriez sacrifier un peu à l'intérêt général.

On disait tout à l'heure que le Ministre avait fait une opposition acharnée au vœu présenté à la Chambre lors de la discussion du 5 février 1906. Quand on est ministre de l'Agriculture, c'est-à-dire ministre de la Chasse également, quand on sait qu'il y a en France 535.000 porteurs de permis, on se dit que si l'on autorise la destruction d'une façon absolue sans s'occuper de la conservation des espèces, on arrivera évidemment à chasser dans un désert cynégétique.

Nous sommes tous des chasseurs, nous voulons discuter, et j'espère que nous pourrons très bien, en nous entendant tous, faire de bonne et utile besogne. Il ne faut pas croire que nous soyons irréductibles et absolus dans nos vœux, et ce que vous disait tout à l'heure M. Beauquier est parfaitement exact. Je m'en voudrais de revenir sur une décision qui a été prise, mais en votant le vœu de M. Beauquier, je suis convaincu que vous avez eu l'intention de voter en même temps certaines tolérances.

J'ajouterai que ces tolérances sont un peu obligatoires. Regardez ce qui se passe dans les pays voisins ; vous verrez qu'en Belgique, le roi des Belges a donné le premier croc en jambe à la Convention.

De même, Messieurs, au point de vue de la chasse à la bécasse, nous pouvons constater que cette chasse est autorisée dans des conditions tout à fait spéciales en Belgique ; elle n'est pas autorisée à la relevée mais simplement à la passe, cinq minutes avant le lever et cinq minutes après le coucher du soleil ; c'est un peu comme au Congrès de la chasse où l'on a dix minutes pour parler à ses camarades.

Quant à la chasse de la bécasse, nous avons entendu le très éloquent appel des chasseurs de la Côte-d'Or. J'ai moi-même porté à M. Mougeot une pétition recouverte de centaines de signatures de chasseurs de la Côte-d'Or, et je sais que 20 ou 25 départements ont protesté contre la fermeture de la chasse à la bécasse au printemps.

La question qui prédomine est toujours celle de la conservation de l'espèce, et c'est un de ces cas où l'intérêt général doit primer l'intérêt particulier.

Permettez-moi, Mesieurs, de vous citer un exemple qui est à notre portée : en Angleterre, pendant fort longtemps, on a chassé les bécasses au mois d'avril ; du jour où la chasse a été fermée au 1er février, on a vu le nombre des bécasses décupler.

La mesure prise par M. Mougeot date de deux ans. Or, de toutes les mesures prises par M. Mougeot, de toutes, sans exception, celle qui a donné les résultats les plus probants, c'est celle qui instituait la fermeture de la chasse à la bécasse au printemps.

Il faut que la chasse soit comme les portes, ouverte ou fermée. Eh bien ! Messieurs, on disait qu'il fallait permettre de chasser la bécasse jusqu'au printemps, mais la destruction des fauves s'impose avant même celle du repeuplement ; vous aurez beau mettre tout le gibier de la terre dans vos bois ou vos champs, si vous n'avez pas détruit les fauves, c'est absolument comme si vous vouliez repeupler le désert, cela ne servira à rien. Pour la bécasse, c'est absolument la même chose.

Qui d'entre les chasseurs chassant la bécasse n'aura pas la tentation de tirer un lièvre qu'il verrait partir ?

C'est un des motifs pour lesquels la chasse à la bécasse ne doit pas être prolongée jusqu'à une date trop éloignée de celle de la clôture générale.

Je ne désire pas, Messieurs, contrecarrer certains intérêts particuliers, mais je considère que les mesures prises par le Congrès doivent être des mesures d'intérêt général, que cet intérêt général doit, dans la plus grande mesure possible, s'allier aux intérêts particuliers, mais il ne faut pas, bien entendu, que ces intérêts particuliers privent la majorité d'un plaisir auquel elle a droit. (*Applaudissements.*)

M. LE PRÉSIDENT. — Je vais mettre aux voix.

M. LE COMTE DE SABRAN-PONTEVÈS. — Messieurs, deux mots seulement, à propos du maintien de la chasse de la bécasse au printemps — j'entends le 1er février au plus tard, — le gibier, en général tout le gibier aime, affectionne, et reste à l'endroit où ses amours ont été protégées : vous n'avez pas de bécasses en automne ; respectez les amours des bécasses au mois de février et ces bécasses reviendront nombreuses au mois de novembre.

Allez en Algérie, en Tunisie, allez chasser, dans ces admirables pays, où il y avait tant de gibier, et vous serez étonné de voir cette dévastation, dont voici la cause. On n'a pas protégé le gibier pendant ses amours ; les officiers, les administrateurs, etc., chassent constamment ; on a fermé les yeux sur beaucoup de coups de fusil, si bien qu'on est arrivé à ne plus trouver de gibier : le gibier récompense celui qui protège ses amours.

M. LE PRÉSIDENT. — Messieurs, la discussion sur l'article est épuisée. Je vais mettre aux voix : « Que la chasse à la bécasse au printemps soit interdite dans tous les départements.

On me demande d'ajouter la chasse à la grive.

UN CONGRESSISTE. — A quelle date ?

M. LE PRÉSIDENT. — Elle me paraît très difficile à fixer parce qu'il y a différentes dates suivant les régions.

UNE VOIX. — A la clôture générale.

M. LE PRÉSIDENT. — Pour donner satisfaction à tout le monde, nous allons dire que la chasse à la bécasse soit interdite en même temps que celle des autres gibiers.

Que ceux qui estiment que le Congrès se prononce en faveur de la clôture de la chasse à la bécasse en même temps que la clôture générale le manifestent.

L'article est adopté.

M. LE PRÉSIDENT. — Messieurs, je passe à l'article 4 :

« Que la mise en vente, l'achat, le transport et le colportage des petits « oiseaux soient prohibés sur tout le territoire. »

Monsieur Lagasse, vous avez la parole.

M. LAGASSE. — On vous demande de régler le colportage de tous les oiseaux ; je n'ai à parler que de l'ortolan.

On vient de vous dire que l'ortolan était un oiseau et qu'il ne pouvait être pris au fusil ; il faut donc permettre la prise de l'ortolan à la matole ; il faut qu'une tolérance soit accordée pour l'ortolan qui doit être engraissé après sa capture avant de devenir comestible.

Voilà pourquoi je vous demande de réserver à l'ortolan la tolérance dont je vous ai parlé.

J'ai été bref, je vous ai fait économiser les dix minutes dont je n'avais pas besoin.

M. le Président. — Mon cher Lagasse, permettez-moi de vous dire que vous enfoncez une porte ouverte, puisqu'au 4e vœu on a ajouté : « Le colportage des petits oiseaux de taille inférieure à l'alouette à l'exception de l'ortolan. »

M. Lagasse. — Pardon, cela n'y est pas, c'est sous l'article 5, ce n'est pas sous l'article 4.

M. le Président. — Je vous demande pardon, il y a ceci à ajouter au 4e vœu.

M. Lagasse. — Cela n'est pas écrit sur mon livre, mais erreur n'est pas compte ; cela n'est pas sur mon livre, je ne peux pas dire autre chose.

Dans tous les cas, il est entendu que l'ortolan est excepté.

Plusieurs voix. — Oui, oui, oui.

Un Congressiste, *se levant.* — On a voulu étouffer le débat, et pourtant nous représentons ici des intérêts qui doivent être respectés ; ce n'est pas parce que nous sommes la minorité qu'on doive étouffer la parole ; moi-même, je suis à la tête d'une société de chasseurs. (*Interruptions.*)

Quand, tout à l'heure, M. Ruau est venu dire que la chasse était démocratique, permettez-moi de vous dire qu'on ne s'en douterait pas, et qu'on ne se figurerait pas être ici dans une assemblée de chasseurs. (*Interruptions.*)

Vous êtes venus nous étouffer parce que nos délégués n'ont pas l'argent nécessaire pour venir à Paris... (*Rumeurs, bruits, bravos.*)

(La voix de l'orateur qui parle sans l'autorisation du président est couverte par des exclamations.)

M. le Président. — C'est au Président de diriger les débats ; l'orateur vient de me reprocher en termes amers de lui avoir interdit la parole ; j'oppose à cela le démenti le plus formel.

Vous savez, Messieurs, que c'est sur des manifestations d'impatience que j'ai provoqué la clôture.

Le Congressiste précédent. — Provoqué ! Je retiens le mot.

M. le Président. — L'orateur vient de donner la mesure de sa modération et de son calme en voulant s'imposer à l'assemblée ; eh bien, je vous en dénie le droit ; l'assemblée est maîtresse ; si elle veut vous entendre, elle le manifestera.

M. Petit. — A propos de la destruction des petits oiseaux, je vous dirai qu'il est excessivement facile de s'en procurer quand on connaît les moyens.

On a des accointances avec les chasseurs, on les fait venir d'une façon quelconque.

Il faut entraver cette destruction-là.

Qu'est-ce que vous diriez, Messieurs, si je vous citais un gendarme préposé à la défense de la loi, et qui passe son temps, quand il n'est pas appelé à un service de grève, à tuer les petits oiseaux et à en approvisionner non pas seulement les marchands français, mais aussi les marchands allemands ou autrichiens.

Comme le disait un autre orateur tout à l'heure, il faut surtout atteindre les recéleurs et les colporteurs.

Un Congressiste. — L'article 4 dit « que la mise en vente, l'achat, le colportage des petits oiseaux soient prohibés sur le territoire ».

Il s'agit, bien entendu, en temps de chasse prohibée et non en temps de chasse permise.

Vous savez que la Convention de Berne autorise la chasse pour certaines espèces d'oiseaux ; il me semble que vous ne pouvez pas avoir le droit d'empêcher de les colporter et de les vendre.

Je demande que l'on ait le droit, en temps de chasse, de colporter le gibier que l'on a le droit de tuer.

PLUSIEURS VOIX. — Bien entendu.

M. PETIT. — Mais, Messieurs, je reprends l'article qui n'est pas complet puisqu'il vous dit ceci : « Que la mise en vente, l'achat, le transport et le colportage des petits oiseaux soient prohibés sur tout le territoire » ; j'ajoute donc « en temps de chasse prohibée ».

UN CONGRESSISTE. — Evidemment.

UN AUTRE. — Tués au fusil.

UN AUTRE. — C'est sous-entendu.

M. PETIT. — Si nous adoptons cet artice tel qu'il est rédigé, en tous temps, les gendarmes auront le droit de nous mettre la main dessus et de nous dresser procès-verbal.

M. LE PRÉSIDENT. — Personne ne demande plus la parole sur cet article ? Je mets aux voix.

« Que la mise en vente, l'achat, le transport, le colportage des petits oi-« seaux non protégés par la Convention soient prohibés sur tout le territoire en « temps de chasse prohibée. »

Cet article est adopté à l'unanimité.

M. LE PRÉSIDENT. — L'article 5 a été réservé par la sous-section ; voulez-vous que nous le réservions pour une autre séance ?

UNE VOIX. — Quel est-il ?

UN CONGRESSISTE. — Si l'article est réservé, si nous n'avons pas le droit, ce soir, de discuter sur la question des faisans ou des cailles, je demande qu'on nous fixe un rendez-vous parce que j'ai des choses très intéressantes à dire aux congressistes.

Si vous voulez bien m'accorder cinq minutes, je suis sûr que la question que je vais vous signaler vous intéressera. Je représente la chasse de Gazeran, c'est-à-dire une dizaine de chasseurs seulement ; mais vous savez que Gazeran fait partie de la commune de Rambouillet.

Or, l'Etat, qui nous loue fort cher le droit de chasser le gibier, nous enlève ce droit par des moyens que je vais vous faire connaître.

Au printemps, alors que nous avons peuplé notre chasse, alors que nous y avons mis du gibier, pour plusieurs milliers de francs, l'Etat autorise les braconniers de toute sorte à venir dans nos chasses sous prétexte de cueillir des fleurs, du muguet ou des violettes, et immédiatement on nous détruit notre gibier. (*Parfaitement.*)

Je proteste contre ce droit que s'arroge l'Etat de venir mettre dans nos chasses des braconniers sous prétexte qu'ils sont des électeurs influents.

Mais ce n'est pas tout, quand la saison du muguet est passée, arrive la saison des champignons et, sous prétexte de chercher des champignons, on cherche également les faisans, on cherche également le petit gibier que nous élevons et on détruit nos faisans.

Et ce sont les mêmes braconniers qui, avec la protection de l'Etat, viennent tuer notre gibier. (*Applaudissements.*)

Quand la saison des champignons est passée arrive encore la saison du bois mort et constamment, dans les chasses que nous possédons, pour lesquelles nous payons, nous avons des braconniers.

Eh bien, Messieurs, s'il est une œuvre utile, une chose que nous devons faire, c'est de nous protéger. Il faut que nous proposions des résolutions qui soient bien comprises ; il faut que nous demandions à l'Etat...

M. LE PRÉSIDENT. — Permettez-moi de vous interrompre ; vous traitez une question qui n'est pas à l'ordre du jour.

Le même congressiste. — Eh parbleu ! Je le sais bien.

M. LE PRÉSIDENT. — La question que vous traitez rentre dans la police de la chasse, ce n'est pas la question que nous avons à traiter ici ; réservez vos observations pour le moment où la police de la chasse sera discutée.

Je reviens à la dernière question dont vous avez à vous occuper, la 5e question, le 5e vœu :

« Qu'il soit interdit en tous temps d'introduire en France le gibier migrateur vivant ou mort sous forme de conserves, même pendant que la chasse est ouverte. »

Je demande de renvoyer la discussion à un autre jour parce qu'il y a plusieurs autres articles à étudier.

Messieurs, la question se pose de savoir si vous voulez continuer la séance, ou la lever et la renvoyer à demain.

Que ceux qui sont d'avis que la séance continue veuille bien lever la main.

Après épreuve, la séance continue.

M. LE PRÉSIDENT. — Je mets aux voix le vœu ci-dessus.

Le vœu est adopté.

M. LE PRÉSIDENT. — Nous allons discuter les dates d'ouverture et de fermeture de la chasse.

Ouverture de la chasse à la caille en même temps que l'ouverture ordinaire de la chasse, et fermeture le premier dimanche de novembre.

Il y a des bois où l'on trouve des cailles à l'ouverture, et puis elles reviennent parfois ; elles vont dans la montagne, et elles reviennent encore dans la plaine à la fin d'octobre ; c'est pour cela qu'on ne peut pas faire la fermeture au mois d'octobre ; elle pourrait être fixée, je crois, au 1er novembre.

Je mets aux voix.

Le vœu est adopté.

M. LE PRÉSIDENT. — Pour le faisan :

Ouverture : quinze jours après l'ouverture ordinaire de chaque zone, et fermeture le troisième dimanche de janvier.

M. PÉRINNE DE LA CAMPAGNE. — Je crois que la Section a proposé comme ouverture de la chasse au faisan le deuxième dimanche de septembre ; moi, je trouve que c'est trop tôt puisque tous les Conseils généraux ont demandé le troisième dimanche et dans les départements de l'Oise, de la Somme, du Pas-de-Calais, de la Marne, on a ouvert le 1er octobre, mais, dans le département de l'Ain, le préfet a envoyé un télégramme au ministre pour savoir à quelle date devait ouvrir la chasse, et on lui a répondu : « Ouvrez avec les perdreaux » ; de cette façon dans l'Ain, on a ouvert le 1er septembre.

M. le Ministre vous disait qu'il avait été obligé de se gendarmer et que, même ses amis du Parlement, lui avaient tiré dans les jambes ; eh bien ! j'espère que M. le Ministre se cuirassera contre les exigences de ses amis du Parlement.

Ainsi en 1905, voilà la lettre que M. Ruau a écrite à un de ses collègues que je ne veux pas nommer.

« Vous avez bien voulu me demander que la chasse au faisan ne soit pas « retardée jusqu'au premier dimanche d'octobre.

« J'ai l'honneur de vous annoncer que pour montrer le prix que j'attache à « votre haute intervention, obligé d'autre part, de tenir compte des vœux des « Sociétés de chasse, j'ai décidé que cette chasse serait ouverte, cette année, le « 17 septembre. »

Ainsi, d'un côté, les sociétés de chasse demandaient le 1er octobre, du côté opposé de la balance, pesait une autre intervention pour le 17 septembre.

Eh bien, j'espère que M. le Ministre tiendra sa parole et se cuirassera contre l'intervention des parlementaires dont il est entouré.

M. LE PRÉSIDENT. — Ouverture de la chasse au faisan le premier dimanche d'octobre pour tous les départements.

Que ceux qui sont d'avis d'accepter cette date veuillent bien lever la main.

Le vœu est adopté.

M. LE PRÉSIDENT. — La fermeture à fin janvier.

Le vœu est adopté.

M. LE PRÉSIDENT. — Pour le perdreau, ouverture à l'ouverture ordinaire de la zone et fermeture le premier dimanche de janvier.

Le vœu est adopté.

M. LE PRÉSIDENT. — Pour le lièvre et le chevreuil, ouverture ordinaire de la zone et fermeture le premier dimanche de janvier.

On parle du premier dimanche de janvier, ce dimanche peut être le 2 janvier et alors les chasseurs partis en vacances, ne pourront pas chasser.

UN CONGRESSISTE. — Il n'y a qu'à fermer la chasse de tout le gibier à la fermeture de la chasse.

Pourquoi faire des sélections pour tel ou tel gibier : fermeture de la chasse de tout le gibier à la clôture générale de la chasse.

M. DE POLY. — Il me semble que, pour donner satisfaction à tout le monde et pour répondre à ces desiderata au point de vue des vacances de janvier, qui permettent à un très grand nombre de chasseurs de chasser en plaine, nous pourrions rallier tous les suffrages en prenant le deuxième dimanche de janvier, au lieu du premier.

Nos collègues du Midi ne peuvent pas réclamer, puisqu'ils ouvrent la chasse quinze jours plus tôt que nous.

Je crois que ce serait peut-être le moyen de rallier tous les suffrages.

Pour la chasse à courre, il s'agit de savoir s'il y a excès ou manque de chevreuils ; mais pour la chasse en plaine, il vaut mieux que tout soit fermé en même temps, qu'on ne puisse chasser ni le lièvre ni le perdreau.

PLUSIEURS VOIX. — Aux voix.

M. LE PRÉSIDENT. — Vous demandez, pour le lièvre et le perdreau, la fermeture au deuxième dimanche de janvier ; pour le faisan et le chevreuil le dernier dimanche de janvier ?

UN CONGRESSISTE. — Comment distinguerez-vous, au point de vue du colportage, le lièvre tué en plaine et celui tué au bois ?

M. LE PRÉSIDENT. — L'Association des chasseurs des Pyrénées-Orientales demande que la chasse à la grive soit permise en février et en mars, à la condition de ne pouvoir chasser à plus de 30 mètres des cours d'eau.

Une voix. — Le vote a été émis.

M. le Président. — Dans l'article précédent, j'avais oublié la chasse à courre : il s'agit d'en déterminer la fermeture. Il y a dans le texte le 1er avril ; alors, Messieurs, nous adoptons le 31 mars ?

Le vœu est adopté.

M. le Président. — Si vous le voulez bien, nous continuerons la discussion demain ; réunion à 9 heures du matin.

SÉANCE DU 16 MAI 1907.

La séance est ouverte à 9 heures du matin, sous la présidence de M. Beauquier. Au bureau sont présents : MM. le comte Clary, le comte de Sabran-Pontevès, Ternier, Mathias Glœsener, Debreuil.

M. le Président. — Messieurs, nous en sommes restés, hier, aux mesures à prendre relativement à la chasse du gibier d'eau.

Nous allons nous occuper ce matin de la détermination des périodes d'ouverture et de fermeture de cette chasse et je donne la parole à M. le Rapporteur chargé d'étudier cette question.

M. Ternier. — Messieurs, dans notre sous-section nous avons étudié différents rapports concernant l'ouverture et la fermeture de la chasse au gibier d'eau dans les marais, sur les étangs, les fleuves et les rivières — rapports de MM. le vicomte de Poncins, Masse et Rosselet — dont je vais vous donner lecture.

La fermeture de la chasse aux étangs.

Par M. le Vicomte Edmond de PONCINS.

De longues polémiques dans différents journaux de sport ont permis à ceux qui ont bien voulu me suivre, de se rendre compte que je suis un partisan déclaré d'une clôture précoce pour la chasse au gibier d'eau. Cette opinion, basée sur une expérience personnelle acquise soit en France, soit à l'Etranger, a eu le don d'exaspérer certaines personnes qui, ne pouvant contredire les faits que je mettais en lumière, ont immédiatement déplacé la question et m'ont taxé d'égoïsme. Il est bien clair que ce n'est là ni une raison ni une solution. Il est même clair que c'est une bêtise car les mesures protectrices que je demande s'appliqueront à moi comme aux autres, ni plus, ni moins, et, si j'insiste pour les obtenir, c'est parce que j'estime qu'elles profiteront à tous, et à moi en même temps qu'aux autres, au même degré qu'aux autres, dans la même proportion qu'aux autres.

Le Congrès de la chasse est une preuve tangible que beaucoup de personnes sont frappées de la diminution du gibier chez nous et voudraient voir le Gouvernement prendre des mesures générales pour augmenter la quantité de gibier sur laquelle tous les chasseurs achètent, avec un permis, le droit de prélever une dîme. Je laisse à dessein de côté les questions des chasses d'élevage, car celles-là relèvent du droit de propriété pur et simple avant même de relever du droit de chasse.

On divise en général notre gibier en deux groupes distincts : le gibier sédentaire et le gibier de passage. Une fois qu'on a dit cela, on a tout dit, et on veut bien admettre la nécessité de protéger le gibier classé dans le premier groupe, mais en réservant toutes les foudres pour ceux du second groupe : parce qu'ils sont de passage ! Pour beaucoup de gens, quand on a prononcé le mot « gibier de passage », on a prononcé une condamnation à mort.

Il y a cependant, entre ces deux groupes, bien des intermédiaires. Nous connaissons tous des oiseaux que personne ne peut classer nettement dans aucune de ces deux catégories. Certains oiseaux viennent chez nous uniquement pour nicher et disparaissent dès que les nouveau-nés sont assez forts pour s'en aller. D'autres nichent chez nous et s'en vont après un séjour assez prolongé, pour revenir après l'hiver. Et de nombreuses observations ont permis de dire de façon certaine que ce sont les *mêmes individus* qui reviennent dans les mêmes endroits, après leur voyage d'hiver, pour nicher là où ils sont nés. D'autres encore nichent chez nous et y restent toute l'année sans être cantonnés dans les étroites limites du même territoire de chasse. A côté de tous ces oiseaux-là sont les vrais migrateurs, ceux qui dépassent, au Nord et au Sud, les voyages des autres. L'amplitude des oscillations des différentes variétés diffère suivant chacune d'elles et mon expérience me permet de dire que, d'après mes observations qui se sont étendues de l'extrême nord de l'Ecosse jusqu'au huitième degré de latitude Nord en allant à l'Est jusqu'au désert de Gobi, les oiseaux nichant le plus loin au Nord sont aussi ceux qui vont le plus loin au Sud, car il semble que les diverses espèces se dépassent mutuellement, périodiquement et régulièrement pour aller chercher soit dans le Nord, soit dans le Sud, les zones, assez restreintes, qui leur conviennent. Les variétés se dépassent mutuellement et sont presque absolument isolées dans leurs régions de prédilection. Elles ne sont confondues que chez nous au moment de leurs migrations, car nous sommes sur la route de tous. Voyageant en même temps, il est tout naturel que plusieurs variétés de gibier d'eau se trouvent en même temps sur le même étang, mais il ne faut pas les confondre et si, dans le nombre, il y a de grands migrateurs, des oiseaux venant des confins des terres habitables, tous n'en viennent pas, loin de là, et il y a aussi ceux qui viennent de chez le voisin. Ces derniers venant de moins loin, iront moins loin aussi. Dans le nombre, il existe certaines espèces qui ne quittent jamais la France.

Les migrations ont lieu non pas du Nord au Sud, comme on le croit généralement, mais du Nord-Est au Sud-Ouest. Elles sont réglées par les lignes isothermes. D'ailleurs, une simple coup d'œil sur une carte générale suffirait à le prouver. Il est hors de doute pour tous ceux qui se donnent la peine de raisonner que les oiseaux ne vivent pas et ne nichent pas sur l'Océan. Il leur faut une terre. Il faut donc qu'ils aillent là où il y a des terres. De plus, dans leurs voyages, ils cherchent simplement à vivre et à manger. C'est pour cela qu'ils fuient devant le froid qui gèle les eaux où ils vivaient avant l'hiver et où ils retourneront au dégel. Ce n'est pas à un instinct « merveilleux » qu'obéissent les oiseaux de passage, c'est à une nécessité : la nourriture manquant, il faut aller la chercher ailleurs. C'est tout.

La ligne de leurs migrations sera donc logiquement parallèle à l'axe de l'Europe et à angle droit avec les lignes isothermes. Si on veut bien, comme je le dis plus haut, regarder une carte on verra que la ligne idéale remplissant ces deux conditions est dirigée du Nord-Est au Sud-Ouest.

Quant à pouvoir classer de façon absolue quels sont dans chaque endroit les oiseaux de passage ou non de passage, la chose dépasse la question qui nous intéresse actuellement, elle se réduit en effet à étudier quels sont dans nos gibiers d'eau ceux qui sont de passages chez nous et ceux qui n'en sont pas.

Pour moi, bien que cela paraisse une vérité tellement simple qu'il est superflu de la préciser, je trouve que nous devons cependant nous mettre d'accord sur les variétés auxquelles l'épithète de « gibier de passage » doit être appliquée et je dis : le gibier de passage est celui qui passe.

En disant passer, je veux dire traverser notre pays, *venir d'ailleurs pour aller ailleurs*. Le gibier de passage sera donc celui qui, nichant en dehors de France, traversera la France pour hiverner plus au Sud et la retraversera au printemps pour aller nicher plus au Nord.

Prenons une certaine quantité de gibiers différents et voyons leurs terrains de reproduction.

Dans la famille des râles, le râle de genêt est le seul qui niche beaucoup chez nous, les autres : marouettes, petits râles poussins, n'y nichent qu'en quantité restreinte et préfèrent des régions un peu plus septentrionales comme la Hollande et l'Allemagne du Nord.

L'ère de circulation et d'habitat de la poule d'eau et de la foulque ou morelle, improprement appellée macreuse dans le Midi, couvre les deux tiers Nord de la France et l'Angleterre mais ne va même pas jusqu'à l'Ecosse. La migration au Sud de beaucoup de ces oiseaux ne dépasse pas beaucoup le Midi de la France où un grand nombre restent la majeure partie de l'hiver sur les bords de la Méditerranée. On peut dire que les morelles ne vont jamais au Sud plus loin que les bords de la Méditerranée. Elles sont très nombreuses en Algérie dans la zone voisine de la mer, mais ne pénètrent pas loin dans les régions sahariennes. Elles restent même parfois tout l'hiver chez nous quand les gelées ne sont pas fortes. Elles ne quittent les étangs où elles ont niché que lorsque la glace les en chasse. Quand elles les quittent ce n'est que tardivement, souvent seulement au mois de décembre. Leur retour cependant n'est pas précoce, elles n'arrivent qu'après que bien d'autres ont déjà passé et rarement avant le milieu de mars.

Les pluviers et vanneaux sont différents entre eux. Le pluvier doré niche loin au Nord. Les Orcades sont un de ses terrains de prédilection pour nicher. Les « moors » écossais aussi, mais en moins grande quantité. Les marais suédois sont aussi un de ses terrains préférés. Au Sud, le pluvier va jusqu'en Algérie mais pas plus loin, car ceux que j'ai trouvés sous le tropique n'étaient plus les mêmes que ceux qui passent chez nous. C'est encore un oiseau qui reste l'hiver dans le bassin de la Méditerranée. Je ne serais pas étonné que ceux qui viennent d'Ecosse ne soient ceux qui restent la majeure partie de l'hiver en Irlande.

Les vanneaux ne nichent pas aussi loin au Nord que les pluviers. Il en niche un assez grand nombre chez nous. Le plus grand nombre va nicher en Angleterre, Hollande et Basse-Suède. L'Ecosse en a déjà moins. L'hiver, le vanneau ne dépasse pas le bassin de la Méditerranée. En Asie, il semble se tenir dans une zone analogue à celle-ci, car, assez commun dans les régions de Transcaspienne où je l'ai trouvé abondant au Sud du désert de l'Ourst-oust, il est très rare aux Indes où, en deux ans, je n'en ai pas vu un seul.

Les courlis à long bec nichent peu chez nous, mais assez abondamment en Angleterre, en Norfolk par exemple, et surtout en Écosse. Eux aussi ne dépassent pas, au Sud, le bassin de la Méditerranée. La Hollande et la Suède et Norvège sont des régions qu'ils affectionnent pour nicher.

Les bécassines ordinaires sont de plus grands migrateurs. Elles nichent dans toute la zone européenne qui s'étend au Nord de la latitude du nord de la France et, si un nid de bécassines n'est pas chose inconnue dans nos étangs de France, celles, assez rares, qui restent pour cela chez nous, recherchent les régions froides comme, par exemple, les hauts plateaux des Cévennes; les marais qui couronnent les monts du Forez ont, tous les ans, une assez grande quantité de nids de bécassines. Celles qui sont nées là viennent dans les plaines dès le 15 août, où il se produit un premier passage de bécassines qui restent errantes jusqu'à ce que le véritable passage d'automne vienne les rejoindre. Elles n'émigrent nettement que devant les grands froids et s'étendent assez loin au Sud du bassin de la Méditerranée mais ne passent guère le Tropique du Cancer. J'en ai cependant vu une dans les marais du Harrar et une ou deux dans le haut Nil. Elles arrivent en Algérie en décembre et elles hivernent en quantité moyenne, mais un lot assez important s'enfonce assez loin en Afrique. En Asie, elles couvrent des latitudes analogues, s'étendant des marais de Sibérie jusqu'au Cashmir, mais peu au Sud. En chassant les bécassines à l'embouchure de l'Indus j'ai trouvé quelques bécassines ordinaires mélangées à un bien plus grand nombre de bécassines peintes qui sont la variété commune de l'Inde. Sur le Brahmapoutra j'ai trouvé peu de nos bécassines. Dans les marais de l'embouchure du Gange, elles ne se trouvent que dans la proportion de un à deux pour cent mélangées aux autres.

La bécassine sourde a une aire de distribution plus difficile à définir nettement, pour moi elle ne dépasse pas l'Algérie mais niche dans des régions plus septentrionales que la bécassine ordinaire.

La bécassine double est encore plus errante car, assez rare partout, j'en ai vu des nids en Algérie et je sais, d'autre part, que la Hollande en voit aussi nicher quelques-unes.

Dans toute la nombreuse dynastie des chevaliers, barges, bécasseaux, il y a bien de l'inconnu pour moi car j'en ai vu partout, aussi bien aux Orcades qu'au Pamir, à près de 5.300 mètres d'altitude, que sur les bords de la mer Rouge, des lacs du Sahara. J'en ai vu aussi dans les marais des déserts somalis et danakils. On en trouvera aussi bien au 1er janvier en Irlande qu'au Tropique, sur les bords de la mer, le long des Asturies, que dans les marais des environs de Merv. Je crois que ces oiseaux-là, dès que leurs ailes sont assez fortes, errent à l'aventure un peu partout et que beaucoup de climats leur conviennent, pourvu que ce ne soit pas gelé. Leurs migrations dépendent surtout des questions locales.

Les oies sont de très grands migrateurs et nichent dans les régions les plus froides. Elles affectionnent spécialement les grands marais du Nord de la Russie, de Norvège et du Spitzberg. Elles ne vont pas plus loin au Sud que la bordure du Sahara. L'hiver de 1879 qui fut extrêmement froid, plusieurs milliers d'oies cendrées restèrent en Forez de décembre en février. Les marais algériens sont un de leurs terrains d'hivernage comme ceux de l'embouchure du Guadalquivir. Elles hivernent aussi sur toutes les côtes Ouest d'Angleterre, Irlande et Ecosse.

Le souchet niche dans les terrains les plus étendus et nulle part en masse. J'en ai vu des nids parsemés un peu partout depuis les marais de Merv et des Turcomans jusqu'en Ecosse. Mais, ce dont on peut être sûr est que sa limite Sud ne dépasse pas le tropique du Cancer. Il hiverne en Algérie et en Espagne. Les Chotts algériens et sahariens sont, en général, assez bien fournis de ce joli canard. Il va assez loin dans le nord de l'Inde. Mais ces derniers sont ceux qui viennent de Perse et des frontières sibériennes.

Pour le chipeau, je ne peux que mettre un point d'interrogation, car il est assez rare partout.

Le tadorne est trop connu pour que je m'étende à son sujet. Il aime tous nos bords de mer et surtout ceux de Hollande. Sa limite Sud est l'Algérie et l'Espagne. Ce canard-là voyageant peu à travers les continents n'intéresse pas autant tous les chasseurs que ceux qui, au lieu de suivre presque exclusivement les bords de mer, traversent nettement l'intérieur des terres.

Le siffleur ou vingeon est un grand voyageur. Il vient de l'extrême Nord-Est et dépasse, au Sud, les bords de la Méditerranée. On le trouve, en hiver, jusqu'au dixième degré de latitude Nord. Il en hiverne un certain nombre en Irlande. Il niche exceptionnellement en France à l'état isolé : une paire ou deux peuvent rester toute l'année chez nous, mais c'est l'exception.

Le pilet est assez analogue au siffleur comme habitant. C'est encore un canard allant très loin au Sud. J'en ai vu un grand nombre sous le tropique du Cancer.

La sarcelle d'été a, comme limite Nord, notre pays. Elle n'y arrive qu'en fin mars et reste rarement pus tard que le mois de septembre. J'en ai cependant tué une le premier décembre. Mais un fait exceptionnel ne signifie rien pour des considérations générales. Ce joli petit oiseau va jusqu'à l'Equateur en hiver.

La sarcelle d'hiver commence à nicher un peu régulièrement vers le Nord de la France et en Angleterre et Hollande, mais remonte cependant assez loin au Nord-Est. Sa limite Sud ne dépasse pas le Nord du Sahara.

Le brante ou siffleur huppé est un canard aimant la chaleur. Je l'ai vu nicher assez abondamment et très régulièrement *depuis une dizaine d'années* dans des étangs où il était presque inconnu auparavant. Et aux Indes, il niche régulièrement.

Le morillon remonte assez loin au Nord-Est et va jusqu'en Norvège ; au Sud, il ne dépasse pas le bassin immédiat de la Méditerranée.

Le milouin niche quelquefois chez nous mais, en général, il préfère des régions plus septentrionales et s'étend dans tout le Nord de l'Allemagne. On le rencontre assez loin au Sud sur le Nil, mais, en somme, il dépasse peu l'Algérie.

Du milouinon, je ne sais rien de sûr.

Le niroca niche surtout dans le Sud et assez abondamment en Algérie. Il niche accidentellement chez nous et quelques-uns vont aussi en Allemagne. Je crois que le centre de l'Europe en fournit un assez grand nombre.

Le garrot est assez septentrional de mœurs, et arrive à peine en Algérie en hiver.

Le harle bièvre est un habitant exclusif des régions froides qui ne dépasse pas au Sud nos latitudes.

Le harle huppé niche quelquefois, mais rarement, chez nous et affectionne l'Ecosse pour se reproduire. Aussi la Norvège et la Suède.

Le harle piette va au Sud jusqu'en Algérie, mais je ne sais rien de sa limite septentrionale.

Le grêbe huppé ou grêbe cornu a un vaste champ de reproduction. Il niche fréquemment chez nous, abondamment en Algérie et assez souvent en Angleterre et Écosse. L'Europe centrale en a aussi un assez grand nombre. Sa limite Sud ne dépasse guère le Nord du Sahara.

Le grêbe jougri est un habitant des régions froides. L'esclavon, au contraire, niche souvent chez nous et ne va pas loin au Sud. Il ne dépasse pas l'Espagne ou l'Algérie.

Je ne veux pas allonger cette liste par une étude plus prolongée sur des variétés rares qui n'ont aucun intérêt pour des questions aussi générales. Je crois avoir passé en revue la majorité des oiseaux d'eau que nous connaissons tous, il reste à parler du canard commun, du collet vert.

Ce dernier est le canard commun de nos régions. C'est celui que nous tuons le plus souvent, qui est la manne habituelle, le pain de tous les jours. C'est aussi celui des ardentes polémiques. Mais c'est aussi le plus intéressant, puisqu'il est le plus commun.

Dans la variété collet vert, il faut distinguer deux sujets distincts pour les chasseurs de gibier d'eau, pour les professionnels : le gros collet vert et le petit.

Ce dernier, plus petit que l'autre, plus sombre de couleur, moins bien marqué, est un visiteur *d'hiver* de nos pays tempérés. Il vient du Nord de l'Europe et va jusqu'en Espagne.

L'autre, le gros collet vert, aux couleurs vives, niche chez nous. Il en sort peu, soit au Nord, soit au Sud ; il est le père du halbran. *C'est un gibier indigène au premier chef*, et, comme tel, il mérite toutes les protections.

Je ne veux pas reprendre toutes les polémiques à son sujet. Je demande seulement que l'on sache bien et comprenne bien que, en demandant sa protection, je le fais dans un but d'intérêt général, non dans un but d'intérêt personnel. Car je suis logé à la même enseigne que les autres, et les collets verts sont aussi sauvages pour moi que pour les autres.

Je dis et je maintiens que le collet vert niche peu en Ecosse et un peu plus en Angleterre, mais beaucoup chez nous, et que les plus gros hivers ne le font pas quitter la France. C'est un canard plus rare que les autres en Algérie.

Il commence à nicher, à se mettre en paires, dès février, et a souvent des œufs dès les premiers jours de mars. En avril, la grande majorité des collets verts couve. Il leur faut trente et un jours de couvée pour arriver à l'éclosion. Il faut trois mois au petit canard pour être vraiment adulte. Il est donc nécessaire, pour assurer sa reproduction, qu'il ait cinq mois de tranquillité au minimum. Comme on ne peut pas leur défendre de couver avant une certaine époque ou après une certaine époque, il faut leur donner six mois. En un mot, il faut les laisser tranquilles du 1er mars au 1er septembre.

Le perdreau, qui ne couve que vingt et un jours et qui vole dès le mois de juillet, n'est pas cependant considéré comme possible à chasser avant le commencemnt de septembre, et le canard, qui demande un peu plus longtemps pour être adulte, est tué comme halbran, c'est-à-dire comme pouillard, dès le mois de juillet, alors qu'il ne vole pas du tout ou à peine un peu. C'est une anomalie et une absurdité. Il est vrai que le perdreau est cantonné dans des limites étroites, tandis que le canard l'est dans des limites plus étendues, et que le perdreau est plus facile à tuer adulte que le canard, c'est de là que vient l'ostracisme dont ce dernier est frappé, car bien des gens qui tuent de nombreux halbrans ne sont guère capables de tuer de bons canards, et, navrés de les voir prendre leur vol trop tôt, réclament le droit de tuer ces malheureux avant qu'ils ne jouissent de tous leurs moyens de défense. Alors, on les stigmatise du nom de gibier de passage, pour expliquer que si on les tue tous, il y en aura quand même. Mais ce n'est pas un gibier de passage.

Car le collet vert peut être gibier de passage sur un étang, non sur l'ensemble de la France. *Il est errant* sur un périmètre assez étendu, mais pas très étendu. Il sort de la zone d'une chasse gardée, non de celle d'un petit nombre de départements. Suivant les gelées qui lui permettent de trouver de l'eau libre ici ou là, il change un peu ses terrains, quitte ses étangs habituels pour gagner la rivière quand cette dernière est dégelée et que les étangs sont gelés. Aussi croit-on généralement que le froid *amène* des canards. C'est vrai dans le sens que le froid amène les canards dans des endroits qui ne sont pas des endroits préférés lorsqu'il est libre de faire absolument à son gré. Mais il ne faut pas oublier que ces canards qui fréquentent les sources et les rivières pendant les gelées sont ceux des étangs du voisinage, ne sont pas des migrateurs de haut vol. Il est très vrai que ceux qui n'ont pas d'étangs ne trouvent des canards un peu abondamment que pendant les froids rigoureux, mais ils ne les trouvent que parce que ces canards, qui se tenaient sur les étangs, quittent momentanément les étangs et, en changeant leurs gagnages, font connaissance avec des chasseurs nouveaux. J'ai vu toute ma vie les collets verts agir de la même façon en hiver et même le plus souvent passer leurs journées sur la glace de leurs étangs habituels après avoir été faire leur nuit sur les rivières où ils n'allaient jamais avant les gelées. J'ai connu pendant trois ans, en Forez, le même collet vert, ayant une partie du dos anormalement marquée de blanc. Il est resté sur le même périmètre de quelque mille hectares d'étangs, je l'ai vu sur les rivières pendant les gelées et sur la glace pendant le jour jusqu'à ce que je finisse par le tuer la quatrième année. Pourquoi croire que *tous ses compagnons*, au milieu desquels il vivait, aient tous été des étrangers et que lui *seul* ne le fût pas ? J'ai vu la chasse aux halbrans ouverte pendant deux ans là où jamais elle ne l'avait été, et, du coup, le nombre des canards d'hiver et de printemps diminuer dans des proportions extraordinaires ; j'ai vu ensuite cette même chasse aux halbrans fermée et, en deux ou trois ans, le mal fait être en grande partie réparé par une augmentation considérable des canards collet vert vivant toute l'année dans le pays. Et si je dis que la chasse aux halbrans est funeste à la quantité de canards que l'on peut trouver en hiver, c'est parce que je le sais, *je l'ai constaté*.

Et d'ailleurs, qui favorise cette autorisation de chasser les halbrans ?

Elle favorise uniquement le propriétaire d'étangs, c'est-à-dire une minorité. Elle le favorise au détriment d'un bien plus grand nombre de chasseurs : ceux qui n'ont pas d'étangs, qui chassent le long des fleuves et rivières, qui ne tuent de canards que lorsque le froid les amène sur les terrains où ils peuvent chasser.

Les amateurs de chasse aux halbrans nous ont dit sur tous les tons la phrase suivante : « Si je ne peux pas tuer mes halbrans, je vous assure que, quand ils seront canards adultes, ils seront si sauvages que je ne pourrai pas les tuer et qu'ils s'en iront chez mon voisin dès que je leur aurai envoyé un ou deux coups de fusil ». A cela la réponse est simple : « Prenez votre chance, apprenez à approcher vos canards, si vous ne savez pas le faire, c'est tant pis pour vous. Du moment qu'ils y sont, ils sont possibles à tuer. Au cas où ils iraient chez votre voisin, consolez-vous, votre voisin les tirera et ils reviendront chez vous. Mais n'allez pas, sous prétexte que vos canards sont trop sauvages pour vos facultés de chasseur, demander l'autorisation de les détruire avant qu'ils ne puissent vous échapper, lorsqu'ils ne sont que *halbrans*, c'est-à-dire *pouillards*, car cela est trop égoïste. Laissez les autres avoir la même chance que vous, ne détruisez pas, par peur qu'ils aient leur tour.» Si la chasse aux halbrans est interdite de façon absolue en France, la grande majorité des chasseurs en profitera par un bien plus grand nombre de canards errant un peu partout en France pendant tout l'hiver. Si le tueur de halbrans y perd quelques journées de sport médiocre, car tuer des pouillards est un sport médiocre, qu'il s'en console en pensant aux belles chasses d'automne sur de beaux oiseaux adultes et vigoureux, qu'il s'en console en pensant que ces quelques journées de halbrans qui lui sont supprimées ont comme conséquence un immense avantage pour *tous* ceux qui ne possèdent pas d'étangs et glanent la manne qui en vient. Qu'il sache aussi que bientôt il en profitera lui-même en voyant un bien plus grand nombre de canards pendant tout l'hiver.

Il les verra, — et les tuera s'il sait s'y prendre, — habiter ses étangs en bien plus grand nombre qu'actuellement, parce qu'il y en aura bien davantage. Et même il verra les canards des variétés de passage s'arrêter en bien plus grand nombre sur des étangs peuplés de gibier sédentaire parce que les *vols de passage sont attirés* par ceux qui sont posés sur les étangs. Les appelants ne sont que l'application artificielle de cela. Tout le monde profite de l'augmentation d'une variété de gibier, même ceux qui ne veulent pas y croire.

Est-il bon d'ailleurs de donner un prétexte à chasser dès le mois de juillet ? Qui saura la quantité de lièvres et de perdreaux qui ont vu la mort sous prétexte de halbran ? Qui peut garantir que l'autorisation de sortir pour chasser une variété de gibier est absolument respectée et qu'*aucune autre* pièce de gibier ne court de danger ? Notre gibier diminue terriblement en France ; ne faut-il pas augmenter les protections à mesure que les moyens et les causes de destruction augmentent ?

C'est tout cela réuni qui me fait demander, avec la conviction que ce que je demande est d'intérêt général, que la chasse au gibier de passage ne soit pas ouverte *avant* le moment du passage, ni *après* le moment du passage, et connaissant bien la question, je n'hésite pas à conclure que si on veut sauver le gibier d'eau, et particulièrement les canards, il est de toute nécessité d'abolir le *privilège* des chasseurs de halbrans et d'obtenir des pouvoirs publics que la chasse *à tout gibier d'eau* ne soit, pour aucune raison, ouverte avant l'ouverture générale de la chasse et soit fermée au plus tard au 15 mars dans toute la France.

En disant cela, je parle pour tous les chasseurs.

Vicomte EDMOND DE PONCINS.

De la Réglementation de la chasse à la Sauvagine.

Par M. Fernand MASSE.

En 1904, les chasseurs de sauvagine subissaient des restrictions que M. Mougeot, alors ministre de l'Agriculture, et d'ailleurs fort bien intentionné, avait imposées à un genre de chasse captivant entre tous. *La Chasse illustrée* avait bien voulu m'accorder l'hospitalité de ses colonnes et l'auotrité de son approbation pour plaider en faveur d'une réglementation moins draconienne dans son ensemble et étudiée de plus près dans les causes de ses modifications éventuelles et nécessaires.

Depuis, les chasseurs de sauvagine ont reçu satisfaction dans une certaine mesure ; mais, bon nombre d'entre eux — pour ne pas dire le plus grand nombre — estiment, non sans raison, que cette mesure est insuffisante. D'autre part, les modifications successives apportées aux règlements, et le maintien ou la suppression de différents usages, donnent lieu dans la presse et dans quelques ouvrages spéciaux, à des échanges de vues, à des discussions, voire à des polémiques assez vives. L'intérêt de la question n'est donc pas épuisé, et, encouragé par l'approbatoin des grands et petits propriétaires, des fermiers d'étangs et de marais, des communes, des chasseurs et de tous ceux qu'intéresse la chasse à la sauvagine dans les départements de la région du Nord, j'ai cru devoir soumettre à l'appréciation du Congrès les éléments du débat.

A cet effet, entre quelques points d'intérêt plus général, j'ai précisé de mon mieux l'opinion et les desiderata de cette région.

Je reprendrai donc ici certains de mes arguments de 1904, mais les observations qu'il m'a été donné de faire depuis, ainsi que les discussions auxquelles je viens de faire allusion, tout en confirmant la valeur de ces arguments, m'en ont indiqué quelques autres.

*
* *

Commençons par les définitions.

L'article 9 de la loi de 1844 modifié par la loi du 22 janvier 1874, sur quoi porte presque exclusivement l'effort de la discussion, nous offre pour toute nomenclature deux termes ambigus dont l'interprétation — arbitraire et multiple par nécessité — a déjà fait couler des flots d'encre sans convaincre personne, chacun s'efforçant de leur attribuer un sens conforme à ses intérêts. Les expressions d'*oiseaux de passage* et de *gibier d'eau* restent soumises à l'appréciation préfectorale qui n'en peut mais et se trouve souvent fort embarrassée pour concilier les vérités ornithologiques avec les exigences des administrés. J'écrivais à ce sujet : « ...Vérité et erreur, oiseau d'eau pour vous, oiseau de passage pour moi, gibier de mer pour mon voisin ; car il faut tenir compte que les oiseaux de mer sont des oiseaux d'eau, et que tous ou presque tous les oiseaux d'eau sont à un degré quelconque des oiseaux de passage. Ce qui ne veut pas dire que tous les oiseaux de passage soient des oiseaux d'eau et tous les oiseaux d'eau des oiseaux de mer. »

Laissant à de plus compétents le soin de classifier certains migrateurs comme la caille et la bécasse, je propose que la réglementation qui nous préoccupe adopte un terme plus large et en même temps plus précis, celui de *Sauvagine*.

M. Ternier écrivit un ouvrage justement apprécié qui porte ce titre élégant et corect ; on y trouve une nomenclature parfaite à laquelle on aurait tout avantage à se reporter. Par conséquent, lorsqu'un arrêté préfectoral réglementerait la chasse à la sauvagine, nous saurions que cet arrêté porte, non pas sur tous les oiseaux qu'on rencontre au marais ou à la mer, mais sur tous les oiseaux-gibier ou considérés comme tels auxquels les étangs, les cours d'eau, les marais, la mer et ses rivages sont nécessaires pour assurer leur subsistance, leur sécurité ou leur reproduction.

Je me rends compte que cette conception empiéterait un peu sur la chasse maritime qui n'est pas du ressort préfectoral. Nous en examinerons l'éventualité tout à l'heure dans la mesure strictement indispensable à la discussion.

Ce terme de *sauvagine* supprime toutes les distinctions équivoques figurant dans les arrêtés actuels, et évite maints procès qui en sont la conséquence. La simplification sera d'autant plus appréciée qu'elle permettrait d'établir la réglementation sur deux catégories de chasse bien distinctes :

1° La chasse au mraais (comprenant la chasse sur les marais proprement dits, sur les étangs et les cours d'eau) ;

2° La chasse sur le domaine maritime.

Je me propose de vous entretenir maintenant de la première.

***

Anciennement, dans bon nombre de départements, la chasse au marais restait ouverte jusqu'au 15 mai. Depuis, le chiffre des porteurs de permis augmentant chaque année, les pouvoirs publics, faisant droit aux doléances de ceux qui attribuent la diminution des résultats-sauvagine à l'accroissement du nombre des chasseurs, ont cru établir une compensation en restreignant la période d'ouverture. — Je suis loin de penser que les réserves de gibier indigène ou exotique soient inépuisables, mais encore faut-il observer, avant d'accepter ces chiffres comme coupant court à toute discussion, que si précédemment un chasseur tuait cent pièces de sauvagine par an alors que maintenant cinq chasseurs — pour fixer les idées — n'en tuent que vingt chacun, cela dénote une baisse normale dans les résultats individuels, mais ne prouve pas que le gibier diminue.

Il faut aussi bien tenir compte des voies de communication plus nombreuses et de la circulation plus active qui dérangent le gibier, l'empêchent de s'arrêter à sa convenance et le rendent plus farouche. Il faut noter encore, relativement à la bécassine, l'assèchement des marais et l'envahissement consécutif des emplacements favorables par la mousse. Ces gracieux oiseaux dédaignent alors leurs banquettes d'autrefois. Mais tout cela n'implique aucune diminution effective de la réserve-gibier. Ce sont des causes de diminution apparente et non des causes de diminution réelle dont on voudrait rendre la chasse responsable.

D'autre part, il ne sied pas de s'hypnotiser sur le chiffre des 500.000 porteurs de permis qu'on cite à tout propos et hors de propos. On ne nous a pas encore exposé, à nous, chasseurs de sauvagine, dans quelle mesure cette augmentation globale du nombre de chasseurs français, a modifié le nombre des chasseurs de sauvagine. Je vois bien que, sur des chasses banales, en plaine ou autres lieux quelconques, le nombre des fusils peut augmenter indéfiniment dans l'état actuel de la législation ; mais je demeure sceptique quant à l'augmentation proportionnelle des chasseurs de sauvagine. L'immense majorité — pour ne pas dire la totalité des marais et étangs susceptibles de donner lieu à une chasse même médiocre, est exploitée par les particuliers ou mise en adjudication par les communes propriétaires. Or, dans ces conditions, je ne vois pas bien comment le nombre des chasseurs de sauvagine sur les marais d'intérieur pourrait augmenter dans des proportions menaçantes. Le désir de chasser étant plus répandu, les enchères sont sans doute plus suivies qu'auparavant, et partant, les marais et étangs loués plus cher : c'est à peu près le seul résultat. Il est vrai que là où autrefois ne figurait qu'un seul chasseur, une société s'est constituée dont le groupement permet de faire face à des frais plus élevés. Mais ces sociétaires ont fort bien compris qu'ils ne pouvaient songer, sans se gêner mutuellement, à chasser en bloc sur un terrain qui excède rarement quelques dizaines d'hectares. Ils se sont donc attribués respectivement des jours de chasse, de façon à n'être qu'un ou deux fusils sur le marais aux jours désignés. Au point de vue du nombre des chasseurs chassant effectivement, il n'y a donc guère de changement. Il y a augmentation du nombre d'intéressés et non pas du nombre de fusils chassant en même temps. Seules les rives banales subissent l'augmentation numérique des petits chasseurs, mais il est inutile de souligner les résultats insignifiants représentés par ce genre de destruction.

La sauvagine diminue-t-elle réellement ? Oui, je crois à cette diminution pour certaines espèces, mais diminution dans des proportions minimes. Cette diminution, quoique contestée par certains auteurs, implique un examen des mesures préventives. Il semblerait assez logique, lorsqu'on connaît les causes d'une situation à laquelle on veut remédier, de supprimer les causes supprimables. En France, certains promoteurs d'une réglementation restrictive à outrance semblent se soucier fort peu de la logique et préconisent des moyens dictés sans doute par leur intérêt personnel — c'est très humain — ou par une fâcheuse ignorance du sujet. Rétablissons donc les faits.

Les filets sont la cause primordiale, dominante, presque exclusive de la diminution de la sauvagine, car les filets détruisent en masse. En ce qui concerne plus particulièrement les canards et autres du genre, les tenderies de filets sont établies de deux façons principales :

1° En canardière, comme en Hollande et en Belgique. Ce procédé n'a heureusement pas cours en France.

2° En nappe. Le filet prend alors le nom de fleuron, de hallier, etc..., peu importe. C'est ce mode de capture qui fait tant de victimes le long de nos côtes.

Contre les établissements de canardières de l'Etranger, nous sommes impuissants. Il y a bien, à la vérité, les conventions internationales ; mais outre que nous avons pu apprécier récemment leur peu de stabilité, le texte en est rédigé d'une façon si diplomatique — c'est-à-dire si élastique — que les hautes parties contractantes demeurent à peu près libres d'interpréter les conventions comme bon leur semble.

Tournons donc plutôt nos efforts contre les vices de notre propre réglementation.

En principe, les préfets ne pouvant déterminer que *le temps* pendant lequel il sera permis de chasser le gibier d'eau, il semblerait que le pouvoir d'autoriser les filets leur échappe. Mais comme un autre paragraphe de l'art. 9 leur donne la faculté de déterminer la nomenclature, les modes et procédés de chasse des oiseaux de passage, il leur suffit de ranger les oiseaux d'eau parmi les oiseaux de passage pour acquérir toute latitude à l'égard des filets.

En supposant que les préfets, avertis par les circulaires ministérielles, n'usent que modérément de cette latitude, il existe une tolérance beaucoup plus grave qui ne saurait subsister plus longtemps dès l'instant où l'on veut protéger sérieusement l'avenir des espèces : c'est la tolérance des filets tendus par les inscrits maritimes le long du littoral.

Le § 1er de l'art. 49 de la loi du 24 décembre 1896 dit ceci : « Les concessions temporaires de parties de plages aux inscrits définitifs, femmes, veuves et orphelines non mariées d'inscrits définitifs, pour l'établissement de pêcheries mobiles formées de filets ou de lignes munies d'hameçons et ayant pour objet la pêche du poisson ou la capture des oiseaux de mer sont gratuites. »

Et c'est tout. C'est pourtant là le seul prétexte de ces tenderies funestes, de ce Montfaucon des oiseaux où viennent périr tant de voliers de sauvagine.

Grâce aux subtilités de la classification administrative, on voudrait nous faire croire que dès l'instant où un canard a franchi l'extrême limite du flot, il devient du même coup oiseau de mer.

Ailleurs, j'ai cité des chiffres, j'ai dit que dans un seul département les inscrits prennent ainsi chaque année plus de 60.000 canards divers. La capture annuelle le long du littoral français est donc formidable.

Si l'on considère, d'une part, que les inscrits procèdent à ces hécatombes sans permis de chasse et sans autres frais que l'entretien de leurs filets, et si l'on envisage d'autre part la situation qui nous est faite, à nous qui subissons les conséquences de ces tueries fantastiques après avoir supporté tous les frais qu'occasionnent les munitions, les locations, la garderie, sans compter les accessoires, nous avons bien le droit de dire qu'on est injuste lorsque pour combler les vides créés par les tenderies, c'est encore nous qu'on voudrait frapper en restreignant le temps d'un plaisir que nous payons si cher.

Certes, je n'oublie pas le côté humanitaire de la question : je n'oublie pas que la situation des inscrits et de leurs familles est souvent précaire et que la nation doit une compensation aux charges qu'elle leur impose. Il serait donc équitable de prélever cette compensation sur l'ensemble de la nation, et non pas au détriment des seuls chasseurs qui contribuent déjà dans une large mesure à équilibrer les charges générales.

Voilà donc une première cause et non la moindre, car le fusil, employé seul contre les espèces à production normale (ce qui est le cas pour la sauvagine) est impuissant à les anéantir et même à les diminuer.

Un exemple est probant : celui de la pie. Cet oiseau est proscrit partout. On fait tout pour le détruire ; tous les moyens sont bons, licites, depuis le dénichage jusqu'au piège, en passant par le poison. Sa tête est mise à prix. Et pourtant, malgré cette guerre sans merci, le nombre des pies ne diminue pas sensiblement en France. Pourquoi? Parce que c'est un oiseau qui n'est pas susceptible d'être pris en masse au filet.

Donc, pour la sauvagine et les différentes espèces de canards en particulier dont la défiance est au moins égale à celle de la pie et dont la ponte est beaucoup plus considérable, l'interdiction du filet sera le remède immédiat et efficace.

⁂

Une autre cause de trouble et de destruction a surgi plus récemment : c'est la chasse en canot automobile.

Nous abordons là un redoutable problème. Mais puisque la protection du gibier est à l'ordre du jour, il ne faut pas craindre d'en examiner chaque élément.

Les canots automobiles nuisent à la chasse ordinaire de plusieurs façons. Leur mode de propulsion rend pour eux le vent, le flot et les courants quantités négligeables. Cet avantage, joint à l'appoint considérable de leur vitesse, fait que la chasse en mer et dans les estuaires n'est plus possible que pour les canots automobiles là ou il leur plaît de croiser. Leur extrême mobilité leur confère le don d'ubiquité au détriment des autres chasseurs et marins plaisanciers qui ne peuvent plus tenter l'approche d'un volier de sauvagine sans voir leur route coupée par un canot automobile.

D'autre part, sur l'Océan et la Manche, leur faible tirant d'eau permet à ces canots de sortir plus tôt que les autres barques et de rentrer plus tard. Lorsque les autres embarcations peuvent sortir à leur tour, elles trouvent place nette ; d'autant plus que la faculté de rentrée tardive et la vitesse permettent aux canots automobiles de poursuivre le gibier au large, l'éloignant ainsi davantage pour la plus grande infortune des plaisanciers et des chasseurs de la côte. A l'embouchure des fleuves et des rivières, dans les baies, c'est un désastre pour les chasseurs au marais et huttiers du littoral.

Ce ne sont là que des inconvénients ; voici pour la destruction proprement dite.

La situation de fortune de ces chasseurs en canot automobile leur permet généralement l'acquisition et l'emploi d'armes réunissant les derniers perfectionnements. Nous sommes loin des calibres 8 ou 4 des anciens jours. On utilise aujourd'hui des canardières-canons, de calibres monstrueux qui envoient jusqu'à *un kilogramme* de plomb, sur les voliers de sauvagine à des portées efficaces invraisemblables, portées souvent réduites d'ailleurs et d'autant plus meurtrières, grâce à la rapidité de l'embarcation dont le gibier ne semble pas encore s'être rendu compte.

A l'embouchure de certains fleuves où le gibier se réunit en bandes considérables, cette artillerie compte à son actif de nombreux coups de 40 et 50 pièces dont la majeure partie est perdue. Je tiens ces détails de M. Ternier qui se propose, je crois, de formuler également une protestation devant le Congrès.

Dès le coup de canon, un homme du bord surveille avec une lorgnette la remise du gibier. Le canot part à toute allure ramassant au hasard de l'épuisette les quelques oiseaux morts qui se trouvent sur sa route. Les autres et les blessés que le vent et les courants auront fait dévier, sont définitivement abandonnés pendant que le canot poursuit sa course vertigineuse vers la remise où il effectue un nouveau massacre. Notons que dans certains estuaires propices, de gros voliers de gibiers, canards et autres du genre dont les rangs semblent à peine s'éclaircir à l'époque de la reproduction, sont à demeure toute l'année, et que cette chasse ayant lieu sur le domaine maritime, peut continuer impunément la destruction en toutes saisons.

L'utilisation des canots automobiles, même pour la chasse, n'est pas en cause, et je ne prétends pas lutter contre le progrès. Mais puisque nous nous attaquons aux principaux facteurs de la diminution de la sauvagine et que les canots automobiles ont une large part de responsabilité, il nous est permis de préconiser la réduction de leurs moyens offensifs et de proposer deux mesures palliatives : 1° moteurs ne permettant qu'une vitesse maxima à déterminer pour les canots se livrant à la chasse ; 2° clause restrictive portant sur le calibre des armes employées. Certaines nations ont déjà adopté cette mesure.

Dans la chasse Illustrée, j'ai écris la phrase suivante que je maintiens énergiquement : « La barque à rames, c'est le basset; l'embarcation à voile, c'est le chien de grande vénerie ; le canot automobile c'est lelévrier de mer. Il y a donc lieu, sinon de le considérer comme engin prohibé, du moins de lui appliquer une règlementation restrictive. »

Notre législation prévoit une règlementation pour les lévriers : qu'on règlemente les canots automobiles.

C'est à cette règlementation et à la suppression des filets que nous pouvons actuellement limiter nos desiderata relatifs à la chasse sur le domaine maritime pour laquelle les prescriptions administratives sont encore rudimentaires ou plutôt inexistantes.

Il y a peu d'années, sur l'initiative du ministère, une enquête avait été ordonnée qui avait pour but d'étudier une règlementation éventuelle de la chasse maritime. On n'en a plus entendu parler, mais on a constaté toutefois que des mesures étaient prises pour interdire la chasse sans permis sur les rivages de la mer, tolérance contre laquelle j'avais déjà protesté.

*
* *

Quant aux bécassines, je ne crois pas que leur nombre diminue sensiblement, car sur les terrains favorables et par temps favorables, on constate des passages aussi abondants qu'autrefois. Ces emplacements privilégiés se font de plus en plus rares : c'est tout ce qu'on peut dire. Les seuls engins de braconnage que je connaisse sont le lacet et le petit engin nommé sauterelle en Normandie. J'ignore si ces modes de capture sont très répandus ; je les ai observés régulièrement dans le Cotentin sur certains marais du littoral.

*
* *

Après avoir signalé les dangers réels menaçant l'avenir de la sauvagine, il est bon d'examiner si les motifs qu'on invoque pour restreindre le temps de la chasse sont justifiés. Parlons d'abord de la date de clôture puisque c'est de celle-ci que se sont plus particulièrement occupés les différents ministres de l'Agriculture.

De l'ancienne date du 15 mai, la clôture fut ramenée au 31 mars par M. Mougeot. Puis M. Ruau, devant les sollicitations de la Chambre, reportait la fermeture au 23 avril et enfin au 15 avril.

D'aucuns trouvent que même la date du 31 mars est une trop large tolérance, et voudraient voir fermer la chasse au marais dès le 15 février, ou pis encore, dès la clôture générale. Ils partent de ce principe que la suppression de la moitié de la saison de chasse amènerait une surproduction considérable de sauvagine ; d'où une plus-value proportionnelle dans le rendement et dans les prix de location des terrains de chasse. Il faut croire que telle n'est pas l'opinion des communes, des propriétaires et autres intéressés, car les chiffres de préjudice qu'ils m'ont indiqués et que j'ai transmis au ministère en même temps que leurs vœux significatifs, par l'aimable entremise de M. Daubrée, directeur général des Eaux et Forêts et président de ce Congrès, prouvent exactement le contraire.

On vient nous dire ceci : « Le printemps est l'époque de la ponte et de l'incubation. Par conséquent, si vous tuez ou dérangez les couveuses à cette époque, vous compromettez l'avenir des espèces. »

Cette théorie, très séduisante en apparence, ne résiste pas à l'observation exacte des mœurs des oiseaux.

Sauf l'exception du canard franc indigène, dont je tiendrai compte tout à l'heure, les palmipèdes que nous tuons sur nos étangs et les bécassines que nous chassons au marais, sont d'origine étrangère. A la vérité, on observe parfois quelques couples d'humeur moins vagabonde et nichant en France : mais ce sont là des cas tellement rares et irréguliers qu'ils n'appellent pas de règlementation spéciale. Or, si ce gibier prend ses quartiers de nidification en Angleterre, en Islande, dans les Pays-Bas ou ailleurs, c'est qu'apparemment il ne pond ni ne couve en France. Je ne vois donc pas en quoi notre chasse de printemps peut le déranger au cours de sa période de reproduction, époque à laquelle il est loin de nos marais. Ou bien, s'il est encore dans nos parages, c'est que sa ponte ni même sa nidification ne sont commencées. Il n'y a donc pas d'inconvénient à le chasser. Je sais bien que le fait de tuer une femelle implique toujours l'éventualité d'une couvée en moins. Mais cette vérité possède déjà toute sa valeur lors du passage d'automne, et pour être logique, il faudrait interdire pendant toute l'année la chasse des femelles, comme, dans certaines chasses, on le fait pour les poules faisanes.

Cela n'est guère pratique, et franchement, la sauvagine est-elle si clairsemée qu'on doive imposer à sa chasse de telles restrictions ?

Le canard franc, le majestueux col vert, mérite toute notre sollicitude. Il n'est pas exclusivement français : mais de nombreux couples nichent sur notre territoire. Sa ponte est précoce : suivant l'état de la saison, elle est terminée en février ou mars. C'est dire qu'à cette époque, les couples de canards ont gagné les retraites qu'ils ont choisies pour la reproduction.

De fait, on ne tue plus guère de canards francs après le 15 mars. Les cols-verts exotiques nous ont quitté dès la fin de février ; les canards indigènes se cachent dans les cultures, dans les bruyères ou dans les bois, pour faire leur nid, et cessent de se rendre aux sollicitations des appelants.

Je ne verrais donc aucun inconvénient à une clôture précoce pour le canard franc qui, d'autre part se garde bien d'établir son nid dans les endroits fréquentés ou habituellement chassés. Cette mesure aurait l'avantage de satisfaire ceux de nos confrères dont le parti-pris n'est pas irréductible.

On m'objectera sans doute que sous prétexte de vente d'appelants domestiques, vente toujours licite, la fraude pourrait contrarier cette production par suite de la ressemblance existant entre la variété sauvage et la variété privée. Mais, outre que pour un œil un peu exercé, la nuance est appréciable, et que l'inconvénient subsiste même après la clôture définitive, il serait facile d'assujettir la vente des appelants en temps de clôture à la formalité du certificat d'origine ainsi que cela a lieu couramment pour le poisson pris dans les eaux fermées pendant la clôture de la pêche. Cette mesure gênerait sensiblement le braconnage et le recel sans apporter d'entraves à l'achat et à la vente des appelants, transactions fort rares d'ailleurs à l'époque de la reproduction. Quant à supprimer complètement la fraude, là comme ailleurs, c'est un problème qui ne sera pas résolu de sitôt. Il ne faut pas demander l'impossible.

Dire qu'il n'y aura jamais d'erreur commise, jamais d'accident, serait exagéré. Mais ces exceptions seront si clairsemées qu'elles ne sauraient mettre en péril l'avenir du canard franc, ni constituer un obstacle à la continuation de la chasse aux espèces exotiques.

A qui n'est-il pas arrivé, chassant en arrière-saison et même dès le mois d'octobre, de fusiller une hase pleine ou en période d'allaitement ? C'est fort malheureux, sans doute, et le vrai chasseur regrette aussitôt son coup de fusil ; mais bien que ce gibier ait, lui aussi, besoin de ménagements, il ne viendrait pas à l'idée des pouvoirs publics d'interdire la chasse du lièvre dès fin septembre. Et en admettant même que cette mesure extrême intervînt, ce ne serait pas une raison pour interdire, *ipso facto*, la chasse du faisan, de la bécasse et du chevreuil à la même époque.

Le gibier exotique, c'est la *Légion étrangère* de notre chasse. Après la période de conflit général, c'est cette légion qui doit supporter l'effort de la campagne pendant que nous ménageons au besoin nos voiliers indigènes.

*
* *

Passons maintenant à la date d'ouverture.

Je commence par faire amende honorable. En 1903, j'ai dit que je ne voyais pas grand inconvénient à une ouverture tardive. Une documentation plus complète m'a permis d'apprécier combien cette mesure, si elle était imposée par voie administrative, serait peu équitable.

Pour le gibier qui se reproduit à l'Etranger, il n'y a pas de contestation possible. Dès l'instant où ses ailes l'ont porté jusque chez nous, c'est qu'il est gibier fait et digne en tous points du coup de fusil. C'est ainsi que dès le début de juillet, sur les marais côtiers qui reçoivent les premières bécassines de provenance britannique, on réalise des journées remarquables. Quelques jours après, les sarcelles d'été, les pilets et les rouges de rivière font leur apparition et procurent parfois en juillet des tableaux plus fournis qu'en septembre.

Tout irait donc pour le mieux si ne surgissait pas en même temps le casus belli des halbrans.

Pour des chasseurs de sauvagine qui sont en même temps des huttiers, il y a de quoi hésiter à aborder un pareil sujet, car les belligérants ne se sont mis d'accord que sur un seul point qui était d'anéantir sous le poids de leur mépris ces malheureux huttiers. Et pourtant, si nos détracteurs s'étaient livrés sans interruption à cette chasse pendant vingt ou trente ans, en mettant eux-mêmes la main à la pâte, ils ne diraient sans doute pas que c'est là un sport rémunérateur, bon tout au plus pour les invalides et les incapables. Au demeurant, nous ne nous en portons pas plus mal.

Ceux qui préconisent l'ouverture tardive disent ceci : « En juillet, les halbrans ne volent pas ou si peu, qu'ils sont hors d'état d'échapper au chasseur ou à son chien. Le plus souvent, les halbrans se contentent de plonger ou de fuir en clapotant des ailes à la surface de l'eau. Ils n'ont rien de la livrée, ni de la force de l'adulte, et correspondent tout au plus au pouillard indigne de tenter le fusil d'un vrai chasseur. C'est un jeu de massacre. De plus, le canard est un gibier trop sauvage, trop indépendant, trop voyageur pour être assimilé à un gibier sédentaire. C'est un gibier qui appartient à tous, et il faut attendre, pour le tirer, qu'il ait quitté son pays natal et se soit répandu dans toute la France. Les chasseurs de halbrans sont des égoïstes qui ne veulent à aucun prix laisser leurs voisins plus ou moins éloignés profiter de leur gibier. Donc, il faut qu'une ouverture tardive supprime la chasse aux halbrans. »

Voilà évidemment une conception radicale — je dirai même collectiviste — au suprême degré. Voyons ce qu'elle vaut. Je suis d'autant plus à l'aise pour en raisonner impartialement que sur mon terrain de chasse, pas plus qu'à dix lieues à la ronde, il n'y a de halbrans. Je n'en tue pas une demi-douzaine par saison. Je tue mes premiers canards francs en novembre, lors de la migration exotique de cette espèce. Mais je me suis documenté dans quelques pays où la production naturelle ou artificielle des halbrans est régulière. Voici ce que j'ai vu et appris ; voici les conclusions que j'en tire.

Lorsque la production est naturelle, les propriétaires des terrains propices à l'incubation et des étangs voisins respectent au moment voulu tout ce monde ailé et assurent sa tranquillité dans la mesure du possible.

Ceux qui n'ont pas de production naturelle et peuvent s'offrir le luxe d'une production artificielle, lâchent en fin de saison un certain nombre d'appelants et les laissent couver à leur guise sur le marais.

Dès le mois de juillet, contrairement à ce que je croyais auparavant, les halbrans sont « grand-volants » ainsi que j'ai pu m'en assurer ; et cela ne saurait nous surprendre outre mesure si l'on observe ce qui se passe pour certaines espèces de gibier exotique.

Le gros des sarcelles d'été, des rouges de rivière, des pilets, voire des siffleurs, ne repasse guère que fin mars et avril, parfois en mai, et commence par conséquent son incubation bien après les canards francs, ce qui n'empêche pas les couvées complètes de ces espèces d'apparaître sur nos étangs dès juillet et août. Si à cette époque nous ne voyons pas encore de cols-verts exotiques, c'est que pour des raisons trop longues à exposer ici, le moment n'est pas encore venu pour eux de quitter les pays de nidification.

La vérité est qu'en juillet et août, nos halbrans, quoique chassés, ne s'éloignent pas encore des parages où ils sont nés. Après le coup de fusil, le reste du volier effectue quelques randonnées au-dessus de l'étang, passant souvent très haut et hors de portée, puis se repose sur le même marais ou sur un marais voisin qu'il ne quittera que plus tard pour des régions plus éloignées. Cela n'empêche pas les halbrans d'être déjà de plein vol et de constituer un coup de fusil parfaitement honorable au même titre que les jeunes exotiques qui nous sont déjà parvenus à cette époque et qui, malgré leur livrée de jeune âge, se défendent dans la perfection.

La différence entre cette chasse et la chasse d'hiver est qu'en été, la végétation plus haute et plus dense permet d'aborder plus facilement ce gibier farouche, alors qu'à découvert, les jeunes, issus d'appelants, et dont la mère a été reprise, parent eux-mêmes à distance respectable.

Il en est de même pour le perdreau qui tient dans les remises des cultures. Personne cependant ne songe à dire du perdreau que parce qu'il tient, il n'est pas digne du coup de fusil.

Certes, chez les canards, il y a parfois des couvées tardives, et en juillet, on rencontre quelques halbrans sans défense, comme en septembre des pouillards et des cailleteaux, comme en octobre des faisandeaux. Mais personne n'est obligé de les tirer, et si quelque bredouillard se laisse aller à cette mauvaise action, il en est pour sa courte honte, car il n'osera ni montrer ni offrir ses piteuses victimes.

Que penser maintenant de cette prétention d'interdire le tir des canards avant qu'ils ne soient disséminés en France ? Elle doit émaner, à mon avis, des propriétaires ou locataires d'étangs qui ont peu ou pas de halbrans chez eux. Je suis logé à la même enseigne, mais je ne goûte pas leurs mauvaises raisons.

En premier lieu, il ne serait pas adroit d'empêcher les propriétaires de terrains où s'élèvent les halbrans de profiter de cette production. Ces propriétaires n'auraient plus alors aucun intérêt à surveiller et à protéger contre les animaux nuisibles et les braconniers, ces couvées dont ils sauraient ne pas devoir profiter ; et les voisins, même lointains, seraient les premiers à subir les conséquences de cet état de choses, car on est loin d'abattre tous les halbrans d'un canton, et une bonne partie s'échappe, à un moment donné, vers d'autres départements.

Il faut considérer aussi que les propriétaires d'étangs où s'élèvent les halbrans ont quelques droits sur ceux-ci. Il serait aussi peu équitable de leur interdire, au profit de leurs voisins, de prélever leur part sur la production de leur canton, sous prétexete que les oiseaux n'ont pas encore atteint les dimensions extrêmes de l'âge adulte, qu'il serait peu équitable de nous obliger, pour le même motif et dans un ordre d'idées plus général, à épargner les cailles en septembre au profit de l'Égypte et de l'Algérie où elles achèveront leur croissance.

Les partisans de l'ouverture tardive voudraient transformer le *res nullius* en *res omnium*. Evidemment, cela se ressemble, si l'on admet que les extrêmes se touchent, mais il y a une nuance. Puisque nous subissons les inconvénients du droit romain, il est juste que nous jouissions des prérogatives qu'il nous confère, en l'espèce les prérogatives du premier occupant, prérogatives d'autant plus inattaquables que, le plus souvent, ce premier occupant aura surveillé les couvées et aura même fourni une notable partie des reproducteurs.

Enfin, on a parfois prétendu que l'extension de la période de chasse au marais en dehors de la période d'ouverture générale favorisait le braconnage du gibier de plaine. Il est possible que quelques perdreaux aient été tués par des chasseurs peu scrupuleux. Mais croit-on sérieusement que les braconniers de profession, les seuls dangereux, s'inquiètent de ces vétilles que sont pour eux les dates d'ouverture et de clôture ? S'il n'y a plus d'autres risques pour nos perdreaux que ceux que leur font courir les chasseurs de sauvagine, le repeuplement des chasses de plaine est assuré.

En observant le groupement des opinions différentes, on remarque que la majorité des partisans d'une période de chasse plus étendue sont des chasseurs de la région du Nord de la France, alors que les partisans des restrictions se groupent plus au Sud. Ce fait est normal.

Le gibier de passage nous parvient dans le Nord avant d'arriver chez nos confrères du centre et du midi. Mais, viennent les premiers froids, ce gibier nous abandonne à leur profit. Ils le chassent pendant que nos tableaux marquent un temps d'arrêt. Ainsi les bécassines et quelques autres migrateurs arrivent en Camargue fin novembre et décembre, et nombre d'entre eux y passent l'hiver puis accompagnent, en mars, ceux qui reviennent d'Algérie et du Maroc. Il en est de même le long des côtes de l'Océan, en Bretagne, en Basse-Normandie et sur différents points du littoral européen tièdement influencés par le Gulf-Stream. Nos confrères jouissent donc du passage pendant le temps que nous en sommes privés. Nous ne profitons pleinement que des périodes extrêmes de la migration, alors qu'ils bénéficient de la période intermédiaire tout aussi intéressante. Rien d'étonnant, dans ces conditions, à ce que les dates de clôture et d'ouverture qui conviennent aux uns ne puissent convenir aux autres.

Cette remarque peut fournir un élément de conciliation en faisant ressortir la possibilité de diviser la France en deux ou trois zones ainsi que cela a lieu pour la chasse en plaine. Cette combinaison éviterait les multiples interprétations départementales qui ressemblent fort à l'imbroglio de certaines réglementations anglaises.

Puisque les chasseurs d'une zone déterminée réclament une ouverture tardive et une fermeture précoce pour la protection de leur gibier indigène, il est facile de leur accorder cette satisfaction par voie administrative s'ils ne sont pas assez sages pour s'y astreindre de leur plein gré. Qu'ils ouvrent tard, et leurs halbrans ne viendront pas chez nous qui sommes tout à fait au Nord. Puis, après avoir prélevé leur part sur le gibier migrateur, ils fermeront tôt, et les canards qu'ils admettent devoir couver chez eux dès février et mars, y seront installés et en sûreté à la date qui leur convient.

Donc, lors de notre ouverture précoce et de notre clôture que nous souhaitons voir fixer à fin avril au plus tôt, ce n'est pas leur gibier que nous tuerons et nous ne leur causerons aucun préjudice.

Peut-être — et particulièrement les chasseurs des frontières de zones — éprouveront-ils quelque dépit à nous entendre tirer alors que leurs armes seront au râtelier. C'est grand dommage ; mais, dans ce cas, pourquoi demandent-ils des restrictions ? Ce n'est certes pas nous qui les leur imposons.

*
* *

Deux mots encore à propos du fameux art. 9.

Le programme du Congrès soulève la question des appelants. En ce qui concerne la chasse à la sauvagine, la solution se résume en trois lignes. Les préfets ont le pouvoir d'autoriser les appelants. Une interdiction équivaudrait à la suppression de la chasse à la hutte. Il en est de même pour la chasse de nuit à la hutte. Certains auteurs contestent, d'autres reconnaissent aux préfets le droit d'autoriser cette chasse nocturne.

Peu importe. De fait, la chasse de nuit à la hutte est, à juste titre, tolérée presque partout, et l'Etat lui-même donne l'exemple en louant des gabions où seule la chasse de nuit est possible. Dans ces conditions, on ne voit pas bien pourquoi une prescription n'interviendrait pas qui lèverait l'indécision interprétative et unifierait cette réglementation particulière.

*
* *

De même, enfin, pour l'interdiction de la chasse à la sauvagine en temps de neige, interdiction qui n'a pas sa raison d'être. Cette simple affirmation se passe de commentaire, l'interdiction n'étant d'ailleurs que rarement appliquée.

Il n'est pourtant pas inutile d'en rappeler l'éventualité et d'en réclamer l'abolition, ne serait-ce que pour éviter des jugements analogues à celui du tribunal de Toulouse, condamnant un chasseur pour avoir tué un vanneau en temps de neige. Le jugement était absolument fondé, puisque la classification observée dans l'arrêté préfectoral était formelle.

De pareils incidents ne se produiraient plus en adoptant le terme général et précis de *sauvagine* à côté duquel une interdiction relative au temps de neige ferait sourire.

*
* *

Cet exposé que la complexité du sujet a rendu un peu long — ce dont je m'excuse — je le soumets à l'appréciation des congressistes et le résume sous la forme des vœux suivants :

1° Que les termes de *sauvagine* et de *chasse au marais* soient officiellement adoptés à l'exclusion des termes de gibier d'eau et d'oiseaux de passage, en ce qui concerne la réglementation de la chasse à la sauvagine.

2° Qu'une interdiction formelle, visant mieux les inscrits maritimes, intervienne contre tout autre mode de chasse que la chasse au moyen d'armes à feu, au moins en ce qui concerne les palmipèdes.

3° Qu'une règlementation spéciale apporte les restrictions nécessaires dans l'armement et la vitesse des canots automobiles utilisés pour la chasse.

4° Qu'une mesure générale fixe l'ouverture de la chasse au marais du 1er juillet, au plus tôt, au 15 juillet au plus tard, et la fermeture, du 30 avril, au plus tôt, au 15 mai au plus tard, réserve faite d'une date de clôture spéciale pour le canard franc s'il est nécessaire; que si ces dates sont reconnues incompatibles avec les intérêts en jeu dans certaines régions, une division territoriale intervienne qui attribue des périodes de chasse différentes aux différentes zones, la zone septentrionale bénéficiant de la date d'ouverture la plus précoce et de la date de fermeture la plus tardive, dates justifiées par sa situation géographique sur le trajet des migrations et par les mœurs des migrateurs.

5° Que l'emploi des appelants à la hutte continue à être autorisé.

6° Qu'une mesure générale et définitive prévienne toute interdiction de la chasse de nuit à la hutte et de la chasse à la sauvagine en temps de neige.

F. MASSE.

La clôture de la chasse au gibier d'eau dans la région Picarde.

Par M. ROSSELET.

SOMMAIRE

Clôture au 31 mars proposée pour toute la France. — Elle est inadmissible pour la région picarde. — Date de la clôture autrefois. — Date actuelle. — Réclamations unanimes des chasseurs et des communes contre cette date. — Vœux réitérés du Conseil général de la Somme dans le même sens.

Situation spéciale de la Picardie au point de vue de la chasse au gibier d'eau. — Bécassine et Gros gibier. — Chasse au marais. — Chasse à la hutte. — Importance des intérêts en jeu. — Prix de location. — Le repassage n'est jamais terminé le 31 mars.

Dans quel but on prétend limiter la chasse à cette date. — La crise du gibier d'eau. — Existe-t-elle ? — En quoi elle consiste. — Nos tableaux de chasse depuis 30 ans. — Concurrence des filets tendus à la mer et des canots à pétrole. — En réalité, le gibier d'eau ne diminue pas, mais les étangs et les marais disparaissent. De là les doléances de certaines régions. — Question d'hydraulique agricole, non de police de la chasse.

La clôture anticipée a-t-elle amélioré en Picardie le rendement des chasses au marais ? — Un « sondage » qui dure 8 ans. — Notre bilan : perte sèche de 40 %. — Comment ce fait s'explique-t-il ? — Pourquoi on ne peut aider ainsi dans notre région au repeuplement de la chasse au marais. — Rien que des oiseaux migrateurs. — Pas de couvées, même pour le col-vert. — Il niche pourtant en d'autres pays de France. — Canard « sauvage » et « dit sauvage ». — La question du *halbran*. — Elle n'existe pas dans la Somme. — Aucune reproduction indigène appréciable. Pourquoi en est-il ainsi ? — Comment nos chasses sont alimentées. — Réserves naturelles du nord de l'Europe. — Nos victimes du repassage, gouttes d'eau dans la mer. — Clôture naturelle. — Inefficacité et inutilité d'une clôture officielle. — Arrivages : pluie et vent d'Est. — Notre sort dépend des éléments.

A qui pouvons-nous nuire ? En quoi et comment ? — Notre situation géographique sur la carte des migrations. — Le gibier d'eau repasse en dernier lieu dans notre région. Il nous quitte pour franchir la frontière. — Nos chasses de repassage ne peuvent donc nuire aux étangs ni aux marais d'aucune autre région française.

La chasse au printemps d'un gibier déterminé peut-elle faire tort à la chasse d'autres gibiers dont la chasse est fermée ? Oui, peut-être, celle de la bécasse. — Peut-on craindre qu'il en soit de même de la chasse au gibier d'eau ? Oui, pour certaines contrées. — Non (car il y a impossibilité matérielle), quand il s'agit de la chasse sur les étangs et marais de Picardie.

CONCLUSION. — Il n'y a pas, en matière de gibier d'eau, une situation unique en France, exigeant ou justifiant une réglementation unique. — Départements auxquels la date du 31 mars peut convenir. — Différence entre ces régions et la Picardie. — Pourquoi des clôtures locales pour toutes les autres chasses, pas pour la chasse au marais ? La loi d'accord ici avec la logique et l'équité. — Nécessité d'admettre pour la région picarde une clôture spéciale, postérieure au 31 mars. — Dépôt d'un amendement en ce sens.

Le Congrès de la Chasse, est, paraît-il, saisi d'une proposition tendant à fixer uniformément au dernier dimanche de mars, la clôture de la chasse au gibier d'eau dans toute la France.

Peut-être cette date conviendrait-elle, pour certains départements. Elle aurait les plus grands inconvénients pour ceux du Nord et en particulier pour la région picarde.

Chasseurs de cette région, qui est certainement, en ce qui concerne la chasse au marais, l'une des plus intéressées, nous demandons que, dans la solution à donner à cette question, il soit tenu compte de notre situation qui, à ce point de vue, est très spéciale.

Déjà, nous avons eu à subir, dans ces dernières années, l'application d'une réglementation nouvelle s'inspirant du principe de l'uniformité. Instruits par les résultats de la fâcheuse expérience, — nous pourrions presque dire du sondage ».

puisque le mot est à la mode, — dont nous avons ainsi fait les frais, nous croyons devoir mettre nos confrères en garde contre cette tendance à généraliser en une matière qui ne comporte pas la généralisation.

De temps immémorial, la clôture de la chasse au marais dans le département de la Somme, ainsi du reste que dans plusieurs départements voisins, avait lieu le 15 mai. Il y a huit ans, elle fut avancée d'un mois et fixée au 15 avril. Une année même, en 1904, on la reporta au 31 mars. Mais, devant les protestations qui s'élevèrent de toute part, cette date fut abandonnée, et c'est à celle du 15 avril que l'administration s'est, depuis lors, arrêtée.

Même ainsi limitée, cette restriction nous cause, sans profit pour personne, un préjudice considérable qui a motivé les plus vives réclamations. On peut juger de leur importance par ce fait que, depuis lors, le Conseil général de la Somme n'a cessé, dans chacune de ces sessions, de protester contre l'innovation dont nous nous plaignons.

C'est qu'elle atteint, non seulement les chasseurs, mais aussi les nombreuses communes, propriétaires de marais dont la chasse, louée parfois très cher, constitue le meilleur des recettes inscrites à leurs budgets.

A elle seule, l'énumération des vœux émis par l'Assemblée départementale pour obtenir le rétablissement de la clôture au mois de mai, a son éloquence. On ne s'étonnera donc pas de voir figurer, en tête des arguments qui justifient l'amendement que nous avons l'honneur de proposer au vote du Congrès, le tableau chronologique ci-après qui reproduit les dates des délibérations du Conseil général de la Somme sur la question.

22 août 1902 ; 22 avril 1903 ; 18 août 1903 ; 13 avril 1904 ; 26 août 1904 ; 2 mai 1905 ; 23 août 1905 ; 23 avril 1906 ; 22 août 1906 ;

Nos confrères nous permettront de leur exposer avec quelques détails le motifs sur lesquels s'appuient ces vœux ou plutôt ce vœu unique, tant de fois et si instamment renouvelé.

Il y a en France, plusieurs sortes de chasses au gibier d'eau. La plus répandue, et par malheur, la seule qu'on connaisse en plus d'une contrée, consiste soit à se promener un fusil à la main, sur les bords d'un cours d'eau, sous prétexte de tirer un cul blanc, soit à battre avec un roquet les bordures d'une mare ou les roseaux d'un fossé dans l'espoir de faire lever un poule d'eau.

Ce n'est pas de cette chasse qu'il s'agira ici. Soit dit, sans offenser personne, elle ressemble à celle dont nous venons défendre les intérêts, à peu près autant que l'opération qui consiste à guetter l'ortolan et le fouti-fouti, ou même la chasse aux casquettes, chère à Tartarin, ressemble aux sports qui se pratiquent dans les tirés de Noisiel et de Bois-Boudran ou sous les futaies de Compiègne et de Villers-Cotterets.

Malgré les dessèchements partiels qui, sur bien des points, ont notablement modifié son aspect d'autrefois, la Picardie est encore aujourd'hui la terre classique des huttiers et des chasseurs au marais.

Par le développement de ses grèves maritimes, par la largeur de ses embouchures de rivières, elle plaît à la sauvagine l'attire et l'arrête au passage.

Par les nombreuses et profondes *entailles* creusées dans la tourbe qui garnit le fond de ses vallées, elle l'invite au séjour et la retient, en lui offrant à l'intérieur, sur une longue série d'étangs, la nourriture et l'abri ; elle est le pays de prédilection que hante, au printemps et à l'automne, toute la tribu des palmipèdes voyageurs, depuis le cygne et l'oie sauvages jusqu'à la menue sarcelle d'été, en passant par toute la gamme intermédiaire des canards, grands et petits : cols verts milouins, milouinants, oignes, garrots, siffleurs, tadornes, pilets, morillons, rouges de rivière, etc.

Par ses anciennes tourbières à demi-comblées, elle est aussi, elle est surtout, un des rares pays de France possédant encore de vastes étendues de marais, très riches en *places noires*, si recherchées de la bécassine et où cet oiseau passe, à certaines époques de l'année ; en assez grande abondance pour faire l'objet d'une chasse à la fois très intéressante et très fructueuse.

Cette chasse, devenue hélas ! un mythe pour un trop grand nombre de nos confrères, il n'est pas facile d'essayer de faire comprendre ce qu'elle est, sans avoir l'air d'un hâbleur ou d'un illuminé. Mais aucun de ceux à qui il a été donné de la pratiquer ne s'étonnera qu'on n'en puisse parler qu'avec enthousiasme, presque avec émotion. Car ils savent, que, malgré les fatigues qu'elle impose ou à cause d'elles, par l'admirable élégance du gibier, par les mille difficultés qu'en présente la recherche et l'approche, par la délicatesse et l'infinie variété du tir, par l'extrême complexité de la tâche qui incombe au chien, les qualités exceptionnelles d'endurance, d'initiative, de docilité, de finesse du nez, de prudence et de fermeté dans l'arrêt, toutes qualités dont elle exige le germe, chez ce fidèle collaborateur, et qu'elle développe en lui jusqu'à leur maximum, cette chasse résume un véritable idéal de perfection, dont n'approche aucune autre chasse au chien d'arrêt.

Plus connue, sinon mieux connue, et souvent bien calomniée, moins noble si vous voulez, mais d'un charme également très prenant en son genre, non dépourvue même d'une certaine poésie un peu âpre, est cette autre chasse qui, elle aussi, a ses adeptes fervents, chasse de ruse, et d'affût, chasse de nuit où l'homme, au fond de sa hutte, les *risées* ouvertes, l'œil au guidon de sa canardière, sous la bise glacée qui lui souffle au visage, attend un rayon de lune entre deux nuages, pour distinguer au ras de l'eau, entre les *blettes* en bois peint, les sauvages oiseaux qui, répondant au cri des appelants, viennent de s'abattre sur sa mare.

C'est un art aussi que celui-là, et des plus compliqués : car on ne se doute pas de tout ce qu'il a fallu de volonté, d'intelligence et d'observation, pour réunir aussi, à belle portée, ces ombres légères, inquiètes déjà et prêtes à l'essor ; ce qu'il faut encore d'adresse et de sang-froid pour placer, le moment venu, au bon endroit le paquet de mitraille, qui, bruyamment, couronnera cette œuvre de patience et d'ingéniosité.

Il est des huttes aristocratiques, installées avec tout le luxe et le raffinement du confort moderne, qui sont de véritables habitations très complètes, où l'on se chauffe à la vapeur, où l'on s'éclaire à l'électricité. Il en est, en grand nombre, de très primitives. Mais, si le métier est moins dur dans celles-là que dans celles-ci, dans les unes comme dans les autres, c'est un métier de passionnés, de fanatiques : et si parfois c'est, de plus, un métier qui nourrit, c'est encore un métier honorable. Reprochera-t-on aux braves gens qui l'exercent, trop souvent aux dépens de leur santé, de considérer dans l'oiseau ramassé, la pièce de monnaie, en même temps que la pièce de gibier ?

Il faut bien pourtant vous résigner à entendre parler un peu de la question d'argent. Ici, comme partout, elle joue son rôle, elle a ses conséquences.

Savez-vous que telle mare à hutte se paie au prix d'une ferme de moyenne étendue ? Qu'on pourrait vous montrer telle douzaine d'hectares de marais à bécassines, où vous ne verriez qu'un amas de boue et un tas de joncs, que vous ne voudriez pas acheter pour cent sous, et dont la chasse est louée au prix d'adjudication d'un lot dans la forêt de Rambouillet ?

Songez que peu d'amateurs sont assez favorisés par la fortune et par les circonstances, pour pouvoir s'assurer la propriété ou même la jouissance d'une chasse composée d'un nombre parfois considérable de parcelles de ce genre, et que, même parmi les privilégiés qui pourraient en supporter toute la dépense, la plupart s'estiment fort heureux, si leurs relations leur ont permis d'entrer comme actionnaires dans une société locataire d'un beau marais (on les compte aujourd'hui), et d'y prendre *un jour* ; ce qui donne le droit d'y chasser seul une fois par semaine.

Vous comprendrez alors que ce dilettante, qui paie si cher le droit de chasser si peu, soit aussi ardent et aussi intéressé à profiter de toute sa saison de chasse que l'humble prolétaire, pour qui une nuit de veille dans sa niche représente huit jours de pain.

Vous ne serez donc pas surpris de voir ici, rapprochés par un intérêt commun autant que par une commune passion, unis en un même effort, et réalisant, sur ce terrain imprévu, la véritable solution de la question sociale, — le travail et le capital marchant, pour une fois, la main dans la main !

Vous savez maintenant pourquoi, de tous côtés, chez nous on réclame avec tant d'ardeur et d'insistance l'exercice complet d'un droit de chasse précieux à tant de titres.

Il nous reste à vous montrer exactement ce qu'on réclame, c'est-à-dire à définir cette période de repassage dont nous revendiquons l'entière jouissance.

Deux grands courants migrateurs nous apportent le gibier d'eau : l'un dirigé vers le sud, le *passage*, quand le gibier, fuyant le froid, arrive du nord de l'Europe ; l'autre quand l'hiver fini, les oiseaux reviennent du Midi, regagnant, au Nord, leurs quartiers d'été, c'est le *repassage*.

Le repassage se fait chez nous en mars-avril. Il commence plus ou moins tôt, dure plus ou moins tard, suivant que l'hiver a été plus ou moins long, plus ou moins rigoureux. Le plus souvent, il se prolonge jusque dans les premiers jours de mai ? Jamais, il n'est terminé le 15 avril : parfois, il commence à peine le 31 mars.

C'est par conséquent, une de nos deux saisons de chasse dont on nous prive en grande partie, lorsqu'on ferme avant le mois de mai.

Quel est l'intérêt d'ordre général ou supérieur, en vue duquel on prétend nous imposer ce sacrifice ?

« Le gibier d'eau, dit-on, diminue en France. Il faut, comme on l'a fait pour d'autres espèces de gibier, en limiter la chasse, afin d'enrayer le mal. »

Ainsi raisonnent les partisans de la clôture au 31 mars. Analysons leur raisonnement : nous en examinerons ensuite chacune des parties :

1° Est-il vrai que le gibier d'eau diminue ?

2° Des mesures de protection analogues à celles qui ont été prises pour limiter la durée des autres chasses peuvent-elles être utilement appliquées à la chasse au gibier d'eau ?

3° Y a-t-il, en ce qui concerne cette chasse, un mal qu'on doive ou qu'on puisse chercher à enrayer ?

1° *Est-il vrai que le gibier d'eau diminue ?*

Une longue pratique de la chasse dans les principaux marais des arrondissements d'Abbeville et de Montreuil, jointe aux observations ou documents qui nous ont été communiqués par de nombreux confrères qui opèrent dans d'autres parties des départements de la Somme et du Pas-de-Calais, nous permet d'apporter, en ce qui concerne la région picarde, une réponse particulièrement documentée à cette première question.

Nous ne saurions avoir la prétention, dans une étude forcément limitée comme celle-ci, de produire tous les éléments d'une longue et minutieuse enquête, qui, pour certains marais, a pu s'étendre jusqu'à plus de 30 ans en arrière. Nous nous bornerons donc à en formuler les résultats, et à en tirer la conclusion.

Ils sont remarquablement concordants et elle est des plus nettes. Nous pouvons les résumer en disant que nulle part nous n'avons rencontré la preuve de la décadence dont nous cherchions à constater la réalité quand nous avons commencé cette enquête.

Car nous devons en faire l'aveu, si nous n'avions pas positivement une idée préconçue sur la question, nous n'étions pas alors sans subir quelque peu l'influence qu'ont pu exercer également sur l'esprit de beaucoup de nos confrères les doléances dont on trouve si fréquemment l'expression jusque dans la presse cynégitique la plus compétente et la plus sérieuse ; et d'autre part, nous n'avions pu échapper entièrement à l'impression plus directe de maints récits complaisamment répétés à nos oreilles par de vénérables et chers amis, huttiers en retraite, chasseurs aujourd'hui plus ou moins honoraires, dont les souvenirs nous retraçaient un passé si brillant en son glorieux éloignement, que notre présent nous apparaissait bien chétif et bien terne à côté.

Aussi, malgré les avertissements qu'avait pu nous donner déjà notre expérience personnelle, n'avons-nous pas laissé d'être surpris quand, à la lumière sèche et froide des chiffres, nous avons vu décroître tout à coup l'auréole qui grandissait tant à nos yeux le prestige des temps anciens, et nous plaçait, pauvres chasseurs d'à présent, si fort au-dessous de nos aînés.

Dans tous les carnets de chasse, dans toutes les statistiques que nous avons pu consulter, et qui, sans remonter juqu'aux temps héroïques de la légende, nous ont permis de nous rendre compte de ce qui se passait à une époque déjà quelque peu lointaine de l'histoire contemporaine, nous avons pris comme base la période des huit dernières années écoulées, et nous l'avons comparée aux périodes de même durée qui l'ont précédée. Nous avions dû naturellement, pour que cette comparaison fût possible, défalquer de toutes les périodes anciennes, le résultat des chasses postérieures au 15 avril, puisque à cette date s'arrête, depuis huit ans, notre chasse.

Or, nulle part nous n'avons trouvé que le rapprochement fût au détriment de la période actuelle.

Nous parlons ici plus spécialement, il est vrai, de la chasse en marais proprement dite, c'est-à-dire de la bécassine, et du *gros gibier* tué devant soi. Car, si nous avons trouvé dans les archives de plusieurs sociétés de chasse un journal cynégitique et des répertoires très bien tenus, s'il nous a été donné de puiser à ces sources précieuses des enseignements nombreux et particulièrement authentiques, il n'est pas toujours facile de voir aussi clair dans la comptabilité des huttiers, gens moins aptes souvent, ou moins portés aux écritures. De ce côté pourtant, nous avons pu nous procurer encore un certain nombre de documents utiles et probants ; nous avons eu d'ailleurs plusieurs occasions de les compléter par les déclarations précises et circonstanciées de vieux habiles praticiens encore assidus à l'exercice du métier.

Toutes les données ainsi réunies, nous avons pu les soumettre d'autre part au contrôle d'une critique impartiale et particulièrement autorisée, auprès de maint témoin impassible et discret des choses d'à présent et de naguère, dont la tradition se conserve parmi nos excellents collaborateurs, porte-carniers et gardes de chasse et de huttes, observateurs attentifs, dont le coup-d'œil est vif, dont le jugement est net, dont la mémoire est sûre.

Et c'est, au fond, toujours la même note qui nous est venue du côté de la hutte et du côté du marais. Car si nos huttiers ont eu, depuis quelque temps, à regretter certains mécomptes, ils ne sont pas gens à imagination, qui se paient de mots ou d'articles de revue. Quelques-uns ne savent peut-être pas très bien lire, mais tous savent regarder autour d'eux, et pas un seul n'ignore que, si certaines bandes de oignes ou de pilets tombent aujourd'hui moins fréquentes et moins drues sur les mares, la cause du déchet n'est pas loin.

Ils connaissent bien la fâcheuse et menaçante concurrence qui leur est faite, et qui s'aggrave de jour en jour, à la mer et sur le rivage. Ils ont regardé fonctionner, dans la baie de la Somme et tout le long du littoral, ce moyen de destruction d'une redoutable puissance, qui consiste dans l'emploi des grands filets tendus à fleur d'eau, où l'on prend indifféremment sauvagine ou poisson, et qui permettent aux inscrits maritimes de râfler, en une marée, des vols entiers, c'est-à-dire des centaines et des milliers d'oiseaux.

Ils ont assisté, en même temps, à l'invasion récente des canots automobiles à marche rapide, armés d'une véritable artillerie à tir non moins rapide, qui ne laissent plus à présent, aux échappés de ces immenses tueries de la côte ni trêve ni repos, même au large ou dans les passes.

S'ils se plaignent, c'est de cela. Le Congrès est saisi d'autre part d'une proposition destinée à enrayer le progrès de cette double calamité. Nous n'avons pas besoin de dire que, si notre effort se borne ici à un autre objet, nous nous associons cependant de grand cœur à l'effort des confrères qui la soutiennent.

Pour en revenir à nos statistiques et à leurs résultats, il nous faut reconnaître que, pour être supprimé avant d'atteindre nos étangs et nos marais de l'intérieur, le gibier qu'on détruit ainsi en masse dans la zône maritime n'en est pas moins du gibier arrivé dans notre pays. Si de ce chef, nous constatons avec chagrin des vides caractéristiques dans les colonnes correspondantes à certaines catégories, notamment dans celle des canards de taille moyenne, il n'en est pas moins vrai que ce qui est déficit pour nos huttes n'est pas perdu pour tout le monde, et nous devons logiquement le rétablir dans la récapitulation, au compte de l'actif de notre région.

Quant aux autres espèces qui doivent soit à une méfiance plus éveillée, soit à des habitudes différentes, d'échapper plus couramment au fléau maritime, elles continuent de fournir à nos huttes comme à nos marais leur contingent habituel, sans qu'il ait pû être signalé, dans l'ensemble des moyennes annuelles les plus récentes, de variations appréciables.

Ainsi, pour résumer toute l'enquête par laquelle nous avons cherché à résoudre pour l'ensemble de la région picarde cette question : « Le gibier d'eau diminue-t-il ? » — nous pouvons dire que c'est une réponse négative, unanime et formelle qui très sûrement, nous arrive de partout.

De partout, avons-nous dit, mais il faut naturellement s'entendre. Nous n'affirmons pas, cela va sans dire, qu'il y ait toujours et en aussi grande quantité, du gibier dans toutes les parties de la Picardie où il y en avait jadis. Nous disons seulement qu'il y en a toujours et à peu près autant dans les marais et étangs qui sont, eux-mêmes, restés ce qu'ils étaient autrefois.

Mais chacun sait qu'il suffit de l'ouverture d'un canal, du creusement de quelques fossés, pour modifier du tout au tout la physionomie et le rendement d'une chasse. Nous en avons tous connu de remarquables, auxquelles certains travaux d'amélioration agricole ont fait perdre, du jour au lendemain, toute espèce de valeur au point de vue qui nous occupe.

Le pire ennemi de la sauvagine c'est le dessèchement. Qui dit : gibier d'eau — dit : eau. C'est une vérité de M. de la Palisse qu'on oublie trop dans tel ou tel pays où l'on déplore amèrement aujourd'hui la disparition d'une population aquatique, à laquelle on a tout simplement coupé les vivres et les demeures.

De même qu'en défrichant bois et forêts, vous supprimeriez la bécasse, n'est-il pas clair que, si vous drainez et plantez vos vallées, vous supprimez la bécassine.

Il suffit de bien moins pour cela. Négligeons simplement d'entretenir les *places* qu'affectionne cette reine de nos chasses ; laissons envahir les *noirs* par la mousse et par l'herbe, nous la verrons bientôt espacer ses visites, s'éloigner peu à peu, puis déserter complètement nos marais ; ils auront cessé d'être aménagés pour elle.

Vous trouvez avantage à mettre vos étangs en culture. Rien de mieux. Vous y tirez désormais des lièvres et des perdreaux ; mais dites adieu au canard. Seulement, quand vous aurez ainsi rendu la vie impossible aux oiseaux que vous aviez l'habitude de chasser, ne vous en prenez pas à autrui, le jour où vous constaterez qu'ils ont disparu. Et surtout n'espérez pas les faire revenir chez vous en prohibant la chasse dans les pays où ils trouvent encore le milieu et les conditions indispensables à leur existence.

Le gibier d'eau disparaît ! dites-vous. Non, ce n'est pas le gibier d'eau qui disparaît, ce sont les endroits aptes à le recevoir. Le gibier d'eau existe toujours dans les contrées où ces endroits ont subsisté et dans la mesure où ils ont subsisté.

Supposons les, un jour, inexistants dans toute la France. Les choses se passeront pour toute la France, comme elles se passent sous nos yeux, dès à présent, dans les régions qui n'ont plus ni étangs ni marais ; comme elles se passent même chez nous, en Picardie, dans les années d'exceptionnelle sécheresse, quand nos marais n'ont plus d'eau, quand nos étangs sont à vide. Pendant une semaine ou deux, moins peut-être, au printemps et à l'automne, nous verrons, le jour, nous entendrons, la nuit dans le ciel, au-dessus de nos têtes, passer très haut, très vite, sans descendre et sans s'arrêter, se hâtant d'un vol continu vers l'étape, les longues files d'oiseaux au cri rauque. Ou bien encore, si le but est trop loin, s'il leur faut un gîte intermédiaire, ils se détourneront autant qu'il faudra ; ils passeront, soit à droite, soit à gauche, nous ne les verrons plus ni ne les entendrons. La sauvagine n'aura pas cessé d'exister, elle aura cessé de passer en France.

Nous n'en sommes pas là heureusement. Il y a seulement en France des régions qui n'ont plus, qui ne peuvent plus avoir de gibier d'eau et qui le déplorent. Mais, s'il existe, en ce sens, une crise du gibier d'eau, cette crise est du ressort de l'Hydraulique agricole, elle n'est pas de celles dont la solution puisse dépendre de la Police de la chasse.

2° *Des mesures de protection analogues à celles qui ont été prises pour limiter la durée des autres chasses peuvent-elles être utilement appliquées à la chasse au marais ?*

S'il n'y a pas diminution réelle du gibier d'eau exigeant une réglementation de ce genre ?

Limiter la durée des chasses pour en améliorer le rendement, telle est la formule qu'on prétend nous appliquer.

Or, voici huit ans que, par une fermeture prématurée, on nous a retranché, à chaque printemps, un mois de chasse. Si le procédé est efficace, on doit trouver une augmentation correspondante dans le rendement moyen de nos chasses durant ces huit années.

Tout autre est, par malheur, la situation qui se dégage des résultats que nous avons eu à examiner tout à l'heure. Vous vous rappelez, en effet, que à part quelques catégories spécialement affectées par des causes locales que nous avons du reste déterminées facilement, nous n'avons pu découvrir aucun changement appréciable, pas plus en bien qu'en mal, dans la moyenne de nos chasses pendant les huit dernières années par rapport aux moyennes des précédentes périodes.

Mais, vous vous le rappelez aussi, notre comparaison ne portait, pour ces périodes comme pour la période actuelle, que sur l'année de chasse limitée au 15 avril. Si, à temps égal, nos chasses sont restées égales, il n'en reste pas moins que, depuis huit ans, nous avons perdu, chaque année, le bénéfice d'un mois de chasse, et par conséquent, tout le gibier qu'on tuait auparavant pendant ce mois.

Est-ce quantité négligeable ? Nous avons fait le calcul en nous servant de nos propres carnets de chasse : il nous ont accusé une perte sèche de 40 % au détriment du repassage actuel. Nous avons répété l'opération sur les relevés de plusieurs sociétés : la proportion est restée sensiblement la même. D'autres, parmi nos amis, ont fait un calcul analogue sur des documents du même genre, et leurs évaluations concordent avec les nôtres. Pour quelques-uns cependant, le déficit a été plus considérable ; certains l'estiment à plus de 50 %. Etant donné les rapprochements nombreux auxquels nous nous sommes livrés, nous ne croyons pas nous écarter de la vérité en nous en tenant à notre proportion de 40 % comme exprimant fidèlement le préjudice éprouvé, depuis huit ans, par l'ensemble de notre région.

Voilà le bilan de l'expérience. Nous sommes loin des taux modestes appliqués en d'autres « sondages » qui ont fait parler d'eux ! On devine si nous eussions préféré que celui-ci aussi eut lieu « à blanc » ! Mais nous avons dû acquitter bel et bien, depuis huit ans, ce nouvel impôt à la fois sur notre agrément et sur notre revenu. Nous ne demandons pas le remboursement. On ne rend ni l'argent ni le plaisir ! Nous demandons seulement à ne plus payer.

Le système s'est donc condamné lui-même. Mais pouvait-il en être autrement ? Faut-il s'étonner que la protection, qui peut réussir pour d'autres chasses, échoue pour la nôtre ?

Laissons de côté, pour l'instant, bien qu'elle présente une certaine analogie d'apparence, la bécasse, qui est un cas spécial, d'ailleurs controversé. Nous y reviendrons, au surplus, tout à l'heure.

Mais pour tout le reste, gibier d'élevage ou gibier naturel, qu'il s'agisse du faisan, du perdreau, du lièvre, du lapin ou du chevreuil, toutes espèces qui naissent sur notre sol, qui y vivent constamment et qui s'y reproduisent, en d'autres termes, pour les races indigènes, plus ou moins sédentaires, il est facilement concevable qu'on puisse songer à favoriser la conservation et le repeuplement en restreignant le temps de chasse. Le chasseur en plaine et le chasseur au bois, qui peuvent compter sur une période de chasse fixe et continue, ont, en outre, la certitude de retrouver, à l'ouverture suivante, multiplié par le croît, le gibier épargné par une clôture anticipée.

Nous n'avons affaire, au contraire, dans nos marais, qu'à des oiseaux essentiellement migrateurs, qui n'y font que de brèves et rares apparitions. Ce sont des étrangers qui tombent une belle nuit chez nous, par le vent d'Est, et qui disparaissent quand le vent change. Si nous ne pouvons pas saisir ce moment fugitif, l'occasion s'envole et nous échappe à jamais. Nos victimes sont toutes des nomades.

On dirait que nos marais comme nos étangs représentent simplement, pour la gent ailée qui les fréquente, une station où l'on se restaure et se repose au cours d'un grand voyage, où l'on fait parfois, à la rigueur, des séjours de quelque durée entre deux voyages; mais ce ne sont pas pour elle des demeures qu'on habite, où l'on s'installe, où l'on se crée une famille. Aucune des nombreuses espèces qui s'inscrivent sur la liste variée de nos hôtes de printemps et d'automne ne se reproduit chez nous.

Nous ne parlons que pour mémoire à ce point de vue de la bécassine. Nous ne croyons pas qu'on soutienne sérieusement qu'elle couve en France, en quantités appréciables. En tous cas, il n'y a pas d'exemple, à notre connaissance, qu'un de ces oiseaux ait fait son nid dans nos marais, et si jamais la chose a eu lieu, ce n'a pu être assurément qu'à l'état de phénomène isolé et tout à fait anormal.

D'autre part, nous n'apprendrons rien à personne en disant que la majorité des canards, de grande, de moyenne ou de petite taille, ne couve jamais sur les étangs ni dans les marais de France. Le col-vert, et, dans une mesure plus restreinte, la sarcelle, font seuls exception à la règle. Mais la Picardie n'est pas au nombre des pays où ces oiseaux ont coutume de se fixer pour faire leur nid. On cite, comme un accident curieux, comme un cas presque extraordinaire, la présence d'une couvée dans nos marais, et quand, par hasard, le fait est signalé, neuf fois sur dix, on peut constater qu'il s'agit, soit d'une femelle sauvage qui a reçu du plomb, soit d'une cane appelante échappée à la volière d'un huttier.

Qu'il en soit autrement en plusieurs autres régions, nous ne le contestons pas. Sans parler de celles où les gardes élèvent dans leurs basses-cours des canards « dits sauvages », pour la plus grande joie des invités du dimanche, devant qui l'ont fait passer ces volailles au-dessus d'une mare, entre deux battues de faisans, nous savons qu'il est des contrées de grands étangs où le canard vraiment sauvage se trouve réuni en abondance au printemps, soit qu'il existe à l'état de race indigène, soit que des couples de provenance exotique s'y arrêtent et s'y établissent au repassage. Et nous reconnaissons que là, il peut être intéressant de suspendre la chasse assez tôt pour respecter les amours de cet oiseau, sa ponte et l'éclosion de ses couvées.

Mais, nous le répétons, ce qui est la règle en d'autres pays ne se voit dans nos marais de Picardie qu'à l'état d'exception très rare et sans aucune importance au point de vue du repeuplement. La fameuse question du *halbran*, si palpitante pour d'autres, n'existe pas pour nous.

*
* *

A quoi faut-il attribuer cette particularité ? Est-ce que la configuration géographique de nos côtes et de nos estuaires, notre position spéciale sur l'itinéraire de la migration, seraient telles qu'elles entraînent irrésistiblement plus loin vers le Nord nos visiteurs de printemps? N'est-ce pas plutôt que nos étangs autour desquels les travaux d'extraction des tourbes entretiennent durant toute la belle saison des allées et venues continuelles, nos vallées trop peuplées, trop habitées, sillonnées de voies de communication trop nombreuses et trop bruyantes, nos marais parcourus pendant l'été par les bestiaux, leurs gardiens et leurs propriétaires, n'offrent pas aux couples méfiants les conditions nécessaires de calme et d'isolement? Toujours est-il que c'est, parmi eux, une règle à peu près absolue d'aller chercher ailleurs un milieu mieux approprié aux soins de leur progéniture.

Nous n'avons pas de sauvagine indigène.

La preuve en est d'ailleurs qu'une fois le repassage terminé, on peut — et nous en avons fait maintes fois l'expérience, — battre, en tous sens, nos marais, sans y faire lever un seul des oiseaux si nombreux quelques jours auparavant. En fait, comme on l'a dit très justement, la chasse au marais, chez nous, se clôt d'elle-même, faute de gibier.

La date du 15 mai correspond, en général, à ce moment. C'est pourquoi, de tout temps, elle avait été admise comme date de clôture officielle.

C'est pourquoi, aussi, vous aurez beau modifier cette date, vous ne changerez rien aux résultats de nos carnets de chasse de la saison suivante.

Si l'on veut comprendre quelque chose au problème de la chasse au marais dans notre région il faut se rendre compte de la manière dont elle est alimentée ; il faut se représenter qu'il existe hors de nos frontières, plus ou moins haut vers le Nord, de longues suites de grèves désertes, d'immenses étendues de landes et de marécages, de vastes solitudes, comparables à de véritables réservoirs où, durant tout l'été, s'accumule la sauvagine. Que nous ayons, au repassage, abattu quelques oiseaux de plus ou de moins, cela fait à peu près, pour cette énorme accumulation, l'effet d'une goutte d'eau dans la mer.

Vienne l'époque de la migration : il suffira que le vent tourne du bon côté. Alors, les robinets s'ouvrent et déversent sur nous la rosée bienfaisante. Elle durera plus ou moins longtemps, elle sera plus ou moins abondante, suivant le temps qu'il fait, suivant qu'un été plus ou moins sec aura placé nos marais dans des conditions plus ou moins favorables, suivant la direction où s'orientera la girouette. Les variations de nos chasses sont soumises aux variations atmosphériques. Nous sommes sous la dépendance exclusive des éléments.

Si vous nous voulez du bien, souhaitez-nous assez de pluie et bon vent. Ne nous souhaitez pas des règlements protecteurs. Ils ne peuvent rien pour nous. Ils peuvent hélas ! beaucoup contre nous !

*
* *

3° Y a-t-il, en ce qui concerne la chasse au gibier d'eau en général, un mal qu'on puisse et qu'on doive enrayer ?

Nous avons démontré que nous ne nous faisons pas, que nous ne pouvons pas nous faire de tort à nous-mêmes en pratiquant notre chasse au marais jusqu'à sa clôture naturelle.

Mais ne peut-on nous reprocher de faire du tort à nos semblables ?

A qui ? A ceux qui chassent le gibier d'eau en d'autres contrées de France ?

Remarquez notre position sur la carte. Tous les oiseaux que l'exode printanier rappelle vers le pays du Nord nous arrivent des contrées plus chaudes où ils ont hiverné. Nous sommes les derniers sur leur route. Ils ont déjà traversé toute la France. Ils sont, chez nous, aux portes de sortie. Ils ne nous quitteront que pour les franchir.

Nous ne pouvons donc pas plus nuire à notre prochain, que l'agneau de la fable, en se désaltérant dans le courant, ne pouvait troubler la boisson de son redoutable interlocuteur !

Notez que cette observation s'applique à la chasse du col-vert objet de tant et de si légitimes préoccupations aussi bien qu'à tous les autres canards. Quand il reparaît chez nous, pour disparaître bientôt, il a déjà terminé son repassage dans les autres régions. Les couples qui doivent se fixer sur certains points du territoire français ont depuis longtemps choisi leurs demeures et n'arrivent pas jusqu'à nous.

La grosse question du *halbran*, qui, nous l'avons expliqué ne se pose pas chez nous, ne se pose donc pas ailleurs contre nous.

***

Où donc trouverons-nous, parmi les chasseurs français, ceux qui peuvent être réellement intéressés à nous interdire notre chasse de printemps ? Quelle chasse peut bien être réellement intéressés à nous interdire notre chasse de printemps ? Quelle chasse peut bien être en opposition directe ou indirecte d'intérêts, à cet égard avec la nôtre ?

Dira-t-on qu'il peut être utile d'empêcher certains coups de fusils qui ne devraient s'adresser qu'à la sauvagine, de s'égarer parfois sur un lièvre ou sur un couple de perdreaux ? Ou encore, que la chasse au gibier d'eau même très honnêtement et scrupuleusement pratiquée, peut, en cette saison, être de nature à troubler le repeuplement de nos plaines et de nos bois ?

C'est par un argument de ce genre qu'on a principalement cherché à justifier l'interdiction de chasser la bécasse au repassage. Sans vouloir prendre ici parti sur la solution que comporte cette autre question, — dont certains points, notamment la possibilité d'une reproduction indigène sérieuse pour la bécasse, sont encore très discutés, — il est juste de reconnaître que, du moins, l'argument dont nous parlons n'est pas sans quelque valeur en ce qui concerne cet oiseau. La bécasse peut, en effet, se rencontrer dans le moindre taillis. Elle permet de parcourir et de battre avec un fusil et un chien des territoires peuplés de toutes sortes de gibier, qu'il vaut peut-être mieux ne pas déranger dans l'accomplissement des tâches mystérieuses et délicates d'où dépend la perpétuation des espèces.

L'argument peut porter encore, dans une certaine mesure, en ce qui concerne la chasse au gibier d'eau dans tel ou tel pays, où cette chasse est surtout une chasse de rivières dont les bords servent de terrain d'élevage et d'agrainage, ou de mares autour desquelles on a plus de chances de tomber sur une rabouillère ou un nid de faisans, que sur un râle d'eau.

Peut-être l'inconvénient n'est-il pas moindre lorsqu'il s'agit d'autres régions mieux douées au point de vue de la sauvagine, mais où elle se chasse autour d'étangs disséminés parmi les cultures, les landes ou les forêts.

Mais, à cet égard encore, ce qui peut être exact en Sologne ne l'est pas en Picardie. Il faut n'avoir jamais aperçu nos tourbières où l'on ne circule qu'en bateau ou avec des bottes jusqu'à la ceinture, pour s'imaginer qu'en fait de gibier, nous pouvons y rencontrer autre chose que des oiseaux également outillés pour la station dans l'eau ou pour la navigation. Quand les perdreaux auront les pieds palmés, quand les lièvres seront devenus échassiers, peut-être les verrons-nous s'aventurer dans nos marais. En attendant, ils préfèrent, et tous ne saurions les en blâmer, les plateaux où l'on ne se mouille pas les pattes, et les bois où l'on ne court aucun risque de se noyer ; et nous restons, nous, au fond de nos vallées encaissées, nettement séparés du monde où l'on ne sait pas nager, par nos entailles inaccessibles aux quadrupèdes, bipèdes et volatiles qui ne marchent qu'à pied sec !

Donc, en résumé, ni la plaine, ni la forêt n'ont rien à craindre de nous. Et — pas plus auprès de nous, dans notre pays qu'au loin, dans d'autres régions, — nous n'apercevons parmi nos confrères, personne à qui notre chasse puisse seulement porter ombrage.

CONCLUSION

De tout ce qui précède, il résulte qu'il n'y a pas, au point de vue de la chasse au gibier d'eau, une situation unique à réglementer en France.

Il y a des situations très différentes qui, logiquement, appellent des réglementations différentes.

Ou, si vous aimez mieux, si vous trouvez qu'il y a un assez grand nombre de situations identiques ou analogues, dites qu'il y a matière à une réglementation générale, mais n'oubliez pas qu'il y a des cas particuliers, n'excluez pas les exceptions qui s'imposent.

La règle générale vous paraît devoir être la clôture au 31 mars ? Soit.

Peut-être ne serait-il pas difficile de vous citer tel département dans lequel il y aurait lieu de fermer plus tôt, où l'on pourrait même ne pas ouvrir du tout, attendu que la chasse au gibier d'eau n'y existe que dans l'arrêté préfectoral, et qu'on n'y rencontre pas plus ce gibier avant le 31 mars qu'après. Mais passons.

Vous avez donc, d'une part, la grande masse des départements français. Elle comprend deux catégories : d'abord ceux dont nous venons de parler, qui n'ont ni étangs, ni marais et que la date de clôture laisse indifférents ; ensuite ceux où la chasse au gibier d'eau a une certaine importance ; dans la plupart de ceux-ci, le repassage est complètement terminé dès la fin de mars. Vous avez, d'autre part, plusieurs départements dans lesquels certaines espèces de gibier d'eau, ou tout au moins l'une d'elles, le col-vert, se reproduisent, et où il est intéressant d'interrompre la chasse d'assez bonne heure pour ne pas troubler cette reproduction.

Vous pouvez dire que, pour la première catégorie, la date du 31 mars est sans inconvénient ; que pour la seconde, elle est justifiée, parce qu'elle est conforme à la réalité des faits ; que, pour la troisième, elle est réclamée ou commandée par l'intérêt bien entendu d'une chasse qu'il est utile de protéger.

Mais, parce qu'on attend, en avril, la naissance des halbrans dans la Brenne ou ailleurs, parce que le repassage est terminé dès la fin ou même avant la fin de mars au bord de la Méditerranée, parce que la bécassine est inconnue dans les Alpes aussi bien au printemps qu'à l'automne, est-ce une raison pour clôturer au 31 mars en Picardie, où le canard ne couve pas, où la bécassine se trouve en abondance et où elle repasse surtout en avril ?

Pouvez-vous faire que les choses aient lieu de la même manière en Camargue et dans la baie de Somme ? Vérité en-deçà de la Loire, erreur au-delà ! Ce qui est juste au Midi tombe à faux dans le Nord.

Vous admettrez bien pourtant qu'on ne peut pas supprimer les latitudes et qu'il est des circonstances locales dont on ne peut se dispenser de tenir compte.

Vous l'admettez déjà, en d'autres matières, puisque vous acceptez que, pour la chasse en plaine, par exemple, les dates d'ouverture et de clôture varient suivant les régions.

Pourquoi refuseriez-vous de tenir compte des circonstances locales et des latitudes, quand il s'agit de la chasse au marais ?

Il nous paraît impossible que nos confrères n'entendent pas l'appel que nous leur adressons ici, au nom du bon sens et de l'équité. Et nous pourrions ajouter, au nom du droit strict et de la loi.

Car la loi, notez-le bien, ni par son esprit ni par son texte, n'autorise en cette matière à procéder par voie de réglementation générale. Laissant aux pouvoirs locaux le soin de prendre les mesures les mieux appropriées aux intérêts dont ils sont chargés d'assurer la sauvegarde, elle dispose, au contraire, en termes exprès, que, dans chaque département, les dates d'ouverture et de clôture seront fixées par le Préfet, sur l'avis du Conseil général.

Nous ne demandons pas autre chose en ce qui nous concerne.

C'est pourquoi nous prions nos confrères, s'ils reconnaissent, pour la plupart des régions, l'opportunité de prononcer la clôture de la chasse au gibier d'eau à la fin de mars, et s'ils croient devoir adopter une motion en ce sens, de vouloir bien ajouter à cette motion le correctif suivant que nous avons l'honneur de proposer au vote du Congrès sous forme d'amendement :

« *Exception faite toutefois en ce qui concerne la région picarde, pour laquelle une date plus tardive est justifiée.* »

ROSSELET.

M. TERNIER. — Les rapports de MM. Masse et Rosselet ne nous étaient pas encore parvenus lors de la discussion qui a eu lieu à la sous-section. Comme j'en connaissais le contenu, j'ai fait ressortir que ces messieurs, représentants de la Somme et de la Picardie, qui se trouvent dans une situation particulière, apportaient des arguments très sérieux en faveur de la clôture postérieure à la fin du mois de mars.

En effet, dans ces départements, la repasse du gibier ne se fait que tardivement, c'est-à-dire au mois d'avril, et, de temps immémorial, la chasse y a été autorisée jusqu'à fin mai.

En conséquence, j'ai exposé les arguments de MM. Masse et Rosselet d'une façon tout à fait officieuse. Je crois maintenant, étant donné que ces messieurs sont ici, que ce n'est plus à moi de présenter des arguments en faveur de leurs rapports et de critiquer la solution adoptée par la sous-section malgré mes explications.

M. LE PRÉSIDENT. — Nous n'avons à examiner que la question des départements du Nord sans nous occuper des rapports précédents, attendu que la sous-section a adopté les vœux formulés par ceux qui voulaient une protection générale du gibier et s'est arrêtée aux dates suivantes :

« La Section émet le vœu que la date de fermeture soit fixée d'une « façon générale, pour toute la France, au dernier dimanche de mars. »

UNE VOIX. — Je ne vois pas pourquoi le Nord serait favorisé au détriment du Midi.

M. TERNIER. — Je vous explique, Messieurs, ce que nous avons fait dans la sous-section. J'ai fourni des explications à la suite desquelles elle a émis ce vœu. Aujourd'hui, les représentants des départements du Nord vont venir vous donner leurs propres explications.

Je crois qu'il serait dangereux de voter sur le vœu émis par la sous-section ; puisqu'on n'a entendu que des explications officieuses, il faut entendre, maintenant des explications officielles. Et on pourra arrêter, ensuite, soit pour la France en général, soit par zones, la date d'ouverture et la date de fermeture de la chasse au gibier d'eau.

La parole est à ces messieurs du Nord.

M. MASSE. — Je crois que, pour épargner du temps, il me suffirait de donner lecture des vœux que j'ai émis. S'il y a des objections, j'y répondrai simplement.

M. TERNIER. — J'ai fait remarquer tout à l'heure à l'assemblée qu'au moment de la discussion de la sous-section il n'avait pas été question, d'une façon officielle, de toute la région du Nord qui jouit d'une situation exceptionnelle au point de vue du gibier d'eau. Je me suis borné à indiquer quelles étaient les raisons assez justes qui militaient en faveur d'une exception pour le département du Nord. Je n'ose pas, aujourd'hui, reprendre personnellement la suite de la discussion, parce que j'estime qu'ayant déjà donné mes explications, c'est plutôt aux représentants des départements du Nord à donner les leurs.

M. MASSE. — Je ne demande pas mieux. Les raisons qui militent en faveur des dates que j'ai choisies sont connues de tous les chasseurs de la région du Nord et, je crois qu'une grande partie des chasseurs de la région du Midi ne les ignorent pas.

Aux deux extrémités de la France, nous avons des périodes de chasse différentes, mais, dans le Midi, principalement dans la Camargue, dans les grands étangs qui se trouvent à l'embouchure du Rhône, il y a du gibier indigène et qui couve ; par conséquent du gibier dont on peut jouir.

Dans nos régions nous voyons, dès les premiers jours de l'ouverture de la chasse, du gibier venant de Belgique et d'Angleterre.

Il y a une certaine partie de la France, principalement le long de la mer, où il y a pas mal de gibier qui hiverne. Ceux qui chassent ce gibier profitent de la période intermédiaire. De là les divergences de vues au point de vue de l'opinion à émettre quant aux dates d'ouverture et de clôture.

Pour la fermeture, nous avons plusieurs sortes de gibier ; nous avons d'abord les échassiers que je représenterai par la bécassine, c'est le gibier le plus intéressant. Parmi les palmipèdes, nous avons le canard franc et le gibier exotique. Le canard franc est en partie exotique et en partie indigène. Certains chasseurs demandent à ce qu'une protection efficace soit accordée au canard franc indigène, pour le col-vert. Je crois que ce serait une chose assez logique, d'autant plus qu'à la fin de février ou au 15 mars nous n'en voyons plus. Ils sont retournés dans le nord de l'Europe ; les col-verts indigènes ont gagné les bois, les bruyères, les plaines où ils ont l'habitude de couver. On ne les trouve plus à la hutte ni sur les étangs. Il serait dommage, en protégeant d'innocents oiseaux indigènes, de nous priver du gibier exotique qui passe après cette date.

Le gibier exotique a fourni dans la dernière quinzaine d'avril un passage énorme.

Dans ces conditions, je trouve qu'on pourrait, pour le col-vert, proposer comme date de fermeture, fin février ou le 15 mars, pour le gibier exotique et pour tous les autres gibiers une clôture échelonnée, suivant les opinions qui pourront prévaloir au sujet des questions locales ; mais le 15 mai au plus tard et le 30 avril au plus tôt.

Voilà ce que je vous propose.

Une voix. — Pour tout ce qui est canard et bécassine ?

M. Masse. — Oui. Nous avons examiné cette question. Je propose cette date de fermeture pour le col-vert ; remarquez que je ne la trouve pas nécessaire pour nous. Je la propose simplement comme mesure de conciliation pour ceux qui voulaient tout restreindre.

Un membre. — Il faut émettre des vœux généraux.

M. Masse. — Je vous propose une date variant entre le 30 avril et le 15 mai.

Une voix. — Faites une exception pour le col-vert.

M. le Rapporteur. — En Picardie et dans la Somme, le col-vert niche d'une façon très accidentelle.

Une voix. — Il ne niche pas du tout.

M. Masse. — En ce qui concerne justement les marais du Nord, de la Picardie et de la Somme, le col-vert, étant donnée l'amodiation de ces marais et le mode d'exploitation, ne niche jamais. Il n'y a pas intérêt à le ménager car ce col-vert ne niche pas en France.

Une voix. — C'est une exception pour vous, mais il faut prendre des règles générales pour tout le monde.

M. Ternier. — J'ai demandé que la fermeture soit fixée au 31 mars.

Voix diverses. — C'est beaucoup trop tôt.

Un membre. — Pas chez vous, messieurs du Nord, mais pour le reste de la France, en dehors des pays du Nord c'est beaucoup trop tôt.

Une voix. — Il ne faut pas d'exception !

Une autre voix. — Dans le Midi, nous n'avons de gibier qu'au mois d'avril.

M. le Président. — Avant de poursuivre la discussion, je tiens à savoir si vous voulez généraliser ou faire des exceptions. Si nous entrons dans les exceptions, nous n'en sortirons pas. Il faudrait généraliser le but le plus possible.

M. Masse. — Nous n'y voyons pas d'inconvénient ; c'est pour vous que nous proposons cette mesure de conciliation.

M. le Président. — L'assemblée veut-elle émettre ce vœu que les prescriptions qui seront prises relativement au gibier d'eau s'étendent à toute la France sans exception, ou bien avec des exceptions ?

Voix diverses. — Non ! Non ! Oui ! Oui !

M. LE PRÉSIDENT. — Le Congrès n'a pas d'autre but que d'émettre des vœux en faveur d'une législation.

UNE VOIX. — Ces vœux sont contraires au principe de la législation !

M. LE PRÉSIDENT. — Les lois sont toujours réformables. Voulez-vous que la législation à intervenir sur la chasse — il ne s'agit pas de la législation actuelle, puisque nous faisons des vœux en vue d'améliorer la situation — voulez-vous que toutes les mesures qui seront votées relativement à la chasse au gibier d'eau s'étendent à toute la France ?.

VOIX DIVERSES. — Oui ! Oui ! Non ! Non !

UN MEMBRE. — Je demanderai que les zones soient aussi grandes que possible, s'il y a des exceptions, et soient bien tranchées.

UN AUTRE MEMBRE. — On s'est élevé, hier, dans cette assemblée, contre certains de nos confrères, surtout ceux du Midi, qui défendaient des intérêts particuliers. Je crois, Messieurs, que nous sommes ici pour défendre l'intérêt général, pour ne nous occuper que de l'intérêt général. Nous avons demandé que des mesures internationales soient prises précisément pour la protection du gibier. Or, qu'est-ce que nous voulons faire chez nous ? C'est introduire toujours et encore une législation d'exception.

M. le Président vient de dire avec beaucoup de raison que si nous sommes ici pour formuler des vœux et pour admettre des réformes de la législation de la chasse, nous ne devons poursuivre qu'un but : la protection du gibier. Nous devons nous attacher de toutes nos forces à la protection du gibier.

Je demande que, pour le gibier d'eau, on adopte une date de clôture uniforme.

LE REPRÉSENTANT DU CHER. — Je demande, au nom du Syndicat des chasseurs du Cher, que je représente, que la date de la fermeture de la chasse au gibier d'eau ait lieu le 31 mars.

M. MASSE. — Ah ! non ! non !

M. LE PRÉSIDENT. — Je crois que l'opinion unanime ici est que la France soit divisée en deux ou trois zones.

M. LE COMTE CLARY. — Voulez-vous me permettre de dire un mot. Il me semble qu'évidemment nous sommes ici pour défendre les intérêts généraux. Il n'y a pas que des départements côtiers en France. Il ne faut pas oublier que, pour les départements du Centre, la chasse en marais présente, en même temps que la chasse de la sauvagine, des dangers. Elle permet de tuer une foule de gibiers qui devraient être respectés.

Il me semble qu'au point de vue de l'intérêt général nous devrions émettre un vœu en faveur de la fermeture de la chasse au gibier d'eau le 31 mars, en respectant les intérêts légitimes des départements côtiers. Si le Congrès veut respecter les intérêts des départements côtiers, il laissera aux Conseils généraux, d'une part, et au ministre, d'autre part, la possibilité de réglementer cette chasse pour les départements côtiers. C'est là, je crois, la véritable sagesse. (*Applaudissements.*)

UNE VOIX. — Non ! ne parlons pas des Conseils généraux !

M. MASSE. — Je me permettrai de vous faire observer qu'il y a une distinction à faire. Il n'y a pas que les départements côtiers qui profitent du repassage à une époque un peu éloignée des dates de fermeture actuelles et les représentants de l'Ain, de la Meurthe-et-Moselle pourraient nous renseigner à ce sujet.

LE REPRÉSENTANT DE L'AIN. — Le représentant de l'Ain est de votre avis.

M. Masse. — Les migrateurs arrivent chez nous vers le 1er mars, s'en vont dans le Midi et reviennent, après chez nous. En décembre, janvier et février, nous ne voyons absolument rien.

Une voix. — Je propose une division par zones. Nous sommes d'accord pour demander la date de clôture au 30 avril.

Une autre voix. — L'honorable interlocuteur a dit qu'il faudrait généraliser les mesures concernant le gibier d'eau. Actuellement, il ne s'agit que de généraliser des choses d'ensemble et non pas une question de détail comme la fermeture. On peut généraliser des mesures en ce qui concerne le gibier d'eau avec des zones pour la fermeture. Tout ce qui concerne le gibier d'eau peut être uniformisé.

Actuellement on arrive à cette anomalie que les étangs situés sur la limite de deux départements, l'Eure et le Calvados, par exemple, ont une législation de fermeture différente, suivant le bon vouloir des préfets, parce que les uns dépendent d'Evreux et les autres de Caen. Il y a là une anomalie qui doit disparaître.

Un membre du Bureau. — Je suis dans la même situation. Je chasse sur le département de l'Eure et sur celui du Calvados, et je ne sais pas toujours dans quel département je me trouve. Il est arrivé que la chasse fermait le 30 avril dans le Calvados et le 15 avril dans l'Eure ; j'étais ainsi exposé à chaque instant à un procès. J'ai demandé aux préfets de vouloir bien unifier les dates ; ils l'ont fait et ont adopté une date uniforme pour ces deux départements.

Je crois que nous ne pouvons pas, aujourd'hui, chercher à établir les zones; nous pouvons simplement voter la question de principe, celle de la fermeture par zone.

Une voix. — Il faut que les zones soient aussi peu nombruses que possible afin d'éviter le braconnage.

Le représentant du Massif-Central. — Je demanderai, pour le Massif-Central, la fermeture à la fin de janvier.

M. Masse. — Je demande à ce qu'on vote le principe pour la fermeture de la chasse au gibier d'eau et la division de la France par zone en nombre aussi restreint que possible.

Un Assistant. — Si on décentralisait au lieu de centraliser cela n'arriverait pas, d'une façon générale, qu'il s'agisse de la chasse au gibier d'eau ou de la bécassine, c'est la même chose !

Voix diverses. — Non ! non !

Le même Assistant. — La loi de 1884 est une loi très bien faite et une loi décentralisatrice ; on l'a trop oublié. On a voulu réglementer d'une façon absolue tous les coins de la France qui n'avaient pas les mêmes besoins. Il faut appliquer la loi de 1884 ; il faut que ces tendances à centraliser disparaissent.

M. le Président. — A l'heure qu'il est nous sommes menacés d'une destruction complète du gibier.

Une voix. — A qui la faute ? Estce que le Gouvernement s'est occupé de la répression du braconnage Non ! Voilà la raison pour laquelle il n'y a pas de gibier.

M. Masse. — Messieurs, je demande que la fermeture de la chasse au gibier d'eau soit répartie par zones, les zones étant le moins nombreuses possible.

Une voix. — Qu'est-ce qui déterminera cette date de fermeture ?

M. Masse. — Les Conseils généraux.

Voix diverses. — Non ! le Gouvernement, pas les Conseils généraux.

M. LE PRÉSIDENT. — Je propose donc le vœu suivant : « Que toute la France soit partagée en un aussi petit nombre possible de zones et que cette division soit laissée à la disposition du Gouvernement. » Que ceux qui sont d'avis d'adopter ce vœu lèvent la main.

Le vœu est adopté.

UNE VOIX. — Ne pourrait-on pas indiquer les zones ?

M. MASSE. — Attendez, nous allons le faire.

M. MASSE. — Je demande pour la zone nord que la fermeture soit fixée au plus tôt le 30 avril et au plus tard le 15 mai.

UNE VOIX. — C'est trop tard !

UN MEMBRE DU BUREAU. — Je ne comprends pas du tout la portée de ce vœu ; ce sont toujours les zones maritimes qui sont intéressées ; ce ne sont pas les zones terriennes.

M. MASSE. — C'est une erreur. Le gibier, chez nous, arrive du nord-est ; il traverse toute la France.

Messieurs, en ce moment, je parle pour la région du Nord et non pas de la Camargue ; c'est pour elle que je demande qu'on adopte ce vœu.

UNE VOIX. — Pourquoi ne s'occupe-t-on pas de la zone côtière ? La zone côtière est plus intéressée à la question. Je réclame, au nom du Midi, que la clôture de la chasse au marais s'effectue du 15 au 30 avril, à l'exception de la chasse au canard qui peut se clôturer le 15 mars.

M. MASSE. — Je ne parle que pour la région du Nord. Je ne représente pas les intérêts du Midi ; les représentants du Midi défendront leurs intérêts après. Je vous demande de mettre aux voix, pour la région du Nord, le vœu que la chasse soit fermée du 30 avril au 15 mai.

M. LE PRÉSIDENT. — Que ceux qui sont d'avis d'accepter ce vœu lèvent la main.

UNE VOIX. — Qu'est-ce que vous entendez par la région du Nord ?

M. MASSE. — J'entends tous les départements qui seront compris par le Gouvernement dans la zone nord.

UNE VOIX. — Au nord de Paris.

M. LE PRÉSIDENT. — Que ceux qui sont d'avis d'émettre pour la région nord un vœu spécial... (*Protestations, bruit.*)

M. LE PRÉSIDENT. — Ce n'est pas la peine de faire entendre des protestations. Ceux qui ne sont pas de cet avis voteront contre.

M. MASSE. — Si on veut une date fixe, mettons le 30 avril.

VOIX DIVERSES. — Non ! Non !

M. LE PRÉSIDENT. — Il faut préciser un vœu net.

M. MASSE. — Le vœu est formulé d'une façon nette en demandant que pour la région du Nord la date de fermeture soit le 30 avril.

M. LE PRÉSIDENT. — Que ceux qui sont d'avis que la fermeture de la chasse ait lieu le 30 avril pour la région du Nord veuillent bien lever la main.

Le vœu est adopté à la majorité.

UNE VOIX. — Je demande à parler pour le Midi.

M. LE PRÉSIDENT. — Si vous voulez me permettre, je vais vous parler des dates d'ouverture.

LA MÊME VOIX. — Permettez-moi une seule observation très courte. Nous venons de voter qu'il n'y avait pas lieu d'unifier les dates de fermeture. En ce qui concerne le territoire, on a dit qu'il y aurait lieu de créer différentes zones ; mais il y a toujours une question qui est réservée, a mon avis : c'est celle de savoir s'il ne serait pas intéressant d'unifier la date de fermeture en ce qui concerne certaines espèces de gibier. Ainsi, par exemple, pour le canard col-vert qui niche à peu près dans toute la France.

Plusieurs voix. — Non ! Non ! Oui ! Oui !

La même voix. — Et alors je demande, quant à moi, qu'on fixe une date, je ne dirai pas prématurée, mais un peu avancée en ce qui touche le canard sauvage collet-vert dont la chasse serait fermée, par exemple, le 15 ou le 31 mars dans toute la France.

Un membre. — Je demande quon fasse une exception pour la caille !

M. Masse. — Si le Midi veut parler pour sa zone, je suis prêt à lui céder la parole.

Une voix. — Je propose que pour la région du Midi la clôture soit faite le 30 avril. Si on veut, on autorisera le Gouvernement à fixer la clôture de la chasse du canard sauvage au 31 mars.

Une autre voix. — Je demande la fermeture à fin janvier.

M. le Président. — Nous allons voter pour la région du Midi. Notre collègue propose, pour ladite région, la fermeture au 30 avril, à l'exception de la chasse au canard qui pourra être fermée du 15 au 30 mars. Que ceux qui sont d'avis que, dans le Midi, la fermeture ait lieu le 30 avril, à l'exception de la chasse au canard sauvage, lèvent la main.

Adopté.

M. le Président. — Le Midi et le Nord sont satisfaits.

Une voix. — Pour une fois nous sommes d'accord !

Un auditeur. — Je demande pour toutes les espèces de bibier d'eau dans le Plateau Central que la fermeture de la chasse concorde avec celle de la fermeture générale de la chasse, c'est-à-dire soit fixée au 31 janvier. (*Approbation.*)

Un autre auditeur. — Le vœu que vous venez d'entendre ne s'applique qu'aux départements du Centre où l'on chasse toujours le gibier d'eau. J'entends que la région que je représente, entre Lyon et Bourg, ne soit pas comprise dans cette fermeture générale à fin décembre. Je demande pour ma région la même date que pour le Nord et le Midi. On ne peut pas admettre, en ce qui concerne le gibier d'eau, la motion proposée par notre collègue pour le Centre. Il y a les départements maritimes : ce serait supprimer absolument leur seule chasse. En Sologne, ce serait supprimer la chasse sur les étangs. Il n'y a qu'à ce moment-là qu'on chasse. Je crois que cette date du 31 janvier ne peut pas être admise. Je propose le 31 mars et je crois que c'est plus raisonnable.

Le premier auditeur. — Je concède que le Midi, qui se trouve dans une situation particulière, ait le droit de demander une fermeture plus tardive que la mienne.

Une voix. — Laissez-nous la date du 31 mars qui est une date intermédiaire.

La date du 31 mars est adoptée pour le Centre.

M. le docteur Quinet. — Messieurs, vous venez d'émettre des vœux sur la fermeture de la chasse au gibier d'eau, mais je vous ferai observer que vous avez parlé jusqu'ici un peu trop de la France et que le Congrès est international.

Je viens donc demander que le Congrès émette aussi un vœu en faveur de la fermeture de la chasse au gibier d'eau d'une façon plus générale, parce que le gibier d'eau étant essentiellement migrateur ne connaît pas de frontières. La grande majorité du gibier d'eau niche surtout dans le Nord : canards, bécassines, bécasseaux, toute la petite plume que vous tirez de mars à avril, passent très tard. Il convient donc que les autres pays qui jouissent aussi du passage de ce gibier, voient appliquer la fermeture chez eux.

En Angleterre, la fermeture du gibier d'eau est plus précoce que chez nous ; en Hollande aussi, mais là, il y a une distinction, c'est-à-dire que la fermeture de ce qui est appelé les becs plats, les canards, a lieu au 1er mars, tandis qu'on autorise la chasse aux longs becs jusqu'à fin avril.

En Belgique, la fermeture n'a lieu que le 30 avril.

Vous voyez donc les différences qu'il y a pour tous ces pays où passe le même gibier.

Je demande donc à M. le président de faire voter le vœu précédent, mais pour tous les pays.

UN CONGRESSISTE. — Je crois qu'il ne faudra émettre ce vœu que pour les pays du Nord, car l'Italie et l'Espagne seront contre nous.

UN AUTRE CONGRESSISTE. — C'est la même situation que dans le Midi.

UN AUTRE CONGRESSISTE. — Demandez-vous, en même temps la fermeture au 1er mars pour les becs-plats ?

M. LE DOCTEUR QUINET. — Oui, pour le col-vert, parce que les autres ne nichent pas chez nous.

M. LE PRÉSIDENT. — Je remercie l'orateur de nous avoir rappelé ce que nous avions oublié : que le Congrès est international. Je mets donc avec plaisir aux voix le vœu précédent, mais en l'étendant aux autres pays du Nord de l'Europe.

M. DEBREUIL. — Voulez-vous me permettre de relire le vœu qui vient d'être émis :

« Le Congrès de la chasse émet le vœu que la chasse du canard sauvage « col-vert soit fermée dans toute la France le 31 mars ; que la chasse au gibier « d'eau soit fermée, autant que possible, le 31 mars, mais que, pour des zones « à déterminer, Nord, Midi et départements côtiers, la fermeture soit fixée au 30 « avril. »

Ce vœu, mis aux voix, est adopté à l'unanimité.

M. LE COMTE CLARY. — Nous allons parler maintenant des dates d'ouverture.

La sous-section, après avoir examiné la question, a émis le vœu que l'ouverture de la chasse au gibier d'eau n'ait pas lieu avant le premier dimanche d'août.

Pour les mêmes raisons que j'ai exposées tout à l'heure au point de vue de l'immigration, la zone Nord est favorisée, c'est-à-dire que chez nous, le gibier migrateur passe sur nos côtes Ouest d'abord, ensuite Nord-Est, et, dès le mois de juillet. Et, en effet, nous avons réalisé nos plus beaux tableaux de chasse à la bécassine en juillet.

La bécassine étrangère, dès l'instant qu'elle arrive chez nous, est en état d'être tuée. Il serait donc dommage, en reportant la date d'ouverture au mois d'août de nous priver de tout le passage des bécassines. Je demande donc que la date d'ouverture soit fixée comme par le passé, soit au 1er juillet, soit au 15 juillet dans la région du Nord.

UN CONGRESSISTE. — En somme, la grande migration de la bécassine se fait à partir du 1er juillet. Le 1er juillet, il y en a déjà chez nous venant d'Angleterre ; celles du Nord-Est descendent jusqu'au 15 juillet. Il faut que la France puisse en profiter.

Un autre congressiste. — Je trouve très dangereux de laisser chasser au chien d'arrêt la bécassine au mois d'août. Si l'on est d'accord pour laisser chasser la bécassine et la sauvagine à cette époque, je demande qu'on ne puisse la chasser qu'à la hutte et en barque.

M. le comte Clary. — Je ne sais pas comment vous comprenez la chasse au marais, mais quand nous chassons au marais, nous avons de l'eau jusqu'à mi-jambe.

Un congressiste. — Nous sommes ici tous pour la protection du gibier ; or, je constate que, tantôt, c'est la région du Nord, tantôt c'est une autre région qui demandent un élargissement pour elles. Je crois que le but que nous poursuivons est opposé.

Dans le Gard, on avait autorisé l'ouverture au 14 juillet. Eh ! bien, les vrais chasseurs, sachant qu'il n'y avait rien à faire dans le marais, se sont abstenus d'aller chasser. Mais, à côté des vrais chasseurs, il y a une quantité de chasseurs qui ne sont pas scrupuleux, et qui sont allés détruire le gibier.

La Société des chasseurs du Gard a fait des démarches très pressantes auprès de M. le préfet, et elle a enfin obtenu, en 1906, que la chasse ne soit pas ouverte le 14 juillet.

Si, aujourd'hui, on adopte une date bien antérieure à celle-ci...

Plusieurs congressistes. — Mais non ! mais non...

Un Congressiste. — Il y a deux ans, la chasse à la bécassine ou au marais s'ouvrit, en Gironde, le 14 juillet. Immédiatement, tout fut détruit.

Un autre congressiste. — Il n'y a pas de marais en Gironde. (*Rires.*)

Le premier congressiste. — Nous avons des marais quand il est tombé beaucoup d'eau pendant l'hiver, mais à ce moment-là, comme il y avait très peu d'eau, et que la chasse était permise, tous les chasseurs prirent leurs fusils et détruisirent tout.

Un congressiste. — Ce sont des pirates alors.

Le premier congressiste. — Oui, Monsieur, vous avez dit le mot.

Un congressiste. — Faites-les coffrer.

Le premier congressiste. — Je crois que si on les faisait coffrer, on verraît bien vite MM. Lagasse et Dulau les faire élargir. (*Applaudissements.*)

La Société des chasseurs de la Gironde, qui n'est composée que de chasseurs tout à fait modestes a fait les démarches les plus pressantes pour arriver à ce que la chasse au gibier d'eau ouvre le 15 août seulement. Or, comme le 15 août est la date de l'ouverture générale, cela n'a absolument aucun inconvénient.

Essayez de protéger le gibier le plus possible, le mieux possible, mais tenez compte de ces différences de température et de zones. Créez des grandes zones, deux, trois au maximum, mais que ces zones soient en relation directe avec les habitudes du gibier et de cette façon, tout le monde sera content.

Chez nous, si vous ne faites pas l'ouverture en Gironde et dans le Gers au 15 août, vous n'aurez plus rien ; si, au contraire, vous ouvrez le 15 août dans la Somme, vous ne rencontrerez que des pouillards.

Nous faisons œuvre utile en ce moment, en ce sens que nous essayons de protéger les intérêts de tous, mais ces intérêts ne sont pas toujours les mêmes.

En ce qui concerne l'ouverture de la chasse pour le Nord, je vous laisse le soin de statuer, mais pour le Midi je demande d'une façon formelle de décider que l'ouverture de la chasse au marais n'ait pas lieu avant l'ouverture générale.

UN CONGRESSISTE. — Je tiens à exposer simplement ceci : c'est que dans la région que je représente, c'est-à-dire le Nord-Est, et en particulier la Meurthe-et-Moselle et la Meuse, on ne chasse le canard que sur les étangs, et non pas dans les marais. On chasse en barque ou dans l'eau jusqu'au ventre. Dans ces conditions, il est difficile de tuer un autre gibier que des canards. Nous demandons donc que la date d'ouverture, sur les étangs seulement, ait lieu le 14 ou 15 juillet au plus tard.

UN CONGRESSISTE. — Dans nos départements du Centre, il y a quelques années, la chasse au gibier d'eau s'ouvrait sur les étangs, marais, rivières et cours-d'eau au 14 juillet.

Cette mesure, tous les chasseurs l'ont constaté, avait amené une destruction presque complète du gibier dans le pays. Certaines dispositions ont été prises alors tendant à n'autoriser la chasse à cette date que sur les marais et les étangs. Les résultats ont été immédiatement très appréciables ; les chasseurs ont trouvé énormément de perdreaux et de lièvres. Par malheur, l'année dernière, le préfet sollicité par les députés a rétabli l'ancienne tolérance. On a donc fait un massacre épouvantable de gibier de toute sorte, et non seulement on ne suivait pas les cours des rivières, mais on pénétrait même dans les récoltes qui étaient encore sur pied. La répression du braconnage n'existe pas.

Par conséquent, toute tolérance est nuisible et néfaste ; nous sommes ici pour la répression du braconnage, pour la protection du gibier. Je demande par conséquent que, tout au moins pour le Centre, la chasse au gibier d'eau, en dehors des étangs et marais, n'ouvre qu'à la date normale de l'ouverture de la chasse.

M. LE PRÉSIDENT. — Vous vous apercevez certainement comme moi de la complexité de la question, tant d'intérêts étant opposés les uns aux autres. Je vais vous soumettre une idée qui m'est venue tout à l'heure et qui, je crois, donnerait satisfaction à tout le monde.

Vous avez signalé des abus qui se commettent en matière de chasse, et vous dites : ce sont des pirates ; malheureusement, c'est la majorité des petits chasseurs. Il est certain que les intérêts de la chasse sont beaucoup mieux compris et sauvegardés par des Sociétés considérables comme celles qui sont dans les départements et composées de vrais chasseurs qui ont intérêt à la conservation du gibier.

Je vous propose donc d'émettre un vœu ainsi conçu :

« Les préfets devront, au moment où ils sont appelés à fixer les dates d'ouverture et de fermeture de la chasse de telle ou telle espèce de gibier, consulter les Sociétés de chasseurs, au lieu de consulter comme ils le font les Conseils généraux. »

Les Conseils généraux obéissent, en effet, à des considérations tout autres que la protection du gibier. Si on faisait l'histoire des variations du Conseil général en matière de chasse, dans le Doubs par exemple, ce serait une histoire absolument comique. Pendant 10 ans, chaque année, les dates d'ouverture, de fermeture, etc., ont été changées ; c'était absolument insensé...

Eh bien ! je crois que les vrais intérêts des chasseurs sont représentés par les Sociétés de chasse et ce sera encore un stimulant pour les chasseurs de se constituer en Société.

Un membre du bureau. — Je crains que malheureusement les préfets ne tiennent pas plus compte des vœux des chasseurs qu'ils n'ont tenu compte des vœux des Conseils généraux.

M. le Président. — Les préfets, malheureusement, ont toujours tenu compte des avis des Conseils généraux, car ils y ont intérêt.

Un congressiste. — J'ai le regret, Monsieur le président, de ne pas être tout à fait de votre avis. J'ai été dans l'Administration, et je sais comment les choses se passent.

Les préfets reçoivent l'avis des Conseils généraux, mais ils ne se trouvent pas suffisamment couverts et ils demandent au ministre ce qu'ils doivent faire. Et c'est ainsi qu'au mois d'août dernier, l'ouverture de la chasse au faisan dans l'Aisne a été décidée pour le jour de l'ouverture générale.

Le Conseil général avait demandé comme date le 3e dimanche de septembre, mais le préfet, après avoir pris avis du Conseil général a demandé l'avis de son chef et du ministère, on a répondu : ouvrez le même jour que la chasse au perdreau.

Dans d'autres départements, dans l'Oise, le Pas-de-Calais, la Marne, etc., on a ouvert la chasse au faisan le 1er octobre ; dans d'autres départements, on l'a ouverte beaucoup plus tard que la chasse au perdreau.

Un congressiste. — Je me rallie absolument à la motion de M. le Président, mais je demande que cette motion s'applique à tous les oiseaux de passage. Pourquoi fait-on tant de différence entre ceux dont on a parlé hier et ceux dont on parle aujourd'hui ?

Un congressiste. — Jusqu'à il y a deux ans, tous nos préfets interdisaient les battues au perdreau avant le 1er octobre ; l'année dernière et depuis deux ans, les préfets se sont abstenus ; il est résulté de ce silence que tous les chasseurs se sont mis en bandes de 10, 15, 20 et ont tué tous les perdreaux dans l'espace de 8 jours.

Je serais désireux que les préfets, comme précédemment, interdisent les battues de perdreaux jusqu'au 1er octobre.

M. le Président. — Permettez-moi de vous lire le vœu que nous venons de formuler et qui, je crois, donne satisfaction à tous :

« Le Congrès de la Chasse émet le vœu que l'ouverture de la chasse au gibier d'eau n'ait lieu autant que possible qu'avec l'ouverture générale ; que dans les départements où une ouverture spéciale serait décidée, cette ouverture ne soit jamais fixée avant le 14 juillet.

« Le Congrès émet le vœu que, en ce qui concerne les dates d'ouverture et de clôture de la chasse au gibier d'eau, les préfets demandent l'avis des Sociétés régionales ou départementales admirablement placées pour faire entendre la voix des chasseurs. »

Un congressiste. — Ce n'est pas suffisant ; il faut ajouter : que la chasse au gibier d'eau sur les étangs et marais.

Plusieurs voix. — Pas de marais ; c'est la porte ouverte.

M. le Comte Clary. — J'ai essayé de vous donner satisfaction :

« Que dans les départements où une ouverture spéciale serait décidée, cette ouverture ne soit jamais fixée avant le 14 juillet, et que cette chasse ne soit autorisée que sur les étangs et marais. »

PLUSIEURS CONGRESSISTES. — Pas de marais. Qu'est-ce que c'est qu'un marais ?

UN CONGRESSISTE. — C'est à la faveur du mot « marais » que vous allez autoriser la destruction.

UN CONGRESSISTE. — Il faut séparer le vœu en 3 parties, car l'on peut voter sur une partie et non sur l'autre.

M. LE PRÉSIDENT. — Nous allons voter sur la première partie :

« Le Congrès de la Chasse émet le vœu que l'ouverture de la chasse au gibier d'eau n'ait lieu autant que possible qu'avec l'ouverture générale. »

Cette première partie du vœu mise aux voix est adoptée à l'unanimité.

M. LE PRÉSIDENT. — Voici la deuxième partie légèrement modifiée :

« Que dans les départements où une ouverture spéciale de la chasse au gibier d'eau serait décidée, cette ouverture ne soit jamais fixée avant le 14 juillet et que cette chasse ne soit autorisée que sur les étangs et marais *en eau*. »

UN CONGRESSISTE. — Il est dit dans ce vœu « que dans les départements où une ouverture spéciale *serait* décidée ». Or, tout à l'heure, pour la fermeture, nous avons demandé à ce que ce soit le Gouvernement qui décide, mais dans ce dernier vœu relatif à l'ouverture, nous ne demandons pas qui doit décider. Est-ce le préfet ou le Gouvernement ?

M. LE COMTE CLARY. — Les Conseils généraux et les préfets doivent fixer les dates d'ouverture et de clôture en prenant l'avis du ministre à l'occasion.

La seconde partie du vœu, mise aux voix est adoptée.

La troisième partie du vœu est adoptée à l'unanimité.

M. LE PRÉSIDENT. — Nous avons maintenant quelques vœux secondaires à adopter. Ce sont plutôt des questions de commodité à trancher.

Ainsi, par exemple, dans la loi de 1844, il y a deux termes qui sont très ambigus et qui donnent lieu à des controverses ; ce sont les termes : oiseaux de passage et oiseaux d'eau. Ce sont des termes absolument différents. Je demande donc qu'on adopte le vœu suivant que les termes de « sauvagine et de chasse au marais » soient exclusivement adoptés à l'exclusion des termes de gibier d'eau et d'oiseaux de passage en ce qui concerne la réglementation de la chasse à la sauvagine.

Ce vœu, mis aux voix, est adopté à l'unanimité.

UN CONGRESSISTE. — Je crois que vous devriez indiquer en quelques mots quels sont les oiseaux de chasse que comprend la sauvagine.

UN MEMBRE DU BUREAU. — Il y a une nomenclature excessivement simple à adopter : il n'y a qu'à s'en rapporter au livre : « La Sauvagine » de M. Ternier et qui est une perfection dans son genre.

M. LE PRÉSIDENT. — Nous avons maintenant le vœu suivant :

« Qu'une mesure générale et définitive autorise toute interdiction de la chasse de nuit à la hutte et de la chasse à la sauvagine en temps de neige. »

UN MEMBRE DU BUREAU. — Permettez-moi de vous dire que le vœu que vous allez émettre est une modification à la loi de 1844.

Je crois qu'il est donc préférable de vous contenter des tolérances et de demander une tolérance générale sans demander ce que j'appellerai une déclaration officielle à ce point de vue. Réclamez une tolérance par voie de réglementation, mais ne demandez pas une nouvelle loi.

UN CONGRESSISTE. — Par un arrêté de 1894, le préfet de la somme a accordé la permission de chasser la nuit à la hutte.

Dans la Somme, la chasse à la hutte est une industrie s'exerçant la nuit; les gens qui chassent ne sont pas seulement des chasseurs; ce sont des industriels, ils payent patente.

UN CONGRESSISTE. — Nous ne sommes pas des industriels.

LE PRÉCÉDENT CONGRESSISTE. — Oui, mais il y a des chasseurs qui sont des industriels. Dans la Somme, la chasse à la hutte est surtout exercée par des ouvriers, des pères de famille, des gens qui, après leur travail vont chasser, et qui payent une redevance à l'Etat.

M. LE PRÉSIDENT. — En considération des observations qui ont été faites, le vœu est ainsi modifié :

« Que l'emploi des appelants à la hutte continue à être autorisé.

« Qu'une formule administrative généralise la tolérance de la chasse de nuit à la hutte et de la chasse à la sauvagine en temps de neige. »

Le vœu mis au voix est adopté.

M. LE BARON DE SEGONZAC. — Je crois que si nous avons différé quelque peu d'opinion pour certains vœux, nous serons tous d'accord sur le vœu que je vais vous proposer de la part de M. Delâtre.

Vous savez qu'il se produit une destruction considérable par le fait de la vente des œufs de vanneau; on en voit à peu près partout, dans tous les restaurants. Ce sont des œufs qui coûtent encore fort cher : 1 fr. et même 2 francs.

Je crois qu'il serait absolument indispensable d'interdire d'une façon formelle le colportage des œufs de vanneau.

Je prie ces Messieurs qui sont des représentants de l'Etranger de bien vouloir prendre en considération cette question des œufs de vanneau, et je serais personnellement très heureux si d'autres pays prenaient la même mesure que nous en interdisant totalement la vente des œufs de vanneau. Je ne crois pas qu'il puisse y avoir grande opposition.

Le vœu serait le suivant :

« Sont interdits dans le territoire français la vente et le colportage des œufs de vanneau. Nous demandons que cette mesure soit étendue aux pays étrangers. »

M. LE DOCTEUR QUINET. — Je crois que vous ne pouvez pas demander, en raison des transactions commerciales qui s'opèrent, l'interdiction à travers l'Europe ou même en France des œufs de vanneau. Vous n'avez pas à craindre que les vanneaux diminuent jamais, car la patrie du vanneau, c'est la Hollande. La Hollande est un pays de marais, de prairies qui s'étendent d'un bout à l'autre, et c'est surtout là qu'il y a des millions de vanneaux. Or, la loi hollandaise, très sage en ceci, ne permet la cueillette des œufs de vanneaux que jusqu'au 5 avril.

En outre, généralement, le vanneau pond 4 œufs ; les gens chargés de prendre ces œufs ne les prennent jamais tous à la fois dans les nids ; ils en prennent un ou deux et l'oiseau en pond d'autres.

D'ailleurs, ce commerce d'œufs se fait également en Danemark, sur toute la côte de la Baltique et jusqu'ici, je ne sache pas que les vanneaux aient diminué. Voilà des années et des années ; je dirai même des centaines d'années que cela est pratiqué, sans aucun préjudice, et par conséquent, il n'y a pas lieu de vouloir interdire ce commerce.

Il y a des gens qui louent la cueillette des œufs de vanneaux, notamment dans l'île de S... où il y a, en outre, l'exploitation des hirondelles de mer. Les étangs sont loués à des fermiers pour l'exploitation des œufs ; ils en cueillent 10.000, 15.000, 20.000 tous les ans. Vous pouvez demander à ces fermiers : il ne manque jamais un oiseau à l'appel.

Si vous venez au Congrès d'Anvers, je me ferai un plaisir de vous conduire là-bas.

En présence de cette constatation, je ne vois pas bien la nécessité d'émettre un vœu pour l'interdiction d'un commerce qui a lieu depuis tant d'années et qui n'a jamais fait de tort à personne. A Bruxelles, par exemple, on mange beaucoup d'œufs de vanneau ainsi qu'en Angleterre. Votre vœu ne sera jamais accepté, et on ne changera pas la loi.

Il ne faut pas demander des choses impossibles ; il faut tenir compte des us et coutumes des peuples, et chaque fois que vous émettrez des vœux en opposition avec ces coutumes, on ne les acceptera pas.

Il en a été de même à propos de la question de la Convention internationale, pour laquelle je n'ai pas pu prendre la parole ; cette convention est trop rigide ; elle a été à l'encontre des us et coutumes de presque tous les peuples de l'Europe et voilà pourquoi elle n'a pas été acceptée par la Hollande, l'Angleterre, l'Italie, la Russie, etc. En France même, vous n'avez pas pu l'appliquer et vous avez dû la reviser.

Ne nous rendons pas coupables des mêmes erreurs. Demandez des choses possibles, mais pas des choses impossibles, sinon nous nous rendrons ridicules et les Congrès tomberont à vau-l'eau.

M. de Segonzac. — Je remercie particulièrement M. le Délégué belge qui représente évidemment un pays où le vanneau est un oiseau presque national, pourrait-on dire, des paroles qu'il vient de prononcer. Mais nous avons un autre but. Nous devons regarder si le vanneau est un oiseau de passage chez nous, et il l'est presque toujours.

En outre, il y a une autre question : c'est celle de savoir si le vanneau est un gibier ou non. Or, il n'y a pas d'hésitation possible : c'est bien un gibier.

Il n'y a donc aucune raison pour détruire les vanneaux ; si on détruit les œufs en France aussi bien que dans les autres pays, on détruit le gibier et il finira par disparaître dans un temps plus ou moins long. C'est la goutte d'eau qui tombe sur la pierre et finit par l'user.

La disparition des vanneaux n'est certainement pas très prochaine, mais tous les chasseurs vous diront qu'ils diminuent notablement depuis plusieurs années.

Si vous estimez que le vœu de M. Delâtre n'est pas pratique, je veux bien le retirer, mais je crois qu'il serait bon de l'adopter, tout au moins pour la France.

M. le docteur Quinet. — Je tiens à dire que je n'ai émis qu'une opinion personnelle ; je suis un délégué belge et n'ai rien à voir avec la Hollande. Si j'ai parlé, c'est parce que je connaissais la question, simplement.

Le vœu interdisant, sur le territoire français, la vente et le colportage des œufs de vanneaux est adopté.

Lecture est donnée du rapport de M. Ternier sur « la Réglementation de la chasse à la sauvagine avec les canots automobiles et de leur armement. »

De la réglementation de la chasse à la Sauvagine avec les canots automobiles et de leur armement.

Par M. Louis TERNIER.

Beaucoup d'espèces d'oiseaux migrateurs sont, contrairement à une croyance généralement admise, sédentaires dans le sens absolu du mot, pendant une grande partie de l'année sur notre territoire. En ce qui concerne la sauvagine en particulier, la qualification d'oiseaux de passage donnée à certaines familles est tout à fait impropre. Les individus qui les composent sont souvent nés en France, ils y vivent et y meurent.

Parmi ces oiseaux, dont un certain nombre sont, par suite, ou des oiseaux de passage proprement dits, ou des oiseaux à cantonnement temporaire, ou des oiseaux complètement sédentaires, il faut citer, en première ligne, les canards sauvages.

Les canards sauvages peuvent, en France, être divisés, en effet, en trois catégories : 1° ceux qui, nés à l'Est et au Nord-Est de l'Europe, descendent, au moment des migrations normales, puis au moment des grands froids, vers le Sud-Ouest ; 2° ceux qui, venus à l'arrière-saison ou même au moment de la première migration immédiatement postérieure à l'époque de la reproduction, se cantonnent dans les baies et les estuaires de nos fleuves ; 3° ceux qui sont nés sur notre territoire et séjournent d'une façon continue.

Il résulte de cette distribution des canards sauvages sur la zone française que, pendant presque toute l'année, je pourrais dire pendant toute l'année (quelques sujets ne paraissant pas soumis à la loi de reproduction), des bandes importantes de canards sauvages stationnent en rangs serrés sur nos côtes et se massent principalement dans les baies et estuaires des fleuves.

Aux canards sauvages proprement dits viennent se joindre, pendant la période qui s'étend du mois de juillet au mois de mai, c'est-à-dire pendant presque toute l'année, des voliers importants de toutes les espèces d'anatidés, depuis les oies jusqu'aux sarcelles, soit des ansériens, de sanatiens, des fuligutiens, des nurgiens, ainsi que tous les oiseaux plongeurs au moment de leur déplacements.

Les oiseaux faisant partie du groupe des anatidés, sauf les oies, restent pendant le jour sur les eaux des baies et des estuaires des fleuves se posent, au moment de la basse mer, sur le bord des bancs découverts par la marée puis, le soir venu, se répandent sur les bancs d'alluvion, sur les marais et les terrains avoisinants pour passer leur nuit à terre, cherchant leur nourriture dans les endroits appropriés.

Autrefois, les bandes innombrables de canards posées sur l'eau des baies étaient l'objet d'une chasse peu productive en France, où on les poursuivait en canots à voiles seulement. Dans les pays étrangers, au contraire, l'usage d'embarcations spéciales appelées « punts », sur lesquelles étaient disposés de véritables canons, avait permis aux chasseurs de faire, sur ces bandes, de grands coups et le résultat de cette poursuite avait été de refouler vers nos eaux de plus grandes bandes de sauvagine qui y trouvaient une sécurité relative.

Le soir, en France, commençait au contraire la chasse classique du canard sauvage sur les étangs, les bancs d'alluvion et les marais où les chasseurs disposent des huttes ou gabions commandant un clair d'eau où des appelants domestiques attirent leurs sauvages congénères.

Les trois quarts des canards sauvages tués en France et faisant l'objet d'un commerce important, sont tués à la hutte ou au gabion, soit par des amateurs, soit par des professionnels pour lesquels la chasse du canard sauvage à la hutte est un métier lucratif et en même temps un métier des plus honorables, ce genre de chasse étant autorisé sur la plupart de nos départements maritimes et sur plusieurs de nos provinces méditerranéennes.

Mais, depuis l'apparition des canots automobiles, les choses ont changé. Dans le principe, les chasseurs possesseurs de canots automobiles se sont contentés de poursuivre les bandes de canards, de tromper ces oiseaux sur la vitesse de leur approche et de les tirer à portée avec des canardières ordinaires. Et, au bout de très peu de temps, les baies où se cantonnaient les canards ont été abandonnées par ces oiseaux qui ont été stationner ailleurs ; les canots automobiles ont bloqué les baies, rejeté les oiseaux au large et mis fin à ce mouvement nocturne qui alimentait la chasse à la hutte et au gabion, ruinant ainsi les propriétaires d'étangs, de marais et les populations du littoral dont la principale ressource consistait dans l'exploitation des huttes ou gabions.

La baie de Somme, la première sillonnée par les canots automobiles, fut aussi la première abandonnée de la sauvagine, des canards sauvages surtout qui ont absolument cessé d'y séjourner régulièrement comme autrefois.

Les habitants du littoral se plaignirent, des pétitions circulèrent. On demandait l'interdiction de la chasse en canots automobiles. Il fut répondu en haut lieu que l'industrie automobile étant une industrie nationale on ne pouvait entraver son essor. Et la baie de Somme se dépeupla de plus en plus.

Ailleurs, les canots automobiles n'avaient pas pénétré, mais, comme on le devait prévoir, quelques propriétaires de ces embarcations ne trouvant plus en baie de Somme de canards à pourchasser, se répandirent sur les autres baies françaises.

S'ils n'avaient fait que poursuivre les voliers stationnaires, il n'y aurait eu que demi-mal, ils auraient imposé simplement au gibier un autre déplacement.

Mais, depuis quelque temps, sur la plupart de nos baies, circulent des canots automobiles qui ont remplacé les canardières classiques par de véritables canons crachant près de un kilogramme de plomb.

Dès qu'une bande est en vue, le canot force de vitesse, les canards se massent, et, surpris par la rapide arrivée du canot, se mettent trop tard à l'essor. Le canon tonne et fait une trouée dans leurs rangs. Or, chaque coup de canon peut tirer de *vingt* à *soixante* oiseaux en moyenne, on cite un coup de *cent quarante* oiseaux tués d'une seule volée au large des côtes de l'Océan.

En baie de Seine, cet hiver, un canot automobile a fait couramment des coups de quarante canards.

Puis, aussitôt le coup fait, sans s'inquiéter des morts ou des blessés autrement que pour ramasser ceux qui sont à portée d'une épuisette manœuvrée au cours de la remise en marche, le canot repart tirer à nouveau la bande décimée et reposée plus loin. Or, sur quarante ou cinquante oiseaux tués ou blessés, plus de la moitié est ainsi abandonnée ou perdue par les chasseurs qui n'ont en vue qu'une tuerie stupide, sans habileté et sans profit.

Ils ne se donnent même pas la peine de ramasser tous les morts ou d'achever les blessés. Les uns et les autres s'en vont au gré des courants, sont dévorés par les goëlands ou vont échouer et pourrir sur les grèves. Un enfant de pêcheur a ramassé un jour, après un de ces coups de canon, sept canards abandonnés par les tireurs et que le flot avait amenés auprès d'un des ports de la baie de Seine, des barques de pêcheurs en recueillent également un certain nombre mais le reste est perdu.

Or, en baie de Seine, l'*Etat loue* à une grande quantité de chasseurs, sur les bancs d'alluvion, les emplacements destinés à recevoir les gabions et à aménager les mares.

La destruction irraisonnée de gibier, faite par les canots automobiles armés de canons et la poursuite incessante dont sont l'objet les canards stationnés dans la baie, ont éloigné ces derniers et les huttes ou gabions ne donnent plus de résultats appréciables.

Il faut remarquer que le gibier stationné dans les baies est cantonné sur des eaux territoriales dont la police appartient à l'Etat, que ce gibier qui se trouve sur un domaine public ne peut être assimilé au gibier de passage qui tombe sur une propriété particulière, qu'il appartient à tous et qu'il ne saurait être loisible à quelques particuliers de le détruire ou de l'éloigner, au détriment de l'intérêt général d'une région de notre territoire, que l'Etat a, par suite, le droit et le devoir de réglementer les conditions dans lesquelles peut s'opérer la capture de ce gibier. Les canots automobiles sont en voie de supprimer une richesse nationale, de détruire une catégorie de gibier qui peut être considérée comme sédentaire.

En baie de Somme, le mal est fait, en baie de Seine il est commencé. Le commerce local s'en ressent. Aussi, les habitants du littoral, comprenant les locataires de l'Etat, ont-ils pris l'initiative d'une pétition qui sera présentée au ministre et qui tendra à la réglementation de la chasse en canots automobiles et à celle de leur armement.

Les pêcheurs de la côte (presque tous, en hiver, des gabionneurs), sont soumis, pour la pêche, à des règlements très sévères. Ils ne peuvent se servir de filets n'ayant pas les dimensions réglementaires, puis ne peuvent pêcher à moins de tant de milles des côtes.

Ils demandent donc que les canots automobiles ne puissent chasser à moins de tant de milles des côtes et qu'il leur soit interdit de porter des canardières-canons au-dessus du calibre normal des canardières portatives. Soit le calibre 4 nominal, conformément à ce qui a lieu en certain pays, en Hollande, notamment. Nous soumettons donc au Congrès les vœux suivants, conformes à ceux formulés par les pétitionnaires.

« Le Congrès est d'avis que le ministère de l'Agriculture et le ministère de la Marine prennent la disposition nécessaire pour assurer une réglementation raisonnée de la chasse en canots automobiles en mer, de leur armement basé sur les données suivantes :

1° Qu'il soit interdit aux canots automobiles de chasser à moins de trois milles des côtes françaises :

2° Que dans les eaux françaises, il soit interdit pour la chasse en mer de se servir de canardières-canons et de canardières supérieures au calibre 4 nominal.

3° Que comme sanction principale de la violation de cette interdiction, la confiscation des canardières-canons, considérées comme engins prohibés, soit ordonnée par les magistrats chargés de statuer sur le délit. »

Louis TERNIER.

M. TERNIER. — La sous-section a adopté les vœux que j'ai proposés à la suite de mon rapport. Vous allez avoir à vous prononcer sur ces vœux.

Il y a deux questions : celle des canots automobiles chassant avec des armes ordinaires, et, d'autre part, celle des canots automobiles chassant avec des canardières.

Quant à la première question, une réglementation défend aux pêcheurs de jeter leurs filets à moins de trois milles des côtes. Cette réglementation est appliquée et donne lieu continuellement à des procès faits contre les malheureux pêcheurs qui enfreignent cette prescription. Je demande qu'on applique à la chasse en canot automobile la même réglementation qu'à la pêche.

La sous-section a adopté ce vœu, je demande au Congrès de bien vouloir l'adopter également.

En ce qui concerne les canots automobiles, ceux-ci ne détruisaient absolument rien avec des armes ordinaires, mais depuis quelque temps, les canots automobiles se sont adjoint l'aide de canardières-canons qui envoient jusqu'à 1 kil. de plomb et avec lesquelles on peut réaliser des records de 61 canards par coup. Le plus grand coup que j'aie vu est de 140 canards.

En ce qui concerne le col-vert, le record a été fait en Angleterre par 61 pièces, avec un canon portant 500 grammes de plomb.

Il y a en outre des espèces migratrices et des espèces passagères, une quantité d'oiseaux qui se cantonnent pendant presque toute l'année dans les baies et les estuaires des fleuves. Ces canards font un double mouvement, le matin et le soir ; ils se rendent dans les terres et c'est à ce moment qu'intervient la chasse classique de France à la hutte sur les côtes maritimes. Il est donc intéressant que les chasseurs de terre puissent profiter de ce double mouvement. Or, les canots automobiles, en parcourant dans la journée les baies ou stationnent ces canards les éloignent, et, d'un autre côté, ils en détruisent des quantités considérables.

Au lieu de ramasser leur gibier, ils se contentent de ramasser avec une épuisette tout le gibier qui est sur leur passage, ils abandonnent le reste et vont tirer un nouveau coup de canardière un peu plus loin.

C'est de la destruction, sans profit pour personne.

J'ai fait ressortir, dans mon rapport, que l'Etat lui-même a intérêt à protéger. Nous sommes dans la baie de Seine environ 300 huttiers, nous sommes les locataires de l'Etat. Or, sur quel terrain s'exerce le braconnage ? Sur le domaine de l'Etat.

Je trouve qu'il est absolument intolérable de permettre à un seul ou deux individus de venir ravager toute une baie et de faire tort à 300 ou 400 personnes qui chassent d'une façon normale, et surtout lorsque le gibier tué est perdu au point de vue économique.

Il y a une autre question. Ces canots automobiles emploient non seulement leurs canons à bord, mais ils ont également ce que l'on appelle des « punts ». Les punts sont des bateaux plats qui portent également une canardière-canon et qui transportent les chasseurs là où le canot automobile ne peut pas aller.

Je me suis trouvé dernièrement, au banquet du Saint-Hubert Club, faire la connaissance d'un de ceux qui chassent en baie de Seine en canot automobile et en punt. J'ai signalé à ce Monsieur la situation et je l'ai prié de venir exposer au Congrès les arguments qui pourraient le pousser à combattre la demande que j'allais faire. Je crois, en effet, que dans un Congrès, il faut que toutes les opinions soient représentées ; il faut qu'il y ait des opposants ; nous avons voulu que le Congrès soit universel pour que tout le monde puisse donner son avis.

Le comte Clary m'a remis une note émanant justement d'un possesseur de canot automobile, M. Durand-Viel, qui combat mes arguments.

Pour ma part, j'ai des chiffres qui viennent controuver ceux qui se trouvent dans cette lettre.

En ce qui concerne les punts, le docteur Quinet, dans son ouvrage, a donné aussi des chiffres. En réalité, on peut presque toujours tuer de 30 à 50 oiseaux ; ce sont des coups assez courants. Je fais actuellement un ouvrage sur la chasse au canard en général, sur la chasse au punt en particulier et à la hutte spécialement. J'ai comparé les résultats de la hutte et du punt et j'ai pu constater que les coups de punt sont véritablement bien supérieurs à ceux qu'on fait au gabion, car les coups de 44 ne sont pas rares.

En ce qui concerne le punt, je n'y suis pas opposé ; ce que je combats, c'est la chasse au punt avec canot automobile ; il y a une grande différence entre le punt sur un yacht et le punt sur canot automobile.

La chasse en punt est évidemment sportive, mais elle ne l'est plus lorsqu'elle devient de la destruction.

Dans la note de M. Durand-Viel, l'auteur prétend que les canots automobiles et les punts ne font aucun tort à la chasse au gibier, et s'il ne demande pas, en outre, la suppression de la chasse à la hutte, il la stigmatise très violemment et prétend que c'est une chasse de braconnage.

J'ai donc formulé le vœu dont je vous ai donné lecture.

M. LE COMTE CLARY. — Je suis tout à fait de l'avis de mon éminent confrère pour l'interdiction de la chasse en canot automobile, mais je demande à réserver d'une façon absolue le punt, parce que c'est une chasse extrêmement sportive.

Je ne voudrais pas vous citer de chiffres, mais j'ai chassé au gabion. J'ai vu des coups de hutte où l'on tuait jusqu'à 97 canards d'un coup. Il ne faut pas croire que le punt soit aussi destructeur qu'on veut bien le dire ; avec le punt, vous pouvez faire un coup ou deux par jour au maximum. Je vous demande donc d'écarter le punt du vœu qui va être émis.

M. TERNIER. — Je l'écarte.

M. LE COMTE CLARY. — Votre vœu dit : « Qu'il soit interdit de chasser en canot automobile à moins de 3 milles des côtes françaises. » C'est la suppression absolue.

M. LESCHEVIN. — Je tiens à faire une remarque. Il est important qu'une confusion ne s'introduise pas dans ce débat.

Si on peut arriver à des tableaux extraordinaires en canot automobile par la poursuite acharnée d'une bande de canards, nous savons, d'autre part, que, lorsque nous chassons en punt, chasse que je pratique depuis un très grand nombre d'années, c'est à bord d'un petit yacht de plaisance : nous avons un punt qui est mené péniblement à la main et nous arrivons à faire deux ou trois coups par jour.

Notre grand record de cette année a été, en trois jours, de 52 canards, parmi lesquels des espèces immangeables, quelques sarcelles, quelques siffleurs et quelques col-verts.

On ne peut pas appeler cela de la destruction : cela fait une moyenne de 4 canards par jour et par chasseur.

M. TERNIER. — En ce qui concerne la Belgique, il y a une situation toute spéciale ainsi qu'en Angleterre ; aussi, j'admets parfaitement la chasse en punt parce que c'est la chasse classique, tandis que chez nous, la chasse classique c'est la chasse à la hutte. J'admets même la chasse en punt chez nous, à condition qu'on emploie des armes convenables.

Le vœu, mis aux voix, est adopté.

M. TERNIER. — Le prince de Monaco m'a prié de vous présenter le vœu demandant qu'une réglementation intervienne pour empêcher la destruction des oiseaux de mer non comestibles.

M. Ternier, tout en appuyant ce vœu, en ce qui touche les mouettes, fait remarquer que les goëlands sont nuisibles aux pays de nidification et mangent les œufs des autres oiseaux.

Le vœu du prince de Monaco est adopté à l'unanimité.

M. LESCHEVIN. — Il existe, dans certains pays du Nord, des filets d'un modèle spécial : ce sont des filets grand rectangle dans les coins desquels on établit des gardes, c'est-à-dire une espèce de refoulement, garni vers le fond d'un filet comme une nasse. Le long de ces conduits, se trouvent des paravents disposés comme les coulisses d'un théâtre. C'est au moyen d'appelants que les canards arrivent vers le milieu de l'étang. Il y a trois cornes exposées aux différents vents. Intervient ensuite un petit chien ressemblant à un renard qui, par un tas de manigances et de grimaces, attire les canards et les amène vers le fond où on leur tord tranquillement le cou.

Cette chasse est la plus destructive de toutes pour le canard : elle est pratiquée en Angleterre, en Hollande, mais très peu en Belgique : c'est elle qui approvisionne les marchés et dans le plus grand silence. En Hollande, ce procédé est respecté au point qu'il y a une zone tout autour des canardières où il est interdit même aux propriétaires des territoires et aux titulaires de chasses de tirer un coup de fusil pour épouvanter les oiseaux.

Parlant, non pas au point de vue officiel, mais en mon nom personnel, ce Congrès étant international, je proposerai au Congrès d'émettre le vœu :

« De voir les puissances du Nord interdire ou restreindre la capture des « canards au moyen de canardières à filets dits « Eendekooïe. »

Ce vœu, mis aux voix, est adopté.

M. LE PRÉSIDENT. — Avant de clore les débats de cette sous-section, j'ai à vous donner lecture de deux ou trois vœux qui ne donneront lieu à aucune discussion.

Vœu émis par le Saint-Hubert Club de France :

« Considérant qu'un très grand nombre de chasseurs se livrent à l'exercice « de la chasse sur les grèves sans permis.

« Considérant qu'aucun texte de loi n'autorise cet abus, le Congrès de la « chasse émet le vœu que, dans tous les départements côtiers, il soit rappelé dans « les arrêtés préfectoraux que le permis de chasse est toujours obligatoire et que

« la chasse sur les grèves, sans permis, constitue un délit passible des peines « prévues par l'art 2 de la loi de 1844. »

Ce vœu est adopté.

M. Leschevin. — Il est évident qu'il est dangereux de voir des hommes sans permis chasser sur les grèves. C'est ce qui existait dans le temps en Belgique jusqu'en 1844. Depuis, on a supprimé cette tolérance et, actuellement, les côtes sont mises en adjudication. Mais il y a un système beaucoup plus intéressant : c'est le système anglais. On peut chasser le long des rives, des estuaires et sur le bord de la mer si on est titulaire d'un permis de chasse naturellement, et, de plus, en acquittant une certaine redevance supplémentaire à l'Etat. Un timbre est ajouté sur le permis de chasse. Cela permet aux gens qui sont en villégiature, de prendre leur fusil et de tirer quelques oiseaux.

Ce système, je l'ai préconisé en Belgique ; malheureusement, il n'a pas encore été admis mais je me réserve de revenir sur ce sujet.

Le vœu suivant est mis aux voix :

« Sur une communication d'avis personnel de M. Leschevin, l'Assemblée « est d'avis que la chasse sur les plages doit être libre pour les titulaires de per- « mis de chasse moyennant une légère redevance à l'Etat. »

Ce vœu est adopté.

Vœu émis par la Fédération des chasseurs des Bouches-du-Rhône, pour autoriser la chasse des grives et oiseaux autorisés (convention de 1902) à l'aide d'appelants.

Ce vœu est adopté.

Vœu émis sur la proposition de M. le baron de Segonzac :

« Les appeaux et appelants doivent être entièrement interdits, sauf dans « la chasse spéciale à la hutte, aux hutteaux et en plaine, seulement pour la « chasse de l'alouette au miroir. »

Ce vœu est adopté.

« La chasse à la chouette vivante ou empaillée est autorisée pour la chasse « aux alouettes, pendant la période où la chasse est ouverte. »

M. Leschevin. — Autoriser la chasse à la chouette et au hibou, c'est autoriser la chasse la plus destructive qui soit, parce que les oiseaux viennent se faire prendre à la glu. Il faut que les appelants ne soient autorisés que pour la chasse au fusil.

M. Clary. — Cette autorisation est absolument limitée à la chasse au fusil.

L'ordre du jour étant épuisé, la séance est levée.

Section Cynégétique et Economique

QUATRIEME SOUS-SECTION

Séance du 16 Mai (matin).

La séance est ouverte à 10 heures 15, sous la présidence de M. Bejot. M. de Lesse, rapporteur général, prend place au bureau.

M. le Président. — Nous allons prier M. de Lesse, rapporteur, de nous lire le résultat des différents rapports qui ont fait l'objet de la discussion de la sous-section et qui sont résumés dans une note générale.

M. de Lesse. — Nous pourrons ainsi adopter au fur et à mesure les vœux sur lesquels il n'y a pas de discussion.

M. de Lesse donne alors lecture de son rapport général.

Repeuplement.

Le repeuplement naturel proprement dit comprend surtout l'ensemble des mesures de protection de nature à favoriser l'accroissement du gibier.

Dans ce système, l'intervention de l'homme se manifeste de deux manières : 1° réduire les causes de diminution ou de disparition ; 2° lâcher des reproducteurs.

Rappel pour mémoire des principales causes de destruction du gibier. Parmi les causes naturelles : intempéries, animaux nuisibles, maladies épidémiques, ces dernières sévissant de préférence dans les régions, assez rares où le gibier est très aggloméré.

Les changements brusques ou progressifs apportés aux conditions d'habitat, la suppression des remises boisées et de la jachère, la division croissante des propriétés ; enfin, et surtout, l'usage de plus en plus répandu des prairies artificielles qui met à découvert chaque année des millions d'œufs, se rangent parmi les causes qui dépendent de l'agriculture.

Celles dues à l'imperfection de la loi, à son application débonnaire ou nulle, le braconnage, le trafic des œufs et du gibier vivant, la divagation des chiens pourraient être très atténuées. Elles forment les matières les plus délicates de ce Congrès. Ajoutons le nombre toujours croissant des chasseurs, qui, de 150.000 en 1844, a passé à 536.000 en 1906 ; les armes perfectionnées, la facilité des communications, les manœuvres militaires, le poison, les phares, les fils télégraphiques, etc...

A propos de ces derniers, le marquis de Beauvoir, signale, dans une propriété giboyeuse, un espace de 800 mètres où les fils sont disposés en toile de théâtre à 12 fils par 2 ou 3 mètres (alors qu'en Suisse, 32 ne couvrent pas un mètre), et qui tue en moyenne 60 perdreaux par an. Il demande qu'un propriétaire puisse offrir à l'Administration une indemnité pour modification de pose sur les points de très grands dommages. En effet, le réseau actuel réalise trop souvent un vrai panneau qui détruit, d'après les statistiques, plus d'un oiseau par kilomètre et par an en moyenne. L'étude de l'application du procédé dit « en herse » a déjà été entreprise, néanmoins la sous-section juge utile d'émettre un vœu à ce sujet.

Vœu. — « Que l'Administration des Télégraphes fasse progresser l'application des modifications à apporter à l'établissement actuel du réseau dans ses parties denses, et qu'à l'exemple de certains pays étrangers, le dispositif dit — en herse — soit généralisé. »

La protection des espèces consiste, en outre : 1° à aider les animaux-gibier dans leur lutte pour la vie pendant la fermeture, surtout dans les régions à climat rude, par l'alimentation artificielle et l'entretien des refuges protecteurs de toute nature.

Au cours d'une visite faite par la sous-section à son beau domaine de la Croix-Saint-Jacques, le comte Potocki signale l'usage excellent des faux-fourrés d'épines disposés en croix, ayant 12 à 14 mètres de long sur 1 m. 50 de large, à la fois refuge et garde-manger en hiver ;

2° à les ménager d'une façon raisonnée au cours des saisons de chasse et suivant le principe allemand « *aider le repeuplement par le maintien de l'équilibre naturel des sexes ; ne chasser réellement aucun gibier avant qu'il n'ait accompli ses fonctions de reproduction* ». De plus, ce n'est pas parce qu'un domaine est très giboyeux qu'il faut dédaigner d'y réserver un district où le gibier puisse trouver une tranquillité indispensable.

L'écoquetage et l'ébouquinage donnent des résultats remarquables dans certains pays étrangers. La sous-section est unanime à déclarer qu'en France, la loi a raison d'interdire ces pratiques qui sembleraient un dangereux encouragement au braconnage. La seule manière possible et permise en ce qui concerne les perdrix, de rendre utiles ces coqs surnuméraires si justement appelés « bourdons », est de les marier avec des poules perdrix disponibles.

Le comte Potocki, signale cet artifice qu'il emploie avec succès, en plaçant des poules entravées dépourvues de mâles dans un enclos découvert. Les coqs veufs ou célibataires de la plaine arrivent bientôt, tout disposés à former des couples qui aideront au repeuplement.

A côté de nos espèces les plus communes qui, jusqu'ici, ont lutté tant bien que mal contre tous les fléaux, celles que je nommerai les espèces d'élite sont en voie de disparition. — M. Magaud d'Aubusson, au nom de la Société Nationale d'Acclimatation, signale dans un mémoire documenté d'une forme très élégante, celle du grand et du petit *Tétras*. Le « Auerhahn » surtout, est devenu pièce rare à inscrire au tableau. Les quelques échantillons de ce beau gibier que l'on puisse voir à Paris, proviennent tous de l'Allemagne, de la Russie, de la presqu'île Scandinave, de la Suisse et même de la Belgique. Tandis que l'Angleterre cherche à propager cette précieuse espèce dans les montagnes de l'Écosse, nous assistons avec une indifférence coupable à l'extermination de nos derniers coqs de bruyères par le plomb et les engins des braconniers. Il serait à souhaiter que la chasse de ces oiseaux soit interdite pendant plusieurs années sur toute la surface du territoire, et que les agents forestiers soient chargés de faire respecter avec sévérité les règlements administratifs. Dès que la chasse des tétras pourrait être de nouveau permise, on établirait dans chaque région, une sorte de roulement entre les cantons fréquentés, avec création de réserves permanentes servant de refuges. Monsieur E. Béjot, comme conseiller général des Vosges, département très intéressé dans la question, appuie tout particulièrement ces conclusions.

Dans les Pyrénées, un noble gibier, l'*isard*, passera bientôt comme le bouquetin à l'état de mythe. Les causes, chasse sans permis, en temps prohibé, massacre des femelles et des petits et vente à peine clandestine dans les hôtels des villes d'eau. Un mémoire du comte René d'Astorg nous édifie à ce sujet : braconniers peu nombreux, mais destruction stupide, de plus traqués en temps de fermeture par des touristes armés de carabines à longue portée et à tir rapide. Il serait à souhaiter « que les autorités départementales tiennent la main à ce que douaniers, gendarmes, gardes-forestiers, etc., répriment tout délit de chasse commis dans la montagne et surveillent le transport du gibier tué en temps prohibé ainsi que sa vente dans les hôtels — que lesdites autorités frappent d'une amende la destruction des isards femelles, tuées même après l'ouverture — interdiction pour dix années au moins de la chasse au traque, et de la carabine avec hausse, la chasse à la surprise et au fusil de chasse ordinaire restant seule autorisée — que le S. H. C. F. accorde une prime à tout agent assermenté ayant dressé procès-verbal pour destruction ou vente d'un isard en temps prohibé — que dans les Basses et Hautes-Pyrénées, Haute-Garonne, Ariège et Pyrénées-Orientales, et sur une profondeur plus ou moins grande, selon la région, à partir de la frontière, les montagnes soient divisées en bans successifs où la chasse des isards serait interdite toute l'année pour une durée consécutive de 5 ans au moins, l'administration forestière étant chargée de tracer les limites et de déterminer le roulement des montagnes mises en interdit — que les gouvernements français et espagnol se mettent d'accord pour ouvrir la chasse à l'isard au plus tôt le 15 août, de préférence le 1er septembre, et que les douaniers et gardes des deux nations soient encouragés à se rencontrer et à se concerter pour une répression commune du braconnage ».

La sous-section a pris en considération, dans la mesure du possible, les conclusions de ces intéressants mémoires en émettant le vœu suivant :

Vœu. — « Que la chasse du grand et du petit tétras, la chasse de l'isard soient sévèrement interdites sur toute la surface du territoire, pendant une période de 3 ans, à l'expiration de laquelle on étudiera s'il y a lieu de partager les districts en zones de permission et d'interdiction ».

Le repeuplement purement naturel peut être, en quelque sorte, corsé par le *lâcher des reproducteurs*, isolés ou par couples suivant les circonstances. Cette méthode rend parfois de grands services, car dans des conditions très favorables de terrain, de climat, il est possible d'obtenir, en quelques saisons, le résultat que la nature seule mettrait de nombreuses années à fournir. Les frais sont loin d'être aussi considérables que ceux de l'élevage, mais l'aléa est toujours très grand.

Si, par exemple, le repeuplement d'un territoire en *lièvres* est possible par le lâcher d'un nombre suffisant de hases et de bouquins, en terrain convenable, les conditions du repeuplement pour le *chevreuil* sont bien plus délicates et difficiles à réaliser. Sauf dans quelques forêts où il se repeuple admirablement et pour cause, ce gracieux et excellent gibier a une tendance très marquée à disparaître. Il est regrettable que le principe d'épargner les chevrettes ne soit pas chez nous à l'état de règle absolue comme il l'est en Allemagne, où porter bas une chevrette fait la honte d'un chasseur.

Elevage.

L'élevage des oiseaux de chasse s'est développé en France depuis vingt ans, non seulement par anglomanie, mais aussi pour parer à la dépopulation progressive trop rapide du gibier naturel et rendre possible les tableaux fructueux sur des territoires que le braconnage anémie sans relâche. — On doit reconnaître que si le grand élevage proprement dit ne s'exerce qu'en vue de réaliser les battues à tableaux très intensifs, par ricochet les chasses voisines moins fortunées en profitent largement. Il contribue dans certaines régions, d'une façon très notable au repeuplement général en faisant tache d'huile, et à ce titre il rend des services considérables. Il faut donc savoir un gré sensible aux grands propriétaires qui sacrifient des sommes importantes à la multiplication de leur élevage de faisans et surtout de perdrix. Ces grandes chasses alimentent aussi le Marché et rendent le gibier populaire. Il est à souhaiter qu'elles ne périclitent pas. De conserve avec le repeuplement général du territoire par l'association et la chasse gardée, elles réaliseront le moyen de faire tomber le prix du gibier si bas que le braconnage en soit mortellement atteint.

Faisan. — Les installations modernes abandonnent l'usage de l'ancienne faisanderie française, bâtiments coûteux, encombrants et peu hygiéniques. La couverie close (ex. Rambouillet) est remplacée dans les chasses qui mènent le train (ex. La Croix-Saint-Jacques, Sandricourt, etc.) par la couverie en plein air, amenée à son plus haut point de perfection sur les indications du comte Potocki, et excellente à la fois pour la poule et l'œuf. Lorsque, comme à la Croix-Saint-Jacques, on doit soigner 1.500 reproducteurs et mener à bien chaque année 16 à 17.000 faisans et 5.000 perdreaux, il est nécessaire que les conditions de la nature soient respectées presque scientifiquement et les soins artificiels réalisés au maximum par des gardes admirablement dressés et instruits.

L'alimentation des reproducteurs et des jeunes est conduite de plus en plus suivant la méthode anglaise. Les élèves sont livrés, bien plus tôt et bien davantage que dans le système classique français, à l'éducation de la nature. Suppression de l'agglomération, déplacement facile des colonies, d'où il résulte une faculté de s'alimenter naturellement qui est, au fond, la base du système. Avec des pâtées appropriées, on est ainsi parvenu pour le faisan seul, à supprimer presque totalement l'œuf de fourmi. Mais nombreux sont encore en France les élevages sérieux où son usage est conservé, du moins pendant le premier âge, car l'œuf de fourmi est à l'oiseau-gibier ce que le lait est au nourrisson.

Perdreau. — Plus délicat, les méthodes suivies pour le faisan lui sont applicables dans les grandes lignes, mais des systèmes nouveaux semblent devoir entrer en faveur.

L'adoption par les mâles est devenue, entre les mains de gardes habiles, d'un usage certain. Ce procédé signalé particulièrement à la sous-section, au cours de sa visite à Jonvilliers, est économique. Il exige peu de personnel, peu d'œufs de fourmi et supprime les soins de l'élevage. Mais les élevages très modestes ne sauraient l'employer en grand, car se procurer des coqs est chose très coûteuse, les marchands de gibier étrangers livrant très difficilement des coqs isolés.

La *reproduction Dannin* à l'aide de couples sauvages entravés dans de grands parquets non couverts, aidée au besoin par le travail de la poule couveuse, la substitution d'œufs, réduit également les frais de larves de fourmis, puisque le lâcher s'effectue une semaine après l'éclosion. Il n'est pas douteux que l'avenir ne soit aux perdreaux obtenus en parquets, en se rapprochant des conditions naturelles.

L'élevage du perdreau rouge présente des difficultés considérables. Cet oiseau est très délicat et extrêmement sauvage, très sensible aux changements brusques de température. La perdrix rouge diminue beaucoup dans certaines provinces de l'Ouest et du Centre où elle était autrefois en majorité par rapport à la grise. Cette diminution doit être attribuée non seulement au changement d'habitat réalisé par la culture, mais aussi à l'absence de tranquillité causée par la disparition progressive des jachères et la construction de nombreuses voies d'accès et de communication.

Gibiers exotiques. — En dehors du faisan, le seul qui ait bien réussi, il n'y a guère que le colin de Californie dont la propagation ait présenté quelque chance de succès, grâce à sa fécondité considérable, sa facilité à supporter notre climat et les basses températures, sa mode de nicher en bordure des bois et à l'abri de la faux. Le tinamou, dont la vogue a été d'abord très grande, a fait une faillite complète.

Certes, les pionniers de l'acclimatation sont dignes d'éloges, mais quand on possède des gibiers indigènes si remarquables, d'une bonne volonté de reproduction si prononcée, le plus court et le plus avantageux est de les protéger et de les maintenir et, partout où la chose est possible, de les multiplier.

M. LE BARON DE SEGONZAC croit « qu'il est préférable d'encourager le plus possible le repeuplement par la prime à la conservation du gibier, et qu'en conséquence, une mesure très profitable consisterait à recommander, lors des adjudications forestières communales, ou dans les baux des associations de chasse, l'insertion, au cahier des charges, d'une clause concernant l'évaluation, à dire d'experts, du gibier à l'entrée et à la sortie de jouissance, avec compensation s'il reste plus de gibier en fin de bail, et par contre, amende s'il y en a moins ».

Développement des établissements d'élevage.

Voilà notre point faible. Il est certain qu'en France, nous manquons absolument d'établissements d'élevage susceptibles de fournir des produits sûrs, non seulement au point de vue de la qualité, mais au point de vue de *l'origine*. Il serait presque impossible d'en citer. La plupart des éleveurs du commerce ne sont que des intermédiaires qui nous font payer un tribut régulier à l'Etranger.

D'après le vicomte DU PONTAVICE, « plus il y aura d'établissements d'élevage produisant eux-mêmes leurs élèves *ab ovo*, plus nous nous rapprocherons d'une solution parfaite. La production sera plus grande et les prix moins élevés. Le *repeuplement par les modestes propriétaires, par les Sociétés de chasse peu fortunées deviendra chose courante*, alors qu'à l'heure actuelle il représente un luxe peu accessible. De plus, les grands propriétaires seront moins tentés d'accaparer les œufs de chasses banales et même ceux des chasses gardées de leurs voisins ».

En Angleterre et en Allemagne, les centres de production sont très nombreux. En Angleterre notamment, les fermes à gibier utilisent des bénéfices considérables en fournissant des produits dont la bonne qualité est reconnue. La création de tels centres, parquets et fermes à gibier, s'impose en France, et par le fait de l'initiative privée et par le soin de l'Etat.

L'Etat protège la pêche par des subventions, il repeuple les cours d'eau, contrôle et surveille avec sollicitude les établissements de pisciculture. Pourquoi ne ferait-il pas de même pour le repeuplement du gibier ? Il permettrait la réalisation d'un vœu bien populaire, exprimé par une communication de la Société pour la répression du braconnage et le repeuplement de l'arrondissement de Louhans : « Création de parcs de repeuplement par les grandes Sociétés telles que la Société Centrale et le Saint-Hubert Club, en faveur de leurs Sociétés locales affiliées. »

L'intérêt de ces améliorations est tel que le Congrès doit leur donner auprès des pouvoirs publics tout le poids qu'elles méritent.

« Considérant que l'Etat plein de sollicitude pour le repeuplement des cours-d'eau, pour la pêche qu'il subventionne et protège, laisse par contre péricliter le repeuplement de notre territoire de chasse, richesse nationale.

Considérant qu'il est indispensable d'obtenir en France, à l'exemple de ce qui se passe à l'Etranger, une industrie privée fournissant des oiseaux-gibier d'une origine non suspecte, la sous-section émet le vœu :

1° Que le repeuplement des chasses domaniales et même celui des territoires particuliers de Sociétés et de Syndicats de chasse locaux, soit encouragé par l'Etat, comme il le fait pour la pêche, au moyen de subventions en argent ou *en nature*.

2° Que les établissements d'élevage et les fermes à gibier dus à l'industrie privée, soient encouragés par l'Etat également, à l'aide de subventions et qu'ils soient surveillés et contrôlés par le personnel des administrations agricoles et forestières. »

Animaux nuisibles.

Tout repeuplement est subsidiaire d'une destruction préalable suffisante des animaux nuisibles. Leur destruction totale serait presque impossible et, suivant les conditions de la nature et de la lutte pour l'existence, serait même, dans certains cas, défavorable à la prospérité du gibier.

M. LEDDET, conservateur des Eaux et Forêts, dans un rapport très lumineux sur cette importante question, observe que la nomenclature n'est pas assez définie, assez officiellement fixée : « La désignation de ces animaux étant laissée à l'initiative des préfets, aux termes de l'art. 9 de la loi de 1844, il s'ensuit des divergences fâcheuses entre les divers départements, souvent même pour des circonscriptions limitrophes. Il y a donc lieu de réviser cette nomenclature et d'en adopter une bien précise pour tout le pays. Devraient y figurer les « chats domestiques » avec cette restriction en leur faveur qu'ils ne seraient déclarés tels qu'à 200 mètres de toute habitation.

Une seconde cause de faiblesse dans cette lutte, réside dans l'ignorance trop grande qu'on a, en général, des procédés de destruction, et aussi dans les entraves que la loi apporte à leur mise en œuvre.

M. LE BARON DE SEGONZAC estime « que la destruction avec pièges et appâts devrait être rendue obligatoire pour les gardes lors de leur prestation de serment, et encouragée par des primes chez les particuliers. Les destructions, dans ce cas, auraient lieu trois jours après en avoir prévenu par écrit le maire, et avec son avis favorable.

Toute personne ayant encouru une condamnation pour délit de chasse ou mauvaise conduite serait inapte à obtenir l'autorisation. De plus, il devrait être répandu une brochure, claire, bon marché, indiquant les moyens pratiques de destruction. »

Une note de M. Paul Collin, avocat, fait ressortir l'utilité de distinguer nettement d'une part, les animaux nuisibles ayant en même temps le caractère de gibier (lapins, sangliers, cerfs et biches) et ceux dont la destruction intégrale est à désirer. Il juge également qu'il serait bon d'interdire l'affût de nuit, sous quelque prétexte que ce soit.

M. A. Dufour, à propos de la destruction des oiseaux de proie, nous apprend que dans certaines communes de l'arrondissement de Montdidier, les conseils municipaux votent des crédits destinés à encourager la destruction des pies, corbeaux, éperviers, etc. Il estime qu'il y aurait intérêt à ce que toutes les municipalités votent chaque année des fonds à cet effet.

La *Société de l'Arrondissement de Louhans* demande l'extension des subventions départementales pour la destruction des renards et le piégeage obligatoire dans les forêts de l'Etat et des communes, sous la surveillance du personnel forestier, avec concours pécuniaire des adjudicataires imposé par le cahier des charges. Enfin, la distribution aux préposés forestiers et gardes-champêtres d'un manuel de piégeage et de surveillance de la chasse.

M. Passerat, auteur d'une intéressante communication au sujet de la destruction à l'aide du grand-duc, seul procédé efficace, bien que coûteux, pour détruire les oiseaux de proie, tels que faucons et vieux corbeaux, souhaite de voir l'emploi de ce leurre généralisé.

Aucun mémoire n'a été adressé à la sous-section sur les maladies du gibier et les instruments de braconnage.

Après avoir entendu et discuté les communications précédentes, la sous-section a émis les vœux suivants :

« 1° Que tout garde assermenté soit autorisé à détruire et à piéger toutes les bêtes puantes et oiseaux de rapine sans avoir à demander l'autorisation préfectorale. »

« 2° Que la destruction des oiseaux de proie et de rapine à l'aide du grand-duc naturalisé ou vivant soit autorisée à la hutte et au fusil en tout temps par les propriétaires ou par leurs ayants-droit. »

Enfin, *à titre indicatif* : « Qu'il soit mis au concours par la Société Centrale, le Saint-Hubert Club et la Société des Chasseurs de France, un manuel pratique de piégeage et de surveillance de la chasse ».

Le Rapporteur :

A. de Lesse, *ingénieur-agronome.*

La multiplication des perdrix

par M. RENÉ DANNIN fils.

Tandis que, de plus en plus, les couples de perdrix aux champs n'ont plus la tranquillité qu'ils avaient autrefois, parce que toutes sortes de raisons concourent à la leur enlever alors que pourtant elle est si nécessaire à leur multiplication ; il n'est peut-être pas inutile de parler à l'élite des chasseurs réunis en ce Congrès de la Chasse, d'une façon sûre et peu coûteuse de produire des compagnies de perdrix.

Le but que réalise la méthode Dannin est d'obtenir des couvées de perdreaux sauvages avec des couples sauvages entravés et mis dans des parquets non couverts où ils trouvent tous les avantages de la liberté aux champs sans en éprouver les inconvénients. Puis, profiter des œufs que l'on ramasse sur la propriété ou achetés au dehors pour augmenter les compagnies ainsi produites et pouvoir les porter jusqu'à 30 têtes.

Cependant pour suivre la marche complète d'une campagne de reproduction par cette méthode, il convient de se placer en mai juin ou septembre-octobre, époques les plus favorables pour la construction des parquets.

Le choix du terrain est des plus important et faute de placer les parquets en terrain sain, bien exposé, aéré sans être à trop grand vent et bien situé pour la surveillance, on est sujet à des mécomptes.

Le terrain choisi doit comporter une superficie minimum de soixante mètres carrés par tête d'oiseau, ce qui sur un hectare permet de faire 83 parquets pouvant produire à raison de 12 jeunes en moyenne par couple, un millier de perdreaux. Les clôtures et divisions intérieures se composent de grillages cloués sur pieux de bois. La clôture est suffisamment haute avec 1 m. 75, les divisions intérieures ne demandent pas plus de 1 m. 60.

Le grillage à l'extérieur est enterré à une certaine profondeur afin d'arrêter les incursions des animaux nuisibles qui pourraient venir par galerie dans les parquets. Le haut de ce même grillage supporte un bavolet dont l'extrémité flotte librement de façon qu'un chat par exemple venant de l'extérieur et sentant le bavolet plier sous son poids ne s'y fie pas et rebrousse chemin. C'est surtout aux angles de l'ensemble des parquets que le bavolet devra être très flexible car c'est presque toujours à cet endroit que les chats cherchent à pénétrer dans l'intérieur.

Une seule porte assure l'entrée générale, toutes les autres portes s'ouvrant dans l'intérieur. Le garde entretiendra tout autour et contre la clôture un sentier de protection d'environ 80 centimètres de largeur toujours parfaitement net de toute végétation. Ce sentier sera garni de pièges variés dont les plus recommandables sont les boîtes pièges ou chatières en fer dans lesquels les animaux sont pris vivants.

La présence sur un terrain relativement restreint d'un bon nombre de perdrix, répand au dehors une odeur spéciale qui attire les animaux nuisibles. Bien des propriétaires ont été étonnés à la suite de l'adoption de la méthode chez eux de voir prendre autour des parquets un si grand nombre d'ennemis de la perdrix depuis la belette jusqu'au renard et dont ils ne soupçonnaient pas l'abondance sur leur chasse.

Ces pièges sont amorcés de différentes manières sauf pour les boîtes chatières qu'on peut laisser sans appât en ayant le soin de les placer bien contre le grillage de clôture. On fera, avec des petites branches, une haie de un mètre de longueur avec peu de hauteur et qui, partant de la chatière, des côtés de chaque porte opposés au grillage de clôture, s'en ira en biais vers l'extérieur. Les animaux nuisibles flairant le gibier suivent généralement le grillage, cherchant une entrée et quand ils sont engagés dans cet espèce d'entonnoir qu'on aura pu ombrager de quelques plus grandes branches piquées en terre au dehors ou posées depuis le grillage jusqu'au-dessus de la petite haie, il y a presque certitude que, voyant le jour de l'autre côté de la chatière, ils s'y fassent prendre en voulant la traverser. Une reculade de l'animal nuisible à ce moment proviendrait presque toujours de l'odeur laissée dans le piège par un animal pris avant lui. Le garde fera donc, bien pour éviter cet inconvénient, après capture d'un animal, de poser la chatière à quelques mètres de là, debout, portes ouvertes et, ayant mis un peu de paille en dedans et en dehors, de la faire flamber avant de la remettre en place.

On n'oubliera pas d'attacher les pièges afin qu'ils ne soient emportés, mais, pour les très gros destinés aux renards, le mieux est d'attacher au bout de la chaîne un morceau de bois assez lourd qui, sous ses efforts, se déplacera un peu lui laissant l'espoir de la fuite. On risquerait, autrement, de ne retrouver dans le piège qu'une patte de l'animal, celui-ci préférant souvent sacrifier un de ses membres plutôt que d'être pris en entier. Les clôtures de même que les divisions intérieures, doivent être garnies dans le bas et sur une hauteur d'au moins 30 centimètres, de bandes formant obstacle visuel entre les parquets. On emploie dans ce but, soit du zinc, du fibro-ciment, du carton bitumé armé, ou simplement de petites haies faites avec de la bruyère, de la paille ou des genêts.

Le double but de cette garniture est d'assurer aux couples un isolement parfait indispensable à leur tranquillité. De plus, lors de l'éclosion, les jeunes ne peuvent ainsi passer d'un parquet dans l'autre.

Un ensemble de parquets en comprend de deux sortes. Les parquets d'hiver destinés aux perdrix dès leur arrivée, vers novembre ou décembre, et où on les met par sexes séparés jusqu'à l'accouplement. Puis les parquets de reproduction que les perdrix occupent quand on les accouple, c'est-à-dire fin janvier, commencement de février, jusqu'à leur mise en liberté avec leurs couvées.

Les parquets d'hiver renferment trois sortes d'abris. Pour la nourriture, des fagots déliés couchés sur des traverses clouées sur pieux de 60 centimètres hors terre, ces fagots sont recouverts de plaques de gazons afin que la pluie ne puisse mouiller la nourriture. On les construit assez près de la porte par laquelle on entrera, de façon à ne pas effrayer les oiseaux quand on leur portera à manger. Un autre abri du même genre, mais avec des fagots restant liés et sans être recouverts de terre est placé parallèlement à la clôture du fond, le côté ouvert tourné vers le fond et à trois mètres de la clôture. Enfin à 25 centimètres de cette clôture on établit trois lignes de traverses parallèles distantes les unes des autres de 25 centimètres et clouées sur des piquets de 60 centimètres hors terre. L'on met à cheval, sur ces traverses, des bruyères ou genêts en bouquets renversés et dont le bas viendra à 20 cent. du sol. Ce dernier genre d'abri est la meilleure garantie contre l'enlèvement des perdrix par les oiseaux de proie, car s'ils ont l'œil perçant, les perdrix ne l'ont pas moins et à la moindre alerte, elles se réfugient à cet endroit.

Comme culture, on ne pourra rien faire de mieux que d'y mettre des choux fourragers.

Sous l'abri de fond on répandra de la cendre pour le poudrage des oiseaux et quelques briques pour l'aiguisage des becs.

Les parquets de reproduction comprennent plusieurs sortes d'abris. D'abord l'abri de nourriture placé face à la porte, à une distance un peu plus grande que le développement de cette porte et qui affecte la forme d'un entonnoir renversé. D'un côté du pieu central soutenant l'abri, on place l'abreuvoir, constitué tout simplement par une bouteille renversée maintenue contre le pieu par un fil de fer. Le goulot de la bouteille entre d'un centimètre dans un vase en verre placé en dessous, qui forme récipient. L'eau descend au fur et à mesure de la consommation et c'est l'abreuvoir le plus hygiénique parce qu'il est le plus facilement démontable.

De l'autre côté du pieu on met l'assiette contenant la nourriture. Sous cet abri on veillera à ce qu'il y ait toujours un tas de petits graviers dont les perdrix ont besoin pour leur digestion et une brique pour leur bec.

Dans chaque angle des parquets on construit un abri affectant la forme d'un petit toit qui descend jusqu'à terre, ouvert seulement sur 20 centimètres carrés de chaque côté. Les grillages, sous cet abri, sont garnis de façon à faire régner en dessous le plus d'obscurité possible, ce qui, lorsque les perdrix sont effrayées, constitue un lieu de refuge qu'elles apprécient bien vite. On aura eu le soin de relever le terrain en dessous, de façon qu'il n'y ait jamais envahissement d'eau.

Dans le fond, à 25 centimètres de la clôture, on place deux petites haies se faisant suite et qui s'éloignent progressivement de la clôture à mesure qu'elles se rapprochent l'une de l'autre, pour en être à 50 centimètres à l'endroit où elles se rencontrent. Mais, à ce même endroit, une autre petite haie de 25 centimètres part perpendiculairement de la clôture, en sorte que les ouvertures à chaque extrémité de la haie sont en face du barrage du milieu.

Le but de cet abri est de couper la course des oiseaux qui seraient tentés de courir le long de la clôture du fond quand le garde est dans leur parquet.

Tous les abris de ces parquets sont constitués par une carcasse en bois, recouverte de préférence de bruyère ou, à défaut, de genêts ou de paille.

Voici ce qu'il y a lieu de faire comme plantations et cultures.

Devant chaque abri de coin, un massif protège les entrées de ces abris. Il est important de faire ces abris en arbustes à feuilles persistantes, car les oiseaux ont besoin d'être tranquilles dès leur accouplement, c'est-à-dire à une époque où seuls ces arbustes donnent de l'abri.

La meilleure culture, dont on peut même très bien se contenter uniquement est le chou fourrager. Semé en bonne terre et repiqué en place dans les parquets lorsqu'il a deux mois ,le chou procure aux perdrix nourriture et couvert. Elles sont très friandes de jeunes choux et il est bon de s'organiser pour en avoir souvent à leur donner.

On mettra ces choux en place, en lignes parallèles à la clôture du fond des parquets et à 2 mètres de cette clôture. Ils sont repiqués en quinconce à

1 mètre sur les lignes, les lignes étant espacées de 50 centimètres. On mettra plus ou moins de lignes, suivant le nombre de plants dont on disposera, et jusqu'à concurrence d'un tiers de la superficie du parquet. Par ailleurs,on sèmera du gazon très court, sauf un chemin de 25 centimètres contre la clôture tout autour où il vaut mieux qu'il n'y ait pas d'herbe.

On laissera également un terrain nu de 2 m. × 2 m., à gauche de l'abri de nourriture et le garde devra entretenir cet espace absolument sans végétation et bien uni pour la reprise des jeunes perdraux, comme je l'expliquerai plus loin.

En terres fortes, on aménagera dans chaque parquet un puisard pour l'absorption des eaux et la terre retirée fera un monticule qui sera utile aux oiseaux. On comble le puisard avec des fagots que l'on recouvre de feuilles ou branchages.

Chaque parquet est numéroté. Un bâtonnet placé sur la porte ou à côté, dans la maille du grillage, indique ce que contient le parquet.

Ce bâtonnet peut donc occuper l'une des quatre positions suivantes : dans le bas de la porte, parquet vide. A hauteur des yeux, sur la porte : un couple. Hors la porte, à gauche, même hauteur : un coq seul. Même position mais à droite de la porte : une poule seule. Ce marquage a son utilité d'abord pour la nourriture à distribuer quand on a des parquets occupés par un oiseau seul ou bien vides et ensuite au fur et à mesure des lâchers pour que l'on reconnaisse d'un coup d'œil les parquets encore occupés.

Les parquets étant prêts à recevoir les perdrix, ce qui, pour être à bonne époque, doit se trouver fin octobre ou novembre, il s'agit de se procurer les reproducteurs.

C'est ici que nous nous trouvons devant une des plus grosses difficultés de la reproduction, difficulté beaucoup plus réelle qu'apparente, car s'il est facile de se procurer des perdrix, il est très difficile de se procurer des reproducteurs parfaits. Et j'entends par reproducteurs parfaits, des oiseaux sans aucune tare, idéalement des perdrix reprises sur la chasse même et mises de suite en parquets d'hiver ou bien venant d'une terre voisine d'où elles sont envoyées sitôt capturées. C'est le cas d'un très petit nombre de propriétaires. Beaucoup n'ont que la ressource de perdrix venant des marchands et comme il ne peuvent guère s'en procurer en France, c'est ainsi qu'entrent en jeu les perdrix de Bohême et de Hongrie.

En principe, elles sont très bonnes, peut-être même plus prolifiques que nos perdrix françaises et malgré la distance qu'elles doivent franchir pour nous parvenir, nous n'aurions que des compliments à leur faire sur leur valeur, si elles n'avaient la détestable habitude de s'arrêter généralement trop longtemps dans les volières de ceux qui les reprennent ou dans celles des gros marchands, où, l'hygiène et un minimum d'espace par tête d'oiseau sont totalement inconnus.

C'est ainsi que l'agglomération en tue un bon nombre avant et pendant le voyage et les maladies dont elle est cause et que contractent les oiseaux même si elles ne les tuent pas, les affaiblissent et les rendent impropres à la reproduction.

Et puis pour tout dire sur les perdrix étrangères, elles sont livrées, malgré les grands prix demandés sans aucun triage et rares sont les envois où il n'y ait à constater des boiteuses ou des borgnes, becs arrachés, tumeurs aux pattes, ailes coupées ou dos déplumés, quand elles ne sont pas dyphtériques au dernier point.

Enfin, malgré l'ennui de constater dans les envois toutes ces tares, on pourrait encore leur pardonner si, au point de vue du sexe, on recevait les perdrix demandées.

Mais, estimant que les Français ne s'y connaissent pas, ces Messieurs étrangers mettent toujours plus de mâles que de femelles.

Il est indéniable qu'il y a dans la production une proportion plus forte des uns que des autres et comme la différence pour ceux qui n'en ont pas l'habitude est parfois difficile à établir, ces honnêtes marchands se débarrassent ainsi de leur trop-plein de mâles. Ceci donne du reste lieu à une charmante façon de faire de leur part. Ils consentent à vendre des poules seules, mais 25 % plus chères que si elles sont prises par couple et l'excédent de coqs résultant de ces ventes et dont ils n'ont que faire est réparti dans les envois qu'ils annoncent comme couples ! En sorte que les propriétaires qui lâchent ces oiseaux sur leur chasse, par leur manque de connaissance des sexes mettent ainsi en plaine des coqs qui ne pourront s'accoupler et qui dérangeront les couples, compromettant de la sorte le résultat des couvées aux champs.

Car il faut bien le dire, on ne connaît pas assez les marques infaillibles des sexes chez la perdrix, et trop de personnes encore basent leur jugement sur la présence ou l'absence du fer à cheval sur la poitrine de l'oiseau. Or, rien n'est plus faux que cela et ne prête davantage à tromperie de la part des vendeurs peu scrupuleux.

Chez la jeune perdrix femelle, certes, le fer à cheval n'existe pas, mais beaucoup de sujets le prennent avec l'âge et si parfois ce n'est qu'une ébauche par contre, certaines femelles sont aussi marquées que des mâles.

J'ai parlé de tromperie de sexes et je puis certifier avoir reçu des envois de couples de l'Etranger, dans lesquels des mâles avaient très artistement été débarrassés de toute la partie marron des plumes de la poitrine. En ne se basant que sur l'examen du fer à cheval, le nombre de femelles annoncées s'y trouvait... tout en n'y étant pas.

On ne saurait donc trop attirer l'attention de tous ceux qui, dans l'intérêt de la reproduction, ont à vérifier le sexe chez les perdrix en leur rappelant que la marque infaillible du sexe est sur la tête de l'oiseau.

La femelle a, sur la tête, une couronne de plumes blanchâtres plus ou moins prononcée, mais que le mâle n'a jamais. De plus, les petites plumes dans l'intérieur de la couronne, ont les stries très larges et claires, alors que celles du coq sont fort étroites. Puis, en regardant la femelle de face on voit la forme de son crâne s'amincir régulièrement depuis le sommet jusqu'au bout du bec, tandis que chez le coq, il y a une forte saillie au-dessus des yeux.

Il est donc utile, quand on reçoit des perdrix, de bien les examiner sous le rapport des sexes et sous celui de la santé.

Les perdrix sont, dès leur arrivée, entravées avec soin. Le choix d'une bonne entrave et la façon de la poser importent beaucoup pour la réussite. Une mauvaise entrave estropie l'oiseau, une entrave mal ajustée ou n'épousant pas bien la forme de son aile, sera cause qu'il se débattra croyant pouvoir s'en débarrasser. Un oiseau qui a été bien entravé, s'envole le jour où on lui enlève l'appareil comme s'il n'avait jamais été captif.

On sépare de suite les sexes et si l'on dispose de quatre parquets d'hiver, dans deux parquets on met les oiseaux parfaitement sains et dans les deux autres, les perdrix fatiguées du voyage ou malades. Aux premières, on donnera pour toute nourriture du blé gonflé à l'eau bouillante puis bien égoutté et de la verdure si le parquet n'en est pas suffisamment garni. Aux autres, on servira, pendant une quinzaine de jours, une pâtée réconfortante.

On peut dire en principe qu'après une dizaine de jours de présence dans les parquets, les perdrix arrivées malades sont sauvées. Sitôt qu'elles sont redevenues vigoureuses on diminue graduellement leur pâté qu'on remplace par du blé. On peut alors les remettre avec les autres. Si l'on dispose d'assez de parquets, on fera bien, tous les quinze jours, de faire passer les perdrix des uns dans les autres.

— Vers la fin de janvier ou commencement de février, après que les grands froids sont passés, on procède à l'accouplement des perdrix.

Si les oiseaux ont bien été séparés par sexes, rien de plus facile que de les marier.

On les reprend sans les abîmer dans un coin du parquet où l'on a disposé des bottes de paille formant couloir vers un angle et après avoir vérifié la tenue de leur entrave, on les distribue dans les parquets de reproduction.

Le résultat de cette union forcée est parfait car on n'a contrarié chez l'oiseau aucun instinct. Il n'en serait pas du tout de même si mâles et femelles étaient restés mélangés, car alors des unions auraient certes été contractées et en séparant des conjoints on n'obtiendrait de ceux-ci aucune reproduction.

Ce qui s'impose dans ce cas est d'enfermer les femelles dans des boîtes, une boîte placée dans chaque parquet. On laisse les coqs aller et venir et la nuit on ferme les portes.

Ce moyen offre des difficultés car, parfois, plusieurs coqs sont près de la même poule et l'on a bien plus de chance de succès en pratiquant l'union forcée telle que je l'ai décrite plus haut.

Chaque couple étant chez lui, il n'y a plus pour réussir qu'à bien le nourrir et lui assurer la tranquillité la plus complète. La nourriture se composera d'abord de blé et de verdure, puis, dès les premiers jours de mars, d'une pâtée échauffante destinée à activer la ponte. A partir de ce moment seulement on donne à boire aux perdrix en leur assurant de l'eau très pure, car on n'oubliera pas que c'est par la boisson que viennent la plupart des maladies du gibier.

A partir du 1er mai, le garde doit visiter ses parquets deux fois par semaine afin de constater la ponte de ses perdrix. Il aura eu la précaution de faire, par ci, par là, dans les parquets, aux endroits qui lui paraîtront être bien abrités, des faux nids où il placera des œufs en porcelaine. Quand il fera ses visites, il se glissera le long des grillages près desquels, le plus souvent, les perdrix vont pondre et il tâchera de ne pas les effrayer. Si, du reste, il a pris pour habitude de siffler chaque jour en leur portant la nourriture, il n'aura, pour tranquilliser ses oiseaux, qu'à siffler de même en visitant les parquets.

Le garde ramassera les œufs pondus sans nids ou ceux faits dans des nids mal placés qu'il comblera. Ces œufs seront mis dans des nids qu'il fera et où il viendra voir les jours suivants si les perdrix ont pondu .

Le garde doit inscrire à chaque visite sur un calepin *ad hoc*, la marche de la ponte afin de se rendre compte si elle suit normalement son cours. D'un seul coup d'œil il connaîtra ainsi l'histoire complète de chaque couvée, depuis le premier jour de la ponte jusqu'à l'écosion, ce qui lui sera tres utile pour ses manipulations d'œufs.

Si l'on veut faire des couvées hâtives, on ramasse quelques œufs dans chaque parquet et quand on en a 20 à 25 on les donne à une poule couveuse. Lorsque ceux-ci seront béchés du 24 au 25ᵉ jour, on pourra les mettre dans le nid d'une perdrix qui couvera depuis au moins 12 à 15 jours et on remplacera sous la poule couveuse les œufs enlevés par ceux de la perdrix qui après béchage pourront aller éclore dans le nid d'une autre perdrix. Cette substitution est toujours admise par l'oiseau s'il y a assez longtemps qu'il couve et si elle est faite avec douceur. Dans le cas d'une substitution d'un nombre d'œufs plus considérable que ne couvait l'oiseau, il faut agrandir le nid afin que tous les œufs soient bien dedans. Cette opération doit être faite à une heure chaude de la journée de façon que si la perdrix tardait un peu à revenir sur son nid, les œufs ne se refroidissent pas trop.

Quand les perdrix pondent régulièrement et que leur nid est bien placé il vaut mieux les laisser complètement couver leurs œufs et faire éclore leurs jeunes. Si dans un parquet on a enlevé dans les premiers jours de la ponte un certain nombre d'œufs, ce que l'on constate par le calepin, il est utile pour avoir de belles couvées naturelles de renforcer le nid quand la perdrix est arrivée à son 15ᵉ œuf. On ajoute alors quelques œufs de façon que si elle se mettait à couver, elle en ait 25 environ dans son nid. Si arrivée à cette quantité elle continuait à pondre, on enlèverait à chaque visite l'excédent de ce nombre qui constitue un maximum pour être mené à bien.

Quand on dispose de beaucoup d'œufs du dehors, on a plusieurs moyens de les utiliser. Soit que les ayant fait couver par des poules de ferme on les mette dès le béchage sous des perdrix, soit que les laissant éclore sous les poules on les ajoute aux couvées naturelles du même âge à peu près ou bien encore qu'on les fasse adopter par des couples qui n'ont pas couvé ou même par des coqs seuls.

Les œufs éclosent du 25ᵉ au 26ᵉ jour.

Dès le lendemain ou surlendemain de l'éclosion on procède en vue du lâcher aux champs, à la reprise de la compagnie dans son parquet.

Tout en faisant attention de ne pas écraser les jeunes, on reprend le couple à l'épuisette. On désentrave les perdrix et on les place dans une boîte spécialement faite dans ce but.

Cette boîte est mise au milieu d'un carré formé de 4 planches de 1 mètre, le tout placé au centre du terrain nu qui dans chaque parquet se trouve près de l'abri de nourriture.

Le carré se place sur trois bouts de bois qui le surélèvent de 5 à 6 centimètres

Les portes des côtés de la boîte renfermant les parents sont soulevées de 4 centimètres et peu après qu'ils sont en place, ils appellent leurs jeunes qui ne tardent pas à les rejoindre. Une bonne précaution du reste, consiste à mettre le carré de bois avant l'éclosion, puis 24 heures après la naissance quand les jeunes sont séchés, c'est là qu'on leur porte leur première nourriture, un peu de larves de fourmis et du jaune d'œuf.

Le soir de la reprise, quand on est certain que tous les jeunes sont réunis sous l'aile des parents, on fait tomber le carré de bois de ses supports au moyen d'une ficelle sortant du parquet et le lendemain on peut facilement s'emparer de toute la couvée. On laisse le couple dans la boîte qu'il occupe et on place les jeunes dans une autre boîte. Toutes deux sont emportées aux champs dans un cadre en bois qui servira pour la mise en liberté de la compagnie. Le garde aura d'avance choisi les endroits où il veut lâcher ses compagnies, autant que possible en bordure d'une céréale et à bonne distance des routes fréquentées.

La boîte contenant les jeunes est accrochée à celle des parents et le cadre en bois renversé leur sert de promenoir. Une ficelle placée à la porte de ce cadre, s'en va à une vingtaine de mètres en arrière.

Quand un moment après la mise en place, les oiseaux semblent très tranquilles, on va doucement tirer l'extrémité de la ficelle et on la maintient tendue au moyen d'une pierre ou d'un bâton planté en terre. Une heure après on peut venir reprendre les boîtes, le lâcher est terminé. S'il a été fait avec douceur, le couple à la vue de l'espace libre devant lui ne s'est pas envolé mais a entraîné doucement sa petite famille lui cherchant de suite sa nourriture.

Je terminerai ce rapide exposé de la méthode Dannin par quelques mots sur le système de l'adoption dont on a dit autant de mal que de bien. Et je suis amené à en parler car il complète la méthode, non seulement à cause des œufs que l'on peut avoir en excédent et dont on ne veut pas élever les jeunes à la poule, mais aussi parce que c'est le seul moyen d'utiliser les couples qui n'ont pas couvé ou les oiseaux restés seuls par suite du décès de leur conjoint.

Deux conditions sont indispensables pour réussir les adoptions : avoir des oiseaux sauvages et pratiquer l'excitation progressive.

La première de ces deux conditions est rarement remplie. On achète des coqs où on peut et le plus souvent même s'ils ont été repris très sauvages et bien portants, par suite de l'exiguité des volières où on les place ils dépérissent vite et font de mauvais adopteurs.

Quant à ce que j'appelle l'excitation progressive des coqs, elle est également peu pratiquée. Elle consiste à mettre en ligne une série de boîtes renfermant des adopteurs. En face se trouve une poule de ferme avec des jeunes. Des planches réunissent les boîtes des extrémités avec celle de la poule et forment ainsi le promenoir des perdreaux. Ceux-ci peuvent librement aller avec la poule mais ne peuvent pénétrer avec les adopteurs dont ils sont séparés par une porte à claires-voies mise à chaque boîte.

Le garde observe le rappel des perdrix et à la croix marque sur la boîte celles qui manifestent le plus d'ardeur. Il fait alors passer quelques jeunes dans leur boîte et ne leur donne toute une couvée que s'ils se montrent très empressés auprès des jeunes.

En ne prenant toujours que des perdrix ayant bien rappelé et en laissant les jeunes quelques jours avec eux avant de les lâcher on obtiendra de forts bons résultats.

Cependant qu'on n'oublie pas que de cette façon on ne produit pas d'œufs ; on ne fait qu'utiliser ceux apportés des champs ou achetés. Il n'y a donc avantage à ne se servir de l'adoption que comme complément de moyen pour multiplier les perdrix. Et dans une chasse où de nombreuses compagnies ont été formées, il y a beaucoup de probabilités que si les jeunes d'adoption, malgré toutes les précautions prises sont abandonnés, une bonne partie ne sera pas perdue, car elle se joindra à une compagnie à promixité.

Je n'entrerai pas dans le détail de ce que coûte la production de couvées naturelles ; qu'il me suffise de dire qu'aucun autre moyen ne permet d'obtenir des perdreaux à aussi bas prix puisque les jeunes ne reviennent que de 1 fr. 50 à 1 fr. 75 toutes dépenses comprises.

Et j'insiste sur ce fait que les compagnies mises aux champs peu après l'éclosion se cantonnent d'une façon parfaite et que si la chasse est bien piégée on retrouve à l'ouverture presque complètes les couvées là où on les a lâchées. C'est donc actuellement la méthode qui donne les meilleurs résultats et l'avenir de la chasse à la perdrix en France sera assuré le jour où propriétaires et fermiers mettront sur leurs territoires chaque année un certain nombre de couvées naturelles produites chez eux en parquets.

Pour récolter, il faut semer et je termine en vous demandant, Messieurs, s'il ne faut pas s'étonner davantage de ce que tant de chasseurs oublient cette vérité et ne fassent rien pour repeupler tout en gémissant sur la diminution de la perdrix, plutôt que de cette diminution elle-même dont les causes sont connues et à laquelle on ne peut remédier qu'en faisant du repeuplement compatible avec la culture moderne ?

Note sur la protection du grand coq de bruyère

Présentée au nom de la Société Nationale d'Acclimatation de France.

Au nom de la Société Nationale d'Acclimatation, dont la sollicitude s'étend non seulement à l'introduction des espèces nouvelles, mais aussi à la conservation de nos richesse animales, je viens appeler votre attention sur une espèce d'oiseau gibier qui fut autrefois la gloire des forêts de nos montagnes et dont le déclin, de date déjà ancienne, est sur le point d'aboutir, en France, à une disparition totale, si des mesures efficaces, trop longtemps négligées, ne viennent assurer la protection des derniers représentants qui subsistent encore sur notre sol. Je veux parler du grand tétras, l'*auerhan* des Allemands, tétras mogalle des naturalistes, grand coq de bruyère des chasseurs.

Ce beau gallinacé, par le volume de son corps, la distinction de sa chair, la beauté de son plumage, est le plus remarquable de ceux qui vivent de nos jours en Europe, à l'état purement sauvage. La perte définitive d'un tel oiseau, en appauvrissant notre faune nationale, atteindrait donc du même coup les ressources de la chasse française, dont vous avez la garde, et cette considération mérite à elle seule de retenir votre intérêt.

La poursuite du coq de bruyère, en effet, passionnante par les difficultés mêmes qu'elle présente, au milieu d'une nature âpre et sauvage, offre au chasseur un sport fertile en émotions, soit qu'il quête les jeunes de l'année au chien d'arrêt, pendant le mois de septembre, alors que leurs instincts méfiants et farouches n'étant pas encore complètement développés, on peut espérer de les approcher, soit qu'il exploite les transports d'amour des vieux coqs et marche avec fièvre à leur cri retentissant, lancé du haut d'un sapin aux échos de la forêt : cri d'appel qui émeut son cœur plus violemment peut-être que celui des femelles auxquelles il s'adresse. Dans certaines parties de l'Allemagne, où ce tétras est commun, on le tire aussi en battues, et il devient le plus puissant attrait de cette sorte de chasse.

Dans notre pays, au contraire, il est peu de chasseurs qui puissent se vanter d'avoir tué ou même vu voler un grand coq de bruyère. C'est une pièce plus que rare à inscrire au tableau. La plupart des privilégiés qui ont eu la joie de voir ce gros oiseau tomber lourdement et bruyamment au milieu des branches, à leur coup de fusil, ont dû, pour cela, passer la frontière, et aller chercher cette satisfaction à l'Etranger. Car si le grand tétras a presque complètement disparu de nos contrées, des traditions conservatrices l'ont maintenu heureusement en quantité encore considérable dans les grandes forêts de la Russie et de la presqu'île Scandinave, en Autriche, en Hongrie, en Allemagne, en Suisse, et même en Belgique. Les quelqus échantillons que l'on voit chaque année à Paris, chez les marchands de gibier, viennent tous de ces divers pays, l'apport de la France est presque nul.

Tandis que l'Angleterre cherche à propager cette précieuse espèce dans les montagnes de l'Ecosse, nous assistons, avec une indifférence coupable, à l'extermination de nos derniers coqs de bruyère par le plomb et les engins des braconniers. Ils les prennent au collet, les assassinent au brancher pendant la nuit, les guettent pendant la saison des amours, où l'excitation sexuelle rend le mâle pour ainsi dire sourd et aveugle au péril. De tout temps les braconniers de nos montagnes forestières se sont attaqués, avec un inconcevable acharnement au coq de bruyère et, à vrai dire, l'histoire cynégétique du malheureux oiseau se confond avec celle du braconnage et de la dévastation des forêts, mais cette dernière cause de destruction ne saurait être comparée à la première, car le grand coq de bruyère possède encore chez nous, dans la plupart des régions qu'il affectionne, des retraites aussi étendues et aussi solitaires qu'autrefois. C'est donc au braconnage qu'on a exercé impunément en toute saison, pendant tant d'années, et qu'on exerce encore actuellement, malgré le peu de profit, qu'il faut attribuer la misérable condition à laquelle le tétras indigène se trouve aujourd'hui réduit. Si l'on y joint l'indifférence et l'imprévoyance chez les possesseurs des bois où jadis il abondait, on aura réuni les deux causes réelles de la disparition croissante de ce magnifique gibier.

Quand on jette un regard sur le passé on ne peut se défendre d'un sentiment de tristesse, en constatant combien nous avons pris peu de soin de l'héritage qui nous avait été transmis, du dépôt que nous avions le devoir de gérer, selon la formule légale, en bon père de famille. On reste stupéfait en lisant l'ouvrage d'un vieux naturaliste du XVIe siècle, Pierre Belon, que les grands tétras étaient si communs de son temps que « l'on ne scaurait passer les monts, dit-il, en aucune saison de l'hiver qu'on n'en puisse voir es boutiques ou es hostelleries des villages de Savoye et Auvergne situez par les montaignes (1). » Hélas ! que nous sommes loin de cette époque merveilleuse !

(1) *L'Histoire de la nature des Oyseaux*, 1555.

Et pourtant, sans remonter aussi haut le cours des âges, il y a un peu plus d'un siècle seulement, le grand coq de bruyère abondait encore dans les forêts de sapins de nos Alpes et de nos Pyrénées, il peuplait les grands bois des Vosges, du Jura, du Dauphiné, de la Franche-Comté, des Ardennes, de l'Alsace. On le rencontrait en Savoie, dans les forêts de la Maurienne, de la Haute-Tarentaise et du Chamonix. On en trouvait en Auvergne, non seulement dans les montagnes du Cantal, mais aussi dans la Basse-Auvergne, aux environs d'Olliergues, dans les bois de Menat, des Monts-Dores et des montagnes voisines de la ville d'Ambert.

Aujourd'hui, l'habitat du grand tétras s'est singulièrement rétréci, et la nomenclature des régions françaises qu'il n'a pas complètement abandonnées est malheureusement fort courte.

Les Pyrénées, où il était autrefois commun, n'en comptent plus que des représentants assez clairsemés. Cependant on en voit encore quelques-uns dans les grandes forêts de pins et de sapins de la Haute-Garonne, aux environs de Luchon, Fos et Saint-Béat, dans les régions les plus élevées du département de l'Ariège, les grands bois montagneux des Hautes-Pyrénées. J'ajouterai le département des Pyrénées-Orientales où cet oiseau habite en petit nombre, la partie française de la Cerdagne et le Capsir.

Dans l'est de la France, nous rencontrons aussi d'anciens domaines du grand tétras aujourd'hui à peu près entièrement délaissés. En subsiste-t-il encore de rares exemplaires dans le département des Hautes-Alpes à côté du tétras lyre ou petit tétras, beaucoup plus répandu, c'est ce que je n'oserais affirmer. Il en est de même des autres parties du Dauphiné, car déjà en 1850 un naturaliste de cette province ne pouvait garantir d'une manière positive que les Alpes dauphinoises « en nourrissent encore quelques couples (1) ».

On en trouve de temps à autre dans les Vosges où le petit tétras est assez nombreux. Il se montre peut-être en plus grande quantité, si le terme n'est pas trop fort, dans le Jura, mais là aussi il est en voie de disparition.

La Savoie a perdu à peu près complètement ses grands tétras depuis plus d'un demi-siècle, et en 1853, Bailly, auteur d'une importante ornithologie de ce pays, accusait exclusivement « de cette perte irréparable, peut-être pour toujours » (2), le braconnage effréné dont ces oiseaux étaient victimes.

Quant à l'Auvergne, le dernier coq de bruyère y a été abattu dans la première moitié du XIXe siècle.

Ce rapide exposé, aux allures justifiées d'article nécrologique, suffit à montrer toute l'étendue du mal. Mais ce serait nous perdre en regrets stériles, si nous nous contentions de déplorer simplement la disparition du grand coq de bruyère, sans essayer d'apporter un remède approprié à la gravité du cas. Etant donnée l'extrémité où est parvenue en France la destruction de ce bel oiseau, il faut avoir le courage de se résoudre à une mesure conservatrice radicale.

Nous exprimons donc le vœu que sa chasse soit interdite sur toute la surface de notre territoire pendant une période de cinq ans, que les agents forestiers soient chargés de faire respecter sévèrement les règlements administratifs, de dé-

(1) Bouteille, *Ornithologie du Dauphiné*, t. II, p. 51.
(2) *Ornithologie de la Savoie*, t. II, p. 427.

truire autant que possible toutes les bêtes de rapine dans les cantons dont la surveillance leur serait confiée, et surtout de traquer sans merci les braconniers.

Quand cette première période de rigueur serait accomplie, et que la chasse du grand tétras deviendrait de nouveau permise, on établirait dans chaque région une sorte de roulement entre les différents cantons fréquentés par cet oiseau, pour que la chasse y soit alternativement pratiquée. C'est à une règlementation analogue que la Suisse doit la conservation de ses chamois. On pourrait même aussi créer des réserves où les tétras ne seraient jamais inquiétés, et qui leur serviraient de refuges.

Dans une chasse intelligemment ordonnée, on ne devrait tuer que les coqs, dont il est même utile de ne pas laisser trop accroître le nombre qui deviendrait nuisible aux couvées, car un mâle suffit à plusieurs femelles, mais on respecterait ces dernières, garantie du repeuplement, et avec d'autant plus de raison que ce ne sera qu'à un certain âge qu'elles pourront donner des couvées considérables. Une jeune femelle pond généralement de six à huit œufs, et une vieille de huit à douze et quelquefois quatorze.

En adoptant ces mesures rationnelles, on pourrait espérer de sauver les derniers coqs de bruyère français, et de reconstituer sur notre sol, à l'aide de nos modestes ressources, cette espèce si digne d'intérêt.

On pourrait même acclimater à nouveau le grand coq de bruyère dans les bois de haute futaie qui l'ont possédé à une époque plus ou moins reculée, ou dans ceux qui sont aptes à le recevoir sans l'avoir jamais eu dans le passé. Un inspecteur des forêts, M. Millet, a réussi autrefois à introduire et à multiplier cet oiseau dans quelques parties de la chaine du Jura et des Ardennes où il n'avait jamais existé auparavant. Il serait possible de reprendre des expériences qui furent couronnées de succès, mais dont les excès du braconnage firent, par la suite, perdre tout le fruit.

Aidez-nous, messieurs, à conserver nos coqs de bruyère et à les multiplier dans les forêts de nos montagnes. Contre l'œuvre néfaste du braconnage vous pouvez plus que nous, en agissant auprès des pouvoirs publics, dont l'intervention est indispensable pour assurer l'exécution des mesures que nous avons l'honneur de vous proposer. Si nous poussons aujourd'hui un cri d'alarme et de détresse, c'est qu'il est temps d'aviser, car, dans notre pays, les jours du grand tétras sont comptés.

MAGAUD D'AUBUSSON,
Membre du conseil de la Société nationale d'Acclimatation,
Président de la section d'Ornithologie.

Note sur la protection de l'isard dans les Pyrénées

Par M. le COMTE RENÉ D'ASTORG

Depuis une trentaine d'années, l'isard diminue d'une façon très sensible et qui n'est d'ailleurs contestée par personne, dans les Pyrénées, d'un bout à l'autre de la chaîne. Sur certaines montagnes où l'on rencontrait autrefois des troupeaux de 30, 40, 100 têtes, il a complètement disparu : il s'est réfugié à présent, et en bien petit nombre, dans les prés les plus escarpés, les régions les plus inaccessibles. Ces jolies et innocentes bêtes, ornement de nos montagnes, disparaîtront, comme le bouquetin a déjà disparu, si l'on n'y porte promptement remède.

Les causes de ce rapide et déplorable dépeuplement sont faciles à établir : *chasse sans permis, chasse en temps prohibé, massacre des femelles et des petits. Les braconniers ne sont pas bien nombreux* ; certains villages de la montagne possèdent un ou deux gars qui vivent en sauvages et se livrent à une destruction stupide, fusillant dès le printemps les chèvres et les petits qu'ils vont vendre pour un prix infime dans les vallées, alors que vers la fin d'août, les bêtes étant devenues grandes et les hôtels étant encore pleins, ils vendraient les isards 30 et 40 francs par tête. Tout ceci se passe sous l'œil complaisant des gendarmes et des douaniers. Un autre abus, plus scandaleux encore, c'est de voir en temps prohibé des étrangers organiser avec des guides des parties de chasse au trac, qui sont plus meurtrières encore à cause de la perfection des armes.

Les remèdes à cet état de choses sont aussi faciles à formuler qu'à appliquer, pour peu que les autorités y mettent la moindre bonne volonté. D'abord le permis est devenu chose à peu près inconnue dans nos montagnes. Mais il faudrait surtout être impitoyable pour la répression de la chasse en temps prohibé. Gendarmes et douaniers abondent, et ils n'ont pas grand'chose à faire : La contrebande a presque disparu, faute de matière. Ce sont les douaniers qui vont dans les régions les plus élevées. Mais les gendarmes aussi pourraient efficacement arrêter le gibier tué au passage dans les villages. Enfin la mesure la plus facile et la plus utile serait la répression de la vente en temps prohibé dans les hôtels par les agents de police des villes d'eaux. Seulement les hôteliers étant souvent des personnages locaux influents, il faudrait que les gendarmes, douaniers, garde-forestiers, agents de police se sentissent encouragés et protégés par leurs supérieurs.

Les préfets et sous-préfets devraient prendre des arrêtés pour frapper d'amende la destruction d'une chèvre, même tuée après l'ouverture. Les chasseurs montagnards chassant « à la surprise » et tirant de très près, savent parfaitement s'ils tirent un mâle ou une femelle.

Une mesure très utile et en même temps très démocratique et qui serait bien accueillie par les chasseurs des villages, serait l'interdiction comme engin prohibé des carabines à tir rapide et à hausse, dont se servent les étrangers amateurs. Ces armes font plus de mal que tout. On fusille aussi un isard endormi sous un rocher à longue distance, après que la lorgnette a révélé sa présence; dans un trac, on a le temps de recharger et de tirer plusieurs coups sur le même troupeau.

Quant au S. H. C., il devrait récompenser par une prime tout agent assermenté ayant dressé procès-verbal pour délit de chasse commis sur des isards.

En résumé, *vœux du Congrès :*

1er *Vœu* : « Que les autorités départementales tiennent la main à ce que douaniers, gendarmes, gardes-forestiers, agents de police répriment tout délit de chasse commis dans la montagne et surveillent le transport du gibier tué en temps prohibé ainsi que sa vente dans les hôtels. »

2e *Vœu* : « Que lesdites autorités frappent d'une amende la destruction des isards femelles, tuées même après l'ouverture. »

3e *Vœu* : « Interdiction, pour dix années au moins, de la chasse au trac, et interdiction pour le même temps, comme engin prohibé, de la carabine avec hausse, la chasse à la surprise et au fusil de chasse ordinaire restant seule autorisée. ».

4e *Vœu* : « Que le S. H. C. accorde une prime à tout agent assermenté ayant dressé procès-verbal pour destruction ou vente d'un izard en temps prohibé. »

Voilà pour la protection du gibier; passons maintenant à celle du repeuplement. Les mesures indiquées ci-dessus seraient en elles-mêmes efficaces pour amener un repeuplement naturel, mais il y aurait en plus des mesures spéciales à prendre pour le favoriser et le hâter. Nous les indiquons en formulant le vœu suivant :

5e *Vœu :* « Que dans les départements des Basses et Hautes-Pyrénées, Haute-Garonne, Ariège et Pyrénées-Orientales, et sur une profondeur plus ou moins grande selon la région à partir de la frontière, les montagnes soient divisées en bras successifs, où la chasse aux isards serait interdite toute l'année pour une durée consécutive de 5 ans au moins, l'administration forestière étant chargée de tracer les limites et de déterminer le roulement des montagnes mises en interdit. »

Enfin il serait très désirable que les mesures de répression et de protection soient prises simultanément des deux côtés de la frontière et d'un commun accord avec le gouvernement espagnol. En effet ce serait considérer les choses par le petit côté que de prétendre que plus le gibier serait pourchassé sur l'un des versants plus il refluerait sur l'autre. Non ; le gibier non protégé et brutalement détruit, c'est une perte sèche pour tout le monde, et tout le monde profiterait d'un repeuplement général et simultané sur les deux versants de la chaîne.

6e *Vœu :* « Que les gouvernements français et espagnol se mettent d'accord pour ouvrir la chasse à l'isard au plus tôt le 15 août, de préférence le 1er septembre, et que les douaniers, gardes-forestiers, carabineros, guarda-basques seuls, soient autorisés et encouragés à se rencontrer près de la frontière et à se concerter pour une répression commune du braconnage. »

Ici se place une remarque importante. La protection du gibier dans les Pyrénées est devenu d'autant plus urgente que plusieurs lignes internationales de chemins de fer vont être ouvertes à travers la chaîne ; des milliers d'ouvriers étrangers vont affluer jusque dans les régions des crêtes-frontière, dont un grand nombre, depuis les ingénieurs jusqu'aux terrassiers, emploieront leurs heures de loisir à chasser. Nouveau motif aussi pour que des mesures communes soient prises d'accord entre les deux gouvernements. Puisqu'ils sont arrivés à une entente pour la construction de ces lignes aussi inutiles que coûteuses, espérons du moins qu'ils feront de même pour protéger le gibier de montagnes contre ce nouveau danger qui le menace.

J'ajoute en terminant ceci : le jour où les femelles encore suivies de leur petit ne seront plus pourchassées, où le gibier serait laissé tranquille pendant plusieurs mois consécutifs, où les isards redevenus plus nombreux et moins sauvages descendront plus bas au lieu de se réfugier dans les régions les moins accessibles, — la chasse, honnêtement pratiquée, au lieu d'être le monopole de quelques gars vivant en sauvages, pourra devenir la source de revenus sérieux pour beaucoup de jeunes montagnards, en même temps que l'occasion de développer au plus haut point leurs qualités de hardiesse, d'endurance, de coup d'œil et de sang-froid.

Comte René d'Astorg.

Piégeage des animaux nuisibles

Par M. Ch. VELIN.

Il n'y a personne qui ne sache que les animaux nuisibles sont les plus dangereux ennemis de notre gibier, et qu'il ne peut y avoir de chasse bien tenue sans leur incessante destruction. C'est même presque uniquement à cette cause qu'il faut attribuer la pénurie déplorable de certains gibiers-plume, tels que le coq de bruyère, la gelinotte, le faisan.

Or, le piègage *efficace*, qui n'est l'œuvre que des bons gardes, est souvent entravé par les règlements administratifs. Je m'attacherai à deux exemples seulement, applicables à ma région, tout au moins :

1° Le garde ne peut piéger qu'avec une autorisation préfectorale renouvelable chaque année et qui peut être refusée sans motifs.

2° Il ne peut piéger qu'en tendant ses pièges le soir, et en les détendant le matin.

Pour ceux qui connaissent la matière, ayant eux-mêmes pratiqué le piégage, de telles réglementations sont, ou excessives, ou inapplicables. Nous leur objectons ce qui suit :

1° Un garde est fait pour prendre les braconniers-hommes et les braconniers-animaux. Ces deux tâches sont aussi indispensables l'une que l'autre. Un garde, qui ne piège pas, peut être un bon gendarme ; *il n'est pas un garde.* Il ne viendra à personne l'idée qu'il faille au garde une autorisation spéciale pour prendre les braconniers-hommes. Pourquoi lui en faut-il une pour prendre les braconniers-animaux ? Et surtout, pourquoi pourrait-on lui refuser cette autorisation, ou même le forcer à la demander continuellement ?

2° Ceux qui connaissent le piègage savent qu'il est impossible, en pratique, de prendre les fauves en une seule nuit, surtout si l'on fréquente continuellement les abords des pièges, pour placer le valet. En fait, cette obligation strictement appliquée rendrait la destruction impossible, spécialement celle des fauves adultes ou vieux. Il y a lieu de remarquer ici, qu'en ce qui concerne les accidents éventuels pouvant survenir aux tiers, le détenteur du droit de chasse reste toujours responsable aux termes du Code civil.

Sans m'étendre plus longuement sur des évidences, je demande à formuler les vœux suivants :

1° « Que le garde, régulièrement agréé par la Préfecture, puisse pièger « sans autorisation spéciale, par le seul fait qu'il est garde, et que le piégage des « fauves est essentiel à ses fonctions. »

2° « Que l'obligation de détendre les pièges tous les matins soit supprimée entièrement et sans réticence. »

CH. VELIN.

Emploi du grand-duc pour la destruction des oiseaux de proie

Par M. Ch. VELIN.

Tout le monde est d'accord qu'il n'y aura jamais trop de moyens pour détruire les ennemis du gibier, et en particulier les rapaces aériens.

L'emploi du grand-duc dans ce but est aujourd'hui si connu qu'il est inutile de le décrire.

Cet emploi ne peut donner lieu à aucune sorte de braconnage, puisque les rapaces seuls donnent au grand-duc.

La surveillance est facile ; il y a un grand-duc, un abri souterrain, et le chasseur dedans ; que pourrait-il y faire pour braconner ?

En conséquence, nous proposons le vœu suivant :

« Que l'emploi du grand-duc soit autorisé pour la destruction des oiseaux de « proie, sur simple demande adressée à l'administration forestière, l'autorisation « devant être naturellement régularisée par la Préfecture. »

Ch. Velin.

La sous-section adopte le vœu de M. le marquis de Beauvoir relatif aux modifications à apporter par l'administration des Télégraphes à la pose des fils télégraphiques qui sont une cause de destruction considérable des oiseaux.

Vœu de la sous-section sur l'interdiction de la chasse à l'izard, du grand et du petit tétras pendant une période de trois ans sur tout le territoire français.

Un Membre de la sous-section. — On pourrait y joindre le chamois qui tend à disparaître.

Un autre membre de la sous-section. — C'est la même chose que l'izard, je crois qu'on l'appelle izard dans les Pyrénées et chamois dans les Alpes, nous pourrions cependant ajouter le chamois dans les Alpes.

Un autre Membre. — C'est la même chose absolument, c'est la dernière antilope qui reste en Europe, et la mesure a déjà été mise en vigueur pour les Alpes, si je ne me trompe, cependant cela ne fera pas de mal de le répéter.

M. le Président. — Le vœu est donc adopté.

M. de Lesse. — Pour le chevreuil, la sous-section n'a pas admis de vœu.

Un Membre de la sous-section. — A propos de la répression du braconnage, vous avez manifesté le désir tout à l'heure que les douaniers et les gendarmes puissent réprimer le braconnage. Or, je suis président d'une société pour la répression du braconnage dans le nord, tout à fait à la limite de la frontière française, nous sommes entourés partout de chasses et nous avons essayé d'obtenir le concours des douaniers, pour la répression des délits de chasse. Nous n'avons jamais pu y arriver parce que les douaniers dépendent du ministère des Finances, que la répression du braconnage qui dépendait d'abord du ministère de l'Intérieur, dépend maintenant du ministère de l'Agriculture, et que ces ministères ne veulent pas s'entendre. On ne veut pas que les douaniers s'occupent de la répression du braconnage. Je demande donc que l'on fasse des démarches pour que les douaniers donnent leur concours aux gendarmes.

M. le Président. — Je partage votre manière de voir, et comme président d'une société pour la répression du braconnage, j'en prends bonne note. Nous avons, à la Société Centrale, récompensé des douaniers pour délits de chasse.

Le même Membre. — Nous leur donnons aussi des primes, mais nous ne pouvons les leur donner qu'à la condition qu'ils ne les demandent pas à l'autorité supérieure. Dans la douane, on leur défend de s'occuper de braconnage et on leur défend aussi de toucher des primes.

Un autre Membre. — Cela ne suffit pas toujours de donner des primes, et j'ai vu bien souvent des douaniers qui, au lieu de réprimer le braconnage, le pratiquaient eux-mêmes.

M. LE PRÉSIDENT. — Il peut y avoir des exagérations, mais souvent nous avons trouvé un excellent concours chez les douaniers, nous leur donnons des récompenses et des médailles, seulement pour la gendarmerie, nous sommes obligés de passer par le colonel et d'avoir son concours pour récompenser les gendarmes.

UN MEMBRE DE LA SOUS-SECTION. — Je crois que ce vœu pourrait être émis par la deuxième sous-section.

M. DE LESSE. — L'observation est parfaitement juste, ce n'est pas du ressort de cette sous-section, et le vœu a déjà été admis par une sous-section compétente.

Je continue la lecture de mon rapport et j'en arrive au repeuplement.

M. LE REPRÉSENTANT DE LA BELGIQUE. — Il sera peut-être intéressant pour vous de savoir ce qui se passe en Belgique pour le repeuplement des chasses et ce que fait l'administration qui obtient à ce sujet d'excellents résultats. La grouse était inconnue en Belgique, elle commence maintenant à devenir très abondante, peut-être y aurait-il quelque chose à faire en France.

Au point de vue du commerce des œufs, il est sévèrement réprimé en Belgique, on ne peut pas transporter un œuf sans autorisation ministérielle, le chemin de fer n'accepte pas de colis d'œufs sans autorisation, et la douane saisit impitoyablement le colis.

M. LE PRÉSIDENT. — Nous en arrivons toujours à la même difficulté : à la répression du braconnage dans les terres, dans les hôtels, de tous côtés. C'est là l'écueil. Comment voulez-vous réprimer le braconnage alors qu'il est amnistié tous les trois ans.

UN MEMBRE DE LA SOUS-SECTION. — Ce qui serait une bonne mesure, ce serait le certificat d'origine.

UN AUTRE MEMBRE. — Cela se fait déjà pour le gibier vivant, il faudrait demander que cela se fît pour les œufs.

M. DE LESSE. — Une des sous-commissions a émis un vœu dans ce sens.

M. LE PRÉSIDENT. — Nous pouvons l'ajouter si vous voulez, cela fera deux fois le même vœu.

M. DE LESSE. — De toute façon cela sera inscrit au procès-verbal, mais cela fera double emploi.

LE MÊME MEMBRE. — Je reconnais que cela fera double emploi, cela n'empêche pas que cette addition à notre vœu aura son poids. Il est intéressant de mentionner la communication du représentant de la Belgique, puisque nous sommes Congrès international.

M. LE REPRÉSENTANT DE LA BELGIQUE. — Le repeuplement de la grouse a été dû à l'initiative privée, mais cette initiative a été très encouragée par l'administration forestière.

Actuellement, dans une des forêts domaniales, sur la frontière allemande, le gouvernement va faire lui-même des essais, il va repeupler lui-même, et l'administration forestière, dont je ne fais pas partie mais avec laquelle je suis en excellents rapports, sur ma demande, commence elle aussi, dans les écoles forestières, à enseigner le piégeage.

Généralement, le garde ne connaît rien, ni à la chasse, ni au piégeage, mais maintenant on reconnaît que c'est une erreur et on lui fait des cours de piégeage encore très incomplets, c'est vrai, mais qui sont déjà quelque chose.

Je dois dire que l'esprit de l'administration forestière, en Belgique, est beaucoup plus protecteur aujourd'hui qu'il y a 15 ans.

Quant à l'autorisation pour le transport des œufs, elle a toujours été nécessaire et empêché ce commerce de s'exercer. Du reste, ces Messieurs du ministère sont excessivement sévères pour la délivrance des autorisations ; il faut aussi produire un certificat d'incubation dans telle commune, et ainsi les œufs ne peuvent être détournés de leur destination.

Un Membre de la sous-section. — Vous levez le lièvre de l'élevage de la grouse, est-ce que vous avez pour faire cet élevage du myrtil rouge qui, paraît-il, constitue la nourriture essentielle de la grouse ?...

M. le représentant de la Belgique. — Oui, nous en avons.

Le même membre. — Alors nous pourrions consulter en Bretagne puisqu'il y en a.

M. de Lesse. — Il en existe dans les Vosges, mais je ne crois pas qu'il y en ait en Bretagne.

M. le Président. — Enfin, pour en revenir à la discussion sur l'enlèvement, le transport et la vente des œufs, je vous rappelle que dans une autre sous section on a déposé un rapport sur cette question et qu'on y a adopté un vœu.

M. le représentant de la Belgique. — Est-ce que ce vœu prévoit le certificat d'origine ?...

M. le président. — Non, mais je crois que la suite du vœu peut vous satisfaire.

M. le représentant de la Belgique. — Je n'ai que deux mots à ajouter.

Dans l'Ardenne, en Belgique, le faisan a augmenté d'une façon extraordinaire et l'on croyait qu'il ne s'y plairait pas à cause du froid. Il y a dix ans, il n'y en avait pas un, et le résultat économique a été que le prix du gibier a baissé de 50 %, ce qui fait que maintenant les braconniers ne s'occupent plus du faisan parce que cela ne rapporte plus assez. Chez nous le braconnage s'exerce surtout contre le perdreau avant l'ouverture, mais après l'ouverture, les perdreaux ne sont plus assez rémunérateurs. C'est aussi le braconnage du lièvre et en tous temps du lapin, mais le lapin n'est plus considéré comme gibier, mais comme animal nuisible. Le braconnage du chevreuil, à la bricole, existe encore, mais le braconnage du faisan est devenu quasi nul. Dans les Flandres, dans la partie flamande du pays, le braconnage se pratique au bac à lumière.

M. le président. — Nous l'avons aussi importé.

M. le représentant de la Belgique. — C'est ce qu'il y a de plus destructeur, et malheureusement il gagne du terrain.

M. le président. — Ce qui nous a le mieux réussi en Sologne, ce sont les rondes de nuit.

M. le représentant de la Belgique. — C'est aussi la même chose chez nous. Les gardes tirent sur le bac. Si vous essayez de prendre le flamand et de lui faire un procès avec amende, il vous en veut à mort.

Un Membre de la sous-section. — Dans la partie française qui longe la frontière de la Belgique, le bac lui-même est connu aussi, mais en Belgique les gardes ont, paraît-il, le droit de tirer.

M. le représentant de la Belgique. — Non, ils n'ont pas ce droit. En Allemagne seulement.

LE MÊME MEMBRE. — En France, pour éviter tout danger, ils se mettent deux pour porter le bac, ils ont une perche et ils le placent au milieu.

M. LE REPRÉSENTANT DE LA BELGIQUE. — Cela se pratique également en Belgique, quand on tire, les braconniers ne demandent pas leur reste.

UN AUTRE MEMBRE DE LA SOUS-SECTION. — Cette question du braconnage est intéressante. Je parle au nom de la Société de Chasse de Cognac.. Cette société fondée depuis quelques années n'a jamais pu arriver à un résultat satisfaisant grâce au braconnage, et nous avons constaté, après des études assez sérieuses, que le grand fléau du gibier ce ne sont pas les bêtes puantes, ce ne sont pas les bêtes nuisibles : c'est le braconnier.

M. LE PRÉSIDENT. — C'est l'ensemble de tout cela, braconniers humains et animaux.

LE MÊME MEMBRE. — Mais c'est surtout parce que le braconnage prend une extension de plus en plus grande. Le braconnier chez nous passe partout, il braconne des compagnies entières de perdreaux à l'aide de filets.

M. LE PRÉSIDENT. — Il n'y a donc pas d'épines chez vous.

LE MÊME MEMBRE. — Non.

M. LE PRÉSIDENT. — C'est bien simple pourtant. On pique des épines et quand on jette le filet, l'épine se prend dedans, le lève et laisse échapper le perdreau.

UN AUTRE MEMBRE DE LA SOUS-SECTION. — Vous devez bien avoir de la ronce artificielle.

LE MÊME MEMBRE. — Croyez-vous que l'on puisse se permettre de planter des épines comme cela ?

M. DE LESSE. — Non seulement c'est permis, mais c'est autorisé.

M. LE PRÉSIDENT. — Notez qu'avec une épine tous les 100 ou 150 mètres, vous empêchez le travail du filet.

LE MÊME MEMBRE. — Le filet qu'on appelle alier est un filet vertical qui se fiche en terre. Nous sommes arrivés à ce résultat bizarre, c'est que depuis deux ans, alors que dans la contrée de Saint-Amand et Ruffec, il y avait énormément de perdreaux, nous, nous n'en avons plus.

On a découvert que dans cette même région, deux ou trois jours avant l'ouverture, il est expédié des quantités de perdreaux, à Saint-Amand, 700 à 800, à Moissac 3.000.

M. LE PRÉSIDENT. — Nous nous écartons un peu de l'objet de la discussion.

LE MÊME MEMBRE. — C'est au sujet du braconnage.

M. DE LESSE. — C'est une question qui revient à une autre sous-section.

LE MÊME MEMBRE. — Il est intéressant cependant que vous sachiez ce que l'on faisait de ces perdreaux, ils étaient envoyés chez un commerçant, non pas avec une autorisation préfectorale, mais bien avec une autorisation ministérielle.

M. LE PRÉSIDENT. — Vivants ?...

LE MÊME MEMBRE. — Vivants, oui, chez M. Charlot, à la Mothe. En supposant que notre gibier vive 10 ans, nous achèterions à M. Charlot le gibier que les braconniers nous reprennent ensuite, nous achèterions ainsi dix fois la même marchandise. (Hilarité générale).

M. PASSERAT. — Il est facile d'empêcher l'alier, il faut que vos gardes, aussitôt après l'ensemencement des récoltes, passent la nuit dans les champs. J'ai une propriété où il y a beaucoup de perdreaux, jamais je n'ai été panneauté parce que nous passons la nuit dans les champs, il est impossible, comme cela, de poser un filet de 500 mètres sans que nous nous en apercevions.

Le même Membre. — Mais nous n'avons pas de gardes.

M. Passerat. — Alors faites votre police vous-même.

Le même Membre. — Il est très curieux qu'on ne puisse réprimer ce délit, nous avons cependant la loi de 1844.

M. le président. — Nous sommes tous du même avis et nous en arrivons à la question du braconnage. Organisez-vous, faites un syndicat, pour votre terre et prenez un garde, deux gardes, des surveillants au moment de la chasse car il n'y a pas de chasse qui résiste à la non-surveillance.

Un membre de la sous-section. — Il faudrait pour détourner le braconnier du braconnage, le mettre dans l'impossibilité de vendre le gibier. Du reste la loi de 1844, article 4, est formelle, il est interdit de se livrer au colportage du gibier en temps prohibé, les autorités et les pouvoirs publics n'ont qu'à appliquer la loi.

M. le président. — C'est là la difficulté. Nous avons constamment des exceptions qui sont réclamées par les députés. On n'applique pas la loi, le Parquet ne poursuit pas, cela tient à ce que chaque français veut bien que la loi soit pour son voisin mais pas pour lui. Voilà pourquoi nous avons un Congrès.

Un membre de la sous-section. — Je suis complètement de l'avis du délégué de Cognac. Je suis marchand de gibier et partisan de la suppression du braconnage et de la vente du gibier en temps prohibé, car c'est aller au dépeuplement des chasses. Vous direz que je parle contre mon intérêt, c'est peut-être vrai, mais si je ne vends pas du gibier français, je vendrai du gibier étranger. Par cette interdiction, on supprimera les marchands malhonnêtes et le trafic qui se fait entre braconniers et restaurateurs et hôteliers. Il faudrait arriver à interdire complètement le transport des perdreaux et des lièvres français.

Plusieurs membres de la sous-section. — Ce n'est pas possible.

Le même Membre. — Si, la chose est possible. Je ne parle pas du faisan, qui existe en grande quantité, je parle du gibier restreint ; j'estime que les perdreaux et le lièvre sont en petite quantité.

M. de Lesse. — Permettez-moi de vous faire remarquer que nous discutons, en ce moment, une question qui n'est pas du ressort de cette sous-section.

Un membre de la sous-section. — Nous nous occupons du repeuplement des chasses, et je vous demande d'émettre un vœu interdisant le transport des reproducteurs qu'on enlève de nos chasses.

M. de Lesse. — Ce vœu peut être émis par cette sous-section.

Un autre Membre. — Vous avez parfaitement raison, mais comme suite à la question d'élevage, la question de transport se pose subsidiairement.

M. le président. — Eh bien, nous allons l'introduire.

Un autre Membre. — Autre chose. Comment vous procurez-vous le gibier vivant ? S'il ne provient pas d'une ferme d'élevage, il a été pris au filet, même en temps d'ouverture. Eh bien, je demande que même en temps d'ouverture, un certificat d'origine accompagne le gibier vivant transporté.

Plusieurs membres de la sous-section. — Parfaitement.

Le même Membre. — On ne reconnaît en France que deux procédés de chasse : le fusil et la chasse à courre, la loi dit que tout autre mode de chasse est prohibé. Or, que ce soit à l'ouverture ou non, le gibier vivant a été certainement pris par un moyen illégal.

UN AUTRE MEMBRE. — En Charente, tous les propriétaires ont du gibier et sont braconniers.

M. DE LESSE. — Je viens de rédiger un vœu ; je vous prie de me dire s'il vous convient.

(M. de Lesse donne lecture du vœu).

UN MEMBRE DE LA SOUS-SECTION. — Mais c'est le *statu quo*, c'est ce qui existe déjà.

UN AUTRE MEMBRE. — Tout le monde est unanime à se plaindre de la disparition du gibier et tout le monde trouve avec raison qu'il faut prendre des mesures énergiques pour le repeuplement. Je prie mes honorables collègues de se rallier à la proposition qui a été faite d'interdire absolument, au moins pendant quelques années, la vente et le colportage du gibier français vivant, ainsi que des œufs ; agir autrement serait prendre une demi-mesure. Nous savons tous que lorsqu'il s'agit d'autorisation ministérielle, elle se réduit à montrer patte blanche.

UN AUTRE MEMBRE. — Des propriétaires peuvent avoir le désir légitime de repeupler leur chasse et s'ils achètent du gibier vivant, ils seront donc obligés de l'acheter à l'Etranger et priveront ainsi un propriétaire français d'un bénéfice.

UN AUTRE MEMBRE. — On pourrait faire une exception en faveur des fermes de gibier à créer. Je demande que l'on ajoute ce paragraphe.

M. DE LESSE. — Nous mettons alors : « sauf pour les établissements d'élevage à créer ».

UN MEMBRE DE LA SOUS-SECTION. — Mais si comme on l'a dit tout à l'heure, on interdit le colportage du gibier français, vivant, même à l'ouverture, nos voisins les belges qui ouvrent la chasse 8 jours plus tôt que nous, nous envahiront avec leur gibier sous prétexte que ce n'est pas du gibier français.

M. LE REPRÉSENTANT DE LA BELGIQUE. — Je ne crois pas que cela puisse se produire.

UN AUTRE MEMBRE. — Cette question est très importante pour moi. Depuis l'année dernière, j'ai établi une ferme de gibier. J'ai eu des ennuis avec l'administration à tous propos. Je vais avoir cette année, pas mal de perdreaux, ce sont des perdreaux d'Autriche, et, naturellement, je suis disposé à en vendre à ceux qui en auront besoin. Ne serait-il pas préférable de répandre les produits français, avec toutes les autorisations que vous croirez nécessaires pour protéger les éleveurs.

M. PASSERAT. — La question du gibier vivant est tranchée par la loi ; il est interdit de prendre du gibier vivant.

UN MEMBRE DE LA SOUS-SECTION. — A la mue.

M. LE PRÉSIDENT. — Pour la mue, il y a une demande qui est faite par une autre sous-section.

UN AUTRE MEMBRE. — Pourquoi ne demanderions-nous pas que l'Etat fasse de l'élevage, il est probable que nous aurions des produits meilleurs que si nous sommes obligés d'aller les chercher à l'Etranger.

M. DE LESSE. — Je vais vous lire à l'instant un rapport qui va vous donner complète satisfaction sur cette question.

Le vœu pour le repeuplement mis aux voix est adopté.

M. le représentant de la Belgique. — La loi belge interdit au marchand de gibier d'en vendre le jour de l'ouverture et cette interdiction est applicable trois jours après la fermeture.

M. le président. — Cette observation, nous l'avons faite il y a longtemps, elle est dans la loi de 1844, le texte est formel, nous ne pouvons pas le changer.

Un membre de la sous-section. — Nous pourrions émettre un vœu pour sa modification, on peut toujours modifier une loi.

M. de Lesse. — C'est évident, mais cela est du ressort d'une autre sous-section.

M. le président. — Alors passons aux animaux nuisibles.

M. de Lesse continue la lecture de son rapport.

La sous-section adopte le premier vœu.

M. de Lesse lit le vœu relatif à l'autorisation à donner aux gardes de détruire les animaux nuisibles, les bêtes puantes et de rapine.

Un membre de la sous-section. — Je demande que l'on précise bien à l'avance les bêtes puantes et de rapine.

M. de Lesse. — Si vous désiriez que nous émettions un vœu sur cette question, nous pouvons le faire.

Un autre membre. — Ce vœu existe déjà.

M. de Lesse. — Voici l'addition : « Que la nomenclature des animaux malfaisants et nuisibles soit révisée et notamment déterminée pour toute la France. »

M. le baron de Segonzac. — Un animal peut être nuisible dans une partie de la France et non dans une autre. Ainsi dans le Nord, le lapin est un animal nuisible et il n'en est pas de même dans le Midi où l'on a besoin de lapins. La question ne peut donc être tranchée pour la France entière.

M. le président. — Il s'agit des bêtes puantes et des oiseaux de proie.

M. Passerat. — En ce qui concerne les bêtes puantes tout le monde les connaît ; la Convention internationale a réglé cette question.

Un membre de la sous-section. — Vous mettez animaux nuisibles. Je ne suis pas de votre avis.

M. de Lesse. — Alors mettons bêtes puantes.

M. le baron de Segonzac. — Et le corbeau ? Dans la moitié de la France on le classe comme nuisible, dans l'autre on le prend comme utile.

Un membre du bureau. — C'est bien simple, vous demandez l'énonciation des animaux nuisibles et des oiseaux de rapine, c'est le ministère de l'Agriculture qui fera cette désignation, il le fera avec beaucoup de prudence et ne procèdera qu'avec discrétion et après enquête.

Un membre de la sous-section. — En réponse à M. de Segonzac, je demande que le Congrès émette un vœu classant le corbeau comme un animal nuisible.

Un congressiste. — Je puis, sur les corbeaux, vous renseigner pleinement. Un de mes amis, vieux chimiste, a fait lui-même des études sur cet animal, il en a ouvert 7 à 800, tous les matins il en tuait ou en faisait tuer un et en pratiquait l'autopsie. Il a régulièrement trouvé dans l'estomac de chaque corbeau environ 85 % de matières végétales et à peine 5 % de matière animale, le reste en matières étrangères. Il est donc évident que le corbeau est beaucoup plus végétarien que carnivore, donc il fait beaucoup plus de mal que de bien à l'agriculture.

J'ajoute que ces expériences ont été pratiquées aussi bien sur le corbeau que sur la corneille et le freu.

M. LE PRÉSIDENT. — Il y a différentes espèces de corbeau ; si vous le prenez au mois de novembre, au moment des semailles, il est évident qu'il mange davantage de graines, mais le corbeau dont nous parlons, la gobeuse, se nourrit des œufs et en détruit un grand nombre.

UN CONGRESSISTE. — Nous sommes absolument du même avis et les œufs constituent les 10 % de matières étrangères. De toute façon c'est un animal nuisible.

UN MEMBRE DE LA SOUS-SECTION. — Je demande que l'on joigne la pie aux animaux nuisibles.

M. COLLIN. — Je crois que votre idée a déjà été prise en considération par le Parlement. Un projet de loi voté par la Chambre a pour but de rendre obligatoire la destruction des corbeaux et des pies. Je crois qu'avec ce projet, s'il est voté par le Sénat, nous serons suffisamment armés.

M. PASSERAT. — Je ne crois pas que la pie figure sur la liste du ministère, et comme c'est un animal peut-être plus nuisible que le corbeau, je demande qu'on l'ajoute à cette liste.

M. DE LESSE. — Voilà donc le vœu complet.

UN CONGRESSISTE. — Corbeaux, corneilles et freus.

M. DE LESSE. — Les corbeaux en général.

La sous-section adopte le vœu à l'unanimité.

La partie du vœu relative à la création d'un Manuel de Piegeage est adoptée.

UN MEMBRE DE LA SOUS-SECTION. — Au sujet du piegeage des animaux nuisibles, si on emploie des pièges à poteaux, il existe un règlement qui vous oblige à détendre votre piège la nuit, ce qui fait que ce piégeage est inutile car on prend surtout les animaux la nuit.

M. LE PRÉSIDENT. — Vous n'avez qu'à piéger à la butée. Le piège à poteau ne vaut rien.

LE MÊME MEMBRE. — Le piège dont vous parlez est interdit, à tort, dans la Seine-Inférieure.

UN AUTRE MEMBRE. — Je voudrais savoir si le vœu relatif au piegeage au grand duc a été adopté.

M. DE LESSE. — Il a été adopté.

UN MEMBRE DE LA SOUS-SECTION. — Dans certains départements où le préfet donnait des primes pour la destruction des bêtes puantes. Ces primes ont été supprimées et beaucoup de gens qui en prenaient, n'en prennent plus. Je voudrais que le Congrès émît un vœu pour obliger les préfets à distribuer des primes.

M. LE PRÉSIDENT. — Nous ne pouvons le faire, c'est le Conseil général qui vote les fonds.

UN AUTRE MEMBRE. — Je voudrais parler des maladies du gibier. En France il n'existe aucun établissement où l'on puisse s'adresser en toute confiance faire autopsier le gibier mort. Je demande que l'Etat crée un laboratoire spécial à l'Ecole d'Alfort pour l'enseignement des maladies du gibier.

M. DE LESSE. — Nous allons pouvoir ajouter ceci au rapport que je vais vous lire sur l'introduction dans les programmes des écoles forestières de questions de chasse.

M. DE LESSE donne lecture de ce rapport.

Rapport sur l'introduction dans les programmes des Écoles d'agriculture et forestière des questions techniques et économiques concernant la chasse.

Par M. A. DE LESSE, Ingénieur-Agronome.

I

Le Congrès de la Chasse a surtout pour objet de prouver formellement l'*importance économique* de la chasse française, son caractère de richesse nationale. La plus belle manifestation de cette assemblée et son résultat le plus immédiat doivent être de faire pénétrer dans l'esprit de *tous les citoyens* comme dans celui des pouvoirs publics cette vérité *que le gibier, comme la récolte-blé ou fourrage est au sens agricole, un vrai produit exploitable et rémunérateur de la terre.* Sa valeur doit s'ajouter à la rente fournie par les autres produits du domaine rural.

La crise agricole menace d'atteindre de si fâcheuses proportions, qu'il devient nécessaire pour l'agriculteur de faire flèche de tout bois, d'utiliser d'une façon intensive mais rationnelle tous les fruits du sol.

Même dans les régions les plus riches, il existe des formations, peu productives, d'abord impropres à toute culture sérieuse et pour lesquelles, pendant un certain temps, cette crise peut être atténuée grâce à la location de la chasse. Cette dernière est une cause de plus value foncière parfois tellement considérable, qu'un terrain giboyeux peut valoir, de ce fait, le double, le triple de sa valeur intrinsèque et cadastrale.

Faut-il rappeler les exemples historiques de la Sologne, de la Brenne, de la Champagne Pouilleuse... ces pays tirés de leur stérilité séculaire, en grande partie par l'attraction que leurs qualités de terrains de chasse commença d'exercer sur les capitalistes au siècle dernier.

Si la chasse, comme il faut l'espérer, s'organise, maints domaines agricoles pourront tirer du produit-gibier un bénéfice en espèces dont le retour régulier semblera alors bien utile aux agriculteurs.

L'exemple des Allemands doit nous être une leçon, et nous n'avons pas le droit de le négliger. Dans toutes les terres de quelque importance existe une comptabilité cynégétique rigoureuse. La chasse y est considérée, surtout pour le petit gibier, comme une branche rémunératrice de l'exploitation agricole et forestière. Je citerai tels domaines de Hesse, d'Alsace et de Bohême, où en dix ans, la vente du gibier utile seul dépasse 25 à 30.000 francs sans nul élevage.

Le rapport intime de l'*Economie cynégétique* avec l'*Economie rurale* n'est pas niable. Pourtant, il reste chez nous dédaigné, ignoré sans motif plausible, alors que son enseignement devrait être en belle place dans nos Ecoles d'agriculture.

II

La section d'organisation de la chasse (3ᵉ sous-section de la 2ᵉ section) est le cœur du Congrès : elle vient de reconnaître à l'unanimité que pour obtenir au moins par infiltration l'établissement sans obstacle de l'association syndicale ayant pour base la chasse gardée, notre seule sauvegarde, il est indispensable d'invoquer l'*intérêt général des agriculteurs*, pris en considération surtout par la loi du 21 juin 1865 modifiée en 1888.

Même dans l'état actuel des choses et sans trop préjuger des améliorations à venir, en ce qui concerne les projets de syndicalisation et de chasse gardée, n'est-il pas naturel de songer aux services quotidiens que doivent pouvoir nous rendre ces jeunes agronomes, véritables spécialistes de l'économie rurale qui peuplent nos écoles. N'ont-ils pas leur mission tout indiquée dans cette œuvre de régénération : futurs *propriétaires* faisant valoir — futurs *professeurs* chargés de répandre preuves en mains la bonne parole dans les campagnes que nous cherchons passionnément à convertir ; de prêcher le *remembrement* parcellaire si utile à la fois à la chasse et à la culture (exemple de l'Alsace-Lorraine) ; de multiplier par leurs encouragements éclairés l'organisme utile, le syndicat de chasse gardée. En même temps les *Inspecteurs* d'agriculture doués de sérieux pouvoirs de contrôle sur les établissements d'élevage ne devront-ils pas contribur à éclairer l'Etat sur la nécessité d'encourager la création des centres de repeuplement, des fermes à gibier ?

III

Or, jusqu'à maintenant dans nos Ecoles, seule la *pisciculture* a trouvé droit de cité. Certes, sa valeur est grande, mais n'est-il pas coupable de laisser ignorer *aux principaux intéressés* celle d'une source de richesse tout aussi nationale, qui non seulement ne coûte rien à l'État, mais apporte au Trésor au moins 50 millions par an, et occasionne dans le pays un mouvement d'affaires de plusieurs centaines de millions !

Dans les cours actuels de *législation rurale*, le code de la chasse, si intimement lié à toutes les vicissitudes des contestations rurales, des querelles de clocher, est presque passé sous silence.

L'*élevage des oiseaux de chasse*, si voisin dans la plupart de ses pratiques de celui des oiseaux de ferme, est totalement ignoré. Et pourtant *certaines initiatives qui ne savent trouver leur voie au sortir des Ecoles agronomiques* s'emploieraient sans nul doute au développement d'une industrie qui manque à la France, dont l'Allemagne et l'Angleterre nous imposent le tribut.

Enfin j'attirerai l'attention sur ce fait : les *animaux nuisibles* au gibier le sont pour la plupart à l'agriculture. Dans aucune Ecole, sauf celle des Barres, leurp iégeage et leur destruction ne sont enseignés.

IV

C'est à la suite d'un vœu exprimé par la Société des Chasseurs de France, et à la requête expresse du comte Clary que, le 19 décembre 1903, M. Mougeot, dans un rapport adressé au Président de la République. demanda l'institution à l'Ecole des Barres d'un cours de « Chasse, braconnage, piégeage », lequel rend d'éminents services.

Ne serait-il pas utile au plus haut point d'installer dans le voisinage immédiat des chasses présidentielles une autre Ecole de gardes, dirigée par l'Administration forestière et qui suivrait ainsi un véritable cours en action. L'Ecole serait recrutée parmi des jeunes gens envoyés en apprentissage par les grands propriétaires de chasses, ou par les parents désireux de faire apprendre le métier de garde à leurs enfants.

Le paiement d'une pension annuelle constituerait une première ressource. La récolte de la culture à gibier pourrait être cédée pour l'agrainage de la chasse présidentielle, et l'élevage du gibier de repeuplement par cette école apporterait un revenu très appréciable, car chacun sait que les fermes à gibier bien administrées et bien achalandées peuvent gagner beaucoup d'argent. Les gardes obtiendraient à la sortie un diplôme qui leur assurerait un placement avantageux et donnerait aux patrons des garanties réelles sur leurs capacités trop souvent douteuses.

V

De l'ensemble des considérations qui précèdent, il résulte que tout enseignement agricole apparaît incomplet s'il laisse de côté les questions techniques et économique concernant la chasse. Je crois donc pouvoir proclamer avec un des membres de cette assemblée cette vérité incontestable : « *Les études agronomiques ont transformé la culture qui est devenue scientifique, presque scientifique, doit devenir la chasse : elle doit être enseignée au même titre que l'agriculture, et le gibier doit être aménagé comme les autres produits du sol.* » L'amodiation des chasses doit être établie comme celle des bois. L'agriculture et la sylviculture doivent se concilier avec la chasse pour tirer du sol son maximum de rendement. Dans certains départements, la Somme par exemple, le produit-chasse des étangs et marais est bien supérieur au produit-pêche.

Vœux adoptés par la sous-section.

Considérant les rapports intimes de l'Agriculture avec la Chasse, richesse nationale, le Congrès émet le vœu que :

« 1° L'enseignement technique et économique des questions de chasse, « d'élevage, de piégeage et de législation cynégétique, soit introduit au moins « sous la forme de conférences pratiques à l'Institut National agronomique (au « même titre que la pêche) ; à l'Ecole forestière de Nancy et dans les autres Ecoles d'Agriculture ;

« 2° Qu'il soit créé dans le voisinage des chasses présidentielles une véritable « école professionnelle où de jeunes futurs gardes-chasse pourraient apprendre « pratiquement sur un terrain favorable à toutes les espèces de gibier l'aménage- « ment raisonné des chasses de plaine et des chasses de bois, la culture à gibier, « l'élevage du gibier de repeuplement, le piégeage et la répression du braconnage. »

A. de Lesse,
Ingénieur-agronome.

Un Membre de la sous-section. — En ce qui concerne le second vœu, je crains que l'établissement de ces écoles dans le voisinage des chasses présidentielles ne remplisse pas le but que nous nous proposons, et je crains aussi que ce voisinage soit un inconvénient.

M. le Président. — C'est par économie que nous avons suggéré cela.

UN MEMBRE DE LA SOUS-SECTION. — Mettez qu'il sera créé par l'Etat une école professionnelle.

UN AUTRE MEMBRE. — Mettez que l'Etat s'intéressera à la chose, sans cela on dira : Qu'un de ces Messieurs propriétaires s'en occupe exclusivement.

UN MEMBRE DE LA SOUS-SECTION. — Au lieu de « dans le voisinage des chasses présidentielles » mettez « dans une région appropriée ».

Le vœu ainsi modifié est adopté.

L'ordre du jour étant épuisé, la séance est levée.

Section Cynegetique et Economique

CINQUIEME SOUS-SECTION

SÉANCE DU 16 MAI (MATIN).

La séance est ouverte à 10 heures 30, sous la présidence de M. Bénardeau.

M. LE PRÉSIDENT. — Messieurs, avant d'ouvrir la séance, j'ai le très grand devoir de remercier les Etrangers qui n'ont pas hésité à venir de très loin pour prendre part au Congrès international de la Chasse. C'est avec grand plaisir et de tout cœur que je leur souhaite la bienvenue et que je prie M. le conseiller Huber de bien vouloir s'asseoir à ma gauche comme vice-président.

Je tiens également à saluer et à remercier les personnes qui ont bien voulu venir participer aux travaux du Congrès et contribuer à l'œuvre commune : leur compétence, leur savoir et leur bonne volonté leur assurent la place à laquelle ils ont droit.

Notre temps est très limité, notre ordre du jour est très chargé, je renonce évidemment à prononcer devant vous une allocution, cependant je souhaite que vous soyez nombreux à nous faire profiter des fruits de votre expérience cynégétique en vous mêlant à nos discussions qui auront lieu tout à l'heure, car il importe que, de ce Congrès qui est le premier, comme vous le savez, sortent des résolutions à la fois pratiques et fécondes.

Messieurs, vous connaissez l'ordre du jour des travaux de la Sous-section. Je donne la parole à M. l'Inspecteur des Finances Coutard, pour la lecture de son rapport.

De l'importance de la chasse au point de vue des ressources qu'elle procure à divers budgets

Par M. COUTARD.

La tâche d'exposer l'intérêt que présente la chasse au point de vue fiscal pourrait paraître ingrate si le chasseur, considéré comme contribuable, n'en réalisait l'idéal.

Ne vient-il pas, de lui-même, au-devant de l'impôt, le subissant sans trop de déplaisir, parce que pour la satisfaction de son plaisir, et frappant aux guichets de presque toutes nos caisses publiques... pour y verser un tribut volontaire dont on méconnaît trop souvent l'importance.

Cette mentalité, particulière et si rare, ne s'observe-t-elle pas, chez le chasseur, soit que, plein d'espoir et, aussi, d'illusions, il vienne, à la veille de l'ouverture, *solliciter son permis*, soit qu'à la sortie de nos grandes gares, humilié de « *n'avoir rien à déclarer* », il jette un regard d'envie sur l'heureux collègue très fier de s'attarder au bureau de l'octroi.

Il faut, malheureusement, pour qu'on puisse apprécier l'importance du tribut que les chasseurs paient à l'impôt, entasser des chiffres que l'on trouvera dans les nombreuses annexes de ce rapport.

La lecture en est ardue, et l'aspect des tableaux qui les groupent peut paraître rébarbatif.

Pour épargner le travail à ceux qui n'auraient pas la curiosité d'y chercher des matériaux d'études personnelles, nous tâcherons de faire parler ces chiffres, en évitant l'exagération que l'on prête volontiers aux disciples de Saint-Hubert; nous serons les premiers à signaler, en les déplorant, les lacunes ou les insuffisances de notre documentation et à appeler l'attention sur les points au sujet desquels elle a dû faire place à des évaluations un peu hypothétiques, que nous croyons d'ailleurs sérieusement fondées.

Un premier diagramme donne, pour les années 1895 à 1906 inclusivement, la marche des produits dont la détermination est précise et qui résultent de la chasse pour les budgets de l'Etat et des communes.

Mais ces produits connus sont loin d'être les seuls, ni, peut-être même, les plus importants, car il n'est pour ainsi dire pas une branche de revenus publics que la chasse n'intéresse, pas une de nos régies fiscales qui n'en tire profit : Enregistrement, Domaines, Timbre, Contributions directes et indirectes, Monopoles, Douanes, et, par l'Industrie des chemins de fer, produits divers du Budget, sont, en effet, plus ou moins influencés par le développement de la chasse.

Nous étudierons successivement cette influence sur chacune des sources de revenus publics.

I. — *Permis de chasse.*

Leur produit, on le sait, intéresse à la fois le Budget de l'Etat et ceux des communes (1).

Dans un premier tableau (annexe 2), on trouvera les recettes auxquelles ils donnent lieu groupées par départements *pour les années* 1895, 1905 et 1906. Le choix de ces années résulte de ce que ces travaux ont été commencés à une époque où les chiffres de 1906 étaient encore inconnus ; il a paru utile de les y ajouter dès qu'on a pu le faire, d'abord parce qu'ils fournissent la documentation la plus récente, ensuite parce que 1905 pouvait coïncider avec un palier ou une décroissance de la courbe de progression qu'il semblait intéressant d'établir.

La Direction générale de l'enregistrement accuse, pour 1906, une recette totale, pour l'Etat, de 9.636.876 francs et pour les communes de 5.353.820 francs, soit ensemble 14.990.696 francs. Ce chiffre constitue un record non encore atteint ; il ne procède peut-être pas rigoureusement de celui des permis délivrés par les préfets qui est, au moins, de 536.253, parce que la Préfecture de la Seine (peut-être aussi quelques autres) s'approvisionne de formules par rames entières et en verse le montant aux caisses des comptables de l'Enregistrement et des communes par sommes rondes.

(1) **Voir les annexes du rapport Coutard à la fin du volume.**

Sur l'ensemble des départements, l'augmentation des produits *revenant à l'Etat* a été de 1.681.038 francs de 1895 à 1905 inclus et de 1905 à 1906 de 432.738 francs, soit, au total de 28,09 %. La part des communes a, naturellement, suivi cette progression générale ; en dehors des périodes de décroissance signalées par le diagramme, elle peut être considérée comme relativemnt constante et donnerait, par an, 2 1/4 % environ d'augmentation normale dans l'ensemble du territoire.

Dans le tableau n° 3 on fournit, distinctement, par département concourant à la formation de la moyenne, l'augmentation du nombre des permis délivrés de 1893 à 1906.

Elle atteint le maximum (108 %) dans les Landes et dépasse 50 % dans huit autres départements : l'Ariège, les Côtes-du-Nord, la Creuse, le Lot-et-Garonne, les Pyrénées-Orientales, la Savoie et la Vendée. Elle est, au contraire inférieure à 15 % dans l'Aisne, le Calvados, l'Eure, la Mayenne, la Haute-Savoie et la Seine-Inférieure ; en sorte qu'on la voit intimement liée à la prospérité générale, croissant plus rapidement dans les régions qui y ont participé plus dernièrement, lente, et cependant continue, dans celles qui en jouissent depuis plus longtemps ou qui, inversement, n'y participent pas encore.

Au point de vue de l'importance des produits, Paris ne vient qu'en sixième rang loin derrière la Gironde qui tient la tête, suivie, dans l'ordre, par Seine-et-Oise, les Bouches-du-Rhône, l'Eure et la Charente-Inférieure. C'est, qu'en effet, si l'on prend un permis de chasse à Paris, on ne chasse guère dans la Seine, et beaucoup de Parisiens qui ont une *résidence* dans un département voisin profitent de la faculté que donne l'art. 5 de la loi de 1844. Beaucoup même, sans doute, se créent ailleurs une résidence momentanée, ou fictive, pour profiter des avantages que font certaines communes aux chasseurs qui y prennent leurs permis. Et il semble assez légitime, en effet, de chercher à faire bénéficier du droit de 10 francs les localités qui, comprenant mieux que d'autres l'intérêt qu'offre la chasse pour la prospérité locale, font en sa faveur certains sacrifices.

Ce n'est pas ici le lieu d'examiner si l'intérêt même de la chasse n'exigerait pas la consécration de cette irrégularité manifeste. On signalera seulement que, dans les déductions qu'on pourrait tirer des tableaux ci-joints, il serait prudent de faire masse des départements de la Seine, Seine-et-Marne, Seine-et-Oise et Oise, où chassent, indistinctement, les Parisiens et les chasseurs locaux qui y sont réellement domiciliés.

La progression absolue des produits, fonction de celle du nombre des permis, est moins intéressante encore que la progression du nombre des chasseurs par rapport à celui des personnes qui pourraient chasser. Cette progression, on a tenté de la faire ressortir dans le tableau n° 4. On y trouve, à titre d'indication, le chiffre de la population de chaque département d'après le recensement de 1901; mais ce chiffre comprend pour chacun, et dans des proportions très inégales, des femmes et des enfants.

Il a semblé qu'on trouverait un meilleur terme de comparaison dans le nombre des électeurs. Sans doute, il ne comprend ni les trop rares chasseresses qui se munissent d'un permis de chasse, ni les mineurs, assez rares aussi, qui bénéficient des dispositions du § 2 de l'art. 7 de la loi précitée, et, inversement, il comprend certaines personnes auxquelles le même article interdit la chasse et celles, beaucoup plus nombreuses, auxquelles leur âge, leurs occupations et leur santé ne la permettent pas ; mais c'est, en somme, celui qui se rapprocherait le plus du nombre inconnu des personnes qui pourraient chasser et le feraient, peut-être, si le gibier était moins rare, les lieux de chasse moins restreints, et les moyens de se procurer une chasse plus accessible aux petites bourses voire aux moyennes.

Et aussi, pourquoi ne pas l'avouer, il peut être intéressant pour les pouvoirs publics de connaître l'importance relative de l'armée des chasseurs, comme il est légitime pour ces derniers d'invoquer la puissance d'un effectif que grossiraient rapidement de nouvelles recrues, si des mesures favorables à la chasse et au repeuplement permettaient d'en faire, ce qu'elle tend manifestement à être, un sport réellement démocratique, mettant ainsi fin à un état de choses qui menace de la rendre bientôt impraticable sauf pour les favorisés de la fortune, sinon impossible pour tous, faute d'objet.

Dans ce tableau on constate tout d'abord que, pour l'ensemble du pays, 49 électeurs sur 1000 sont chasseurs et que leur nombre augmente de près de 1 % chaque année.

Cette proportion atteint le chiffre considérable de 122 0/00 dans l'Eure, 121 en Eure-et-Loir, 115 dans le Var, 114 en Vaucluse, 108 en Seine-et-Marne, 100 dans l'Oise. Pour le groupe des quatre départements parisiens elle atteint encore, dans leur ensemble, 42 0/00.

Elle est très inférieure à la moyenne dans l'Ariège, la Corse, les Côtes-du-Nord, le Finistère, la Haute-Loire, le Morbihan, le Nord, le Puy-de-Dôme, la Savoie, la Haute-Savoie et la Seine, départements ou très pauvres et dépeuplés de gibier, ou très riches, mais où la masse de la population est formée par les ouvriers d'industrie.

La Seine (11 1/2 0/00) et la Corse (6 0/00) tiennent les deux derniers rangs. Dans ce dernier département il semble que l'habitude séculaire de porter des armes ne permet pas d'admettre qu'il faille payer pour s'en servir.

Si la proportion que l'on constate dans les six départements où elle est la plus forte, et qui, vraisemblablement, est celle des goûts et des aptitudes de toute notre population, se généralisait sur tout le territoire, la France ne compterait pas moins de 1.240.500 chasseurs au lieu de 536.253; leur apport à nos budgets atteindrait 22.329.000 francs pour celui de l'État et 12.405.000 pour ceux des communes du seul fait qu'ils prendraient un permis de chasse.

NOTA. — Ces documents annexes ne comprennent pas l'Algérie; les conditions de la chasse y sont, d'ailleurs, assez différentes de ce qu'elles sont dans la métropole pour que cette lacune, qu'il serait aisé de combler, soit sans influence sur les enseignements que nous cherchons à tirer des chiffres fournis ici.

II. — *Ventes de Poudres de chasse.*

Dans le tableau annexe n° 5, on trouvera pour 1895, 1905 et 1906, le produit, par département, des ventes de poudres de chasse de toute nature (la Haute-Saône étant approvisionnée par Belfort les deux chiffres sont réunis) ; à part, on donne le montant des ventes faites, à prix réduits, dans le pays de Gex ; la zone de Savoie et la principauté de Monaco, ainsi qu'en Corse et en Tunisie.

De ce chef, les résultats constatés dans quelques départements limitrophes se trouvent légèrement inexacts, ou, du moins, incomplets.

On a pris pour base de cette statistique les produits et non la consommation en poids qu'il eût été fort long de détailler par départements et par types.

L'objet principal de cette étude étant d'ordre financier, il a paru suffisant de fournir, dans un autre tableau, n° 5, le détail de la consommation par poids et types pour l'ensemble du territoire ; on n'a pu le donner que pour les années 1895 et 1905, les dépouillements de 1906 n'étant pas encore terminés.

De ces deux états rapprochés résulte, pour l'ensemble, une augmentation considérable du produit des ventes de poudre de chasse, qui se chiffre, de 1895 à 1905, par 1.278.743 k., et de 1905 à 1906, par 208.177 k., soit pour l'ensemble des années considérées 23,27 0/0.

Le montant total de ces ventes atteint en 1906 la somme de 7.874.989 k. et c'est le chiffre le plus élevé que l'on ait constaté.

Dans la période 1895-1905, treize départements seuls présentent une diminution finale, mais en 1906 il n'y en a plus que huit, l'Ardèche, le Calvados, l'Eure, l'Hérault, la Manche, la Mayenne, l'Orne et la Vendée qui enregistrent une perte définitive.

Elle pourrait provenir, sans doute de la constitution antérieure d'approvisionnements exagérés, comme du développement de la fraude sur les poudres ou du dépeuplement des chasses.

Toutefois, en rapprochant ce tableau de celui du nombre des permis de chasse délivrés, on constate que ces départements sont précisément parmi ceux où l'accroissement du nombre des permis est le plus faible et en inférer que le moindre recrutement de nouveaux chasseurs pourrait bien provenir de la disparition du gibier ou tout au moins de sa diminution.

D'autant plus que le fait inverse se constate dans d'autres départements où l'augmentation de la vente des poudres coïncide avec celle du nombre des permis ; c'est ainsi qu'on voit progresser simultanément dans les Alpes-Maritimes les permis de 40 %, la poudre de 114 %; dans l'Ariège, les permis de 58 %, la poudre de 82 % ; dans les Côtes-du-Nord, les permis de 53 %, la poudre de 58 % ; dans le Jura, les permis de 42 %, la poudre de 61 % ; en Meurthe-et-Moselle, les permis de 32 %, la poudre de 60 % ; dans le Morbihan, les permis de 76 %, la poudre de 48 % ; dans les Hautes-Pyrénées, les permis de 35 %, la poudre de 48 % ; en Vaucluse, les permis de 52 %, la poudre de 83 %.

Inversement, il est vrai, dans les Landes, le nombre des chasseurs se serait accru de 108 %, tandis que la vente des poudres n'a augmenté que de 7 %, en sorte qu'il ne faudrait, peut-être, pas tirer de ces rapprochements des conclusions trop absolues relativement à l'intime corrélation entre le nombre des chasseurs et le produit de la vente des poudres, mais il se trouve confirmé par la statistique, comme d'ailleurs l'indiquait le bon sens, que la meilleure propagande en faveur du recrutement de nouveaux chasseurs procède des résultats obtenus par les anciens : on prend un permis parce que l'on voit son voisin revenir plus souvent avec une cartouchière vide et un carnier plein, et l'on s'en abstient quand on redoute d'accroître le nombre des bredouilles.

Si l'on combine le tableau 6 avec le tableau 5, on constate que l'augmentation des produits coïncide avec une diminution du poids des poudres débitées, de 4 à 5.000 kilos.

Il ne faudrait pas se hâter de conclure que la première résulte d'un relèvement des prix de vente et uniquement de cela.

Sans doute, de 1895 à 1905, la régie a obtenu quelques bénéfices du fait qu'elle a porté de 11,25 à 11,40, le prix de la poudre noire de dernière qualité, et, surtout, de ce qu'elle a fait payer 0 fr. 50 par kilog l'empaquetage en récipients de petites dimensions, mais, inversement elle a réduit de 0 fr. 35 le prix par kil. de la poudre noire extra fine, ce qui n'a pas empêché de diminuer de près de moitié la débite de cette poudre.

En réalité, l'excédant de produits constaté provient, surtout, de la substitution partielle dans la consommation des poudres pyroxilées, chères, mais de plus grande puissance balistique, aux poudres noires moins puissantes.

Leur usage, cependant, est loin d'être universel et ne paraît pas devoir se généraliser rapidement : leur consommation qui représentait, en 1895, environ 3,20 % des quantités vendues, en poids, et 6, 70 des produits totaux, ne représente guère, en 1905, que 11,50 % du poids total et 21.90 % des produits.

C'est, qu'en effet, leur emploi, à côté de certains avantages, présente des inconvénients dont le principal est de détériorer rapidement les fusils peu robustes qui constituent l'armement de la très grande majorité des chasseurs et de nécessiter, pour beaucoup, l'acquisition d'armes nouvelles.

Sans doute, les chiffres que nous venons de donner sont ceux des ventes ...x débitants et ne représentent pas, d'une façon absolue, ceux de la consommation réelle ; on admettra, toutefois, que, dans son ensemble, le stock conservé d'une campagne à l'autre chez les débitants, armuriers ou chasseurs est à peu près constant, en sorte que l'on peut approximativement, dans l'impossibilité d'évaluer ce stock, considérer les produits constatés comme représentant assez exactement la consommation annuelle. C'est sous cette réserve que l'on évalue le produit de cette consommation rapporté au nombre des chasseurs, à 15 fr. 30 par tête en 1895, 14 fr. 90 en 1905, et 14 fr. 60 en 1906, ce qui indiquerait que si le nombre des chasseurs augmente tous les ans, celui du gibier qu'ils ont à se partager diminue, et confirmerait ainsi l'opinion générale relative au dépeuplement de notre territoire.

Toutefois, il faut se garder en matière de statistique de conclusions trop formelles. En l'espèce, il n'est pas que la chasse qui donne lieu à consommation de poudre ; les chiffres sus indiqués correspondraient pour 1905 à l'emploi, pour chaque chasseur de 0 k. 853 de poudre noire et de 111 gr. 16 de poudre pyroxilée. Si l'on admet, qu'en moyenne, on charge les cartouches avec 4 gr. 1/2 de poudre noire ou 2 gr. 2 de poudre pyroxilée, on obtiendrait, pour chaque chasseur un total de 240 cartouches consommées par an et pour l'ensemble de 128.640.000 cartouches.

Ce chiffre, à vrai dire, semblerait confirmé par celui que l'on a donné pour la fabrication des douilles.

Mais l'on doit tenir compte que la poudre s'utilise aussi, particulièrement la poudre noire, dans les fêtes publiques, dans les tirs forains, etc., que la poudre pyroxilée sert, fréquemment, aux tirs aux pigeons vivants ou artificiels, aux tirs sur balltraps, etc. Il semble donc prudent de réduire encore la part de la consommation qui revient à la chasse, mais, en limitant cette réduction à 1/10 on doit éviter tout reproche d'exagération quand on attribuera à la chasse seule, dans le produit de la vente des poudres, 6.890.000 francs ou 6.900.000 francs sur 7.874.989 francs.

III. — *Produits des locations de chasse dans le domaine forestier de l'État et dans ceux des communes.*

Les produits de l'espèce, dans les forêts de l'État, ne s'élèvent plus, en 1906, qu'à 1.639.200 francs en chiffres ronds, ils étaient tombés, en 1904, à 1.610.900 francs, chiffre le plus bas qui ait été constaté depuis 1895 et avaient pu atteindre en 1899 la somme de 2.042.900 francs qui en a été le maximum, pendant la même période ; ils représentaient alors 6,61 % du produit total du domaine forestier de l'État (voir annexe n° 1).

A vrai dire la perte absolue de 403.700 francs constatée depuis 1899, qui représente une diminution de 19,76 % n'est plus que de 186.900 francs si on prend comme point de comparaison, comme pour les produits précédents, l'année 1895, et ne représente plus qu'une diminution de 10,23 % ; elle peut provenir du défaut de certaines concurrences dans des adjudications importantes et d'ententes amiables entre amateurs de lots similaires, comme aussi de la difficulté croissante de maintenir peuplées les chasses en forêt et des frais croissants de leur garde, de leur entretien en gibier ; enfin des prétentions des riverains de plus en plus exigeants dans leurs demandes en réparation de dommages attribués au gibier.

En dehors du domaine forestier de l'État qui comprend 1.163.527 hectares, l'administration des forêts gère encore un domaine forestier communal qui atteint 1.939.496 hectares et dont on évalue le produit, au point de vue de la chasse, à environ 1.400.000 francs. Il faudrait y ajouter tout ce que les communes, hospices, établissements publics tirent également de la location, en vue de la chasse, du domaine très important qu'ils possèdent et qui n'est point soumis au même régime. Tout élément d'appréciation fait malheureusement défaut à cet égard et l'on est en droit de prétendre que le chiffre qui vient d'être donné constitue un minimum très inférieur à la réalité.

IV. — *Autres produits que l'État tire de la chasse.*

Nous n'avons parlé, jusqu'à présent, que des produits au sujet desquels nous avons des données certaines, nous allons essayer d'évaluer par approximation ceux pour lesquels, à part un très petit nombre de précisions, nous ne possédons que des données permettant seulement des estimations hypothétiques.

A. — *Le timbre de dimension.* — Nous n'avons, sur ce point, de certitude qu'en ce qui concerne le nombre de feuilles à 0 fr. 60, dont l'emploi est exigé pour la demande obligatoire au préfet que nécessite la délivrance de tout permis de chasse.

De ce chef, l'administration du Timbre a réalisé, en 1906, une recette de 318.751 francs.

Mais quelle a pu être la valeur des feuilles timbrées employées à la rédaction des baux de chasse, des cahiers des charges y annexés, des actes notariés en s. s. p. auxquels les conventions diverses relatives à la chasse ont pu donner lieu.

Quelle est celle qu'ont fait ressortir les formalités relatives à l'assermentation des 45.000 gardes particuliers qu'on dit exister en France, formalité qui se renouvelle pour une même chasse, à l'occasion de chaque changement de garde, de propriétaire ou de locataire, et qui peut coûter environ 15 francs ?

Quelle quantité de timbre peut bien nécessiter la rédaction et la suite donnée aux procès-verbaux en matière de chasse ? Le bulletin de la statistique générale nous dit bien, qu'en 1904, les gardes particuliers ont affirmé 44.021 procès-verbaux, mais tous n'étaient peut-être pas motivés par des délits de chasse. Il nous apprend, d'autre part, que, la même année, 20.102 délinquants, prévenus de délits de chasse ont été amenés devant les tribunaux.

Comment estimer les rames de papier timbré que ces 20.102 procédures ont pu permettre de consommer en assignations, citations, jugements, etc., etc. ?

Comment estimer, également, celles que font annuellement employer les actions civiles auxquelles donnent lieu soit l'exécution ou l'interprétation des contrats relatifs à la chasse, soit les réclamations de dommages, les constats, les expertises de dégâts, etc., etc.

Il est bien évident, qu'au minimum, le chiffre certain que nous connaissons doit être, de ces chefs, complété à concurrence du demi-million, mais le serait-il pour plus du double qu'il n'y aurait pas lieu d'être surpris, surtout si l'on y comprend les timbres de 0 fr. 10 et même les timbres proportionnels et ceux des récépissés de chemins de fer à 0 fr. 35 ou à 0 fr. 70 à l'emploi desquels peut donner lieu le mouvement d'affaires que crée la chasse.

B. — *L'Enregistrement.* — Il faudrait connaître exactement le montant des baux de chasse consentis dans toute la France pour apprécier celui des droits annuels de bail à la perception desquels donnent lieu ces contrats ; or, nous n'en connaissons qu'une faible partie et elle nous donne déjà une valeur annuelle imposable de plus de 3.000.000. Faudrait-il doubler, tripler ce chiffre pour y comprendre la valeur locative de tout le domaine forestier non soumis au régime, de tout le domaine agricole des communes et établissements publics, et enfin, de tous les biens particuliers non seulement loués en vue de la chasse, mais dont la chasse augmente considérablement la valeur locative sans faire l'objet d'un contrat spécial de bail. Nous manquons à ce sujet de toute donnée même approximative.

Enfin, il y aurait lieu de tenir compte tant des droits fixes et des droits de greffe que des droits proportionnels à la perception desquels peut donner lieu l'enregistrement de tous les actes contentieux et des jugements dont nous avons fait une énumération sommaire en parlant des droits de timbre.

Sans préciser, il est, semble-t-il, permis de déduire de l'importance comparée des éléments connus et des éléments inconnus qu'en chiffres ronds on peut inscrire un demi-million de droits d'enregistrement à l'actif de la chasse et qu'en le faisant on sera très en dessous de la réalité.

C. — *Domaines.* — Nous avons vu, à propos du produit des forêts, la recette certaine que l'administration des domaines réalise par suite de la location des chasses dans les forêts de l'État ; en dehors de cette recette nous ne trouvons à l'avoir de cette administration que le produit de la location pour la chasse d'une partie du domaine fluvial ou maritime et que les ventes d'engins et d'armes confisqués, vendus annuellement par les greffes. On sait qu'en outre le gibier également confisqué, qui peut présenter une certaine valeur, est donné aux établissements hospitaliers sans passer par la comptabilité ni des domaines ni de ces établissements. Il y a là des produits résultant de la chasse dont nous ne pouvons évaluer l'importance qui doit être minime ; nous n'en ferons état que pour mémoire.

D. — *Contributions des chevaux et voitures.* — La chasse fournit assurément à cette contribution, perçue au profit de l'Etat, un élément imposable qui n'est pas à négliger.

Pour la chasse à courre seule nous possédons certaines indications utilisables : D'un travail récent produit à l'une des sous-commissions de notre congrès, il résulterait que la chasse à courre (d'après les renseignements fournis sur 285 équipages alors qu'il en existerait 400 en France), emploirait un effectif de 7.235 chevaux. D'autres évaluations antérieures en avaient porté le nombre total à 10 ou 12.000. Mais il s'agit là, seulement, des chevaux de chasse et il faudrait y ajouter ceux qui servent à l'attelage des voitures de chasse, tant à courre qu'à tir, et des voitures qui suivent les chasses ou transportent des chasseurs des gares aux lieux de chasse.

Le nombre ne saurait en être déterminé, il ne faut pas oublier cependant, que, dans cet ordre d'idées, on ne doit pas considérer seulement les chevaux et les voitures affectés à la chasse, mais aussi ceux et celles que leurs possesseurs ne possèdent et n'entretiennent que parce que la chasse leur donne l'occasion de s'en servir. Combien de dog-carts, de breacks, de mails, d'omnibus de campagne, de charrettes anglaises, seraient-ils conservés si leurs détenteurs n'avaient l'occasion de les utiliser de cette façon ? combien d'écuries ne verraient-elles pas réduire leurs effectifs sil n'y avait plus lieu d'atteler ces voitures et de seller ces chevaux ?

Or, on sait qu'il y a, en France, et *taxés à taxe entière*, (c'est-à-dire servant exclusivement au transport des personnes et n'appartenant ni à des loueurs, qui en sont exempts, ni à des agriculteurs ou commerçants, qui, les employant en partie pour leur industrie ou leur négoce, ne paient que demi-taxes), 99.301 chevaux de luxe ou d'usage bourgeois dont la taxe produit 797.692 francs ; 235.590 voitures donnant un produit de 2.904.790 francs (chiffres de 1906).

Serait-il exorbitant, sachant ce qui nous est dit des chevaux de chasse à courre qui sont bien rarement à deux fins, d'estimer, en y comprenant les chevaux d'attelage, à 12.000, le nombre des chevaux dont la chasse motive l'emploi et à 10.000 (c'est-à-dire à moins d'un vingtième du total), celui des voitures d'un type assez spécial qu'elle donne lieu de conserver à ceux qui les possèdent et ne les utilisent guère qu'à cette occasion ?

En appliquant à cet effectif, ainsi déterminé, la taxe moyenne de 8 fr. 03 par cheval et de 12 fr. 50 par voiture, on obtient un produit total de 221.360 francs, en chiffres ronds 220.000, qui ne doit pas être très loin de la vérité.

On doit y ajouter, au profit des communes, les prestations correspondantes qui, en raison de la nature très spéciale de ces chevaux et de ces voitures, sont toujours converties en argent. A combien évaluer 36.000 journées environ pour les chevaux et 30.000 pour les voitures le produit des tarifs de conversion ? il est difficile d'admettre qu'il ne dépasse pas le produit de la taxe ; tout au moins doit-il l'atteindre.

E. — *Impôt foncier, contribution personnelle mobilière, patentes.* — On ne voit pas, à première vue, que la chasse puisse augmenter le produit de l'impôt foncier, puisqu'en raison de la fixité des évaluations cadastrales, la valeur du sol fût-elle accrue du fait de la chasse reste invariablement fixée en tant que valeur imposable.

Mais, depuis la loi du 8 août 1890, il n'est plus assigné de contingent aux propriétés bâties, et celles-ci sont frappées en raison de leur valeur locative.

Il en résulte que les maisons de gardes, pavillons et rendez-vous de chasse avec leurs annexes, chenils, faisanderies, écuries, etc., ont accrû et la matière imposable et le produit de l'impôt ; qu'il en est de même pour toute habitation qui a vu accroître sa valeur, non seulement par le fait qu'une chasse y est annexée, mais même par celà seul qu'elle est sise en pays de chasse et qu'on y trouve plus de facilité pour chasser.

Cette plus-value est tellement notoire que la publicité la mentionne toujours, chaque fois qu'il s'agit de ventes ou de locations d'immeubles ruraux présentant, plus ou moins, des avantages si recherchés ; elle se chiffre certainement par des millions qui accroissent d'autant, non seulement l'assiette de la contribution foncière qui frappe la propriété bâtie, mais encore celle de la personnelle mobilière, puisque celle-ci est constituée par les valeurs locatives, indices des fortunes privées. Et, comme ces deux taxes font plus que se doubler par l'addition de centimes, c'est, vraisemblablement, par quelques millions aussi qu'il faudrait compter les produits que l'Etat, les départements et les communes tirent, de ce chef, de la chasse.

Plus directement encore, ou, du moins, d'une façon plus apparente, ils bénéficient des industries que la chasse fait vivre et que frappe la patente. Il en est qu'on ne peut pas concevoir sans la chasse telle la fabrication et la vente des armes, des accessoires et des munitions, il en est beaucoup plus qu'elle n'alimente pas exclusivement mais dont elle développe prodigieusement l'importance.

Des unes et des autres nous ne pouvons donner, au point de vue spécial qui nous occupe, nulle évaluation, il n'existe pas de statistique du produit des patentes par profession ; en possèderions-nous une qu'elle ne fournirait qu'une documentation très insuffisante car elle ne nous donnerait pas, pour la majeure partie des commerces ou industries considérés, la part pour laquelle les patentés se trouvent imposés du fait que leur commerce ou leur industrie vit, en partie, de la chasse, et fournit ainsi, aux agents de l'assiette, une plus large base d'imposition ; or, le nombre des commerces qui y trouvent une raison de développement croît tous les jours et il est par exemple peu de bazars qui ne vendent d'articles de chasse, comme il est peu de grands magasins qui n'aient des rayons de confections pour la chasse, d'équipement, d'armes, et, paraît-il, de munitions.

F. — *Contributions indirectes et douanes.* — La régie des contributions indirectes, qui encaisse les produits de la vente des poudres, bénéficie évidemment du développement de consommation que la chasse procure pour tous les autres objets qu'elle monopolise ou qu'elle frappe de droits divers : tabacs, allumettes, boissons, voitures publiques ou de louage doivent certainement à la chasse un motif à l'augmentation du produit des ventes, à celles des droits de circulation ou de consommation, à celle des licences, des expéditions et des timbres. Il suffit de l'indiquer et d'ajouter que ces faits échappent à toute évaluation.

Les douanes prélèvent, également, un tribut sur l'importation des matières ou produits que consomment la chasse et les chasseurs : fusils, objets d'équipement, étoffes spéciales, particulièrement les tissus imperméabilisés, cuirs, chevaux, etc., etc.

Elles perçoivent des droits sur le gibier mort destiné à l'alimentation et sur le gibier vivant servant au repeuplement. A vrai dire l'importation en est due moins à la chasse qu'à l'insuffisance de ses produits et elle cesserait, en partie, si l'objet même de la chasse devenait abondant en France ; mais le déficit qui se produirait, de ce chef, dans nos recettes, serait vite compensé par l'augmentation des taxes intérieures dont le sort est lié plus ou moins intimement à celui de la chasse.

On trouvera dans l'annexe n° 7 diverses indications relatives à ces droits de douanes. On ne peut chiffrer exactement que ceux perçus sur les armes de chasse qui s'élèvent à fr. 232.527
et ceux perçus sur le gibier mort 344.896
ainsi que sur le gibier vivant 13.191

Soit au total, en 1905 .... 590.614

Les droits sur les fusils de chasse, si l'on admet comme poids moyen de ces derniers 2 k. 700 correspondraient à l'entrée de 9.271 armes de provenance étrangère, principalement belge et anglaise, parfois américaine.

Il est impossible d'évaluer le nombre de chevaux de chasse importés, en majeure partie, d'Angleterre non plus que le poids des tissus ou vêtements confectionnés à l'usage des chasseurs, ayant, le plus souvent, la même origine. On n'a indiqué que les tarifs, généralement élevés, qui les frappent. Il est impossible également, pour le gibier vivant, de faire la part de celui qui est destiné à l'alimentation et de celui qui sert à la reproduction, non moins que, pour les munitions et amorces, d'évaluer la quantité consommée par la chasse ou pour d'autres usages. Mais il est vraisemblable, en raison des tarifs élevés qui frappent soit les autres produits fabriqués, soit les matières premières, dont la chasse nécessite l'emploi, qu'elle procure, au total, à nos droits de douanes, un apport de beaucoup supérieur à un million.

G. — *Industries des transports. Chemins de fer.* — L'industrie des transports est, sans contredit, une de celles qui tirent le plus directement profit de la chasse et qui, sous des formes multiples d'impôts, patentes, licences, estampilles, droit du 1/10ᵉ, etc., en reversent le plus évidemment une partie au Trésor ; nous avons parlé de quelques-uns de ces droits et indiqué comment il était impossible de déterminer l'importance particulière qu'ils devaient à la chasse.

Toutefois, on pourrait peut-être mieux connaître le trafic auquel donnent lieu les transports par chemins de fer occasionnés par la chasse, notamment celui du gibier, et des chiens, en tirer quelques indices relatifs à l'importance des transport des chasseurs et construire, sur ces données, des hypothèses très admissibles sur les conséquences de l'intensité de ce trafic pour les finances publiques.

En ce qui concerne le gibier, les statistiques des chemins de fer le confondant avec d'autres denrées, on ne peut pas plus évaluer les recettes que son transport fournit aux compagnies que celles qui résultent du transport d'autres produits ou matières consommés par les chasseurs ou à l'occasion de la chasse. Un essai d'évaluation doit être tenté dans l'intéressant rapport de M. Joret en ce qui concerne les transports de gibier à destination des Halles centrales de Paris.

En ce qui concerne les chiens, nous ne possédons rien, non plus, relativement à ceux qui sont transportés comme marchandises, mais nous avons des données très précises sur ceux qui voyagent accompagnés, c'est-à-dire avec des tickets spéciaux. Or, en 1904, dernière année connue, on constate que 1.591.848 chiens ont voyagé sous ce régime, sur l'ensemble de nos réseaux, et qu'ils ont donné lieu à une perception de 1.288.913 francs, impôts non compris ; ils ont parcouru environ 85.959.000 kil., soit en moyenne 54 kil. par voyage (sur le Nord et l'Est cette moyenne n'est que de 40).

Sans doute, tous ces chiens ne sont pas des chiens de chasse, mais ces derniers sont, certainement, ceux qui voyagent le plus ; les chiens de garde, par définition, ne voyageant guère, sauf ceux qui sont classés indûment dans cette catégorie, et les chiens dits d'agrément, effectuant surtout de petits parcours. Pour ces raisons, et d'autres indiquées plus loin, il n'est pas exorbitant d'attribuer aux chiens de chasse les 2/3 des produits indiqués.

De ce fait, on pourrait déduire les parcours effectués par les chasseurs. Ceux-ci, au minimum, font évidemment, les mêmes trajets que leurs compagnons; mais il est évident aussi qu'ils en font beaucoup plus ; on n'emmène pas son chien dans tous ses déplacements, on le laisse souvent en garde sur les lieux mêmes ou l'on chasse, on ne s'en sert pas pour les battues, et plusieurs chasseurs faisant partie d'une même société n'emmènent souvent qu'un chien ou deux pour leur usage commun. Dans les trains spéciaux de chasseurs, comme il en est formé parfois sur certaines compagnies, on ne compte pas, paraît-il, un chien pour dix chasseurs. Il serait peut-être exagéré de prétendre que les parcours que nous obtenons, par évaluation, pour les chiens de chasse, soit les 2/3 de 86.000.000 de kil., doivent être multipliés par 10 pour donner ceux des chasseurs eux-mêmes, mais il ne l'est peut-être pas de les multiplier par 4 ou par 5, et on obtiendrait ainsi pour les chiens de chasse un parcours total de 57.306.000 kil. donnant une recette de 855.274 francs et pour celui des chasseurs 286.530.000 kil. donnant 11.461.000 francs de recettes, si l'on admet seulement que leurs voyages sont cinq fois plus nombreux et que les tarifs qui leur sont appliqués sont de 0,04 par kilom. Ce chiffre est un peu plus élevé que la moyenne générale qui est de 0,0306 mais cette dernière est formée par une majorité de voyageurs à bas tarif et un grand nombre d'autres qui bénéficient de réductions (1/2 place, 1/4 de place, abonnements, etc.).

On estimerait ainsi que le trafic voyageurs et chiens fournit aux compagnies un produit total de 12.300.000 francs environ et à l'Etat par l'impôt, sur la grande vitesse, un peu plus de 1.200.000 francs qu'il y aurait lieu d'ajouter au produit du timbre des récépissés et du timbre des tickets de plus de 10 francs.

Mais il faut, en outre, remarquer que sauf pour la compagnie du Nord qui n'a jamais fait appel à la garantie de l'Etat, les recettes des chemins de fer retentissent directement sur nos situations budgétaires, soit en atténuant la garantie même, soit en permettant le remboursement des avances de l'Etat, soit en lui étant versées à titre de partage soit enfin en provenant de son propre réseau, en sorte qu'actuellement, en tenant compte de ces circonstances, toute augmentation qu'elles subissent, sans entraîner une dépense corrélative (ce qui est le cas pour le trafic chasseurs ou chiens, à peu d'exceptions près) profite pour les 3/4 environ aux Finances publiques.

Il serait aisé de se livrer sur ce point à des calculs plus précis et à des travaux plus détaillés, il nous suffit de signaler l'extrême importance du mouvement des chasseurs au point de vue financier comme au point de vue économique.

V. — *Produits budgétaires résultant de la chasse au profit exclusif des communes.*

Nous avons examiné, jusqu'à présent, les profits que tire de la chasse tantôt l'Etat seul, tantôt l'Etat et les communes et même les départements ; il nous reste à parler de ceux qui n'intéressent que les communes.

A. — *Taxe municipale des chiens.* — Cette taxe, exclusivement municipale, a frappé en 1906, 3.442.779 animaux dont 857.298, classés dans la première catégorie et 2.585.481 dans la seconde. On sait que cette dernière comprend les chiens dits d'utilité, c'est-à-dire servant particulièrement à la garde des habitations, ou auxiliaires d'un commerce ou d'une industrie, la première comprenant, avec les chiens de chasse qui sont cependant d'indispensables auxiliaires, les chiens de pur agrément qui par antithèse on pourrait dire d'inutilité !

Cette classification est, à vrai dire, bien artificielle et prête à de nombreux abus ; dans les campagnes, particulièrement, quantité de chiens qui chassent fort bien sont déclarés de seconde catégorie parce qu'ils servent à un usage mixte et que l'usage habituel est difficile à constater. Or l'usage, et non la race ni l'aptitude, détermine le classement.

Egalement quantité de chiens de pur agrément, plus nombreux encore peut-être, sont déclarés de seconde catégorie parce que, restant à la maison, ils gardent, soit disant, une boutique, une caisse, un appartement, etc.

En réalité, ce sont les chiens de chasse, en grande majorité, qui fournissent l'élément imposable de la première classe et, si l'on réfléchit qu'il y a 536.000 chasseurs, que bien peu n'ont aucun chien, que beaucoup en ont plusieurs, que d'aucuns possèdent des meutes, et que quantité de chiens de deuxième catégorie servent à la chasse, on ne trouvera pas exagéré d'attribuer à l'effectif de la chasse les 2/3 des chiens de première catégorie et 1/10e de ceux de seconde, soit environ 571.000 des uns et 258.000 des autres.

On sait que les tarifs adoptés par les conseils municipaux et approuvés par décrets en Conseil d'Etat peuvent varier entre 1 franc et 10 francs, la première catégorie devant être la plus imposée.

En fait, pour 1906, la taxe moyenne a été de 6 fr. 91 par tête pour la première catégorie et de 1 fr. 59 pour la seconde, ce qui nous donnerait, pour les chiens de chasse de la première catégorie un produit d'environ... 3.945.010
et pour ceux de la seconde 410.220

soit ensemble, en chiffres ronds 4.356.000

sur un produit total de 8.524.580

On ne peut, évidemment, garantir l'exactitude absolue des résultats de ce calcul, mais il doit être très près de la réalité.

B. — *Octrois municipaux. Droits d'entrée sur le gibier dans les villes sujet-*

tes. — Il semblerait que le montant des perceptions effectuées sur le gibier, à l'entrée des villes qui ont des octrois puisse être aisément connu, tout au moins de la direction générale des contributions indirectes qui depuis l'A du 5 Germinal an XII à la surveillance générale de leurs perceptions ; il n'en est rien.

Sans doute les 1.505 villes à octroi de France envoient périodiquement à cette régie les bordereaux de leurs recettes mais le modèle de ces bordereaux permet de confondre le gibier avec la volaille, particulièrement, lorsque, taxé au poids, il est tarifé comme elle, dans les limites indiquées par le tarif général annexé au décret du 12 février 1870. Ce tarif fixe simplement, pour ces denrées, des maximums de 0 fr. 10, 0 fr. 15, 0 fr. 20, 0 fr. 25, 0 fr. 30, suivant que la population du lieu sujet est inférieure à 4.000, 10.000, 20.000, 50.000 habitants, ou dépasse ce dernier chiffre ; il prévoit la taxation par tête, ou à la dizaine, et donne le modèle des calculs de conversion à faire dans ces cas, mais fort peu de communes ont adopté ce système de taxation qui tend à disparaître complètement.

Il n'a pas été possible de faire le dépouillement de tous ces bordereaux et cela eut été sans doute inutile ; l'administration n'admet pas volontiers que, dans les petites communes le gibier soit compris au tarif local ; elle pousse à n'y insérer que les objets d'une consommation générale dont la circulation ne peut être facilement dissimulée : Matériaux, combustibles, fourrages, gros bétail. Aussi le travail n'a-t-il porté que sur 71 villes dont la population dépasse 30.000 habitants ; on en trouvera lesrésultats dans l'annexe n° 8.

Il en ressort que, sur ce nombre, 50 villes seulement taxent distinctement le gibier et en ont tiré un produit de 568.208 francs en 1906.

Cinq autres, tout en le taxant distinctement, n'y comprennent pas les lapins de garenne confondus avec les lapins domestiques, et, de ce chef, les produits accusés devraient être relevés d'environ un neuvième. Parmi elles Le Havre confond également avec d'autres articles les lièvres, perdrix et bécasses et l'on a dû évaluer le produit de son octroi par comparaison. On obtient, pour ces villes, un total de 32.800 francs.

Dix autres villes confondent entièrement, dans leurs relevés, le gibier avec la volaille et elles sont des plus importantes, puisque parmi elles on trouve Paris, et que leur population atteint 3.134.492 habitants, tandis que celle des cinquante villes pour lesquelles nous avons des documents précis est dans l'ensemble de 3.973.194 habitants.

Divers documents donnent bien, pour Paris, un certain nombre d'indications partielles.

Le travail de M. Joret sur les Halles centrales fournit, notamment, des évaluations sur les droits d'octroi payés par les intermédiaires officiels des ventes à la criée qui verseraient annuellement, en moyenne, les droits d'octroi suivants :

Pour le gibier de première catégorie (64 fr.)	311.417 25
Pour celui de deuxième catégorie (30 fr.).....................	85.282 70
Pour celui de troisième catégorie (18 fr.).....................	182.536 56
Plus pour droits d'abri	34.268
Soit au total	613.504 51

Mais ces intermédiaires sont loin d'être les seuls fournisseurs de l'alimentation parisienne et ils ne sauraient indiquer les quantités vendues directement aux commerçants par certaines grandes chasses, ou expédiées par des intermédiaires du dehors, ou apportées sur les marchés par les gens de la campagne ou enfin, introduites par les chasseurs et les consommateurs eux-mêmes, quantités de beaucoup supérieures à celles qui passent par le carreau des Halles.

Des calculs plus précis peuvent, résulter d'une enquête faite de 1889 à 1891, en vue de la révision des tarifs ,par l'administration municipale elle-même ; celle-ci a déterminé, en effet, la proportionnalité moyenne entre les quantités partielles et les quantités totales et par suite entre leurs produits repectifs.

Il en résulte que, dans la première catégorie le gibier représente 82 %, dans la seconde 19 % et dans la troisième 59 % des quantités introduites dans Paris.

Sans doute cette proportion peut avoir légèrement varié depuis lors, mais comme elle est elle-même une moyenne il y a des chances pour qu'elle soit restée sensiblement exacte. En l'appliquant aux produits globaux par articles en 1906, nous constatons que l'octroi de Paris a dû percevoir du chef de l'entrée du gibier, en chiffres ronds, 2.224.000 francs.

Pour les autres villes qui font la même confusion entre la volaille et le gibier, nous n'avons pu procéder que par des assimilations avec les villes offrant comme population et conditions générales d'existence le plus d'analogie et trouvé de ce chef un produit de 62.000 francs en chiffres ronds. En résumé, tout en négligeant les 1.434 villes de moins de 30.000 âmes pour lesquelles les renseignements font défaut, les produits des octrois, pour les 71 autres considérés atteindraient en 1906, 2.886.000 francs, on ajoutera que ce nombre de villes se réduit en réalité à 65 puisque 6 d'entre elles, Lyon, Dijon, Saint-Denis, Le Creusot, Montreuil-sous-Bois et Vincennes ou ont supprimé leurs octrois ou ont négligé de comprendre le gibier parmi les objets taxés, abandonnent ainsi un produit qui pourrait bien dépasser 150.000 francs.

Au total, il est vraisemblable que les villes à octroi tirent de l'entrée du gibier une recette de plus de 3.000.000 et qu'elles pourraient en tirer davantage.

Les chasseurs ne s'en plaindront pas ; ils reconnaissent que les octrois offrent la plus efficace des barrières opposables à la circulation des produits du braconnage ; ils l'empêchent d'acquérir l'importance commerciale qu'ils trouveraient certainement si les grands centres de consommation leur étaient librement ouverts, et si la suppression d'un nombreux personnel de surveillance venait encore restreindre le nombre des agents autorisés à verbaliser en matière de contraventions à la loi de 1844. Ils considèrent, en outre, que le gibier, en tant que produit alimentaire ,restera un produit de luxe plus réclamé par les besoins un peu factices de la consommation que par l'utilité réelle et l'hygiène et ils admettent très volontiers qu'il soit, en conséquence, plus frappé que les produits comestibles de première, ou seulement de très grande utilité.

VI. — *Le bilan fiscal de la chasse. Conclusions.*

Avec ces données, malheureusement trop incomplètes encore, dont la plupart sont inédites, on pourrait chercher à établir ce que l'on pourrait appeler le bilan fiscal de la chasse : on l'a tenté dans le tableau n° 10, où, à côté des chiffres connus ou susceptibles d'évaluations approchées on a mis le résultat d'hypothèses, vraisemblables sans doute, mais dont on ne peut garantir la valeur absolue.

Ce travail doit surtout être considéré comme un canevas indispensable à des études ultérieures plus approfondies pour lesquelles la collaboration des compétences les plus diverses serait nécessaire.

Ce qui en ressort d'ores et déjà, c'est premièrement que la chasse, trop habituellement considérée comme un simple sport aristocratique, devient au contraire de plus en plus démocratique et que le goût en gagne toutes les couches sociales dans toutes les régions où elle peut encore s'exercer.

C'est ensuite qu'elle procure au Trésor, comme aux budgets départementaux et communaux, des ressources considérables et un tribut volontaire dont l'importance s'accroîtra fatalement avec le nombre des chasseurs, si le recrutement de ceux-ci n'est pas arrêté par la destruction même du gibier. C'est enfin qu'à ce double titre la chasse mérite toute l'attention des pouvoirs publics intéressés à son développement au point de vue fiscal comme au point de vue économique.

Ces doubles intérêts seraient lésés par toute mesure aggravant encore les charges déjà très lourdes qui grèvent la chasse, mais ils le seraient plus encore par toutes celles qui amèneraient la destruction complète du gibier en France, et qui, en donnant une satisfaction momentanée à certains appétits les empêcheraient à jamais de trouver des satisfactions ultérieures en leur permettant de détruire la dernière perdrix, la dernière poule faisane, poules aux œufs d'or pour nos budgets.

Ce vœu des chasseurs, contribuables bénévoles, est uniquement qu'on les laisse encore faire de nombreuses couvées.

M. LE PRÉSIDENT. — Messieurs, vous venez d'entendre le rapport de M. Coutard, si documenté, si intéressant, si remarquable, qui emprunte à la qualité même de son auteur une autorité toute particulière. Si personne ne demande la parole, je mettrai aux voix les conclusions du rapport ?

(Personne ne demande la parole, et les conclusions du rapport sont adoptées à l'unanimité.)

M. LE PRÉSIDENT. — J'adresse à M. Coutard, au nom de la Ve sous-section, les félicitations qui sont dans l'esprit de chacun de nous.

UN AUDITEUR. — Est-ce qu'à la suite du rapport de M. Coutard, nous ne pourrions pas émettre un vœu ?

M. LE PRÉSIDENT. — Tout à l'heure après la lecture des rapports, nous aurons un vœu général.

LE MÊME AUDITEUR. — Mais, s'agissant d'un vœu particulier, il me semble que ce serait le moment.

M. LE PRÉSIDENT. — Vous avez la parole, Monsieur.

LE MÊME CONGRESSISTE. — Hier, à la séance de la Vénerie, il a été question d'augmenter le tarif du permis de chasse pour les chasses à courre, afin de justifier un peu ce genre de chasse à l'égard des esprits prévenus qui trouvent qu'elle n'est pas démocratique, alors qu'il est facile de démontrer qu'elle intéresse la masse des habitants de tout un pays. Hier la majorité des veneurs a décidé l'augmentation du prix du permis pour la chasse à courre.

M. LE PRÉSIDENT. — Monsieur, je n'ai qu'un mot à répondre, c'est que cette sous-section est sans qualité pour émettre un vœu de cette nature qui appartient, par son essence même, à une autre sous-section. Notre sous-section ne s'occupe en aucune façon du prix du permis de chasse.

M. Coutard. — Il me semble que nous avons justement une sous-section qui s'occupe précisément de cette question ; c'est la 2e sous-section de la 2e section.

M. Joret. — Un vœu de ce genre lui a été renvoyé hier.

Le même congressiste. — J'ai vu le permis de chasse dans votre programme.

M. le Président. — Au point de vue de son rapport. Nous avons cherché à fixer les recettes qu'il produit.

Le même congressiste. — Eh ! bien oui !

M. le Président. — Mais nous n'avons pas à examiner le prix du permis. Nous sommes sans qualité pour le faire. Du reste, je crois que ce vœu sera repris par une autre sous-section.

M. Coutard. — Vous feriez mieux de le présenter vendredi matin à la 2e sous-section. Rédigez-le et proposez-le.

M. le Président. — Il est certain que ce vœu mérite d'être pris en considération.

La parole est à M. Pierre Joret, pour la lecture de son rapport.

Rapport sur les Halles Centrales de Paris

Par M. JORET

Sommaire des questions examinées dans le présent mémoire.

1°. — Les Halles Centrales. — Leur Historique.

2° Mandataires aux Halles Centrales de Paris.

Conditions d'admission des mandataires. — Cautionnement exigé. — Des devoirs des mandataires. — Commission et frais tarifés. — Du contrôle administratif exercé.

3° Quelques renseignements concernant le marché de la vente en gros du gibier aux Halles.

Terme du marché. — Minima des lots. — Droit d'abri.

4° Chiffre des affaires traitées aux Halles issues de la Chasse. — Commerce du gibier vivant et mort.

Tableaux statistiques :

a) Nombre de pièces de gibier vendues aux Halles Centrales de 1898 à 1906 inclus.

b) Quantités et espèces de gibier de chaque catégorie vendues aux Halles Centrales de 1898 à 1906 inclus.

c) Total général des pièces de gibier vendues aux Halles Centrales de Paris de 1898 à 1906 inclus ; moyenne annuelle par catégorie.

d) Comparaison entre la moyenne des années 1898 à 1905 inclus et celle de l'année 1906.

e) Produit brut des ventes de gibier effectuées aux Halles Centrales de Paris de 1898 à 1906 inclus (moyenne d'une année.)

f) Prix moyens de vente du gibier par catégorie pendant les années 1898, 1899, 1900, 1901, 1902, 1903, 1904, 1905 et 1906.
g) Quantités en poids des introductions de gibier, effectuées aux Halles Centrales de Paris de 1898 à 1906 inclus. Moyenne annuelle.
h) Droits d'abri perçus annuellement par la Ville de Paris sur les expéditions de gibier adressées aux Halles Centrales de Paris.
i) Droits d'octroi par catégorie perçus annuellement sur les expéditions de gibier adressées aux Halles Centrales de Paris.
j) Droits de douane perçus annuellement à l'entrée en France, sur les importations de gibier provenant de l'Etranger.
k) Provenances par département et importations par puissance des expéditions de gibier adressées aux Halles Centrales de Paris. — Carte.
l) Tarif des frais de transport acquittés par les expéditions de gibier adressées aux Halles.
m) Modèles d'emballages utilisés pour le transport du gibier.
5° Conclusions.
6° Vœux du rapporteur.

PREMIERE PARTIE

LES HALLES CENTRALES

LEUR HISTORIQUE

Les Halles Centrales datent de 1278. Philippe le Hardi, pour secourir les « povres femmes et povres pitéables personnes » fit bâtir, le long du cimetière des Saints-Innocents, des étaux destinés à la vente des chaussures et de la friperie.

Philippe le Bel augmenta ces constructions ; les Halles devinrent le rendez-vous de tous les marchands de Paris « et, dit Gilles Corrozet, ce marché fut appelé : Halles ou alles, parce que chacun y allait ».

Tels furent les débuts du plus vaste marché du monde qu'on appelle Halles Centrales, et qui aujourd'hui approvisionne non seulement la Ville de Paris, mais la plupart des villes de province et de l'Etranger.

Pendant trois siècles, bien que la population de la Ville ait pris un accroissement considérable, les Halles, enserrées par des rues étroites, ne purent sortir de leurs anciennes limites.

En 1551, on les démolit et reconstruisit, et, en 1553, on perça autour des bâtiments des voies nouvelles, permettant une libre circulation aux voitures qui venaient apporter des marchandises.

C'était alors, dans la Ville même, comme un centre particulier consacré au négoce ou chaque coup d'état avait sa rue spéciale ; quelques-unes de ces vieilles rues existent encore, ou du moins ont gardé leur ancien nom, telles : les rue des Potiers d'Etain, de la Haumerie, de la Cossonnerie (volaille et gibier), de la Lingerie, etc., etc...

En 1785, Louis XVI fit supprimer le Charnier des Innocents et décida que le terrain qu'il occupait servirait à donner aux Halles l'extension dont elles avaient besoin.

La fontaine construite par Jean Goujon au coin de la rue aux Fers et de la rue Saint-Denis, fut démolie avec soin et rétablie au centre du nouveau marché.

Les marchandes n'avaient alors pour s'abriter que d'immenses parapluies que l'on fermait le soir et que l'on rouvrait le matin.

En 1813, afin d'améliorer leur sort, l'autorité municipale fit établir des galeries en bois où elles s'installèrent plus confortablement.

Prenant une extension toujours croissante, les Halles ne purent bientôt plus contenir toutes les denrées qu'on y apportait chaque jour ; elles débordaient dans les rues voisines, gênant la circulation et entravant la surveillance qu'on doit y exercer sur les transactions. Pour mettre un terme à ces inconvénients, une ordonnance royale du 18 janvier 1847 prescrivit l'établissement des Halles Centrales proportionnées aux besoins de la population.

Ce fut seulement en 1851 que l'on commença les travaux d'une construction lourde et massive, mais si peu appropriée au but qu'on s'était proposé, qu'on dut la démolir quelques temps après.

On la remplaça par une autre faite de fonte et de verre dont le genre commençait à cette époque à être en faveur et qui a pris depuis un très grand développement. Actuellement, les Halles comprennent 10 pavillons spacieux, installés d'après les derniers perfectionnements : eau à profusion, éclairage électrique, etc.

Lorsque le plan primitif sera complètement exécuté, elles couvriront une superficie de 70.000 mètres et comprendront 12 pavillons ; ceux qui restent à édifier doivent s'étendre jusqu'à la Bourse du Commerce en supprimant quelques vieilles rues étroites de l'ancien Paris. Les pavillons portent tous un numéro d'ordre qui sont notés surtout dans les dénominations officielles.

Les marchandes des Halles disent, au contraire, la « Boucherie », la « Marée » (pour les poissons), la « Vallée (pour la volaille et le gibier), etc...

Le nom de « Vallée » vient de ce que le Marché à la volaille et au gibier se tenait autrefois sur le quai de la Mégisserie qu'on appelait alors *la Vallée de Misère*, à cause du grand nombre d'oiseaux, d'agneaux et de cochons de lait qu'on y faisait mourir, lorsque ce marché fut reporté aux Halles et garda son ancien nom.

La Vallée ou Pavillon 4 se trouve actuellement au coin de la rue Vauvilliers et de la rue Berger.

C'est un des pavillons les plus fréquentés.

DEUXIEME PARTIE

1°. — *Mandataires aux Halles Centrales de Paris.*

La loi du 11 juin 1906, portant réglementation des Halles Centrales de Paris, et le décret du 23 avril 1897, rendu pour son exécution, définissent le rôle du mandataire : c'est de « *recevoir des producteurs et expéditeurs de denrées alimentai-* « *res mandat de procéder à leur vente* ».

Il ressort de ce texte de législation que le mandataire n'est pas un commerçant dans tout le sens que l'on attache à ce mot, mais plutôt un agent en exercice d'une charge. En effet, pour être admis « mandataires », les candidats doivent produire au Préfet de Police :

1° Les pièces établissant qu'ils sont de nationalité française ;

2° L'extrait de leur casier judiciaire ;

3° Un certificat du greffier en chef du Tribunal de Commerce, mentionnant la date et le numéro de leur inscription sur la liste prévue par l'article 2 de la loi du 11 juin 1896, après enquête et avis de la Préfecture de police ;

4° Une déclaration du Préfet de la Seine attestant qu'ils ont obtenu la concession d'un poste, et *versé le montant du cautionnement prévu.*

Ce cautionnement est déposé à la Caisse de la Ville de Paris ; il est effectué soit en numéraire, soit en rentes sur l'Etat ou en obligations de la Ville de Paris, et *constitue ainsi une garantie sérieuse des créances possibles des expéditeurs.*

Un mandataire n'est pas un commerçant, car *il lui est expressément interdit d'acquérir pour son propre compte des denrées qu'il est chargé de vendre*, ou des denrées similaires et, d'une manière générale, d'en faire le commerce par lui-même ou par personens interposées, et cela, même en dehors des Halles ; de posséder à Paris ou en province et à l'Etranger aucun magasin ou entrepôt.

Il ne doit être rémunéré que par la commission librement débattue entre lui et ses mandants.

En outre qu'ils sont tenus de se conformer à toutes les prescriptions des règlements administratifs et des ordonnances concernant les Halles et les marchés, les mandataires doivent se soumettre aux formalités du contrôle institué par l'article 7 de la loi du 11 juin 1896.

Après avoir examiné en détail quels sont les devoirs des mandataires, nous exposerons comment fonctionne ce contrôle dont il vient d'être parlé.

Les mandataires peuvent vendre les marchandises qui leur sont confiées, soit à la criée, soit à l'amiable, mais au gré de leurs expéditeurs.

Ils sont obligés de s'en tenir, à ce sujet, aux indications qui leur sont données par leurs commettants. Ces derniers peuvent même, ou par lettre ou par télégramme, fixer avant l'ouverture des ventes le prix minimum de leurs marchandises.

Les mandataires sont responsables envers les expéditeurs des denrées que ceux-ci leur ont envoyées. Sauf convention contraire, ils adressent le montant de la vente le jour même ou le lendemain au plus tard. Les crédits qu'ils accorderaient aux acheteurs sont à leur charge sans qu'ils puissent exercer à ce sujet aucun recours contre les expéditeurs, ni prétexter le moindre retard de paiement.

En cas d'infraction aux règlements ou de manquements à leurs devoirs professionnels, les mandataires sont passibles de peines disciplinaires très sévères.

Est considéré comme manquement au devoir professionnel, tout fait de nature à porter atteinte à l'honorabilité du mandataire.

Qu'il nous suffise de faire connaître que les peines édictées à l'art. 406 du Code pénal : « Emprisonnement de deux mois au moins, de deux ans au plus, « et amende qui ne pourra excéder le quart des restitutions et des dommages-in- « térêts qui seront dus aux parties lésées, ni être moindre de vingt-cinq francs », peuvent être appliquées au mandataire convaincu d'avoir faussé ou tenté de fausser les enchères par quelque moyen que ce soit ou d'avoir proclamé ou tenté de proclamer un cours supposé, ou d'avoir altéré le prix réel d'une vente ou le montant des frais tarifés se rapportant aux expéditions.

Sous la dénomination générale *frais tarifés*, on comprend les frais suivants:

Transport par chemin de fer — cammionnage — droits de douane — droits d'octroi — droits d'abri perçus par la Ville de Paris sur les expéditions au moment de leur introduction dans les pavillons aux Halles — télégrammes et mandats-postes — salaire des forts : décharge et mise en vente, garde en cas de non-vente le jour même de l'arrivée.

Les mandataires doivent être en mesure de fournir la justification de l'exacte application de ces frais aux expéditeurs. Ils doivent se borner à prélever sur le produit brut des ventes, le montant de ces frais et celui de leur commission.

Cette dernière doit comprendre tous les frais non tarifés, tels que : manipulations, soins donnés aux marchandises, pourboires donnés pour rapport des colis vides, etc., etc.

Il nous reste à examiner comment fonctionne dans les ventes en gros aux Halles, le contrôle administratif des ventes prescrit par l'art. 7 de la loi du 11 juin 1896, et le règlement d'administration publique.

Tout d'abord, seules, sont reçues dans les pavillons de gros, aux Halles, les denrées de première main, c'est-à-dire celles qui proviennent directement des producteurs ou expéditeurs.

Toute expédition, à son arrivée sur le marché, est accompagnée d'une lettre de voiture ou d'un récépissé du chemin de fer à l'adresse d'un mandataire.

Toutefois, pour les marchandises qui pénètrent dans Paris par la voie de terre, il suffit de produire la quittance des droits d'octroi au timbre du jour, accompagnée d'une déclaration signée par l'expéditeur et portant son adresse, ainsi que la nature, le poids ou le nombre des colis et le nom du destinataire.

Les différentes pièces (lettres de voiture, récépissés du chemin de fer, déclarations, etc.) qui servent à établir la provenance de la marchandise ne sont remises aux mandataires qu'après avoir été visées d'abord par les agents de la Préfecture de police et ensuite par ceux de la Préfecture de la Seine.

Toutes les ventes, qu'elles soient effectuées à la criée ou à l'amiable, sont inscrites au fur et à mesure des opérations sur un livre à souches.

La souche et les deux volants de ce livre portent un même numéro d'ordre.

Les mandataires doivent soumettre à l'agrément du préfet de police le modèle de leur livre à souches, dont le papier doit être conforme à un type arrêté par lui.

Avant d'être mis en usage, chaque livre, après avoir été coté et paraphé par l'Inspecteur principal du pavillon, est visé ou marqué d'un timbre sur la première et la dernière page par le Commissaire spécial des Halles.

Sur la souche, le mandataire ou son employé indique le numéro du livre, la date et le numéro de la vente, le nom de l'expéditeur, la nature de la marchandise, le poids du lot ou le nombre de pièces dont il se compose, le mode et le prix de vente ainsi que le nom de l'acheteur.

Le volant n° 1, qui sert de bulletin de sortie, indique le numéro du livre, la date et le numéro de la vente, le prix de la marchandise et le nom de l'expéditeur.

Après la livraison, ce volant est déposé par les forts au bureau de l'Inspecteur principal.

Le volant n° 2 attenant à la souche et destiné à l'expéditeur, contient toutes les mentions figurant sur la souche ; il indique, en outre, le détail des frais tarifés et le montant de la commission.

Modèle de Livre à souches

.... *Mandataire*

Livre N° .... *Vente N°* ....

Le .... *19* .... *Expéditeur* ....

Nombre	Marchandises	Mode	Poids		Prix de vente
			Kil.	Gr.	

....

.... *mandataire,*

Livre N° .... *Vente N°* ....

Produit brut ....

Le ....

Expédʳ ....

Nombre ....

Marchˢᵉˢ ....

Poids ....

Prix ....

Mode ....

Achetʳ ....

FRAIS TARIFÉS

Transport ....
Camionnage ....
Douane ....
Octroi ....
Abri ....
Poids public ....
Télégramme ....
Mandat-poste ....
Décharge ....
Garde ....
Gavage ....

Commission ....

Produit net ....

....

Loi du 11 juin 1896.

.... *mandataire,*

Livre N° .... *Vente N°* ....

Le .... *190* ...

Expéditeur ....

Prix .... | ....

Toute erreur matérielle commise au cours des ventes doit être déclarée dans les vingt-quatre heures à l'Inspecteur du pavillon qui, *après justification*, autorise, s'il y a lieu, l'envoi à l'expéditeur d'un bulletin rectificatif visé par lui et détaché d'un livre à souches spécial.

Mais, en aucun cas, les mentions figurant sur la souche ou les volants ne peuvent être modifiées.

Toutes les ventes à la criée ou à l'amiable ne peuvent être faites qu'à personnes présentes. Elles doivent être proclamées à haute voix par les mandataires ou leurs vendeurs au moment du passage de la marchandise sur le banc de vente.

En plus du livre à souches, les mandataires sont obligés de tenir un registre récapitulatif de leurs opérations sur lequel sont totalisées au jour le jour les ventes effectuées pour le compte de chaque expéditeur.

Les indications qu'ils portent sur ce registre sont les suivantes :

Date — nom et adresse de l'expéditeur — nature des marchandises — nombre de colis ou de pièces ou poids des marchandises — nombre de ventes — produit brut des ventes — frais tarifés par catégorie — commission — produit net des ventes. Ce registre est encore coté et paraphé par le Commissaire spécial des Halles, et il est vérifié fréquemment par le service d'Inspection.

Tout expéditeur de marchandises aux pavillons de gros des Halles peut, pendant un délai de trois ans, transmettre à la Préfecture de police, aux fins de vérification, les comptes de vente qui lui ont été adressés par les mandataires.

Aussi, ces derniers sont tenus de conserver pendant un temps semblable les livres à souches, registres et toutes autres pièces justificatives quelconques de leur comptabilité.

Ici, il y a lieu de remarquer que le contrôle administratif que nous venons de décrire d'une manière peut-être un peu longue et ennuyeuse, mais très minutieuse, ne s'applique qu'aux ventes en gros des Halles, c'est-à-dire qu'aux opérations effectuées par les mandataires à l'intérieur des pavillons des Halles Centrales.

La loi du 11 juin 1896 et le décret du 23 avril 1897 ne concernent pas les marchands et boutiquiers de gros ou de demi-gros établis dans le périmètre des Halles.

Ces commerçants, qui se parent du titre pompeux de « facteurs ou commissionnaires », quand ils ne prennent pas tout à fait illégalement celui de « mandataires », sous l'entête Halles Centrales de Paris, agissent comme bon leur semble.

Leurs installations ne sont pas précédées d'une enquête faite par la Préfecture de police ; ils n'ont pas de cautionnements déposés à la caisse municipale de la Ville de Paris ;

Enfin, ils ne sont soumis à aucun contrôle administratif ; ils opèrent, en un mot, selon leur fantaisie. S'ils tardent à régler leurs expéditeurs, ces derniers ne peuvent employer contre eux que la procédure ordinaire du commerce, laquelle, se heurtant souvent à des artifices dilatoires, n'aboutit à aucun résultat.

TROISIEME PARTIE

2° *Quelques renseignements concernant le marché de la vente en gros du gibier aux Halles.*

Quelques renseignements concernant particulièrement la vente en gros du gibier aux Halles Centrales (Pavillon IV) pourront peut-être intéresser.

Sur cet important marché, les ventes commencent :

A 7 h. 1/2 du matin, du 1er novembre à fin février ;

A 7 heures pendant les mois de mars et octobre.

A 6 h. 1/2, du 1er avril au 30 septembre.

Les jours d'ouverture de chasse, les opérations peuvent se poursuivre jusqu'à 5 heures du soir. La décharge et la manutention des marchandises amenées sur le marché, la garde des denrées non vendues le jour même de l'arrivée et par suite mises en resserre sont effectuées exclusivement par les forts, qui, comme rétribution, reçoivent les salaires que nous allons indiquer :

1° Décharge :

Par colis pesant jusqu'à 75 kilogs .... 0 fr. 10
Par colis pesant plus de 75 kilogs .... 0 fr. 20

2° Garde :

Pour tous colis mis en resserre .... 0 fr. 10

Les frais de livraison des marchandises sont à la charge des acheteurs.

Les expéditions de gibier sont vendues par lots dont les minima sont fixés ainsi qu'il suit :

1° *Une pièce :* Cerfs, chevreuils, daims, biches, sangliers, ours et autres gros gibiers (élans, rennes, etc.). Les pièces détachées des espèces désignées ci-dessus sont vendues par lots de quatre au minima à l'exception des selles de chevreuil, de sanglier et de renne et des gigots, qui sont vendus par deux.

2° *Deux pièces :* Poules et coqs de bruyère ;

3° *Quatre pièces :* Lièvres, faisans (coqs et poules), bécasses, bécassines ;

4° *Six pièces :* Lapins de garenne, perdreaux, canards sauvages, sarcelles et pilets, poules de prairie, blacks, coqs et grouses, gélinottes et lagopèdes ;

5° *Dix pièces :* Cailles, colins, pluviers, vanneaux et autres petits gibiers ;

6° *Vingt pièces :* Grives et merles ;

7° *Six douzaines :* Alouettes.

L'unique droit d'abri prélevé par la Ville de Paris, sur les expéditions au moment de leur introduction sur le marché, est de 2 francs par 100 kilogs.

La Préfecture de police (2e division) fait parvenir à toute personne qui la lui demande, la liste des mandataires exerçant à la Vente en gros de la volaille et du gibier aux Halles.

Le Syndicat des mandataires à la volaille et du gibier des Halles Centrales de Paris, dont le siège social est 163, rue Saint-Honoré, tient également cette liste à la disposition de tous ceux qui la désirent.

QUATRIEME PARTIE

3° *Chiffre des affaires traitées aux Halles sur le gibier.*

Les opérations effectuées au Pavillon IV aux Halles Centrales sur les expéditions de gibier sont d'une importance considérable.

Les tableaux statistiques qui suivent ont été établis dans le but d'exposer, sous tous les rapports et à tous les points de vue, le trafic créé par les produits issus de la chasse.

NOMBRE DE PIÈCES DE GIBIER VENDUES AUX HALLES CENTRALES DE PARIS

de 1898 à 1906 inclus

Années	Nombre de pièces	Observations
1898	3.286.610	
1899	3.240.748	
1900	3.296.292	Moyenne annuelle : 3.039.977 pièces
1901	3.488.730	
1902	3.101.819	
1903	2.763.087	
1904	2.587.460	
1905	2.709.259	
1906	2.885.789	
Total...	27.359.794	

PRODUIT BRUT DES VENTES DE GIBIER EFFECTUÉES AUX HALLES CENTRALES DE PARIS

de 1898 à 1906 inclus

Années	Produits des Ventes	Observations
1898	4.823.217 10	
1899	4.786.201 05	
1900	5.048.010 75	
1901	5.147.159.05	
1902	4.670.077 »	Total général.... 42.282.554f95
1903	4.328.293 70	Moyenne annuelle 4.698.061f65
1904	4.429.433.25	
1905	4.581.081 50	
1906	4.469.081 55	

QUANTITÉS ET ESPÈCES DE GIBIER DE CHAQUE CATÉGORIES VENDUES AUX HALLES CENTRALES DE PARIS

de 1898 à 1906 inclus

Années	Alouettes	Bécasses — Bécassines	Cailles	Canards sauvages Sarcelles	Coqs de bruyère	Cerfs - Biches — Daims Chevreuils	Faisans	Gélinottes	Grives - Merles	Lapins de garenne	Lièvres		Perdreaux		Rennes	Sangliers	Gibier d'eau divers	Pièces diverses
											Français	Etrangers	Français	Etrangers				
1898	1.419.891	27.345	196.285	53.123	392	11.150	108.251	6.294	149.621	414.208	73.468	121.806	415.646	107.634	329	362	42.710	138.095
1899	1.479.142	32.521	199.846	52.462	107	11.767	110.404	5.338	193.840	486.468	82.544	113.585	285.441	159.433	135	303	28.583	198.889
1900	927.806	27.152	188.320	45.012	269	11.992	123.748	7.594	353.793	557.520	97.445	83.247	416.660	148.299	271	390	27.431	279.343
1901	1.238.277	30.382	210.520	48.854	1.684	12.789	159.858	8.000	182.610	501.290	88.605	98.630	392.071	145.962	184	613	45.199	323.191
1902	961.905	25.402	248.614	36.006	2.993	11.076	137.606	16.331	205.289	481.612	83.824	104.435	328.881	174.649	49	521	33.568	248.294
1903	781.926	23.476	187.268	36.912	2.068	11.242	130.140	10.914	227.009	467.375	88.108	93.365	343.000	139.632	60	530	33.562	186.500
1904	573.608	26.754	205.850	44.139	1.251	9.829	153.739	12.835	189.986	471.470	95.784	103.704	361.862	185.474	31	537	14.662	138.945
1905	708.406	26.615	166.791	56.602	725	8.703	163.387	21.791	224.869	517.422	85.068	97.480	324.147	158.579	43	614	36.911	101.406
1906	887.368	22.195	224.600	44.857	572	7.357	138.296	9.203	208.710	502.580	78.882	97.710	362.244	154.612	186	807	21.554	124.050

TOTAL GÉNÉRAL
DES PIÈCES DE GIBIER VENDUES AUX HALLES CENTRALES DE PARIS

de 1898 à 1906 inclus

MOYENNE PAR CATÉGORIE

CATÉGORIES	Total général	Moyenne	OBSERVATIONS
	Pièce	Pièce	
Alouettes	8.678.329	964.258	Sont compris dans les deux dernières catégories (Gibier d'eau, divers et Pièces diverses) : Les Canepetières — Colins de Virginie et de Californie — Grouses d'Ecosse — Ortolans — Ours — Outarde — Lagopède — Ramiers — Pilets — Pluviers — Rale de Genet — Rale d'eau — Rouges de Rivière — Vanneaux.
Bécasses, Bécassines	242.842	26.982	
Cailles	1.828.091	203.121	
Canards sauvages, Sarcelles	417.907	46.434	
Coqs de bruyère	10.061	1.118	
Cerfs, Biches, Daims, Chevreuils	95.905	10.656	
Faisans	1.225.429	136.158	
Gélinottes	98.320	10.924	
Grives, Merles	1.935.727	215.080	
Lapins de garenne	4.400.015	388.890	
Lièvres — Français	773.725	85.969	
Lièvres — Etrangers	913.962	101.551	
Perdreaux — Français	3.339.949	371.105	
Perdreaux — Etrangers	1.374.274	152.697	
Rennes	1.288	143	
Sangliers	4.677	519	
Gibier d'eau divers	280.871	31.208	
Pièces diverses	1.738.422	193.158	

Total général des Pièces de Gibier vendues aux Halles Centrales de Paris de 1898 à 1906 inclus :

27.359.794 pièces

Moyenne annuelle : 3.039.977 pièces

COMPARAISON ENTRE LA MOYENNE DES ANNÉES

1898 à 1905 inclus et celle de l'année 1906

Catégories	de 1898 à 1905 Pièce	Moyenne des 8 années Pièce	1906 Pièce	Augmentation Pièces	Augmentation 0/0	Diminution Pièces	Diminution 0/0
Alouettes	7.790.961	973.870	887.368	»	»	86.502	8.88
Bécasses, bécassines	220.647	27.580	22.195	»	»	5.385	19.52
Cailles	1.603.491	200.436	224.600	24.164	12.05	»	»
Canards sauvages, Sarcelles	373.050	46.631	44.857	»	»	1.774	3.80
Coqs de bruyère, Poules de prairie	9.489	1.186	572	»	»	614	51.77
Cerfs, biches, daims chevreuils	88.548	11.068	7.357	»	»	3.711	33.52
Faisans	1.087.133	135.891	138.296	2.405	1.75	»	»
Gelinottes	89.117	11.139	9.203	»	»	1.936	17.38
Grives, merles	1.727.017	215.877	208.710	»	»	7.167	3.31
Lapins de garenne	3.897.435	487.179	502.580	15.401	3.16	»	»
Lièvres Français	694.843	86.855	78.882	»	»	7.973	9.01
Lièvres Etrangers	816.252	102.031	97.710	»	»	4.321	4.23
Perdreaux Français	2.977.708	372.213	362.241	»	»	9.972	2.67
Perdreaux Etrang.	1.219.662	152.457	154.612	2.155	1.41	»	»
Rennes	1.102	137	186	49	35.76	»	»
Sangliers	3.870	483	807	324	67.08	»	»
Gibier d'eau divers	259.317	32.414	21.554	»	»	10.860	33.50
Pièces diverses	1.614.363	201.795	124.059	»	»	77.736	38.52

QUANTITÉS EN POIDS DES INTRODUCTIONS DE GIBIER EFFECTUÉES AUX HALLES CENTRALES DE PARIS

de 1898 à 1906 inclus

MOYENNE ANNUELLE

Catégories		Total général de 1898 à 1906 inclus	Moyenne par catégories de gibier de 1898 à 1906 inclus
		kilog.	kilog.
Alouettes		303.741	33.749
Bécasses, Bécassines		72.855	8.095
Cailles		365.616	40.624
Canards sauvages, Sarcelles		417.906	46.434
Coqs de Bruyère		20.124	2.236
Cerfs, Biches, Daims, Chevreuils		1.986.165	220.685
Faisans		1.245.510	138.390
Gelinottes		39.330	4.370
Grives, Merles		290.358	32.262
Lapins de garenne		4.175.010	463.890
Lièvres	Français	1.547.451	171.939
	Etrangers	2.741.886	304.654
Perdreaux	Français	1.001.988	111.332
	Etrangers	412.281	45.809
Rennes		7.731	859
Sangliers		187.083	20.787
Gibiers d'eau divers		84.258	9.362
Pièces diverses		521.523	57.947
Totaux		15.420.816	1.713.424

DROITS D'ABRI PERÇUS ANNUELLEMENT PAR LA VILLE DE PARIS SUR LES EXPÉDITIONS DE GIBIER ADRESSÉES AUX HALLES CENTRALES DE PARIS

MOYENNE ANNUELLE

Droits d'abri : 2 francs les 100 kilos.

Nombre de kilos de 1898 à 1906 : 15.420.816 à 2 francs les 100 kilogs. . . 308.416 fr. 30
dont la moyenne annuelle est de . . . . 34.268 fr. 48

DROITS D'OCTROI PAR CATÉGORIES
PERÇUS ANNUELLEMENT SUR LES EXPÉDITIONS DE GIBIER
ADRESSÉES AUX HALLES CENTRALES DE PARIS

(Nota. — Les chiffres donnés dans le présent tableau ont été calculés sur la moyenne de 9 Années de 1898 à 1906 inclus)

Catégories	Espèces de gibier	Poids moyens annuels	Moyenne des sommes perçues annuellement	Total des sommes par catégories
		kilog.		
1re Catégorie	Faisans	138.390	103.792 50	311.417 25
	Perdreaux français	111.332	83.499 »	
	— étrangers	45.809	34.356 75	
	Bécasses, bécassines	8.095	6.071 25	
	Cailles	40.624	30.468 »	
	Alouettes	33.749	25.311 75	
	Grives	16.131	12.098 25	
	Coqs de bruyère	2.236	1.677 »	
	Gélinottes	4.370	3.277 50	
	Pièces diverses	14.487	10.865 25	
	Total	415.223	311.417 25	
2e Catégorie	Canards sauvages, sarcelles	46.434	13.930 20	83.232 70
	Chevreuils	198.185	59.455 50	
	Merles	16.131	4.839 30	
	Gibier d'eau moins les macreuses	8.872	2.661 60	
	Pièces diverses	14.487	4.346 10	
	Total	284.109	83.232 70	
3e Catégorie	Lièvres français	171.939	30.949 02	182 536 56
	— étrangers	304.654	54.837 72	
	Cerfs, Biches, Daims, Rennes	23.359	4.204 62	
	Sangliers	20.787	3.741 66	
	Macreuses	490	88 20	
	Lapins de garenne	463.890	83.500 20	
	Pièces diverses	28.973	5.215 14	
	Total	1.014.092	182.536 56	
Total général des sommes perçues par l'octroi de Paris, en moyenne et par année				579.186 51

DROITS DE DOUANE PERÇUS ANNUELLEMENT A L'ENTRÉE EN FRANCE SUR LES IMPORTATIONS DE GIBIER PROVENANT DE L'ETRANGER

(Nota : Les chiffres donnés dans le présent tableau, ont été calculés sur la moyenne des 9 années de 1898 à 1906 inclus)

Provenances	Poids	Total
Autriche.......	310.871	
Australie	105.213	
Hollande.......	62.837	
Allemagne.....	55.129	
Angleterre.....	25.248	599.876 kilos à 20 fr. les 100 kilos
Russie.........	21.612	= 119.975 fr. 20
Belgique.......	9.327	
Egypte.........	5.060	
Turquie........	2.010	
Italie	1.570	
Espagne	990	

TARIF DES FRAIS DE TRANSPORT ACQUITTÉS PAR LES EXPÉDITIONS DE GIBIER ADRESSÉES AUX HALLES CENTRALES DE PARIS

Distance	Gibier — Nord	Gibier — Est	Gibier — P.-L.-M.	Gibier — Orléans	Gibier — Etat	Gibier — Midi	Gibier — Ouest
	Tarif spécial G. V. 14 Barème AA Prix équivalent à ceux du Tarif Général	Tarif Général Denrées	Tarif spécial G. V. 14 Barème 111bis Prix équivalent au Tarif Général jusqu'à 600 kilom. au-delà Tarif Spécial G. V. 14	Tarif Général Denrées	Tarif Général Denrées	Tarif Général Denrées	Tarif spécial G. V. 14 Barème A Prix équivalent à ceux du Tarif Général
50	13 50	13 50	13 50	13 50	13 50	13 50	13 50
100	25 50	25 50	25 50	25 50	25 50	25 50	25 50
200	48 »	48 »	48 »	48 »	48 »	48 »	48 »
300	70 50	70 50	70 50	70 50	70 50	70 50	70 50
400	» »	91 50	91 50	91 50	91 50	91 50	91 50
500	» »	112 50	112 50	112 50	112 50	112 50	112 50
600	» »	» »	132 »	132 »	132 »	132 »	132 »
700	» »	» »	140 »	150 »	» »	» »	150 »
800	» »	» »	145 »	166 50	» »	» »	» »
900	» »	» »	147 50	» »	» »	» »	» »
1.000	» »	» »	150 50	» »	» »	» »	» »

479 kilomètres, Prix fermes de Guingamp à Paris...... 107 fr. » Vaugirard.
596 — — de Brest à Paris........... 116 fr. » —
521 — — de Pontivy à Paris........ 111 fr. 50 —
521 — — de Lannion à Paris........ 116 fr. » —
565 — — de Roscoff à Paris......... 116 fr. » —

PRIX MOYENS DE VENTE DU GIBIER PAR CATÉGORIE PENDANT LES ANNÉES

1898, 1899, 1900, 1901, 1902, 1903, 1904, 1905, 1906

ESPÈCES	ANNÉES								
	1898	1899	1900	1901	1902	1903	1904	1905	1906
Alouettes............... la douz.	2.28	2.64	2.47	2.48	2.97	2.71	3.17	2.84	2.84
Bécasses françaises.............	3.95	3.95	3.87	4.33	4.20	3.80	2.70	3.11	3.41
— étrangères............								2.83	2.55
Bécassines......................	1.44	1.75	1.47	1.43	1.30	1.25	1.06	1.17	1.07
Cailles mortes, de vigne.. pièce.	1.21	1.38	1.15	1.07	1.01	1.18	0.88	0.98	0.77
— — en caisse. la douz.								15 »	12.53
Canards sauvages...............	3.15	2.80	2.84	3.04	3.12	3.11	2.69	2.66	3.04
Canepêtières....................	1.90	2.12	2.25	2.62	2.30	2.12	2.30	2.67	2.22
Cerfs et biches.......... le kilo.	1.53	1.47	1.45	1.53	1.43	1.48	1.31	1.43	1.32
Chevreuils français....... pièce.	38 »	35 »	34.71	34.66	35.50	36 »	32.04	36 »	39.50
— — ...... le kilo.								2.49	2.62
— étrangers..... pièce.								33 »	37.50
— — .... le kilo.								2.14	2.45
Colins de Virginie et de Californie		1.16	0.82						1 »
Coqs de bruyère...............	6.50	8 »	7.50	10.25	8.25	5.85	9.62	3.50	4 »
Daims.................. pièce.									39 »
— .... le kilo.	1.45	1.25	1.35	1.60	1.39	1.46	1.38	1.46	1.69
Faisans français .... coqs.	5.20	5 »	4.96	4.20	4.03	4.43	4.07	4.41	4.52
— — .... poules.	4.25	3.95	3.96	3.29	3.93	3.18	3.24	3.60	3.61
— étrangers......... coqs.								3.71	4.04
— — .... poules.								3.05	3.24
Gélinottes.....................		1.75	1.66	2.12	1.70	1.37	1.43	1.41	1.96
Grives	0.47	0.50	0.45	0.53	0.48	0.41	0.37	0.41	0.42
Grouses d'Ecosse...............								4.75	2.62
Lapins de garenne français......	1.41	1.43	1.40	1.46	1.40	1.39	1.32	1.32	1.40
— — d'Australie...								1.38	1.28
Lièvres français................	6 »	5.50	6.07	5.70	5.35	5.05	5.06	5.23	5.32
— hollandais.............	4.87	4.43	4.68	4.95	5.41	4.50	4.25	4.67	4.89
— allemands..............	5.25	4.33	5.25	5.12	4.75	4.18	4.75	4.70	4.98
— autrichiens.............	4.40	4.35	4.92	4.05	4.50	4.25	4.46	4.52	4.53
— australiens.............				4.75	3.66		4.46	4.22	4.29
— blancs de Russie........			3.50					8 »	4.25
Merles..........................								0.41	0.41
Œufs de vanneaux....... pièce.		0.40	0.60					1.25	0.63
Ortolans............... la douz.	13 »	13.32	13.92	9 »	8 »	16.20	13 »	14 »	8.70
Ours..................... pièce.			390 »	406.35	435 »	255 »	241 »	200 »	200 »
Outardes........................		10 »	2 »		7 »				25 »
Perdreaux français jeunes........	2.44	2.55	2.50	2.30	2.30	2.18	2.17	2.35	2.29
— — vieux.........	1.70	1.60	1.55	1.48	1.53	1.52	1.49	1.62	1.63
— étrangers jeunes......	1.76	2 »	2 »	1.76	1.87	1.68	1.72	1.85	1.93
— — vieux	1.58	1.60	1.41	1.30	1.47	1.29	1.29	1.41	1.36
Perdrix blanches ou lagopèdes...	1.75	2.13	1.96	2.25	2 »			2.25	2.25
Pigeons ramiers................	1.47	1.25	1.25	1.10	1.09	0.95	0.96	1.01	1.03
Pilets..........................	1.98	1.94	1.82	2.15	2.23	2.05	1.77	1.99	2.22
Pluviers........................	0.97	0.94	0.91	0.99	0.83	1.04	0.75	0.81	0.80
Râles de genêt.................	0.90	1.02	0 87	1.25	0.95	1.12	0.98	0.90	0.73
— d'eau....................				0.40		0.90	1.05	0.30	0.30
Rennes.................. pièce.									
— .... le kilo.	1.87	1.83	1.66	1.75	1.45	1.50	1.13	1.13	1.81
Filets de renne .... le kilo.								1.56	1.78
Rouges de rivière..............	1.57	1.79	1.28	1 46	2 »	1.25	1.85	1.53	1.62
Sangliers................ pièce.								50 »	45 »
— .... le kilo.	2.41	1.95	1.87	1.67	1.89	1.85	1.67	1.56	1.54
Marcassins.............. pièce.								45 »	35 »
— .... le kilo.								2.12	1.67
Sarcelles.......................	1.45	1.53	1.48	1.78	1.65	1.65	1.36	1.60	1.63
Vanneaux.......................	0.53	0.55	0.59	0.64	0.63	0.66	0.69	0.65	0.67

CONCLUSIONS

Les tableaux statistiques que nous venons de présenter indiquent l'importance du mouvement commercial né de la vente du gibier aux Halles Centrales de Paris.

Ce chiffre d'affaires peut se diviser en plusieurs catégories :

1° Recettes perçues par les Compagnies de chemins de fer pour le transport du gibier aux Halles Centrales de Paris ;

2° Recettes perçues par la Ville de Paris ;

3° Recettes perçues par le Trésor ;

4° Produit de vente de gibier.

Recettes perçues par les Compagnies de chemins de fer pour le transport du gibier aux Halles Centrales de Paris.

Afin d'établir d'une façon approximative les recettes perçues par les Compagnies de chemins de fer, nous avons appliqué le poids du gibier provenant d'un département comme partant de la gare du chef-lieu de ce département, et nous avons calculé le prix de transport de ce chef-lieu à Paris. Quant au transport du gibier étranger, nous l'avons calculé à partir des points de soudure.

COMPAGNIES		Kilos	Sommes perçues
Orléans	Gibier français	559.858	31.193 20
Paris Lyon Méditerranée	Gibier français	161.965	5.629 85
	Italie (Pt de Soudure Modane	1.570	216 40
	Turquie (Pt de Soudure Marseille	2.010	292 85
	Egypte (Pt de Soudure Marseille)	5.069	738 70
Midi	Gibier français	5.543	900 40
	Espagne (Pt de Soudure Cerbère)	990	175 15
Est	Gibier français	21.815	1.028 55
	Suisse (Pt de Soudure Delle)	487	51 55
	Autriche (Pt de Soudure Delle)	310.871	32.689 05
Etat	Gibier français	32.057	4.085 70
Nord	Gibier français	61.077	1.791 70
	Angleterre (Pt de Soudure Boulogne-sur-Mer)	25.248	1.507 40
	Allemagne (Pt de Soudure Jeumont)	55.129	3.131 40
	Belgique (Pt de Soudure Feignies)	9.327	515
	Hollande (Pt de Soudure Jeumont)	62.837	3.569 30
	Russie (Pt de Soudure Boulogne-sur-Mer)	21.612	1.290 70
	Australie (Pt de Soudure Boulogne-sur-Mer)	105.213	6.281 65
Ouest	Gibier français	240.884	7.670 85
Département de la Seine	Gibier français	29.862	Néant
	Total général	1.713 424	102.759 40

Les sommes perçues par les Compagnies de chemins de fer basées sur une moyenne annuelle calculée depuis 1898 à 1906 pour le transport du gibier français et étranger, peuvent être résumées dans le tableau précédent :

Les recettes perçues par les compagnies se montent donc approximativement annuellement et en moyenne à la somme de 102.759 fr. 40.

Recettes perçues par la Ville de Paris.

Les recettes perçues par la Ville de Paris pour le gibier entré aux Halles Centrales de Paris sont de deux sortes :

a) Les droits perçus en moyenne annuellement par l'administration de l'Octroi de Paris, droits qui s'élèvent à la somme de 579.186 fr. 51.

b) Les droits d'abri dont le produit moyen annuel est de 34.268 fr. 48.

Le total des recettes perçues par la Ville de Paris est en moyenne et par année :

Droits d'octroi	579.186 51
Droits d'abri	34.268 48
Soit un total général de........Fr.	613.454 99

Recettes perçues par le Trésor.

Les recettes perçues par le Trésor sont de quatre sortes :

a) Frais de douane ;

b) Timbres de 0 fr. 10 pour les quittances d'octroi ;

c) Timbres et enregistrement sur les récépissés de transports (0 fr. 10 plus 0 fr. 35), soit 0 fr. 45 ;

d) Timbres et enregistrements pour le retour des colis vides (soit 0 fr. 80) ;

Les frais de douane s'élèvent en moyenne annuellement à la somme de 119.975 fr. 20.

Pour les timbres de quittances d'octroi, on estime qu'il y a une quittance d'octroi tous les 20 francs de droits acquittés.

Le gibier donnant une somme de 579.186 fr. 51 de droits d'octroi perçus par la Ville de Paris, le timbre de quittance d'octroi laisserait donc approximativement un bénéfice de 2.896 francs. Quant aux transports, le poids moyen d'une expédition est de 40 kilos environ, il s'ensuit que nous pouvons évaluer le nombre moyen des envois de gibier adressés aux Halles Centrales de Paris, s'élevant en moyenne annuellement à 42.835 expéditions.

Les recettes pour les timbres et enregistrements perçus par le Trésor sur les transports (0 fr. 10 plus 0 fr. 35) s'élèvent donc environ à 19.275 fr. 75.

Les retours d'emballages vides généralement évalués au quart des expéditions d'envoi.

Le timbre et l'enregistrement (0 fr. 80) donnent une recette pour le Trésor de 8.566 fr. 40. Il y a lieu d'ajouter à ces sommes perçues par l'Etat les timbres-poste, les dépêches, les mandats-poste, les timbres à quittances, des chèques, mandats à vue, etc.

4° PRODUIT BRUT DES VENTES

Le produit brut des ventes s'élève à la somme de 4.698.061 fr. 65.

Le tableau suivant fera mieux ressortir le montant total moyen du chiffre d'affaires issues de la chasse pour le gibier adressé aux Halles Centrales de Paris.

RECETTES		SOMMES
Recettes perçues par les Compagnies de chemins de fer. .		102.759 40
Recettes perçues par la Ville de Paris	Octroi	579.186 50
	Abri	34.268 50
Recettes perçues par le Trésor.	Douane.	119.975 20
	Timbres quittances octroi	2.896 »
	Timbres et enregistrement pour les transports.	19.275 75
	Timbres et enregistrement pour les retours de colis vides.	8.566 40
Produit brut des ventes.		4.698.061 65
Total général.		5.564.989 40

En examinant tous ces chiffres, n'y a-t-il pas lieu d'être surpris de l'importance du mouvement commercial né de la vente du gibier aux Halles Centrales de Paris.

Malgré cela, ce chiffre devrait être beaucoup plus fort si les Halles Centrales et leurs agents étaient plus connus dans le monde cynégétique.

Nous ne saurions donc que trop engager les chasseurs, les propriétaires de grandes chasses à adresser leur gibier aux Halles Centrales de Paris.

Ils auront dans les mandataires une garantie sérieuse au point de vue des ventes surveillées minutieusement par la Préfecture de police, et le cautionnement déposé à la Préfecture de la Seine assure aux expéditeurs le remboursement de créances possibles.

Une cause principale éloigne des Halles Centrales de nombreux expéditeurs : les frais de transport et d'octroi. Ils sont considérables. Nous vous proposons donc les modifications suivantes :

Transports. — Nous avons examiné le tarif de chaque réseau pour les expéditions de gibier.

Ces tarifs sont beaucoup trop élevés.

A la suite de nombreuses démarches faites par les expéditeurs de gibier et le Syndicat des mandataires à la volaille et au gibier, les compagnies ont proposé à l'homologation de M. le ministre des Travaux publics, les tarifs suivants:

Distance	Nord — Tarif commun 114 par 50 kilom.	Est — Tarif commun 114 par 50 kilom.	P.-L.-M. — Tarif commun 114 par 50 kilom.	Orléans — Tarif commun 114 par 50 kilom.	Etat — Tarif commun 114 par 50 kilom.	Midi — Tarif commun 114 par 50 kilom.	Ouest — Tarif commun 114 par 50 kilom.
50	13 50	13 50	13 50	13 50	13 50	13 50	13 50
100	25 50	25 50	25 50	25 50	25 50	25 50	25 50
200	48 00	48 00	48 00	48 00	48 00	48 00	48 00
300	70 50	70 50	70 50	70 50	70 50	70 50	70 50
400		91 50	91 50	91 50	91 50	91 50	91 50
500		112 50	112 50	112 50	112 50	112 50	112 50
600			122 50	122 50	122 50	122 50	122 50
700			131 50	131 50			
800			136 50	136 50			
900			141 50				
1.000			146 50				
1.100			151 50				

Mais, *à la condition d'emprunt de deux réseaux ;* et, de plus, les Compagnies spécifient bien dans leurs propositions que ce nouveau tarif commun 114 ne sera applicable que sur la revendication expresse des expéditeurs. Or, si nous comparons les propositions des Compagnies avec les tarifs en cours actuellement, nous en déduirons que ce nouveau tarif n'apporte pour ainsi dire aucune amélioration. En effet, les diminutions de prix ne partent qu'à partir de 500 kilomètres et, de plus, ce tarif comporte l'obligation de l'emprunt d'au moins deux réseaux. Il laisse donc subsister les tarifs intérieurs actuels différents à chaque compagnie ; seul le réseau du Midi pour ses expéditions sur Paris est forcé d'emprunter deux réseaux.

Les propositions des Compagnies ont donc l'air d'apporter une légère amélioration pour les transports de gibier sur cette ligne.

Mais cette amélioration n'est que superficielle, car il nous suffit d'examiner, au point de vue des Halles Centrales de Paris, la quantité de gibier expédiée par la région du Midi, pour voir que le trafic de ces départements, à part les Landes et les Basses-Pyrénées, peut être considéré comme nul.

Pour obtenir des réductions pratiques et réelles, il faudrait l'assimilation du gibier aux volailles avec l'établissement d'un tarif commun à bases décroissantes, donnant des réductions de prix dès l'origine et ne dépassant pas 98 francs par tonne aux distances extrêmes de l'Orléans, soit 700 kilomètres, et applicable également à l'intérieur de chaque réseau.

Le barême qui nous paraît le mieux se rapprocher de nos desiderata est le barême IV du G. V. 14. P. L. M. actuellement applicable aux légumes.

Il ne faudrait pas nous objecter que les légumes ont une valeur marchande moins élevée que le gibier.

Ne voyons-nous pas au début de la saison des haricots verts se vendre au prix de 200 à 300 francs les 100 kilos et les asperges de Lauris se vendre de 25 à 30 francs la botte.

Il convient de remarquer, de plus, que ces primeurs ne sont pas grevées d'octroi, alors que le gibier paie des droits d'entrée très élevés et que la valeur marchande en est beaucoup moindre, surtout si l'on fait entrer en ligne de compte le poids mort plus considérable, occasionné par la taré de l'emballage.

L'application de ce barème nous donnerait :

Distances	Nord-Est Orléans-Etat Midi-Ouest — Tarifs actuels	Barème IV proposé	Réductions	P.-L.-M. — Barème 111 *bis* Tarifs actuels	Barème IV proposé	Réductions
kilom.						
50	13.50	9 »	4.50	13.50	9 »	4.50
100	25.50	18 »	7.50	25.50	18 »	7.50
200	48.00	34.50	13.50	48.00	34.50	13.50
300	70.50	49.50	21.00	70.50	49.50	21.00
400	91.00	63.50	27.50	91.00	63.50	27.50
500	112.50	77.50	35.00	112.50	77.50	35.00
600	132.00	90.50	41.50	132.00	90.50	41.50
700	150.00	102.50	47.50	140.00	102.50	37.50
800	166.50	113.50	53.00	145.00	113.50	31.50
900				147.50	123.50	24.00
1.000				150.00	132.50	17.50

Nous concluons donc à l'assimilation du gibier aux volailles, ce que nous avons déjà maintes fois réclamé, et à l'application du barème IV, P.-L.-M., G.V. 14, à toutes les Compagnies, en spécifiant qu'en cas d'homologation de ce tarif, les Compagnies l'appliqueront d'office, et non sur la revendication expresse des expéditeurs, clause que l'on trouve souvent dans les tarifs des Compagnies et que le public ignore presque toujours, malgré les affiches mises dans les gares de chaque réseau.

Quant *aux délais de transports*, malgré les progrès de l'organisation des chemins de fer, les améliorations de matériel, l'augmentation de la vitesse des trains, les délais de transport sont restés toujours les mêmes.

Les denrées de nature essentiellement périssable, telles que le gibier, doivent voyager le plus promptemnt possible, afin d'éviter les avaries inhérentes à leur nature.

Il est vrai que dans la réalité les Compagnies transportent ces denrées aussi rapidement que possible ; mais n'empêche qu'en cas de retard, elles savent invoquer leurs délais légaux, laissant les expéditeurs sans aucun recours. Aussi, ces délais doivent-ils être révisés et mis en rapport avec les conditions modernes de transport.

Le *délai de remise en gare est* fixé actuellement à trois heures; deux heures seraient suffisantes, car, en pratique, les Compagnies acceptent les remises jusqu'à la dernière minute. Il paraît équitable qu'en ce cas, elles ne puissent se prévaloir du délai de remise de trois heures, non utilisé par elles.

Nous demandons aussi que le calcul des délais de transport soit établi, non d'après l'heure de remise, mais l'heure de départ du train qui aura réellement transporté la marchandise.

Délais de remise. — Il est prévu de réseau à réseau un délai de transmission de trois heures entre gares communes et six heures entre deux gares distinctes reliées par rails.

Ces délais sont exagérés et pourraient être facilement mis à une heure pour les gares communes et à deux heures pour les gares distinctes.

Nos propositions tendent donc à faire transporter le gibier à un prix moins élevé, en diminuant les risques d'avaries pour retard dans les livraisons.

Octrois. — Nous ne voulons pas envisager la question de la suppression de l'octroi, question très complexe, et qui n'aurait comme avantage que celui de diminuer les frais grevant les expéditions de gibier, du montant des droits d'entrée, qu'il nous suffise d'indiquer que les marchandises adressées aux Halles Centrales de Paris acquittent les droits d'octroi, même si elles ne sont pas consommées dans Paris, tandis que des maisons de commission et tous les particuliers peuvent entrer du gibier dans Paris et l'en sortir à destination de la banlieue, avec un simple passe-debout.

Rien n'explique cette anomalie, aussi nous approuvons les conclusions de M. Edmond Béjot, suppléant du Président de la Société Centrale des Chasseurs, qui, dans son rapport si intéressant et si documenté sur les octrois, réclame à juste titre pour les Halles Centrales de Paris le remboursement des droits d'octroi pour les marchandises non consommées dans Paris.

Nous concluons donc à l'adoption des vœux suivants :

Vœux

1° Que le gibier soit assimilé à la volaille, avec application d'un tarif à base décroissante dès l'origine et commun à toutes les Compagnies.

2° Que les délais de transport et les délais de remise en gare soient révisés et réduits.

3° Que le passe-debout soit, dans le plus bref délai, généralisé aux Halles Centrales de Paris.

P. JORET.

Le rapport de M. Pierre Joret est accueilli par de vifs applaudissements.

Lecture est ensuite donnée du rapport de M. de Lesse, ingénieur agronome.

De l'importance du mouvement commercial né de la chasse,

Par M. A. DE LESSE, ingénieur agronome.

Autant la plupart des recettes perçues par l'Etat du fait de la chasse sont heureusement susceptibles d'une évaluation qui peut être suffisamment précise, autant les chiffres qui représentent le mouvement pécuniaire de toutes les branches du commerce et de l'industrie, alimentées par la chasse en totalité ou en partie, sont ardues à fixer et pour cause. Dans la grande majorité des cas, les objets dont la destination se rattache d'une façon plus ou moins directe à la chasse, se trouvent confondus dans la masse des produits d'une tout autre nature ou d'un usage bien différent.

Mettre surtout en lumière les résultats obtenus pour les spécialités les mieux définies, telle doit être notre méthode. Pour les points indécis, les bases des calculs estimatifs doivent être spécifiés. Des recherches ultérieures trouvant ainsi un point de départ rationnel seront rendues plus faciles et leurs fructueux résultats rendront plus tangible encore l'importance économique de la chasse française.

Importation étrangère. — Elle ne diminue pas, elle est même en légère augmentation, si l'on en croit les chiffres relevés par provenances par l'administration des Douanes. Dans la dernière période décennale, l'apport annuel est constamment resté entre 1.800.000 kilogs et 2.300.000 en chiffres ronds. La moyenne atteint donc environ 2 millions de kilogs qui représentent une valeur de 4.500.000 à 5.000.000 de francs. Indiquons de suite que près de la moitié passe au marché de Paris.

Les gibiers qui entrent dans ces quantités sont surtout de ceux qui, par leur prix relativement bas, peuvent faire concurrence à nos espèces nationales. En effet, d'une façon très régulière, lièvres et perdreaux inondent littéralement le marché.

Il est évident que le gibier national ne saurait suffire à la consommation. Nous sommes tributaires de presque toute l'Europe. Les autres parties du monde n'interviennent que d'une façon assez intermittente à titre d'essais, car les frais et risques du transport sont parfois considérables. Cependant, depuis quelques années, des pays lointains comme l'Australie nous adressent leur trop plein de lièvres ou de lapins sous la sauvegarde de perfectionnements frigorifiques.

L'Autriche-Hongrie et l'Allemagne se placent en tête. Elles envoient à elles seules près de la moitié, 8 à 900.000 kilogs. Presque tous les lièvres et perdrix d'origine étrangère en proviennent. La proportion en milliers de pièces vis-à-vis des autres pays importateurs est la suivante :

	LIÈVRES	PERDRIX	FAISANS
Autriche et Allemagne	250	250	30
Autres pays	6	50	60

L'Italie déverse chez nous ses énormes tueries de petits oiseaux. Elle nous expédie, ainsi que l'Egypte et la Grèce, des milliers de cailles. Dans une seule année, l'Italie et l'Egypte ont envoyé près de 400.000 kilogs de ces oiseaux.

L'Espagne fait des envois assez irréguliers qui consistent surtout en perdrix rouges. En 1894, elle nous en importa plus de 400.000. L'Angleterre envoie ses faisans. La Hollande une grande quantité de sauvagine, etc.

Chiffre d'affaires des Halles Centrales de Paris. — D'une façon générale, il est permis de les considérer comme une sorte de baromètre non seulement pour tout ce qui concerne l'alimentation de la Ville elle-même en gibier, mais encore celle du pays tout entier. A cet égard, le mémoire très intéressant de M. Joret, président du Syndicat des mandataires à la volaille et au gibier, apporte des documents très complets et très précis.

Ils montrent combien le trafic créé par les produits issus de la chasse est important. Il a été vendu, de 1898 à 1906 inclusivement, 27.359.794 pièces, soit une moyenne annuelle de 3.039.977 kilogs, pour une valeur de 4.698.061 francs. Le maximum annuel pour les Halles seules ne dépasse pas 2.500.000 kilogs. On peut donc dire que dans les meilleures années le produit des ventes dépasse 4 millions de francs, chiffre à retenir, car il est le seul qui puisse nous servir à évaluer la consommation parisienne totale.

Mais sur ces quantités, il n'y a pas que du gibier indigène. Le Bulletin de Statistique municipale nous donne à ce sujet des documents très détaillés qui permettent d'établir que si, en 1890, l'apport de gibier français n'était que de 492.000 kilogs contre 1.823.600 de gibier étranger, ce même apport français passe déjà en 1900 à 1.402.547, tandis que l'apport étranger tombe à 763.930, soit 50 % du gibier français.

Le progrès marqué en faveur de ce dernier aux Halles n'est qu'apparent puisque aux frontières même l'importation étrangère a plutôt augmenté. Ce phénomène est dû aux envois directs de gibier étranger aux grandes maisons de la capitale. D'autre part, il est très difficile de se rendre un compte exact de la quantité totale que draîne le reste du commerce parisien, les bases précises d'évaluation font défaut. L'*Economiste français* estime qu'en triplant les chiffres indiqués plus haut de 2.500.000 kilogs valant 4 à 5 millions de francs, on doit être très près de la vérité. Le chiffre d'affaires de l'ensemble des maisons qui font à Paris le commerce du gibier représenterait donc un total de 6 à 7.500.000 kilogs pour 12 à 15 millions de francs.

Ensemble des Villes de France. — Se basant sur le principe de la dîme, le même auteur indique qu'il est admissible de décupler le chiffre solide donné par les Halles Centrales soit en tout 20 à 25 millions de kilogs pour une valeur de 40 à 50 millions de francs. Cette évaluation n'a rien d'exagéré si l'on considère les chiffres produits par les plus grandes villes. Ainsi à Lyon, il est vendu seulement à la criée aux Halles pour 550.000 francs de gibier par an, et de 900.000 à 1 million par les marchands (envois directs aux maisons du commerce privé). Ces chiffres, dus à l'obligeance de M. Sargnon, vice-président du S. H. C. F. pour le département du Rhône, sont d'une approximation très suffisante et probablement au-dessous de la réalité. A Nancy, les marchands ont vendu en 1906 pour 205.658 francs de gibier (chiffres de M. Sadorel, juge d'instruction à Nancy). A Marseille, en 1906-07, la moyenne des entrées en ville a été de 275.000 kilogs pour 1.612.500 francs; ces chiffres, dus à l'amabilité de M. de Rougemont, président de la Société des Chasseurs provençaux, ne s'appliquent bien entendu qu'à la vente marchande connue et non à celle de tous les petits marchands. Ainsi ces trois villes, choisies il est vrai parmi les plus importantes, offrent à elle seules un total qui dépasse largement 3 millions de francs.

Au chiffre global de 40 millions de francs, il faudrait pouvoir ajouter celui qui représente la valeur de tout le gibier introduit ou reçu directement par les particuliers, le gibier consommé sur place, etc. Il est presque impossible de construire ici une hypothèse sérieuse. Il y a lieu de songer seulement que les chiffres de base précédents n'ont été établis que pour 3 millions d'habitants, soit le 13e de la population totale.

Provenances départementales. — M. Joret fait bénéficier les chasseurs d'un document inédit très instructif. La carte départementale des provenances d'expéditions adressées à la vente en gros aux Halles, donne pour chaque département la quantité moyenne annuelle des envois, calculée sur les chiffres accusés par les neuf dernières années consécutives de 1898 à 1906 inclus. Pour l'interpréter convenablement, il faudrait une étude particulière. Mentionnons seulement que les départements de tête, ce à quoi il fallait s'attendre sont : Loir-et-Cher, 162.070 kgs — Loiret, 160.383 kgs. — Seine-et-Marne, 111.565 kgs. En revanche, les départements méridionaux brillent par leur pénurie, Gard 8 k. — Var, 7 k. — Vaucluse, 4 k. — Mais le record est atteint par les Vosges, 3 et la Haute-Savoie, 2.

Valeur du gibier indigène. — Il ne serait pas patriotique dans un travail destiné à faire ressortir la valeur matérielle de la chasse française, de passer sous silence le coefficient gastronomique de notre gibier. En particulier, pour les perdrix et les lièvres, le consommateur fait avec le gibier étranger, une différence telle, qu'il n'y a pas concurrence au point de vue de la qualité. Ainsi, un écart très sensible se maintient toujours entre les lièvres allemands, hollandais et australiens et les lièvres français. En 1906, les premiers oscillent autour de 4 fr. 60, tandis que les nôtres s'établissent à 5 fr. 32. Malgré sa qualité, il est évident que le gibier français, tout en gardant une avance notable, diminue de valeur quand afflue une grande quantité de gibier étranger à bas prix.

Certains voient dans cette concurrence un motif de banqueroute pour le braconnage. Une solution plus élégante consisterait à multiplier assez notre gibier indigène pour arriver à ce résultat sans le secours de l'Etranger.

Exportation. — Insignifiante et irrégulière. On peut l'évaluer en moyenne à 10.000 kilogs par an qui représentent 40 à 50.000 francs.

Ajoutons cependant l'industrie des *conserves de viande de gibier* qui s'est accrue notablement depuis qrelques années. Une bonne partie du gibier mort qui nous vient de l'Etranger est évidemment réexportée sous forme de conserves, mais le gibier français sert à en confectionner une grande partie. En chiffres ronds, cette exportation qui était en 1892 de 8.000 kilogs pour 47.000 francs, a passé en 1903 à 42.000 kgs pour 330.000 francs, tandis que l'importation descendait de 5.000 kgs pour 30.000 francs, à 1.750 kgs pour 12.250 francs. (Tableau général du commerce de la France).

Commerce du gibier vivant.

Importation. — Le maximum a été atteint en 1897 avec environ 200.000 kilogs qui représentent 7 à 800.000 francs. Mais ces chiffres sont exceptionnels. Actuellement, les expéditions ne dépassent guère 50.000 kgs, d'une valeur de 180.000 francs.

Le commerce des œufs de gibier provenant de l'Etranger notamment d'Angleterre et de Bohême, est considérable. Il n'est guère possible de l'évaluer avec certitude, parce que ces œufs sont mêlés dans les statistiques douanières avec ceux de la volaille.

Les *exportations* sont très faibles, 16.000 kgs pour 58.000 francs.

Elevage. — Le commerce du gibier vivant et des œufs de gibier en France sur le gibier, *de pays* même, est malheureusement trop important, en égard à la façon dont il est pratiqué. Il est impossible de le chiffrer jusqu'à nouvel ordre.

Les marchands français de gibier vivant ne possèdent pas, en général, à proprement parler, d'établissements d'élevage. Ils fournissent aux propriétaires ou aux Sociétés du gibier qu'ils font venir de l'Etranger ou qui a été braconné en territoire français.

A l'industrie de l'élevage se rattachent une foule de métiers qui font vivre un très grand nombre de travailleurs dont le sort dépend ainsi directement de celui de la chasse. Marchands de produits alimentaires et de matériel pour l'élevage, faisandiers, gardes, éleveurs, chercheurs d'œufs de fourmis, etc.

Une évaluation contrôlée à la suite de récents débats parlementaires donne le chiffre total de 43.893 gardes-chasse particuliers, dont le traitement moyen annuel serait de 400 francs. Le total de leurs émoluments atteindrait de ce chef 17.600.000 francs.

L'élevage en France a atteint de la part des propriétaires de grandes chasses une ampleur très louable. Il donne lieu à un mouvement commercial dont on peut se faire une idée en réfléchissant que, d'après les résultats de l'expérience, chaque pièce de gibier, dans une chasse d'élevage quelconque, revient en moyenne à 10 francs. D'autre part, le chiffre d'affaires des fabricants de nourritures spéciales pour gibier et pour chiens serait au minimum, d'après les indications dues à M. Cordier, de 2.000.000 par an, alors que celui des maisons étrangères n'atteint en France que 500.000 francs. Le nombre des ouvriers employés serait de 150 avec un salaire moyen de 5 francs, soit 225.000 francs.

Chasse à courre. — Piqueurs. — Valets de chiens, etc.

On reste stupéfait devant le nombre prodigieux de branches commerciales et ouvrières auxquelles la vénerie se rattache. Dans un mémoire extrêmement documenté et lumineux, la *Société de Vénerie* fait ressortir au moyen de considérations et de chiffres très intéressants, l'utilité incontestable de la chasse à courre en France, au point de vue surtout des intérêts du commerce, de l'industrie et de l'Etat.

En 1906, il existait en France, pour la Société de Vénerie seule, 135 grands équipages ayant plus de 30 chiens, comprenant un service de 4.050 hommes, 7.035 chevaux, 8.100 chiens et 150 petits équipages ayant moins de 30 chiens, comprenant 1.800 hommes, 3.650 chevaux, 3.750 chiens. Les premiers occasionnent une dépense annuelle de 20.131.920 francs. Les seconds 9.099.820, soit un total de 29.231.740.

A ces dépenses, il faut ajouter celles qui proviennent des déplacements, voitures de place, auberges, transports en chemin de fer, etc.

Il convient de rapprocher de ce chiffre, celui qui est indiqué dans un rapport de 1883 sur la chasse à courre, et qui s'élève seulement à 20 millions de francs.

Le mémoire de la Société de Vènerie établit un chiffre total de 77 millions, en tenant compte des bénéfices que tirent de la chasse des villes telles que Compiègne, Chantilly, Rambouillet, Fontainebleau, Biarritz, etc. L'exemple choisi comme centre de chasse est la ville de Compiègne. Ce chiffre est jugé trop élevé de moitié et la Société de Vènerie le ramène à 38 millions, qui, ajoutés aux 29 précédents, donneraient, d'après ses évaluations, un total général de 68 millions, sans compter les frais de location à l'Etat qui s'élèvent à 1 million.

Commerce des chiens de chasse. — Il donne lieu à des transactions fort importantes. M. Coutard évalue leur nombre à 829.000 environ. D'autre part, M. Cordier estime que la nourriture minimum d'un chien s'élève à 5 à 6 francs par mois, soit 72 francs par an, ce qui donne un total de plus de 59 millions rien que pour l'entretien des chiens de chasse.

Chevaux du commerce. — Leur nombre approximatif serait de 1.500, soit, à 800 francs par tête, 1.200.000 francs.

Autres commerces qui dépendent de la chasse.

Arquebusiers. Armes de chasse. — D'après les renseignements puisés au Bottin et confirmés par des représentants autorisés de l'armurerie, tels que M. Fauré-le-Page, président de la Chambre syndicale des fabricants d'armes et munitions, il existe à Paris même 120 armuriers, et dans tout le reste de la France (en exceptant Saint-Étienne qui doit être considéré comme un centre à part) environ 1.800 pour la province, soit, en tout, à peu près 2.000 armuriers, sans compter l'Algérie, 79, et la Tunisie, 11. Les 2.000 maisons occupent 6.000 ouvriers payés 10 francs par jour en moyenne, soit, pendant 300 jours, un salaire total de 8 millions. Le chiffre d'affaire de ces 2.000 commerçants est évalué à 40 millions.

Les accessoires et articles de chasse créent un mouvement minimum de 8 à 10 millions. Le nombre de maisons qui touchent à ce commerce est, à Paris seulement, de 90 qui occupent 1.500 ouvriers à 6 francs par jour, soit un salaire annuel de 2.400.000 francs, et 500 ouvriers à 4 francs, soit un salaire de 600.000 francs, au total de 3 millions de francs.

A Saint-Étienne, grâce à des indications très précises fournies par M. Mimard, directeur de la Manufacture française d'armes, nous savons qu'il existe 75 maisons dont le chiffre d'affaires annuel est d'environ 20 millions, sur lesquels la Manufacture française d'armes figure pour 10. Sur ce chiffre, l'exportation est d'environ 3 millions. Elles occupent environ 10.000 ouvriers armuriers, touchant en moyenne 5 à 6 francs par jour, soit un salaire total annuel de 21 millions de francs.

L'importation étrangère nous fait une concurrence très active en ce qui concerne les armes à feu de chasse. Nous arrivons tout juste à la balancer avec une somme de 1.500.000 francs.

M. Mimard indique qu'en ce qui concerne les armes venues de Belgique, ce pays nous a importé en 1906 pour 2.184.707 francs d'armes (Rapport consulaire). Dans ce chiffre, les revolvers figurent pour 800.000 francs, et les fusils pour 1.300.000 environ, ce qui représente 6.000 fusils de chasse.

Il paraît, d'autre part, que l'Amérique nous envoie 3.000 fusils. Il reste pour l'Angleterre et Paris 2.000 seulement. Saint-Étienne en fournit 75 à 80.000. Le total atteint donc bien près de 90.000 fusils par an, soit, en estimant à 125 francs, prix de détail, la valeur moyenne du fusil, 11.250.000 francs. Le renouvellement du stock d'armes de chasse est évalué, par an, à 50 ou 60.000 fusils.

Si on tient compte qu'un assez grand nombre de fusils ordinaires ne sont pas éprouvés finis et que les petites armes, carabines, cannes-fusils, etc. ne se font pas éprouver, on peut dire que Saint-Étienne produit aujourd'hui annuellement plus de 120.000 armes.

Munitions de chasse. — Lié intimement à l'armurerie et à la chasse, le commerce des *munitions de chasse* mérite d'être signalé à cause de l'intensité de sa production. La *Société française des munitions* à elle seule fabrique 150 millions de douilles de chasse, et fait pour 12 millions de francs d'affaires par an. Étant donné que les trois autres maisons françaises fabriquent 50 millions de douilles pour 3 millions de francs, que les maisons étrangères nous envoient 25 millions de douilles, on trouve finalement, pour la quantité mise en vente annuellement en France, 225 millions de douilles de chasse, soit, à 45 francs le mille, prix moyen, 10.125.000 francs, et un chiffre d'affaires total de 15 millions. Notons en passant que les armuriers chargent et vendent 140 millions de ces douilles. Le chiffre de 225 millions est intéressant, car si on se base sur une charge de poudre moyenne de 3 grammes par coup, on obtient, en multipliant par le nombre de douilles, un chiffre très voisin de 600.000 kilogs, qui est bien celui de la consommation relevé par l'administration des Poudres.

Le commerce du plomb de chasse est aussi très actif. On l'évalue à 5 millions de kilogs, ce qui donnerait, à raison de 0 fr. 70 le kilog, une valeur marchande de 3.500.000 francs pour le stock annuel de plomb de chasse.

La Société française emploie 3.000 ouvriers, les autres maisons 1.500, soit en tout 4.500, avec un salaire de 4 fr. 50 en moyenne par jour soit 13.150.000 francs de salaires annuels.

Accessoires de chasse. — Nous avons laissé de côté tout le mouvement commercial qui intéresse quantité de métiers importants, quincailliers, fabricants de cuirs, tanneurs, mégissiers, corroyeurs, cordonniers, tailleurs, chapeliers, fabricants de grillages et de pièges, négociants en caoutchouc, etc., qui ne sont pas toujours spécialistes d'objets de chasse, mais qui contribuent à leur production. Ajoutons l'industrie des empailleurs, naturalistes, des fourreurs, des commerçants en peaux, poils et plumes, lesquels sont à signaler, et dont le mouvement d'affaires est certainement très appréciable quoique presque impossible à déterminer pour le seul côté chasse.

Transports. — Cette industrie doit beaucoup à l'existence de la chasse. En ce qui concerne le transit par voie ferrée des chasseurs, chiens et colis, on comprend qu'une évaluation précise soit impossible. Par d'ingénieuses déductions, M. Coutard se basant sur le contrôle des voyages de chiens avec tickets, a pu donner pour la valeur approximative du transit des chiens de chasse le chiffre de 855.000 francs. Pour les chasseurs 11.461.000 francs soit un produit total en faveur des Compagnies de 12.300.000 francs.

Les transports par voitures et bateaux ne sont guère susceptibles d'évaluation.

Il est aussi à peu près impossible de chiffrer le commerce des hôteliers, aubergistes, restaurateurs, etc., et de savoir dans quelle mesure il bénéficie de la chasse.

Beaucoup plus importants encore certainement sont les frais nécessités par l'armée des rabatteurs, porte-carniers, etc. Qu'il suffise de rappeler pour fixer les idées, que le moindre rabatteur se paie partout en moyenne 3 à 4 francs par journée.

Tir aux Pigeons. — Le tableau serait incomplet si nous ne prenions le soin de signaler le mouvement commercial dû au sport des pigeons naturels ou artificiels, qui se développe beaucoup depuis une dizaine d'années. Quelques chiffres donneront l'idée de son importance qui n'est pas à dédaigner. Il y a des stands à Paris, à Lyon, Limoges, Bordeaux, Biarritz, Pau, Roubaix, Boulogne, le

Touquet, Dieppe, Cabourg, Deauville, Aix-les-Bains, Vichy, etc. dans la plupart des villes d'eaux ou bains de mer et dans beaucoup de villes de province. Ces tirs entretiennent le commerce des aviculteurs, en consommant une quantité très considérable de pigeons provenant du Nord de la France, de la Belgique ou de l'Angleterre. Ainsi le seul stand du Bois de Boulogne, à Paris fait tirer en moyenne 50 à 60.000 oiseaux par an, dont le prix est de 2 francs, soit 100.000 francs. Ce stand paie à la ville de Paris un loyer de 100.000 francs. Il comprend un nombreux personnel d'employés bien rétribués.

C'est évidemment un exemple un peu exceptionnel, mais j'estime pour ma part qu'il y a au minimum en France un millier de tireurs aux pigeons vivants ou artificiels, qui dépensent au bas mot 1.000 francs par tête et par an, ce qui donne un million.

Conclusion. — Bien qu'il nous ait été impossible d'évaluer d'une façon mathématique le mouvement d'argent réparti annuellement par la Chasse dans les diverses branches du commerce, de l'industrie et du travail, il nous est cependant permis, étant donné que la chasse fait rentrer tous les ans une cinquantaine de millions dans les budgets de l'Etat et des communes, *et que cette somme représente une dîme volontaire*, d'en conclure que le chiffre total pourrait être estimé avec une certaine approximation à près *d'un demi-milliard*.

Il est donc à souhaiter que l'étude des questions économiques de nature à confirmer ces délicates évaluations, soit cultivée et perfectionnée dans les Écoles où l'Economie rurale, l'Economie commerciale et industrielle sont en honneur.

Considérant l'éloquence indiscutable des chiffres que représente la chasse au point de vue fiscal, et toute l'importance économique qu'elle représente pour le Commerce, l'Industrie et le Travail, le Congrès émet le vœu suivant :

« Que le Parlement et les pouvoirs publics, s'inspirant de ce double intérêt, protègent, favorisent et développent par tous les moyens possibles l'exercice de la Chasse sous toutes ses formes. »

A. DE LESSE.

M. LE PRÉSIDENT. — Messieurs, vous venez d'entendre la lecture des rapports de MM. Coutard, inspecteur général des Finances ; Pierre Joret, président du Syndicat des mandataires à la volaille et au gibier ; de Lesse, ingénieur agronome. Comme conclusion, nous proposons au Congrès le vœu général suivant :

« Le Congrès, considérant la haute valeur économique et fiscale des ques-
« tions cynégétiques, conformément aux rapports déposés par MM. Coutard,
« Joret et de Lesse, émet le vœu que les Pouvoirs publics fassent tous leurs efforts
« pour la reconstitution et le développement de nos chasses. »

Ce vœu est adopté à l'unanimité.

M. LE PRÉSIDENT. — La parole est à M. Huber.

M. LE CONSEILLER HUBER. — Je vous remercie infiniment du bon accueil que vous m'avez fait. Vous pouvez être certains que les représentants des puissances étrangères s'intéressent énormément à ce Congrès dont vous avez pris l'initiative, et qui, je l'espère, ne sera pas le dernier, car je considère ce premier Congrès comme un travail préparatoire. Il est certain que vous, Français, vous avez fourni un labeur extraordinaire. Mais je suis très étonné que l'on ne s'intéresse pas davantage au côté économique de la chasse...

M. Coutard. — Qui est la plus importante !

M. le conseiller Huber. — ...parce que, de l'avis de mes collègues, c'est justement là qu'il faut attaquer le problème. C'est par là que nous arriverons à convaincre les adversaires de la chasse, en en montrant la très grande valeur. La question de savoir si à telle époque, on doit chasser le canard sauvage est une question nationale, mais, pour un Congrès international, il me semble que la question économique est de beaucoup la plus intéressante, parce que c'est elle qui nous permettra de battre nos adversaires. Je suis tout à fait d'accord avec vous pour reconnaître que la valeur économique de la chasse dans les différents pays est beaucoup plus importante qu'on ne le croit généralement et que toutes les estimations qui en ont été faites sont au-dessous de la vérité. Je vous conseillerai donc de veiller à ce que l'on s'inquiète davantage de cette question économique, qui me semble de beaucoup, la plus importante du Congrès.

Ainsi, mon Gouvernement s'intéresse à la question de la protection des petits oiseaux qui nous semble capitale, parce que nous sommes voisins des Italiens qui nous tuent tous les oiseaux ; il s'intéresse beaucoup à toutes les questions de législation nationales et internationales ; mais il s'intéresse énormément aussi à la question économique de la chasse, parce que notre gouvernement, tout en étant à la tête d'un état agricole, veut protéger la chasse. Or, nous savons très bien que nous ne pouvons la protéger qu'avec des arguments et les arguments c'est de l'argent. L'argent c'est la valeur économique de la chasse.

Voilà, mon cher Président, ce que je voulais vous dire, en vous remerciant de l'accueil que vous avez bien voulu me faire.

M. Coutard. — Je ne voudrais pas que M. le conseiller Huber emportât de cette séance une trop mauvaise opinion du public français. Sans doute, il s'intéresse un peu plus aux questions de détail qu'aux questions d'ordre général, mais il faut peut-être aussi mettre son abstention sur le compte d'une organisation un peu improvisée, et de changements qui ont dû être apportés dans notre programme. Pour mon compte personnel, je serais très heureux s'il le veut bien, de rester en rapports avec lui pour maintenir le contact administratif entre les autorités autrichiennes qui sont capables de nous documenter, et celles de France, qui seront très heureuses, toujours, de leur rendre le même service.

M. le conseiller Huber. — Vous pouvez être certain que je serai toujours à votre disposition. Je crois que si nous continuons cette affaire par la voie internationale, nous arriverons, au bout de quelques années, en répétant les Congrès internationaux, à faire connaître la valeur économique de la chasse au monde entier.

M. le Président. — Parfaitement.

M. le conseiller Huber. — Nous sommes appelés à nous seconder réciproquement. Je suis tout à votre disposition.

M. le Présiden. - Messieurs, les travaux de la 5e sous-section sont terminés. Je ne veux pas lever la séance sans remercier M. le Conseiller Huber des marques de sympathie qu'il a témoignées au bureau (*Vifs applaudissements*).

Certifié exact, d'après le compte-rendu sténographique :

G. de Saint-Agnan,
Secrétaire du Commissariat général.

Vu : le Commissaire général,
Christophe.

Section de Législation et de Réglementation

PREMIÈRE SOUS-SECTION

Séance du 16 mai (matin).

M. Bonnefoy. — Nous passons maintenant à la 1re Sous-Commission concernant la Législation étrangère.

En dehors des rapports sur les différentes législations étrangères concernant la chasse, nous avons plusieurs vœux importants à vous présenter :

La Société de Chasse de Commercy a formulé un vœu qui se trouve être fondu avec celui présenté par les Sociétés d'Agriculture, d'Horticulture et de Botanique des Bouches-du-Rhône.

Nous n'avons donc plus que deux vœux à vous présenter.

Vœu de la Fédération des chasseurs des Bouches-du-Rhône concernant la prohibition des ventes et importation des oiseaux non tués au fusil :

« L'importation, l'exportation, le transport, le colportage, la vente, la mise en vente et l'achat des espèces d'oiseaux dont la chasse est autorisée, sont interdits si ces oiseaux ont été chassés, tués par tout autre moyen que les armes à feu et de quelque provenance qu'elles soient, française ou étrangère. »

Ce vœu mis aux voix est adopté.

Vœu de M. le comte Clary :

« Dans le but de favoriser le repeuplement des chasses, le Congrès de la chasse émet le vœu que les tarifs douaniers actuellement très élevés soient réduits au minimum pour le gibier vivant et les œufs de gibier d'importation.

« Il espère que M. le Ministre de l'Agriculture prenant ce vœu en considération voudra bien faire une démarche auprès de son collègue des finances dans le but de faire apporter cette légère modification à la loi des finances. »

Ce vœu mis aux voix est adopté.

Je viens d'être saisi d'un dernier vœu :

« Etant donnée la destruction en masse des palmipèdes dans certains pays, grâce aux établissements spéciaux nommés canardières ;

« Etant donné d'autre part que, dans l'état actuel de la législation étrangère, il n'y a pas lieu d'envisager la suppression d'office de ces établissements.

« Le Congrès émet le vœu qu'une proposition soit soumise aux puissances intéressées, tendant à ce que la création d'aucun nouvel établissement de canardière ne soit autorisée, et à ce que, pour la suppression des établissements existant, il soit procédé par voie d'extinction, étant entendu que ces établissements ne seraient pas autorisés à reporter eur exploitation sur un autre terrain. »

M. LE COMTE CLARY. — Je crois que ce vœu vise surtout les établissements de canardières existant en Allemagne, car c'est là surtout qu'il en existe.

UN CONGRESSISTE. — Non ! Il y en a également en Belgique, en Angleterre et en Hollande.

UN MEMBRE DU BUREAU. — M. Leschevin a justement fait voter un vœu analogue dans une autre section. Il faudrait que le vœu formulé soit concordant avec celui présenté par M. Leschevin.

UN CONGRESSISTE. — Je crois que M. Leschevin a demandé la suppression pure et simple des canardières

M. LESCHEVIN. — En mon nom personnel, j'ai expliqué, pour tous ceux qui ne le connaissaient pas, le régime des canardières en Belgique et en Hollande. Étant donné cet exposé, toute l'Assemblée s'est levée immédiatement comme un seul homme et a demandé la suppression de ces canardières, et on a rédigé immédiatement un vœu.

UN CONGRESSISTE. — Je crois que nous n'avons aucune chance d'obtenir la suppression complète de ces canardières.

Le vœu mis aux voix est adopté.

UN CONGRESSISTE. — On a beaucoup parlé des permis de transport du gibier vivant; en général, le ministère qui délivre ces permis est très mal renseigné, parce que les enquêtes sont faites par les maires. Je demande que l'enquête soit faite par la gendarmerie, car elle serait plus sérieuse.

M. LE COMTE CLARY. — Vous vous bornez à demander simplement que l'enquête au point de vue de l'autorisation du transport du gibier vivant soit faite par les soins de la gendarmerie au lieu d'être faite par les maires.

Il y a là une très grande garantie au point de vue de certains établissements dits d'élevage, et qui n'en ont que le nom.

Je crois que dans ces conditions, nous pouvons très bien émettre ce vœu, que je ferai ajouter à des vœux similaires.

LE MÊME CONGRESSISTE. — J'ai une autre demande à formuler : c'est qu'il soit absolument défendu de tirer en loterie du gibier vivant comme cela se passe aux foires de Bordeaux.

Je puis à ce sujet vous lire le passage d'une lettre que m'a écrite un monsieur pour me demander des perdrix et des faisans :

« Il est bon de vous dire que nous faisons de huit à dix mille cailles par semaine dont la plupart sont destinées aux forains pour les loteries. »

UN CONGRESSISTE. — C'est interdit par la loi.

LE PRÉCÉDENT CONGRESSISTE. — A la foire de Bordeaux, les cages des forains sont pleines de cailles.

M. LE COMTE CLARY. — Au mois de mars, trouve-t-on des cailles ?

LE MÊME CONGRESSISTE. — Oui, au mois de mars.

M. LE COMTE CLARY. — Un procès-verbal devrait être instantanément dressé, et je crois que la gendarmerie ne pourrait pas se refuser à le dresser.

Lecture est donnée des différents rapports.

Communication faite à l'occasion du Congrès International de la Chasse tenu à Paris en 1907, par M. A. de Navay de Foldéak, *Conseiller royal de ministère, délégué du Gouvernement de Hongrie.*

La Hongrie, ancienne Pannonie, était déjà aux temps des Romains, un territoire de chasse en renom. Non seulement les écrivains romains vantaient le gibier qui, de la Pannonie, allait parer les tables de patriciens, mais leurs empereurs mêmes, lorsqu'ils parcouraient leurs colonies, venaient volontiers se livrer aux plaisirs de la chasse sur les rives du Danube. Les vallées du Danube et de la Tisza servaient alors de pâturages aux troupeaux des Pannoniens.

A l'époque des migrations des peuples, la Hongrie était couverte de vastes forêts sur le parcours de la Tisza jusqu'à Titel ; aussi peut-on facilement s'imaginer combien ces contrées étaient giboyeuses.

Nos ancêtres eurent toujours un penchant prononcé pour la chasse et pour la pêche, et les mille péripéties, les innombrables aventures et les jouissances toujours nouvelles de cette noble occupation en avaient fait pour eux une seconde nature.

La chasse était aussi le plus clair du revenu des princes et même encore sous la dynastie d'Arpad, ainsi que l'affirment les traditions, les impôts se payaient, dans les contrées riches en fauves, sous forme de fourrures.

La noblesse, elle, chassait pour son plaisir et surtout à cheval ; le soin de fournir le gibier nécessaire à la table, en qualité et quantité voulues, incombait ax serfs.

Les anciens historiens nous ont laissé de nombreux et intéressants documents sur les chasse du roi Mathias, sur le château de chasse de Palota, sur le passé cynégétique de Visegrad, sur les fameux faucons du roi Louis, sur les exploits des Princes de Transylvanie, etc.

Les œuvres d'Anonymus d'Olah, de Bombardus et de Thuroczy nous donnent un tableau vivant des conditions de la chasse en ces époques lointaines, tableau fort détaillé même pour certains lieux et certaines contrées. La correspondance de quelques familles contient aussi des détails précieux au point de vue de l'histoire de la chasse ; il y est fréquemment question d'archers, de sangliers, de cerfs, de daims, de lièvres, de martres, d'éperviers, de faucons, de braques, de chiens à caille, de chiens courants, de lévriers, etc. Nous apprenons aussi de ces correspondances qu'au XVe siècle, nos disciples de saint Hubert avaient des relations suivies avec la Moravie : que maint lévrier en vint, que maint faucon y alla pour être soumis au dressage et que, leur instruction terminée, lévrier et faucon refirent le chemin en sens inverse.

Nous y apprenons à connaître les conditions cynégétiques des temps passés, les coutumes des chasseurs, les élevages alors en faveur, tels que ceux du daim et du faisan ; le lieu et la configuration des anciens parcs, etc.

En ce qui concerne ces derniers, il est hors de doute que tout domaine de quelque importance contenait un parc et que les parcs étaient le but de tous les efforts du nouveau propriétaire foncier avide de considération.

Les progrès de la civilisation et la marche des sciences techniques ont, avec le temps, ouvert des voies à travers les forêts séculaires ; et par suite d'une exploitation plus rationnelle des forêts dûe au perfectionnement de l'économie sylvaine, le gibier s'est trouvé réduit à une portion de plus en plus congrue, tant et si bien que pour suppléer à sa nourriture naturelle devenue insuffisante il a fallu pourvoir à son entretien par voie artificielle. C'est ainsi que s'est développé progressivement le système de la protection du gibier ; généralisé par l'évidence de l'importance de la chasse comme facteur économique et alimentaire, et grâce à des dispositions pratiques des lois, il marche, dans son état actuel, en accord avec les intérêts de l'économie rurale et forestière.

L'importance de la chasse au point de vue économique et alimentaire étant reconnue, l'augmentation du gibier comme denrée devint l'objet de la sollicitude des législateurs. Ainsi, dans notre pays, l'obligation imposée au petit propriétaire d'affermer son droit de chasse permit le développement général de l'élevage du gibier et eut pour résultat qu'à l'heure actuelle déjà, nous possédons, dans des contrées dépourvues de gibier, des territoires traités et soignés réglementairement, giboyeux parfois, et qui, dans des conditions atmosphériques normales, assurent un abatage progressant chaque année et par conséquent une augmentation graduelle de revenu.

Passons au développement de la réglementation de la chasse.

Il est notoire qu'au temps de l'immigration, chaque tribu ou nation prit possession des territoires qui lui avaient rendu hommages ; et comme, outre le butin de guerre, la pêche et la chasse étaient les principales sources d'existence, tout individu portant les armes, c'est-à-dire tout national, avait le droit, par la conséquence naturelle des choses, de pratiquer librement la chasse et la pêche. Ce droit n'était établi ni par les lois ni par des ordonnances ; nos ancêtres l'avaient apporté avec eux. Autrefois, en effet, le gibier et la forêt étaient considérés comme des biens appartenant à tout le monde, dont chacun pouvait profiter selon ses besoins et son caprice.

Plus tard, lorsque les domaines royaux et privés eurent été délimités, la petite et la haute noblesse s'attribuèrent en quelque sorte le droit de chasse en se réservant l'abattage du gros gibier. Quant au petit gibier, tout noble pouvait le chasser, sans tenir compte d'aucune délimitation, et même sur les biens royaux.

Une des mesures les plus marquantes de la réglementation de la chasse fut la codification du droit de chasse négatif, sous le roi Ulaszlo qui, par son arrêt n° 5 de 1504, interdit la chasse aux serfs et aux paysans. Cet arrêt fut confirmé en 1729 par Charles III dans l'art. 22, et étendu aux bourgeois et à tout ce qui n'était pas noble, enfin à tous les habitants de la Hongrie non nationalisés ; par contre il autorisait les nobles et tout propriétaire foncier jouissant des privilèges de la noblesse, à chasser et à oiseler librement, sur ses propres biens en tout temps, et sur terrain étranger en dehors du temps de gestation, à l'exception de la partie des forêts attenante au château, à la cour ou au palais, que le propriétaire réservait à son usage particulier.

Le roi François, par une ordonnance de 1802, imposa aux propriétaires fonciers l'obligation de laisser la chasse libre sur la moitié de leurs propriétés, soit sur la moitié des territoires en un seul tenant ; cette disposition subsista jusqu'à la promulgation de l'art. VI de la loi de 1872.

Plus tard le droit de chasse devint l'objet d'allocations spéciales, indépendantes des donations de biens, preuve de l'estime toute particulière où il était tenu. Et si le droit de chasse était généralement compris dans la donation des biens, les biens n'allaient pas avec le droit de chasse et restaient, le plus souvent, propriété royale.

Nos ancêtres étaient des plus libéraux touchant le droit de chasse ; à tel point qu'un seigneur, pour peu qu'il trouvât quelque commodité, pouvait faire abattre le petit gibier par ses cerfs, mais seulement pour son usage personnel.

La noblesse usa de ce droit sous cette forme, jusqu'à la fin du siècle dernier, et, personnellement, jusqu'en 1872.

C'est en 1872 que fut établie, en Hongrie, la première loi moderne sur la chasse, loi qui touche non seulement l'exercice du droit de chasse, mais encore l'élevage du gibier, ses soins et sa protection, la répression des délits, etc. Modifiée dans un sens plus pratique par l'art. 20 de la loi de 1883, cette loi est celle actuellement en vigueur.

Les moyens et instruments de chasse furent, selon toute probabilité, les mêmes chez les anciens Hongrois que chez les autres peuplades de l'Asie ; c'est-à-dire qu'ils poursuivaient le gibier à cheval, avec des lévriers et l'assommaient, ou qu'ils s'amusaient à oiseler au faucon. Ce n'est que dans leur nouvelle patrie qu'ils apprirent à connaître les chiens courants, les lacets, les collets et les filets ; mais ici même, et jusqu'à une époque fort récente, surtout en Transylvanie, ils pratiquèrent la chasse à cheval, comme étant la seule manière de chasser, jugée digne d'un gentilhomme.

C'est ventre à terre qu'ils poursuivaient le bison, le loup et même le sanglier et le chevreuil ; c'est à cheval qu'ils suivaient le vol de leurs faucons, laissant le petit gibier aux gentilshommes pauvres, aux serfs, aux valets de chasse, aux fauconniers.

La grosse bête se chassait avec des rabatteurs, des chiens courants, des meutes et plus tard en grandes battues.

La petite noblesse de province chassait plutôt avec des batteurs et des chiens courants, tandis que la chasse avec meute (chasse à courre), et les coûteuses grandes battues qui se pratiquaient, avec une suite innombrable et splendide, étaient l'apanage de la cour et de la haute noblesse.

Le sanglier était chassé soit à cheval avec l'épée, soit à pied avec l'épieu ; le loup se chassait au lévrier et était assommé à la massue.

La noblesse moyenne chassait le petit gibier à l'arc, jusqu'au XVIe siècle. On le faisait chasser, pour l'usage personnel et non pour la vente ; on se servait de flèches sans pointes pour ne pas ensanglanter la fourrure : pour pouvoir approcher les animaux trop farouches, le chasseur se dissimulait derrière un mannequin ou s'enveloppait de branchages.

Les premiers chiens d'arrêt furent probablement introduits en Hongrie au temps de Sigismond et ne se répandirent qu'au commencement du XVIe siècle et dans les comitats du nord-ouest.

Ainsi que nous l'apprend une lettre de Rákoczy, le bison se chassait avec des dogues et était pris dans des fosses.

La chasse à courre avec meute de « sinkorán » (pron. chinecorane, corruption de chien courant), fut interdite en 1729 par Charles III, et dès lors, la noblesse appauvrie, obligée de renoncer au cheval, commença, même plus loin vers l'Orient, à pratiquer la chasse au chien d'arrêt, tandis que sur les plaines de l'Alföld et sur les prairies de la Transylvanie, la chasse au lévrier se conservait même jusqu'à nos jours. Au XIXe siècle, la chasse au chien d'arrêt se répandit généralement et la chasse à courre avec équipages pour le renard, le lièvre et aussi pour le cerf fut remise à la mode, selon le style anglais ; il y a actuellement en Hongrie 8 à 10 équipages pour la chasse à courre, tandis que, d'autre part, les nombreux amateurs de la chasse à cheval, réunis en 8 ou 10 groupes, pratiquent avec passion la chasse au lévrier.

La chasse au faucon avait été apportée par les Hongrois de leur ancienne patrie ; elle atteignit son apogée de Louis-le-Grand à Louis II ; le grand fauconnier de Louis-le-Grand, Ladislas Magyar, a même écrit un traité de fauconnerie. Aux XVIe et XVIIe siècles, elle déchut de plus en plus pour se perdre définitivement au XVIIIe siècle.

Le soin de la cause cynégétique en Hongrie est confié à un inspectorat de la chasse, organisé au ministère de l'Agriculture ; les données qu'il recueille annuellement et celles qui sont fournies par le bureau central de statistique sur l'exportation et l'importation du gibier, donnent un aperçu approximatif du résultat total des chasses annuelles et de la valeur des pièces abattues.

Ne voulant pas nous étendre sur ce point, nous noterons simplement que l'abattage annuel du gibier en Hongrie (sans la Croatie et Slavonie), peut être évalué à 1.200.000 pièces, dont il est exporté pour environ 2 millions de couronnes.

L'exportation de la Hongrie en produits provenant de la chasse, outre le gibier, est également de quelque importance ; de grandes quantités de peaux de lièvre, de renard, de cerf, de chevreuil, de putois, de blaireau, de chat, de martre, de loutre, etc., sont expédiées à l'étranger et représentent une valeur considérable, tandis que, par contre, l'importation est presque nulle.

Concernant les animaux qui se rencontrent en Hongrie soit à titre d'indigènes, soit en passage, les principaux sont :

a). — Animaux utiles :

Le cerf, le daim, le chevreuil, le chamois, le moufflon, le sanglier, le lièvre et le lapin, le coq de bruyère, le tétras, la gélinotte, le dindon sauvage, le faisan, la perdrix, la caille, le râle, l'oie et le canard sauvage, l'outarde, la grue, la bécasse et le bécasseau, la grive, etc.

b). — carnassiers :

L'ours, le lynx, le loup, le chat sauvage, le renard, le blaireau, la loutre, la belette, le putois, la martre et différents oiseaux de proie, entre autres le vautour barbu qui tend à disparaître.

Parmi nos fauves, se distingue le cerf, dont nulle part ailleurs en Europe on ne trouve d'aussi beaux spécimens quant au développement de la taille et des bois.

Les expositions de bois de cerfs, de daims, et de chevreuils, de cornes de chamois et d'autres trophées cynégétiques organisées chaque automne à Budapest, sont le témoignage probant que ces intéressants animaux ont conservé chez nous leurs anciennes formes et regorgent de vigueur.

Et non seulement leur qualité, mais leur quantité est aussi remarquable, spécialement dans les forêts accidentées des comitats de Mármaros, Ung et Bereg, dans les régions montagneuses de Pilis, du Vértes et du Bakony et dans le territoire de chasse royal de Godollo, dans ceux de Bélye, de Keszthely et de Csurgo-Berzencze ; en un mot on peut chasser le cerf dans 40 comitats. Plus du

1/3 des animaux abattus sont des mâles, dont la moitié ont toute leur tête, soit de 12 à 22 andouillers.

Un spécimen, pouvant passer pour unique de nos jours, est le vingt-deux cors tiré ces dernières années par des paysans du comitat Tolna et dont le bois du poids de 13 k. 1/2, était exposé à l'Exposition universelle de 1900 à Paris, au groupe de la chasse.

Le daim ne se rencontre guère que sur des terrains de chasse clos ; on le trouve pourtant à l'état libre dans quelques comitats.

Le chevreuil est répandu dans toute la Hongrie ; les plus beaux, quant au bois, sont ceux des comitats de Békés et d'Arad ; ceux des forêts limitrophes du comitat de Brasso ont la suprématie du poids. On peut chasser le chamois dans huit comitats. C'est dans le comitat de Szepes qu'il se trouve en plus grande quantité ; toutefois les chamois des montagnes de Krasso-Szorény et de la Transylvanie n'ont pas leurs égaux dans toute l'Europe en ce qui concerne le développement corporel et la force des cornes.

Le moufflon a été introduit en Hongrie en 1868 par le comte Charles Forgach qui en fit venir des exemplaires des jardins d'acclimatation de Francfort et de Bruxelles. Elevé d'abord à Ghymes, puis en liberté, depuis 1882, cet intéressant animal s'est parfaitement acclimaté et s'est répandu dans toute la contrée avoisinant Ghymes, de sorte que depuis son introduction il en a été abattu plusieurs centaines.

A un ou deux comitats près, le sanglier se rencontre dans toutes les grandes forêts du pays.

Le lièvre, par le nombre de pièces abattues, est un de nos gibiers les plus notables ; c'est dans les comitats de Pest, Somogy, Pozsony, Nyitra, Moson et Békés qu'on en tire le plus.

La perdrix se trouve en grandes quantités surtout dans les comitats transdanubiens de Vas, Sopron, Somogy et Moson, puis dans ceux de Pest, Pozsony et Nyitra.

Outre les espèces susmentionnées, et pour ne parler que du gibier utile, on peut encore chasser le coq de bruyère dans 19 comitats, le tétras dans 13 et presque partout le gibier d'eau et une variété immense d'oiseaux.

Par suite du perfectionnement des armes, des progrès de la culture qui a ouvert les antiques forêts vierges et ceux de l'économie forestière méthodique qui les a rendues accessibles, le nombre des carnassiers et des grands oiseaux de proie a notablement diminué ; c'est du reste une condition essentielle et, de plus, une garantie de réussite de la propagation du gibier utile. Cependant nos forêts montagneuses offrent encore des chasses productives et intéressantes au point de vue sportif, tant en carnassiers qu'en animaux malfaisants. Ainsi l'ours se chasse encore dans 26 comitats, le lynx dans 20, le loup dans plus de 30. C'est dans les comitats de Marmaros, Csik, Beszterczc-Naszod, Hunyad et Lipto que l'on trouve le plus d'ours. Le lynx habite surtout les forêts riches en chevreuils des comitats de Gömör, Lipto, Ung, et Zemplén, tandis que le loup, qui tend à disparaître du reste, se montre encore en assez grand nombre, surtout en hiver, dans les comitats de Transylvanie et spécialement dans ceux de Hunyad, Csik, Szeben et Torda-Aranyos, ainsi que dans les Carpathes du nord et du sud, dans les vastes forêts des comitats de Marmaros, Sâros, Zemplen et Krasso-Szörény.

Rapport sur la législation cynégétique en Autriche et en Hongrie, présenté au Congrès de la chasse.

Par M. HERSON-MACAREL,

Avocat au Conseil d'Etat et à la Cour de Cassation.

1° *Autriche.* — Le droit de chasse est réglementé par une patente du 7 mai 1849, dans l'Autriche, au-dessus et au-dessous de l'Enns, dans le duché de Salzbourg, la Styrie, la Corinthie, la Carniole, le territoire de Trieste, de Goritz et de Gradica, la Moravie, la Silésie, la Galicie, la Ladomérie, le territoire de Cracovie, la Beckowine, le Tyrol et le Vorarlberg ; cette patente a été complétée par une ordonnance du ministre de l'Intérieur en date du 15 décembre 1852. La Bohême a été dotée d'une loi spéciale le 1er juin 1866 et la Croatie Slavonie le 27 avril 1893.

En Autriche, le droit de chasse est un attribut de la propriété (patente du 7 mars 1849, art. 1er loi du 1er juin 1866, art. 1er pour le royaume de Bohême) ; mais pour qu'un propriétaire soit admis à exercer personnellement ce droit sur son fonds, il faut que ce fonds ait une étendue de 200 arpents au moins d'un seul tenant, c'est-à-dire au moins 115 hectares (patente de 1849, art. 5, loi de Bohême, art. 2), à moins, toutefois, qu'il s'agisse de propriétés entourées, à demeure, de murs ou de clôtures continues, le droit de chasse appartenant, dans ce cas, au propriétaire, quelle que soit l'étendue du fonds clos.

Les parcelles d'une contenance inférieure à 200 arpents et non entourées d'une clôture ,sont réunies dans chaque localité, de manière à former un domaine de chasse. En Bohême, les propriétaires de ces parcelles constituent une association de chasse qui, par l'entremise d'un Comité élu dans son sein, donne les terres à bail ou fait exercer la chasse, pour son compte, par un chasseur spécialement commissionné à cet effet et assermenté (loi de 1866, art. 4, 5, 8, 13) ; en cas de location, le Comité décide, suivant les circonstances, si le bail doit être passé de gré à gré, ou s'il y a lieu de recourir à une adjudication aux enchères publiques ; dans cette dernière hypothèse, il est procédé à l'opération par les soins du maire de la commune ; le Comité ne peut confier l'exercice du droit de chasse à un chasseur commissionné qu'en vertu d'une décision prise par l'association toute entière, à la majorité des trois quarts des voix (loi de 1866, art. 14). Dans les autres provinces, c'est la commune qui est chargée de louer la chasse sur les parcelles réunies ou de la faire exercer par un préposé spécial (patente de 1849, art. 7) ; en principe, la location a lieu par voie d'adjudication aux enchères publiques, exceptionnellement, il est permis de traiter de gré à gré.

Lorsque l'ensemble de pièces de terre d'une même commune, sur lesquelles les propriétaires n'ont pas personnellement le droit de chasse, n'atteint pas 200 arpents, l'exercice du droit de chasse sur ces pièces est attribué au possesseur du domaine de chasse le plus voisin (loi de 1866, art. 5). La chasse sur les parcelles (enclaves) d'une contenance inférieure à 200 arpents, et entourées entièrement ou aux deux tiers par un domaine de chasse est également abandonnée, moyennant indemnité, au possesseur de ce domaine.

La location des terres par la commune ou par l'association de chasse, de même que l'attribution du droit de chasse sur les enclaves a lieu, en règle générale, pour une période de 6 années au moins — sans qu'il soit permis de descendre jamais au-dessous de 3 ans.

Le produit de la vente du gibier tué ou pris, si la chasse est exercée pour le compte commun, par un chasseur commissionné, ou le montant du prix de location, si la chasse est louée, est partagé, à la fin de chaque année de jouissance, entre les propriétaires intéressés, au prorata de la contenance de leurs propriétés respectives et déduction faite de frais d'administration (patente de 1849, art. 8; loi de Bohême, art. 22).

Le gibier à l'état de liberté naturelle est généralement considéré, en Autriche, comme une chose sans maître, que le premier occupant peut s'approprier, en le tuant ou en le capturant. L'article 382 du Code civil déclare, en effet, que tout individu peut acquérir, par appropriation, les choses sans maître et l'article 383 du même Code ajoute que cette règle s'applique en matière de chasse et de pêche.

Il faut distinguer, en Autriche, entre le permis de port d'arme et le permis de chasse.

Le premier est obligatoire dans tous les pays de la Couronne, le second dans quelques provinces seulement (Bohême, Haute-Autriche, Tyrol, Silésie et Carniole).

Le permis de port d'armes est délivré par l'administration pour une durée de trois ans et gratuitement, sauf l'acquittement des droits de timbre (patente du 24 octobre 1852, art. 20 et 21, ordonnance ministérielle du 15 décembre 1852).

Le permis de chasse, au contraire, est valable pour un an seulement et est soumis d'ordinaire au paiement d'un droit d'ailleurs assez variable.

Il est délivré gratuitement en Carniole. En Silésie on n'exige le paiement d'aucune taxe des personnes ayant personnellement l'exercice du droit de chasse sur leurs terres et des personnes commissionnées par elles ; en revanche, les autres chasseurs, y compris les locataires de chasse, sont astreints au versement d'une somme de 2 florins.

En Bohême, le permis est délivré aux propriétaires et aux locataires de chasses moyennant le paiement d'un droit de 10 florins ; ce droit est réduit à 2 florins pour les invités. Les agents commissionnés pour l'exercice de la chasse ou pour sa surveillance reçoivent gratuitement un certificat qui tient lieu de permis, valable pour le temps qu'ils sont en fonctions. Dans la Haute-Autriche, le permis est obtenu gratis par les chasseurs commissionnés, et moyennant l'acquittement d'une taxe de 4 florins par les autres chasseurs.

Dans la Haute-Autriche et en Silésie, le permis ne doit être délivré qu'aux personnes sûres et incapables d'en faire un mauvais usage. En Bohême, il est interdit de le délivrer : 1° aux mineurs, à moins qu'il ne soit demandé en leur nom par leur père ou tuteur ; 2° aux aliénés et aux ivrognes d'habitude ; 3° aux indigents ; 4° aux ouvriers payés au jour ou à la semaine ; 5° aux personnes qui ne peuvent justifier d'un permis de port d'armes ; 6° pendant une durée de 10 ans à compter de l'expiration de la peine aux condamnés pour crimes contre la sûreté des personnes ou des propriétés, pendant une durée de 5 ans à tout individu reconnu coupable d'attentat à la vie des personnes par suite du maniement imprudent d'armes à feu ou du délit de vol, de complicité de vol, d'abus de confiance ou de tromperie ; 7° pendant une durée de trois ans à toute personne condamnée pour avoir commis un abus dans l'emploi de son permis de chasse (loi du 1er juin 1866, art. 28).

Des mesures de protection ont été prises dans tous les pays autrichiens en vue d'assurer le repos et la tranquillité du gibier pendant les époques de la reproduction, de la gestation, de l'incubation et de la parturition. Les mesures consistent dans l'interdiction de chasser pendant certaines périodes de l'année. Dans quelques provinces, l'interdiction est absolue et s'applique, sauf exceptions, à toute espèce de gibier ; ailleurs, la chasse de chaque espèce est défendue pendant un laps de temps déterminé. Le premier mode de procédure a été employé en Bohême et en Silésie. Mais, dans la plupart des provinces, le système contraire a prévalu et chaque espèce de gibier est protégée par une prohibition qui lui est spéciale. Il en est ainsi notamment dans la Haute et Basse-Autriche, en Galicée, en Moravie, en Carniole, en Styrie, dans le Tyrol, dans le Vararlberg et en Croatie-Slavonie.

L'interdiction de chasse pendant certaines époques de l'année ne s'applique pas aux parcs clos.

A partir du quatorzième jour qui suit la date de la clôture de la chasse, il est défendu de vendre ou de mettre en vente le gibier dont la chasse est interdite en Bohême, dans la Haute et Basse Autriche, en Styrie, en Carniole, en Galicie. Le délai pendant lequel il est permis de vendre le gibier, après la clôture de la chasse, est réduit à huit jours en Moravie.

En général, il est interdit de capturer le gibier au moyen de collets ou de de lacets. En Galicie non seulement les collets mais encore les trappes et les pièges, de quelque forme qu'ils soient, sont rangés dans la catégorie des engins prohibés ; il est permis, toutefois, de se servir de traîneau pour la capture des cailles et de lacets pour la capture des grives. En Bohême, l'usage des trappes est interdit, mais il est fait exception pour les animaux malfaisants ou nuisibles qui peuvent également être détruits au moyen de lacets ou de collets.

Quiconque se livre à la chasse sans avoir obtenu préalablement un permis de port d'armes, est passible d'une amende de 25 à 200 florins. En cas d'insolvabilité du condamné, l'amende est convertie en arrêts dont la durée est calculée à raison d'un jour par 5 florins. Le fait de s'emparer indûment d'une pièce de gibier constitue un vol. Si ce fait a lieu dans un bois clos, soit à l'aide de procédés particulièrement audacieux, soit enfin dans des conditions telles que l'auteur puisse être réputé faire profession de ce genre d'industrie, et que l'animal enlevé ait une valeur de plus de 5 florins, l'infraction est considérée comme un crime et l'auteur est passible de six mois à un an de prison *rigoureuse*, ou d'un an à cinq ans de cette même peine, en cas de circonstances aggravantes. Si l'acte coupable ne constitue pas un crime, il est puni, comme simple contravention, de la peine des arrêts pendant une semaine au moins et six semaines au plus. Sauf ces mesures générales, ce sont les lois provinciales qui déterminent les peines à infliger pour délits de chasse.

En ce qui concerne la protection des oiseaux utiles à l'agriculture, une convention a été conclue les 5-29 novembre 1875, entre l'Autriche et l'Italie, dans le but d'empêcher la destruction et d'en favoriser la reproduction. Les parties contractantes se sont engagées à interdire, chacune sur l'étendue de son territoire, le meurtre et la capture des petits oiseaux pendant la nuit, en temps de neige, au moyen de pièges, lacets ou autres engins, ainsi que la destruction des nids et l'enlèvement des œufs en couvées.

Du reste, antérieurement à cette convention, des mesures de protection très sérieuses avaient été prises dans toutes les provinces. Des lois avaient été promulguées à ce sujet dans la Basse-Autriche et en Styrie, le 10 décembre 1868 ; en Bohême, en Beckowine, à Goritz et Gradiska, dans la Haute-Autriche, en Silésie, dans le Tyrol et le Vararlberg, le 30 avril 1870, en Moravie le 14 juin 1870, en Carniole le 17 juin 1870, en Istrie le 2 septembre 1870, en Corinthie le 24 décembre 1870, en Galicie le 21 décembre 1874.

Toutes ces lois ont pour caractère commun l'interdiction absolue d'enlever ou de détruire, en quelque temps que ce soit, les œufs et les nids d'oiseaux vivant à l'état sauvage et non compris dans la liste des oiseaux nuisibles.

Dans la plupart des provinces, la peine portée contre les personnes qui contreviennent aux dispositions prises dans l'intérêt des oiseaux utiles, consiste en une amende de 1 à 4 florins, susceptible d'être élevée à 20 florins en cas de récidive et convertie en un emprisonnement de 12 heures à 4 jours à l'égard de condamnés insolvables. En général, la condamnation est prononcée par le chef de la commune, assisté de deux conseillers municipaux. Partout les engins qui ont servi à commettre la contravention sont confisqués.

A l'égard des dommages qui peuvent être causés aux propriétés par le gibier, la responsabilité des ayants droit à la chasse a été formellement reconnue par l'article 11 de la patente impériale du 7 mars 1849. Tout propriétaire dont les terres cultivées, les vignes ou les vergers ont subi les atteintes du gibier, peut demander la réparation du préjudice qu'il a éprouvé ; ce préjudice est réparé, soit en nature, soit au moyen du versement d'une indemnité pécuniaire. Les dégâts commis dans les bois par les animaux sauvages ne donnent lieu au paiement d'aucune indemnité.

2° *Hongrie.* — La chasse est régie actellement, en Hongrie, par la loi XX de 1883. Le système admis est celui du droit allemand, d'après lequel le propriétaire foncier n'est autorisé à exercer personnellement le droit de chasse sur sa propriété qu'à la condition de posséder un terrain d'une certaine étendue d'un seul tenant. La loi XX de 1883 a été complétée par la loi XXIII de la même année, qui a assujetti le chasseur au paiement d'une taxe de chasse et d'une taxe sur les armes.

La loi XX de 1883 pose en principe que le droit de chasse est une dépendance du droit de propriété et qu'il ne peut en être séparé à titre de servitude. Mais ce droit ne peut être exercé par le propriétaire ou des ayants-droit que dans deux cas : 1° lorsque le domaine a une contenance totale d'au moins 200 arpents ; 2° lorsque le domaine, bien qu'ayant une contenance inférieure à 200 arpents, est cultivé comme jardin et entouré d'une haie ou d'un fossé, ou lorsqu'il est constitué par une habitation avec cour et jardin ou qu'il consiste en une vigne ou en une île constamment entourée d'eau. En outre, les propriétaires de fonds ayant une contenance de 50 arpents au moins, d'un seul tenant et contigus, sont autorisés à les réunir, afin d'y exercer la chasse en commun, pourvu que les héritages ainsi réunis aient une étendue totale d'au moins 200 arpents.

Dans chaque localité, les parcelles de terre sur lesquelles les propriétaires n'exercent pas personnellement le droit de chasse et les terres appartenant à la commune, quelle qu'en soit l'étendue, sont groupés de manière à former un domaine de chasse unique, dont l'administration appartient aux propriétaires constitués en syndicat. La chasse de ce domaine doit être affermée ; la durée du bail est de 6 années au moins. Si les terres ainsi groupées forment un ensemble de moins de 2.000 arpents, elles sont louées en bloc ; dans le cas où la contenance totale serait supérieure, l'ensemble peut être fractionné en cantons de 2.000 arpents au moins. Les baux de chasse conclus dans ces conditions sont toujours soumis à l'approbation de l'autorité administrative. Le produit annuel de la location est réparti entre les propriétaires, déduction faite des frais d'administration, proportionnellement à l'étendue des terres possédées par chacun d'eux. Si la répartition ne peut être faite de cette manière, la totalité du prix de location est attribuée à la caisse municipale (loi XX de 1883, art. 3).

Nul ne peut chasser, soit sur ses propres terres, soit sur celles d'autrui, s'il n'est en possession d'un permis de chasse (loi XXIII de 1883, art. 25). L'étranger résidant en Hongrie peut, comme les nationaux, obtenir la délivrance d'un permis, à la condition d'être cautionné par un citoyen hongrois. Les permis sont taxés par l'autorité administrative. Le visa doit être refusé : 1° aux mineurs de 20 ans, à moins que la demande n'émane de leur père ou curateur ; 2° à ceux qui, à raison de leur faiblesse intellectuelle, peuvent faire courir des risques à la sécurité publique ; 3° aux individus condamnés définitivement pour contravention de chasse, pour chasse sans permis, pour abus de permis ou pour infraction aux dispositions de la loi relative à la taxe des armes, et ce pendant 3 années, à compter de l'exécution de la peine; 4° aux individus condamnés définitivement pour crime ou pour vol commis à main armée ; 5° aux étrangers qui n'ont pu trouver un répondant.

Les permis de chasse sont valables pour une année commençant le 1er août et finissant le 31 juillet de l'année suivante. La taxe est de 12 florins par an. Sont dispensés du paiement de la taxe de chasse : les préposés à la garde des chasses, les personnes commises à la surveillance du gibier et de la chasse. Les gardes ou bergers préposés à la garde des champs, vignes et bois : Ces personnes peuvent se servir de leurs armes sur les terrains dont la garde leur est confiée, mais elles ne peuvent en faire usage dans d'autres contrées qu'après avoir acquitté la taxe de chasse. Enfin les chasseurs qui désirent chasser seulement pendant une période de courte durée peuvent se faire délivrer moyennant le paiement d'un droit de 6 florins des permis de chasse valables pour 30 jours. (Loi XXIII de 1883, art. 6, 9, 10 et 11).

En dehors de la taxe de chasse, les chasseurs qui veulent se servir d'armes à feu, ainsi que les personnes qui, sans les utiliser, détiennent des armes de ce genre, sont tenues d'acquitter la taxe des armes. Cette taxe est due, non seulement pour les armes dont on se sert ou qu'on détient, mais encore pour celles qui sont détenues ou employées par les membres de la famille de l'intéressé, par son personnel de chasse, par ses gardes, etc. La taxe des armes est fixé à 1 florin par an pour une arme à un coup et à 2 florins pour une arme à deux coups.

Les mesures de protection prises en faveur du gibier consistent dans l'interdiction de chasser toute espèce d'animaux avec des chiens courants du 1er février au 15 août de chaque année, et, en outre, dans la prohibition de chasser à certaines époques, certains animaux déterminés. Il est interdit, pendant le temps où la chasse est prohibée, sauf pendant les 14 jours qui suivent immédiatement la clôture, de vendre, d'acheter ou de faire figurer, dans les locaux publics, sur les menus des repas ,un gibier quelconque, ou, si la prohibition ne concerne que certaines espèces, les espèces dont la chasse est interdite.

Les seuls modes de chasse autorisés par la loi sont la chasse à tir, la chasse à courre et la chasse des grives au moyen de lacets ou de gluau.

Il est interdit, en tout temps, de prendre ou de tuer le gibier de poil et de plume, à l'exception des animaux nuisibles, au moyen de pièges, lacets ou filets. Néanmoins, les agents admis à la chasse et leurs représentants sont autorisés à captiver le gibier sur leurs terres au moyen d'engins prohibés, pourvu que ce soit dans le but de le conserver et d'en favoriser la multiplication. (Loi XX de 1883, art. 15).

Le propriétaire, alors même que la chasse sur son fonds serait laissée à un tiers, conserve le droit d'y détruire les animaux féroces ou nuisibles. Mais il ne lui est permis de procéder à cette destruction, à l'aide de chasseurs ou de chiens, qu'après avoir sollicité l'autorisation du locataire de la chasse, si la chasse est affermée. S'il se produit, de la part des propriétaires voisins, des plaintes reconnues fondées, les agents admis sont mis en demeure par l'administration d'opérer, dans un délai donné, la destruction de ces animaux; faute par eux de se conformer à cette injonction, la destruction a lieu au moyen de battues administratives. (Loi XX de 1883, art. 13).

Le propriétaire ou le locataire de la chasse peut détruire les chats domestiques et les chiens errants trouvés sur le domaine de chasse.

Les peines, en matière de contravention de chasse, ont été fixées ainsi qu'il suit : 1° chasse sur le terrain de chasse d'autrui sans le consentement de l'ayant droit à la chasse, amende de 10 à 50 florins et, si la chasse a eu lieu à courre, amende de 20 à 100 florins ; 2° même délit commis la nuit ou dans un lieu clos, ou à l'aide de moyens prohibés, ou par des individus masqués ou déguisés, amende de 100 à 200 florins ; 3° chasse en temps prohibé, amende de 5 à 50 florins ; 4° capture de partie du gibier, destruction de nids d'oiseaux utiles, enlèvement des œufs, amende de 1 à 10 florins ; 5° meurtre ou capture, vente ou achat de gibier en temps prohibé, lorsque le gibier a été trouvé en la possession du délinquant, une amende allant de 3 à 60 florins, suivant l'espèce, par tête de gibier ; 6° introduction intentionnelle de chiens sur le terrain de chasse d'autrui, amende de 1 à 10 florins, etc.

En cas de récidive, le taux des amendes est doublé. (Loi XX de 1883, art. 99). Lorsqu'une personne est poursuivie en même temps pour plusieurs contraventions de chasse, les amendes encourues par elle sont annulées. La moitié du montant de l'amende est attribuée au dénonciateur, l'autre moitié aux pauvres de la localité où la contravention a été commise. Le jugement de condamnation indique, pour le cas où le condamné serait insolvable, la durée des arrêts à substituer à l'amende.

En ce qui concerne les dommages causés par le gibier, l'ayant-droit à la chasse n'est responsable que des dégâts causés par le grand gibier dans les terres ensemencées, les plantations et autres exploitations rurales et forestières. Les dommages causés par les animaux carnassiers ou nuisibles ne donnent lieu à aucune réparation, ces animaux pouvant toujours être détruits par le propriétaire foncier.

Dans tous les cas, les chasseurs sont tenus de réparer le dommage qu'ils ont causé par le fait de l'exercice de la chasse dans les terres ensemencées, dans les plantations et dans les autres exploitations rurales et forestières. (Loi XX de 1883, art. 16).

Ainsi qu'on vient de le voir par l'étude qui précède, le principe qui domine la législation sur la chasse en Autriche et en Hongrie est que le droit de chasse, bien que considéré comme un attribut de la propriété, ne peut être exercé qu'à la condition de posséder une certaine étendue de terre d'un seul tenant.

Ce principe, qui a pour corollaire l'obligation pour les propriétaires de parcelles d'une contenance inférieure au minimum légal de se grouper dans chaque localité de manière à former un domaine de chasse qui est amodié soit pour leur compte, soit pour le compte de la commune, donne aux lois qui régissent la chasse dans les diverses provinces de la monarchie un caractère tout à fait spécial.

Mais si la législation austro-hongroise diffère à cet égard de la nôtre, elle s'en rapproche à bien des points de vue et renferme des dispositions qui pourraient être introduites avec avantage dans la loi française.

1° *Vente et transport du gibier en temps prohibé.* — La mise en vente, la vente, le transport et le colportage du gibier étant interdits par l'art. 4 de la loi du 3 juin 1844 aux époques pendant lesquelles la chasse est prohibée, il en résulte que le droit de transporter le gibier cesse dans chaque département le jour de la clôture de la chasse et que le transport de gibier, effectué le lendemain de la fermeture, constitue un délit, alors même qu'il serait possible de justifier que le gibier transporté a été tué avant la clôture de la chasse.

Cette disposition, qui a été édictée pour assurer l'exécution de la loi en ôtant aux braconniers tout intérêt de chasser en temps prohibé, ne gêne guère en fait que les chasseurs qui, en raison de l'éloignement des chasses, sont souvent dans l'impossibilité matérielle de rentrer à Paris avant minuit.

Pour remédier à ce grave inconvénient, on pourrait, ce semble, adopter le système autrichien et autoriser le transport et la vente du gibier pendant quelques jours après la fermeture, quitte à obliger, comme en Croatie, les chasseurs et les marchands à justifier de l'origine du gibier qui se trouve entre leurs mains.

2° *Permis de chasse.* — La question des permis de chasse temporaires est depuis quelque temps à l'ordre du jour. Il semble même qu'un courant d'opinion assez sérieux s'établisse en faveur du permis de chasse dominical.

Cette mesure, si elle était jamais adoptée, aurait des conséquences désastreuses, car elle augmenterait démesurément le nombre des chasseurs et organiserait en quelque sorte le braconnage légal.

Toutefois, beaucoup de chasseurs, dont le temps de liberté est limité ou qui n'ont que de rares occasions de chasser pendant l'année, hésitent à faire pour si peu la dépense d'un permis et se privent ainsi de leur plaisir favori, ou s'y livrent illégalement, au grand détriment du Trésor.

Le permis de chasse mensuel, à prix réduit, admis en Autriche et en Hongrie, rendrait grand service à cette catégorie de chasseurs, sans compromettre en rien la conservation du gibier.

3° *Engins prohibés.* — L'art. 9 de la loi de 1844 interdit, on le sait, d'une manière absolue, l'emploi et même la simple détention de tout engin propre à assurer par lui-même la possession immédiate et matérielle du gibier. Il s'en suit que les boîtes et assommoirs qui servent à la destruction des animaux nuisibles constituent des engins prohibés, à moins que le Préfet n'en ait expressément autorisé l'usage.

Quant aux mues, certains tribunaux estiment qu'elles ne sont pas des engins prohibés lorsqu'on les emploie à reprendre les faisans pour les conserver vivants, et les faire servir au repeuplement. Mais cette jurisprudence est vivement critiquée et comme elle n'a pas encore été sanctionnée par la Cour de cassation, elle est bien discutable.

Il y aurait donc intérêt à ce que cette question soit définitivement tranchée, et à ce qu'une disposition législative autorise formellement, comme en Hongrie, ou donne aux Préfets le droit d'autoriser les propriétaires à employer certains pièges pour capturer le gibier destiné à la reproduction.

4° *Destruction des chiens et des chats.* — En France, la destruction des animaux domestiques appartenant à autrui n'est licite que quand elle a lieu sous l'empire de la nécessité, c'est-à-dire dans le but de préserver les personnes et les biens d'un dommage grave.

La question de savoir si le fait par un chien de pénétrer dans la propriété d'autrui pour y poursuivre le gibier cause par cela seul un dommage suffisamment grave pour justifier sa destruction est diversement tranchée par les Tribunaux. Dans ces conditions, il serait à souhaiter qu'un texte formel autorise, comme le fait l'art. 30 de la loi Croate du 27 avril 1893, le possesseur ou locataire de chasse et leur personnel à détruire les chats et les chiens errants dans les champs et les bois.

5° *Interdiction temporaire de tuer certaines espèces de gibier.* — L'art. 17 de la loi Croate précitée permet au Gouvernement, là où la conservation du gibier a été très négligée, et là où les espèces animales sont devenues rares, à interdire absolument de tuer certaines espèces de gibier pendant un temps déterminé.

Cette disposition est extrêmement sage et elle pourrait être introduite d'autant plus facilement dans la législation française que la loi du 16 février 1898 a fait un premier pas dans cette voie, en donnant aux Préfets le droit de retarder la date de l'ouverture ou d'avancer celle de la fermeture à l'égard de certaines catégories de gibier déterminées.

Nous signalons encore parmi les dispositions dont l'adoption présenterait de sérieux avantages pour la répression du braconnage le système qui consiste :

1° A proportionner les amendes au nombre de pièces de gibier tuées ou capturées ;

2° A doubler le taux des amendes en cas de récidive ;

3° A attribuer une partie de ces amendes aux agents verbalisateurs ou aux dénonciateurs.

Paris, le 24 avril 1907,

HERSON-MACAREL.

Indications sur la législation de la chasse en Allemagne.

Législation générale de l'empire. — Le Code pénal de l'empire d'Allemagne prévoit et punit un certain nombre de délits et de contraventions de chasse qui échappent ainsi à la compétence du pouvoir législatif des Etats particuliers.

1° Chasse sur un terrain où l'on n'avait pas le droit de chasser, 300 marks au plus et 3 mois de prison au plus.

L'amende peut être portée à 600 marks, la prison à 6 mois, s'il a été fait usage de lacets, filets, pièges ou autres engins, si le délit a été commis en temps prohibé, dans les forêts, pendant la nuit ou par plusieurs personnes réunies. (Il a été jugé que par temps de nuit, il fallait entendre la période pendant laquelle l'obscurité est complète.)

2° L'habitude du braconnage, c'est-à-dire le fait d'exercer le métier de braconnier en chassant habituellement d'une manière prohibée, est punie d'un emprisonnement de trois mois au moins. Les tribunaux peuvent, en outre, priver le coupable de ses droits civiques et déclarer qu'à l'expiration de sa peine, il pourra être placé sous la surveillance de la police par mesure administrative, pour un délai de cinq ans au plus.

Il y a toujours lieu de prononcer la confiscation des armes, de l'attirail de chasse et des chiens, des lacets, filets, pièges, engins qu'ils soient ou non la propriété du délinquant.

3° Il est interdit de passer ou séjourner en appareil de chasse, sur un domaine de chasse appartenant à autrui, en dehors des chemins publics destinés à l'usage commun, si ce n'est avec le consentement de l'ayant-droit de la chasse ou en vertu d'un autre titre. C'est une contravention punie d'une amende de 60 marks au plus ou des arrêts durant 15 jours au plus. Cette peine est encourue alors même qu'on n'aurait pas été trouvé en action de chasse sur le terrain en question. Mais comme c'est une contravention, la peine est encourue par cela seul que le fait matériel est accompli, indépendamment de toute intention délictueuse.

4° Quiconque déniche sans droit des œufs ou couvées de gibier à plumes et d'oiseaux chanteurs commet également une contravention punie du maximum de 60 marks ou des arrêts pendant 15 jours.

Enfin, la protection des oiseaux utiles à l'agriculture a été réglementée par une loi d'Empire du 22 mars 1818.

Quant aux conditions de l'exercice et à la police de la chasse, il n'existe pas, en Allemagne, de législation générale. Chaque état a sa législation.

Toutefois, un principe domine ; le droit de chasse est considéré comme un dépendance du droit de propriété ; mais il ne peut être exercé en fait que par ceux qui possèdent une certaine étendue de terre d'un seul tenant. Les parcelles d'une contenance inférieure au minimum légal sont amodiées soit pour le compte des propriétaires, soit pour le compte de la commune.

Les animaux vivant à l'état sauvage sont considérés comme des choses sans maître qui deviennent la propriété du premier occupant. Mais on admet généralement que le gibier tué sur un terrain où le chasseur n'avait pas le droit de chasser ne devient pas la propriété de ce chasseur ; l'acte sur lequel reposerait la prétendue appropriation ayant été accompli illégalement, ne peut être la source d'aucun droit

Voici maintenant quelques indications sur les différentes législations :

Alsace-Lorraine. — L'exercice personnel du droit de chasse n'est permis qu'aux propriétaires de terres de 25 hectares au moins d'un seul tenant, de terrains entourés d'une clôture continue faisant obstacle à toute communication avec les héritages voisins quelle qu'en soit la contenance, d'étangs de cinq hectares au moins ou de canardières (étangs pour la capture des canards) quelle qu'en soit la contenance. Les voies ou cours d'eau qui traversent un fonds n'en interrompent pas la communication. Les parcelles inférieures situées dans la même circonscription communale sont réunies et louées pour 9 ans par adjudication publique. On y joint les domaines de 25 hectares sur lesquels les propriétaires renonceraient à chasser personnellement. L'ensemble forme un ou plusieurs cantons. Chaque canton doit comprendre au moins 200 hectares. Le produit de la location est versé dans la commune et attribué soit aux différents propriétaires proportionnellement à leurs fonds soit à la commune en vertu d'une décision prise avant l'adjudication par les 2/3 des intéressés possédant les 2/3 des terres.

Dans le cas où cette attribution est faite à la caisse de la commune, ceux qui veulent se réserver l'exercice personnel de la chasse sur les terres ayant l'étendue réglementaire doivent verser dans la caisse municipale une redevance proportionnelle et l'étendue de leurs terres est calculée d'après les résultats de l'adjudication.

Le propriétaire qui s'est réservé le droit de chasse sur ses terres peut à son gré, soit en user personnellement, soit le céder à des tiers, à titre gratuit ou à titre onéreux.

Pour pouvoir chasser il faut :

1° Posséder le droit de chasse sur le terrain où s'effectue la recherche du gibier.

2° Etre muni d'un permis de chasse ;

3° Etre dans l'époque de l'année où la chasse est permise.

La loi défend de poursuivre le gibier blessé ou de s'emparer d'une pièce tombée sur un domaine de chasse appartenant à autrui sans autorisation de celui à qui le droit de chasse appartient. Le chasseur ne peut donc sous aucun prétexte, pénétrer sur le domaine d'autrui si ce n'est pour rompre ou reprendre les chiens.

Le permis de chasse est délivré pour une période de 1 an du 2 février d'une année au 1er février de l'année suivante. Prix, 20 marks. Il est valable pour tout le territoire de l'Alsace-Lorraine.

Des permis de chasse complémentaires coûtant 5 marks, valables pour 8 jours et seulement pour le domaine de chasse peuvent être délivrés aux invités sur la demande du titulaire de la chasse.

Il est défendu de délivrer un permis :

1° Aux mineurs de 16 ans ;

2° Aux personnes qui sont considérées comme pouvant compromettre la sécurité publique ;

3° Aux personnes placées sous la surveillance de la haute police ou privées de leurs droits civiques.

L'administration peut refuser le permis :

1° Aux étrangers ;

2° Aux individus qui ne peuvent justifier d'aucun moyen d'existence ;

3° Aux individus condamnés pour la plupart des délits.

Les directeurs de cercles peuvent autoriser en temps prohibé la capture et le transport du gibier vivant dans le but de le conserver et d'en favoriser la multiplication.

Pendant que la chasse d'une espèce de gibier est prohibée, il est interdit d'offrir en vente, de vendre, d'acheter ou de colporter ce gibier, sauf pendant les 14 jours qui suivent celui pendant lequel la prohibition est devenue effective.

Il est défendu de chasser dans les champs pendant la nuit : le temps de nuit commence une heure après le coucher et finit une heure avant le lever du soleil.

Une amende de 60 marks au plus ou des arrêts de 14 jours au plus peuvent être infligés à ceux qui contreviennent aux lois et ordonnances sur la chasse notamment à ceux qui vendent, transportent ou colportent du gibier pris au lacet ou à ceux qui vendent, transportent, colportent du gibier en temps prohibé.

Une amende de 60 marks au plus est encourue par celui qui laisse ses chiens rechercher ou poursuivre le gibier sur le terrain de chasse d'autrui sans le consentement de l'ayant-droit. En cas de récidive, l'amende peut être portée au double du maximum fixé.

Tout chasseur qui se met en chasse sans être porteur de son permis s'expose à une amende pouvant s'élever jusqu'à 3 marks.

Grand-Duché de Bade (Lois du 2 décembre 1850 et du 29 avril 1886). La législation ressemble beaucoup à celle de l'Alsace-Lorraine. Même communalisation de la chasse sous réserve des terres d'un seul tenant ayant une certaine étendue, mais ici l'étendue exigée est plus grande : 72 hectares. Mêmes règles pour les permis et pour les délits et contraventions de chasse, mais parfois avec des pénalités plus fortes.

Bavière. — Ici la condition d'étendue nécessaire pour soustraire le domaine à l'adjudication est de 240 journaux bavarois au moins dans le pays plat et de 400 journaux bavarois dans la haute montagne, c'est-à dire dans les parties de montagne impropres à la culture.

Les étrangers peuvent obtenir la délivrance d'un permis.

Prusse. — La condition d'étendue est de 300 journaux. Le permis ne peut être délivré aux étrangers que sur la caution d'un sujet prussien.

Le prix du permis varie selon les provinces de 3 marks à 9 marks.

Dans les anciennes provinces de la monarchie, une loi du 7 février 1837 a investi l'administration locale du droit d'interdire la chasse les jours de dimanche et de fête. L'administration use souvent du droit qui lui est ainsi conféré. Dans la province du Hanovre et dans la circonscription de Francfort-sur-le-Mein la chasse est même défendue par la loi, les dimanches et fêtes.

Le principe d'une réparation civile due aux propriétaires dont les récoltes ont été endommagées par le gibier a été introduit en Prusse par la loi du 11 janvier 1891.

Saxe. — Comme dans les autres Etats, le droit de chasse est lié à la propriété du sol ; mais ne peuvent l'exercer que ceux qui possèdent des fonds auxquels avant la loi de 1889 était attaché le droit de chasse ou ceux qui possèdent un domaine de 160 hectares d'un seul tenant.

Pour les autres même communalisation de la chasse que dans les autres états.

Wurtemberg. — L'étendue des terres qui donne la possibilité d'exercer le droit de chasse est de 15 hectares 7 environ.

RAPPORT PAR M. OCTAVE LESCHEVIN, avocat à Tournai (Belgique).

Législation belge sur la Chasse.

La législation belge sur la chasse a, comme charte fondamentale, la loi du 28 février 1882 qui domine toute la matière, suivie d'un arrêté royal réglant la délivrance des « ports d'armes ».

Seul, un article de cette loi en fut supprimé le 4 avril 1900 pour y être remplacé par d'autres visant une situation toute spéciale créée aux sangliers et aux lapins en leur qualité de destructeurs de récoltes.

Un second arrêté royal, pris en application de la loi de 1882 — remanié récemment le 24 août 1906, a pour but la protection des oiseaux *insectivores* : il formule certaines interdictions absolues et réglemente le temps et les modes de capture des oiseaux à l'état sauvage, qui ne sont pas considérés comme gibier.

Dans le code *rural*, le code *forestier* et le code *pénal*, se trouvent, éparses, des dispositions ayant trait, directement ou indirectement aux choses de la chasse : je dois les mentionner également pour l'ensemble de ce travail.

Enfin, des arrêtés royaux ont été édictés, des conventions *internationales* ont été sanctionnées pour la répression des délits de chasse sur les territoires limitrophes, je les examinerai brièvement.

***

J'entends ne pas faire de ce rapport le strict exposé d'une loi et de plusieurs arrêtés, mais j'y ajouterai les commentaires dont la doctrine et la jurisprudence en ont entouré les articles.

Dans le but de coordonner les idées, je crois devoir ranger les dispositions légales qui nous intéressent, non d'après la chronologie des lois et arrêtés, non suivant l'ordre numérique des articles, mais suivant le plan d'un tableau synoptique, permettant de rassembler sous des catégories nettement délimitées, tous les principes, toutes les prescriptions se trouvant éparses dans les unes et les autres ou juxtaposées au hasard des rédactions.

Ma subdivision s'établira donc naturellement :

I. — Droits de l'Etat (permis de chasse, domaine public).

II. — Droits du propriétaire du terrain.

III. — Droits du cultivateur (protection des récoltes).

IV. — Protection du gibier (temps de chasse, engins, trafic).

V. — Réglement pour les insectivores.
VI. — Surveillance de la chasse.
VII. — Répression judiciaire.
VIII. — Conventions internationales.

I. — *Les droits de l'Etat.*

Permis de chasse. — La dénomination légale « permis de port d'armes de chasse » exclut l'obligation d'une taxe, de toute formalité quelconque pour la tenderie au filet, la pose des lacets à grives, les canardières à filet, la chasse à courre, tous autres modes de chasse enfin où n'intervient pas l'arme à feu... à l'exception seulement de la chasse au *levrier* qui exige un permis, peu importe que les chiens soient appuyés à pied ou à cheval.

Ce dernier genre de chasse étant fort peu pratiqué je ne le cite que pour mémoire, bien qu'il occupe ou soit visé dans les articles 1, 2, 4, 5, 6, 12 de l'arrêté royal du 1er mars 1882. La taxe est la même que pour la chasse au fusil ; il peut être refusé si le requérant ne justifie pas du droit de chasse sur un territoire suffisant pour pouvoir l'exercer sérieusement.

Le prix du timbre de permis est de 35 francs auxquels se surajoute une taxe provinciale de 10 francs, (art. 4 L de 1882).

Comme conditions de sa délivrance, sauf le cas d'un permis précédent (art. 7) on exige un extrait de naissance et un certificat de bonne conduite attestant que le requérant ne se trouve pas dans les cas de refus que nous énumérons ci-dessous (art. 4, 5, A. R.).

Pour les *étrangers*, le permis se délivre par le commissaire d'arrondissement (le sous-préfet) de Bruxelles, ou d'un arrondissement frontière s'il s'agit d'un habitant de localité limitrophe. L'étranger ne résidant pas ou résidant depuis moins d'une année en Belgique, remplacera le certificat de l'administration communale, qui ne serait pas possible, par une attestation similaire de deux citoyens notables, et, s'il réside depuis plus d'une année, c'est à l'avis de l'administration de la sûreté publique que s'en réfère le commissaire d'arrondissement.

Refus. — Il est des cas où le permis *doit* être refusé : 1° Au-dessous de l'âge de 16 ans ; 2° Aux citoyens privés de leurs droits civils ; 3° A ceux qui, à quelque époque, même lointaine, ont subi condamnation pour délit de chasse, accompagné des circonstances aggravantes : armes prohibées, en bande, la nuit, avec rébellion ; 4° En déans les 12 mois d'une condamnation pour délit de chasse non aggravé (la privation durera la saison de chasse entière qui suivra l'année de la condamnation) ; 5° A ceux notoirement connus comme braconniers, ceux dont l'état mental ou les antécédents feraient craindre qu'ils ne fassent mauvais usage de leurs armes ; 6° A ceux qui n'ont pas exécuté les condamnations prononcées pour délits de chasse ; 7° Aux condamnés placés sous la surveillance de la police ; 8° Aux brigadiers et agents forestiers, gardes-champêtres et gardes-pêche salariés par l'Etat ou les communes.

Nous observons la grande latitude laissée aux commissaires d'arrondissement par le § 5, il est parfois à regretter qu'on ne soit pas plus strict dans son application.

Il est des cas où le permis *peut* être refusé : 1° Aux mineurs de 21 ans s'il n'est demandé par leur père ou tuteur ; 2° aux interdits ; 3° et 4° à des catégories de condamnés pour divers délits, vol, vagabondage, escroquerie, etc.

*
* *

Il est des *exceptions* à l'obligation du permis de port d'armes de chasse :

A) Toujours et en tous temps le propriétaire et ses ayants-droit peuvent chasser sans permis dans les *enclos attenant* à son habitation. Le but de cette latitude est la sauvegarde du domicile privé, c'est pourquoi des conditions formelles sont posées : l'enclos doit dépendre de l'habitation, fût-elle même un pavillon de campagne « momentanément » inhabité, mais il doit être entouré de façon permanente et sans solution de continuité de manière à empêcher le passage du gibier non volatile : un mur, des palissades, un grillage fixe, de larges courants d'eau ; les simples fils de fer et haies vives sont insuffisants (Art. 6 § 2 Loi 1882).

B) La destruction *des fauves* (art. 6 Loi 1882), comprenant évidemment les petits quadrupèdes de rapine et le tir de certains oiseaux malfaisants : rapaces diurnes, grand duc, pic, oiseaux exotiques sont dispensés de la nécessité du permis.

Le corbeau sous son nom générique était aussi rangé jadis dans cette énumération, mais l'arrêté du 24 août 1906 établit une distinction. Il laisse encore dans cette catégorie de volatiles malfaisants le grand corbeau, la corneille mantelée, la corneille noire, mais en exclut les autres membres de la famille, corbeau freux et corneille choucas.

C) Le tir du *sanglier*, mis hors la loi comme le pire des malfaiteurs (art. 6 bis, Loi 1882).

*
* *

Je crois devoir signaler ici, puisque nous traitons des taxes et droits — que la *taxe des chiens de chasse* est perçue non par l'Etat, mais par les provinces ; ils sont frappés d'une contribution annuelle de 12 francs qui est doublée pour les chiens de meute et les levriers. Quantité de villes et communes doublent ces taxes à leur profit.

Le port d'une *médaille numérotée* est prescrit pour tous les chiens indistinctement. Ces médailles, délivrées par les administrations communales portent le nom de la localité où est domicilié le propriétaire.

Domaine

Les forêts domaniales de l'Hertogenwald, de Soignes, de Saint-Hubert ainsi que le droit de chasse sur les terrains avoisinant le domaine royal d'Ardenne sont réservés à *la Couronne*. Les autres territoires du domaine privé de l'Etat et du domaine public susceptibles d'un exercice effectif du droit de chasse sont mis en adjudication publique (art. 13 L. de 1882).

Dans cette dernière catégorie — domaine public de l'Etat — doivent se ranger les rivières navigables et les rivages de la mer sur lesquels le droit de chasse est exercé, adjugé jusqu'aux berges ou francs bords pour les unes, jusqu'aux relais de marée pour les autres.

Oui, la chasse sur nos plages (comme aussi dans les dunes maritimes) est mise en adjudication publique et encore restriction est-elle faite dans le cahier des charges aux adjudicataires de n'user de leurs droits qu'à dater du 1er octobre, puis encore, de ne donner aucune permission sinon d'accompagner ses invités.

Finie donc, radicalement finie, cette tolérance qui existait en Belgique jusqu'en 1894 et persiste encore en France, permettant au cours de la villégiature d'été aux stations balnéaires de parcourir les grèves fusil en main.

Je signale en passant le régime hollandais donnant droit de chasse sur les eaux de l'Etat, plages et rives moyennant un petit permis spécial de coût minime dénommé « Vergunning ».

***

La chasse est interdite sur les *voies ferrées* et leurs dépendances : c'est une question d'ordre public. Elle n'est permise sur les *routes* qu'aux riverains (sur moitié pour chacun dans les cas où elle forme limite).

Les riverains peuvent encore chasser sur les *berges* du chemin de fer mais pour y fureter exclusivement (art. 3. L).

II. — *Droits du Propriétaire.*

La chasse étant un des modes de jouissance, un des attributs de la propriété, le propriétaire du sol en use à sa guise soit pour lui-même, soit par location, soit par octroi de permissions.

Les *locations* de chasse sont régies par le Code civil comme toute autre location. (liv. III titre VIII chap. II du C. Civ.). La loi sur la chasse n'en dit pas un mot.

Le titulaire d'une chasse par bail est complètement assimilé au propriétaire du sol : l'un comme l'autre poursuivent la répression des délits, nous en reparlerons spécialement dans la sixième classification.

Il est admis que les baux de location de terres arables et fermes n'entraînent pas, par là même, location du droit de chasse qui en reste séparé, sauf convention contraire.

Le droit de chasse et le droit de « tenderie » peuvent être séparés et le sont même souvent, dans les Ardennes surtout.

La *permission* de chasse proprement dite n'est qu'une tolérance ne créant aucun droit exclusif, généralement elle n'est constatée par aucun écrit.

Ces permissions nées d'une crainte de susciter des mécontentements, sont une plaie de la chasse, un prétexte à destruction. Elles constituent le plus sérieux argument en faveur de la communalisation, peu désirée cependant en Belgique même par des chasseurs sérieux parce qu'elle heurte vivement les principes de propriété et de liberté.

Un moyen terme serait une sorte de location forcée par les communes, des terrains sur lesquels le propriétaire n'exerce pas son droit exclusivement soit par lui-même, soit par *un* ayant-droit en vertu de cession régulière. Moins despotique que la mesure radicale de communalisation, ce système supprimerait les« chasses banales ». Je n'insiste pas plus sur ces idées purement personnelles, elles sortent du cadre de mon travail actuel.

Au point de vue du *fait de chasse* que les titulaires (propriétaires et ayant droit) peuvent seuls pratiquer sur leur terrain, je signale deux principes consacrés par notre jurisprudence :

A) Le fait de chasse est considéré comme posé non à raison de l'endroit où se trouve le tireur, mais bien du lieu où est « recherché », poursuivi, abattu ou manqué le gibier. De ce principe se déduisent des conséquences de détail, compréhensibles à première vue, concernant la traque et l'affût.

B) Le gibier plume volant au-dessus du terrain voisin ne peut être tiré dès qu'il a franchi la limite.

L'art. 5 de la loi interdit le vagabondage et la poursuite du gibier *par les chiens* sur le terrain voisin si ce fait est à la connaissance du propriétaire ou de celui qui l'accompagne ; s'il est intentionnel ou fautif.

Exception est faite (et ceci concerne spécialement la chasse à courre) quand ils sont à la poursuite d'un gibier lancé sur la propriété de leur maître.

III. — *Droits du cultivateur.*

J'entends ranger sous ce vocable ce qui, dans la législation belge, a trait à la *protection des récoltes* contre le gibier, et contre le chasseur, le cultivateur, fût-il fermier locataire, fût-il propriétaire : 1° le droit de repousser les fauves ; 2° le passage dans les récoltes ; 3° et les dégats du gibier.

Les droits sont les mêmes s'ils s'exercent par le locataire cultivateur contre le locataire chasseur, par le propriétaire du sol contre son locataire chasseur ou encore par le locataire fermier contre son propriétaire chasseur.

1° *Les fauves.* — Le cultivateur, l' « occupant » a droit de repousser et détruire même à l'aide d'armes à feu, en tout temps et sans permis, les bêtes fauves qui causeraient dommage à ses biens (art. 6. L).

Que sont ces bêtes fauves ? Le loup et le renard évidemment, pour la sauvegarde des bergeries et des poulaillers. Les petits carnassiers ou « mordants » cela ne se discute pas.

Pour le *sanglier*, une disposition spéciale, l'art. 6 *bis* l'a formellement rangé parmi les fauves et mis hors la loi.

Où la question devient délicate c'est pour les grands quadrupèdes de chasse : le *cerf*, le *daim*, le *chevreuil* ; à eux aussi s'applique l'autorisation de destruction mais elle est subordonnée aux conditions d'un préjudice réel, important et actuel, non d'une simple éventualité.

On peut admettre la chose assez facilement pour les cerfs et biches — le daim est très rare sauf en certains domaines d'élevage — quant au chevreuil, je ne sache pas que cela ait pu passer sans protestation.

On m'a cité un arrêt de Cour d'appel, considérant, en un cas spécial, le lièvre comme un fauve... cette décision, je crois, est unique.

2° *Passage sur récoltes.* — Le cultivateur peut interdire le passage sur ses terres encore couvertes de récoltes ; il peut l'interdire aux chasseurs comme à tous autres. Cette disposition, sanctionnée par des peines de police, figure au code rural, elle est donc étrangère à la loi spéciale qui nous occupe, mais elle y a un point d'attache évident.

Ce n'est que très exceptionnellement, en cas de mésintelligence, de véritable hostilité que le fermier use de ce droit pour empêcher le passage des chasseurs et des chiens dans les champs avêtis.

3° *Dégâts de gibier. — Lapins :* — J'ai parlé déjà du sanglier qui, concurremment avec le lapin eut les honneurs d'une loi spéciale en 1900, loi qui insère 4 articles dans notre chartre cynégétique de 1882.

L'occupant peut, en tout temps, *détruire* le lapin sur les terres qu'il *occupe* et ce, alors même que le droit de chasse en serait réservé à toute autre personne, propriétaire ou locataire de chasse.

Le propriétaire cultivateur donnant lui-même sa chasse en location *ne pourrait s'interdire ce droit* de destruction, il est d'ordre public, toute convention contraire est radicalement nulle (A. 7 al. 1 et 7).

Ce droit de destruction, le cultivateur peut le déférer à un délégué et ce, par simple déclaration faite devant le bourgmestre : ce délégué ne peut être un repris de justice condamné pour vagabondage, délit de chasse ou délit envers les personnes et propriétés. (id al 2. 3).

Le mode, quant aux *engins* de destruction à employer, n'est pas illimité. Le poison est toujours interdit (al. 4), l'emploi du fusil est subordonné à une autorisation spéciale du gouvernement et restreint au cas d'abondance excessive des rongeurs.

Un arrêté royal du 11 mai 1900, pris en exécution de la loi visée, détermine la nature et les conditions d'emploi d'engins interdits par la loi générale : ce sont les bricoles ou lacets en fil métallique, les pièges à ressort et les panneaux ou filets.

Leur usage peut être permis par le ministre de l'agriculture dont l'arrêté spécial d'autorisation stipulera les limites de temps et le lieu, le nombre et la nature des engins.

Seuls les *titulaires* de droit chasse dans les bois et dunes pourront obtenir cette autorisation ; c'est en présence d'un agent de l'autorité que pourront être placés et relevés les panneaux (a. 1 § 2) ; les lacets ne pourront jamais être disposés qu'à l'entrée des terriers.

Les animaux autres que les lapins pris vivants devront être immédiatement relâchés, et tous engins après expiration du délai d'emploi seront remis sous scellés.

Telles sont les garanties apportées à l'usage absolument exceptionnel d'engins en tous autres cas prohibés. Que reste-t-il donc à l'occupant, comme modes de destruction, abstraction faite des autorisations gouvernementales ? le furetage, sa fourche et ses chiens ; néanmoins un droit important lui est concédé implicitement, la destruction des nichées et le défoncement des rabouillères. On le considère comme en faute, pour les réclamations de dommages ,quand il n'en use pas.

Une exception encore aux principes généraux, en faveur — ou au détriment du lapin — est le droit d'*affût* qui se pratique toute l'année une demi-heure avant le lever et une demi-heure après le coucher du soleil, faculté accordée au titulaire de chasse ou à son délégué munis, évidemment, du permis de port d'armes (a. 7. al. 8).

On discute la question de savoir si le droit est alternatif, exclusif — à plus forte raison le délégué doit être unique.

Observons que c'est à la sortie et la rentrée, en lisière du bois que se pratique l'affût : or le tir du lapin n'étant autorisé toute l'année que « dans les bois » (et dunes), en temps de clôture on ne peut le tuer en plaine qu'à l'affût du soir ou du matin — non le jour — c'est une anomalie.

*
* *

La *procédure* en réclamation judiciaire pour indemnisation de dégâts causés par les lapins — les lapins seulement ! — sort totalement des règles générales (art. 7 bis L. de 1882 modifiée en 1900).

Suppression de la citation régulière par huissier remplacée par une lettre ou même un télégramme du juge de paix nommant expert sur simple requête écrite ou verbale du plaignant (id. al. 2. 3). Expertise, qu'aucun procès-verbal ne consigne si la demande n'est pas sujette à appel ! (al. 3). Plaidoiries à huitaine (al. 4. 5). Pas d'avance de frais pour le demandeur, liquidation en debet (al. 7). Suppression des significations régulières de jugement, remplacées par une lettre recommandée en cas d'absence des parties au prononcé (al. 9). Restriction du droit d'appel quant au délai et au chiffre de la réclamation (al. 10).

L'introduction de la cause par voie de procédure « ordinaire » n'est pas interdite. La procédure spéciale que nous venons d'exposer, dénommée dans le langage des chasseurs « procédure télégraphique » n'est applicable qu'aux réclamations de dégâts de *lapins* seulement. Pour réclamations s'adressant à tous autres gibiers les principes du droit et les règles de la procédure normale reprennent leur empire : Comme conséquence, une procédure spéciale intentée pour dégâts de lapins et de lièvres, ou dont l'expertise révélerait que les dégâts sont causés par différents gibiers, serait frappée de nullité.

Tout en cette matière est exception, mais la plus extraordinaire des atteintes au bon sens et au sens juridique est celle-ci : le taux de l'indemnité est porté au *double dommage*, valeur doublée du préjudice réel ! Déjà la loi de 1882 consacrait ce principe exhorbitant. Que de chantages, que d'accrocs à l'équité, à la stricte justice n'a-t-il pas provoqués ! !

Encore : toute convention quelconque que signerait l'occupant, contrairement aux prérogatives que lui donne la loi est nulle, radicalement nulle : il ne pourrait s'engager vis-à-vis de son propriétaire à ne lui réclamer que l'indemnité simple, non le double dommage... ! Ni s'interdire la destruction du lapin par furetage, ni régler d'avance la question de l'indemnité.

*
* *

Jusqu'en ces derniers temps la jurisprudence de la plupart des juges de paix interprétait à tort les débats parlementaires : toujours, et en tous cas, elle condamnait le titulaire du droit de chasse dès qu'un dommage était établi.

Un arrêt de la Cour de cassation du 2 mars 1905 rendu sur un remarquable avis de Monsieur le Premier avocat général Terlinden a remis en lumière les vrais principes des art. 1382-1383 du Code civil : pas de responsabilité sans *faute ou négligence*. Le réclamant doit donc établir et justifier cette responsabilité par le fait de l'insuffisance des battues, le défaut de furetage, l'introduction de lapins vivants.

*
* *

Je termine ce chapitre spécial sur lequel j'ai cru devoir insister par la mention de deux dispositions pénales édictées par la loi de 1900 : Le transport, l'achat, la vente de lapins (et renards) *vivants* sont punis des peines les plus graves alternativement ou cumulativement, 200 à 1.000 francs d'amende, huit à quinze jours de prison. Autorisation ne peut en être donnée qu'en des cas exceptionnels (art. 7 al. 9).

Les mêmes peines frappent la détérioration, la destruction intentionnelle des clôtures mises pour empêcher le passage des lapins et tout agissement facilitant leur fuite (id. al. 10).

Le Conseil supérieur de l'agriculture, en sa session annuelle de 1904-1905, examina la question de réparation des dégâts causés par les lapins.

Le projet élaboré par cette commission comporte, en ses grandes lignes, quelques innovations de principe :

A) La suppression du *double dommage*, mais l'adjonction à l'évaluation simple des dommages intérêts, d'une indemnité pour dommage *indirect*.

B) La faculté pour les titulaires de droits de chasse dans les bois de se libérer de toute responsabilité, sous certaines conditions. Ils devraient permettre le furetage par les riverains, ou leurs délégués (agréés par le commissaire d'arrondissement), du 1er janvier au 1er avril, sous la surveillance des gardes.

C) Le droit pour les garde-chasses de tirer le lapin sans port d'armes.

Quant à la procédure :

1° Non recevabilité des réclamations après enlèvement des récoltes.

2° Aucune enquête prévue.

3° Aucune faculté de recourir à la procédure ordinaire.

4° Pas d'appel ni d'opposition à défaut pour les condamnations ne dépassant pas 500 fr.

5° Quelques autres prescriptions concernant l'expertise, les droits d'enregistrement, les délais.

IV. — *Protection du gibier.*

Le temps : époque, heure ; les engins; la répression du commerce et transports illicites sont les mesures prises dans toutes les législations pour protéger le gibier contre les abus des moyens de destruction. Les prescriptions à ces divers points de vue restreignent même le droit du chasseur régulier n'opérant que sur son territoire et ayant acquitté les taxes du fisc.

A. — *Temps.* — ÉPOQUE : Un ou plusieurs arrêtés fixent chaque année les dates d'ouverture et de clôture des différentes chasses.

Depuis plusieurs années elles ne diffèrent guère. C'est d'abord sur la *sauvagine* qu'on ouvre le feu : 15 juillet. La grande ouverture, celle de chasse de plaine, *perdreaux, lièvres, cailles*, débute à la fin d'août ou dans les premiers jours de septembre (les coutumes ont fixé le samedi). Le degré de maturité des récoltes règle cette fixation annoncée par le Journal officiel huit jours d'avance au moins ; dans la partie Sud-Est de Paris, région accidentée elle est retardée de huit jours.

En 1896, l'ouverture de la chasse au lièvre ne s'ouvrit que huit jours après celle du perdreau. Cette exception ne fut pas renouvelée. La chasse au chien courant et au levrier est ouverte le 15 septembre. Le dernier samedi de septembre ou le premier octobre s'ouvre la chasse au *gros gibier* : cerf, daim, chevreuil. Le tir du *faisan* est permis à cette même date.

*
* *

Tout étant ouvert, voyons les « clôtures ».

C'est d'abord le perdreau, la caille et la grouse : normalement 30 novembre, mais généralement un arrêté anticipe cette date de quelques jours.

Puis vient la clôture générale fixée au 31 décembre et qui comprend : lièvres, faisans, lapins (en plaine seulement), et toute chasse au « chien courant ».

Les cerfs, daims, chevreuils, en battue ou avec l'aide de roquets et chiens d'attaque (non de chiens courants) : le 31 janvier.

La chasse *à courre* est interdite après le 15 avril.

Sauvagine, le 30 avril. Sangliers et lapins (ceux-ci au bois ou dans les dunes seulement)... jamais !

*
* *

Heure : La chasse est interdite avant le lever et après le coucher du soleil.

Exceptions sont prévues pour l'*affût aux canards* moyennant autorisation (une trentaine environ sont accordées annuellement), et pour la *bécasse*. Cette chasse spéciale, dite « la croule » motive chaque année des arrêtés ministériels de réouverture ou repassage.

Nous avons mentionné également l'affût aux lapins et ses conditions.

*
* *

Neige : Les arrêtés d'ouverture (non un texte légal) suspendent toute chasse en plaine quand le sol est couvert de neige « quelle qu'en soit la quantité ». Antérieurement la restriction se bornait au cas où on pouvait suivre le gibier à la trace, mais cela prêtait à discussions. La chasse reste permise au bois, dans les dunes et au marais.

*
* *

Exception générale déjà citée : En vertu du principe de l'inviolabilité du domicile, aucune de ces 3 interdictions d'époque, d'heure et de neige n'est applicable à la chasse pratiquée dans les enclos. Nous avons défini les conditions que doivent réunir ces « enclos ».

Il est des commentateurs qui déclarent la chasse interdite dans les enclos par la neige : c'est une erreur.

*
* *

B) *Engins.* — L'emploi, le transport et la détention de filets, lacets bricoles, appâts, et tous autres engins propres à prendre ou à détruire « le gibier », en faciliter la capture ou la destruction sont interdits ; c'est la règle générale (art. 8) applicable même à l'usage dans les *enclos* exemptés de l'application de toutes autres règles... puisque la « détention » même en est défendue !

Sont exceptés de cette prohibition : 1° les établissements de canardières à filet, très rares, il en existe trois ou quatre ; 2° les bourses à fureter ; 3° les lacets à la bécasse sous certaines conditions d'arrêtés ministériels ; 4° les paniers dits « mues ou râvaches » pour la reprise des faisans.

Ajoutons : 5° tous les engins dont il est question pour la destruction des lapins dans l'arr. du 11 mai 1900 mentionné *mais* avec les conditions et restrictions évidemment indispensables ; 6° les filets pour la tenderie aux oiseaux (puisqu'ils ne constituent pas « le gibier » visé dans l'art. 10 de la L. de 1882) ; 7° les lacets à grives dont il sera question plus loin.

Il n'est pas question du piège à ressort ou pas de loup ; on le considère comme destiné à la « défense » des chassis puisqu'il est employé pour la capture du « mordant », mais s'il était tendu à l'intention du gibier, il deviendrait engin prohibé.

*
* *

La loi belge prohibe donc non seulement les engins de nature à amener par eux-mêmes la capture, mais aussi ceux qui la *facilitent*.

Notre jurisprudence admet donc qu'il est interdit de placer, le jour de la chasse, un treillage mobile qui, dans un espace restreint pourrait mettre à la merci du tireur le gibier momentanément enfermé ; on discute les banderolles qui, placées en lisière de bois, retiendraient en plaine le gibier un matin de battue.

Que dire du miroir à alouettes, du « Kite » ou cerf-volant, du grand-duc articulé ?

Le *miroir* a toujours été admis. Par contre, on tend à conclure à l'interdiction du *Kite*, quoique aucune jurisprudence ne soit fixée. Pour le *grand-duc* c'est une question d'interpréter son emploi : tir d'animaux malfaisants ou gibier ?

Les engins saisis doivent être détruits.

*
* *

C) *Trafic. Transport.* — Hors du temps où la chasse en est permise, la vente, l'achat, le transport des divers gibiers vivants et de leurs œufs est interdite sans autorisation ministérielle (art. 12 L).

S'il s'agit de gibier tué, une latitude de trois jours est laissée pour le trafic après les dates de clôture (art. 10 al 2). La vente ne peut commencer que le lendemain de chacune des diverses couvertures (id. al. 3).

La prohibition pour les particuliers se limite à l'achat et au transport. Pour les traiteurs, hôteliers, marchands de comestibles, elle va plus loin et frappe aussi le fait de détention pratiquée même en dehors de leur domicile, chez des personnes interposées (a. 10 § 2).

Le gibier ne peut être recherché que chez les marchands de comestibles, aubergistes, traiteurs, dans les lieux publics et les voitures publiques ; ailleurs c'est seulement dans le cas où il y serait déposé pour être livré au commerce (a. 11 al. 1).

*
* *

Une dépêche ministérielle, sur les sollicitations de la « Chambre de l'Alimentation » a autorisé le commerce du gibier conservé *en pâtés*. Mais la question de la réserve en frigorifères ne se discute pas.

*
* *

De toutes les dispositions d'une législation cynégétique c'est la mesure la plus importante : « le recel est le refuge du vol », c'est malheureusement la moins sévèrement réprimée et ce, parce que la police urbaine s'en désintéresse généralement.

Le gibier *saisi* vivant est relâché aux portes de la ville, le gibier tué est remis par les soins de l'autorité communale à l'hospice le plus proche (a. 11 § 3).

V. — *Les insectivores*. — Dans un but de protection des oiseaux non-gibier et sous ce titre, comme aussi pour réglementer les tenderies, parut le 1er mars 1882 un arrêté royal pris en conformité de notre loi principale. Un nouvel arrêté du 24 août 1906 le remplace en l'abrogeant, modifiant certaines dispositions.

Un principe domine cette matière. l'interdiction de prendre, tuer, transporter, vendre, acheter les oiseaux insectivores, leurs œufs et couvées.

Une subdivision est créée entre eux, considérant comme insectivore, *à toute époque* les petits oiseaux « non gibier » estimés utiles à l'agriculture — et comme insectivores pendant une partie de l'année seulement, tous les autres oiseaux à l'état sauvage qui ne sont pas du « vrai » gibier.

A) La première classe comprend, pour n'en donner qu'un aperçu : les fauvettes, rossignols, hirondelles, mésanges, etc...

B) La seconde renferme toutes les autres espèces, c'est-à-dire les oiseaux de tenderie : pinson, alouette, grive, merle, béguinette et *C*) les oiseaux à l'état sauvage non catalogués autrement : ramier, tourterelle, moineau, etc... Mes énumérations B et C ne sont qu'exemplatives, il n'existe pas de catégories légales nommément stipulées.

L'arrêté royal du 24 août 1906 a formellement exclu de cette catégorie C (art. 6 § 2) les *oiseaux* d'eau et de rivage non considérés comme « gibier » de marais comestible. Ils doivent donc prendre rang dans la sauvagine, semble-t-il, bien que ce ne soit écrit nulle part. En effet, on ne peut les chasser sans permis de port d'armes, parce que le fait de chasse est indépendant de la question de savoir si l'animal est comestible ou pas (arrêt de la Cour d'appel de Gand) et d'autre part, on ne peut chasser au marais, sur les rivières ou les plages qu'en temps de chasse ouverte à la sauvagine !

Le tir, le transport, le trafic des insectivores de la catégorie A sont interdits toujours et partout, pour les catégories B et C, limitation entre le 15 septembre et le 15 novembre (art. 2 A. R. 24 août 1906). Quelques exceptions et réglementations de détail sont formulées pour le transport de quelques oiseaux chanteurs, pinsons, linottes, etc...

Des prohibitions spéciales sont édictées par l'arrêté : 1° la capture d'oiseaux sur le terrain d'autrui (art. 3) ; 2° l'emploi d'oiseaux de proie nocturnes, de glu et de lacets, sous réserve des lacets à grives (art. 4).

La destruction en tout temps des oiseaux et nichées est autorisée sur et contre les habitations, dans les enclos, vergers, jardins, mais sans emploi d'engins prohibés (art. 5).

C'est dans l'art. 5 de cet arrêté qu'on trouve la latitude de tirer et capturer les rapaces diurnes, le grand duc, la pie, le geai, le grand corbeau, la corneille noire et la corneille mantelée.

La confiscation des engins ayant servi à perpétrer toute infraction à l'arrêté, doit être prononcée.

Tenderies. — J'établis en chapitre spécial, sous ce vocable, ce qui a trait aux deux tenderies généralement pratiquées : les filets ou nappes pour la capture des alouettes et petits oiseaux — la tenderie de lacets à prendre les grives. C'est dans l'arrêté protégeant les insectivores que se trouvent les principes qui régissent l'une et l'autre.

Tenderie au filet. — Pas de permis ou contribution de l'État, mais certaines taxes communales ou provinciales encore assez rares, la province du Luxembourg a émis une taxe de 50 fr.

Époque : 15 septembre au 15 novembre. D'année à autre tout arrêté pourrait en modifier les dates. Défense de transporter les filets hors de ces époques.

L'arrêté de 1882 interdisait la tenderie par la neige, mais cela n'a plus de raison d'être, la clôture étant fixée au 15 novembre.

Un arrêté ministériel ouvre chaque année du 20 juillet au 15 août la tenderie aux *ortolans* pour trois provinces du Nord de la Belgique seulement. Cette tenderie n'est permise que depuis le lever du soleil jusqu'à 7 heures du matin.

Tenderie aux grives. — Même période pour la pose des lacets, qui doivent être détendus cinq jours après.

Les lacets doivent être fixés aux brins de taillis à un mètre au moins d'élévation ; placés à terre ils ne pourront être composés que d'un seul crin de cheval ployé en deux, deux au maximum, avec consentement écrit du titulaire de chasse, mais encore à une distance fixée des limites du bois (art. 4). Ces dispositions ont pour but d'empêcher que la tenderie « à terre » ne soit un prétexte à capturer d'autres gibiers.

La grive se tirant également au fusil et deux espèces, la draine et la litorne opérant leur migration plus tardivement, leur chasse (mais non leur tenderie) est permise jusqu'à la clôture générale du 31 décembre.

***

L'alouette et la grive participent du double caractère d'insectivore et d'oiseau-gibier. Leur chasse à tir exige le permis de port d'armes, mais elles ont une période de chasse plus resteinte que tous autres gibiers comme on l'a vu.

*
* *

Comme corollaire à la partie de mon travail qui traite de la protection du gibier « spécialement », dans les divers points de vue auxquels nous examinons la législation belge, je dois dire un mot spécial de la *bécasse*. Elle participe, comme gibier, de l'ouverture et la clôture générales, mais elle est victime d'un usage irraisonné : le tir au repassage.

En mars-avril la chasse en est permise, un arrêté ministériel renouvelé chaque année fixe une réouverture et une clôture de printemps. L'arrêté de 1907 n'en a plus permis la réouverture que pour le tir à la « croule » seulement, enlevant par là prétexte à de véritables chasses... à tout gibier.

C'est un acheminement. Peut-être verrons-nous un jour la suppression radicale.

VI. — *Surveillance de la chasse.*

S'exerce-t-elle ? Comment s'exerce-t-elle ? Comment pourrait-elle utilement s'exercer ? Telles sont les questions que je développerai dans mon étude spéciale sur la police rurale. Je me borne en ce chapitre de mon rapport, de signaler les agents chargés de la répression et de délimiter leurs pouvoirs.

A) *Garde-chasse.*

Les chasses sont surveillées surtout, et presque exclusivement, par ces fonctionnaires privés, munis d'une parcelle de l'autorité publique : leurs procès-verbaux font foi jusqu'à preuve contraire, des faits matériels qui y sont relatés.

Ils sont assermentés, formalité par laquelle débute leur carrière. L'acte de prestation de ce serment devant le juge de paix et leur « commission » sont enregistrés.

Leur nomination est soumise à l'agréation du gouverneur (préfet) qui peut la leur retirer en cas d'inconduite notoire ou de condamnation pour faits délictueux.

L'âge de 25 ans est prescrit, mais cependant un minimum de 21 ans peut-être admis avec autorisation du gouverneur (art. 61 et 55 C. rural).

Les conseils communaux peuvent exceptionnellement, avec l'assentiment de ce magistrat, confier aux gardes-chasses les fonctions de garde-champêtre auxiliaire, mais sans traitement (art. 64).

(Tout ce qui a été dit s'applique également aux gardes-pêche).

*
* *

Les propriétaires de bois peuvent commissionner des gardes pour la surveillance de ce genre de propriétés (indépendamment de toute question de chasse); ils s'intitulent *gardes forestiers privés* — titre XIII du C. forestier. Comme tels, outre les conditions exigées ci-dessus, un avis est demandé à l'agent forestier du ressort (art. 177 C. forestier). C'est devant les tribunaux de première instance qu'ils prêtent serment et cela entraîne une anomalie assez curieuse et fort peu connue : ce garde verrait considérer comme nuls ses procès-verbaux dressés pour délits de chasse, tandis que le garde-chasse proprement dit, dénommé « garde-champêtre particulier » a le droit de constater outre les délits de chasse, les dégâts aux bois et plantations. Sa juridiction est plus étendue bien qu'il ne soit assermenté que devant le juge de paix. Cette différence curieuse résulte de ce que les pouvoirs sont déduits de deux lois différentes, code rural et code forestier.

B) Gardes forestiers.

Cette appellation est réservée aux agents de l'état surveillant les bois et forêts soumis au « régime forestier » c'est-à-dire : biens du domaine, des communes, des établissements publics et de bienfaisance.

Ces fonctionnaires peuvent cumuler leur emploi avec celui de garde-champêtre des communes ou de garde particulier, ce qui arrive très fréquemment.

Ils ont, eux, une compétence spécifiée par l'art. 67 du Code rural pour la constatation des délits de chasse.

C) Garde-champêtre.

C'est le fonctionnaire rural typique ; agent de la commune, choisi par le gouverneur entre deux candidats que lui présente le conseil communal (municipal) Art. 53 C. rural.

Chacun de ces deux pouvoirs a droit de suspension ; d'accord commun ils ont le droit de révocation.

Chaque commune doit — devrait — en posséder au moins un. Il a pour fonctions de surveiller les récoltes, veiller à la sécurité des habitants, faire observer les lois sur la chasse et la pêche (art. 67 C. rural).

Une incompatibilité est édictée avec toutes autres fonctions, commerce, emplois, sauf autorisation de la députation permanente du conseil provincial (conseil général), encore ne peut-elle être accordée pour les débits de boissons (art. 60 C. rural).

Voilà donc ce policier unique, commis à la surveillance d'un territoire parfois très vaste, investi de fonctions multiples, exerçant encore généralement une industrie, un commerce, absolument étrangers à la sauvegarde de l'ordre public !

*
* *

Signalons enfin, tels que les énumère l'art. 24 de la loi sur la chasse, les divers fonctionnaires non encore cités appelés à dresser des procès-verbaux pour délits de chasse : Les bourgmestres et échevins (maires et adjoints) commissaires de police, gendarmes, cantonniers, chefs de station — et les agents des douanes, ceux-ci uniquement au point de vue du transport des engins prohibés et du gibier en temps clos (id. al. 2).

VII. *Répression.*

Sous cette rubrique je rangerai : l'intentement des poursuites, les circonstances aggravantes, la confiscation et le désarmement, les circonstances atténuantes, la répression et les peines.

*
* *

Poursuites : Les procès-verbaux des agents compétents sont soumis à la formalité de l'affirmation dans les 48 heures devant le juge de paix, son suppléant, le bourgmestre ou un échevin.

A défaut de procès-verbal ou en cas de procès-verbal, nul pour motif quelconque, même tardivité, les poursuites sont intentées sur plainte. Le procès-verbal nul comme tel, équivaut à une plainte.

Dans le même ordre d'idées un garde irrégulièrement commissionné ou constatant une infraction hors des limites de sa surveillance, est considéré comme un simple « témoin » et entendu comme tel.

Les poursuites s'intentent sur l'initiative du ministère public dans *tous* les cas, sauf celui de chasse sur terrain d'autrui. Elles se font « d'office » en cas de délit de chasse sur le domaine de l'Etat. (a. 26 L 1882).

Une plainte du titulaire du droit de chasse est nécessaire pour que le parquet mette en mouvement l'action publique réprimant la chasse sur terrain d'autrui ; il doit justifier de sa qualité. La plainte si elle est déposée, ne peut être retirée.

Le titulaire de droits lésés peut réclamer des dommages-intérêts en se portant *partie civile* dans l'instruction ou à l'audience (C. d'Instruction criminelle a. 29 L.) il peut même provoquer, par voie de *citation directe*, la mise en marche des poursuites, en cas d'inaction du ministère public.

La répression des infractions à la loi sur la chasse est de la compétence des tribunaux correctionnels, ce sont des délits. Les infractions à l'arrêté royal sur la destruction des insectivores et le vagabondage des chiens sont punis des peines de police, ce sont des contraventions soumises aux juges de paix.

Les magistrats et officiers de police judiciaire ainsi que les gardes (dans l'exercice de leurs fonctions) sont poursuivis devant la 1re Chambre de la Cour d'Appel s'ils commettent un délit.

*
* *

Des *circonstances aggravantes* augmentent les peines édictées pour certains ou pour tous les délits :

1° L'emploi et le transport d'engins prohibés effectués soit la nuit, soit en bande, soit par des inculpés masqués, armés, travestis (a 8. al. 3).

2° La chasse sur les chemins publics ou sur terrain d'autrui ou hors des époques fixées, ou sans port d'armes quand les circonstances ci-dessus viennent s'y joindre également si l'inculpé est porteur d'une arme prohibée (a. 15).

3° En cas d'infraction par les douaniers, gardes-champêtres, forestiers, gardes particuliers, gendarmes (a. 16).

La *récidive*, c'est-à-dire condamnation nouvelle endéans les 2 ans, entraîne la double peine, la triple peine et ainsi de suite sans que cependant elles puissent excéder l'amende de mille francs et l'emprisonnement de huit mois.

J'ai mentionné l'*arme prohibée* comme circonstance aggravante. Elle est, par elle-même un délit prévu par le code pénal (a. 317) non par la loi sur la chasse.

On entend par là, comme armes de chasse : la canne-fusil, la carabine à air comprimé et le fusil dont le canon ou la crosse se démontent eux-mêmes en plusieurs parties.

*
* *

Confiscation : Tout instrument ayant servi à perpétrer un délit se voit l'objet d'une confiscation. S'ils sont prohibés, armes ou engins sont détruits. Les fusils sont exposés en vente publique par les soins du greffe, s'ils représentent une certaine valeur, sinon on les martèle pour les vendre comme vieux fer.

Une peine spéciale de cent francs frappe la non-remise de l'arme à l'agent verbalisant, ordonnée dans tous les cas, sauf celui de chasse sur le terrain d'autrui. L'amende spéciale est applicable dès que la remise n'a pas été faite immédiatement, et elle doit être spontanée. Il ne suffit donc pas d'envoyer le lendemain à la gendarmerie un « flingot » quelconque ! (art. 20 L.).

Cette disposition amène cependant parfois une répression peu justifiée : le délinquant, fréquemment, ne se rencontre pas avec l'agent verbalisant, ne le voit même pas au moment du fait... il est cependant passible d'amende comme en cas de refus.

Les délinquants ne peuvent être *désarmés* hors les cas de l'art. 22 qui sont la chasse de nuit, les menaces, outrages, violences, le déguisement.

*
* *

Les *parents et maîtres* sont responsables des délits commis par leurs enfants et leurs serviteurs ; c'est une responsabilité civile ne portant que sur les dommages-intérêts et frais (a. 22).

*
* *

La loi sur la chasse étant une loi spéciale, la faculté de diminuer les peines, faculté que prévoit le Code pénal en cas de *circonstances atténuantes*, n'est pas applicable.

Certaines peines cependant, subiraient alors une réduction : ce sont les peines graves édictées contre les délinquants masqués, munis d'armes prohibées, etc. ou contre les agents de l'autorité coupable d'une infraction à cette loi. Ces atténuations ne sont cependant, si je puis m'exprimer ainsi, que des « diminutions d'aggravations » puisqu'elles s'appliquent à des peines « majorées ».

Elles cessent d'être applicables en cas de récidive.

En cas de *cumul* de plusieurs infractions, l'ensemble des peines ne peut jamais dépasser le double du maximum de la peine la plus forte (a. 17 L.).

*
* *

La *prescription* des délits de chasse est atteinte par le délai de 3 mois après le fait. La citation par le ministère public, ou toute mesure d'instruction sont interruptives de la prescription.

*
* *

Une loi du 31 mai 1888 dite : Loi sur *la condamnation et libération conditionnelles*, autorise en son art. 9 les tribunaux à décider dans leurs jugements la suspension de la peine et sa rémission définitive après un délai de cinq ans maximum si l'emprisonnement prononcé ne dépasse pas six mois et si le condamné n'a encouru aucune condamnation antérieure pour crime ou délit.

Cette disposition est généralement appliquée en matière de chasse.

*
* *

Les *militaires* coupables d'infractions à la loi sur la chasse comparaissent devant la juridiction ordinaire non devant le conseil de guerre (a. 30. L.).

*
* *

Subsidiairement, en cas de condamnation aux amendes prévues, les tribunaux doivent toujours prononcer une peine d'emprisonnement exécutable en cas de non paiement (a. 27 L.).

Peines

En un tableau synoptique j'ai réuni les diverses pénalités applicables aux délits de chasse, c'est, en quelque sorte, le résumé de tout mon travail :

1 à 10 francs d'amende : Vagabondage de chiens.

5 à 25 francs et faculté d'un emprisonnement de 3 à 7 jours : infractions à l'arrêt de protection des insectivores.

50 francs : chasse sur les voies ferrées, chemins publics, terrain d'autrui, domaine de l'Etat, temps clos.

50 à 100 francs : trafic de gibier en temps clos, transport.

100 francs : chasse avant le lever ou après le coucher du soleil, dans l'enclos d'autrui, sans port d'armes.

100 francs : Non remise de l'arme.

100 à 200 francs : Détention d'engins prohibés.

100 à 200 francs et 8 jours à un mois d'emprisonnement : usage, emploi d'engins prohibés.

200 à 1.000 francs avec ou sans 8 jours à 15 jours d'emprisonnement : transport de lapins et renards vivants, détérioration de clôtures à lapins.

200 à 400 francs et 15 jours à 2 mois de prison : emploi d'engins prohibés la nuit, ou en bande, ou armés.

Toutes peines quelconques doublées : pour douaniers, gardes, gendarmes, pour les récidives endéans les deux ans.

Toutes amendes doublées avec adjonction de 8 jours d'emprisonnement : chasse sur chemins publics ou terrain d'autrui ou hors des époques fixées ou sans port d'armes en cas des circonstances aggravantes : nuit ou en bande ou arme prohibée.

VIII. *Conventions internationales*

La France, par circulaire du 8 janvier 1878 et convention du 7 août 1885 ; le Grand-Duché de Luxembourg par convention du 19 avril 1882 ; l'Allemagne, par convention du 29 avril 1885 ont conclu avec la Belgique des engagements tendant à la poursuite respective devant *leurs* tribunaux, de leurs citoyens ayant commis dans le pays voisin des infractions aux lois forestières et aux lois sur la chasse.

OCT. LESCHEVIN.
Tournai, 22 avril 1907.

ÉTUDE SUR LE RÉGIME DOUANIER DE LA CHASSE

Rapport présenté à la Commission de Réglementation et de Législation. du Congrès de la Chasse tenu à Paris, au mois de Mai 1907.

Par M. F. THÉVENIN

Le régime douanier de la chasse résulte de la loi du 3 mai 1844, sur la protection du gibier.

D'après l'article 4 de cette loi, le gibier, vivant ou mort, est prohibé à l'entrée et à la sortie ainsi qu'à la circulation dans le rayon frontière, *même en transit de douane*, pendant tout le temps où la chasse n'est pas permise.

En dehors de cette période, le gibier est considéré comme marchandise et soumis aux règles générales des importations avec quelques restrictions spéciales que nous exposerons.

Cette étude comprendra naturellement tout d'abord ces deux parties :

1° Action de la Douane en temps prohibé.

2° Action de la Douane durant la période d'ouverture

Nous y traiterons ensuite les points suivants :

3° Concours de la Douane à la répression du braconnage.

4° Prohibition à l'entrée en France, *en tout temps*, du gibier capturé à l'étranger au moyen d'engins prohibés sur notre territoire.

5° Facilités douanières pour l'importation du gibier vivant destiné au repeuplement.

6° Importation des armes de chasse.

Nous n'omettrons pas d'indiquer les améliorations ou extensions qui nous sembleront désirables.

1° *Action de la Douane en temps prohibé.*

C'est le Département de l'Agriculture et les Préfets, sous la surveillance du ministre, qui sont chargés de l'application de la loi du 3 mai 1844 sur la police de la chasse et de l'arrêt du 19 pluviose, an V, relatif à la chasse des animaux nuisibles.

Mais la Douane a la charge de veiller à ce que les dispositions légales soient respectées aux frontières, à l'entrée comme à la sortie.

L'article 4 de la loi du 3 mai 1844 édictant la prohibition absolue pendant la fermeture, il s'ensuit que toute importation ou exportation du gibier durant cette période sont prohibées.

La circulaire des Douanes du 30 juin 1844, transmissive d'instructions au service sur l'étendue de sa coopération, s'exprimait en ces termes :

« La constatation des infractions à la loi du 3 mai est spécialement confiée par les articles 22 et 23 aux maires et adjoints, commissaires de police, officier, maréchal des logis ou brigadier de gendarmerie, gendarmes, gardes-forestiers, gardes-pêches, gardes-champêtres, gardes particuliers assermentés, employés des contributions indirectes et des octrois.

« Les préposés de l'administration des douanes, sans être appelés à prendre part à l'ensemble de l'exécution de la loi du 3 mai, auront, cependant, à y concourir dans une circonstance importante.

« *L'interdiction absolue de vente, d'achat, de transport et de colportage du gibier a, en effet, pour conséquence directe et nécessaire de modifier le tarif des douanes et de constituer une prohibition périodique et temporaire de l'importation du gibier étranger en France.* »

Voici bien, en effet, la raison de l'intervention de la douane dans la police de la chasse.

Le gibier suit donc, à l'entrée en France, *le régime du prohibé* pendant le temps de fermeture. Lorsqu'il a été déclaré au premier bureau d'entrée, sous sa véritable dénomination, la Douane se borne à en refuser l'admission et à en assurer la réexportation immédiate, conformément à la loi du 22 août 1791, article 4 du Titre V.

Mais à l'égard de tous ceux qui enfreindraient ou tenteraient d'enfreindre la prohibition, on appliquerait, suivant les cas, les dispositions des lois du 22 août 1791 article 1 du titre V ; du 4 germinal an II, article 10 du Titre II ; du 28 avril 1816, article 38, 41 et suivants et, du 2 juin 1875, comportant des pénalités rigoureuses : confiscations des gibiers et moyens de transport, amende de 500 francs, arrestation et emprisonnement des délinquants.

A la sortie, le même principe de prohibition est applicable. S'il était présenté du gibier à un bureau de sortie, et si ce gibier était déclaré sous sa véritable dénomination pour l'exportation dans le temps de prohibition locale de la chasse, les termes de l'article 4 du Titre V de la loi du 22 août 1791 précitée, ne permettraient pas à la Douane d'en opérer *la saisie* en vertu de la loi générale *des Douanes*, mais le déclarant serait immédiatement conduit devant le maire ou un officier de police judiciaire qui ferait procéder conformément aux prescriptions de la loi.

(Même circulaire des Douanes du 30 juin 1844).

Depuis cette époque, déjà lointaine, les dispositions réglementaires prises en vue d'assurer la stricte observance de la prohibition sont restées d'extrême rigueur et fortifiées chaque jour.

Récemment encore, lorsqu'il s'agissait de gibier *étranger destiné à être réexporté*, le transit du point d'entrée au point de sortie pouvait avoir lieu en temps de prohibition de la chasse, sous plomb douanier et régime du transit des marchandises prohibées.

Une décision du Ministre de l'Agriculture, en date du 15 janvier 1903, rappelée le 7 mars 1904, a retiré cette tolérance : l'*interdiction* d'importer et de transporter, même en transit et sous plomb de Douane, le gibier par les départements où la chasse est close *est absolue* et s'applique au transit de frontière à frontière, comme aux expéditions à destination des départements où la chasse n'est pas encore fermée.

Une exception toute spéciale a été prévue par une circulaire ministérielle du 5 décembre 1903 en ce qui concerne l'importation, sous plomb de Douane, à travers les départements où la chasse d'un gibier déterminée a été l'objet d'une clôture spéciale, de gibier similaire provenant de l'étranger à destination des départements où cette chasse est encore ouverte.

Cette exception a été consentie *uniquement* dans l'*intérêt des consommateurs français et la conservation du gibier indigène*. Elle est limitée à une période de quelques *semaines* au plus et ne pourrait sans inconvénients être étendue au *transit de frontière à frontière sans limitation de durée*.

Certains gibiers, tels que le renne, l'ours, le sanglier sous certaines conditions, le colin de Virginie et de Californie, les faisans dorés, argentés, Lady Amherst et vénérés, de toutes provenances, le lièvre blanc et la gélinotte de Russie peuvent être introduits en tout temps. Il en est de même du gibier d'eau *exotique*, c'est-à-dire les espèces aquatiques n'ayant pas leurs similaires en France.

Quant au gibier d'eau *représenté en France*, l'importation en temps de chasse prohibée n'en est permise que sur autorisation spéciale du Préfet, qui ne peut être délivrée que s'il s'agit d'envois à destination des départements où la chasse de ce gibier est autorisée après la clôture de la chasse ordinaire et sous la condition que le transport soit effectué sous le plomb de la Douane et avec acquit-à-caution.

L'expéditeur qui sollicite cette autorisation *est tenu de justifier que le gibier peut être vendu et colporté dans le département de destination* : il doit, à cet effet, joindre à sa demande un extrait certifié conforme de l'arrêté sur la police de la chasse en vigueur de ce département (Circ. du département de l'agriculture du 21 juin 1902).

Les lapins de garenne peuvent aussi être importés avec l'autorisation des préfets, pendant la période d'interdiction, pourvu qu'il s'agisse d'envois faits à destination de départements où la chasse du lapin est permise après la clôture de la chasse ordinaire.

Les préfets informent de ces autorisations la douane d'importation et l'arrivée du gibier est assurée au moyen de plombage des colis et d'un acquit-à-caution.

L'importation, le transport et la vente du cerf, de la biche et du daim morts, provenant de l'étranger, sont aussi autorisés. Les envois devront toutefois être faits sous plomb de Douane. Le colportage des animaux est interdit en dehors des limites de l'octroi ou du territoire de la ville destinataire.

Les conserves de gibiers sont soumises aux dispositions de la loi du 3 mai 1844.

Elles peuvent cependant être importées en temps de prohibition, à charge par l'importateur d'obtenir de la douane un certificat attestant l'origine étrangère. En outre, une estampille est apposée par la douane d'importation sur chaque récipient, à l'intersection de la boîte et du couvercle (Circ. n° 1695, du 28 mars 1883).

II. — Action de la douane durant la période d'ouverture.

Ainsi que nous l'avons indiqué plus haut, le gibier, durant la période d'ouverture de la chasse, ne constitue qu'un article d'importation repris au tarif des douanes. L'administration se borne, par suite, à recouvrer les droits d'entrée, qui s'élèvent à 25 fr. les 100 kilogs nets en tarif général, et à 20 fr. en tarif minimum.

Les conserves de gibier sont taxées à 75 fr. et à 60 fr. les 100 kilogs, récipients intérieurs compris.

Les importations sont considérables : lièvres d'Allemagne, d'Autriche et de Russie, perdrix d'Angleterre, cailles d'Egypte, viennent envahir nos marchés.

Pendant la dernière année, voici le chiffre des importations effectuées :

Gibier mort ou vivant :

Poids : 71.700 kilogs. Valeur : 265.271 francs.

Nos exportations font triste mine à côté :

Poids : 8.700 kilogs. Valeur : 32.427 francs.

Pour les œufs qui sont confondus dans les statistiques douanières avec les œufs de volaille, nous relevons :

Importation

Poids : 24.652.700 kilog. Valeur : 36.732.561 francs.

Exportation

Poids : 16.614.000 kilog. Valeur : 26.413.785 francs.

Dès l'ouverture, le gibier étranger peut pénétrer sur le territoire français, et même sur la demande des mandataires aux Halles de Paris, le ministre accorde chaque année, l'autorisation d'importer sous plomb de Douane, *pendant la nuit précédente*, le gibier mort à destination du marché de la capitale. L'importation en France ne peut avoir lieu *avant minuit*, à l'exception des entrées par Avricourt qui peuvent se faire par le train de 8 heures du soir, arrivant à Paris, vers 6 heures du matin. Quelle que soit l'heure de l'arrivée à Paris, le gibier ne peut sortir des magasins de Douane des gardes parisiennes *avant midi ;* afin de mettre les fournisseurs français et étrangers sur un pied de stricte égalité.

Concours de la Douane à la répression du braconnage.

De garde permanente dans les gares, sur les routes, les rivières et les canaux, le littoral et les frontières ; traversant à toute heure de jour et de nuit de grandes étendues de terrain dans la campagne pour aller exécuter leur service ou rentrer à leur domicile ; pénétrant fréquemment dans l'intérieur du pays en arrière des premières lignes de Douane pour effectuer leur service propre d'observation ou celui qui leur a été imposé de contrôler, en cours de transport, la circulation des boissons et de viser les expéditions de régie... les préposés des Douanes étaient tout particulièrement désignés, semble-t-il, pour prêter leur concours à l'observation de la loi du 3 mai 1844.

Pour des motifs qui nous échappent, ces agents n'ont pas été compris parmi les « autorités » chargées de constater les infractions à la police de la chasse.

Etait-ce pour ne pas augmenter les obligations déjà lourdes qui incombent aux préposés des Douanes ?

Peut-être, bien que nous ayons exposé ci-dessus que la surveillance du braconnage pouvait se juxtaposer, pour ainsi dire, sans occasionner aucune surcharge sensible, aux obligations journalières des douaniers.

En outre, ne sont-ils pas déjà habitués à constater des contraventions multiples à la requête d'autres administrations :

1° *A la requête des Contributions indirectes :* Circulation ou détention illicite de tabac, de poudre, d'ustensiles de fabrication, d'allumettes, de dynamite, de sucres, de boissons, de cartes à jouer.

2° *A la requête de l'Enregistrement :* Défaut de timbre des polices, des lettres de voiture, des connaissements, emploi de faux timbres, etc.

3° *A la requête des Postes :* Transports illicites.

4° *A la requête des Ponts et Chaussées :* Protection des feux flottants, balises ou bouées.

5° *A la requête du Ministère public :* Fabrication ou commerce illicites d'armes ou engins ; commerce de billets de loteries prohibées ; défaut d'exhibition de passeport ou papiers réguliers ; violation des règlements sanitaires ; pêche ou colportage de poisson d'eau douce en temps de prohibition ; pêche irrégulière du corail ; fausses marques de fabrique ; police contre le phylloxera et le doryphora, etc.

6° *Les multiples contraventions à la police du roulage et des messageries publiques :* voitures, chevaux, dégradations aux routes, stationnements, chargements, harnais, lanternes, nombre de voyageurs, feuilles de route, etc.

L'extension aux douaniers du pouvoir de verbaliser en matière de braconnage ne paraît donc pas de nature à soulever de difficultés sérieuses.

Actuellement, ils n'ont que le droit de conduire devant le Maire ou officier de police judiciaire le plus voisin, les délinquants se livrant à la vente, à l'achat ou au transport du gibier *dans le temps où la chasse est défendue*, quand, d'ailleurs, le fait ne constitue pas une *infraction* spéciale à *la loi de douanes* et ne rend pas celle-ci applicable.

Un motif de nature à rendre le concours des douaniers précieux, c'est que *la chasse est formellement interdite aux préposés et sous-officiers des brigades des Douanes qui ne peuvent prendre de permis.*

Dès 1898, l'Administration insistait sur la prohibition absolue qui atteint les agents inférieurs des brigades. Elle appelait sur ce point toute la surveillance et la sévérité des Inspecteurs et Directeurs ; *et sans défendre absolument la chasse aux officiers des brigades*, elle leur recommande de ne s'y livrer qu'avec *modération*, et, surtout, *de s'abstenir de cet exercice au cours de leurs tournées.*

L'administration ajoutait qu'elle ne pourrait voir qu'avec satisfaction les officiers donner l'exemple à leurs hommes, *et se tenir par cela même en mesure de conserver plus de fermeté dans leur action.*

Ces paroles s'appliqueraient de tous points actuellement aux préposés vis-à-vis des braconniers de leur région : « Leur action serait pleine de fermeté. »

IV. — PROHIBITION, EN TOUT TEMPS, A L'ENTRÉE EN FRANCE, DES OISEAUX GIBIER CAPTURÉS AU MOYEN D'ENGINS PROHIBÉS SUR NOTRE TERRITOIRE.

C'est depuis 1903 seulement que la Douane a été amenée à rechercher les conditions dans lesquelles le gibier ou plutôt les oiseaux-gibier importés de l'étranger ont été capturés.

Par décision du Ministre de l'Agriculture, en date du 5 octobre, fut *prohibée* à titre formel, l'importation des *oiseaux* de toute espèce, même oiseaux-gibier, qui manifestement seraient reconnus comme ayant été capturés au moyen d'engins prohibés en France.

Une information ultérieure apprit que des importateurs tentaient d'éluder cette interdiction en recommandant à leurs fournisseurs étrangers de procéder à la fusillade du gibier capturé au moyen de lacets.

Les oiseaux *reconnus* rentrer dans cette catégorie devraient être refoulés à l'étranger.

V. — FACILITÉS DOUANIÈRES POUR L'IMPORTATION DU GIBIER VIVANT DESTINÉ AU REPEUPLEMENT.

La Douane a toujours accordé les plus grandes facilités pour l'importation du gibier vivant destiné à la reproduction.

En temps prohibé, elle exige des importateurs une autorisation délivrée par le Ministère de l'Agriculture (Direction des Eaux et Forêts) dans la forme suivante :

« Le Ministre de l'Agriculture autorise M..... à faire transporter de..... à. . . . .
gibier destiné à la reproduction.

Le présent permis de transport est valable pour..... jours. Dès l'arrivée du gibier au lieu de destination, ce permis devra être remis au Maire.

Ce magistrat municipal après avoir attesté ci-dessous que le gibier transporté est parvenu au destinataire et qu'il est bien destiné à la reproduction prendra soin d'apposer au bas de sa déclaration sa signature et le cachet de la commune et d'adresser ensuite le permis au Préfet du Département, qui, seul, est chargé de le transmettre au Ministre.

Pour le Ministre et par Délégation,
Le Conseiller d'État, Directeur Général des Eaux et Forêts.

Déclaration du Maire.

. . . .

La Douane d'importation vise cette autorisation pour date de main-levée, et les intéressés prennent aussitôt possession du gibier.

VI. — IMPORTATION DES ARMES DE CHASSE.

L'importation des armes de chasse est entièrement libre, uniquement subordonnée au paiement des droits d'entrée en France. Ces droits sont assez élevés.

La Belgique, l'Angleterre nous fournissent les fusils qui ont fait la réputation de leurs manufactures d'armes ; les Etats-Unis d'Amérique nous envoient leurs célèbres carabines Winchester et autres sans rivales pour la chasse de la grosse bête.

Au point de vue de la Douane, les fusils de chasse sont les armes à canon lisse, destinées à lancer de la grenaille de plomb ou des balles, se chargeant par la bouche ou par la culasse, avec chiens extérieurs ou chiens intérieurs, à percussion à broche ou à percussion centrale. Les canardières et fusils à percussion péripéhrique annulaire sont traités comme fusils de chasse à percussion centrale, selon l'espèce. Les fusils Gras transformés en fusils de chasse à culasse mobile sont assimilés aux fusils de chasse à percussion centrale à chiens extérieurs.

Les fusils de chasse qui, par leur mode de construction, ne rentrent pas directement dans les autres catégories de fusils de chasse sont classés par la loi du 11 janvier 1892 parmi les fusils de chasse à percussion centrale, à chiens extérieurs. Tel est le cas des fusils à vent dont il est parfois fait usage pour la chasse au faisan.

Les carabines de chasse forment une catégorie spécialement taxée. Les carabines à deux coups, dont l'un des canons est un canon mince et lisse de fusil de chasse, sont taxés comme fusils de chasse. Les armes enrichies d'or ou d'argent sont passibles du droit de garantie sur les parties en métal précieux dont elles sont revêtues, pourvu qu'il ne s'agisse pas de simples médaillons ou autres ornements insignifiants dont il n'est pas tenu compte.

Les importations pour la dernière année se sont élevées à 289.400 kilog. d'une valeur de 3.398.042 francs.

Les cartouches de chasse pleines *sont prohibées* à l'entrée, de même que la poudre à feu.

Les enveloppes vides, amorcées ou non, ainsi que les *capsules de chasse*, sont taxées à 80 francs les 100 kilos en tarif général et à 75 fr. au tarif minimum.

Tarifs d'entrée des armes de chasse (Droits aux 100 kilos nets).

1° Fusils de chasse se chargeant par la bouche..........Fr.	300	240
2° Fusils de chasse se chargeant par la culasse à percussion à broche	450	350
A percussion centrale et chiens extérieurs..................	900	800
A percussion centrale et chiens intérieurs ainsi que tous fusils non compris dans les catégories précédentes................	1.200	1.000
3° Carabines	600	500
4° Canons de fusils et pièces brutes de forge................	75	60
5° Groupes de pièces assemblées travaillées : armes de la catégorie.		
6° Pièces non assemblées, travaillées.....................	1.200	1.000

Les armes de chasse appartenant à des étrangers venant séjourner temporairement en France sont admises en franchise, sous réserve de la consignation des droits d'entrée qui sont remboursés par la Douane au départ des intéressés.

Nous voici arrivés à la fin de cette étude, heureux si notre modeste contribution ne paraît pas trop indigne des travaux du Congrès de la Chasse.

Francis Thévenin,
Vérificateur des Douanes, Paris.

FEDERATION DES CHASSEURS DU RHONE

Législation et réglementation de chasse sont basées sur protection.

Vœu de la Fédération des chasseurs des Bouches-du-Rhône dont le vote et l'application sont rigoureusement indispensables.

Messieurs,

Délégué par mes chers camarades pour soumettre au Congrès la nécessité d'arrêter l'odieuse extermination des oiseaux, occasionnée par l'emploi des filets, lacets, pièges et autres moyens réprouvés, je viens y soutenir que la base de toute législation et de toute réglementation de chasse réside dans cette prévoyante maxime : « Protéger d'abord, chasser ensuite. »

C'est notre devise et il ne pourrait en être autrement. En effet, nés dans le département des Bouches-du-Rhône, dont les enfants sont de sincères et modestes chasseurs au poste et à l'agachon, placés dans cette grande ville de Marseille où, depuis quelques années, ont surgi, en outre des magasins de vente de gibier, de grandes criées centrales pour le compte desquelles sont faites d'horribles et innombrables hécatombes de petits oiseaux, nous n'avons que trop compris d'où venaient les si apparentes diminutions de passages d'oiseaux et les plaintes de l'agriculture.

Nous nous sommes dit : « Les importations et ventes de millions d'oiseaux non tués au fusil, les criées qui les débitent en quantités invraisemblables, les dangereux appareils frigorifiques qui aident à l'extermination, vont être cause de la fin de la chasse tout en menaçant notre chère agriculture d'une désolation désastreuse.

Or, les oiseaux représentent une poule aux œufs d'or qui appartient à l'agriculture, aux chasseurs, et, si l'on veut bien, aux marchands de gibier. Si ces derniers sont assez imprévoyants pour vouloir tuer la poule et les œufs tout à la fois, il est du devoir des chasseurs et des agriculteurs de se liguer pour les en empêcher.

C'est pourquoi, après avoir vivement applaudi et chaudement approuvé, cette admirable mesure qu'est la Convention Internationale des chasseurs des Bouches-du-Rhône, alliée avec les Sociétés d'Agriculture et d'Horticulture pour arrêter la néfaste extermination des oiseaux faite par les moyens réprouvés.

D'après quels textes ont-ils agi ? D'après la loi du 3 mars 1844, d'après la Convention internationale de 1902, d'après les circulaires ministérielles.

En effet la loi du 3 mai 1844, qui semble avoir une lacune relativement aux ventes et importations, n'en a que pour ceux dont le jugement est peu conforme à la sagesse des pensées des législateurs qui l'ont élaborée, bien des jugements en sont la preuve manifeste.

Je dis et je soutiens que ces législateurs ont surtout été protecteurs et, quoique ignorants de l'avenir meurtrier, ils ont émis des dispositions auxquelles des gens de bon sens ne sauraient se tromper. Je n'ai même pas à soutenir ici que la complicité par recel est absolument punissable lorsque le coupable connaît la provenance délictueuse du gibier. Il me suffit de citer les articles de cette sage loi du 3 mai 1844 où il est mentionné que les préfets (collaborateurs du maîstre de la chasse dont ils demandent toujours le visa aprobatif) pourront prendre des dispositions pour empêcher le dépeuplement de telle ou telle espèce d'oiseaux et protéger les oiseaux utiles à l'agriculture. Et, du moment qu'ils s'érigent en protecteurs doivent-ils tolérer cette prime au braconnage qu'on appelle l'importation. Quel traité les y forcerait ?

Ainsi donc la loi du 3 mai 1844 suffirait pour arrêter l'extermination des oiseaux.

Eh bien, Messieurs, nous le soutenons et nous avons la conviction de parler à des convaincus. Ces sages précautions de la loi de 1844 seraient inutiles et les Pouvoirs Publics seraient suffisamment armés par les volontés, aujourd'hui légales, de la grande et prévoyante Convention Internationale de 1902.

Or, ces deux lois et leurs réglementations protectrices se greffent actuellement et leur puissance contre la néfaste et odieuse extermination des oiseaux est irréfutablement indiscutable. Nos adversaires le savent bien.

En effet, ils n'osent attaquer cette belle alliance de front, pas plus dans notre département qu'à la Chambre des députés. Qu'opposent-ils ? Un nouveau cheval de Troie, plein de fallacieuses promesses et dont les flancs ne tarderaient pas à lancer, contre la chasse et l'agriculture, des projectiles perfides qui en entraîneraient la déplorable désolation.

Quel est ce cheval de Troie ? Des groupements de soi-disants chasseurs dont l'état-major est composé de collaborateurs des trafiquants de gibier, dont les recrues sont de malheureux chasseurs peu perspicaces excités par la théorie d'une liberté licencieuse, enfin de riches trafiquants de gibier sont les intéressés commanditaires de ces sociétés créées dans un but trop facile à comprendre.

Il en est ainsi, malheureusement, chez nous, et ce sont des actes pareils qui nous poussent plus que jamais à lutter énergiquement pour notre sage devise : « Protéger d'abord, chasser ensuite ! »

Détaillons sommairement la Convention Internationale de 1902. Nous y trouverons trois divisions, trois volontés dont la seconde n'est que momentanée et transitoire.

1° Protection absolue des espèces d'oiseaux utiles à l'agriculture, spécialement les insectivores, dont une liste est dressée, susceptible d'être augmentée et achevée.

2° Protection relative des autres espèces comprises entre celles de la première liste et celles reconnues comme nuisibles à l'agriculture (dont les noms sont mentionnés). Cette protection relative n'est autre que leur protection absolue contre tous les moyens autres que le fusil, c'est-à-dire contre la destruction en masse. Des restrictions et précautions pour la chasse et la vente sont spécifiées pour le laps de temps qui s'écoulera jusqu'au jour où ces espèces seront ajoutées à la première liste et par conséquent jouiront d'une protection absolue.

3° Liberté de tuer les oiseaux-gibier au fusil et d'exterminer les oiseaux essentiellement nuisibles dont une liste principale est dressée.

La convention de 1902 est donc nettement claire. Cette législation et réglementation a pour volonté la protection et on ne saurait ergoter. Elle doit être appliquée depuis le 6 décembre dernier.

Que peuvent faire nos adversaires contre elle ? Ils se sentent pris et réagissent fallacieusement car ils ne sauraient le faire en face. Nous le savons puisqu'ils ne nous combattent pas ouvertement mais s'efforcent de créer des équivoques. Qu'ont-ils réclamé pour les nombreuses saisies de 1904 ? Rien, et ils ne se sont récriés qu'en apprenant l'oubli de la promulgation de cette Convention qui nécessitait de nouvelles instructions.

Je le demande. Qu'objectera-t-on à un ministre, à un représentant des hautes parties contractantes lorsqu'il s'exprimera ainsi :

J'ai le droit de joindre à la liste n° 1 toute espèce d'oiseau utile à l'agriculture. Mais je ne veux pas abuser de cette stipulation de la Convention et, ne voulant pas léser trop d'intérêts, je prends une mesure moyenne, qu'aucune personne perspicace ne saurait désapprouver. Je la prends en partant de ce principe que, qui peut le plus peut le moins. En conséquence, j'autorise la chasse de certaines espèces telles que la grive, l'alouette, l'ortolan, mais seulement au moyen du fusil, et, par suite, je n'autoris ela vente et l'importation de ces espèces qu'en tant que ces oiseauv auront été chassés-tués au fusil, quelle que soit leur provenance. »

On ne pourra rien objecter de sérieux car on ne peut parler contre l'inaltérable logique. Tout au plus certains pourraient-ils dire : « Mais on a accordé des tolérances en Belgique, en Espagne et l'Italie extermine. »

A cela la réponse est trop facile car ce n'est pas ces mêmes réclameurs qui ont sollicité chez nous des tolérances que je ne veux pas qualifier. Qu'ils s'estiment bien heureux de les avoir obtenues, contrairement aux lois, et qu'ils se taisent. Quant à l'Italie, n'ayant pu entrer dans le concert européen de prévoyance, elle ne saurait voir de mauvais œil notre refus d'écouler les victimes de ses exterminateurs. En effet accepter ces importations de gibier, illicite chez nous, serait de notre part une preuve d'incohérence. Ce serait nous battre nous-mêmes et donner une prime au braconnage. Rien, aucun traité ne nous y force et s'il y en avait, il faudrait les dénoncer pour l'avenir de la chasse et de l'agriculture.

Du reste, elle est actuellement sagement inspirée et s'achemine dans la route de la législation et de la réglementation protectrices. Je le dis hautement : qui vivra verra.

Nous concluons en présentant notre vœu à vos votes qui, nous n'en doutons pas, seront unanimes.

Il faut, il faut absolument arrêter les ventes et importations des oiseaux non tués au fusil. Or la Convention internationale de 1902 y oblige les représentants des hautes parties contractantes, et, chez nous comme chez presque tous, du reste, l'ancienne législation et les anciennes réglementations leur donnent une double force. Le moyen inéluctable et indispensable d'arrêter la destruction réside dans l'insertion de la phrase suivante, qui, placée dans tous les arrêtés de police de la chasse, sera, nous vous le jurons, la bouée de sauvetage de la chasse et de l'agriculture.

« L'importation, l'exportation, le transport, le colportage, la vente, la mise en vente et l'achat des espèces d'oiseaux dont la chasse est autorisée, sont interdites si ces oiseaux ont été chassés-tués par tout autre moyen que les armes à feu et de quelque provenance qu'ils soient, française ou étrangère. »

Adopté.

Nous avons eu la joie de la faire insérer dans un arrêté de police de la chasse de notre département. Vous aurez l'immense honneur de la voter et, lorsqu'elle sera insérée dans tous les arrêtés, tous les gens sensés vous diront : « Vous avez bien mérité de vos frères les chasseurs, vous avez bien mérité de vos frères les agriculteurs. » Tel est notre vœu, Messieurs, en le votant, vos cœurs tranquilliseront vos consciences.

Nous terminons en disant : « On n'attaque pas impunément l'admirable nature, on n'en bouleverse pas impunément le bel ordre et les sublimes desseins. L'homme, dans sa fertile intelligence, pourra refaire des oiseaux mécaniques, il pourra même les faire voler ; mais il sera toujours incapable de leur faire poursuivre les insectes car il ne dépend pas de lui de distribuer ce facteur moral qu'on appelle l'instinct. Qu'il cesse donc d'exterminer, en masse et par des engins aveugles, ceux que leur mère, la nature, a créés pour les protéger eux et leurs récoltes. Et, si poussés par d'égoïstes intérêts, certains restent sourds à ces sages prières : Eh bien ! à nous, chasseurs, à nous, agriculteurs, de dénoncer et faire poursuivre leurs méfaits, par la création d'une alliance des sociétés de chasseurs et des sociétés d'agriculteurs dans tous les départements, ayant leur concentration à Paris, par leur affiliation générale, au Saint-Hubert Club de France, à la Société Centrale des Chasseurs, à la Société des Agriculteurs de France. »

Quant à Messieurs les Ministres, Représentants des hautes parties contractantes de la Convention Internationale de 1902, leur devoir est tout tracé, le moyen à employer est aussi facile qu'inattaquable et en leur indiquant nous savons que nous nous adressons à de sages convaincus.

Il repose sur la thèse primordiale que nous venons de soutenir : Toute législation et réglementation de chasse sont basées sur la nécessité de protection. De sages lois existent, il faut les appliquer et arrêter l'extermination.

BARON D.

Fondateur de la Fédération des Chasseurs des Bouches-du-Rhône,
Président de la section marseillaise,
Chevalier du Mérite agricole.

7 avril 1907.

La législation italienne sur la chasse.

par Gaston BONNEFOY

§ 1er

Généralités. Textes législatifs (1).

Le droit romain qui consacrait les principes du droit naturel en matière de chasse, fut longtemps suivi en Italie, mais au moyen-âge les idées féodales pénétrèrent dans les mœurs et bouleversèrent les principes antérieurs.

Aujourd'hui malgré de nombreux projets (2) tendant à l'unification des lois sur la chasse, il n'y a pas encore de législation uniforme en Italie.

La législation de la chasse diffère en Italie d'une province à l'autre, sauf sur quelques points peu nombreux, réglés par des dispositions générales, applicables à tout le royaume.

Les textes relatifs à la chasse sont les suivants :

1° Dans le Piémont ,la Sardaigne et les Marches :

Patente du 29 décembre 1836 ;

Patente du 16 juillet 1844 ;

Patente du 1er juillet 1845 ;

Loi du 26 juin 1853.

2° Dans la Lombardie et la Vénétie

Loi des 13 février 1804 ;

Décret du 7 juillet 1804 ;

Décret réglementaire du 21 septembre 1805 ;

Notification du 5 juillet 1816.

3° Dans les provinces de Parme :

Résolution souveraine du 1er septembre 1824 ;

Résolution souveraine du 23 avril 1828 ;

Résolution souveraine du 18 juin 1828 ;

Résolution souveraine du 23 avril 1835.

Décret du 28 mai 1835.

4° Dans la province de Modène :

Décret du 6 février 1815 ;

Notification du 22 janvier 1826.

5° Dans la Toscane :

Loi du 3 juillet 1856.

6° Dans les anciennes provinces pontificales (moins les Marches).

Edit Galeffi du 10 juillet 1826 ;

Notification Giustiniani du 14 août 1839.

(1) Voir sur ce point A. Martinelli *La legislazione italiana sulla caccio* part I cap. 1 à 5. Faider, Histoire du Droit de Chasse, p. 540 et s. Demay, Recueil des Lois sur la chasse en Europe p. 676 et s.

(2) Projet Pepoli 18 novembre 1862. — Projet Sanguinetti et Salvagnoli 27 mai 1867. Projet Majorana Calatabiano 7 juin 1879. Projet Miceli 21 mars 1880, 24 mars 1882. Projet Berti, 29 février 1884.

7° Dans la Sicile et à Naples ;

Loi du 18 octobre 1819.

Il y a un certain nombre de lois communes à tout le royaume.

Ce sont :

1° La loi communale et provinciale du 20 mars 1865, art. 172 § 20, qui, ainsi qu'on le verra, donne aux conseils provinciaux à la condition de se conformer aux lois et règlements, le droit de déterminer les époques pendant lesquelles on peut se livrer à la chasse et à la pêche.

2° La loi du 6 juillet 1871 relative à la sécurité publique, qui s'occupe du vagabondage, du port d'armes, de la vente, de la fabrication et de la détention des armes.

3° Les lois des 26 juillet 1868 et 8 juin 1874, modifiées par la loi du 19 juillet 1880 sur les droits de taxe.

D'une manière générale la législation est très large en Italie en ce qui concerne le droit de chasse et contrairement à ce qui a lieu en France où l'on ne peut chasser que là où c'est permis, on peut y chasser partout où cela n'est pas défendu.

§ 2

Nature du droit de chasse.

Le droit de chasse est lié intimement au droit de propriété, dont il est une dépendance.

Ce principe est consacré par l'article 712 du Code civil italien publié le 1er janvier 1866, qui est ainsi conçu :

« L'exercice de la chasse et de la pêche est réglé par des lois particulières.
« Il n'est cependant pas permis de l'introduire sur le fonds d'autrui pour l'exer-
« cice de la chasse contre la défense du possesseur. »

Ainsi qu'on le voit, cet article interdit de pénétrer sur le fonds d'autrui pour y chasser contre le gré du possesseur.

D'après la rédaction même de cet article 712, on pourrait croire que le consentement du possesseur doit toujours être présumé, tant qu'une volonté contraire n'a pas été manifestée ; c'est une erreur, car à cet égard, on doit s'en référer aux lois locales, maintenues en vigueur dans tout ce qui n'est pas contraire aux dispositions du Code.

C'est ainsi que dans les anciennes provinces pontificales, si l'on décide que le propriétaire d'un fonds ouvert peut interdire la chasse sur ce fonds, conformément à cet article 712 du Code civil, en revanche l'on admet que, sur les propriétés closes de murs, de haies ou autrement, l'interdiction de chasser est la règle et ne peut être levée qu'en vertu d'une autorisation formelle du propriétaire aux termes des édits des 10 juillet 1826 et 14 août 1839 (1).

De même on considère encore comme toujours applicable dans l'ancien royaume des Deux-Siciles, la disposition de la loi du 13 octobre 1819, d'après laquelle la chasse sur les terres cultivées sans l'autorisation du propriétaire est

(1) Parère du Conseil d'Etat du 12 février 1874.

absolument prohibée. C'est ce qu'a décidé la Cour de cassation de Palerme le 30 octobre 1882.

En ce qui concerne les fonds clos, la clôture indique suffisamment que le propriétaire a eu l'intention d'en interdire l'accès à toute personne, notamment et surtout aux chasseurs. Il en résulte donc logiquement que la chasse y est interdite sauf autorisation expresse du propriétaire. Au surplus un fonds n'est réputé clos qu'autant qu'il est entièrement entouré d'une clôture continue faisant obstacle au passage.

Ces principes ont été établis dans un arrêt de la Cour de Cassation de Rome du 25 mai 1882 (1).

Les animaux sauvages vivant à l'état de liberté naturelle n'appartiennent à personne ; ce sont des *res nullius*, que chacun peut s'approprier par voie d'occupation, en les tuant ou en les saisissant.

C'est ce qui résulte des articles 710 et 711 du Code civil italien ainsi conçus :

1° Article 710 : « La propriété s'acquiert par l'occupation. La propriété et « les autres droits sur les choses s'acquièrent et se transmettent par succession, « par donation et par l'effet des conventions. Ils peuvent aussi s'acquérir au « moyen de la prescription. »

2° Article 711 : « Les choses qui ne sont pas, mais qui peuvent devenir la « propriété de quelqu'un, s'acquièrent par l'occupation. Tels sont les animaux « qui font l'objet de la chasse ou de la pêche, le trésor et les choses mobilières « abandonnées ».

§ 3

Exercice du Droit de chasse

L'exercice de la chasse n'est permis qu'aux personnes ayant au préalable obtenu la délivrance d'un permis, personnel, valable pour un an, délivré par l'autorité administrative et qui porte le nom de *licenza*.

Nous croyons utile de donner ici quelques notions sur les différents genres de chasse en usage en Italie.

A côté de la chasse avec les armes à feu, *caccia con armi da fuoco*, on pratique la chasse avec filets et lacs : *caccia colle reti e con lacci :* le *roccolo*, la *passala*, *le paretaio*, *le tramaglio* qui sont des filets usités dans la province de Cunéo.

Dans la province de Turin, les engins employés sont le *spavento*, les *reti portatili* (filets portatifs), les *copertoni ou reti aperte* (filets ouverts) la *muta delle quaglie*.

Il y a enfin la *caccia colla pania* (la chasse à la glu), les *lacci*, les *trabocchetti*, les *trapolle*.

La chasse avec les armes à feu *cassia con armi da fucoo* est très usitée dans toutes les provinces du Piémont. Elle se fait avec ou sans chiens.

Dans la province de Cuneo, les filets et lacs les plus usités pour la chasse, sont le *roccolo*, la *passata*, les *tramagli*. Pour la chasse au *roccolo*, on entoure

(1) On pourra consulter utilement sur ce point Martinelli *La legislazione italiana sulla caccio* n° 250 et 255.

avec des filets d'une hauteur de trois mètres environ, une enceinte d'à peu près quinze mètres, formée d'arbres de haute futaie ; au milieu se trouve un gros arbre au pied duquel sont placés des petits oiseaux, enfermés dans une cage et qui servent d'appelants. Les oiseaux de passage, attirés par le chant de leurs compagnons captifs, se posent sur les branches de l'arbre. Sur ces branches est un épervier en bois que l'on peut faire descendre de haut en bas ; il sert à épouvanter les oiseaux qui en fuyant se prennent dans les filets.

A Turin, pour chasser au *roccolo*, on se sert aussi de la chouette, effrayant les grives captives elle leur fait pousser des cris qui attirent les oiseaux de passage.

La *passata* sert à prendre spécialement les grives et les merles : elle diffère du *paretaio* en ce que ce dernier mode de chasse exige des endroits préparés où les filets sont tendus à terre : ils sont vulgairement appelés copertoni. Quant à la *passata*, ce sont deux filets placés parallèlement dans les bois de haute futaie, à deux mètres environ l'un de l'autre ; ils sont reliés par des cordes, qui, tirées à volonté par le chasseur, permettent de les fermer ou de les relever. Les oiseaux de passage sont attirés par des appeaux placés dans le voisinage : Le chasseur qui se tient caché au milieu de buissons qui forment comme on dit en Toscane, *il capanno* (cabane), en faisant rapidement refermer les filets, leur coupe toute retraite.

Les *tramagli* (tramails) sont des filets à mailles fixes, triples, de différentes grandeurs et formant des poches : ils ressemblent aux filets destinés à la pêche. Ils n'exigent pas de terrain préparé et ils servent à la chasse ambulante.

Dans certaines provinces, la *passata* est employée conjointement avec le *roccolo*, le filet de la *passata* ayant environ huit mètres de haut sert à prendre les oiseaux qui échappent au roccolo.

Dans la province de Turin, on se sert de la *brescianella*, mode de chasse qui diffère peu du roccolo.

Le spavento consiste en une longue corde qui, partant de la cabane où est caché le chasseur, va s'attacher à la cime d'un arbre de haute futaie : cette corde est munie de blé de Turquie et de petites clochettes : dans ce genre de chasse on se sert aussi de la chouette comme épouvantail.

Dans certaines contrées, les *paretai* sont appelés *copertoni*, filets ouverts.

Les *reti portari* (filets portatifs) sont plus ou moins petits : de la hauteur de deux mètres au plus : on les place dans les rangées de vigne ou à travers les haies.

La *muta delle quaglie* est une chasse qui se fait surtout dans la province de Turin : elle a lieu sur un espace de terrain cultivé en sorgo rouge, où les sillons sont tracés de manière à se réunir en un point central, d'où partent dans différentes directions des filets d'une hauteur de soixante centimètres. Les cailles de passage, attirées par celles qui sont liées à des palettes, se posent et sont capturées. Cette chasse prend fin au lever du soleil.

Dans les provinces d'Alexandrie et de Novare les *roccoli* et les autres moyens de chasse ne diffèrent pas des précédents.

La chasse *colla pania* (chasse à la glu) se fait de deux manières dans la province de Cuneo : elle a lieu à poste fixe *posto fisso*, ou aux gluaux portatifs *vergoni portatili*. La chasse à la glu, à poste fixe demande une préparation du terrain, des appeaux et des oiseaux de rappel ; celle aux gluaux portatifs, se fait sur un terrain quelconque et l'on se sert de la chouette.

Cette chasse est peu importante dans les provinces de Turin et de Novare, on la fait surtout à Alexandrie où l'on enduit de glu les rameaux de différentes plantes auprès desquelles sont placées des oiseaux de rappel.

Les chasses avec *lacci* et *trabocchetti* (lacs et trébuchets), sont déplorables en raison de la destruction qu'elles occasionnent d'autant qu'elles se font toute l'année. Les lacs, faits de fil de cuivre, avec nœud-coulant, servent à prendre les lièvres, les renards, les loutres, etc. ; ceux faits avec des crins de cheval ont pour but de s'emparer des cailles, des perdrix et des bécasses.

Les *archetti* sont des pièges tendus pour chasser. Ces pièges sont formés d'une branche grosse d'un pouce et longue d'un mètre et demi à peu près. Courbée en demi-cercle, cette branche ou gluau est retenue par une ficelle attachée à poste fixe à l'une de ses extrémités ; à l'autre extrémité, dans un petit trou percé au centre passe une ficelle. En resserrant cette ficelle, les deux bouts de la branche se rapprochent et l'élasticité du bois amène alors une forte tension. Un petit morceau de bois, dit *chiave* (clef) est légèrement assuré à l'extérieur du gluau près du trou où passe la ficelle. A cet endroit, on place l'*esca*, l'amorce, qui consiste généralement en insectes vivants dont les oiseaux sont friands. Les oiseaux qui vont se poser font déclancher le piège et sont pris par les pattes à la ficelle.

Les *trappole* servent à prendre toute espèce de volatiles pendant le temps de neige, époque où la rareté de la nourriture force les oiseaux de s'approcher des graines qui ont été placées comme amorce sur des pièges.

Le *trabocchetto* (trébuchet), tel qu'il est employé dans la province d'Alexandrie est un moyen cruel de prendre les oiseaux.

Cette chasse consiste à disposer penchées et appuyées sur de faibles soutiens des planches pesantes sous lesquelles on place des graines. Attirés par les amorces, les oiseaux viennent pour manger, se posent sur les soutiens et font tomber les planches qui les écrasent.

Comme on peut en juger, tous ces engins sont nuisibles à l'agriculture et pernicieux pour la chasse qu'ils ruinent, surtout au moment des éclosions, sans compter qu'ils servent à la chasse clandestine.

Les chasseurs qui veulent se servir d'armes à feu doivent se munir d'un permis de port d'armes à feu non prohibées dont la délivrance donne lieu au paiement d'un droit de dix livres par arme portative.

Dans les provinces où certains modes de chasses particuliers sont autorisés, il est délivré des permis spéciaux moyennant l'acquittement des droits suivants : 1° Pour la chasse aux filets dits *bressenella* ou *roccolo* 20 ou 25 livres, suivant les cas ; 2° Pour la chasse à l'aide de filets, dits *paretoi*, *copertoni* ou *prodine*, 20 ou 25 livres, suivant les cas ; 3° Pour la chasse avec filets fixes, ouverts ou verticaux, 25 livres ; 4° Pour la chasse à travers la campagne avec filets mobiles, 15 livres ; 5° Pour la chasse au filet lancé (*lanciatore*), avec filets tendus au bord de la mer ou avec tonnelle (*dilervio*) 100 livres ; 6° Pour la chasse à la passe, avec sifflets ou épouvantails, dans les gorges et sur la cîme des montagnes, 40 livres ; 7° Pour la chasse avec lacets, trappes, raquettes, trébuchets et paniers, par hectare de terrain occupé, 100 livres ; 8° Pour la chasse au moyen de buissons disposés pour la capture des grives et autres oiseaux au moyen d'appeaux, de glu ou de lacets, 20 livres ; 9° Pour la chasse, à poste fixe, aux gluaux, 20 livres ; 10° Pour la chasse aux gluaux, pratiquée en se transportant d'un point à un autre, et pour toute espèce de chasse, 6 livres (L. 19 juil. 1880).

Le chasseur qui sollicite à la fois la délivrance de plusieurs permis, est tenu de payer seulement la taxe afférente au permis dont le prix est le plus élevé.

Tout ceci résulte de la loi du 19 juillet 1880 (1).

L'on s'est demandé si les dispositions des lois locales autorisant le propriétaire à chasser sans permis sur ses propriétés ont été abrogées par la loi du 19 juillet 1880. La Jurisprudence admet l'affirmative (2).

L'Italie comme tous les autres pays a reconnu la nécessité de protéger le gibier pendant le temps de la reproduction afin de le soustraire à une trop grande destruction.

Aux termes de l'article 172 § 20 de la loi communale et provinciale, le conseil provincial fixe dans chaque province l'époque d'ouverture et de clôture de la chasse.

Ce sont là les seuls pouvoirs de cette assemblée qui n'aurait pas le droit notamment de déterminer les modes et procédés de chasse dont il peut être fait usage.

Les mesures relatives à la clôture de la chasse ne concernent pas les animaux malfaisants ou nuisibles qu'à peu près partout il est permis de détruire même en temps prohibé.

C'est ainsi :

1° Qu'en Piémont et en Sardaigne on peut tuer en tout temps, les loups, ours et autres animaux malfaisants ou nuisibles ; bien mieux leur destruction est encouragée par des primes (3).

2° Qu'il en est de même en Toscane à l'égard des loup, renard, blaireau, fouine, martre, belette, putois, porc-épic, hérisson, faucon, hiboux, corbeau, geai, pie, corneille, avec cette restriction toutefois qu'est prohibé l'emploi des fusils, lacets, traquenards et trappes (4).

3° Dans les anciens états de l'Eglise à l'égard des oiseaux et animaux nuisibles (5).

4° Dans les provinces lombarde et vénitienne pour les loups, renards et

(1) Les femmes comme les hommes peuvent se faire délivrer un permis, la loi n'ayant pas fait de distinction entre les sexes. Il y a eu ce sens une note du Ministère de l'Intérieur du 28 avril 1885. La femme n'a même pas besoin de l'autorisation de son mari pour obtenir un permis. Voir sur tous ces points Gatteschi. *La legge toscana sulla caccia* n° 334. Martinelli, *La legislazione italiana sulla caccio* n° 280. Aux termes d'une décision du ministre de l'Intérieur du 25 novembre 1865, les agents consulaires français, qui désirent se livrer à la chasse ne sont pas dispensés du paiement des droits.

Aux termes des articles 3 et 37 de la loi du 15 juin 1877 sur l'instruction élémentaire les individus ayant contrevenu aux dispositions de cette loi sont privés du droit de port d'armes et partant se trouvent dans l'impossibilité de pratiquer la chasse au moyen d'armes à feu. Voir sur ce point l'annuaire de législation étrangère 8° année p. 405 et 416.

(2) Voir sur ce point les trois arrêts de la Cour de cassation de Rome des 13 mars 1882, 15 février 1884 et 21 janvier 1885. Toutefois la Cour de Cassation du Turin le 5 février 1885 a décidé qu'un permis n'était pas nécessaire aux personnes se servant d'armes à feu dans un enclos attenant à une habitation . Cette décision est critiquée par quelques auteurs. Voir Martinelli. *La legislazione italiana sulla caccio*, n° 279 *Sex*.

(3) Pat. du 29 déc. 1836, art. 16.

(4) L. 3 juill. 1856 art. 12.

(5) Notif. 14 août 1839 art. 3.

autres animaux qui détruisent le gibier ou causent des dommages dans la campagne (1).

5° Dans l'ancien duché de Modène à l'égard des loups, renards et autres animaux malfaisants (2).

6° Dans l'ancien royaume des Deux-Siciles, à l'égard des ours, loups et renards (3).

L'interdiction de détenir, transporter et vendre le gibier pendant le temps où la chasse est fermée est un corollaire nécessaire de la prohibition de chasser. Et cette interdiction figure dans la plupart des lois provinciales telles que celles du Piémont et Sardaigne (4), Lombardie et Vénétie (5), Parme (6), Modène (7), anciennes provinces pontificales (8).

En ce qui concerne la chasse de nuit (9), elle est interdite dans quelques provinces, mais avec des distinctions. C'est ainsi :

1° Qu'en Piémont et en Sardaigne, la chasse au fusil pendant la nuit est interdite (10).

2° Qu'il en est de même en Toscane, sauf pour la chasse au marais (11) ;

3° Que dans les anciennes provinces pontificales, la chasse de nuit avec lanternes ou torches, à la hutte ou à l'aide de certains engins, tels que la tonnelle (*diluvio*) ou le double filet, est rigoureusement prohibée (12).

La chasse en temps de neige est interdite d'une façon plus ou moins étendue :

C'est ainsi :

1° Qu'en Piémont et en Sardaigne, il est défendu de suivre sur la neige les traces du gibier (13).

2° Qu'en Lombardie (14) et dans l'ancien duché de Modène (15) la chasse du lièvre est prohibée en temps de neige.

3° Que dans la province de Parme toute espèce de chasse est interdite quand la terre est couverte de neige ou de glace (16).

4° Qu'en Toscane il en est de même au cas de neige (17).

5° Que dans les anciennes provinces pontificales, la chasse des lièvres, chevreuils, perdrix grises ou rouges et autres oiseaux et quadrupèdes utiles, est également interdite, en temps d'hiver dans les lieux où la neige couvre le sol (18).

(1) L. 13 févr. 1804 art. 8.
(3) L. 18 oct. 1819 art. 179.
(2) Décr. 6 févr. 1815 art. 8.
(4) Pat. 16 juill. 1844 art. 2.
(5) L. 13 févr. 1804 art. 7.
(6) Résol. gouver. du 1er sept. 1824, art. 8.
(7) Décr. 6 févr. 1815 art. 11.
(8) Edit. 14 août 1839, art. 5.
(9) La nuit est censée commencer une heure après le coucher et finir une heure avant le lever du soleil.
(10) Pat. 16 juil. 1844 art. 13.
(11) L. 3 juill. 1856 art. 8.
(12) Edit. 14 août 1839 art. 18.
(13) Pat. 16 juillet 1844, art. 13.
(14) Décr. 21 sept. 1905 art. 8.
(15) Décr. 6 févr. 1815 art. 8.
(16) Résol. gouv. 1er sept. 1824 art. 7.
(17) L. 3 juill. 1856 art. 7.
(18) Notif 14 août 1839 art. 7.

En principe tous les modes et procédés de chasse sont autorisés.

1° C'est ainsi qu'il est permis de chasser avec des chiens courants ou couchants et de se servir d'armes à feu ou de filets quelconques, fixes ou mobiles, notamment du *roccolo* ;

Toutefois :

(A) Dans l'ancien duché de Parme, les lévriers, chiens courants et autres du même genre ne peuvent être employés que dans les montagnes, sur les collines ou le long du Pô (1).

B) En Toscane il est interdit de tendre des filets de quelque espèce que ce soit, près des fontaines et des abreuvoirs (2).

2° En ce qui concerne l'usage des lacets.

A) Il est permis dans l'ancien duché de Modène, en Toscane (3), dans les anciens états pontificaux (4) et dans l'ancien royaume des Deux-Siciles.

B) Dans les autres pays, il est plus ou moins interdit.

C'est ainsi :

a) Qu'en Piémont et en Sardaigne il est formellement interdit (5).

b) Qu'à Naples et en Sicile, les collets destinés à la capture des lièvres, perdrix, bécasses et faisans sont prohibés, mais qu'on peut se servir de lacets pour prendre des merles, grives et autres petits oiseaux (6).

3° En ce qui concerne les traquenards ils sont considérés comme engins prohibés.

A) Par la loi piémontaise (7).

B) Par celle des anciens États de l'Église (8).

C) Par celle des Deux-Siciles (9).

Toutefois l'usage en est permis dans les provinces pontificales (10) et dans les Deux-Siciles (11) pour la destruction des animaux malfaisants ou nuisibles.

4° Enfin l'usage des drogues et appâts prêts à empoisonner, enivrer ou stupéfier le gibier, est interdit (12).

(1) Résol. Gouver. 1er sept. 1824 art. 7.
(2) L. 3 juill. 1856 art. 5.
(3) Toutefois les lacets ne doivent pas être composés de plus de deux crins, ni être construits en laiton, et ne doivent pas servir à prendre des oiseaux plus forts que la grive ou le merle (Loi 3 juill. 1856 art. 5).
(4) Toutefois il est défendu de disposer les collets à serrer de façon à prendre des lièvres, des perdrix rouges ou grises, des cailles ou d'autres oiseaux, si ce n'est dans les marais, pour capturer les bécasses et autres oiseaux de ce genre, mais on peut placer en l'air des lacets pour prendre les oiseaux. (Notif du 14 août 1839, art. 19).
(5) Pat. 16 juill. 1844 art. 13.
(6) L. 18 oct. 1819 art. 174 et 175.
(7) Pat. 16 juill. 1844 art. 13.
(8) Notif, 14 août 1839 art. 19.
(9) L. 18 oct. 1819 art. 174.
(10) Notif, 14 août 1839, art. 20.
(11) L. 18 oct. 1819, art. 175.
(12) Voici les textes législatifs sur ce point : Lombardie et Vénétie : Décret du 21 septembre 1806. art. 8 ; Parme : Résol. gouv. 1er sept. 1824, art. 7 ; Modène, Déc. 6 fév. 1815, art. 8 ; Toscane L. 3 juillet 1856, art. 5 ; États Pontificaux : Notif. 14 août 1839, art. 17.

§ 4

Pénalités.

Le Code pénal italien de 1889 dans son article 428 (1) punit, sur la plainte de la partie lésée d'une amende pouvant atteindre 50 livres, et, en cas de récidive, de la détention pendant 15 jours au plus, quiconque chasse sur le fonds d'autrui, alors que le propriétaire en a fait la défense, en se conformant aux conditions établies par la loi et a fait connaître cette interdiction par des signes ostensibles.

Aux termes de l'article 1 de la loi du 19 juillet 1880, quiconque chasse avec des armes à feu sans avoir au préalable obtenu la délivrance d'un permis de port d'armes est passible d'une amende égale à cinq fois le montant des droits fixés pour l'obtention du permis sans préjudice de la confiscation des armes et du gibier.

Aux termes de l'article 2 de la même loi, quiconque chasse à l'aide d'autres engins, sans avoir acquitté la taxe correspondante, est passible d'une amende égale au double de la taxe, et en tous cas, jamais inférieure à 20 livres.

Le délit de chasse en temps prohibé est puni des peines portées par des lois spéciales aux diverses provinces.

C'est ainsi :

1° Qu'en Piémont et en Sardaigne (2), la pénalité est une amende de 15 à 50 livres (3).

2° Qu'en Lombardie, Vénétie, il y a une amende de 300 livres, convertie en cas d'insolvabilité, en un emprisonnement dont la durée correspond au montant de l'amende et se calcule à raison d'un jour de prison par 3 livres d'amende (4).

3° Que dans l'ancien duché de Parmes il y a une amende de 1 à 20 livres (5).

4° Que dans l'ancien duché de Modène, l'amende est de 200 livres (6).

5° Qu'en Toscane, l'amende est de 50 à 150 livres (7).

6° Que dans les anciennes provinces pontificales, il y a une amende de 3 à 15 écus, doublée en cas de récidive (8).

7° Que dans l'ancin royaume des Deux Siciles, l'amende ne peut excéder dix ducats (9).

De plus, dans tous les Etats, les armes et engins ayant servi à commettre le délit sont confisqués.

Les lois locales punissent la chasse pendant la nuit.

(1) Cet article est ainsi conçu : « Sera sur la plainte de la partie lésée, puni de la « haute amende jusqu'à 50 francs au maximum, tout individu qui aura chassé sur « le fond d'autrui, alors que le propriétaire y avait prohibé la chasse suivant les « règles établies par la loi, ou y avait placé des écriteaux pour faire connaître à « tous cette prohibition, en cas de récidive du même délit, on appliquera la détention jusqu'à quinze jours. » L'on peut rapprocher de ce texte l'article 11 § 2 de la loi française du 3 mai 1844.

(2) Pat. 16 juill. 1844, art. 15.

(3) Loi du 13 fév. 1804, art. 10 et 11.

(4) Résol. gouv. 1er sept. 1824 art. 13.

(5) Décret 6 fév. 1815 art. 10.

(6) L. 3 juill. 1856 art. 9.

(7) Notif 14 août 1839 art. 20 et 28.

(8) L. 18 oct. 1819 art. 222.

C'est ainsi qu'elle est punie de la façon suivante :

1° En Piémont et en Sardaigne d'une amende de 15 à 50 livres (1).

2° En Toscane, d'une amende de 30 à 100 livres (2).

3° Dans les anciennes provinces pontificales, d'une amende de 3 à 15 écus, doublée en cas de récidive (3).

L'on a vu plus haut que la chasse ou certaines modes de chasse, en temps de neige, était interdits.

Les infractions de ce genre sont punies :

1° En Piémont et Sardaigne d'une amende de 15 à 50 livres (4).

2° Dans les provinces lombarde et vénitienne, d'une amende de 180 livres, convertie pour les insolvables, en un emprisonnement dont la durée correspond au montant de l'amende et se calcule à raison d'un jour de prison par 6 livres d'amende (5).

3° Dans l'ancien duché de Modène d'une amende de 200 livres (6).

4° Dans l'ancien duché de Parme d'une amende de 30 à 300 livres pour la première fois, de 60 à 600 livres avec emprisonnement de quinze jours à six mois en cas de récidive (7).

5° En Toscane, d'une amende de 20 à 100 livres avec confiscation des armes et engins (8).

6° Dans les anciennes provinces pontificales, d'une amende de 3 à 15 écus, doublée en cas de récidive (9).

L'emploi d'engins prohibés est puni en Piémont, en Sardaigne, dans l'ancien duché de Parme, en Toscane et dans les anciennes provinces pontificales, de la même peine que la chasse en temps de neige ; dans les provinces dépendant de l'ancien royaume des Deux-Siciles, la peine est celle de l'amende de dix ducats au plus et de la détention pendant 15 jours au maximum (10).

Chacun peut dénoncer les infractions commises aux lois sur la chasse, mais les carabiniers, les gardes de montagne, etc., sont spécialement chargés de veiller à l'observation des lois.

§ 5.

Convention internationale.

Une convention a été conclue entre l'Italie et l'Autriche-Hongrie, les 5-29 novembre 1875, pour la protection des oiseaux utiles à l'agriculture dans le but d'en empêcher la destruction et d'en favoriser la reproduction.

Les deux pays se sont engagés à interdire chacun sur l'étendue de son territoire, le meurtre et la capture des petits oiseaux pendant la nuit, en temps de neige, au moyen de pièges, lacets ou autres engins, ou à l'aide de matières enivrantes, ainsi que la destruction des nids et l'enlèvement des œufs ou couvées.

(1) Pat. 16 juill. 1844 art. 15.
(2) L. 3 juill. 1856 art. 8.
(3) Notif du 14 août 1839 art. 20 et 28.
(4) Pat. 16 juill. 1844 art. 15.
(5) Déc. 21 sept. 1905 art. 18 et 20.
(6) Déc. 6 fév. 1815 art. 10.
(7) Résol. gouv. 1er sept. 1824 art. 13 § 2.
(8) Loi 3 juill. 1856 art. 7.
(9) Notif 14 août 1839 art. 20 et 28.
(10) L. 18 oct. 1819 art. 225.

La législation suisse sur la chasse.

PAR GASTON BONNEFOY

CHAPITRE PREMIER. — Législation générale.

§ I.

Généralités.

La loi fédérale sur la chasse et la protection des oiseaux du 17 septembre 1875 se borne à poser un certain nombre de principes et de règles générales et s'en remet aux cantons du soin d'en faire l'application ; ce sont donc les législations cantonales qui déterminent lé système d'après lequel la chasse doit s'exercer dans chaque canton.

L'article 2 de ladite loi garantit à tout Suisse ayant obtenu un permis de chasse dans un canton, le droit de chasser sur le territoire de ce canton, à la condition de se conformer aux lois et aux règlements locaux ; il permet aux cantons d'accorder le droit de chasser aux étrangers établis.

§ 2

Différentes espèces de chasse. — Ouverture et fermeture de la chasse.

On distingue deux espèces de chasse ayant chacune ses règles spéciales :

1° *La chasse au gibier de plaine* qui a pour objet le gibier qui vit non seulement dans les plaines, mais encore sur les collines et dans les régions basses des montagnes, tels que les cerfs, chevreuils, lièvres, perdrix, cailles, bécasses.

2° *La chasse au gibier de montagne*, qui comprend la chasse du gibier qui habite dans les hautes régions et notamment celle des chamois, des marmottes, des lièvres des Alpes, des gallinacés de montagne (grands coqs de bruyère, tétras à queue fourchue, gélinotte des bois, gélinotte blanche ou lagopède, bartavelle), et des carnassiers des hautes régions.

C'est ce qui résulte de l'article 11 de la loi précitée de 1875.

En plaine et dans les régions basses des montagnes, l'époque de l'ouverture doit être fixée au 1er septembre pour la chasse du gibier à plumes, et au 1er octobre pour la chasse générale. La clôture doit avoir lieu le 15 décembre ou dans les arrondissements affermés le 31 décembre.

Les cantons sont autorisés à ouvrir la chasse générale en même temps que celle du gibier à plumes. Avant l'ouverture générale, il est défendu d'employer d'autres chiens que les chiens d'arrêt (1) ; la chasse sur terre est prohibée, au printemps sur tout le territoire suisse (2) ; quant à la chasse aux palmipèdes, sur les lacs, elle est réglementée par les cantons, sauf l'exécution des conventions internationales, à l'égard des lacs de frontière (3). Le Conseil fédéral et les

(1) art. 8 de la loi du 17 sept. 1875.
(2) art. 8 § 4 de la loi du 17 sept. 1875.
(3) Art. 9 de la loi du 17 sept. 1875.

autorités cantonales peuvent, lorsqu'ils le jugent nécessaire interdire, par des arrêtés spéciaux et pour un temps déterminé, la chasse dans certaines parties du territoire ou la chasse de certaines espèces de gibier (1).

Dans les hautes montagnes, la chasse au chamois et de la marmotte ne peut être autorisée par les lois cantonales après le 1er octobre ; celle des autres espèces de gibier de montagne ne peut être permise que du 1er septembre au 15 décembre (2) ; la chasse des cerfs et chevreuils qui se trouvent dans les hautes régions ne peut avoir lieu que du 1er septembre au 1er octobre soit pendant un mois ; cette période peut être réduite par les lois cantonales (3). Il est défendu de tuer ou capturer les jeunes chamois de l'année et les mères qui les allaitent, ainsi que les femelles du grand coq de bruyères et du tétras à queue fourchue (4) : il est également défendu de tuer ou capturer les biches et chevrettes, les faons de l'année et les bouquetins (5). L'usage des chiens courants et des armes à répétition pour la chasse du gibier de montagne est prohibée (6).

Des mesures ont été prises pour favoriser le repeuplement des hautes montagnes ; elles consistent dans l'interdiction absolue et rigoureuse de chasser, à quelque époque que ce soit, sur certaines partie du territoire. Les espaces ainsi mis en réserve portent le nom de districts francs. Il est établi un district franc dans chacun des cantons d'Appenzell, de Saint-Gall, de Glaris, d'Uri, de Schwitz, d'Unterwald, de Lucerne, de Fribourg et de Vaud : deux, dans chacun des cantons de Berne et du Tessin ; trois, dans chacun des cantons du Valais et des Grisons (7). Un règlement du conseil fédéral du 4 août 1876, a exactement délimité ces districts et a organisé la surveillance du gibier. Un arrêté fédéral du 28 juin 1878 a déterminé la participation de la confédération aux frais faits par les cantons pour la surveillance des districts francs.

Les autorités cantonales ont la faculté d'ordonner ou de permettre, même en temps prohibé, la destruction des animaux malfaisants ou carnassiers, ainsi que la chasse du gibier, lorsqu'il est trop abondant, et qu'il cause des dommages. Un délai doit être imparti pour l'exécution de cette destruction ou de cette chasse et l'opération ne peut être confiée qu'à des chasseurs sûrs (8). La même faculté est reconnue aux autorités cantonales en ce qui concerne la destruction des animaux nuisibles ou carnassiers dans les districts francs (9). Dans les arrondissements affermés, le locataire de la chasse a le droit de chasser, même après la clôture, les animaux dont il vient d'être question, sans permission spéciale, pourvu qu'il le fasse sans le secours de chiens (10).

La vente et l'achat du gibier sont interdits en temps prohibé, à compter du commencement du huitième jour qui suit la clôture de la chasse. Il est défendu, en tout temps, de vendre des faons de chamois, de biche ou de chevrette, ainsi que des femelles du grand coq de bruyères ou des tétras à queue

(1) Art. 10 de la loi du 17 sept. 1875.
(2) Art. 12 de la loi du 17 sept. 1875.
(3) Art. 14 § 1 de la loi du 17 sept. 1875.
(4) Art. 12 § 2 et 3 de la loi du 17 sept. 1875.
(5) Art. 14 § 3 de la loi du 17 sept. 1875.
(6) Art. 5 de l a loi du 17 sept. 1875.
(7) Art. 16 de la loi du 17 sept. 1875.
(8) Art. 4 § 3 de la loi du 17 sept. 1875.
(9) Art. 5 de la loi du 17 sept. 1875.
(10) Art. 4 § 3 de la loi du 17 sept. 1875.

fourchue. Le gibier provenant de l'étranger peut être vendu en toute saison, pourvu que l'origine en soit officiellement constatée (1). Une ordonnance du conseil fédéral du 11 mars 1879, a déterminé les conditions dans lesquelles le gibier peut être importé des pays étrangers, pendant la période comprise entre la clôture et l'ouverture de la chasse.

§ 3.

Procédés de chasse. — Protection des oiseaux insectivores.

En fait de procédés de chasse, d'armes, d'instruments et d'engins de chasse, la loi fédérale interdit l'usage des pièges, quels qu'ils soient, tels que trébuchets, lacets, collets, sauf pour la capture des renards, putois, fouines et martres, celui des tendues d'armes à feu, de projectiles explosibles et de poisons, sans préjudice de l'emploi de chiens courants et d'armes à répétition dans les hautes régions (2). Il est également défendu de prendre les oiseaux au moyen de filets, d'aires, de chanterelles, de chouettes, de gluaux, de lacets et d'autres pièges quelconques (3), de détruire les couvées et de prendre les œufs du gibier à plumes, de déterrer les marmottes et de porter des fusils se démontant ou des cannes à fusils.

Il est absolument interdit dans toute la Suisse, de tuer ou de capturer les oiseaux insectivores, c'est-à-dire toutes les espèces de sylvies (fauvettes, rossignols, etc.), de traquets, de mésanges, d'accenteurs, de pitpits, d'hirondelles, de gobe-mouches et de bergeronnettes ; parmi les passereaux, l'alouette, l'étourneau, les diverses espèces de grives et de merles, à l'exception de la litorne, le pinson et le chardonneret ; parmi les grimpeurs, le coucou, le grimpereau, la sittelle, le torcol, la huppe, et toutes les espèces de pics ; parmi les corbeaux, les choucas, et le freux ; parmi les oiseaux de proie, la buse et la crécerelle, ainsi que toutes les espèces d'oiseaux de proie nocturne, à l'exception du grand-duc ; parmi les oiseaux de marais et les palmipèdes, la cigogne et le cygne. L'enlèvement et la vente sur les marchés des œufs et des petits de ces oiseaux sont pareillement prohibés (4). Toutefois, ces défenses peuvent être levées par les gouvernements cantonaux en faveur de personnes déterminées, agissant dans un but scientifique (5).

Doivent être considérés et punis comme délits de chasse : la chasse, le meurtre ou la capture du gibier en temps prohibé ou sans permis, la chasse dans les districts francs, la chasse dans les arrondissements affermés sans l'autorisation du locataire, la chasse les jours de dimanche, lorsqu'elle est défendue par la loi du canton, la destruction ou la prise des espèces de gibier spécialement protégées, la chasse à l'aide d'engins ou de moyens prohibés, le port de fusil se démontant et de cannes à fusil, l'emploi de chiens courants pour la chasse du gibier de plaine, avant l'ouverture de la chasse générale, les dommages causés aux propriétés, l'achat et la vente du gibier provenant du

(1) Art. 5 de la loi du 17 sept. 1875.
(2) Art. 6 de la loi du 17 sept. 1875.
(3) Art. 19.
(4) Art. 17 de la loi du 17 sept. 1875.
(5) Art. 20 de la loi du 17 sept. 1875.

braconnage, la destruction des nids et couvées, les contraventions aux dispositions concernant la chasse du gibier de montagne ou la protection des oiseaux, l'achat, en temps prohibé, du gibier provenant du braconnage ou du gibier protégé (1).

§ 4.

Répression des délits de chasse.

La répression des délits de chasse est confiée aux lois cantonales, mais la loi fédérale pose, à ce sujet, quelques règles générales. C'est ainsi que l'amende pour violation des dispositions relatives à la protection des oiseaux, ne doit pas être inférieure à 10 francs, et que les amendes encourues pour contravention aux prescriptions concernant le gibier à plumes et le gros gibier, doivent être respectivement de 20 et 40 francs au moins. A défaut de paiement, l'amende doit être convertie en emprisonnement à raison d'un jour de prison pour trois francs d'amende. En cas de récidive, l'autorisation de chasse doit être retirée ou refusée pendant une période de deux à cinq ans et l'amende doit être augmentée. A l'égard des délits de chasse commis en temps prohibé ou pendant la nuit, l'amende doit être doublée. Le fait de laisser des chiens chasser en temps prohibé ne doit pas être considéré comme un délit de chasse, mais doit être puni de peines de police et d'une amende de cinq francs au moins par chien (2).

Les lois et règlements que les cantons sont autorisés à édicter en matière de chasse ne deviennent exécutoires qu'après avoir été examinés et approuvés par le conseil fédéral (3). La plupart des cantons, usant de la faculté qui leur est accordée, ont réglementé l'exercice et la police de la chasse. Dans l'impossibilité où nous sommes de passer en revue tant de législations diverses, nous nous bornerons à donner l'analyse de la loi spéciale au canton de Vaud.

CHAPITRE II. — LÉGISLATIONS PROPRES A CHAQUE CANTON.

Canton de Vaud.

La chasse peut être exercée par tout propriétaire sur son fonds, et pour toute personne munie d'un permis, sur le fonds d'autrui non clos, sauf dans les jardins, vergers, plantations et bosquets dépendant des habitations et situés dans un rayon de deux cents mètres de celles-ci ; elle peut être également exercée par tout chasseur muni d'un permis, dans les bois, forêts, alpages et pâturages (4). Toutefois, il est défendu de chasser dans les vignes et les champs, tant que la récolte n'est pas faite, et dans les prairies, tant que les regains n'ont pas été fauchés (5). Il est interdit de rompre les clôture des fonds, telles que

(1) Art. 21 de la loi du 17 sept. 1875.
(2) Art. 22 de la loi du 17 sept. 1875.
(3) Art. 24 de l aloi du 17 sept. 1875.
(4) Art. 12 de la loi du 1er juin 1876.
(5) Art. 13 de la loi du 1er juin 1876.

haies, palissades ou autres obstacles destinés à la séparation des héritages (1).

Nul n'est admis à chasser dans le canton de Vaud, s'il n'est muni d'un permis de chasse (2). Le permis est délivré par le préfet, moyennant le paiement préalable des droits, dont le montant est fixé, chaque année, par la loi de finances. Toute personne âgée de dix-huit ans révolus et résidant depuis trois mois au moins dans le canton, peut obtenir un permis de chasse. Des permis peuvent être délivrés à des personnes domiciliées dans un autre canton ou dans un autre Etat, lorsque des conventions intercantonales ou internationales garantissent un traitement réciproque aux Vaudois (3). Le préfet doit refuser le permis : 1° aux interdits pour cause de démence ; 2° aux individus condamnés à la privation générale des droits civiques ; 3° aux personnes qui ne justifient pas avoir payé l'impôt de leurs chiens ; 4° aux individus qui n'ont pas acquitté les amendes de chasse auxquelles ils ont été condamnés (4). Les individus privés du droit de chasse pour une période de deux à cinq ans, ne peuvent obtenir un permis pendant la durée de cette période ; il en est de même des individus condamnés deux fois pour infraction aux art. 25, 26 et 27 de la loi sur la chasse, au cours des deux années précédentes.

Le permis de chasse est personnel ; il est valable pour tout le territoire du canton et pour une période de chasse.

La chasse générale au gibier de plaine est ouverte, sur terre et sur l'eau, du 1er septembre au 15 décembre (5). La chasse est ouverte, en outre, moyennant un permis spécial, sur les lacs, en bateau exclusivement du 1er janvier au 31 mars (6). La chasse au chamois ou à la marmotte est ouverte seulement du 1er septembre au 1er octobre ; celle des autres espèces de gibier de montagne du 1er octobre au 15 décembre (7) ; celle des cerfs et chevreuils, dans les hautes régions, du 1er septembre au 1er octobre (8). Il est interdit de laisser chasser aucun chien lorsque la chasse n'est pas ouverte (9).

La chasse est interdite le dimanche et les jours de fête religieuses.

La chasse des bêtes carnassières et dangereuses, telles que les ours, loups et sangliers, peut avoir lieu en tout temps avec une autorisation du préfet. Le conseil d'Etat peut autoriser, dans des cas spéciaux et sous certaines conditions de temps, de lieux et de procédés, la destruction des animaux nuisibles. Chaque propriétaire, peut, en outre, en tout temps et sans permis, détruire les animaux nuisibles et dangereux sur le fonds attenant à son habitation, dans un rayon de 200 mètres. La liste des animaux nuisibles ou dangereux est dressée par le conseil d'Etat (10).

Les dispositions concernant les modes et engins prohibés, la protection des oiseaux et l'interdiction de vendre et d'acheter du gibier en temps prohibé,

(1) Art. 14 de la loi du 1er juin 1876.
(2) Art. 1 de la loi du 1er juin 1876.
(3) Art. 2 de la loi du 1er juin 1876.
(4) Art. 3 de la loi du 1er juin 1876.
(5) Art. 15 de la loi du 1er juin 1876.
(6) Art. 16.
(7) Art. 18.
(8) Art. 20.
(9) Art. 11.
(10) Art. 10 de la loi du 1er juin 1876.

sont copiées textuellement sur celles de la loi fédérale (1). Il faut ajouter, cependant, que la chasse à l'affût de nuit est interdite (2).

Les pénalités en matière d'infractions à la loi sur la chasse sont fixées de la manière suivante : 1° chasse sans permis, lorsque la chasse est ouverte : *a*), sans chien, amende de 40 francs : *b*), avec un chien, amende de 60 fr.; *c*), avec deux ou plusieurs chiens, amende de 100 fr. (3); 2° chasse à l'aide d'engins prohibés, amende de 40 francs ; si l'engin est un lacet métallique, amende de 80 fr.; en outre les engins sont confisqués (4); 3° chasse au moyen de tendues d'armes à feu, à l'aide de substances vénéneuses et sans autorisation, avec menaces envers les agents de l'autorité, les propriétaires, les fermiers ou leurs ayants droit, amende de 100 fr. (5) ; 4° chasse avec un nombre de chiens supérieur à celui porté au permis, amende de 40 fr. par chien en sus de celui prévu dans le permis (6) ; 5° fait de laisser chasser un chien quand la chasse n'est pas ouverte, amende de 5 à 10 fr. (7) ; 6° délits de chasse commis en temps prohibé ou pendant la nuit, amende doublée ; 7° toutes autres infractions aux dispositions de la loi cantonale sur la chasse, ou aux prescriptions de la loi fédérale, amende de 10 à 50 fr. (8) ; toutefois la vente de faons de chamois, de biche ou de chevrette, de femelles du grand coq de bruyères ou du tétras à queue fourchue, est punie d'une amende de 10 à 40 fr. pour chaque contrevenant, sans préjudice de la confiscation du gibier (9). En cas de récidive, toutes les amendes sont portées au double (10).

Les parents ou tuteurs sont responsables des amendes encourues par leurs enfants ou pupilles, lorsque ceux-ci logent sous le même toit et sont sous leur surveillance immédiate (11).

Les chasseurs sont responsables des dommages qu'ils occasionnent par eux-mêmes ou par leurs chiens (12).

Appenzell (Rhodes extérieures).

Le demi-canton d'Appenzell (Rhodes-Extérieures), qui forme aujourd'hui une république et dont la constitution date de 1872, est entré dans la confédération depuis 1597, il est de langue allemande ; sa population est de 54.200 habitants et sa superficie de 242 kilomètres.

Dans ce canton, deux permis sont distribués pour la chasse ; l'un de 20 francs, pour la chasse générale, du 1er octobre au 15 décembre ;

L'autre de 30 francs, pour la chasse de montagne et la chasse générale.

De plus, des permis spéciaux, valables pour un jour, et du prix de 5 fr., sont donnés aux étrangers ; ces derniers permis ne peuvent être demandés que

(1) Art. 7, 8, 10, 19, 21, 22, 23 de la loi du 1er juin 1876.
(2) Art. 7 § 2 de la loi du 1er juin 1876.
(3) Art. 24 de la loi du 1er juin 1876.
(4) Art. 25 de la loi du 1er juin 1876.
(5) Art. 26 de la loi du 1er juin 1876.
(6) Art. 27 de la loi du 1er juin 1876.
(7) Art. 29 de la loi du 1er juin 1876.
(8) Art. 32 de la loi du 1er juin 1876.
(9) Art. 23 § 2 de la loi du 1er juin 1876.
(10) Art. 30 § 2 de la loi du 1er juin 1876.
(11) Art. 38 de la loi du 1er juin 1876.
(12) Art. 5 de la loi du 1er juin 1876.

par l'intermédiaire d'un chasseur du pays déjà muni d'un permis. Le chasseur ne peut obtenir ce permis de 5 francs qu'une fois par saison de chasse.

Pour l'année 1887-1888, soixante-sept permis ont été délivrés pour le canton et ont produit 1.380 francs (1).

La loi de chasse de ce canton porte que le chasseur qui a tué une pièce de gibier menée ou levée par le chien d'une autre personne, doit la lui restituer contre le paiement d'une somme de 2 francs.

Le canton accorde des primes pour la destruction des animaux nuisibles : 20 francs pour une loutre, 3 fr. pour un autour, 2 fr. pour un épervier et un héron, 0.40 c. pour une pie, 0.10 pour un corbeau ou une corneille,

Ces primes sont délivrées aux chasseurs réguliers en temps de chasse ; la loutre peut être tuée par des chasseurs réguliers en temps de chasse fermée, avec une autorisation spéciale.

Appenzell (Rhodes-Intérieures).

Le demi-canton d'Appenzell (Rhodes-Intérieures), comme celui de Rhodes-Extérieures, est de langue allemande ; sa superficie est de 177 kilomètres et sa population, en 1888, était de 12.096 habitants.

Pendant l'année de chasse 1887-1888, ce canton a délivré soixante-dix-sept permis de chasse qui ont produit 1.115 francs.

On y délivre deux permis de chasse : l'un de 15 fr. du 1er septembre au 15 décembre ; l'autre du prix de 4 francs, est valable seulement pendant trois jours ; il peut être délivré à un étranger, mais il doit être demandé par l'intermédiaire d'un chasseur du pays déjà patenté qui ne peut en obtenir qu'un par saison.

Les lois de ce canton édictent que le chasseur qui a tué une pièce de gibier menée ou levée par le chien d'un autre chasseur, doit la lui restituer contre le paiement de 1 franc pour un lièvre et 1.50 pour un renard.

L'article 15 de la loi fédérale établit, dans ce canton, un district où la chasse du gibier des montagnes est prohibé, comme moyen de protection et de reproduction (2).

Argovie

Le canton d'Argovie est de langue allemande ; il fait partie de la confédération depuis 1802 ; sa superficie est de 1.404 kilomètres ; sa population en 1888 était de 193.828 habitants.

Pour l'année de chasse 1887-1888, on y a délivré 228 permis qui ont produit 22.000 francs.

Après la loi fédérale de 1875, le canton a conservé le système des chasses louées ; il est divisé en 83 districts de chasse.

Le prix du port de l'arme est de 2 francs. La loi fédérale autorise la chasse jusqu'au 31 décembre.

Des primes sont données pour la destruction des animaux nuisibles ; ce

(1) Cette statistique, quoique prise de 1887 à 188 est sensiblement la même aujourd'hui.

(2) Ordonnance des 12 et 20 mai 1884.

plus, la chasse de ces animaux est ouverte du 1er mars au 16 avril avec chien d'arrêt.

Deux ordonnances des 29 mars et 22 mai 1886 règlementent, en exécution de l'article 79 de la constitution, les indemnités dues pour dommage causé par le gibier.

Bâle (Ville).

Bâle (Ville) forme un demi-canton depuis sa séparation d'avec Bâle (campagne) en 1832. Il est de langue allemande.

Sa superficie est de 35 kil. 8, sa population était en 1888 de 74.251 habitants. On y a délivré pour l'année de chasse 1887-1888, vingt-neuf permis, qui ont produit 945 francs.

Dans ce canton, le système de chasse conservé après la loi fédérale de 1875 est celui des chasses louées. Les permis ou cartes de légitimation coûtent 10 francs.

Il y a une taxe sur les chiens qui, le 10 janvier 1888, en raison de l'augmentation de ces animaux, a été portée à 15 francs par le Grand-Conseil, plus 1.50 de droit d'inscription. Un règlement du 24 novembre de la même année s'occupe tout spécialement des chiens au point de vue de leur déclaration et de leur santé en ce qui a trait au danger pour la sécurité publique.

Bâle (Campagne).

Ce demi-canton, indépendant depuis 1832, est de langue allemande. Sa superficie est de 421 kil. 6. Sa population, en 1888, était de 62.133 habitants.

Le système des chasses louées est admis dans une partie de ce canton.

Dans les communes de Biel, Benken, Eptingen, la chasse n'est pas louée et des permis de chasse de 3 à 5 francs y sont délivrés.

En 1887-1888, les chasses louées ont produit 5.144 francs et les permis 203 francs.

Un arrêté du Conseil du gouvernement du 9 mai 1889 fixe la procédure à suivre en matière de délit de pêche et de chasse.

Berne

Le canton de Berne est entré dans la confédération en 1853. Cette république est de langue allemande. Sa superficie est de 6.888 kilomètres et sa population de 539.271 habitants.

La loi comprend trois permis :

1° Un permis coûtant 50 francs 60, pour la chasse du 1er septembre au 15 décembre.

2° Un permis coûtant 80.60 pour la chasse de montagne.

3° Un permis de 15 francs pour la chasse sur les lacs.

Pour cette dernière chasse, il existe un arrangement international entre les cantons de Berne, de Fribourg, de Vaud et de Neufchâtel, pour ce qui concerne les lacs dont ils sont riverains.

En outre de ces permis, on en délivre un spécial, valable pendant huit jours.

il est donné aux étrangers de distinction, dit la loi, en séjour momentanément dans le canton de Berne.

Un permis spécial de 10 francs est aussi accordé pour la chasse du renard.

Pour obtenir un permis (art. 10), le demandeur ressortissant du canton doit avoir 18 ans révolus et justifier de la propriété d'un cautionnement de 1.500 fr.

Les non-ressortissants doivent en outre élire domicile dans le canton, pour le cas où ils seraient exposés à des plaintes ou à des poursuites pour délits de chasse ; formalité qui, du reste, est exigée dans beaucoup de cantons.

Pour l'année 1887-1888 il a été pris 688 permis qui ont produit 37.342 fr.

Au point de vue de la reproduction du gibier sédentaire, l'article 15 de la loi fédérale a ordonné que deux districts où la chasse au gibier de montagne sera défendue seront établis dans ce canton.

La loi de 1832 sur la chasse dans ce canton a été modifiée par le Grand-Conseil Bernois dans la session de 1877-1878.

Fribourg.

Le canton de Fribourg, entré dans la confédération en 1841 est de langue Allemande et Française.

Sa superficie est de 1669 kilomètres et sa population en 1888 était de 119.562 habitants.

Les permis de chasse dans ce canton sont nombreux : on paye 25 fr. 50 pour un permis de piqueur ; 15 fr. 50 pour un permis délivré à des enfants mineurs ; 30 fr. 50 pour un permis de chasse aux animaux à plume ; 15 fr. 50 pour un permis de chasse générale du 1er octobre au 15 décembre ; 70 francs pour un permis de chasse de montagne ; 15 fr. 50 pour un permis de chasse sur les lacs.

Le permis de chasse pour la plume coûte 30 fr. 50 chiens compris ; celui de la chasse générale coûte 15 fr. 50 mais il faut payer en plus l'impôt de 10 francs par chien ; enfin celui de montagne coûte 10 francs plus une surtaxe de 60 francs et 10 francs par chien.

Enfin le permis de 15 fr. 50 délivré aux enfants mineurs vivant avec leur père lorsque celui-ci ou un de ses fils a déjà un permis, leur donne les mêmes droits que ceux mentionnés ci-dessus pour les piqueurs.

Un permis spécial de 20 francs est délivré pour la chasse du renard.

Pour l'année 1887-1888, on a distribué 434 permis qui ont produit 12.956 francs.

L'article 15 de la loi fédérale établit dans ce canton un district où la chasse du gibier de montagne est prohibée.

L'article 47 de la loi sur la chasse du canton de Fribourg porte que « dans le but de conservation et de reproduction du gibier, le Conseil d'Etat peut créer des arrondissements de chasse pour être affermés. »

La loi cantonale défend la chasse pendant la neige.

Aux termes de la loi du 23 mai 1890 sur la chasse, pour chasser dans ce canton, il faut être muni d'un des permis suivants : 1° d'un permis de chasse général, coûtant 60 francs sans chien, plus 10 francs par chien, et donnant droit de chasse dans le canton « à l'exception des territoires a ban, des arrondissements affermés et des lacs. »

2° D'un permis de chasse dans la plaine, coûtant 30 francs sans chien, plus

10 francs par chien, et donnant le même droit que le premier, si ce n'est qu'il faut ajouter aux territoires exceptés les hautes régions déterminés par les articles 37 et 58 de la loi du 10 mai 1876 et du décret du 17 novembre 1877 sur la chasse (art. 1er).

Toute personne qui participe même sans arme à une chasse, soit comme piqueur conduisant ou soutenant les chiens, soit comme rabatteur, ou de toute autre manière doit être muni d'un de ces permis (art. 4) (1).

Genève.

Le canton de Genève est entré dans la confédération en 1815, il est de langue française, la superficie de cette république est de 279 kil. 4.

En 1888 sa population était de 107.000 habitants.

Le permis de chasse dans ce canton coûte 20 francs timbre non compris, il est valable jusqu'au 31 décembre dans le courant de laquelle il a été délivré.

L'impôt cantonal payé par le chasseur pour ses chiens est de douze francs par bête ; le chasseur étranger n'est pas soumis à cet impôt.

Dans l'année 1887-1888, on a délivré 326 permis qui ont produit 6.846 fr.

La chasse est permise le dimanche dans ce canton.

Le règlement de chasse approuvé par le Conseil fédéral le 1er mars 1887 est ainsi conçu :

Le Conseil d'Etat :

Vu l'article 86 de la constitution Genevoise du 24 mai 1847.

Vu l'article 385, § 36 du Code pénal Génevois du 21 octobre 1847 et la disposition générale dudit code.

Vu la loi fédérale sur la chasse du 17 septembre 1875 et le règlement d'exécution pour ladite loi du 12 avril 1876.

Arrête :

Outre les prescriptions de la loi fédérale sur la chasse et du règlement fédéral d'exécution susrappelés, les dispositions suivantes régissent ce qui concerne la chasse sur le territoire du canton de Genève.

ARTICLE PREMIER. — Lorsque la chasse est autorisée, il est permis de chasser sur tout fonds non clos, à l'exception des terrains ensemencés ou couverts de révoltes pendantes, des vergers, des jardins, plantages et bosquets dépendant des habitations et dans un rayon de 300 mètres de celles-ci. Néanmoins tout chasseur devra s'en retirer au premier avertissement du propriétaire ou de toute autre personne venant de sa part.

ART. 2. — En cas de violation de l'article précédent, le propriétaire a le droit de requérir le chasseur de lui déclarer ses nom, prenoms et demeure.

ART. 3. — Les agents de l'autorité ne dresseront procès-verbal et ne feront rapport pour ces contraventions que sur la demande du propriétaire.

ART. 4. — Tout Suisse est autorisé à chasser sur le territoire du canton après s'être pourvu du permis de chasse cantonal.

(1) Annuaire de L. L. : 20 : 1890, p. 604.

Les étrangers établis ou séjournant dans le canton jouissent du même droit (1).

ART. 5. — Le droit de chasse est réglé exclusivement par l'autorité cantonale d'après le système des permis individuels.

ART. 6. — Toute espèce de chasse est défendue sur les routes cantonales, les chemins communaux, les promenades publiques et les chemins privés.

ART. 7. — La chasse avec armes à feu est défendue, même au propriétaire du fonds, dans toute localité qui n'est pas séparée de l'habitation d'autrui par une distance de 300 mètres au moins.

Quiconque chasse sur la grève du lac ou en bateau est tenu également d'observer cette distance.

Cette prohibition est applicable aux terrains avoisinant les voies ferrées.

ART. 8. — Nonobstant la disposition de l'article précédent, il est libre aux propriétaires de détruire, avec armes à feu ou autrement les animaux nuisibles, quel que soit le lieu de son fonds où ils se trouvent.

ART. 9. — Il est défendu de tirer sur les haies et les arbres qui bordent les chemins publics.

Le propriétaire des haies et des arbres n'est point excepté de la défense.

La chasse est interdite dans l'intérieur des jetées.

ART. 10. — La chasse à la plume est ouverte dès le 1er septembre; la chasse générale, soit chasse à la plume et au gibier à poil dès le 1er octobre. Ces deux chasses sont fermées le 15 décembre, sous réserve de l'article suivant.

La chasse du printemps sur terre de quelque nature qu'elle soit est défendue.

Avant l'ouverture de la chasse générale, il est interdit d'employer d'autres chiens que des chiens d'arrêt (2).

La chasse au lièvre, à la neige est interdite de quelque manière que ce soit ; toute chasse est absolument interdite lorsque le sol est entièrement recouvert de neige.

ART. 11. — La chasse aux palmipèdes, sur le lac, est permise toute l'année sous réserve des conventions qui pourraient intervenir avec les états voisins (3).

ART. 12. — Il est défendu dans tout le canton, de tuer les cygnes et autres oiseaux aquatiques appartenant à la ville de Genève ou aux particuliers.

ART. 13. — La chasse doit être exercée de manière à ménager autant que possible l'exploitation agricole.

Il est interdit d'entrer dans les vignes avant que la vendange soit terminée ou dans les champs d'avoine et de blé non encore moissonnés. (Règlement féd. d'exécution du 12 avril 1876 art. 4).

ART. 14. — Le Conseil d'Etat fait connaître chaque année l'époque de l'ouverture et de la fermeture de la chasse.

A cette occasion, il avertira le public des conséquences légales qui pour-

(1) L. F. du 17 septembre 1875 art. 2.
(2) L. F. art. 8.
(3) L. F. art. 9.

raient résulter pour lui de l'achat des espèces de gibier qui doivent être épargnées en conformité de la loi et indiquera le chiffre des pénalités prévues en cas de contraventions.

ART. 15. — Dès le huitième jour à partir de la fermeture de la chasse, l'achat et la vente de tout gibier sont interdits à l'exception du gibier venant de l'étranger et dont l'origine est nettement établie.

Il est interdit en tout temps et d'une manière absolue de vendre des faons de chamois, de biche ou de chevreuil ainsi que des femelles du coq de bruyère et du tetras à queue fourchue.

En cas de contravention, le gibier sera confisqué indépendamment des peines prévues par les articles 28 et 29 du présent règlement (L. F. art. 5).

ART. 16. — Il est interdit de détruire les couvées et de prendre les œufs du gibier à plume.

Il est interdit de porter des fusils qui se démontent, ou des cannes à fusil. Il est également interdit de placer des engins ou pièges d'un genre quelconque, trébuchets, lacets, colliers ; toutefois, il est fait exception à cette dernière disposition pour la chasse aux renards, putois, fouines, martres et loutres.

Il est absolument interdit de placer des fusils se déchargeant d'eux-mêmes et de se servir de projectiles explosibles et de poisons (L. F., art. 6).

ART. 17. — Sont placées sous la protection de la confédération et du canton les espèces d'oiseaux suivantes :

Tous les insectivores, soit toutes les espèces de sylvies (fauvettes, rossignols, etc.), de traquets, de mésanges, d'accenteurs, de pipits, d'hirondelles, de gobe-mouches et de bergeronnettes.

Parmi les *passereaux :* L'alouette, l'étourneau, les diverses espèces de grives et de merles (à l'exception de la litorne, le pinson et le chardonneret) ;

Parmi les *grimpeurs :* Le coucou, le grimpereau, la sittelle, le torcol, la huppe et toutes les espèces de pies ;

Parmi les *corbeaux :* Le choucas et le freux ;

Parmi les *oiseaux de proie*, la buse et la crécerelle ainsi que toutes les espèces d'oiseaux de proie nocturnes à l'exception du grand-duc ;

Parmi les *oiseaux de marais* et les *plamipèdes :* La cigogne et le cygne. Il est défendu de tuer ces oiseaux, d'enlever les œufs ou les petits des nids, ou de les vendre au marché. Lorsque les moineaux, les étourneaux ou les grives font irruption dans les vignes il est permis aux propriétaires de les tuer en automne, aussi longtemps que la vendange n'est pas terminée (L. F., art. 17).

ART. 18. — Il est absolument interdit de prendre les oiseaux au moyen de filets, d'aires, de chanterelles, de chouettes, de gluaux, de lacets ou autres pièges quelconques (L. F., art. 19).

ART. 19. — Nul ne pourra chasser sans être porteur du permis prévu à l'article 5 du présent règlement.

Ce permis est individuel ; ne sera cependant pas considéré comme contravention de chasse le fait d'avoir tué occasionnellement, sur son propre fonds, un animal dangereux ou nuisible.

ART. 20. — Le coût de l'autorisation de chasser soit permis de chasse est fixé à *vingt francs*, droit de timbre non compris (Loi du 21 août 1886).

Ce permis est valable jusqu'au 31 décembre de l'année dans le courant de laquelle il a été délivré.

Art. 21. — Chaque chasseur reçoit avec son permis de chasse un extrait de la loi fédérale sur la chasse, le règlement fédéral et le règlement cantonal d'exécution (Règlement fédéral d'exécution du 12 avril 1876 art. 3).

Art. 22. — Quiconque sera saisi chassant sans permis, ou avec un permis appartenant à un tiers, ou avec un permis périmé, sera tenu, indépendamment des amendes fixées par les lois sur la chasse, de payer, à titre d'amende fiscale le double du prix qu'il aurait dû payer à l'État pour l'obtention de son permis (Loi du 18 juin 1876 art. 246).

Art. 23. — Sera considéré comme chassant, jusqu'à preuve du contraire, tout individu qui sera rencontré hors des routes muni d'un fusil destiné à la chasse.

Art. 24. — Le permis de chasse doit être délivré par le département de justice et police. Le permis de chasse ne sera accordé qu'aux personnes ayant atteint l'âge de vingt ans révolus. Il n'en sera point accordé aux personnes qui n'auront pas acquitté les amendes auxquelles elles auront été condamnées pour contravention de chasse.

Art. 25. — Le permis de chasse doit contenir la désignation exacte de la personne a laquelle il a été délivré, ainsi que son signalement. (Règlement fédéral d'exécution.)

Art. 26. — Toute personne qui sera trouvée chassant au fusil sera tenue d'exhiber son permis de chasse à tout agent de l'autorité qui le lui demandera et, si elle n'en a pas de lui déclarer ses nom, prénoms et domicile.

Art. 27. — Toute personne qui sera trouvée contravenant à une disposition des lois ou règlements sur la chasse sera tenue de suivre chez le maire ou un adjoint de la commune l'agent de l'autorité qui l'en requerra.

Art. 28. — Sont punis comme délits de chasse : La chasse ou la prise du gibier en temps prohibé ou sans permis, pendant que la chasse est ouverte ; la chasse faite à l'aide du permis d'une tierce personne ; la destruction ou la prise des espèces de gibier spécialement protégées ; la chasse au moyen d'engins prohibés, de substances vénéneuses, de fusils se déchargeant d'eux-mêmes ; l'usage de projectiles explosibles ou de fusils à répétition ; le port de fusils qui se démontent ou de cannes à fusil ; l'emploi de chiens autres que les chiens d'arrêts, pour la chasse à plume avant l'ouverture de la chasse générale ; les dégâts occasionnés aux propriétés ; l'achat et la vente de gibier provenant de braconnage ; la destruction des nids et des couvées ; ainsi que toute contravention aux dispositions sur la protection des oiseaux.

Ceux qui achètent pendant la fermeture de la chasse, du gibier provenant du braconnage ou du gibier d'espèce protégée, seront punis comme les braconniers eux-mêmes (L. F., art. 21).

Art. 29. — Toute contravention aux prohibitions en matière de chasse sera punie des peines de police. (Code pénal, art. 385 § 36.)

L'arme du délinquant pourra être provisoirement saisie et ne sera rendue qu'après paiement intégral de l'amende infligée.

Pour la violation des prescriptions sur la protection des oiseaux, l'amende ne devra pas être inférieure à 10 francs; s'il s'agit de la chasse au gibier, l'amende sera d'au moins 20 francs.

A défaut de paiement, l'amende sera convertie en emprisonnement à raison d'un jour de prison pour trois francs d'amende.

En cas de récidive, l'autorisation de chasser sera retirée ou refusée pendant une période de deux à six ans. Pour les délits de chasse commis pendant la fermeture de la chasse ou pendant la nuit l'amende doit être doublée.

Le fait de laisser des chiens chasser lorsque la chasse est fermée, n'est pas considéré comme délit de chasse, mais doit être puni des peine de police et d'une amende de cinq francs au moins par chien.

En cas de récidive, toutes les amendes doivent être élevées (L. F., art. 22).

Les peines de police seront applicables à toute personne qui aura prêté son permis.

Les délinquants pourront en outre être privés du droit d'obtenir par la suite un autre permis.

Les maires, adjoints et commissaires de police ne pourront pas transiger sur les contraventions de chasse au-dessous des peines minima ci-dessus fixées.

ART. 30. — Il sera alloué à l'agent de l'autorité qui aura dressé une contravention de chasse, suivie du paiement de l'amende, une part de cette amende variant du quart à la moitié.

ART. 31. — Toute action pénale résultant des lois ou règlements sur la chasse sera prescrite après une année, à compter du jour où la contravention aura été faite (Code d'instruction pénale, art. 205).

Clause abrogatoire.

Le règlement sur la chasse du 30 août 1876, et les arrêtés et règlements antérieurs déjà abrogés par lui sont et restent abrogés.

Adopté par le Conseil d'Etat le 15 février 1887.

Approuvé par le Conseil fédéral le 1er mars 1887.

Glaris.

Le canton de Glaris est entré dans la confédération en 1353; il est de langue allemande.

En 1888, sa population était de 33.800 habitants ; sa superficie est de 691 kil. 2.

Il n'y a dans ce canton qu'un permis de chasse qui est de 10 francs pour la chasse du 1er septembre au 15 décembre, sans désignation de chiens. Toutefois, on y délivre aussi un permis spécial, valable pour cinq jours au prix de 5 francs par jour.

On y a distribué pour l'année 1887-1888, 158 permis qui ont produit 1.580 francs.

L'article 15 de la loi fédérale établit dans ce canton un district où la chasse du gibier de montagne est défendue.

Des primes sont délivrées aux chasseurs réguliers en temps de chasse, savoir 10 francs pour un vautour, un aigle, un laemmergier, 3 francs pour un grand-duc, pour les faucons, les espèces protégées par l'article 17 de la loi fédérale exceptées, 1 fr. 10 pour les pies, 0 fr. 50 pour les corneilles, etc. Ces primes tendent à être multipliées par le Landsgemeinde.

Dans ce canton, à certaines époques on prend des mesures spéciales pour protéger le chevreuil et le cerf.

Grisons.

Ce canton qui est de langue allemande, italienne et idiomes romans est entré dans la Confédération en 1803. La superficie est de 7.132 kil. 8. En 1888, la population était de 96.291 habitants, pour l'année de chasse 1887-1888, on a distribué 1986 permis qui ont produit 18.728 francs.

Les permis délivrés dans ce canton sont les suivants : permis de chasse du 1er septembre au 15 décembre sans désignation de chiens, 6 francs ; permis de chasse de montagne, 8 francs permis de chasse de montagne et de chasse générale, 12 francs.

On délivre aussi des permis aux étrangers ; les prix sont les suivants : permis de chasse de montagne 40 francs; permis de chasse ordinaire, 20 francs ; permis pour les deux chasses, 50 francs.

Des primes sont délivrées aux chasseurs réguliers, en temps de chasse : 100 francs pour un ours, un loup et un lynx ; 15 francs pour un laemmergeier ; 10 francs pour un aigle, un grand-duc, une loutre ; 3 francs pour les autours et éperviers ; 0 fr. 50 pour les pies, etc,

La chasse est ouverte le dimanche ; l'article 15 de la loi fédérale établit dans ce canton trois districts où la chasse du gibier de montagne est prohibée au point de vue de la reproduction et du repeuplement.

Lucerne.

Le canton de Lucerne, entré dans la Confédération en 1832 est de langue allemande. Il a une superficie de 1.500 kil. 8 et sa population en 1888 était de 135.780 habitants.

D'après l'ordonnance du 7 juin 1832, l'exercice de la chasse sur le territoire de Lucerne n'appartient qu'aux citoyens et aux étrangers, établis dans le canton, qui ont obtenu le permis de chasse cantonal (art. 1er).

Il y a deux permis (art. 2) : 1° un permis du coût de 35 francs pour la chasse du 1er septembre au 15 décembre ; 2° un permis du coût de 25 francs pour la chasse générale du 1er octobre au 15 décembre.

Le premier permis se nomme permis de 1re classe ; le 2e, permis de 2e classe.

Dans l'année de chasse 1887-1888, on a délivré 278 permis qui ont produit 7.050 francs.

Le chasseur paie en plus du coût du permis 5 francs d'impôt pour son chien (art. 6).

Il y a en outre des permis valables pour un jour, au prix de 5 francs pour les étrangers ; ces permis ne peuvent être demandés que par l'intermédiaire d'un chasseur du pays déjà muni d'un permis : il ne peut en obtenir qu'un par saison.

Les mineurs de 18 ans ne peuvent obtenir de permis de chasse.

Le temps pendant lequel la chasse est ouverte est ainsi fixé (art. 5).

1° Pour la chasse au gibier de plume du 1er septembre au 15 décembre.

2° Pour la chasse générale (lièvres de montagne, renards et autres animaux sauvages) du 1er octobre au 15 décembre.

3° Pour la chasse des chamois et des marmottes, du 1er au 30 septembre.

L'exercice de la chasse est défendu les dimanches et jours fériés.

Quiconque peut tuer les oiseaux nuisibles, ainsi que les loups et sangliers en tout temps et n'importe où (art. 9).

Tout propriétaire et ses enfants qui demeurent avec lui, peuvent en tout temps et sans permis de chasse, tuer, dans les limites de celui de leurs biens sur lequel se trouve leur maison d'habitation les gibiers qui sont regardés comme animaux nuisibles (art. 10).

Le droit de suite est consacré par l'article 11. Tout chasseur muni d'un permis de chasse, qui, d'une façon évidente, lance et poursuit un animal sans maître, a un droit de première occupation sur cet animal, droit qu'il conserve aussi longtemps qu'il le poursuit ou le laisse poursuivre ; nul autre chasseur quand bien même, il serait le propriétaire du fonds, n'est en droit de s'emparer de l'animal tant qu'il est poursuivi.

Ce principe, on le voit, est contraire à ce qui existe en France (art. 11, 2° de la loi de 1844) qui, en principe, semble regarder comme un délit le simple passage des chiens courants sur une terre, alors même qu'ils ont été lancés sur la propriété de leur maître.

L'ordonnance regarde comme une simple contravention et non comme un délit, le fait de laisser des chiens chasser en temps prohibé.

Cette contravention est punissable d'une peine de police variant de 10 à 20 francs pour chaque chien.

L'article 14 s'occupe des peines prononcées pour les délits de chasse.

Des primes sont accordées (art. 19) pour la destruction des animaux nuisibles : 10 francs pour une loutre ; 3 francs pour un autour, un grand-duc, un milan et le grand-faucon ; 2 francs pour un épervier et un émérillon ; 1 franc pour un héron, un putois, une martre ; 0 fr. 50 pour une hermine et une belette ; 0 fr. 20 pour une pie, un geai, une corneille.

Ces primes sont délivrées aux chasseurs patentés, en temps de chasse.

Au point de vue de la protection du gibier, la loi fédérale (art. 15) ordonne qu'il soit crée un district où la chasse du gibier de montagne est prohibée.

Cette ordonnance de 1882 remplace la loi cantonale du 7 mai 1870.

Le 18 février 1888 a été pris un arrêté qui modifie cette ordonnance du 7 juin 1882.

En voici le texte :

Règlement d'exécution pour la loi fédérale sur la chasse et la protection des oiseaux du 17 septembre 1875 et du 7 juin 1882 revisé le 18 février 1888.

Le Conseil de Gouvernement du canton de Lucerne, en exécution du décret du Grand Conseil dudit canton du 7 juin 1882.

Sanctionnant, conformément à l'artice 1er de la loi fédérale sur la chasse et la protection des oiseaux du 17 septembre 1875, et au règlement d'exécution de ladite loi édicté par le Conseil fédéral le 12 avril 1876, la modification conçue suivant le texte ci-après du règlement d'exécution de ladite Loi fédérale, soumis par le conseil de gouvernement du canton de Lucerne le 1er mai 1882 avec le message de la même date au Grand Conseil du canton de Lucerne.

Arrête :

§ 1er. L'exercice de la chasse dans le territoire du canton de Lucerne est permis seulement aux citoyens suisses et aux étrangers établis dans ledit canton, auxquels un permis cantonal pour la chasse aura été délivré.

§ 2. Les permis de chasse seront délivrés par le département des finances et la lieutenance du district contre la présentation d'un certificat de compétence de chasse. Il y a deux classes de permis, c'est-à-dire ceux de 1re classe, valable du 1er septembre au 15 décembre ; ceux de 2e classe du 1er octobre au 15 décembre. Chaque permis doit contenir la désignation de la personne pour laquelle l'autorisation a été accordée et le nombre des chiens que le chasseur peut amener. Les permis de chasse sont valables seulement pour la saison ouverte de l'année où ils sont délivrés ; ils seront portés par le chasseur dans l'exercice de la chasse et produits à la demande des agents de police et des gardes-forestiers ainsi qu'à la réquisition des chasseurs munis d'un permis et des surveillances de chasse.

§ 3. Sont exclus du droit de permis de chasse :

(*a*) Les personnes condamnées pour une infraction à la loi pénale jusqu'à leur réhabilitation.

(*b*) Ceux dont le droit de citoyen actif a été suspendu.

(*c*) Les débiteurs (faillis) en liquidation par concordat ou liquidation judiciaire ou ceux autrement insolvables. Tous sont exclus jusqu'à ce qu'ils aient fourni des épreuves justifiant qu'ils ont satisfait leurs créanciers et ceux qui ont failli jusqu'à leur réhabilitation ;

(*d*) Ceux placés sous curatelle à cause du gaspillage ou d'infirmités mentales.

(*e*) Ceux qui vivent eux et leurs familles de secours publics ou ceux qui ont été admis dès leur seizième année par les orphelinats et n'ont pu se rétablir encore.

(*f*) Tous ceux qui n'ont pas accompli leur dix-huitième année.

§ 4. Les certificats de compétence de chasse seront délivrés par le Conseil municipal respectif, moyennant un droit de cinquante centimes.

Les certificats doivent contenir :

(*a*) Les noms, prénoms, état et domicile du porteur.

(*b*) La déclaration que les dispositions du § 3 ne mettent pas d'entrave à sa demande.

(*c*) La demande doit porter si le permis sera pour la 1re ou 2e classe et en même temps indiquer si le chasseur amène des chiens ou non ; dans tous les cas, le nombre des chiens qu'il veut amener.

Si un Conseil communal délivre un certificat de compétence de chasse à quelqu'un exclu du droit de chasse d'après le § 3, le permis qui lui sera délivré sur un tel certificat sera retiré et annulé sans restitution du droit et le conseil ou conseiller municipal en question si ce certificat a été délivré sciemment ou par grosse négligence sera passible d'une amende de 20 à 30 francs.

§ 5. — La saison de la chasse ouverte est fixée comme suit :

(a) Pour la chasse à la plume, du 1er septembre au 15 décembre.

(b) Pour la chasse générale et la chasse des lièvres, les lièvres de montagne compris, des renards et d'autres gibiers du 1er octobre au 15 décembre.

(c) Pour la chasse des chamois et des marmottes, du 1er au 30 septembre.

La chasse, les dimanches et jours de fêtes est entièrement interdite en tout temps. Suivant la résolution du Grand Conseil du 29 mai 1888, autorisé par le Conseil fédéral, il a été ajouté au § 5 ce qui suit : Il sera réservé au Conseil de régence de diminuer la saison de chasse d'après les circonstances locales dans l'intérêt de l'augmentation du gibier.

§ 6. — Le droit pour un permis de chasse de 1re classe, du 1er septembre au 15 décembre est fixé à 35 francs ; celui de 2e classe, du 1er octobre au 15 décembre, à 25 francs.

Pour chaque chien qui accompagne dans l'exercice de la chasse, il sera perçu une taxe de 5 francs. Les propriétaires de chasse qui ne sont pas établis dans le canton ont à payer en outre de la taxe ci-dessus l'impôt cantonal sur les chiens, s'élevant à 3 francs pour chaque chien qui les accompagne à la chasse (§ 56, loi de finance). Suivant l'ordonnance du 18 février 1888, le § 6, alinéa 2 a été modifié comme suit : sera perçue pour chaque chien qui accompagne dans l'exercice de la chasse, une taxe de 5 francs. Le propriétaire de chasse qui n'est pas établi dans le canton aura à payer, outre la taxe ci-dessus, l'impôt cantonal sur les chiens s'élevant à 3 francs pour chaque chien qui l'accompagne à la chasse.

Ne sont plus délivrés les permis de chasse de la 1re classe après le 15 septembre et de la 2e après le 15 octobre, sous réserve de l'autorisation spéciale du département compétent dans les cas exceptionnels. Une liste des propriétaires de chasse sera publiée dans la gazette du canton.

§ 7. — Si un propriétaire de chasse amène un invité qui a le droit d'exercer la chasse, il sera délivré par le département compétent un permis valable un jour contre le droit de 5 francs. Ce permis n'est valable que le jour pour lequel il a été délivré et pour la personne à laquelle il est délivré.

§ 8. — La chasse sera exercée conformément à toutes les prescriptions qui lui sont relatives et avec le meilleur soin à l'égard des propriétés des fermiers.

Il est défendu de pénétrer dans les champs de blé ou couvert de fourrage, où la récolte n'a pas encore été enlevée, et dans les vignes avant que la vendange ne soit terminée. Le dommage causé dans l'exercice de la chasse sera indemnisé.

§ 9. — Toute personne a le droit de tuer les bêtes nuisibles, comme le loup, le sanglier et les animaux semblables, en tout temps et à tout endroit où l'on peut les trouver. Les chasses au rabat ne peuvent se faire qu'avec le concours de la lieutenance du district (stathalteramt) et les prescriptions de l'art. 4 de la loi fédérale seront observées à ces occasions.

§ 10. — Tous propriétaires ou fermiers et leurs fils, habitant chez eux peuvent en tout temps tuer le gibier compris sous la dénomination de gibier de proie dans les limites des terrains attenant à leur habitation sans se faire délivrer de permis de chasse.

§ 11. — Le chasseur muni d'un permis qui peut prouver qu'il a levé, poursuivi et chassé par lui-même ou fait chasser un animal sans maître, a le premier droit sur cet animal, et ce droit lui appartient tant qu'il le chasse ou le fait chasser, de sorte qu'aucun autre chasseur ni le propriétaire du terrain ne peut le revendiquer tant qu'il est poursuivi par celui-ci.

§ 12. — Les chasseurs munis de permis (propriétaires de chasse), peuvent engager des surveillants de chasse à leurs frais. Pour être choisis, ces surveillants devront être en possession de leurs droits politiques et avoir une bonne réputation. Le choix sera fait parmi les candidats proposés par le propriétaire de chasse, chez lequel le surveillant sera engagé par le lieutenant du district que le candidat habite. Il devra prêter serment.

§ 13. — Tout chasseur doit à la première réquisition d'un propriétaire de chasse justifier de son autorisation de chasser par la présentation du permis.

Si quelqu'un a été trouvé avec un engin de chasse hors d'une route ou sentier servant de passage, il sera considéré comme ayant commis une contravention de chasse, à moins qu'il ne puisse prouver le contraire. Il en est de même pour les aides qui ne sont pas munis d'un permis de chasse. La résistance, les menaces et outrages contre les agents de police, les gardes des bans, et les surveillants de chasse dans leurs fonctions seront en outre punis spécialement.

§ 14. — Les amendes sont fixées comme suit :

I. — De 40 à 100 francs :

a) La chasse ou la capture des gibiers pendant la saison défendue;

b) La chasse dans les districts de bans ;

c) La chasse les dimanches et jours de fêtes ;

d) La chasse ou la capture des espèces protégées.

II. — De 20 à 100 francs :

a) La chasse ou la capture des gibiers dans la saison permise, sans autorisations ;

b) L'usage des armes et engins de capture défendus (art. 6, 13 et 21 de la loi fédérale) ;

c) L'usage d'autres chiens que du chien courant avant le 1er octobre ;

d) Le dommage à la propriété par malice ;

e) L'appropriation du gibier chassé par autrui ;

f) L'achat et la vente du gibier pris dans la chasse illégale ;

g) La destruction des nids et des couvées des oiseaux de chasse (art. 6 de la loi fédérale) ;

h) Les contraventions aux articles 17 et 19 de la loi fédérale ;

i) Toute infraction de peu d'importance à la loi fédérale ou à cette ordonnance.

§ 15. — Le fait de laisser les chiens chasser lorsque la chasse est fermée n'est pas considéré comme délit de chasse, mais doit être puni de peines de police, c'est-à-dire d'une amende de 10 à 20 francs par chien.

§ 16. — A défaut de payement, l'amende sera convertie en emprisonnement ou travaux forcés à raison d'un jour de prison pour 3 francs d'amende. En cas de récidive, l'autorisation de chasser doit être retirée ou refusée pendant une période de deux à six ans, et en général toute amende doit être doublée.

Pour les délits de chasse commis pendant la fermeture de la chasse ou pendant la nuit, l'amende doit être doublée.

§ 17. — Le produit de l'amende sera attribué une moitié à l'Etat, l'autre moitié à celui qui a souffert le dommage. A défaut de payement par le prévenu, l'Etat accorde une indemnité pouvant s'élever à 30 francs à celui qui a souffert du dommage.

§ 18. — Les agents de police, les gardes des bans et les surveillants de chasse sont engagés à donner avis à la lieutenance respective du district de toute infraction passible de pénalité à la loi fédérale et à cette ordonnance, qui vient à leur connaissance.

Pour qu'une contravention soit judiciairement prouvée, il sera nécessaire que la citation soit faite par un garde des bans assermenté, par un surveillant de chasse ou agent de police, d'après les prescriptions du § 98 de la procédure de la loi pénale ou que la contravention soit prouvée par d'autres moyens légaux.

L'instruction et la pénalité ont lieu d'après les dispositions de la loi concernant la procédure des contraventions de police.

§ 19. — Moyennant assignation sur la caisse provenant des amendes ou des droits de permis, le conseil de régence peut délivrer des primes pour la destruction des animaux nuisibles pendant la saison de chasse, par les chasseurs munis de permis, il peut allouer :

Pour une loutre, 10 francs ;

Pour un vautour, grand-duc, milan, faucon, 3 francs ;

Pour un épervier, faucon (petite espèce), 2 francs ;

Pour un héron, cendré, putois ou martre, 1 franc ;

Pour une belette ou hermine, 0 fr. 20 ;

Pour une pie, geai ou corneille (corvus corone) oiseau sédentaire, 0 fr. 20.

§ 20. — Les dispositions de cette ordonnance sont également valables pour la chasse sur les lacs et les rivières. La saison de la chasse sur ces endroits a lieu du 1er septembre au 15 décembre.

§ 21. — Le district d'eau entre la ville de Lucerne et la contrée de Fribschen d'un côté et le Seeburgerecke, c'est-à-dire le domaine de Salzfass d'un autre côté, forme ensemble, les bords du lac compris, un ban de chasse entier pour la protection du cygne et du canard. Comme limites de ce district sont désignés les endroits suivants : côté gauche, le Moostrasse sur Gasshüsli jusqu'à Schiffhütte près Fribschen, et côté droit les Halden et Seeburgsstrassejusqu'au domaine de Salzfass.

Dans ce ban de chasse est aussi comprise la rivière de Reuss et ses bords dès l'embouchure dans le lac jusqu'à Ibachfabre.

§ 22. — Avec le permis de chasse sont délivrés : un exemplaire de la loi fédérale concernant la surveillance de la chasse et la protection des oiseaux, l'ordonnance sur l'exécution de ladite loi, et la présente ordonnance, plus une carte avec l'indication des districts de chasse.

§ 23. — Les époques de l'ouverture et de la fermeture de la chasse seront, chaque fois, publiées dans les journaux du district du canton. L'attention du public sera également attirée sur les conséquences légales de l'acquisition des espèces de gibier qui jouissent de la protection de la loi.

§ 24. — Seront supprimés par la loi fédérale concernant la surveillance de la chasse et la protection des oiseaux du 17 septembre 1875, la loi cantonale de chasse du 7 mai 1870, le décret du Grand Conseil du 5 mars 1874, ainsi que la résolution du 4 juillet 1877 ;

La présente ordonnance les remplacera.

Ordonnance concernant l'exercice de la chasse dans l'année 1891.

(du 10 août 1891).

Le conseil de régence du canton de Lucerne, conformément à la loi concernant la chasse et la protection des oiseaux et à l'ordonnance cantonale du 7 juillet 1882 sur l'exécution de ladite loi, modifie l'ordonnance du 18 février 1888, comme suit :

1° Pour l'année de 1891 seront formés, en outre du district (ban de chasse) de Schratten, désigné par le conseil fédéral pour la haute chasse, encore quatre districts cantonaux de ban de chasse. (Voir art. 15 de la Loi fédérale 17 septembre 1875.)

Pendant toute la saison de chasse il n'est permis à personne de chasser dans ces districts.

Le port d'armes à feu est en général défendu sans autorisation et sera puni comme délit de chasse.

2° Celui qui chasse dans les districts de ban de chasse sera passible d'une amende de 40 à 100 francs (art. 21 et 22 de la loi fédérale sur la surveillance de la chasse et la protection des oiseaux et § 14 de l'ordonnance cantonale sur l'exécution de ladite loi).

3° Les districts de bans seront désignés comme suit :

(*a*) Le district de ban de chasse de Schratten.

Limites : Hilfernpass, Fhorbachbrück, Dorbach jusqu'à la frontière du canton de Berne, puis Kûblisbükboecn, Schneebergli, Wagliesykunbel, Saffertsberg et Rischli ;

(*b*) Celui de Willberg et Hochwaldbei, Willisan ;

(*c*) Celui de Mlnzberg ;

(L) Soppensée-Wald ;

(*e*) Ralmweiher bei Meggen.

4° Le département des finances est autorisé à nommer les surveillants de chasse pour les districts cantonaux de ban de chasse et à leur accorder des appointements en proportion de leurs fonctions.

5° La chasse des chamois, chevreuils, marmottes et poules faisanes, la capture et la battue de ces animaux sont défendues partout dans le canton.

Cependant, en vue de la quantité importante de chevreuils dans la juridiction de Habsburg, la chasse des broquarts sera permise dans le district de Lucerne, dans la période du 1er au 15 octobre. La battue des chèvres et chevrillards ou chevrettes est défendue sous peine d'amende de 40 à 100 francs.

Le ban de chasse dans les anciens districts de Nenenkirch et Schächuenbuhlwald bei-Wolhusen est supprimé.

Dans le district de ban de Salzfasse (ville de Lucerne) Fribschen, la battue des bécasses d'eau sera permise pour l'année 1891 ; du reste, le ban général de chasse concernant toutes les autres espèces de gibier sera maintenu.

6° L'ouverture de la chasse d'oiseaux commence le 1er septembre et, celle de la chasse générale avec les chiens courants commence le 1er octobre. La fermeture de ces deux chasses a lieu le 30 novembre. Seule la chasse des oiseaux est permise avant le 1er octobre.

7° L'achat et la vente du gibier dans la saison prohibée seront traités et punis comme délit de chasse. Les pénalités encourues dans ces conditions consistent en une amende de 20 à 100 francs (art. 5, 6 et 17 à 21 de la loi fédérale et § 14 de l'ordonnance cantonale, y relative).

8° A l'ouverture de la chasse : les champs portant souvent encore leurs récoltes, les propriétaires de chasse sont expressément prévenus d'exercer leurs droits de chasse sans causer de préjudice au propriétaire (ou à l'usufruitier) du terrain, et ils seront responsables des dommages causés dans l'exercice de la chasse.

La protection des produits et travaux de l'agriculture de même que l'observance des prescriptions édictées sont recommandées surtout pour la chasse des oiseaux dont l'ouverture a lieu le 1er septembre. Il est strictement défendu de pénétrer dans les champs d'avoine ou d'autres céréales avant qu'ils ne soient débarrassés de leurs récoltes et dans le vigne avant la fin des vendanges.

9° Les lieutenances de district sont autorisées conformément au § 9 de l'ordonnance cantonale sur l'exécution de la loi fédérale concernant la surveillance de la chasse et la protection des oiseaux, à délivrer les primes fixées pour la destruction des animaux nuisibles dans la saison de chasse de l'année 1892 aux chasseurs munis de permis (propriétaires de chasse). De ces primes délivrées sera tenue une liste sur laquelle seront portés : la date, le nom du receveur, la désignation (espèce) de l'animal nuisible, et le montant de la prime payée.

Pour la saison de chasse de l'année 1892, les Gemeindeammann sont également autorisés, d'après les dispositions du § 19 de l'ordonnance précitée sur l'exécution de la loi fédérale à délivrer les primes fixées pour la battue des animaux de proie aux chasseurs munis de permis (propriétaires de chasse), mais contre récépissé, portant le nom d'espèce d'animaux, en échange duquel sera remboursé le montant de la prime avec 5 % de provision par les lieutenances de district. Pour les corneilles, la prime sera de 30 centimes.

10° Les agents de police, les gardiens de bans et les surveillants de chasse sont autorisés et engagés à dénoncer toutes les contraventions à la loi de chasse venant à leur connaissance, devant la lieutenance du district respectif. Il leur est accordé, comme frais de dénonciation, la moitié de l'amende à défaut de payement de l'amende par le condamné, l'Etat verse le montant des frais, jusqu'à concurrence de 30 francs.

11° La présente résolution sera publiée dans la gazette du canton et sera communiquée au département des finances dans le but d'en informer les agents de police et les gardes de bans.

Ordonnance du 11 août 1891.

Le Conseil fédéral suisse, sur la proposition de son département de l'industrie et de l'agriculture, en exécution de l'article 15 de la loi fédérale sur la chasse et la protection des oiseaux, du 17 septembre 1875, considérant que la troisième période des cinq ans accordés pour épargner le gibier dans les districts francs est expirée; Vu l'article 15, l'aliéna 3 de ladite loi et les rapports des experts des cantons intéressés, arrête :

Article premier. — La délimitation des districts francs, établis conformément à l'article 15 de la loi fédérale sur la chasse et la protection des oiseaux a lieu le 1er septembre 1891, et sera fixée pour 5 ans d'après les détails suivants :

« Canton de Lucerne, district de Schratten-Rothorn (sans modification des limites) sous-districts ; (*a*) Schratten, (*b*) *Rothorn* (la chasse aux chamois, chevreuils et marmottes seulement interdite). »

Art. 2. — La désignation des districts francs, d'après les limites fixées, sera portée sur une carte délivrée avec le permis de chasse par les autorités cantonales respectives.

Art. 3. — La chasse dans les districts francs ne peut avoir lieu à aucune époque de l'année : y entrer sans autorisation avec des armes à feu est défendu, ce fait sera puni comme délit de chasse. Des dispositions ci-dessus sont exceptés : 1° le district de Faulhorn, du canton de Berne, où la chasse au gibier de plaine peut avoir lieu sur une bande de terre, le long de la vallée d'Aare et du lac de Bricuze conformément au décret du conseil fédéral du 20 août 1889 ; 2° le sous-district de Rothorn, du canton de Lucerne, où seulement la chasse aux chamois, chevreuils et marmottes est défendue.

Art. 4. — Les cantons respectifs doivent engager à leurs frais dans chaque district franc au moins un jusqu'à trois gardes et leur fournir au besoin des aides temporaires. Les nominations de ces gardes seront communiquées au département fédéral de l'industrie et de l'agriculture, lequel remet aux autorités cantonales les instructions de service nécessaires pour les gardes. Les gouvernements cantonaux ont le droit de charger les gardes de la surveillance des eaux de pêche qui se trouvent dans le district même.

Art. 5. — Les gouvernements cantonauv sont chargés de la surveillance générale des districts francs et spécialement du service des gardes, et doivent fournir un rapport à ce sujet à la fin de chaque année au département fédéral de l'industrie et de l'agriculture.

Art. 6. — Dans les districts francs ou parties de ces districts, dont le ban sera supprimé d'après la présente ordonnance, ne sont valables que les dispositions générales de la loi de la chasse. C'est-à-dire celles que les gouvernements cantonaux peuvent prendre, lorsqu'ils le jugent convenable, conformément à l'article 10 de la loi fédérale sur la chasse et la protection des oiseaux.

Art. 7. — Il appartient aux gouvernements cantonaux respectifs de prendre les dispositions nécessaires d'après les circonstances existantes, pour la conservation autant que possible du gibier de chasse dans les districts francs qui seront établis. La Confédération ne participe plus dans le payement des frais pour la surveillance du gibier qui pourrait continuer dans les districts précités.

Art. 8. — Dans les districts francs existants jusqu'ici et dans les parties de ces districts qui resteront fermés à la chasse pour cinq ans encore la battue des vieux mâles (et même de vieilles femelles) de l'espèce de chamois et des vieilles poules des bois de bruyère peut avoir lieu en raison de la multiplication du nombre du gibier. Il en sera de même pour la chasse aux marmottes, si celles-ci causent des dommages importants dans les pâturages des Alpes, mais seulement par autorisation expresse du département fédéral de l'industrie et de l'agriculture, et d'après les prescriptions spéciales dudit département.

ART. 9. — Seront abrogées par la présente ordonnance celles du 16 juillet 1886 et du 4 mai 1888.

Neufchâtel.

Le canton de Neufchâtel est entré dans la Confédération en 1815, il est de longue française ; sa population en 1888 était de 109.047 habitants; sa superficie est de 807 kil. 8.

D'après la loi de chasse, votée le 19 mai 1885, nul ne peut chasser dans ce canton s'il n'est muni d'un permis de chasse, qui est délivré par le département de la police.

Ce permis est du coût de 15 francs pour la chasse du 1er septembre au 15 décembre, sans désignation de chiens.

Il y a aussi un permis de 15 francs pour la chasse sur les lacs.

Le chasseur étranger doit payer la taxe cantonale sur les chiens.

Tout chasseur muni d'un permis, peut comme moyen de répression du braconnage, exiger, en montrant le sien qu'un autre chasseur lui exhibe son permis.

La chasse est permise le dimanche.

Pendant l'année 1887-1888, on y a délivré 399 permis qui ont produit 5.985 francs.

La loi du 29 mai 1885 renferme des mesures spéciales relatives aux engins prohibés au transport du gibier dans le temps où la chasse est prohibée, à la protection des animaux utiles à la conservation des couvées et à la destruction des animaux nuisibles.

Les chiens courants chassant en temps prohibé peuvent être abattus.

Cette loi, enfin énumère les pénalités et règle le mode des constatations pour les contraventions.

Elle attribue la connaissance de ces contraventions au tribunal de police, qui en est saisi directement.

Unterwalden-le-Bas-Nidwalden.

Le canton de Nidwalden (Unterwalden-le-Bas) est un demi canton de langue allemande.

Sa population est de 12.524 habitants et sa superficie de 290 kil. 5.

Deux permis de chasse sont délivrés dans ce canton : l'un de 5 francs pour la chasse, avec un chien, l'autre de 10 francs pour la chasse avec deux chiens.

Pour chaque chien en plus le chasseur doit payer 5 francs.

Le permis de chasse doit contenir l'âge, la couleur et la grosseur des chiens dont on se sert.

Pour l'année 1887-1888, on y a distribué 113 permis qui ont produit 755 fr.

Une loi du 28 avril 1889 établit une taxe annuelle de 1 à 10 francs sur les chiens.

Les primes de destructions sont de 40 francs pour un ours, 20 francs pour un loup, un lynx, un sanglier ; 10 francs pour un laemmergier et un aigle.

Ces primes sont données aux chasseurs patentés en temps de chasse ; on peut, du reste dans le canton chasser en tout temps et sans permis l'ours, le loup, le sanglier, le lynx, le chat sauvage, l'aigle, le laemmergier, dès que l'on en trouve la trace.

L'article 15 de la loi fédérale, comme moyen de protection et de repeuplement, établit dans ce canton un district où la chasse du gibier de montagne est prohibée.

Unterwalden-le-Haut — Obwalden.

Le canton de Obwalden (Unterwalden-le-Haut) est un demi canton de langue allemande, régi par un recueil de lois spéciales, de coutumes et de décisions qui remontent à 1567.

Sa superficie est de 474 kil. 8 et sa population de 15.032 habitants.

Le système des permis de chasse, dans ce canton semble très compliqué ; toutefois de l'étude de la législation cantonale sur la chasse, il résulte que l'on y délivre un permis de 20 francs à 40 francs pour toutes les chasses du 1er septembre au 15 décembre, avec chiens, piqueurs, etc. ; un permis de 3 à 4 francs pour la chasse au gibier à plume ; un permis de 5 à 12 francs pour la chasse générale du 1er au 15 décembre, et un permis de 12 à 30 francs pour la chasse de montagne.

Pour l'année 1887-1888, on a délivré 70 permis qui ont produit 894 francs.

Saint-Gall.

Le canton de Saint-Gall est entré dans la Confédération en 1803 ; il est de langue allemande.

Sa superficie est de 2.019 kil. et sa population était en 1888 de 229.441 habitants.

La chasse était régie par une ordonnance du 25 juillet 1876, qui a été remplacée par l'ordonnance du 11 juillet 1884.

Les permis de chasse dans ce canton sont les suivants : permis de 45 fr. 50 pour chasser du 1er au 15 décembre sans désignation de chiens ; permis de 30 fr. 50 pour la chasse générale du 1er octobre au 15 décembre et permis de 15 fr. 50 pour la chasse sur les lacs.

Le permis de 45 fr. 50 sert pour la chasse du chamois, de la marmotte et du gibier de montagne du 1er au 30 septembre, il sert aussi pour la chasse du gibier à plume et pour la chasse générale du 1er octobre au 30 novembre.

Des permis spéciaux, valables pour un jour et du coût de 5 francs sont délivrés aux étrangers. Ces permis ne peuvent être demandés que par l'intermédiaire d'un chasseur déjà patenté, lequel ne peut en obtenir qu'un par saison de chasse.

Des cartes de 10 francs sont données pour piéger les renards, du 1er décembre à la fin de février ; on en délivre aussi pour la destruction des fouines, loutres, putois, etc.

L'article 15 de la loi fédérale établit dans ce canton, un district où la chasse du gibier de montagne est prohibée au point de vue de la conservation et de la reproduction.

L'ordonnance du 11 juillet-16 août 1884, qui remplace celle du 25 juillet 1876 sur la chasse dans ce canton, porte que le chasseur qui a tué une pièce de gibier menée ou levée par le chien d'un autre, doit la restituer contre le payement d'une somme de 2 francs.

Les primes suivantes sont délivrées en temps de chasse, aux chasseurs réguliers : 20 francs pour une loutre ; 5 francs pour un autour ; 3 francs pour un épervier et un héron ; 0 fr. 40 pour une pie, etc. Il y a aussi des primes pour la destruction du renard.

Pour l'année de chasse 1887-1888 on a distribué 305 permis dans ce canton, qui ont produit 10.365 fr. 80.

Ordonnance du 11 juillet 1884.

L'ordonnance suivante a été rendue en exécution de la loi fédérale concernant la chasse et la protection des oiseaux pour le canton de Saint-Gall autorisée par le conseil fédéral en date du 16 août 1884.

Nous « Landammau » et le Conseil du Gouvernement du canton de Saint-Gall en exécution de la loi fédérale du 17 septembre 1875 concernant la chasse et la protection des oiseaux, et de l'ordonnance du Conseil fédéral du 12 avril 1876 pour l'exécution de ladite loi, en modifiant l'ordonnance pour le canton de Saint-Gall du 25 juillet 1876 pour l'exécution de ladite loi, ordonnons ce qui suit :

ARTICLE PREMIER. — Sont autorisés à chasser, dans le territoire de ce canton exclusivement, les citoyens suisses, les étrangers domiciliés auquel le permis de chasse cantonal a été délivré, ceux qui ont accompli leur vingtième année, et ceux auxquels le droit de chasse n'a pas été retiré.

Le droit de chasse est temporairement refusé dans les cas suivants :

(*a*) A ceux qui vivent de secours, pendant qu'ils en reçoivent des fonds publics.

(*b*) A ceux auxquels le droit de citoyen actif a été retiré tant qu'il reste suspendu.

(*c*) A ceux condamnés pour une contravention contre la propriété pendant 3 ans après l'expiration de la peine.

(*d*) Pour un délit de chasse commis : la première fois pendant deux ans.

(*e*) Pour récidive de délit de chasse pendant six ans ; à toute personne qui, par suite de l'exercice de chasse de manière imprudente, a compromis la sûreté personnelle, ou autrement causé des dommages sérieux également pendant six ans.

ART. 2. — Les permis de chasse sont seulement délivrés par les autorités du district (Bezvik) du domicile du porteur, et doivent contenir l'indication exacte de la personne, de même que l'espèce de chasse, pour laquelle l'autorisation a été donnée.

Ils ne sont valables que pendant le temps où la chasse pour l'année courante, ils seront portés dans l'exercice de chasse et produits à la demande des agents de police et des gardes-forestiers de même que des propriétaires de chasse.

Art. 3. — L'ouverture de la chasse pour certaines espèces de gibier sera fixée par le conseil de régence (Regiernngsrath) chaque fois, au mois de juillet conformément aux dispositions de la loi fédérale. La chasse les dimanches est en tout temps défendue.

Art. 4. — Le droit d'un permis de chasse pour la chasse générale (ouverture du 1er octobre) s'élève à 30 francs ; pour la chasse à plume, celle au gibier de montagne comprise (du 1er septembre) 45 francs ; pour la chasse à la plume et celle au gibier de montagne seule, les permis ne sont pas délivrés.

Les propriétaires de chasse qui ne sont pas établis dans le canton payent en outre l'impôt cantonal sur les chiens. Ne sont plus délivrés après le 1er septembre les permis pour la chasse à la plume et aux gibier de montagne, et après le 1er octobre ceux pour la chasse générale. Le département compétent se réserve de donner une autorisation spéciale dans les cas exceptionnels. Il sera délivré avec les permis de chasse une liste contenant les noms des propriétaires de chasse.

Art. 5. — Si un propriétaire de chasse veut inviter quelqu'un à chasser, le département compétent a l'autorisation de délivrer, s'il le juge convenable, un permis pour un jour moyennant le droit de 5 francs, sous réserve du même droit pour les personnes qui ne sont pas domiciliées dans le canton. Ce permis n'est valable que pour un jour et la personne pour laquelle il a été demandé, il ne peut être délivré qu'une seule fois à la même personne pendant la même période de chasse. Les personnes auxquelles le droit de permis est retiré ne peuvent obtenir ce permis d'un jour.

Art. 6. — Le permis de chasse au gibier de montagne en septembre autorise seulement la chasse aux chamois et aux marmottes. Les autres gibiers de montagne (les lièvres des Alpes, chevreuil, gallinacés des montagnes) ne peuvent être chassés que lorsque la chasse générale est ouverte.

Art. 7. — La chasse à la plume sera exercée conformément aux prescriptions y relatives et en prenant soin de la propriété agricole. Par cette raison, la chasse au chien d'arrêt est interdite pendant le mois de septembre, l'emploi des autres races de chiens est défendue pour cette espèce de chasse.

Art. 8. — Il est défendu de pénétrer dans les vignes avant que la vendange ne soit terminée ou dans les champs d'avoine ou de sarrazin dont la récolte n'a pas été enlevée.

Dans les endroits où il y a beaucoup de vignes les chiens courants ne doivent pas être amenés à la chasse avant que la vendange ne soit terminée, celui qui cause dommage à la propriété en exerçant la chasse en est responsable.

Art. 9. — La chasse sur la partie du lac de Constance (Bodensée) appartenant au canton de Saint-Gall, aux canards et à d'autres palmipèdes, sera permise pendant janvier et février moyennant la délivrance d'un permis spécial par le district de Rorschach contre un droit de 15 francs.

Cette chasse sera exclusivement restreinte aux oiseaux d'eau et ne peut être exercée qu'en bateau.

Art. 10. — Il est permis en tout temps sur l'avis de l'autorité respective de police du district de capturer et tuer les animaux malfaisants pénétrant dans les bâtiments ou cours closes : par contre il est défendu d'installer les trébuchets pour ces animaux ou des amorces empoisonnées dans les cours accessibles aux chiens.

ART. 11. — Le chasseur dont le chien a levé et poursuivi un gibier, qui sera tué par un autre chasseur peut le revendiquer contre une indemnité de 2 francs.

ART. 12. — La place de Churfistenkette, du canton de Saint-Gall est déclarée district franc par le conseil fédéral et la chasse y est absolument prohibée.

Les limites sont exactement fixées et détaillées et les ordonnances fédérales valables.

Sur la bande de terre entre l'ancienne et la nouvelle limite de ce district franc, la chasse au gibier de plaine peut seulement avoir lieu, mais non la chasse aux chamois, marmottes et chevreuils.

Quand les chiens, à cette occasion, poursuivant le gibier passent la limite et entrent dans le district franc, il faut les en retirer aussitôt que possible et le chasseur ne peut y entrer dans ce but qu'après avoir déposé ses armes. Les chiens trouvés chassant dans les districts francs lorsque la chasse est fermée seront expulsés sans autre pénalité.

ART. 13. — Pour la contravention des prescriptions prévues sur l'exercice de la chasse les amendes sont fixées comme suit :

I. Pour la première qualité relative à la chasse au gibier de plaine: (*a*) Contravention à l'ordonnance sur la protection des oiseaux (art. 17 et 19 de la loi fédérale) ; destruction des couvées du gibier à plume (art. 6) ; fait de laisser des chiens chasser, lorsque la chasse est fermée (art. 22) ; fait de pénétrer dans les vignes ou de laisser des chiens y chasser avant que la vendange ne soit terminée ; omission de porter le permis pendant la chasse et autres contraventions de moindre importance de 10 à 20 francs.

(*b*) Exercice de la chasse à la plume (en septembre) sans chien d'arrêt ou avec d'autres chiens que le chien d'arrêt (art. 8).

Achat et vente de gibier ordinaire de plaine provenant de braconnage ou dont l'origine n'est pas suffisamment et fidèlement établie, de 20 à 30 francs ; les contraventions dénommées sous *a* et *b* ne sont pas considérées comme délits de chasse.

(*c*) La chasse ou la capture du gibier les jours de dimanche, l'usage des armes ou des modes de capture prohibés, de même que d'autres contraventions plus graves, 40 francs ; (*d*) la chasse ou la capture de gibier sans permis ou lorsque la chasse est fermée, ou, dans les districts francs, ou des espèces de gibier protégées (comme biches et chèvres) ainsi que les délits commis pendant la nuit (art. 22) à 60 francs.

II. — Pour la première pénalité relative à la chasse au gibier de montagne: (*a*) le port de fusil sans autorisation dans les districts francs ou d'autres territoires dont la chasse est prohibée ou le fait de laisser des chiens de chasse y vaguer ou lorsque la chasse est fermée et d'autres contraventions moins importantes, 40 fr. (art. 6 et 13) ; (*b*) l'usage des armes ou modes de capture prohibés, la chasse au gibier de montagne avec des chiens (art. 13) ou la chasse aux espèces protégées du gibier de montagne comme les jeunes chamois, les poules de bruyère et de bois (tétras) (art. 12) ; l'achat et la vente du gibier de montagne provenant de braconnage ou dont l'origine n'est pas dûment établie (art. 5) de même que d'autres contraventions plus graves, 60 francs ; (c) la chasse ou la capture du gibier, lorsque la chasse est fermée ou dans les districts francs ou ceux dont la chasse est interdite, 100 francs si l'incursion dans les districts francs ou ceux dont la chasse est interdite a lieu pendant la nuit ou par plusieurs de complicité, l'amende dans ce cas sera doublée.

III. En cas de récidive, l'amende doit être augmentée jusqu'au double, en même temps que l'autorisation de chasser doit être retirée ou refusée pendant une période de six ans (art. 22).

Le gibier provenant de braconnage ou celui dont l'origine n'est pas suffisamment et fidèlement établie, ainsi que les armes sont confisqués ; le gibier confisqué sera attribuée, avec la moitié du produit de l'amende, au dénonciateur ; les armes confisquées et l'autre moitié à la caisse d'Etat. Pour les cas moins importants l'Etat accorde au dénonciateur une indemnité pouvant s'élever à 25 fr.

Il sera donné avis du gibier trouvé dans les districts francs au garde-chasse ou à la police ; l'appropriation de ce gibier sans autorisation sera punie comme délit de chasse d'une amende de 30 francs. S'il y a du gibier trouvé ailleurs il faut en informer l'autorité de police du district avant qu'on n'ait droit d'en disposer. Si les contraventions ont été commises par les enfants, les parents sont responsables, s'ils ne peuvent pas prouver qu'ils n'ont pas manqué de la surveillance nécessaire.

ART. 14. — Les faits d'outrage ou menace aux agents chargés de l'exécution de la police de chasse ou de résistance effective contre eux seront jugés d'après les dispositions du Code pénal.

ART. 15. — La police est autorisée à contrôler les arrivages de tout gibier à la gare de destination et les papiers qui les accompagnent.

ART. 16. — Tous les agents de police, gardes forestiers et gardes du district franc sont chargés de veiller à l'exécution de la présente ordonnance et sont chargés de dénoncer aussitôt tous les cas de contravention venus à leur connaissance, soit par leurs propres observations ou par autre voie et de détruire les engins de chasse prohibés comme les pièges et les arcs. Les personnes inconnues trouvées exerçant la chasse sans permis doivent être conduites devant l'autorité communale.

ART. 17. — L'autorité communale doit aussitôt dresser procès-verbal de la dénonciation et de la responsabilité de celui prévenu d'un délit de chasse et si celui-ci a reconnu le fait le procès-verbal et les objets trouvés sur le délinquant seront remis à l'autorité du district. Si le prévenu conteste les faits entièrement ou partiellement, l'instruction a lieu d'après la procédure prescrite.

ART. 18. — Si le prévenu a été reconnu coupable du délit, il appartient à l'autorité du district d'infliger l'amende stipulée dans la loi ; contre ce jugement qui fixe le montant de l'amende, recours peut être porté dans le délai de 8 jours devant le Gerichts-commission. Dans les autres cas, les recours ne peuvent pas avoir lieu.

ART. 19. — La déposition des agents de police, gardes forestiers et gardes du district franc est considérée comme suffisante, attendu qu'elle correspond aux exigences légales et qu'elle a été rendue avec la certitude nécessaire. A défaut de leurs propres observations les dénonciateurs ont à fournir les preuves pour l'investigation du fait.

ART. 20. — Pour l'instruction et la condamnation en ce qui concerne les contraventions de chasse, de même que pour l'exécution du jugement seront valables les prescriptions déterminées dans la procédure criminelle. A défaut de paiement, l'amende sera convertie en emprisonnement conformément à l'article 22, 2e alinéa de la loi fédérale.

ART. 21. — Les primes suivantes sont accordées aux chasseurs autorisés (en possession d'un permis) pour la destruction des animaux nuisibles pendant que la chasse est ouverte, et payées par la caisse de produit des permis de chasse. Pour la destruction d'une loutre 20 francs, d'un autour 5 francs, d'un épervier ou héron cendré 3 francs, d'un pic 0 fr. 40. La prime pour une loutre sera accordée, même pendant que la chasse est fermée.

Les animaux en question seront produits devant le Bézirksammann qui délivre la prime et coupe une patte après vérification.

ART. 22. — La fixation des primes pour la destruction des oiseaux nuisibles pendant la période de la couvaison sera réservée aux conseils communaux (Geinemderath) conformément à l'ordonnance spéciale du Conseil du gouvernement cantonal.

Pour la chasse d'autres animaux nuisibles, pendant que la chasse est fermée, le département compétent peut accorder une autorisation exceptionnelle ; pendant la période de la chasse, les autorisations spéciales ne sont pas accordées.

ART. 23. — Dans les endroits où il existe un nombre excessif de renards le département compétent peut accorder aux chasseurs, en possession du permis l'autorisation de chasser à l'affût (au moyen des amorces) après la fermeture de la chasse générale, jusqu'à la fin de février, moyennant un droit de 10 francs. L'emploi des chiens est toutefois absolument défendu.

ART. 24. — Le présent règlement remplaçant celui du 25 juillet 1876 qui a été édicté par le canton de Saint-Gall en exécution de la loi sur la chasse sera enregistré dans le recueil des lois.

Un exemplaire de ce règlement, ainsi que de la loi fédérale et du règlement fédéral pour l'exécution de ladite loi sera délivré à tout chasseur avec le permis cantonal pour la chasse.

Schaffouse.

Le canton de Schaffouse est entré dans la Confédération en 1501, il est de langue allemande ; sa superficie est de 294 kilomètres et sa population en 1888 était de 37.879 habitants.

On y délivre un permis de 30 francs pour la chasse générale, ouverte du 1er octobre au 15 décembre.

Pour l'année 1887-1888, 56 permis ont été délivrés, qui ont produit 1.770 francs.

Schwyz.

Le canton de Schwyz est un canton primitif (1291). Il est de langue allemande : il a conservé son vieux Landbuch, auquel on a ajouté quelques lois spéciales.

Sa superficie est de 908 kil. 5 ; sa population en 1888 était de 50.696 habitants.

Les permis délivrés dans ce canton sont très nombreux : permis de 10 fr. pour la chasse, sans chien ; permis de 15 francs pour la chasse avec un chien ; permis de 30 francs pour la chasse avec deux chiens et plus ; permis de 20 francs pour la chasse de montagne ; permis de 15 francs pour la chasse sur les lacs (ord. du 14 janvier 1887).

Pour l'année de chasse 1887-1888, on a délivré 227 permis qui ont produit 2.780 francs.

Le chasseur muni d'un permis peut exiger la présentation du permis d'un autre chasseur comme moyen de répression du braconnage.

Un permis spécial de 5 francs est accordé pour chasser le renard du 15 décembre au 31 janvier.

D'après l'ordonnance du 14 janvier 1887, les citoyens suisses et les étrangers établis en Suisse peuvent chasser dans ce canton dès qu'ils ont acquitté la taxe cantonale sur la chasse s'ils sont âgés de 18 ans au moins et s'ils n'ont pas été privés du droit de chasse (art. 1er).

L'article 2 s'occupe des personnes auxquelles le permis ne peut être délivré. Le permis n'est valable que pour celui au nom de qui il est délivré. Il porte le signalement du destinataire et le temps pendant lequel il est valable (art. 3).

L'ouverture de la chasse au chamois, marmottes (bêtes fauves) est fixée au 1er septembre, et sa fermeture a lieu à la fin du même mois (art. 4).

La chasse générale ouvre le 1er octobre et ferme le 15 décembre.

La chasse est formellement interdite dans ce canton les dimanches et jours de fête.

Les propriétaires et usufruitiers peuvent prendre ou tuer les animaux nuisibles qu'ils trouvent dans leurs bâtiments ou cours closes.

Les lièvres et coqs de bruyère ne sont pas regardés comme animaux nuisibles (art. 6).

La loi interdit (art. 7) l'emploi des chiens et des armes à répétition pour la destruction des bêtes fauves.

Il est défendu d'acheter ou de vendre du gibier de toute espèce à partir du huitième jour après la fermeture de la chasse ; est excepté de la défense le gibier importé de l'extérieur, lorsque cette importation est officiellement constatée (art. 9).

L'article 14 traite des pénalités appliquées aux contrevenants à cette loi ; en cas de récidive (art. 15) le maximum de la peine est toujours appliqué.

Des primes sont accordées pour la destruction des animaux nuisibles ; 10 francs pour les loutres ; 10 francs pour les aigles, 2 francs pour les autours, les éperviers, les grands-ducs, les hérons; 0 fr. 50 pour les pies et geais ; 0 fr. 30 pour les corbeaux, corneilles, etc.

La loi fédérale (art. 15) établit dans ce canton un district où la chasse du gibier de montagne est interdite au point de vue de la protection du gibier et du repeuplement.

Règlements d'exécution de la loi fédérale sur la chasse dans le canton de Schwytz du 14 janvier 1887.

Le Conseil du canton de Schwytz modifiant le règlement cantonal pour l'exécution de la loi fédérale sur la chasse et la protection des oiseaux du 25 juillet 1876, arrête :

§ 1. Sont autorisés à se livrer à l'exercice de la chasse dans le territoire du canton de Schwytz, les citoyens suisses et les étrangers domiciliés en Suisse en possession d'un permis de chasse, s'ils sont âgés de 18 ans révolus et si le droit de chasse ne leur a pas été retiré.

§ 2. La délivrance d'un permis de chasse ne sera pas faite.

(*a*) A ceux qui ont été punis pour contravention aux ordonnances légales sur la chasse et la protection des oiseaux ; à ceux qui ont subi une peine d'une durée de 2 ans et des punitions réitérées, et cela pendant 4 ans à compter de la dernière ;

(*b*) Aux pauvres tant qu'ils vivent des secours de la commune ;

(*b*) A ceux qui n'ont pas satisfait aux obligations relatives au payement des contributions ou de l'amende vis-à-vis du canton du district ou de la commune, jusqu'à ce que ces obligations aient été remplies.

(*d*) A ceux dont le droit de citoyen actif a été suspendu tant que cet état subsiste.

(*e*) A ceux qui ont subi une condamnation correctionnelle et cela pendant la durée de quatre ans à compter de la date du jugement, à moins que la personne en question ne soit privé de son droit de citoyen actif.

(*f*) Aux personnes condamnées pour délit contre la propriété (crime, vol, dommage), pour la durée de quatre ans à compter de la date du jugement. Celui qui se procure un permis de chasse sans en avoir le droit sera condamné à la même pénalité que celui qui exerce la chasse sans permis ; il n'a point droit à la restitution de la taxe du permis. Pour obtenir la délivrance du permis de chasse, les personnes qui ne sont pas domiciliées dans le canton, doivent prouver par un certificat officiel que les réserves contenues dans le paragraphe 2 n'y font pas obstacle.

§ 3. Les permis de chasse sont délivrés, tous les ans par les bureaux du district (Bezirksamt) ; ils sont valables seulement pour la personne au nom de laquelle ils ont été délivrés et doivent contenir exactement la désignation de la personne et de l'époque pour laquelle ils ont été accordés. Les propriétaires des permis de chasse sont obligés de les porter sur eux dans l'exercice de la chasse et de les produire à la demande de l'agent de police, du garde du district franc, du chasseur en possession d'un permis et du propriétaire du terrain où la chasse est exercée.

Lors de la délivrance du permis de chasse seront remis au porteur un exemplaire de la loi fédérale sur la chasse et du règlement fédéral et cantonal pour l'exécution de ladite loi, et une indication des districts francs du canton. Les noms de tous les chasseurs porteurs de permis de chasse seront publiés officiellement par la voie de la presse du district.

§ 4. Pour l'ouverture de la chasse, les époques sont fixées comme suit :

(*a*) La chasse au gibier de montagne qui comprend seulement la chasse aux chamois et aux marmottes, commence le 1er septembre et dure jusqu'à la fin de septembre ;

(*b*) La chasse générale commence au 1er octobre et finit au 15 décembre.

Les dimanches et jours de fête la chasse est entièrement prohibée.

§ 5. Il est interdit de pénétrer dans les vignes avant que la vendange ne soit terminée. Par conséquent la chasse avec des chiens n'est point permise dans les contrées où la vendange n'a pas eu lieu. Les chasseurs sont obligés de faire usage de l'autorisation de chasse sans porter préjudice aux propriétaires de terrain ou fermiers, et seront responsables envers ceux-ci pour tout dommage causé par eux dans l'exercice de la chasse. Sur les petits terrains clos, fermés par le propriétaire au moyen d'une barrière, comme les cours, jardins et endroits semblables, la chasse ne peut avoir lieu.

§ 6. Il est permis à tout propriétaire foncier ou usufruitier de tuer ou de prendre le gibier nuisible pénétrant dans ses bâtiments ou dans ses terrains clos. Les lièvres et le gibier à plume ne sont pas toutefois compris dans cette autorisation.

§ 7. Est totalement interdit à la chasse au gibier de montagne l'emploi des chiens et des armes à répétition.

§ 8. La chasse est absolument interdite pour les animaux suivants même lorsque elle est ouverte.

(*a*) Les jeunes chamois de l'année et les mères qui les allaitent

(*b*) Les poules de bruyère et des bois.

(*c*) Les cerfs et les chevreuils.

(*d*) Les espèces d'oiseaux, dénommés dans l'article 17 de la chasse et la protection des oiseaux.

(*e*) Le gibier dans les districts francs.

§ 9. Dès le huitième jour à partir de la fermeture de la chasse l'achat et la vente de tout gibier sont interdis, à l'exception du gibier venant de l'étranger et dont l'origine est officiellement établie. Il est interdit en tout temps et d'une manière absolue de vendre des faons de chamois, de cerfs ou de chevreuils ainsi que des poules des bois et de bruyère.

§ 10. — Il est interdit de détruire les nids et les couvées, de prendre les œufs du gibier à plumes, de déterrer les marmottes, de porter des fusils qui se démontent ou des cannes à fusil, de laisser des chiens chasser lorsque la chasse est fermée. Les chiens de chasse, trouvés à une époque quelconque dans les districts francs ainsi que ceux trouvés vaguant sans être accompagnés de leur maître, lorsque la chasse est fermée peuvent être tués sans encourir de pénalité.

Il est également défendu de placer des engins ou des pièges d'un genre quelconque (trébuchets, lacets, colliers). Toutefois il est fait exception à cette disposition pour la chasse aux renards, putois, fouines et martres : L'usage de fusils se déchargeant d'eux-mêmes, de projectiles explosibles et de substances vénéneuses est absolument défendu.

Il est absolument interdit également de prendre les oiseaux aux moyens de filets, d'aires, de chanterelles, de chouettes, de gluaux, de lacets ou autres pièges quelconques.

§ 11. Aux chasseurs qui se sont pourvus d'un permis pour la chasse générale, seront payées pendant le temps de cette chasse (§ 4 lettre *b*) les primes suivantes pour les animaux tués dans le territoire du canton de Schwytz par la caisse d'Etat : pour une loutre, 10 francs, pour un épervier, autour, grand-duc ou héron cendré 2 francs ; pour un geai ou une pie, 50 centimes ; pour une corneille ou un corbeau 0 fr. 30. Les animaux en question seront produits au bureau du district. (Bezirksammanamt) ou la prime sera payée et une patte coupée comme vérification.

§ 12. Les taxes pour les permis de chasse se montent, non compris le timbre.

(*a*) Pour la chasse au gibier de montagne à 20 francs.

(*b*) Pour la chasse générale, sans chien 10 francs ; avec un chien, 15 francs; avec deux ou plusieurs chiens, 30 francs. Les chasseurs qui n'habitent pas le canton ont encore à payer à la caisse de l'Etat 5 francs de taxe pour chaque chien.

§ 13. Au Conseil de gouvernement est laissée la compétence en cas de besoin :

(*a*) D'interdire entièrement ou partiellement la chasse gibier de montagne, mentionné au § 11 de la loi fédérale.

(*b*) D'abréger la durée du temps de la chasse générale.

(*c*) D'accorder aux chasseurs, en possession du permis, la permission de chasser aux renards moyennant le paiement d'un droit de 5 francs dans les endroits où il existe une grande abondance de ces animaux, même après la fermeture de la chasse générale jusqu'à la fin de janvier.

(*d*) D'accorder, pendant les mois de janvier et de février le droit de chasser aux palmipèdes dans les districts des lacs, moyennant payement du droit de 15 francs par personne, sous la condition que ce genre de chasse ne puisse être exercé qu'en bateau.

(*e*) D'accorder les primes citées dans le § 11, soit en totalité ou en partie, même lorsque la chasse est fermée, ainsi que d'augmenter ou réduire le montant de ces primes.

(*f*) D'organiser des chasses au rabat contre les animaux malfaisants.

§ 14. — Pour la contravention à la loi fédérale sur la chasse et la protection des oiseaux et du règlement d'exécution pour cette loi, les pénalités suivantes sont déterminées.

1° 10 à 20 francs d'amende.

(*a*) Pour le fait de laisser des chiens lorsque la chasse est fermée.

(*b*) De pénétrer dans les vignes avant la fin des vendanges.

(*c*) De tirer sur les oiseaux qui se trouvent sur les habitations ou sur le gibier et les oiseaux qui ne sont pas éloignés au moins de vingt-cinq pas des maisons.

(*d*) De tuer le gibier n'étant pas reconnu nuisible, s'il est rentré dans les habitations ou dans les enceintes closes.

(*e*) De contrevenir à toutes les dispositions sur la protection des oiseaux (art. 17 et 19 de la loi fédérale).

2° De 20 à 50 francs d'amende.

(*a*) Pour la destruction des nids et des couvées du gibier à plume et l'emploi des armes ou des engins de capture prohibés (art. 6 de la loi fédérale).

(*b*) Pour la chasse ou la prise du gibier en temps probibé ou sans permis pendant que la chasse est ouverte à l'exception du gibier de montagne.

(*c*) Pour l'achat et la vente du gibier provenant de braconnage (art. 5 de la loi fédérale).

3° De 50 à 200 francs d'amende :

(*a*) Pour la chasse et la prise du gibier de montagne en temps prohibé ou sans permis lorsque la chasse est ouverte (§ 4 lettre *a*).

(*b*) Pour la chasse ou la prise du gibier lorsque la chasse est fermée (§ 4 lettre *b*).

(*c*) Pour l'emploi des chiens de chasse et des armes à répétition à la chasse au gibier de montagne.

(*d*) Pour la chasse et la battue des espèces de gibier dont la chasse est absolument prohibée.

(*e*) Pour les délits de chasse commis pendant la nuit (§ 11).

(*f*) Pour la réception de la prime pour les animaux qui ne sont pas tués sur le territoire du canton de Schwyz.

4° 200 à 1000 francs d'amende : pour la chasse dans les districts francs ou pour y pénétrer avec des armes de chasse à l'exception des gardiens.

§ 15. — En cas de récidive le maximum de l'amende stipulée sera toujours prononcé, ceux qui achètent pendant la fermeture de la chasse du gibier provenant de braconnage ou du gibier d'espèce protégée seront punis comme les braconniers eux-mêmes.

L'exercice de la chasse les dimanches et jours de fête sera puni par le président de la commune (Gemeindesprasident) selon le § 5 de l'ordonnance de police sur le repos des dimanches et des fêtes.

§ 16. — Les amendes, à l'exception de celles encourues pour l'exercice de la chasse les dimanches et jours de fêtes, seront fixées dans le sens de l'ordonnance concernant l'application des amendes du 13 mars 1857. Si la plainte a été contestée, elle sera portée devant le juge du Tribunal correctionnel.

§ 17. — Celui qui a souffert du préjudice touche un tiers du produit de l'amende versée ; le reste de ce produit, ainsi que le montant de l'argent obtenu par la vente des armes confisquées et du gibier provenant du braconnage, seront attribués à la caisse du district ou, dans le cas d'appel, à la caisse cantonale.

§ 18. — Les agents de police et le gardes chasse sont chargés de veiller à l'exécution et observance des prescriptions de la loi sur la chasse, et engagés à dénoncer les contraventions aussitôt qu'ils en auront connaissance.

Les dénonciations des agents de police assermentés sur les observations personnelles ne peuvent pas être contestées.

§ 19. — Le Conseil de gouvernement est chargé de soumettre ce règlement à l'approbation du Conseil fédéral et après l'avoir reçue de s'ocuper de la promulgation et de l'exécution de ce règlement ; sur quoi le règlement d'exécution du 25 juillet 1876 sera mis hors de vigueur.

Le Conseil de gouvernement du canton de Schwyz, sur l'approbation du règlement d'exécution ci-dessus par le Conseil fédéral du 1er mars 1887. Arrête :

1° Le règlement d'exécution du canton de Schwyz pour la loi fédérale sur la chasse et la protection des oiseaux du 14 janvier 1887 entre en vigueur de droit le 1er septembre 1887.

2° Il sera enregistré dans le recueil des lois.

Soleure.

Le canton de Soleure est entré dans la confédération en 1481, il est de langue allemande.

Sa superficie est de 783 kil. 6 et sa population en 1888 était de 85.720 habitants.

On y délivre moyennant 30 francs, un permis de chasse du 1er septembre au 15 décembre, sans désignation de chiens ; un permis spécial valable huit jours, est délivré moyennant 10 francs.

Dans l'année 1887-1888 on a distribué 99 permis de chasse qui ont produit 4.950 francs.

Un chasseur muni de son permis, peut demander la présentation du permis d'un autre chasseur, moyennant l'exhibition du sien, comme moyen de répression du braconnage.

Ce canton comme mesure de protection, a, à certaines époques, défendu la chasse du chevreuil et du cerf.

Tessin.

Le canton de Tessin est entré dans la Confédération en 1803, il est de langue italienne.

Sa superficie est de 2818 kilomètres et, en 1888 sa population était de 127.274 habitants.

Il y a dans ce canton trois permis de chasse : un permis de 6 francs pour la chasse du 1er septembre au 15 décembre : sans désignation de chien, un permis de 6 francs pour la chasse de montagne et un permis de 5 francs pour la chasse des lacs

Toutefois en 1887, le gouvernement de ce canton n'avait encore pris aucune mesure sérieuse pour assurer l'observation de la loi sur la chasse.

En 1887-1888 on a distribué 1899 permis qui ont produit 11.575 francs.

La chasse est permise le dimanche.

L'article 15 de la loi fédérale établit dans ce canton deux districts où la chasse du gibier de montagne est interdite au point de vue de la reproduction et du repeuplement.

Thurgovie.

Le canton de Thurgovie fait partie de la Confédération depuis 1803 ; il est de langue allemande.

Sa superficie est de 988 kilomètres et sa population était en 1888 de 105.091 habitants.

On y délivre un permis de 35 francs pour la chasse du 1er septembre au 15 décembre, sans désignation de chiens ; on doit payer 15 francs de plus pour avoir le permis ou patente permettant de chasser le gibier à plume.

Dans l'année 1887-1888 on a distribué 191 permis qui ont produit 6.685 francs.

La chasse est permise le dimanche.

Les primes suivantes sont délivrées aux chasseurs patentés seulement pendant le temps de la chasse : 10 francs pour une loutre ; 3 francs pour un autour ; 2 francs pour un épervier, un héron ; 0 fr. 30 pour une pie, un geai, une corneille, etc.

Uri.

Le canton d'Uri qui date de l'origine de la formation du pays (1291) est de langue allemande.

Sa superficie est de 1.076 kilomètres et sa population, en 1888 était de 17.284 habitants.

On y délivre deux permis : l'un de 5 francs pour la chasse sans chien et l'autre de 7 francs pour la chasse avec un chien. Il y a aussi un permis spécial valable pour cinq jours au prix de 5 francs par jour.

Pour l'année 1887-1888, on a distribué 197 permis qui ont produit 1379 francs.

Le chasseur qui a obtenu un permis peut, en l'exhibant demander celui d'un autre chasseur au point de vue de la repression du braconnage.

Des primes sont accordées pour la destruction des animaux nuisibles : 80 francs pour un ours ou un loup ; 20 francs pour un lynx ; 5 francs pour un claemmergier et un aigle ; 4 francs pour une loutre ; 1 franc pour un putois, un autour, un épervier; 3 francs pour un grand-duc ; 0 fr. 30 pour une pie, etc.

Au point de vue de la protection du gibier sédentaire la loi fédérale (art. 15) ordonne qu'il soit établi dans ce canton un district où la chasse du gibier de montagne sera prohibée.

De plus, la loi cantonale se réserve de défendre la chasse du chevreuil et du cerf.

Valais.

Le canton du Valais entré dans la confédération en 1815 est de langue française.

Sa superficie est de 5.247 kilomètres, sa population en 1888 était de 101.925 habitants.

Il n'y a, dans ce canton, qu'un permis de chasse : il est de 15 francs pour chasser du 1er septembre au 15 décembre sans désignation de chiens.

En 1887-1888 on a distribué 401 permis qui ont produit 6.060 francs.

Le chasseur étranger est soumis à l'impôt cantonal sur les chiens.

La loi fédérale (art. 15) établit dans ce canton trois districts où la chasse du gibier de montagne est interdite au point de vue du repeuplement et de la reproduction,

Zug.

Le canton de Zug est entré dans la Confédération en 1352. Il est de langue allemande.

Sa superficie est de 239 kil. 2 et sa population en 1888 était de 23.120 habitants.

On y délivre un permis de 25 fr. 15 pour la chasse du 1er septembre au 15 décembre, sans désignation de chiens.

Dans l'année 1887-1888 on a distribué 59 permis qui ont produit 1.483 fr. 15.

Zurich.

Le canton de Zurich est entré dans la Confédération en 1851. Il est de langue allemande.

Sa superficie est de 1.724 kil. 7 et sa population en 1888 était de 339.014 habitants.

Sa loi comprend trois permis :

1° Un permis de 70 francs pour la chasse aux oiseaux et la chasse générale du 1er septembre au 15 décembre, sans désignation de chiens.

2° Un permis de 40 francs pour la chasse générale du 1er octobre au 15 décembre.

3° Un permis de 15 francs pour la chasse sur les lacs (janvier et février).

Ces permis sont délivrés par l'administration. En 1887-1888, on a pris 309 permis qui on produit 12.110 francs.

La loi fédérale se bornant à reconnaître aux autorités cantonales le droit d'ordonner ou de permettre même lorsque la chasse est fermée, la destruction des animaux malfaisants et carnassiers, certains cantons donnent des primes pour ces destructions.

Le canton de Zurich accorde 10 francs pour les grands carnassiers et sangliers, 5 francs pour la loutre, le grand-duc ou l'aigle ; 2 francs pour le héron, l'autour, l'épervier; 0 fr. 30 pour les pics et les geais (art. 19).

Ces animaux, ainsi que le putois, la fouine, la martre peuvent être tués en tout temps par les propriétaires ou fermiers sur leurs propriétés, en tant qu'elles ne consistent pas en forêts. Ces destructions peuvent aussi être faites par des personnes munies de pouvoirs spéciaux (art. 2).

La loi de ce canton du 26 novembre 1882, qui abroge celle du 1er juillet 1863, et l'ordonnance d'exécution du 15 juillet 1876 (art. 24) porte que tout chasseur qui a tué une pièce de gibier menée ou levée par le chien d'un autre chasseur, doit la lui restituer contre la somme de 2 francs (art. 14).

La loi de chasse du canton de Zurich, interdit l'exercice de la chasse les dimanches et jours fériés (art. 13).

On ne peut exercer le droit de chasse sans l'autorisation du propriétaire dans les habitations et les domaines y attenant, ni sur les terrains entourés d'une clôture continue d'au moins un mètre de haut.

L'article 3 de la loi énumère les personnes auxquelles le permis de chasse peut être refusé.

Le Conseil du gouvernement, tous les ans au mois de juillet au plus tard, fixe les époques d'ouverture et de fermeture conformément aux prescriptions de la loi fédérale (art. 6).

Ce Conseil peut, dans les mois de janvier et février, permettre la chasse aux palmipèdes, sur le lac de Zurich, moyennant la délivrance d'un permis spécial : cette chasse ne peut avoir lieu qu'en bateau (art. 7).

L'on ne peut, pour chasser, employer des chiens, que si l'impôt légal qui les frappe a été payé.

La loi défend de prendre ou de tuer les chevrettes et les faons de chevreuil, de détruire les nids et les couvées et de dénicher les nids d'oiseaux.

L'article 12 prohibe l'emploi de cannes fusils et de fusils se démontant.

La protection des oiseaux est traitée dans les articles 15, 16, 17.

Le huitième jour après celui de la fermeture de la chasse l'achat et la vente de tout gibier sont défendus : exception est faite pour le gibier venant de l'étranger, dont la provenance a été constatée officiellement, et pour les animaux détruits comme nuisibles.

L'article 19 défend la vente des paons et celles des femelles des coqs de bruyère et des gellinotes en tout temps.

S'il y a contravention, le gibier est confisqué et des pénalités sont prononcées.

L'article 21 comprend les pénalités appliquées aux délits de chasse.

Celui qui non muni d'un permis de chasse laisse chasser ses chiens est puni d'une amende de 5 à 50 francs, que le fait ait lieu en temps prohibé ou pendant la chasse (art. 22).

Loi du 26 novembre 1882.

La loi du 26 novembre 1882 est relative à la chasse et à la protection des oiseaux, conformément à la constitution sur la législation fédérale.

§ 1. — Le droit de chasse dans le territoire du canton de Zurich est acquis moyennant la délivrance d'un permis de chasse. Ce droit ne peut toutefois être exercé sans l'autorisation spéciale du propriétaire, sur les bâtiments, sur les terrains clos y attenant ou entourés d'une clôture complète d'au moins un mètre de hauteur.

§ 2. — La chasse des animaux malfaisants tels que : renards, fouines, martres, autours, éperviers, pics, geais est permise en tout temps aux propriétaires ou fermiers, dans l'entourage immédiat de leurs habitations ou bâtiments de fermes afin d'empêcher les dommages, à moins que cette chasse ne compromette l'ordre et la sûreté de la société. Il est également permis de tuer les moineaux étourneaux et grives qui font irruption dans les vignes tant que la vendange n'est pas terminée ; on peut aussi tuer les pigeons qui causent des dommages aux champs ensemencés.

La direction de la police peut, sur leur demande, autoriser les personnes qui s'occupent de pisciculture à tuer les animaux qui nuisent à la pêche.

§ 3. — La délivrance du permis de chasse ne peut être refusée aux citoyens suisses ou aux étrangers établis dans le pays à moins :

a) Que ces personnes n'aient perdu leur droit de citoyen ou qu'elles aient, par suite de délits subi des arrêts, ou qu'elles aient été condamnées à une peine dégradante et cela pendant trois ans à partir de l'expiration de la peine.

b) Le permis est refusé à ceux qui vivent de secours ou qui n'ont pas rempli leurs obligations envers l'Etat ou la commune relativement à leurs contributions.

c) A ceux qui, par suite de délits de chasse réitérés ont perdu le droit d'obtenir ce permis ; à ceux dont l'amende prononcée pour un délit de chasse a été convertie en un emprisonnement.

§ 4. — Les permis de chasse sont tous les ans délivrés par la lieutenance du district ; ils contiennent le signalement exact du porteur, l'espèce de chasse pour laquelle ils sont délivrés, sa durée et les dispositions de la loi.

Le chasseur doit toujours porter son permis sur lui pendant la chasse, et le montrer à la demande des agents de police, des gardes forestiers et des propriétaires de chasse.

§ 5. — Le droit pour le permis de chasse à la plume et de chasse générale s'élève à 70 francs. Il est de 40 francs pour la chasse générale seule : on ne délivre pas de permis pour la chasse à la plume seule.

Le produit net de ces permis, c'est-à-dire moins les frais et y compris les primes (§ 18) distribuées revient moitié à l'Etat et moitié à la commune. La répartition entre les communes aura lieu par la direction des finances en raison de la superficie du territoire de la commune.

§ 6. — Conformément aux prescriptions de la loi fédérale, le Conseil de gouvernement fixera tous les ans, au plus tard dans le mois de juillet, l'ouverture et la fermeture de la chasse, de même qu'il fera édicter les dispositions spéciales concernant l'extension ou la restriction de la saison de chasse, d'après les circonstances locales, et il désignera par publication officielle, la période pendant laquelle les permis peuvent être délivrés par les lieutenances du district. Après cette période, la délivrance d'un permis n'est permise que pour des raisons spéciales et avec le consentement de la direction des finances.

§ 7. — Pendant les mois de janvier et de février, le Conseil de gouvernemet peut autoriser la chasse aux palmipèdes sur le territoire du lac de Zurich contre la délivrance d'un permis spécial dont le coût est de 15 francs versé à la caisse d'Etat. Cette chasse ne sera exercée qu'en bateau.

§ 8. — Le Conseil de gouvernement peut, dans le but d'exterminer les animaux malfaisants et pour empêcher une multiplication excessive du gibier de même que pour prévenir, au besoin, les épidémies dangereuses parmi le gibier, prendre des mesures extraordinaires.

§ 9. — Dans l'exercice de chasse ne seront pas admis d'autres chiens que ceux pour lesquels l'impôt légal du canton de Zurich a été payé.

§ 10. — La chasse à la plume ne peut être exercée avant l'ouverture de la chasse générale qu'avec des chiens d'arrêt bien dressés.

§ 11. — Dans le cas où il est défendu de chasser avec des chiens dans une partie du canton, l'usage des chiens pour la chasse ne peut pas avoir lieu dans le territoire respectif.

Il sera également défendu de se servir des chiens provenant du territoire où cette défense a lieu, pour toute autre chasse dans le canton.

§ 12. — Il est interdit de tuer et capturer les chèvres ou chevreaux, de détruire les nids et les couvées, de prendre les œufs du gibier à plume, de porter des fusils qui se démontent ou les cannes à fusil. — Il est également défendu de placer des engins ou pièges d'un genre quelconque (trébuchets, lacets, colliers). — Toutefois, il est fait exception à cette disposition pour la chasse aux renards, putois, fouines et martres.

Il est absolument interdit de placer des fusils se déchargeant eux-mêmes et de se servir de projectiles explosibles et de poisons.

§ 13. — Les chasseurs sont engagés à exercer la chasse sans préjudice et dommage pour les propriétaires des terrains (ou fermiers), et ils sont responsables envers ceux-ci des dommages qu'ils ont causés en chassant. En outre, les vignes sont exclues de la chasse avant la fin de la vendange ; et même après la vendange, la chasse ne peut avoir lieu aux autres animaux qu'à la litorne dans les vignes là où les plantes sont couchées par terre. Il est également interdit aux chasseurs de pénétrer dans les champs de blé ou ceux qui contiennent des plantes avant que leurs récoltes ne soient enlevées.

La chasse est interdite les dimanches et jours de fêtes.

§ 14. — Quand un chasseur a tué un gibier levé et poursuivi par un autre chasseur il est obligé de le rendre à celui-ci moyennant une indemnité de 2 francs.

§ 15. — Sont placés sous la protection publique les espèces d'oiseaux suivantes :

Tous les insectivores, soit toutes les espèces de sylvies (fauvettes, rossignols, etc.) de traquets, de mésanges, d'accenteurs, de pipits, d'hirondelles, de gobe-mouches et de bergeronnettes.

Parmi les passereaux, l'étourneau, les diverses espèces de grives et de merles, à l'exception de la litorne, le pinson et le chardonneret.

Parmi les grimpeurs, le coucou, le grimpereau, la sittelle, le torcol, la huppe et toutes les espèces de pics.

Parmi les oiseaux de proie, la buse et la crecerelle ainsi que toutes les espèces d'oiseaux de proie nocturne à l'exception du grand-duc.

Parmi les oiseaux de marais et les palmipèdes, la cigogne et le cygne. Il est défendu de prendre ou de tuer ces oiseaux, d'enlever les œufs ou les petits des nids ou de les vendre au marché sous réserve du droit du Conseil de gouvernement d'accorder des autorisations spéciales dans l'intérêt de la science, conformément à l'art. 20 de la loi fédérale.

§ 16. — Il est absolument interdit de prendre les oiseaux au moyen de filets, d'aires, de chanterelles, de chouettes, de gluaux, de lacets ou autres pièges quelconques.

§ 17. — Sont aussi protégés le hérisson et la belette.

§ 18. — Les primes suivantes sont payées pour la destruction des animaux dénommés ci-après par les personnes y autorisées d'après les §§ 1 et 2 de cette loi, de même que par les personnes qui en sont chargées par autorisation spéciale : pour chaque loutre, grand-duc et aigle, 10 francs ; pour chaque héron cendré, autour et épervier, 2 francs ; pour chaque pie et geais, 30 centimes.

Les primes seront délivrées par les lieutenances de district.

§ 19. — Dès le huitième jour, à partir de la fermeture de la chasse, l'achat et la vente de tout gibier sont interdits ; exception est faite pour le gibier venant de l'étranger et dont l'origine est officiellement établie, ou pour le gibier malfaisant (§§ 2 et 18). Il est interdit en tout temps et d'une manière absolue, de vendre des faons de chevreuil, de même que des poules de bruyère et des bois. En cas de contravention, le gibier sera confisqué indépendamment des peines prévues par cette loi — la police est autorisée à contrôler les arrivages de tout gibier ainsi que les attestations qui l'accompagne.

§ 20. — Les agents de police et les gardes forestiers de l'Etat et des communes sont chargés de veiller à l'exécution de cette loi.

§ 21. — Les délits de chasse d'après le sens de l'article 21 de la loi fédérale seront punis comme suit :

a) La chasse ou la prise du gibier dans les districts francs et la destruction ou la prise des espèces de gibier spécialement protégées d'une amende de 50 à 150 francs.

b) La chasse ou la prise du gibier par des personnes non autorisées ou les jours de dimanches ou de fête, l'usage des armes ou des engins prohibés (§ 12), l'exercice de la chasse à la plume contraire aux prescriptions (§ 10), le dommage à la propriété (§ 13), de 30 à 100 francs.

c) La destruction des nids et des couvées du gibier, ainsi que toute contravention aux dispositions sur la protection du gibier utile (§§ 12, 15 et 17), de 10 à 60 francs.

Ceux qui achètent pendant la fermeture de la chasse, du gibier provenant de braconnage ou du gibier d'espèce protégée, seront punis comme les braconniers eux-mêmes.

Pour les délits de chasse commis pendant la fermeture de la chasse ou pendant la nuit, l'amende doit être doublée.

En cas de récidive, l'autorisation de chasser doit être retirée ou refusée pendant une période de deux à six ans.

§ 22. — Les autres contraventions à cette loi ainsi que le fait de laisser des chiens chasser lorsque la chasse est fermée ou sans que le propriétaire se soit fait délivrer un permis de chasse, lorsqu'elle est ouverte, et le fait de pénétrer dans les vignes ou les champs avant la récolte (§ 13), l'omission de porter le permis de chasse, etc., sont punis d'une amende de 5 à 50 francs.

§ 23. — Pour la procédure relative aux contraventions de chasse, sont valables les dispositions du Code de l'instruction criminelle du canton de Zurich avec les modifications suivantes:

a) A défaut de paiement, l'amende sera convertie en emprisonnement à raison de un jour de prison pour 3 francs d'amende.

b) Toutes les contraventions seront punies par les lieutenances de district ; il en est de même du cas prévu par l'alinéa dernier du § 21 ; contre ces jugements, le recours au tribunal est admissible.

c) Les lieutenances du district sont autorisées à attribuer jusqu'à 30 0/0 du produit de l'amende à la gratification des agents de police et gardes forestiers.

d) A défaut de paiement de la part du condamné, la quote-part du produit de l'amende, attribuée aux agents de police ou gardes forestiers, sera payées par la lieutenance du district sur le montant des fonds versés pour le droit des permis de chasse.

§ 24. — Cette loi entre en vigueur après la sanction obtenue par le Conseil fédéral (Bundesrath) et seront supprimés par elle, la loi concernant le régime de la chasse du 1er juillet 1863 et le règlement d'exécution du Conseil de gouvernement du 15 juillet 1876 (1).

IV. — *Contravention du 31 octobre 1884 entre la France et la Suisse pour la répression des délits de chasse.*

Le 31 octobre 1884, une convention a été conclue à Paris entre la France et la Suisse pour la répression des délits de chasse dans les forêts limitrophes.

Cette convention a été sanctionnée par la loi spéciale du 6 août 1885 et ratifiée à Paris le 7 du même mois (2).

Une convention semblable avait déjà été conclue le 2 mars 1782 entre le roi de France et le Prince évêque de Bâle touchant les délits qui pouvaient se commettre sur les frontières de leurs Etats respectifs.

(1) Voir *annuaire de la législation comparée* notes de M. Daguin.
(2) Deelercq. — *Recueil des traités de France*, tome XIV, p. 424.

Section de Législation et de Réglementation

DEUXIÈME SOUS-SECTION

Séance du 18 mai (matin).

M. Collin donne lecture de son rapport et des vœux de la commission relatifs à la répression du braconnage et aux réformes à introduire dans cette loi.

Le braconnage professionnel.

par M. Paul COLLIN, Docteur en droit, avocat.

1. — *Le gibier a beaucoup diminué en France.*

« Avant 1870, nous exportions, écrivait M. Labitte (1) dans son rapport au Sénat en 1883, car à cette époque notre sol produisait naturellement, sans qu'il en coûtât un sou à personne, pour 120 millions de gibier par an ; aujourd'hui, quoi qu'il soit quadruplé de valeur à peine en produisons nous pour 50 millions. » Comme nous consommons toujours la même quantité, le manquant est fourni par l'étranger : en 1888 pour 4 millions ; en 1899 pour 5 millions 379 mille francs ; en 1901 pour 6 millions, « somme bien supérieure (2) à celle qui représente le trafic de nos tissus de coton imprimés qui tiennent une place si considérable sur notre marché ».

La diminution constante et progressive du gibier est donc une vérité démontrée par les chiffres des statistiques économiques, et je pense, quant à moi, que ces résultats fâcheux sont, pour la plus grande part, imputables au développement qu'a pris depuis 20 ans le braconnage professionnel.

Dans la plupart des législations étrangères, le braconnage professionnel est l'objet de mesures et de peines spéciales.

Signalons simplement ici et en passant qu'en Angleterre, au bout d'un certain nombre de condamnations, le délinquant habituel de chasse est susceptible de la relégation.

D'autre part, aux termes de l'article 294 du Code impérial allemand, « qui-

(1) *Journal Officiel* du 27 octobre 1883.
(2) M. Berlemont : *Les Vices de notre législation cynégétique*, Paris, Rousseau, 1903.

conque fera métier de se livrer à la chasse sans y être autorisé sera puni d'un emprisonnement de trois mois au moins et pourra de plus être privé des droits civiques et déclaré passible de la surveillance de la police. » Une police qui ne badine pas, comme on sait !

Il ne saurait être question de solliciter des pouvoirs publics en France des mesures de ce genre-là qui ne sont à aucun point de vue compatibles avec nos mœurs ou avec l'état actuel des esprits.

Néanmoins la question de la répression du braconnage professionnel se pose depuis longtemps avec une acuité sans cesse grandissante.

Dès 1882, l'honorable M. Edmond Henry, récemment décédé, qui était alors député du Calvados demandait que le braconnier professionnel pût être arrêté et poursuivi comme vagabond en vertu des articles 270 et autres du Code pénal.

« Pour les délits de vagabondage et de braconnage, disait-il, une conséquence bizarre de la loi a pour effet de donner aux vagabonds poursuivis une sorte d'avantage à se faire passer pour braconniers. Le vagabond est alors poursuivi comme braconnier et encourt des peines infiniment moindres que celles que lui ferait subir une condamnation pour cause de vagabondage. De plus, il ne peut être maintenu en état de détention préventive. »

Sauf erreur, et sous toutes réserves sur ce dernier point, je crois aussi pouvoir rappeler que la commission extra-parlementaire qui fût en 1898-1899 réunie sous la présidence de l'honorable M. de Marcère en vue d'aviser aux moyens d'enrayer les progrès du vagabondage fût saisie en outre de propsitions qui concernaient le braconnage professionnel.

J'ignore au surplus quels ont été les résultats des travaux de cette commission. Je ne sais même pas si elle a déposé un rapport. Mais il n'y a qu'à ouvrir les yeux et... les journaux quotidiens pour constater que le vagabondage ou, pour parler plus exactement, les vagabondages spéciaux ne sont certainement pas en décroissance.

II. — *Le braconnage professionnel sous la loi de* 1844.

Le législateur de 1844 (il serait injuste de le méconnaître) avait de son côté entrevu la question du braconnage d'habitude. En effet, dans l'article 17 de la loi du 3 mai, il prévoit que le même individu peut être sous le coup de plusieurs poursuites pour chasse et il autorise, dans ce cas, les tribunaux à prononcer le cumul des peines.

Mais on peut affirmer que jamais les auteurs de la loi de 1844 n'avaient nettement soupçonné que des individus pour ainsi dire sans domicile et en tout cas sans moyens avoués de subsistance pourraient vivre de braconnage en s'abritant derrière la loi qui venait d'être élaborée.

Reconnaissons en passant à leur décharge qu'en 1844 les procédures étaient beaucoup plus rapides qu'aujourd'hui. Car c'est seulement depuis la loi du 27 juin 1866 que la signification *à personne* (qui ralentit parfois si gravement l'action judiciaire) a été exigée à l'encontre des jugements par défaut pour faire courir les délais d'opposition.

Le braconnier professionnel, celui contre lequel ont été ouvertes et demeurent en suspens plusieurs poursuites à la fois pour chasse, se reconnaît en général dans la pratique des choses aux traits que voici :

1° Il ne possède qu'un domicile théorique. Ordinairement dans une auberge borgne qui sert la plupart du temps de maison de passe et de recel.

2° Il n'exerce habituellement et régulièrement aucune profession, aucun état ;

3° Il ne possède aucuns moyens de subsistance à l'exception de ceux que lui fournit le braconnage.

Presque toujours, le braconnier de chasse est aussi braconnier de pêche : « Braconnier, répond-il fièrement au magistrat qui l'interroge sur le métier qu'il exerce. »

Dans ces conditions, certains parquets ont poursuivi le braconnier de métier à la fois pour chasse et pour vagabondage, l'ont fait arrêter préventivement et juger sous cette double inculpation, en état de détention. Mais presque toujours, ils ont échoué, et la circulaire de M. le procureur général Bulot en date du 27 février 1903 n'a ainsi réalisé aucune des espérances qu'elle avait fait naître.

Tantôt, en effet, les cours d'appel ont décidé que le domicile théorique du braconnier (on en a vu sept ou huit à la fois habiter dans le même garni une seule et même chambre, dont chacun d'eux avait la clef) était un dmoicile certain et suffisant pour la mettre à l'abri des articles 270 et autres du Code pénal.

Tantôt aussi il a été jugé (Cour d'appel d'Orléans) que bien que le braconnier reconnut n'exercer aucun métier et n'avoir d'autres ressources que celles du braconnage, le ministère public devait néanmoins rapporter la preuve que les quelques sous ou francs trouvés en la possession du délinquant avaient une origine délictueuse.

« C'est le cas de dire, m'écrivait à ce sujet un membre de la Société Centrale des Chasseurs, qu'on tire des lois tout ce que l'on veut. L'esprit qui guide leur application importe seul. La loi de 1844 qui n'autorise pas la détention préventive du braconnier existait déjà il y a quelque vingt ans et pourtant à cette époque nos braconniers non domiciliés étaient toujours incarcérés de pied ferme et jugés en état de détention pour chasse et vagabondage. »

La critique est fondée. Le braconnage professionnel n'a vraiment pris d'extension et d'ampleur, mais une extension et une ampleur grandioses que depuis une quinzaine d'années. Ce développement est imputable à n'en pas douter au relâchement des services de la police et de la justice en ce qui concerne la répression du vagabondage et aux nouvelles consignes données à ce sujet aux magistrats. Au bénéfice de ces formules humanitaires, grâce aussi au progrès de l'instruction et à l'apostolat qui s'est fait dans les prisons, de toutes parts ont surgi des vagabondages spéciaux, respectés, privilégiés, abrités derrière une loi devenue insuffisante ou plus exactement détournée de son sens naturel. On voit ces vagabondages spéciaux opérer tranquillement à Paris. En province nous les avons aussi, mais en petit. Paris peut à juste titre nous envier le braconnage professionnel. « Tel est le résultat, écrivait M. Henri Joly, dans *Les Débats* du 12 mai 1902, des trésors d'indulgence que la Chancellerie et les Parquets ont déversés depuis plusieurs années sur l'armée disséminée des vagabonds. A force de mettre une « grande discrétion » dans les poursuites pour se conformer aux instructions officielles, les agents de la force publique ont fini par fermer complètement les yeux. »

Donc les braconniers professionnels ne peuvent être actuellement poursuivis comme vagabonds. Voyons alors ce que peut contre eux la loi de 1844 sur la chasse. Voici la photographie d'une audience remplie par des affaires de chasse.

Elle est consacrée en grande partie à des braconniers qui sont à peu près toujours les mêmes.

Nous avions, en effet, à la dernière audience (1) Frangile et Clamart, dit Belle-Face, Laloutre et Folet dit Vol-au-Vent ; nous avions eu déjà le plaisir de voir ces messieurs la semaine précédente et nous avons encore la satisfaction de les voir aujourd'hui comme nous aurons sans doute encore l'avantage de les revoir bientôt.

Quand nous disons que nous les voyons « souvent » l'expression est impropre ; nous ne les voyons pas toujours, mais nous entendons parler d'eux. Voici en effet comment opère un braconnier qui s'y connaît et ces messieurs s'y connaissent depuis longtemps.

Notre braconnier se fait prendre par un garde qui fait son procès-verbal et l'envoie au Parquet. On cite le délinquant qui ne se dérange pas, continue à tendre des collets et se laisse condamner par défaut. On lui signifie le jugement, mais naturellement l'huissier ne trouve pas son homme et laisse son acte au Parquet faute de renseignements. Les délais expirés, on met en œuvre la gendarmerie qui, au bout d'un temps plus ou moins long, finit par joindre enfin le braconnier et l'amène au Parquet.

— Minute, fait notre homme, je forme opposition ! Et on le relâche, et il s'en va tendre des collets comme à son ordinaire en attendant le jour de sa comparution. Il ne vient pas davantage, son opposition est annulée, sa condamnation maintenue, nouvelle démarche vaine de l'huissier, nouvelles poursuites des gendarmes. Notre homme qui continuait à tendre des collets est de nouveau appréhendé et ramené au Parquet.

— Vous m'avez condamné, j'en suis fort honoré, dit-il, mais je vais en appel.

Et on le lâche encore, et il retourne encore à ses collets. Quand son procès vient en appel, il n'a garde de se présenter, il est condamné par défaut et la cérémonie ci-dessus décrite recommence.

En effet, à ce braconnier introuvable, couchant les trois quatrs du temps dans les bois, ou au hasard des hospitalités dans quelque maison isolée, toujours en dehors de son prétendu domicile, on est obligé de signifier à personne l'arrêt rendu par défaut et auquel au surplus il fait opposition.

Sur cette opposition enfin, il arrive parfois qu'il se présente et purge du même coup, toutes les poursuites emmagasinées contre lui depuis le premier procès-verbal. Et lorsque notre homme est définitivement puni, il a eu tout le temps d'exercer pendant de longs mois son lucratif métier ; il a bien encouru, chemin faisant un certain nombre de nouvelles condamnations, cinq, dix, quinze, peut-être davantage, mais il arrive presque toujours qu'à la Cour d'appel, soit indifférence, soit mansuétude, soit même (ainsi que je l'expliquerai plus loin) difficultés légales pour appliquer le cumul, elles se confondent et le pauvre homme en est quitte pour faire deux ou quatre mois de prison au lieu de vingt ou vingt-quatre qu'il devait régulièrement.

Combien de temps a pu durer cette procédure ? On conçoit sans peine qu'il est impossible de répondre d'une façon absolue à cette question. Tout dépend

(1) Les noms des délinquants ont été un peu modifiés pour les besoins de la publicité.

en effet de la chance qu'ont eue les gendarmes dans la recherche de la personne du délinquant.

Mais on est généralement d'accord pour admettre qu'une procédure de chasse, dans le ressort de la Cour de Paris, dure en moyenne dix mois dans l'hypothèse la plus simple, c'est-à-dire la plus favorable à l'accusation.

Or l'hypothèse la plus simple est celle que nous venons de décrire, car certains condamnés y superposent encore un pourvoi en Cour de cassation.

Presque toujours aussi, il y a plusieurs individus impliqués dans le même procès-verbal. Chacun alors tire au large de son côté en se servant avec dextérité de toutes les ficelles de la procédure. D'où des complications et un enchevêtrement de poursuites qui ralentissent la marche déjà majestueuse par essence de la justice.

Enfin et c'est le cas le plus fréquent pour ceux que j'appellerai « les grands braconniers » quand ils sentent que le moment critique approche, nos gens quittent l'arrondissement, parfois même le ressort de la Cour où ils ont travaillé jusque-là, et vont s'installer ailleurs où ils recommencent en toute tranquillité pendant de longs mois sur de nouveaux frais. Quant aux premières condamnations, laissées ainsi en arrière, elles attendent là-bas... sous l'orme qu'elles deviennent définitives et puissent être enfin exécutées, ce qui nécessitera encore des significations et des transmissions de dossiers qui demandent beaucoup de temps.

Quand une affaire a pris cette envergure, il est tout à fait impossible d'évaluer, même approximativement, combien de temps elle peut durer... dix-huit mois, deux ans, davantage même, tout est possible car les distances et les délais peuvent s'allonger indéfiniment. Il y a même des procédures de chasse qui ne se terminent jamais ?

« La répression du braconnage professionnel, me disait récemment un « magistrat, est une œuvre assommante et parfois même affolante pour les Par- « quets. »

N'allez pas croire, Messieurs, que cette lamentable comédie judiciaire qui n'est, après tout, que le résultat des insuffisances de nos lois, soit le produit de mon imagination, d'une sorte d'auto-suggestion ! Pas le moins du monde.

Car je vais faire défiler devant vous quelques-unes des marionnettes, malheureusement bien vivantes, qui en sont les grands premiers rôles.

Notons au passage, si vous le voulez bien, un sieur Pivoteau qui absorbe, en 1901, à Romorantin, sa 101e condamnation pour chasse ; à Reims, en 1901, également le fameux Vol-au-Vent, lui aussi, avec cent ; à Châlons, en novembre 1902, un nommé A... Célestin, qui double le cap de la centième ; et enfin, voici le bouquet, le 10 janvier 1906, à Montargis, le braconnier Rouzier, qui peut célébrer sa 120e.

Quant aux délinquants habituels qui comptent seulement trente, quarante, cinquante condamnations, ils sont légion dans certains arrondissements.

J'enregistre, en outre, au passage, comme étant tout à fait démonstrative au point de vue des moyens délatoires qu'ils emploient, une audience du Tribunal de Senlis, en date du 25 juin 1906 : *onze délinquants* seulement y font opposition à *cent quatorze jugements* par défaut, l'un pour 52 délits, l'autre pour 35, un troisième pour 30, etc.

En temps normal, il eût été très intéressant de rechercher quelles ont été les conséquences effectives, dans la pratique des choses, au point de vue des peines subies, de ces poursuites et condamnations.

Mais aujourd'hui cette recherche serait sans objet. Car la loi d'amnistie du 14 juillet 1906, par la généralité absolue et scandaleuse de ses termes, et faute d'avoir réservé les droits de l'Etat pour le recouvrement des frais de justice (ce qui a coûté aux contribuables plus de 3 millions) a englobé en bloc tous les délinquants de chasse sans aucune exception. De sorte que toutes les condamnations et poursuites dont je viens d'avoir l'honneur de vous entretenir ont été mises à néant pour le plus grand bonheur et à la plus grande stupéfaction de ceux qu'elles visaient et dont le casier judiciaire s'est trouvé du coup débarrassé de toute mention concernant la chasse.

Ces braconniers de métier, impénitents et endurcis et qui se vantent de l'être ; que la loi, d'autre part, se voit réduite à poursuivre pendant des mois et parfois des années avant de pouvoir les atteindre ; et brochant sur le tout une amnistie intégrale !... En vérité, Messieurs, ne trouvez-vous pas comme moi qu'il y a là, dans le domaine des petites choses, une page réellement représentative de notre histoire sociale et judiciaire contemporaine ?

III. — *Conséquences des lacunes de la loi de 1844.*

Ces conséquences, les unes qui sont l'évidence même et les autres un peu plus lointaines, me paraissent pouvoir se grouper sous quatre chefs différents :

1° Dévastation des chasses.

2° Exemple fâcheux.

3° Régime coûteux pour l'Etat.

4° Cumul des peines rendu impossible.

1° On ne saurait contester sérieusement, je crois, que la dévastation des chasses puisse être évitée du moment que la loi se reconnaît impuissante à entraver avant de longs mois les agissements d'une bande ou même de bandes de braconniers qui sont bien résolus à s'atteler sur un terrain déterminé jusqu'à ce qu'il n'y reste plus rien. Comment, en effet, pourrait-on l'empêcher ?

Bien entendu ici encore les grandes chasses, celles qui sont surveillées par une armée de gardes, se tirent d'affaire. Le braconnage professionnel lui-même ne les atteint pas. Car sur ces domaines étroitement surveillés, parfois de nuit et de jour, tout individu suspect est immédiatement signalé, suivi par des gardes, et invité plus ou moins fermement à porter ses pas ailleurs.

Mais ce sont les chasses moyennes et petites, celles sur lesquelles il n'y a qu'un seul garde pour une étendue souvent assez vaste de territoire, qui sont journellement et impunément exploitées par les professionnels du braconnage.

Et cette simple constatation qui est, je le répète, l'évidence même, devrait suffire à démontrer amplement que ceux qui réclament contre les braconniers proprement dits des mesures complémentaires, ne travaillent pas pour les grandes chasses, mais bel et bien pour les petites et, par conséquent, dans un intérêt réellement démocratique.

2° Le braconnage professionnel, tel qu'il s'exerce au bénéfice d'une législation et d'une police rurale notoirement insuffisantes, est une cause de démoralisation dans les campagnes.

Le braconnier d'habitude travaille, en effet, pendant des semaines, pendant des mois, dans une sorte d'impunité, sous les yeux des paysans un peu stupéfaits, mais réfléchis. Plus d'un parmi ces derniers se dit alors : « Mieux vaut « tendre des collets que cultiver la terre... c'est plus lucratif, en tous cas plus « agréable et moins pénible et les risques ne sont pas grands. » Ces réflexions, sans doute, ne sont pas tout à fait justes, mais elles s'expliquent fort bien par les faits qui les motivent. Il est naturel que le nombre et l'audace des délinquants progressent en raison directe de la faiblesse de la justice.

Aussi quant à moi, j'attribue principalement à la tranquillité dont font parade les braconniers professionnels, le développement de l'instinct et des pratiques du braconnage au sein de nos populations rurales.

3° Messieurs, dans tous les Etats où les pouvoirs publics sont soucieux de ménager les deniers du contribuable et d'assurer les rentrées du Trésor, les considérations qui vont suivre suffiraient à faire résoudre promptement le problème qui nous occupe.

En effet, l'insuffisance des procédures en usage contre les délinquants habituels de chasse coûtent fort cher à l'Etat.

Pour une affaire venue dans les plus simples conditions, c'est-à-dire sur citation directe du Parquet, le minimum peut s'établir ainsi :

Casier judiciaire	0 25
Citation	1 »
Grosse du jugement par défaut	1 60
Signification	1 75
Un témoin, 1re audience	4 »
Ensemble	8 60

L'appel intervient, le dossier est constitué pour la Cour avec :

Expédition du jugement	1 60
Expédition de l'acte d'appel	0 40
Ensemble	2 »

La Cour est saisie et nous avons les frais suivants :

Citation	1 »
Grosse de l'arrêt	2 40
Signification	1 75
Extrait d'arrêt	0 25
Bulletin n° 1	0 50
Extrait pour les finances	0 25
Ensemble	6 15
	+ 2 »
	+ 8 60
Total général	16 75

Observons que c'est là le strict nécessaire et qu'il est extrêmement rare qu'il ne soit pas dépassé.

En effet, la taxe du témoin a été prise dans la moyenne plutôt basse.

Les chiffres ci-dessus sont ceux *des débours réels* de l'Etat en faveur des greffiers et huissiers.

Et il n'a même pas été question de l'indemnité kilométrique pour le trans port de ces derniers, du droit de poste, etc.

Si nous voulions compter le débet, timbre et enregistrement, il faudrait ajouter environ 25 francs.

De plus il y a lieu de prévoir le cas qui devient le plus fréquent aujourd'hui : c'est-à-dire le défaut sur opposition tant devant le Tribunal que devant la Cour, ce qui occasionne des expéditions de jugements et d'arrêts, significations desdits, primes d'arrestation (celles-ci non maintenues par suite des oppositions ou appels). Les frais supplémentaires de ce chef peuvent s'élever à 40 francs au bas mot.

Encore n'envisageons-nous pas les procédures qui vont en cassation, ni le coût du recouvrement pour les avances du Trésor.

Aussi resterons-nous dans les limites les plus modestes en évaluant à 50 francs en moyenne la dépense afférente aux procès de chasse.

De sorte que quand un braconnier a emmagasiné dix condamnations ou même 52 comme celui du Tribunal de Senlis avant qu'il soit intervenu contre lui une sanction définitive, l'Etat a sorti de sa caisse pour le premier 500 francs et pour le second 2.600 francs, dont il ne reverra jamais un sou, attendu qu'il n'a en face de lui que des gens d'une insolvabilité notoire contre lesquels le Trésor lui-même apprécie qu'il n'y a pas lieu d'exercer la moindre contrainte en vue d'un payement quelconque.

Que d'argent pourrait être économisé par la mise en détention préventive de ces délinquants « véritable rebut de la société » comme disait un jour à l'un d'eux un président de Cour d'assises !

Souhaitons que cette considération vraiment pratique détermine enfin nos législateurs à prendre des mesures efficaces dans la question du braconnage.

4° Messieurs, les procédures actuelles ont encore un autre résultat que je me reprocherais vraiment de ne pas vous signaler. Celui de rendre à peu près impossible l'application du cumul des peines prévues par l'article 17, paragraphe 2 de la loi de 1844.

En effet, 10, 20, 35, 52 poursuites par défaut contre un même individu aboutirent à un enchevêtrement inextricable de procédures, attendu que les poursuites ne suivent pas toujours l'ordre des procès-verbaux, les procès-verbaux les plus anciens n'étant pas toujours les premiers jugés. Or quand un tribunal prononce le cumul, il doit mentionner expressément dans son jugement que le délinquant a eu connaissance d'une précédente contravention relevée contre lui par exemple par un procès-verbal à lui déclaré et dont le tribunal doit relater la date. D'où la nécessité de recherches et d'une sorte de comptabilité qui deviennent très difficiles pour ne pas dire impossibles quand on se trouve en présence d'un amas considérable de dossiers qui d'ailleurs (et c'est le cas habituel) n'en sont pas tous au même degré d'avancement, quelques-uns étant parfois déjà à la Cour, alors que d'autres n'ont pas encore vu le feu de la première audience de première instance.

En passant, permettez-moi, Messieurs, de vous signaler d'un mot que les errements et insuffisances de la loi dont nous nous plaignons à l'occasion de la chasse existent aussi en matière de pêche. Ici les cas où l'emprisonnement peut être prononcé sont extrêmement rares, et l'on voit l'Etat consacrer chaque année une somme de 15 à 20.000 francs à l'entretien d'une baleinière sur la Seine pour aboutir à faire prononcer contre des braconniers insolvables des amendes et des frais de justice sur lesquels il ne recouvrera jamais rien.

IV. — *Réformes nécessaires.*

Telle est la situation qui a été créée à la longue par une interprétation peut-être un peu trop étroite des articles duCode pénal qui répriment le vagabondage, et aussi, reconnaissons-le, par l'habileté consommée dont font preuve les délinquants professionnels dans l'emploi des moyens dilatoires que la loi met à leur disposition.

Tout le monde est bien d'accord, je crois, dans le monde des agents de la force publique, des gardes, des chasseurs, et aussi des parquets où sévit le fléau, pour reconnaître que cette situation appelle nécessairement des réformes qu'il nous reste maintenant à déterminer.

Certaines personnes animées de très bonnes intentions, mais peut-être un peu trop étrangères aux choses du droit, ont demandé que les délits de chasse qualifiés fussent assimilés au vol... « Il en est ainsi, nous disait-on, en Allemagne. »

En est-on bien sûr ?... Je remarque, au contraire, quant à moi, que le Code pénal impérial allemand punit (article 293) tout simplement au titre de la chasse les délits de chasse qualifiés. Les peines sont plus élevées que chez nous, il est vrai, et le délinquant, toujours arrêté de pied ferme, est dans tous les cas jugé en état de détention, ce qui prévient la répétition du délit. Mais voilà les vraies différences : elles sont suffisantes et décisives. Du vol il n'est pas question, du moins dans les textes que j'ai sous les yeux.

Il serait d'ailleurs bien difficile dans notre pays qui est si profondément imprégné de droit romain, de faire pénétrer l'idée de la propriété du gibier : comment admettre que, du seul fait que j'ai un permis de chasse, je deviens propriétaire de l'oiseau sur lequel j'ai le droit de tirer parce qu'il passe au-dessus de mon champ ?

D'autres réformateurs, mieux inspirés, notamment MM. Jules Leclerc, avocat (Chasseurs et braconniers, mémoire couronné en 1883 par la Société Centrale des Chasseurs) et Henry Turpault, docteur en droit (La Protection du gibier dans la législation française, Paris-Rousseau 1902) ont demandé qu'au lieu d'être facultatif comme maintenant, le cumul des peines fût rendu obligatoire.

Sans doute, cela vaudrait mieux. Mais ce n'est pas le cumul obligatoire qui accélèrera la marche des procédures, et le temps qui s'écoulera entre le premier procès-verbal et la première condamnation définitive demeurera le même qu'aujourd'hui et pendant ce temps-là, le délinquant continuera à pouvoir braconner en toute tranquillité.

De plus, n'est-il pas à craindre que les magistrats au lieu de prononcer comme maintenant presque toujours le maximum de la peine, mais trop souvent avec confusion, n'éludent l'obligation du cumul en ne prononçant que des peines très réduites dans chaque affaire ?

Je ne crois pas, en effet, qu'il soit d'une bonne législation d'essayer de violenter la conscience des magistrats qui trouveront presque toujours, soit sous une forme, soit sous une autre, le moyen de se soustraire aux peines excessives qu'on voudrait les forcer à appliquer.

Mon sentiment personnel est donc que s'il est nécessaire de mettre entre les mains de la justice des armes nouvelles et suffisantes, il convient aussi de laisser aux magistrats le soin de s'en servir avec discernement.

La loi des 3-4 mai sur la police de la chasse qui fut au surplus rédigée avec un art infini par des jurisconsultes éminents, demeure à mes yeux une loi excellente, presque intangible, qu'il suffirait, pour la rendre parfaite, de consolider par quelques mesures complémentaires.

Beaucoup de personnes, très au courant des choses de la chasse et appartenant pour la plupart au monde judiciaire sont d'accord avec moi sur ce point :

Les principales mesures que j'entrevois comme complément possible de la loi de 1844 sont les suivantes :

1° Le braconnage professionnel devrait pouvoir être efficacement et réellement réprimé dans toutes les formes sous lesquelles il se présente.

Or il est un genre de braconnage qui échappe, j'ose le dire et crois pouvoir le démontrer, à toute répression : c'est le délit simple de chasse sans permis sur le terrain d'autrui, puni par la loi de 1844 d'une peine unique qui va de 16 à 100 francs d'amende (article 11).

L'amende seule ! Peine « inexistante » quand elle frappe des gens sans ressources. D'autant que contre ces gens-là le fisc n'exerce pas la contrainte par corps.

Sur 100 condamnés à l'amende, il y en a 90 au moins qui ne la payent pas, nous apprennent les statistiques criminelles. Et sur le montant global des amendes 29 % seulement rentrent dans les caisses publiques.

Le délinquant sans permis, lorsqu'il ne relève que de l'article 11, braconne à l'aide de moyens licites, c'est-à-dire soit au fusil, soit avec des furets et des bourses. Dans certaines contrées, ce dernier procédé de sport est très en vogue. C'est ainsi qu'à l'audience du 26 mars dernier, du Tribunal de Châlons, un sieur F... qui travaille aussi dans l'arrondissement de Reims, où il est également sous le coup de nombreuses poursuites, faisait opposition à 8 jugements par défaut qu'une circonstance fortuite avait permis de lui signifier en bloc. Bien entendu il n'a pu encourir que des amendes, ce qui ne saurait l'atteindre.

Rappelez-vous, Messieurs, la lenteur des procédures et les moyens dilatoires fournis par la loi, et vous discernerez facilement comme moi qu'un individu *qui sait se cantonner dans les délits prévus par l'article 11*, ne commencer que le jour de l'ouverture pour faire, lui aussi, sa clôture le jour de la clôture légale, peut avoir braconné pendant toute une saison de chasse en toute impunité, puisque les condamnations à l'amende seule dont il a été l'objet sont sans effet utile contre lui.

Peut-être même pourra-t-il recommencer l'année suivante sans encourir les peines spéciales de la récidive (article 14, paragraphe 2) s'il a su manœuvrer de telle sorte que les condamnations de la première année ne soient pas encore devenues définitives, et il est possible qu'il en soit ainsi.

Déjà, le Sénat avait aperçu cette lacune de la loi de 1844 et s'était efforcé de la combler dans le projet voté en 1886.

M'inspirant de ce précédent, Messieurs, j'ai l'honneur, sur ce point de soumettre à votre haute appréciation et de vous demander d'adopter les résolutions suivantes :

Résolution A.

« Vu les articles 11 et 26 de la loi de 1844 ; vu la progression formidable de ce genre de délits : que le délit simple de chasse sur le terrain d'autrui soit conformément à la loi poursuivi d'office par le ministère public toutes les fois qu'il y a eu une plainte de la partie intéressée et que des instructions en ce sens soient envoyées aux parquets par le garde des Sceaux. »

Résolution B.

« Que l'article 11 de la loi de 1844 soit complété en donnant aux Tribunaux la faculté, en dehors de l'amende qu'il prévoit, de prononcer un emprisonnement de six jours à un mois contre le délinquant qui a chassé sans permis. »

2° Le braconnage professionnel doit être frappé dans le commerce auquel il se livre du gibier braconné.

J'ai l'honneur de vous proposer :

Résolution.

« Que l'article 12 de la loi de 1844 soit complété ainsi qu'il suit : Il est interdit en toutes saisons de mettre en vente, vendre, colporter ou exporter du gibier tué ou pris à l'aide d'engins, drogues ou instruments prohibés (1). »

C'est la reproduction de l'article 4, paragraphe 3, du projet de M. Morillot, rapporteur en 1893, de la Commission de la Chambre des Députés.

Grâce à ce texte nous n'assisterions plus au spectacle scandaleux du braconnier emportant insolemment son gibier au nez et à la barbe de l'agent qui vient de verbaliser contre lui pour colletage ou panneautage.

Il n'y a pas d'ailleurs de raison de principe qui s'oppose à la saisie du gibier en temps d'ouverture puisque la saisie est actuellement le devoir des agents en temps de fermeture : les conflits de personnes ne sont pas plus à redouter à une époque qu'à l'autre.

Ce nouveau texte atteindrait bien des recéleurs.

Enfin, il permettrait, je crois, d'entraver la circulation en France des petits oiseaux utiles qui nous viennent des pays non signataires de la convention de Paris et qui, bien que capturés à l'aide d'engins prohibés, peuvent dans le silence actuel de la loi, être colportés et vendus librement chez nous.

3° Enfin, il me semble de toute évidence que pour parer aux maux que j'ai signalés, il devient tout à fait nécessaire de donner aux Tribunaux les moyens et facilités de rendre rapidemen tdéfinitives ls condamnations qu'ils prononcent.

Pas de peines nouvelles ni plus graves ! ! Celles de la loi de 1844 sont bien

(1) Session de 1893. Annexe au procès-verbal de la 1re séance du 10 juillet 1893, n° 2940.

suffisantes pour tous les délits sauf celui (quand il se répète) de chasse sans permis. Car par leur ampleur et leur élasticité, elles permettent en vertu du même texte de punir tantôt légèrement le délinquant occasionnel, tantôt sévèrement le délinquant professionnel.

Une seule chose manque à la loi pour qu'elle soit suffisante et forte, c'est que les sanctions soient réelles et pour qu'elles deviennent réelles il faut qu'elles puissent devenir rapidement définitives.

« Si par exemple, notre ami Rouzier, de Montargis (120 condamnations) à sa seconde condamnation (4 mois et 400 francs), depuis sa dernière sortie de prison eut été immédiatement appréhendé et mis dans l'obligation de subir sa peine, nous aurions eu, disent les chasseurs de la contrée, quatre mois au moins de tranquillité dans nos chasses et nous aurions ainsi profité de notre gibier qu'il a pu au contraire continuer à nous prendre à peu près librement !... Que les panneauteurs, colleteurs, fureteurs, tireurs de nuit à l'acétylène, et empoisonneurs de gibier trouvent à des intervalles rapprochés ,la « patente » de l'emprisonnement immédiat sur leur lucratif métier et rapidement ce métier aura vécu. »

C'est la vérité même et elle nous met en face de la seule solution possible qui consiste, sans augmenter les pénalités de la loi de 1844, à désorganiser, disperser et supprimer par la détention préventive le vagabondage spécial des braconniers professionnels. Toute la question est là.

Faire, en un mot, contre cette nouvelle catégorie de vagabonds spéciaux (mais, insistons là-dessus, sans augmenter les pénalités) quelque chose d'analogue en petit à ce qui a été fait à l'article 4, paragraphe 5 de la loi du 27 mars 1885 contre les individus *même domiciliés* qui pratiquent ou facilitent sur la voie publique l'exercice des jeux illicites ou la prostitution d'autrui.

Bien entendu, la mesure que nous proposons ne saurait être appliquée au délinquant primaire mais seulement à ceux qui sont sous le coup de plusieurs poursuites simultanées et que la loi de 1844 elle-même, en les désignant pour le cumul possible des peines, considère comme des braconniers bien qu'elle ne prononce pas ce mot. Le texte au surplus va le dire formellement.

Résolution.

En conséquence, j'ai l'honneur de soumettre à votre haute appréciation et de vous demander d'adopter le vœu suivant :

« Que l'article 17 de la loi de 1844 soit complété ainsi qu'il suit : « Dans le cas où l'un des délits successifs serait susceptible d'entraîner une peine d'emprisonnement, le délinquant pourra, soit qu'il ait ou non un domicile certain, être arrêté préventivement et jugé en état de détention. Les procureurs de la République et les juges d'instruction sont à cet effet investis des pouvoirs généraux qui leur sont conférés par le Code d'instruction criminelle et les lois connexes. »

Ce n'est donc que sur ordre du parquet auquel il conviendrait de laisser en cette affaire une très grande latitude, que le délinquant récidiviste (*dans le sens vulgaire du mot*) pourrait être recherché, arrêté et détenu préventivement. Les abus ne seraient pas à craindre, car seuls les professionnels du braconnage seraient frappés, soit qu'ils braconnent à l'aide d'engins prohibés, soit qu'ils braconnent à l'aide de moyens autorisés, mais sans permis. Les trois points de la réforme que j'ai l'honneur de vous proposer sont ainsi étroitement liés l'un à l'autre, et la réforme ne fait qu'un tout bien homogène.

Messieurs,

Enfin et pour clore, j'ai l'honneur de vous demander d'émettre le vœu plus général « que toute loi d'amnistie déclare formellement exclu du bénéfice de ses dispositions tout délinquant de chasse qui a encouru une peine d'emprisonnement soit contradictoirement, soit même par défaut depuis la dernière amnistie. »

A quoi bon, en effet, s'occuper des choses de la chasse, prendre des mesures pour conserver le gibier, provoquer dans ce but des ententes internationales, si tous les deux ans en moyenne (27 décembre 1900, 1er avril 1904, 14 juillet 1906) des lois d'amnistie viennent stériliser les efforts des chasseurs, décourager les agents de la force publique, et mettre ironiquement à néant l'œuvre de la justice ?

APPENDICE

Les Recéleurs.

Comme suite à une observation qui m'a été faite au cour d'une des séances de la 2e sous-commission de la 2e section du Congrès que le rapport ci-dessus ne traitait pas de la question des recéleurs, je crois devoir (pour me conformer au désir aimablement exprimé) en parler aussi quoique mon travail soit surtout consacré au vagabondage spécial des braconniers professionnels.

Or les recéleurs ne sont et ne seront jamais des vagabonds.

Il n'en est pas moins certain et indiscutablement établi par la pratique des choses que la loi de 1884 ne s'est pas montrée suffisamment sévère vis-à-vis d'eux.

« Le braconnier en lui-même est en effet généralement pauvre ; souvent il vit dans l'extrême misère ; il a grandi dans un milieu où le niveau moral n'est pas très élevé ; il cherche dans le braconnage un moyen (illégitime sans doute) de vivre au jour le jour sans espoir de s'enrichir jamais ; enfin il est parfois poussé par la passion de la chasse qui lui fait abandonner tout travail honnête et régulier. Il y a là des circonstances qui peuvent, dans une certaine mesure, expliquer son cas.

« Mais le recéleur, l'aubergiste, le restaurateur, le marchand, n'est poussé que par l'appât du gain. Il s'enrichit par les délits dont il est le complice nécessaire et l'instigateur le plus actif. La fatigue, les risques véritables, les nuits passées à l'attente du gibier sont pour le braconnier pauvre ; pour le marchand il n'y a que les profits. Il est un spéculateur qui suppute les bénéfices que lui rapportera une industrie coupable.

« D'un autre côté, un marchand résume en lui l'œuvre de 10, 20 braconniers peut-être. Si les braconniers ne trouvaient pas dans sa maison un débouché certain pour leurs produits souvent tarifés d'avance, ils seraient obligés de renoncer à leur existence aventureuse et de revenir à la charrue ou à l'atelier.

« Il est donc moral et nécessaire de punir les marchands bien plus sévèrement que le braconnier lui-même. Ne conviendrait-il pas, dès lors, dans l'échelle des peines, d'introduire la fermeture de l'établissement du marchand pendant un temps à déterminer ?... »

Ainsi s'exprimait et concluait en 1883 M. J. Bétoland dans son étude critique du mémoire sur la réforme de la loi de 1844 présenté par M. Jules Leclerc, avocat, à Châlons-sur-Marne, et couronné par la Société Centrale des Chasseurs,

Dix ans plus tard, le vœu émis par l'éminent bâtonnier, appuyé d'ailleurs sur des motifs auxquels il serait bien difficile d'ajouter quoi que ce soit de plus et surtout de meilleur, était appelé à recevoir dans une certaine mesure, satisfaction.

En effet, en 1893, la Commission de la Chambre chargée d'examiner le projet voté en 1886 par le Sénat et composée de MM. le comte Lemercier président, Turigny, de Colombet, Galpin (encore député), baron Demarçay (actuellement sénateur), comte de Jouffroy d'Albans, Hémon (encore député), Grisez, complétait l'œuvre du Sénat en adoptant au rapport de son secrétaire, M. Morillot, le texte suivant auquel nous croyons devoir inviter le Congrès à se rallier purement et simplement, sous réserve, vérification faite, d'une très légère modification de détail, spécifiée en italiques.

Résolution.

« Que l'article 12 de la loi de 1844 soit complété ainsi qu'il suit (article 17 du projet de la Commission de la Chambre de 1893) :

« Le jugement qui aura condamné les hôteliers, restaurateurs, fabricants de conserves et autres marchands de comestibles pour avoir mis en vente, vendu, acheté, transporté ou exporté du gibier, pourra ordonner la fermeture de leurs établissements pour trois jours au moins et deux mois au plus.

« *Dans tous les cas*, le jugement portant condamnation sera publié aux frais du délinquant et affiché sur la porte principale de son établissement. »

PAUL COLLIN.

UN MEMBRE DE LA COMMISSION. — Je demande si on ne pourrait pas ajouter quelque chose de très sévère, en aggravation de la peine, par exemple, en cas de récidive, il y a beaucoup de pays où les peines sont augmentées avec la récidive. En Océanie, cela existe et l'on s'en trouve très bien.

UN AUTRE MEMBRE DE LA COMMISSION. — La loi de 1844 dit qu'en cas de récidive légale les peines peuvent être portées au double.

UN AUTRE MEMBRE. — Nous ne réussirons jamais à cela.

UN AUTRE. — Dans le premier vœu du rapporteur, il est dit qu'on poursuit d'office sur la plainte du propriétaire lésé. Je voudrais savoir si le procès-verbal constitue la plainte, car il m'est arrivé, dans les Bouches-du-Rhône, que le procureur de la République n'admet pas que le procès-verbal soit une plainte.

UN AUTRE MEMBRE. — La chose est facile. Personnellement, je me suis beaucoup occupé de braconnage et j'en ai beaucoup souffert. Toutes les fois que mon garde fait un procès-verbal, j'envoie moi-même le procès-verbal au Parquet et je dépose ma plainte.

LE MÊME MEMBRE. — Alors, en sus du procès-verbal, il faut une plainte du propriétaire.

UN AUTRE MEMBRE. — Dans certains cas, le procureur exige que ce soit le garde qui apporte le procès-verbal, le procureur a refusé de le recevoir du propriétaire.

Le vœu est adopté par la commission.

Repeuplement des chasses. — Protection du gibier.

par M. Martin Dreys.

Nos chasseurs de France n'ont qu'un cri : « Le gibier disparaît et la chasse se meurt. » Si vous leur demandez quelles sont les causes de cette situation déplorable, ils vous répondront sans hésiter avec ensemble : « C'est la faute de l'Etat » tellement nous avons en France l'habitude de tout reporter à l'Etat, sans nous demander si nous n'avons pas nous-mêmes notre part de responsabilité.

Il me semble qu'un congrès placé sous le haut patronage d'un représentant des Pouvoirs publics, conviant tous les chasseurs à venir formuler leurs vœux, est une excellente occasion d'examiner *en famille* les causes du dépeuplement de nos chasses, de rechercher quels sont les meilleurs moyens d'y remédier et d'attribuer à chacun sa part de responsabilité.

Les causes de la disparition du gibier sont multiples : défrichement des terres incultes et par là suppression des remises naturelles, imprévoyance du chasseur qui ne sait pas ménager ses réserves, trop large part prélevée par tous les carnassiers de poil et de plume et enfin braconnage éhonté s'exerçant librement sous toutes ses formes.

Le remède à tous ces maux est connu, mais il faudrait l'appliquer énergiquement. Sans trop regretter le défrichement des landes conquises par les progrès de l'agriculture, pourquoi ne pas marquer sur chaque territoire de chasse une enceinte réservée où la chasse interdite à tous constituerait des refuges pour le gibier et d'excellentes réserves pour l'avenir ; nos louvetiers et nos futurs tierceliers sont tout indiqués pour faire aux carnassiers une guerre sans merci : dans quelques années la destruction des animaux nuisibles sera un fait accompli si les chasseurs, moins avares de leur poudre, veulent bien prendre part à cette chasse intéressante ; quant à la répression du braconnage, le chasseur est impuissant s'il n'est secondé par les Pouvoirs publics, et il faut reconnaître que les Pouvoirs publics ne font rien ! Le meilleur auxiliaire du chasseur dans les chasses banales devrait être le garde-champêtre, et nous savons par expérience, que dans presque toutes les communes de France le garde-champêtre, esclave du maire, fait tous les métiers, sauf celui qui est sa raison d'être ; on lui interdit la garde des champs et la répression du braconnage, car si le garde-champêtre est l'esclave du maire, ce dernier est l'esclave de l'électeur ; or, braconniers et maraudeurs sont, dans nos campagnes, les grands électeurs ! Rattacher les gardes-champêtres au Ministère de l'Agriculture pour en faire, comme les gardes-forestiers, une brigade autonome est un rêve que la politique rend irréalisable comme beaucoup d'autres rêves ! Nous avons cependant le droit d'exiger de l'Etat une protection efficace, c'est un droit que nous payons avec notre permis de chasse et que nous réclamerons jusqu'au jour où lassés et impuissants, nous laisserons au percepteur sa quittance et au ratelier notre fusil.

Cette crainte est aujourd'hui chimérique puisque nous avons enfin compris, en organisant ce congrès, que nous pouvions nous concerter pour la défense de nos intérêts, faire entendre nos justes plaintes, reconnaître nos devoirs et revendiquer nos droits, n'envisageant que l'intérêt général, qui est la centralisation de tous les intérêts particuliers comme la grande forme de l'union n'est que la concentration de toutes les énergies individuelles. Dispersés nous n'étions rien.

réunis nous sommes une force et si nous savons être unis nous obtiendrons de nous-mêmes et des Pouvoirs publics la réalisation de nos justes revendications.

Nos territoires de chasse sont déserts, nous voulons les repeupler et les protéger. Nous sommes disposés, pour parvenir à ce but, à faire tous les sacrifices nécessaires, mais pour que nos sacrifices ne soient pas stériles, nous demandons que l'Etat, enrichi de notre impôt volontaire, s'associe à nos efforts et nous accorde la protection qu'il nous doit.

Dans une lettre ouverte que j'adressais, à propos du Congrès de la Chasse, à M. le Ministre de l'Agriculture (lettre publiée par le Saint-Hubert-Club Illustré, dans son numéro de février 1906), j'écrivais ceci :

« On vous dira au Congrès, Monsieur le Ministre, que les chasseurs versent à l'Etat, sans contrainte, de nombreux millions ; on vous demandera ce qu'en retour les chasseurs reçoivent de l'Etat ; on vous fera remarquer qu'un sport aussi hygiénique que la chasse, qui est une source de profits pour l'Etat, le commerce et l'industrie, mérite protection et encouragement ; on vous fera peut-être observer que si le chevalier de la gaule ne donne rien et reçoit beaucoup, le disciple de saint Hubert donne beaucoup et ne reçoit rien ; et de tous ces dires, remarques et observations, il en sortira non plus de ces bons vœux platoniques qui n'engagent à rien, ni de ces bons conseils à la Ponce-Pilate, mais un sentiment de révolte...

« Tous les desiderata des chasseurs réunis en Congrès tendront à ce double but : *repeupler et protéger*. Les Romains tournés vers César lui criaient au forum : *Panem et circenses !* Les chasseurs de France tournés vers leur Ministre lui crieront au Congrès : *Repeuple et protège !* et si, Monsieur le Ministre, devant le cri de vos chasseurs assemblés, vous vous trouvez impuissant, si vous ne pouvez obtenir que les gardes-champêtres soient, comme leurs frères les gardes-forestiers, rattachés à votre ministère, pour que les champs soient gardés comme les bois, si vous ne pouvez obtenir, pour le repeuplement du gibier, la moindre parcelle des millions que les chasseurs donnent à l'Etat, nous vous proposerons alors, avant *de faire grève*, de vouloir bien nous accorder le droit de nous imposer à nous-mêmes un ultime sacrifice afin que nous puissions nous défendre et nous protéger nous-mêmes ! Nous demanderons à augmenter le prix de nos permis de chasse, mais nous voulons que cette recette supplémentaire constitue le Budget de la chasse, nous voulons que ce budget, qui pourra être grossi par des dons et allocations, soit mis tout entier à la disposition d'une commission nommée par les chasseurs réunis au Congrès pour servir exclusivement aux intérêts de la chasse. Avec ces ressources, nous pourrons créer quelques parcs d'élevage et oganiser dans chaque département une ou plusieurs brigades de gardes-chasse. »

Aujourd'hui nos desiderata sont toujours les mêmes, nous sommes disposés à agir dans l'intérêt général de la chasse, mais bien convaincus que livrés à nous-mêmes et privés du soutien que nous réclamons des Pouvoirs publics, notre action demeurera vaine, nous avons l'honneur de formuler et de soumettre au Congrès des chasseurs les vœux ci-après avec le ferme espoir de les voir bientôt réalisés ;

Vœux

1° Le prix du permis de chasse sera porté de 28 à 30 francs, sur le prix de chaque permis il sera prélevé annuellement une somme de cinq francs qui sera destinée à constituer le Budget de la chasse.

2° Le Budget de la chasse, qui pourra en outre être grossi par des dons et allocations, servira exclusivement aux intérêts et besoins de la chasse et sera plus spécialement destiné à créer et entretenir des parcs d'élevage pour le repeuplement des chasses et à organiser et entretenir des brigades de gardes-chasse.

3° Une commission de..... membres, nommés par les chasseurs réunis en congrès et placés sous le patronage direct du ministre de l'Agriculture, sera chargée de la défense, près des Pouvoirs publics, des intérêts de la chasse, de l'exécution de toutes les mesures prises dans l'intérêt de la chasse et de l'administration, sous le contrôle de l'Etat, du Budget de la chasse.

....

MARTIN-DREYS,
fondateur du Saint-Hubert-Club de France.

Rapport présenté par M. Joseph Durand à l'assemblée générale de la Société Centrale des Chasseurs pour être proposé au Congrès de la Chasse.

Permettez-moi d'exprimer quelques idées relativement à ce que l'on pourrait faire pour assurer la protection du gibier. Si vous les trouvez bonnes vous pourriez peut-être les développer au Congrès. D'ailleurs bien d'autres doivent les avoir eues avant moi ; mais il s'agit de les exposer et à l'occasion de les faire prévaloir.

Selon moi, il faudrait :

1° Détruire les ennemis du gibier en allouant pour la capture des animaux nuisibles, des primes sérieuses dans toute la France. (Les gardes-champêtres dont il sera question devraient être autorisés à prendre part à cette capture).

2° Augmenter les pénalités infligées aux braconniers, surtout aux récidivistes invétérés ;

3° Obliger les gardes-champêtres à verbaliser ;

4° Donner de fortes primes aux agents qui dresseraient des procès-verbaux ;

5° Donner des primes aux dénonciateurs ;

6° Surveiller étroitement les recéleurs et les hôteliers ;

7° (Point capital) établir dans chaque département un certain nombre de brigades volantes, en civil, qui parcourraient le territoire en tous sens. Les gardes qui les composeraient pourraient opérer isolément ou groupés en nombre quelconque, dans n'importe quelle tenue, avec ou sans fusil ; on leur permettrait même d'avoir des chiens, pour mieux tromper les braconniers, qui les prendraient pour des collègues, et seraient ainsi sans méfiance. Ils pourraient voyager en chemin de fer, à pied, à cheval, en voiture, à bicyclette, enfin comme bon ils l'entendraient.

Les dénonciations des citoyens, verbales, signées ou anonymes, seraient adressées aux brigades de gendarmerie ou aux juges de paix qui les leur transmettraient. Les gardes en question s'occuperaient aussi bien entendu de la surveillance de la pêche.

Je suis persuadé que des gardes-chasse ainsi organisés ne tarderaient pas à faire rentrer tout le monde dans la légalité, au moins les braconniers d'occasion. Quant aux braconniers de profession, on n'hésiterait pas à les garder en prison des semaines et des mois, si c'était utile, et toujours en temps de chasse prohibée.

Maintenant pour la constitution de ces brigardes de gardes-chasse, il y a la question budgétaire. Il faut de l'argent, bien entendu. Malgré les 28 fr. 60 que verse chaque chasseur, voudra-t-on délier les cordons de la bourse ? Il serait cependant bien naturel et bien juste que nos gouvernants et nos représentants considérassent enfin qu'il n'est guère logique qu'une certaine catégorie de citoyens respectueux des lois, continuent à payer la somme annuelle de 28 fr. 60 pour avoir juste le droit de se promener, pendant quelques mois, avec le fusil sur l'épaule et brûler, à peu près en pure perte, un peu de poudre très chère, pendant que ceux qui ne payent rien du tout et narguent la loi, opèrent en tout temps et avec bien plus de profit.

D'ailleurs la disparition du gibier n'intéresse pas seulement les chasseurs. Elle intéresse encore à un plus haut degré bon nombre d'industries qui vivent de la chasse, et, d'une façon générale, tous les Français, car, si le gibier était protégé, il serait beaucoup plus abondant, par suite beaucoup moins cher et plus accessible à toutes les bourses. Toutes ces choses ont été dites et écrites, je le sais, et beaucoup mieux que je ne le fais moi-même; mais il est bon de les répéter, de les grouper, de les développer.

Mais revenons à nos brigades mobiles.

Même si aucun sacrifice n'était consenti par l'Etat, il y aurait encore trois moyens de constituer lesdites brigades :

1° Diminuer d'une unité les brigades de gendarmerie actuelles pour constituer les brigades volantes. Le service de la gendarmerie n'en souffrirait aucunement, car les gendarmes restants seraient déchargés de la surveillance de la chasse et de la pêche, tout en conservant bien entendu le droit de surveiller et de verbaliser à l'occasion.

2° Diminuer de moitié la part des communes sur les permis de chasse. Le budget communal ne s'en ressentirait que fort peu, et la différence permettrait d'organiser le service desdites brigades. D'ailleurs, si la chasse était efficacement surveillée, on verrait rapidement augmenter le nombre des permis dans de fortes proportions. Dans beaucoup de campagnes surtout, ce nombre deviendrait facilement double, triple et même quadruple ou quintuple. Car beaucoup de paysans et d'ouvriers aiment la chasse, et s'ils ne prennent pas de permis — même lorsque leurs moyens le leur permettraient largement — c'est qu'ils savent qu'ils courent fort peu de risques à braconner. S'ils s'apercevaient qu'il n'est guère possible de sortir sans se faire pincer, ils se mettraient vite en règle. De sorte que les sacrifices faits par l'Etat ou les communes seraient compensés et au-delà.

3° Enfin (moyen extrême) augmenter de quelques francs le permis de chasse. Moyen extrême, certes, mais qu'il ne faudrait cependant pas hésiter à employer si on écartait les autres. Le permis de chasse est déjà bien assez cher ! dira-t-on.

Cela est vrai. Mais quel est le chasseur intelligent qui ne préférera payer 32 et même 35 francs et emplir de temps en temps son carnier sans trop de fatigue, que de continuer à payer 28 francs pour continuer à rentrer exténué et... bredouille ?

Le gibier est à tout le monde, disent les braconniers. Oui, mais justement dans l'état actuel des choses, il n'est que pour eux, et encore tuent-ils, par leur sottise, la poule aux œufs d'or. D'ailleurs, en France, pour avoir le droit de posséder, de se livrer à un commerce, une industrie, etc., il faut payer un impôt. Or le permis de chasse est un impôt, et ce sont justement ceux qui ne payent pas cet impôt qui ont tous les droits et tout le profit. Un pareil état de choses commence à peser à la grande majorité des citoyens ; il serait grand temps que cela cesse.

Les mesures que j'indique me paraissent devoir être un remède efficace à un mal déjà très grand, puisqu'il n'y a déjà presque plus de gibier en France, ou plutôt il n'y en a plus que pour deux catégories de gens : pour les plus riches, qui ont des chasses gardées, et pour ceux qui se moquent de la loi et de tout le monde.

Je vous serais très obligé, Monsieur le Président, si vous vouliez bien me faire connaître votre opinion sur ma manière de voir, et me dire si ce que propose très humblement un très modeste chasseur sera porté à la connaissance du Congrès de la Chasse.

J. Durand.

M. le comte Jean de Sabran Pontevès donne lecture de son rapport et des vœux qui le suivent :

Rapport sur la police rurale.

Présenté par le Comte Jean de SABRAN PONTEVÈS.

La chasse, qui est le seul *sport* vraiment *social* — sa prospérité intéressant toutes les branches du commerce, de l'industrie et du travail —, n'est pas seulement le plus sain des exercices et le plus moral des plaisirs, elle est, surtout et par dessus tout, une cause de *plus value foncière* considérable, pour le territoire sur lequel elle s'exerce avec fruit —, plus value qui a même répercussion sur les héritages circumvoisins. On sait, en effet, sans qu'il soit besoin d'insister sur cette vérité, qu'un terrain *engiboyé* vaut, de ce fait, le double et parfois le triple de sa valeur intrinsèque et cadastrale.

La chasse est donc bien vraiment le *condiment* et à la fois le *complément* de la vie rurale. Et à ce double titre elle a droit, sans conteste, à cette affirmation de l'article 2 du règlement de notre Congrès : La chasse fait partie intégrante de la richesse de la France ».

Cette majeure acceptée, il en découle immédiatement que la base de cette richesse étant le sol, la terre, l'*alma parens*, il importe — pour que prospère la chasse — que le *retour à la terre*, tant préconisé, tant souhaité, s'impose à tous les Français, susceptibles de devenir propriétaires ou locataires fonciers.

C'est plutôt le lâchage de la terre... qui est à l'ordre du jour, nous dit-on.

Hélas, nous le savons. Et voyons, tout de suite, pourquoi la propriété foncière est ainsi délaissée de nos jours.

1° On se désintéresse de la terre, parce qu'elle est trop chère à acquérir, insuffisamment rémunératice, trop imposée.

2° On se désintéresse de la terre parce qu'elle n'est pas effectivement protégée, parce que le *terrien* ne se sent pas en confiance, en sécurité sur son héritage foncier.

Nous prouvons nos trois premiers dires.

Si l'on veut acheter pour *mille francs* de terre française, il en coûte (droits et frais) 120 francs à l'acquéreur.

Tandis que le coût est à peine de *deux francs*, si l'on achète pour la même source de valeurs mobilières quelconques, françaises ou étrangères.

Et ces 1.120 francs de sol français rapporteront péniblement 10 *francs*, bon an mal an, alors que les 1.002 francs de valeurs vagabondes donneront en moyenne *trente francs* l'an. Quant aux impositions, elles atteignent souvent jusqu'à 20 % des revenus de la terre, avec cette aggravation que ces impositions doivent être payées pendant l'année en cours, et à date fixe, tandis que les revenus agricoles rentrent le plus souvent par à comptes, par arrérages, ou pas du tout.

Nous prouvons non moins nos deux derniers dires.

La terre n'est pas effectivement protégée ; le terrien ne se sent pas en confiance, en sécurité sur son héritage foncier.

Et par qui, en effet, est exercée la police judiciaire rurale ?

Par les gendarmes et par les gardes champêtres, qui sont les seuls *protecteurs officiels* du sol français.

Or, dans la mémorable séance du 20 février dernier, le Gouvernement et le Parlement furent unanimement d'accord pour reconnaître et déclarer que la *police judiciaire, telle qu'elle existe, ne peut assurer la sécurité ni dans les villes, ni dans les campagnes.*

Je cite l'*Officiel*, passant tout ce qui a trait à la police urbaine et ne donnant que les passages les plus incisifs du débat :

« C'est avec moins de 3 millions que se fait la police judiciaire sur tout « le reste du territoire, frontières, villes et campagnes, si mal gardées (M. Cle- « menceau, ministre de l'Intérieur président du conseil).

« Il n'est pas douteux que la police judiciaire soit absolument insuffi- « sante en France.

« Je n'ai pas les chiffres de 1905, mais en 1904, il y a eu 103.419 crimes « ou délits dont les auteurs, faute d'une police efficace ont échappé à toute ré- « pression (M. le président du Conseil).

« Je disais, tout à l'heure, qu'il existe deux organisations de police ru- « rale : la gendarmerie et les gardes champêtres. A proprement parler la gen- « darmerie n'est pas une force de police rurale (très bien ! très bien) elle a un « très grand nombre d'autres occupations Et il y a ceci de bizarre que beau- « coup de ses chefs ne trouvent pas agréable que la gendarmerie s'occupe trop « de police ; ils estiment que cela fait trop ressembler leurs gendarmes à des « mouchards (M. le président du Conseil. »

A l'appui de ceci nous croyons devoir citer une circulaire du 27 février 1860, où il est dit :

« Le Ministre recommande aux sous-officiers, brigadiers et gendarmes, « *dans l'intérêt de la considération de l'arme*, de ne pas faire sa principale occu- « pation de la recherche des délits de chasse et d'apporter le même zèle pour « la constatation des délits non émunérés. »

Sans commentaires, n'est-ce pas ?

Nous reprenons l'*Officiel*.

« D'autre part, je suis loin de dire que ce modeste fonctionnaire (le garde « champêtre) ne rend pas des services. Mais ce n'est pas du tout un agent de « la police judiciaire, ce qu'il devrait être (M. le président du Conseil). »

« Il y a quelque chose à modifier de ce côté. »

« Vous avez dans vos commissions, en ce moment, le projet d'organisation « de la *gendarmerie mobile*. J'attire l'attention de chacun de vous sur ce pro- « jet. Je désirerais qu'il vint en discussion le plus tôt possible (M. le président « du Conseil). »

M. Lucien Millevoye. « Il faut organiser les gardes champêtres et les « embrigader ».

M. le président du Conseil : Eh bien ! « Messieurs comme réponse aux « interpellations qui m'ont été adressées, je suis obligé de vous annoncer que « nous ne pourrons porter remède aux maux qui nous sont signalés, qui sont « flagrants, qu'il faut arrêter dès à présent, qu'avec de nouvelles demandes de « crédit ».

Et plus loin, « Mais il faudra de l'argent, beaucoup d'argent ».

Et comme conclusion de ce débat, l'ordre du jour pur et simple accepté par le Gouvernement est voté à une immense majorité.

A notre tour de conclure. De l'aveu du Gouvernement et du Parlement, la police ruralequi devrait être assurée par la gendarmerie et les gardes champêtres, est absolument insuffisante.

Et alors, en attendant l'organisation et la création de la gendarmerie mobile, ce qui demandera de l'argent, beaucoup d'argent ! et du temps, beaucoup de temps !

Par qui est fait... relativement, l'intérim de la police judiciaire rurale ?

Par les gardes-forestiers, les gardes-pêche et les agents de la brigade dite *des chasses*, et par les gardes-chasse (gardes particuliers).

Les gardes-forestiers, les gardes-pêche, et les agents de la brigade des chasses ont une autorité officielle hautement reconnue. Mais leur champ d'investigation et d'utilité est limité aux forêts domaniales et communales, pour les premiers, et aux abords de certains cours d'eau pour les seconds. Quant aux vaillants agents de la brigade dite *des chasses* (que nous devons à la Société centrale des chasseurs), agents dont on ne saurait assez faire l'éloge, ils sont en tout quatre : nous disons *quatre* pour surveiller 536.408 kilomètres carrés et 38.962.000 habitants... et encore n'ont-ils pas le droit de perquisition, alors que l'on sait très bien que les *recéleurs* sont la cause initiale de presque tous les délits de chasse.

En résumé donc, les quatre-vingt-dix centièmes de la terre de France restent livrés aux romanichels, aux chemineaux, aux vagabonds, aux repris de justice, aux interdits de séjour, aux incendiaires (volontaires ou par négligence) aux braconniers, aux fileteurs, colleteurs, empoisonneurs ou enivreurs de gibier, à l'aide de grains toxiques ou opiacés, aux recéleurs, et autres maltôtiers ruraux.

sans compter les chiens errants et enragés, sous la seule protection entravée. Ah ! combien ! des gardes particuliers, avec cette péjoration encore que ces protecteurs volontaires du sol français ne peuvent exercer cette protection que sur les territoires spécifiés par leur assermentation.

Et voici toute l'économie de la question.

1° L'Etat, le département, la commune exigent des *impositions foncières* très lourdes pour soi-disant assurer la protection des individus et des biens fonciers ;

2° L'Etat, le département, la commune sont impuissants à efficacement assurer cette protection (voir la séance du Parlement du 28 février 1907 citée plus haut) ;

3° Alors les propriétaires et locataires fonciers se sont décidés à s'imposer *extraordinairement* eux-mêmes, pour relativement... protéger leurs biens, leurs personnes et leur voisinage à l'aide de gardes particuliers, dont l'assermentation le logement, la nourriture, l'habillement, les appointements, etc., etc., absorbent et dépassent parfois la totalité des revenus de leurs terres.

Réflexion immédiate. L'Etat, le département, la commune doivent être infiniment reconnaissants à ces citoyens dévoués de faire ainsi leur besogne et de permettre que la France continue à être habitable.

A ceci, nous répondons simplement :

1° Dans presque tous les procès, provoqués par un constat de délits, signés des gardes particuliers, et, en général, de tous agents de police judiciaire rurale, il faut que l'agent verbalisateur ait dix fois raison pour ne pas avoir.... tort.

2° Il s'est rencontré, il n'y a pas bien longtemps, une majorité pour proposer de mettre un impôt de vexation sur les propriétaires ou locataires de terres gardées, c'est-à-dire sur les *protecteurs volontaires de la terre de France.*

Nous n'insistons pas davantage. En attendant la venue d'une loi, — qui constate que le gibier est vraiment un *fruit animal* (naturel ou cultivé) du sol, — et dise que le *res nullius* romain (qui ne visait que les bêtes féroces) a évolué en *res propria.*

Nous croyons devoir émettre les vœux suivants :

1er *Vœu.* — Que le souhait formulé par M. G. Clemenceau, ministre de Intérieur, président du Conseil, dans la séance du 28 février 1907 : « Je désirerai que vînt en discussion, le plus tôt possible, le *projet d'orgganisation de la gendarmerie mobile* » se réalise très promptement.

2e *Vœu.* — Que les maires, les adjoints, les commissaires de police, les sergents de ville, les officiers de gendarmerie, les sous-officiers, brigadiers et gendarmes, les gardes-champêtres, les cantonniers de la grande et de la petite voirie, les gardes-pêche, les gardes maritimes, et les gardes assermentés (gardes particuliers) puissent verbaliser contre tous délits ruraux, à commencer par les délits de chasse et de pêche.

3e *Vœu.* — Que la gratification, due pour chaque condamnation prononcée, qui est de 10 francs (Loi du 16 décembre 1890 et du 13 avril 1898) soit portée à 15 francs, et étendue à tous agents verbalisateurs sus-énoncés, sans oublier les gardes-forestiers, les employés des *contributions indirectes* et des *octrois*, aussi les agents et préposés de l'administration des *douanes*, qui sont déjà compétents pour verbaliser, en certains cas, en matière de chasse.

OBSERVATION. — A l'appui de ce vœu, je crois devoir mentionner le vœu suivant proposé par la Société centrale des Chasseurs en 1904, 1905, 1906, et appuyé, en 1906, par le Saint-Hubert-Club Français :

« Extension des gratifications légales prévues par l'article 10 de la loi « de 1844, aux employés d'octroi et agents des polices municipales, et plus géné- « ralement à tous agents ayant qualité et compétence pour verbaliser en matière « de chasse ».

4e *Vœu*. — Que les autorités compétentes distribuent plus largement des distinctions honorifiques et des récompenses civiques aux agents verbalisateurs.

5e *Vœu*. — Que le délai d'affirmation des procès verbaux soit porté à trois jours.

6e Vœu. — Que les gendarmes soient autorisés à recevoir des primes et des récompenses honorifiques des *sociétés officiellement reconnues*.

Le 7e vœu, visant les gardes champêtres, a été disjoint et confié à M. E. Béjot qui en avait présenté un analogue.

Mars 1907. SABRAN-PONTEVES.

Le premier vœu relatif au projet d'organisation de la gendarmerie rurale est adopté sans discussion.

Le deuxième vœu : « Que les maires, les adjoints, les commissaires de police, les sergents de ville, les officiers de gendarmerie, les sous-officiers, brigadiers et gendarmes, les gardes-champêtres, les cantonniers de la grande et de la petite voirie, les gardes-pêche, les gardes maritimes et les gardes assermentés (gardes particuliers) puissent verbaliser contre tous délits de chasse et de pêche », donne lieu à la discussion suivante :

UN MEMBRE DE LA COMMISSION. — Les personnes qui assistaient mercredi à la réunion tenue dans cette même salle à la suite de l'ouverture de ce congrès sont au courant des propositions que je vais avoir l'honneur de répéter car il paraît que j'avais fait une erreur de Commission.

J'ai l'honneur de représenter ici les chasseurs d'une commune près de Rambouillet, vous savez que, dans cette région, nous avons surtout, comme gibier, le faisan. Or, nous ne comprenons pas que l'administration vraiment trop agréable aux braconniers, les autorise au moment de la cueillette des fleurs, du muguet, à pénétrer dans la forêt, sous ce prétexte, mais en réalité, pour ramasser les œufs de nos faisans.

Après le muguet, vient la saison des champignons. Après les champignons vient le bois mort. Et toute l'année sous ces prétextes divers, on se livre au pillage de nos œufs.

M. LE PRÉSIDENT. — Faites-vous un vœu ?

LE MÊME MEMBRE. — Parfaitement, M. le président, mais je devais vous donner ces explications préalables sur le vœu que je vais vous présenter.

Vœu. — « Le Congrès, justement ému des facilités accordées par l'administration aux ramasseurs de muguet et de bois mort qui souvent n'est qu'un prétexte pour ramasser les œufs de faisan, l'invite à supprimer cette autorisation. »

UN AUTRE MEMBRE. — Je propose une addition au vœu de M. de Sabran Pontevès. Ce serait de mettre que les gardes forestiers ont le droit de verbaliser même en dehors du terrain confié à leur garde.

PLUSIEURS MEMBRES. — Non, non, non, ce n'est pas possible.

M. DE SABRAN-PONTEÈS. — Vous pouvez faire assermenter votre garde sur les terrains dont vous parlez avec l'assentiment des propriétaires. Vous pouvez étendre indéfiniment le droit d'assermentation d'un garde sur plusieurs propriétés.

M. LE PRÉSIDENT. — Le vœu de M. de Sabran-Pontevès vous permet de vous défendre dans les conditions que vous proposez.

UN MEMBRE DE LA COMMISSION. — Je désirerais qu'il soit ajouté au vœu de M. le rapporteur, aux personnes qui ont le droit de faire des procès verbaux, tous les membres d'une Société de Chasse autorisée.

DE NOMBREUX MEMBRES. — Oh oh oh !

M. LE PRÉSIDENT. — Ce serait aller trop loin, nous ne le pouvons pas. Je vous demande si vous avez des objections contre la rédaction si claire que vient de vous présenter M. de Sabran-Pontevès.

UN MEMBRE DE LA COMMISSION. — Je demande que l'on ajoute à la nomenclature de M. le Rapporteur le mot : Préposés Forestiers.

M.DE SABRAN-PONTEVÈS. — Oh parfaitement.

UN AUTRE MEMBRE. — Je ne suis pas de votre avis, j'estime au contraire qu'il n'y a pas lieu d'augmenter le nombre des agents verbalisateurs. A l'heure actuelle, il n'y a que les gendarmes et les gardes particuliers qui fassent leur devoir, tous les autres agents font le contraire. Je connais pas mal de gardes champêtres qui se livrent au braconnage, quant aux maires qui dressent des procès verbaux pour délits de chasse, on pourrait au contraire en citer beaucoup qui pratiquent le braconnage.

M. LE PRÉSIDENT. — Le gendarme braconnier est une exception.

UN AUTRE MEMBRE. — Je voudrais que l'on ajoute que les agents peuvent saisir le gibier.

M. DE SABRAN-PONTEVÈS. — On ne le peut pas c'est interdit par la loi.

M. LE PRÉSIDENT. — Je mets aux voix la proposition de M. de Sabran-Pontevès avec l'addition des préposés forestiers.

UN MEMBRE DE LA COMMISSION. — On demande aussi que l'on joigne les préposés et agents de l'octroi.

M. DE SABRAN-PONTEVÈS. — C'est dans la loi.

La Commission adopte le vœu ainsi modifié.

M. DE SABRAN-PONTEVÈS donne lecture du 3e vœu relatif à l'augmentation de la gratification pour chaque condamnation prononcée et qu'elle soit étendue à tous les agents verbalisateurs.

La Commission adopte.

M. LE PRÉSIDENT. — Un membre du Congrès me remet le vœu dont il vous a entretenu tout à l'heure pour l'interdiction de la cueillette du muguet.

UN MEMBRE DE LA COMMISSION. — Je combats ce vœu, non pas au point de vue de la chasse, mais parce que si vous l'adoptiez, il aurait pour conséquence d'interdire la forêt à tous les promeneurs qui viennent chaque jour parcourir les bois, vous auriez la population entière contre vous comme on l'a eué, aux environs de Paris lorsqu'on a voulu interdire la forêt de Marly.

Une dame. — Je suis complètement opposée à ce vœu. Il faut aussi tenir compte des pauvres gens qui n'ont pour vivre que le muguet qu'ils vendent.

L'auteur du vœu. — Je ne parle que des braconniers qui obtiennent une autorisation écrite et délivrée par l'administration pour venir, sous le prétexte de cueillette de fleurs ramasser les nids de faisans.

Un membre de la commission. — Je crois que l'administration examinerait avec plaisir le règlement de la cueillette du muguet, réglementation qui existe déjà pour le bois mort.

La Commission rejette le vœu.

Le 4ᵉ vœu relatif à la distribution plus large de distinctions honorifiques et de récompenses civiques aux agents verbalisateurs, est adopté sans discussion.

M. de Sabran-Pontevès donne lecture du 5ᵉ vœu relatif à l'affirmation des procès-verbaux, qu'il propose de supprimer ou, subsidiairement d'en augmenter le délai.

Un membre de la commission. — Que le délai soit augmenté si l'on veut, mais qu'on ne supprime pas l'affirmation car vous avez des gardes qui peuvent, dans un temps donné, changer quelque chose dans leur procès verbal à moins que le procès verbal soit immédiatement déposé au parquet.

M. le président. — Je mets aux voix le vœu.

Un membre de la commission. — Divisez le vœu, je suis partisan de la suppression, et pas partisan de l'augmentation du délai d'affirmation.

M. le président. — On demande la division du vœu, je vais vous en lire la première partie.

M. Leschevin (Belgique). — Précisément, cette question d'affirmation des procès-verbaux est visée dans mon rapport.

M. de Sabran-Pontevès. — Je demande la priorité pour la seconde partie de mon vœu : le délai.

M. le président. — Cela est de droit. Etes-vous d'avis que le délai d'affirmation soit porté à trois jours ?...

La Commission adopte.

M. le président. — Alors nous remettons la première partie à tout à l'heure.

Le 6ᵉ vœu relatif à l'autorisation pour les gendarmes de recevoir des primes et des récompenses honorifiques des Sociétés officiellement reconnues, est adopté.

Un membre de la commission. — Qu'entendez-vous par Sociétés officiellement reconnues.

M. de Sabran-Pontevès. — Nous avons entendu par Sociétés reconnues, les sociétés reconnues d'utilité publique et celles régulièrement constituées.

M. le président. — M. Leschevin, représentant de la Belgique demande à vous donner connaissance d'une communication. Mais comme cela me paraît un peu long, je serais obligé à M. Leschevin de vouloir bien nous en donner seulement les conclusions.

M. Leschevin (Belgique). — Mais il n'y a pas de conclusions, M. le Président. C'est une communication qui m'a été demandée par le Comité d'organisation du Congrès.

M. le président. — Je vous serais alors obligé de vouloir bien résumer.

M. LESCHEVIN (Belgique) donne lecture de sa communication qui sera jointe au procès verbal officiel du congrès.

M. LE PRÉSIDENT. — Nous revenons maintenant à la question de l'affirmation des procès verbaux.

M. DE SABRAN-PONTEVÈS. — On ne m'a pas très bien compris. L'affirmation consiste à obliger le garde à présenter son procès-verbal dans les 24 heures à un maire ou à un adjoint, et il est obligé d'en affirmer la sincérité. C'est un geste qui me paraît inutile.

UN MEMBRE DE LA COMMISSION. — On pourrait très bien supprimer l'affirmation, puisqu'il y a l'obligation de l'enregistrement.

UN CONGRESSISTE DES BOUCHES-DU-RHONE.— Je maintiens que l'affirmation d'un procès verbal est la garantie du rédacteur. Lors de la discussion de la loi de 1844, l'affirmation n'a pas été faite pour des gardes ne sachant pas lire, comme le dit le rapporteur, mais bien pour la sincérité des procès-verbaux.

UN MEMBRE DE LA COMMISSION. — Alors il vaudrait mieux, au lieu de l'affirmation, qu'on mette l'obligation d'envoyer immédiatement le procès-verbal au Parquet.

M. LE PRÉSIDENT. — Mais puisque nous avons voté l'augmentation du délai de l'affirmation, nous n'avons plus l'intention de supprimer l'affirmation.

M. DE SABRAN-PONTEVÈS. — Du reste je ne suis pas entêté. Je retire la partie de mon vœu ayant trait à la suppression de l'affirmation. Je suis persuadé que la prochaine fois que le congrès se réunira, on votera la suppression de cette formalité surannée et inutile.

M. LE PRÉSIDENT. — M. le rapporteur abandonne son vœu. Quelqu'un le reprend-il.

NOMBREUX MEMBRES DE LA COMMISSION. — Oui, oui, moi.

UN MEMBRE DE LA COMMISSION. — Vous avez étendu le délai d'affirmation à trois jours. Si dans ces trois jours le garde est obligé soit d'envoyer son procès verbal au Parquet, soit de le faire enregistrer, vous avez là deux garanties sérieuses qui vous mettent à l'abri de toute complication.

La Commission adopte.

Rapport sur l'état de la police rurale en Belgique

par M. OCTAVE LESCHEVIN

A la suite de plaintes formulées à la tribune parlementaire et dans la presse, ou adressées directement à son département, M. le ministre de l'agriculture, conjointement avec ses collègues de la Justice, de l'Intérieur, et de la Guerre, prit l'initiative de réunion d'une commission spéciale.

Son but était l'élaboration d'un projet de loi à soumettre aux Chambres sur la réorganisation de la police rurale.

Ce projet est prêt.

La Fédération des Sociétés provinciales de chasse de Belgique, tenant à ne pas rester étrangères à la question qui les intéressent au plus haut point, s'en occupa. Elle est pénétrée du principe que toute mesure dont le résultat pourrait être une surveillance plus sérieuse des campagnes (abstraction même de toute idée de répression de braconnage) amènerait comme répercussion les effets les plus heureux... même pour le gibier.

Le projet fut donc examiné, une étude en fut faite, les sociétés provinciales furent appelées par la Fédération à émettre leur avis, et la question fut inscrite au programme du Congrès international de chasse d'Anvers.

Elle est donc d'actualité.

*
* *

Le plan que je m'impose dans l'examen de la police rurale est de développer à propos de chacun de ses agents, son rôle, ses pouvoirs dans leurs rapports avec la surveillance des chasses.

Je traiterai pour chacun d'eux les divers points de vue : situation présente, situation telle qu'elle serait après adoption du projet, enfin les critiques que nous croyons devoir faire de l'une et de l'autre.

*
* *

Tous, nous nous rendons compte que la police, à la campagne, est insuffisante et insuffisamment exercée ; le motif en est évident : il s'agit de garder des territoires immenses au moyen d'un minimum de surveillants ! La population est peu dense, les contribuables rares, et le budget du pays ne permet pas, dit-on, d'augmenter le nombre de ces fonctionnaires à charge des finances de l'*Etat*. D'autre part les ressources des *communes* étant moins considérables encore, les agents qu'elles subsidient sont peu nombreux et insuffisamment rémunérés.

Ce que nous constatons ici n'est pas spécial à tel ou tel pays en particulier : c'est l'histoire des campagnes... absolument partout.

*
* *

Les améliorations doivent donc tendre non précisément à en multiplier le nombre des policiers, mais à en augmenter *l'effet utile* : en renforçant leurs pouvoirs, en stimulant leur zèle et surtout en permettant de concentrer leurs efforts, dégageant leurs fonctions de diverses inutilités qui souvent les encombrent.

*
* *

Le plan que je me propose de suivre ici, est l'examen des divers fonctionnaires constituant la hiérarchie de la police rurale — ou plutôt, chargés de la Police *dans les campagnes* car, à vrai dire, exception faite de la dépendance, parfois trop absolue, du garde champêtre et du commissaire de police vis à vis de leur bourgmestre, il n'existe aucun lien entre les divers agents : garde-champêtre, garde-chasse, garde forestier, gendarmes, commissaires de police.

BOURGMESTRE

Le fonctionnaire qui a la plénitude du pouvoir rural, la compétence la plus étendue, est le *Bourgmestre*. Officier de police judiciaire, la loi communale lui confie (art. 90) l'exécution des lois et des règlements de police ; le Code rural (art. 50) le charge de veiller à la stricte exécution des lois et règlements d'intérêt agricole ; il a, sous son autorité, le garde champêtre et le commissaire de police.

Devant lui (ou devant le juge de paix) doivent être affirmés les procès verbaux ; il procède aux perquisitions sur mandat du juge d'instruction ; il a le droit, comme les hauts magistrats de l'ordre judiciaire répressif, de réquisitionner la gendarmerie et la force armée.

Nommé par le roi, au sein du Conseil communal il est donc, en dernière analyse, l'élu de ses concitoyens.

Des électeurs à ménager, un mandat à conserver, telle est sa devise... je n'insiste pas.

Le Bourgmestre n'intervenant pas directement et par lui-même à la mission de surveillance des champs, des bois et des routes, je passe aux agents qui exercent la police de façon réelle, matérielle pouvons-nous dire.

GARDE-CHAMPETRE

Nomination, révocation : Fonctionnaire rural par excellence, il personnifie la police des campagnes. Choisi par le Gouverneur parmi les deux candidats que lui présente le Conseil communal, c'est de celui-ci qu'en dernière analyse il tient son investiture — et ce Conseil est lui-même l'élu de la population !

Ils peuvent être révoqués par le gouverneur, après que celui-ci aura entendu l'avis du Conseil communal — il peut les suspendre sans cette consultation. Le conseil a le droit de suspension avec privation de traitement pour un maximum d'un mois. (a 129 Loi communale, 53 code rural).

La première modification qu'apporterait en cette matière le projet de réorganisation, serait la nécessité d'un avis conforme du Procureur du Roi pour la nomination. Quant à la suspension ou révocation, elles ne pourraient être prononcées, « quant aux fonctions judiciaires », que sur la proposition du Procureur général.

Ces clauses ont une importance considérable : soustraire les prérogatives afférentes aux fonctions judiciaires : procès-verbaux, recherches, poursuites, à l'arbitraire des pouvoirs communaux ; donner par là aux gardes champêtres une indépendance plus grande dans l'exercice de ces fonctions vis à vis des justiciables, et les mettre dans une dépendance plus directe du Parquet.

Age : La limite actuellement fixée à 25 ans mais que l'administration du gouverneur peut abaisser à 21, deviendrait stricte. Une limite maximum serait fixée, ils ne pourraient être nommés après la 40e année.

La mise à la retraite est spécifiée pour la 65e année, sauf pour les gardes en fonctions pour lesquels une tolérance s'étendrait jusqu'à la 70e (art. 55 modifié). Les gardes incapables physiquement de remplir leurs fonctions devraient être réformés.

Ces mesures ont pour but d'assurer un service, une surveillance plus efficace. (On pourrait critiquer le refus de nomination après la 40e année : il est à supposer qu'on a envisagé la question des pensions de retraite, également traitée dans le projet).

FONCTIONS

La surveillance des produits du sol, bois, récoltes ; de la chasse, de la pêche ; la police des campagnes pour la poursuite et répression de tous délits et contraventions, tel est le vaste domaine de leur activité auquel le projet de 1904, n'apporte qu'une modification : étendre leur juridiction à *toutes propriétés* situées dans les communes rurales.

PROFESSIONS ACCESSOIRES

Le code rural, en son art. 60, après avoir proclamé le principe de *l'incompatibilité* avec toutes autres fonctions, commerces ou professions, les y autorise cependant, en cas d'assentiment de la députation permanente du Conseil provincial. (Réserve est faite cependant de la profession d'aubergiste et débitant de boissons ,même par personne interposée, toujours interdite).

Cela dégénère en abus ; l'indépendance du policier est trop fréquemment influencée par la clientèle, et le projet de réorganisation supprime la faculté laissée à un pouvoir quelconque, d'accorder dispense, sauf pour les *fonctions* confiées par les autorités publiques et de l'avis conforme du procureur du roi.

On a estimé en effet qu'il n'y avait nul inconvénient à voir ces agents porter les feuilles de contributions et les contraintes.

— Je dirais même qu'on pourrait aller plus loin et admettre toutes fonctions qui ont un caractère de police ou d'administration, l'exclusion du mercantilisme suffisant déjà comme amélioration !

Nous les voyons parfaitement agents-voyers, cantonniers,... pourquoi pas receveurs communaux ?

Est-ce principalement en vue de leur alléger la besogne, qu'on les empêchera de cumuler la police avec la profession de tailleur ou de savetier ? Non c'est pour les soustraire à l'esclavage nocif de la clientèle ! Ils devront *parcourir leur commune* pour surveiller les routes, toucher les taxes, notifier des pièces... tant mieux, ils circuleront, et on ne leur demande pas autre chose.

Ne perdons pas de vue qu'ils sont trop parcimonieusement rémunérés et qu'il faut, si on veut compter sur des agents zélés, qu'ils puissent trouver ailleurs un appoint appréciable à leur solde.

On doit viser à leur adjoindre des fonctions rétribuées « qui ne vinculent pas leur indépendance ». Exploiter une culture ? — soit — mais dans des limites restreintes !

JURIDICTION

Une commune : un garde champêtre au minimum. Tel est le principe de l'art. 51 du Code rural, mais cela n'est pas toujours observé.

Le projet de réorganisation tient compte des situations de fait, et il permet à deux communes voisines (revenant en cela au décret des 26 sept. 6 oct. 1791) de s'entendre pour avoir *en commun* un *même garde-champêtre*, mais uniquement dans le cas où la population de chacune d'elles serait inférieure à 500 habitants. Encore faudrait-il l'autorisation du gouverneur et l'avis conforme du procureur général.

Nous croyons qu'il serait opportun d'y ajouter une condition : que l'*étendue* territoriale des communes réunies ne comporte pas un maximum d'hectares à fixer. On ne peut admettre en effet, qu'en cas de région à population peu dense, l'extrême éloignement des points extrêmes de leur circonscription ne réduise à néant une surveillance effective.

En son art. 51 modifié le projet décide que, si les besoins de la police réclament plusieurs gardes-champêtres dans une commune, la députation permanente pourra créer les postes supplémentaires, sur invitation du gouverneur.

Brigadiers champêtres.

Dans plusieurs provinces certains gardes-champêtres sont élevés à ce grade purement honorifique. C'est le « *primus inter pares* », l'un des gardes du canton, à la tunique duquel on met un galon qui reçoit un supplément de traitement, rien de plus. Il reste le surveillant de *sa* commune, n'a sur les autres qu'une influence morale.

Il est question de l'*embrigadement effectif* des gardes-champêtres.

Le brigadier hors cadre, nommé par le gouverneur parmi les gardes-champêtres en fonctions (le procureur général étant entendu en son avis) ne pourrait être suspendu ou révoqué que par ce magistrat.

Il ne serait plus le policier de telle ou telle commune, mais exercerait sa juridiction sur les gardes-champêtres du canton, ferait avec eux surveillances et tournées et aurait sur les gardes-chasse de sa circonscription un droit de réquisition. Nous traiterons ce point plus longuement au chapitre « garde-chasse ».

***

Les fonctions d'*officier du Ministère Public* près les Tribunaux de police des cantons, là ou n'existe pas de commissaire de police, seraient remplies par le brigadier-champêtre, sur l'avis du procureur général.

Ils y remplacent avantageusement les bourgmestres des communes, fonctionnaires « élus » qui occupent actuellement ce poste. La Commission a renoncé à l'institution des substituts cantonaux qui avait été proposée (art. 8 projet rempl. art. 153. L. 18 juin 1869).

Commissaires de police

Ils interviennent bien peu dans la police rurale, leurs fonctions étant limitées aux villes. Cependant, le projet de réorganisation s'en occupe pour autoriser le Roi à créer d'office des postes de 5.000 habitants là où le conseil communal négligerait de le faire, pour raison budgétaire.

Pour les distraire de l'arbitraire communal, le projet subordonne leur suspension ou leur révocation à la poposition du procureur général (art. 125 modifié de la L. communale).

Gardes forestiers.

Bien peu de chose à en dire au point de vue de la police rurale : leur compétence, s'il s'agit des agents *forestiers de l'état* ou des communes est *la même* que celle des gardes-champêtres pour la recherche, constatation et poursuite de délits dans les bois et même les campagnes.

S'agit-il au contraire de gardes-*forestiers privés* ou gardes des particuliers, leur compétence est la même que celle des gardes-champêtres particuliers ou gardes-chasses mais elle se limite aux bois.

Inutile donc d'insister davantage. Ils me paraissent appelés à disparaître « en fait » au jour du vote de l'art. 61 nouveau, comme nous le verrons ; ils seront comme tous les autres des « gardes privés de propriétés rurales ».

Gardes-chasse.

C'est là le véritable agent de la police de la chasse, le protecteur attitré du gibier. C'est très exceptionnellement, nous le verrons, qu'ils participent à l'autorité officielle de police .

Le projet de 1904 tend à les embrigader occasionnellement pour le service de sûreté, sous le commandement des brigadiers-champêtres (c'est un point sur lequel j'insisterai).

*
* *

Sous l'empire du Code rural qui nous régit, la notion de l'agent privé qui garde les chasses n'existe pas. Nos gardes-chasse ainsi dénommés sont des *gardes-champêtres particuliers*, chargés en principe de la surveillance des propriétés rurales, fruits et récoltes, tant du propriétaire que de ses fermiers. Ils ont compétence pour la répression des délits de chasse et de pêche. Les propriétés boisées sont aussi sous leur surveillance (Code rural art. 61).

Le projet de réorganisation apporte une extension considérable à leurs attributions et à la faculté pour les commettants d'en établir. Ce ne sont plus seulement les cultures et les plantations qui auront droit à la protection d'un agent privé assermenté, mais les *propriétés* de toute espèce, situées dans les communes rurales : bâtiments, carrières, usines. Le principe du garde particulier, tel qu'il était conçu dans le décret du 20 messidor an III et 3 brumaire an IV et qui avait, par ses termes étendus, donné matière à une interprétation qu'on a ensuite voulu restreindre, serait donc fixé. Cependant l'art. 61 nouveau exigerait pour ces catégories de gardes, l'avis du Procureur du roi précédant l'agréation du gouverneur.

Nomination.

Actuellement les titulaires de chasse doivent, avant l'entrée en fonctions de leurs gardes les faire admettre par le gouverneur ; la circonscription dans laquelle ils doivent exercer leur surveillance doit être spécifiée dans leur commission ; ils prêtent serment devant le juge de paix du canton de leur résidence.

C'est au gouverneur qu'appartient le retrait de leur agréation, en cas d'inconduite notoire ou de condamnation pour faits délictueux. Le projet de réorganisation supprime ces restrictions et laisse donc à ce magistrat, pleine liberté d'appréciation.

— Nous voudrions y voir intervenir également le procureur du roi.

Le commettant qui *retire la commission* de son garde serait dorénavant tenu d'en informer immédiatement le gouverneur, car rien, actuellement, n'étant réglé sur ce point, les pouvoirs publics sont amenés à considérer comme étant encore en fonctions, des gardes-chasse qui ont cessé à l'être !

Sur ce point encore on a tort de passer sous silence le Parquet. Comme dépositaires d'une parcelle du pouvoir public, comme agents assermentés les gardes dépendent cependant du procureur général ; ils sont justiciables de la Cour d'appel !

Procès-verbaux.

Une disposition du projet nouveau (applicable également aux gardes-champêtres, gardes-forestiers et autres agents assermentés) serait la *suppression de l'obligation* d'affirmer les procès-verbaux.

Cette formalité, actuellement obligatoire endéans le délai de 48 heures, n'a aucune raison déterminante. Elle amène trop fréquemment le retrait, la suppression des procès-verbaux avant qu'ils ne parviennent au Parquet. L'agent verbalisant se voit trop souvent l'objet de représailles, s'il fait son devoir avec zèle, et cela, de la part d'autorités communales qui, par l'affirmation, sont mises au courant des poursuites qui vont s'en suivre.

Il y a en tous cas, un retard absolument inutile.

Mais ce qui présente, au point de vue de la justice et des intérêts de la défense, une garantie donnée à l'inculpé, c'est l'obligation édictée dans le projet, de « *faire parvenir ces procès-verbaux au parquet* » et au ministère public près les tribunaux de police, endéans les trois jours, après quoi, sans retard, *copie* en sera donnée *à l'inculpé* à moins qu'il ne puisse être interpellé (art. 82 : texte modifié). C'est l'abrogation de l'art. 25 de la Loi de 1882 sur la chasse.

A l'article 81 du Code rural, qui traite de la force légale des procès-verbaux faisant foi jusqu'à preuve contraire, serait ajoutée la mention explicative, bien nécessaire : « des *faits matériels qui y sont constatés* ». La signature de l'agent verbalisant serait exigée (impossibilité donc désormais de nommer ou de conserver des gardes complètement illettrés).

Réquisitions.

Les *brigadiers champêtres*, réorganisés comme nous l'avons vu, exerceraient sur les gardes particuliers une surveillance (a. 55 bis nouveau), ils auraient le droit de les requérir momentanément pour leur prêter main forte (id. al 5) mais avec l'assentiment du commettant.

Ils ne seraient cependant, en ces réquisitions que de simples agents de la force publique, perdant momentanément leur caractère d'officiers de police judiciaire (id. al. 6) dès qu'ils sortent du territoire pour la garde duquel ils sont assermentés.

A notre avis, cette obligation de l'*assentiment* du commettant rend la mesure illusoire : en effet, c'est en des cas graves et urgents que les gardes particuliers devront être réquisitionnés, leur maître habitera souvent bien loin ! Attendre réponse et instructions avant de marcher, les mettrait en parallèle avec les carabiniers d'Offenbach !

Pour être efficace, ce droit de réquisition par les brigadiers champêtres ne devrait-il pas être absolu et étendu également aux réquisitions de la gendarmerie ? Une parcelle du pouvoir est délégué à des agents privés, c'est bien un minimum à leur demander qu'une aide momentanée à l'autorité !

Que cette faculté ne doive pas dégénérer en abus, c'est évident, mais il suffirait pour écarter toute arrière-pensée de prescrire qu'endéans les 48 heures qui suivent la réquisition, *avis motivé* en soit donné, par l'agent dont elle émane, au patron du garde requis, et que rapport en soit également adressé au procureur du roi.

En présence de ces garanties, on ne voit pas pourquoi la faculté n'en serait pas également laissée aux simples gardes-champêtres ? Ainsi pourraient se former en cas de nécessité, *momentanément*, et à l'encontre même du mauvais vouloir de certains grincheux, des *brigades de gardes*.

Le principe est donc reconnu dans le projet, il y a lieu de l'étendre moyennant certaines garanties.

*
**

L'art 64 du Code rural, actuellement en vigueur(et qui serait maintenanu dans le projet nouveau) stipule l'admission des gardes-chasses à exercer les fonctions de *gardes-champêtres auxiliaires* des communes, mais sans traitement, sur la demande du conseil communal et avec l'approbation du gouverneur.

Cette faculté, étant fort peu connue, est très rarement appliquée ; il était opportun de la rappeler. Elle peut avoir un heureux effet : transformer les gardes-chasses en aspirants gardes-champêtres, et, par là, stimuler leur zèle.

Mais encore, s'ils rendent des services à la commune, pourquoi n'en seraient-ils pas rémunérés.

Gendarmerie.

Que de paperasserie encombre l'existence de ces zélés fonctionnaires, et que de charges militaires restreignent leurs attributions judiciaires !

Telles sont les deux causes principales pour lesquelles ils ne peuvent suffir à la charge trop lourde qui leur incombe, d'assurer la sécurité des campagnes.

On doit y ajouter, comme critique, la fréquence des déplacements d'hommes et de chefs de brigade, l'insuffisance de pouvoirs en cas de perquisitions.

*
**

Songerait-on que la tenue, la copie, la mise en concordance des listes des communes, des registres de classement ; la tenue, la mise à jour des listes et registres de mobilisation l'étude du règlement pour les permissionnaires et les réservistes ont occupé 70 heures de bureau environ de la brigade de S... du 23 mai au 3 juin. Ce dernier jour il y avait 7 heures occupées « rien que » pour la mobilisation !

Quant aux services hors de la caserne pendant cette même période, on trouve : recherche de militaires manquants et de déserteurs, remises d'avis, visites à des permissionnaires, enquêtes à leur sujet, prise de renseignements sur parents malades de militaires, enquêtes sur militaires en congé, remise de registres de milice et de pièces de mobilisation à des communes, recensement des chevaux chez les particuliers, etc... il y a encore les services d'audience, le transfert des prisonniers, la garde au champ de courses, service d'éclaireurs pour les manœuvres d'infanterie, etc...

Que reste-t-il pour la police rurale ?

*
* *

Une autre critique, et les magistrats de l'ordre judiciaire répressif s'en plaignent vivement, c'est le fréquent *déplacement* des gendarmes, brigadiers et maréchaux-de-logis.

A peine ont-ils pu prendre contact avec la population, connaître le pays, ses coutumes, les routes ,réunir tous renseignements personnels sur les individus capables d'un mauvais coup, informations sur leurs allées et venues... que déjà ils sont envoyés en brigade à l'autre coin du pays !

*
* *

Mais le point capital, dans la répression du braconnage, et dont l'intime affinité avec les mesures de police générale est incontestable, ce sont les *visites et perquisitions.*

Fixons-en les principes : Seul, le juge d'instruction peut actuellement les ordonner, sauf le cas de flagrant délit, où ce droit peut être exercé par d'autres autorités et encore, avec les réserves de l'art. 16 du code d'instruction criminelle.

*
* *

La présence du juge de paix, du bourgmestre ou d'un échevin est requise pour que la gendarmerie puisse procéder aux perquisitions ordonnées. Ces derniers, magistrats communaux mettent, dit-on, à se présenter comme justiciers, chez leurs électeurs une mauvaise grâce assez compréhensible, une lenteur à s'apprêter qui permet de se douter dans le village que « quelque chose va se passer » ; souvent même cela dégénère en une neutralité bienveillante qui permet aux objets et engins prohibés de s'éclipser à temps. Que le droit de *délivrer les mandats* de perquisition doive être réservé au magistrat-juge — d'accord — c'est chose grave que la violation du domicile privé : on pourrait cependant l'étendre au juge de paix pour les cas d'urgence. Mais toutes les garanties contre l'arbitraire étant sauvegardées par la nécessite d'une décision de juge, pourquoi, quant à la mise à exécution de cette décision, ajouter des restrictions qui n'occasionnent qu'entraves et perte de temps ?

Les *commandants de brigade* de gendarmerie devraient avoir qualité pour y procéder seuls, munis du mandat qui leur est confié, si le juge n'estime devoir se faire représenter par le juge de paix.

Que d'engins prohibés ne découvrirait pas la gendarmerie si elle pouvait agir directement, sur mandat, sans intervention des autorités communales.

*
* *

A côté des perquisitions domiciliaires, chose grave, il y a la question des *visites sur la voie publique*, routes, marchés, trains.

Il ne s'agit pas, évidemment, de fouiller les poches des promeneurs, mais seulement de jeter un coup d'œil dans les paniers des villageois et les charrettes des maraîchers aux portes de la ville. Quelle liberté « essentielle » du citoyen violerait-on par là ?

Il faudrait en arriver à élever les commandants de brigade au rang d'officiers de police judiciaire. Les gardes-champêtres sont investis de cet honneur !

*
* *

Si on tient à ce qu'un fonctionnaire de l'ordre administratif préside aux perquisitions, ne déléguerait-on pas les brigadiers-champêtres dans les communes, et les officiers de police urbaine dans les villes ?

*
* *

Améliorations au service de la gendarmerie.

La commission de réorganisation de la police rurale a constaté le bien-fondé des critiques touchant l'excès d'écritures inutiles.

Elle a également considéré que la construction de casernes vastes et coûteuses empêche le déplacement et la répartition rationnels des brigades suivant les nécessités des agglomérations ou centres de population dont l'importance se modifie.

Rien cependant n'est proposé en termes formels, bien qu'on signale de la part du département de la guerre l'intention de doter toutes les brigades de postes téléphoniques et de bicyclettes.

*
* *

Nous croyons que des résultats les plus heureux seraient acquis par l'adoption des points suivants :

1° Rattacher directement à l'administration militaire les écritures concernant la *mobilisation*.

2° Attacher un *commis ou secrétaire civil*, sinon à chaque brigade, tout au moins aux chefs-lieux pour les rédactions, correspondances, et copies des procès-verbaux.

3° Faire procéder par une commission d'officiers et de sous-officiers de cavalerie, au *recolement des chevaux* de particuliers inscrits pour la mobilisation.

4° *Ne déplacer les commandements de brigade* (autrement qu'en cas d'avancement) que pour graves motifs et avec avis du procureur du roi.

5° Etendre les *limites* de circonscription des brigades pour les recherches judiciaires.

6° Faire en sorte, que le *territoire de compétence* des brigades concorde avec les limites du canton judiciaire.

7° Autoriser et répandre l'usage de la *tenue civile* en cas d'opportunité. Permettre l'enlèvement provisoire des aiguillettes (et même le port de la blouse au-dessus de l'uniforme) pour les services de patrouille et de surveillance.

***

La constatation que nous pouvons faire en clôturant ce travil est celle-ci :

Au point de vue *rural*, nous avons une police *communale*, et une police *militaire*...

La police JUDICIAIRE rurale la plus importante, la plus sérieuse, est malheureusement celle dont l'organisation laisse le plus à désirer et la faute n'en est pas aux zélés fonctionnaires du corps de la gendarmerie.

OCTAVE LESCHEVIN.

Rapport sur la Police de la Chasse

par M. ED. BÉJOT.

Un très intéressant rapport de notre collègue M. le comte de Sabran a traité de l'utilité au point de vue chasse, de l'extension du nombre des agents verbalisateurs en général.

D'accord avec notre commission, nous essaierons seulement ici d'étudier dans quelles mesures la police rurale pourrait être un peu plus efficace tant au point de vue de la sécurité publique des campagnes qu'à celui de la chasse en particulier.

Dans une séance du 28 février dernier, M. le président du Conseil a laissé entendre qu'en principe une réforme s'imposait et que la création d'une gendarmerie mobile méritait d'être étudiée, mais « *qu'il faudrait beaucoup d'argent.* » (*Officiel* du 1er mars).

Certes, loin de nous la pensée de solutionner la question et d'empiéter sur les travaux de la commission *parlementaire* compétente.

Qu'il nous soit permis seulement de constater combien la gendarmerie qui pourrait rendre tant de services au point de vue de la surveillance des braconniers si voisine de la surveillance du vagabondage est surchargée, la plupart du temps, de multiples besognes.

Le service postal militaire entr'autres exige énormément de temps et il semble que les journées soient très inégalement partagées entre les livrets militaires à porter à domicile et la surveillance du vagabondage et des grands chemins

Les statistiques nous apprennent que les crimes ne diminuent pas, que les exigences des mendiants et les rapines dans les campagnes deviennent dans certains pays peu éloignés des grandes villes, une sorte de fléau.

La loi ne donne aux honnêtes gens pour se défendre contre cette insécurité qu'une brigade de trois ou cinq gendarmes pour un canton souvent très étendu.

Il est vrai de dire qu'il y a aussi un garde-champêtre par commune.

Mais ne sait-on pas combien la police est difficile pour ce dernier ! et la police de la chasse presque nulle !

A la disposition du Maire dont il exécute les ordres nombreux et divers, il est le plus souvent natif de la commune, y compte en général des parents et mille liens qui à l'envie émoussent son autorité et entravent son zèle...

De sorte que dans les communes éloignées du chef-lieu de canton, la surveillance policière est des plus illusoires.

Cela est si vrai que dans certaines localités industrielles et partant, populeuses, l'usine demande et entretient quelquefois dans une certaine mesure une brigade de gendarmes en offrant à l'autorité compétente un logement gratuit pour un détachement de deux ou trois hommes.

Ces faits semblent plaider en faveur d'une réforme qui s'impose.

Or une idée qui semble avoir déjà rencontré quelques adhésions consisterait à autoriser les communes à adjoindre au garde-champêtre un gendarme qui viendrait d'obtenir sa retraite.

Cette mesure serait parfaitement légale, car la loi du 5 avril 1844 dit, article 122 que :

« Toute commune peut avoir un ou plusieurs gardes-champêtres, etc. »

Dans le cas qui nous occupe, cet agent serait placé sous l'autorité du conservateur des Forêts et pourrait être envoyé sur la demande de telle ou telle municipalité, exercer la police dans la commune. Il serait ainsi en dehors de tout écueil politique et son autorité en grandirait d'autant.

D'après les règlements, les gendarmes peuvent demander leur retraite proportionnelle au bout de quinze ans de services ; elle est alors de 400 fr. environ. Au bout de 25 ans, ils obtiennent leur retraite entière, c'est-à-dire 750 ou 850 francs selon leurs services ou s'ils sont médaillés ou non.

De sorte qu'avec 3 ou 400 francs d'allocation, la commune trouverait dans ces agents des hommes de 46 ans environ, encore valides et habitués à l'ordre, au courage et au devoir.

Naturellement deux communes pourraient se réunir pour l'entretien et le logement.

On pourrait placer ces agents sous l'autorité morale du conservateur des Forêts qui, en pratique, pourrait servir d'intermédiaire recruteur et, ainsi, maints froissements entre maires seraient évités.

Les émoluments modestes, puisqu'il y aurait une partie fournie par la retraite, seraient assurés par les deux communes pour les trois quarts. Le quatrième quart serait obtenu peut-être par le département à titre subventionnel ; car au sujet des finances départementales, cela aurait pour conséquence d'arrêter l'extension coûteuse des casernes de gendarmerie si souvent réclamées.

Les campagnes auraient ainsi un agent verbalisateur à bon compte, énergique et susceptible de rendre de grands services, tant au point de vue sécurité générale que surveillance du braconnage et de la chasse.

Il y aurait encore un autre effet inaperçu *a priori*. Nos sous-officiers qui demandent à entrer dans la gendarmerie sont légions. Cette mesure ouvrirait dans la suite une carrière à bon nombre d'entre eux.

Et cela sans grever lourdement le contribuable.

En effet, dans beaucoup de communes, il se donne des cartes de chasse sur la partie banale du territoire, moyennant rétribution. Or si la surveillance est un peu bien faite, que le gibier soit un peu protégé, bien vite les cartes de chasse qui d'habitude se paient 15 à 20 francs auront augmenté et remboursé à la commune les 2 ou 300 francs nécessaires.

Et le résultat ferait bientôt oublier la dépense des premières années.

Il y a environ 36.000 communes en France. En supposant qu'un quart seulement prenne cette initiative et essaie pour commencer à mettre en pratique cette mesure, voilà de suite près de 9.000 gardiens nouveaux sur le territoire français — et les terrains vraiment abandonnés seraient ainsi de plus en plus diminués.

En un mot, que de conséquences bienfaisantes, car nul n'ignore le vieil adage que les tentatives de méfaits diminuent en raison de la surveillance exercée.

En envisageant ce point de vue, que de braconniers, que de panneauteurs gênés et plus ou moins poursuivis ! Que de gibier protégé, que de chiens errants en fourrière !

La question de la gendarmerie mobile étant à l'étude, il semble qu'il ne soit pas inopportun peut-être que le Congrès de la Chasse puisse émettre un vœu répondant aux besoins généraux des campagnes comme à l'avantage de donner le plus d'extension possible à la surveillance des chasses banales.

Celles-là certes sont les plus dignes d'une haute attention puisqu'elles touchent à l'intérêt des petits comme du plus grand nombre.

Dans ces conditions :

Considérant que la police des campagnes semble une question urgente et digne d'étude approfondie ;

Considérant que la création d'un agent adjoint dans une commune ou pour deux communes n'entraînerait pas de grandes dépenses qui d'ailleurs pourraient être compensées ;

Considérant les résultats importants et heureux que cette mesure pourrait créer à tous points de vue ;

La Commission du Congrès de la Chasse émet le vœu :

Que l'attention des communes soit attirée sur cette initiative ;

Que l'attention des assemblées départementales soit dirigée vers cette question et que cette initiative soit encouragée par une subvention qui, même légère, aurait un effet moral favorable ;

Que celles qui en feront la demande, soit pour une seule, soit pour deux, soient ainsi encouragées à adjoindre aux gardes-champêtres un gendarme retraité qui pourra exercer sur le ou les territoires desdites communes la surveillance de la police, tant au point de vue de la chasse qu'à celui de la sécurité générale du pays.

ED. BÉJOT,
Suppléant au Président de la Société Centrale des Chasseurs.

M. BÉJOT donne lecture du vœu qu'il a formulé relatif à la création d'un agent adjoint pour une ou deux communes, spécialement chargés de la surveillance des chasses et préconisant le recrutement de ces agents adjoints parmi les gendarmes retraités.

UN MEMBRE DE LA COMMISSION. — Pourquoi des gendarmes retraités plutôt que toute autre garde.

M. Béjot, rapporteur. — Nous avons étudié la question du garde particulier et nous avons été amené à envisager la question du gendarme retraité parce qu'au point de vue des dépenses pour la commune il y a un appoint considérable dans la question du traitement qui est la retraite que le gendarme possède.

La Commission adopte le vœu.

M. le rapporteur. — Il nous a été donné en fin de séance une communication qui nous a paru tellement intéressante que je vous demande la permission de vous en donner une lecture résumée et rapide. C'est une requête de M. Cabanne relative à la diminution du braconnage et de la mendicité.

M. le Rapporteur fait cette lecture.

M. le baron de Segonzac. — M. Cabanne demande, en somme, que les gendarmes soient répandus par tournées ce qui donnerait une meilleure surveillance.

M. le rapporteur. — Votre section pourrait donner acte à l'auteur de cette proposition et l'ajouter à mon vœu.

Il en est ainsi résolu par la Commission.

Un membre de la commission. — Je serais désireux que le Congrès émette un vœu pour la suppression de la vente des engins prohibés saisis sur les braconniers et ordonnés par les tribunaux.

Un autre membre. — Depuis 20 ans que notre société d'Angoulême existe, nous avons acheté, tous les ans, de 200 à 300 fusils à l'Etat au prix de 1.50 à 2 francs par fusil.

Nous avons formulé un vœu que nous avons envoyé à nos députés et dans lequel nous demandions que, sur une mise à prix, tous les fusils soient vendus de 10 à 15 francs et que ceux qui n'auraient pas cette valeur soient immédiatement brisés, de cette façon l'Etat n'y perdrait rien, puisqu'il recevrait un prix rémunérateur qui compenserait les pertes des fusils détruits.

M. le président. — Ceci serait un vœu additionnel à celui de M. Béjot.

Un membre de la commission. — Vous n'avez qu'à lire le *Chasseur Français* et vous verrez qu'on vend des fusils qui peuvent être revendus par l'Etat.

M. le président. — Y a-t-il d'autres observations sur ce vœu ?...

Un membre de la commission. — La loi de 1844 permet la destruction des engins prohibés.

M. le rapporteur. — Je vous propose d'émettre le vœu suivant :

« Que les engins saisis par les tribunaux soient détruits afin d'être hors d'usage et hors d'état de servir.

Un membre de la commission. — Mais les fusils saisis, seront-ils considérés comme engins prohibés ?...

M. Leschevin (Belgique). — En Belgique, quand les fusils ne représentent pas une valeur suffisante, ils reçoivent un coup de marteau sur le canon qui les met hors de service.

Un membre de la commission. — Ils reçoivent un coup sur le canon, mais il y a d'autres parties qui sont encore bonnes, et comme on le disait tout à l'heure, on les vend à Saint-Etienne, et ils sont remontés.

M. le président. — Mettons alors que tous les fusils seront immédiatement détruits s'ils ne représentent pas une valeur de 45 francs.

La Commission adopte le vœu avec le prix de 45 francs.

Extension du nombre des agents verbalisateurs (douaniers, sergents de ville, gardiens de la paix, préposés des Eaux et Forêts), agissant en dehors des bois soumis au régime forestier. (Société pour la répression du braconnage. — Commercy).

La Société est convaincue que la police de la chasse ne sera efficacement et sérieusement assurée que le jour où elle relèvera d'une direction unique, grâce à laquelle la recherche et la constatation des délits offriront une plus grande unité de vues, la répression des infractions sera plus fermement poursuivie, tout en demeurant susceptible dans certains cas d'une équitable atténuation.

Le seul moyen d'obtenir ce désirable résultat, c'est, ainsi que la Société l'a demandé à différentes reprises, de rendre à l'administration des Eaux et Forêts la surveillance générale de la chasse, comme on lui a rendu celle de la pêche ;

De centraliser entre les mains du chef de service des Eaux et Forêts tous les procès-verbaux de chasse, avec faculté de transaction, comme en matière de délits forestiers ou de délits de pêche ;

De décider que tous les procès-verbaux, non poursuivis directement par l'administration des Eaux et Forêts, ne seront transmis au Parquet qu'après avis de l'inspecteur ; et qu'après cet envoi, sans qu'il soit besoin d'une plainte de la partie lésée, le Procureur de la République devra poursuivre d'office les inspections constatées.

La Société est d'avis que le nombre des agents verbalisateurs soit augmenté et que la loi donne aux douaniers, sergents de ville, gardiens de la paix, préposés des Eaux et Forêts, agissant en dehors des bois soumis au régime forestier, le droit de constater les infractions sur la chasse ;

Qu'elle accorde indistinctement, au point de vue de ces constatations, une même compétence territoriale à tous les agents verbalisateurs, tant en plaine que dans les bois soumis au régime forestier ;

Que la gratification accordée aux agents verbalisateurs en matière de chasse, soit graduée, comme elle l'est en matière de pêche, selon l'importance de l'infraction et s'élève à 25 francs au moins pour les procès-verbaux de colletage et d'affût.

Dans sa séance du 20 mai 1906, sur la proposition de M. Larjillière, vice-président, la Société a émis le vœu que l'administration des Eaux et Forêts voulût bien donner à ses préposés l'instruction nécessaire en vue de la destruction des oiseaux et animaux nuisibles et d'une répression plus efficace du braconnage.

Elle entrait ainsi dans les vues de M. le ministre de l'Agriculture qui reconnaissait, dans un rapport adressé à M. le Président de la République, le 19 décembre 1903, la nécessité de transformer l'école pratique de sylviculture des Barres en une école d'enseignement technique et professionnel pour les gardes des Eaux et Forêts.

« Le besoin d'un enseignement spécial à donner aux gardes, observait M. le Ministre, se fait d'autant plus sentir que le recrutement du petit personnel ne se fait plus comme précédemment, parmi les candidats gardes-communaux, gardes cantonniers et fils de gardes qui avaient un apprentissage du métier avant d'entrer dans les cadres. Le recrutement tend à se faire exclusivement par des sous-officiers rengagés qui entrent directement dans les rangs du personnel des Eaux et Forêts, sans aucune préparation à leurs fonctions.

« J'estime que pour remédier à cette situation, il conviendrait de transformer l'école pratique de sylviculture des Barres de façon à en faire une école d'enseignement professionnel et technique des gardes des Eaux et Forêts. Les préposés viendraient y compléter leur instruction générale : ils y seraient instruits en matières forestières : aménagement, exploitation, travaux forestiers, topographie, etc... En même temps, ils pourraient recevoir un enseignement sur la chasse, l'élevage du gibier, le piégeage, etc., et aussi sur la pêche et sur la pisciculture.

« Je dois aussi ajouter que le fonctionnement de l'école des Barres, ainsi transformé, serait assuré par le personnel actuellement en fonctions et qu'il n'en résulterait aucune dépense pour le Trésor.

(Par décret du 19 décembre 1903, l'école des Barres a été transformée en une école d'enseignement technique et professionnel des gardes des Eaux et Forêts. Son organisation et son fonctionnement ont été réglés par arrêtés de M. le ministre de l'Agriculture en date des 17 janvier et 28 octobre 1904).

La Société estime que si une partie des fonds provenant de l'augmentation du prix du permis de chasse, ainsi qu'il est dit plus haut, était affectée au traitement des gardes spécialement chargés de la surveillance de la chasse, une autre partie pourrait être consacrée à l'institution de bourses en faveur de ces mêmes gardes ou autres, admis à l'école professionnelle des Barres.

L'intervention de l'Etat, facilitée par ce nouveau sacrifice que les chasseurs se seraient imposé, serait réclamée avec d'autant plus de raison, que l'Etat bénéficierait lui-même de la création et de l'instruction de ses préposés, dont la surveillance effective donnerait plus de valeur à ses chasses et partant plus d'importance à leur location

Pour copie conforme : *Le Secrétaire*,
JOBA.

Note relative au concours des agents des Contributions indirectes et des Octrois à la répression du braconnage.

Ces agents tiennent de l'article 23 de la loi du 3 mai 1844 le droit de verbaliser lorsque « dans la limite de *leurs attributions respectives* ils rechercheront et constateront les délits prévus par le paragraphe 1er de l'article 4, c'est-à-dire la mise en vente, la vente ou l'achat, le transport et le colportage du gibier en temps prohibé.

La circulaire n° 300, du 25 juin 1844, de la direction générale des Contributions indirectes a spécifié que cette recherche pouvait être faite chez les marchands de comestibles, aubergistes, et dans les lieux ouverts au public mais qu'il fallait que les agents y fussent appelés à exercer leurs fonctions par une autre cause.

Or cette cause qui a toujours été assez rare pour les préposés des octrois, était fréquente alors pour ceux de la Régie. 12.000 agents environ, avaient, en effet, le droit de pénétrer *fréquemment* chez près de 200.000 personnes assujetties aux exercices, à condition que ce fût « de jour » la surveillance des nombreuses voitures publiques leur donnait lieu de constater les délits de transport clandestin, car ils pouvaient les sommer de s'arrêter.

Ces exercices sont, aujourd'hui, supprimés. Les « *visites.* » qui les remplacent n'ont plus lieu que chez les débitants d'alcools qui ne les reçoivent pas quittes de droits, c'est-à-dire en pratique, dans les villes de moins de 4.000 âmes ; elles ne sont obligatoires qu'une fois par trimestre, en sorte que le nombre des « *visités* » est réduit d'un quart, et l'occasion de pénétrer chez eux d'environ moitié.

Les voitures publiques de jadis se sont vu substituer des chemins de fer ou des tramways dans les voitures desquelles les agents n'ont plus l'occasion ni le droit de perquisitionner.

L'endroit le plus propice à des recherches, c'est-à-dire l'hôtel à voyageurs des chefs-lieux d'arrondissement ou des gros bourgs, le meilleur client du braconnier, y échappe presque toujours aujourd'hui, parce qu'il ne peut plus être exercé *pour les vins* et que pour les alcools il est rédimé ou dans une ville rédimée.

Cependant si les occasions de verbaliser par application de la loi de 1844 sont plus rares, elles restent assez nombreuses pour que le concours des agents de la Régie demeure intéressant.

Quant à celui des préposés d'octroi, il n'a jamais cessé d'être fourni et efficace dans les villes fermées, beaucoup moins dans les villes ouvertes, et nul dans la plupart des villes qui ne comprennent pas le gibier dans leurs tarifs (celles-ci sont en immense majorité). Ces droits de visite de ces agents sont extrêmement restreints et l'on ne peut guère leur demander que de contribuer à la répression, aux entrées, du transport, du colportage et à celle de la mise en vente sur les marchés locaux.

L'administration des Contributions indirectes n'a jamais paru porter un grand intérêt aux actes contentieux de ses agents en la matière. Ils ne sont suivis que pour ordre aux états trimestriels du contentieux, et les modèles de procès verbaux qui figurent dans la circulaire précitée ont toujours été rarement utilisés.

Les raisons en sont multiples, mais une des plus importantes est vraisemblablement le défaut d'intérêt pour l'agent verbalisateur.

L'article 10 de la loi de 1844 ne comprenant point les agents des Indirectes ni ceux des octrois dans l'énumération des verbalisants auxquels la gratification de 10 francs pouvait être accordée, on a conclu qu'ils en étaient exclus.

La loi du 26 septembre 1890, en son article 11, semble avoir modifié cet état de choses en spécifiant que, sur les condamnations en matière de chasse, seraient prélevées par des ordonnances des préfets, les gratifications de 10 francs aux agents verbalisateurs et, comme elle ne les énumère pas, on peut prétendre qu'elle abroge, par ce fait, l'exclusion qui résultait de l'énumération restrictive de la loi de 1844.

Toutefois aucune instruction n'a porté ce fait à la connaissance des agents de la Régie qui ne verbalisent plus parce que cela les exposerait à des animosités nouvelles sans aucune compensation ni morale ni matérielle.

L'Inspecteur des Finances,

CH. COUTARD.

Permis de chasse à prix réduit.

par A. ARNOULD

Le permis de chasse, tel qu'il fût institué par la loi du 3 mai 1844, est, surtout depuis quelque temps, l'objet de violentes critiques incessamment renouvelées : on lui reproche son caractère fiscal et son prix élevé qui le rendrait inaccessible au petit chasseur. Il faut bien reconnaître cependant, et cette remarque est très suggestive, que l'abolition de cet impôt est réclamé par ceux qu'il n'atteint pas et non par ceux qui le paient, ces derniers s'y soumettent de bonne grâce et ils l'acquittent sans protester.

Historique. — Ces critiques, si elles se sont reproduites plus fréquemment depuis quelques années, ne sont d'ailleurs pas nouvelles. Déjà en 1849, cinq ans après la mise en vigueur de la loi sur la chasse, l'assemblée nationale fut saisie d'une proposition de loi, qu'elle écarta, et qui tendait à abaisser le prix du permis de chasse. Trente ans après (25 mai 1878) cette proposition était reprise par son auteur, M. Chavoix, qui, sans se laisser décourager par un nouvel échec, la représenta de nouveau le 20 mai 1879 « d'après les désirs exprimés, disait-il, par la majorité des électeurs qui lui avaient confié leurs mandats. »

Saint Hubert devait avoir une prédilection particulière pour cette circonscription électorale où la majorité des électeurs étaient chasseurs. Mais il faut faire la part de l'exagération... surtout en matière de chasse.

Depuis cette époque, des propositions analogues ont été produites au cours de chaque législature ; et, ce qui les caractérise suffisamment, presque toujours au début et à la fin des sessions.

C'est ainsi que l'on a vu proposer la suppression du permis de chasse (1881) : la réduction de son prix (1882) ; la création de permis de chasse valables pour un mois (1882) ; de permis de vingt-quatre heures valables pour les dimanches et les jours fériés (1889), de tickets de chasse à délivrer dans les bureaux de tabac (1893). La plupart de ces propositions avaient d'ailleurs été présentées comme amendement à la proposition de loi Labbitte et Tenaille de Saligny sur la chasse, votée en 1881.

Avec la législature de 1898-1902, les réformes redoublent d'ardeur et réclament la création de permis hebdomadaires, de permis dominicaux, de permis journaliers à prix réduit, et même la suppression du permis en tant que mesure fiscale. Depuis 1902, la Chambre est invitée chaque année à voter par voie d'amendement à la loi des finances la création de permis de chasse à vingt-cinq centimes, valables pour un jour.

La persévérance des auteurs de la proposition que ne décourageaient pas cinq échecs successifs, a fini par triompher de la résistance de la Chambre et la proposition a été votée cette année. Le Sénat l'a rejetée, il est vrai : mais il est à craindre que ce succès soit le présage d'une victoire prochaine.

Au Sénat, la question ne fut soulevée que deux fois : la première sous forme d'amendement à la loi sur la chasse discutée et votée en 1886.

L'assemblée en refusa la discussion, jugeant que la disposition de la Constitution prescrivant que la Chambre des députés doit être saisie la première de toutes les lois intéressant les finances, interdisait au Sénat de voter le premier, même dans une loi spéciale, une disposition quelconque modifiant les impôts établis. La seconde fois, elle venait de la Chambre avec le budget de 1907 et fut écartée.

Entre temps, les adversaires du permis de chasse cherchaient à amener les Conseils généraux à se prononcer en faveur de la réforme qu'ils préconisaient.

Depuis 1886, vingt seulement de ces assemblées ont émis des vœux tendant à l'abaissement du prix des permis de chasse ou à la création de permis de courte durée.

Les départements dont les Conseils généraux réclament cette mesure sont tous situés au sud de la Loire, et presque exclusivement ceux où il se fait une énorme destruction d'oiseaux. On est par suite en droit d'affirmer que les chasseurs au fusil, pour qui la chasse représente principalement une distraction sportive, acceptent volontiers d'acquitter le prix du permis, et que seuls les oiseleurs qui, sans souci du préjudice qu'ils causent à l'agriculture, revendiquent le droit de détruire les oiseaux au filet et au lacet, sous prétexte que cette chasse est pour eux une véritable industrie, protestent contre le paiement des droits auxquels est soumis le permis de chasse, alors qu'il devraient s'estimer trop heureux de ne payer que cet impôt minime au lieu de la patente à laquelle devrait être assujetti l'exercice de leur prétendue industrie. Les chasseurs de casquettes peuvent, il est vrai, soutenir avec assez de raison que leur sport n'a rien à voir avec la chasse et doit être assimilé au tir aux pigeons.

Arguments invoqués en faveur de la réforme. — Les adversaires du permis de chasse lui reprochent de constituer une atteinte au droit de propriété, de consacrer la confiscation d'un droit au profit de l'Etat ; et triste legs du régime censitaire, en opposition avec les vrais principes démocratiques, de représenter un privilège qui doit disparaître dans une société égalitaire.

Ils affirment que la suppression du permis de chasse ou, tout au moins, la création du permis à bon marché, démocratisera la chasse, que, mettant fin au braconnage, elle assurera la conservation du gibier, qu'elle apportera un supplément de recettes au Trésor, qu'elle développera le goût de la chasse et deviendra un puissant auxiliaire dans la lutte contre le fléau de l'alcoolisme.

Si la suppression du permis de chasse devait avoir ces heureux résultats, il n'y aurait pas à hésiter, il faudrait la réaliser au plus tôt. Mais il est bon de ne pas se payer de mots et de ne pas oublier que les raisonnements, comme les vases, ne sont généralement sonores que parce qu'ils sont creux.

Ceux que l'on invoque dans l'espèce ne résistent pas à un examen même sommaire.

Le permis n'est pas une atteinte au droit de propriété. — Le permis de chasse, ou plus exactement le permis de port d'arme de chasse, ne crée pas le droit de chasse, qui, depuis 1789, appartient au propriétaire foncier ; pas plus que la patente ne crée le droit de faire le commerce, malgré la rédaction défectueuse de l'article 9 de la loi de 1844 : « le permis de chasse donne à celui qui l'a obtenu le droit de chasser... », le permis de chasse ne crée en effet aucun droit ; sa délivrance constate simplement que l'impétrant satisfait aux conditions imposées par la loi dans l'intérêt de la sécurité publique. On ne saurait voir là une atteinte au droit de propriété.

On a été jusqu'à prétendre que le permis de chasse était une institution immorale, une sorte d'escroquerie ; l'Etat ne donnant rien en échange de ce qu'il reçoit. Si l'Etat doit donner une chasse pour le prix du permis, pourquoi ne pas lui réclamer aussi bien une bicyclette pour 3 francs, montant de l'impôt sur les vélocipèdes ?

Ce n'est pas un privilège. — Le permis de chasse, dit-on encore, coûte 28 francs et son prix élevé fait de l'exercice de la chasse le privilège de la classe aisée. Mais cette somme de 28 francs ne peut entrer en ligne de compte avec les dépenses de toute nature que nécessite l'exercice de la chasse : location de chasse, équipement, armement, munitions, entretien et taxe des chiens, frais de déplacements, etc. Ce sont ces dépenses, et non celui du permis, qui ne permettent pas à la classe ouvrière de chasser. Sans doute, les riches supportent plus facilement ces dépenses que les pauvres, mais la délivrance gratuite du permis ne rendra pas la chasse accessible à tous sans bourse délier, puisqu'elle ne suffira pas à assurer l'égalité des fortunes que nous promet le collectivisme.

Ce n'est pas un impôt antidémocratique. — L'impôt sur le permis de chasse qui remplit heureusement de deniers faciles à recouvrer les caisses de l'Etat et des communes, n'est ni plus injuste ni plus anormal que les autres. Impôt voluptuaire, modéré, c'est, au contraire, le plus logique, le plus équitable des impôts et il n'y a pas plus de motif de l'abolir que de supprimer l'impôt sur la poudre ou la taxe sur les chiens de chasse que certains de ces détracteurs proposent d'augmenter. A entendre ces adversaires, il semblerait que l'impôt sur le permis de chasse soit plus lourd et plus antidémocratique que les divers impôts de consommation eux-mêmes ! Que penser alors de nos voisins, les Suisses, de vrais démocrates cependant, qui font payer le droit de chasse plus cher que la plupart des autres Etats de l'Europe et ne songent pas à s'en plaindre. Un citoyen suisse qui voudrait pouvoir chasser dans tous les cantons de la confédération toutes les espèces de gibier, avec chien et fusil, aurait à payer un impôt total de 1.098 francs. A ce taux, le permis de chasse, valable pour toute la France, coûterait au moins 12.000 francs.

La suppression du permis serait la fin de la chasse banale. — Il est incontestable que la suppression du permis de chasse amènerait probablement la fin du braconnage, non pas par voie directe, comme on voudrait le laisser entendre ; mais comme conséquence indirecte de la disparition du gibier. Il faut en effet être doué d'un inébranlable optimisme pour soutenir que l'accroissement du nombre des chasseurs aura pour effet d'assurer la conservation du gibier. L'expérience n'est plus à faire ; la disparition du gibier dans les chasses banales est un fait malheureusement trop certain. Nul n'est moins conservateur que le communiste, toujours porté à abuser dans la crainte qu'un autre ayant droit puisse profiter de sa réserve. La réforme amènerait la destruction rapide des chasses non dépeuplées, ce qui ne paraît pas devoir être un grand avantage pour la démocratie qui n'en a pas d'autres.

Au lieu du supplément de recette promis au Trésor et aux Communes, on se trouvera devant un déficit inévitable, qui n'attendra même pas pour se produire la disparition complète du gibier et par voie de conséquence celle du chasseur. La grande majorité des chasseurs en effet par suite de ses occupations ou pour tout autre motif ne chasse qu'un jour par semaine ; soit vingt jours de chasse pour la saison de cinq mois. En ajoutant à ce chiffre dix jours pour la semaine d'ouverture et les fêtes, on arrive à trente journées de chasse par an en moyenne. Le chasseur qui prendrait chaque fois un ticket de 25 centimes, payerait pour l'année 7 fr. 50 au lieu de 28 francs. Il faudrait chasser plus de cent dix jours par an pour avoir intérêt à prendre un permis ; dans ces conditions il n'est pas douteux que le plus grand nombre des chasseurs renonceraient au permis pour prendre des tickets. La perte pour le Trésor et les Communes serait de 20 fr. 50 par chasseur ; pour la compenser il faudrait délivrer 82 nouveaux tickets de chasse ; c'est-à-dire pour chaque permis délivré actuellement, trouver 4 nouveaux chasseurs chassant tous les dimanches.

Pour maintenir la recette fournie par les 420.000 permis de chasse actuels, il faudrait délivrer 46.640.000 tickets. Le déficit serait fatal, bien qu'on ne puisse l'évaluer même approximativement. Le moment est peu favorable pour tenter l'aventure, et se lancer en plein inconnu en matière d'impôt.

La chasse et l'alcoolisme. — Quant à la chasse préconisée comme remède à l'alcoolisme, c'est l'avis du chansonnier qui nous a appris que

« Ça vaut mieux que d'aller au café »

mais il est douteux que l'ouvrier des villes, la victime ordinaire de l'alcool, renonce au café pour le plaisir même hygiénique de s'éreinter à arpenter avec un fusil sur le dos quelque plaine Saint-Denis, où de mémoire d'homme on n'a pas vu de gibier.

Pour arrêter le progrès de l'alcoolisme un moyen se présente efficace, c'est de réduire le nombre des cabarets ; que le législateur l'emploie ! S'il ne suffit pas il sera temps d'aviser, sans oublier toutefois que la loi sur la chasse doit s'occuper du gibier et du chasseur et non de l'alcool et des buveurs.

On prétend également que la pêche est un remède efficace contre l'alcoolisme, et cependant il est question de créer un permis de pêche. Pourquoi cette différence ? Faut-il y voir cette incohérence des législateurs, qu'à dénoncée une voix autorisée.

Le permis de chasse est avant tout une mesure de police édictée dans l'intérêt de la sécurité publique. — Après avoir vu que le permis de chasse ne justifie pas les critiques que lui adressent ses détracteurs et que sa suppression ne profiterait ni aux chasseurs, ni au Trésor, il convient d'étudier la raison de son institution et les conséquences de sa suppression.

Le caractère fiscal du permis de chasse n'est qu'un accessoire, son caractère essentiel, sa raison d'être, est une mesure de police édictée dans l'intérêt de la sécurité publique. Le décret du 4 août 1789 ayant aboli le droit de chasse, en tant que privilège, la loi du 30 avril 1790 a permis à chacun de chasser librement sur ses terres, en se conformant « aux lois de police qui pourraient être faites relativement à la sécurité « publique ». Cette disposition a été maintenue par le Code civil dont l'article 715 rappelle que la faculté de chasser est réglée par des lois particulières.

Les décrets du 11 juillet 1810 et du 4 mai 1812 créèrent le permis du port d'arme de chasse, édictèrent des amendes contre ceux qui auraient chassé avec armes sans permis et fixèrent la redevance à payer pour obtenir le permis.

La loi de 1844 a maintenu cette disposition en la modifiant quelque peu et en rendant le permis obligatoire pour toute espèce de chasse, même pour la chasse sans arme.

Tout citoyen peut, en principe, obtenir un permis de chasse, sont seuls exceptés les *indignes* ou *incapables*. Les *incapables* sont les mineurs au-dessous de seize ans et les interdits dont la responsabilité pénale n'est pas entière et auxquels la prudence commande de refuser le maniement d'armes à feu et certains fonctionnaires chargés de la police de la chasse.

La loi déclare *indignes* d'obtenir un permis les individus privés du droit du port d'armes, ceux condamnés pour rébellion ou violences envers les agents de l'autorité, pour menaces, dévastation de récoltes, vagabondage, vol, mendicité.

Danger de sa suppression. — Le jour où le permis de chasse sera remplacé par des tickets délivrés sans formalité, ces mesures de précaution établies par le législateur disparaîtront. Quels dangers résulteront de cette suppression et pour la sécurité des campagnes et pour les chasseurs eux-mêmes ? Voici le tableau des chasses sans permis effectués le dimanche en Bohème pendant l'année 1895 : 50 personnes tuées, 3.014 belssées, 24.469 animaux domestiques abattus, 1.814 pièces de gibier, y compris les moineaux. Ces exploits ont coûté 413.000 florins d'indemnité, 633.000 florins pour secours aux blessés, 172.000 pour honoraires de médecin et frais de justice et 74.088 heures de prison.

Cet exemple n'est guère encourageant et pourtant la Bohème est moins peuplée que la France.

Insuffisance des moyens proposés pour remédier à ces inconvénients. — Les auteurs de quelques propositions de loi sur les tickets de chasse, reconnaissant le danger de supprimer toute garantie pour la délivrance du permis de chasse, voudraient que ces tickets fussent délivrés soit par les buralistes aux seuls acheteurs munis d'une autorisation du préfet, soit par le percepteur sur l'avis du maire.

Le premier système confèrerait aux buralistes un pouvoir considérable tout à fait étranger à leurs attributions ordinaires ; il les constituerait juges de la régularité d'une pièce émanant de l'autorité administrative, pièce dont ils devraient vérifier l'authenticité, et les exposerait à des responsabilités effrayantes. On peut, tout en rendant justice aux receveurs buralistes, affirmer qu'ils ne peuvent ni désirent assumer cette tâche difficile.

Dans le second système, c'est le percepteur qui délivrerait ces tickets.

Il serait en effet plus désigné que le buraliste pour cette mission, mais l'avis du maire qui devrait être présenté au percepteur serait certainement remis à l'intéressé. Que celui-ci soit électeur de la commune ou étranger non domicilié, l'avis du maire n'offrirait le plus souvent aucune garantie. Est-il possible d'exiger, pour obtenir un ticket, une autorisation délivrée par le Préfet ? Il faudrait prendre des mesures pour éviter que l'autorisation délivrée à un petitionnaire puisse servir à un tiers, les signalements sont si fantaisistes ! Il y a bien la photographie d'identité ; mais comment l'exiger d'un petit cultivateur habitant une commune perdue dans la montagne ? Cette question d'identification résolue, la délivrance des tickets serait tout à l'avantage des habitants des villes, mais elle ne profiterait en rien à ceux des communes où ne réside pas le percepteur. Cette inégalité de situation doit faire renoncer à l'intervention du percepteur.

On voit aisément d'autre part les abus auxquels donnerait lieu la délivrance de ces tickets. Le défaut de police rurale et l'apathie ou la complaisance des gardes-champêtres favoriseraient la chasse sans tickets ou avec tickets périmés. Le bénéfice, objecte-t-on, serait trop minime et nul ne voudra risquer 15 francs d'amende pour économiser 25 centimes. C'est possible, mais ne faut-il pas compter avec la rapacité villageoise bien connue et avec l'influence de la politique dans les communes rurales qui permet aux amis du maire de se croire au-dessus de la loi.

La création du ticket de chasse nuira aux petits chasseurs. — La suppression du permis de chasse, où l'abaissement excessif de son prix serait contraire à l'intérêt véritable du petit chasseur. On oublie vraiment que dans notre législation la chasse est un attribut de la propriété et que nul ne peut chasser sur le terrain d'autrui sans le consentement du propriétaire. Si l'on rencontre des chasses banales(c'est par pure tolérance des petits propriétaires qui se désintéressent d'un droit qu'ils ne peuvent exercer utilement). Il est hors de doute que si les petits propriétaires peuvent, légalement et moyennant une redevance minime, tuer le lièvre et la perdrix dont ils auront constaté la présence sur leurs champs, ils se montreront jaloux de leur droit de chasse et se le réserveront, ce sera la fin des chasses banales, et il deviendra impossible de chasser sans louer le droit de chasse ou sans être grand propriétaire. Cette conséquence ne déplaira point aux véritables chasseurs mais elle ira à l'opposé des promesses faites à la démocratie.

La proposition de créer des tickets de chasse valables pour un jour ne résiste pas à l'examen ; à quelque point de vue que l'on se place on en constate les nombreux et graves inconvénients sans y trouver aucun avantage.

Le permis temporaire tel qu'on le propose n'existe dans aucun pays. — L'intérêt de la sécurité publique, celui du Trésor et la répression du braconnage, l'intérêt du petit chasseur exigent impérieusement le maintien des dispositions en vigueur pour la délivrance des permis de chasse, dispositions en vigueur pour la délivrance des permis de chasse, dispositions qui se retrouvent dans toutes les législations, excepté dans les pays musulmans.

Pour justifier l'institution de permis de chasse temporaires en France, on allègue en effet que cette sorte de permis existe à l'étranger où elle ne présente aucun des inconvénients que l'on paraît redouter dans notre pays. Cet argument est dénué de toute valeur et prouve seulement chez ceux qui l'invoquent une ignorance absolue de la question. Le permis de chasse temporaire, tel qu'on voudrait l'établir en France n'existe dans aucun Etat de l'Europe. Les législations ayant institué des permis de chasse temporaires, sont celles d'Alsace-Lorraine, de Bade, de Prusse, de Saxe, de Luxembourg et de quelques cantons Suisses.

Parcourons-les rapidement.

Alsace-Lorraine. — L'article 9 de la loi du 7 mai 1883 porte : « Des permis de chasse *additionnels* pourront, sur la demande des propriétaires de la chasse, être délivrés à des invités pour une période de huit jours ; ils ne seront valables que pour le district de chasse de celui qui les demande. »

Bade. — Des permis de chasse d'une semaine pourront être délivrés aux sujets de l'Empire, *non domiciliés et non résidants dans le Grand-Duché*, et qui seront en possession d'un permis de chasse valable pour une année, délivré par un autre gouvernement allemand (Loi du 29 avril 1886, art. 12) : Prix 5 marks.

Prusse. — Les personnes qui ne veulent chasser qu'*accidentellement* (vorübergehend) peuvent obtenir un brevet valable pour trois jours consécutifs. (Prix 5 marks.)

Saxe. — Les permis de chasse sont valables du 1er septembre au 31 août. Il est aussi délivré des permis d'un jour comme en Prusse. (Prix 5 marks. Loi du 1er décembre 1854, art. 24.)

Luxembourg. — Des permis valables pour cinq jours seulement peuvent, *sur la demande d'un propriétaire ou locataire de chasse*, être accordés aux Luxembourgeois résidant à l'étranger ou à des étrangers ne résidant pas dans le Grand-Duché. Ces permis ne pourront être délivrés à la même personne plus de deux fois dans la même année. (Loi du 9 mai 1885, art. 2). Prix 5 francs.

Suisse. — Dans quelques cantons, il existe des permis de chasse temporaires du prix de 5 francs en général, pouvant être *délivrés exclusivement aux* étrangers qui, d'ailleurs, ne peuvent les obtenir que sur la demande d'un chasseur du canton. Chaque chasseur ne peut obtenir plus d'un de ces permis pendant une même saison de chasse.

Dans ces Etats, les permis temporaires sont généralement institués en faveur des étrangers et non des citoyens. Si, en Prusse, en Alsace-Lorraine et en Saxe, ils peuvent être délivrés aux regnicoles, invités dans des chasses régulièrement constituées, il ne faut pas oublier que dans la législation de ces Etats, le nombre de fusils pouvant prendre part à une chasse est fixé invariablement par la loi suivant l'étendue du domaine et que les détenteurs du droit de chasse peuvent exceptionnellement se faire remplacer par un tiers.

Ces permis facilitent la chasse à une catégorie de citoyens qui, sans cela, ne pourraient l'exercer. Ils diffèrent totalement, par leur objet et leur nature, des tickets de chasse que l'on voudrait créer en France. Ils sont d'ailleurs, pour la délivrance, soumis aux mêmes formalités que les permis annuels et ne peuvent être accordés plusieurs fois par an au même chasseur.

La création de tickets de chasse à prix réduits est une innovation que l'on veut introduire dans la loi française ; cette institution, qui n'a été expérimentée nulle part, expose à de graves mécomptes et présenterait des inconvénients tels qu'il n'y a pas lieu de l'adopter.

Tout en écartant la création de permis de chasse journaliers qui, on vient de le voir, ne peut se justifier autrement que dans un but politique, ne conviendrait-il pas d'instituer des permis hebdomadaires ? Les motifs qui font rejeter les premiers conduisent également à repousser les seconds qui, d'ailleurs, seraient d'un usage restreint et par suite présenteraient peu d'intérêt pour le grand public.

Nous avons l'honneur de proposer en conséquence au Congrès d'émettre le vœu suivant :

Le Congrès considérant que la délivrance de permis de chasse journaliers ou hebdomadaires serait contraire à la sécurité publique ; favoriserait le braconnage ; aurait pour conséquence la destruction du gibier, la ruine des petites chasses et la disparition du petit chasseur ;

Et causerait un déficit notable dans le budjet de l'État et dans les budjets communaux ;

Considérant que ces permis, dans la forme où on se propose de les créer en France, n'existent d'ailleurs dans aucun autre Etat ; émet le vœu que le permis de chasse tel que l'a établi la loi du 3 mai 1844, soit maintenu et que le Parlement rejette toute proposition de loi tendant à la modifier.

M. le conseiller impérial W. R. Huber, président du Jadg club de Vienne, délégué d'Autriche demande la parole :

En s'adressant à M. le Président de la séance et à l'Assemblée même, M. Huber dit que dans le rapport de M. Arnould sur les permis de chasse, ce dernier — pour soutenir la cause dont son rapport fait l'objet — dit entre autre :

« En Bohême, où le permis a été supprimé, voici le tableau des chasses effectuées le dimanche pendant l'année 1893 : 50 personnes tuées, 3.014 blessées, 24.469 animaux domestiques abattus, et 1.814 pièces de gibier tuées, y compris les moineaux. Ces exploits ont coûté 413.000 florins d'indemnité, 633.000 florins pour secours aux blessés, 172.000 florins pour honoraires de médecins et frais de justice, et 74.088 heures de prison. »

M. Huber en sa qualité de représentant de l'Autriche au Congrès considère comme de son devoir de déclarer que les détails fournis par M. Arnould sur le résultat des chasses en Bohême en 1893 sont absolument inexacts.

Dans le royaume de Bohême — où les chasses sont en majeure partie entre les mains des grands propriétaires et où le gibier abonde — les chasses, on le sait, sont rigoureusement soignées, ce qu'il faut relater d'abord en l'honneur des chasseurs de Bohême.

Les permis de chasse n'y furent jamais supprimés et le gibier tué en Bohême constitue presque la moitié de la totalité du gibier tué en toute l'Autriche, quantité qui s'élevait par exemple à 5.862.634 pièces en 1904.

Inutile d'ajouter que — malgré ce résultat, presque sans exemple, il n'y avait, et il n'y a jamais ni de personnes tuées ou blessées, ni des animaux domestiques abattus à cette occasion ; il ne peut donc également être question des indemnités dont parle le rapport de M. Arnould.

Pour mettre en évidence l'inexactitude des détails du rapport Arnould, je cite comme exemple que dans une seule chasse en Bohême sur le domaine de Grünberg — à laquelle assistait entre autre l'aimable président du Saint-Hubert-Club de France, le comte de Clary — on a tué dans une seule semaine près de 20.000 perdreaux sans aucun accident, malgré qu'il y avait plus de 1.300 traceurs.

Je ne sais vraiment pas où M. Arnould a pu prendre ses renseignements sur les chasses en Bohême, mais je sais que ces renseignements sont tout à fait erronés.

Mais comme ces révélations dans un rapport officiel au Congrès sont de nature à compromettre la renommée bien établie de la chasse et des chasseurs en Autriche et spécialement en Bohême, et que ces détails fantastiques ont été répétés par les journaux à Paris et spécialement par *Le Temps*, je m'adresse à vous, M. le président, dont l'amabilité et la loyauté sont appréciées par nous tous, en vous priant de faire faire le nécessaire.

1° Pour que, dans le rapport général sur le Congrès, les données de M. Arnould sur les chasses en Bohême soient rectifiées ou éliminées tout à fait.

2° Que ma présente protestation soit inscrite dans le procès-verbal de la séance d'aujourd'hui et dans le rapport général.

3° Et que tous les journaux qui ont pris note des détails du rapport Arnould soient informés officiellement que la partie du rapport concernant les chasses en Bohême sont complètement faux.

Abstraction faite de cet incident, l'Autriche se conforme entièrement au vœu exprimé dans le rapport de M. Arnould.

Il est donné acte à M. le Conseiller impérial Huber, délégué d'Autriche-Hongrie, de ses protestations contre l'exemple donné par M. Arnould, dans son rapport sur les inconvénients qui seraient résultés, en Bohême, de la suppression du permis de chasse.

Acte est donné également à M. Arnould de la déclaration qu'il retire, l'énonciation incriminée de son rapport en raison des explications données par M. Hubert, sa bonne foi a été surprise.

M. Arnould donne ensuite lecture des vœux relatifs au permis de chasse, tendant à rejeter le permis journalier et même hebdomadaire.

La Commission, approuvant les conclusions du rapporteur, adopte le vœu.

Le vœu de MM. le comte Clary et Christophe sur les mesures à prendre en cas de perte du permis de chasse, est adopté sans discussion.

Permis de chasse concernant les étrangers qui chassent en France.

Devant l'invasion croissante des chasseurs étrangers en Allemagne, dans certaines régions, en Hesse notamment, on vient de créer un nouvel impôt sur ces étrangers, en augmentant le prix de leurs permis de chasse. Les indigènes, en Hesse, payent depuis le 1er janvier de cette année, 30 marks, tandis que les étrangers payeront 60 (soit 75 francs environ).

Je trouve cette imposition sur les chasseurs étrangers très juste et viens demander au Congrès d'émettre le vœu que la même augmentation du prix des permis pour les étrangers, résidant ou venant en France, soit adopte par le gouvernement français, et le prix de ces permis de chasse pour les étrangers — soit porté à 75 francs.

Mais ceci ne suffit pas. Il y a dans les grandes chasses des environs des grandes villes, beaucoup d'étrangers qui viennent chasser une ou deux fois par an et ceux-ci (qui de nous ne le sait ?) chassent trop souvent sans aucun permis ! j'admets qu'il serait de principe exagéré de leur faire payer pour une seule journée soixante-quinze francs ; en Angleterre il existe, si je ne me trompe, le permis de huit jours à £ 1 ; en Allemagne, celui de cinq jours à M. 5, mais je ne crois pas ce système pratique pour la France et je lui préférerais celui existant en

Hesse, où le propriétaire ou locataire d'une chasse, peut avoir pour ses invités des permis spéciaux, valables une année. C'est ce permis que je préconise aussi pour la France. Ce permis n'étant plus personnel, je l'appellerai : « permis circulaire » et en porterai le prix à cent francs (Fr. 100). Ils seraient délivrés exclusivement aux propriétaires ou locataires de chasse, ou Sociétés, et il faudra qu'il y ait autant de permis que d'étrangers, sans permis, présents à la chasse ; ils ne seraient valables que pour les chasseurs étrangers, chassant sur le terrain du titulaire du permis circulaire.

Je considère que ces permis circulaires ne doivent servir qu'aux étrangers ; car tout Français qui veut chasser, doit avoir son permis personnel et s'il chassait sans ce permis, il doit être sévèrement puni par la loi.

Les statistiques des années précédentes nous montrent qu'il faut compter une moyenne de 500.000 porteurs de permis de chasse en France ; sur ce nombre je compte 30.000 étrangers environ qui prendront leur permis annuel de 75 fr., et plus de mille permis circulaires, pris par les propriétaires de grandes chasses, ce qui augmenterait le budget annuel de la chasse de plus de 1 million 1/2 de francs. Cette somme, qui irait à l'Etat et non à la commune, devrait servir à former soit des brigades de gardes, comme celles qui existent déjà dans la Société Centrale des Chasseurs, soit à entretenir un personnel spécial dans les campagnes et dans les gares, des gardes ou surveillants,chargés tout spécialement de voir que nul ne chasse sans permis, surveiller dans les gares à ce que l'on ne colporte pas de gibier en temps prohibé, et qu'on ne braconne pas (chasse en temps prohibé, colletage etc.), sur les chasses, dites « banales », où la surveillance des gardes-champêtres est positivement nulle.

On ne pourra pas m'accuser, dans cette proposition, d'imposer ainsi les chasseurs étrangers, de chauvinisme ou d'intolérance ! Je suis étranger moi-même et je serai heureux si la loi, que je vous demande de voter, était reconnue en France. Je trouve très naturel, que si nous, étrangers, allons chercher dans d'autres pays des avantages que nous pensons ne pas trouver dans les nôtres, et cela bien souvent au détriment des indigènes, je trouve juste et naturel, dis-je, que le gouvernement de ces pays nous impose tout spécialement et nous fasse contribuer aussi à augmenter, pour le bien du pays, ces avantages, dont nous voulons profiter et que nous venons chercher de si loin.

Je résume donc ma proposition comme suit :

1° Créer des permis spéciaux, dits « permis circulaires », du prix de cent francs. Ces permis seront délivrés aux propriétaires ou locataires de chasses, pour une durée d'un an ; ils ne serviront que pour les chasseurs qui chasseraient sur la terre du titulaire du permis et chaque permis ne pourra servir que pour une seule personne, par chasse.

NOTA. — Il faudra donc qu'il y ait à chaque chasse autant de permis qu'il y aurait de chasseurs étrangers présents sans permis personnel.

2° Porter, pour les étrangers, le prix du permis de chasse personnel valable pour une année, dans toute la France, à soixante-quinze francs (Fr. 75).

AL-P. DE BIOUCOURT.

M. le comte CLARY donne lecture de son rapport sur l'enlèvement, le transport ou la vente d'oiseaux-gibier et de gibier vivant et soumet à la commission le vœu portant interdiction de l'enlèvement, transport et vente pendant la fermeture de la chasse. La Commission adopte le vœu sans discussion.

Rapport sur l'enlèvement, le transport et la vente des œufs d'oiseaux-gibier et de gibier vivant.

Par le Comte CLARY.

Cette question intéresse au plus haut point le *repeuplement.* L'avenir de la chasse dans notre pays en dépend en partie et nous espérons que le Congrès de la Chasse voudra bien porter toute son attention sur ce point capital.

Il me faut bien prendre la question *ab ovo* et jamais locution ne fut plus en situation.

La fin de l'article 4 de la loi du 3 mai 1844 porte interdiction de « prendre ou de détruire sur le terrain d'autrui des œufs ou des couvées de faisans, de perdrix et de cailles. »

Ce n'est là que la reconnaissance du droit de propriété d'autrui; mais le but de la loi est avant tout la protection du gibier et le désir de faciliter sa reproduction en toute tranquillité.

La mesure qui nous occupe est donc essentielle à la conservation et à la reproduction du gibier en même temps qu'elle assure au droit de propriété le respect qui lui est dû.

C'est un droit évident pour le propriétaire de chasse de pratiquer le repeuplement et l'élevage. En lâchant des reproducteurs à la fermeture, en faisant couver des œufs achetés *au dehors* il ne se met en contradiction avec aucun texte de loi.

Mais encore est-il nécessaire de préciser les droits du propriétaire de chasse et de montrer quelle est la limite de ces droits, du moins en ce qui concerne les œufs d'oiseaux-gibier.

On pourrait diviser en deux catégories les droits du propriétaire-éleveur :

1° Les uns sont exercés par le propriétaire sur son terrain et constituent à proprement parler ses droits sur le gibier d'élevage ;

2° Les autres s'appliquent aux relations de voisinage et constituent les droits de l'éleveur dans ses rapports avec les tiers à l'occasion du gibier d'élevage.

Le propriétaire ou le détenteur du droit de chasse peut tout d'abord récolter les œufs pondus dans les parquets d'élevage ; en effet, les oiseaux qui y sont enfermés sont, sans conteste, sa propriété, et après la récolte de ces œufs destinés à un élevage artificiel le propriétaire-éleveur remet le plus souvent en liberté ces reproducteurs qui peuvent encore refaire un nid et mener à bien une compagnie de perdreaux ou de faisandeaux naturels.

De même peut-il sur son propre terrain prendre des couvées pour finir de les élever, ou recueillir des œufs mis à découvert par l'enlèvement des récoltes, ou enlever des nids qui seraient par suite de circonstances spéciales menacés de destruction qui peuvent les atteindre ; on ne peut même qu'être reconnaissant aux propriétaires qui sauvent tous les ans du néant des milliers d'œufs *réellement* abandonnés par les perdrix du fait de la fauchaison. Mais il est évident que celui qui achèterait sciemment des œufs ou couvées qui auraient été enlevés sur la propriété d'autrui, serait complice d'un véritable délit de braconnage. Il ne peut être permis de repeupler sa chasse au détriment du voisin.

Cette pratique ne saurait être trop publiquement flétrie en attendant qu'un texte de loi sollicite depuis plusieurs années vienne la condamner en édictant des peines suffisamment sévères.

Actuellement en effet, sous le régime de la loi de 1844 si l'achat, la vente et le colportage du gibier sont interdits en temps prohibé, la vente, l'achat et le colportage des œufs d'oiseaux-gibier restent autorisés.

Aussi les chasses banales qui ne sont ni gardées ni surveillées sont-elles mises en coupes réglées par certains industriels qui arborent le nom d'éleveurs, soit qu'ils arrivent à s'approprier les œufs dénichés sans autorisation des propriétaires, soient qu'ils opèrent avec l'autorisation de ceux-ci trop heureux lorsqu'ils ne sont pas chasseurs, et parfois même lorsqu'ils le sont, de trouver dans la vente de ces œufs un revenu supplémentaire imprévu. Après les chasses banales dépouillées les premières, viennent les chasses qui sont mal ou insuffisamment gardées, de sorte que c'est la grande majorité des chasseurs qui se trouve lésée par cette coupable industrie.

La Commission de la Chasse à la Chambre des Députés a exprimé ses sentiments à cet égard dans une forme des plus énergiques: « Une autre cause du dépeuplement de nos chasses, c'est incontestablement et de l'avis de tous ce qu'on qualifie par ironie sans doute du nom de repeuplement. »

Voici comment se fait cette exploitation braconnière.

C'est d'abord au printemps le dénichage des œufs de perdreaux surenchéris à prix d'or par certains propriétaires de grandes chasses. L'œuf de perdreau a vu son cours monter à l'égal du Rio ou de l'Extérieure. Quand il a su que X payait les œufs 50 centimes, Y en a offert 75 et Z est allé jusqu'à un franc pendant que N ou M offraient davantage encore.

Puis quelques jours avant l'ouverture c'est le pourcentage, la rafle avec des filets des jeunes compagnies vendues longtemps à l'avance à des chasseurs, à des propriétaires qui n'en veulent pas savoir la provenance.

Le braconnage des perdreaux vivants a un autre débouché très important. Ce sont les restaurateurs qui achètent de préférence et beaucoup plus cher pour leur clientèle les perdreaux *non tués au fusil*. Les consommateurs de ces « délits » peuvent avoir le palais raffiné, mais ils étouffent la voix de leur conscience pour satisfaire leur gourmandise. S'ils sont complices combien plus coupables sont les restaurateurs qui ne peuvent ignorer la provenance de ce gibier panneauté !

Ce trafic des perdreaux nés ou à naître a pris les proportions d'un véritable fléau. Il sévit à l'heure actuelle sur les trois quarts de la France : la Sarthe, Eure-et-Loire, Maine-et-Loire, Indre-et-Loire, Calvados, Deux-Sèvres, Seine-et-Oise, etc., sont parmi les départements les plus éprouvés; nombreuses y sont les communes où on ne retrouve plus un seul perdreau à l'ouverture et la dévastation gagne de proche en proche.

Le Saint-Hubert-Club de France, société reconnue d'utilité publique, s'est mis à la tête du mouvement d'opinion qui s'est dessiné contre un état de choses aussi inquiétant que lamentable. Depuis sa fondation il a mené une campagne ininterrompue pour obtenir des pouvoirs publics une mesure d'interdiction du dénichage et du colportage des œufs de perdrix en temps prohibé ainsi que du colportage au temps des chasses des oiseaux vivants; il a remis à plusieurs reprises aux Ministres de l'Agriculture des pétitions de plusieurs départements dans ce sens, pétitions revêtues de milliers de signatures.

Tous les ans le Saint-Hubert Club revenant à la charge a demandé aux Ministres de l'Agriculture de prendre l'initiative d'une proposition de loi consacrant cette mesure essentiellement populaire et démocratique, réclamée depuis longtemps par l'opinion publique.

Il a fait plus encore. Au mois d'avril 1905, il a pensé que la meilleure solution serait de faire émettre par les Conseils généraux un vœu catégorique adressé au Ministre de l'Agriculture pour lui demander de prendre une mesure générale d'interdiction du dénichage et du colportage des œufs de perdrix ainsi que du colportage des perdreaux vivants sauf réglementation rigoureuse à intervenir.

Ce vœu adressé à tous les Présidents et Membres de tous les Conseils généraux était ainsi conçu :

« Maintien du paragraphe 4 de la loi du 3 mai 1844 qui sauvegarde les droits des détenteurs du Droit de chasse dans le cas des nids mis à découvert par la fauchaison et dont la mise en incubation ne peut que favoriser le repeuplement; mais interdiction par la loi pour les non-détenteurs dudit droit, d'enlever les nids, de prendre ou détruire les œufs ou couvées de perdrix, de faisans ou de cailles, ainsi que de les transporter, colporter, mettre en vente, vendre ou acheter; — interdiction de colporter les perdreaux vivants, exception faite pour les œufs et pour le gibier vivant en provenance de l'étranger, ou provenant en France d'établissements dûment autorisés et sous le contrôle d'une réglementation à établir (1) ».

Déjà la loi du 22 janvier 1874 a permis aux préfets de prendre des arrêtés pour prévenir la destruction des oiseaux (art. 9 de la loi du 3 mai 1844) mais il nous semble que cette disposition a eu principalement pour but de permettre la protection des autres oiseaux non visés par l'article 4 et les arrêtés préfectoraux qui par application de l'article 9 auraient pour résultat de priver le détenteur du droit de chasse d'enlever les nids ou couvées même sur son terrain, et par conséquent de paralyser le repeuplement et l'élevage.

Cinquante-deux conseils généraux ont voté le vœu du Saint-Hubert Club de France et malgré cette imposante majorité aucune mesure n'a encore été prise.

Plusieurs projets législatifs ont reconnus la nécessité de renforcer les dispositions de l'article 4 de la loi de 1844

En 1898 le Sénat adoptait et votait en seconde lecture une série de dispositions destinées à faire partie du Code rural et intitulées:

« De la protection des oiseaux et du gibier.

« Art. 75. — La destruction par quelque moyen que ce soit, la mise en vente,
« l'achat, le transport et le colportage des oiseaux reconnus utiles à l'agriculture,
« de leurs nids, de leurs œufs et de leurs couvées sont interdits.

« Un décret en forme de règlement d'administration publique détermine, par
« région, la liste de ces oiseaux.

« Il est interdit de prendre ou de détruire, de colporter ou mettre en vente
« les œufs ou les couvées de tous oiseaux, ainsi que les portées et petits de tous
« animaux qui n'auront pas été déclarés nuisibles par arrêté préfectoral.

« Le propriétaire, fermier ou métayer a le droit de recueillir pour les faire
« couver, les œufs mis à découvert par l'enlèvement des récoltes.

(1) Il ne s'agit que de la période de fermeture.

« Le transport des oiseaux, de leur nids et couvées et celui du gibier vivant « peut être autorisé, pour le repeuplement ou dans un but scientifique, par le « Ministre de l'Intérieur et moyennant les conditions par lui prescrites. »

Remarquons en passant qu'au 3e paragraphe on a oublié l'achat ; il est juste que l'acheteur soit frappé comme le vendeur; celui qui achète dans certaines conditions est à notre avis plus coupable que celui qui vend.

L'ensemble des propositions de la loi fut bien voté par la Chambre le 21 juin 1898, mais la section relative à la protection des oiseaux et du gibier fut renvoyée à la Commission de la Chasse pour être incorporée à la loi sur la police de la Chasse, alors en projet.

Dans le projet de loi sur la Chasse voté par le Sénat en 1886 et transmis à la Chambre des Députés le 12 juin 1906 l'article 5 est ainsi conçu :

« Il est interdit de prendre ou de détruire, de colporter ou mettre en vente « les œufs ou les couvées de tous oiseaux, ainsi que les portées ou petits de tous « animaux, qui n'auront pas été déclarés nuisibles par arrêtés préfectoraux.

« Le propriétaire aura le droit de recueillir pour les faire couver les œufs « mis à découvert par l'enlèvement des récoltes.

« Le transport du gibier vivant peut être autorisé pour le repeuplement par « le Ministre de l'Intérieur et moyennant les conditions prescrites par lui. »

Cet article reproduit à peu de chose près les dispositions de l'article 75 du Code rural ; il omet lui aussi d'interdire l'achat au même titre que la vente, et il limite au propriétaire un droit qui doit appartenir à tous les détenteurs du droit de chasse.

En dernier lieu, la Commission de la Chasse à la Chambre a adopté le texte suivant déposé devant la Chambre le 7 février 1901.

« Il est interdit en toute saison...

« 1° De prendre ou de détruire, de colporter, d'importer, d'exporter, « d'acheter ou de mettre en vente les oiseaux reconnus utiles à l'agriculture, ainsi « que les œufs et couvées, les portées et petits de tous animaux réputés sauvages « qui n'auront pas été déclarés nuisibles.

« Néanmoins le propriétaire ou locataire du droit de chasse, le fermier ou « le métayer aura le droit de recueillir pour les faire couver, les œufs mis à décou- « vert par l'enlèvement des récoltes.

« Par exception le transport des œufs, des couvées et celui du gibier vivant « de toutes provenances pourront être autorisés dans un but scientifique par déci- « sions spéciales du Ministre de l'Agriculture.

« Peuvent être autorisés en vue du repeuplement par arrêtés spéciaux du « Ministre de l'agriculture :

« 1° L'importation des œufs et du gibier vivant d'espèces sédentaires seule- « ment provenant de l'étranger ;

« 2° Le transport des œufs français provenant d'établissements d'élevage « autorisés.

« Peut être admis dans la même forme et dans le même but, mais seule- « ment depuis l'ouverture de la chasse jusqu'au 1er mars, le transport des faisans « vivants même français provenant des chasses gardées. La reprise des faisans « destinés à ce transport ne peut s'effectuer que dans la même période et à l'aide « de mues placées dans l'intérieur des bois à 300 mètres au moins de tout héritage « voisin.

« Peut également être autorisé en vue du repeuplement et par arrêtés spé-
« ciaux du Ministre de l'Agriculture. Le transport des perdrix, faisans, lièvres, « lapins et chevreuils français, et généralement de tout gibier d'élevage et d'ac-« climatation. »

Nous inspirant de ces différents projets nous soumettons à la ratification du Congrès le texte suivant :

« Pendant le temps où la chasse est fermée, il est interdit d'enlever les nids, de prendre ou de détruire, de colporter ou mettre en vente, de vendre ou acheter, de transporter, exporter ou importer les œufs ou les couvées de perdrix, faisans, cailles et de tous oiseaux, ainsi que les portées ou petits de tous animaux qui n'auront pas été déclarés nuisibles par les arrêtés préfectoraux.

« Les détenteurs du droit de chasse et leurs préposés auront le droit de recueillir *pour les faire couver* les œufs mis à découvert par la fauchaison ou l'enlèvement des récoltes.

« Le transport des œufs et du gibier vivant peut être autorisé pour le repeuplement par des permis individuels délivrés par le Ministre de l'Agriculture pour les œufs et le gibier vivant en provenance de l'étranger sous plombs de Douane, ou provenant en France d'établissements dûment autorisés et sous le contrôle d'une réglementation rigoureuse à établir. »

Nous voulons aller au plus pressé sans attendre la discussion et le vote d'une nouvelle loi sur la police de la chasse. C'est pour cela que nous demandons au Congrès de vouloir bien faire sien le texte que nous lui proposons, — et d'émettre le vœu que le Ministre de l'Agriculture veuille bien prendre l'initiative d'un amendement législatif tendant à modifier l'article 4 de la loi de 1844 *in fine* et de substituer au texte actuel notre rédaction si vous décidez de l'adopter.

CLARY.
Président du S. H. C. F.

Un membre de la commission. — Je vois dans un vœu de la Commission, que l'on aura le droit de recueillir les œufs mis à découvert par la fauchaison. Je suppose que c'est pour les propriétaires sur leurs terres.

M. le rapporteur. — Parfaitement.

Le même membre. — Alors il faudrait le spécifier.

Un autre membre. — Je propose pour cette rédaction : « Sur les terres dont ils sont propriétaires ou locataires. »

La Commission adopte.

M. Leschevin (Belgique). — Au sujet des perdrix rouges, je me permets de vous faire remarquer, et cela dans votre intérêt, qu'il y a une chose anormale puisque la chasse est encore ouverte en Belgique quand elle est fermée en France, il s'en suit que le colportage et la vente des perdrix est encore possible. Je vous propose pour remédier à cela, le vœu suivant :

« Le Congrès de la Chasse émet le vœu que les diverses puissances interdisent la vente et le transport, chacune dans leur pays respectif, du gibier étranger à l'époque où la chasse en est interdite au pays d'origine. »

La Commission adopte.

M. LE PRÉSIDENT. — Messieurs, il y a une question qui avait été omise sur le programme et j'ai été saisi d'un vœu très intéressant dont je vais vous donner lecture :

« Considérant les abus auxquels donnent lieu toutes les battues municipales, etc... Le Congrès émet le vœu que la législation et la réglementation des battues soit uniformisée, et, en particulier, que les battues ordonnées par les maires en vertu de la loi de 1884 soient surveillées par l'Administration forestière.»

J'y vois un très grand intérêt parce que les battues municipales telles qu'elles sont faites la plupart du temps donnent lieu à des abus criants et sous prétexte de destruction d'animaux nuisibles on en arrive à commettre d'une façon irrégulière des actes de braconnage. Je crois que l'Administration forestière sera la première à appuyer ce vœu qui a été, d'ailleurs, rédigé par un de ses représentants. Je mets le vœu aux voix.

(Adopté à l'unanimité).

UN CONGRESSISTE. — Je m'associe à ce vœu et je demande qu'il soit complété de la façon suivante :

« Le Congrès, considérant que les maires sont chargés par la loi de la police rurale mais que la plus grande partie des maires se désintéressent de cette police, particulièrement en matière de chasse, et qu'un petit nombre enfin abusent d'une manière intolérable des pouvoirs qui leur sont conférés par la loi, émet le vœu que la police de la chasse et toutes les mesures qui s'y rattachent échappent à la direction des maires partout où il existe des sociétés locales de répression officiellement reconnues et que les agents et directeurs de ces sociétés ou syndicats en soient seuls chargés de concert avec la gendarmerie et sous le contrôle de l'Administration des Forêts. »

M. LE PRÉSIDENT. — Ce vœu est distinct de celui que vous venez d'émettre. J'y verrais un gros danger, celui de mettre en cause la loi de 1884. Si nous demandions au Parlement de revenir sur cette loi, nous n'obtiendrions pas satisfaction. Il ne faut pas que nous remettions la loi en cause, croyez-moi. Il vaut mieux que nous arrivions à des progrès lents mais beaucoup plus sûrs.

LE CONGRESSISTE. — Je n'insiste pas, Monsieur le Président.

M. LE PRÉSIDENT. — J'ai encore à vous donner lecture d'un autre vœu qui a déjà fait l'objet de vœux successifs dans les différentes commissions, mais que nous pourrions émettre sous une forme générale. C'est un vœu relatif aux permis de chasse.

Voici ce vœu :

« Considérant que le permis de chasse est la seule garantie des chasseurs contre certains abus et certaines tolérances, le Congrès émet le vœu que, conformément à la loi, le permis de chasse soit obligatoire pour tous les modes de chasse sans exception. »

Adopté à l'unanimité.

UNE VOIX. — Et la chasse sur mer !

M. LE PRÉSIDENT. — Cette chasse est réglée ; elle est permise en tout temps ; il y a des gens qui chassent sans permis.

UN CONGRESSISTE. — Il faut un permis pour chasser sur la mer.

M. LE PRÉSIDENT. — J'estime que, conformément à la loi, vous devez le long des côtes être porteur d'un permis.

UNE VOIX. — Sauf les inscrits maritimes.

M. LE PRÉSIDENT. — Pour les inscrits maritimes, c'est une tolérance. Ne soulevons pas cette question, je vous en prie, parce qu'elle est très grave.

Voici encore un autre vœu :

« Le Congrès de la Chasse sollicite du Ministre de l'Agriculture l'envoi dans le plus bref délai aux agents et préposés forestiers d'instructions pour rendre plus efficace leur surveillance et la constatation des délits de chasse.

UN CONGRESSISTE. — Nous donnons 28 fr. à l'Etat et l'Etat ne nous donne pas un radis de protection.

M. LE PRÉSIDENT. — Je me suis fait l'écho de vos justes doléances, et j'ai toujours rencontré un si bienveillant accueil au ministère de l'Agriculture que je serais très ingrat si je ne le déclarais pas ici. Je crois que sous une forme quelconque nous pourrions émettre ce vœu et je suis convaincu que le ministre de l'Agriculture, dévoué aux intérêts des chasseurs y souscrira dans la plus large mesure possible.

UN CONGRESSISTE. — Je trouve qu'on met réellement sur le dos de l'Administration Forestière une charge très lourde, notamment l'obligation de suivre toutes les battues. Je vous dirai que le personnel formulera des plaintes. C'est le personnel le moins payé de toute la France : il touche 7 à 800 francs. Si vous le chargez encore vous n'obtiendrez rien de lui.

M. LE PRÉSIDENT. — Nous ne le chargeons pas d'une corvée, car ce que nous demandons, c'est que les agents et préposés forestiers fassent tout ce qu'ils pourront pour protéger la chasse. Par conséquent, il ne faut pas dire que l'on demandera tout pour rien.

UNE VOIX. — Il faudrait qu'on les indemnise !

UN CONGRESSISTE. — Dans le cahier des charges de location des forêts de l'Etat il est dit expressément que les adjudicataires peuvent, sans doute, avoir des gardes particuliers, mais que néanmoins les gardes forestiers sont exclusivement chargés de la surveillance de la chasse.

D'un autre côté, le vœu qui a été proposé ne ferait que reproduire les instructions que nous avons déjà reçues. Je me rappelle, pour mon compte, en avoir reçu trois depuis trois ou quatre ans. Ce sera une circulaire de plus ; quoi qu'il en soit, vous pouvez être certains que nous ferons tous nos efforts pour sauvegarder la protection du gibier.

M. LE PRÉSIDENT. — Je demande simplement l'autorisation de formuler le vœu et d'appeler la bienveillance du ministre qui nous est acquise d'avance.

UNE VOIX. — Il est certain que dans le département de la Côte-d'Or les trois quarts des gardes forestiers ne font rien au point de vue de la chasse, et je ne sais pas si une nouvelle circulaire servira à quelque chose.

M. LE PRÉSIDENT. — Je suis, en outre, saisi d'un vœu qui, je l'espère, ne va pas faire remettre sur le tapis les discussions de la première séance. Voici ce vœu :

« Le Congrès émet le vœu que la Convention internationale de 1902 soit appliquée d'une manière perspicace mais ferme pour arriver progressivement à empêcher la destruction aveugle des petits oiseaux.

UNE VOIX. — Au nom de la Chambe de Commerce, je demande le maintien de la Convention de 1902.

Le vœu est adopté.

M. LE PRÉSIDENT. — Nous arrivons maintenant à la question des mues et je donne la parole au rapporteur.

M. LE RAPPORTEUR. — Messieurs, à propos des mues, votre commission a reçu plusieurs lettres dont l'une demande que l'emploi des mues tant pour la reprise des producteurs que pour le transport des jeunes oiseaux d'un point d'une forêt à l'autre soit autorisé par l'Administration Forestière et surtout par ses préposés sur une simple demande présentée, chaque année, ou même chaque saison, par les détenteurs du droit de chasse.

Nous avons à la Société de Saint-Hubert et dans les sociétés de chasse de province été informés souvent que l'autorité interdisait l'usage de la mue.

M. LE RAPPORTEUR. — La seconde lettre est de M. Allaire. Je ne sais pas si nous avons l'honneur d'avoir dans notre réunion M. Allaire qui a signé ce document sur lequel il pourrait vous parler tout à l'heure.

M. ALLAIRE. — Je suis présent, Monsieur le rapporteur et je m'expliquerai tout à l'heure.

M. LE RAPPORTEUR. — L'auteur de la troisième lettre demande que le Congrès émette le vœu que l'usage de la mue soit supprimé ou, si la mesure est impossible, que son emploi ne soit toléré que pendant un mois à dater de l'ouverture légale et que la pose n'en soit effectuée qu'à 500 mètres au minimum des territoires de chasse.

La mue est corollaire de l'élevage du faisan. Là où il n'y a pas d'élevage, la mue doit être proscrite.

M. LE PRÉSIDENT. — Quant à la mue qui serait posée pour reprendre des perdreaux, je suis de ceux qui prétendent que ce serait un grand danger.

UNE VOIX. — Il n'y a pas d'autres manières pour prendre les perdrix. Du moment qu'il y a une superficie de terrain X qui est destinée à l'élevage, on peut très bien reprendre des perdrix sans qu'il y ait d'abus. Je dis qu'on devrait permettre la mue pour la perdrix.

UN CONGRESSISTE. — Nous discutons un peu sur une question qui n'existe pas et je vais vous dire pourquoi. La mue est un engin prohibé. On l'a déclaré engin toléré en vertu de décisions de jurisprudence qui n'ont jamais essuyé le feu de l'arrêt de cassation. C'est un arrêt de M. le premier président Périvier qui a inauguré cette première jurisprudence particulière. Par conséquent, quand nous parlons de tolérer la mue, nous parlons de choses extrêmement vagues. On n'a pas déféré à la Cour de cassation les arrêts de la Cour d'appel de Paris et d'autres cours d'appels et l'intérêt aujourd'hui est de rester encore dans cette situation.

En ce qui concerne la mue pour la reprise des perdreaux, il y a eu cette année dans la Somme une affaire judiciaire extrêmement intéressante. Un propriétaire de la Somme qui faisait un gros élevage de perdreaux à l'aide du système d'élevage de M. Dalin, avait tendu des mues à perdreaux. Deux gendarmes et un garde-champêtre se sont émus de la chose et ont dressé procès-verbal. Le propriétaire a été poursuivi, condamné en première instance. Il a eu, bien entendu, l'excellente idée de faire appel et a saisi la cour d'appel d'Amiens de la question.

La Cour d'appel d'Amiens a pris acte des nombreux arrêts qui avaient été rendus par la Cour d'appel de Paris et elle a décidé que l'emploi de la mue à perdreaux, lorsque cette mue était établie en vue d'un élevage considérable, ne constituait pas un délit.

Elle a fait pour la mue à perdreaux ce qu'on avait fait pour la mue aux faisans. Mais il n'y a pas de règlement en cours ; il n'y a pas d'arrêté ministériel. Nous vivons sur une jurisprudence qui déclare que lorsqu'on se sert de mues pour la reprise des perdreaux en vue d'un élevage dont l'existence n'est pas contestée, il n'y a pas délit. Je cois que l'intérêt des chasseurs est de rester dans le *statu quo*.

M. Allaire. — Messieurs, je demande d'abord votre indulgence. Je me présente devant vous comme représentant d'un certain nombre de chasseurs ; j'entends de petits chasseurs s'intéressant au résultat du coup de fusil. C'est vous dire que je ne fais pas partie des grandes chasses où tout l'honneur consiste à étaler dans les journaux spéciaux des tableaux plus ou moins mirifiques.

Afin de vous prouver que cette question passionne un grand nombre de personnes, je vous apporte ici un nombre respectable de signatures de gens désirant et demandant la même chose que moi.

Lorsque j'ai déposé mon vœu le Congrès était presque à l'état de projet. On n'avait pas encore obtenu l'adhésion du Ministre de l'Agriculture et j'avais dû m'adresser à celui qui, à ce moment le représentait, c'est-à-dire à M. Daubrée, directeur général des eaux et forêts.

C'est dans ces conditions que ces vœux ont été établis. J'ai donc dû leur donner une forme spéciale mais je vous demande aujourd'hui, puisque le Congrès a pris une allure importante, puisque non seulement il est devenu international, mais puisque nous avons à la tête le représentant direct du Gouvernement, la permission de généraliser un peu les vœux que j'avais adressés primitivement à l'Administration des Eaux et Forêts.

Je vais vous donner connaissance, afin de vous faire mieux comprendre, du texte même que j'ai envoyé à l'Administration. Les cahiers des charges contenant les mises à prix, charges et conditions pour la chasse dans la forêt de Rambouillet portent ceci : « L'emploi des mues est formellement interdit dans le 30e et 31e lot de la forêt de Rambouillet. » Ce sont les deux lots qui bordent le parc de la présidence.

Eh bien ! il y a là deux faits à retenir : 1° c'est que pour ces deux lots, parce qu'ils touchent au parc de la Présidence, on fait une exception, et une exception double. On a commencé par faire une exception à la loi, parce que la loi prohibe d'une façon formelle l'emploi de la mue et permettez-moi de vous rappeler le texte de la loi de 1844 :

« La capture du gibier vivant n'est autorisée qu'avec des bourses et le furet. » ce qui veut dire que l'on ne peut reprendre vivant que le lapin.

Il est donc entendu, d'après la loi de 1844, que la reprise du gibier : faisans, perdreaux, est défendue soit par le filet, soit par le lacet, soit même par le collet quand il s'agit du lapin, soit par les mues.

Il y a une loi qui interdit l'emploi de la mue et c'est l'Administration qui, la première, vient violer cette loi ! Et elle la viole, car déclarer que l'emploi de la mue sera défendu dans les 30e et 31e lots, c'est dire implicitement que l'emploi de cette mue sera tolérée dans tous les autres lots de chasse.

Nous demandons, nous, petits chasseurs, à ce qu'on sorte de cette incohérence et que l'on formule un vœu ainsi conçu :

« Le Congrès demande que la loi de 1844 soit modifiée et si l'emploi de la mue est absolument nécessaire que ce soit légalement qu'elle soit autorisée.

UNE VOIX. — Parfaitement !

M. ALLAIRE. — Nous demandons que la loi indique d'une façon formelle qu'en vue de l'élevage l'emploi de la muc est autorisé.

Alors, nous nous inclinerons tous. Nous saurons qu'on peut l'employer sous certaines conditions.

Vous dites, messieurs, que pour pouvoir employer la mue il faut faire de l'élevage. C'est sur ce mot « élevage » que je demande à discuter. Je connais des chasseurs qui font de l'élevage, qui recueillent les jeunes faisans, qui ont des couveuses, des poules spéciales, qui achètent des œufs de fourmis enfin tout ce qu'il faut pour cela. Mais à côté de cela, et c'est le plus grand nombre, les autres n'agissent pas de la sorte. Voilà comment les choses se passent. On prend une chasse la première année, avec le gibier qu'il y a, et lorsqu'arrive le moment de la chasse, quelques jours avant, on tend des mues, on recueille le plus de faisans possible, on met ces faisans dans un parc et on les met ensuite en liberté de manière à ce qu'ils reproduisent naturellement.

Je crois, sans risque d'être contredit, que vous savez presque tous que c'est ainsi que cela se pratique. Sur 20 lots il y en a 18 où l'élevage se fait de cette façon. On se borne à lâcher après la fermeture de la chasse un certain nombre de faisans pris à la mue et on leur dit : « Allez et reproduisez ».

Eh bien ! messieurs, ce mode de procéder donne lieu à de grands inconvénients. Le premier c'est que la majorité des faisans est loin d'être relâchée, comme cela devrait être. Vous savez comment se font les adjudications. Un monsieur quelconque se porte adjudicataire d'un lot de forêt et comme il trouve la chose un peu grosse pour lui seul (3 ou 4.000 francs à payer à l'État) il fait des annonces dans les journaux, réunit un certain nombre d'actionnaires et met en exploitation le lot dont il est adjudicataire. Mais en procédant de cette façon pour trouver des amateurs il fait valoir la quantité énorme de gibier que l'on peut tuer sur la chasse. Il raconte que l'on pourra tuer 50 ou 60 faisans chaque année et il trouve de bons gogos qui viennent et acceptent ses conditions.

Alors intervient le fonctionnement de la mue. On a repris, comme je vous l'ai dit, un moment avant l'ouverture, un certain nombre de faisans. Je puis vous citer des faits. Je vois tout ce qui se passe ; il ne se passe rien qui ne m'échappe (oh ! oh !) Eh bien la veille de l'ouverture il n'y a pas un seul faisan dans les parcs ; à midi il y a en a 4 ou 500. Ils ont donc été pris à un moment où la chasse était absolument interdite.

Mais quel usage fait-on de ces faisans qui ont été mis dans le parc ? Comme on a pris des engagements vis-à-vis des actionnaires, il faut bien fournir des tableaux et alors chaque fois qu'une chasse est décidée on prend un certain nombre de ces faisans vivants ; on les met dans des sacs puis on porte ces sacs sur la ligne des chasseurs et on a ainsi le nombre de faisans qui doivent être tués.

Eh bien ! permettez-moi de vous dire que cette chasse ne m'intéresse pas le moins du monde.

UNE VOIX. — Elle n'intéresse pas les grands chasseurs.

M. ALLAIRE. — Vous pouvez protester. Si vous protestez c'est que vous êtes de bonne foi, et que vos gardes font à votre insu ce que je viens de dire.

M. LE PRÉSIDENT. — Je vous prie de donner lecture de votre vœu.

M. ALLAIRE. — Mon vœu est celui-ci : Si vous voulez maintenir les chasses, vous avez d'autres moyens à employer pour la reproduction.

En premier lieu, vous n'avez qu'à interdire les battues à traques (protestations). Vous protestez ! Si vous voulez lire l'article 16 de vos cahiers des charges vous verrez que l'Administration demande de ne pas faire de traques la derinère année. Par conséquent, elle considère que la traque est une manière de destruction absolue dans les forêts.

Le second moyen c'est de faire comme on fait dans certaines chasses : défendre de tuer les poules.

UNE VOIX. — Ce sont des choses particulières.

M. LE PRÉSIDENT. — Je rappelle l'orateur à la question.

M. ALLAIRE. — Je dis que la mue n'est pas un instrument absolument indispensable pour la reproduction. Je viens de vous le prouver (protestations). Je demande que la mue soit non seulement autorisée par une loi, mais que quand cette loi aura été votée, l'emploi de la mue soit absolument réglementé.

M. LE PRÉSIDENT. — Dans les vœux qu'il a présentés M. Allaire demande deux modifications aux cahiers des charges relatifs aux locations pour la chasse à tir des forêts domaniales.

Je ferai remarquer à M. Allaire, en ce qui concerne ce vœu, que l'Etat étant propriétaire a le droit d'imposer les charges qu'il lui convient ; c'est aux adjudicataires à dire s'ils les acceptent ou non.

UN CONGRESSISTE. — N'y aurait-il pas un moyen de mettre tout le monde d'accord sur la question des mues. Ne pourrait-on pas décider, par exemple, que les faisans, cailles et perdreaux ne pourront être transportés vivants en France sans que chaque envoi ne soit accompagné d'un certificat d'origine et d'identité délivré par l'administration compétente et qui ne sera remis qu'aux propriétaires d'établissements d'élevage.

M. LE PRÉSIDENT. — Nous avons émis un vœu analogue. Il n'y a pas lieu de s'en occuper actuellement.

La loi de 1844 ne parle pas de la mue, mais en 1844 on ne faisait pas d'élevage. La situation était différente. La jurisprudence l'a si bien reconnu qu'elle a toléré ce que la loi avait interdit. Actuellement si l'interdiction est légale, la jurisprudence est juridique.

M. LE RAPPORTEUR donne lecture d'une lettre de M. Bertrand-Taillet répondant à M. Allaire, dans laquelle il trouve très naturel que l'Etat, qui fait dans le parc de l'élevage, prenne ses précautions pour n'avoir pas en bordure du parc des locataires qui profiteraient de ce voisinage sans faire aucun élevage.

M. LE RAPPORTEUR. — Lorsque M. Allaire a critiqué tout à l'heure la façon dont opéreraient certains propriétaires de chasse, il a parlé contre la liberté du tireur. Si un monsieur veut faire lâcher des perroquets, il peut très bien le faire (rires).

M. LE DÉLÉGUÉ BELGE. — Messieurs un simple mot. En Belgique tous les engins quels qu'ils soient sont interdits. Quelques exceptions sont cependant faites. Il est dit notamment que le propriétaire ou ses ayants droit sont autorisés par le ministre de l'Intérieur à employer certains engins pour reprendre le faisan destiné à la reproduction. Nous ne pouvons donc agir qu'avec une autorisation du ministre qui doit être visée par le bourgmestre de la commune et qui est refusée si nous ne nous trouvons pas dans les conditions voulues. Cette autorisation est d'ailleurs limitée à une certaine période, depuis telle date jusqu'à telle date.

M. ALLAIRE. — Je ne veux ajouter qu'un mot. La distance de 300 mètres pour la pose des mues dont il a été question est trouvée exagérée. On dit qu'elle rendrait impossible la reprise des faisans. Je proteste contre cette manière de voir.

Mettre à 300 mètres de la plaine les mues, c'est laisser un champ suffisamment large pour la reprise des faisans. Je tiens à vous signaler l'inconvénient principal des mues.

Les arrêtés gouvernementaux ne fixent pas la date d'ouverture de la chasse aux faisans après celle du perdreau. Il s'ensuit que le jour de l'ouverture les perdreaux qui sont tirés dans la plaine viennent se réfugier dans les bois, dans les forêts qui touchent à cette plaine. Et les gardes du faisan qui font le plus de bruit possible empêchent le perdreau qui s'est réfugié dans la forêt de revenir en plaine. Il s'ensuit que le perdreau pour trouver sa nourriture est obligé de la chercher dans la forêt même et il vient naturellement se faire prendre.

Je ne vous apprendrai rien en vous disant que les mœurs des perdreaux sont absolument différentes de celles du faisan. Le faisan marche isolément et quand il se fait prendre à la mue il est bien rare qu'on prenne deux faisans sous la même mue. Il n'en est pas de même du perdreau. Les perdreaux marchent par bandes et quand ils cherchent leur nourriture ils viennent picorer au même endroit. Il s'ensuit que lorsque vous tendez des mues en bordure des plaines, ce sont des compagnies entières que vous prenez d'un seul coup.

C'est contre cela que nous protestons, car nous sommes les premières victimes. Tout notre gibier est ainsi pris sans que nous en ayons aucun profit. Nous avons beaucoup de perdreaux le jour de l'ouverture ; le lendemain il n'y en a plus.

UN CONGRESSISTE. — Jadis on avait l'autorisation de ne reprendre le faisan qu'à partir de fin novembre pour la reproduction. Cela n'en allait pas plus mal ; cela évitait beaucoup de difficultés.

PLUSIEURS MEMBRES. — Aux voix ! aux voix !

UN CONGRESSISTE. — Il m'a semblé entendre dire tout à l'heure que la mue était nuisible aux petits chasseurs. Je crois que c'est une erreur complète, car les mues n'existent la plupart du temps que pour élever le faisan. S'il n'y avait pas d'élevage, il n'y aurait pas de faisans, car les faisans qu'on lâche dans une chasse n'y restent pas ; ils s'en vont très loin. Je connais des espèces de faisans qui s'en vont jusqu'à 1.000, 1.200 et 1.500 mètres de l'endroit où ils ont été élevés. Si les grands éleveurs ne prennent pas à la mue les faisans pour en faire l'élevage, les petits chasseurs n'auront pas de faisans. Je crois donc que les mues sont très nécessaires pour l'élevage du faisan en France.

M. LE PRÉSIDENT. — Je crois que le vœu admis par la commission compétente peut donner satisfaction à M. Allaire dans une large mesure.

Je m'associe aux paroles prononcées par notre collègue. Il ne faut pas considérer les chasses gardées comme contraires aux petits chasseurs. Il faut les considérer comme des réserves naturelles. La chasse gardée rend aux petits chasseurs des services inappréciables (applaudissements).

Le grand chasseur n'a jamais cherché à être l'ennemi du petit chasseur.

Après examen des différents vœux, dont celui de M. Allaire, la sous-section avait été d'avis d'adopter la résolution suivante :

Le Congrès émet le vœu que la pose des mues ne continue à être tolérée que pour la reprise du faisan et seulement pendant la période d'ouverture de la chasse au faisan, que les mues soient toujours posées au moins à 150 mètres de la bordure des chasses et à 300 mètres de la limite des voisins ; que la pose des mues ne soit tolérée qu'en faveur des éleveurs justifiant d'un élevage.

Une voix. — Je demande que vous l'étendiez aux perdreaux.

Voix diverses. — Non ! non ! jamais !

M. Allaire. — Il est bien entendu que le fait de lâcher des faisans constitue ce que vous appelez l'élevage.

Un Congressiste. — Mais non, l'élevage c'est un mot français. L'élevage consiste à acheter des œufs, à les faire couver pour produire sur place le faisan par milliers. Ces faisans viennent ensuite aux halles pour la plus grande joie de nos voisins les petits chasseurs.

Voix diverses. — Aux voix ! aux voix !

(Le vœu est adopté).

FRIGORIFIQUE

Conservation du gibier. — Colportage en temps prohibé.

par M. Ed. Béjot.

Parmi les questions diverses qui occuperont le Congrès de la Chasse, une des plus importantes, peut-être, au point de vue de l'avenir est celle du « Frigorifique ».

Tout le monde sait que la chimie moderne a trouvé le moyen industriel et pratique, de produire un froid artificiel et suffisant pour conserver dans des locaux appropriés toutes sortes de denrées : viandes, fruits, poissons, etc.

Conserver du gibier, ainsi immobilisé si l'on peut dire, pendant un certain temps, à l'époque prohibée de la chasse, est une idée que bien vite nous avons vue appliquée et pratiquée.

Que les inconvénients de salubrité publique soient exposés ou discutés, ici en tous cas n'est pas leur place. Ce que l'on peut dire c'est qu'il y a là un véritable progrès et au point de vue alimentation il n'est pas contestable.

Ce qui n'est pas contestable non plus c'est que ce frigorifique est une porte ouverte (si je puis employer cette figure) à toutes les fraudes en matière de gibier.

En effet, quoi de mieux pour un commerçant de placer dans le « Frigo » une vingtaine de perdreaux, faisans ou lièvres au moment de la fermeture ! Pendant tout le temps prohibé il fournira la clientèle entière — grâce à un réapprovisionnement permanent pour les « Braco » du métier. On demande un lièvre? Un perdreau ?... Il sort du frigo !... et le tour est joué. C'est la multiplication des pains... un vrai miracle !...

Plus de procès de recel, vente et colportage de gibier. C'est l'âge d'or pour les braconniers !

Et aussi, combien néfaste pour nos plaines et nos bois ! C'est la fin de la chasse !

Heureusement, un Monsieur M... s'est fait juger le 8 novembre 1904... et condamner en correctionnelle... car, « le fait par un restaurateur de mettre en vente du salmis de perdreau en temps de chasse prohibé constitue une infraction à l'article 12 de la loi de 1844 sur la chasse, alors que le prévenu n'apporte pas la preuve que le gibier saisi aurait été acheté pendant l'ouverture de la chasse, et ce, sans avoir à examiner si la loi autorise ou non, en temps de chasse prohibée, le colportage et la vente du gibier tué en temps de chasse permise. »

M. M..., restaurateur, boulevard Saint-Denis, était poursuivi devant le Tribunal de police correctionnelle pour mise en vente de gibier en temps prohibé. Le prévenu prétendait que les salmis de perdreaux saisis chez lui avaient été achetés en temps de chasse permise et conservés dans une glacière. Le Tribunal, après plaidoirie de Me Bruzeau, pour M. M..., a statué sur la prévention par le jugement suivant :

« Le Tribunal ;

« Attendu que, le 13 mai 1904, alors que la chasse était fermée, les inspecteurs de police ont constaté que M... mettait en vente et vendait dans son restaurant, 17, boulevard Saint-Denis, du salmis de perdreaux ;

« Mais, attendu que M... prétend que les perdreaux incriminés avaient été achetés par lui en temps de chasse permise et conservés dans une glacière dont il justifie la possession, 9, rue Française, et que, dès lors, les dispositions ci-dessus visées ne lui sont pas applicables ;

« Attendu que si M... justifie d'achats importants de perdreaux avant la fermeture de la chasse, il n'établit pas que les perdreaux saisis provenaient de ces achats ; qu'il est donc sans intérêt de rechercher si la loi de 1844 autorise ou non, en temps de chasse prohibée, le colportage et la vente du gibier tué en temps de chasse permise ;

« Par ces motifs ;

« Déclare M... coupable du délit de mise en vente de gibier en temps prohibé, et le condamne en 50 francs d'amende et aux dépens. »

Et ce n'est pas fini ! Le 17 novembre 1905 autres procès avec même condamnation :

« Si le gibier peut être en tout temps mis en vente, transporté ou colporté quand il est entré dans une préparation qui a modifié son aspect extérieur, au point que la dégustation seule permet de le reconnaître, il n'en saurait être ainsi quand le gibier est, par un procédé quelconque (en l'espèce, la réfrigération), conservé dans sa forme naturelle, intact et comestible, quand bien même il serait établi que le gibier a été tué et mis en conservation pendant la période où la chasse était permise.

Le Tribunal :

« Attendu que si le gibier peut être, en tout temps, mis en vente, vendu, acheté, transporté ou colporté quand il est entré dans une préparation culinaire, pâté, terrine, salmis en boîte, etc., qui a modifié son aspect extérieur au point que la dégustation seule permet de la reconnaître, et qu'il y a même en cet état une abusive imprécision de langage à le qualifier encore tout uniment de gibier, il n'en saurait être ainsi quand le gibier est, par un procédé quelconque, conservé dans sa forme naturelle, intact et comestible ; qu'en particulier la mise en vente, la vente, l'achat, le transport ou le colportage du gibier, conservé avec son poil ou ses plumes, dans un appareil ou dans une chambre frigorifique, constitue dans tous les cas une infraction à la loi sur la police de la chasse, quand bien même il serait établi, sans aucune contestation possible, que le gibier dont il s'agit a été tué et mis en conservation durant la période où la chasse était permise ; que les termes absolus de l'article 12, paragraphe 4, de la loi du 8 mai 1844, ne laissent place à aucune autre solution, tant qu'ils n'auront pas été modifiés par une loi nouvelle, analogue à la réglementation allemande de 1904 ; que, jusque-là, la conservation frigorifique du gibier en vue de sa préparation et de sa consommation en temps prohibé, ne peut être que d'un usage strictement intérieur et domestique, sans aucune application commerciale légalement possible ;

« Par ces motifs,

« Condamne X... à 50 francs d'amende ».

Observations. — La question de droit tranchée dans la décision rapportée a donné lieu à des solutions divergentes. Voir : C. de Paris, 22 janvier 1883 (*Gaz. des Tribunaux*, 23 janvier 1883) ; Trib. corr. Seine (8e Ch.), 16 janvier 1895 (*Gaz. des Tribunaux*, 25 janvier 1895); (11e Ch.), 8 novembre 1904 (*Rec. Gaz. des Tribunaux*, 1905, 1er sem., 2.283 avec note).

Consulter : Colin et Ribadeau-Dumas (*Manuel de la Chasse*, p. 215 et suiv.) ; Larcher (*Répert. alphab. de la chasse*, v° *Colportage*, nos 263 et suiv.).

(*Gaz. des Trib.*, 22 nov. 1905).

Quant à notre Monsieur M..., ne s'étant pas tenu pour battu, il en a appelé devant la Cour et voici l'arrêt.

COUR D'APPEL DE PARIS

(Audience du 11 mai 1906).

CHASSE. — MISE EN VENTE ET COLPORTAGE DE GIBIER EN TEMPS PROHIBÉ. — GIBIER CONSIGNÉ DANS DES APPAREILS FRIGORIFIQUES. — ART. 4 ET 12 DE LA LOI DU 3 MAI 1844. — DÉLIT.

« Constitue le délit prévu par l'art. 4 de la loi du 3 mai 1844 et puni par l'art. 12 de la même loi, le fait de mettre en vente du gibier et de le colporter après la fermeture de la chasse, bien que l'achat de ce gibier, conservé dans des appareils frigorifiques, ait été effectué à une époque où le colportage et la vente de ce gibier étaient autorisés.

« La Cour,

« Considérant qu'il résulte de l'instruction et des débats que les prévenus M... et M... ont, dans le département de la Seine, pendant les mois de février et de mars 1905, transporté et mis en vente du gibier et notamment des faisans, des cailles, des ortolans et des bécasses, à une époque où la chasse était prohibée dans ce département ;

« Considérant que ce gibier n'avait subi aucune transformation industrielle de nature à le rendre méconnaissable, et que les prévenus se bornent à soutenir pour leur défense qu'ils l'ont conservé dans un appareil frigorifique, après l'avoir acheté à un moment où la chasse était encore ouverte ;

« Considérant qu'il est inutile de rechercher si les justifications qu'ils produisent sont suffisantes pour démontrer l'exactitude de cette allégation ;

« Considérant, en effet, que la loi du 3 mai 1844 sur la police de la chasse interdit d'une façon absolue, dans son art. 4, et frappe d'une pénalité dans son art. 12, la mise en vente, la vente, l'achat, le transport et le colportage du gibier pendant le temps où la chasse n'est pas permise ;

« Considérant que les tribunaux ne peuvent pas écarter, pour des motifs d'opportunité, l'application d'une disposition réglementaire contenue dans une loi de police ;

« Considérant que cette disposition est conçue en termes généraux et qu'elle n'autorise aucune exception pour le gibier tué ou capturé antérieurement à la fermeture de la chasse et conservé par des procédés industriels ;

« Considérant que si la loi avait admis une pareille disposition, elle n'aurait pas manqué d'organiser en même temps une réglementation destinée à établir l'origine du gibier et à empêcher la fraude ; que c'est là ce qui a été fait, soit par des législations étrangères, soit par des projets de loi qui sont actuellement soumis en France à l'examen du Parlement ;

« Considérant, il est vrai, que l'art. 4 de la loi du 3 mai 1844 décide que le gibier saisi pour infraction à la règle édictée par le même texte sera immédiatement livré à l'établissement de bienfaisance le plus voisin ;

« Mais considérant que cette mesure a été prescrite en vue du cas le plus ordinaire ; qu'il n'était, du reste, ni possible, ni utile de l'appliquer seulement au gibier frais ; qu'en effet aucun procédé n'assure aux denrées alimentaires une conservation indéfinie, et qu'il y a toujours intérêt pour la santé publique à les livrer sans retard à la consommation ;

« Considérant que cette disposition accessoire, prise dans un but humanitaire, ne permet donc pas de restreindre au gibier frais une prohibition générale établie par la loi dans un but tout différent, c'est-à-dire pour arrêter le développement du braconnage ;

« Adoptant, au surplus, les motifs des premiers juges, qui ne sont pas contraires à ceux qui précèdent ;

« Confirme et condamne, etc. »

Voici donc une jurisprudence qui s'établit.

Sans porter atteinte à la liberté individuelle et battre en brèche le Syndicat de l'Alimentation, il a semblé que le fonctionnement du frigorifique pourrait être organisé.

Toute vente de gibier resterait interdite, car étant donné l'impossibilité matérielle de manger du gibier dans la pièce glacée où on le conserve, tout colportage de gibier est défendu par la loi de 1844 art. 12.

Dans le même esprit nous sommes saisis d'un très intéressant rapport de la Fédération des Chasseurs des Bouches-du-Rhône.

Il fut décidé que des échantillons de gibier conservé seraient prélevés et portés au Conseil d'hygiène des Bouches-du-Rhône pour y être analysés.

Hélas ! nos suppositions n'étaient que trop fondées, ces oiseaux sortaient d'appareils frigorifiques et les experts du Conseil d'hygiène firent un rapport (lequel est déposé à la préfecture de notre département), qui concluait à la nocivité de ce gibier, lequel était couvert de ptomaïnes. Son absorption pouvait aller jusqu'à l'empoisonnement.

Vous n'en serez pas étonnés, Messieurs, si vous voulez bien réfléchir que les oiseaux placés dans les appareils frigorifiques sont exposés à des températures de 8 à 10 degrés sous zéro et qu'on les sort de ces appareils par des températures de 25 à 30 degrés au-dessus. Dès lors, invasion de ptomaïnes.

Il y a des questions tellement graves qu'il est inutile d'insister à leur sujet.

Les appareils frigorifiques jouent, dans le néfaste combat de l'extermination, le rôle le plus terrible; leur influence est absolument désastreuse.

Dans ces conditions, Messieurs, le Congrès de la chasse ne pouvait laisser de côté cette question du frigorifique dont les conséquences si importantes n'échappent à personne.

Considérant que l'autorisation d'user de ces glacières en temps prohibé pour la conservation du gibier serait néfaste au point de vue de la chasse en général ;

Considérant que la loi empêche tout colportage de gibier en temps prohibé, quelque courte que soit la distance à parcourir ;

Considérant que votre Commission est entièrement d'accord en cela avec la Chambre syndicale des marchands de gibiers et volailles de la Seine et Seine-et-Oise et les syndicats des mandataires aux Halles centrales de Paris ;

Votre Commission émet le vœu :

Que, dès la fermeture de la Chasse, toute sortie de gibier du frigorifique soit rigoureusement interdite, sauf le délai réglementaire.

Edmond Béjot
Suppléant au Président de la Société centrale des Chasseurs.

FEDERATION DES CHASSEURS DES BOUCHES-DU-RHONE

Faut-il autoriser la vente du gibier provenant des appareils frigorifiques.

Vœu de la Fédération des chasseurs des Bouches-du-Rhône pour l'interdiction absolue de la vente du gibier provenant des appareils frigorifiques, quelle que soit la saison.

Messieurs,

Dans les très nombreuses saisies auxquelles il nous a été donné d'assister dès la première année de la création de notre Fédération, il nous avait été loisible de constater que des grives et oiseaux se trouvaient dans des conditions qui, à première vue, paraissaient anormales.

Le but de notre société étant d'arrêter l'extermination des oiseaux occasionnée par les importations et ventes de ceux chassés-tués par des engins aveugles et réprouvés, notre devoir était de nous assurer dans quelles conditions se trouvaient les oiseaux qui nous semblaient, indiscutablement, présenter des anomalies par les particularités qui nous sautaient aux yeux.

Nous allâmes en délégation auprès de notre sympathique préfet, et lui fîmes part de nos doutes et de nos suppositions.

En effet, l'inspection première de certaines seires gavottes (grives litornes ou turdus pilaris) nous donnait la presque certitude que ces oiseaux sortaient d'appareils frigorifiques.

Il fut décidé que des échantillons en seraient prélevés et portés au Conseil d'hygiène des Bouches-du-Rhône pour y être analysés.

Hélas ! nos suppositions n'étaient que trop fondées, ces oiseaux sortaient d'appareils frigorifiques et les experts du Conseil d'hygiène firent un rapport (lequel est déposé à la Préfecture de notre département) qui concluait à la nocivité de ce gibier, lequel était couvert de ptomaïnes. Son absorption pouvait aller jusqu'à l'empoisonnement.

Vous n'en serez pas étonnés, Messieurs, si vous voulez bien réfléchir que les oiseaux placés dans les appareils frigorifiques sont exposés à des températures de 8 à 10 degrés sous zéro et qu'on les sort de ces appareils par des températures de 25 à 30 degrés au-dessus. Dès lors, invasion de ptomaïnes.

Il y a des questions tellement graves qu'il est inutile d'insister à leur sujet. Les appareils frigorifiques jouent, dans le néfaste combat de l'exterminaition, le rôle le plus terrible ; leur influence est absolument désastreuse.

Vous ne pouvez ignorer que les trafiquants de gibier, passent leur terrible drap de mort sur tout ce qui est oiseau ; vous ne pouvez ignorer que l'emploi des appareils frigorifiques est pour eux l'appui le plus pratique puisqu'ils n'ont plus à compter avec le trop de marchandise ou le manque momentané de transport ; vous ne pouvez ignorer que la destruction des oiseaux serait cause de la fin de la chasse tout en étant la désolation de nos campagnes.

Vous voterez donc, unanimement, contre les néfastes et dangereux appareils frigorifiques, montrant ainsi que tout en étant chasseurs soucieux de l'avenir de la chasse, vous songez aussi à l'agriculture si menacée par tant d'engins terribles et que la santé publique ne doit pas être négligée dans vos justes et sages prévoyances.

Pour les présidents des trois sections de la Fédération des chasseurs des Bouches-du-Rhône.

BARON, *président de la section marseillaise.*

UN CONGRESSISTE. — J'ai déposé sur le bureau le vœu émis par le Syndicat des industries frigorifiques.

Nous estimons que l'industrie frigorifique doit venir en aide aux chasseurs et tendre à réprimer et restreindre le braconnage de la façon la plus complète.

La question peut être divisée en deux :

1° L'industrie frigorifique favorise-t-elle le braconnage ?

2° Cette deuxième question est une question de droit sur laquelle je m'appesantirai tout à l'heure.

L'industrie frigorifique ne vend pas de gibier ; elle vent du froid. Nous estimons donc qu'au lieu de la considérer comme une ennemie, vous devez au contraire chercher à vous en faire une auxiliaire.

Voici la méthode que propose l'industrie frigorifique en général.

Qu'est-ce qui achète le gibier ? C'est l'amateur qui en veut à tout moment ; pour lui en procurer, le marchand est obligé lui-même de chercher à en avoir une provision. A qui s'adresse-t-il donc en temps prohibé ? Aux braconniers.

Si au contraire, nous prenons toutes les précautions contre les braconniers, les marchands ne pourront plus se fournir à cette source, et s'ils en trouvaient dans des endroits déterminés, surveillés par l'Administration, ils auraient de quoi satisfaire les amateurs. Les braconniers ne trouvant plus l'écoulement de leurs produits ne chercheraient pas à faire un travail inutile pour le simple plaisir de tuer du gibier. Ils n'en prennent que parce qu'ils le vendent, et qu'ils le vendent, relativement fort cher.

Si au contraire, le marchand de gibier peut prendre le gibier en temps de chasse ouverte, l'acheter à très bon compte, si au moment de la fermeture, ce gibier est contrôlé par l'Administration avec un plombage fait par l'Administration elle-même, il n'achètera plus aux braconniers.

C'est un système qui existe en Allemagne à l'heure actuelle : pendant les 15 jours qui suivent la fermeture de la chasse, on n'a pas le droit de vendre du gibier. Pendant ce temps, les délégués de l'administration plombent toutes les pièces ; les bêtes à poil sont plombées à l'oreille, les grosses pièces sont divisées en quartiers et chaque quartier est plombé.

Ces pièces ont ensuite le droit de circuler sous le contrôle de l'Administration.

Il est un fait certain : c'est que les entrepôts frigorifiques qui n'ont aucun intérêt à vendre du gibier ont intérêt à avoir une source de revenus de leur propre industrie ; elles se prêteront donc à toutes les facilités pour arrêter le braconnage. Vous arriverez donc au but que vous poursuivez, à savoir que le gibier vendu en temps de chasse fermée est véritablement du gibier tué légalement, tandis qu'à l'heure actuelle on peut vendre dans toutes les boutiques du gibier conservé qui est du gibier braconné.

Je vois même dans votre programme (page 186) que vous demandez la réglementation de la conserve de gibier ? Nous sommes absolument de cet avis, nous, industrie frigorifique. Cette réglementation, nous sommes disposés à l'étudier avec vous de façon à vous donner toute sécurité. S'il y a certains gibiers, par exemple les petits oiseaux dont vous cherchez une conservation plus grande, nous sommes disposés à létudier avec vous de façon à vous donner toute sécurité, nous sommes disposés à nous prêter à toute combinaison pouvant vous donner satisfaction, mais j'estime que vous n'avez pas le droit de mettre à l'index une industrie, alors que vous admettez un procédé de conservation.

Un congressiste. — Ce n'est pas du gibier, c'est un pâté.

Le précédent congressiste. — Dans une boite : ce n'est pas du pâté, c'est du gibier qu'il s'agit. Ce que vous devez chercher à faire, c'est à réglementer une industrie et un progrès que vous ne pouvez pas arrêter. L'entreprise frigorifique existe et existera toujours, seulement, si vous n'en demandez pas la réglementation, elle ira contre vous. Si au contraire, vous voulez bien vous associer avec elle, elle vous prêtera un concours des plus utiles.

Le vœu que propose le syndicat de l'industrie frigorifique est donc le suivant :

« Le Congrès de la Chasse émet le vœu que la conservation du gibier dans les entrepôts frigorifiques soit réglementée comme en Allemagne avec plombage des pièces de façon à assurer leur origine légale. »

Un congressiste. — Au sujet des appareils frigorifiques, il s'agit de nous entendre. Si j'use en qualité de chasseur honnête d'un appareil frigorifique pour pouvoir conserver pendant une semaine ou 15 jours le gibier que j'ai tué, j'admets dans ce cas l'appareil frigorifique. Mais si vous considérez cet appareil au point de vue de la chasse en général, il n'en est plus de même.

Au point de vue du gibier oiseau, c'est l'instrument le plus destructeur qui puisse exister, et je vais vous en donner un exemple.

Je ne vous parlerai pas des faisans; nous n'en possédons pas ; notre oiseau de prédilection, le plus gros, c'est la grive. Vous savez que la grive n'arrive chez nous qu'au commencement d'octobre. Eh ! bien, l'année dernière, le 15 août, mon camarade Barreau et moi achetions à la halle de Marseille, des grives. Très probablement, ce sont de braves paysans qui les avaient conservées en cage et qui voyant arriver le 15 août ont voulu en tirer profit et leur ont tordu le cou, croyons-nous.

Nous étions bien naïfs, mon ami et moi : ces grives provenaient d'appareils frigorifiques. Alors, en ma qualité d'hygiéniste, j'ai voulu savoir comment on pouvait conserver du mois de novembre au 15 août des grives dans un appareil frigorifique et je fis donc l'achat d'une demi-douzaine de ces oiseaux.

Ah ! Messieurs ! Vous parlez de momies d'Egypte ! (Applaudissements et rires prolongés).

Il n'y a pas de comparaison possible. Et alors, indigné de cet état de choses, et ici j'aborde le côté officiel, nous nous emparâmes mon président et moi de ces 6 grives et nous courûmes à la préfecture solliciter de M. le préfet l'arrêt immédiat de la vente de pareilles choses. Nous fîmes même plus : nous pratiquâmes la nomination d'un expert à l'effet de vérifier ce qu'étaient réellement ce mets immonde. Il résulta de l'expertise que ces momies étaient un véritable nid de ptomaïnes et de microbes infects capables d'empoisonner les Marseillais.

Eh ! bien, voilà les résultats que vous donnera l'appareil que l'on vous propose. Je ne saurais donc trop m'y opposer, non seulement au point de vue de l'hygiène, mais encore au point de vue de la destruction des oiseaux, car si vous autorisez l'appareil frigorifique, on va tuer tous les oiseaux, les prendre au piège dans le courant d'octobre ou de novembre et on vous les servira le 15 août.

Cela n'est pas possible, et cela ne peut pas être, et je conclus en demandant que l'appareil frigorifique soit considéré comme un instrument des plus délictueux et qu'il ne soit permis absolument qu'aux chasseurs d'en posséder.

LE PRÉCÉDENT CONGRESSISTE. — Je n'ai qu'une chose à répondre à ceci : de deux choses l'une : ou véritablement, les Marseillais, qui sont gens d'esprit seraient bien bons d'acheter de la marchandise aussi mauvaise. D'autre part, si l'industrie frigorifique n'est capable que de faire de la pourriture, vous avez bien tort de vous liguer contre elle, car soyez tranquille, s'il en est ainsi, cette industrie aura bien vite fait de manger ses capitaux et vous n'aurez rien à craindre d'elle.

Quant à dire que l'industrie frigorifique est un destructeur de gibier, cela n'est pas.

Il est probable que le gibier dont on vous parlait a été mal conservé, car nous avons pu manger à Paris du gros gibier qui avait 12 mois de conservation, mais qui, probablement avait été bien conservé.

Si le plombage est fait avec une date déterminée, vous n'avez rien à craindre. L'industrie frigorifique a le droit de vivre avec la réglementation que vous voudrez bien proposer.

Le conseil général des Bouches-du-Rhône avait proposé en 1904 le vœu suivant :

« Que la libre pratique soit accordée au gibier conservé par les frigorifiques sous toutes les mesures que l'Administration pourra imposer à l'effet de combattre la fraude ».

Le précédent congressiste. — J'ai l'honneur de faire partie du Conseil général des Bouches-du-Rhône; je n'ai jamais vu en discussion la question des appareils frigorifiques.

Oui ! Il y a 2 ou 3 ans, un de nos collègues proposa d'émettre le vœu qu'une loi autorise le transport du gibier à l'aide des appareils frigorifiques. Ce vœu fut rejeté complètement, car à Marseille, nous sommes tous pour la protection du gibier oiseau, et cela pour une bonne raison : c'est que nous n'en avons plus (Rires).

M. le comte Clary. — Je n'ajouterai qu'un mot : c'est qu'une loi a condamné en première instance et en appel le gibier conservé par les appareils frigorifiques.

Le vœu suivant est donc mis aux voix :

« Considérant que l'autorisation d'user de glacières en temps prohibé pour la conservation du gibier serait néfaste au point de vue de la chasse en général.

« Considérant que la loi empêche tout colportage de gibier en temps prohibé, quelque courte que soit la distance à parcourir.

« Considérant que la sous-section est entièrement d'accord avec la Chambre syndicale des marchands de volaille et de gibier de la Seine et Seine-et-Oise et le Syndicat des mandataires aux Halles Centrales de Paris.

La sous-section émet le vœu ;

« Que dès la fermeture de la chasse, toute sortie du frigorifique de gibier soit rigoureusement interdite sauf le délai réglementaire.

Ce vœu est adopté.

M. Joret, président du Syndicat des mandataires à la volaille et au gibier émet le vœu suivant :

« Que les conserves de gibier soient plombées avec la date de leur production afin d'entraver la vente illicite du gibier capturé après la fermeture de la chasse. »

Ce vœu mis aux voix est adopté.

M. le comte Clary. — On a mis par erreur sur l'ordre du jour : ouverture et clôture anticipées ou retardées. Cette partie appartenait à la 3e sous-section et a fait l'objet de vœux.

Mouvement commercial de la chasse.

Vœux et modifications en faveur de la chasse

Parmi les intéressantes questions soumises au Congrès de la Chasse, l'élevage du gibier et sa protection ont fait l'objet d'études approfondies.

Le côté économique de la question n'a pas été négligé dans l'ensemble du programme.

Le but de la présente communication est d'attirer l'attention de mes collègues sur le gibier mort et sur la relation qui existe entre le commerce du gibier et le braconnage.

Pour ne parler que des Halles de Paris on sait quelle place importante y tient le commerce du gibier et je citerai à l'appui quelques chiffres empruntés à un article du Bulletin de la société centrale des chasseurs.

Il a été vendu aux Halles dans l'année 1905-1906, 503.328 lapins, 100.640 lièvres français, 110.174 lièvres étrangers, 375.967 perdreaux français, 191.159 perdrix étrangères, etc., etc. On voit quelle place énorme occupe le gibier étranger dans l'alimentation parisienne (soit dit en passant).

Il n'est donc pas exagéré de dire combien est considérable ce commerce qui représente des millions.

I. — TAXES

Pourrait-on l'agrandir encore, le favoriser, le faciliter, le vulgariser pour ainsi dire ?

Un premier effet pourrait être obtenu si les taxes et la manière de les percevoir étaient un peu modifiées.

Je ne veux pas ici empiéter sur la question des octrois, en général qui doit être traitée par un de mes collègues.

Il semble seulement que la taxe du faisan et du perdreau est vraiment exagérée quand on songe qu'un kilog est grevé de 75 c. d'octroi ! Cette forte taxe incite souvent à une certaine fraude qui sûrement diminuerait si l'impôt était moins élevé. Et que de réflexions à faire quand on pense qu'un kilog de faisan payant ainsi quinze sous se vend 4 ou 5 fr. tandis qu'un kilog de poulet vendu souvent de 4 à 6 francs ne paie que 0 fr. 30!!

Pourquoi ne pas mettre le faisan à 50 c. le perdreau à 25 c.? Et pour faire une concession au fisc dans l'autre sens le lièvre à 40 c. et le lapin à 20 c. au lieu de 18 c. comme chacun de vous a pu apprécier ce chiffre bizarre.

Qui empêcherait par exemple de faire payer aux chasseurs la tête au lieu du poids du gibier. Cette diminution partielle de taxe entraînerait peut-être une certaine vulgarisation de la consommation du gibier et faciliterait en tous cas les paiements.

Mais bien plus importante serait une autre modification au point de vue commercial.

II. — REMBOURSEMENTS

Je veux parler du draw-back des économistes, c'est-à-dire du remboursement des droits d'octrois ou *reconnaissance à la sortie*. la réexpédition hors Paris pourrait donner droit au remboursement du droit d'octroi.

En ce moment il existe une anomalie vraiment incroyable. Certains commerçants peuvent obtenir la licence de reconnaissance à la sortie. Tandis que les Halles ne l'ont pas. Ce que la ville accorde à des particuliers elle se le refuse à elle-même !

Loin de moi l'idée de mettre un doigt dans le maquis de l'administration. Mais qu'il soit permis de voir quel énorme intérêt il y aurait à autoriser la sortie du gibier une fois vendu à la criée.

III

Cette idée, messieurs, n'est pas seulement intéressante au seul point de vue de la chasse et de ses produits en général. Le syndicat général du commerce et de l'industrie émettait l'an dernier un vœu dans le même sens au conseil municipal de Paris.

L'étude de ce rapport très complet fait ressortir qu'au point de vue technique la perte correspondante à la diminution de la taxe serait plus que compensée par l'augmentation des affaires et en conséquence des droits d'abri. D'après les calculs sur chiffres officiels (comprenant les volailles et gibier) le bénéfice de la Ville monterait dès le commencement du nouveau régime à 238.405 fr...

En effet pour le moment les grandes villes seules peuvent avoir du gibier

L'Allemagne fournit toute la région Nord-Est, l'Autriche alimente la région lyonnaise. Paris ne réexpédie que par exception les pièces de choix.

Dans les petites villes, même pas loin de Paris ou de Lyon ou de Nancy, impossible de se procurer du gibier facilement.

Alors qu'arrive-t-il ?

On s'adresse au commerce local : au chasseur de profession, au braconnier, ce qui fait la ruine des chasses banales ou mal gardées.

En exemple, je ne citerai qu'un fait qui m'a été signalé et qui n'a rien d'exceptionnel.

Un aisé bourgeois de Seine-et-Oise me disait un jour :« Sans les braconniers je ne mangerais jamais un faisan. Les marchands n'en ont pas et à la Halle l'octroi rend le gibier trop cher. »

Et il avait raison ! mon bourgeois qui par parenthèse était de la police.

Impossible de vendre dans les petites villes du gibier grevé déjà d'une taxe. Faire des Halles un vaste entrepôt de gibier, voilà qui serait mesure utile.

Je m'explique si la formalité dite reconnaissance à la sortie « était facile, générale, le gibier n'aurait à supporter que les droits de transport légers en somme, et la petite ville que je citais tout à l'heure aurait du gibier et le même client de petite ville auquel il était fait allusion aurait du gibier facilement et suivant son expression « pourrait manger un faisan ».

La conséquence au point de vue de la chasse s'aperçoit facilement : le braconnier trouve ainsi de la concurrence... Pourquoi commander du gibier au « père un tel » si l'épicier en a toujours ?

Pour peu que la surveillance soit un peu active, le braconnier regardera à deux fois avant d'exercer son métier. De là à avoir un peu plus de gibier pour les vrais chasseurs, il n'y a qu'un pas.

Dans ces conditions, messieurs, il est soumis à votre approbation le vœu suivant.

IV

Vœu. — 1° Considérant que la perception de la taxe du gibier à la tête au lieu d'être au poids serait une facilité pour les chasseurs en général.

2° Considérant que l'abaissement de certaines taxes comme celle du faisan et du perdreau compensée par un appoint complémentaire pour le lièvre et le lapin serait un avantage à tous points de vue.

Considérant que la facilité de reconnaissance à la sortie favoriserait le développement du commerce licite du gibier dans les petites villes aux dépens du braconnage local.

4° Considérant que l'abaissement des taux sur certaines catégories populariserait la consommation du gibier et contribuerait aussi à généraliser une alimentation actuellement de luxe.

Le congrès émet le vœu :

« Que la perception de la taxe d'octroi pour les lapins, lièvres, faisans et perdreaux soit faite à la tête au lieu d'être faite au poids.

« Et que l'entreprise dite « reconnaissance à la sortie » soit autorisée aux Halles de Paris et dans les villes de France qui sont pourvues d'octroi. »

EDMOND BÉJOT

Suppléant du Président de la Société Générale des chasseurs.

Ce vœu mis aux voix est adopté.

M. JORET émet le vœu suivant relatif au transport du gibier, adopté par la sous-commission :

« Que le gibier soit assimilé à la volaille par application d'un tarif à base décroissante dès l'origine et commun à toutes les compagnies.

« Que les délais de transport et les délais de remise en gare soient revisés et réduits. Que le passe debout soit, dans le plus bref délai possible généralisée aux Halles centrales de Paris. »

Ce vœu mis aux voix est adopté.

Nous avons maintenant un vœu de M. Allaire concernant la forêt de Rambouillet.

M. ALLAIRE. — Je retire ce vœu qui n'a plus sa raison d'être.

M. LE COMTE CLARY. — Nous avons un autre vœu de M. Allaire concernant les gardes faisans.

« Il est interdit à tout locataire de chasse de forêts de l'Etat, de faire en bordure de forêt d'une façon permanente, aucun bruit susceptible de nuire aux voisins, d'effrayer et de faire fuir le gibier pouvant se trouver sur les terres appartenant à des tiers, et de rendre par suite inhabitable pour le gibier, une portion quelconque des propriétés particulières touchant à la forêt. »

M. ALLAIRE. — Je demande à généraliser le vœu :

« Il est interdit à tout locataire de chasse de forêts de l'Etat, *ou de forêts particulières*... etc...

Nous avons vu dans le dernier numéro du *Journal du Saint-Hubert Club* un procès à ce sujet : une dame qui a son château à 80 mètres d'une forêt gardée s'est trouvée tellement incommodée qu'elle a été obligée de poursuivre devant les tribunaux pour obtenir la cessation d'un état de choses absolument intolérable.

Si cette question n'a pas de solution devant les tribunaux, c'est parce que tout le monde s'est dérobé.

M. LE COMTE CLARY. — Il y a là une question d'espèce, il faut laisser la jurisprudence la trancher. Il y a eu des arrêtés municipaux pris contre l'emploi de gardes-faisans qui ont été cassés par l'autorité supérieure. En outre, l'emploi du garde-faisan ne se justifie que précisément parce qu'il y a des abus commis par les riverains. Il y a par conséquent, je ne dirai pas une hostilité du propriétaire, mais une défense, et dans ces conditions, je crois qu'il y aurait un danger à émettre un vœu comme celui qui nous est proposé.

Un congressiste. — Avec votre vœu, vous iriez même contre l'intérêt de certains cultivateurs, car je connais des locataires de chasse qui, pour rendre service aux cultivateurs voisins, et sur leur demande, ont placé sur des bordures de forêts des claqueurs pour empêcher les animaux de manger les récoltes.

M. le comte Clary. — Il y a une question de droit commun et une question d'espèce.

Le vœu mis aux voix est repoussé.

M. le comte Clary. — Nous avons maintenant un vœu corollaire de celui de M. Allaire :

« La pose de banderolles le long d'une propriété riveraine n'est autorisée qu'après le lever du soleil. »

Je crois qu'il y a là une question assez importante. Il est absolument certain qu'autant il y aurait de danger à laisser le garde-faisan ou un garde gibier quelconque faire du tapage toute la nuit, autant il y aurait un véritable danger à laisser dans certains cas les banderolles la nuit parce qu'alors, la banderolle ne devient plus seulement un instrument de défense, elle devient en quelque sorte une espèce de piège à gibier. Je crois donc qu'il ne faut autoriser la pose de la banderolle qu'après le lever du soleil.

Un membre du bureau. — Je demande à appuyer ce vœu ; il y a là une question très importante concernant la rentrée des lièvres dans les bois limitrophes à des plaines. En mettant la banderolle la nuit, on peut détruire tous les lièvres d'une forêt.

Un autre membre du bureau. — J'appuyerai ce vœu également, mais je dois faire observer que pour les détenteurs de droit de chasse dans les forêts, qui sont menacés de demandes d'indemnités pour les ravages causés par les lapins, l'interdiction de mettre la banderolle la nuit cause un très gros danger.

M. le comte Clary. — Il y a certains pays où l'on se sert dans le même but de carbure de calcium. Je vous propose donc de rédiger le vœu de la façon suivante :

« La pose de banderolles et de tout autre moyen le long des propriétés riveraines n'est autorisé, comme procédé de chasse qu'après le lever du soleil. »

Ce vœu mis aux voix est adopté.

M. le comte Clary. — Un membre de la commission a fait demander qu'il fut accordé une indemnité aux propriétaires du droit de chasse pour troubles et dégâts de jouissance de leur chasse pendant les manœuvres militaires.

Il a demandé que les commissions militaires soient non seulement autorisées mais invitées à indemniser ce préjudice de chasse comme gibier au même titre que les dommages aux récoltes, car actuellement la chasse est souvent d'un revenu supérieur à la valeur des récoltes. C'est ce que le législateur a totalement oublié.

Ce vœu mis aux voix est adopté.

Il nous reste maintenant un vœu concernant la destruction des lapins.

On nous a fait observer l'autre jour que les lapins n'étaient pas seulement un animal nuisible, mais que, dans beaucoup de départements, c'était encore un gibier, et c'est en s'inspirant de ces considérations que le vœu siuvant a été émis :

« Considérant que la destruction des lapins a besoin pour éviter tout abus d'une autorisation préfectorale. Que la délivrance de ces autorisations a besoin d'être octroyée dans un délai relativement court afin d'éviter toute interruption dans l'exploitation de la chasse.

« Considérant qu'un certificat d'origine doit être octroyé afin d'entraver tout colportage illicite. Le Congrès de la Chasse émet le vœu :

1° Que après la clôture, les arrêtés préfectoraux soient autant que possible unifiés suivant les régions.

2° Qu'un certificat d'origine soit exigé pour la vente, le transport et le colportage du lapin en temps de fermeture, afin d'éviter l'écoulement facile du gibier braconné et que cette disposition soit insérée dans tous les arrêtés préfectoraux. »

Cela s'est fait jusqu'en 1903 et ce n'est que depuis cette époque que cette mesure a été supprimée. Nous en demandons donc simplement le rétablissement.

Le vœu mis aux voix est adopté.

M. Paul Collin demanda afin que nul chasseur n'ignore les arrêtés préfectoraux que les préfets soient invités par le ministre compétent à tenir (moyennant une rétribution à fixer) des exemplaires des arrêtés réglementaires permanents et arrêtés connexes sur la chasse, à la disposition des personnes qui désirent se les procurer.

Ce vœu est adopté.

L'ordre du jour étant épuisé, la séance est levée.

Section de Législation et de Réglementation

TROISIÈME SOUS-SECTION

17 *mai* 1907, 2 *heures*.

La séance est ouverte à 2 heures, sous la présidence de M. Hébrard de Villeneuve, conseiller d'Etat.

La parole est donnée à M. Madelin pour présenter au nom de la 3e sous-commission un rapport sur la communalisation.

M. MADELIN. — Messieurs,

La 3e sous-section de la Commission de Législation et Réglementation de votre Congrès a reçu la mission de mettre à l'étude les questions suivantes figurant à votre programme :

Communalisation obligatoire du droit de chasse par l'application du principe posé par la loi du 21 juin 1865, modifiée en 1888 et en 1902.

Création et développement des sociétés locales par l'application de la loi du 1er juillet 1901.

Réserves de chasse.

La question des réserves de chasse a été disjointe des précédentes par la 3e sous-section. Elle fera l'objet d'un chapitre spécial à la fin du présent rapport.

***

Législation étrangère. — Les premiers mots inscrits au programme : « Communalisation obligatoire du droit de chasse » répondent à une idée qui a pris naissance hors de nos frontières. Votre Commission a été amenée, pour les mieux définir, à passer rapidement en revue les dispositions que, sur ce point spécial, les législateurs d'Outre-Vosges ont introduites dans leurs lois sur la chasse.

D'une manière générale, on peut dire que dans les pays allemands, *la jouissance du droit de chasse est reconnue au propriétaire du sol, mais l'exercice personnel de ce droit n'est laissé qu'aux propriétaires de domaines ayant une certaine étendue d'un seul tenant.*

La matière est réglée en Alsace-Lorraine par la loi du 7 février 1881. Cette date pourrait porter à croire que la communalisation du droit de chasse a été l'un des effets de la conquête allemande, imposant à ce coin de terre jadis française les institutions qui fleurissaient sur la rive droite du Rhin. Ce serait une erreur. Dès 1867, le Conseil général du Bas-Rhin, frappé des avantages résultant pour le Grand Duché de Bade, son voisin, de sa législation sur la chasse, avait émis le vœu que la mise en commun du droit de chasse des petites parcelles de terres fut appliquée en France. C'est d'ailleurs, après l'annexion, l'Assemblée provinciale, le Landesauschuss, composé de représentants du sol alsacien-lorrain, qui prit l'initiative de la mesure et la fit aboutir. Cet acte fut même l'un des premiers accomplis par la délégation d'Alsace-Lorraine dès qu'elle eût reçu le droit d'initiative pour la confection des lois. A sa séance du 13 avril 1880, le Landesauschuss, après avoir émis sur le sujet des vœux répétés en 1875, 1877 et 1878, vota les articles qui, à la suite des modifications apportées par le Conseil d'État et le Conseil fédéral, devinrent la loi du 7 février 1881.

En vertu de cette loi, le droit de chasse est laissé aux propriétaires :

1° De terrains clos, quelle qu'en soit la contenance ;

2° De fonds de terre de 25 hectares d'un seul tenant ;

3° De lacs et étangs de 5 hectares d'un seul tenant ;

4° D'étangs disposés pour la capture des canards quelle qu'en soit la contenance.

Les chemins de fer, routes ou cours d'eau qui traversent un fonds ne sont pas considérés comme en interrompant la continuité.

Quant aux autres parcelles, elles sont réunies par communes et louées pour 9 années, par voie d'adjudication publique. On comprend également dans la location les parcelles non closes d'une étendue plus considérables, quand le propriétaire renonce à y exercer le droit de chasse.

Cet ensemble forme, suivant les circonstances, un ou plusieurs lots de chasse d'une contenance minima de 200 hectares.

Le produit de la location est versé à la Caisse de la commune, mais pour être réparti entre les propriétaires, au prorata des contenances louées.

Ces sommes peuvent cependant être abandonnées à la commune ; mais il est nécessaire que les intéressés en aient ainsi décidé avant l'adjudication.

Et cette décision ne peut être prise qu'à la majorité des 2/3 des propriétaires au moins, représentant les 2/3 des superficies. A cette délibération prennent part et comptent dans la majorité les propriétaires exceptés de la communalisation (sauf pour les terrains clos). Ils sont en effet intéressés à la question. Car, en cas d'abandon des produits de la location à la commune, ils doivent opérer un versement équivalent à la valeur du droit de chasse qu'ils se réservent.

Ils sont tenus d'informer le maire dans un certain délai de leur intention de faire excepter leur domaine du lotissement commun. Faute de cette déclaration, celui-ci est englobé dans les parcelles louées par la commune.

Les terrains de l'État, notamment ses forêts, ne tombent pas sous l'application des mesures qui viennent d'être indiquées.

Voici d'ailleurs, à titre de document, le texte des 7 premiers articles contenant les dispositions les plus importantes de la loi du 7 février 1881 :

Article premier. — *Le droit de chasse appartenant à chaque propriétaire sur son terrain, ainsi que le droit de chasse sur l'eau, ne seront exercés que suivant les dispositions de la présente loi. Ces dispositions ne s'appliqueront pas :*

1° *aux terrains de l'administration militaire, à ceux de l'administration des chemins de fer, aux bois de l'Etat ou aux forêts indivises entre l'Etat et d'autres propriétaires ; 2° aux terrains entourés d'une clôture continue faisant obstacle à toute communication avec les propriétés voisines.*

Art. 2. — *Le droit de chasse sur les terrains et les eaux, qui sont soumis aux dispositions de la présente loi, sera exercé par la commune au nom et pour le compte des propriétaires. Pour chaque ban communal, la chasse sera louée pour une durée de neuf ans, par voie d'adjudication publique, en observant les règlements concernant la location des bien communaux. Il sera permis de diviser un ban communal en plusieurs districts de chasse, pourvu que chacun de ces districts contienne au moins deux cents hectares.*

Art. 3. — *Pour les terrains contigus d'au moins vingt-cinq hectares, de même que pour les lacs et les étangs d'au moins cinq hectares et pour les étangs appropriés comme canardières, les propriétaires pourront se réserver à eux-mêmes l'exercice du droit de chasse. La contiguité ne sera pas considérée comme interrompue par des chemins de fer, routes ou cours d'eau.*

Art. 4. — *Le produit de la location de la chasse sera versé dans la caisse communale. Ce produit sera réparti entre les propriétaires en raison de la contenance cadastrale des terrains et des eaux qui feront partie du district de chasse donné en location. Seront acquises à la caisse communale les sommes qui n'auront pas été retirées dans les deux ans qui suivront la publication du rôle de répartition. Le produit de la location de la chasse sur un ban communal restera acquis à la commune lorsqu'il en sera décidé ainsi par les deux tiers au moins des intéressés, pourvu qu'ils possèdent en même temps plus de deux tiers de la superficie du ban communal soumise aux dispositions de la présente loi. Ladite décision restera en vigueur pour toute la durée de la location. Lorsqu'une semblable décision aura été prise, les propriétaires qui, en vertu des dispositions de l'article 3, se seront réservé à eux-mêmes l'exercice du droit de chasse, verseront dans la caisse communale une somme proportionnelle à la contenance cadastrale des terrains et des eaux réservés, laquelle somme sera ajoutée au produit provenant de la location du reste du ban communal.*

Art. 5. — *Les communes possédant dans une autre banlieue des terrains qui se trouvent dans les conditions de l'article 3, ne participeront point aux décisions relatives à l'emploi du produit de la location de la chasse au profit de la commune. Elles seront exemptes de verser une contribution à la caisse de l'autre commune dans le cas où une pareille décision aurait été prise, et qu'elles se seraient réservé à elle-mêmes l'exercice du droit de chasse.*

Art. 6. — *Avant de fixer le terme pour la location et l'adjudication de la chasse, le maire aura à fixer et à publier un terme pour la décision sur la question de savoir si le produit de la location de la chasse devra rester acquis à la commune. Cette décision prise, les propriétaires qui, en vertu de l'article 3, désireront se réserver à eux-mêmes l'exercice du droit de chasse, devront, dans un délai de dix jours, en transmettre au maire une déclaration écrite. Lorsque les terrains et les eaux qu'on voudra se réserver sont situés dans différents bans, cette déclaration sera adressée au maire de chacune des communes. Ce ne sera qu'après l'ex-*

piration dudit délai de dix jours que pourra être publié le terme pour la location et l'adjudication de la chasse. Entre le terme de l'adjudication et la première publication de ce terme, il devra y avoir un délai de six semaines au moins.

Art. 7. — *Le propriétaire d'un terrain d'une contenance d'au moins vingt-cinq hectares, en tant qu'il se sera réservé à lui-même l'exercice du droit de chasse, aura la priorité sur tout autre pour la location des terrains d'une moindre contenance enclavés, totalement ou en majeure partie dans sa propriété. Il pourra en conséquence demander, pour la durée de la location, l'exercice du droit de chasse sur les terrains enclavés, moyennant une indemnité proportionnée au produit provenant de la location de la chasse du ban communal, laquelle indemnité sera ajoutée à ce produit. S'il n'a pas fait usage de ce droit, en adressant au maire une déclaration écrite à ce sujet au plus tard le huitième jour après l'adjudication de la chasse du ban communal, les terrains enclavés feront partie du district communal de chasse.*

***

Les résultats de la mesure ont été très appréciables en Alsace-Lorraine. Les populations ont élevé quelques protestations au moment de la mise en vigueur de la loi ; mais elles se sont bien vite rendu compte de ses avantages. On peut assurer que le revenu des chasses a décuplé. Des chiffres ont été fournis à la Commission. Dans la vallée de Massevaux, très voisine de la France, puisqu'elle s'étend au pied du ballon de Giromagny (ballon d'Alsace), la chasse louée autrefois de 60 à 75 marks dans la commune de Sewen, est actuellement louée 600 marks. A Oberbruck, commune voisine ,la chasse a été portée de 15 marks à 150 mark; à Rimbach, dans la même vallée, elle a été portée de 70 à 600 marks. Il y a lieu de remarquer cependant que ces villages sont en montagne. En plaine, écrivait à votre Commission, un propriétaire du pays, les chasses qui se louaient autrefois 200 à 300 marks montent maintenant à 5.000, 6.000 et 7.000 marks (1).

Votre Commission a pu recueillir quelques renseignements statistiques assez précis sur les résultats en Alsace-Lorraine de la loi du 7 février 1881.

L'Alsace-Lorraine a une superficie de		1.450.971 hectares
Si l'on déduit de ce chiffre :		
L'emplacement des maisons, édifices et bâtiments ..	8.115	
Les jardins potagers et maraichers	18.662	
Les eaux, routes, chemins	49.782	
Les forêts de l'Etat (qui n'entrent pas en ligne de compte pour la communalisation	151.800	
Au total	228.359	228.359 hectares

(1) On sait qu'il a paru nécessaire, en Alsace-Lorraine, après avoir pris des mesures aussi favorables au développement du gibier, de faire une loi destinée à parer aux dégâts causés par lui. La loi du 9 juillet 1888 a ordonné qu'il sera perçu à l'avenir sur les permis de chasse à délivrer en territoire alsacien-lorrain un droit supplementaire équivalent au 1/5 du droit principal. Le prix du permis annuel a été ainsi porté de 25 à 30 francs et celui du permis de huit jours, de 6 fr. 25 à 7 fr. 50. Le produit de cette perception est destiné à alimenter un fonds spécial pour Wildschaden, devant permettre à l'Administration de subventionner les agriculteurs dont les récoltes ont été ravagées par les sangliers.

(2) Ces chiffres et les suivants sont extraits de la statistique agricole de la France de 1892, page 243.

Il reste comme terrains susceptibles d'être loués pour la chasse .... 1.222.612 hectares

De ce chiffre, il convient de déduire les propriétés de plus de 25 hectares échappant à la communalisation. En France, les domaines de plus de 30 hectares représentent environ 51 % de l'ensemble du territoire agricole. Dans les départements de Meurthe-et-Moselle, des Vosges et de Belfort, les plus voisins de l'Alsace-Lorraine, les exploitations de plus de 40 hectares (forêts de l'Etat non comprises) s'élèvent au chiffre de 532.231, sur un chiffre total de 1.040.986 hectares soit à la proportion de 50 %.

En admettant que la propriété soit un peu plus morcelée en Alsace-Lorraine, et qu'une certaine partie des domaines de plus de 25 hectares (notamment ceux appartenant aux communes) doivent être compris dans la communalisation, il convient de fixer à 30 % le chiffre à déduire .... 366.784 hectares

Il reste pour le territoire communalisé .... 855.828 hectares

Or, la location de ces 856.000 hectares a rapporté aux communes en 1906 la somme de 1.227.600 marks (1) ou 1.534.500 francs par an, soit à l'hectare 1 fr. 79.

Il est à peine utile de faire remarquer que le prix moyen de 1 fr. 79 n'est applicable qu'aux chasses communalisées et que par conséquent, s'il était établi une statistique des prix de location des domaines de 25 hectares et au-dessus, notamment des massifs forestiers, le chiffre moyen des locations de chasse en Alsace-Lorraine serait sans doute très supérieur à 1 fr. 79.

Toutefois, il serait à souhaiter que ce prix de 1 fr. 79 puisse être un jour celui que rapporterait la location des chasses sur le territoire français dont la superficie agricole est, d'après la statistique de 1892, (forêts de l'Etat déduites), de 49.378.813 hectares, ce qui représenterait un produit annuel de plus de 86 millions de francs.

*
* *

Grand Duché de Bade. — Il a été dit que le Landesauschuss alsacien s'était inspiré de la législation badoise.

La loi alors en vigueur était celle du 2 décembre 1850, qui fut plus tard modifiée et remplacée par celle du 29 avril 1886. Il suffira, pour en indiquer les traits principaux, de citer les articles suivants :

Art. 2. — *Sauf les cas prévus par les articles 4 et 8, la chasse ne sera pas louée par les propriétaires eux-mêmes, mais elle le sera, en leur nom et pour leur compte, par la commune dans l'étendue du finage communal...* »

(1) Depuis la rédaction du présent rapport des renseignements sont parvenus sur les adjudications en 1907. Elles auraient encore marqué un nouveau progrès et se seraient élevées à 1.425.712 marks soit 1.782.140 fr. (536.655 m. pour la Lorraine, 587.962 m. pour la Basse Alsace 301.095 m. pour la Haute Alsace).

Dans le grand duché de Bade, le droit de chasse est resté, jusqu'à la crise politique et sociale de 1848, un droit féodal ; il était réservé aux seigneurs. Le législateur l'a fait passer presque immédiatement (puisque la loi badoise est de 1850, lendemain de la révolution), des seigneurs aux communes pour les parcelles peu importantes. En fait le régime français actuel, qui date de 1789, n'a jamais été appliqué dans le grand duché. Un propriétaire d'une parcelle de 10 et même de 50 hectares n'a joui à aucun moment du droit privatif de chasse, sur son domaine. Il a été beaucoup plus facile par conséquent au législateur de faire admettre une réforme qui était tout en faveur des petits propriétaires, puisqu'elle allait leur permettre de tirer un avantage du droit de chasse dont ils avaient été privés jusque là.

Art. 3. — « Les communes ne peuvent louer le droit de chasse qu'au moyen *d'une location qui doit avoir lieu aux enchères publiques et pour une durée de 6 années au moins...* »

« *Le produit de la location sera versé dans la caisse municipale et réparti ensuite, déduction faite des frais, entre les propriétaires intéressés proportionnellement à la contenance des fonds qu'ils possèdent dans la commune, à moins que la majorité des propriétaires possédant plus de la moitié des pièces de terre, ne décide que le prix de location sera abandonné à la caisse municipale.* »

En fait l'abandon du produit de la location, à la commune est devenu, dans le Grand Duché, la règle ordinaire. En 1883, sur une somme de 522.881 marks (653.601 francs), montant du produit des chasses communales, 14.703 marks seulement ont été partagés entre les propriétaires. Le reste a été abandonné aux communes, et cela par la volonté des habitants eux-mêmes.

Art. 4. — « *Tout propriétaire de fonds de terre ayant une contenance de 72 hectares au moins d'un seul tenant, que ces fonds soient situés sur un seul ou sur plusieurs finages, est autorisé à exercer d'une manière indépendante et exclusivement le droit de chasse sur ces fonds, à le louer ou à le faire louer par des chasseurs, à moins qu'il ne préfère en abandonner l'exercice à la commune moyennant une part proportionnelle dans le produit, conformément à l'article* 3. »

Art. 5. — *Quiconque possède des terres d'une contenance de plus de 72 hectares, mais ne formant pas un ensemble d'un seul tenant, peut convenir avec la commune, au moyen d'un arrangement librement consenti et pour un laps de temps déterminé, qu'il lui sera concédé, au lieu de sa part dans le produit de la location de la chasse, le droit de chasser exclusivement sur une partie déterminée du territoire de la commune.* »

Art. 6. — « *S'il existe des parcelles d'une contenance extrêmement faible, entourées entièrement ou sur la majeure partie de leur contour par un domaine de 72 hectares au moins d'un seul tenant, les propriétaires de ces parcelles pourront, à leur gré, louer la chasse de leurs terres au propriétaire du domaine le plus étendu, ou en abandonner la jouissance à la commune.* »

« *Toutefois, à la demande du propriétaire du domaine le plus étendu, les propriétaires de parcelles enclavées, entièrement ou sur la plus grande partie de leur contour, pourront être déclarés par le conseil de district tenus de louer la chasse de leurs parcelles au propriétaire du grand domaine...* »

Art. 7. — « *Tous les fonds qui sont isolés au moyen de clôtures ou de tout autre manière, de façon que le gibier ne puisse ni s'échapper ni causer des dommages aux propriétés d'autrui, restent en dehors de la location de la chasse faite par la commune...* »

Art. 8. — « *Lorsqu'un domaine séparé se compose de fonds appartenant indivisément à un ou plusieurs propriétaires, le propriétaire ou les co-propriétaires sont autorisés à exercer sur ce domaine le droit de chasse d'une manière indépendante.* »

(Les domaines séparés sont ceux qui ne sont incorporés au territoire d'aucune commune. On en compte 225 dans le grand duché de Bade.)

Art. 9. — « *En principe, chaque territoire communal forme également un canton de chasse. Seules, les communes comptant plus de 720 hectares peuvent être divisées en deux cantons de chasse ou en un plus grand nombre...* »

***

Prusse. — La situation des propriétaires au point de vue du droit de chasse est sensiblement la même que dans le Grand Duché de Bade. La loi qui la règle est du 7 mars 1850.

La commune dispose du droit de chasse sur les parcelles non louées d'une contenance inférieure à 300 journaux (90 hectares environ) de terres cultivables ou de bois d'un seul tenant.

Les cantons de chasse loués par la commune doivent avoir 300 journaux au moins. Plusieurs communes peuvent s'entendre pour grouper leurs cantons de chasse. Les propriétaires ayant l'exercice personnel de la chasse peuvent demander que leurs terres soient comprises dans le canton de chasse communal.

Il est intéressant de signaler que la commune n'est pas tenue de louer les cantons de chasse. Elle peut aussi ou les mettre en réserve, en décidant que personne n'y chassera, ou faire exploiter la chasse par un chasseur commissionné. C'est une sorte d'exploitation en régie. Tout le gibier tué est vendu et le produit de la vente réparti entre les propriétaires.

***

Des détails intéressants (1) pourraient être donnés sur la législation des autres pays allemands. Il suffira d'indiquer qu'en Bavière la surface des domaines exceptés de la communalisation est de 240 journaux (72 hectares environ) en plaine, 400 journaux (120 hectares environ) en montagne.

En Wurtemberg, les superficies susceptibles d'être réservées sont de 50 journaux (15 hectares).

En Saxe, les modalités sont un peu différentes, mais il n'a pas paru utile d'en faire mention dans ce rapport.

En Autriche, les mêmes principes sont appliqués.

En Bohême, les parcelles d'une contenance inférieure à 200 arpents (115 hectares) et non entourées d'une clôture continue sont réunies dans chaque localité de manière à former un domaine de chasse. Les propriétaires de ces par-

(1) Pour tout ce qui n'est pas mentionné dans le rapport de la Commission, on consultera utilement le Répertoire général alphabétique du droit français, publié sous la direction de Fuzier-Herman, à l'article « Chasse » n° 2075 et suivants.

36

celles constituent une association de chasse qui, par l'entremise d'un comité élu dans son sein, donne les terres à bail ou fait exercer la chasse pour son compte, par un chasseur spécialement commissionné et assermenté. C'est l'exploitation du gibier en tant que produit du sol assimilable à tout autre produit agricole, comme elle se pratique en Prusse, ainsi qu'il a été dit précédemment.

Le Comité décide si le bail doit être passé de gré à gré ou s'il y a lieu de recourir aux enchères publiques. Dans cette hypothèse il y est procédé par les soins de la commune.

En Hongrie, les propriétaires de 200 arpents (115 hectares) sont dispensés de faire partie de la communalisation. Les propriétaires d'au moins 50 arpents peuvent s'entendre pour bénéficier de cette mesure, à condition que le total de leurs parcelles soit au moins de 200 arpents.

En Russie, le décret général du 3 février 1892 a consacré le principe admis de tout temps dans les provinces russes, à savoir que tout propriétaire a le droit exclusif de chasse sur ses terres. Mais dans les provinces de Pologne et de Courlande, le système allemand a prévalu et l'exercice de la chasse est subordonné à la possession de terres d'une certaine étendue d'un seul tenant.

Enfin le Luxembourg vient de prendre part à ce mouvement. Le gouvernement grand ducal a déposé sur le bureau de la Chambre, le 17 janvier 1907, un projet de loi sur l'amodiation de la chasse, d'après lequel les propriétaires de parcelles non closes de moins de cent hectares formeraient entre eux obligatoirement des associations syndicales, qui s'administrent elles-mêmes et répartissent les fonds provenant de la location, entre les syndiqués.

C'est le principe de la mise en commun obligatoire du droit de chasse, mitigé cependant par l'art. 5 du projet lequel porte :

« ... Il ne sera pas formé de district de chasse (c'est-à-dire le droit de chasse ne sera pas mis en commun) si la majorité des propriétaires intéressés représentant plus de la moitié de la superficie desdits terrains, s'y opposent... »

(Nous comptons avoir tout à l'heure une communication de M. le conseiller d'Etat Glaesener délégué du grand duché de Luxembourg. Il vous dira que le projet déposé devant le parlement du Grand Duché prépare à la fois les avantages de la communalisation des chasses et prévoit la création d'une caisse d'indemnité pour dégâts de gibier.)

*
* *

Ceux d'entre nous qui ont eu l'occasion de voyager dans les pays où règne cette législation protectrice de la chasse, ceux plus favorisés encore auxquels il a été donné d'y chasser, ont pu se rendre compte que grâce aux mesures prises, le gibier y est en abondance. Non seulement les petits cultivateurs y ont trouvé les avantages dont il vient d'être fait mention, mais le consommateur peut, sans grans frais, acheter sur les marchés de Strasbourg, de Munich ou de Berlin, un gibier qui flatte ses goûts culinaires et donne une agréable variété à ses menus. La poule au pot d'Henri IV est, vers le Rhin, de la perdrix aux choux.

Aussi depuis de nombreuses années des essais ont été faits pour implanter chez nous une institution à la fois avantageuse pour le chasseur, pour le cultivateur et pour le petit bourgeois amateur de venaison.

Les premières tentatives ont été conduites par des particuliers qui se sont groupés dans certaines communes pour mettre en valeur le produit du sol : le gibier.

Il était naturel que leur succès en tentât d'autres et inspirât au législateur le désir de faire passer dans la loi, des dispositions de nature à encourager les bonnes volontés.

C'est ainsi qu'en 1893, la Commission de la Chambre des Députés chargée d'examiner la proposition de loi sur la chasse adoptée par le Sénat en 1886, y introduisit une série d'articles portant les numéros 34 à 41 et destinés dans la pensée de leurs auteurs à favoriser « l'abandon du droit de chasse au profit des communes ». C'était ainsi du moins qu'était libellé l'intitulé du titre IV du projet de la Commission.

Le rapporteur, M. Morillot, s'exprimait ainsi :

« La Commission a été amenée à rédiger ces huit articles par les demandes qui lui ont été adressées à ce sujet et surtout par la constatation des bons résultats obtenus dans une partie du département de la Marne, par un usage qui s'est établi dans un certain nombre de communes de cette région, au plus grand avantage des finances municipales et de la reproduction du gibier. Elle a étudié avec soin et intérêt ces usages et coutumes, et elle a jugé à propos, pour les faire connaître et essayer de les généraliser et de les implanter ailleurs, de leur consacrer quelques articles, dont elle a écarté avec soin tout ce qu'il pourrait y avoir de coercitif et tout ce qui pourrait par trop rappeler la loi allemande. »

On lira avec intérêt dans le projet de la Commission les articles qu'elle avait arrêtés. Ils n'ont pas eu l'heureuse fortune de franchir l'enceinte étroite où ils sont nés et d'affronter la discussion publique. Sans doute quelques modifications y eussent été nécessaires. Mais il serait stérile de supputer l'accueil que leur aurait fait le Parlement, puisqu'ils dorment un sommeil dont il serait maintenant difficile de les tirer.

On en peut dire autant de la proposition de loi relative à la communalisation du droit de chasse présentée en 1894 par M. Georges Graux. Au contraire de M. Morillot, M. Graux préconisait l'application du principe germanique de l'obligation.

« Il faut choisir, écrivait-il, entre la constitution éventuelle des quelques associations libres qui existent dans la Marne, et l'obligation imposée aux propriétaires d'abandonner l'exercice de leur droit de chasse, qui fonctionne en Alsace-Lorraine. Le premier système ne donne que des résultats partiels ; l'autre constitue une organisation. L'un est une réforme platonique ; l'autre une réforme efficace. »

Et après un long exposé, M. Graux avait mis au jour une proposition de loi qui ne différait que très peu de la loi alsacienne-lorraine sur laquelle de nombreux détails ont été donnés plus haut. Cependant, M. Graux n'envisageait pas l'hypothèse où le produit de la location serait abandonné à la commune.

La proposition Georges Graux a été frappée de caducité et n'a plus actuellement qu'un intérêt documentaire et historique.

Par contre, M. Morillot reprit pour son compte, et à titre de proposition, le projet de loi dont il avait été le rapporteur et qui fut ainsi exhumé par lui en 1894, puis de nouveau en 1898. Il faisait également siennes les objections formulées par M. Marcel Habert, rapporteur de la Commission de la Chasse, à la fin de la 6e législature (1897), objections contre le système de communalisation de M. Georges Graux :

« La Commission a écarté, après de longues délibérations, le principe de la communalisation de la chasse proposé par M. Georges Graux. L'adoption de ce principe aurait pour conséquence de retirer aux propriétaires la libre disposition de leur droit de chasse et de le transférer aux communes sous certaines conditions.

« La Commission a reconnu tout l'intérêt que présente cette proposition qui peut avoir sur l'équilibre du budget des communes et sur la conservation du gibier l'influence la plus heureuse ; mais il lui a paru qu'une réforme de cette importance ne pouvait être inscrite brusquemnt et sans transition dans la loi sur la chasse.

« Nous avons donc écarté le projet de M. Graux mais nous avons adopté dans le titre IV, le principe des associations syndicales de chasseurs et l'abandon facultatif de la chasse au profit des communes. »

Le mot d'associations syndicales sur lequel nous aurons l'occasion de revenir plus loin, est employé ici pour la première fois par un chaud partisan de la communalisation facultative. Mais il ne correspondait pas dans son esprit à l'idée d'associations syndicales telles qu'elles sont constituées par les lois de 1865 et 1888. Il suffit pour s'en convaincre de lire la proposition de loi dans laquelle il est parlé de *syndicats* de propriétaires et où il s'établit quelque confusion entre ces syndicats et les associations de propriétaires.

Toujours est-il que la proposition Morillot favorable à une mise en commun *facultative* du droit de chasse et la proposition Georges Graux basée au contraire sur le principe de la communalisation *obligatoire*, eurent le même sort. Le Parlement n'eut pas l'occasion de les discuter et, par suite, de fournir aux partisans de la réforme, des indications sur les chances de la faire aboutir.

Ce qui n'avait pas été fait par le Parlement fut tenté par un ministre très favorable aux choses de la chasse et très entreprenant, chargé en 1902 du département de l'Agriculture, M. Mougeot.

Il y fut encouragé par les résultats que l'initiative individuelle, nullement détournée de son but par l'accueil trop négatif que le Parlement avait fait à ses entreprises, obtenait notamment dans les régions du Nord et de l'Est de la France. Les départements des Ardennes, de la Marne, de l'Aube, de l'Yonne s'étaient signalés comme particulièrement préparés à la réforme. Dans l'Oise, la Société des Chasseurs de l'Oise faisait des efforts répétés et multipliait les plus généreux encouragements, afin d'aboutir à la location en commun des petites parcelles de terres. Dès sa création, le Saint-Hubert-Club de France entreprenait une campagne vigoureuseen faveur des mêmes idées. Il avait été précédé dans cette voie par la Société des Chasseurs de France. Enfin la Société centrale pour la répression du braconnage s'associait à ce mouvement.

La première circulaire de M. Mougeot parut le 15 janvier 1903. Elle est encore présente à toutes les mémoires ; il est à peine nécessaire d'en rappeler les termes. M. Mougeot écrivait :

« Je ne songe pas, pour l'organisation des chasses, à recourir à des mesures législatives empruntées à des nations voisines qui ont produit, sans doute, d'excellents résultats, mais qui sont parfois bien sévères et qui ne sont pas en harmonie avec nos mœurs démocratiques.

« J'estime que pour arriver à ce but, il suffira de démontrer que l'intérêt général et l'intérêt des particuliers sont en parfaite concordance. C'est aussi en vulgarisant et en développant l'esprit d'initiative, qui a déjà donné pour la chasse de si heureux résultats qu'on assurera la réussite d'une œuvre qui, profitant à tous, conservera un caractère franchement libéral. »

Ainsi donc M. Mougeot rejetait comme inapplicable les idées de M. Georges Graux, et marchant dans le sillage de M. Morillot, entendait substituer le système de la persuasion à celui de l'obligation.

Dans une nouvelle circulaire du 15 février 1904, M. Mougeot donnait des indications et des conseils pratiques en vue du groupement des parcelles destinées à former les terrains de chasse.

Ces deux circulaires, appuyées d'ailleurs par les délibérations de Sociétés d'agriculture, telles notamment la Société des Agriculteurs de France, furent un stimulant pour l'opinion. Elles provoquèrent la formation d'un certain nombre d'associations de propriétaires ; elles provoquèrent surtout des discussions nombreuses et passionnées dans le monde des chasseurs et dans la presse.

Ce sont les conclusions du pour et du contre que votre Commission s'est donné pour mission d'entendre afin de juger dans le calme de ses délibérations quelles seraient les solutions actuellement possibles au problème posé devant l'opinion et qu'on a appelé « Communalisation des chasses ».

Mais avant d'arrêter ces décisions, elle a pris connaissance avec grand intérêt des différentes communications qui lui avaient été remises sur ce sujet par les membres du Congrès.

***

M. Georges Béjot n'est pas partisan du versement du produit des locations à la commune ; mais il s'élève surtout contre l'institution des chasses banales telle qu'elle existe actuellement. Il voudrait voir dans nos 36.000 communes de France, un groupement des parcelles se faire de façon à constituer 100.000 chasses gardées. Tout propriétaire d'un lot de 40 hectares d'un seul tenant aurait la faculté de le réserver, à la condition d'en faire la déclaration à la mairie et de payer à la commune 10 % sur la valeur de sa chasse estimée suivant la moyenne du prix de location dans la commune.

Nous ne faisons que résumer brièvement un document (1) dont tout membre du Congrès voudra certainement prendre connaissance et le fera avec profit.

M. le baron de Segonzac, après avoir rappelé les expériences tentées dans l'Oise, se prononce contre le principe de l'obligation. Sa proposition est ingénieuse et intéressante.

Il admettrait le système suivant : Tout propriétaire désirant se réserver le droit de chasse sur ses terres, quelle qu'en soit d'ailleurs la contenance, devra en faire la déclaration à la mairie avant le 1er janvier.

Les parcelles qui n'auraient pas fait l'objet de cette déclaration seront

(1) Tous ces rapports sont publiés *in-extenso* à la suite du rapport général de M. Madelin

louées, quant à la chasse, par la commune pour 9 ans. Le prix intégral de la location sera réparti entre les intéressés au prorata des contenances.

M. de Segonzac entre dans des détails circonstanciés sur la réglementation qui interviendrait.

M. Joba a présenté au nom de la Société pour la répression du braconnage de l'arrondissement de Commercy deux mémoires, l'un sur la communalisation, l'autre sur les Sociétés de chasse.

La Société de Commercy est favorable à un groupement des propriétaires en associations syndicales autorisées, conformément aux lois des 21 juin 1865, 22 décembre 1888, avec exception pour les parcelles d'un seul tenant d'une contenance minima de 20 hectares. Seraient encore exceptés les étangs, les bois, les vignes, les terrains clos ou plantés d'arbres fruitiers. Le produit de la location serait, de préférence, abandonné à la commune.

Sur l'application de la loi de 1901 aux Sociétés de chasse, M. Joba démontre qu'elle aura pour ces sociétés les conséquences les plus favorables, puisqu'elle leur confèrera une personnalité et leur permettra, par suite, des actes d'administration et de gestion qui ne leur seraient pas possibles autrement.

M. Fontaine a déposé le texte de vœux nombreux relatifs à l'organisation de la chasse. Il est partisan de l'obligation en matière de communalisation. Seraient toutefois exceptés les parcelles d'au moins 20 hectares, les propriétés de l'Etat, les propriétés closes, les jardins en petites parcelles attenant aux habitations, enfin tout terrain où la chasse est impossible.

M. Fontaine développe son projet en une série de 44 paragraphes, contenant des idées très nouvelles, dont il n'est pas matériellement possible de donner le résumé dans le présent rapport.

M. Rauline a fait connaître au Congrès les efforts tentés et parfois fort heureusement, par la Société canine de l'Est, pour aboutir à la location des droits de chasse en commun. La Société a de plus établi un projet d'association entre chasseurs dont votre Commission a pris connaissance avec intérêt. Dans les statuts, il est indiqué — et cette innovation paraît heureuse — que les vignes faisant partie de la chasse mise en commun devront être considérées comme réserve de chasses et que l'association s'y interdit absolument d'y chasser.

M. Chauvelon-Fontelives, président d'arrondissement de Nantes pour la Société centrale des Chasseurs, a adressé à votre Commission une brochure intitulée : *Projet de communalisation des chasses en France.* Le projet commence par un article premier ainsi rédigé : « La chasse cesse d'être inhérente au droit de propriété sur les terres non closes et devient propriété communale aux conditions suivantes, par concession de l'Etat aux communes rurales de France. »

Le projet de M. Chauvelon est intéressant, mais la citation qui vient d'en être faite indique assez que nécessitant une refonte complète des lois sur la chasse, il serait menacé si la Commission le faisait sien, de ne pas rencontrer auprès des Chambres un accueil favorable et surtout une solution prochaine.

C'est d'ailleurs avec juste raison que M. Chauvelon se plaint du dépeuplement en gibier dans les départements de l'Ouest de la France.

Votre Commission doit une mention toute spéciale à la communication que lui a faite M. Sargnon, appartenant à la région lyonnaise. Le travail de M. Sargnon porte comme titre « Application de la loi du 1er juillet 1901 aux associations et fédérations de chasseurs. — Son utilité. »

M. Sargnon estime que toutes les Sociétés de chasseurs doivent se constituer dans les formes prescrites par la loi de 1901 sur le contrat d'association. Il y voit de grands avantages, notamment celui de pouvoir constituer des garde-chasses qui, au lieu de dépendre d'individus, seront assermentés au nom de l'Association et même au nom de la fédération d'associations.

Ces idées ont paru très justes à votre Commission qui les a traduites au moins pour partie dans un vœu dont il sera parlé plus loin.

Trois communications ont été ensuite étudiées par votre Commission qui sont nettement défavorables au principe de la communalisation.

La première en date, la plus importante aussi, a été adressée par M. Ch. Pompon. Il rompt franchement en visière contre les partisans tant de la communalisation obligatoire, que de la mise en commun du droit de chasse facultative préconisée par M. Mougeot. Certes si votre Commission n'avait pas l'impression très nette que le remède à la situation morbide de notre chasse française doit être cherché dans des combinaisons permettant légalement le groupement en commun des petits propriétaires fonciers, elle n'aurait pas manqué d'être séduite par le langage éloquent d'un avocat plaidant avec de très puissants arguments la cause contraire. M. Pompon préconise comme remède à la situation actuelle une répression plus sévère et l'organisation d'une police rurale plus agissante.

Il n'appartient pas à la 3e sous-section de se prononcer sur ces conclusions qui ont été discutées au sein d'une autre sous-commission.

M. Edmond Romain conclut dans le même sens que M. Pompon et formule un vœu analogue :

« Le *statu quo*. Pas de communalisation ni de syndicat d'aucune sorte. L'application stricte et sévère de la loi de 1844. »

Enfin M. du Pontavice déclare que dans sa région (l'Ille-et-Vilaine) la communalisation obligatoire est inapplicable (1).

***

Votre Commission se fait votre interprète pour remercier tous ceux qui ont ainsi, en toute indépendance, apporté des arguments soit en faveur du principe qu'elle a mission de discuter, soit au contraire pour le combattre.

Elle s'est rendu compte en étudiant ces documents, et en discutant les opinions émises par ses membres dans les nombreuses séances préparatoires tenues par elle, qu'il importait d'abord de distinguer très nettement ce qu'on doit entendre par associations de propriétaires et associations de chasseurs.

Il y a en effet grand intérêt à séparer nettement les groupements des uns et les autres, ainsi que le faisait l'auteur d'un article très rmarqué paru, en 1903, dans la *Revue de Paris*, quelques mois après la première circulaire de M. Mougeot :

« L'idée est venue à M. Mougeot de prendre d'une part le propriétaire insouciant et de l'autre le chasseur imprévoyant et de les sermonner.

(1) Le présent rapport était déjà déposé quand est parvenue une communication de M. Guyot. Directeur de l'Ecole nationale des Eaux et Forêts, traitant la question des associations syndicales. Ses conclusions sont conformes à celles qui avaient été admises par la Commission. Ce document figure *in-extenso* dans ce volume. La haute compétence de son auteur lui donne un intérêt tout particulier.

« Au premier il dit : Vous négligez une partie de vos intérêts. Votre terre a plus de prix que vous ne croyez. Vous ne tenez pas compte de la valeur du gibier qui s'y trouve ou... qui s'y trouverait, si vous entendiez bien vos affaires. Seul, sans doute, vous ne pourriez tirer parti de ce revenu ; votre parcelle est trop minime. Mais associez-vous avec Paul, Jacques et Mathurin, vos voisins, syndiquez vous entre propriétaires d'une même commune et louez votre chasse en bloc, comme le ferait un propriétaire unique. Les sommes que vous en retirerez seront partagées entre vous, ou ce qui serait mieux, abandonnées à la commune qui se chargera de faire valoir la chasse, et emploiera le revenu à l'usage qui paraîtra le plus convenable.

« Au deuxième, au chasseur, le ministre tient à peu près le même langage : Associez-vous, formez des sociétés capables de louer la chasse sur le territoire d'une ou plusieurs communes, qui aient à cœur d'entretenir la chasse louée et d'y ménager le gibier afin d'obtenir de vous un bon bail... etc. »

Votre Commission a recherché quels étaient les lois auxquelles pouvaient avoir recours ces deux groupements de nature différente : groupement des propriétaires, groupement des chasseurs. Ce sont par ordre de dates :

1° Le Code civil qui dans ses articles 1832 et suivants organise *le contrat de société*.

2° La loi du 21 juin 1865, complétée par celle du 22 décembre 1888 sur les *Associations syndicales* (2).

3° La loi du 21 mars 1884 sur les *syndicats professionnels*.

4° La loi du 1er juillet 1901 sur le *contrat d'association*.

Pour la clarté des idées il importe d'appeler :

Sociétés celles qui se constituent en vertu de la première de ces lois (Code civil).

Associations syndicales (1), celles des lois des 21 juin 1865 et 22 décembre 1888.

Syndicats, les groupements de la loi de 1884.

Associations ceux de la loi de 1901.

*
* *

Groupement des Chasseurs. — Les chasseurs peuvent former soit des *Sociétés* (Code civil), soit des *Associations* (loi de 1901).

Celles-ci sont dans la même situation que les sociétés ou associations formées en vue d'un sport quelconque, notamment les associations de pêcheurs à la ligne.

Jusqu'en 1901, les pêcheurs se formaient en sociétés civiles qui prenaient la plupart du temps le nom de *Syndicats de pêcheurs*. Ce terme employé même encore actuellement est impropre.

Il ne peut se former de syndicats *professionnels* de pêcheurs ou de chasseurs.

(1) Nous ne faisons pas mention de la loi du 13 décembre 1902, à raison de son peu d'importance dans la question traitée par nous. Elle a modifiée les lois des 21 juin 1865 et 22 décembre 1888 en ajoutant à l'article 1er après les mots « 1° de défense contre... les rivières navigables et flottables » les mots « les incendies dans les forêts, landes boisées et landes nues. »

(2) La réunion des personnes désignées pour administrer l'association syndicale s'appelle le *Syndicat* (Décret réglementaire du 9 mars 1894, art. 1er.)

La question a été tranchée, pour les pêcheurs, par la loi du 22 janvier 1902, complétée par le décret réglementaire du 17 février 1903. L'Etat accorde certaines faveurs aux associations formées, mais sous la condition qu'elles seront constituées en conformité de l'art. 5 de la loi du 1er juillet 1901 (Voir art. 1er du décret du 17 février 1903).

La situation juridique des associations de chasseurs est la même. Jusqu'en 1901 elles ne pouvaient que se référer aux articles 1832 et suivants du Code civil. Depuis 1901 elles peuvent en formant des associations bénéficier de toutes les mesures favorables de la loi du 1er juillet.

Avec MM. Joba et Sargnon dont les travaux ont été mentionnés plus haut, votre Commission estime qu'il importe de plus en plus pour les chasseurs de se grouper sous l'égide de la loi du 1er juillet 1901. Leurs associations pourront ainsi ester en justice, acquérir à titre onéreux et posséder sous certaines conditions, administrer, louer des chasses aux groupements de propriétaires dont il va être question, avoir à leurs gages des gardes qui seront assermentés au nom de l'association, avoir un budget destiné à l'administration et à l'amélioration de la chasse, etc.

Groupement des propriétaires. — Les propriétaires qui se réunissent dans le but de mettre en valeur le droit de chasse leur appartenant ne peuvent, au contraire, invoquer la loi de 1901, puisque leur but est de partager des bénéfices (voir art. 1er de la loi de 1901), de faire rendre à leurs terres un revenu.

Mais ils peuvent constituer des sociétés civiles (art. 1832 et s. du Code civil). C'est sous cette forme que se sont établies jusqu'ici presque toutes les sociétés de propriétaires ; elle sera utilement employée quand un groupe de propriétaires entendra non pas louer la chasse, mais l'exploiter par lui-même, tous les membres de la Société chassant sur les terrains mis en commun.

Ce n'est pas cette dernière situation qu'a dû envisager votre Commission. Elle a supposé le territoire d'une commune composé de parcelles appartenant à cent propriétaires, par exemple. Elle entend donner à ces cent propriétaires, qu'ils soient chasseurs ou non, le moyen de se grouper pour louer leurs parcelles en un ou plusieurs lots, de façon à en tirer un bénéfice annuel.

Pour arriver à ce résultat, trois solutions se présentent que les explications données précédemment nous dispenseront de développer longuement.

*
**

Première solution. — C'est le système de la communalisation obligatoire imposée par la loi, avec versement à la commune du produit de la location, soit pour être employé par elle en travaux d'utilité générale, soit pour être réparti entre les propriétaires intéressés.

On reconnaît là la conception allemande ; elle a passé tout entière dans les lois d'Alsace-Lorraine, du Grand-Duché de Bade, de la Prusse, etc., qui ont été étudiées plus haut. Elle a trouvé son expression dans le projet Georges Graux.

Il est hors de doute que cette méthode présente de grands avantages ; ils ont été développés précédemment. Elle convient merveilleusement aux pays dans lesquels elle a été appliquée, à leurs habitudes sociales, à l'état d'esprit des populations. En France, au contraire, nos mœurs ne paraissent pas préparées à une innovation aussi tranchée. L'opinion préssentie a rendu un son défavorable. Le suffrage à peu près unanime des chasseurs et surtout des propriétaires, s'est prononcé contre le principe de l'obligation absolue. Le mot de *communalisation* lui-même qui semble le traduire a effrayé certaines personnes qui lui ont découvert comme une vague odeur de communisme. L'instinct de la propriété individuelle, si fort chez nous, s'est réveillé et le mot « communalisation » a eu une assez malheureuse fortune.

Votre Commission vous propose, puisqu'il est sur ses fins, de l'achever complètement et elle souhaiterait que le mot de « communalisation », en tant qu'il s'applique aux procédés allemands, soit désormais rayé des vocabulaires cynégétiques français.

En même temps que le mot, la Commission a repoussé la chose. Elle vous proposera, par un vœu spécial, de rejeter le principe de la *communalisation obligatoire.*

***

Deuxième solution. — Le système libéral, celui que développait avec tant d'éloquence et d'autorité M. Mougeot, dans sa circulaire de 1903, a de nombreux partisans. Diffuser dans le public, parmi les propriétaires ruraux, l'idée qu'une richesse inexploitée drot sur leur sol, que la mettre en valeur dépend d'eux, de leur intelligence, de leur esprit d'initiative ; leur fournir à ce sujet toutes les indications utiles ; leur montrer l'exemple de ceux qui, ailleurs, ont poursuivi l'œuvre et en ont tiré des résultats bienfaisants ; et se fier au bon sens français pour mener à bien cette vaste opération ; tel est le programme des partisans de cette solution.

Les groupements de propriétaires peuvent alors se faire par application des articles 1832 et s., déjà cités, du Code civil, peut-être aussi par application de la loi du 21 mars 1884 sur les syndicats professionnels, puisqu'il se constitue là une sorte de syndicat pour céder un produit du sol : le produit chasse.

Les propriétaires fonciers sont encore à même de former des associations syndicales libres par application de la loi du 21 juin 1865, sauf cette difficulté qu'il est nécessaire alors d'avoir l'unanimité des intéressés.

Dans toutes ces hypothèses, ils jouissent de la plus grande latitude quant à la dispositions de leur droit de chasse qu'ils peuvent, ou non, louer, soit par adjudication publique, soit de gré à gré ; quant au lotissement ou au cantonnement de leurs parcelles ; quant aux avantages à réserver aux chasseurs locaux ; quant aux conditions à imposer aux sociétés de chasse ou aux individus avec lesquels ils sont amenés à traiter etc.

Tous ces avantages sont considérables. Votre Commission en a reconnu la valeur ainsi que la force des arguments présentés par les partisans de la mise en commun *facultative* du droit de chasse. Elle a même émis en ce sens un vœu qui sera soumis à notre approbation.

Toutefois, le programme qui lui avait été tracé l'a amenée à étudier une troisième solution.

***

Troïsième solution. — Entre les deux premiers systèmes dont peut-être l'un s'inspire un peu trop de la rigueur allemande et l'autre de l'idéalisme latin, il a paru à votre Commission qu'il y avait place pour une conception moyenne, une solution plus élégante, pour emprunter la langue des mathématiques.

Cette solution, elle l'a trouvée — ou cru la trouver — dans ce qu'elle a appelée *la syndicalisation de la chasse*, c'est-à-dire l'application au groupement des propriétaires des dispositions sur les associations syndicales autorisées, des lois des 21 juin 1865-22 décembre 1888 pour les travaux d'amélioration agricole d'intérêt collectif.

Votre Commission avait été très frappée de l'objection faite aux partisans de la solution facultative par ceux de la solution obligatoire : « Il faut, disaient-ils, pour que le système de M. Mougeot réussisse, l'adhésion de l'unanimité ou de la presqu'unanimité des propriétaires. Or, il suffira de l'obstruction de quelques arriérés ou de quelques mécontents pour faire échouer tous les projets. Trouvez le moyen d'obliger la minorité à se soumettre à l'avis de la majorité, et nous vous suivrons. »

La *syndicalisation* présentera sur la *communalisation* qu'elle est destinée à remplacer, un grand avantage. La mise en commun du droit de chasse *ne sera pas obligatoire*. Il appartiendra aux propriétaires réunis en associations syndicales de décider à la majorité si les terrains de chasse doivent être mis en commun et exploités quant à la chasse. Cette majorité ne sera pas de la moitié plus un. Votre Commission n'entend pas en fixer les propositions, mais elle estime qu'elle pourrait être calculée dans les termes mêmes de l'art. 12 de la loi de 1865 modifiée en 1888. L'association ne serait autorisée qu'au cas d'adhésion des trois quarts des intéressés représentant plus des deux tiers des superficies, ou des deux tiers des intéressés représentant plus des trois quarts des superficies.

Ainsi, le système de la syndicalisation laisse aux intéressés la faculté de disposer, comme ils l'entendent, de leur droit de chasse, la minorité étant seulement tenue de s'incliner devant les décisions de la très forte majorité.

De plus, il serait nécessaire qu'intervinssent une délibération du Conseil municipal portant avis conforme (art. 12 de la loi du 21 juin 1865) et enfin un arrêté du préfet.

Il y a là des garanties de nature à rassurer les partisans les plus épris des solutions exclusivement libérales.

Cette réforme pourrait-elle s'appliquer *de plano* sans modifications à la loi ?

Malgré les termes généraux de l'art. 1er qui permet la constitution d'associations syndicales pour « l'exécution et l'entretien de travaux d'amélioration agricole d'intérêt collectif » votre Commission a émis néanmoins l'avis qu'il serait nécessaire de demander au Parlement quelques retouches — non pas, bien entendu, à la loi sur la chasse du 3 mai 1844 — mais aux lois du 21 juin 1865, et 22 décembre 1888.

Il y a lieu, en effet, de prévoir certaines modalités nouvelles qui n'ont pu être envisagées par le législateur de 1865 ou par celui de 1888.

En particulier, votre Commission a reconnu la nécessité d'excepter de la syndicalisation certaines propriétés à raison de leur nature spéciale. Elle l'a fait à titre d'indication, considérant le Parlement comme beaucoup plus qualifié qu'elle même pour établir lors de la discussion de la loi, les distinctions rationnelles.

Pourraient être dispensés de faire partie des associations syndicales autorisées :

1° Les propriétaires de terrains entièrement clos.

2° Les propriétaires de terrains réservés à des cultures spéciales telles que :

cultures maraîchères, certaines vignes, plantations de tabac, prés servant au séjour du bétail, plantations d'arbres forestiers et fruitiers de moins de dix ans, etc.

3° Après discussion, la Commission a estimé qu'il y avait lieu de ne pas comprendre les étangs dans les parcelles syndicalisées ; elle a admis la même exemption pour les prairies inondées renfermant une hutte pour la chasse du gibier d'eau.

4° La Commission estime comme indispensable d'excepter du groupement les terres et bois d'un seul tenant, d'une contenance suffisante pour que le droit de chasse puisse y être exercé utilement par leur propriétaire. Elle a fixé ce chiffre à 20 hectares pour les terres et admettrait qu'il put être abaissé encore pour les bois.

*
* *

En traitant cette importante question de la syndicalisation du droit de chasse, votre Commission a conscience d'avoir travaillé beaucoup plus dans l'intérêt de nos agriculteurs que dans celui des chasseurs. Elles veut même oublier un instant qu'elle est une Commission d'un Congrès de chasse, afin qu'il soit bien entendu que les mesures proposées sont, avant tout, prises dans l'intérêt de l'agriculture.

Elle estime que les vœux présentés par elle à votre suffrage auraient pu tout aussi bien faire l'objet d'une délibération de nos grandes Sociétés d'agriculture et elle exprime l'espoir que celles-ci leur réserveront un accueil favorable et peut être voudront les émettre à leur tour.

*
* *

La troisième sous-section de la Commission de Législation et de Réglementation a résumé ses travaux dans les trois vœux suivants, qu'elle propose à votre approbation.

Premier vœu. — Qu'il soit porté à la connaissance de toutes les communes par voie de circulaires ministérielles et même d'affiches administratives que, d'une part, les propriétaires ont le droit, conformément aux articles 1832 et suivants du Code civil, de se grouper librement en sociétés pour exploiter en commun le droit de chasse — soit pour exercer eux-mêmes ce droit, soit pour repeupler leur territoire, soit pour louer le droit de chasse ; — que, d'autre part, les chasseurs ont le droit de s'associer par application de la loi du 1er juillet 1901 et de faire agréer des gardes à titre anonyme, c'est-à-dire au nom de l'association.

Que ces associations de chasseurs soient assimilées dans la plus large mesure aux associations de pêcheurs et que leur création et leur fonctionnement soient favorisés le plus possible par l'Administration.

2e *vœu.* — Le Congrès repousse comme inapplicable au territoire français le principe de la communalisation obligatoire, c'est-à-dire l'obligation telle qu'elle est imposée en Allemagne, aux propriétaires fonciers, de la mise en commun du droit de chasse avec versement du produit de la location à la commune.

3e *vœu.* — Le Congrès émet le vœu :

Que soient assimilées aux associations syndicales organisées par les lois des 21 juin 1865-22 décembre 1888, les associations formées par les propriétaires fonciers mettant en commun le droit de chasse sur le territoire d'une commune;

Qu'en conséquence, des associations syndicales autorisées puissent être formées par eux sous la condition de réunir la majorité exigée par les lois des 21 juin 1865-22 décembre 1888 pour les travaux d'amélioration agricole d'intérêt collectif ;

Que toutefois soient dispensés de faire obligatoirement partie desdites associations syndicales :

1°) Les propriétaires de terrains entièrement clos ;

2°) Les propriétaires de terrains réservés à des cultures spéciales telles que : cultures maraichères, certaines vignes, plantations de tabac, prés servant au séjour permanent du bétail, plantations d'arbres fruitiers ou forestiers de moins de 10 ans, etc. ;

3°) Les propriétaires d'étangs ;

4°) Les propriétaires de prairies inondées renfermant une hutte pour la chasse du gibier d'eau ;

5°) Les propriétaires de terres d'un seul tenant, d'une contenance minima à déterminer mais qui, à titre d'indication, est fixée par le Congrès à 20 hectares, chiffre qui pourrait même être encore abaissé pour les bois.

Réserves de chasse.

La création de territoires réservés dans lesquels la chasse ne se pratique pas pendant un certain temps, serait d'une grande utilité pour la reproduction paisible du gibier. Il existe ainsi dans les rivières et fleuves loués par l'Etat, des réserves de pêche où le poisson peut frayer sans trouble.

Il paraîtrait possible de créer des réserves dans certaines forêts de l'Etat, en laissant en dehors de l'adjudication quelques lots utilement choisis.

Il y a cependant une objection contre ce système, qui ont été produites devant notre Commission.

1°) Les forêts de l'Etat sont inégalement réparties sur le territoire. La mesure serait favorable à certaines régions sans l'être à d'autres ;

2°) Les animaux nuisibles se multiplieront dans les réserves ; les moyens pratiques pour arriver à leur destruction sans nuire au repos du gibier seraient à rechercher. Il y aurait de nombreuses réclamations de la part des riverains et de fortes indemnités à payer.

La création des réserves de chasse a fait l'objet d'un projet de la Commission de l'Agriculture de la Chambre précédente, rapporté par M. Mulac. Le système était le suivant :

Les maires, par arrêté, instituaient des réserves sur le territoire de la commune pour une durée maxima de 3 ans. Chasse absolument interdite même pour le propriétaire sur cette réserve. Le propriétaire temporairement dépossédé était indemnisé par la libération d'une part de ses impôts. Pour arriver à ce résultat, l'Etat abandonnait aux communes la part qu'il retie du produit des permis de chasse (Voir le rapport Mulac, annexé au procès-verbal de la 2e séance de la Chambre des Députés du 30 janvier 1906, n. 2944.)

Cette proposition est devenue caduque, par suite du renouvellement de la Chambre des Députés.

Le système des réserves fonctionne en Suisse, dans les hautes montagnes. L'interdiction existe absolue et rigoureuse de chasser à quelque époque que ce soit, sur certaines parties du territoire. Les espaces ainsi mis en réserve portent le nom de *districts francs*. Il est établi un district franc dans chacun des cantons d'Appenzell, de Saint-Gall, de Glaris, d'Uri, de Schwytz, d'Unterwald, de Lucerne, de Fribourg et de Vaud ; deux, dans chacun des cantons de Berne et du Tessin ; trois dans chacun des cantons du Valais et des Grisons.

Les autorités cantonales ont la faculté d'ordonner la destruction des animaux nuisibles ou carnassiers dans les districts francs.

Une mesure qui, par ses résultats, a une certaine analogie avec la création des réserves, est l'interdiction absolue de chasser certains gibiers pendant un délai donné. Quelques préfets ont ainsi prohibé, sur la demande des Conseils généraux, la chasse du chamois pendant deux ou trois ans, ou celle du tetras. C'est une mesure excellente, que la Commission voudrait voir adopter pour tous les gibiers qui n'existent plus en France qu'à l'état de rareté. Ils pourraient ainsi se reproduire assez rapidement.

Sur cette question des réserves de chasse, votre Commission a reçu deux communications.

M. le baron de Segonzac est absolument opposé à la création des réserves de chasse. Il espère que les mesures de mise en valeur de la chasse préconisées par la Commission étant prises, le territoire se repeuplera de lui-même, sans qu'il y ait lieu de créer des réserves. Celles-ci seraient d'ailleurs un agréable champ d'action pour les braconniers.

M. Joba, au contraire, parlant au nom de la Société pour la répression du braconnage de l'arrondissement de Commercy, s'est prononcé en faveur des réserves à créer.

1°) Sur les territoires de chasse mis en commun dont un cinquième serait réservé à cet usage ;

2°) Dans les forêts de l'État, des communes et des établissements publics, d'une contenance d'au moins 200 hectares.

La Commission, tout en reconnaissant les avantages que présenterait la création de réserves de chasse, considère que la question ne peut être actuellement solutionnée et n'a formulé sur ce point aucun vœu à présenter au Congrès.

Le Rapporteur,
J. MADELIN,
Inspecteur des Eaux et Forêts.

Communalisation obligatoire du droit de chasse par l'application du principe posé par la loi du 21 juin 1865, modifié en 1888 et en 1902.

par Ch. GUYOT.

Tous ceux qui s'intéressent à la chasse et à la conservation du gibier sont d'accord pour reconnaître que le morcellement de la propriété agricole constitue le grand obstacle à toute amélioration qui pourrait être tentée en vue d'une meilleure utilisation du droit de chasse dans la plupart des communes françaises. Sans doute, le droit de chasse est un attribut de la propriété aussi bien sur la plus petite parcelle que sur le plus grand domaine ; mais en fait les petits propriétaires sont dans l'impossibilité d'user directement de leur droit, et comme ils savent que tous leurs efforts en ce sens resteraient superflus, ils finissent par s'en désintéresser complètement. Il en résulte que, le plus souvent, la chasse en plaine devient *banale*, en ce sens qu'elle appartient à tout le monde, et que ceux qui en usent, au détriment des propriétaires, sont des individus qui ne possèdent pas un pouce de terre sur le territoire, qui ne paient pas un centime de location ou de contribution dans la commune. Il en résulte aussi que ces tiers n'ont aucun intérêt à la conservation du gibier ; ils en détruisent le plus possible, ne sachant combien de temps durera la tolérance dont ils profitent, et jaloux surtout d'empêcher que d'autres en tirent plus de profits qu'eux. La conséquence inévitable est le dépeuplement des chasses de plaine, et comme le gibier de plaine est le même qui fréquente aussi la forêt, les chasses au bois subissent le contre-coup de cette dévastation, qui s'étend fatalement et gagne progressivement tout le pays.

Le remède consisterait à intéresser les propriétaires de terres agricoles morcelées à la conservation du gibier, en leur montrant qu'ils peuvent tirer profit de la chasse sur leurs immeubles et que ce profit sera d'autant plus important que la destruction du gibier y sera plus énergiquement empêchée. Puisque chacun d'eux ne peut user directement de son droit, il est nécessaire de grouper les parcelles de manière à former un ensemble d'une étendue assez considérable pour que la location de la chasse sur tout puisse être avantageusement concédée. Alors, à défaut d'une jouissance directe, chaque propriétaire recevra une partie du loyer, au prorata de l'étendue des parcelles qui lui appartiennent, et le problème se trouvera ainsi résolu. Mais de nombreuses difficultés s'opposent à ce que ce moyen soit pratiquement utilisable ; sans parler des difficultés d'ordre fiscal, la plus grave consiste dans l'inertie ou le mauvais vouloir de quelques uns. Tel ne se soucie pas d'une question qu'il estime trop peu importante pour lui personnellement : tel autre ne veut pas, par esprit de contradiction ou pour empêcher qu'un voisin ne tire un avantage qui ne peut résulter que du consentement unanime de tous.

Il faudrait donc arriver à vaincre ces résistances, peu nombreuses il est vrai, mais contre lesquelles on ne peut rien, dans l'état actuel de notre législation. Lorsqu'il s'agit de travaux collectifs de défense ou d'amélioration, nous avons la ressource des associations syndicales : les syndicats autorisés, tels qu'ils peuvent être organisés en vertu des lois du 21 juin 1865 et du 22 décembre 1888, permettent précisément à une majorité de rendre ces travaux collectifs obligatoires à l'égard d'une minorité opposante (1) ; mais, pour l'exploitation du droit de chasse, il ne s'agit pas de travaux, et l'on ne saurait assimiler les mesures dont il s'agit à aucune des catégories limitativement énumérées dans l'article premier de la loi de 1888. Une intervention législative serait par conséquent nécessaire pour étendre les associations syndicales à l'exploitation de la chasse sur les terrains morcelés. Tel est le but de la proposition que l'on trouvera formulée ci-après.

Bien que cette note soit soumise à un congrès s'occupant exclusivement de la chasse, on ne s'étonnera pas si notre proposition s'applique en même temps à la pêche dans les petits cours d'eau. Pour cette pêche comme pour la chasse, les inconvénients du morcellement sont les mêmes et produisent d'aussi lamentables résultats. Le remède efficace pour la chasse le serait aussi pour la pêche, et nous espérons que l'on ne voudra pas dissocier deux matières qui sont réunies par des analogies si étroites.

Nous nous excusons aussi de répondre à la question posée en vue de la *communalisation obligatoire* par une proposition qui aboutit à la formation d'*associations syndicales autorisées*, et nous devons indiquer pour quelles raisons notre procédé nous paraît préférable.

La communalisation impose aux propriétaires un sacrifice complet : chaque propriétaire se dessaisit de son droit au profit de la commune qui loue la chasse et encaisse les loyers. Sans doute, les propriétaires bénéficieront indirectement de ce dessaisissement, puisque les loyers tombant dans les recettes du budget communal, pourront être employés à des travaux d'intérêt public ou à des dégrèvements de centimes additionnels dont tous seront appelés à profiter. Mais, ce bénéfice sera indirect, lointain, tandis que par l'association, les propriétaires syndiqués se partageront, s'ils le veulent, le loyer, en argent, immédiatement. Chacun pourra donc se rendre compte de l'avantage qui résulte pour lui d'une meilleure exploitation de la chasse ou de la pêche. Les résistances seront ainsi moins vives, moins nombreuses.

Nous ne méconnaissons pas le parti que l'on peut tirer de la communalisation. Depuis surtout que ce moyen a été mis en honneur par M. Mougeot, lorsqu'il était ministre de l'Agriculture, sous la vive impulsion et grâce aux efforts des agents forestiers, dans un certain nombre de communes, l'opération a pu être réalisée avec avantage. Nous comprenons donc qu'il ait paru tout simple de demander au pouvoir législatif la communalisation obligatoire : tel était déjà notamment le sens d'une proposition faite à la chambre des Députés, par M. Georges Graux, à la séance du 20 juin 1898. Mais ce que nous reprochons à cette proposition et à toutes celles qui tendraient au même résultat, c'est de ne pas être assez respectueuses du droit de propriété, de faire trop bon marché de la volonté des propriétaires. Il s'est produit à cet égard dans l'opinion un revirement très remarquable, depuis un temps relativement très court. Jadis, il n'y a pas vingt ans, ceux qui voulaient introduire chez nous un système analogue à celui qui fonctionne dans la plupart des pays allemands, et qui a été étendu sans difficulté à l'Alsace-Lorraine, étaient arrêtés par cette objection, alors jugée capitale : il ne faut pas toucher au droit de propriété ; enlever aux popriétaires le droit de

(1) Depuis la loi du 13 décembre 1902, des associations syndicales peuvent pareillement être formées pour l'exécution de l'entretien de travaux de défense contre les incendies dans les forêts, les landes boisées et les landes nues.

chasse, ce serait rétablir un des abus de l'ancien régime ; l'Etat ne doit pas intervenir par des mesures coërcitives dans des questions qui ne se rapportent que très indirectement à l'intérêt public. Aujourd'hui, l'intervention de l'Etat ne paraît plus aussi choquante et probablement l'objection n'arrêterait plus le législateur. Nous estimons cependant qu'il convient d'encourager le plus possible l'initiative individuelle et que les obligations imposées par la loi doivent réserver dans la plus large mesure l'action de chacun. C'est pourquoi, au lieu de rendre la communalisation obligatoire, nous croyons préférable d'accorder aux propriétaires syndiqués la faculté d'exploiter la chasse ou la pêche suivant le mode qui leur conviendra. Qu'ils décident la communalisation, rien de mieux ; mais s'ils préfèrent tirer parti de leur droit sans le céder à la commune, il faut leur laisser pleine liberté d'agir ainsi.

C'est conformément à ce principe qu'est rédigé le projet suivant, d'après lequel le pouvoir cërcitif de l'Etat n'intervient que pour la formation du syndicat autorisé, et qui permet aux propriétaires syndiqués de choisir ensuite à leur gré le mode d'exploitation : ce projet sera, croyons-nous, plus facilement accepté de la plupart des propriétaires, il conduira plus rapidement au but ; il est, en un mot, plus libéral que celui de la communalisation exclusive. Pour ces motifs, nous croyons devoir le recommander à l'attention du congrès.

Proposition concernant l'exploitation de la chasse et l'exploitation de la pêche dans les petits cours d'eau

Article premier. — Peuvent faire l'objet d'associations syndicales, libres ou autorisées, conformément aux lois des 21 juin 1865 et du 22 décembre 1888 :

1r L'exploitation de la chasse, entre propriétaires d'une ou de plusieurs communes, sur leurs immeubles qui ne sont pas en état de clôture. Pourront être exceptés de l'association, si les propriétaires le requièrent, les terrains boisés ou en état de clôture.

2º L'exploitation de la pêche, entre propriétaires riverains de petits cours d'eau d'une ou de plusieurs communes, qui ne traversent pas des immeubles en état de clôture. Pourront êter exceptés de l'association, si les propriétaires le requièrent, les parties de cours d'eau même traversant des terrains non clos, dont la longueur sur le même immeuble est d'au moins vingt-cinq hectares.

Art. 2. — Qu'il s'agisse de la chasse ou de la pêche, les propriétaires intéressés pourront être réunis, par un arrêté préfectoral, en associations syndicales autorisées, soit sur la demande d'un ou de plusieurs d'entre eux, soit sur l'initiative du maire ou du préfet.

Dans l'un et l'autre cas, le préfet ne pourra autoriser l'association que s'il est justifié de l'adhésion des trois quarts des propriétaires, représentant plus des deux tiers de la superficie des terrains, en ce qui concerne la chasse, ou des deux tiers de la longueur des cours d'eau, en ce qui concerne la pêche. Un extrait de l'acte d'association et de l'arrêté du préfet seront affichés dans les communes de la situation des lieux et insérés dans le recueil des actes de la préfecture.

Art. 3. — L'association, libre ou autorisée, pourra toujours opter entre l'exploitation directe, la location et la communalisation du droit, c'est-à-dire l'exploitation par les soins de la commune, aux conditions qui seront convenues entre l'assemblée générale d'une part, et le conseil municipal d'autre part.

Ch. GUYOT.
Directeur de l'École nationale des Eaux et Forêts.
Professeur de droit à cette école.

De la Communalisation des chasses au point de vue juridique.
par M. WEYD, inspecteur des Eaux et Forêts.

Lors de son passage au Ministère de l'Agriculture, M. Mougeot essaya d'amener les municipalités à établir la communalisation des chasses ; mais, en l'absence de toute législation, son action ne pouvait être que persuasive. A-t-il réussi ? Les communalisations sont rares. Beaucoup de propriétaires ne demanderaient pas mieux que de laisser chasser sur leurs terres ; mais il suffit de quelques mauvais voisins pour empêcher les adjudications ; car les chasseurs ne se soucient pas de risquer le procès-verbal et le casier judiciaire. Il faudrait donc une loi, permettant à la commune d'exproprier le droit de chasse et de le louer ensuite. Tout le monde est d'accord sur les avantages qui résulteraient de cette mesure, tant au point de vue du rendement en argent que de la conservation du gibier. Je veux seulement justifier la loi au point de vue juridique et social.

C'est en l'an 50 avant l'ère chrétienne que la conquête de la Gaule fut achevée par les Romains — qu'on me permette de remonter si haut. C'est à cette date qu'il faut se reporter pour expliquer l'état de choses actuel. La Gaule se romanisa à tel point que c'est sur notre sol que subsistèrent les derniers vestiges de l'organisation des Césars. Sidoine Apollinaire, alors que l'Empire était déjà démembré, parlait encore de la « Majesté du peuple Romain ». Entre autres, nos ancêtres avaient pris l'idée de la propriété, telle que la concevaient leurs vainqueurs. On sait quelle conception en avaient les anciens : la propriété était sacrée. Là étaient les tombeaux des ancêtres ; c'eût été un sacrilège que d'apporter une restriction quelconque à ce droit que l'on tenait de la religion. Je ne veux pas insister sur ce point que Fustel de Coulange a si remarquablement fait ressortir dans la Cité antique. Le Christianisme vint et changea les croyances. « Le droit de « propriété fut transformé dans son essence, les bornes sacrées disparurent ; la « propriété ne découla plus de la religion, mais du travail ; l'acquisition en fut « plus facile. » (id. p. 464). Les Barbares avaient aussi une idée différente sur ce point. Mais malgré tout, le fond des préjugés romains se conserva, remontant de temps en temps à la surface par suite des efforts des légistes, développé par l'ancien régime, s'épanouissant dans les réformes révolutionnaires (sauf, cependant, en ce qui concerne la chasse) et se cristalisant dans le Code civil qui nous régit encore.

Cette idée de la propriété est-elle juste ? Il est certain que pour les maisons et les terrains qui y sont contigüs, le propriétaire doit avoir un droit presque absolu, qui ne doit être restreint que par l'exercice de la liberté des autres ; mais pour les autres terres, celles qui ne sont destinées qu'à fournir un revenu en nature et en argent, il n'en est plus ainsi : ce sont de véritables usines produisant du blé, de l'herbe ou du bois; elles sont pour le possesseur une source de profit et non plus de jouissance personnelle ; par conséquent, peu importe qu'il n'exerce plus un droit complet, si le profit qu'il en tirait n'est pas diminué ; et ce cas de diminution, on peut toujours le compenser par une somme d'argent. L'Etat peut donc lui imposer légitimement un certain nombre de servitudes qui, en réalité, ne diminuent en rien les avantages qu'il retire de son fonds.

Qu'aurait dit un Cornélius ou un Fabius,si un Etat sacrilège avait creusé sous sa propriété une galerie de mine ?... C'est pourtant ce que l'on fait journellement, sans que les propriétaires puissent s'y opposer, et même songent à se plaindre. Le Moyen-Age avait mieux compris la question : il distinguait le domaine utile, c'est-à-dire celui destiné à produire des revenus.

En somme, le retrait du droit de chasse ne causerait, *en fait* aucun préjudice au cultivateur ; en raison du morcellement de la propriété, ce droit est, pour la plupart des parcelles, purement illusoire ; le seul profit que puisse en tirer celui qui en est détenteur est de causer des ennuis à son voisin ; mais franchement, la satisfaction des sentiments peu relevés de la nature humaine ne peut servir de base à la législation. Si cette idée que nous exprimons peut blesser un certain nombre de personnes, c'est que nous sommes encore trop imbus de cette conception étroite et surannée d'une propriété complète, conception qui n'est plus d'accord avec les progrès sociaux.

Est-ce à dire qu'il faille retirer le droit de chasse sans indemnité ?... Cette question revient à celle-ci : que faire de l'argent que la commune tirera de la location des chasses ?

Il est certain que le propriétaire ainsi exproprié a droit à une indemnité double.

1° La présence des chasseurs sur son terrain lui causera un préjudice, quelles que soient les restrictions apportées à l'exercice de la chasse par l'autorité administrative, la surproduction de gibier qui résultera nécessairement d'un nouvel état de choses, surproduction qu'on a vu se produire dans les pays voisins, sera la cause d'une aggravation dans les dégâts commis par celui-ci sur les récoltes, et comme le propriétaire ne pourra plus repousser les bêtes sauvages sur sa propriété, il est indispensable de l'en indemniser. Rendre, comme on le fait aujourd'hui, l'adjudicataire responsable de ces dégâts, ne serait pas habile. D'abord, celui-ci, se voyant en butte à des instances continuelles, en diminuera d'autant le prix de location ; de plus, les propriétaires souvent peu fortunés, n'osent affronter les chances d'un procès ; il n'y a souvent que les spéculateurs qui en font profit ; au contraire, en rendant la commune responsable de ces dégâts, jusqu'à concurrence du prix de location, naturellement, on permettra aux parties lésées de se faire payer plus facilement ; les dégâts seront réglés au moment de la récolte par une commission municipale dont le fonctionnement serait à étudier ; au début, l'on pourrait mettre en réserve le prix de location tout entier, et, quand la caisse serait assez riche, le prélèvement à faire sur ce prix, diminuerait, et pourrait, peut-être, devenir nul.

2° Quant au reste de la somme, qu'en faire ? Ce qui serait le plus conforme aux idées actuelles, ce serait de les faire rentrer dans la caisse communale. Dans les petites communes de France, les principales ressources sont les impôts de la terre, qui pourraient donc être diminués d'autant, et par suite, la répartition se ferait, d'elle-même, sur les propriétaires, au prorata de la valeur des terrains, théoriquement, s'entend. Le gouvernement interviendrait-il, pour régler la destination de cette somme, ou bien laisserait-on les communes en disposer ? Cette question ne rentre pas dans le cadre de notre étude ; créons d'abord les ressources, on aura le temps d'en chercher la destination !...

Mais, au point de vue social, cette mesure se justifie-t-elle ? En fait, comme nous l'avons dit, le droit de chasse, restreint à la propriété, est illusoire, et le maître du sol ne peut vouloir le garder que pour jouer le rôle du chien du jardinier.

J'entends l'objection qu'on me fera : Vous allez retirer aux petits propriétaires le droit de chasse, pour le laisser à quelques favorisés de la fortune ; votre mesure n'est pas égalitaire. Nous avons, en France, une singulière idée de l'égalité ; nous ne comprenons que l'égalité dans la misère ; sous le prétexte que tout le monde ne pourra profiter de ce plaisir, on voudrait empêcher quelques-uns de s'y livrer, alors que l'on tirera ainsi des revenus pour le pauvre, et un accroissement de gibier qui permettra aux humbles d'en manger.

Mais l'inégalité est partout, tout ne peut être accessible à tous, à moins de revenir à la barbarie, je ne m'étendrai pas sur ce fait que tout le monde reconnaît.

Je citerai seulement par comparaison. Depuis quelques années, on se livre à un sport dit français (?!) qu'on appelle l'automobile ; cela non plus, n'est pas à la portée de tout le monde, et les « chauffeurs » sont plus rares que les chasseurs. Et pourtant, qui paie l'entretien des routes destinées surtout à ces encombrantes machines ? Le paysan qui regarde passer ces lourds et peu élégants véhicules, qui est empesté par leur essence, quand il ne voit pas ses chiens et ses poules, mêmes ses enfants écrasés par ce symbole de la ploutocratie. On pourra dire que ce genre de sport amène un roulement d'argent. Je tombe d'accord sur ce point et ne demande pas la suppression des autos ; mais cet avantage ne se répercute que très indirectement sur ceux qui en ont les charges.

Pour la chasse, au contraire, il n'en est pas ainsi, l'adjudicataire paiera le prix de location à la commune et, en somme, les habitants en tireront la plus grande partie ; de plus, les chasseurs laissent à chacun de leurs déplacements de l'argent dans le pays ; il faut des piqueurs, des traqueurs, qui sont toujours de la commune même ; on nourrit des chiens, tout cela coûte et augmente le bien-être des habitants, sans compter les petits profits : le pourboire du chasseur novice, les reliefs des festins ; je laisse de côté les aubergistes.

Et ensuite, qui serait lésé par le nouvel état de choses ? Ce n'est pas le pauvre, le petit manœuvre, cet habitant si intéressant des villages, mais bien le propriétaire gros et moyen.

Or, il est évident que si la communalisation était générale, presque tous les chasseurs pourraient faire partie d'une société.

Enfin, si, à tout prix, on veut laisser le droit de chasse à tous, faisons comme sous la Révolution : laissons la chasse entièrement libre partout ; ce sera la destruction du gibier à brève échéance ; mais on aura eu au moins la liberté de chasser pendant un certain temps, tandis qu'aujourd'hui, si l'on se renferme strictement dans le droit, toute chasse en plaine est matériellement impossible.

Reste à traiter la question des grandes propriétés. En Alsace-Lorraine, celui qui possède une terre d'une contenance supérieure à 25 hectares, d'un seul tenant, a le droit de préemption et peut en louer la chasse à la commune au prix du reste du territoire. Cette exception se justifie ; sur une telle contenance la chasse est possible, et il vaut mieux, toutes choses égales d'ailleurs, que le droit de propriété soit le moins divisé possible.

On accuse à juste titre le Français d'être né législateur et de terminer toute étude par un projet de loi. Qu'on se rassure ; je laisse aux spécialistes une rédaction toujours difficile. Il m'a suffi de signaler les avantages de cette mesure et de démontrer qu'elle offrirait peu d'inconvénients ; en somme, elle n'enlève au propriétaire aucun profit réel, et elle fera rentrer dans la circulation une assez grosse somme prise surtout aux personnes dans l'aisance et que celles-ci donneraient avec plaisir, ce qui est éminemment démocratique et social.

P. WEYD,
Inspecteur des Eaux et Forêts.

La réforme de la chasse en France

par M. Georges Béjot

Avant la Révolution, la chasse était un des privilèges de la noblesse qui souvent en abusa.

Ce privilège fut aboli et la chasse devint banale et sans réglementation précise pendant nombre d'années. En 1844 le Parlement fit une loi observée jusqu'à nos jours.

Dans cette loi on consacra le privilège du droit romain, *Res nullius* contre lequel je m'élève et qui à la vérité, ne peut s'appliquer qu'aux oiseaux migrateurs. Le gibier indigène se cantonne et est un des produits du sol.

L'opinion la plus accréditée en France (et qui est une erreur capitale), c'est que le gibier n'appartient à personne.

Il s'agit pour chasser d'aller droit devant soi avec un fusil ; et l'on considère tous gibiers comme gibiers de passage. En souvenir de l'ancien Régime on voit encore dans la chasse réservée et gardée un privilège dont on est jaloux, bien à tort.

Malgré les exemples des pays voisins qui ont su tirer si grand parti de la chasse, on reste dans ces idées erronées qu'il serait opportun de modifier en cherchant une organisation nouvelle basée sur le principe suivant :

La Chasse doit être considérée comme un produit du sol, une récolte au même titre que la coupe d'un pré ou la pêche d'un étang. Il est du devoir de l'Etat d'en faciliter l'exploitation à laquelle il est intéressé par les Industries que la chasse fait vivre et qui représentent un chiffre considérable de millions : vente de ses poudres, produit de ses permis de chasse, habillement, arquebuserie, alimentation, etc.

La suppression de l'enclave est le principe absolu et nécessaire de l'exploitation d'une chasse, et pour la récolte du gibier et pour les mesures indispensables de conservation en vue de la reproduction. C'est le principe posé dans l'organisation des chasses à l'Etranger.

Depuis l'annexion, les chasses alsaciennes ont pris chaque année une plus-value sensible, le gibier a augmenté considérablement et s'exporte sur une grande échelle.

Il y a en France huit millions de cotes foncières qui appartiennent à environ deux millions de propriétaires ; la chasse dite banale est composée généralement de parcelles appartenant à de petits cultivateurs.

Examinons la situation que les usages actuellement en vigueur font à ces derniers, qui sont le nombre.

Le petit cultivateur ne peut défendre son terrain de l'invasion de chasseurs de la localité et des étrangers qui, sachant la chasse libre, arrivent des quatre points cardinaux. S'il a une ou plusieurs pièces sur le territoire, en graines ou en légumes, qui offrent un refuge probable au gibier, tous les chasseurs traverseront ces pièces, les battront en tous sens, et notre cultivateur ne saura à qui s'adresser si sa récolte est saccagée. C'est lui qui nourrit le gibier ; si un lièvre mange ses carottes, il n'a aucun moyen d'obtenir la réparation du dommage.

Dans la chasse libre, il n'y a aucun répondant désigné. Ayant tout à souffrir de la chasse et des chasseurs, n'en tirant aucun profit, chassant rarement, le petit cultivateur est favorable au braconnier qui le débarrasse du gibier et par suite du chasseur.

Pour me résumer, propriétaire du sol, nourrissant le gibier, supportant les dégâts causés par chasseurs et gibier, le petit cultivateur ne peut pas être favorable à la chasse, à moins qu'une loi protectrice de ses intérêts intervenant, par la réunion obligatoire des parcelles, ne donne une valeur de chasse à son champ par la mise en adjudication de lots d'un seul tenant, dont il touchera le prix en prenant l'are comme base de la répartition.

La commune pourrait intervenir pour la désignation des lots qui seraient faits par le Maire ou le Conseil Municipal, en prenant les limites naturelles : routes, cours d'eau, chemins de fer, etc. Pour son concours, la Commune pourrait toucher 10 pour 100 sur le prix d'adjudication.

Pourquoi le petit propriétaire qui, presque toujours, ne chasse pas, ne serait-il pas favorable à la mise en valeur de son sol par la réunion des parcelles qui, séparément, n'ont aucune valeur ? Il supporte sans protester l'expropriation des Ponts-et-Chaussées qui viennent tirer des cailloux dans son sous-sol ou qui coupent sa pièce pour un chemin à créer, souvent pour une maigre indemnité, et il négligerait un bénéfice que lui procurerait la loi, par conséquent un dégrèvement d'impôt ? Je ne le crois pas.

Le propriétaire du sol fera une bonne affaire par la réunion forcée des parcelles ; c'est une loi qui lui rendra service.

Grâce à la loi que je sollicite des pouvoirs publics, il serait créé, dans les 36.000 communes de France, cent mille chasses gardées environ.

A ce propos, il serait important pour la conservation du gibier de mettre les dates de location à des échéances différentes, pour que deux chasses mitoyennes ne soient pas détruites en même temps la dernière année.

Actuellement, dans toute chasse banale, le chasseur tuera la dernière pièce de gibier pour qu'un autre ne la tue pas. C'est la réponse ordinaire.

L'adjudicataire d'une chasse deviendrait un entrepreneur responsable des dégâts du gibier et des délits ; une foule d'associations de chasse s'organiseraient à tant par fusil. La quantité de gibier augmenterait rapidement, car l'adjudicataire ou fermier de chasse aurait intérêt à assurer la reproduction et à détruire la bête fauve. La répression du braconnage deviendrait un intérêt général et s'imposerait aux tribunaux souvent trop faibles.

Toutes ces considérations n'ont pas échappé aux Allemands qui nous vendent et importent, chaque année, pour environ vingt millions de gibier.

Le nombre des chasseurs, et par conséquent des permis de chasse, augmenterait dans une sensible proportion.

La preuve de ce que j'avance existe dans les essais qui ont été faits et organisés, par des propriétaires syndiqués, dans certains départements et certaines communes où les cartes délivrées aux actionnaires vont toujours en augmentant, comme demandes et comme prix.

On m'objectera que la suppression de la chasse banale privera beaucoup de chasseurs qui profitent de ce plaisir; c'est vrai ! mais aussi je répondrai : « Que de gens qui ne chassent pas à l'heure actuelle, faute de chasses !!! » Le nombre en est considérable. Ce sont généralement des gens occupés qui voudraient le dimanche et les jours de fête pouvoir chasser et s'amuser. Ils s'empresseraient de faire un sacrifice (qui leur procurera plaisir, santé et gibier) pour la location d'un lot dont ils jouiraient à jours déterminés.

Le lotissement du territoire français, d'une façon uniforme, aurait pour résultat de créer un nombre considérable de nouveaux chasseurs et l'intérêt de la reproduction serait la conséquence de l'organisation nouvelle, tandis que dans la chasse banale telle qu'elle est actuellement, la destruction du gibier progressive et le développement non combattu des animaux nuisibles auraient pour résultat la destruction complète de la chasse.

De même qu'en Allemagne, tout propriétaire d'un lot de quarante hectares d'un seul tenant pourrait réserver sa chasse, à la condition d'en faire la déclaration à la Mairie et de payer à la commune 10 0/0 sur sa valeur estimée suivant la moyenne du prix de location dans la commune ou les communes voisines.

Le prix des locations des chasses de l'Etat s'est sensiblement abaissé lors de la dernière adjudication.

La réforme que je souhaite est essentiellement démocratique et intéresse surtout les petits cultivateurs, travailleurs infatigables dont on s'occupe fort peu et qui sont une gloire française.

En organisant et améliorant les chasses en France, le nombre des chasseurs augmentera ; il y aura de ce fait bénéfice pour l'Etat, pour l'Industrie, le Commerce et l'Alimentation : et la Répression rigoureuse du braconnage deviendra un intérêt national.

GEORGES BÉJOT,

Président de la Société Centrale des Chasseurs.

COMMUNALISATION

Rapport de M. le Baron de Segonzac sur la communalisation.

Aussitôt la circulaire de M. MOUGEOT parue, la Société des Chasseurs de l'Oise sous la présidence de M. le marquis de Beauvoir entra résolument dans cette voie et nomma une Commission de 3 membres, MM. de Poly, Chalmin et moi pour élaborer un programme de concours et de récompenses pour les communes de l'Oise ayant le mieux appliqué notre large programme de communalisation. M. le Marquis de l'Aigle toujours si dévoué aux intérêts publics offrit généreusement la grande partie de la somme nécessaire aux récompenses et M. de Poly fut chargé du rapport donnant les résultats de ce concours et sa propre commune donnant l'exemple, fut une de celles récompensées, mais peu se présentaient et aucune ne répondit entièrement à l'exécution complète du programme qui cependant laissait toute latitude comme modes d'applications et qui tous étaient indiqués.

L'année suivante je présentai et je fis adopter en Assemblée Générale des Agriculteurs de France, un vœu approuvant la circulaire de M. Mougeot sur la communalisation, moyennant l'affirmation du principe du droit de chasse, inhérent à la propriété et des réserves absolues sur l'emploi du prix de location comme ressources communales, comme étant contraire à ce principe et étant dangereux pour les contribuables.

A partir de ce moment où la communalisation ne réussit pas dans l'Oise, je compris qu'il devenait presqu'impossible, malgré la très bonne et libérale circulaire de M. Mougeot, d'obtenir un résultat efficace dans la France entière, je cherchai donc, avec le plus grand soin, pour obtenir ce résultat désiré par tous, en essayant de donner satisfaction d'une part aux propriétaires et d'autre part aux chasseurs de toute catégorie sauf cependant à ceux n'y ayant aucun droit. J'ai donc rédigé des amendements à la loi de 1844, et ils comportent 6 paragraphes et donnent je crois toute sécurité et en même temps toute liberté aux propriétaires et aux chasseurs et obligent presque ces derniers pour ainsi dire *ipso facto* à se constituer en syndicat de chasse.

C'est, il me semble, le résultat désiré d'autant plus que les propriétaires non chasseurs sont indemnisés de l'abandon bénévole des droits de chasse sur la terre.

De plus, cette organisation comporte la garderie effective presque naturellement.

Mais il faudrait cependant obtenir que les gardes soient assermentés et que les procès soient faits au nom du Syndicat et nullement au nom du propriétaire du terrain .

Lois françaises.

On ne pourra obtenir un bon résultat qu'en gardant la loi de 1844 en ajoutant les amendements suivants qui donneront satisfaction aux deux grands principes fondamentaux français :

1° Le respect de la propriété.
2° La mise en commun facultative du droit de chasse à chacun.

Donc je propose :

1° Le droit de chasse est inhérent au droit de propriété.

2° Tout propriétaire désirant garder pour lui son droit de chasse sur tout ou partie de ses propriétés devra en faire la déclaration à la mairie de la commune sur laquelle sont situés les propriétés avant le premier janvier de l'année de location.

3° Le maire de la commune mettra par adjudication publique en location à l'enchère pour une période de 9 ans, la chasse sur toutes les parcelles dont les propriétaires n'auront fait aucune déclaration de réserve, en un, deux ou plusieurs lots.

4° Le prix intégral de la location sera versé entre les mains du percepteur qui en fera la répartition entre les propriétaires au prorata des contenances en totalisant le montant de tous les lots.

5° Cette adjudication aura lieu du 1er février au 1er avril de chaque année par canton. Chaque canton sera divisé par lettres alphabétiques en 9 groupes de commune.

6° Le gibier existant est évalué à titre d'experts (un pour chaque partie et un tiers expert) et sera considéré à l'entrée en jouissance pour la première fois comme un cheptel que l'adjudicataire sera tenu de rendre dans les mêmes conditions à la fin du bail. Dans le cas où le locataire, à sa sortie, ne rendrait pas en gibier vivant l'équivalent il lui serait attribué une pénalité montant du triple de l'équivalent du prix en gibier vivant, s'il en rendait, au contraire, davantage il lui serait accordé une indemnité montant du double du prix du gibier vivant pour la partie supplémentaire.

7° L'adjudicataire suivant serait tenu, comme clause première du bail ou à solder le prix supplémentaire à l'ancien locataire en entrant en jouissance ou à recevoir l'indemnité pour le gibier manquant.

Avec l'adoption de ces différents amendements on obtiendra :

1° Le repeuplement rapide de toute la France.

2° Partout le Syndicat local des chasseurs.

3° La garderie effective de toutes les chasses.

4° La rémunération équitable des propriétaires abandonnant leurs droits de chasse.

5° Suppression presque complète de la dévastation des propriétés et des récoltes par les chasseurs.

NOTA. — Il serait spécifié au Cahier des Charges, que le passage dans les grandes récoltes céréales serait interdit mais permis dans les verdures, les fourrages non à graines, les pommes de terre, les betteraves, et, en général, dans toutes les petites récoltes d'automne.

Baron de Segonzac.

Rapport présenté au Congrès de la Chasse sur la Communalisation volontaire ou obligatoire des Chasses en France.

Parmi les grandes questions soumises à la discussion au Congrès de la Chasse, une des plus importantes est assurément celle désignée sous le nom de Communalisation des Chasses et qui peut se définir ainsi : « Communalisation volontaire ou forcée de toute pièce de terre n'ayant pas une étendue suffisante pour que le propriétaire puisse y exercer utilement son droit de chasse, cette étendue restant à fixer ».

Deux circulaires de M. Mougeot, ancien ministre de l'Agriculture, en date des 15 janvier 1903 et 15 février 1904 ont posé en termes précis cette question qui en outre a déjà été dans la presse cynégétique l'objet de nombreux et importants débats.

Ce système est, je le crois, inapplicable en France et je me propose de le combattre en l'envisageant ici sous son double aspect de Communalisation obligatoire, c'est-à-dire d'abandon forcé du droit de chasse à l'Etat et de Communalisation libre, c'est-à-dire d'abandon amiable de ce même droit de chasse par les propriétaires de terres morcelées à la Commune.

1° L'objection capitale à opposer à la Communalisation, son vice constitutionnel en quelque sorte, est de reposer sur une atteinte grave et directe au droit de propriété. Il n'y a pas de distinction à établir entre les diverses parties de ce droit qui toutes sont également légitimes et respectables et dont l'exercice ne peut appartenir qu'au propriétaire du sol, lors même qu'il ne peut faire de son droit un usage utile. Le droit de propriété et ses annexes sont également sacrés dans tous les cas, qu'il s'agisse d'une terre de trois hectares ou d'une terre de trois cents.

La Communalisation volontaire, bien que d'apparence plus libérale, puisqu'elle n'autorise la commune à s'emparer du droit de chasse sur les parcelles morcelées qu'après s'être assurée au préalable du consentement formel des propriétaires, ne doit pas être envisagée plus favorablement. Elle comporte en effet une sorte de pression, discrète, je le veux bien, purement morale, je l'accorde également, mais enfin une contrainte plus ou moins légère exercée sur la volonté des petits propriétaires, quelquefois même avec le concours de l'autorité municipale désireuse d'accroître les ressources de son budget. Elle ne peut se fonder que sur l'abandon d'un de leur droit, consenti plus ou moins volontiers par les propriétaires communalisés. Or l'abandon, même volontaire, d'un droit dont on n'est pas assuré de recouvrer aisément par la suite l'exercice légitime est toujours chose fâcheuse.

Enfin ces atteintes au droit de propriété et à son annexe intime, le droit de chasse, sont d'autant plus préjudiciables aux chasseurs que nombre d'entre eux ne font souvent l'acquisition d'un bien rural que pour pouvoir y exercer librement et à leur gré ce droit de chasse que la loi leur donne la faculté de se réserver exclusivement et dont ils se verraient dépouillés par la Communalisation forcée, auquel il serait mis des entraves par la Communalisation libre.

2° Où commence la chasse dite banale ? Où s'arrête-t-elle ? C'est encore là une question délicate et dont l'appréciation ne saurait être entourée de trop de garanties.

Le but principal et avoué de la Communalisation est de ramener l'abondance du gibier sur les terres de petite étendue par la location et la garde de ces terres, diminuant ainsi d'autant le braconnage. Mais le propriétaire d'une terre considérable, deux cents hectares je suppose, peut fort bien ne pas se réserver sa chasse ni la faire garder. Cette propriété ne sera alors en réalité qu'une grande chasse banale dont le parcours sera permis tant aux chasseurs qu'aux braconniers. Le cas est rare, j'en conviens. J'en ai pourtant rencontré un analogue dans ma carrière de chasseur et d'autres semblables peuvent se produire pour des raisons que je n'ai pas à apprécier ici, ne serait-ce que de simples motifs de popularité ! Quel sera alors le sort de cette grande propriété dont la chasse demeure libre ? Doit-elle échapper à la Communalisation comme étant d'un seul tenant et d'étendue suffisante ? Doit-elle au contraire être communalisée en vertu de l'intérêt supérieur de la chasse et des chasseurs, parce que sa banalité va directement à l'encontre du but final que se propose la Communalisation ? Ce serait une porte ouverte à l'arbitraire.

3° Cette spoliation du droit de chasse des petits propriétaires que je signale plus haut peut avoir une répercussion extrêmement grave sur le droit de chasse de la grande propriété. Toute distinction entre le droit du petit et du grand propriétaire est inique, même lorsque cette distinction se base sur des motifs d'utilité publique. Il n'y a aucune raison valable pour que, dans un avenir plus ou moins éloigné, la chasse des grands domaines ne soit pas communalisée comme celle des petits biens, sous prétexte que les grands propriétaires ne font pas de leur droit de chasse un usage suffisamment utile. Les petits propriétaires, s'estimant lésés dans leurs plaisirs ou dans leurs intérêts, demanderont avec raison l'égalité pour tous et, comme ils forment la très grande majorité du corps électoral, ils y parviendront certainement. Une loi ne communalisant que la petite propriété est une loi d'exception et toute loi d'exception est radicalement mauvaise. L'Etat se trouvera désormais être seul régulateur et seul dispensateur du droit de chasse ravi à tous les propriétaires sans exception. Seul il en percevra réellement les avantages pécuniaires par la mise en adjudication de la chasse de toutes les propriétés désormais communalisées. Il favorisera d'autant plus les réclamations des petits tenanciers du sol dépossédés que cette prise de possession universelle du droit de chasse en France sera pour le budget une source de revenus bien plus considérables encore que ceux provenant de la location des chasses de ses forêts.

4° En cas de communalisation forcée ou volontaire, disent les partisans de ce système, les propriétaires privés du droit de chasse sur leurs terres, loin d'être spoliés, recevraient au contraire une juste compensation. Ils seraient indemnisés au moyen d'une diminution des impôts grevant leurs terres. Cette indemnité serait calculée au prorata de la contenance desdites terres communalisées et fournie par le prix d'adjudication des chasses. A mon avis, dans la plupart des cas, que les terres soient communalisées forcément ou librement, cette indemnité sera à la fois illusoire et insuffisante et ne compensera jamais ni le préjudice matériel, ni le préjudice moral causé au propriétaire dépouillé. Cette sorte d'expropriation du droit de chasse ne peut se comparer à une expropriation pour cause d'utilité publique où l'on opère sur des bases certaines, telles que la valeur connue d'un immeuble, d'un fonds de terre dont le prix peut être exactement établi et surtout payé aux expropriés au moyen des ressources régulières et certaines du budget des communes expropriatrices. Ici, la certitude du paiement de l'indemnité est des plus aléatoires puisqu'elle repose sur une mise en adjudication pouvant donner un chiffre dérisoire ou même nul. L'adjudication des territoires de chasse situés à proximité des voies ferrées, des grands centres de population ou placés en bordure de propriétés gardées et giboyeuses, pourra atteindre un prix satisfaisant. Mais dans les régions éloignées, dans ces pays de montagnes où la neige interdit non seulement la chasse, mais encore les communications pendant tout l'hiver, les communes ne trouveront certainement pas d'adjudicataires ou en trouveront à des prix dérisoires. Quelle sorte d'indemnité toucheront donc alors les propriétaires ? En encaisseront-ils même une ? Ils auront été simplement dépouillés de leur droit sans compensation. En outre la valeur agricole d'un terrain par rapport à sa valeur cynégétique ne peut être établie dans une juste proportion. Dans certains pays stériles, même en terres banales, classés au cadastre dans les dernières catégories, souvent le gibier foisonne en raison directe de l'état clairsemé de la population rurale. Supposons-y la Communalisation établie sur la base d'une indemnité représentée par un dégrèvement de l'impôt foncier. Cette réduction d'impôts dont bénéficieront les propriétaires communalisés sera infime la terre n'ayant aucune valeur. Sur leur chasse libre, ils gagnaient auparavant en gibier un capital peut-être décuple de la somme insignifiante qui leur sera allouée. Bien mieux. Si la communalisation, comme il est facile de le prévoir, s'étend un jour à la grande propriété, celle-ci subirait un préjudice notable. Dans ces pays, la location de leur chasse procure aux propriétaires non chasseurs un revenu de beaucoup supérieur aux fermages de terres stériles ou à l'exploitation de bois sans valeur forestière. L'Etat en s'emparant de la location de leur droit de chasse s'emparerait en réalité d'une portion souvent plus importante de leur fortune que la location du fonds de terre lui-même, ne leur donnant en échange qu'une somme infime.

Enfin, même au cas où le dégrèvement de l'impôt foncier fournirait dans les communes favorablement traitées une somme importante, cela n'équivaudra jamais pour les propriétaires chasseurs privés de leur droit forcément ou par une convention amiable à la jouissance que représentait pour eux le libre exercice de ce droit. Pour le chasseur, le sentiment de son indépendance et sa liberté d'action à la chasse constituent l'essence même de son plaisir. Ne voyons-nous pas chaque jour des chasseurs peu fortunés s'imposer de lourdes dépenses dans le seul but de pouvoir parcourir ces chasses banales dont on réclame aujourd'hui la suppression ? C'est que la passion de la chasse, comme toutes les passions d'ailleurs, ne peut s'estimer à prix d'argent. C'est qu'aucune indemnité, si élevée puisse-t-elle être, ne compensera jamais pour le propriétaire chasseur, pour le propriétaire rural surtout, la privation de l'exercice de son libre droit de chasse.

5° Le moyen préconisé pour la mise en location des chasses librement ou forcément communalisées, l'adjudication, est lui-même une vexation intolérable, un tort souvent considérable fait au propriétaire qui dans certaines circonstances peut, de ce chef, être troublé dans la légitime jouissance de son bien. La puissance de l'argent est un fait brutal. L'adjudication, de par le droit que lui confèrent ses écus versés à la caisse municipale, et tout en observant scrupuleusement les obligations que lui impose son cahier des charges, aura désormais toute faculté de parcourir les terres dont la chasse lui aura été adjugée, contre le gré même des possesseurs du sol. Il sera aussi maître qu'eux sur leur propre terrain, pourra devenir pour ces propriétaires la source d'ennuis sans nombre. Peut-être même était-il déjà en mauvais termes avec ceux chez qui sa fortune lui permet de s'implanter en quelque sorte et qui seront ainsi bien mal récompensés de n'avoir quelquefois abandonné leur droit que dans le but louable d'augmenter quelque peu le revenu souvent limité du budget de leur commune. Ce qui n'était jadis qu'une tolérance, toujours révocable au gré de l'intéressé, sera désormais un droit, temporaire, c'est vrai, subordonné à la durée du bail de chasse de l'adjudicataire, mais strict et irrévocable pendant tout le cours de cette durée.

6° Un des plus graves inconvénients de la communalisation, sous quelque forme qu'elle se présente, sera de créer certainement dans les campagnes un violent antagonisme entre les indigènes chasseurs propriétaires et les adjudicataires étrangers à la commune. Or dans chaque commune, ces derniers se heurteront forcément à deux ou trois propriétaires riches et influents, mais obligés du fait de leurs terres morcelées, à maintenir la chasse libre et chez eux et chez leurs voisins. D'abord ces propriétaires n'accepteront pas déjà sans difficultés la nécessité de ne plus chasser qu'à titre onéreux sur un territoire qu'ils parcouraient gratuitement autrefois, dont ils possèdent une partie du sol. Si de plus leur fortune ne leur permet pas de lutter avantageusement contre leurs rivaux au moment des adjudications, ils emploieront sans scrupules toutes les ressources propres à faire déserter le territoire communal par ceux qu'ils regardent forcément comme des intrus. Ce sera la guerre permanente et envenimée par tous les moyens possibles. Dans cette difficulté de concilier des intérêts également opposés réside, je crois, le plus grand obstacle à l'établissement dans nos pays de la communalisation volontaire. M. Mougeot l'a reconnu lui-même quand il dit dans sa circulaire du 15 février 1904 :

« Il est encore un point sur lequel il convient d'appeler l'attention de MM. les maires. Il y a lieu en effet de faire remarquer que si le consentement unanime des propriétaires n'est pas absolument nécessaire pour permettre la constitution d'une chasse susceptible d'être exploitée, il est bon cependant de leur conseiller de faire tous leurs efforts pour obtenir, sinon l'unanimité, du moins la presqu'unanimité. Car, afin d'éviter les difficultés dans la commune, j'estime qu'il sera utile de ne louer les chasses que.... lorsque le nombre des parcelles exclues des amodiations ne sera pas tel que l'exercice de la chasse soit en fait rendu impossible. »

Et c'est ici surtout que je redoute de voir s'établir cette pression morale et discrète, sur les petits propriétaires, dont je parlais plus haut. Un maire, chasseur, mais non pas propriétaire sur sa commune, dans son désir d'y créer une chasse dont il pourra devenir ensuite adjudicataire ou actionnaire, ne sera-t-il pas amené, peut-être à son insu, à user du prestige de l'écharpe pour enrôler ses administrés, un peu malgré eux, dans la communalisation ? Inversement, un autre maire, propriétaire et chasseur, ne sera-t-il pas entraîné à mettre son influence municipale au service de ses intérêts cynégétiques, à rendre impossible l'adjudication communale pour éloigner de ses propres terres une commune étrangère et pouvoir chasser comme par le passé, librement et sans rien débourser. Le rôle des maires, prépondérant en cas de communalisation, sera certes fort délicat et beaucoup peuvent se trouver forcés d'avoir à opter entre leurs intérêts de chasseurs-propriétaires et leur devoir d'administrateurs.

7° Pour pallier dans une mesure raisonnable l'aveugle puissance de l'adjudication et pour obvier autant que possible aux conflits probables entre les propriétaires communalisés volontairement ou non à des étrangers, on a proposé d'accorder pour les adjudications des chasses un droit de préférence aux habitants de la commune.

Non seulement ce droit fort naturel leur serait concédé, mais encore il serait complété par une notable réduction du prix d'adjudication ou du taux des actions de chasse que pourrait émettre la commune. Ce privilège reconnu aux chasseurs indigènes est équitable. Il est très légitime que les propriétaires du pays puissent chasser sur leurs terres et sur celles de leurs concitoyens plutôt que des inconnus. Mais rien ne me garantit que ces habitants d'un même pays vivent déjà entre eux en bonne intelligence. C'est très souvent le contraire qui a lieu. Les discordes sont fréquentes entre campagnards jaloux les uns des autres, dont certains peuvent avoir été les victimes antérieures de procès intentés par leurs voisins pour faits relatifs à leur culture. Les haines de village sont terribles et les paysans saisissent avidement en général les occasions de satisfaire leurs rancunes. Les plus riches d'entre eux se faisant adjuger la chasse sur le territoire de la commune s'imagineront aisément pouvoir régner en maîtres sur les terres de leurs ennemis. Les bonnes intentions du législateur seront ainsi réduites à néant. Il aura simplement substitué la guerre civile à la guerre étrangère. D'ailleurs même en réservant aux indigènes la préférence aux adjudications, même en les faisant bénéficier d'une réduction sur le prix des actions de chasse, la communalisation n'établit pas entre eux la parfaite égalité des charges. Elle exige une somme uniforme de propriétaires chasseurs qui ont pu abandonner à la commune leur droit sur des quantités de terres fort différentes. Le droit de propriété et la simple équité se trouvent ici également lésés.

8° Une des plus mauvaises conséquences de la communalisation serait de diviser immédiatement le monde des chasseurs français en deux classes forcément ennemies. La première, peu nombreuse, pourrait seule, grâce à sa fortune, concourir aux adjudications des anciennes chasses banales. Elle confisquerait en réalité à son profit le droit de chasse et l'exercerait seule en fait. Ce serait une véritable classe des privilégiés de l'argent. L'autre comprendrait la masse nombreuse de ce que l'on est convenu d'appeler les petits chasseurs. Reconnus aptes par la loi à jouir de leurs droits civils et civiques, tant qu'un jugement ne les en a pas privé, mis en réalité dans l'impossibilité matérielle de les exercer, il ne leur serait octroyé que le plaisir de voir désormais leurs opulents confrères exploiter seuls ce qui doit être la richesse commune, le gibier.

La communalisation est donc essentiellement anti-démocratique puisqu'elle dépouille une majorité dans la plupart des cas intéressante au profit de la moins intéressante des aristocraties, celle de l'argent. Cette choquante inégalité ne sera jamais acceptée de bonne grâce par la majorité dépouillée et engendrera certainement des haines violentes, qui, dans nos campagnes, se manifesteront de la façon la plus fâcheuse. On a cherché, je le sais, à éviter ce grave inconvénient en créant dans chaque chasse communalisée une réserve dite banale. Ce ne serait d'abord qu'une satisfaction dérisoire accordée aux opposants. Ce seul mot de réserve qui dans le langage habituel de la chasse sert à désigner un territoire soigneusement ménagé et par suite particulièrement riche en gibier devient une iro nie amère quand il est appliqué à un terrain destiné à être exploité par tous sans distinction, où braconniers et chasseurs pourront se coudoyer dans une touchante fraternité, sur lequel le nombre des poursuivants ne sera certes pas une garantie de l'abondance du gibier. Ensuite les petits propriétaires compris dans la réserve banale et soumis à l'obligation de tolérer une pareille invasion se voient de par la loi mis dans l'impossibilité de céder à la commune, s'ils y sont consentants, la chasse de leurs terres et sont privés ainsi des bienfaits si hautement vantés de l'indemnité de communalisation. Enfin les cultivateurs, les exploitants du sol, englobés pour leur malheur dans la réserve banale, seront souvent exposés à des incursions désastreuses dans leurs récoltes, à des dégâts toujours appréciables. L'agglomération d'une grande quantité de chasseurs plus ou moins civilisés, parqués dans un espace limité, entraînés par leur passion à vouloir tuer à tout prix quelques pièces d'autant plus ardemment convoitées qu'elles sont plus rares, aura pour conséquence certaine des excès regrettables. Cette utopie d'une réserve banale est donc inadmissible. Ce sera une dérision pour les chasseurs, un abus pour les propriétaires obligés de supporter légalement ce qu'ils ne faisaient autrefois que tolérer, une source de dommages pour les cultivateurs exposés peut-être aux dévastations d'une multitude armée.

9° Enfin la communalisation n'atteint même pas d'une façon générale et uniforme le résultat qu'elle se propose. Ce serait une erreur de croire que le gibier se repeuplera sur les terres banales par la seule vertu de la communalisation. De ce que la chasse de ces terres sera louée désormais à des sociétés de chasseurs; il ne s'ensuit pas forcément qu'elle sera sagement exploitée et sérieusement gardée. Certaines communes, par suite de leur éloignement de tout centre important, de la difficulté des communications, seront adjugées pour une somme minime à de véritables sociétés de braconnage qui, loin de ménager le gibier, achèveront de détruire le peu qui reste et cette fois avec l'appui de la loi. La dévastation des campagnes, aujourd'hui simplement tolérée, deviendrait légale et presqu'obligatoire. D'autres sociétés, engagées à se porter adjudicataires par le seul appât du bon marché de l'adjudication, peuvent fort bien ne pas se montrer plus soucieuses de la protection du gibier. La modicité de leurs ressources peut même ne pas leur permettre l'entretien d'un garde. La communalisation n'aura été pour elles qu'un prétexte à écarter du territoire communalisé les quelques chasseurs de la localité leur faisant autrefois concurrence et leur unique souci sera d'anéantir rapidement les quelques épaves encore subsistantes sur un territoire déjà dépeuplé. Puisque le but avoué de la communalisation est le repeuplement et la conservation du gibier sur les terres banales, et par suite son abondance, il serait encore plus logique et plus simple d'imposer à tous les propriétaires grands et petits d'une même commune l'obligation d'entretenir à frais communs un garde, chacun devant contribuer au traitement de ce garde proportionnellement à l'étendue de ses terres. Inutile de dire que ce serait là une atteinte à la liberté individuelle qui permet à tous d'employer leurs revenus comme il leur plaît sans donner à ces revenus une destination forcée. Enfin le braconnage, aujourd'hui si faiblement réprimé, prendrait une extension plus grande encore. Les centres giboyeux font le braconnage. Les terres communalisées, passant à tort ou à raison pour être redevenues giboyeuses seraient dévastées toute l'année au lieu de ne l'être qu'avant l'ouverture. Comme dans nos chasses gardées actuelles, le braconnage des panneauteurs étrangers à la localité y sévirait toute l'année, accru de celui des indigènes, précédemment chasseurs campagnards munis de permis, désormais privés du libre parcours de la chasse communale.

Pour que la question de la communalisation fut ici traitée complètement et envisagée sous ses divers aspects, je devrais dire quelques mots de cette communalisation spéciale basée sur le principe posé par la loi du 21 juin 1865. Mais avant de l'apprécier suivant ses mérites, je préfère attendre que la discussion publique qui en sera faite au Congrès de la Chasse nous en fasse mieux connaître les qualités et les inconvénients. Cependant, je dois dire dès maintenant qu'en principe je suis l'adversaire déclaré de tout projet soumettant les Syndicats de chasseurs à un contrôle direct de l'Etat. Pour pouvoir porter tous leurs fruits ces Syndicats, comme toute autre association d'ailleurs, doivent jouir de la plus entière liberté. Le plus grave reproche que je puisse leur adresser c'est d'absorber la personnalité de chaque membre dans une collectivité ; c'est d'amener ainsi chaque syndiqué à se dépouiller de son droit au profit d'une association qui ne fera peut-être pas de ce droit l'usage souhaité. Au surplus, le seul mot *d'obligatoire* accolé dans ce projet aux mots de communalisation du droit de chasse suffirait pour me le rendre suspect. J'entends ne me dépouiller d'aucun de mes droits, ni volontairement, ni forcément. Je n'aime aucunement à voir soit l'Etat, soit la commune, soit une majorité souvent aveugle se substituer à ma personne.

Toute affiliation à un syndicat est une sorte de mise en tutelle, une abdication du libre exercice de la volonté.

Or, je veux pouvoir exercer ou non mes droits persónnellement, faire mes affaires bien ou mal, mais moi-même et librement .

En résumé j'estime que la communalisation, spoliatrice dans son principe, vexatoire dans son application, pas compatible avec nos mœurs, ne remplissant même pas toujours le but qu'elle se propose, est par le fait inapplicable en France, soit qu'elle se présente sous la forme de la communalisation obligatoire, soit qu'elle revête l'aspect, plus libéral en apparence de la communalisation libre. Les esprits sérieux, ceux qui réfléchissent sur les conséquences et ne se laissent pas simplement abuser par les mots, l'ont déjà estimée à sa juste valeur. Je n'en veux d'autres preuves que ces quelques lignes d'un de nos écrivains cynégéitques les plus hautement appréciés :

« Il est certain que ce système d'amodiation du droit de chasse a pratiquement des avantages considérables ; aussi la France est-elle tributaire de l'Allemagne et de l'Autriche qui importent chez nous chaque année une quantité considérable de gibier. Mais il est absolument certain aussi que son application en France ne donnerait pas les mêmes résultats qu'en Allemagne. Le caractère, les mœurs des individus, les idées reçues, la nature des lieux, diffèrent tellement dans les deux pays que je ne crois pas que l'adoption de la loi allemande en France puisse nous procurer une abondance de gibier comparable à celle que l'on constate chez nos voisins. Je ne parle pas du principe en lui-même. C'est en France, plus qu'ailleurs et plus que jamais en ce moment que le droit de propriété doit être respecté et le droit de chasse est un droit inséparable de la propriété ».

Telles sont les propres paroles de M. Louis Ternier, le sympathique rédacteur en chef de la *Chasse Illustrée.*

A toute étude il faut une conclusion. Puisque la communalisation ne peut réussir en France, par quels moyens arriverons-nous à repeupler nos chasses et à rendre à notre pays les richesses giboyeuses auxquelles la fertilité de son sol et les favorables conditions de son climat lui donnent plus de droits qu'à toute autre contrée ?

Ces moyens sont pour ainsi dire sous notre main. Nous n'avons nul besoin d'aller les chercher dans une imitation maladroite de législations étrangères plus ou moins heureusement adoptées à nos mœurs et à nos institutions. Ils consistent tous uniquement dans une répression très sévère du braconnage et dans une sérieuse aggravation des peines frappant *tous les délinquants* qui tirent un bénéfice quelconque de cette coupable industrie. Ce qu'il faut poursuivre par dessus tout, c'est la disparition du braconnage. La vraie plaie des chasses banales, je l'ai souvent soutenu autre part, ce n'est pas le nombre des chasseurs qui s'y abattent à l'ouverture, c'est la multitude des braconniers qui les dépeuple en toute saison.

Ici je serai très bref. En indiquant les quelques modifications qui me semblent désirables dans les lois régissant actuellement la chasse, j'espère fermement être en parfait accord avec tous les chasseurs et, au moins sur ce terrain, ne pas rencontrer de contradicteurs.

1°Assimilation du braconnage au vol. Il est inutile d'insister longuement sur les avantages de cette mesure déjà réclamée depuis longtemps par la très grande majorité des chasseurs. Ses principaux avantages seraient les suivants : peines beaucoup plus dures encourues par les délinquants et appliquées dans la même mesure à leurs recéleurs ; incarcération immédiate des braconniers qui ne pourront plus user de moyens dilatoires pour ne comparaître en justice que souvent plusieurs mois après la constatation du délit ; suppression des frais ruineux de procédure causés par ces mêmes délais ; enfin les condamnations encourues par les braconniers recevraient une sanction immédiate. Les condamnations à la prison seraient accomplies immédiatement et successivement dans leur entier et ne se trouveraient plus annulées et confondues comme il arrive trop souvent actuellement.

2° Peines sévères prononcées contre les tenanciers d'établissements trouvés détenteurs de gibier,puis à l'aide d'engins prohibés ou capturés en temps de clôture. Ces peines pourraient, outre les amendes, comporter les fermetures successives de l'établissement d'autant plus prolongées que les délits antérieurs seraient plus nombreux.

3° Interdiction absolue en temps de neige, non seulement de la chasse, mais encore du colportage et de la vente du gibier. Un délai raisonnable pourrait être accordé aux marchands de gibier pour l'écoulement de leur stock acheté antérieurement à la chute de la neige, mais en cas d'abus constaté, cette tolérance serait immédiatement supprimée, sans préjudice de prrcès-verbal.

4° Surveillance étroite des gares de chemins de fer où peut être provisoirement déposé le gibier capturé par le braconnage.

5° Ouverture de la chasse fixée en règle générale le plus tôt possible et dans le plus court délai après l'achèvement de la moisson. C'est là le seul moyen efficace de prévenir les ravages des panneauteurs, destructeurs du gibier avant l'ouverture, en les privant du temps nécessaire à leurs opérations.

6° Pour arriver promptement à une sérieuse répression du braconnage, une force publique est indispensable. Nous ne pouvons la trouver ni dans les gardes-champêtres, incapables d'assurer la sécurité des habitants des campagnes, à plus forte raison celle du gibier, ni dans la gendarmerie trop surchargée d'occupations pour s'occuper activement de la police de la chasse. Mais nous la trouverons aisément dans la création d'un corps de gendarmes communaux, véritable territoriale de la gendarmerie active, recrutés parmi les sujets d'élite sortant de l'armée, domiciliés à raison d'au moins un gendarme pour commune et placés sous les ordres d'un brigadier résidant au chef-lieu de canton. Sans entrer dans tous le détail des services que cette institution rendrait dans nos campagnes, les avantages qu'en retireraient les chassseurs seraient immenses. Les brigades communales se mobilisant rapidement à l'époque de l'ouverture, préviendraient ainsi les désastreux effets du panneautage, unique et véritable cause de la dépopulation des chasses banales. Résidant à demeure dans la commune, le gendarme communal pourrait aisément verbaliser contre les cabaretiers receleurs des braconniers et réprimer ces délits beaucoup plus efficacement que le garde-champêtre placé souvent vis-à-vis de ses concitoyens dans une situation beaucoup moins indépendante. La plaie du braconnage serait ainsi combattue à sa source même. Une commission, délivrée par les Parquets, assurerait au gendarme communal le droit de perquisitionner dans les locaux suspects. Il serait fort à désirer qu'un semblable pouvoir fût accordé aux gardes particuliers relativement aux locaux situés sur les propriétés dont ils ont la garde et appartenant aux propriétaires au nom desquels ils sont assermentés. Les actes de braconnage dont se rendent souvent coupables les fermiers et les domestiqus de culture seraient ainsi aisément réprimés et en tous cas la saisie possible de leurs engins suffirait pour les en détourner.

La solde des gendarmes communaux pourrait être facilement assurée par une forte augmentation du prix des permis de chasse. Cette augmentation présenterait le double avantage de diminuer dans une notable proportion le nombre de ces chasseurs que l'on peut qualifier de parasites de la chasse et d'assurer le bon fonctionnement d'une police rurale sérieuse et régulière sans qu'il en coûte rien au Trésor.

Moyennant ces quelques modifications très simples apportées à nos lois régissant actuellement la chasse, les inconvénients résultant de la banalité des chasses et auxquels prétend à tort remédier toute communalisation *quelle qu'elle soit*, disapraîtraient à peu près complètement. Ces lois sont amplement suffisantes pour assurer la richesse giboyeuse de notre pays, mais à la condition qu'elles soient sévèrement observées. Il y aurait lieu de protester énergiquement contre leur suppression.

CH. POMPON.

Note relative à la Communalisation de la Chasse

par M. Romain (Edmond).

La communalisation de la chasse est une atteinte au droit de propriété et si cette mesure, d'abord facultative, devenait obligatoire ce serait le commencement de la confiscation.

Après la communalisation de la chasse il n'y a pas de raison pour ne pas faire ensuite la communalisation de la culture, et... de là à la spoliation complète il n'y a qu'un pas.

La communalisation de la chasse ne peut profiter qu'aux grandes chasses qui trouveraient par là le moyen de s'agrandir à pris d'argent en absorbant toutes chasses libres voisines ou bien des sociétés créées dans les villes s'empareraient des territoires des communes et des environs, de toutes façons les chasseurs de la campagne seraient sacrifiés.

Les avantages du repeuplement qu'on fait miroiter devant le public sont absoluments illusoires ; avant de repeupler il faut empêcher de détruire ce qui existe et ce n'est pas une garde plus ou moins efficace qui empêcherait la destruction illicite du gibier d'autant plus qu'au braconnage ordinaire viendrait se joindre, à coup sûr, les représailles de chasseurs dépossédés.

Ce ne sont pas les chasses qui manquent en France, il est vrai que le prix des locations est assez élevé, mais on ne peut cependant dépouiller les propriétaires de leurs biens pour donner les chasses à bon compte aux autres.

A ce sujet je citerai un article paru dans le *Petit Journal* en date du 25 mai 1903, intitulé : « La Chasse pour Tous ! » j'en retiendrai les principaux passages suivants :

« C'est que tout le monde en effet a quelque chose à gagner à la Communalisation des Chasses, etc... » « Et c'est une bonne fortune pour les Citadins, etc... »

Et plus loin :« Au contraire avec quelle joie reconnaissante la création de chasses communales serait accueillie par les milliers d'employés de toutes nos administrations. »

La chose est parfaite, pour donner à chasser à ses employés, l'Etat confisquera aux propriétaires le droit de chasse !... Beaucoup de ces employés si férus de chasse sont originaires de la campagne, si cette passion les tourmentait si fort, ils n'avaient qu'à y rester, ils ont à la ville des avantages que n'ont pas les ruraux et s'ils ont reculé devant les devoirs et les labeurs de l'homme des champs, ils n'ont pas à en regretter les plaisirs.

La chasse doit être la récompense de celui qui est resté attaché à la terre, qu'il soit propriétaire, fermier, ou même simple ouvrier du sol.

Vœu : Le statu-quo. — Pas de communalisation ni de syndicat d'aucune sorte.

L'application stricte et sévère de la loi de 1844.

E. Romain.

Application de la loi du 1er juillet 1901 aux associations et fédérations de chasseurs.

Son utilité.

par Louis Sargnon.

Messieurs,

La loi du 1er juillet 1901 sur le contrat d'Association a ouvert aux sociétés de chasse un horizon nouveau. Elle leur a donné la base légale qui leur manquait jusque-là pour étayer leur constitution. La question de savoir dans quelle mesure la personnalité civile pouvait être reconnue aux associations de chasseurs, — jadis controversée, — ne peut plus l'être aujourd'hui.

Je ne veux pas, Messieurs, faire ici un commentaire de cette loi et en rappeler toutes les dispositions. Je voudrais seulement indiquer aux chasseurs l'*utilité* qu'il y a pour eux à en remplir les formalités, soit pour donner à leurs associations une personnalité civile indiscutée, soit pour arriver, par la constitution de fédérations déclarées, à étendre la compétence territoriale des gardes dans des chasses unies pour le bon combat contre le braconnage.

Je ne crois pas en effet que cette utilité de remplir les formalités de la loi de 1901 ait été partout bien comprise. Evidemment pas mal de numéros de l'*Officiel* ont annoncé déjà par un bref sommaire la constitution d'associations de chasseurs. Mais le nombre de ces déclarations me paraît minime, eu égard à la quantité de sociétés diverses qui unissent en groupements plus ou moins importants les chasseurs de France.

Les sociétés qui ont un but d'intérêt général dont l'action rayonne sur un, parfois plusieurs départements, — sociétés de défense et de lutte —, se sont pour la plupart adaptées au nouveau régime.

Mais il n'en a pas été de même pour les sociétés que j'appellerai, si vous le voulez bien, d'intérêt particulier, celles qui ont pour but direct d'assurer à leurs membres la faculté de chasser sur un territoire réservé, gardé et repeuplé. Trop de ces chasses en sont restées à l'empirisme de jadis.

Que se passait-il pour ces sociétés avant la loi de 1901, alors précisément que la personnalité civile de ces groupements n'avait été reconnue que par quelques décisions judiciaires, un peu hasardées à mon avis, constituant en quelque sorte un essai de droit prétorien? Qui allait être titulaire des baux? Qui allait être responsable vis-à vis des tiers ? Qui pouvait mettre en mouvement l'action judiciaire ? Au nom de qui allaient être dressés les procès-verbaux ?

En fait, l'un des membres de la Société, le Président, assumait sur sa tête cette lourde tâche. C'est lui qui signait les baux, prenant ainsi un engagement *personnel*, pour toute la durée de la location. C'est en son nom que les gardes étaient assermentés. C'est en son nom que l'on verbalisait. C'est en son nom qu'étaient exercées les poursuites.

Ce Président avait bien, il est vrai, des associés de fait. Mais il fallait déjà faire avec eux un traité spécial. C'était une complication. Ces associés, dans bien des cas, se désintéressaient de l'administration de l'association. Couverts par le Président responsable, ils ne demandaient qu'à y rester étrangers le plus possible. Celui-ci, au contraire, se voyait continuellement sur la sellette. Fallait-il exercer des poursuites ? Ils paraissait le faire en son nom personnel alors qu'en réalité il n'était que le représentant du groupement tout entier.

Vous reconnaîtrez avec moi, Messieurs, tous les inconvénients d'une pareille situation : responsabilité pécuniaire, administration de la société, répression des délits de chasse, tout reposait sur la même tête.

Sitôt, au contraire, les formalités de la déclaration accomplies, la situation change. Il y a désormais une collectivité ayant une personnalité civile, pouvant contracter, ester en justice. Plus de ces difficultés que l'on rencontrait jadis pour faire accepter à l'un des associés ce rôle ingrat de Président, que tous ceux d'entre vous, Messieurs, connaissent bien, qui ont été appelés à le remplir. — Enfin la répression des délits de chasse devient désormais impersonnelle

Pour toutes ces raisons, j'ai cru devoir, Messieurs, au cours de ce congrès, attirer l'attention des sociétés de chasseurs, et en particulier des Présidents, plus intéressés que tous autres à la réforme, sur l'utilité qu'il y a à se constituer en associations déclarées.

Et cela n'est ni difficile, ni compliqué. Rédiger des statuts, — presque toutes les sociétés en ont déjà au moins un rudiment —, les déposer à la Préfecture, faire une insertion au *Journal Officiel*, tout cela est aisé. Pour ceux qu'effrayerait la perspective d'un contrôle administratif, je me hâte d'indiquer qu'il se réduit à bien peu de chose, la déclaration ne comportant d'autre obligation que celle de faire connaître à la Préfecture les changements qui peuvent survenir dans l'administration de la société.

Il me semble, en outre, Messieurs, que la loi de 1901 peut rendre de non moins signalés services dans un autre ordre d'idées, je veux parler de l'extension de la compétence territoriale des gardes particuliers.

Je m'explique.

Il n'est personne d'entre nous qui n'ait lu dans quelque revue de chasse des doléances sur l'insuffisance du nombre d'agents pouvant verbaliser sur une surface étendue. Obtenir la création de brigades volantes, d'une police de sûreté de la chasse, est un désideratum dont la réalisation paraît bien lointaine encore par suite des difficultés de toutes sortes, d'ordre pécuniaire comme d'ordre administratif que soulève cette question.

Mais n'était-il pas possible, par la constitution de fédérations réunissant en une seule personnalité morale diverses associations de chasse, de donner à tous les gardes des chasses syndiquées les mêmes droits de surveillance sur l'ensemble des terrains de ces chasses ? C'est, Messieurs, ce que se sont demandé, avec réponse affirmative, des chasseurs de la région lyonnaise.

Dans les numéros de mai et juin 1906, du bulletin de notre Club, sous le titre de « la Garde Anonyme », j'ai publié les statuts que je proposais dans ce but et que je venais de faire adopter par l'Association des Chasseurs du Centre de la Dombes.

Je renvoie, Messieurs, pour plus amples détails à ces articles de l'an dernier. Ceux que la question intéresse y trouveront tous les renseignements permettant la constitution d'associations de ce genre.

Je rappellerai seulement que le principe adopté a été le suivant : Tous les détenteurs de droits de chasse qui s'associent dans ce but établissent entre eux une association déclarée, une fédération, plus exactement, qui devient seule titulaire de ces droits. Cette fédération fait assermenter les gardes à son nom et dès lors chaque garde peut verbaliser sur tous les terrains des chasses associées. Chaque chasse, par le jeu d'articles particuliers des statuts, conserve la plus grande autonomie. On peut même dire qu'il n'y a qu'un fantôme de budget commun, chaque chasse supportant comme avant, ses frais personnels, et la fédération n'ayant à subvenir qu'à de très minimes dépenses d'organisation, ou si l'on veut, en outre, à un budget de récompenses pour les gardes.

En fait, cette organisation nouvelle, l'Association des Chasseurs du Centre de la Dombes, a parfaitement fonctionné sans qu'il ait été touché en quoi que ce soit à l'indépendance réciproque des diverses sociétés, sans qu'un nuage soit venu ternir la bonne harmonie établie entre elles.

Les gardes avaient été tous assermentés au nom de la fédération, tout en restant en principe aux ordres immédiats et à la solde de chaque chasse individuellement.

Pour diriger les opérations collectives, un garde-chef avait été désigné. A diverses reprises, sur un ordre télégraphique émanant du Président de la Fédéra tion, les gardes se sont concentrés en un point de rendez-vous, la nuit, et des tournées d'ensemble ont été opérées dans des conditions propres à inspirer la plus entière assurance à ceux qui les faisaient. Plusieurs procès-verbaux dressés au nom de la fédération, ont donné lieu à des poursuites et à des jugements de condamnation prononcés par le Tribunal de Trévoux.

La solution que je proposais ainsi l'année dernière à la question de l'amélioration de la garderie a donc été consacrée par l'expérience. Elle a donné les meilleurs résultats tant au point de vue de l'union si désirable entre chasses voisines qu'au point de vue de l'efficacité de la surveillance et de la répression.

Je ne saurais trop, Messieurs, insister sur les avantages que présenterait la constitution de nombreuses associations de ce genre et je formule, en terminant le vœu que la loi de 1901 soit de plus en plus utilisée aussi bien pour la constitution des groupements primaires de chasse que pour la création de fédérations semblables à celles dont je viens de vous entretenir.

LOUIS SARGNON,
Vice-Président du S. H. C. F.

M. le PRÉSIDENT. — Avant d'ouvrir les débats sur les conclusions du rapport général de M. Madelin, nous allons donner la parole à M. le représentant du Grand Duché de Luxembourg. Je crois que la discussion sera plus intéressante après les explications du représentant du Grand Duché de Luxembourg.

M. GLAESENER, *représentant du Grand Duché de Luxembourg.* — Mesdames et messieurs, si j'ai l'avantage, avec la permission de votre distingué président, de solliciter votre attention pendant quelques instants, ce n'est pas que j'aie la prétention de vous apporter ici quelque chose d'absolument nouveau.

Lorsque le Gouvernement du Grand Duché de Luxembourg m'a procuré l'honneur d'assister à vos délibérations, c'était avant tout en vue d'offrir au Grand Duché la possibilité de s'instruire par l'intermédiaire de son délégué, et l'occasion lui en a été offerte largement, et plus spécialement quant à la question qui se trouve aujourd'hui à l'ordre du jour, de recueillir auprès de vous un précieux encouragement.

Mais toujours est-il que, étant donnée la bienveillance avec laquelle vous écoutez ici — et j'ai pu m'en convaincre dès la première séance — les manifestations de toutes les opinions, ce ne sera peut-être pas sans quelque intérêt que vous voudrez prendre connaissances de nos essais et de nos efforts qui se sont manifestés par un projet de loi déposé à la Chambre des Députés Luxembourgeois au mois de décembre dernier, pour arriver non pas à une communalisation sans ambage, mais plutôt à une communalisation mitigée, à une espèce — qui a été si bien définie dans le savant rapport de votre sympathique rapporteur — de syndicalisation basée sur le principe de liberté et sur le principe de l'association syndicale qui est inscrit dans notre loi sur les syndicats, loi absolument similaire, sous ce rapport, à votre législation de 1865 et 1881.

Pour vous en convaincre, je n'ai qu'à vous donner lecture du texte très simple des articles 1 et 6 combinés de notre projet de loi qui ont la teneur suivante :

Art. 1. — Toutes les propriétés non bâties, rurales ou forestières non attenantes à une habitation, non entourées d'une clôture, clôture faisant obstacle à toute communication avec les voisins comprises dans le territoire d'une section de commune, à l'exception de celles prévues par l'art. 5 (cet article traite des réserves), etc. ....
pour une période de 9 années consécutives au moins.

Art. 6. — Par dérogation de l'art. 1, il ne sera pas formé de district de chasse si la majorité des propriétaires intéressés représentant plus de la moitié de la supeficie des tarrins s'y opposent.

Le reste prévoit le mode de manifester son vote.

Vous voyez, messieurs, que le législateur dit à nos citoyens : vous avez l'amodiation générale si vous le voulez, mais si vous ne le voulez pas, si la majorité des contribuables propriétaires est hostile à cette solution, elle n'a qu'à le dire.

La formule que nous avons employée, messieurs, présente cet avantage qu'elle permet d'utiliser les forces d'inertie et fait acquérir à l'association syndicale, d'une façon générale, moins automatique, le vote tacite de tous ceux qui, par suite d'une circonstance quelconque, se trouveraient empêchés ou qui par oubli, négligence ou indifférence, ne viendraient pas manifester leur opinion et ne prendraient pas part au scrutin.

Tandis qu'avec une formule inverse, tous ces suffrages seraient acquis dans un sens contraire à l'amodiation générale. C'est cependant à cette dernière formule et dans le but de favoriser tant soit peu la solution qui a semblé la plus avantageuse que nous avons eu recours lorsqu'il s'est agi de disposer des prix de location de fermage obtenus par les adjudications de la chasse. Ces dispositions sont indiquées dans l'article 4 de notre projet ainsi conçu :

« Le prix de location sera versé entre les mains du receveur des Contributions de l'Etat dans le ressort duquel est situé le siège du Syndicat. Ce receveur le répartira sous déduction de 3 0/0 pour tous frais entre les propriétaires inéressés au prorata de la contenance des terrains qu'ils possèdent dans le district.

« Toutefois, le syndicat versera le prix de location à la recette communale pour appartenir aux communes, sections de commune, associations agricoles y constituées en vertu de la loi du 20 mars 1900, lorsque les 3/4 des propriétaires intéressés représentant les 3/4 de la superficie des terrains totaux l'auront déclaré au plus tard dans la quinzaine qui suivra l'adjudication publique. »

Vous voyez par là, messieurs, que l'attribution du prix de location aux propriétaires dans la mesure exacte de sa contribution à l'existence et à la conservation du gibier est la même et que la dévolution de ce prix à la caisse communale est l'exception de ce prix et ne peut être décidée que si une très faible minorité, celle du nombre et de la superficie, voulait tenir en échec une très forte majorité, celle des 3/4 du nombre et de la superficie et qu'il faudrait peut-être procéder à des travaux d'utilité publique dans une commune qui ne disposerait pas à cet effet des ressources nécessaires.

Messieurs, l'introduction de tout régime de la chasse nouveau provoque la solution d'une série de difficultés ayant trait entre autres aux réserves dont il va, je pense, être question tout à l'heure. Nous avons prévu, nous, relativement au sort qui doit être réservé aux anciens baux et concessions de chasse des dispositions transitoires dont je m'abstiendrai de vous entretenir, ces questions ne se trouvant pas à l'ordre du jour. Mais je tiens cependant à déclarer, et je terminerai par là, que je me mets à la disposition de tous ceux qui désireraient savoir de quelle façon nous avons abordé ce côté de la question. Je tiens à ajouter que ce serait pour moi un honneur doublé d'un véritable plaisir que de leur fournir tous les renseignements dont ils auraient besoin. (Applaudissements.)

M. EDMOND ROMAIN. — La communalisation de la chasse, et en même temps la syndicalisation est une atteinte au droit de propriété.

J'ajouterais deux mots à ma communication. Persuader aux propriétaires de tiers partie de la valeur perdue de leur sol, c'est la persuation aux indigènes des bienfaits de la civilisation.

M. LE COMTE CLARY.— Je reconnais que la protestation de M. Romain est très éloquente, mais je suis obligé de reconnaître qu'il est à côté de la question.

Il s'agit, en ce moment, de rendre aux propriétaires l'usage d'un revenu, sous une forme quelconque. Remarquez qu'il y a en France, c'est M. Coutard qui a fait le compte, un peu plus de 526.000 porteurs de permis et 12 millions de propriétaires fonciers. Or, vous n'avez qu'à prendre la proportion entre ces 500.000 chasseurs et ces 12 millions de propriétaires et vous verrez que, dans bien des cas, un chasseur prive 17 propriétaires d'un revenu qui leur appartient de droit.

La syndicalisation, qui n'a rien d'obligatoire, que nous voulons faire, apporterait le remède à cette situation et rétablirait un équilibre trop longtemps détruit à leur préjudice (applaudissements).

UN MEMBRE DE LA COMMISSION. — Je fais simplement remarquer qu'on a dit tout à l'heure, le mot de vol. Or, le vol consiste à prendre quelque chose à un autre. Ce n'est pas du tout la même question ce sont les propriétaires qui, de leur propre volonté, disposeront de leurs propriétés.

UN AUTRE MEMBRE. — Forcés par une majorité.

LE MÊME MEMBRE. — C'est une question de majorité à établir.

UN AUTRE MEMBRE. — Alors pourquoi la minorité souffrirait-elle de la majorité.

UN AUTRE MEMBRE. — Avez vous la prétention de considérer que les lois de 1865 et de 1888 sont des lois de vol, je le demande et je demande une réponse : Oui ou non.

M. de BRUS. — Vous faites allusion à quoi ?

LE MÊME MEMBRE. — Je fais allusion aux lois que visait M. Romain de 1865 et de 1888 qui sont pour l'amélioration des travaux agricoles collectifs.

M. DE BRUS. — Le produit du sol, en tant que culture est un produit primordial du fond, les tréfonds, en matière de mines, sont un produit qui appartient au propriétaire.

LE MÊME MEMBRE. — Ne parlez pas de mines, vous allez me donner raison une fois de plus.

M. DE BRUS. — Je parle de mines et cela est aussi vrai que les productions naturelles du sol. Au point de vue de la culture, lorsque vous avez cultivé du sarrazin et du blé, vous ne faites tort à personne, vous pouvez avoir tout ce que vous voulez en culture, vous ne gênez personne, tandis que si vous avez du lièvre, c'est une autre question, vous avez des personnes qui prétendront que la compensation n'est pas établie.

Remarquez bien que je suis tout ce qu'il y a de plus chasseur, je défends la chasse depuis vingt-cinq ans par mes écrits et je suis peut-être pour quelque chose dans le grand mouvement d'aujourd'hui, mais je prétends que l'on doit ménager l'intérêt primordial du propriétaire. Il est profondément malheureux que la propriété, au point de vue de la chasse, entraîne les chasseurs à vouloir faire un pas du côté du collectivisme.

En Allemagne, pays féodal, on admettra très bien cela.

M. Romain. — Dans ces conditions, je dis qu'en France la question sera comprise par le public comme une prise de possession de la chasse et que ce sera la première morsure à la propriété individuelle, on ne le comprendra pas autrement.

Un membre de la commission. — Vous vous faites juge d'une question que vous ne pouvez juger.

M. Romain. — Il m'est toujours permis de protester, libre à vous de critiquer, mais je dis que la propriété recevra une première morsure et que les collectivistes en triompheront très haut.

M. de Brus. — Comme le dit M. Romain dans son rapport, de la propriété de la chasse on passe à la propriété de la pêche, à la propriété des sous-bois, comme on parle de ramasser les muguets, le bois mort et les œufs de perdrix, et le reste s'ensuivra.

C'est bien simple, et c'est incontestable. Et si vous aviez fréquenté certains milieux, vous auriez vu que c'est ainsi considéré. Je me suis plu à partager cette opinion de tous les journaux de chasse au moment de la campagne contre la communalisation dans laquelle je suis pour quelque chose. Du reste, M. le Rapporteur le disait il y a un instant, la presque unanimité du public a été contre la communalisation.

Un membre de la commission. — Ce n'est pas la même chose.

M. de Brus. — Le mot communalisation est un mot malheureux qui a vécu. Alors on a cherché un mot plus doux qui a été syndicalisation. Il a très bien réussi, le mot est très adroit.

Ainsi, vous allez forcer une minorité à supporter les volontés d'une majorité. Vous empiétez sur les droits souverains du propriétaire du sol. Si vous attentez à cette souveraineté, vous aurez des conséquences dont vous ne vous doutez pas, et je vous dis pour terminer, les extrêmes touchent les extrêmes, nous en avons eu des exemples en maints lieux. Si vous voulez, au Congrès de la Chasse, chercher toujours des extrêmes, je vous prédis à brève échéance des réactions violentes.

Un membre de la commission. — Vous n'avez pas répondu à l'objection que j'ai présentée. Je vous ai demandé si vous considériez les lois de 1865 et de 1888 comme des lois de vol.

M. de Brus. — Je vous ai parfaitement répondu. Je vous ai dit ceci : C'est que tout le monde n'admet pas comme vous, que la propriétés de chasse est un droit primordial. Beaucoup de personnes vous diront : Je ne tiens pas au gibier, donnez-moi de l'argent, mais je trouve que les gens qui vont fouler mes sarrazins, qui vont fouler mes récoltes ne paient pas assez.

Un membre de la commission. — Mais ils font la même chose sans payer.

Un autre membre. — Si cela plaît aux propriétaires, vous n'avez pas à le leur reprocher.

M. le marquis de Beauvoir. — A l'heure qu'il est, les récoltes sont beaucoup plus foulées par les porteurs de permis de chasse qui ne demandent pas aux propriétaires l'autorisation d'aller sur leurs champs.

M. DE BRUS. — Injustement. Mais on peut l'obtenir comme nous l'avons obtenu en lançant 30.000 brochures à 30.000 maires sur 36.000 communes. Cette brochure était intitulée : « La démocratisation de la chasse gardée en France ».

C'était un travail qui m'avait été demandé par M. Béjot et nous avons eu le mérite de nous ruiner à l'envoyer. Nous avons obtenu des résultats considérables.

Le Saint-Hubert Club a augmenté ce résultat, mais nous avons pu constater qu'en faisant appel à l'intelligence de nos concitoyens, en faisant un peu l'éducation des chasseurs qui, avant la création de sociétés de propagande, n'avaient aucune connaissance de la chasse, nous avons constaté de très grandes améliorations et le Saint-Hubert Club l'a constaté aussi dans son bulletin puisque de 7 à 800, il était arrivé à compléter 1.200 communes en France.

Dans cette question de communalisation, il reste à savoir, dans les communes, si l'opposition vient des étrangers ou des voisins. Si l'opposition vient de l'habitant du village, on arrivera tôt ou tard à le faire céder, mais si elle vient des étrangers on n'en tient pas compte.

Si l'on veut arriver aux chasses communales syndicales, on peut y arriver en faisant purement et simplement appel à l'intelligence. Mais remarquez qu'en constituant des chasses syndicales vous exciterez certainement des réactions violentes.

Qui vous dit que demain vous n'aurez pas une société de petits chasseurs qui se créera à 20 sous la cotisation et qui fera marcher les députés socialistes.

UN MEMBRE DE LA COMMISSION. — Ce sera bien simple, il n'y aura plus de gibier.

UN AUTRE MEMBRE. — Il n'y aura plus de chasseurs.

M. DE BRUS. — On doit éviter tout cela. Je répète ce que j'ai dit tout à l'heure, en voulant des moyens aussi extrêmes que ceux qu'on exige présentement, je crains que demain les extrêmes engendrent les extrêmes et je vous prédis prochainement des sociétés à 20 sous, à 40 sous, à la façon du « Chasseur Français » qui eut jadis un si gros succès parce qu'il n'était pas cher.

Demain vous aurez une société comme celle-là, vous aurez tous les villageois contre vous, vous aurez des syndicats dans le genre des pêcheurs et ce jour là, vous m'en direz des nouvelles.

M. G. FRÈREJOUAN DU SAINT. — La communalisation de la chasse est, à mon avis, une des plus graves questions qui puissent se poser devant un Congrès. Je ne veux pas abuser de votre attention. Cependant permettez-moi de vous faire quelques observations sur les vœux soumis par M. le Rapporteur.

Il y a déjà bien des années que j'ai étudié cette question dans des journaux spéciaux et je pourrais, à cet égard, répéter le mot de M. le ministre de l'Agriculture : J'en suis sorti très abîmé.

J'étais partisan, et je suis encore partisan de la communalisation. J'ai donc traité de la communalisation, et on m'a répondu immédiatement : Y pensez-vous ! Déposséder des petits propriétaires au profit de grandes associations de chasseurs qui viendront chez vous avec leurs dames nous prendre notre gibier. Et alors je leur répondais : Détrompez-vous, c'est au contraire dans l'intérêt du petit propriétaire et du petit chasseur que la communalisation peut être établie en France.

Que faites-vous en ce moment, vous petit propriétaire et vous, petit chasseur qui ne pouvez fonder une association de grande chasse ? Vous recherchez péniblement le gibier dans quelques hectares qui vous sont accordés par les petits propriétaires ?... Que faites-vous, petits propriétaires ? Rien. Et pour une bonne raison, c'est que vous n'avez aucun intérêt à faire quelque chose. Vous ne savez que faire de votre gibier. Votre gibier vous est indifférent, parce que ce n'est pas une richesse pour vous. Associez-vous. Si vous ne le voulez pas, pourquoi n'abandonneriez-vous pas à la commune, volontairement, la faculté d'exercer en vos lieu et place, le droit de chasse ?... Vous n'y trouveriez, absolument que des avantages et par conséquent ce serait le petit propriétaire et le petit chasseur qui seraient bénéficiaires de la nouvelle loi.

Malgré cela, on m'a répondu : Ne parlons pas de la communalisation, c'est une idée qui ne pourra jamais germer dans les esprits français. Elle est enterrée.

Je vois, avec le plus grand plaisir, que la question n'est pas enterrée, bien loin de là, elle a fait des progrès, puisqu'elle s'agite aujourd'hui en plein Congrès international et qu'il s'agit de la régler par voie de vœu.

Puisqu'elle est discutée par des gens compétents.

Eh bien, cette communalisation, j'en suis toujours partisan, mais je suis absolument hostile à la communalisation obligatoire, ce qui serait une dépossession, ce qui est contraire à l'esprit français et parce que ce serait déposséder le petit propriétaire au profit des grandes associations de chasseurs ,et alors vous auriez une hostilité que vous ne pourriez pas vaincre. Vous vous trouveriez en présence de protestations énergiques et votre vœu ne serait que platonique et n'aurait aucune chance de succès.

Donc, restons sur le terrain de la communalisation et de la syndicalisation, mais sur le terrain du droit facultatif, comme on vous le disait tout à l'heure.

Essayons de faire pénétrer dans l'esprit des petits propriétaires que c'est leur intérêt de s'associer, d'abandonner leur droit de chasse qu'ils ne peuvent exercer sur leurs petites propriétés, et changeons le nom lui-même au lieu de communalisation mettons à la place syndicalisation. Mais syndicalisation que cela veut-il dire, la syndicalisation qu'on vous propose, c'est la communalisation, mais la communalisation obligatoire pour la minorité (applaudissements).

La majorité entraînera la minorité. Et bien que fera cette minorité. Les lois de 1865 et 1888 ne sont pas des lois de vol, ce sont des lois d'expropriation dans un intérêt public, elles expropriemt la minorité par les voies de la majorité, mais dans un intérêt public, pour assainir un pays, pour l'enrichir, et non pas dans un intérêt privé. Est-ce que vous vous imaginez, par hasard, qu'on pourrait syndicaliser le vin, les vignes, les pommes de terre, les cultures de toutes sortes ?... Le droit de chasse est un droit comme les autres cultures, la vigne, les pommes de terre, comme les betteraves, et pourquoi alors ne pas mettre en commun tous ces droits là. Y pensez-vous, ce serait la dépossession pour la majorité de la minorité. Et de quel droit ?...

Pour moi, je ne vois qu'un moyen de résoudre la question. Appelez-là communalisation ou syndicalisation, le mot ne fait rien à la chose, mais restez sur le terrain facultatif. Faites comprendre aux petits propriétaires et aux petits chasseurs qu'ils ont intérêt à s'associer, intérêt, au besoin, à abandonner à la commune leur droit de chasse qu'ils ne peuvent exercer parce que leur propriété est trop réduite, et alors ce jour-là, tous les propriétaires d'une région abandonneront leur droit de chasse au profit de la commune et la commune pourra, à ce moment, mettre ce droit en adjudication et en tirer un profit.

Et je voudrais intéresser le petit propriétaire, non seulement, parce que la commune avec ces revenus pourrait exécuter des travaux d'utilité ou d'amélioration dans le pays, mais je voudrais l'intéresser directement.

J'ai publié, il y a 4 ou 5 ans, un projet de loi sur la communalisation de la chasse, après avoir étudié toutes les lois étrangères, Autriche, Hollande, Bohême, etc... et j'en étais arrivé, à cause de notre tempérament français, à exclure la question de la communalisation obligatoire. Mais j'intéressais le petit propriétaire. Je lui disais : Volà un revenu que la commune va recevoir et, en déduction de votre impôt foncier qui s'accroît tous les jours, qui grève surtout la petite propriété, voilà une richesse pour la commune qui, en somme, n'est que l'ensemble des propriétaires d'une même contrée. La commune percevra les profits de l'exercice du droit de chasse, mais elle le percevra pour les propriétaires et deviendra un allègement à votre impôt foncier.

Telles sont mes idées, je les ai défendues autrefois, je les défends encore aujourd'hui devant vous. Voici mes conclusions. Voici ce que je vous propose :

C'est qu'on repousse le vœu de la syndicalisation si on veut l'expropriation de la minorité par la majorité.

C'est qu'on maintienne le vœu relatif à la syndicalisation facultative opérée par le syndicat des propriétaires, si vous le voulez, puisque le mot communalisation vous effraie, mais que ce soit un syndicat facultatif dans lequel on peut entrer et que ce soit un syndicat purement facultatif (Applaudissements).

M. COUTARD. — Je répondrais par deux arguments : un d'ordre général, un d'ordre particulier, qui n'est en somme que la contre-partie du premier argument.

Est-ce du communisme ? Il me semble qu'on peut dire que le projet présenté n'implique aucune mesure communiste. Qu'est-ce que le communisme, sinon l'expropriation de la propriété individuelle au profit d'une immense quantité de non-possédants.

Or, votre projet est tout l'envers puisqu'il exproprie d'un droit les propriétaires qui sont en minorité et précisément pour restituer ce droit à ce même propriétaire. On est donc très loin des tentatives communistes et je ne vois rien là qui nous mène dans un engrenage.

On a dit en second lieu qu'il se créerait des sociétés de petits particuliers, de gens de la ville qui apporteraient des cotisations infimes et détruiraient les chasses, dévasteraient le pays.

Mais qui donc leur permettrait cela ?... Pour se conduire ainsi, il faut un terrain de chasse et ce terrain, vous admettrez que le syndicat de propriétaires qui est maître de l'utiliser comme il lui plaît, de l'exploiter personnellement, de se le réserver de n'y admettre personne si bon lui semble, vous supposez bien que ce groupement de propriétaires ne va pas, de propos délibérés faire saccager le pays qu'il met en culture. Il y a là une invraisemblance absolue.

Vous savez que la majorité n'est jamais constituée que par l'abandon que chacun de nous fait d'une petite parcelle de sa liberté individuelle, et quand sur un trottoir vous prenez votre droite pour laisser passer la personne qui se trouve à gauche, vous faites l'abandon d'une certaine liberté.

Cet exemple de chasse communale envahie par une série de particuliers, pour le rendre plus odieux, on l'a recruté parmi les employés, race exécrable, je l'avoue. Mais moi, je veux vous citer un autre exemple.

Dans une commune prodigieusement giboyeuse et toute voisine de Paris, elle est dans l'arrondissement de Mantes, l'unanimité des propriétaires voulait tirer profit de son droit de chasse et en trouvait effectivement, amateur pour 6.500 francs. Un seul individu, honni et méprisé dans tout le pays pour des motifs d'ordre moral, ou plutôt immoral, possédait quelques parcelles. A la première tentative de réunion des autres parcelles et de concession du droit de chasse à l'acquéreur qu'avait choisi la majorité des propriétaires, il avait fait assermenété un garde et sur chaque parcelle on trouvait ce garde, et naturellement, avec ce garde un procès verbal. L'adjudicataire dût abandonner son droit et les propriétaires du sol qui tiraient 6.000 francs de leur droit de chasse ont dû y renoncer complètement. Cet individu a poussé la malveillance jusqu'à insérer dans son testament cette clause qu'il ne léguait ces parcelles à ses héritiers qu'à la condition que jamais ils ne céderaient leur droit de chasse à un groupement quelconque. Et il n'est pas le seul dans cet état d'esprit.

Un membre de la commission. — La question est épineuse, et je voudrais mettre tout le monde d'accord (rires et approbations ironiques).

Je ne voudrais pas, dans l'état où nous sommes actuellement au point de vue de cette question qui est une question neuve, qu'on essaye de faire une réglementation absolue. Il me semble que chaque chasseur pense beaucoup trop à la commune où il chasse et ne se place pas assez au point de vue général.

Vous avez des communes en Seine-et-Marne qui se composent de trois propriétaires. Evidemment ils sont vite d'accord, mais vous à côté de cela, une division de propriétés dont vous ne vous faites pas une idée. Ainsi dans une commune voisine de la mienne, 10 ares ont été partagés entre trois héritiers, on a fait 6 lots, vous croyez peut-être qu'ils ont pris chacun les deux lots l'un à côté de l'autre ?... Détrompez-vous, le premier a pris le 1 et le 3, le second le 2 et le 4 et le dernier le 3 et le 6.

Il y a là un état d'âme spécial aux habitants du pays et qui n'admettront jamais une syndicalisation de la chasse, je vous le garantis.

M. le baron de Segonzac. — Vous savez que nous avons été, depuis le Congrès excessivement intéressés, et je dois dire préoccupés de cette très grosse question, il y a déjà 5 à 6 ans qu'aux Agriculteurs de France nous nous en occupons.

On a dit qu'en France les propriétaires qui ont des terrains ne peuvent chasser ou que si ils chassent, au bout de deux jours après l'ouverture il n'y a plus rien. Par conséquent, il s'agit de trouver un moyen pratique qui procure à la France, une richesse nationale, d'abord au point de vue du gibier et, pour les chasseurs, la plus grande quantité possible de gibier susceptible de l'intéresser et ainsi nous sommes partis du principe du : Le plus de gibier sur toute la France, puis sur les meilleurs moyens d'en tuer le plus possible et enfin qu'il y ait le plus de chasseurs possibles à condition que ce soient des chasseurs honnêtes ayant un permis, et non des braconniers.

Malheureusement, nous ne pouvons pas changer la loi de 1844 et nous devons la garder comme elle est pour le moment.

UN MEMBRE DE LA COMMISSION. — Avant que le Congrès termine ses travaux, je vous demanderai d'émettre un vœu bienveillant à l'égard des petits chasseurs qui paient leur permis mais ne peuvent faire plus. Je demande donc que le Congrès émette le vœu suivant :

« Que tout locataire de chasses, simple particulier ou syndiqué, abandonne aux modestes chasseurs de la commune, une partie du territoire qu'il loue. »

De cette façon nous nous ferons des amis dans cette catégorie de chasseurs.

M. LE COMTE CLARY. — Tout à l'heure un des membres de cette assemblée que je regrette de ne plus voir ici car il m'avait l'air d'un jurisconsulte très documenté, vous disait que la syndicalisation était une véritable expropriation.

Or, loin de moi l'idée de nier que l'application des lois de 1865 et 1888 ne serait pas une sorte d'expropriation pour cause d'intérêt public. Mais il y a un principe du droit qui domine les autres, c'est qu'en matière de liberté, la liberté de chacun est limitée par la liberté de tous.

Je crois qu'avec la syndicalisation, laquelle deviendra obligatoire, le droit d'un très petit nombre serait évidemment limité par le droit d'une majorité écrasante, c'est-à-dire de la presque unanimité. Si vous réfléchissez, comme je vous le disais tout à l'heure, que le chasseur représente 1/16e, vous verrez combien cet acte est l'objection qui fait que la syndicalisation qui vous est présentée par la Commission est une chose utile et légitime.

Il serait très joli de n'admettre que l'association syndicale libre, mais si vous vous référez uniquement à la liberté, vous arriverez à n'avoir qu'une syndicalisation à faux et que dans certains cas, une minorité, opposée précisément aux intérêts et aux bénéfices d'une majorité, empêchera la syndicalisation.

Je crois que si la majorité des propriétaires non chasseurs se laisse imposer la volonté des chasseurs non-propriétaires nous marcherons à la syndicalisation de la chasse. Nous sommes déjà un peu sur cette voie et je crois que les chasseurs du midi ne pourraient pas me contredire.

La question est qu'en France il faudrait un état général de choses qui se substitue à l'état actuel de la chasse banale, il faudrait, comme le disait M. de Brus, que la chasse se démocratise de plus en plus.

Le seul moyen, c'est d'accepter le vœu de la commission. Il ne peut irriter personne, pas plus les propriétaires que les associations syndicales.

Ce qu'a voulu votre Commission, c'est étendre le bénéfice des associations syndicales autorisées, aux chasseurs. Or, remarquez que ce principe ne s'obtiendra que difficilement puisque pour que l'association soit autorisée il faut une délibération du Conseil municipal et il faut, de plus, une autorisation préfectorale. Je crois que, dans ces conditions, les intérêts de tous sont sauvegardés dans la plus large mesure possible.

Il faut, par votre vote, que vous disiez que vous voulez sauvegarder et repeupler la France en gibier ou si au contraire, vous voulez la perte du gibier, et alors, dans quelques années, avec la syndicalisation de la chasse, vous y arriverez

UN MEMBRE DE LA COMMISSION. — Les intérêts des chasseurs me sont absolument sacrés, mais je considère qu'il y a 530.000 citoyens français qui veulent, par cette loi, régenter les intérêts de 40 millions d'individus en France. Le jour où les 40 millions la trouveront mauvaise, cela ne se passera pas comme cela.

Nous ne sommes séparés que sur cette simple question. Je proteste contre le troisième vœu et je demande que l'association syndicale soit libre et qu'on n'admette pas le vœu demandant que l'association syndicale puisse imposer à une minorité, la volonté d'une majorité.

M. de Brus. — Etant donné la gravité de cette question et que l'étude de la communalisation était inscrite pour demain matin, je demande que la chose soit renvoyée à demain (protestations). Cela peut vous gêner, mais il y a beaucoup de personnes qui ont pu arranger leurs affaires pour venir seulement demain.

Un membre de la commission. — Vous auriez dû faire cette observation au commencement de la séance.

M. le président. — La discussion me paraît close. Si vous le voulez bien, nous allons procéder au vote par paragraphes puisqu'il est des points où il me semble que l'unanimité s'est faite et les opposants eux-mêmes ont reconnu la légitimité du premier vœu.

M. le Rapporteur va vous donner lecture des vœux admis par la Commission, et vous adopterez par paragraphes.

Le premier paragraphe est adopté à l'unanimité moins deux voix.

Le deuxième paragraphe est adopté à l'unanimité moins 1 voix.

M. Romain. — Ne serait-il pas juste d'attendre qu'il y ait plus de personnes à la réunion, nous sommes à peine 80 pour engager le Congrès.

M. le président. — Je vais alors poser la question préalable.

M. Romain. — C'est inutile, M. le président.

Le troisième paragraphe est adopté.

L'amendement de M. de Beauvoir est également adopté.

M. de Segonzac donne lecture de sa communication sur les réserves de chasse..

Un membre de la commission. — Ce procédé est déjà mis en œuvre dans la Somme.

Un autre membre. — Cette indication est intéressante à consigner au procès verbal.

M. Passerat. — Dans des pays voisins on a fait des réserves, mais en France cela me paraît difficile.

M. le président. — Nous ne proposerions aucune obligation.

M. Passerat. — C'est l'affaire des sociétés de chasse.

M. le président. — En tout cas, ce serait un vœu platonique.

M. Passerat. — Qui gardera ces réserves ?

M. le président. — C'est aux chasseurs de faciliter, d'encourager mais pas d'obliger.

M. le rapporteur. — L'Etat peut donner l'exemple évidemment.

Un membre de la commission. — Dans les régions domaniales, il peut le faire évidemment.

M. le rapporteur. — M. le comte Clary a bien voulu rédiger le vœu suivant relatif aux réserves :

« Etant donné les résultats que les réserves de chasse ont donné partout où elles ont été introduites, le Congrès émet le vœu que la constitution de réserves soit encouragée et que l'administration mette à l'étude les moyens de les généraliser ».

UN MEMBRE DE LA COMMISSION. — Mettez dans les forêts domaniales, mais cela ne sera possible que dans l'Est.

M. LE RAPPORTEUR. — Il y a de grosses difficultés pour les forêts domaniales, mais nous pourrions mettre dans la mesure du possible.

M. LE PRÉSIDENT. — Cette addition vous donnerait satisfaction ?... (assentiment). Alors je mets aux voix le vœu ainsi complété.

La Commission adopte.

M. DE BRUS donne lecture et reprend pour son compte personnel la communication de M. de Ségonzac publiée plus haut relative à l'abandon de la surveillance de parcelles de terres et que dans ce cas, le maire de la commune, après publication dans les journaux, puisse disposer du droit de chasse.

M. LE COMTE CLARY. — Il me semble que nous pouvons d'autant mieux émettre ce vœu que nous nous rencontrerons avec des propositions de lois déposées à la Chambre par M. l'abbé Gayraud et M. Mougeot.

M. LE PRÉSIDENT. — Je mets la proposition de M. de Brus aux voix. Si le vœu est adopté, il s'ajoutera aux autres.

La Commission adopte.

La séance est levée.

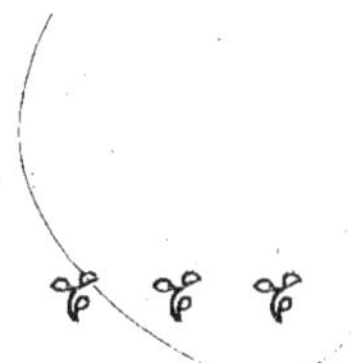

Section de Législation et de Réglementation

QUATRIÈME SOUS-SECTION

Séance du 17 mai 1907 (matin).

La séance est ouverte sous la présidence de M. Benardeau.

M. Benardeau. — L'ordre du jour appelle 4 questions : Tir sur les routes et en voiture. Divagation des chiens. Médaille d'identité pour les chiens. Destruction des animaux nuisibles par les propriétaires, possesseurs ou fermiers.

Deux procédures s'offrent à nous : ou bien vous faire entendre la lecture complète de tous les rapports ce qui serait un peu long, ou vous lire seulement le rapport d'ensemble préparé par le rapporteur et qui vous donnera une idée générale de l'ensemble de nos travaux.

Cette seconde proposition est adoptée.

M. Madelin, rapporteur, donne lecture de son rapport.

Messieurs,

La 4e Section de votre Commission de Législation et de Réglementation a reçu de vous la mission d'étudier les trois questions suivantes :

1re Question. — Divagation des chiens (loi du 3 mai 1844, art 9; loi du 21 juin 1898, art 1 et 16; loi du 5 avril 1884, art. 97 et 99). Médaille d'identité pour les chiens.

2e Question. — Tir sur les routes et en voiture.

3e Question. — Destruction des animaux nuisibles par les propriétaires, possesseurs ou fermiers.

Ces trois questions, absolument distinctes par leur objet, ont été discutées séparément. Elles formeront en conséquence trois chapitres différents du présent rapport.

I. — *Répression de la divagation des chiens.*

Le publiciste qui eut le premier l'idée de pousser le cri d'alarme contre les dangers que les chiens errants faisaient courir à la société, fut Alphonse Karr. Il lui eut été agréable que son nom fut rappelé devant un Congrès de Chasseurs, car ce n'était pas l'une de ses moindres vanités que de produire à ses amis, le premier arrêté contre les chiens errants pris sur sa seule initiative, sorte d'hommage rendu par un préfet sans doute épris des lettres plus que des chiens à l'un de nos plus spirituels écrivains.

Mais le fléau signalé par Alphonse Karr s'est, malgré son intervention, singulièrement développé depuis ; l'accroissement de la population canine est constant ainsi qu'en témoignent les statistiques.

Le chiffre des chiens *déclarés* en France a été pour les 5 dernières années :

1901	3.239.090
1902	3.290.509
1903	3.334.566
1904	3.355.189
1905	3.410.118

Ce qui accuse une augmentation annuelle moyenne de 42.532.

Comment s'étonner qu'avec une population aussi considérable, se multipliant surtout si rapidement, la gent canine devienne un sujet d'inquiétude d'une part pour la sécurité publique, et d'autre part pour la reproduction du gibier, notamment des oiseaux dont les chiens errants détruisent sans pitié les nids et les couvées.

Aussi le préfet d'Alphonse Karr a-t-il peu à peu inspiré ses collègues de tous les autres départements,si bien qu'à l'heure actuelle il n'en est pas un, croyons nous, qui n'ait pris des mesures contre la divagation.

C'est sur l'étude de ces mesures qu'a porté le très savant travail adressé au Congrès par un membre de la Commission, M. Bonnefoy, greffier en chef du Tribunal de simple police de Paris. M. Bonnefoy reconnaît avec raison qu'à l'heure actuelle la divagation des chiens peut être prohibée exclusivement par voie d'arrêtés préfectoraux. Ces arrêtés trouvent leur base juridique dans des textes législatifs différents suivant les ordres de faits qu'ils ont entendu viser.

1° S'ils se placent au point de vue exclusif *de la sécurité publique*, ils invoquent pour la sauvegarder, contre les chiens errants, les droits de police qu'ils tiennent des art. 91 et 99 de la loi municipale du 5 avril 1884.

Ils peuvent également en vertu de cet article 99, prendre aux lieu et place des maires, les mesures prévues à l'art 16 de la loi du 21 juin 1898 : « Ordonner que les chiens seront tenus en laisse ou muselés ; prescrire que les chiens errants et tous ceux qui seraient trouvés sur la voie publique ou dans les champs non munis d'un collier portant le nom et le domicile de leur maître seront conduits à la fourrière et abattus, etc. »

Les sanctions pénales sont dans ces hypothèses celles de l'article 171 § 15 du Code pénal (1 fr. à 5 fr. d'amende) et de l'art 474 (3 jours d'emprisonnement en cas de récidive).

Les mesures ainsi prises par les préfets en vertu de leur droit de police doivent s'étendre à *toutes les époques de l'année* et ne pas être limitées quant aux lieux.

2° Si les préfets se placent au contraire au point de vue exclusif *de la protection des oiseaux*, ils puisent leur pouvoir de réglementation dans la délégation qui leur a été conférée par le dernier §. 1° de l'art. 9 de la loi du 3 mai 1844, modifiée par celle du 22 janvier 1874.

Les sanctions pénales sont alors celles de l'art 11 de la loi sur la chasse

(16 à 100 francs). Elles s'aggravent de ce fait que l'infraction est qualifiée de délit, la condamnation, inscrite au casier judiciaire, et les circonstances atténuantes non admises (art. 20).

Mais les mesures ainsi prises par les préfets peuvent être restreintes quant au temps et quant aux lieux. Elles ne seront pas contraires à la loi si elles sont limitées à la période pendant laquelle se font les couvées, c'est à dire à l'époque de la clôture générale de la chasse.

De même elles pourront ne viser que la divagation dans les lieux où se rencontrent le plus généralement les oiseaux, c'est à dire les bois et les champs non cultivés ou en friches.

Votre Commission s'est placée en face des deux hypothèques. Elle s'est d'abord demandé si les préfets ne pourraient utilement, viser à la fois les textes relatifs à la sécurité publique et à la protection des oiseaux.

Elle a reconnu que cette manière de faire présenterait des inconvénients au point de vue juridique et au point de vue pratique. Au point de vue juridique, un fait étant qualifié par le même arrêté, délit et contravention, le Ministère public est obligé de poursuivre pour le délit ; la contravention n'existe donc que virtuellement. Les dispositions qui la concernent sont inopérantes. Quant aux poursuites, au point de vue pratique, on a pu se rendre compte, par l'application faite de certains arrêtés pris dans de telles conditions, qu'une véritale incohérence se produisait entre les différents tribunaux, dans le ressort d'une même Cour, ou même dans un seul département, les uns jugent correctionnellement et les autres contraventionnellement.

Votre Commission a donc admis, avec M. Bonnefoy, qu'un choix s'imposait entre les deux systèmes.

Avant de fixer ce choix elle a pris connaissance des travaux qui lui avaient été adressés.

M. Joba, secrétaire de la Société pour la répression du braconnage dans l'arrondissement de Commercy, a résumé dans une très consciencieuse étude, les opinions exprimées par cette Société sur la question de la divagation des chiens. Il démontre quels inconvénients ont présenté les variations subies par les arrêtés préfectoraux dans le département de la Meuse, arrêtés qui se sont appuyés tantôt sur la loi de 1844, tantôt sur celle de 1884 et aussi sur les deux à la fois. Il conclut très nettement en faveur d'une réglementation visant exclusivement la loi sur la chasse. Il s'exprime ainsi :

« La loi de 1844 est la seule qui puisse actuellement donner à l'autorité préfectorale le moyen de s'opposer efficacement dans l'intérêt de la chasse au grave danger de la divagation des chiens, et ce moyen consiste dans le visa de l'art. 9. »

M. Joba estime de plus, qu'il conviendrait de régler législativement cette question et de donner à l'administration des Eaux et Forêts le droit de transaction dans toutes les affaires de divagation, afin d'atténuer ce que peut avoir d'excessif la répression exercée en vertu de la loi du 3 mai 1844.

M. du Pontavice fait connaître au Congrès, dans une courte note, que les Parquets de sa région (l'Ille-et-Vilaine) ne poursuivent pas avec assez d'autorité les infractions aux arrêtés préfectoraux sur la matière.

La Commission ne peut que donner acte à M. du Pontavice de sa communication.

M. le baron de Segonzac propose que des peines sévères soient édictées contre les propriétaires de chiens chassant sans maître pendant l'ouverture de la chasse et qu'elles soient renforcées encore pour les chiens chassant avec ou sans maître pendant la clôture ; qu'enfin les chiens soient abattus lors d'une troisième condamnation.

De ces diverses propositions il ressort que l'opinion des chasseurs serait favorable à une plus grande rigueur dans la répression de la divagation des chiens.

La Commission s'est rangée à cet avis. Toutefois elle a écarté toutes les solutions de nature à nécessiter des remaniements à la loi sur la chasse. Il lui a paru d'une part que des vœux émis dans ce sens seraient menacés de stérilité et que d'autre part avec les moyens légaux dont disposent actuellement les préfets, il était possible d'aboutir au résultat cherché, sans nouveau texte.

Elle propose en conséquence au Congrès d'émettre le vœu suivant, que lui a soumis M. Bonnefoy comme conclusion à son important travail, vœu conforme de plus à la proposition faite par la Société pour la répression du braconnage de l'arrondissement de Commercy :

« Que les Préfets prennent des arrêtés pour réprimer la divagation des chiens, mais uniquement en vertu de l'art. 9 de la loi du 3 mai 1844. »

Modification de la taxe sur les chiens.

Diverses propositions ont été transmises à la 4e sous-section, relativement à un relèvement de la taxe sur les chiens. Cette question ne figurant pas à son programme, la 4e sous-section n'en aurait pas entrepris l'étude, si ses auteurs ne lui avaient fait remarquer qu'elle était connexe à celle de la divagation des chiens.

Le relèvement de la taxe peut être poursuivi en effet dans un but fiscal. Dans la pensée des promoteurs de cette idée, il a pour principal objet l'amélioration de la race. Mais il aurait pour conséquence directe, à condition que cette taxe fut suffisamment augmentée, une diminution de l'espèce, et par suite serait à juste titre considéré comme un remède au fléau de la divagation des chiens.

La taxe sur les chiens est exclusivement municipale. Elle a été établie par la loi du 2 mai 1855 dont l'art. 2 portait : « Cette taxe ne pourra excéder 10 francs, ni être inférieure à 1 franc. »

Le règlement d'administration publique du 4 août 1855 classa les chiens en deux catégories : « chiens d'agrément ou servant à la chasse » d'une part, et d'autre part « chiens de garde, comprenant ceux qui servent à guider les aveugles, à garder les troupeaux, les habitations, magasins, ateliers, etc. »

La taxe la plus généralement adoptée est de 6 à 8 francs pour les chiens de 1re catégorie et de 1 fr. 50 à 2 francs pour ceux de 2e.

Cette taxe est beaucoup plus élevée dans certains pays étrangers.

En Bavière, par exemple, la taxe a été ainsi fixée par une loi du 31 janvier 1888.

Dans les communes de plus de	15.000 habitants	15 marks	(18 fr. 75)
— —	1.500 habitants	9 marks	(11 fr. 25)
— —	300 habitants	6 marks	(7 fr. 50)
Dans les communes de moins de	300 habitants	3 marks	(3 fr. 75)

Les communications suivantes ont été adressées à notre Commission au sujet du relèvement de la taxe.

M. Dommanget propose que la taxe annuelle soit de 8 francs pour chaque chien mâle et de 20 francs pour chaque femelle, les 3/4 du montant de la perception à la commune et 1/4 à l'État.

Il appuie sa proposition sur des raisons dont tout membre du Congrès prendra connaissance avec grand intérêt et que nous ne pouvons que résumer ici. Le but de la réforme est de réduire très rapidement le nombre des femelles et de forcer moralement tous ceux qui ont besoin des services du chien, sans vouloir en faire l'élevage, à utiliser uniquement les services du mâle.

Actuellement les chiens nés d'unions de hasard, constituent cette population vagabonde : chiens errants de nos rues de villes, chiens destructeurs de gibier dans la campagne, grands propagateurs de la rage.

M. Paul Collin partage l'avis de M. Dommanget. Il propose une taxe de 5 francs par mâle etde 15 à 20 francs par lice.

M. le baron de Segonzac a déposé une note sur le même sujet. Au contraire, il opine pour un relèvement de la taxe sur les chiens mâles qu'il voudrait voir fixer uniformément à 10 fr. Quant aux chiennes elles seraient tarifiées à 6 fr. M. de Segonzac estime qu'ainsi une sélection plus parfaite se produirait.

D'ailleurs il admettrait que l'impôt fut réduit à 8 fr. et 4 fr. pour les chiens ou les chiennes inscrits au livre des origines françaises avec un numéro d'ordre.

Votre Commission a discuté les questions soulevées par MM. Dommanget, Collin et de Segonzac. Il lui a paru qu'il était hors de sa compétence de se prononcer sur les mesures à prendre pour l'amélioration des races. Mais en considération des avantages que présenterait toute disposition ayant pour conséquence la raréfaction des chiens et par suite la diminution des chiens errants, elle demande au Congrès d'émettre le vœu suivant :

Vœu :

« Que la taxe sur les chiens soit augmentée. »

Votre Commission a de plus examiné avec l'intérêt qu'il comporte un moyen propre à empêcher la trop facile divagation des chiens, qui lui a été suggéré à la fois par M. Bonnefoy, l'un de ses membres, et par M. Albert Bordeaux, lieutenant de Louveterie de l'arrondissement de Mamers.

Il consisterait à adapter au cou des chiens un bâton de 0,60 à 0,70 de longueur retenu au milieu par une attache fixée au collier.

Muni de ce léger appareil, le chien pourra faire son service de cour, garder les bestiaux aux champs; et, s'il lui prend envie de courir après un gibier, il sera vite arrêté par ce bois qui s'accrochera à une haie, à un obstacle quelconque et de toute façon l'entravera pour une course un peu longue.

Votre Commission a d'ailleurs fait sien et propose au Congrès d'adopter un vœu qui lui a été soumis par M. de Sabran-Pontevès :

Vœu :

« Tout chien de 2e catégorie qui aura été l'objet d'une plainte pour divagation ou action de chasse, adressée régulièrement au maire de la commune, soit par un garde, soit par un agent de l'autorité, soit par le propriétaire lésé appuyé de deux témoins, sera inscrit d'office en cas de récidive constatée par une deuxième plainte, sur le rôle n°1 et le complément de la taxe sera exigible de plein droit sans préjudice de l'amende, s'il y a eu parallèlement procès-verbal.

Médaille d'identité pour les chiens.

La question de la médaille d'identité ne concerne pas directement la chasse. Elle est bien plutôt une mesure fiscale. A ce titre la Commission n'a pas à l'examiner. Toutefois, comme elle aurait pour résultat, en facilitant la surveillance d'une part, et en contraignant d'autre part à la formalité de la déclaration certains propriétaires y échappant actuellement, votre Commission a discuté sur l'opportunité de rendre cette mesure obligatoire.

Elle a reconnu d'ailleurs que cette obligation devrait nécessairement faire l'objet d'une modification à la loi.

Dans leurs communications déjà citées, MM. Joba, Paul Collin et du Pontavice, considèrent cette réforme comme inutile au point de vue de la chasse.

La Commission, après délibération, s'est rangé à un avis opposé et elle propose au Congrès d'émettre le vœu suivant :

Vœu :

« Que l'obligation soit imposée à tous les propriétaires de chiens, sans aucune exception, de munir ces animaux d'une médaille ou d'une marque d'identité, délivrée par l'administration lors du paiement de la taxe. »

La divagation des chiens et leur répression (1)

par M. GASTON BONNEFOY

Tout le monde est d'accord sur ce point que la divagation du chien doit être prohibée, et deux ordres de dispositions pénales sont établies à cet effet.

L'article 9 de la loi du 3 mai 1844 sur la police de la chasse, modifié par la loi du 22 janvier 1874 permet tout d'abord aux préfets d'interdire, dans l'intérêt de la conservation des œufs et couvées d'oiseaux, la divagation des chiens à travers la campagne.

Les infractions aux arrêtés pris en pareille circonstance sont punies des peines portées par l'article 11 de la loi du 3 mai 1844.

En second lieu la divagation des chiens peut aussi être interdite soit par le préfet, soit par le maire, en vertu de l'article 91 de la loi du 5 avril 1884 en vue de garantir la sécurité publique ou de protéger les récoltes contre les dégâts que ces animaux peuvent y occasionner en parcourant les cultures. Les contrevenants aux arrêtés pris dans ce but, et d'ailleurs réguliers, ne commettent

(1) Bien naturellement nous n'envisagerons ici que la question au point de vue pénal. Au point de vue civil, la divagation des chiens peut produire des effets au cas où il en serait résulté un préjudice.

point un délit de chasse, mais encourent la peine de l'amende de 1 à 5 francs, conformément à l'article 471 § 15 du Code pénal.

Examinons successivement ces deux catégories d'infractions, après quoi nous nous demanderons quelles mesures peuvent prendre les maires en vertu de l'article 16 de la loi du 21 juin 1898 et quels sont les droits du propriétaire d'une chasse sur un chien divaguant sur sa propriété.

Mais auparavant nous croyons qu'il n'est pas inutile de définir exactement ce qu'est la divagation.

A cet égard nous ne saurions mieux faire que de rapporter ici la doctrine d'un arrêt de la Chambre criminelle de la Cour de Cassation du 4 mars 1905 (1) qui décide qu'on ne saurait, à aucun point de vue, considérer comme errant ou divaguant les chiens qui accompagnant leur maître demeurent par là même sous sa surveillance et sous sa direction et par suite, le fait, par un cultivateur qui revient des champs accompagné de ses chiens, de les laisser errer à leur guise, ne constitue pas une contravention, un arrêté préfectoral interdisant la divagation des chiens.

Répression de la divagation des chiens en vertu d'arrêtés pris par les Préfets en conformité de l'article 9 de la loi de 1844.

Aux termes de l'article 9 de la loi du 3 mai 1844, tel qu'il doit sa rédaction à la loi du 22 janvier 1874, le préfet a le droit d'interdire la divagation des chiens à travers la campagne, dans l'intérêt de la conservation des œufs et couvées d'oiseaux.

(1) *Gaz. Pal.* 1905.1.503. *Gaz. des Trib.* n° du 23 juillet 1905. Voici d'autres documents de jurisprudence que nous trouvons dans un très intéressant article de M. Gabriel Soudée, avocat à la Cour d'appel d'Angers, si compétent en matière de chasse paru dans le journal *l'Acclimatation*. Un juge de paix de Saint-Nazaire ayant cru pouvoir donner *une définition du chien errant* dans un jugement de simple police et dire que le chien errant était « celui qui, contrairement à ses instincts « naturels, quitte le domicile de son maître pour aller dans un lieu plus ou moins « éloigné, sans subsistance, sans domicile certain et de manière à inspirer la « crainte aux habitants », la Cour de cassation du 22 avril 1887 (D. P. 88.1.286), a dit à juste titre que le juge n'avait point le droit de donner une définition arbitraire du chien errant et que c'était au juge à dire ce que dans chaque cas il fallait entendre par chien errant dans le silence de la loi.

La Cour de Rouen le 2 décembre 1881 (*Le Droit*, n° du 2 janvier 1882) a vu un fait de divagation puni par la peine appliquée et l'infraction à un arrêté préfectoral pris en vertu de l'article 9 de la loi de 1844 dans le fait d'une personne qui n'aurait *pas surveillé* deux chiens qui, à 15 ou 20 mètres, parcouraient une pièce de trèfle, alors qu'elle était dans un chemin.

Le Tribunal du Mans le 18 avril 1902 a condamné pour infraction à un arrêté préfectoral pris en vertu de l'article 9 de la loi de 1844 le maître d'un chien travaillant à 200 mètres de l'endroit où le chien quêtait, bien que le prévenu eût déclaré qu'ayant emmené un chien avec lui dans le champ où il travaillait, le chien l'avait quitté et qu'il ne s'en était pas occupé.

Le même Tribunal le 20 septembre 1901 et le 2 mai 1901 a statué dans un sens identique dans deux espèces la première où le prévenu avait emmené un chien avec lui, et l'avait laissé chasser hors sa participation, et le second où le chien, emené par son maître avait échappé à sa surveillance, et avait été rappelé par celui-ci s'apercevant qu'il chassait un lièvre.

Mêmes solutions dans les jugements du Tribunal de la Flèche du 16 juillet 1902, de Compiègne du 27 mai 1896 (*Gaz. des Trib.* n° du 1er oct. 1896), du Tribunal de Langres du 24 juin 1892 (*Gaz. des Trib.* n° du 7 juillet 1892).

C'est ainsi qu'il a été jugé à maintes reprises (1), qu'était légal et obligatoire comme étant pris en exécution de l'art 9 § 4 de la loi du 3 mai 1844, l'arrêté par lequel un préfet, en vue d'empêcher la destruction des œufs et des couvées interdisait de laisser les chiens errer en liberté dans les bois et la plaine.

Et l'infraction existe non seulment lorsque les chiens sont trouvés errants seuls et sans leur maître, mais encore lorsqu'étant accompagnés de celui-ci, ils ont échappé à sa surveillance, si d'ailleurs il n'a pas pris les précautions nécessaires pour éviter la fuite de l'animal ; l'on sait en effet que les délits de chasse n'exigent pas l'intention coupable (2).

L'infraction dont il s'agit ne tombe pas sous le coup de l'article 471 § 15 du Code pénal mais est punie, conformément aux dispositions de l'artice 11 § 3 d'une amende de 16 à 100 francs, et elle est de la compétence des Tribunaux correctionnels (3).

Mais pour qu'il en soit ainsi, il est nécessaire que l'arrêté préfectoral soit conçu en des termes qui puissent permettre aux tribunaux de juger si le préfet a réellement entendu en interdisant la circulation des chiens errants, faire usage des pouvoirs que lui a conférés l'article 9 § 4 de la loi du 3 mai 1844. S'il en était autrement, et s'il ressortait des termes de l'arrêté du préfet qu'il n'a pas eu en vue, en interdisant la circulation des chiens errants, d'empêcher la destruction des oiseaux ou de favoriser leur repeuplement, l'infraction a cet arrêté ne serait plus sanctionné que par les peines de l'article 471 § 15 du Code pénal.

C'est ce qu'a jugé la Cour de Cassation le 5 août 1887 (4) dans une espèce

(1) Angers 28 juill. 1879 (D. P. 80.2.104). Rouen, 2 déc. 1881 (*Rép.* t. 20 n° 23). Nancy 23 janv. 1884 (*Rep. for.* t. 11 n° 9). Dijon 26 nov. 1890 (S. 91.2.157 P. 91.1.888).

(2) Rouen 2 déc. 1881 précité. L'on peut rapprocher de cette décision l'arrêt de la Cour de cassation cité plus haut du 4mars 1905. En les rapprochant l'un de l'autre et en les comparant, on voit que s'il peut y avoir discordance en apparence, il n'en est pas de même en réalité.

(3) Rouen 2 déc. 1881 et Dijon 26 nov. 1890 précités. Voir encore Besançon 21 juin 1877 (S. 78.2. 165 P. 78.712 D. P. 78.2.237.

(4) S. 91.2.157. P. 91.1.839 *ad notam.* D. P. 88.1.186. Voici le texte de cet arrêt : « La Cour : Vu la loi du 3 mai 1844, sur la police de la chasse et l'art. 160 du C. Instr. crim.; Vu l'arrêté du préfet des Ardennes en date du 24 décembre 1886, dont l'article 5 est ainsi conçu : *Afin de prévenir la destruction du gibier et de favoriser son repeuplement,* il est expressément interdit aux propriétaires de chiens de chasse, de berger ou autres de laisser errer ces animaux soit dans les bois, soit dans les terres cultivées ou en friches, pendant la période de la fermeture de la chasse ;

Attendu qu'il résulte d'un procès-verbal dressé le 8 mars dernier par les gendarmes à la résidence de Monthois que, ledit jour, ils ont surpris, errant sur le territoire de la commune de Montigny, un chien qui accompagnait l'inculpé ; que cette constatation n'établit aucun fait de chasse à la charge de Vilmet ;

Attendu que les infractions aux arrêtés préfectoraux destinés à assurer l'exécution des dispositions de la loi sus-visée ne sont punissables de peines correctionnelles qu'autant qu'ils ont été pris dans des cas formellement prévus par ladite loi ;

Attendu que l'art. 5, précité du règlement du 24 déc. 1886 a pour objet, non de prévenir la destruction des oiseaux utiles à l'agriculture, conformément aux dispositions de l'article 9 § 4 de la loi sur la police de la chasse, mais bien d'assurer la conservation du gibier : que par suite, le fait relevé à la charge de Vilmet ne trouve pas de sanction dans les art. 11 et suivants de cette loi, et qu'il constituerait une contravention de police prévue par l'art. 471 n° 15, C. pén. si la disposition de l'art. 5 du règlement précité enfreinte par l'inculpé a été légalement prescrite, ce qu'il appartenait au juge de paix de rechercher ;

Attendu que dans ces circonstances, le juge (de paix) en renvoyant les parties devant le procureur de la République de Vouziers a faussement interprété l'art. 5 dudit règlement et fait une fausse application de l'art. 160 C. Instr. crim.; casse, etc.

où le préfet avait pris un arrêté pour interdire la circulation des chiens errants pendant la fermeture de la chasse, *dans le but de prévenir la destruction du gibier et de favoriser son repeuplement.*

Les Cours d'appel ne semblent pas vouloir se ranger à cette doctrine, et l'on peut signaler en sens contraire un arrêt en Cour d'appel de Paris du 25 juin 1889, dans une affaire Villeux (1).

Notons que d'après un arrêt de la Cour d'appel de Dijon du 26 novembre 1900 (2), l'arrêté par lequel le préfet « afin de prévenir la destruction du jeune

(1) S. 91.2.157 P. 91.1.889. Voici le texte de cet arrêt :

La Cour :

Considérant qu'il résulte des débats que, le 3 mai 1889, époque où la chasse est prohibée, Pilleux a laissé errer son chien qui a été trouvé chassant dans les champs et vignes sis au lieu dit les Millancts, commune de Vienne en Arthies ;

Considérant que l'art. 13 de l'arrêté du 16 février 1882 du préfet du département de Seine-et-Oise, concernant la police de la chasse, fait défense aux propriétaires de chiens de « les laisser errer, soit dans les plaines, soit dans les bois pendant le temps où la chasse est prohibée » ; que cet arrêté est légal et obligatoire ; qu'il a été pris en effet par le préfet de la Seine-et-Oise en exécution de l'article 9 de la loi du 3 mai 1844, lequel confère le droit aux préfets de prendre des arrêtés pour « prévenir la destruction des oiseaux et favoriser leur repeuplement » que la prohibition édicté par l'article 13 susvisé a été manifestement édictée dans le but de prévenir, pendant le temps où la chasse est fermée, c'est-à-dire à l'époque de la reproduction, la destruction des oiseaux et notamment des faisans, perdrix et cailles, qui nichent sur le sol et dont les couvées sont fréquemment détruites par les chiens errant sans maître dans les bois et les plaines ;

Considérant que les arrêtés préfectoraux qui ont été régulièrement pris en vertu de l'article 9 de la loi du 3 mai 1844 ont pour sanction les pénalités édictées par l'art. 11, 3° de la même loi ; que c'est donc à tort que les premiers juges ont considéré les faits de la prévention comme ne constituant qu'une simple contravention de police, passible des peines édictées par l'art. 471 n° 15, C. pén. et que le jugement doit être réformé. — Par ces motifs ; — Infirme ; — Condamne Pilleux etc.

(2) S. 91.2.157. P. 91.1.889. Voici la genèse de cette affaire :

Le Tribunal correctionnel de Chaumont a rendu, le 11 août 1890, le jugement suivant : — « Le Tribunal ;

Considérant qu'aux termes de l'article 9 de la loi de 1844 « les préfets sont autorisés à prendre des arrêtés pour prévenir la destruction des oiseaux et pour favoriser leur repeuplement »; que la plus grande latitude leur a été donnée pour le choix des mesures qu'il convient de prescrire ; que c'est en conformité des pouvoirs qui lui ont été attribués que le préfet de la Haute-Marne a cru devoir, dans son arrêté de clôture pour l'année 1890, défendre de laisser errer les chiens, soit dans les bois, soit dans la plaine, pendant l'époque où la chasse était fermée ; qu'il n'est point contestable que les infractions portées par l'art. 11, 3°, de la même loi, sans qu'il soit besoin de rechercher si le maître accompagnait ou non son chien, s'il l'avait laisser errer volontairement ou par mégarde ;

Considérant qu'il suffit, pour que l'infraction soit commise et la pénalité de l'art. 11 encourue, qu'il soit établi : 1° que c'est dans le but d'arrêter la destruction des oiseaux que la défense de laisser errer les chiens, dans les bois ou dans la plaine a été faite et 2° que le chien a été surpris vagabondant dans la plaine ou dans les bois, c'est-à-dire dans un lieu où il peut chasser et détruire les oiseaux ;

Considérant que c'est la réunion de ces deux circonstances qui doit éclairer le magistrat, et lui permettre de discerner s'il doit viser, dans l'application de la peine, les dispositions de l'art. 11 de la loi du 3 mai 1844, de préférence à celles de l'art. 471 n° 15, C. pén. ;

Considérant qu'elles se rencontrent toutes deux dans l'espèce soumise au tribunal ; que d'une part, l'arrêté du préfet de la Haute-Marne est formel et ne prête à aucune équivoque, et que, de l'autre, il résulte des débats que le 6 du mois de juillet dernier, le garde Berthet, se trouvant en surveillance dans la forêt d'Arc, a entendu un chien donner de la voix sur une piste, et, quelques instants après, le

gibier, *des œufs et des couvées* » interdit aux propriétaires de chiens de laisser errer ces animaux, soit dans les bois, soit dans la plaine, pendant le temps où la chasse est prohibée » doit être considéré comme pris en vertu de l'art. 9 § 4 de la loi du 3 mai 1844, lequel autorise les préfets à prendre des arrêtés pour prévenir la destruction des oiseaux et pour favoriser leur repeuplement ; en conséquence, l'infraction à cet arrêté constitue, non pas une contravention à un arrêté légalement pris, punie et réprimée par l'article 471 n° 15 C. pén., mais le délit prévu et puni par l'art. 11, 3° de la loi du 3 mai 1844, aux termes duquel seront punis d'une amende de 16 à 100 fr., ceux qui auront contrevenu... aux arrêtés concernant la destruction des oiseaux; par suite, lorsque, dans un département où le préfet a pris un tel arrêté, un chien a été trouvé dans une forêt chassant un chevreuil, le tribunal correctionnel est compétent pour connaître des poursuites dirigées contre le propriétaire de ce chien.

Répression de la divagation des chiens en vertu d'arrêtés pris par les préfets ou par les maires en conformité de l'article 91 de la loi du 5 avril 1884.

Ainsi que nous l'avons dit la divagation des chiens peut aussi être interdite, soit par le préfet soit par le maire, en vertu de l'article 91 de la loi du 5 avril 1884,en vue de garantir la sécurité publique ou de protéger les récoltes contre les dégâts que ces animaux peuvent y occasionner en parcourant les cultures.

râlement d'un chevreuil ; que s'étant porté rapidement dans cette direction, il aperçut le chien d'A... qui étranglait un chevrillard ;

Considérant qu'aucun doute ne saurait exister sur l'identité de l'animal, comme sur la personne de son propriétaire ; qu'en effet ce chien était depuis longtemps connu du garde ; qu'il l'avait fréquemment rencontré dans les bois ; que pour qu'aucune dénégation ne fut possible, le garde s'est rendu, accompagné d'un gendarme, au domicile d'A..., et qu'ils ont vu et reconnu, ensemble, couché sur une chaise, le chien que le garde avait aperçu dans le bois ; que cet animal paraissait brisé de fatigue ; — Pr ces motifs : — Déclare A... coupble d'infraction à un arrêté préfectoral sur la chasse ; Et vu les art. 14 de l'arrêté préfectoral du 6 janvier 1885, 11 de la loi du 3 mai 1844, 194 C. Instr. crim., et 9 de la loi du 22 juill. 1867 ; — Condamne ledit A..., etc.

Appel par A...

Arrêt :

La cour ; — Adoptant les motifs des premiers juges ; Considérant, en outre, que l'art. 9 § 4 n° 1 de la loi du 3 mai 1844 reconnaît aux préfets le droit de prendre des arrêtés en vue de prévenir la destruction des oiseaux et de favoriser leur repeuplement ; que les infractions à ces arrêtés, punies par les dispositions de l'article 11 n° 3 de ladite loi, doivent être déférées au tribunaux correctionnels ;

Considérant, d'une part, que, en prenant l'arrêté du 6 janvier 1885, dont l'art. 14 est ainsi conçu : « Pendant le temps où la chasse est prohibée et *afin de prévenir la destruction du jeune gibier, des œufs et des couvées*, il est expressément défendu aux propriétaires de chiens de laisser errer ces animaux, soit dans les bois, soit dans la plaine », le préfet de la Haute-Marne, loin de violer la loi, n'a afit que s'y conformer, en assurant son exécution ; que, d'autre part, le tribunal correctionnel de Chaumont, en constatant que, dans la matinée du 6 juillet dernier, le chien d'A... avait été surpris chassant sans être accompagné dans la forêt d'Arc, a reconnu implicitement que cet animal avait été trouvé errant, soit dans les bois, soit dans la plaine ; que ce fait, constituant, à cette époque de l'année, un danger pour les oiseaux, tombait sous l'application de l'art. 11, n° 3 de la loi de 1844 ; — D'où il suit que ledit tribunal de Chaumont était compétent pour en connaître ; — Par ces motifs ; Confirme, etc.

Du 26 nov. 1890.

Même avant 1884 on avait reconnu comme valable et régulier l'arrêté d'un maire défendant la divagation des chiens (1).

A l'heure actuelle la question ne saurait faire doute.

Le maire ou le préfet a également le droit, afin d'empêcher la dévastation des récoltes, de défendre de laisser divaguer des chiens et partant de chasser aux chiens d'arrêt ou aux chiens courants dans certaines natures de cultures, pourvu que ce soit seulement pendant une période limitée, par exemple, pendant le temps où ces terres sont encore chargées de leurs fruits (2).

Au lieu d'interdire d'une manière absolue la divagation des chiens dans les récoltes, on pourrait se borner à prescrire aux propriétaires de ces animaux de ne les laisser sortir dans la campagne qu'après avoir eu le soin de leur attacher au cou un bâton ou un ballot. L'arrêté qui, afin de préserver les vignes des dégâts que les chiens pourraient y commettre en y pénétrant, ordonnerait une mesure de ce genre, en la déclarant obligatoire jusqu'à la fin des vendanges, serait parfaitement valable (3).

Mesures que peuvent prendre les maires à l'égard de la divagation des chiens en vertu de l'article 16 de la loi du 21 juin 1898.

A l'égard de la divagation des chiens ; ils peuvent ordonner que les chiens soient tenus en laisse ou muselés. Ils prescrivent que les chiens errants et tous ceux qui seraient trouvés sur la voie publique ou dans les champs, non munis d'un collier portant le nom et le domicile de leur maître, seront conduits à la fourrière et abattus après un délai de quarante-huit heures s'ils n'ont pas été réclamés, et si le propriétaire reste inconnu. Le délai est porté à huit jours francs pour les chiens avec collier ou portant la marque de leur maître.

Le même article dispose dans son alinéa 2 que « les propriétaires, fermiers ou métayers ont le droit de saisir ou de faire saisir par le garde-champêtre ou tout autre agent de la force publique, les chiens que leur maître laissent divaguer dans les bois, vignes ou leurs récoltes. Les chiens saisis sont conduits au lieu de dépôt désigné par l'autorité communale, et si, dans les délais ci-dessus fixés, ces chiens n'ont point été réclamés et si les dommages et les autres frais ne sont point payés, ils peuvent être abattus sur l'ordre du maire ». A cet égard, il a été jugé que si, aux termes de l'art. 16, loi du 21 juin 1898, les propriétaires ou fermiers peuvent saisir les chiens errants sur leur fonds, c'est à la condition impérativement imposée par ce texte, de les conduire à la fourrière municipale. S'il n'existe pas de local affecté à cet usage, ils doivent demander à l'autorité municipale d'en désigner un ou de les constituer eux-mêmes séquestrés. Le défaut d'accomplissement de cette formalité frappant la saisie de nullité, ils ne peuvent réclamer les frais de nourriture et de garde de l'animal saisi qu'ils ont retenu indûment chez eux (4).

(1) Cass. 11 nov. 1824 (S. et P. chr.). — 1er juillet 1842 (S. 42.1.672. P. 42.2. 468). 4 oct. 1845. (P. 48.2.556. D. P. 45.4.41). 8 août 1846 (P. 47:1:168):

(2) Cass. 16 déc. 1826 (S. et P. chr.) Sic Berriat Saint-Prix. *Législation de la Chasse* p. 27. Cival. *Loi sur la police de la chasse annotée* p. 24, n° 20. Giraudeau, Lelièvre et Soudée. *La Chasse* n° 350.

(3) Cass. 10 janv. 1834 (S. 43.1.264. P. chr.). Sic. Berriat Saint-Prix, *loc. cit.*; Cival *loc. cit.* p. 24, n° 21.

(4) Cass., 11 nov. 1902. *Gaz. des Trib.* n° 24 1903.

Droits du propriétaire d'un terrain ou d'une chasse, sur un chien divaguant sur sa propriété.

Aux termes d'un jugement du Tribunal d'Aix du 1er mai 1903 (1) la divagation des chiens de chasse dans une propriété gardée ne saurait par elle-même autoriser le propriétaire ou le garde chasse à les tuer, il faut encore qu'il soit démontré que ces animaux occasionnent un dommage ou fassent courir un danger soit aux personnes soit à la propriété.

CONCLUSION.

Si l'on examine la répression de la divagation des chiens, on voit qu'elle est un peu illusoire, dans le cas où il s'agit d'une simple contravention.

Aussi pensons-nous qu'il y a quelque chose à faire.

Nous repoussons, à cause de la difficulté que peut présenter une réforme de la législation, toute proposition de cette nature.

Nous croyons que le remède immédiat, qui aurait cet avantage de ne pas avoir à faire mettre en mouvement la machine parlementaire, consisterait dans le fait par les préfets, tout d'abord de prendre des arrêtés interdisant la divagation des chiens, et ensuite et surtout de ne les prendre qu'en vertu de l'article 9 de la loi de 1844, de façon à arriver à une répression efficace de cette infraction par les Tribunaux correctionnels (2).

(1) *Juris. Civ. Marseille* 1903-346.

(2) Nous ne pouvons mieux faire que de reproduire ici la très juste conclusion de l'article sur les chiens errants paru dans le journal *l'Acclimatation* de M. Gabriel Soudée, le distingué et compétent avocat à la Cour d'appel d'Angers :

«... Les préfets devraient dans leurs arrêtés de police, dire comme le préfet de l'Eure (arrêté de police du 5 août 1902) et le préfet d'Ille-et-Vilaine, dans un arrêté de police du 6 septembre 1902 : « ne seront pas considérés comme en état de divagation es chiens de chasse, de berger et de bouvier, lorsqu'ils seront employés sous la direction et la surveillance de leurs maîtres à l'usage auquel ils sont destinés.» Nombre de préfets font de même (préfets de la Sarthe, arr. régl. 22 août 1905).

Le préfet d'Ille-et-Vilaine, dans un arrêté réglementaire pris en vertu de la loi sur la chasse, défend, *en tout temps*, aux propriétaires de chiens de chasse, de bergers ou autres, de les laisser errer soit dans les bois, soit dans la plaine (arr. régl. permanent, 5 septembre 1902) ; de même le préfet de la Sarthe.

Beaucoup de préfets croient utile, pour l'exercice de la chasse, de ne pas défendre la divagation des chiens pendant la chasse ouverte ; nous croyons cette précaution non seulement inutile, mais nuisible, un chien qui divague n'est pas un chien qui chasse. En défendant toute l'année la divagation des chiens, comme le fait le préfet d'Ille-et-Vilaine, on coupe court au procédé employé par beaucoup de chasseurs qui, en chassant sur les bordures de terre giboyeuses, laissent échapper leurs chiens, se gardent bien de faire quoique ce soit pour les rappeler et surtout de déposer leurs armes et d'aller les chercher, parce que, par ce procédé, ils arrivent à opérer de véritables rabats de gibier qu'il est très difficile, souvent, de saisir comme *fait de chasse*.

Tout en défendant, en tout temps, la divagation des chiens, on peut très bien édicter des mesures particulières contre cette divagation, seulement pendant la fermeture de la chasse. Il en est une particulièrement bonne et que tous les préfets devraient prendre : « A partir de la fermture de la chasse à courre dans le département jusqu'à l'ouverture de la chasse, les chiens, autres que ceux qui servent à la garde des troupeaux ne pourront être conduits en plaine ou au bois, à moins qu'ils ne soient tenus en laisse. » (Arr. régl. du préfet de l'Eure, 21 décembre 1899.)

Avec ces doubles arrêtés préfectoraux contre les chiens errants, l'un pris en

Nous proposons donc le vœu suivant :

« La quatrième sous-section de la section de législation et de jurisprudence émet le vœu que les préfets prennent des arrêtés sur la divagation des chiens, mis uniquement en vertu de l'article 9 de la loi du 3 mai 1844. »

Gaston Bonnefoy.
Docteur en Droit, docteur ès sciences économiques et politiques, greffier en chef du Tribunal de simple police de Paris.

Divagation des chiens.

Au sujet de cette question dont s'est occupé notre assemblée générale dernière, M. le président a reçu la lettre ci-jointe :

Monsieur le Président de la Société pour la répression du braconnage.

La question du chien errant paraît devoir intéresser vivement votre Société et je le comprends, elle se rattache à une étude que j'ai longuement approfondie et que j'ai l'honneur de soumettre à votre haute compétence. Cette étude a pour objet la réforme de la taxe.

La taxe actuelle est critiquable :

1° Parce qu'elle n'est pas uniforme pour toute la France ;

2° Parce qu'elle ne rapporte rien à l'Etat ;

3° Parce qu'elle comprend deux catégories impossibles à distinguer ;

4° Parce qu'elle est très irrégulièrement perçue, etc...

N'étant pas uniforme, la taxe est perçue là où elle est le moins élevée, pour les gens ayant plusieurs domiciles.

Les agents de l'Etat n'ayant pas à s'intéresser à la taxe ne surveillent pas sa perception ; c'est pourquoi les ambulants et les habitants des maisons isolées se dispensent souvent de la payer.

Plusieurs jugements contradictoires ont démontré que la dénomination de chien de garde est extrêmement vague ; aussi un grand nombre de chiens inutiles et nuisibles bénéficient de la taxe réduite.

Les résultats de la taxe actuelle sont :

vertu des pouvoirs généraux de police, les chiens pourront utilement servir à l'emploi auquel ils sont destinés : quand la chasse est ouverte, les chiens pourront sortir, accompagnés de leur maître, sans être tenus en laisse, et pendant la fermeture de la chasse, ils sortiront sur les voies publiques, mais pas dans les bois et terres, sans être tenus en laisse. De cette façon, la divagation des chiens sera défendue en tout temps. Il ne restera de dangereux pour le gibier que les chiens gardant des troupeaux avec des enfants.

Dans ce cas-là ne pouvant être possible d'un délit de chasse s'il ne dirige pas, et ne surveille pas son chien, le maître sera possible, si le chien chasse, d'une infraction à un arrêté de police.

Comme le dit la *Revue des Eaux et Forêts* (1904, 482), le chien errant est la première cause de la ruine du gibier, l'agent le plus actif de dépopulation, le pelé, le galeux, d'où vient tout le mal.

L'existence d'une fourrière qui reçoit et détruit chaque année beaucoup d'animaux.

La nécessité d'imposer la muselière à certaines époques.

L'apparition de maladies terribles, rage, tuberculose, etc., répandues par morsure ou infection.

Vagabondage dans les campagnes de chiens maraudeurs et braconniers qui font la désolation des chasseurs.

Voici la réforme à faire :

Les chiens dans toute la France seront taxés à raison de 5 fr. par mâle et de 20 fr. par femelle. La moitié de l'impôt sera perçue aux bénéfices de l'Etat et la moitié au bénéfice des communes.

Les mâles porteront au collier, une médaille ronde et les femelles une médaille carrée analogues aux plaques de bicyclettes.

Il y a actuellement beaucoup trop de femelles, de là l'histoire du chien errant : une lice en feu qui s'échappe est couverte et met au monde des bâtards, on laisse deux chiots sous la mère pour le lait ; six semaines après on donne ces amours de chiens à des voisins qui s'en amusent pendant six mois et les laissent après chercher leur vie sur les tas d'ordures, le jour où ils s'aperçoivent qu'ils n'ont que des cabots sans valeur. Ce sont ces bâtards errants qui colportent la rage, la vermine et détruisent les couvées.

Obliger par l'obligation de la taxe tous éleveurs occasionnels de cagnots à posséder des mâles pour leur service et c'en est fait des unions de la rue et des maraudeurs qui en résultent.

Quels sont les gens qui conserveront des femelles et quelles seront ces femelles, poser la question c'est y répondre. C'est l'élevage du chien de race qui prendra un légitime essor.

Tout propriétaire de chien « achevé » conservera son chien chez lui.

Le paysan se contentera d'un chien de garde au lieu de deux ou trois inutiles donc nuisibles (à la campagne les lices qui élèvent des chiots sont les pires maraudeurs).

La taxe sexuelle qui n'augmente que de 3 fr. 50 la taxe actuelle du chien de garde ne peut paraître exagérée ; le chien de l'aveugle n'existe plus guère et l'Assistance publique peut marcher !

Tout propriétaire de chienne supportera facilement la taxe parce que le fait de la raréfaction des lices, l'écoulement des chiots se fera d'une façon rémunératrice.

Nous ne sommes plus au temps où l'on croyait que la rage venait de la continence forcée, donc de ce côté rien à craindre.

Comme toute idée nouvelle, celle-ci trouvera des oppositions, mais en peu d'années les résultats en seront probants pour démontrer l'opportunité de la taxe sexuelle.

Je suis, Monsieur, votre serviteur.

ROBERT DOMMANGET.
à Reims.

LES CHIENS ERRANTS

Modification de l'assiette de l'impôt.

Je ne crois pas que, dans l'état actuel des esprits et des mœurs, il soit possible d'entraver les grandes manœuvres des chiens errants. Il existe partout des arrêtés suffisants mais on n'en tient pas compte. Les agents ne verbalisent pas et les tribunaux ne condamnent pas.

Comment faire alors ? Couper le mal dans sa racine *en raréfiant les chiennes.*

Impôt uniforme de 5 francs par mâle quel qu'il soit ; mais impôt de 15 ou 20 francs par chienne quelle qu'elle soit. Plus de lices errantes, mères de chiens errants ; on ne conservera plus que des chiennes soignées et de race.

Cette question a été très bien exposée par M. R. Dommanget dans l'*Acclimatation* du 12 sep. 1901. Il me paraît souhaitable que la sous-commission prenne connaissance de cet article. L'honorable M. Deyrolle qui fait partie de la Commission du Congrès mettrait certainement très volontiers quelques exemplaires de ce numéro à la disposition de la sous-commission.

La médaille fiscale ne sera jamais qu'un leurre. Attendu qu'on ne poursuivra pas plus les chiens qui sortiront sans médaille qu'on ne poursuit actuellement ceux qui sortent sans collier.

Communication relative à la taxe des chiens.

par M. EDMOND ROMAIN.

L'un des plus grands fléaux pour la chasse est la divagation des chiens. Dans les villages, la majorité des roquets, qui sans cesse parcourent les champs, sont tarifiés comme chiens de garde ou d'utilité et ne paient que la taxe minimum, souvent réduite à deux francs dans certaines communes.

Il conviendrait pour diminuer le nombre toujours croissant de ces animaux néfastes de n'accepter qu'une seule taxe uniforme pour tous les chiens et pour toute la France car le prix varie suivant les localités.

Le prix uniforme de dix francs voire même quinze sans être prohibitif, diminuerait le nombre de ces bêtes souvent inutiles.

On pourrait à la rigueur diminuer la taxe pour les chiens de bergers, mais seulement pour ceux qui gardent les troupeaux effectivement, car on voit souvent des bergers qui sous prétexte de dressage emmènent avec eux un nombre exagéré d'auxiliaires qui passent leur temps à détruire les couvées et les levraux ; le nombre des chiens admis serait proportionné au nombre des animaux à conduire.

Vœu :

Art. 1. — La taxe pour tous les chiens à quelque catégorie qu'ils appartiennent est fixée à quinze francs et cela uniformément dans toutes les communes de France.

Art. 2. — Une dérogation spéciale sera faite pour les chiens de bergers qui ne paieront que trois francs, mais cela seulement pour le nombre strictement nécessaire de ceux gardant effectivement les troupeaux.

E. ROMAIN.

Divagation des chiens.

La divagation des chiens est un des plus grands fléaux au point de vue de la conservation et de la tranquillité du gibier ; il y a donc lieu de s'en occuper sérieusement, tuer le chien trouvé chassant sans maître, soit en plaine, soit au bois pendant le temps où la chasse est fermée, est un procédé draconien et pas praticable surtout à notre époque. La taxe que je préconise sur les chiens consistant à taxer tous les chiens, sortant de la demeure du propriétaire, comme chiens de luxe ou de chasse à 8 % diminuerait déjà énormément le nombre des chiens errants à leur gré ou avec leur maître. Une condamnation sévère pour tout chien chassant sans maître pendant le temps où la chasse est ouverte et encore plus forte avec ou sans maître pendant le temps où la chasse est fermée, rendrait bien vite les propriétaires de chiens plus soucieux pour s'en occuper, ce qu'ils ne font pas. Enfin, la troisième condamnation entraînerait la suppression, l'abattage officielle de l'animal ou des animaux. On y regarderait certainement à deux fois avant de risquer cette suppression.

Baron de SEGONZAC.

Taxe sur les chiens.

J'ai l'honneur de soumettre à votre examen, les vœux suivants :

Je crains en ce faisant, d'être le 99e sur cent de mes collègues en Saint-Hubert qui ait à se plaindre :

1° De la divagation des chiens ;

2° Du braconnage ;

3° Du recel (qui vient perpétuer le braconnage).

Parmi cinquante autres plaintes, veuillez vous reporter à la très intéressante lettre de notre délégué du Saint-Hubert-Club M. Gasson, Bulletin de mars, page 67. Celle de M. Legay, page 39 et encore page 19 « où vont nos perdreaux ». Je cite ces lettres qui s'appuient sur des faits et expliquent suffisamment la négligence ou l'inefficacité de la police rurale actuelle.

Donc inutile d'insister sur ce mal public, il faudrait, si vous le voulez bien, Messieurs, en chercher le remède.

Devons-nous demander de nouvelles lois ? *Le moins possible.* Permettez-moi de penser que les lois qui nous régissent ont été votées dans un temps plus pondéré (1844) où l'intérêt général était pris en considération et passait avant l'intérêt politique ou électoral. Ces lois qui existent doivent suffire pour nous protéger. Leur application est mal observée, voilà tout ! Le sera-t-elle jamais observée ? je l'espère peu, car si nous ne sommes pas braconniers, nous sommes fraudeurs.

Est-ce à dire pour cela qu'il faut abandonner la lutte ? Non ! ou nous serions vite débordés et envahis par les chasseurs à 25 ou 50 cent. le cachet. En luttant nous pouvons vivre encore quelques années et vivre c'est espérer !

L'arrêté préfectoral de mon département (Seine-Inférieure) ci-joint ci-dessous porte : *Que tout chien trouvé errant sur la voie publique et dans la campagne, sera saisi et mis en fourrière.*

LES CHIENS ERRANTS

Le préfet de la Seine-Inférieure a pris, à la date du 22 août, un arrêté concernant les chiens errants. En voici les principaux articles :

« Article premier. — Il est expressément interdit aux propriétaires de chiens de chasse, de bergers ou autres de laisser errer ces animaux, alors même qu'ils seraient munis d'un collier ou d'une marque indiquant le nom de leur maître, sur la voie publique, dans les terres non closes, cultivées ou en friche, ainsi que dans les bois, à quelque époque de l'année que ce soit.

« Art. 2. — Il est rappelé que, conformément aux dispositions de l'art. 16 de la loi sur le code rural, tout chien trouvé errant à l'abandon sur la voie publique et dans la campagne, avec ou sans collier, sera immédiatement saisi et mis en fourrière. Il pourra être abattu dans le délai de quarante-huit heures s'il n'a pas de collier et si le propriétaire est inconnu.

« Ce délai est de huit jours francs pour les chiens avec collier ou portant la marque de leur maître.

« Les propriétaires fermiers ou métayers ont le droit de saisir ou de faire saisir et conduire à la fourrière les chiens que leurs maîtres laissent divaguer dans les bois, les vignes ou les récoltes.

« Art. 3. — Lorsqu'un chien réclamé sera remis à son propriétaire, ce dernier devra acquitter à la Caisse municipale les frais de conduite, de nourriture et de garde avancés par la commune. »

Cet arrêté est immédiatement exécutoire.

Qui saisira le chien errant ? Le garde-champêtre — je crains bien que le garde-champêtre hésite à s'occuper du chien de maître Pierre ou Jacques, *ses amis* ou leur obligé — le garde-champêtre relève de la municipalité, qui relève de ses électeurs... Pour l'exécution dudit arrêté, des agents de la Préfecture seraient mieux qualifiés. Le garde-champêtre pourra verbaliser, mais les cantonniers, les gendarmes et autres agents *devront* verbaliser de leur propre mouvement ou sur la requête d'un tiers.

L'arrêté dit plus loin : Qu'on aura le droit de saisir (ceci en pratique est un peu naïf) les chiens divaguant dans les bois, champs, etc.

Seul celui auquel appartient ledit chien pourrait le saisir — comme il le laisse errer le jour ou la nuit dans le bois avec intention, il s'en gardera bien — et comme un règlement ou loi, défend dans l'espèce de se faire justice en tirant le chien, on se trouve désarmé — de même si le chien vient la nuit ravager la basse-cour (vous savez comment nos cours sont clôturées en Seine-Inférieure).

Je voudrais qu'après la deuxième sommation ou avertissement fait au propriétaire délinquant du chien, par le garde-champêtre ou agent assermenté de la Préfecture : *on puisse avoir le droit d'abattre le chien.* (Voyez comment on procède en Angleterre, Canada et Allemagne).

Taxe. — Au Canada le chien paie un dollar, la femelle deux dollars. Ne pourrait-on en France réglementer de la sorte. Le nombre de chiens diminuerait, sans que le fisc y ait à perdre. Combien de gens à la campagne élèvent des chiens et ne peuvent que mal les nourrir, ou mal les surveiller et les laissent errer dans le hameau.

Tous frais nécessités pour une meilleure réglementation (ou répression du braconnage) pourraient être compensés pour l'État ou la commune par le prix du permis de chasse. Je voudrais qu'on empruntât aux nations voisines, le mode de fixation des amendes et leur importance. On aurait de la sorte moins de contrevenants, moins de recéleurs, ceux-ci prendraient le fait au sérieux, au lieu de le considérer comme banal.

Ces vœux comportent un examen, une discussion plus étendue, je laisse ce soin, Messieurs, à votre compétence.

JULES E. LEGER,
Membre du Saint-Hubert Club de France.

Divagation des chiens. — Loi du 3 mai 1844. — Art. 9. — Loi du 21 juin 1898. — Art. 1 à 16. — Loi du 5 avril 1884. — Art. 97-99.

La société pour la répression du braconnage dans l'arrondissement de Commercy a lonnguement étudié, dans sa séance du 7 mai 1905, cette question dont le défaut ou l'insuffisance de réglementation compromet essentiellement la protection du gibier. Elle ne peut que résumer ses observations, en renouvelant le vœu émis à cette époque et tendant à obtenir que la divagation des chiens, prévue et définie par la loi, constitue à l'égard de leurs maîtres une infraction soumise aux sanctions de la loi de 1844.

Il suffit d'ailleurs d'envisager les lois du 21 juin 1898 et du 5 avril 1884, pour démontrer nettement que la loi de 1844 peut seule donner actuellement aux arrêtés réglementaires des préfets contre la divagation des chiens la force légale dont ils doivent être pourvus dans l'intérêt de la chasse.

Loi du 21 juin 1898. Si l'arrêté réglementaire ne s'appuie que sur la loi de 1898, au seul ponit de vue de la police rurale, de la protection des récoltes, il ne peut émaner que de l'autorité municipale, et sa mise à exécution se renfermera dans les limites du territoire communal.

Quelques maires indépendants pourront prendre cet arrêt, mais on peut affirmer hautement que presque toutes les municipalités rurales ne le signeront pas dans la crainte de s'attirer des difficultés locales et de compromettre leur popularité.

Loi du 5 avril 1884. Le préfet peut sans doute prendre un arrêté contre la divagation des chiens, en visant les art. 97-99 de cette loi dans le but de parer à un danger menaçant la sécurité publique et dérivant d'un fait accidentel, tel que la rage (loi du 21 juillet 1881, et décret du 22 juin 1882) ; mais l'interdiction bien que pesant sur toutes les communes du département ou sur plusieurs d'entre elles, ne peut avoir qu'une durée limitée. La cause disparaissant, sa prohibition n'aura plus de raison d'être.

Si le préfet prend son arrêté réglementaire contre la divagation des chiens, en le motivant d'une manière générale sur la nécessité d'assurer la sécurité publique, de deux choses l'une :

Ou la la mesure sera absolue, applicable en tout temps et en tous lieux, elle apportera conséquemment de sérieuses entraves à l'exercice du doit de chasse ;

Ou bien elle sera limitée au point de vue des lieux, qu'elle soit permanente ou temporaire, peu importe, elle manquera en ce cas de base légale, parce qu'elle aura été prise dans un but autre que celui qu'elle paraît viser ostensiblement.

Telle est la doctrine très nette qui ressort de la jurisprudence de la Cour suprême, notamment de l'arrêt du 12 février 1903.

La société peut prouver par un fait récent le bien fondé de ses observations.

Réglementation actuelle dans le département de la Meuse.

Dans sa séance du 7 mai 1905, la société émettait le vœu que M. le préfet de la Meuse voulût bien maintenir, dans son arrêté réglementaire du 28 juillet 1904, le visa de l'art. 9 de la loi du 3 mai 1844 qui seul lui conservait sa raison d'être dans l'intérêt de la conservation de la chasse.

Le Conseil général, qui s'était ému des nombreuses contraventions soulevées pour faits de divagation des chiens et des sanctions correctionnelles qu'entraînait la mention de l'art. 9 de la loi de 1844 dans le préambule de l'arrêté préfectoral, adopta, dans sa séance du 4 mai 1905, un vœu présenté par plusieurs de ses membres et demandant uniquement la suppression de ce visa pour ne rendre les contrevenants que passibles de peines de simple police.

Conformément à la délibération du Conseil général, M. le préfet prit, à la date du 9 mai 1905, un nouvel arrêté qui, en maintenant toutes les dispositions de la réglementation précédente se bornait à faire disparaître le visa incriminé.

Rapprochement des deux arrêtés du 28 juillet 1904 et du 19 mai 1905.

Arrêté du 28 juillet 1904.

Vu les art. 97 et 99 de la loi municipale du 5 avril 1884.

Vu les art. 1 et 16 de la loi du 21 juin 1898 sur le code rural.

Vu la loi du 21 juillet 1881 et le décret du 22 juin 1882, sur la police sanitaire de ces animaux.

Vu la délibération du Conseil général de la Meuse, en date du 23 août 1901.

Vu les art. 471 § 15, 475 § 7, 479 § 2 du Code pénal.

Vu l'article 9 de la loi du 3 mai 1844 modifié par celle du 22 janvier 1874, sur la police de la chasse, autorisant les préfets à prendre ses arrêtés en vue de prévenir la destruction des oiseaux et de favoriser leur repeuplement.

Considérant qu'il importe, au point de vue de l'ordre public et de la sécurité des personnes, de prendre les mesures nécessaires pour empêcher la divagation des chiens sur toute l'étendue du département.

Arrêté du 19 mai 1905.

Vu les art. 97 et 99 de la loi municipale du 5 avril 1884.

Vu les art. 1 et 15 de la loi du 21 juin 1898, sur le code rural.

Vu la loi du 21 juillet 1881 et le décret du 23 juin 1882, sur la police sanitaire des animaux.

Vu la délibération du Conseil général de la Meuse, en date du 4 mai 1905.
Vu les art. 471, § 15, 475 § 7, 479 § 2 du Code pénal.

. . . .

. . . .

. . . .

Considérant qu'il importe au point de vue de l'ordre public et de la sécurité des personnes de prendre des mesures nécessaires pour empêcher la divagation des chiens sur toute l'étendue du département.

ARRÊTE

Article premier. — Il est expressément défendu aux propriétaires de chiens de chasse, de bergers ou autres, de laisser divaguer des animaux, alors même qu'ils seraient munis d'un collier portant le nom de leur maître *dans les terres non closes, cultivées ou en friche, ainsi que dans les bois, à quelque moment de l'année que ce soit.*

Quelle était la portée de l'art. 1 dans l'arrêté du 28 juillet 1904 ?

Quelle est-elle avec la présente réglementation ?

Dans l'arrêté du 28 juillet 1904, l'interdiction de la divagation des chiens, prescrite par l'art. 1, avait pour but de prévenir la destruction des oiseaux et de favoriser leur repeuplement, en assurant en même temps et par voie de conséquence la protection de tout autre gibier. Sa limitation aux bois et aux champs s'expliquait naturellement, puisque ces lieux sont les seuls dans lesquels les chiens errants et divagants causent de déplorables ravages.

Dans l'arrêté du 19 mai 1905, l'interdiction est uniquement motivée par la nécessité d'assurer la sécurité des personnes.

Cette fois elle est incomplète et ne se comprend plus, puisqu'elle ne *s'applique pas à la voie publique*, qui est, pour le moins, autant intéressée que les bois et la campagne à être protégée contre le danger permanent signalé par l'autorité préfectorale.

La Société a donc le droit de dire, en invoquant l'arrêt de la Cour de cassation du 12 février 1903, que la nouvelle réglementation contre la divagation des chiens manque de base légale, puisque sa disposition essentielle (article 1er) ne répond pas au principe général de sécurité publique visé par le préambule de l'arrêté.

Loi du 3 mai 1844.

La loi de 1844 est la seule qui puisse actuellement donner à l'autorité préfectorale le moyen de s'opposer efficacement, dans l'intérêt de la chasse, au grave danger de la divagation des chiens, et ce moyen consiste dans le visa de l'art. 9.

Mais pour éviter les vicissitudes de réglementation qui sont attestées dans la Meuse par la publication de *six arrêtés différents*, depuis 1885 jusqu'à ce jour, la société demande que la question de la divagation des chiens soit définitivement tranchée par la loi et que toute satisfaction ne relève que des tribunaux correctionnels.

Toutefois, afin de ne pas donner aux poursuites un caractère excessif, elle estime qu'il conviendrait de centraliser les procès-verbaux entre les mains du chef de service des Eaux et Forêts et de les rendre susceptibles de transaction, comme le sont ceux qui sont déclarés pour délits forestiers ou délits de pêche.

Médailles d'identité pour les chiens.

La loi du 21 juin 1898, art. 16, dont les dispositions sont reproduites dans l'arrêté réglementaire ci-dessus rappelé, exige que tout chien soit muni d'un collier portant le nom et le domicile de son maître.

L'obligation de la médaille d'identité ne pourrait donc que s'ajouter à une prescription légale qui semble suffisante, à la condition toutefois que les agents chargés d'en assurer l'observation, y tiennent fermement la main. Telle mesure nouvelle aurait sans doute une utilité fiscale, mais la Société n'en reconnaît pas la rigoureuse nécessité au point de vue de la protection de la chasse.

Pour copie conforme.

Le secrétaire,

Joba,

délégué du Saint-Hubert Club de France, n° 2,984

II. — *Tir sur les routes et en voiture.*

La loi du 3 mai 1844 sur la police de la chasse n'a pas interdit et ne pouvait interdire *la chasse* sur les chemins.

Pour les chemins privés, alors même qu'ils seraient livrés à la circulation publique, comme certains chemins ruraux non classés ou certaines voies forestières, la question ne pouvait se poser. Le droit de chasse sur ces chemins appartient au propriétaire, lequel en dispose dans les conditions habituelles, comme de son droit de propriété lui-même. Il en est ainsi pour le réseau des chemins exclusivement forestiers dans les forêts domaniales. Les grandes laies sommières qui rayonnent à travers les forêts et qui, dans nos anciennes forêts royales, se croisent en des carrefours nombreux, disposés anciennement pour le plaisir de la chasse, sont la plupart du temps chemins privés. Bien que la circulation y soit parfois tolérée, elles n'en conserveront pas moins ce caractère. L'État en loue donc la chasse à l'adjudicataire du lot qu'elles traversent. Aucune interdiction de chasse ne s'appliquera à ces chemins. Il en serait de même pour les chemins ruraux non reconnus et pour les chemins appartenant à des particuliers alors même qu'ils serviraient de voie de passage.

Pour *les chemins publics*, ou plus exactement pour les chemins *du domaine public*, la situation n'est pas la même. Mais d'abord quels sont les chemins du domaine public ?

Ce sont :

1° Les routes nationales.

2° Les chemins vicinaux de grande communication.

3° Les chemins vicinaux d'intérêt commun.

4° Les chemins vicinaux ordinaires.

5° Les chemins ruraux qui ont été l'objet d'un arrêté de reconnaissance (Loi du 20 août 1881).

Au sujet de la chasse sur ces chemins, voici comment s'exprime l'auteur du Répertoire général du Droit français de Fuzier-Herman.

« En principe nous pensons que la chasse est permise à toute personne sur les biens composant le domaine public ; l'Etat ne peut à notre avis, accorder *aucune permission de chasse particulière* sur les biens qui le composent... car ils doivent rester consacrés à l'usage et à l'utilité de tous.

« Conformément au principe qui vient d'être posé, on admet généralement que tout chasseur, muni d'un permis de chasse peut, sans avoir besoin d'aucune autorisation spéciale, chasser sur les routes nationales, pendant le temps où la chasse est ouverte... L'autorité administrative a du reste le droit d'interdire la chasse sur les routes par mesure de police et *dans un but de sécurité publique.* »

Sauf que dans cette dernière phrase il convient de dire que l'autorité administrative a le droit d'interdire *le tir* et non *la chasse*, les principes qui viennent d'être exposés ont servi de base aux discussions de notre Commission.

Elle a admis qu'il était impossible de demander aux préfets d'interdire *la chasse* sur les chemins publics, mais qu'il était licite au contraire que le préfet prît un arrêté interdisant *le tir*. Mais elle a reconnu que cette disposition devait avoir le caractère d'une mesure générale quant aux lieux et quant aux personnes, et qu'il ne pouvait y être fait d'exception même pour les détenteurs du droit de chasse riverains.

Une proposition de vœu contraire lui avait été présentée par M. le baron de Segonzac. Il exprimait bien le désir que la Commission se prononçât pour l'interdiction du tir au nom de la sécurité publique, mais que toutefois les riverains des chemins publics puissent jouir du droit de chasse jusqu'au milieu des dits chemins, s'ils les bordaient d'un seul côté, et sur toute la largeur s'ils détenaient le droit de chasse des deux côtés.

Bien que cette proposition s'inspirât visiblement de la disposition de l'art. 3 de la loi belge sur la chasse du 28 février 1882 qui interdit la chasse sur les chemins publics, à tout autre qu'au propriétaire riverain ou à son ayant-droit, votre Commission, s'en tenant aux principes posés par elle, n'a pas cru pouvoir suivre M. de Segonzac dont la proposition aurait eu pour conséquence non seulement une modification à la loi sur la chasse, non désirable en ce moment, mais encore une atteinte portée aux principes de notre droit public.

La Commission a pris connaissance d'une communication de M. Sargnon, relative au tir sur les routes. M. Sargnon signale comme particulièrement pernicieuse cette pratique sur les routes publiques en bordure des étangs du département de l'Ain. Il voudrait voir les préfets prendre les mesures d'interdiction qui leur avaient été inspirées, mais non dictées ni ordonnées, le préfet ayant seul le pouvoir réglementaire en la matière, par le ministre de l'Agriculture le 17 août 1905.

M. du Pontavice a communiqué à la Commission une note sur le même objet, concluant dans le même sens.

M. Joba, au nom de la Société pour la répression du braconnage de l'arrondissement de Commercy, émet l'avis qu'il serait utile d'insérer dans les cahiers des charges du droit de chasse des forêts de l'Etat, des communes et des établissements publics, une clause conférant à l'adjudication à titre exclusif le droit de chasse sur les routes et chemins publics traversant son lot.

Tout intéressante qu'elle soit, cette mesure n'a pas paru à notre Commission, pour les raisons précédemment exposées, pouvoir faire l'objet d'un vœu Il n'appartient pas à l'Etat, aux communes ou aux établissements publics de disposer du droit de chasse sur le domaine public. Toute clause du bail ainsi rédigée serait frappée d'illégalité et exposerait par suite les adjudicataires qui l'auraient acceptée de bonne foi à se trouver en contravention, si un arrêté du préfet était pris concurremment, comme le demande M. Joba, interdisant le tir sur les routes et les chemins publics.

Après discussion votre Commission a résumé ses débats dans le vœu suivant dont elle propose l'adoption au Congrès :

« Que le tir soit interdit sur les routes et chemins publics de tous les départements. »

M. le Préfet de la Meuse, par arrêté réglementaire permanent du 1er août 1906, approuvé par M. le Ministre de l'Agriculture, le 20 du même mois, a interdit le tir en voiture en raison des sérieux dangers qu'il présente pour la sécurité publique.

La Société donne son entière adhésion à cette défense qui intéresse par voie de conséquence la protection de la chasse.

En ce qui concerne le tir sur les routes, également interdit par le même arrêté :

La Société est d'avis que, dans les baux d'adjudication du droit de chasse dans les forêts de l'Etat, des communes et des établissements publics, le droit de chasse sur les routes et chemins publics, traversant ou bornant lesdits bois, soit exclusivement réservé à l'adjudicataire, et, dans le cas où ces forêts et ces routes ou ces chemins ne constitueraient pas une propriété unique, qu'il y ait entente entre leurs différents propriétaires pour que le droit de chasse de l'adjudicataire soit entièrement sauvegardé par une concession à lui faite personnellement.

La Société estime que cette stipulation mettra fin à des divergences de doctrine et de jurisprudence, ainsi qu'à des actes de déloyauté dont les adjudicataires sont victimes de la part de chasseurs étrangers qui attendent sur ces chemins le passage d'une chasse, ou fusillent le gibier qui les traverse inopinément.

L'autorité préfectorale demeurerait néanmoins libre et maîtresse d'interdire le tir sur les routes et chemins publics bordant ou traversant les bois loués, si cette mesure, telle qu'elle est prise dans le département de la Meuse, intéressait réellement la sécurité publique. Même en ce cas, l'adjudicataire ne pourrait se plaindre de la privation d'un droit, consenti sans réserve, puisqu'il trouverait dans l'application de l'arrêté préfectoral, le moyen de faire respecter son bail. A chaque infraction commise par les tireurs étrangers et constituant en soi une contravention de simple police viendrait s'ajouter le délit de chasse sur un terrain loué, lequel motiverait une poursuite correctionnelle et une action en dommages-intérêts.

Sur la proposition de M. Robillard :

La Société émet le vœu qu'en cas d'attribution à l'adjudicataire du droit de chasse sur les parties de chemins et routes publics, traversant ou bordant les bois à lui loués, et en cas d'interdiction de tir, ainsi qu'il est dit plus haut, le Préfet, prenant en considération l'étendue de la voie publique comprise dans la forêt amodiée ou la bordant, accorde par autorisation spéciale à l'intéressé le droit de tir sur ces parties de routes ou chemins, sous réserve de toute responsabilité en cas d'accident.

Cette autorisation spéciale ne serait donnée qu'après avis du conservateur ou du maire, suivant les circonstances.

Bois communaux limitrophes : Adjudication en un seul lot du droit de chasse :

« La Société émet le vœu que, lors de l'adjudication des chasses communales et dans le but de faciliter la constitution des réserves ci-après indiquées, les communes, propriétaires de bois limitrophes, d'une contenance inférieure à 200 hectares, soient priées d'en demander la location en un seul lot, sauf à se répartir le prix du bail d'après les contenances possédées.

Cette réunion aurait pour résultat certain de donner à l'adjudication plus de chances de succès, et par suite d'assurer aux communes intéressées de sérieux avantages.

Pour copie conforme :

Le Secrétaire,

Joba.

Délégué du S. H. C. F., n° 2984.

Vœu relatif à l'interdiction du tir sur route.

Messieurs,

Je viens au nom de très nombreux chasseurs de la région lyonnaise, détenteurs de droits de chasse sur le plateau des Dombes, qui s'étend aux portes de Lyon, entre Lyon et Bourg, déposer, ou plus exactement, renouveler un vœu par eux déjà formulé relativement *à l'interdiction du tir sur les routes*. Une courte description de l'aspect du pays vous fera comprendre combien est grand l'intérêt de cette question pour les chasseurs dont je suis le porte-parole. Ce plateau des Dombes comprend, grâce à la nature particulière de son sol, un très grand nombre de marais et d'étangs. Une loi récente a, en outre, autorisé la remise en eau d'étangs anciens. La plupart des routes et chemins sont bordés d'étangs. Parfois sur de grandes étendues la route n'est constituée que par une chaussée séparative des masses d'eaux. On conçoit dès lors quelle facilité présente pour le braconnier la possibilité de se mettre à l'affût sur les routes pour y tirer à peu près impunément le gibier d'eau qui pullule dans ce pays.

Il est certain, Messieurs, que les routes et chemins ont été créés dans un tout autre but que celui de permettre aux braconniers de se livrer aux douceurs de l'affût. Ce serait compromettre complètement la sécurité publique que de tolérer de pareils agissements. De graves accidents peuvent en résulter. Et pour les voies publiques qui traversent des agglomérations, où serait la limite ? Tolérer le tir sur route, ce serait, d'autre part, annihiler complètement les droits de chasse des riverains. Ceux-là même qui ont émis la prétention de voir déclarer libre le tir sur route, reconnaîtront avec moi que ce tir n'est vraiment un tir sur la voie publique que si le tireur fait le coup du roi. Que le gibier passe en dehors de la route, le coup de fusil qui lui est envoyé *de la route* c'est évidemment en violation du droit du titulaire de la chasse. Or supposez le garde de cette chasse survenant au coup de fusil, et voyant le tireur braconner sur une voie de communication. Le garde ne peut verbaliser que s'il peut affirmer avoir vu *la direction du coup*. Constatation bien difficile, pour ne pas dire impossible.

Et alors c'est l'impunité.

La question n'a pas manqué d'attirer l'attention de M. le Ministre de l'Agriculture qui par une décision du 17 août 1905 a interdit de tirer avec des armes à feu sur les routes et chemins publics.

Ce que je demande au nom des chasseurs qui m'ont constitué leur mandataire, c'est que cette interdiction soit reproduite dans tous les arrêtés des Préfets, relatifs à l'ouverture ou à la fermeture de la chasse. L'an dernier, les affiches concernant la chasse dans le département de l'Ain étaient absolument muettes à cet égard.

Il faut que cette interdiction, explicitement formulée, — au besoin au nom des deux ministères de l'Agriculture et de l'Intérieur, — constitue l'un des éléments de l'arrêté-type dont la reproduction s'impose à tous les Préfets. Le tir sur route sera dès lors un délit que pourront constater tous les agents de la force publique.

Je termine, Messieurs, en formulant ainsi le vœu que je viens de développer : *Que le tir sur les routes et chemins publics soit interdit en tout temps*, et que *tous les arrêtés préfectoraux relatifs à la chasse reproduisent cette interdiction.*

L. SARGNON,
Vice-Président du S. H. C. F.

III. — *Destruction des animaux malfaisants ou nuisibles par les propriétaires possesseurs ou fermiers.*

Votre commission n'a pas eu l'ambition d'étudier sous toutes ses faces la question figurant à son programme sous ce titre : « Destruction des animaux malfaisants ou nuisibles par les propriétaires possesseurs ou fermiers ».

Des ouvrages spéciaux et parfois fort importants ont été publiés sur la matière. Son temps était trop limité pour qu'il lui fut matériellement possible d'en suivre leurs auteurs dans leurs nombreux développements et d'exprimer ses desiderata sur tous les points traités par eux.

Elle s'est bornée à rechercher quelles modifications pourraient être apportées aux règlements actuellement en vigueur, de façon à faire produire aux procédés de destruction tous leurs effets utiles.

Elle a été aidée dans sa tâche par le rapport très consciencieux et très intéressant que l'un de ses membres M. Desnues, vice-président du Saint-Hubert-Club de France, a bien voulu préparer pour elle.

La Commission a passé en revue avec M. Desnues tous les moyens dont disposent les intéressés pour assurer la destruction des animaux nuisibles.

1° Moyens tirés du droit de légitime défense.

Le propriétaire ou le fermier peut repousser ou détruire, en tout temps, de nuit comme de jour, même avec des armes à feu, les *bêtes fauves* qui porteraient dommage à ses propriétés.

2° Moyens tirés du droit de destruction conféré aux propriétaires, possesseurs ou fermiers par les arrêtés réglementaires des préfets pris en vertu de l'article 9 de la loi du 3 mai 1844.

Parmi ces moyens, figure l'emploi des pièges. La Commission a discuté longuement sur la grande utilité du piégeage. Elle a reconnu qu'il était désirable que les plus grandes facilités soient données au piégeage, dans les limites toutefois où il ne constituerait pas un danger pour la sécurité publique.

3° Moyens tirés du droit conféré aux préfets d'ordonner des battues administratives.

A cette occasion, la Commission a examiné si les battues administratives ordonnées par les préfets devaient être limitées aux quadrupèdes et ne pouvaient être étendues aux oiseaux nuisibles. Les opinions des membres de la Commission ont été divisées sur cette question. Toutefois à la majorité, la Commission a émis l'avis que les battues administratives ne devaient pas être étendues aux oiseaux nuisibles.

4° Moyens tirés du droit conféré aux maires par l'article 90 de la loi du 5 avril 1884 d'ordonner des destructions sous certaines conditions.

Ces pouvoirs sont très larges ; la Commission a estimé, après discussion, qu'il n'y avait pas lieu d'en demander l'extension.

D'ailleurs l'énumération qui précède en faisant ressortir la multiplicité des moyens légaux de destruction, justifie la remarque faite par M. Desnues, dans son rapport :

« On se demande, écrit-il, comment avec un tel appareil de lois et de moyens dont disposent les propriétaires, possesseurs ou fermiers, autant d'animaux nuisibles désolent nos bois et nos campagnes ! C'est que l'indifférence règne surtout en maîtresse souveraine, et que pour un petit nombre de propriétaires, possesseurs ou fermiers qui détruisent méthodiquement et sans relâche le plus grand nombre se désintéresse, oubliant ainsi qu'il compromet, par cette indifférence coupable, une part de son revenu... »

La Commission estime, avec M. Desnues, qu'il importe bien plutôt de faire rendre tout leur effet aux moyens et aux méthodes de destruction actuellement existants, que de rechercher des modifications à une législation, laquelle paraît pour le moment amplement suffisante.

Votre Commission a reçu, au sujet de cette question, différentes communications du plus grand intérêt.

Une mention toute spéciale doit être faite pour la consciencieuse étude de M. Racine.

M. Racine a fait, à lui seul, le travail qu'a accompli la Commission. Il est même entré dans des détails plus nombreux sur les procédés de destruction des animaux nuisibles par le poison. Cette matière ne figurant pas à son programme, puisque la Commission n'a dû envisager que les questions de législation et de réglementation, elle n'a pu que prendre communication avec intérêt, comme le feront tous les membres du Congrès, des considérations présentées par M. Racine.

M. Racine a exprimé le vœu que la liste des animaux malfaisants ou nuisibles d'une part, celle des bêtes fauves d'autre part, soient uniformément fixées pour tout le territoire par le ministre de l'Agriculture qui imposerait cette nomenclature aux préfets.

La Commission n'a pas jugé possible, à son grand regret, de faire sien le vœu de M. Racine pour les deux raisons suivantes :

1° Elle a repoussé toute mesure qui aurait pour conséquence une modification de la loi. Or en l'état actuel de la législation, il n'est pas loisible au ministre de l'Agriculture d'établir une nomenclature d'animaux nuisibles et d'en rendre obligatoire dans tous les départements l'insertion dans les arrêtés réglementaires.

De plus, aucun texte de loi ne permet ni au ministre, ni aux préfets d'arrêter la liste des *bêtes fauves*. La destruction des bêtes fauves échappe complètement à la réglementation.

2° Il ne paraît pas possible de dresser une liste *ne varietur* des animaux nuisibles. Tel animal, comme le cerf, par exemple, peut être nuisible dans certains départements, tandis que dans d'autres où il est un objet de rareté, il y a un certain intérêt à ne pas le chasser. Il y a même des départements où il n'existe pas. Nous mentionnerons, à titre d'exemple, que l'ours n'a pas été classé par le Préfet de police parmi les animaux nuisibles du département de la Seine.

M. Racine a présenté un deuxième paragraphe relatif à l'attribution par l'État, les départements et les communes de primes en argent pour la destruction des animaux malfaisants ou nuisibles.

Votre Commission ne peut que s'associer à ce vœu.

M. du Pontavice a adressé à la Commission une note intéressante. Il considère comme utile une étude approfondie des arrêtés préfectoraux, en vue d'unifier leurs dispositions et de les rendre pratiques. L'emploi du fusil pour les destructions lui paraît présenter de graves inconvénients, à raison desquels il serait bon de restreindre le plus possible les autorisations de destruction avec les armes à feu.

M. le baron de Segonzac a remis une note à la Commission préconisant les mesures suivantes :

1° Destruction obligatoire avec pièges et appats par les gardes ;

2° Encouragement à ces destructions par les particuliers au moyen de primes.

Après discussion des rapports qui lui avaient été adressés et des opinions émises au cours de ses séances, votre Commission propose au vote du Congrès le vœu suivant :

1° Que les arrêtés permanents des Préfets relatifs à la destruction des animaux malfaisants ou nuisibles à la destruction des animaux malfaisants ou nuisibles soient, autant que possible, uniformes et que, tout en tenant compte des mesures propres à assurer la sécurité publique, ils facilitent par le piégeage la destruction raisonnée et méthodique desdits animaux, en restreignant le plus possible l'emploi des armes à feu. »

De plus, sur la proposition de l'un de ses membres, M. le baron de Segonzac, auquel est dû une communication intéressante sur les procédés actuellement les plus efficaces pour la destruction des corbeaux, votre Commission a arrêté le projet de vœu suivant :

« Que la destruction des oiseaux nuisibles ne soit pas rendue obligatoire, mais que l'invitation soit renouvelée aux particuliers par toutes les voies de publicité possibles, de détruire les nids de corbeaux.

« Que d'ailleurs soit poursuivie l'étude des procédés scientifiques de nature à détruire le corbeau sans nuire aux personnes, aux animaux domestiques ni au gibier. »

Rapport sur la destruction des animaux nuisibles par les propriétaires, possesseurs ou fermiers.

par M. Lucien DESNUES.

Longue est la nomenclature des animaux malfaisants et nuisibles, mais bien plus longue encore est celle de leurs méfaits toujours incessants, et si quelques-uns, comme l'ours et le loup sont devenus rares dans nos contrées, les dommages causés par ceux qui nous restent forment un triste bilan dont les fermes et les chasses fournissent la majeure part.

Les législateurs soucieux de la sécurité publique et de la protection de la propriété ont, de tout temps, pris des dispositions propres à en assurer la destruction méthodique et suivie, et sans remonter très loin, nous voyons en l'an V à la date du 19 pluviôse, qu'un arrêté du Directoire exécutif concernant la chasse des animaux nuisibles prescrivait et réglait les battues générales ou particulières aux loups, renards, blaireaux et autres animaux nuisibles. Cet arrêté reprenait les ordonnances de janvier 1585, art. 19, de 1600 et de 1601 et les arrêtés des 6 février 1697 et 14 janvier 1698, qui enjoignaient de contraindre les sergents louvetiers à chasser aux loups, renards, et autres animaux nuisibles et de veiller à ce que cette chasse soit faite de trois mois en trois mois, ou plus souvent, suivant qu'il en sera besoin, par ceux qui avaient le droit exclusif de chasse dans leurs terres.

Lá loi du 3 mai 1844, par l'art. 9 § 3, donne aux préfets « le droit de prendre suivant l'avis des Conseils généraux, des arrêtés pour déterminer les espèces d'animaux malfaisants ou nuisibles que le propriétaire possesseur ou fermier pourra en tout temps détruire sur ses terres, et les conditions de l'exercice de ce droit, sans préjudice du droit appartenant au propriétaire ou au fermier de repousser ou de détruire, même avec des armes à feu, les bêtes fauves qui porteraient dommage à ses propriétés. »

La jurisprudnce, s'appuyant sur cet article de loi et l'interprétant, semble, dans les arrêts rendus, avoir encore augmenté le souci du législateur de voir assurer la destruction des animaux malfaisants et nuisibles.

Je dis « semble », car je m'efforcerai de démontrer plus loin, que le résultat n'a pas toujours répondu à l'effort tenté par les tribunaux.

Elle consacre, en effet, entre autres droits, celui de détruire les fauves, au fusil en tout temps, même en temps de neige et la nuit.

Cassation 9 août 1877.

Amiens, 29 décembre 1880.

Metz 28 novembre 1867.

Tribunal corectionnel Marseille, 3 novembre 1898.

Le droit pour le propriétaire, possesseur ou fermier de se faire aider à la destruction, ou de déléguer non seulement des membres de sa famille, mais des tiers :

Poitiers, 29 octobre 1886.

La faculté, de même qu'aux propriétaires, possesseurs ou fermiers, pour les domestiques et assistants à ces destructions de n'être pas contraints à se munir d'un permis de chasse :

Cassation 27 octobre 1892.

L'article 90 § 9 de la loi du 5 avril 1844 décrète que les maires ont le droit de prendre, de concert avec les propriétaires détenteurs du droit de chasse dans les buissons, bois et forêts, toutes mesures nécessaires à la destruction des animaux nuisibles et malfaisants désignés dans l'arrêté du Préfet, pris en vertu de l'article 9 de la loi du 3 mai 1844.

Il leur est loisible de permettre aux propriétaires ou aux détenteurs du droit de chasse d'employer des chiens courants ou couchants, des armes à feu, des pièges quelconques, des amorces empoisonnées ; ils peuvent permettre l'enfumage ou le défonçage des terriers, etc., etc.

La Cour de cassation, dans un arrêté du 12 juin 1886, consacre même l'emploi d'engins prohibés, il s'agissait dans l'espèce, de panneaux ; elle décide que l'article 90 susénoncé qui charge les maires de prendre, de concert avec les propriétaires du droit de chasse, toutes les mesures nécessaires à la destruction des animaux nuisibles, comprend tous les procédés de destruction, sans en excepter aucun.

On se demande alors comment, avec un tel appareil de lois et de moyens dont disposent les propriétaires, possesseurs ou fermiers, autant d'animaux malfaisants et nuisibles désolent nos bois et nos campagnes ! C'est que l'indifférence règne surtout en maîtresse souveraine, et que pour un petit nombre de propriétaires, possesseurs ou fermiers qui détruisent méthodiquement et sans relâche, le plus grand nombre se désintéresse, oubliant ainsi qu'il compromet, par cette indifférence coupable, une part de son revenu, si ce sont ses animaux domestiques ou ses récoltes qui en souffrent, ou une source de richesse, si c'est le gibier à demeure sur ses terres qui en est victime.

Les renards, les blaireaux, les martres et les putois sont partout, les forêts même de l'Etat en sont peuplées ; les fouines et les belettes habitent impunément les greniers et les vieux murs ; les milans, les faucons, les vautours, les éperviers, les buses et buzards défient et narguent les quelques pièges qui leur sont tendus, les corbeaux et les corneilles désolent nos champs pendant que les geais font entendre impunément leurs ris moqueurs !

Sur tout le territoire, les dégâts des animaux nuisibles et malfaisants se renouvellent, malgré le zèle des gardes particuliers, stimulés par les propriétaires soucieux de leurs chasses et encouragés par les récompenses que leur décernent seules les Sociétés de répression du braconnage, car l'Etat lui-même, envahi par le désintéressement général que nous déplorons, ne donne plus, ou donne de façon insuffisante, des primes pour la destruction des animaux malfaisants et nuisibles.

Les tribunaux eux-mêmes, dont j'indiquais plus haut les efforts en faisant cependant une légère réserve, sont souvent entrés dans une voie de restriction à l'autorisation très large qui semblait être préconisée par les arrêts cités plus haut ; ainsi, le Conseil d'Etat paraît avoir restreint les pouvoirs étendus donnés aux maires par la jurisprudence de la Cour de cassation. Dans un arrêt du 8 août 1890 (D. P. 1892, 3e prtie, page 39), il a en effet décidé que le maire ne peut, sans excès de pouvoir, autoriser la destruction des animaux nuisibles par les propriétaires, possesseurs ou fermiers à l'aide de moyens différents de ceux qui ont été déterminés par un arrêté préfectoral pris en exécution de la loi du 3 mai 1844 (il est vrai qu'il s'agissait de lapins).

En outre, dans bien des arrêts rendus, les juges paraissent s'être montrés sévères dans l'appréciation du « danger menaçant » ou du « dommage nécessaire » justifiant le droit de destruction des bêtes fauves.

Enfin, les préfets, trop souvent mal renseignés, quelquefois mal inspirés, exagèrent les règles de prudence, décrètent des restrictions formelles dans un but d'intérêt général, de sécurité ; leurs idées sont louables, mais dépassent le but, paralysant le piégeage et rendent, par conséquent, la destruction impossible.

Prenons, comme exemple, la détente de certains pièges comme les assommoirs, et l'obligation d'en faire des déclarations hebdomadaires. M. le ministre de l'Agriculture, à qui nous nous plaisons tous ici à rendre hommage a d'ailleurs fait rapporter cette dernière mesure, n'exigeant plus qu'une déclaration annuelle.

Sans nous étendre plus longuement sur les causes du mal, et nous contentant d'en envisager l'importance, nous estimons qu'une des œuvres utiles du Congrès, serait d'en étudier et d'en définir les remèdes.

Et je ne saurais mieux faire pour commencer, que de lui signaler un travail du Comité de législation du Saint-Hubert-Club de France, que préside Me Chenu, bâtonnier de l'Ordre des Avocats, qui paraît résumer une série de moyens pratiques, propres à assurer la destruction des animaux malfaisants et nuisibles, tout en se conformant à la loi du 3 mai 1844. J'emprunte textuellement :

TITRE III

Destruction des animaux malfaisants ou nuisibles.

NOMENCLATURE

Art. 11. — Sont considérés comme animaux malfaisants ou nuisibles :

Quadrupèdes. — Loups, sangliers, renards, blaireaux, ours, lapins (suivant le département), loutres, chats sauvages, chats-harets, martres, putois, fouines, belettes, roselets, civettes, genettes, écureuils.

Oiseaux. — Gypaëtes barbus, pygargues, balbuzards fluviatiles, milans de toutes sortes, faucons kobez, autours, éperviers, buzards, grands-ducs, corbeaux, corneilles, geais, butors, hérons, cormorans.

Destruction par les propriétaires, possesseurs ou fermiers.

Art. 12. — Indépendamment du droit qui lui appartient de repousser ou de détruire, en tout temps et par tout procédé, même avec les armes à feu, les bêtes fauves qui porteraient dommage à ses propriétés, le propriétaire, possesseur ou fermier peut sous les conditions ci-après, détruire en tout temps sur ses terres les animaux malfaisants ou nuisibles, par l'enlèvement ou la destruction des portées, nids et couvées et uniquement à l'aide de pièges autres que les suivants : batteries d'armes à feu, fosses à loup, collets, lacets et trappes.

Des autorisations spéciales pourront être accordées par le préfet et le sous-préfet, après enquête de la gendarmerie pour l'emploi du fusil, en vue de la destruction des animaux malfaisants ou nuisibles.

Il pourra être fait usage, pour la destruction, du grand-duc vivant ou articulé.

Art. 13. — Les pièges employés contre les quadrupèdes devront être éloignés des habitations à une distance minima de 100 mètres et placés au moins à 80 mètres des routes et chemins.

Les pièges employés pour la destruction des loutres ne pourront être tendus que dans le lit, sur les rives et les berges des cours d'eau et des étangs.

Avant de placer les pièges destinés à la capture des quadrupèdes, il devra être fait à la mairie une déclaration sur papier libre, et des poteaux avis devront être placés en nombre suffisant, en bordure des propriétés où les pièges sont tendus.

L'emploi des assommoirs ou bêtes à fauves est licite en tout temps, sans autorisation et sans déclaration, à condition toutefois qu'ils soient placés en terrain libre, sur des sentiers dits d'assommoirs.

Art. 14. — Les renards et blaireaux pourront être enfumés dans leurs terriers.

Art. 15. — Les nids des oiseaux nuisibles pourront être détruits au fusil. Le propriétaire, possesseur ou fermier qui voudra procéder à une destruction, sera tenu de faire une déclaration préalable à la mairie de la commune.

Cette déclaration sera produite en double exemplaire sur papier libre, elle indiquera la nature et la situation des propriétés sur lesquelles doit avoir lieu la destruction. Elle sera visée et datée par le maire qui transmettra l'un des exemplaires au préfet ou au sous-préfet, suivant l'arrondissement et remettra l'autre au déclarant qui devra le représenter à toute réquisition. Si les motifs invoqués ne lui paraissent pas fondés, ou s'il redoute les abus de la part du pétitionnaire, le maire refusera de viser la déclaration, sauf recours au préfet ou au sous-préfet.

L'autorisation de procéder à une destruction sera délivrée par le préfet sur la demande du maire, aux personnes désignées par celui-ci en ce qui concerne les arbres en bordure des chemins publics et des canaux, et les propriétés communales autres que les bois ; sur la proposition du Conservateur des eaux et forêts, aux adjudicataires de la chasse, à leurs gardes et aux agents préposés des Eaux et Forêts en ce qui concerne les forêts soumises au régime forestier.

La destruction dans les bois ne pourra être pratiquée que deux jours par semaine qui seront fixés dans ceux choisis dans les conditions fixées à l'article 18 ci-après, etc., etc.

. . . .

Il est évident que le principe même de la loi de 1844 doit être respecté, tout en demandant aux arrêtés permanents des préfets la plus grande latitude, car il serait déplorable de voir modifier l'article 9, dans lequel la distinction qui est faite des fauves et des animaux nuisibles, est parfaitement suffisante, et aux préfets pour assurer une réglementation très large suivant le cas, et aux Tribunaux pour donner une appréciation très large des actes qui leur sont déférés.

Ainsi nous nous rangeons bien volontiers à l'opinion de MM. Colin et H. Ribadeau-Dumas, auteurs du *Manuel Juridique et Pratique de la Chasse*, qui sont d'avis que « c'est avec juste raison que les circulaires ministérielles recommandent aux préfets de n'autoriser l'emploi des armes à feu qu'exceptionnellement et d'éviter de donner à penser, par les termes trop généraux de leurs arrêtés, que c'est une véritable chasse qui est permise, alors qu'il s'agit seulement d'un droit de destruction qui ne peut être exercé que dans la mesure où il est réellement utile. »

En effet, l'emploi des armes à feu ne peut donner lieu, le plus souvent qu'à des abus et il est à souhaiter dans l'intérêt même de la chasse qu'il soit pris à son égard, toutes les restrictions les plus grandes et qu'il ne soit autorisé qu'au cas où le piégeage et le poison seront impossibles ou inefficaces.

Enfin n'est-il pas également à souhaiter de voir rappeler aux maires les pouvoirs dont ils sont investis par la loi du 5 avril 1844 pour procéder aux destructions des animaux malfaisants et nuisibles en cas de besoin et d'urgence ? L'autorité des préfets n'en serait pas diminuée puisqu'ils conservent tous les droits que leur confère la loi, et la responsabilité des maires qui sont leurs subordonnés immédiats en est la plus sûre garantie, mais le maire est presque toujours, par sa situation, plus apte à reconnaître l'opportunité des mesures à prendre et l'efficacité des moyens.

Pour résumer cette étude et définir le sens dans lequel elle a été poursuivie et développée, nous formulons le vœu suivant en demandant qu'il soit soumis au Congrès :

Vœu. — Que les arrêtés permanents des préfets, relatifs à la destruction des animaux malfaisants et nuisibles soient, autant que possible, uniformes, et que tout en tenant compte des mesures propres à assurer la sécurité publique, ils facilitent par le piégeage la destruction raisonnée et méthodique des animaux nuisibles et malfaisants, mais restreignent le plus possible l'emploi des armes à feu.

LUCIEN DESNUES.

Destruction des animaux nuisibles par les propriétaires, possesseurs ou fermiers

par M. RACINE, vice-président du S. H. C. pour la Haute-Marne
et Membre du Comité de Contentieux

Régime antérieur à la loi de 1844. — Le droit de procéder à la destruction des animaux nuisibles est une conséquence naturelle du principe qui veut que tout homme puisse, autant que possible, veiller à sa conservation personnelle, en détruisant les animaux dangereux ou malfaisants, comme encore de veiller à la conservation de ses récoltes en écartant et traquant le gibier qui pourrait y causer du préjudice.

A l'origine, ce droit, qui appartenait exclusivement aux seigneurs, comme prérogative de la féodalité, fut longtemps un moyen d'oppression pour les habitants des campagnes. Le décret des 4, 6, 7, 8 et 11 août 1789, sanctionné le 21 septembre, puis promulgué le 3 novembre de la même année, mit fin à cet état de choses, en abolissant le droit exclusif de la chasse, en même temps qu'on proclamait, par l'art. 3 dudit, l'autorisation pour tout propriétaire de détruire ou faire détruire, mais seulement sur ses possessions, toute espèce de gibier, sauf à se conformer aux lois de police créées pour assurer la sécurité publique.

La chasse des animaux nuisibles fut alors réglementée par le décret du 19 pluviôse, an V (7 février 1797) au moyen de battues. Celles-ci, ordonnées par les administrations centrales des départements et de concert avec les agents forestiers de l'arrondissement, sur la demande de ces derniers et sur celle des administrations municipales du canton, étaient exécutées sous la direction et sous la surveillance des agents forestiers.

A la date du 20 août 1814, intervenait un règlement qui, par son article 7, imposait à tous ceux qui avaient obtenu des permissions de chasse l'obligation de les employer à la destruction des animaux nuisibles. Ils devaient ensuite faire connaître au Conservateur le nombre des animaux détruits par eux en lui envoyant la patte droite. C'était affirmer dès cette époque l'intention de faire contribuer les plaisirs de la chasse à la prospérité de l'agriculture.

La mise en adjudication du droit de chasse dans les forêts de l'État fut établie par la loi du 21 avril 1832 et réglementée dans l'ordonnance du 24 juillet suivant. Dans l'article 4, il était dit qu'un cahier des charges, approuvé par le Ministre des Finances, réglerait toutes les conditions destinées à assurer la destruction des animaux nuisibles, tant dans l'intérêt de la conservation des forêts que pour préserver de tous dommages les propriétés particulières.

Mais, on le voit, aucune distinction n'avait été établie par le législateur entre le droit de destruction des animaux malfaisants ou nuisibles et celui des bêtes fauves.

Régime actuel. — Loi du 3 mai 1844. — Cette distinction, qui devait amener tant de divergence soit en doctrine, soit en jurisprudence et même en matière administrative, apparaîtra dans la loi du 3 mai 1844, modifiée et complétée par celle des 22 et 25 janvier 1874.

L'art. 9, § 3 de la loi de 1844 établit, en effet, une distinction fondamentale *d'une part*, entre les animaux malfaisants ou nuisibles qui pourront être détruits en tout temps et que les arrêtés préfectoraux désigneront, avec les conditions d'exercice de ce droit, *d'autre part*, entre les bêtes fauves que, de droit naturel, le *propriétaire, possesseur ou fermier*, pourra repousser par tous les moyens et sans aucune autorisation, même avec l'aide du fusil et sans permis de chasse.

Le double droit découlant de l'art. 9, § 3, assez obscur en lui-même, par suite du défaut de désignation nominale, justifie donc pleinement l'examen approfondi auquel nous allons nous livrer, dans la pensée de délimiter, dans la mesure possible, le droit et les moyens de destruction des propriétaire, possesseur ou fermier, soit que l'on envisage les animaux malfaisants ou nuisibles, soit qu'il s'agisse des bêtes fauves.

En ce qui concerne ces dernières, il est bien certain que leur destruction ne sera que l'exercice du droit de légitime défense et qu'aucune contestation ne saurait surgir si des contradictions ne s'étaient produites fréquemment entre l'autorité administrative et l'autorité judiciaire sur ce qu'il convenait d'appeler « Bêtes fauves », par opposition aux animaux malfaisants ou nuisibles.

DROITS DE DESTRUCTION

1. — Animaux malfaisants ou nuisibles. — Le législateur a laissé le soin aux préfets de désigner les animaux malfaisants ou nuisibles, après avoir consulté le Conseil général, dont l'avis ne sera cependant pas forcément suivi. Doit-on en conclure que les préfets auront, par là-même, une entière liberté pour cette détermination ; nous ne le croyons pas, car il est certain qu'ils ne peuvent indiquer nominalement les bêtes fauves dont la destruction est possible, en tout temps, même sans permis. Qu'en résulte-t-il ? C'est que certains départements bénéficient d'arrêtés essentiellement différents les uns des autres, en ce qui concerne la désignation de ces animaux malfaisants. Cette situation fait naître des confusions regrettables et amène des conflits que sanctionnent différemment les Tribunaux.

Ne devrait-on pas pour cette classification des animaux malfaisants ou nuisibles, tout en se reportant aux tableaux dressés par les professeurs du Muséum, annexés à la Circulaire du Ministre de l'Intérieur du 28 août 1861, solliciter de M. le Ministre de l'Agriculture l'établissement d'un arrêté-type, en ce qui concerne la désignation des animaux malfaisants ou nuisibles, de sorte qu'à l'avenir, MM. les préfets n'auraient qu'à reproduire dans leurs arrêtés la liste établie ainsi qu'il est dit plus haut.

Les tableaux de MM. les professeurs du Muséum énumèrent comme malfaisants et nuisibles, parmi les quadrupèdes : « *La belette, le blaireau, le chat sauvage, la fouine, le furet, l'hermine, le lapin, le loir, le loup, la loutre, la martre, le putois, le renard et le sanglier.* »

Mais ces tableaux n'étant qu'énonciatifs et non limitatifs, la plupart des préfets, dans leurs arrêtés réglementaires permanents, ont ajouté à cette désignation : « Les cerfs, les biches, l'ours, le chat haret, le roselet, la civette, la genette, l'écureuil », de sorte qu'en fait, il n'y a pas d'uniformité sur cette question.

Le seul moyen pratique d'arrêter la division entre la jurisprudence, d'une part et l'autorité administrative, d'autre part, consiste donc à établir d'une façon uniforme la désignation des animaux malfaisants et nuisibles, que les propriétaires, possesseurs ou fermiers pourront détruire en tout temps, sur leurs terres, d'après les conditions d'exercice de ce droit, fixées par les préfets, par application de l'art. 9, § 3 de la loi de 1844.

Nous croyons utile d'insister sur la nécessité qui s'impose à MM. les préfets de ne réglementer que les conditions d'exercice de ce droit, sans se préoccuper des périodes de « temps ».

Très simples, en apparence, cette question a cependant suscité de réelles difficultés. Certains auteurs, et avec eux un certain nombre de préfets, ont soutenu que ceux-ci avaient le droit d'interdire la destruction des animaux malfaisants ou nuisibles pendant la nuit, en vertu de l'art. 9, § 3. (Arrêté de M. le préfet du Pas-de-Calais du 20 octobre 1862, modifié par celui du 6 janvier 1896).

D'autres, au contraire, enseignent que les préfets ne peuvent interdire l'exercice de ce droit pendant la nuit et qu'il importerait peu que ces derniers aient, dans leurs arrêtés, inséré cette interdiction, la destruction opérée la nuit ne constituerait pas un délit de chasse. (Arrêt de la Cour de Douai 17 février 1897, S. 97. 2.233 et la note).

L'art. 9, § 3 de la loi du 3 mai 1844 a, il est vrai, conféré aux préfets, les pouvoirs les plus étendus pour régler les conditions d'exercice du droit de destruction des animaux malfaisants et nuisibles ; mais il ne leur a pas donné celui de définir les époques auxquelles il sera exercé. D'ailleurs, le droit de destruction ne serait-il pas illusoire s'il était limité au temps du jour, car il est un certain nombre d'animaux malfaisants ou nuisibles qui ne peuvent être utilement détruits que pendant la nuit (Cass. 9 août 1877. S. 79.1.238).

Le législateur l'a, au surplus, entendu ainsi puisqu'il a pris soin de dire « en tout temps » ce qui implique nécessairement la faculté de procéder à cette destruction soit de jour, soit de nuit, bien entendu en respectant les conditions d'exercice de ce droit.

Nous estimons donc qu'il ne peut être douteux que le droit de destruction puisse s'exercer de la part des propriétaires, possesseurs ou fermiers aussi bien la nuit que le jour.

II. — Bêtes fauves. — En ce qui concerne cette catégorie, la loi de 1844 ne prêterait à aucune équivoque, si elle avait pris soin de les désigner. Ce serait, en effet, l'exercice du droit de légitime défense et l'autorité administrative n'aurait pas à intervenir.

Mais, dira-t-on, quels sont les animaux qui doivent être qualifiés de bêtes fauves ? Cette désignation a une très grande importance, pour permettre aux propriétaires possesseurs ou fermiers d'exercer les droits que leur reconnaît le législateur. Certains préfets (Pas-de-Calais, notamment), ont classé, dans leurs arrêtés, certains animaux comme malfaisants ou nuisibles, que les Tribunaux et Cours ont ensuite qualifié de bêtes fauves à la suite des litiges soulevées par les propriétaires incriminés de n'avoir point respecté la classification de M. le Préfet. Il s'agissait, en l'espèce, d'une loutre.

Or, ces deux qualifications ne sont point opposées l'une à l'autre ; la dénomination de bêtes fauves ne s'appliquant très vraisemblablement qu'à des animaux malfaisants ou nuisibles. Le terme « *bête fauve* », dont s'est servi le législateur de 1844, a un sens beaucoup plus étendu que celui dans lequel il était déjà employé en vènerie. En effet, si l'on devait s'en tenir à cette dernière acception, il ne s'appliquerait qu'aux cerfs, biches, daims et chevreuils, en excluant ainsi les bêtes noires (*sangliers ,laies, marcassins*) et les bêtes rousses (*loups, renards, blaireaux, loutres*).

Une semblable interprétation serait manifestement contraire à l'intention du législateur de 1844, dont le but évident a été de défendre la propriété aussi bien mobilière qu'immobilière et les droits qui en découlent, contre les attaques des animaux que leur nature ou leurs habitudes rendent particulièrement redoutables.

Il apparaît donc de toute évidence, qu'il convient de désigner par les mots « *Bêtes fauves* » tous les animaux sauvages qui portent ou peuvent porter dommage aux propriétés et récoltes et que tous les propriétaires, possesseurs ou fermiers pourront détruire en tout temps, sans permis et même avec le fusil, sur leurs terres. (Douai 17 février 1897, précité).

On voit donc quel intérêt de tout premier ordre il y a de faire cesser la divergence qui s'est élevée et pourra encore, en l'état de la législation actuelle, s'élever entre l'autorité administrative et l'autorité judiciaire, lorsqu'il y aura lieu de considérer si tel animal est une bête fauve ou seulement malfaisante ou nuisible. Voilà, à notre sens, le meilleur moyen de fixer les droits de destruction des propriétaires, possesseurs ou fermiers.

MM. Berriat, Ad. Giraudeau, J.-M. Lelièvre classent au nombre des bêtes fauves : « *La belette, le blaireau, le cerf, la biche, le chamois, le chat sauvage, le chevreuil, le daim, la fouine, l'hermine, le loup, la loutre, la martre, l'ours, le putois, le renard et le sanglier.* »

La distinction, une fois établie, il est bien certain qu'aussitôt que les bêtes fauves porteront dommage aux propriétés, ou même que celles-ci seront sous la menace plus ou moins imminente de dévastations, on pourra se livrer à leur destruction.

La jurisprudence reconnaît que le droit de repousser et détruire les bêtes fauves, par tous les moyens, est un droit inhérent à la propriété, consacré par la nature elle-même et que, sous aucun prétexte, les propriétaires, possesseurs ou fermiers ne peuvent être entravés dans l'exercice de ce droit de défense naturelle par les dispositions de l'art. 9 § 3 de la loi du 3 mai 1844, autorisant les préfets à déterminer, par des arrêtés, les espèces d'animaux malfaisants ou nuisibles que les propriétaires peuvent détruire sur leurs terres et à régler l'exercice de cette faculté.

Ce droit de destruction des bêtes fauves emporte celui de vendre celles qui ont été tuées et cela nonobstant toute prohibition contraire du règlement préfectoral sur la chasse.

Le propriétaire, possesseur ou fermier peut, d'ailleurs, pour l'exercice de ce droit, se faire aider par tels auxiliaires qu'il lui plaira choisir (Cass. 28 avril 1883, S. 85.1.334 — Poitiers 14 mai 1897, S. 98.2.69). Il peut même déléguer son droit à des tiers, soit d'une façon expresse, soit tacite. La délégation tacite est toujours présumée à l'égard des enfants, gardes et domestiques du propriétaire, possesseur ou fermier. Toutefois, nous estimons qu'il sera beaucoup plus prudent de ne conférer que des délégations expresses.On évitera ainsi des contestations fort délicates, tout en limitant les actes de braconnage dissimulés sous l'apparente répression des attaques des bêtes fauves.

Il ne faut pas perdre de vue, en effet, les conditions que la loi a prescrites, afin d'éviter que le droit de destruction ne pût servir de prétexte pour chasser en toute saison. Rappelons, en passant, que nombreuses ont été les réclamations à cet égard et récemment encore, un de nos confrères s'adressait au Saint-Hubert-Club pour prier son distingué président de vouloir bien élever des observations au Congrès relativement aux nominations de certains lieutenants de louveterie qui auraient été entraînés à couvrir de leur autorité les délits commis au cours de battues dites « administratives ».

Les propriétaires, possesseurs ou fermiers sont d'autant mieux fondés à user du droit de destruction contre les bêtes fauves et animaux malfaisants ou nuisibles qu'en cas de ravages et dommages, ils peuvent être déclarés responsables. « Loi du 19 avril 1901 et Cassation 24 février 1904, S. 1904.1.228. »

En ce qui concerne les sangliers, le législateur n'a-t-il pas pris le soin d'en confier la destruction aux agents forestiers (Loi de finances du 30 décembre 1903, art. 28).

III. — Oiseaux. — L'étude à laquelle nous venons de nous livrer, en ce qui concerne le droit de destruction des animaux malfaisants ou nuisibles et bêtes fauves, s'applique-t-elle aux oiseaux ?

Il est incontestable que les propriétaires, possesseurs ou fermiers peuvent toujours, même en dehors des conditions prévues par les arrêtés préfectoraux, détruire au fusil, sans permis de chasse, sur leurs propriétés, non seulement les bêtes fauves, mais tous les animaux y compris même les oiseaux, qui causent à leurs récoltes un dommage actuel (Agen 12 juillet 1852, D. P. 53.2.10).

Ainsi le propriétaire, possesseur ou fermier qui, sans permis de chasse, détruit avec une arme à feu, sur le lieu et au moment du dégât, les pigeons, corbeaux, ramiers, etc., ne commet aucun délit (Rouen 7 août 1862, D. P. 64.2.152) et alors même que l'arrêté préfectoral n'aurait pas classé parmi les animaux malfaisants ou nuisibles, les corbeaux et pigeons.

C'est l'exercice, non d'un droit de chasse, mais de légitime défense, comme nous l'avons dit plus haut.

Toutefois, la Cour suprême refuse de reconnaître aux oiseaux même carnassiers, le caractère de bêtes fauves (Cass. 11 juin 1880 — 5 janvier 1883, S. 86.1.439 et Lyon 15 mai 1893).

D'ailleurs, en matière d'animaux domestiques, nous retrouvons l'application de ces principes puisque le législateur par la loi du 4 avril 1889, complétée par celle de juin 1898, a autorisé le propriétaire à tuer les volailles trouvées en état de divagation sur son terrain, lorsqu'elles y causent du dommage. Il en est de même pour les chats domestiques. (Cass. 16 juillet 1898, S. 1900.1.109).

Les arrêtés préfectoraux comprennent, habituellement, dans la catégorie des animaux malfaisants et nuisibles, les oiseaux suivants : « *Le gypaète barbu, les aigles, les pygargues, le balbuzard fluviatile, les milans, les faucons de toutes espèces, à l'exception des Kobez, cresserelle et cresserine, l'autour, les éperviers, les busards, le grand duc, les corbeaux et corneilles, la pie, le geai, le butor, les pigeons-ramiers, le bec croisé, la bondrée, la buse, le chat-huant, le choucas, la chouette, la circaète, le hibou, le jean-le-blanc, la phène, la pie grièche, le saint-martin, la soubuse, le vautour, le cormoran, le fou, le goëland, la grèbe, le harbe, le pétrel et le plongeon.* »

Certains auteurs tels que M. Villequez y avaient compris également « *la fauvette, la grive, le loriot, le merle et les moineaux* ». En ce qui nous concerne, nous estimons que c'est aller un peu loin et qu'il paraît plus rationnel de les éliminer.

Toutefois, nous nous empressons de reconnaître que toutes ces classifications ne peuvent être qu'énonciatives et non limitatives.

En terminant la question du droit de destruction, qu'il nous soit permis d'exprimer le désir de voir, en raison des difficultés nombreuses signalées, apparaître la nécessité impérieuse de fixer très prochainement, par des dispositions législatives, les propriétaires, possesseurs ou fermiers, sur les catégories d'animaux malfaisants ou nuisibles, y compris les oiseaux, et bêtes fauves qu'ils auront le droit de détruire sur leurs terres, par tous moyens, en tout temps et sans permis, sans s'exposer à des difficultés d'interprétation pouvant les conduire en justice.

MOYENS DE DESTRUCTION

Le droit de destruction ayant été examiné aussi complètement qu'il nous a paru possible, eu égard à l'état de la législation actuelle, aux interprétations administratives, ou admises par la jurisprudence, il convient de rechercher quels sont les moyens de destruction dont pourra disposer le propriétaire, possesseur ou fermier.

En dehors des battues générales et particulières, prescrites par les préfets et maires, et dirigées par les agents forestiers, officiers de louveterie (Arrêté du 19 pluviôse, an V, Loi du 5 avril 1884) ou des permissions de chasse données par les préfets aux particuliers, ayant ou non équipages, dont les résultats sont généralement peu brillants, nous nous contenterons, dans l'examen particulier qui nous occupe, de définir les procédés, actuellement les plus connus, que peuvent expérimenter les propriétaires, désireux de se livrer à une destruction sérieuse autant que fructueuse des animaux malfaisants ou nuisibles et bêtes fauves.

Le piégeage habilement pratiqué, sous les formes les plus variées, donne certainement à ceux qui s'y livrent, avec beaucoup de persévérance, des résultats appréciables, surtout depuis quelques années ; mais il ne nous apparaît pas susceptible d'être comparé aux poisons qui, sagement appliqués et intelligemment compris, représentent pour l'avenir, lorsque leur emploi se sera généralisé, les moyens les plus expéditifs à l'effet d'assurer la destruction aussi rapide qu'efficace des animaux nuisibles.

Il est bien certain que grâce aux perfectionnements que l'art moderne a su donner aux engins employés à la destruction des animaux malfaisants, grâce surtout aux progrès réalisés dans la fabrication des armes, la multiplication de ces destructeurs a été sensiblement enrayée. Les loups, notamment, sont devenus plutôt rares.

Mais à côté de nous, il existe toujours une véritable armée de petits carnassiers ou frugivores qui nous disputent sans trêve et notre gibier et les produits de notre agriculture. Nul ne parviendra jamais, assurément, à calculer les dégâts effrayants dûs aux renards, fouines, martres, putois, loutres, blaireaux, pies, buses, geais, corbeaux, etc. Quelles armes peut-on employer victorieusement contre ces redoutables adversaires, abrités pour la plupart par les fentes de rochers, aux retraites inaccessibles. Les pièges les plus habilement tendus, les plus ingénieusement combinés ou dissimulés, ne font que de rares victimes et le chasseur s'arrête impuissant en face d'un semblable fléau.

La science met toutefois à notre disposition de sérieux moyens de défense : les poisons, habilement maniés, sont appelés à nous assurer des victoires éclatantes.

La Strychnine. — Jusqu'ici, la strychnine, presque exclusivement employée, a exercé des ravages considérables chez nos ennemis. Ce genre de destruction a, cependant, de sérieux détracteurs qui présentent l'empoisonnement des fauves, comme un élément de danger pour la société, et conseillent, au contraire, le piégeage d'une façon exclusive. Les comparaisons à établir entre ces deux modes de destruction sont laissées à l'appréciation des chasseurs des pays accidentés ou des régions infestées de renards et autres carnivores. Quant aux dangers signalés, il sera facile de les éviter avec un peu de prudence et de circonspection.

La strychnine, que nous avons fréquemment employée pour la destruction des renards et dont les effets, assurément un peu lents, n'en sont pas moins très meurtriers, est douée, malheureusement, d'une amertume insupportable, qu'aujourd'hui on est parvenu à corriger au moyen de l'emploi de la saccharine, pseudo sucre organique, extrait de la houille, possédant un pouvoir sucrant 280 fois plus fort que celui du sucre végétal et dont le privilège est de détruire entièrement la très grande amertume de la strychnine, au moyen d'un mélange à proportions sagement dosées.

Il ne faut donc pas délaisser ce poison, mais en perfectionner l'emploi. Nous ne conseillerons pas l'usage de la strychnine simple, mais bien un sel de strychnine, beaucoup plus soluble, dont le type le plus recommandable est le « sulfate de strychnine » produisant, à notre avis et ensuite d'expériences réitérées, un effet bien supérieur à l'azotate.

La dose d'un centigramme suffira à la destruction du renard. Toutefois, si elle est suffisante pour amener sa mort, il vaut mieux administrer ce poison en plus forte quantité, car il présentera une plus large surface à l'action des dissolvants intestinaux et des veines aspiratrices. L'issue fatale en sera plus prompte et plus facile.

La strychnine saccharinée sera employée dans des boulettes de beurre et on se servira de traînées ou de dépôt de substances propres à allécher le renard. On pourra également employer de petits oiseaux qui sont presque toujours happés avec frénésie par le renard. Mais alors, en raison des dangers évidents que présente ce genre d'amorçage, il y aura lieu de recourir à de très grandes précautions, exigées au surplus par les autorités administratives qui prescrivent des mesures rigoureuses, afin d'éviter la mort des chiens et autres animaux domestiques.

Nous nous servons de préférence de morceaux de chat, animal manifestement antipathique aux chiens. Rien n'y touche, si ce n'est le renard. On peut même utiliser un chat entier comme amorce permanente, après y avoir renfermé, dans ses parties les plus charnues, quelques pincées de strychnine saccharinée. On le fixera ensuite au fond d'un trou, connu pour être fréquenté par les renards, qui sera recouvert en grande partie de pierres.

Le même procédé pourra également être employé pour le loup.

Quant au blaireau, particulièrement difficile à empoisonner, la strychnine saccharinée adroitement introduite dans une pomme, poire ou carotte, noix, figues, dont il est très friand, donnera, nous en sommes convaincus, d'excellents résultats.

Les corbeaux, pies, corneilles, etc, dont chacun connaît les méfaits, seront également détruits avec du froment, dans lequel préalablement on aura répandu un paquet de strychnine saccharinée et qu'on aura fait bouillir le tout.

Poisons foudroyants. — A côté de la strychnine dont l'emploi et les effets viennent d'être examinés, nous devons au distingué docteur Barandon, délégué du S.-H.-C., la découverte relativement récente et en général peu connue encore, d'un poison liquide qui s'absorbe immédiatement, non seulement par l'estomac, mais par la muqueuse de la bouche et dont l'action est réellement foudroyante.

Ce poison est enfermé dans une petite ampoule de verre mince que l'on introduit dans l'amorce et que le renard brise en mâchant celle-ci. Une couche rugueuse, opaque et cassante, qui entoure ce globule ou plutôt ce petit tube de verre, empêche que la dent de l'animal glisse et prévient l'action fâcheuse de la lumière sur le poison renfermé. Ces globules seront soigneusement conservés à l'ombre et au frais ; on doit même éviter de les tenir trop longtemps entre les doigts, de peur de provoquer l'expansion du gaz et du liquide qu'ils contiennent, ce qui pourrait les faire casser également. On ne doit pas davantage les agiter brusquement et fortement. Ces globules ainsi composés ne forment que la partie centrale de l'amorce, dont la partie extérieure doit être faite d'éléments qu'affectionnent de préférence les animaux que nous voulons détruire.

L'amorce la plus usitée consiste en un morceau de pain très frais du volume d'une noix. On aplatit cette pâte en une large plaque et on en revêt le globule en donnant à la masse une forme oblongue et en fuseau, pour que l'animal soit obligé de mâcher avant d'avaler. On fait sécher l'amorce ainsi faite, à l'extérieur et à l'ombre et on ne s'en sert que lorsque ce pain sera devenu dur et cassant. Pour que l'amorce soit bien faite, il faut une certaine habitude ; si l'on n'a pas le « tour de main » nécessaire, on ficellera la pâte avec un cordon qu'on enlèvera lorsque l'amorce sera suffisamment durcie et elle sera revêtue d'une forte couche de pommade avant l'emploi.

Il ne faut pas craindre de donner à l'amorce une masse assez volumineuse pour que l'animal ouvrant fortement la bouche, le globule soit écrasé par les dernières molaires et non simplement pincé par les dents de devant.

Des nombreuses expériences faites avec les amorces foudroyantes, il en résulte qu'elles l'emportent sur tous les poisons employés jusqu'ici. Le moineau apparaît comme l'amorce idéale ; il attire peu les chiens, n'est pas trop visible pour le passant et il fait les délices du renard, du chat, du putois, de la fouine et de la belette.

Les amorces sont parfaites, elles tuent absolument sur place et il suffit que l'animal lâche sa proie ou se contente seulement de la serrer pour que le résultat se produise aussitôt.

Un seul exemple rapporté indiquera que les résultats obtenus sont véritablement merveilleux :

« Plusieurs renards, dit M. Fernand d'Hébrard, descendaient tous les soirs de son bois pour s'offrir quelques volailles de leur goût ; on retrouvait, chaque jour, des restes emplumés. Il tua deux moineaux, les ouvrit par le milieu et retira leurs intestins en les remplaçant par une des amorces foudroyantes. Il s'était, préalablement, frotté les doigts avec des feuilles mortes et de la terre, puis il avait recousu les oiseaux avec soin et lissé leurs plumes. Ils furent placés tous les deux sur le passage des renards ; le résultat ne se fit pas attendre. Dès le lendemain matin, montant au bois avec le garde, il trouva ses deux amorces enlevées et dans un rayon de dix mètres, un renard et sa femelle avaient absorbé leur dernier repas. »

Cette composition a, sur toutes les autres, les avantages suivants : 1° étant liquide, ses effets sont absolument instantanés, résultat que la strychnine ne donne jamais ; 2° elle est trop grosse pour que l'animal puisse l'avaler sans la briser ; 3° Son enveloppe de verre très fin empêche tout raté ; 4° elle peut, à l'opposé de la strychnine, s'employer plusieurs fois quand on use des précautions nécessaires.

Une remarque importante s'impose, c'est qu'il faut employer des moineaux très frais, car au bout de deux jours ils ne valent plus rien. Pour les placer, les gants sont inutiles, il suffit de s'être d'abord frotté les mains avec des feuilles mortes, de la terre, de la mousse, etc.

Les amorces doivent être placées bien tard, au crépuscule, et levées dès l'aube, car certains appâts, tels que la noix, la figue, sont particulièrement dangereux pour les passants et surtout pour les enfants. En cas d'accidents, il y aurait lieu à de graves responsabilités pénales et civiles.

Le chat peut également être employé comme amorce ; il présente même des avantages sérieux, puisque les chiens n'y touchent pas. Son emploi est à recommander spécialement.

Nous avons dit qu'il fallait éviter de tenir trop longtemps les globules dans les doigts de peur que la chaleur de la main ne les fasse se casser. Si cet accident survenait et si le liquide se répandait sur les mains, il n'y aurait aucun danger à craindre, si aucune écorchure n'existait, car le poison n'est absorbable que par la peau dépourvue de son épiderme ou par les muqueuses. Il est donc essentiel de manier les globules de loin et hors de toute atteinte des yeux et de la bouche et de tenir les mains gantées, pour le cas d'existence d'écorchure et gerçure peu apparentes.

Ces engins sont de véritables armes perfectionnées, mises entre les mains des chasseurs pour exterminer infailliblement et facilement leurs implacables ennemis, les fauves.

Nous ne pensons pas que la science (toxicologie) nous ait doté de découverte plus récente, dont les applications pratiques aient été couronnées d'aussi admirables résultats.

Les animaux empoisonnés ne cessent pas pour cela d'être comestibles si l'on a soin de les vider, ce que chacun fait ; de sorte que le poison, après avoir tué un renard, ne pourrait empoisonner le carnassier qui en mangerait, à moins que celui-ci n'ait mangé l'estomac contenant le poison.

Le seul reproche actuel à élever, contre l'emploi de ces amorces remarquables, est dirigé contre la dépense importante qu'elles entraînent. Nous estimons donc que ce sera le cas d'intervenir auprès des Assemblées départementales,à l'effet d'obtenir des crédits, permettant l'allocation de primes dont le montant dédommagera des sommes consacrées à l'achat de ces petits tubes, en assez grand nombre.

Ce mode de destruction que nous préférons à tout autre, pourra être employé simultanément avec le piégeage et la strychnine saccharinée. Pour combattre efficacement la multitude d'ennemis qui nous environnent, nous ne devons pas limiter nos moyens de défense à l'emploi d'une arme unique, quelle que parfaite qu'elle puisse être.

Primes. — La destruction des animaux et oiseaux nuisibles doit être encouragée au moyen de primes à attribuer à ceux qui s'y consacrent. L'importance des primes serait déterminée par catégorie et des justifications rigoureuses exigées.

M. le ministre de l'Agriculture avait été l'objet, dès 1903, d'une demande d'inscription au budget de l'Etat, des crédits nécessaires au paiement des primes à allouer à ces fins : malheureusement elle ne fut pas accueillie favorablement.

Les Sociétés qui avaient saisi le ministre persistèrent dans les vœux par elles présentés à cet égard, de sorte que la question reste pendante.

Nous devons donc aujourd'hui insister plus que jamais afin que, dans le plus bref délai possible, des dispositions législatives viennent fixer l'importance des primes à attribuer à ceux qui se livreront à la destruction des animaux et oiseaux malfaisants ou nuisibles, ainsi que cela existe pour les loups. (Loi du 3 août 1882 ,modifiée par l'art. 83 de la loi du 31 mars 1903).

A la prise en considération immédiate de ce vœu, formulé par tous, est subordonnée la réussite de la destruction.

En terminant notre rapport, qu'il nous soit permis d'exprimer le désir de voir formuler au Congrès les vœux suivants.

I. — Détermination nominale, par M. le ministre de l'Agriculture, sous forme d'arrêté-type : 1° des animaux malfaisants ou nuisibles, y compris les oiseaux, que les propriétaires, possesseurs ou fermiers pourront détruire, en tout temps, sur leurs terres ou possessions, selon les modes prévus aux arrêtés préfectoraux.

2° Des bêtes fauves (quadrupèdes et oiseaux) que ces mêmes personnes pourront repousser et détruire, en tout temps et par tout procédé, même avec des armes à feu et sans permis, lorsqu'elles porteront dommage à leurs propriétés.

II. — Que des primes, en argent, à la charge respective de l'Etat, des départements et des communes, soient allouées à ceux qui détruiront les animaux malfaisants ou nuisibles, y compris les oiseaux, dont la quotité et les conditions de paiement seront à déterminer.

Paris, le 13 avril 1907.

RACINE.

Destruction des animaux nuisibles, bêtes puantes.

Cette destruction avec pièges, appats, devrait être rendue obligatoire par les gardes, agents, etc..., lors de leur prestation de serment et facultative, mais à encourager par des primes pour les particuliers qui s'y adonneraient avec autorisation préfectorale après avis favorable du maire et enquête favorable de la gendarmerie. Ces destructions auraient lieu toujours après en avoir prévenu, par écrit, le maire trois jours avant.

De cette façon, en peu de temps, il ne resterait, pour ainsi dire presque plus en France d'animaux nuisibles dits bêtes puantes, car cette destruction est élémentaire pour toute personne initiée aux moyens infaillibles à employer. Mais il faudrait répandre une brochure, claire, facile, bon marché, en un mot à la portée de tous, donnant les différents moyens à employer par les personnes désirant se livrer à cette destruction.

Toute personne ayant encouru une condamnation pour délit de chasse ou pour mauvaise conduite serait inapte à avoir cette autorisation de destruction.

Baron DE SEGONZAC.

Animaux nuisibles. — Le corbeau.

J'ai traité cette question en 1903-1905-1906 aux Agriculteurs de France tant dans les commissions qu'en assemblée générale demandant : que la proposition de loi déposée par M. DELAPIERRE, reprise par lui, de M. NOËL ne soit pas votée parce qu'elle est insuffisante, préjudiciable ou vexatoire pour les propriétaires de bois.

Insuffisante : 1° Parce qu'elle ne peut atteindre que les oiseaux faisant leurs nids dans nos parages, à l'exclusion des nomades qui viennent bien plus nombreux en novembre pour repartir en mars ; 2° Parce que sur certains arbres le dénichage est impossible par suite de leur élévation et de la flexibilité des branches.

Préjudiciable : 1° Parce que l'instrument dit grimpette indispensable au dénichage, cause aux arbres, quand il est souvent employé, — et ce serait le cas, — un tort considérable ; 2° Parce que cette opération, souvent très périlleuse, peut engager la responsabilité civile des propriétaires par suite des accidents survenus aux dénicheurs.

Vexatoire enfin : parce qu'elle porterait atteinte au droit de propriété.

L'empoisonnement des mulots dans le département de la Somme par la noix vomique a eu pour résultat la mort de nombreux corbeaux sans préjudice pour le gibier ni pour la santé publique.

M. Mellay ajoute que du sang de bœuf coagulé, empoisonné de mort aux rats, répandu en paquets et entouré de grillage, a détruit également des quantités de corbeaux sans nuire au gibier.

Ces procédés ont l'avantage d'atteindre les vieux corbeaux et les nomades qui ne nichent pas chez nous, mais ils sont certainement assez dangereux et nécessitent des recherches pour améliorer leur inocuité au point de vue des humains et du gibier. En conséquence, le vœu suivant a été adopté en 1906 en Assemblée générale.

Dans le but de réduire les dommages que les corbeaux et les pies causent aux récoltes,

Attendu que leur nombre va toujours croissant, la destruction de ces oiseaux dans la plaine étant presque nulle,

Attendu que cette destruction ne peut être effectuée que par des mesures d'ensemble prises pour atteindre les corbeaux dans les bois où ils font leurs nids, Emet le vœu : Que les corbeaux et les pies soient déclarés animaux nuisibles pour que leur destruction puisse être effectuée en tout temps.

Que la destruction des corbeaux et des pies, des nids de corbeaux et des pies soit encouragée par des primes de l'Etat, des départements et des communes à toute époque et surtout au moment de l'éclosion des œufs dans les bois.

Que dans les bois soumis au régime forestier, la destruction des corbeaux et des pies soit assurée par l'administration forestière. Enfin, comme les corbeaux de passage, les seuls vivant en société, venant de l'étranger et hivernant seulement chez nous, tous les plus nombreux et en même temps les plus dangereux pour l'agriculture et comme le dénichage ne peut les atteindre, elle émet le vœu que l'Administration veuille bien faire étudier par l'Institut Pasteur un moyen de destruction des corbeaux inoffensifs pour le gibier comme pour les animaux domestiques.

Je demande que ce vœu soit également adopté par la Commission du Congrès de la Chasse.

Baron de Segonzac.

Discussion.

M. LE PRÉSIDENT. — Relativement à la destruction des animaux nuisibles ou malfaisants par les propriétaires possesseurs ou fermiers.

Le vœu émis est le suivant :

« Que les arrêtés permanents des préfets relatifs à la destruction des ani-« maux malfaisants ou nuisibles soient, autant que possible, uniformes, et que, « tout en tenant compte des mesures propres à assurer la sécurité publique, ils « facilitent par le piégeage la destruction raisonnée et méthodique desdits ani-« maux en restreignant le plus possible l'emploi des armes à feu.

« Que la destruction des animaux nuisibles ne soit pas rendue obligatoire « mais que l'invitation soit renouvelée aux particuliers, par toutes les voies de « publicité possibles, de détruire les nids de corbeaux.

« Que d'ailleurs, soit poursuivie l'étude des procédés scientifiques de « nature à détruire le corbeau sans nuire aux personnes, aux animaux domes-« tiques ni au gibier. »

UN CONGRESSISTE. — Serait-il à propos de vous faire une proposition relative à la manière dont les autorisations de destruction sont données par MM. les préfets. Il se produit dans ces circonstances de véritables abus ; ainsi dans le département que j'habite, on a refusé des autorisations à des propriétaires qui avaient mille bonnes raisons à faire valoir et on en a au contraire donné à des personnes qui n'en possédaient aucune.

M. LE PRÉSIDENT. — La Commission est absolument sans qualité pour vous répondre. C'est la Commission de police rurale à qui il faut vous adresser.

UN CONGRESSISTE. — Est-ce que pour la destruction des animaux nuisibles, le port du permis de chasse est exigé ?

M. LE PRÉSIDENT. — On peut toujours détruire les animaux nuisibles sans permis de chasse.

Le vœu, mis aux voix est adopté à l'unanimité.

L'ordre du jour étant épuisé, la séance est levée.

Rapport de M. E. Martial de Bourges rédigé et déposé au nom du Syndicat des Petits Chasseurs de cette ville et en son nom personnel :

PREMIÈRE SECTION. — Un syndicat, qui a pris le titre de *Syndicat des Petits Chasseurs de Bourges* s'est constitué dans le courant de l'année dernière à Bourges. Il compte déjà près d'une centaine d'adhérents. La nouvelle qu'un Congrès International de la Chasse allait se réunir à Paris au mois de mai prochain ne pouvait le laisser indifférent. Il a donc songé à s'associer au mouvement qui a surtout pour but la répression du braconnage et le repeuplement des chasses.

A Bourges, dans le Cher, comme dans la plupart des départements, tous les chasseurs, aussi bien ceux de la grande propriété, de la petite propriété gardées, comme ceux des chasses banales constatent d'année en année une diminution inquiétante du gibier.

Il ne faut pas dire que rien n'a été fait pour remédier à ce dépeuplement des terrains de chasse, mais plutôt que rien n'y a fait.

Nos préfets ont depuis plusieurs années retardé la date de l'ouverture et avancé la date de la clôture pour le lièvre et la perdrix en particulier. Or bien que le gibier fut, il y a quatre ans, très abondant encore à la clôture, surtout en perdrix, les ouvertures qui se sont succédé depuis cette année, furent médiocres, et l'ouverture de l'année dernière fut désastreuse. Or cette diminution du gibier doit être attribuée en grande partie au braconnage, à la façon dont on pratique la chasse.

Comment y remédier, comment peut-on arriver à la répression du braconnage et au repeuplement de toutes les chasses. C'est ce que nous allons examiner:

Première section. — *Dates de l'ouverture et de la clôture. Gibier d'eau.* — L'année dernière dans le département du Cher une mesure particulièrement désastreuse a été prise par le préfet dans son arrêté. Cédant à certaines influences, M. Bonnerot, préfet, décida que l'ouverture du gibier d'eau, sur les étangs, rivières et cours d'eau aurait lieu le 14 juillet. Jusqu'ici la chasse au gibier d'eau, d'après une tolérance ancienne, reconnue malheureuse, n'était autorisée que sur les étangs, à condition qu'on ne s'éloignât pas à plus de vingt mètres des bords. Il fallait s'en tenir là.

Or l'année dernière, sous prétexte de chasser le gibier d'eau, nombre de chasseurs peu scrupuleux s'éloignant des bords des rivières, battaient la plaine, massacrant levrauts et perdreaux. Leur tâche fut facilitée par la sécheresse excessive de 1906, qui rassemblait à proximité des cours d'eau presque tout le gibier d'alentour.

A l'ouverture, les compagnies de perdreaux se trouvaient ou détruites ou décimées : quantité de lièvres avaient été tués.

Il importe de ne plus autoriser à l'avenir, la chasse au gibier d'eau à partir du 14 juillet que sur les étangs.

La clôture tardive de la chasse du lièvre et de la perdrix : qu'on la fixe au 15 janvier ou même au 31 janvier, serait sans grand inconvénient, si sous prétexte de tirer le faisan ou de détruire le lapin, beaucoup de chasseurs ne se faisaient aucun scrupule de tirer lièvres et perdrix, jusqu'au 31 mars.

Le seul moyen de réprimer ce braconnage consisterait à clôturer la chasse en plaine et aux bois, du lièvre, de la perdrix, du faisan et du lapin, à la même date le 31 janvier. On objectera que la destruction du lapin réclame une certaine tolérance. Nous l'accorderons, mais cet animal nuisible pourra toujours être détruit, avec autorisation à l'aide de furet et de bourses.

Mais après la clôture générale, il ne faudrait plus sous prétexte de chasse au lapin, du pigeon, de la bécasse , qu'on autorisât le chasseur peu consciencieux à se livrer impunément à des actes de véritable braconnage, il ne faudrait plus qu'après le 31 janvier, on entendît en plaine ou au bois, un seul coup de fusil.

Nous demanderions toutefois, que fut continuée la chasse au gibier d'eau, jusqu'au 31 mars comme par le passé, à condition que le chasseur ne s'éloignât pas à plus de vingt mètres des étangs, rivières... A cette condition et sous ses réserves, le chasseur pourrait tirer au bord de l'eau, outre le gibier d'eau proprement dit, les oiseaux de passage tels que la bécasse, grive, pigeon et alouette.

Première section. — *Chasse en battue et au rabat.* — Une autre cause du dépeuplement des chasses, dont les effets sont aussi funestes pour le gibier que le braconnage, c'est la chasse au rabat et en battue.

Depuis que ce sport, que le véritable chasseur dédaignera toujours, car il ne donne aucun plaisir vrai, aucune émotion véritable, qui n'est pas à proprement parler de la chasse, mais un exercice de tir, qui dégénère en massacre, s'est généralisé dans notre département, par mode, ou snobisme comme l'on dit aujourd'hui, le gibier, la perdrix surtout, a diminué dans des proportions considérables.

C'est facile à comprendre. Les très bons fusils tuent en effet en battue très proprement un certain nombre de pièces qui tombent mortes mais combien d'autres pièces continuent à filer, atteintes par un seul plomb, pour aller mourir perdues pour tout le monde, dans un buisson, ou un guéret.

Nous ne parlerons pas des mauvais fusils, qui en battue ne font qu'estropier leur gibier, sans profit pour personne.

Il serait à souhaiter que les vrais chasseurs, ceux qui aiment passionnément la chasse, revinssent de ces pratiques funestes. Et nous avons été particulièrement heureux, qu'une haute personnalité, le prince de Monaco, dont le nom fait autorité en matière de sport, dans un article paru l'année dernière dans le *Figaro*, article qui fit sensation dans le monde des chasseurs, ait cru pouvoir condamner la chasse au rabat et en battue, comme barbare et comme une des principales causes de la disparition du gibier.

Pourquoi ne pas revenir à la seule chasse au chien d'arrêt ou au chien courant ? Pourquoi les arrêts préfectoraux ne prohiberaient-ils point la chasse au rabat et en battue ? On veut du gibier, qu'on le protège plus efficacement !

PREMIÈRE SECTION. — *Contre la chanterelle. Elevage de la perdrix.* — Pour la protection de la perdrix en particulier, il serait très désirable, que tous les propriétaires se livrant à l'élevage de ce gibier en fissent la déclaration, à la mairie de la commune et que cette déclaration fût portée à la connaissance du préfet. De même, tout habitant, qui pour son plaisir aurait en sa possession une ou deux perdrix serait astreint à en faire la déclaration à la mairie. Tout détenteur de ce gibier, qui n'aurait pas rempli cette formalité pourrait être soupçonné de vouloir se livrer à la chasse à la *chanterelle*. Par conséquent procès-verbal, même au cas où il serait porteur d'un permis, serait dressé contre le propriétaire de perdrix non déclarées et ces perdrix saisies.

Le braconnage à la *chanterelle*, car il ne s'agit plus ici de chasse, est excessivement meurtrier, il se pratique en grand à la campagne, il n'est point dédaigné des mariniers qui circulent sur nos canaux et dont beaucoup ont des perdrix en cage, dans le seul but de s'en servir comme *chanterelles*, certain soir ou matin, lorsqu'ils sont amarrés à une certaine distance des habitations et qu'ils n'ont rien à redouter des gendarmes et des gardes.

Quand on aura pris ces mesures, on aura fait beaucoup pour le repeuplement des chasses, on n'aura pas encore fait assez.

PREMIÈRE SECTION. — *Engins prohibés. Transport et colportage du gibier. Permis exigé.* — Il importe maintenant de traquer le véritable et redoutable braconnier.

Le braconnage constitue un commerce ; c'est absolument indéniable. C'est donc ce commerce qu'il faut entraver et quand on aura atteint ce résultat, on peut dire que l'industrie du braconnage sera bien prêt d'en mourir.

Comme première mesure, nous proposerons donc que les arrêtés préfectoraux, s'inspirent d'une législation nouvelle de la chasse, législation qui est encore à élaborer, obligent toute personne se livrant au transport, au colportage, à la vente sur les marchés des villes et des communes, en dehors, des commerçants patentés et y résidant à demeure, à prendre un permis de chasse. Ce permis devra être présenté à toute réquisition des agents de l'autorité, et en particulier à l'entrée des villes, à l'octroi.

Mais la production de ce permis ne suffirait pas à mettre son porteur à l'abri de toute poursuite, si l'on trouvait en sa possession un gibier qui serait reconnu notoirement capturé par des engins prohibés ou tout autre moyen illicite.

Dans ce cas, le gibier serait saisi, qui exposerait à sa devanture un gibier capturé dans les conditions que nous venons d'indiquer ,s'exposerait à encourir, outre la saisie, des poursuites. On sait qu'il est relativement facile de reconnaître qu'un lièvre a été pris au collet, à plus forte raison quand c'est un chevreuil.

Et c'est vraiment navrant, pour un chasseur que de voir comme nous l'avons vu l'année dernière, à la devanture d'un gros marchand de comestibles sept beaux chevreuils et chèvres, pris la nuit précédente au collet, passant sans encombre à l'octroi et étalés et mis en vente sous les yeux des agents de l'autorité impuissants.

Le plus piquant de toute cette histoire, c'est que le propriétaire de la chasse, plus impuissant encore, informé de la mise en coupe réglée de la chasse, et de la provenance des chevreuils, put voir pendant plusieurs jours exposés sous ses yeux le produit du véritable vol dont il avait été la victime.

Si ces différentes mesures de répression étaient prises, le braconnage sérieusement entravé, ne trouvant plus de débouchés, cessant d'être rémunérateur, disparaîtrait peu à peu et nos chasses ne tarderaient pas à connaître à nouveau un état de prospérité que se rappellent seuls les vieux chasseurs.

DEUXIÈME SECTION. — *Revision de la loi de 1844. Législation.*

En se montrant plus rigoureux pour le braconnier de profession, le législateur pourrait faire preuve d'un peu plus d'humanité à l'égard du petit chasseur de bonne foi, pris en délit, là où il ne croyait pas s'y trouver.

C'est dans ce dernier cas, qu'il est pénible pour un chasseur de se voir traiter comme un malfaiteur, et traîner comme tel sur les bancs de la police correctionnelle ; alors qu'un premier délit, commis de bonne foi, comme celui qui consiste à s'égarer sur une chasse gardée serait suffisamment puni par une comparution en simple police, avec bénéfice de la loi de sursis. On se montrerait devant la même juridiction plus sévère pour une deuxième et troisième délits. Après trois comparutions en simple police, le délinquant serait traduit devant les juges correctionnels.

Chasse sur route. — Pour ce petit chasseur, à qui l'Etat, la commune contre la délivrance de son permis n'offrent point de chasse en dehors des chasses banales ,trop souvent dépeuplées, il conviendrait de maintenir la tolérance, qui figure dans les arrêtés préfectoraux de nos départements, de la chasse sur route, consistant seulement dans le tir d'un gibier à son passage, car il est évident que cette chasse ne peut être envisagée autrement. Toutefois, la distance réglementaire de toute maison habitée devrait être rigoureusement respectée.

Le permis de chasse. — Pour le petit chasseur, en faveur duquel au nom du syndicat, une voix vient de s'élever, et sans doute elle ne sera pas isolée dans le sein du Congrès, le prix du permis est assez élevé, à raison de 28 francs. Il n'en saurait être proposé d'autres. Les vrais chasseurs ne demandent ni diminution, ni augmentation, et tous, ils seront unanimes, — et c'est le vœu de notre syndicat de petits chasseurs même, — à s'élever contre le projet de création de permis journaliers et même hebdomadaires.

Cette création serait désastreuse aussi bien pour le vrai chasseur, — surtout pour lui peut-être, — que pour le gibier.

DEUXIÈME SECTION (suite). — *Divagation des chiens.* — En dépit des arrêtés préfectoraux, la divagation des chiens n'a jamais été sérieusement réprimée, et cette divagation est également une des causes du dépeuplement des chasses. Il y aurait lieu de sévir contre les propriétaires ; quelques exemples de répression seraient d'un excellent effet. On pourrait en outre astreindre les habitants des campagnes à tenir leurs chiens en laisse ou muselés, quand ils ont besoin de leurs concours pour la garde de leurs troupeaux. Toute infraction aux arrêtés pris dans ce sens serait poursuivie en simple police. Le maître de tout chien trouvé chassant pourrait être possible de la police correctionnelle.

Récolte et vente des œufs de perdrix. Œufs de fourmis. — Les chiens errants, excessivement nombreux dans nos campagnes, détruisent en quantité couvées et rabouillères, mais il est malheureusement une pratique qui tend à se généraliser et qui est aussi funeste à la reproduction du gibier.

Beaucoup de grands propriétaires se livrent aujourd'hui à l'élevage des perdreaux. A l'époque de la fauche des artificielles surtout, on découvre les œufs en grand nombre, on les recueille et on les fait couver par des poules ou on les fait éclore par d'autres procédés artificiels.

En elle-même l'initiative paraît louable ; mais elle ne va pas sans entraîner de graves abus. Le propriétaire qui fait l'élevage ne se borne pas à faire recueillir les œufs trouvés sur sa propriété. Il fait savoir dans la commune qu'il payera les œufs recueillis chez ses voisins et qu'on voudra bien lui apporter. Il arrive alors qu'à l'aide de chiens, ou autrement, les enfants du village se lancent à la découverte des nids de perdreaux. Un grand nombre de couvées sont ainsi détruites, et à peu près perdues, car combien s'en trouvent-ils des perdreaux qu'on a donné à couver ou éclos artificiellement ? Bien peu !

Assurément sans ces pratiques blâmables, il y aurait eu des chances pour que de nombreuses couvées viennent dans de très bonnes conditions. Il conviendrait de réprimer ces pratiques. Qu'un propriétaire recueille les œufs trouvés chez lui, passe encore ; mais toute autre façon de faire méritent d'être assimilée à un acte de braconnage et puni comme tel.

Nous demanderons ici, que l'on prohibe la recherche des œufs de fourmis sur la propriété d'autrui ; car sous prétexte de rechercher cette nourriture des faisandeaux et perdreaux, quantité de gens, sans scrupules, s'emparent des œufs de faisans et de perdrix qu'ils découvrent.

Communalisation des chasses en faveur des Sociétés. — Pour arriver au repeuplement des chasses, les pouvoirs publics ont à différentes reprises manifesté l'intention d'encourager et de favoriser les Sociétés de Chasse.

On ne saurait mieux faire pour accroître le nombre de ces Sociétés que de leur octroyer certains droits et certains avantages dont ne jouirait pas le commun des chasseurs.

Une mesure excellente consisterait à mettre gratuitement ou moyennant une légère subvention les propriétés communales à la disposition des sociétés de chasses, qui pourraient à l'aide de subvention, de gibier donné, constituer sur certains territoires des réserves en vue du repeuplement.

Sur ces réserves, on ne chasserait jamais, tout chasseur surpris chassant dans l'une de ces réserves, serait très sévèrement puni, privé de son permis, verrait son fusil confisqué, et il pourrait être privé pendant plusieurs années de port-d'armes.

Un autre moyen de favoriser les sociétés de chasseurs consisterait, dans les communes où il existerait une société, à ne point laisser mettre en adjudication les terrains communaux, terrains que le grand propriétaire pourra toujours enlever à la société, mais à en disposer, contre légère redevance, en faveur de cette société.

Voilà une série de mesures qui nous ont paru de nature à réprimer le braconnage et à repeupler nos chasses du Cher, autrefois si giboyeuses, et dont beaucoup connaissent aujourd'hui une pénurie qui navre les chasseurs.

Mon cher président,

Voici bientôt dix ans que je cherche une occasion pour faire triompher une idée personnelle touchant la diminution de la rage et l'amélioration canine par le moyen de la taxe ; la *Presse Spéciale* a bien voulu soutenir cette idée dans quelques excellents articles mais jamais je n'ai réussi à intéresser à mon projet ceux qui eussent été placés pour le faire au moins discuter en haut lieu. Le Congrès de la chasse me semble tout indiqué pour permettre la divulgation de toutes les idées ayant trait de loin ou de près aux choses cynégétiques, aussi ai-je appris avec une grande satisfaction l'ouverture de ce Congrès.

Ne sachant encore à quelle Commission incombera le soin d'examiner les diverses propositions, je me permets de vous adresser ce factum, certain que vous saurez le faire parvenir à qui de droit. Votre patronage, mon cher président, ne pourra du reste que lui assurer un bon accueil.

La question de la taxe est d'actualité : la suppression des octrois, la création d'impôts nouveaux vont entraîner une revision de la taxe payée par les propriétaires de chiens, ces animaux étant considérés comme signes extérieurs de richesse.

Le projet que j'ai l'honneur de soumettre a pour but principal d'augmenter les ressources du Trésor, les resources des villes, de débarrasser la rue et la campagne des chiens plus ou moins abandonnés qui colportent la rage, la tuberculose, la vermine qui détruisent le gibier, et pour but secondaire d'améliorer considérablement les races et de faire fleurir l'élevage et le commerce des chiens.

La taxe actuelle est critiquable théoriquement :

1° Elle n'est pas uniforme pour toute la France ;

2° Elle ne rapporte rien à l'Etat ;

3° Elle comprend deux catégories impossible à distinguer ;

4° Elle est irrégulièrement perçue.

N'étant pas uniforme, les propriétaires qui ont plusieurs domiciles s'arrangent pour payer là où la taxe est la moins élevée.

N'intéressant pas les agents de l'Etat, ceux-ci ne surveillent pas la perception, aussi beaucoup d'animaux appartenant à des gens qui voyagent ou habitent des endroits isolés échappent à l'imposition (chiens des marchands ambulants, etc.).

Plusieurs jugements contradictoires ont démontré que la dénomination : chien de garde ou d'utilité est extrêmement vague, aussi un grand nombre de chiens inutiles, souvent braconniers sont déclarés comme appartenant à la deuxième catégorie alors qu'en réalité ils rentrent dans la première.

La taxe actuelle est critiquable pratiquement :

Malgré son existence on est obligé d'entretenir des fourrières qui ne chôment pas, on est forcé d'imposer à certaines époques la laisse et la muselière, on enregistre fréquemment l'apparition de maladies terribles, enfin on rencontre dans toutes les campagnes des chiens errants qui font la désolation des chasseurs.

Une taxe nouvelle doit être uniforme pour toute la France, intéresser l'Etat, comprendre des catégories faciles à distinguer et entraver la production du chien sans valeur.

La meilleure assiette d'une nouvelle taxe est celle qui envisage deux catégories suivant le sexe, les femelles étant imposées deux ou trois fois plus que les mâles.

Là est l'idée neuve.

Pour fixer les idées je donne des chiffres qui me semblent raisonnables et une méthode de vérification de perception. Pour toute la France le montant de la taxe annuelle payable par les propriétaires de chiens sera de 8 francs pour chaque mâle et de 20 francs pour chaque femelle. Les 3/4 du montant de la perception revenant à la commune et le 1/4 à l'Etat.

Les communes délivreront aux propriétaires une quittance individuelle pour chaque chien (papier rose pour les mâles, bleu pour les femelles). Quand les chiens changeront de propriétaires les quittances munis d'un timbre spécial seront remises aux nouveaux propriétaires. A toute réquisition les propriétaires devront produire autant de quittances roses qu'ils ont de mâles et autant de quittances bleues qu'ils ont de femelles.

Le but de ma proposition est de réduire très rapidement le nombre des femelles et de forcer moralement tous ceux qui ont besoin des services du chien sans vouloir en faire l'élevage à utiliser uniquement les services des mâles.

Il y a actuellement trop de femelles sans valeur qui saillies au hasard donnent des portées de bâtards ; pour le lait on laisse un ou deux chiots sous les lices, au sevrage ces chiots sont donnés aux voisins qui s'en amusent puis les voyant devenir trop laids les laissent vagabonder : en ville ce sont des chiens dits de rue, grands propagateurs de rage, à la campagne ce sont les chiens errants destructeurs de gibier.

Diminuez le nombre de ces femelles sans valeur et vous diminuez en même temps le nombre des unions scandaleuses de la rue et des roquets qui en résultent.

Les seuls propriétaires qui, avec mon projet, continueront à entretenir des femelles sont ceux qui espèreront trouver dans l'élevage de justes compensations c'est-à-dire les propriétaires de lices de valeur qu'on ne laisse pas errer à l'aventure.

Le chien ne devenant plus un animal qui se donne mais qui se vend, les gens qui n'en ont pas besoin n'en auront plus, ceux qui ne peuvent s'en passer conserveront plus soigneusement un auxiliaire représentant une valeur marchande.

La question du perfectionnement des races présente aussi un intérêt économique. L'élevage des chiens de race ayant des débouchés sera plus florissant.

Enfin la nature s'est chargée d'établir entre les deux catégories telle différence que toute contestation est impossible.

Une seule objection à mon projet : la disparition de la catégorie favorise pour les chiens de garde, de berger et d'aveugles.

Qui dit chien de garde dit chose à garder donc richesse d'une chose imposable. De même pour les troupeaux. Le chien d'aveugle n'existe plus, du reste les bureaux de bienfaisance sont là pour aider les indigents.

L'intérêt général crie trop haut pour qu'on admette des exceptions.

M. Lucien Hubert rapporteur du budget de l'Agriculture a publié cette année une statistique d'où il résulte que le nombre des chiens et chats abattus suspects de rage est de deux mille cinq cents environ chaque année en France. Ce chiffre est éloquent et doit faire réfléchir les personnes qui voient dans mon projet le seul côté de l'aggravation d'une taxe.

Je ne donne pas cinq ans à la taxe sexuelle pour réduire des trois quarts au moins le nombre des chiens enragés.

La taxe actuelle est certainement appelée à être modifiée, mieux vaut qu'elle le soit d'après un principe rationnel que d'après le principe de popularité mal entendu consistant à augmenter les charges de l'aristocratie canine assez inoffensive et à diminuer celles de la démocratie canine source de tous les maux.

En réfléchissant aux conséquences que l'impôt sexuel aurait sur la raréfaction du chien de braconnier et du chien errant on comprendra que cette question de la taxe n'est pas déplacée dans un Congrès de la Chasse, surtout dans un Congrès patronné par le Ministère de l'Agriculture.

Veuillez me croire, mon cher président, votre dévoué.

Robert Dommanget.

DISCUSSION

M. Cunisset-Carnot. — Messieurs, je n'ai pas pu assister aux travaux de la Commission et je le regrette beaucoup. Je vois que le vœu qui résume ces travaux est excellent, je voudrais le soutenir et y ajouter comme arguments, deux sous-vœux pourrais-je dire, deux vœux annexes, moins importants, mais qui nous conduiraient par un chemin peut-être plus sur et plus direct aux résultats que nous recherchons.

Cette divagation des chiens, je la connais fort bien, car je crois que la Bourgogne, ma patrie, est aussi la patrie d'élection de la divagation des chiens. Je crois qu'il n'y a pas de ville qui rappelle autant à ce point de vue Constantinople que Dijon. C'est effrayent. Vous ne pouvez pas aller dans les campagnes autour de la ville sans voir des chiens seuls, et sans voir, ce qui est exaspérant pour un chasseur, des chiens qui sont amenés dans les champs, dans les prairies, dans les céréales par des paysans qui se font accompagner par leurs chiens, ils ne savent pas pourquoi.

Je parlais tout à l'heure de cette question à un de mes collègues, et je lui disais qu'on voyait des gens allant conduire des engrais, des pierres, toujours accompagnés d'un ou deux chiens.

Ces chiens, bien entendu, sont sans surveillance ; ils sont parfaitement oisifs, et ils occupent leur temps à une besogne unique : à la recherche de tout ce qu'ils peuvent attraper, c'est-à-dire les nids, les levreaux, les perdreaux, et ils en font une destruction inimaginable. La statistique est difficile à en établir, mais, dans un canton voisin, il y a deux ans, il est passé des chiens enragés. Devant ce danger, on a fait des hécatombes de ces chiens de races diverses. Eh ! bien, ce canton qui était presque dépeuplé de gibier s'est trouvé si bien peuplé naturellement, quand la chasse a été ouverte, qu'on aurait dit qu'un élevage intensif avait été fait.

Voilà un exemple frappant et caractéristique. Je ne veux pas abuser de votre attention, mais je pourrais vous citer d'autres exemples. Tous vous êtes chasseurs, et savez d'ailleurs à merveille l'étendue qu'a pris ce fléau.

Ce fléau qui nous désole, n'a pas de raison d'être. Je voudrais voir devant moi un propriétaire rural qui me dise s'il a une justification quelconque à apporter à cette habitude d'emmener des chiens qui accompagnent le charretier, le maître à la promenade, qui ne sont jamais en laisse, et jamais muselés, qui ne gardent rien et ne font rien.

C'est contre ces chiens que nous devons porter nos efforts.

Par quelle voie ? On dit : il faut demander des arrêtés aux préfets pour qu'ils prennent des mesures administratives, pour l'installation d'une médaille, etc. Tout cela est excellent, j'en conviens, mais soulève des objections.

Cette installation de la médaille sur les chiens n'est pas commode ; à la campagne, quantité de chiens n'ont pas de colliers. Où mettra-t-on ces médailles ? A la queue du chien ? Et comment vérifierez-vous ? Ce sera tout un contrôle à organiser. Et, mon Dieu, tous les préfets ne sont pas chasseurs ; beaucoup ne connaissent pas l'importance de la question ; nous nous heurterons, je ne dis pas à la mauvaise volonté de l'administration des bureaux de la Préfecture, mais tout au moins à leur indifférence.

J'imagine, — et c'est pour cela qua je parlais d'autres vœux annexes à adopter, — que le résultat serait beaucoup plus sûr et prompt si l'on modifiait l'impôt sur les chiens, la façon dont il est organisé et perçu.

Vous savez comme moi que les chiens sont divisés en catégories.

Je ne voudrais pas froisser et ennuyer les propriétaires non chasseurs, qui ont des chiens et qui y tiennent, mais il me semble que ces catégories qu'on reproduit toujours depuis 1854 ou 1855 en chiens de garde, chiens de chasse, chiens de berger, etc., ne sont justifiées par rien. Il ne faut pas nous attendrir, nous apitoyer et dire : le malheureux berger a besoin d'un chien pour veiller à son troupeau ; c'est un instrument de travail, et il faut qu'il soit exempté de tout impôt, car nous devons encourager l'agriculture.

En effet, si nous descendons dans le domaine de la pratique, nous voyons que l'homme qui a besoin d'un chien pour garder son troupeau, est un homme dans l'aisance, puisqu'il a un troupeau, et il peut donc très bien payer un impôt raisonnable.

Voyez le petit chasseur rural ; il paye un impôt beaucoup trop lourd sur son chien. Nous sommes tous très bien disposés pour ce petit chasseur rural, et nous avons déjà discuté et adopté des vœux favorables à son agrément et à tous les avantages que la chasse peut lui donner. Ce chasseur rural a un budget très restreint, beaucoup plus restreint que celui d'un possesseur de troupeau, que l'homme qui a 50 moutons, ce qui est déjà une petite fortune. Eh ! bien, ce petit chasseur rural paye 6 ou 7 francs au lieu de 2 francs.

Pour le chien de garde, c'est la même chose. Si vous avez un chien de garde, c'est que vous avez quelque chose à garder, et vous devez donc bien avoir 5 ou 6 francs pour faire garder ce quelque chose.

Je ne vois donc pas la raison de distinguer les chiens soi-disant d'utilité des chiens soi-disant de chasse.

Je propose donc que la taxe soit unifiée, c'est-à-dire que tous les chiens payent le même prix.

Nous voyons en effet des inégalités véritablement criantes. Je vois par exemple dans cette ville de Dijon-Constantinople, dont je vous parlais tout à l'heure, une quantité de chiens considérable qui ne payent rien du tout, mais moi, pour un malheureux fox que j'ai à la maison, je paye 16 francs.

Je ne sais pas si vous payez autant dans les autres villes ?

Plusieurs congressistes. — Ah ! non.

M. Cunisset-Carnot. — Et mon voisin aussi a une espèce de loulou à queue en trompette, paye 40 sous, et il est plus riche que moi.

Rien qu'à l'énoncé de ces faits, vous voyez que je suis dans le vrai.

Je voudrais donc voir la taxe uniforme, et surtout, cette amélioration considérable que ce ne soient plus les municipalités qui fassent le recensement des chiens et les placent dans des catégories spéciales.

Vous savez en effet très bien ce qui se passe : les chiens des personnes amies du maire ne payent pas ou payent 2 francs, et les autres payent 6, 8, 10 ou 16 francs.

Dans une commune où il y a par exemple cent chiens, il y en a 60 et quelque qui ne payent rien, que le maire ne veut pas laisser porter sur le rôle des chiens; il y en a 12 ou 15 qui payent les 40 sous des chiens de garde, et les autres sont taxés à la bonne volonté du maire et du Conseil Municipal.

Il faudrait donc que la taxe soit entre les mains de l'administration de l'Etat, c'est-à-dire des préfectures, et que ce soient les gens du fisc qui soient chargés de la catégorisation des chiens et la perception de l'impôt.

Mon vœu se formule ainsi :

« Que la taxe sur les chiens soit uniforme quel que soit le genre auquel « appartienne l'animal, chien de berger, chien de garde ou chien d'agrément ; que « cette taxe soit perçue uniquement par le gouvernement et non par les muni- « cipalités. »

Pour ne pas abuser de la parole et vous parler tout à l'heure d'autre chose, comme il s'agit toujours des chiens, je crois qu'il rentrerait dans notre compétence d'apporter une petite amélioration au régime des chiens. C'est au point de vue des dangers de la rage que font subir les chiens à tout le monde, à vous comme à moi, dangers qui peuvent quelquefois se traduire pour nous, chasseurs, par de très lourdes et très pénibles responsabilités.

La France, est je crois, le seul pays qui ne fasse rien contre les chiens enragés. La rage a disparu en Angleterre ; elle n'existe pour ainsi dire plus en Allemagne, ou très accidentellement et introduite du dehors.

Qu'avons-nous fait contre la rage ? Que faisons-nous ? Rien du tout. Je défie un de mes collègues présents d'indiquer une mesure, je ne dirai pas utile, mais quelconque, qui ait été prise contre la propagation de la rage par les chiens. Le seul moyen pratiqué, c'est lorsqu'un chien enragé en a mordu quatre ou cinq autres, de tuer ceux-ci, à la suite d'un arrêté pris par le maire. C'est quelquefois excessivement pénible pour nous chasseurs. J'ai vu par exemple une meute de vingt-sept ou vingt-huit chiens abattue tout entière. C'est une perte considérable.

UN CONGRESSISTE. — Il y en a eu jusqu'à 150.

M. CUNISSET-CARNOT. — Vous avez d'excellents chiens auxquels vous tenez beaucoup, et vous êtes obligé de les abattre parce qu'un harridon quelconque a touché un de vos chiens.

Eh! bien, j'imagine que si on obtenait une disposition législative (il faut toujours hésiter quand on parle de choses aussi contraires à la liberté) qui ordonnerait l'enlèvement des crochets des chiens à la seconde dentition, la rage disparaîtrait, je ne dis pas complètement, mais en très grande partie.

Le chien ne communique la rage que par les crochets, les autres dents ne mordent pas assez. Exception serait faite bien entendu pour les chiens qui ont besoin de leurs crochets pour l'exercice de leur profession, comme les chiens de sangliers.

Mon second vœu est donc formulé ainsi :

« Qu'il soit ordonné par une loi que tout propriétaire de chien soit tenu « de faire arracher ou couper les crochets de l'animal aussitôt la seconde den- « tition terminée.

« Des exceptions pourront être admises sur autorisation spéciale des pré- « fets pour les chiens destinés exclusivement à la chasse à la bête puante ou « malsaine, telle que loups, sanglier, renard, blaireau. »

Ces chiens seraient catégorisés, la liste en serait dressée à la préfecture et les responsabilités seraient immédiatement déterminées de ceux auxquels les chiens appartiendraient.

Voilà les deux vœux que je demande la permission de faire annexer à celui de votre Commission et je vous prie de m'excuser de les avoir développés aussi longuement.

M. LE PRÉSIDENT. — Avant de poursuivre cette discussion très intéressante, je vous demanderai la permission de faire achever la lecture du rapport, car M. Cunisset-Carnot a traité sans le savoir des points qui ont été déjà résolus.

M. CUNISSET-CARNOT. — Je m'en excuse.

M. le Rapporteur poursuit la lecture du rapport.

M. A. BORDEAUX. — Le vœu émis par la 4e sous-section de législation d'inscrire d'office en cas de récidive constatée par une deuxième plainte, les chiens de 2e catégorie en 1er ; peut être un très bon moyen de réprimer la divagation des chiens ; mais il ne répond pas encore, à notre avis, à tous les besoins de la cause et ne nous paraît pas suffisant, en présence de certains usages agricoles établis et qu'il est impossible de songer à modifier.

Dans certaines contrées, découpées de haies et de clôture, les chiens, dits de cour et de ferme non seulement gardent les bestiaux aux champs, mais encore, ils accompagnent journellement les cultivateurs à leurs travaux. Or, que se passe-t-il ? Pendant que le troupeau pâture, ou que le cultivateur est occupé à son travail, le chien se trouve à l'abandon, et s'il lui arrive quelque fumet de gibier, instinctivement, il le poursuit, et alors, souvent, quelques levrauts ou pouillards deviennent vite sa proie.

S'il n'est pas vu, ce qui est souvent le cas, le délit ne peut être réprimé conformément à la proposition soumise tandis que, muni du bâton que j'ai indiqué dans mon propre rapport, d'abord le chien perd de sa vitesse et de son agilité, puis, à l'approche d'une haie, d'une clôture, d'un obstacle quelconque, il est arrêté et le gibier est sauvé.

J'estime donc que pour certaines contrées en France, ma proposition viendrait compléter la mesure proposée par la 4e sous-section de Législation.

En conséquence, je propose donc au Congrès International de la Chasse d'adopter la proposition de M. de Sabran-Pontevès (que la 4e sous-section de Législation a faite sienne) en laissant la faculté à MM. les Préfets de la compléter s'ils le jugent nécessaire par l'obligation pour tout chien dit de cour ou de ferme (lorsqu'il n'est pas à l'attache) d'être muni d'un bâton de 0 m. 60 à 0 m. 70 de longueur, retenu au milieu par une attache fixée au collier du chien.

M. LE BARON DE SEGONZAC. — Je demande la parole uniquement pour mettre M. Cunisset-Carnot au courant de la question : il y a eu à la 2e sous-section, un vœu qui a été adopté et qui est le suivant :

« Que la taxe des chiens soit perçue d'une façon uniforme dans toutes
« les communes de France, savoir : 8 fr. pour les chiens de chasse et de luxe,
« et 2 fr. pour les chiens de garde ne quittant pas l'habitation ou la ferme, ainsi
« que pour les chiens d'aveugle ou de berger. »

Or, si on change cette manière de voir, il faut en prévenir la 2e sous-section qui a adopté ce vœu.

UN CONGRESSISTE. — Il serait bon que la taxe soit uniformisée en effet ; comme celà, il y aurait des quantités de chiens qui échappent à l'heure actuelle à la taxe qui payeraient ; il n'y aurait pas de réclamations, tandis qu'actuellement, celà n'arrête pas. Il faut bien se rendre compte que les chiens de chasse qui sont gardés au chenil, qui sont parfaitement soignés, payent 8 francs, tandis que celui qui court dans la plaine paye 2 francs. C'est une anomalie.

Au point de vue du principe, je me rallie donc complètement au premier vœu de M. Cunisset-Carnot.

Quant à son second vœu, il me paraît beaucoup plus grave ; M. Cunisset-Carnot demande qu'on enlève les dents des chiens aussitôt la seconde dentition terminée. Vous savez que celà n'est pas si commode que celà ; j'admets que l'on trouvera encore un vétérinaire par canton pour pratiquer cette opération.

M. CUNISSET-CARNOT. — Je la vois faire chez moi très souvent.

LE MÊME CONGRESSISTE. — Maintenant, il y aurait des chiens qui seraient déparés complètement. Il y a des chiens qui valent sept mille francs.

M. CUNISSET-CARNOT. — Mais la peau d'un homme vaut bien cela.

LE MÊME CONGRESSISTE. — Songez qu'il y a plus d'un demi-milliard de chiens en France ; s'il fallait faire cet ouvrage, ce serait fantastique, surtout pour des cas de rage qui n'arrivent pas fréquemment.

UN CONGRESSISTE. — En ce qui concerne la question de l'augmentation de la taxe, j'en ai toujours été ennemi à la section.

M. CUNISSET-CARNOT. — Je n'ai pas demandé qu'on augmente la taxe, j'ai demandé qu'on l'uniformise.

M. LE PRÉSIDENT. — Avant de poursuivre cette discussion, je voudrais faire une simple observation de forme. La question de la taxe des chiens a été en effet portée devant la sous-commission que j'ai l'honneur de présider, mais je fais observer, ainsi que M. de Segonzac nous l'a rappelé, qu'un vœu a été émis à la 2e sous-section, et que nous ne pouvons par conséquent le reprendre.

Nous allons donc reprendre le premier vœu émis pour réprimer la divagation des chiens.

UN CONGRESSISTE. — En ce qui concerne l'art. 9 de la loi du 3 mai 1844, quoique n'ayant pas le texte très présent à la mémoire, il me semble qu'il s'applique uniquement à la protection des couvées, et que par conséquent, l'arrêté du préfet risquerait de n'être valable que pendant une partie de l'année.

M. LE PRÉSIDENT. — Non ! il n'y a pas de danger. Toute l'année.

Lecture est donnée du premier vœu :

« Que les préfets prennent des arrêtés pour réprimer la divagation des « chiens, mais uniquement en vertu de l'art 9 de la loi du 3 mai 1844. »

Ce vœu est adopté.

Deuxième vœu :

« Que la taxe sur les chiens soit augmentée. »

M. LE PRÉSIDENT. — Ici, je me trouve en face d'un amendement de M. Cunisset-Carnot ainsi conçu :

« Que la taxe des chiens soit uniforme, quel que soit le genre... et non par « les municipalités. »

Nous sommes en présence d'un amendement au vœu émis par la 2e sous-commission. Je me permets de faire observer que cet amendement comporte une modification de la loi. Si vous l'adoptez, il sera nécessaire de modifier la loi de 1844. C'est une simple observation de forme que je fais là.

UN CONGRESSISTE. — Le mot « perçu » par les municipalités n'est pas tout à fait exact, car l'impôt est perçu par le percepteur.

UN AUTRE CONGRESSISTE. — Oui, mais pour le compte des communes

UN AUTRE CONGRESSISTE. — Il y a deux parts : il y a la part de la commune et la part du département.

M. LE PRÉSIDENT. — Mais pas l'Etat. Je vous assure que la taxe des chiens est une taxe purement municipale et que le Trésor ne touche pas un centime sur elle.

UN CONGRESSISTE. — M. Cunisset-Carnot est certainement d'accord avec moi. Mettez « perçu par le Gouvernement pour le compte des communes. »

UN CONGRESSISTE. — Mettez « perçu par les agents de l'Etat. »

M. CUNISSET-CARNOT. — Je raye le mot, et je mets « Uniquement par les agents de l'Etat ».

UN CONGRESSISTE. — Les fonctionnaires de l'Etat ne connaissent en aucune façon les chiens qui sont dans un pays ; il y a la moitié des chiens qui ne seront pas imposés. Comment voulez-vous qu'un percepteur connaisse tous les chiens d'un pays.

M. le Président. — Il demandera au secrétaire de mairie.

Un congressiste. — Je crois qu'il y a évidemment une confusion dans l'esprit des membres du Congrès. Le rôle des chiens est dressé par la municipalité avec l'assistance du percepteur. Ce que M. Cunisset-Carnot demande, c'est que le fonctionnaire du Gouvernement vienne dresser lui-même la liste avec une assistance qu'il demandera, mais c'est lui qui la dressera. Les rôles seront renversés.

M. le Président. — Je disais que la sous-commission a émis en séance le vœu que la taxe sur les chiens soit augmentée, et que ce vœu avait été l'objet de la part de M.Cunisset-Carnot de l'amendement dont il vous a été donné lecture.

C'est l'amendement que je mets aux voix et non le vœu.

Cet amendement est adopté par 9 voix contre 8.

M. le Président. — Nous avons maintenant le vœu de M. Sabran-Pontevès :

« Tout chien de 2e catégorie qui aura été l'objet d'une plainte pour la « divagation ou action de chasse adressée régulièrement au maire de la com- « mune, soit par le garde, soit par un agent de l'autorité, soit par le propriétaire « lésé appuyé de deux témoins, sera inscrit d'office en cas de récidive constatée « par une deuxième plainte, sur le rôle n° 1 et le complément de la taxe sera « exigible de plein droit, sans préjudice de l'amende, s'il y a eu parallèlement « procès-verbal. »

M. A. Bordeaux. — Il y a mon amendement à ajouter au vœu de M. Sabran-Pontevès. Cet amendement est ainsi conçu :

« Propose au Congrès international de la Chasse d'adopter la proposition « de M. Sabran-Pontevès.......
« par une attache fixée au collier du chien. »

Un congressiste. — Nous venons d'adopter l'amendement de M. Cunisset-Carnot qui uniformise la taxe. Puisqu'il n'y a plus qu'une taxe, le vœu de M. Sabran-Pontevès ne tient plus debout, et il n'y a pas besoin de le mettre aux voix.

M. le Président. — Je vous demande pardon ; je dois le mettre aux voix, ne serait-ce que par courtoisie pour M. Sabran-Pontevès. C'est d'ailleurs une question d'équité.

Un congressiste. — Les deux vœux ne se contredisent pas. Ils se complètent l'un l'autre.

Le vœu de M. Sabran-Pontevès est repoussé par 7 voix contre 8.

L'amendement de M. Bordeaux est repoussé par 8 voix contre 8.

M. le Président. — Il nous reste encore un amendement de M. Cunisset-Carnot.

M. Cunisset-Carnot. — Je le retire. C'est une idée que je voulais lancer. Qu'il en soit seulement parlé dans le compte-rendu des travaux du Congrès. La question n'est pas mûre, je le reconnais le premier.

M. le président. — Nous passons au vœu concernant les médailles :

« Que l'obligation soit imposée à tous les propriétaires de chiens, sans au- « cune exception de munir ces animaux d'une médaille ou d'une marque d'iden- « tité, délivrée par l'administration lors du paiement de la taxe. »

Je dois vous faire remarquer que l'adoption de ce vœu comporte également une modification de la loi.

UN CONGRESSISTE. — L'institution de la médaille est une chose qui sera absolument contraire à l'esprit de nos paysans. Je me demande du reste à quoi on l'attachera. Tout à l'heure, M. Cunisset-Carnot demandait si on l'attacherait à la queue du chien.

Cette médaille sera-t-elle la médaille de Saint-Hubert qui garantit de la rage ?

Il y a une chose certaine ; c'est qu'il faudra l'attacher. L'attacher à quoi ? A un collier ?

M. CUNISSET-CARNOT. — Il n'y a pas que les paysans qui seront mécontents, mais tout le monde.

Dans cette ville de Dijon-Constantinople, les chiens portent la médaille. J'étais adjoint au maire de Dijon quand la mesure a été votée. Je reconnais aujourd'hui très loyalement que je m'étais trompé.

UN CONGRESSISTE. — Nous aurons une opposition complète dans les campagnes au point de vue de l'obligation de la médaille.

Il y a la loi de 1898 qui, dans son art. 16 donne au maire et par conséquent au préfet se substituant au maire, le pouvoir d'exiger que tout chien soit porteur d'un collier. Que les agents de l'autorité fassent leur devoir, et que l'on exige que tout chien soit porteur d'un collier avec le nom de son maître, c'est la meilleure mesure.

La question de la médaille révoltera nos paysans. Il y a déjà une très grosse question à l'ordre du jour : la question de la communalisation de la chasse ; il faudra agir avec beaucoup de douceur à l'égard des paysans, et si on leur impose une vexation, ils résisteront.

Je demande donc au nom de la Société pour la répression du braconnage dans l'arrondissement de Commercy que l'obligation de la médaille soit repoussée.

UN CONGRESSISTE. — J'appuie absolument cette opinion, d'autant plus que cette proposition est inapplicable pour les chiens courants. Quelqu'un qui a 25, 40 ou 50 chiens courants ne peut leur mettre un collier avec une médaille.

UN MEMBRE DU BUREAU. — Dans l'esprit de la Commission qui a discuté cette question, il n'a jamais été question que la médaille soit portée à la queue du chien, ou au nez, même au collier. Le propriétaire peut très bien l'avoir dans sa poche. Cela sert à la Municipalité pour compter les chiens qui ont été déclarés dans la commune. Nous avons appliqué cette mesure pour le recensement des bateaux dans la commune dont je fais partie comme membre du Conseil Municipal.

UN CONGRESSISTE. — Les chiens ne sont pas des bateaux.

LE MÊME MEMBRE DU BUREAU. — Si le chien court, le bateau navigue. C'est le seul moyen de recensement. Il n'y a pas la moitié des chiens de déclarés. Le jour où le propriétaire sera obligé de montrer sa médaille à l'agent du fisc, il fera sa déclaration, et s'il n'a pas sa médaille, on lui appliquera la double taxe.

Les communes ont le droit si bon leur semble d'imposer la médaille, mais il serait nécessaire qu'une loi sanctionne cette mesure d'une façon générale.

M. LE PRÉSIDENT. — Le vœu proposé est le suivant :

« Que l'obligation soit imposée à tous les propriétaires de chiens, sans

« aucune exception, de munir ces animaux d'une médaille ou d'une marque « d'identité délivrée par l'administration lors du paiement de la taxe. »

Ce vœu mis aux voix est repoussé.

M. LE PRÉSIDENT. — Nous abordons maintenant la deuxième partie de l'ordre du jour.

Le vœu émis est le suivant :

« Que le tir soit interdit sur les routes et chemins publics de tous les « départements. »

M. CUNISSET-CARNOT. — Je suis absolument opposé à ce vœu. Comment voulez-vous que nous chassions au chien courant si vous nous empêchez de tirer sur les routes.

M. LE PRÉSIDENT. — Vous pourrez vous mettre sur la lisière.

M. DE SEGONZAC. — Evidemment, l'interdiction de tirer sur les routes va gêner beaucoup de personnes ; mais de deux choses l'une : ou il faut laisser continuer ce qui se passe maintenant, et qui est absolument scandaleux : des gens se promenant, tirant au milieu des routes du matin au soir, ou bien interdire ce tir sur les routes.

Pour moi, je crois que cette dernière solution est la bonne, malgré le grand ennui qui en résultera.

D'ailleurs, il y a un accommodement. L'année dernière, un préfet avait pris un arrêté dans ce sens ; on a fait des battues, mais les propriétaires de la chasse avaient des abris qui étaient à dix mètres de la route, mais n'étaient pas sur la route. C'est une manière de tourner la question.

UN CONGRESSISTE. — Au nom de nombreux chasseurs de Lyon qui sont détenteurs de droits de chasse entre Lyon et Bourg, je viens appuyer le vœu proposé.

J'insiste surtout sur ce fait : c'est que dans cette région marécageuse entre Lyon et Bourg, la route est simplement constituée par une chaussée entre deux étangs. Les braconniers tirent à droite et à gauche sur le gibier d'eau et toute répression de ce braconnage est impossible ; s'il n'y a pas un arrêté préfectoral permettant aux gendarmes de verbaliser, ils ne peuvent pas le faire.

D'autre part, le garde particulier, à moins qu'il ne puisse justifier d'une façon précise que le coup n'a pas été tiré sur la route, ne peut absolument rien faire.

Il y a donc une espèce d'impunité absolue pour les très nombreux braconniers de cette région, qui, non seulement tuent le gibier d'eau, mais encore font partir tout le gibier et rendent la chasse impossible.

UN CONGRESSISTE. — Je voudrais expliquer les motifs qui ont guidé notre Société pour la répression du braconnage dans le vœu qui a été émis pour le tir sur les routes.

Vous savez que cette interdiction résulte d'un arrêté préfectoral qui ne comporte qu'une poursuite en simple police, dont les braconniers se moquent comme un poisson d'une pomme.

A l'heure qu'il est, l'Administration des Eaux et Forêts prépare son cahier des charges pour l'adjudication de 1898.

M. LE PRÉSIDENT. — Il y a confusion dans votre esprit. Parlez-vous des routes publiques ?

LE MÊME CONGRESSISTE. — Oui ! des routes publiques. Je vous citerai par exemple la forêt de Commercy qui est traversée et bordée sur une longueur de 6 à 8 kilomètres.

Je m'incline devant l'arrêté préfectoral, seulement si moi je loue la forêt et que les braconniers viennent s'établir sur son sol je ne peux rien leur dire, tandis que si l'Administration loue le sol de la route, il y a un délit de chasse passible de la police correctionnelle.

On peut demander à louer le sol de la route.

Maintenant, l'Administration des Eaux et Forêts en louant la partie du sol de la route publique dans l'ensemble de la surface générale amodiée, ferait toutes réserves au point de vue de l'interdiction faite par le préfet.

M. LE PRÉSIDENT. — Mais personne ne peut louer la chasse sur le domaine public. Vous confondez le domaine privé de l'Etat avec le domaine public ; les routes forestières, celles qui traversent les forêts sont 99 fois sur cent des routes du domaine privé où l'Etat a le droit, et il le fait constamment, de louer la chasse.

Il ne s'agit pas de ces routes, lorsque nous demandons l'interdiction du tir ; il ne s'agit que des routes classées et sur celles-là, personne n'a le droit d'y louer la chasse.

Le vœu mis aux voix est adopté.

Séance de clôture du Congrès

Le 18 mai, à 2 heures, eut lieu, Grande Salle des Agriculteurs, 8, rue d'Athènes, la séance de clôture du Congrès, sous la présidence de M Daubrée.

Les secrétaires de chaque sous-section donnèrent lecture des vœux qui furent adoptés définitivement par le Congrès, réuni en Assemblée générale.

Vœux admis par l'Assemblée générale du Congrès International de la Chasse.

ARMES. — *Calibres.* — Le Congrès exprime le vœu que des mesures soient indiquées comme normales pour les différents calibres. Il proposerait, par exemple, pour le calibre 12, 18 m/m 4, pour le calibre 16, 17 m/m 2, et pour le calibre 20, 16 m/m 1.

MUNITIONS. — Le Congrès émet le vœu que l'administration compétente introduise en France des poudres étrangères, au moins à titre d'essai pendant un an, dans ses boîtes d'origine. A cet effet, un bureau de commande pourrait être créé à Paris par le service des douanes pour donner satisfaction à toutes les demandes des chasseurs et des armuriers.

Le Congrès émet le vœu que le prix de la poudre J. n° 1 soit abaissé à 21 francs le kilog., celui de la J n° 2 à 23 francs, de façon à rendre son emploi accessible aux petites bourses et de façon à égaliser le prix de revient par cartouche de la poudre J à celui des autres poudres pyroxylées.

Le Congrès émet le vœu que les fabricants de plombs de chasse soient invités à compléter, à l'avenir, leur numérotage de région par, au-dessous, entre parenthèse, le numérotage à tant au gramme, et encore au-dessous tant de millimètres au diamètre, de façon à arriver à l'unification du numérotage dans toute la France.

Pour simplifier le commerce des plombs de chasse, et leur vente au détail, les fabricants sont priés de ne plus fabriquer, à l'avenir, que les plombs ci-après, pesant respectivement 2, 4, 6, 8, 10, 12, 15, 20 et 30 au gramme.

Et, en outre, les seuls numéros de chevrotines énoncés au tableau de la Chambre syndicale, suivant résolutions des 20 décembre 1904 et 19 juin 1906.

Le Congrès émet le vœu que le service des poudres et salpêtres, après essais comparatifs (vitesse, pression, dispersions, reculs à l'épaule), consente à chercher un nouveau type de poudre spécialement destiné au calibre 12 et au fusil de tir aux pigeons, type de poudre imitant et dépassant, si possible, la Ballistite de Nobel qui donne depuis plus deux ans les résultats les plus probants dans tous les concours.

Enfin, lorsque la poudre type, étudiée par la commission qui serait nommée, sera mise à la disposition des consommateurs, le Congrès émet le vœu : « qu'une douille spéciale fût fabriquée pour cette poudre, avec un renfort métallique intérieur d'une hauteur proportionnée à la charge maxima pour arrêter le carton isolateur et empêcher toute compression ».

Le Congrès émet le vœu qu'il soit apporté aux poudres S et M des modifications en vue de supprimer les effets de l'hydrométricité et rendre leurs grains moins friables ; de même de donner moins de fumée avec les poudres J et B N^3 F. Enfin, créer un type de poudre destiné aux armes rayées de 9 à 11 m/m.

Que sur les étiquettes placées sur les boites de poudre, il soit inscrit des indications précises sur la vitesse et la pression avec les conditions du chargement type qui ne devra pas dépasser en plomb 32 grammes pour le calibre 12, 28 grammes pour le 16, et 24 grammes pour le 20.

Enfin, qu'il soit indiqué, si possible, le numéro du lot de fabrication sur les étiquettes en question.

TIR. — Le Congrès émet le vœu que des écoles de tir de chasse, comme il en existe dans les pays voisins, soient créées en France, écoles où les chasseurs puissent se perfectionner dans le tir de chasse, et où les commerçants puissent principalement apprendre avec le maniement du fusil les règles élémentaires de sécurité pour eux-mêmes et de prudence pour les autres.

CAISSES D'ASSURANCES. — Le Congrès émet le vœu que la Caisse mutuelle des retraites auxiliaires de la chasse soit vulgarisée et encouragée par tous les chasseurs et tous les moyens.

CHASSE A COURRE. — Le Congrès de la chasse : Considérant que l'exploitation de la chasse à courre contribue dans une grande mesure à la richesse du pays et à sa prospérité. (75.000.000) ;

Considérant qu'elle encourage sur une grande échelle l'élevage du cheval et qu'elle forme une classe de chevaux particulièrement apte à la mobilisation ;

Considérant qu'elle procure aux ouvriers du travail, au commerce et à l'industrie de sérieux et nombreux débouchés.

Emet d'une façon générale le vœu que les pouvoirs publics cherchent à favoriser et à encourager par tous les moyens l'exercice de la chasse à courre.

TRANSPORTS DE CHIENS DE CHASSE. — Le Congrès de la chasse adopte et fait sien le vœu émis en 1905 par 42 conseils généraux, savoir :

Que les tarifs actuels soient supprimés et remplacés *par l'unification* et la réduction du tarif de transport de chiens par les Compagnies de chemins de fer, et par l'application du tarif des bagages aux chiens en paniers ou en caisses. Au cas où une réduction de tarif serait impossible, le Congrès de la chasse insiste auprès des Compagnies pour leur demander de vouloir bien, tout au moins, appliquer le tarif des bagages aux chiens en paniers ou en caisses, comme cela se fait sur le chemin de fer de l'Etat. Les Compagnies acceptent, en effet, au tarif des bagages, les veaux, porcs, moutons, lapins, etc., transportés en paniers ou en caisses ; seul des animaux, le chien bénéficie d'un tarif spécial de défaveur.

— Que toutes les Compagnies (grandes et petites) veuillent bien avoir des compartiments de chiens mieux aménagés et dont la désinfection soit complètement assurée.

— Que le délai de transport des chiens soit réduit de moitié et que les chiens puissent voyager dans les trains à grande vitesse.

TRANSPORTS DES CHEVAUX DE CHASSE. — Le Congrès de la chasse émet le vœu que les Compagnies accordent à tous les chevaux de chasse, quel qu'en soit le nombre, et voyageant ensemble, en déplacement de chasse d'un équipage, le tarif demi-place ou le tarif réduit dont bénéficie déjà une certaine catégorie de chevaux de chasse (chevaux de piqueux).

FAUCONNERIE. — Le Congrès émet le vœu que la fauconnerie soit encouragée en France : qu'elle jouisse du droit commun pendant toute la durée de la chasse à tir, et qu'elle puisse continuer à s'exercer après la fermeture de la chasse, pour la destruction des animaux nuisibles, après entente avec l'administration préfectorale.

RAGE DU CHIEN. — Le Congrès émet le vœu qu'un appel soit adressé aux distingués savants des Instituts Pasteur et des grandes écoles vétérinaires, afin qu'ils s'attachent à chercher à faire plus rapide et plus facile dans la pratique, leur traitement préventif contre la rage, de manière à permettre l'application, par vote d'une loi par le Parlement, de la mesure utile, bienfaisante et indispensable que serait la vaccination gratuite et obligatoire de tous les chiens en France, contre la rage.

GIBIER MIGRATEUR. — Le Congrès émet les vœux suivants :

Que des négociations soient ouvertes entre les différents Etats afin d'arriver à une entente, relativement à la protection du gibier migrateur et pour empêcher sa destruction en masse ;

Qu'en France, une législation uniforme appliquée à tous les départements interdise absolument pour la chasse aux oiseaux, *à l'exception des espèces nuisibles*, toute espèce d'engins, *sauf le fusil*, conformément à la convention internationale de 1902. Exception est faite pour la capture de l'ortolan à la matole ;

Que la chasse de la bécasse, de la grive et des petits oiseaux au printemps soit interdite dans tous les départements, et fermée à la clôture générale de la chasse ;

Que la mise en vente, l'achat, le transport et le colportage des petits oiseaux de taille inférieure à l'alouette, à l'exception de l'ortolan, soient prohibés sur tout le territoire, en tout temps s'ils ont été pris à l'aide d'engins prohibés.

Qu'il soit interdit, en tout temps, d'introduire en France le gibier migrateur vivant ou mort ou sous forme de conserves même pendant que la chasse est ouverte.

OUVERTURES ET CLOTURES. — Le Congrès émet les vœux suivants :

Que la fermeture de la chasse à la caille ait lieu le 1er novembre ;

Que l'ouverture de la chasse au faisan ait lieu le premier dimanche d'octobre et la fermeture le dernier dimanche de janvier pour tous les départements ;

Que la fermeture de la chasse au perdreau et au lièvre ait lieu le dernier dimanche de janvier ;

Que la fermeture de la chasse à tir du chevreuil ait lieu le dernier dimanche de janvier ;

Que la fermeture de la chasse à courre ait lieu le 31 mars sauf pour les animaux nuisibles (sangliers et cerfs) qui pourraient être chassés à courre après cette date.

Que l'usage des appeaux et appelants pour la chasse des oiseaux dont les espèces ne sont pas parmi celles interdites par la convention de 1902, soient autorisé.

GIBIER D'EAU. — Le Congrès émet le vœu que la chasse du canard sauvage, cod vert, soit fermée dans toute la France le 31 mars.

Que la chasse au gibier d'eau soit, autant que possible, fermée le 31 mars, mais que pour des zones à déterminer (Nord, Midi et départements côtiers) la fermeture soit fixée au 30 avril ;

Que l'ouverture de la chasse au gibier d'eau n'ait lieu, autant que possible, qu'avec l'ouverture générale ; que, toutefois, dans les départements où une ouverture spéciale du gibier d'eau serait décidée, cette ouverture ne soit jamais fixée avant le 14 juillet. Que cette chasse ne soit autorisée que sur les étangs et marais en eau, l'avis des Sociétés de Chasse régionales ou départementales, admirablement placées pour faire entendre la voix du chasseur ;

Le Congrès émet le vœu qu l'emploi des appelants à la hutte continue à être autorisée ; qu'une formule administrative généralise la tolérance de la chasse de nuit à la hutte et de la sauvagine en temps de neige ;

Le Congrès émet le vœu, concernant l'interdiction du dénichage, du colportage et de la vente des œufs de vanneaux en tout temps ;

Le Congrès est d'avis que le Ministre de l'Agriculture et le Ministre de la Marine prennent les dispositions nécessaires pour assurer une réglementation raisonnée de la chasse en canots automobiles en mer, de leur armement basé sur les données suivantes ;

1° Qu'il soit interdit aux canots automobiles de chasser à moins de trois milles des côtes françaises en se servant de canardières, — canons et de canardières supérieures au calibre 4 nominal :

2° Que comme sanction principale de la violation de cette interdiction la confiscation des canardières — canons considérés comme engins prohibés — soit ordonnée par les magistrats chargés de statuer sur le délit ;

Le Congrès émet le vœu qu'une réglementation intervienne pour empêcher la destruction par le fusil des oiseaux de mer non comestibles, que la chasse des goélands, mouettes, pétrels, puffins et macareux soit, sinon interdite en tout temps, tout au moins limitée et réglementée ;

Le Congrès émet le vœu qu'une réglementation intervienne pour empêcher la destruction par le fusil des oiseaux de mer non comestibles, que la chasse des goélands, mouettes, pétrels, puffins et macaraux soit, sinon interdite en tout temps, tout au moins limitée et réglementée ;

ELEVAGE ET REPEUPLEMENT — Le Congrès émet les vœux :

1° « Que l'Administration des télégraphes fasse progresser l'application des modifications à apporter à l'établissement actuel du réseau, lequel représente trop souvent un véritable panneau, et qui détrui dans ces conditions, d'après les statistiques, plus d'un oiseau par kilomètre et par an — qu'à l'exemple de certains pays, le dispositif dit « en herse » soit généralisé » ;

2° Que la chasse de l'isard, du grand et du tétras soit sévèrement interdite sur toute la surface du territoire pendant une période de trois ans, à l'expiration de laquelle on étudiera, s'il y a lieu, de partager les districts en zone de permission et d'interdiction ;

3° « Que le repleuplement des chasses domaniales, et même des territoires particuliers de Sociétés et de Syndicats de chasse locaux, soit encouragé par l'Etat, comme il le fait pour la pêche, au moyen de subventions soit en argent soit en nature ;

4° « Que les établissements d'élevage et les fermes à gibier dus à l'industrie privée soient encouragés par l'Etat également à l'aide de subventions et qu'ils soient surveillés et contrôlés par le personnel des Administrations agricoles et forestières ».

MALADIES DU GIBIER. — Le Congrès émet le vœu que toutes les maladies qui atteignent le gibier vivant soient étudiées d'une façon particulière dans les Ecoles vétérinaires des différents pays ; qu'en France, un laboratoire et une chaire agricole soient créés à l'Ecole nationale d'Alfort et que des prix soient décernés par les divers Etats et la grande Société de chasse aux meilleurs travaux pour lutter contre les épidémies les plus dangereuses.

ANIMAUX NUISIBLES. — PIÉGEAGE. — Le Congrès émet les vœux :

1° Que tout garde assermenté soit autorisé à détruire et à piéger toutes sortes de bêtes puantes et oiseaux de rapine, sans avoir à demander l'autorisation préfectorale et sans être obligé de détendre les pièges pour la nuit ;

2° Que la nomenclature des bêtes fauves et celle des bêtes puantes et des oiseaux de rapine soit nettement précisée et uniforme pour toute la France ;

3° Que la destruction des animaux de proie et de rapine à l'aide du grand-duc naturalisé ou vivant soit autorisée à la hutte, au fusil en tout temps, pour les propriétaires et pour les ayants-droit, et qu'il soit mis au concours par la Société centrale, le Saint-Hubert Club, et la Société des Chasseurs de France, un manuel pratique de piégeage et de surveillance de la chasse.

INTRODUCTION DANS LES PROGRAMMES DES ECOLES D'AGRICULTURE ET FORESTIERES DES QUESTIONS TECHNIQUES ET ECONOMIQUES CONCERNANT LA CHASSE. — Le Congrès émet le vœu :

1° Que l'enseignement technique et économique des questions de chasse, d'élevage, de piégeage et de législation de la chasse soit introduit, du moins sous la forme de conférences pratiques, à l'Institut National Agronomique (au même titre que la pisciculture) à l'Ecole Forestière de Nancy et dans les autres Ecoles d'agriculture ;

2° Qu'il soit créé par l'Etat, dans une région appropriée de son domaine, une véritable école professionnelle où de jeunes futurs gardes-chasse pourraient apprendre pratiquement sur un terrain favorable à toutes les espèces de gibier, l'aménagement raisonné des chasses de plaine et des chasses de bois, les cultures à gibier, l'élevage du gibier de repeuplement, le piégeage et la répression du braconnage.

STATISTIQUE. — Le Congrès, considérant la haute valeur économique et fiscale des questions cynégétiques, émet le vœu que les pouvoirs publics fassent tous leurs efforts pour la reconstitution et le développement de nos chasses.

SECTION DE LÉGISLATION ET RÉGLEMENTATION

LÉGISLATION ÉTRANGÈRE. — Le Congrès émet les vœux suivants :

1. — Que la convention internationale pour la protection des oiseaux utiles à l'agriculture soit appliquée d'une manière perspicace mais ferme pour arriver progressivement à empêcher la destruction aveugle des petits oiseaux.

2. — Dans le but de favoriser le repeuplement des chasses, le Congrès émet le vœu que les tarifs douaniers actuellement très élevés soient réduits au minimum pour le gibier vivant et les œufs de gibier d'importation.

3. — Etant donné la destruction en masse des palmipèdes dans certains pays, grâce aux établissements spéciaux nommés *canardières* ou *canarderies* ;

Etant donné d'autre part que, dans l'état actuel de la législation étrangère, il n'y a pas lieu d'envisager la suppression d'office de ces établissements ;

Le Congrès émet le vœu qu'une proposition soit soumise aux puissances intéressées, tendant à ce que la création d'aucun nouvel établissement de canardière ne soit autorisé et à ce que, pour la suppression des établissements existants, il soit procédé par voie d'extinction, étant entendu que ces établissements ne seraient pas autorisés à reporter leur exploitation sur un autre terrain à la suite d'anichements, d'expropriation ou de toute autre cause.

4. — De voir les hautes puissances du Nord interdire la capture des canards au moyen de canardières à filets.

Que les diverses puissances interdisent la vente et le transport, chacune dans leur pays respectif, des gibiers étrangers à l'époque où la chasse en est interdite au pays d'origine.

Les modifications possibles à apporter aux lois françaises sur la chasse :

1° Vu les articles 11 et 26 de la loi de 1844 : vu la progression formidable de ce genre de délit.

Que le délit simple de chasse sur le terrain d'autrui soit, conformément à la loi, poursuivi d'office par le Ministère public toutes les fois qu'il y a eu une plainte de la partie intéressée, et que des instructions en ce sens soient envoyées aux Parquets par le Garde des Sceaux.

2° Que l'article 11 de la loi du 3 mai 1844 soit complété en donnant aux Tribunaux la faculté, en dehors de l'amende qu'il prévoit, de prononcer un emprisonnement de six jours à un mois contre le délinquant qui a chassé sans permis.

3° (Le braconnage professionnel doit être frappé dans le commerce auquel il se livre du gibier braconné).

Le Congrès émet le vœu :

1° Que l'article 12 de la loi de 1844 soit complété ainsi qu'il suit : « Il est interdit en toute saison de vendre, de mettre en vente, colporter ou exporter soit du gibier, soit des petits oiseaux tués ou pris même à l'étranger à l'aide d'engins, drogues ou instruments prohibés en France.

4° Que l'article 17 de la loi de 1844 soit complété ainsi qu'il suit : « Dans le cas où l'un des délits successifs serait susceptible d'entraîner une peine d'emprisonnement, le délinquant pourra, soit qu'il ait ou non un domicile certain, être arrêté préventivement et jugé en état de détention. Les Procureurs de la République et les Juges d'Instruction sont, à cet effet, investis des pouvoirs généraux qui leur sont conférés par le Code d'instruction criminelle et des lois connexes ».

5° Que toute loi d'amnistie déclare formellement exclu du bénéfice de ses dispositions les récidivistes et tout délinquant de chasse qui a encouru une peine d'emprisonnement, soit contradictoirement, soit même par défaut, depuis la dernière amnistie.

6° RECELEURS. — *Vœux*. — Que l'article 12 de la loi de 1844 soit complété ainsi qu'il suit : (art. 17 du projet de la Commission de la Chambre de 1893).

« Le jugement qui aura condamné les hôteliers, restaurateurs, fabricants de conserves et autres marchands de comestibles, pour avoir mis en vente, vendu, acheté, transporté ou colporté du gibier pourra ordonner la fermeture de leurs établissements pour trois jours au moins et deux mois au plus.

« Dans tous les cas, le jugement portant condamnation sera publié aux frais du délinquant et affiché sur la porte *principale* de son établissement ».

Qu'il soit, par le Garde des Sceaux, enjoint aux Procureurs de la République d'aviser officiellement par lettre individuelle, un mois avant la réalisation des délais de prescription, l'agent verbalisateur, lorsqu'il a décidé de ne pas poursuivre d'office sur les procès-verbaux dont il a été saisi.

AFFUT DE NUIT. — Que l'affût de nuit soit réglementé de la façon la plus sévère et que les autorisations ne soient accordées qu'aux propriétaires seuls ou sur délégations avec permis écrit et enregistré par les Préfets seulement et après enquête sérieuse de l'Administration forestière ou de la gendarmerie.....

POLICE RURALE. — 1er *Vœu*. — Que le souhait formulé par M. G. Clemenceau, Ministre de l'Intérieur, Président du Conseil, dans la séance du

28 février 1907 : « Je désirerais qu'il vînt en discussion le plus tôt possible, *le « projet d'organisation de la gendarmerie rurale* » se réalise très promptement.

2ᵉ *Vœu.* — Que les maires, les adjoints, les commissaires de police, les sergents de ville, les officiers de gendarmerie, les sous-officiers, brigadiers et gendarmes, les gardes champêtres, les cantonniers de la grande et de la petite voirie, les gardes-pêche, les gardes maritimes et les gardes assermentés (gardes particuliers), ainsi que les préposés forestiers et ceux de l'octroi puissent verbaliser contre tous délits ruraux, à commencer par les délits de chasse et de pêche.

3ᵉ *Vœu.* — Que la gratification, due pour chaque condamnation prononcée, qui est de 10 francs (lois du 16 décembre 1890 et du 13 avril 1898), soit portée à 15 francs et étendue à tous agents verbalisateurs sus-énoncés, sans oublier les gardes forestiers, les agents et préposés des *Contributions indirectes* et des *Octrois*, ainsi que les préposés de l'Administration des *Douanes*, qui sont déjà compétents pour verbaliser, en certains cas, en matière de chasse.

4ᵉ *Vœu.* — Que les autorités compétentes distribuent plus largement des distinctions honorifiques et des récompenses civiques aux agents verbalisateurs.

5ᵉ *Vœu.* — Que l'*affirmation* des procès-verbaux soit maintenue et que le délai d'affirmation soit porté à trois jours.

6ᵉ *Vœu.* — Que les gendarmes soient autorisés à recevoir des primes et des récompenses honorifiques des *Sociétés officiellement reconnues*, conformément à la loi de 1903.

Que la récolte du muguet dans les forêts domaniales soit réglementée, comme le sont déjà celle des champignons et le ramassage du bois mort.

Que l'attention des communes soit attirée sur l'intérêt qu'il y aurait à la création d'un agent adjoint.

Que l'attention des Assemblées départementales soit attirée sur cette question et encourage cette initiative par une subvention qui, même légère, aurait un effet moral favorable.

Que celles qui en feront la demande, soit pour une seule, soit pour deux, soient ainsi encouragées à adjoindre aux gardes champêtres un gendarme retraité qui pourra exercer sur le ou les territoires desdites communes la surveillance de la police, tant au point de vue de la chasse qu'à celui de la sécurité générale du pays.

Que tout ce qui concerne la police de la chasse soit centralisé le plus possible entre les mains de la direction général des eaux et forêts et que la direction générale soit qualifiée des eaux et forêts et de la chasse.

Que les fusils saisis soient immédiatement détruits dans le cas où la mise à prix de chacun n'atteindrait pas le prix de 45 francs.

PERMIS DE CHASSE. — Le Congrès adopte les vœux suivants :

Le Congrès, considérant que la délivrance de permis de chasse journaliers ou hebdomadaires serait contraire à la sécurité publique ; favoriserait le braconnage ; aurait pour conséquence la destruction du gibier, la ruine des petites chasses et la disparition des petits chasseurs, et causerait un déficit notable dans le budget de l'Etat et dans les budgets communaux ;

Considérant que ces permis, dans la forme où on propose de les créer en France, n'existent d'ailleurs dans aucun autre Etat,

Emet le vœu que le permis de chasse tel que l'a établi la loi du 2 mai 1844, soit maintenu et que le Parlement rejette toute proposition de loi tendant à la modifier.

Le Congrès adopte ensuite le vœu que :

1° En cas de perte du permis de chasse (le permis comme toutes les pièces de nature à servir, si elles tombent entre les mains de tiers, à frauder le Trésor, ne pouvant en principe faire l'objet de la délivrance d'un duplicata), le titulaire pourra continuer à chasser, à charge par lui d'établir qu'il était bien titulaire d'un permis perdu.

Cette preuve sera faite par un certificat émanant du préfet ou du sous-préfet signataires du permis perdu. Ce certificat sera donné sur le vu du duplicata de la quittance des frais de permis, délivré par le percepteur, après vérification sur la liste des permis existant à la préfecture ou à la sous-préfecture.

Cette indication figurera au dos des permis de chasse.

2° Sans augmenter le prix, l'Etat pourrait augmenter sa recette provenant des permis de chasse en décidant que le permis de chasse ne sera valable que du 1er janvier au 31 décembre de chaque année. Il bénéficierait ainsi de tous les permis qui sont pris tardivement, ou seulement au moment de l'ouverture et éviterait aussi la fraude si fréquente de l'intervalle plus ou moins prolongé par le chasseur entre la péremption de son ancien permis et l'obtention du nouveau. Il suffirait aussi de teinter, chaque année, le papier du permis d'une nuance différente ce qui simplifirait en même temps le contrôle pour les agents de l'autorité.

Considérant qu'un très grand nombre de chasseurs, par suite d'une opinion erronée, accréditée depuis de longues années déjà, se livrent à l'exercice du droit de chasse sur les grèves sans permis.

Considérant qu'aucun texte de loi n'autorise cet abus ; considérant que l'obligation du permis est la seule protection pour empêcher, dans une certaine mesure, la destruction complète des oiseaux de mer qui pour la plupart ne sont pas comestibles ; le Congrès de la chasse dans l'intérêt des chasseurs, comme aussi dans l'intérêt des budgets intéressés, émet le vœu que, dans tous les départements côtiers, il soit rappelé dans les arrêtés préfectoraux que le permis de chasse est toujours obligatoire et que la chasse sur les grèves, sans permis, constitue un délit passible des peines prévues par l'art. 11 de la loi de 1844.

Que le permis de chasse, conformément à la loi, soit obligatoire pour tous les modes de chasse sans exception.

L'ENLÈVEMENT, LE TRANSPORT ET LA VENTE DES ŒUFS D'OISEAU-GIBIER ET DE GIBIER VIVANT. — Le Congrès adopte le vœu que pendant le temps où la chasse est fermée, il est interdit d'enlever les nids, de prendre ou de détruire, de colporter ou mettre en vente, de vendre ou acheter, de transporter, exporter ou importer les œufs ou les couvées de perdrix, faisans, cailles et de tous oiseaux, ainsi que les portés ou petits de tous animaux, qui n'auront pas été déclarés nuisibles par les arrêtés préfectoraux.

Les détenteurs du droit de chasse et leurs préposés auront le droit de recueillir sur les terres dont ils sont propriétaires ou locataires du droit de chasse, *pour les faire couver*, les œufs mis à découvert par la fauchaison ou l'enlèvement des récoltes.

Le transport des œufs et du gibier vivant pourrait être autorisé pour le repeuplement par des permis individuels délivrés par le Ministre de l'Agriculture pour les œufs et le gibier vivant ou provenant de l'étranger sous plombs de douane, ou provenant en France d'établissements dûment autorisés et sous le contrôle d'une réglementation rigoureuse à établir.

REPRISE DES FAISANS A LA MUE. — Que la pose des mues continue à être tolérée pour la reprise du faisan et seulement pendant la période d'ouverture de la chasse au faisan ; que les mues soient toujours posées au moins à 150 mètres de la limite du voisin ; que la pose des mues ne soient tolérée qu'en faveur du détenteur du droit de chasse justifiant d'un élevage.

En ce qui touche la vente et mise en vente, pendant la clôture, du gibier conservé dans des appareils frigorifiques :

Que, dès la fermeture de la chasse, toute sorte de gibier de frigorifique soit rigoureusement interdite (sauf le délai réglementaire).

CONSERVES DE GIBIER. — Que les conserves de gibier soient plombées avec la date de leur production, afin d'entraver la vente illicite du gibier capturé après la fermeture de la chasse.

DIVERSES QUESTIONS SOUMISES A LA COMMISSION. — Que la perception de la taxe d'octroi pour les lapins, lièvres, faisans et perdreaux soit faite à la tête au lieu d'être faite au poids.

Et que l'entreposition dite « Reconnaissance à la sortie » soit autorisée aux Halles de Paris et dans les villes de France qui sont pourvues d'octroi.

1° Que le gibier, relativement au tarif de transport, soit assimilé à la volaille par application d'un tarif à base décroissante dès l'origine et commun à toutes les Compagnies ;

2° Que les délais de transport et les délais de remise en gare soient revisés et réduits ;

3° Que le passe debout soit, dans le plus bref délai, généralisé aux Halles centrales de Paris.

Qu'une indemnité soit accordée aux prpriétaires du droit de chasse pour trouble et dégâts de jouissance de leur chasse pendant les manœuvres militaires et les tirs d'artillerie qui se font généralement avant et pendant l'ouverture de la chasse.

Que les commissions militaires soient non seulement autorisées mais invitées à indemniser ce préjudice de chasse au même titre que les dommages aux récoltes.

2° Qu'un certificat d'origine soit exigé pour la vente, le transport et le colportage en temps de fermeture, afin d'éviter l'écoulement facile du gibier braconné et que cette disposition soit insérés dans tous les arrêtés préfectoraux.

Afin que nul chasseur n'ignore les arrêtés préfectoraux, que les Préfets soient invités par le Ministre compétent à tenir (moyennant une rétribution à fixer) des exemplaires des arrêtés réglementaires permanents et arrêtés connexes sur la chasse, à la disposition des personnes qui désirent se les procurer.

Que la pose des banderolles ou tous autres moyens le long d'une propriété riveraine ne soit autorisée, comme procédé de chasse, qu'après le lever du soleil.

Que la législation et la réglementation des battues soit uniformisées et, en particulier, que les battues ordonnées par les maires en vertu de la loi de 1884 (art. 9e, § 9) soient surveillées par l'Administration forestière.

MISE EN VALEUR DU DROIT DE CHASSE. — Le Congrès émet les vœux suivants :

Premier vœu. — Qu'il soit porté à la connaissance de toutes les communes par voie de circulaires ministérielles et même d'affiches administratives que, d'une part, les propriétaires ont le droit, conformément aux articles 1832 et suivants du Code civil, de se grouper librement en société pour exploiter en commun le droit de chasse — soit pour exercer eux-mêmes ce droit, soit pour repeupler leur territoire, soit pour louer le droit de chasse : — que, d'autre part, les chasseurs ont le droit de s'associer par application de la loi du 1er juillet 1901 et de faire agréer des gardes à titre anonyme, c'est-à-dire au nom de l'association.

Que ces associations de chasseurs soient assimilées dans la plus large mesure aux associations de pêcheurs et que leur création et leur fonctionnement soient favorisés le plus possible par l'Administration.

2e *vœu.* — Le Congrès repousse comme inapplicable au territoire français le principe de la communalisation obligatoire, c'est-à-dire l'obligation telle qu'elle est imposée en Allemagne, aux propriétaires fonciers, de la mise en commun du droit de chasse avec versement du produit de la location à la commune.

Sur la question des réserves de chasse, notre commission vous propose l'adoption du vœu suivant :

RESERVE DE CHASSE. — Étant donné les résultats que les réserves de chasse ont donné partout où elles ont été établies, le Congrès émet le vœu que leur constitution soit encouragée et que l'Administration mette à l'étude les moyens de les généraliser, notamment, si possible, dans les forêts domaniales.

DIVAGATION DES CHIENS. — Le Congrès émet le vœu que les préfets prennent des arrêtés pour réprimer la divagation des chiens, mais uniquement en vertu de l'article 9 de la loi du 3 mai 1844.

TIR SUR LES ROUTES. — Le Congrès émet le vœu que le tir soit interdit sur les routes et chemins publics de tous les départements.

DESTRUCTION DES ANIMAUX MALFAISANTS ET NUISIBLES. — Le Congrès émet le vœu que les arrêtés permanents des préfets relatifs à la destruction des animaux malfaisants ou nuisibles soient, autant que possible, uniformes et que, tout en tenant compte des mesures propres à assurer la sécurité publique, ils facilitent par le piégeage la destruction raisonnée et méthodique desdits animaux, en restreignant le plus possible l'emploi des armes à feu ;

Que la destruction des animaux nuisibles ne soit pas rendue obligatoire, mais que l'invitation soit renouvelée aux particuliers, par toutes les voies de publicité possibles, de détruire les nids de corbeaux sous le contrôle de l'autorisation administrative.

Que d'ailleurs soit poursuivie l'étude des procédés scientifiques de nature à détruire le corbeau et la pie sans nuire aux personnes, aux animaux domestiques ni au gibier.

Après la lecture de ce vœu M. le marquis de l'AIGLE demande la parole et s'exprime en ces termes :

M. LE MARQUIS DE L'AIGLE. — M. le Président, voulez-vous me permettre de dire un mot.

MESDAMES, MESSIEURS,

Je crois que je répondrai au sentiment unanime de l'Assemblée en vous priant de remercier M. le Ministre de l'Agriculture d'avoir pris en mains comme il l'a fait les intérêts de la chasse. (*bravos.*)

Je suis sûr que, dans la suite, M. le Directeur général des Forêts, lorsque M. Ruau ne sera plus là par la force des choses, vous voudrez bien, de votre côté, continuer votre sympathique à l'égard de vos collègues. (*Applaudissements.*)

M. DAUBRÉE. — Je vous remercie beaucoup de vos applaudissements. Je vous en remercie pour M. le Ministre de l'Agriculture qui aurait été très heureux de se trouver auprès de vous et qui a été obligé de partir pour Lyon avec le Président de la République. Je ne manquerai pas de lui dire combien il vous est sympathique à tous et je ne doute pas qu'il en soit très touché. (*Applaudissements prolongés.*)

MESDAMES, MESSIEURS,

Les travaux du Congrès sont terminés. Les vœux que vous venez d'adopter en sont le brillant résultat. Nous devons nous féliciter du succès de cette manifestation. Nous aurions voulu donner aux vœux que nous venons d'émettre une portée plus générale, ne pas les restreindre dans une zone d'application exclusivement nationale et donner, en un mot, à notre Congrès un sens vraiment international.

Nous devons, de nouveau, nous excuser à ce sujet auprès de nos éminents hôtes étrangers que les circonstances ne nous aient pas permis de les convier plus tôt à nos travaux. Du fait de la connaissance tardive qu'ils ont eu du Congrès de la Chasse, à Paris, ils n'ont pu participer aussi activement qu'ils l'auraient souhaité aux travaux des Commissions. Nous le regrettons tous bien vivement.

Le Congrès est resté, en grande partie, un Congrès national, mais les questions de haute importance intéressant tous les états qui prennent souci des intérêts cynégétiques doivent retenir leur particulière attention ; et je vous citerai, notamment, des questions que nous n'avons pu qu'effleurer, par exemple l'étude complète de la législation de la chasse dans les différents pays ; la chasse aux oiseaux migrateurs ; la protection des oiseaux utiles à l'agriculture ; le mouvement commercial de la chasse que nous n'avons étudié que pour la France ; les meilleurs méthodes de repeuplement ; le transport du gibier vivant et mort ; les installations frigorifiques ; les droits de douane, etc.

Vous le voyez, le programme d'un Congrès international est vaste. Il mérite donc d'être étudié et discuté. Pour aboutir à des solutions pratiques, il faut que des échanges de vues puissent se produire et il importe que les chasseurs de tous pays restent en contact. Pour cela, il est nécessaire de donner au Congrès de la Chasse un caractère international.

Il conviendrait donc de ne considérer ce Congrès que comme une initiation, une amorce de réunions analogues. Je vous demanderai, en conséquence, pour permettre de continuer l'œuvre que vous avez si heureusement commencée, pour faciliter les moyens de poursuivre l'examen approfondi des questions intéressant tous les pays cynégétiques, de reconnaître avec nous la nécessité de l'institution de Congrès internationaux se réunissant en principe, tous les deux ou trois ans alternativement dans les différents pays. (*Très bien ! Très bien !*)

Ainsi que vous l'a exposé ici, en termes éloquents et si élevés, M. Ruau, Ministre de l'Agriculture, les œuvres internationales ne peuvent vivre et progresser qu'avec un bureau international permanent. Je vous propose donc d'en décider la création. (*Applaudissements prolongés.*)

Vos applaudissements, Messieurs, m'engagent à mettre aux voix la proposition suivante :

Des Congrès de chasse internationaux se tiendront tous les deux ou trois ans dans les différents pays. Une Commission internationale permanente sera chargée de préparer l'ordre du jour des Congrès internationaux de la chasse et de fixer le lieu de leur réunion. Comme il est d'usage, ainsi qu'il a été fait, notamment, pour les Congrès internationaux d'agriculture, vous pourriez laisser à votre président le soin de constituer la Commission internationale permanente. Je commencerai, cela va sans dire, par m'adjoindre une partie des membres éminents étrangers qui ont bien voulu assister à ce Congrès et je compléterai la Commission au fur et à mesure que j'aurai des renseignements sur les étrangers qui peuvent en faire partie.

Si vous êtes d'avis d'adopter cette proposition, voulez-vous que je la mette aux voix. Que ceux qui sont d'avis d'adopter la proposition veuillent bien lever la main.

(La proposition est adoptée à l'unanimité).

J'ai l'honneur de vous remercier du témoignage de confiance que vous voulez bien m'accorder ; vous pouvez compter sur mon absolu dévouement.

Vous avez entendu, messieurs, l'exposé magistral que vous a fait de l'Exposition internationale de chasse projetée à Vienne, en 1910, M. le conseiller impérial Huber.

Vous estimerez sans doute, même en l'absence de M. Huber, qui a vivement regretté d'être obligé de nous quitter, qu'un Congrès international pourrait peut-être se tenir à Vienne et compléter cette Exposition. (*Applaudissements.*)

La Commission permanente solutionnerait cette question, en suivant les règles diplomatiques, et en informerait le monde cynégétique dès qu'elle en aurait décidé.

Avant de clore nos travaux, je tiens encore à exprimer notre plus vive gratitude à MM. les représentants des puissances étrangères qui ont bien voulu nous apporter leur confraternel appui.

Je remercie aussi, au nom de votre Bureau, MM. les membres du Parlement, les représentants de la presse, les membres participants du Congrès, tous ceux qui ont bien voulu nous aider de leur talent et de leur expérience.

Je ne puis non plus oublier la bienveillance et la courtoisie dont vous avez donné tant de preuves aux membres de votre Bureau, et je vous en exprime mes plus affectueux remerciements.

Ce n'est pas sans regret que je me sépare de vous.

Je le fais sans mélancolie ni tristesse, car je garde cette pensée que notre séparation n'est que momentanée et je vous dis, à bientôt, avec mon plus amical salut. (*Applaudissements répétés.*)

Banquet

Le jeudi 16 mai à 7 h. 1/2 environ deux cents congressistes assistaient au banquet offert à MM. les Délégués Etrangers.

M. le Ministre de l'Agriculture s'était fait excuser et avait délégué M. Daubrée, conseiller d'Etat, directeur général des eaux et forêts, président du Congrès pour le représenter.

Au champagne différents discours ont été prononcés.

1° Par M. Daubrée,

Discours de M. Daubrée

MESDAMES, MESSIEURS,

M. Ruau, Ministre de l'Agriculture, eut été heureux de pouvoir répondre ce soir à notre invitation et vous dire à nouveau tout l'intérêt qu'il porte au Congrès de la Chasse. D'autres devoirs l'en ont empêché. Il m'a prié d'être auprès de vous l'interprète de ses vifs regrets. Je vous propose de lever nos verres en son honneur.

Mais M. Ruau me reprocherait de ne pas saluer avant lui le premier des chasseurs de France, M. Fallières, Président de la République, a qui j'adresse un respectueux hommage.

Voici l'heure des toasts, qui est un peu pour moi, à qui l'éloquence n'est pas familière, le quart d'heure de Rabelais. C'est cependant de tout cœur que je viens porter votre santé.

Ma tâche est rendue plus souriante par la présence à ce banquet de charmantes dames. La galanterie est de tradition parmi les chasseurs de tous les pays ; je veux donc lever mon verre en l'honneur des très gracieuses chasseresses qui ont bien voulu répondre à notre appel. Elles me permettront de les comprendre dans l'hommage que j'offre à Mme la Comtesse Czaykowska, que je salue comme la déesse de la chasse à tir.

Je porte la santé des Eminents Représentants des Puissances Etrangères ; de mon aimable voisin Son Altesse le Prince Stolberg Wernigerode, de M. le Conseiller Impérial Huber, de MM. de Navay, Glœsener, du Comte Zù Ortemburg Tambach, du Prince de Wied, de MM. Wary, Quinet, Leschevin, Weber et des autres délégués étrangers qui ont bien voulu accepter notre invitation. Ils ont franchi la frontière pour nous apporter leur salut confraternel. A la main qu'ils nous tendent, nous joignons les nôtres avec reconnaissance, en nous excusant encore d'avoir dû les convier si tardivement à participer à nos travaux.

J'offre le témoignage empressé de notre vive gratitude à MM. les Membres du Parlement, à MM. Beauquier, Chapuis et d'Elva, à MM. les Représentants de la Presse et des Compagnies de chemins de fer, aux membres participants du Congrès, à tous ceux qui ont bien voulu collaborer à notre œuvre et donner au Congrès de la Chasse un si magistral développement.

Ce succès, que la brillante réunion de ce soir vient encore d'affirmer, est pour nous l'augure d'un heureux lendemain.

L'éclatante manifestation à laquelle nous assistons doit être envisagée comme le témoignage du réveil en France des idées cynégétiques ; elle nous en a aussi montré toute la puissance.

L'importance des choses de la chasse et de ses intérêts connexes, que l'on soupçonnait à peine, a été mise en lumière par plusieurs rapporteurs éminents d'une façon si nette et si précise, qu'on est en droit d'attendre de vos travaux d'heureux résultats. Sans doute, certaines questions devront encore être muries ; ce sera la tâche d'un congrès dont je veux espérer la réunion prochaine.

Continuons à travailler et nous assisterons au développement progressif et rapide de tous les grands intérêts cynégétiques, communs à toutes les nations.

Je bois à vos succès ; avec vous je lève mon verre en l'honneur de l'union de tous les chasseurs et de l'avenir de la chasse.

2° Par M. le prince de Stolberg Werniguerode, délégué de S. M. l'Empereur d'Allemagne.

Toast du Prince de Stolberg Werniguerode.

C'est avec le plus vif plaisir et avec le plus grand empressement que les Gouvernements étrangers ont accueilli l'aimable invitation qui leur a été adressée. Je me félicite d'avoir l'honneur d'appartenir à cette assemblée distinguée et de représenter mon Gouvernement au Congrès International de la Chasse, qui s'est réuni dans la capitale de ce beau pays, patrie classique de la noble vénerie, où l'art cynégétique a depuis des siècles été l'objet de sollicitudes traditionnelles. Nous tous, réunis ici dans un but qui nous tient également au cœur, désirons vivement collaborer au profit du noble sport auquel nous nous sommes voués.

La haute compétence et la bienveillance précieuse qui dès le début de nos délibérations se sont manifestées dans les discours de bienvenue prononcés par M. le Ministre de l'Agriculture et M. Daubrée semblent assurer du premier abord la réussite de nos travaux.

En remerciant Messieurs les promoteurs de notre Congrès de l'accueil si bienveillant dont nous avons été l'objet, je prie Messieurs les délégués étrangers de lever leurs verres et de boire à la santé de M. le Président et de Messieurs les Membres du Congrès.

(Trois salves d'applaudissements.)

Par M. GEORGES BEJOT, Président de la Société Centrale pour la répression du braconnage.

MESDAMES, MESSIEURS,

Permettez à un vieux chasseur qui, il y a 55 ans, a tiré son premier perdreau, de vous donner son opinion sur le congrès qui nous réunit tous aujourd'hui dans une pensée commune, d'empêcher un plaisir si français de disparaître complètement.

Le Congrès aura obtenu un premier résultat, c'est d'apprendre à beaucoup de Français qui l'ignorent, que la chasse n'est pas seulement un plaisir, qu'elle fait vivre nombre d'industries ; qu'il y a intérêt pour l'Etat et les propriétaires du sol à ne pas la laisser mourir faute de gibier.

Avant la Révolution, la chasse était réservée à la noblesse. Ce privilège a disparu, mais aujourd'hui il renaît à nouveau dans la chasse banale, que les 4 millions de propriétaires du sol français sont dans l'impossibilité matérielle de défendre.

Le problème qui se pose est celui-ci : Organiser le sol français par lots en favorisant la création de syndicats de propriétaires ; créer 100.000 chasses gardées où la protection du gibier pour le repeuplement et la destruction de la bête fauve s'exerceront simultanément sur tout le territoire.

L'abondance du gibier sera la conséquence naturelle de cet état de choses nouveau qui aura ce résultat certain d'amener l'augmentation du nombre des chasseurs et de la valeur du sol.

En un mot, créez des territoires sans enclave, supprimez la bête fauve, augmentez le nombre des chasseurs.

Que la chasse devienne un intérêt national pour le commerce et l'industrie.

La répression, encouragée et réclamée depuis 40 ans par la Société Centrale des Chasseurs, la doyenne des Sociétés, s'imposera aux pouvoirs publics par son intérêt général ; le prix du gibier baissera sensiblement, ce qui découragera bien des braconniers et on pourra espérer voir la poule au pot d'Henri IV se changer en lièvre et faisan à la portée de tous.

Je termine, Mesdames et Messieurs. Je crois répondre au sentiment général en adressant au nom de la Société centrale que j'ai l'honneur de présider depuis 15 ans et au vôtre, nos remerciements à M. le Ministre de l'Agriculture dont le discours d'hier a été si approuvé, et qui nous donne l'espérance de voir des réformes aboutir, grâce à son concours ; et aussi à notre aimable Président M. Daubrée, dont les efforts et le dévouement ont assuré le succès de notre imposante manifestation.

(*Applaudissements.*)

Par M. le Comte CLARY, Président du S.H.C.F., représentant officiel de la Principauté de Monaco.

MESSIEURS,

Vous avez tous présent à la mémoire le magistral discours, véritable charte cynégétique, prononcé par M. le Ministre de l'Agriculture à l'inauguration du premier Congrès de la chasse.

Tous les chasseurs lui gardent une gratitude sans bornes pour les preuves de sollicitude qu'il n'a cessé de leur prodiguer, et pour l'intérêt si absolu qu'il leur a manifesté en accordant son haut patronage à leurs États Généraux. Comme Vice-Président de la Commission d'organisation, comme Président de l'une des deux grandes sociétés de chasse reconnues d'utilité publique et aussi en ma qualité de représentant officiel de la Principauté de Monaco, je suis triplement heureux de porter un toast à M. Ruau, Ministre de l'Agriculture et Grand-Maître de la chasse.

Je suis sûr d'être votre interprète à tous en confondant ce soir dans une même reconnaissance le Ministre et notre Président, l'éminent Directeur Général des Eaux et Forêts. Son autorité incontestée, son esprit méthodique, son impulsion éclairée, ont assuré la rapide et pourtant très complète organisation du Congrès ; et les remarquables travaux des commissions assurent le succès de notre grande manifestation cynégétique. Tout l'honneur en revient à notre Président. Messieurs, levons nos verres en l'honneur de M. Daubrée, Président du premier Congrès International de la chasse.

(*Applaudissements.*)

Par M. EDMOND CHRISTOPHE, Commissaire général du Congrès.

MESDAMES, MESSIEURS,

Si le Congrès International de la Chasse a réussi au-delà de toutes nos espérances, c'est grâce aux multiples bonnes volontés qui se sont groupées pour défendre les intérêts des chasseurs.

En ma qualité de Commissaire Général, je tiens à remercier tous ceux qui ont bien voulu me faciliter ma tâche et me la rendre agréable.

Les membres de la Commission d'organisation me sauront gré d'exprimer tout d'abord nos remerciements à M. J. Ruau, Ministre de l'Agriculture, notre Président d'honneur, à notre Président, M. Daubrée et à ses aimables collaborateurs du Ministère de l'Agriculture, MM. Bénardeau, Lafosse et Madelin, dont l'autorité et la compétence indiscutées nous ont été si précieuses.

Pendant plus de deux mois, les trois sections de la Commission d'organisation se sont réunies au Ministère de l'Agriculture, dont les salles et le personnel avaient été mis à notre disposition.

Nous avons toujours trouvé auprès de tous, petits et grands, l'accueil le plus dévoué, le plus sympathique, et nous en avons été profondément touchés. (*Applaudissements*).

Le Saint-Hubert Club de France, qui nous offre l'hospitalité dans ses bureaux depuis janvier dernier, a droit à toute notre gratitude. Comment remercier assez son aimable Président de la gracieuseté qu'il nous a toujours témoignée. Il est superflu, du reste, de proclamer l'exquise amabilité du comte Clary, car sa bonne grâce est connue de tous. (*Applaudissements.*)

Nous n'avons eu également qu'à nous louer de la façon si cordiale dont nous avons été accueillis par MM. de Pitray, Renard et Bonne, dont nous avions envahi les bureaux et forcément contrarié et dérangé le service.

Je tiens aussi, tout spécialement, à remercier mes dévoués camarades de

Saint-Agnan et Maigrat, dont la collaboration m'a été si utile et dont le zèle ne s'est jamais démenti un seul instant. (*Vifs applaudissements.*)

La Société Centrale des Chasseurs, dont vous connaissez tous le dévoué Président, M. G. Bejot, et son adjoint, mon ami E. Bejot, a voulu rivaliser de zèle avec la Saint-Hubert. Ne pouvant donner l'hospitalité au Commissariat Général, déjà installé, elle a pris l'initiative d'organiser une sorte de Sous-Secrétariat et a tenu à centraliser elle-même les adhésions de ses membres. Nous ne saurions que l'en remercier ainsi que l'aimable M. Marchand. (*Applaudissements.*)

Je n'oublie pas toutefois que si le succès du Congrès a été très vif, nous le devons en grande partie à la Presse Parisienne et Départementale. La Presse étrangère ne s'est pas montrée moins aimable, et je prie MM. les Délégués étrangers d'être nos interprètes pour lui exprimer nos sincères remerciements. Plus de 1.500 journaux ont parlé en termes élogieux du Congrès de la chasse, et reproduit gracieusement les communiqués qui leur étaient transmis par les Agence Havas, Fournier, l'*Information* et la *Nouvelle Presse.* C'est grâce à cette publicité que les adhésions sont venues en aussi grand nombre. (*Vifs applaudissements.*)

Si la Presse a droit à notre reconnaissance, elle nous a cependant privés depuis fin mars d'un précieux collaborateur en la personne de M. de Noussanne, le secrétaire général du Congrès. Nous remercions M. Savarit d'avoir bien voulu le suppléer.

Je ne veux pas parler ici de certaines critiques formulées, de mauvaise foi, contre notre Congrès, ni en rechercher la cause. Je sais que ceux qui les ont faites ont reconnu eux-mêmes combien elles étaient peu fondées.

Ainsi que nous le disait M. le Ministre de l'Agriculture dans son éloquent discours d'ouverture du Congrès :

« Il se trouve toujours des esprits chagrins et moroses pour condamner par avance les efforts auxquels ils ne participent pas. » (*Vifs applaudissements.*)

Je ne veux pas oublier de remercier MM. les Directeurs des Compagnies de chemins de fer, qui en accordant gracieusement aux congressistes une réduction de 50 0/0 sur le tarif des transports, ont certainement grossi nos rangs.

Je m'excuse, Mesdames et Messieurs, des quelques erreurs et retards dans l'envoi des billets, s'ils ont pu contrarier vos projets. Heureusement, grâce à l'amabilité des Compagnies, toutes ces petites difficultés s'aplaniront d'elles-mêmes et vous n'aurez en rentrant dans vos foyers, qu'à vous féliciter d'être venus au milieu de nous.

Je remercie M. le Président de la Société Canine qui a bien voulu donner l'entrée gratuite de l'Exposition aux congressistes.

MM. les directeurs de théâtres, qui ont gracieusement accordé demi-tarif sur la présentation de notre carte de congressiste, ont droit également à toute notre reconnaissance.

Nul ne voudra quitter Paris sans avoir applaudi les excellents acteurs et les charmantes artistes dont les noms sont célèbres, non seulement en France, mais encore au-delà des frontières.

Mme Sarah Bernhardt, notamment, a porté bien loin le renom de l'art français et a suscité l'enthousiasme partout où elle a passé. Nous n'avons pas l'intention de vanter ici son immense talent auquel chacun rend hommage, mais nous tenons à la remercier tout spécialement de s'être intéressée à notre Congrès.

Je remercie également Mme Mallet, de la Comédie-Française, dont vous applaudirez dans quelques instants le grand art dramatique. (*Vifs applaudissements.*)

Si le titre et l'affiche de la fête qui sera donnée le samedi 18, au Bal Tabarin : *La Fête de Diane*, paraissent un tantinet trop suggestifs aux épouses et aux mères de famille, si la pensée d'un bal à Montmartre les effraie un peu, qu'elles se rassurent de suite.

Les fils et surtout les maris, quand ils se rendent coupables de quelques escapades, ne recherchent pas la publicité d'un Congrès. Ces jours-là, plus que d'autres, les murs ont des oreilles et je ne sais si la discrétion est la vertu capitale des chasseurs !

Du reste, Mesdames, le meilleur moyen de surveiller vos maris est de les accompagner. Une fête à Tabarin sera un spectacle nouveau pour la plupart d'entre vous, et vous ne regretterez pas, j'en suis persuadé, d'avoir pris part, ne fut-ce qu'un soir, à la gaîté du joyeux Montmartre. (*Rires et applaudissements.*)

Nous remercions M. Junot d'avoir organisé à votre intention, pour le dimanche 19, une excursion à Fontainebleau, qui promet d'être charmante, si le soleil veut bien se mettre de la partie. C'est encore M. Junot qui a obtenu pour vous des prix de faveur dans les hôtels les plus justement appréciés de la capitale.

De concert avec MM. Desnues et de Lesse, M. Edmond Bejot a bien voulu, chose particulièrement délicate, se charger de l'organisation de ce banquet si bien réussi.

Les menus dont il vous est donné d'apprécier la composition très artistique ont été offerts par le journal *La Chasse Illustrée.*

Enfin, grâce à M. Paul Boyer, l'artiste bien connu, les congressistes emporteront d'eux une image nullement maussade, j'en suis sûr. Le moyen d'avoir une figure morose quand l'on a pris part à tant de distractions ! La gaîté et la bonne humeur sont, du reste, de rigueur chez les chasseurs

Afin de n'oublier personne, je termine, Mesdames et Messieurs, en levant mon verre à tous ceux qui, de près ou de loin, ont contribué au grand succès du Congrès de la Chasse.

Je lève mon verre à MM. les Délégués étrangers qui ont bien voulu, par leur présence, rehausser l'éclat de notre fête. Je remercie tout particulièrement M. le Conseiller impérial Huber, dont vous allez, dans quelques instants, suivre avec intérêt la conférence sur l'exposition internationale de la chasse qui se tiendra à Vienne, en 1910.

Je remercie M. Glaesener, Conseiller d'Etat, délégué du Grand-Duché de Luxembourg, de sa communication fort intéressante sur la communalisation de la chasse, et mon ami Leschevin, délégué belge, de ses rapports si étudiés sur la législation et la police rurale belges, qu'il doit présenter demain au Congrès. J'en profite pour lui souhaiter le plus grand succès pour le Congrès international de la chasse qu'il organise à Anvers, pour juin prochain.

En terminant, je bois aux aimables Dianes chasseresses, malheureusement trop rares à ce banquet et je les remercie d'avoir daigné apporter au milieu des sombres et vilains habits noirs le rayonnement de leur grâce féminine et le charme de leur sourire. (*Trois salves d'applaudissements.*)

Réponse au toast de M. Daubrée, par M. Leschevin, au nom des délégués belges.

J'ai la certitude de traduire les sentiments de cette belle réunion en répondant aux paroles si affables que M. le Conseiller d'Etat veut bien adresser aux délégués étrangers.

J'ai donc l'honneur, au nom de mes collègues de la délégation belge, de cette nation historiquement célèbre par son attachement à la France, de remercier M. le Directeur général des Forêts, Président du Congrès, de l'amabilité touchante avec laquelle il nous a accueillis, de cette affabilité qui est le secret de la courtoisie française.

Nous nous sommes ainsi réellement trouvés dans un cercle d'amis qu'il nous coûtera bien de délaisser à la fin de ces travaux.

Les congressistes français trouveront, j'en suis sûr, bien naturels, les sentiments de gratitude dont j'ai l'honneur de me faire l'organe au nom des Belges... au nom de la nation-sœur, dirai-je, ayant le même langage, les mêmes mœurs, presque les mêmes intérêts économiques... et les mêmes motifs de travailler à l'amélioration des législations sur la chasse qui, j'espère, sera la conséquence de nos congrès internationaux de Paris et d'Anvers.

Aussi, dans ce débordement de sympathie né de causes si multiples, je lève à mon tour le verre à la prospérité de la noble nation française si brillamment représentée à notre séance d'ouverture par l'un de ses hommes d'Etat les plus distingués, Son Excellence Monsieur le Ministre de l'Agriculture, qui a bien voulu déléguer aujourd'hui son digne collaborateur, M. le Conseiller d'Etat Daubrée, vers qui nous portons ici, en les résumant, nos remerciements, nos félicitations et nos vœux.

A Monsieur le Directeur général des Forêts !

A la France ! !

(*Trois salves d'applaudissements.*)

Par M. Vannesson, au nom de la Commission d'organisation.

Messieurs,

Je crois être ici l'interprète des sentiments de tous en vous conviant à lever vos verres en l'honneur de M. Christophe, Commissaire général du Congrès de la chasse. Tous ceux qui, à un titre quelconque, ont fait partie du Comité d'organisation, ont été à même d'apprécier la complaisance, le dévouement avec lesquels M. Christophe s'est mis à la disposition de chacun, facilitant à beaucoup leur tâche et permettant ainsi à tous de remplir la mission dont ils avaient été chargés.

J'ajouterai que notre Commissaire général a résumé, dans un rapport remarquable, les divers travaux des commissions et tous ceux d'entre vous, Messieurs, qui n'auront pas le loisir de parcourir les rapports particuliers, trouveront dans ce travail d'ensemble un aperçu à vol d'oiseau, mais néanmoins fidèle, complet et précis de toutes les questions soumises aux votes du Congrès.

M. Christophe a donc droit à toute notre reconnaissance et à tous nos remerciements. (*Applaudissements et ban d'honneur.*)

A l'issue du banquet, M. le Conseiller impérial Huber fit une conférence fort intéressante sur la future Exposition internationale de la chasse, qui aura lieu à Vienne (Autriche), en 1910.

En 1910, il doit s'ouvrir à Vienne une Exposition Internationale de la Chasse, qui est appelée à mettre en lumière l'importance économique et l'utilité publique de la chasse dans tous les pays.

L'hostilité continue que la chasse rencontre en tous lieux, les efforts que l'on fait dans le but de la réduire, de l'anéantir même par les lois et ordonnances, ont suggéré à nombre de chasseurs de distinction l'idée d'organiser à Vienne une Exposition Internationale de la Chasse, qui doit mettre en évidence d'une façon éclatante — et démontrer de visu aux antagonistes de la chasse sa haute importance et son utilité économique et publique dans tous les pays, qui s'appliquent aux soins exigibles dans l'intérêt de son règlement et de son développement — qui doit, dis-je, prouver dans quelle mesure les arts, le commerce, l'industrie, les métiers, le mouvement et la population des pays en général y sont intéressés et quels bénéfices effectifs, presque incroyables, toutes ces classes tirent de l'exercice de la chasse.

De parti-pris et par ignorance des faits positifs la chasse est brutalement décriée et présentée comme institution nuisible à l'agriculture et à la culture forestière et c'est précisément le principal devoir de l'Exposition Internationale de la Chasse, en question, d'éclairer au grand jour la vanité et la futilité de ces assertions et affirmations et de prouver combien il est au contraire utile de la maintenir et de la protéger.

Bref, l'Exposition Internationale de la Chasse en 1910 prouvera par son ensemble et d'une façon éclatante ce dont nous sommes tous ardemment pénétrés, et ce que nous pouvons résumer en ces quelques mots :

« Si la chasse n'existait pas, il faudrait la créer. »

Ladite Exposition Internationale de Vienne dans le cours de l'année 1910 doit donc être considérée comme une grande, puissante et universelle démonstration en faveur de l'exercice de la chasse. Pour cette raison chaque adhérent — vrai chasseur — doit prêter son concours à cette importante entreprise et user de tous les moyens en son pouvoir pour en assurer la réussite.

Cette Exposition Internationale de 1910 à Vienne ne servira pas seulement et exclusivement à remplir pleinement ce but, elle constituera également une grandiose organisation des mieux réussies, au point de vue de la chasse et de tout ce qui s'y rattache.

Le Comité préparatoire s'étant appliqué à répandre l'idée de l'entreprise de cette Exposition Internationale de Vienne, elle a été promulguée partout. Il s'agit donc en premier lieu d'éveiller l'intérêt le plus étendu en sa faveur — et ne pouvant certainement pas imaginer un milieu plus expert que le Congrès International de la Chasse, réuni en ce moment — je me félicite d'avoir obtenu, par l'intermédiaire de mon ami le comte Clary, la permission de vous développer, Messieurs, à vous qui représentez le plus compétent aréopage de tous les pays en matière de chasse, de développer, dis-je, le programme et le but de l'Exposition Internationale de la Chasse de Vienne en 1910.

Le Comité préparatoire est très heureux de pouvoir constater que partout où il a sondé les esprits, relativement à la participation, il a rencontré non seule

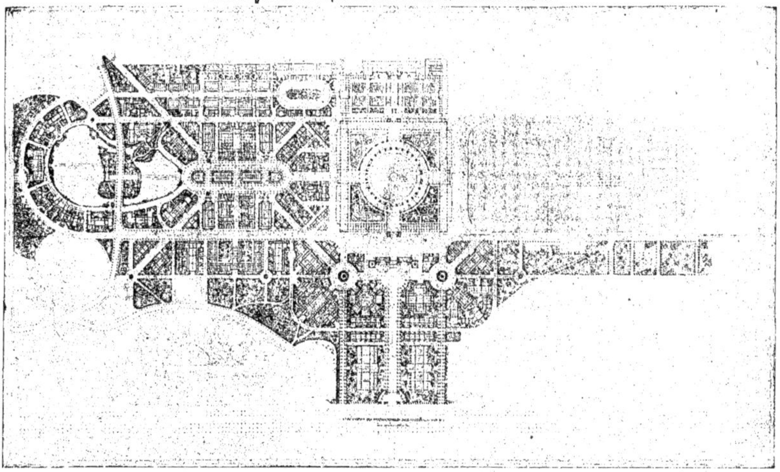

Situation générale de l'Exposition internationale de la Chasse Vienne 1910

ment la plus franche adhésion, mais même un vrai enthousiasme de concourir à une digne représentation

C'est tout particulièrement M. Ruau, un des plus distingués représentants de l'agriculture et de la culture des forêts en France, un vrai ami de la chasse, comme il résulte de son discours d'hier ; c'est M. Ruau et son éminent collaborateur, M. Daubrée, l'aimable Président de ce Congrès, auprès desquels nos efforts ont eu plein succès. Aussi sommes-nous pénétrés de la conviction que la France, fidèle à ses traditions, se présentera à l'Exposition Internationale de la Chasse de Vienne en 1910 aussi dignement et brillamment que dans toutes les expositions auxquelles la nation française a pris part.

Nos informations de sources certaines nous assurent le concours de l'Amérique, de l'Allemagne, de la Belgique, du Canada, de la Chine, de l'Angleterre, des Pays-Bas, de l'Italie, du Japon, de la Russie, de la Suède, de la Norvège et autres à notre Exposition,de sorte qu'il nous est permis d'affirmer de droit que le monde entier sera représenté dans cette gigantesque entreprise, vouée aux intérêts de la chasse et que ce rendez-vous international de tous les adhérents à Saint-Hubert contribuera certainement à mettre en lumière la valeur économique et éthique de la chasse dans tous les pays et à combattre efficacement — toutes forces concentrées — les courants hostiles.

Il est projeté d'entreprendre les travaux de l'Exposition dès le mois de mars de l'année prochaine et de procéder dans son enceinte à l'établissement des jardins, routes, voies, etc.

L'Exposition Internationale de la Chasse à Vienne sera ouverte le 15 mai 1910 et close le 15 octobre. Sa durée sera donc de cinq mois.

L'emplacement affecté à l'Exposition, d'une étendue d'environ 500.000 mètres carrés, comprend la Rotonde, projetée comme Palais d'Industrie destiné à recevoir les objets de l'industrie et des métiers, qui se rattachent à la chasse ; et ses abords — terrains, jardins et autres avoisinant ce Palais — s'étendant jusqu'à la grande Allée du Prater J. R. assignés à l'Exposition des objets et articles de la chasse proprement dite (1).

Le dispositif de l'arrangement général est projeté de façon que chaque nation participante — comme l'Autriche elle-même — expose ses objets sur l'emplacement qui lui est affecté dans des bâtisses spéciales, élevées à ses propres frais ; ces constructions représenteront : soit des châteaux de chasse historiques de réputation ; châteaux seigneuriaux ; soit le type des maisons et rendez-vous de chasse spécialement usités dans les pays correspondants et elles seront aménagées de sorte qu'on puisse y installer des buffets ou restaurants nationaux.

L'Exposition recevra tous les objets qui ont trait à la chasse, son entretien, sa conservation, son développement et tout particulièrement les descriptions et autres moyens explicatifs de nature à mettre en lumière l'évolution historique et l'importance économique de la chasse.

Elle recevra également les objets d'instruction et d'enseignement, les œuvres d'art, ceux des industries d'art, les objets de l'économie et industrie forestières, de l'agriculture, de la viticulture, et en général tous les objets et produits de l'industrie et des métiers qui sont, en n'importe quelle connexion avec la chasse.

(1) Voir le plan ci annexé.

L'Exposition de chaque Etat participant embrasserait en principe :

1. La partie ethnographique et historique de la chasse, sa pratique, les armes employées, les types et genres d'attrapes, filets, et., en résumé la démonstration du développement successif de la chasse, depuis son origine première, jusqu'au mode d'exercice de notre temps et des engins et moyens usités.

2. Les trophées de chasse de toute nature, cornes, bois de cerfs et chevreuils, défenses, peaux, etc., et tout particulièrement les abnormités.

3. Les objets de la taxidermie se rattachant à la chasse et le gibier vivant.

4. Les armes de chasse et munitions.

5. Les tableaux, sculptures et autres représentations, de toute nature, ainsi que les produits des industries d'art qui ont la chasse pour motif.

6. La reproduction de maisons de rendez-vous de chasse et de leur aménagement.

7. Les objets des industries d'habillement et d'équipement de toute nature pour chasseurs ; les ustensiles de chasse, tentes, vaisselle, etc.

8. Les expositions temporaires des chevaux de chasse, les bêtes de somme y compris les selles, harnais et tous objets de bourrellerie.

9. Les véhicules de chasse de toute nature : voitures, canots de chasse, particulièrement les expositions temporaires des voitures et canots moteurs, automobiles, etc., et les objets des industries correspondantes.

10. Les expositions temporaires canines : chiens de toute race et classe.

11. Les aliments naturels et artificiels pour gibier, chiens et chevaux.

12. Les moyens d'enseignement des écoles de chasse, la reproduction de l'aménagement de ces écoles, et du mode d'instruction.

13. L'exposition de données graphiques et statistiques sur l'état du gibier, son abatage, ainsi que des plans de situation des contrées ou quartiers de chasse, eu égard aux arrangements pour les fins de la vénerie.

14. Les objets, moyens et engins servant à l'exercice de la chasse, son entretien et les soins du gibier, eu égard également aux chasses exotiques.

15. Les exposés des dégâts causés par le gibier et des moyens employés pour les prévenir ; la description des différents modes de braconnage, des moyens et engins dont il est fait usage à cet effet.

16. Des représentations concernant l'approvisionnement de gibier et les résultats obtenus dans le commerce.

17. L'exposition concernant la gestion des Sociétés de chasse, de la touristique et le mouvement des étrangers.

18. L'exposition des assurances et caisses de retraites pour les auxiliaires de la chasse.

L'Exposition offrira encore l'occasion d'organiser des Congrès internationaux de la chasse, appelés à délibérer sur toutes les questions d'intérêt de la vénerie.

Il sera pris soin d'organiser en outre des expositions spéciales et temporaires, des concours tels que trophées, tir de chasse, tir international de balltrappe et de boules de verre, etc., des expositions de chevaux de chasse, bêtes de somme, chiens de chasse, des auditions musicales telles que fanfares et sonneries de chasse de différents pays.

Les dispositions organiques de l'Exposition universelle de Paris en 1900 serviront — toutes proportions gardées — de base à l'organisation de notre Exposition Internationale de 1910.

Une classification générale règlera l'admission des objets, articles, produits, œuvres, etc., etc.

Toutes les nations seront invitées officiellement à prendre part à l'Exposition.

Dans le but d'assurer l'exécution du projet d'Exposition, il a été constitué un grand Comité, qui instituera par élection, dans son milieu, un Comité exécutif, chargé, d'accord avec les comités des groupes, le Commissaire général à désigner, et le chef-architecte, de l'exécution des travaux.

Les États étrangers, participant à l'Exposition, formeront dans leurs pays des Comités semblables pour assurer l'arrangement de leurs expositions ; chaque pays déléguera auprès du Comité central un commissaire accrédité, qui sera chargé des relations avec son Comité et des dispositions pour l'exposition de son pays.

Dans le but de proposer un arrangement dispositif de l'Exposition Internationale de la Chasse de Vienne en 1910, le Comité préparatoire et le chef-architecte, M. Alexandre Decsey — conseiller J. et R. de construction — ont étudié et rédigé un projet que je me permets de soumettre à votre appréciation en y ajoutant quelques explications.

Il me paraît toutefois séant de vous faire observer au préalable que ce n'est qu'un projet, dont le détail et la mise à exécution est susceptible de l'approbation du Comité central, qui pourra y apporter les modifications exigibles dans l'intérêt de l'utilité.

Démonstration des plans et esquisses :

Passant à la participation des différentes nations, il me paraît utile de vous exposer le procédé imaginé par le Comité central, sans toutefois vous imposer des prescriptions, de quelque nature qu'elles puissent être, à vous, Messieurs, qui avez certainement beaucoup plus d'expérience que nous, en matière d'Exposition.

Ainsi que j'ai eu l'honneur d'avancer, il est d'usage dans toutes les Expositions Internationales de former dans les différents pays des Comités, chargés d'assurer la participation de leurs pays.

Ces Comités délèguent, en premier lieu, leurs architectes pour se rendre à Vienne et s'y entendre avec le Commissaire général et le chef-architecte de l'Exposition sur les questions de l'emplacement de leurs pavillons, établissements, etc., de la distribution des espaces qui leur sont réservés dans le Palais d'Industrie pour les objets des industries et métiers de leurs pays.

Sur la base de ces arrangements et eu égard aux règlements correspondants que le Comité central publiera, les Comités étrangers rédigeront leurs projets et les enverront ensuite au Comité central.

Les Comités des différents pays prendront à leur charge les frais d'installation et d'établissement de leurs pavillons, jardins, etc.

Le Comité central livrera gratuitement les emplacements nécessaires et se chargera de l'éclairage extérieur convenable desdites installations, tandis que l'éclairage intérieur incombera aux Comités respectifs.

L'exposition des objets, articles et œuvres de l'industrie et des métiers qui seront placés dans le Palais d'Industrie, la Rotonde, sera assujettie à un loyer de place, qui sera arrêté et publié à temps.

En ce qui concerne les expositions internationales, temporaires, dans l'enceinte de l'Exposition générale telles que : trophées, chiens de toutes races et classes, chevaux, bêtes de somme, tirs internationaux, auditions musicales, sonneries et fanfares de chasse et autres, des comités spéciaux seront institués dans lesquels les délégués des pays participants seront admis avec voix délibérative et droit de vote. Ces comités spéciaux arrêteront, d'accord avec le Comité central et le Commissaire général, les dates et l'étendue, ainsi que les règlements de ces expositions.

Des mesures seront prises pour assurer aux transports, autant à l'aller qu'au retour, des réductions de tarifs sur les lignes des entreprises de chemins de fer et de navigation.

La franchise de douane à l'entrée et à la sortie sera également assurée.

Il sera fait le nécessaire afin de faciliter l'entrée des cartouches pour le tir internatoinal.

Le Comité central, le Comité exécutif, le Commissaire général et le Chef-Architecte prêteront leur concours aux délégués des différents pays pour leur faciliter l'accomplissement de leur mission et s'empresseront de venir au-devant de leurs désirs.

Un Jury international fixera les prix et récompenses à accorder aux exposants. Les règlements correspondants seront publiés à temps.

Il en sera de même quant aux déclarations de participation et à la livraison des objets d'exposition.

En Autriche, qui participe à l'Exposition dans la même mesure que tous les autres pays, des Comités se sont formés dans toutes les provinces, qui s'occupent d'assurer à l'Exposition une participation digne et spécialement appropriée à sa nature et son but.

On s'est attaché à réserver et à attribuer à toutes les couches et classes de la population une part des travaux de l'Exposition dans le but de généraliser l'intérêt.

Les Comités en Autriche se composeront donc : de représentants des autorités gouvernementales, provinciales et communales, de délégués des organisations industrielles et des métiers, d'éminents propriétaires fonciers, de seigneurs de chasse, d'employés de chasse, de chefs des Sociétés de la chasse et de l'élevage des chiens de chasse, de touristes, d'artistes, de représentants des grandes et petites industries et métiers, d'industriels et artisans mêmes, d'éminents industriels d'art.

Il serait désirable que les Comités étrangers s'organisassent de même.

Le gouvernement de l'Autriche et la Grande-Commune de la ville de Vienne n'ont pas seulement prêté leur concours par la délégation de représentants dans le Comité central, ils ont de plus contribué à la réussite du projet de cette Exposition en accordant des subventions gouvernementales et communales considérables, qui ont déterminé la possibilité de sa réalisation.

Messieurs ! Les expériences acquises dans les derniers temps relativement aux projets d'Expositions Universelles témoignent — il n'est pas permis d'en douter — d'une certaine opposition contre tout projet de cette nature ; on leur préfère en général les Expositions spéciales internationales et notre Exposition de 1910 n'a d'autre but que d'être une telle Exposition spéciale, internationale de premier ordre. Elle offre toutes les chances d'un éclatant succès et remplira certainement le but, que nous nous proposons et qui nous est présent à tous — le but — dis-je — d'éclairer ceux des adhérents à la chasse et de ses fervents disciples qui ne seraient pas suffisamment édifiés, qu'ils exercent un sport de haute importance économique et de démontrer à tout le monde et d'une façon indéniable, combien il est injuste de combattre la chasse et sa pratique, tandis qu'elle est effectivement d'un intérêt général qui exige sa conservation partout.

J'ai donc, Messieurs, en terminant ma conférence, l'honneur de vous présenter, dans l'intérêt de la chasse même, la prière de bien vouloir nous aider et concourir par votre participation intense à traduire en réalité cette grandiose démonstration internationale, que l'ardent désir de combattre pour une excellente cause a suggérée à notre imagination et de ne pas reculer, dans l'intérêt du maintien de la chasse, devant les peines et dépenses qu'il faudra sacrifier pour assurer à notre œuvre l'admiration du monde entier.

Tous les adhérents de Saint-Hubert vous en sauront gré et nous, qui avons pris l'initiative, nous aurons la grande satisfaction d'avoir contribué à présenter la chasse dans sa lumière éclatante et d'avoir rompu une lance pour sa conservation dans tous les pays. (*Vifs applaudissements.*)

Bref, l'Exposition Internationale de la Chasse en 1910, prouvera, par son ensemble et d'une façon éclatante, ce dont nous sommes tous ardemment pénétrés, et ce que nous pouvons résumer en ces quelques mots :

« Si la chasse n'existait pas, il faudrait la créer. »

Certifié exact
et conforme au compte rendu sténographique.

Paris 1er décembre 1907,

Le Commissaire général:
EDMOND CHRISTOPHE.

ANNEXES

Rapport du Trésorier

Les opérations de recettes et de dépenses auxquelles a donné lieu le Congrès international de la Chasse de 1907, sont les suivantes :

§ 1er. — Recettes

Détail par mois :

Mars	1.434 »
Avril	2.140 »
Mai (1)	5.375 »
Ensemble	8.949 »

Somme entièrement composée de cotisations d'adhérents au Congrès, à l'exception des 2 recettes ci-après :

1° Somme versée par M. Junot le 4 mai, et représentant le coût de l'impression des circulaires concernant l'excursion à Fontainebleau	40 »	45 »
2° Somme versée par M. Beauquier le 17 mai, pour dactylographie de son rapport	5 »	
En sorte que le total desdites cotisations s'élève à la somme de (888 × 10)	8.880 »	8.904 »
plus une somme versée, au cours de l'année 1906, par la Sté des Chasseurs de Mourmelon, aujourd'hui dissoute	24 »	»
Egalité	8.904 »	8.904 »

Il importe toutefois de remarquer, que par suite des remboursements effectués à plusieurs congressistes et d'écritures rectificatives nécessitées par des inscriptions faisant double emploi (voir ci-après § 2-I — H et I), le chiffre sus indiqué de 888 doit être ramené à 870, cotisations effectivement versées.

Ce chiffre a néanmoins permis de faire face à toutes les dépenses, sans qu'il soit nécessaire de faire appel, quant à présent, aux subventions de cinq cents francs bienveillamment offertes par le St-Hubert-Club de France et la Société Centrale des Chasseurs.

Il convient, à ce sujet, de reconnaître que ce résultat a été obtenu, dans une large mesure, grâce à l'hospitalité accordée par le S. H. C. F. qui a ainsi évité au Commissariat Général les frais du loyer d'un bureau et a également pris à sa charge la moitié des frais de sténographie (125 fr.), occasionnés par le compte-rendu des séances du Congrès. Indiquons également que le programme du Congrès a été offert gracieusement par « La Revue du Tourisme et des Sports. »

Dans un autre ordre d'idées, l'atténuation des dépenses provient, en outre, de ce fait que les affiches du Congrès ont pu être apposées sans donner lieu à l'application du droit de timbre, qui eût grevé le budget dans de notables proportions.

(1) Ce dernier mois est en augmentation très sensible sur les 2 précédents : les opérations de recettes étant virtuellement terminées à la date du 18 mai ; l'établissement d'une moyenne journalière des versements fait d'ailleurs ressortir davantage cette augmentation en donnant les résultats suivants :

Mars.......... 4,78 Avril.......... 7,13 Mai.......... 29,94

§ 2e — Dépenses

Détail par mois :

Mars	413 55
Avril	1.045 15
Mai	2.803 45
Ensemble	4.262 15

Cette somme se décompose de la façon suivante :

I. — DÉPENSES GÉNÉRALES

A. Fournitures de bureau		52 05
B. Publicité par affichage :		
Affiche sur calicot « Commissariat Général »	32 »	734 60
Coût des affiches	300 »	
Apposition des dites	202 50	
Affichage gares du Métropolitain	200 10	
C. Impressions et copies :		
Factures d'imprimerie	591 90	796 10
Cartes des congressistes	68 70	
Communiqués à la presse	82 50	
Divers	53 »	
D. Timbres-poste et timbres-quittance		207 50
E. Frais d'envoi et divers (Bulletins d'adhésion, Circulaires Affiches, etc.		460 65
F. Personnel :		
Trésorier	300 »	604 »
Expéditionnaire	304 »	
G. Gratifications :		
Personnel du Ministère de l'Agriculture	145 »	245 »
» St-Hubert-Club	100 »	
H. Remboursements : Desbondet, Serpenté, Sangé (3) Valentin, Tharreau, de Scey (2) Espérou (2) de Kerstrat, Eschapasse		131 40
I. Ecritures rectificatives : Banquets : André, Bourjade et d'Esterno inscrits comme adhésions. — Invitation : Boubée inscrite à tort en recette, Cotisations : Desbondet et Fleury formant double emploi		60 »
		3.291 30

DÉPENSES SPÉCIALES AUX JOURNÉES DU 15 AU 18 MAI

A. Location de la Salle des Agriculteurs :		
Location	300 »	380 »
Vestiaire	40 »	
Gratifications	40 »	
B. 1/2 du compte-rendu sténographique		125 »
C. Soirée du 16 mai :		
Banquet (différence entre les cotisations versées et la note de l'Hôtel-Continental) : ci (21 invitations)	210 »	465 85
Cinématographe	185 85	
Sonneurs de trompe	70 »	
Total égal		4.262 15

§ 3e — Balance

Si du total général des Recettes....................	8.949 »
on déduit celui des Dépenses	4.262 15
On trouve la somme de....................	4.686 85

formant le solde en caisse au 31 mai 1907.

Cette somme a fait l'objet d'un dépôt au Comptoir National d'Escompte; elle est destinée à faire face aux frais d'impression et d'envoi du Rapport Général des Travaux du Congrès, à adresser aux adhérents.

Paris, le 1er juin 1907.

Certifié conforme aux écritures : Vu et approuvé :

Le Trésorier, *Le Commissaire Général,*

E. Maigrat. Edmond Christophe.

Depuis la date à laquelle ce rapport a été rédigé, différentes dépenses ont été faites pour le compte du Congrès.

Acompte sur une impression du compte rendu des Travaux du Congrès (imprimerie Gazette du Palais)	1.000 fr.
Impression des vœux du Congrès (imprimerie Wolf, Rouen)	60 »
Clichés. — Groupe Congrès de la Chasse (simili)	19.45
— Dessin-graphique Rapport de M. Coutard	12 »
— Un trait	11.45
Au total.	1.102 90

Balance. — Si du montant de la somme versée	4.686 85
ou déduit celle des dépenses	1.102 90
On trouve la somme de	3.583 95

formant le solde en caisse le 1er décembre 1907.

Paris, le 1er décembre 1907.

Vu et approuvé :

Le Trésorier, *Le Commissaire général,*

E. Maigrat. Edmond Christophe.

ANNEXES

au Rapport de M. Coutard

(Voir page 329)

ANNEXE N° 1

Graphique des principaux produits fournis par la Chasse à nos Budgets

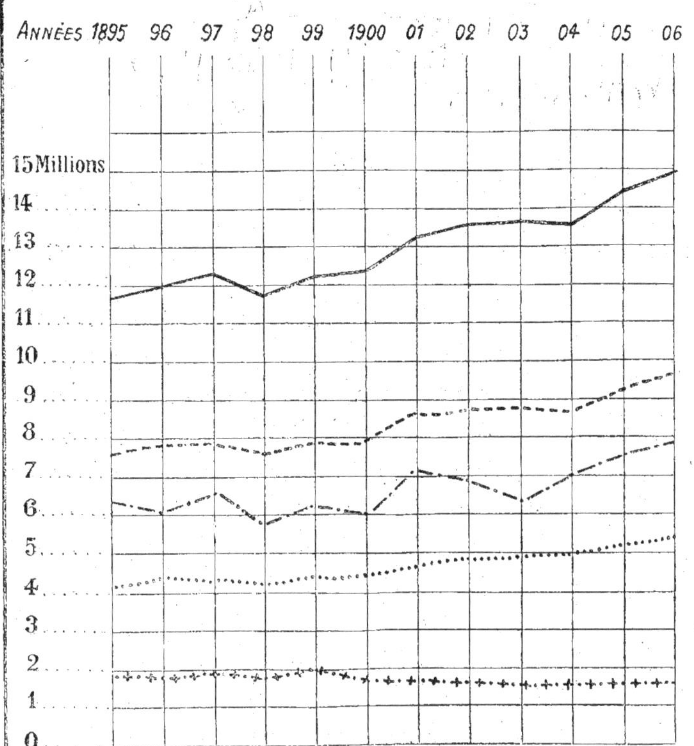

LÉGENDE

- ═══ Produit total des Permis de Chasse
- — — — Part de l'État
- ...... Part des Communes
- —·— Produit de la Vente des Poudres
- ·+·+· Produit des Baux de Chasse Forêts

Eléments des Courbes ci-dessus en Chiffres, arrondis par 100 FR^cs

Années	Permis	Poudres	Forêts
1895	11 702 500	6 321 400	1 826 100
96	12 000.200	6 065.500	1 826 900
97	12 201 900	6 619 400	1 835.400
98	11 793 100	5 812 300	1 836 100
99	12 195 000	6 229 400	2 042 900
1900	12.253 400	6 063 100	1 671 200
01	13 107.100	7 193 300	1 696 700
02	13 531 900	6 868 300	1.686.900
03	13 609 300	6 450 100	1 677 500
04	13 583 200	7 179 300	1.610.900
05	14 317 500	7 666 800	1.635.600
06	14 990.700	7 875.000	1 639.200

ANNEXE N° 2

DIRECTION GÉNÉRALE

DE L'ENREGISTREMENT

—

RELEVÉ PAR DÉPARTEMENT

DU

PRODUIT DES PERMIS DE CHASSE

Parts de l'État et des Communes, de 1895 à 1906

NUMÉROS D'ORDRE — DÉPARTEMENTS	PRODUIT DES PERMIS DE CHASSE POUR L'ÉTAT (18 fr. par permis)			PRODUIT DES PERMIS DE CHASSE POUR LES COMMUNES (10 fr. par permis)		
	1895	**1905**	**1906**	**1895**	**1905**	**1906**
1 Ain	73.134	84.942	89.730	40.630	47.190	49.850
2 Aisne	156.978	170.730	175.284	87.210	94.850	97.380
3 Allier	74.484	89.982	92.664	41.380	49.990	51.480
4 Alpes (Basses-)	35.460	41.580	49.734	19.700	23.100	27.630
5 Alpes (Hautes-)	14.364	18.270	19.854	7.980	10.150	11.030
6 Alpes-Maritimes	66.636	90.792	99.108	37.020	50.440	55.060
7 Ardèche	42.498	55.980	54.018	23.610	31.100	30.010
8 Ardennes	73.026	85.698	92.844	40.570	47.610	51.580
9 Ariège	21.564	30.510	34.110	11.980	16.950	18.950
10 Aube	93.186	110.628	118.098	51.770	61.460	65.610
11 Aude	73.242	96.840	94.968	40.690	53.800	52.760
12 Aveyron	49.554	77.184	71.622	27.530	42.880	39.790
13 Bouches-du-Rhône	227.304	261.414	281.142	126.280	145.230	156.190
14 Calvados	131.904	145.170	146.070	73.280	80.650	81.150
15 Cantal	29.394	39.636	38.124	16.330	22.020	21.180
16 Charente	105.876	136.638	148.626	58.820	75.910	82.570
17 Charente-Inférieure	149.994	182.988	211.554	83.330	101.660	117.530
18 Cher	79.182	105.516	110.790	43.990	58.620	61.550
19 Corrèze	33.318	41.292	45.810	18.510	22.940	25.450
20 Corse	8.046	9.072	9.648	4.470	5.040	5.360
21 Côte-d'Or	113.670	126.342	133.866	63.150	70.190	74.370
22 Côtes-du-Nord	45.054	64.638	68.886	25.030	35.910	38.270
23 Creuse	36.702	58.374	59.760	20.390	32.430	33.200
24 Dordogne	86.184	117.738	130.608	47.880	65.410	72.560
25 Doubs	50.940	60.408	72.342	28.300	33.560	40.190
26 Drôme	70.650	97.254	90.900	39.250	54.030	50.500
27 Eure	199.098	214.488	220.140	110.610	119.160	122.300
28 Eure-et-Loir	141.048	166.716	174.258	78.360	92.620	96.820
29 Finistère	50.634	65.250	66.888	28.230	36.250	37.260
30 Gard	135.648	155.484	160.704	75.360	86.380	89.280
31 Garonne (Haute)	76.536	105.624	105.660	42.520	58.680	58.700
32 Gers	71.424	89.100	91.026	39.680	49.500	50.570
33 Gironde	248.472	296.640	322.362	138.040	164.800	179.090
34 Hérault	164.628	195.912	188.874	91.460	108.840	104.930
35 Ille-et-Vilaine	57.762	81.684	76.806	32.090	45.380	42.670
36 Indre	70.074	99.270	104.832	38.930	55.150	58.240
37 Indre-et-Loire	123.930	156.042	164.214	68.850	86.690	91.230
38 Isère	125.766	150.372	159.750	69.870	83.540	88.750
39 Jura	48.618	63.972	68.958	27.010	35.540	38.310
40 Landes	32.328	57.168	66.996	17.960	31.760	37.220

Numéros d'ordre — Départements	Produit des permis de chasse pour l'État (18 fr. par permis)			Produit des permis de chasse pour les communes (40 fr. par permis)		
	1895	1905	1906	1895	1905	1906
41 Loir-et-Cher	95.922	128.214	134.028	53.290	71.230	74.460
42 Loire	77.148	107.244	105.966	42.860	59.580	58.870
43 Loire (Haute)	23.256	36.540	34.488	12.920	20.300	19.160
44 Loire-Inférieure	66.834	100.404	100.242	37.130	55.780	55.690
45 Loiret	114.768	146.106	153.972	63.760	81.170	85.540
46 Lot	30.546	37.566	39.348	16.970	20.870	21.860
47 Lot-et-Garonne	80.406	108.306	131.040	44.670	60.170	72.800
48 Lozère	13.338	23.868	19.026	7.410	13.260	10.570
49 Maine-et-Loire	111.600	143.316	145.926	62.000	79.620	81.070
50 Manche	57.276	81.198	75.942	31.820	45.110	42.190
51 Marne	118.314	137.574	143.424	65.730	76.430	79.680
52 Marne (Haute).......	75.078	85.104	92.124	41.710	47.280	51.180
53 Mayenne............	46.800	52.074	48.654	26.000	28.930	27.030
54 Meurthe-et-Moselle...	64.170	80.694	84.636	35.650	44.830	47.020
55 Meuse..............	70.704	83.016	87.876	39.280	46.120	48.820
56 Morbihan...........	29.502	48.806	51.966	16.390	27.670	28.870
58 Nièvre..............	68.742	83.016	89.046	38.190	46.120	49.470
59 Nord	132.174	151.812	158.130	73.430	84.340	87.850
60 Oise................	170.046	199.548	205.092	94.470	110.860	113.940
61 Orne................	91.350	113.202	112.698	50.750	62.890	62.610
62 Pas-de-Calais........	120.060	130.374	145.386	66.700	77.430	80.770
63 Puy-de-Dôme........	57.060	68.094	72.396	31.700	37.830	40.220
64 Pyrénées (Basses)...	50.958	59.850	69.444	28.310	33.250	98.580
65 Pyrénées (Hautes)...	23.652	36.108	40.374	13.140	20.060	22.430
66 Pyrénées-Orientales..	29.754	38.052	36.576	16.530	21.140	20.320
69 Rhône...............	114.696	127.260	132.570	63.720	70.700	73,650
70 Saône (H.) et Belfort	71.604	82.530	91.152	39.780	45.850	50.640
71 Saône-et-Loire.......	104.058	122.940	130.644	57.810	68.300	72.580
72 Sarthe..............	99.036	117.972	119.340	55.020	65.540	66.300
73 Savoie..............	17.694	23.544	26.856	9.780	13.080	14.920
74 Savoie (Haute)......	22.770	24.768	24.570	12.650	13.760	13.650
75 Seine...............	171.000	198.000	207.000	95.000	110.000	115.000
76 Seine-Inférieure	157.662	170.910	171.756	87.590	94.950	95.420
77 Seine-et-Marne	171.198	193.446	201.132	95.110	107.470	111.740
78 Seine-et-Oise	277.308	292.806	318.906	154.060	162.670	117.170
79 Sèvres (Deux)......	83.772	110.988	123.138	46.540	61.660	68.410
80 Somme	144.594	178.452	182.394	80.330	99.140	101.330
81 Tarn	67.680	88.362	83.502	37.600	49.090	46.390
82 Tarn-et-Garonne	46.854	58.608	69.066	26.030	32.560	38.370
83 Var	154.656	178.938	181.854	85.920	99.410	101.030
84 Vaucluse	109.980	154.890	166.806	61.100	86.050	92.670
85 Vendée	62.028	80.622	80.694	34.460	44.790	44.830
86 Vienne	97.956	131.778	128.312	54.420	73.210	76.840
87 Vienne (Haute-).....	59.868	67.572	75.690	33.260	37.540	42.050
88 Vosges	57.402	69.084	73.188	31.890	38.380	40.660
89 Yonne	123.696	143.244	148.878	68.670	79.580	82.710
Totaux pour l'ensemble de la France.........	7.523.100	9.204.138	9.636.876	4.179.500	5.113.410	5.353.820

ANNEXE N° 3

RELEVÉ PAR DÉPARTEMENT

DU

NOMBRE DES PERMIS DE CHASSE DE 1895 A 1906

ET PROGRESSION DE CE NOMBRE

NUMÉROS D'ORDRE — DÉPARTEMENTS		NOMBRE DES PERMIS DE CHASSE			AUGMENTATIONS ET DIMINUTIONS		AUGMENTATION TOTALE en 1906 sur 1895	PROPORTION P. % d'augmentation en 1906 sur 1895
		1895	1905	1906	en 1905 sur 1895	en 1906 sur 1905		
1	Ain	4.063	4.719	4.985	656	266	922	22
2	Aisne	8.721	9.485	9.738	764	253	1.017	12
3	Allier	4.138	4.999	5.148	861	149	1.010	24
4	Alpes (Basses-)	1.970	2.310	2.763	340	453	793	19
5	Alpes (Hautes-)	798	1.015	1.103	217	88	305	38
6	Alpes-Maritimes	3.702	5.044	5.506	1.342	462	1.804	49
7	Ardèche	2.361	3.110	3.001	749	— 109	640	27
8	Ardennes	4.057	4.761	5.158	704	397	1.101	27
9	Ariège	1.198	1.695	1.895	497	200	697	58
10	Aube	5.177	6.146	6.561	969	415	1.384	27
11	Aude	4.069	5.380	5.276	1.311	— 104	1.207	29
12	Aveyron	2.753	4.288	3.979	1.535	309	1.226	44
13	Bouches-du-Rhône	12.628	14.523	15.619	1.895	1.096	2.991	24
14	Calvados	7.328	8.065	8.115	737	50	787	11
15	Cantal	1.633	2.202	2.118	569	84	485	30
16	Charente	5.882	7.591	8.257	1.709	666	2.375	40
17	Charente-Inférieure	8.333	10.166	11.753	1.833	1.587	3.420	41
18	Cher	4.399	5.862	6.155	1.463	293	1.756	40
19	Corrèze	1.851	2.294	2.545	443	251	694	37
20	Corse	447	504	536	57	32	89	20
21	Côte-d'Or	6.315	7.019	7.437	704	418	1.122	18
22	Côtes-du-Nord	2.503	3.591	3.827	1.088	236	1.324	53
23	Creuse	2.039	3.243	3.320	1.204	77	1.281	62
24	Dordogne	4.788	6.541	7.256	1.753	715	2.468	52
25	Doubs	2.830	3.356	4.019	526	663	1.189	42
26	Drôme	3.925	5.403	5.050	1.478	— 353	1.125	29
27	Eure	11.061	11.916	12.230	855	314	1.169	10
28	Eure-et-Loir	7.836	9.262	9.681	1.426	419	1.845	23
29	Finistère	2.813	3.625	3.716	812	91	903	32
30	Gard	7.536	8.638	8.928	1.102	290	1.392	19
31	Garonne (Haute)	4.252	5.868	5.870	1.616	2	1.618	38
32	Gers	3.968	4.950	5.057	982	107	1.089	26
33	Gironde	13.804	16.480	17.909	2.676	1.429	4.105	30
34	Hérault	9.146	10.884	10.493	1.738	— 391	1.347	15
35	Ille-et-Vilaine	3.209	4.538	4.267	1.329	— 271	1.058	33
36	Indre	3.893	5.515	5.824	1.622	309	1.931	49
37	Indre-et-Loire	6.885	8.669	9.123	1.784	454	2.238	32
38	Isère	6.987	8.354	8.875	1.367	521	1.888	27
39	Jura	2.701	3.554	3.831	853	277	1.130	42
40	Landes	1.796	3.176	3.722	1.380	546	1.926	108

Les nombres précédés du signe — indiquent les diminutions.

Numéros d'ordre — Départements		Nombre des permis de chasse			Augmentations et diminutions		Augmentation totale en 1906 sur 1895	Proportion p. % d'augmentation en 1906 sur 1895
		1895	1905	1906	en 1905 sur 1895	en 1906 sur 1905		
41	Loir-et-Cher	5.329	7.123	7.446	1.794	323	2.117	40
42	Loire	4.286	5.958	5.887	1.672	— 71	1.601	37
43	Loire (Haute)	1.292	2.030	1.916	738	— 114	624	48
44	Loire-Inférieure	3.713	5.578	5.569	1.865	— 9	1.856	49
45	Loiret	6.376	8.117	8.554	1.741	437	2.178	34
46	Lot	1.697	2.087	2.186	390	99	489	59
47	Lot-et-Garonne	4.467	6.017	7.280	1.550	1.263	2.313	63
48	Lozère	741	1.326	1.057	585	— 269	316	42
49	Maine-et Loire	6.200	7.962	8.107	1.762	145	1.907	31
50	Manche	3.182	4.511	4.219	1.329	— 292	1.037	32
51	Marne	6.573	7.643	7.968	1.070	325	1.395	21
52	Marne (Haute)	4.171	4.728	5.118	557	390	947	22
53	Mayenne	2.600	2.893	2.703	293	— 190	103	4
54	Meurthe-et-Moselle	3.565	4.483	4.702	918	219	1.137	32
55	Meuse	3.928	4.612	4.882	684	270	954	24
56	Morbihan	1.639	2.767	2.887	1.128	120	1.248	76
58	Nièvre	3.819	4.612	4.947	793	335	1.128	29
59	Nord	7.343	8.434	8.785	1.091	351	1.442	19
60	Oise	9.447	11.086	11.394	1.639	308	1.947	20
61	Orne	5.075	6.289	6.261	1.214	— 28	1.186	23
62	Pas-de-Calais	6.670	7.743	8.077	1.073	334	1.407	21
63	Puy-de-Dôme	3.170	3.783	4.022	613	239	852	27
64	Pyrénées (Basses)	2.831	3.325	3.858	494	533	1.027	35
65	Pyrénées (Hautes)	1.314	2.006	2.243	692	237	929	70
66	Pyrénées-Orientales	1.653	2.114	2.032	461	— 82	379	23
69	Rhône	6.372	7.070	7.365	698	295	993	15
70	Saône (Haute)	3.978	4.585	5.064	607	479	1.086	24
71	Saône-et-Loire	5.781	6.830	7.258	1.049	428	1.477	25
72	Sarthe	5.502	6.554	6.630	1.052	76	1.128	20
73	Savoie	978	1.308	1.492	330	184	514	52
74	Savoie (Haute)	1.265	1.376	1.365	111	— 11	100	8
75	Seine	9.500	11.000	11.500	1.500	500	2.000	21
76	Seine-Inférieure	8.759	9.495	9.542	736	47	783	9
77	Seine-et-Marne	9.511	10.747	11.174	1.236	427	1.663	17
78	Seine-et-Oise	15.406	16.267	17.717	861	1.450	2.311	15
79	Sèvres (Deux-)	4.654	6.166	6.841	1.512	675	2.187	47
80	Somme	8.033	9.914	10.133	1.881	219	2.100	25
81	Tarn	3.760	4.909	4.639	1.149	— 270	879	23
82	Tarn-et-Garonne	2.603	3.256	3.837	653	581	1.234	46
83	Var	8.592	9.941	10.103	1.349	162	1.511	18
84	Vaucluse	6.110	8.605	9.267	2.495	662	3.157	52
85	Vendée	3.446	4.479	4.483	1.033	4	1.037	30
86	Vienne	5.442	7.321	7.684	1.879	363	2.242	41
87	Vienne (Haute-)	3.326	3.754	4.205	428	451	879	26
88	Vosges	3.189	3.838	4.066	649	228	877	27
89	Yonne	6.867	7.958	8.271	1.091	313	1.404	20
	Totaux pour l'ensemble de la France	417.950	511.341	535.382	93.391	26.998 — 2.957 + 24.041	117.432	28.09

ANNEXE N° 4

RELEVÉ PAR DÉPARTEMENT

de la population totale (1901) et de la population électorale (1905) et proportion, en 1895 et 1906, du nombre des chasseurs avec cette dernière.

NUMÉROS D'ORDRE — DÉPARTEMENTS	POPULATION Dénombrement de 1901	POPULATION ÉLECTORALE inscrite en 1905	NOMBRE DE PERMIS DE CHASSE absolu en		par 1.000 électeurs		AUGMENTATION par 1.000 en 1906 sur 1895
			1895	1906	1895	1906	
1 Ain	350.416	105.865	4.063	4.985	38	47	9
2 Aisne	535.583	151.516	8.721	9.738	57	64	7
3 Allier	422.024	135.453	4.138	5.148	31	38	7
4 Alpes (Basses-)	115.021	37.635	1.970	2.763	54	73	19
5 Alpes (Hautes-)	109.510	30.635	798	1.103	26	36	10
6 Alpes-Maritimes	293.213	64.500	3.702	5.506	57	85	28
7 Ardèche	353.564	110.113	2.361	3.001	21	27	6
8 Ardennes	315.589	88.302	4.057	5.158	49	57	8
9 Ariège	210.527	74.735	1.198	1.895	16	25	9
10 Aube	246.163	75.683	5.177	6.561	68	87	19
11 Aude	313.531	101.658	4.069	5.276	33	52	19
12 Aveyron	382.074	122.104	2.753	3.979	23	33	10
13 Bouches-du-Rhône	734.347	165.658	12.628	15.619	76	94	18
14 Calvados	410.178	111.695	7.328	8.115	66	73	7
15 Cantal	230.511	67.008	1.633	2.118	24	32	4
16 Charente	350.395	112.857	5.882	8.257	52	73	21
17 Charente-Inférieure	452.149	144.512	8.333	11.753	58	81	30
18 Cher	345.543	111.733	4.399	6.155	39	55	16
19 Corrèze	318.422	95.684	1.851	2.545	19	26	7
20 Corse	295.589	86.287	447	536	5	6	1
21 Côte-d'Or	361.626	112.565	6.315	7.437	57	66	9
22 Côtes-du-Nord	609.349	166.062	2.503	3.827	15	23	8
23 Creuse	277.831	82.636	2.039	3.320	25	40	15
24 Dordogne	452.951	149.879	4.788	7.256	32	50	18
25 Doubs	298.864	84.634	2.830	4.019	33	47	4
26 Drôme	297.321	95.124	3.925	5.050	41	53	12
27 Eure	334.781	98.001	11.061	12.230	112	124	12
28 Eure-et-Loir	275.433	80.227	7.836	9.681	98	12	23
29 Finistère	773.014	183.260	2.813	3.716	15	20	5
30 Gard	420.836	133.044	7.536	8.928	57	67	10
31 Garonne (Haute)	448.481	148.832	4.252	5.870	29	39	10
32 Gers	238.448	86.218	3.958	5.057	46	59	13
33 Gironde	821.131	238.981	13.804	17.909	58	75	17
34 Hérault	489.421	153.050	9.146	10.493	60	69	9
35 Ille-et-Vilaine	613.567	162.754	3.209	4.267	20	26	6
36 Indre	288.788	89.726	3.893	5.824	43	65	22
37 Indre-et-Loire	335.541	102.891	6.885	9.123	67	89	22
38 Isère	568.693	171.614	6.987	8.875	41	52	12
39 Jura	261.288	80.384	2.701	3.831	34	48	14
40 Landes	291.586	90.053	1.796	3.722	19	41	22

NUMÉROS D'ORDRE — DÉPARTEMENTS	POPULATION Dénombrement de 1901	POPULATION ÉLECTORALE inscrite en 1905	NOMBRE DE PERMIS DE CHASSE absolu en		par 1.000 électeurs		AUGMENTATION par 1.000 en 1906 sur 1895
			1895	1906	1895	1906	
41 Loir-et-Cher	275.538	84.061	5.329	7.446	63	88	25
42 Loire	647.633	181.077	4.286	5.887	24	33	9
43 Loire (Haute)	314.058	94.093	1.292	1.916	14	20	6
44 Loire-Inférieure	664.971	172.652	3.713	5.569	22	32	10
45 Loiret	366.660	107.918	6.376	8.554	59	79	20
46 Lot	226.720	81.322	1.697	2.186	21	27	6
47 Lot-et-Garonne	278.740	97.266	4.467	7.280	46	76	30
48 Lozère	128.866	38.832	741	1.057	19	27	8
49 Maine-et-Loire	514.658	156.950	6.200	8.107	39	51	12
50 Manche	491.372	132.575	3.182	4.219	24	32	8
51 Marne	432.882	119.434	6.573	7.968	47	67	20
52 Marne (Haute)	226.545	71.050	4.171	5.118	59	72	13
53 Mayenne	313.103	89.205	2.690	2.703	29	30	1
54 Meurthe-et-Moselle	484.722	121.489	3.565	4.702	21	39	18
55 Meuse	283.480	77.402	3.928	4.882	51	64	13
56 Morbihan	563.468	147.[illegible]78	1.639	2.887	11	20	9
58 Nièvre	323.783	101.432	3.819	4.947	38	49	11
59 Nord	1.866.994	454.573	7.343	8.785	16	19	3
60 Oise	407.808	114.192	9.447	11.394	83	100	17
61 Orne	326.952	97.257	5.075	6.261	52	64	12
62 Pas-de-Calais	955.391	249.910	6.670	8.077	44	54	10
63 Puy-de-Dôme	544.194	175.819	3.170	4.022	18	23	5
64 Pyrénées (Basses)	426.347	114.006	2.831	3.858	25	34	9
65 Pyrénées (Hautes)	215.546	66.751	1.314	2.243	19	34	15
66 Pyrénées-Orientales	212.121	62.325	1.653	2.032	27	32	5
69 Rhône	843.179	194.929	6.372	7.365	33	37	4
70 Saône (H.) et Belfort	266.605 92.304	83.837 22.102	3.978	5.064	47	64	17
71 Saône-et-Loire	620.360	187.367	5.781	7.258	31	38	7
72 Sarthe	422.699	123.022	5.502	6.630	45	54	9
73 Savoie	254.781	72.323	978	1.492	14	21	7
74 Savoie (Haute)	263.800	82.076	1.265	1.365	15	19	4
75 Seine	3.669.930	823.147	9.500	11.500	11 54	11 58	»
76 Seine-Inférieure	853.883	208.779	8.759	9.542			
77 Seine-et-Marne	358.325	103.046	9.511	11.174	42	45	3
78 Seine-et-Oise	707.325	184.733	15.406	17.717	92	108 4	16
79 Sèvres (Deux-)	342.474	110.107	4.654	6.841	42	62	20
80 Somme	537.848	156.325	8.033	10.133	51	65	14
81 Tarn	332.093	112.970	3.760	4.639	83	96	13
82 Tarn-et-Garonne	195.669	69.322	2.603	3.837	33	41	8
83 Var	326.384	87.220	8.592	10.103	38	55	17
84 Vaucluse	230.949	81.044	6.110	9.267	99	115	16
85 Vendée	441.311	130.258	3.446	4.483	75	114	39
86 Vienne	336.343	108.125	5.422	7.684	26	34	8
87 Vienne (Haute-)	381.753	108.664	3.326	4.205	50	71	21
88 Vosges	421.104	113.580	3.189	4.066	31	38	11
89 Yonne	321.062	102.817	6.867	8.271	67	80	13
TOTAUX pour l'ensemble de la France	38.961.945	10.978.030	417.950	535.382	38.07	48.77	

Annexe N° 5.

RELEVÉ DES VENTES DE POUDRES DE CHASSE

PAR TYPE DE COMPARAISON DU PRODUIT DE CES VENTES EN 1895 ET EN 1905

Année 1905				Année 1895				Différences en 1905	
Espèces	Prix au kil.	Poids en kil.	Produits	Espèces	Prix au kil.	Poids en kil.	Produits	en poids	en produits
	fr. c.				fr. c.				
Ordin^re^ fine.	11 40	305.073	3.616.497	Ordin^re^ fine	11 25	346.060	3.893.242	—40.987	— 276.745
Id.	11 90								
Forte superfine	14 40	146.985	2.178.554	Forte superf^e^	14 40	128.230	1.846.512	+18.755	+ 332.042
Id.	14 90								
Extrafine...	18 40	4.266	80.599	Extrafine..	18 75	7.443	138.995	— 3.147	— 58.396
Id.	18 90								
Total P. noires	.....	436.324	5.875.650	Total P. noires	.....	481.703	5.878.749	—45.379	— 3.099
S. et J.....	26 80	10.968	296.110	Piroxylée..	26 80	15.857	424.967	— 4.889	— 128.857
Id.	27 30								
R..........	27 80	436	12.278	Non créée..	»	»	»	+ 436	+ 12.278
Id.	28 30								
M..........	28 80	32.645	948.235	Id.	»	»	»	+ 32.645	+ 948.235
Id.	29 30								
T..........	30 80	12.794	396.770	Id.	»	»	»	+12.794	+ 396.770
Id.	31 30								
Total Piroxylées...		56.843	1.653.393	Total Piroxylées..		15.857	424 967	+40.986	+1.228.426
Total des		493.167	7.529.043	Total des		497.560	6.303.716	— 4.391	+1.225.327
Ventes directes....		..	137.769	Ventes directes...		..	84.353	»	+ 53.416
Total général.....		»	7.666.812	....		»	6.388.069	»	+1.278.743

DIRECTION GÉNÉRALE
DES
CONTRIBUTIONS INDIRECTES

ANNEXE N° 6

RELEVÉ PAR DÉPARTEMENT
DU
PRODUIT DES POUDRES DE CHASSE
EN 1895, 1905 ET 1906

NUMÉROS D'ORDRE — DÉPARTEMENTS	PRODUIT DES VENTES			AUGMENTATIONS OU DIMINUTIONS			Augment. p. % ou Diminut. p. % en 1906 sur 1895
	1895	1905	1906	en 1905 sur 1895	en 1906 sur 1905	en 1906 sur 1895	
1 Ain	23.327	19.254	24.293	— 4.073	5.039	966	4
2 Aisne	130.815	144.392	153.274	13.577	8.882	22.459	17
3 Allier	62.973	107.275	113.335	44.302	6.060	50.362	80
4 Alpes (Basses-)	21.327	33.361	32.800	12.034	— 561	11.473	16
5 Alpes (Hautes-)	11.086	11.222	12.795	136	1.573	1.709	44
6 Alpes-Maritimes	26.612	49.862	56.874	23.250	7.012	30.262	114
7 Ardèche	48.952	43.655	45.655	— 5.297	2.000	— 3.297	— 6.74
8 Ardennes	33.577	41.502	47.402	7.925	5.900	13.825	41
9 Ariège	16.568	27.551	30.224	10.983	2.673	13.656	82
10 Aube	55.655	62.068	70.799	6.413	8.731	15.144	29
11 Aude	62.097	111.418	101.310	49.321	— 10.108	39.213	65
12 Aveyron	44.113	59.933	61.973	15.820	2.040	17.860	40
13 Bouches-du-Rhône	162.117	211.933	209.236	49.816	— 2.697	47.119	29
14 Calvados	105.605	96.160	94.847	9.445	— 1.313	— 10.758	— 10.19
15 Cantal	30.740	32.050	33.342	1.310	1.292	2.062	8
16 Charente	93.679	103.776	107.726	10.097	3.950	14.047	15
17 Charente-Inférieure	103.304	102.993	103.469	— 311	476	165	
18 Cher	70.727	78.490	80.018	7.763	1.528	9.291	13
19 Corrèze	38.962	36.761	46.175	— 2.201	9.414	7.213	19
20 Corse							
21 Côte-d'Or	57.278	56.745	71.699	— 533	14.954	14.421	25
22 Côtes-du-Nord	29.411	45.402	46.405	15.991	1.003	16.994	58
23 Creuse	32.302	38.961	38.980	6.659	19	6.678	21
24 Dordogne	83.502	82.497	94.760	— 1.005	12.263	11.258	14
25 Doubs	38.740	41.648	52.935	2.908	11.287	14.195	37
26 Drôme	79.060	97.189	104.823	18.129	7.634	25.763	19
27 Eure	138.831	89.637	88.448	— 49.194	— 1.189	— 50.383	— 36.35
28 Eure-et-Loir	144.201	157.752	160.838	13.551	3.080	10.037	11
29 Finistère	40.226	59.234	58.917	19.008	— 317	18.691	46
30 Gard	97.131	116.395	111.383	19.264	— 5.012	14.252	15
31 Garonne (Haute)	65.633	105.322	94.722	39.689	— 10.600	29.089	44
32 Gers	58.176	68.476	67.618	10.300	— 858	9.442	16
33 Gironde	321.176	366.875	374.675	45.699	7.800	53.499	16
34 Hérault	136.057	129.279	105.668	— 6.678	— 23.611	— 30.389	— 18
35 Ille-et-Vilaine	64.839	80.370	78.390	15.531	— 1.980	13.551	21
36 Indre	65.661	73.602	72.678	7.941	— 924	7.017	11
37 Indre-et-Loire	99.618	108.003	103.354	8.385	— 4.649	3.736	4
38 Isère	101.014	122.552	147.374	21.538	24.822	46.360	45
39 Jura	19.585	21.048	31.483	1.463	10.435	11.898	61
40 Landes	63.656	65.406	68.249	1.750	2.843	4.593	7

Les nombres précédés du signe — indiquent les diminutions.

NUMÉROS D'ORDRE — DÉPARTEMENTS		PRODUIT DES VENTES			AUGMENTATIONS OU DIMINUTIONS			Augment. p. % ou Diminut. p. % en 1906 sur 1895
		1895	1905	1906	en 1905 sur 1895	en 1906 sur 1905	en 1906 sur 1895	
41	Loir-et-Cher	72.607	85.463	85.190	12.856	— 273	12.583	17
42	Loire (joint à Rhône)	»	»	»	»	»	»	
43	Loire (Haute)	21.830	34.298	31.068	12.468	— 3.230	9.238	42
44	Loire-Inférieure	72.617	91.359	81.589	18.742	— 9.770	8.972	12
45	Loiret	146.653	181.585	191.454	34.932	9.869	44.801	30
46	Lot	35.506	38.253	43.144	2.747	4.891	7.638	21
47	Lot-et-Garonne	76.270	92.987	100.313	16.717	7.326	24.043	31
48	Lozère	13.865	15.656	14.754	1.791	— 902	889	6
49	Maine-et-Loire	85.588	101.930	93.965	16.350	— 7.973	8.377	9
50	Manche	57.033	59.528	55.874	2.495	— 3.654	— 1.159	— 1.16
51	Marne	101.616	116.876	126.966	15.260	10.090	25.350	25
52	Marne (Haute)........	40.249	39.350	51.423	— 899	12.073	11.174	27
53	Mayenne............	33.742	31.875	33.182	— 1.867	1.307	— 560	— 1 ½
54	Meurthe-et-Moselle...	33.795	40.265	53.693	6.470	13.428	19.898	60
55	Meuse..............	31.641	31.326	43.719	— 315	12.393	12.078	38
56	Morbihan............	20.314	31.416	30.537	11.102	879	10.223	48
58	Nièvre..............	53.833	65.070	68.314	11.237	3.244	14.481	26
59	Nord...............	103.406	142.469	147.860	39.063	5.391	44.454	43
60	Seine-Inférieure	158.547	174.532	175.111	15.985	579	16.564	11
61	Orne...............	72.358	71.680	71.604	— 678	— 76	— 754	— 1
62	Pas-de-Calais........	106.444	124.199	138.852	17.755	14.653	32.408	30
63	Puy-de-Dôme........	66.127	77.057	77.495	10.930	438	11.368	17
64	Pyrénées (Basses)...	50.803	61.497	65.452	10.694	3.955	14.649	28
65	Pyrénées (Hautes)...	23.623	35.009	35.003	11.386	— 6	11.380	48
66	Pyrénées-Orientales..	13.501	27.509	26.986	14.008	— 523	13.485	100
69	Rhône	183.405	277.003	296.412	93.598	19.409	113.007	61
70	Saône (H.) et Belfort	9.154	10.187	10.555	1.033	368	1.401	16
71	Saône-et-Loire.......	85.245	88.827	103.380	3.582	14.553	18.135	21
72	Sarthe..............	84.374	95.900	90.608	11.526	5.292	6.234	7
73	Savoie..............	8.848	12.105	14.529	3.257	2.424	5.681	64
74	Savoie (Haute).......	869	1.130	1.547	261	417	678	78
75	Seine...............	550.970	755.384	735.570	204.414	— 19.814		
76	Oise................	80.372	92.759	101.152	12.387	8.393	238.199	29
77	Seine-et-Marne.......	113.797	116.604	136.879	2.807	20.275		
78	Seine-et-Oise	66.459	77.908	76.196	11.449	— 1.712		
79	Sèvres (Deux-).......	70.597	92.534	80.993	21.937	11.541	10.396	15
80	Somme	176.599	208.218	214.011	31.619	5.793	37.412	21
81	Tarn	58.971	84.145	85.464	25.174	1.319	26.493	45
82	Tarn-et-Garonne	31.545	46.156	42.300	14.611	— 3.856	10.761	36
83	Var	78.362	107.400	96.827	29.038	— 10.573	18.465	23
84	Vaucluse	52.979	95.714	97.285	42.735	1.571	44.306	
85	Vendée	39.583	44.656	37.587	5.073	— 7.069	— 1.996	83
86	Vienne	72.955	101.260	91.017	28.305	— 10.243	18.062	25
87	Vienne (Haute-)......	47.531	52.644	53.448	5.113	804	5.917	12
88	Vosges	26.408	27.783	54.573	1.375	26.790	28.165	106
89	Yonne	64.172	69.486	71.313	5.314	1.827	7.141	11
	Prix réduits : Pays de Gex, Savoie, Corse, Monaco, Tunisie..................	114.573	137.763	140.843	23.190	3.080	26.270	23
					1.361.339	369.376	1.586.216	
					— 82.596	— 161.199	— 99.296	
	TOTAUX pour l'ensemble de la France..........	6.388.069	7.666.812	7.874.989	1.278.743	208.177	1.486.920	23.27

Annexe N° 7.

DROITS DE DOUANE PERÇUS EN 1905

SUR UN CERTAIN NOMBRE DE PRODUITS OU D'OBJETS CONCERNANT LA CHASSE

DÉSIGNATION DES OBJETS	TARIF minim. par 100 k.	TARIF max. par 100 k.	PRODUITS des DROITS	POIDS approximatif en raison des droits ci-contre	OBSERVATIONS
	fr.	fr.	fr. c.	kilog.	
Fusils de chasse : Se chargeant par la bouche...........	240	300	786 »	320	
Id. Percussion à broche.	350	450	270 »	77	
Id. Percussion centrale à chiens extérieurs.	800	900	39.475 »	7.435	Provenance belge en majeure partie
Id. Percussion centrale à chiens inférieurs.	1000	1200	171.996 »	17.200	
Cartouches vides de guerre et de chasse	75	80	38.775 »	..	
Capsules de chasse et amorces y compris les détonateurs de mine.......	75	80	11.621 »	..	
Gibier vivant.......................	20	25	13.191 »	..	Provenances diverses
Id. mort.........................	20	25	344.896 »	..	
Chevaux de plus de 3 ans............	150	200	....	..	Provenance anglaise principalement
Tissus de laine pure pour habillement.	110 à 220	140 à 270	....	..	
Ouvrages en caoutchouc vêtements...	250	300	....	..	

NOTA. — Presque toutes les armes et munitions entrent au tarif minimum, il n'en serait pas de même du gibier. Pour tous les autres articles il est impossible de déterminer ceux qui sont destinés aux chasseurs.

Annexe N° 8.

PRODUITS EN 1906 DES DROITS D'OCTROI

SUR LE GIBIER DANS LES VILLES DE PLUS DE 30.000 HABITANTS

DÉSIGNATION des VILLES	POPULATION	PRODUIT des TAXES	OBSERVATIONS
Villes où le gibier est spécialement taxé :			
1 Marseille	491.164	137.161	
2 Bordeaux	257.471	35.417	
3 Lille	210.696	53.092	
4 Toulouse	149.841	18.743	
5 Saint-Etienne	146.559	11.011	
6 Nantes	132.990	10.444	
7 Roubaix	124.365	8.212	
8 Reims	108.385	30.719	
9 Nice	105.109	15.310	
10 Nancy	102.559	21.136	
11 Toulon	101.602	16.505	
12 Amiens	90.409	14.203	
13 Brest	84.284	9.124	
14 Nîmes	80.605	6.106	
15 Tourcoing	79.243	4.528	
16 Montpellier	75.950	18.777	
17 Rennes	74.676	7.121	
18 Grenoble	68.615	5.544	
19 Orléans	67.311	13.103	
20 Le Mans	63.272	8.189	
21 Calais	59.743	5.953	
22 Levallois-Perret	61.920	2.733	
23 Versailles	54.982	10.831	
24 Clermont-Ferrand	52.933	3.362	
25 Béziers	52.310	10.366	
26 Saint-Quentin	48.858	5.560	
27 Boulogne-sur-Mer	49.949	5.567	
28 Avignon	46.896	3.694	
29 Bourges	46.551	3.177	
30 Caen	44.796	8.323	
31 Lorient	44.640	2.927	
32 Boulogne-sur-Seine	49.969	3.707	
33 Clichy	41.787	1.125	
34 Dunkerque	38.925	1.396	
35 Angoulême	37.650	2.152	
36 Neuilly-sur-Seine	41.145	5.867	
37 Rochefort	36.458	1.533	
38 Perpignan	36.157	6.526	
39 Saint-Nazaire	38.813	779	
40 Montluçon	35.062	974	
A reporter	... ...	... ...	

DÉSIGNATION des VILLES	POPULATION	PRODUIT des TAXES	OBSERVATIONS
Villes où le gibier est spécialement taxé (*suite*)			
Report	... ...	... ...	
41 Roanne	34.901	9.232	
42 Pau	34.268	3.175	
43 Douai	33.649	2.336	
44 Cette	33.246	4.729	
45 Belfort	32.567	2.594	
46 La Rochelle	31.559	1.355	
47 Asnières	36.482	1.087	
48 Valenciennes	30.946	3.798	
49 Montauban	30.506	5.904	
50 Cannes	30.420	3.961	
Totaux	3.973.194	568.208	
Villes où le gibier est taxé spécialement sauf les lapins de garenne et certains autres gibiers confondus avec divers autres articles :			
1 Limoges	84.121	7.220	Sauf garennes confondus avec lapins domestiques.
2 Tours	64.695	8.004	
3 Troyes	53.146	5.240	Id.
4 Carcassonne	30.720	1.168	Id.
5 Le Havre	132.430	4.805	Sauf lièvres, perdrix, bécassses confondus avec d'autres art.
Totaux	365.112	26.437	Majoration pr les 4 premières 2.403 Pour le Havre (somme ronde). 4.000
Total majoré		32.840	Ensemble 6.403
Villes où le gibier étant confondu avec la volaille, son produit ne peut être évalué qu'au moyen de calculs approximatifs :			
1 Paris	2.763.385	2.224.000	Voir annexe n° 8.
2 Rouen	116.316	30.000	Comparaison avec Reims et Caen.
3 Angers	82.398	8.000	— avec Nantes, Rennes, Le Mans.
4 Besançon	55.362	10.000	— avec Nancy.
5 Cherbourg	42.938	4.000	— avec Brest et Caen.
6 Poitiers	39.886	2.000	— avec Angoulême.
7 Saint-Ouen	37.866	1.000	— avec Asnières.
8 Périgueux	31.976	2.000	— avec Angoulême.
9 Aubervilliers	34.009	1.000	— avec Asnières.
10 Laval	30.356	3.000	— avec Le Mans.
Totaux	3.134.492	2.286.000	
Villes ne tenant pas de gibier ou dont les octrois sont supprimés :			
1 Royan	459.099	130.000	
2 Dijon	71.326	8.000	Produits que par comparaison les villes ci-contre pourraient tirer partie des entrées de gibier si elles avaient conservé leurs octrois.
3 Saint-Denis	64.790	8.000	
4 Montreuil-sous-Bois	35.964	1.000	
5 Vincennes	34.185	3.000	
6 Le Creuzot	30.584	1.000	
Totaux	695.948	151.000	

Annexe N° 9.

Moyenne des introductions en 1889, 1890, 1891 et proportionnalité de chaque espèce figurant aux articles 31, 32 et 33.

ARTICLE 31. — **VOLAILLE & GIBIER** (1re Catégorie) { Quantités........ 711.143 kil. / Droits afférents... 533.373 fr.

DÉSIGNATION des OBJETS	Prix de vente en gros	Rapport entre la valeur et la taxe	MOYENNE pour chaque objet des introductions pendant les trois dernières années — Quantités	Droits		Proportionnalité entre les quantités partielles ci-contre et la quantité totale	OBSERVATIONS
	100 kil.	0/0	kilog.	fr.	c.	0/0	
Faisans	457	16.42	263.123	197.348	15	37	Statistique municipale officielle 1889, page 22.
Perdrix	636	11.79	149.340	112.008	45	21	Id.
Bécasses	1.500	5.00	21.334	16.001	25	3	Id.
Bécassines	828	9.06	14.223	10.667	25	2	Id.
Cailles	1.250	6.00	64.003	48.003	»	9	Id.
Alouettes	428	17.52	49.780	37.336	15	7	Id.
Grives	564	13.29	14.223	10.667	50	2	Id.
Râles de genêt	700	10.72	7.110	5.333	75	1	Bullet. des Halles 3 janv. 1891
Lots de crêtes de coq	529	14.18	35.557	26.668	70	5	Statistique municipale officielle de 1889, page 22.
Foies d'oies et de canards	668	11.23	92.450	69.338	55	13	Id.
Totaux			711.143	533.373	»		NOTA. — Quant aux autres espèces dénommées à l'article 31, la statistique municipale n'en mentionne pas le prix.

ARTICLE 32. — **VOLAILLE & GIBIER** (2e Catégorie) { Quantités........ 14.198.445 kil. / Droits afférents... 4.259.533 f. 20

	400 kil.	0/0	kilog.	fr.	c.	0/0	
Dindes	229	13.10	1.845.798	553.739	32	13	Statistique municipale officielle de 1889, page 22.
Canards domestiques	395	7.59	1.845.798	553.739	32	13	Id.
Poulets	315	9.52	5.679.378	1.703.813	30	40	Id.
Pintades	387	7.75	141.984	42.595	33	1	Id.
Pigeons	393	7.63	1.987.782	596.334	63	14	Id.
Canards sauvages	273	10.99	709.922	212.976	66	5	Id.
Vanneaux	361	8.31	141.984	42.595	33	1	Id.
Sarcelles	301	9.96	141.984	42.595	33	1	Id.
Chevreuils	177	16.95	1.703.815	511.143	96	12	Id.
Totaux			14.198.445	4.259.533	20		NOTA. — Quant aux autres espèces mentionnées à l'article 32, la statistique municipale n'en mentionne pas le prix.

ARTICLE 33. — **VOLAILLE & GIBIER** (3e Catégorie) { Quantités......... 4.249.510 kil. / Droits afférents ... 764.911 f. 83

	100 kil.	0/0	kilog.	fr.	c.	0/0	
Oies domestiques	192	9.37	1.699.805	303.964	74	40	Statistique municipale officielle de 1889, page 22.
Lièvres	236	7.63	977.987	175.929	72	23	Id.
Lapins de garennes	237	7.59	1.274.853	229.473	55	30	Id.
Cerfs et biches	253	7.12	127.485	22.947	35	3	Id.
Sangliers	176	10.22	127.485	22.947	35	3	Id.
Cochons de lait	147	12.24	42.495	7.649	12	1	Id.
Totaux			4.249.510	764.911	83		NOTA. — Quant aux autres espèces dénommées à l'article 33, la statistique municipale n'en mentionne pas le prix.

Annexe N° 9.

Produits globaux en 1906 par article

Articles	Chapitres	Quantités	Droits	Observations
		kilog.	fr.	
Article 31...	Volaille et gibier 1re Cie	843.161	632.384	Proportion du gibier : 82 % 518.553 88
Article 32...	— — 2e Cie	15.722.923	4.716.877	— — 19 % 896.206 63
Article 33...	— — 3e Cie	7.620.234	1.371.642	— — 59 % 809.268 78
			6.720.953	2.224.029 29

Produit des Tickets de chasse pendant les années 1904, 1905 et 1906

Catégories	Valeur	Poids	Nombre de tickets	Poids	Montant des droits	Totaux
1904						
1re Catégorie..	0f375	1/2 kil.	6.645	3.322 k. 1/2	2.491f 94	45.441f09
	0.75	kil.	31.908	31.908	23.931 »	
2e Catégorie...	0.15	1/2 kil.	221	110 k. 1/2	33 15	
	0.30	kil.	1.150	1.150	345 »	
3e Catégorie...	0.09	1/2 kil.	40	20	3 60	
	0.18	kil.	101.330	101.330	18.239 40	
1905						
1re Catégorie..	0f375	1/2 kil.	6.006	3.003 kil.	2.252f 29	45.016f21
	0.75	kil.	32.768	32.768	24.576 »	
2e Catégorie...	0.15	1/2 kil.	140	70	21 »	
	0.30	kil.	1.247	1.247	374 10	
3e Catégorie...	0.09	1/2 kil.	90	45	8 10	
	0.18	kil.	98.804	98.804	17.784 72	
1906						
1re Catégorie..	0f375	1/2 kil.	7.627	3.813 k. 1/2	2.860f 21	45.054f49
	0.75	kil.	32.834	32.834	24.625 50	
2e Catégorie...	0.15	1/2 kil.	88	44	13 20	
	0.30	kil.	1.161	1.161	348 30	
3e Catégorie...	0.18	kil.	95.596	95.596	17.207 28	

Annexe N° 10.

ÉNUMÉRATION ET ÉVALUATION PAR SERVICES

DES DIVERSES RECETTES BUDGÉTAIRES ENCAISSÉES PAR L'ÉTAT, LES DÉPARTEMENTS ET LES COMMUNES DU FAIT DE LA CHASSE ET DES CONSOMMATIONS QU'ELLE DÉVELOPPE

SERVICES DE PERCEPTION et DÉTAIL DES PRODUITS	DONNÉES résultant de documents ou de calculs	ÉVALUATION DES PRODUITS pour l'Etat	les départements	les communes	OBSERVATIONS
Régie de l'Enregistrement					
Formulés de Permis	14.990.696	9.636.876	néant	5.353.820	
Timbre de dimension	318.751				
Timbres de 0f10, 0f25 proportionnels. Récépissés de chemins de fer, etc., etc.	..	[a] 1.000.000	néant	néant	(a) Evaluation hypothétique.
Location de Domaine	1.639.200	1.639.200	néant	[b] 1.400.000	(b) Biens soumis au régime forestier seuls.
Confiscations, autres produits domaniaux	néant	mémoire	»	»	
Enregistrement des Baux	..				
Des G. V., actes de mutation	..	[a] 500.000	»	»	(a) Comme ci-dessus.
Des jugements, etc., etc.	..				
Régie des Contributions directes					
Impôt Foncier (bâti)	..	[c] mémoire	[c] centimes p. mémoire	[c] centimes p. mémoire	(c) En l'absence de toute indication on a préféré ne porter ici aucun chiffre.
Personnelle, mob[ls], patentes	..	[c] mémoire	[c] centimes p. mémoire	[c] centimes p. mémoire	
Chevaux et voitures	220.000	220.000	»	»	
Taxes sur les chiens	4.356.000	»	»	4.356.000	
Prestations	..	»	»	220.000	
Contributions indirectes					
Accroissement g[al] d. produits	..	mémoire	néant	néant	
Ventes de poudres de chasse	7.874.989	6.900.000			
Droits d'octroi	2.886.000	néant	néant	3.000.000	
Timbres et expéditions	..	mémoire	»	»	
Douanes					
Droits de douanes sur les armes	232.527				
— sur le gibier	358.087	[a] 1.000.000	»	»	(a) Comme ci-dessus.
— sur autres produits	..				
Chemins de fer					
Impôts perçus par eux sur les transports G. V. de chasseurs et chiens	évaluation	1.231.600	»	»	Résultats de calculs basés sur 1904, en tant que chiffres et sur le fonctionnement actuel de la garantie.
Part du trafic chasseurs et chiens revenant à l'Etat par le jeu des conventions	évaluation	9.156.000	»	»	
Totaux	32.876.050	31.283.676	mémoire	14.329.820	
Evaluation globale des produits budgétaires provenant de la chasse, pour les divers budgets en chiffres ronds	....	46.000.000			L'importance des inconnues restant à dégager permet de croire que ce chiffre pourrait peut-être être porté à : 50.000.000

TABLE DES MATIERES

Deuxième sous-section :

Troisième sous-section :

Quatrième sous-section :

Cinquième sous-section :

Section de Législation et de Réglementation

Première sous-section :

Deuxième sous-section :

Troisième sous-section :

Quatrième sous-section :

Annexes :

PARIS
IMPRIMERIE
DE LA
GAZETTE DU PALAIS

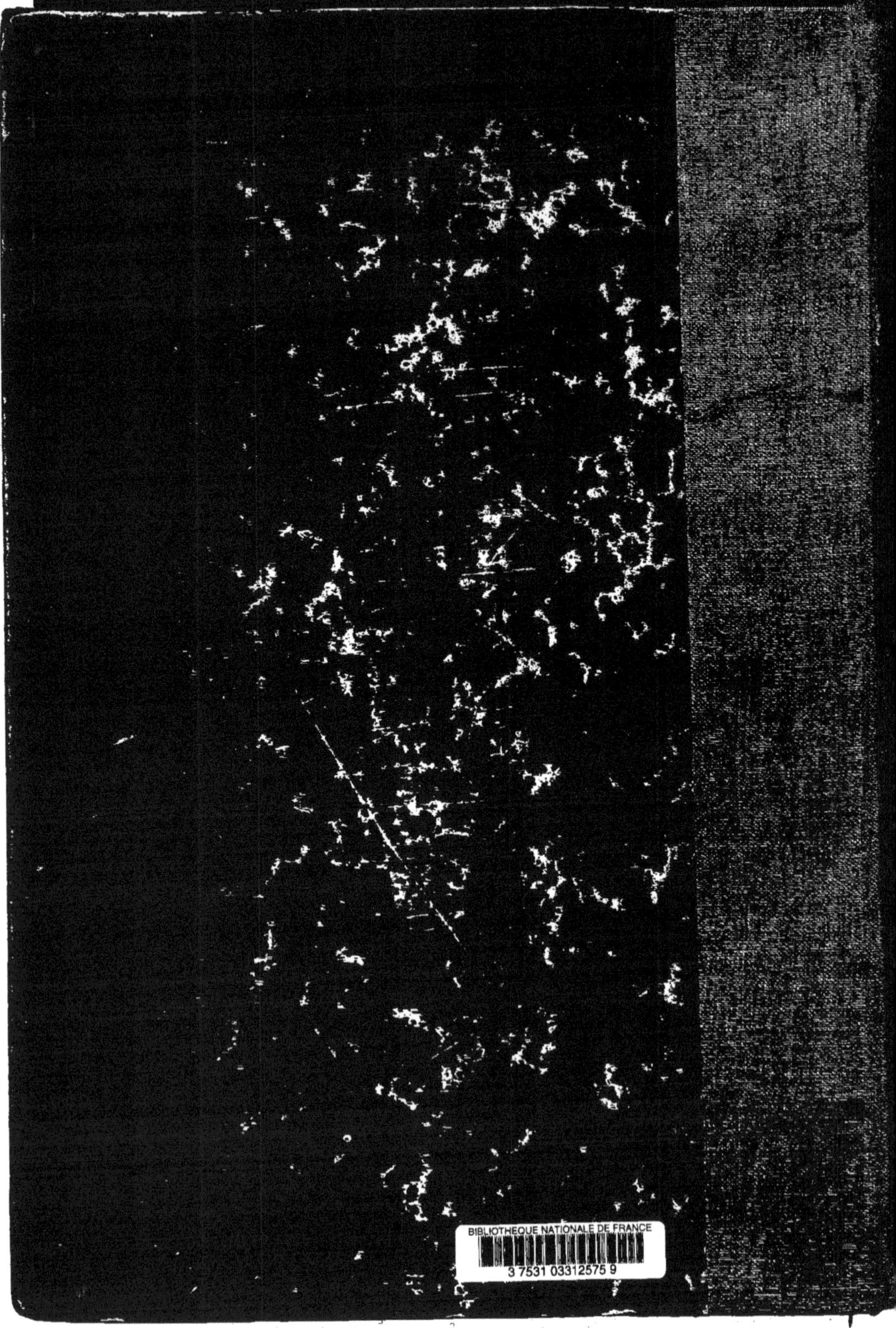

www.ingramcontent.com/pod-product-compliance
Ingram Content Group UK Ltd.
Pitfield, Milton Keynes, MK11 3LW, UK
UKHW021924210726
13857UKWH00008B/49